Datenschutz mit SAP®

SAP PRESS ist eine gemeinschaftliche Initiative von SAP SE und der Rheinwerk Verlag GmbH. Unser Ziel ist es, Ihnen als Anwendern qualifiziertes SAP-Wissen zur Verfügung zu stellen. SAP PRESS vereint das Know-how der SAP und die verlegerische Kompetenz von Rheinwerk. Die Bücher bieten Ihnen Expertenwissen zu technischen wie auch zu betriebswirtschaftlichen SAP-Themen.

Damit Sie nach weiteren Titeln Ihres Interessengebiets nicht lange suchen müssen, haben wir eine kleine Auswahl zusammengestellt.

Iwona Luther
SAP Information Lifecycle Management. Das umfassende Handbuch
707 Seiten, 2019, gebunden
ISBN 978-3-8362-6828-8
www.sap-press.de/4835

Anna Otto, Katharina Stelzner
Berechtigungen in SAP. Best Practices für Administratoren
506 Seiten, 2., aktualisierte und erweiterte Auflage 2019, gebunden
ISBN 978-3-8362-6832-5
www.sap-press.de/4739

Thomas Tiede
SAP HANA – Sicherheit und Berechtigungen
576 Seiten, 2019, gebunden
ISBN 978-3-8362-6765-6
www.sap-press.de/4814

Maxim Chuprunov
Handbuch SAP-Revision. Internes Kontrollsystem und GRC
873 Seiten, 3., aktualisierte und erweiterte Auflage 2019, gebunden
ISBN 978-3-8362-5586-8
www.sap-press.de/4407

Volker Lehnert, Iwona Luther, Markus Röder,
Thorsten Bruckmeier, Björn Christoph, Carsten Pluder

Datenschutz mit SAP®

SAP S/4HANA®, SAP® Business Suite und
SAP®-Cloud-Lösungen

Liebe Leserin, lieber Leser,

vor wenigen Monaten ist die DSGVO zwei Jahre alt geworden. Klar ist: Das Bewusstsein für die Bedeutung des Datenschutzes ist seitdem enorm gestiegen. So war der Datenschutz eines der bestimmenden Kriterien z. B. bei der Entwicklung der Corona-Warn-App. Denn gerade Gesundheitsinformationen zählen zu den besonders sensiblen Daten.

All denjenigen, die sich in das komplexe Thema DSGVO einarbeiten wollen (oder müssen) oder die in ihren Unternehmen letzte Lücken schließen wollen, sei dieses Buch wärmstens empfohlen.

Im Vergleich zur 1. Auflage, die im Jahr 2017 erschienen ist, ist eine Reihe neuer Themen aufgenommen worden. Zuallererst sind dabei die Cloud-Lösungen von SAP zu nennen. Die SAP Cloud Platform sowie SAP SuccessFactors, SAP Concur, SAP Ariba und SAP Customer Experience umfassen zahlreiche Datenschutzfunktionen, die Sie dabei unterstützen, DSGVO-konform zu werden.

Wir freuen uns stets über Lob, aber auch über konstruktive kritische Anmerkungen, die uns helfen, unsere Bücher zu verbessern. Scheuen Sie sich nicht, mich zu kontaktieren. Ihre Fragen und Anmerkungen sind jederzeit willkommen.

Ihre Eva Tripp
Lektorat SAP PRESS

eva.tripp@rheinwerk-verlag.de
www.rheinwerk-verlag.de
Rheinwerk Verlag · Rheinwerkallee 4 · 53227 Bonn

Auf einen Blick

Wir hoffen, dass Sie Freude an diesem Buch haben und sich Ihre Erwartungen erfüllen. Ihre Anregungen und Kommentare sind uns jederzeit willkommen. Bitte bewerten Sie doch das Buch auf unserer Website unter **www.rheinwerk-verlag.de/feedback**.

An diesem Buch haben viele mitgewirkt, insbesondere:

Lektorat Eva Tripp
Korrektorat Monika Klarl, Köln
Herstellung Denis Schaal, Melanie Zinsler
Typografie und Layout Vera Brauner
Einbandgestaltung Bastian Illerhaus
Coverbild iStock: 500697308 © peterhowell
Satz III-Satz, Husby
Druck und Bindung Beltz Grafische Betriebe, Bad Langensalza

Dieses Buch wurde gesetzt aus der TheAntiquaB (9,35/13,7 pt) in FrameMaker. Gedruckt wurde es auf chlorfrei gebleichtem Offsetpapier (90 g/m²). Hergestellt in Deutschland.

Bibliografische Information der Deutschen Nationalbibliothek:
Die Deutsche Nationalbibliothek verzeichnet diese Publikation in der Deutschen Nationalbibliografie; detaillierte bibliografische Daten sind im Internet über *http://dnb.dnb.de* abrufbar.

ISBN 978-3-8362-7111-0

2., aktualisierte und erweiterte Auflage 2021

Informationen zu unserem Verlag und Kontaktmöglichkeiten finden Sie auf unserer Verlagswebsite **www.rheinwerk-verlag.de**. Dort können Sie sich auch umfassend über unser aktuelles Programm informieren und unsere Bücher und E-Books bestellen.

Inhalt

9 »Schau mal, wer da liest«: Read Access Logging 355

12 »Lösungen, die wachsen und nicht wuchern«: Datenschutz in der SAP Cloud Platform 435

13 »In der Wolke auf Sicht steuern«: Übersicht über die Datenschutzfunktionen in SAP-Cloud-Lösungen 477

Geleitwort

Liebe Leserinnen, liebe Leser,

seit dem 25. Mai 2018 gilt die Europäische Datenschutz-Grundverordnung (DSGVO). Bereits einige Monate vorher erhielten wir Anfragen unserer Kunden, wie unsere Software bei der Umsetzung der in der Verordnung definierten Pflichten unterstützen könne.

Seit dem Jahr 2011 investiert SAP systematisch in Datenschutz-Funktionalitäten der SAP-Anwendungen. Schon Jahre, bevor die DSGVO wirksam wurde, hatte SAP begonnen, entsprechende Funktionalitäten bereitzustellen. Unter anderem konnten bereits damals in den Lösungen SAP S/4HANA und SAP Business Suite personenbezogene Daten gelöscht werden. Neue Funktionalitäten ermöglichten es zusätzlich, Lesezugriffe zu protokollieren und Personen darüber zu informieren, wie ihre persönlichen Daten verwendet werden. Darüber hinaus hatten wir Berechtigungskonzepte stetig verbessert sowie zahlreiche weitere Innovationen eingeführt, die einen verantwortungsvollen und sicheren Umgang mit persönlichen Daten unserer Kunden ermöglichen. Unser Autorenteam konnte somit mit einem Buch ins Jahr 2018 starten, das die verschiedenen Werkzeuge und Funktionalitäten zu einem holistischen Bild zusammenfügte und eine konkrete Implementierungsstrategie für unsere Kunden aufzeigte.

Mittlerweile gilt die DSGVO schon seit mehr als zwei Jahren. Seitdem wird in vielen Bereichen der Wirtschaft und des öffentlichen Lebens das Thema Datenschutz sehr viel ernster genommen. Wo Richtlinien nicht eingehalten wurden, haben Aufsichtsbehörden den Unternehmen Bußgelder in erheblichem Umfang auferlegt.

Gleichzeitig wurde in den vergangenen Jahren das Thema Datenschutz immer öfter Gegenstand der öffentlichen Debatte. Ein aktuelles Beispiel ist die Entwicklung der Corona-Warn-App, die durch SAP und Telekom für das Robert Koch Institut unter der Maßgabe entwickelt wurde, das denkbar höchste Datenschutzniveau zu realisieren. An diesem Beispiel wird erkennbar, dass der Schutz der persönlichen Daten nicht nur eine technische oder eine rechtliche Erfordernis ist, sondern ein wesentlicher Baustein des Vertrauens zwischen Konsumenten und Unternehmen oder zwischen Bürgern und Politik. Datenschutz ist somit zu einer selbstverständlichen Anforderung von Nutzern an die Qualität von Software geworden. Die Einhaltung von Datenschutzvorgaben bildet eine wichtige Voraussetzung dafür, dass digitale Innovationen angenommen werden.

Die zweite Auflage unseres Buches nimmt nun zusätzlich zu den Lösungen SAP S/4HANA und SAP Business Suite ein breites Spektrum unserer Cloud-Lösungen ins Visier. Dazu zählen Lösungen wie SAP Ariba, SAP SuccessFactors und SAP Concur, aber auch SAP Cloud Platform, die die technologische Grundlage für die Integration unserer Lösungen bildet. Damit verfolgen wir das Ziel, dass unsere Kunden von nahtlosen Prozessen und damit einer einzigartigen Kundenerfahrung profitieren können. Wir fassen diese Vision für unsere Kunden sowie unsere Strategie zu deren Umsetzung unter dem Begriff intelligentes Unternehmen zusammen.

Im Zuge dessen benötigt ein intelligentes Unternehmen einen intelligenten Datenschutz, der nicht nur in SAP-Anwendungen integriert, sondern darüber hinaus auch im Zusammenspiel unserer Anwendungen gegeben ist.

Das Autorenteam dieses Buches ist Teil unserer Entwicklungsteams, die genau dieses Thema in ihrer täglichen Arbeit für unsere Kunden maßgeblich vorantreiben und sowohl Herausforderungen als auch Lösungsansätze im Detail kennen. Derzeitig beschäftigen sich unsere Experten z. B. mit der Frage, inwieweit eine zweckbasierte Verarbeitung personenbezogener Daten im Rahmen des intelligenten Unternehmens über das gesamte Produktportfolio von SAP ermöglicht werden kann. Der zweckbasierten Verarbeitung personenbezogener Daten wurde bereits in der ersten Auflage viel Raum gegeben, und dies führen wir auch in der zweiten Auflage des Buches fort.

Auch in den kommenden Jahren werden wir gemeinsam mit unseren Kunden weiter daran arbeiten, Datenschutz in unseren Technologien und Anwendungen sicherzustellen und praktikable Umsetzungsempfehlungen für Unternehmen zu entwickeln. Ich bin sicher, dass Sie das vorliegende Buch gut darin unterstützt, Datenschutzvorgaben zu verstehen und umsetzen zu können.

Thomas Saueressig

Mitglied des Vorstands von SAP SE
SAP Product Engineering

Einleitung

Im Jahr 2016 trat auf europäischer Ebene die Datenschutz-Grundverordnung (DSGVO) in Kraft, die ab dem 25. Mai 2018 in allen EU-Mitgliedstaaten gilt. Die DSGVO soll für ein einheitliches und modernes Datenschutzrecht sorgen.

Kurz vor dem Stichtag im Frühjahr 2018 war in den Unternehmen sowie in der Öffentlichkeit eine gewisse Panik zu beobachten. Viele sahen sich einer Herkulesaufgabe gegenüber, denn in vielen Fällen wurden die Informations-, Dokumentations- und Sorgfaltspflichten bei der Datenverarbeitung in der Vergangenheit eher stiefmütterlich behandelt. Die Bußgelder, die für bestimmte Datenschutzverstöße verhängt werden können, sind erheblich: Für besonders gravierende Verstöße beträgt der Bußgeldrahmen bis zu 20 Millionen Euro oder für Unternehmen bis zu 4 % des gesamten weltweit erzielten Jahresumsatzes im vorangegangenen Geschäftsjahr.

2017 erschien die 1. Auflage des Werkes, das Sie nun in den Händen halten. Wir haben uns zum Ziel gesetzt, den Leserinnen und Lesern einen verlässlichen Leitfaden zum Thema *Datenschutz mit SAP* zu geben. Diese 2. Auflage geht nun über SAP S/4HANA und die SAP Business Suite weit hinaus. Denn mit der zunehmenden Verbreitung von Cloud-Lösungen stellt sich immer dringlicher die Frage, wie Datenschutz in der Cloud sichergestellt werden kann. Aus diesem Grund werden in dieser 2. Auflage Lösungen wie SAP Ariba, SAP Cloud Platform, SAP Concur und SAP SuccessFactors in ihren Datenschutzmöglichkeiten betrachtet.

Nachfolgend möchten wir Ihnen die Zielsetzung und die Inhalte des Buches vorstellen. Die meisten Leserinnen und Leser derartiger Fachbücher nutzen diese als Nachschlagwerke; wir möchten darüber hinaus auch einen »roten Faden« mitgeben, also einen Hinweis dazu, welche Abschnitte Sie lesen sollten, um sich einen umfassenden Überblick zum Datenschutz mit SAP zu verschaffen.

Ziel des Buches

Dieses Buch soll Sie in die Lage versetzen, in Ihrer SAP-Landschaft einen datenschutzkonformen Betrieb sicherstellen zu können. Dazu sind Überlegungen zur Rechtsanwendung erforderlich. Diese Überlegungen sollen keinesfalls einen anwaltlichen Rat oder eine juristische Meinung ersetzen. Vielmehr dienen unsere Ausführungen im Wesentlichen der Kontextualisierung und der Begründung, warum welche Features wie genutzt werden können. Dies wären dann auch schon die ersten beiden wesentlichen Teilziele unseres Buches: eine aus der Softwareperspektive stammende Betrachtung möglicher Anwendungen des geltenden Rechts und ein Verständnis der zur Verfügung gestellten Features.

Das nächste wesentliche Teilziel ist es, Ihnen zu zeigen, wie Sie am sinnvollsten ein solches Implementierungsprojekt starten.

Insoweit ist dieses Buch ein Dreiklang aus Annahmen zu den rechtlichen Tatbeständen, technischen Funktionen und einem Vorgehensmodell. Dadurch, dass wir die rechtlichen Annahmen transparent werden lassen, haben Sie auch die Möglichkeit, zu eigenen Schlüssen zu gelangen und ein individuelles Vorgehensmodell zu entwickeln.

Aufbau des Buches

Das Buch ist in 14 Kapitel gegliedert, die wir im Folgenden zur besseren Orientierung in Form von Kurzdarstellungen zusammengefasst haben. Sie erhalten einen Überblick, was Sie in den einzelnen Kapiteln erwartet und an wen sich das betreffende Kapitel jeweils richtet bzw. für wen die Lektüre ein Muss ist.

Rechtsgrundlagen

In **Kapitel 1**, »›Maßnehmen für Maßnahmen‹: Einführung«, wenden wir uns den Rechtsgrundlagen zu, die unserer Ansicht nach für den Systembetrieb zu berücksichtigen sind. Wir empfehlen Ihnen, dieses Kapitel in jedem Fall vollständig durchzuarbeiten!

Zwar informieren wir Sie in diesem Kapitel auch über drohende Bußgelder und den räumlichen Geltungsbereich der rechtlichen Vorschriften, entsprechend unserer Zielsetzung, beschäftigen wir uns aber primär mit Prozessen, Daten und dem Systembetrieb. Zunächst klären wir die wesentlichen Grundlagen der Verarbeitung. Wir diskutieren u. a., welche Voraussetzungen unseres Erachtens erfüllt sein müssen, um überhaupt personenbezogene Daten verarbeiten zu dürfen, und welche Daten als besonders problematisch – eben als Daten besonderer Kategorien – zu behandeln sind.

Im Anschluss daran stellen wir den jeweiligen Anforderungen die technischen Umsetzungsmöglichkeiten und ihre sachlogischen Grenzen gegenüber.

Besonderes Gewicht kommt Abschnitt 1.2.12, »Angemessenheit der Maßnahmen, Dokumentation und Nachweis«, und Abschnitt 1.2.13, »Sicherheit der Verarbeitung«, zu. Hier diskutieren wir die Herausforderungen der technischen Sicherheit sowie der ständigen Dokumentation und des fortlaufenden Nachweises. Prinzipiell ist anzunehmen, dass die Aufgaben »Sicherheit« und »Nachweis der Sicherheit« zu einem endlos währenden Kontrollzirkel führen, der bei Neueinführungen oder Verfahrensänderungen mit einer Datenschutz-Folgeabschätzung beginnen muss. Diese skizzieren wir in Abschnitt 1.2.14, »Datenschutz-Folgenabschätzung«. Zu den Nachweisen gehört auch das Verzeichnis der Verarbeitungstätigkeiten, das wir in Abschnitt 1.2.15, »Verzeichnis von Verarbeitungstätigkeiten«, behandeln.

Im nachfolgenden Abschnitt 1.3, »Welche Anforderungen sind notwendigerweise technisch zu unterstützen?«, diskutieren wir, welche Anforderungen aus unserer Sicht zwingend einer technischen Umsetzung bedürfen, wie z. B. der Nachweis der Zweckbindung der Verarbeitung (Abschnitt 1.3.1, »Zweckbindung der Verarbeitung«), die Löschung von Daten, die in Deutschland traditionell im Fokus der Aufsichtsbehörden stehen (Abschnitt 1.3.3, »Datenlöschung – Datensperrung«) oder das Auskunftsrecht (Abschnitt 1.3.6, »Auskunft«).

Im nächsten Abschnitt 1.4, »Welche Anforderungen können technisch unterstützt werden?«, gehen wir auf Anforderungen ein, die zwar nicht zwingend durch eine technische Lösung zu unterstützen sind, aber durch eine technische Lösung signifikant vereinfacht werden können. Beispiele hierzu geben wir in Abschnitt 1.4.1, »Einwilligung«, und in Abschnitt 1.4.4, »Vorabauskunft«.

Personenbezogene Daten in SAP-Systemen

In **Kapitel 2**, »›Wo laufen sie denn‹: Wo Sie personenbezogene Daten finden«, weisen wir exemplarisch unterschiedliche personenbezogene Daten nach, z. B. den Kundestammsatz, den zentralen Geschäftspartner, aber auch verbundene transaktionale Daten. Ferner diskutieren wir in diesem Kapitel die Zusammenhänge zwischen Stammdaten und transaktionalen Daten.

Wenn Sie die SAP Business Suite kennen und Ihnen auch der Zusammenhang zwischen Stammdaten und transaktionalen Daten in Bezug auf den Datenschutz klar ist, können Sie dieses Kapitel überspringen.

Vorgehensweise im Projekt

In **Kapitel 3**, »›Vom ersten Schritt zum Weg zum Ziel‹: Vorgehensmodell«, entwickeln wir unseren Vorschlag zum Projektvorgehen. Wir legen die Lektüre dieses Kapitels daher all denen nahe, die sich mit den Mühen eines Einführungsprojekts auseinandersetzen müssen oder wollen.

In Abschnitt, 3.1.1, »Was bedeutet der induktive Ansatz?«, legen wir dar, warum zumindest in einem Bestandssystem die Wahrheit in den Daten liegt und somit ein Top-down-Ansatz in der Regel nicht sinnvoll ist. Wir zeigen, warum jedes Projekt im Bestand mit dem Sperren und Löschen beginnen sollte und es anschließend Schritt für Schritt durchgeführt werden kann, bis wir Ihnen in Abschnitt 3.1.10, »Audit, Nachweis und Dokumentation«, darlegen, wie Sie auch den Nachweispflichten Genüge tun können. Schließlich stellen wir in Abschnitt 3.2, »Wege zum Verzeichnis von Verarbeitungstätigkeiten«, dar, warum unser Bottom-up-Ansatz auch die Darstellung im Verzeichnis von Verarbeitungstätigkeiten vereinfacht.

SAP Information Lifecycle Management

In **Kapitel 4**, »›Auch das Ende muss bestimmt sein‹: Sperren und Löschen mit SAP Information Lifecycle Management«, ist für Leser gedacht, die das Sperren und Löschen auch technisch umsetzen sollen.

Zunächst stellen wir Ihnen in einer Einführung Begriffe und Zusammenhänge vor. Was wir nicht darstellen, sind Ansätze der »klassischen Archivierung«, da diese zwar möglich, aber aus unserer Sicht nicht empfehlenswert für das datenschutzbezogene Sperren und Löschen sind. In Abschnitt 4.2, »Überblick über das Sperren und Löschen mit SAP ILM«, zeigen wir Ihnen die zwingenden vorbereitenden Maßnahmen und Einstellungen, die Sie vornehmen müssen, um das vereinfachte Sperren und Löschen, basierend auf SAP ILM, einzuführen. In Abschnitt 4.3, »Vorbereitungen für das vereinfachte Sperren«, widmen wir uns der Entwicklung der betriebswirtschaftlichen Perspektive des Sperrens und Löschens. Vergessen Sie nicht, dass die Daten, über die wir sprechen, in einem komplexen betriebswirtschaftlichen Zusammenhang zu betrachten sind, aus dem sich neben der Notwendigkeit des Sperrens und Löschens auch betriebswirtschaftliche und rechtliche Notwendigkeiten der Aufbewahrung ergeben. Diese Betrachtung führen wir in Abschnitt 4.4, »Stamm- und Bewegungsdaten sperren«, für das Löschen fort. In Abschnitt 4.6, »Legal Case Management«, stellen wir das Verfahren dar, das ursprünglich für das Handling von rechtsfallverbundenen Aufbewahrungspflichten gedacht war, aber auch dazu geeignet ist, das »Recht auf Einschränkung der Verarbeitung« im Sinne des Art. 18 DSGVO zu realisieren. Schließlich gehen wir in Abschnitt 4.8, »Zeitabhängiges Sperren personenbezogener Daten in der Personaladministration (SAP ERP HCM-PA)«, auf die Besonderheiten des Sperrens in SAP ERP HCM-PA ein.

Zweck der Verarbeitung

Kapitel 5, »›Struktur ist alles‹: Verarbeitung muss auf dem Zweck basieren«, ist ein herausforderndes Kapitel, in dem dargestellt wird, wie Sie die zweckbezogene Datentrennung im System sicherstellen können. Nach einer einleitenden Betrachtung in Abschnitt 5.1, »Verantwortlicher und Zweck«, in der wir den zwingenden Zusammenhang zwischen einer juristischen Person im Sinne der DSGVO (Verantwortlicher) und dem Zweck der Verarbeitung entwickeln, stellen wir in Abschnitt 5.2, »Organisationsstrukturen (Linienorganisation)«, und Abschnitt 5.3, »Prozessorganisation«, dar, wie Linien- und Prozessorganisation im System konfiguriert sein müssen, um eine zweckbezogene Verarbeitung im Mandanten nachweisen zu können. In Abschnitt 5.4, »Linien- und Prozessorganisation definieren den Zweck«, bringen wir die beiden Dimensionen der Linie und des Prozesses schließlich zusammen.

Für Sie heißt das: Sofern Sie einen instruktiven Überblick über die Thematik erhalten oder sich in ihrer beruflichen Praxis mit Berechtigungen bzw. mit dem Sperren und Löschen beschäftigen, ist die Lektüre dieses Kapitels ein klares Muss, auch wenn die Thematik (zunächst noch) sehr abstrakt abgehandelt wird.

Data Controller Rule Framework

Kapitel 6, »›Dem Ende Struktur geben‹: Data Controller Rule Framework«, schließt thematisch an Kapitel 5 an. Beschäftigten wir uns im vorangehenden Kapitel mit systematisch herzuleitenden Modellüberlegungen, stellen wir nun konkrete Überlegungen zu den notwendigen Schritten für den »umgekehrten« Geschäftsprozess des Sperrens und Löschens an (Abschnitt 6.1, »Organisation des Löschens in Geschäftsprozessen«). Des Weiteren führen wir in die Neuentwicklung des Data Controller Rule Frameworks ein, das auf der in Kapitel 5 vorgenommenen Abstraktion basiert und das Pflegen von Regeln in SAP ILM aus der betriebswirtschaftlichen Perspektive vereinfacht. (Patentanträge zu dieser Lösung sind anhängig.)

Kapitel 6, »›Dem Ende Struktur geben‹: Data Controller Rule Framework«, ist also für die Vereinfachung des Sperren und Löschens wesentlich und insofern für alle, die sich hiermit beschäftigen, Pflichtlektüre.

Berechtigungskonzept

Kapitel 7, »›Die Struktur berechtigt‹: Auswirkungen auf das Berechtigungskonzept«, stellt die Ableitungen aus der Zwecktrennung für das Berechtigungskonzept in den Mittelpunkt. Es ist dementsprechend nur für das Berechtigungskonzept und das Audit des Berechtigungskonzepts von Relevanz bzw. für diejenigen unter Ihnen gedacht, die einen Einstieg in diese komplexe Problematik benötigen.

Wir beschäftigen uns zunächst in Abschnitt 7.1, »Benutzer und Berechtigungen – eine Einführung«, nur sehr allgemein mit dem Thema *Berechtigungen*, um dann in den beiden folgenden Abschnitten unsere Erkenntnisse aus Kapitel 5, »›Struktur ist alles‹: Verarbeitung muss auf dem Zweck basieren«, zum Thema *Zwecktrennung* auf das Berechtigungskonzept anzuwenden. In Abschnitt 7.4, »Berechtigungsrisiken«, widmen wir uns der Definition von Berechtigungsrisiken.

Information Retrieval Framework

Kapitel 8, »›Transparenz gewinnt‹: Information Retrieval Framework«, richtet sich an diejenigen von Ihnen, die sich mit Auskunft, Vorabauskunft und einer etwaigen Nutzung für das Verzeichnis von Verarbeitungstätigkeiten beschäftigen. Wir zeigen Ihnen in diesem Kapitel, wie Sie das neue Information Retrieval Framework bei der Aufgabe unterstützt, transparente Auskunft an Betroffene zu geben. Auch dieses Framework ist eine Neueinführung, für die Patentanträge seitens der Autoren anhängig sind. Nach einer allgemeinen Einführung, in der wir auch den Zusammenhang zwischen Auskunft und Vorabinformation darstellen, widmen wir uns in den folgenden Abschnitten zunächst dem Einrichten des Information Retrieval Frameworks, um dann in Abschnitt 8.6, »Beauskunftung durchführen«, die Abwicklung einer Auskunft konkret zu beschreiben.

Read Access Logging

Kapitel 9, »›Schau mal, wer da liest‹: Read Access Logging«, ist wichtig für Leser, die als besondere Form des überwachenden Schutzes eine Protokollierung rein lesender Zugriffe auf personenbezogene Daten einführen möchten. Einleitend stellen wir das Spannungsfeld, in dem sich die Leseprotokollierung zwingend bewegt, dar, um anschließend das technische Einrichten detailliert zu erläutern.

SAP Master Data Governance

Kapitel 10, »›Der Herr der Daten werden‹: SAP Master Data Governance«, ist für alle gedacht, die an dauerhaften Lösungen in Bezug auf rechtskonforme, plattformübergreifende Datenqualität interessiert sind.

Wir beschreiben in diesem Kapitel, wie Sie die zusätzliche Lösung SAP Master Data Governance nutzen können, um dauerhaft für bestimmte Daten sicherzustellen, dass diese plattformübergreifend datenschutzkonform verarbeitet werden können. Während im Standard die Korrektur der Daten möglich ist, versetzt Sie SAP Master Data Government dazu in die Lage, bestimmte wesentliche Daten dauerhaft rechtskonform zu halten.

Datenschutz in Cloud-Lösungen

In **Kapitel 11**, »›Der Kopf in den Wolken‹: Datenschutz in Cloud-Lösungen«, beschreiben wir wesentliche Besonderheiten der Cloud-Lösungen. So erläutern wir z. B. in Abschnitt 11.1.3, »Rollen und Verantwortlichkeiten«, unser Verständnis der Rollen und Verantwortlichkeiten und gehen in Abschnitt 11.2.8, »Technische und Organisatorische Maßnahmen (TOM) in den SAP-Cloud-Lösungen«, auf die Umsetzung der technisch-organisatorischen Maßnahmen in der Cloud ein.

SAP Cloud Platform

Im **Kapitel 12**, »›Lösungen, die wachsen und nicht wuchern‹: Datenschutz in der SAP Cloud Platform«, stellen wir Ihnen die Datenschutzfunktionen der SAP Cloud Platform vor, unserer nativen Cloud-Plattform für Ihre Entwicklungen, aber auch für die Entwicklungen unserer Partner. Wir stellen dar, um was es sich bei der SAP Cloud Platform handelt, wie dort entwickelt werden kann und welche Datenschutzfunktionen aktuell zur Verfügung gestellt werden.

Ariba, Concur, SuccessFactors und Customer Experience

In **Kapitel 13**, »›In der Wolke auf Sicht steuern‹: Übersicht über die Datenschutzfunktionen in SAP-Cloud-Lösungen« beschreiben wir die Datenschutz-Features in SAP Ariba, SAP Concur, SAP SuccessFactors und SAP Customer Experience. Bei Letzterem sind besonders die SAP-Lösungen SAP Customer Data Cloud, SAP Marketing Cloud, SAP Commerce Cloud, SAP Sales Cloud und SAP Service Cloud im Vordergrund.

Kontrollsystem

Den Abschluss bildet **Kapitel 14**, »›Täglich grüßt das ...‹: Schützen, Kontrollieren, Nachweisen und Kontrollen nachweisen«. Wir erwähnten bereits, dass mit der DSGVO aus unserer Sicht ein endloser Kontroll- und Nachweiskreis beginnt. Unsere zuständigen Gewährsleute aus der Entwicklung hätten dieses Kapitel gerne auf mehrere Hundert Seiten aufgeblasen. Dies wäre der Sache auch gerecht, nur nicht dem geneigten Leser, der einer Einführung bedarf. Aus der – aus unserer Sicht – relevanten Rechtsgrundlage der DSGVO entwickeln wir in diesem Kapitel nach und nach, welche Kontrollen erforderlich sind. Wir beginnen mit Abschnitt 14.1, »Kontrollrahmen und Grundlagen der Verarbeitung«, und Abschnitt 14.2, »Rechtmäßigkeit, Treu und Glauben und Transparenz«, die generell noch abstrakt gehalten sind. Anschließend fokussieren wir uns auf bestimmte Prüfgebiete der DSGOV – wie z. B. Zweckbindung oder Integrität und Vertraulichkeit. Schließlich gelangen wir in Abschnitt 14.10, »Beispiele technischer Kontrollhandlungen«, zu konkreten, aber immer noch exemplarischen Kontrollhandlungen.

Sind Sie nur an einem Überblick interessiert, empfehlen wir Ihnen lediglich die Lektüre von Abschnitt 14.1, »Kontrollrahmen und Grundlagen der Verarbeitung«, bis Abschnitt 14.9, »Abstrakte technische Kontrollhandlungen«. Abschnitt 14.10, »Beispiele technischer Kontrollhandlungen«, richtet sich hingegen an den technisch versierten Leser, der einen ersten Eindruck davon erhalten will, was in Bezug auf Kontrollen und Nachweise zu tun ist. Dabei haben wir uns bewusst knapp gehalten – denn uns ist es wichtig, dass Sie eine Vorstellung davon erhalten, was zu tun ist.

Anhang

In **Anhang A**, »Glossar«, finden Sie eine Übersicht über zentrale Begriffe der DSGVO. In **Anhang B** haben wir relevante Transaktionen und Reports sowie SAP-Hinweise zusammengestellt. **Anhang C**, »Literaturverzeichnis«, enthält Tipps für weiterführende Informationen.

Zusatzinformationen

In hervorgehobenen Informationskästen sind Inhalte zu finden, die wissenswert und hilfreich sind, aber etwas außerhalb der eigentlichen Erläuterung stehen. Damit Sie die Informationen in den Kästen sofort einordnen können, haben wir die Kästen mit Symbolen gekennzeichnet:

[+] Kästen mit diesem Symbol geben Ihnen spezielle Empfehlungen, die Ihnen die Arbeit erleichtern können.

[»] In Kästen, die mit diesem Symbol gekennzeichnet sind, finden Sie zusätzliche Informationen oder wichtige Inhalte, die Sie sich merken sollten.

[!] Mit diesem Symbol haben wir Besonderheiten gekennzeichnet, die Sie beachten sollten. Es warnt Sie außerdem vor häufig gemachten Fehlern oder Problemen, die auftreten können.

[zB] Mit diesem Symbol weisen wir auf Szenarien aus der Praxis hin und erläutern, wie die Funktionen im Einzelnen eingesetzt werden.

Danksagung

Volker Lehnert

Bereits im Jahr 2011 erschien das erste Datenschutzbuch unter meiner Co-Autorschaft. 2012 übernahm ich als Product Owner zusammen mit einem Teil des Autorenteams des vorliegenden Buches die Verantwortung für den Datenschutz in der SAP Business Suite und später für SAP S/4HANA. Zahlreiche Entwicklerinnen und Entwickler haben seitdem an Datenschutzfeatures in diesen Lösungen gearbeitet, zahlreiche Kolleginnen und Kollegen, z. B. aus dem GRC-Management oder auch aus SAP Data Custodian, haben mit diesem Team die Kooperation gesucht, um den Datenschutz im Portfolio zu stärken. All diesen Kolleginnen und Kollegen wäre zu danken. Da es sich aber um Hunderte handelt, muss mein Dank allgemein bleiben.

In jedem Fall ist namentlich meiner Familie zu danken: meiner Tochter Sara Dittrich und meiner Partnerin Dr. Monika Dittrich, die schlechte Laune ertragen und mir Zeit lassen mussten, denn die 2. Auflage dieses Buches war eine schwere Geburt. Meiner Lektorin, Eva Tripp vom Rheinwerk Verlag, danke ich für ihre Geduld.

Iwona Luther

Ich danke Ihnen, liebe Leserin oder lieber Leser, für Ihr Interesse am vereinfachten Sperren und Löschen mit SAP ILM im Kontext des Datenschutzes.

Denn ohne Ihr Interesse gäbe es diese 2. Auflage unseres Buches – mit dem deutlich umfangreicheren Kapitel zu SAP ILM – nicht. Bedanken möchte ich mich auch bei Volker Lehnert. Danke, Volker, dass du mich gefragt hast, ob ich an diesem Buch mitwirken möchte. Ohne dich wäre ich nie Buchautorin geworden – und es hätte auch mein Buch »SAP Information Lifecycle Management« nicht gegeben.

Markus Röder

Mein Dank geht zuerst an das Autorenteam, hier insbesondere an Volker Lehnert, der mich als Autor für neue Kapitel in der 2. Auflage seines Buches zum Thema Cloud-Systeme ins Team holte. Außerdem gilt mein Dank vielen Kolleginnen und Kollegen bei SAP, die sich unermüdlich für den Datenschutz einsetzen. Mein Dank geht auch an das Lektorat des Rheinwerk Verlags, insbesondere an unsere Projektleiterin Eva Tripp für den tollen Support. Last but not least möchte ich mich bei meiner Familie bedanken, die mir bei der Arbeit, die sich oft in die Abendstunden erstreckte, den Rücken freihielt.

Thorsten Bruckmeier

Im Januar 2017 präsentierte ich zusammen mit Matthias Vogel eine Vision für den Datenschutz auf der SAP Cloud Platform. Die beschriebe Lösung wäre heute ohne Unterstützung vieler Kolleginnen und Kollegen bei SAP nicht verfügbar. Nun ist es möglich, in diesem Buch die fertige Lösung zu beschreiben, dafür bin ich sehr dankbar. Mein Dank geht auch an das Lektorat des Rheinwerk Verlag und insbesondere an Eva Tripp für ihre tolle Unterstützung. Zuletzt möchte ich mich bei meiner Frau und meinen vier Kindern bedanken, die es mir ermöglichten, ungestört am Buch zu arbeiten.

Björn Christoph

Es war mir ein Vergnügen, viele Jahre an der Umsetzung des komplexen Themas Datenschutz mitzuwirken, Lösungen zu erarbeiten und Ihnen die aktuellen Lösungen in dieser 2. Auflage näherbringen zu können. Mein Dank gilt insbesondere meinen geschätzten Kollegen Volker Lehnert und Carsten Pluder für die enge Zusammenarbeit in den letzten Jahren, allen Kolleginnen und Kollegen, die mich unterstützt haben, sowie unserer Lektorin, Frau Eva Tripp vom Rheinwerk Verlag

Carsten Pluder

Ich empfinde es als großes Glück, so viele Jahre schon mit so vielen tollen Kolleginnen und Kollegen am Thema Datenschutz in SAP-Systemen arbeiten zu dürfen. Dementsprechend geht mein Dank zuallererst an all die Personen bei SAP, die uns in den letzten Jahren unterstützt haben. Ich freue mich über die Möglichkeit, diese Fortschritte in der 2. Auflage dieses Buches zu beschreiben. Daher geht mein Dank sowohl an das Autorenteam als auch an den Rheinwerk Verlag und insbesondere an Eva Tripp für das wunderbare Ergebnis unserer gemeinsamen Arbeit.

Kapitel 1
»Maßnehmen für Maßnahmen«: Einführung

Als diese 2. Auflage erschien, war die Datenschutz-Grundverordnung (DSGVO) etwas mehr als zwei Jahre wirksam. Nachdem rund um den 25. Mai 2018 zunächst Panik ausbrach, wurde bald klar, dass sich die Erde weiterdreht. Im ersten Jahr gab es nur vereinzelt Bußgelder und Strafen. Mittlerweile gehen die Aufsichtsbehörden jedoch gezielt vor und prüfen die Umsetzung der DSGVO konkret. Dies ist Grund genug dafür, die eigenen DSGVO-Maßnahmen immer wieder neu auf den Prüfstand zu stellen.

Der Begriff *Datenschutz* ist eigentlich irreführend, denn geschützt werden nicht die Daten selbst, sondern die Personen, auf die sich die Daten beziehen. Und um diese Personen zu schützen, müssen deren personenbezogenen Daten besonders geschützt werden. Datenschutz bedeutet aber nicht, dass die betreffenden Daten nicht mehr verarbeitet werden dürfen. Datenschutzregelungen stellen den Versuch dar, einen Ausgleich zwischen den Interessen der *betroffenen Personen* und den berechtigten Interessen der *verarbeitenden Stellen* herzustellen.

Die im Jahr 1980 von der Organization for Economic Co-Operation and Development (OECD) vereinbarten (und wiederholt überarbeiteten) Richtlinien über Datenschutz und grenzüberschreitende Ströme personenbezogener Daten leisteten bereits genau diesen Brückenschlag (OECD, 2019). Sie sollten Grundlagen für den internationalen Datenaustauch schaffen – bei gleichzeitigem Schutz der Rechte der betroffenen Person.

Dieses Kapitel stellt die gesetzlichen Anforderungen dar, die entweder (aus sachlicher Sicht) technischer Lösungen bedürfen oder durch technische Lösungen vereinfacht werden können. Sie erhalten außerdem das Hintergrundwissen, das Sie brauchen, um diese Anforderungen in den Gesamtkontext einordnen zu können. Das Datenschutzrecht wird nur insoweit thematisiert als dass es zum Verständnis erforderlich ist.

1.1 Die DSGVO fiel nicht vom Himmel

Privatsphäre: Ein neues Konzept?

Nicht nur in der politischen Debatte, sondern auch in zahlreichen Kundengesprächen scheint der Konsens vorzuherrschen, dass Datenschutz eine unnötige und ziemlich neue Erfindung der Europäischen Union (EU) ist. Wir wollen deshalb mit einer historischen Betrachtung der Entwicklung des Datenschutzes beginnen.

Im Jahr 1890 veröffentlichten Samuel Warren und Louis Brandeis im Harvard Law Review einen richtungsweisenden Artikel, in dem sie das Recht auf Privatsphäre definierten (siehe ❶ in Abbildung 1.1).

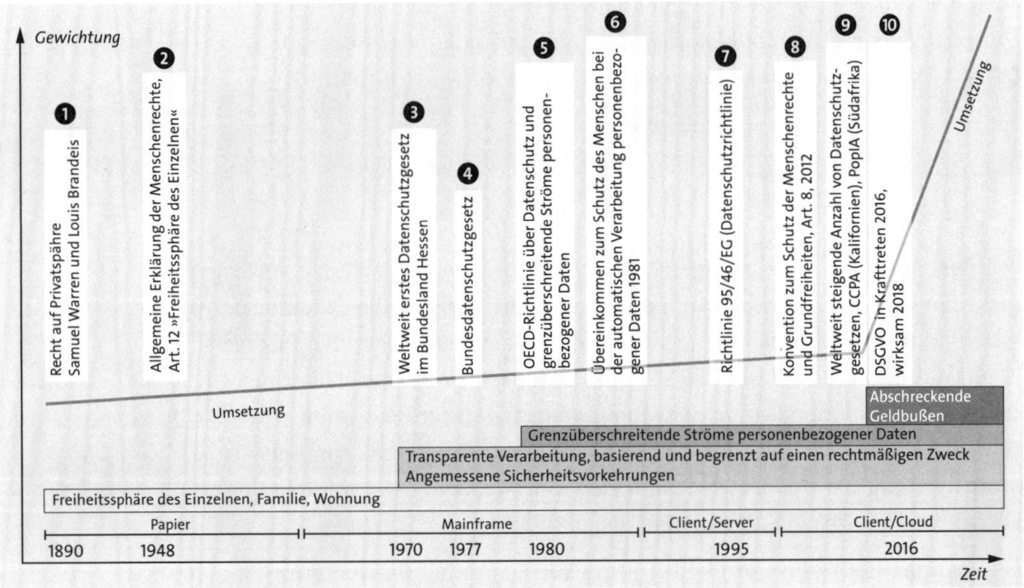

Abbildung 1.1 Datenschutz – von 1890 bis heute

Auch wenn es seinerzeit vor allem um den Schutz vor ungewollter Veröffentlichung von Informationen in Zeitungen ging, wird dieser Artikel oft als Startpunkt des Datenschutzes betrachtet. Bereits damals wurde das Konzept der Einwilligung der Betroffenen eingeführt. Dieses Recht fand dann in der allgemeinen Erklärung der Menschrechte der United Nations als Recht des Schutzes des Privatlebens Eingang ❷.

1970 ❸ wurde im Bundesland Hessen das weltweit erste explizite Datenschutzgesetz erlassen. Ein Großteil der Prinzipien, die die technische Seite des Datenschutzes betreffen, fanden sich bereits in diesem Gesetz, z. B. die Verpflichtung zum Löschen sowie zur Transparenz und Auskunftspflichten. 1977 ❹ zog die Bundesrepublik Deutschland mit dem ersten Bundesdatenschutzgesetz (BDSG) nach.

Die OECD-Richtlinie von 1980 ❺ sowie das »Übereinkommen zum Schutz des Menschen bei der automatischen Verarbeitung personenbezogener Daten« des Europarates 1981 ❻ markieren wichtige internationale Abstimmungen.

Im Jahr 1995 ❼ einigte sich die Europäische Union auf die Richtlinie 95/46/EG (Datenschutzrichtlinie). Diese verlangt von den Mitgliedsstaaten, zur Umsetzung der Richtlinie entsprechende nationale Gesetze zu erlassen. Spätestens zu diesem Zeitpunkt ist der technische, aber auch der organisatorische Rahmen gesetzt.

Folgerichtig ging der Datenschutz als Grundrecht in die »Europäische Konvention zum Schutz der Menschenrechte und Grundfreiheiten«, Art. 8, 2012 ein ❽. Parallel zur Entwicklung der DSGVO ❿ wurde der Datenschutz in vielen Ländern auf nationaler oder einzelstaatlicher Ebene kodifiziert ❾. Dabei wurden die europäischen Grundsätze vielfach übernommen.

Die DSGVO trat im Jahr 2016 in Kraft und wurde 2018 wirksam. Sie bewirkte einige administrative Änderungen – auch in Bezug auf die europäischen Verfahren. Rein technisch änderte sich, zugespitzt formuliert, durch die DSGVO jedoch nur wenig.

Löschen seit 1977

Ein prominentes Beispiel der Anforderungen ist das Löschen personenbezogener Daten: Seit 1977 müssen in Deutschland personenbezogene Daten gelöscht werden, wenn sie keinen Zweck mehr haben. Wertet man Berichte und Bußgelder der deutschen Aufsichtsbehörden aus, wird diese Anforderung nach mehr als 40 Jahren immer noch nicht flächendeckend umgesetzt.

1.2 Was bedeutet die DSGVO für Sie?

Nach weit mehr als 20 Jahren verbindlicher Datenschutzregelungen stellt sich die Frage, warum die DSGVO in zahlreichen Unternehmen für die eingangs angesprochene Aufregung sorgte.

Es kann teuer werden!

Dafür können drei Gründe angenommen werden:

1. Für Verstöße können bis zu 4 % des weltweiten Bruttojahresumsatzes als Bußgeld erhoben werden. Dass diese auch tatsächlich erhoben werden, wird im privatwirtschaftlich bereitgestellten Enforcement Tracker des Unternehmens CMS Legal Services bildhaft dargestellt (siehe *https://www.enforcementtracker.com*). Bis zum 09.08.2020 hatten die Aufsichtsbehörden bereits Bußgelder von fast 500 Mio. EUR verhängt.
2. Anforderungen, die seit 1995 europaweit umzusetzen sind, sind offenbar nicht flächendeckend bzw. vollumfänglich umgesetzt worden. Konkre-

ter formuliert: Wer in Deutschland das alte Bundesdatenschutzgesetz (BDSG, im Folgenden BDSG-alt genannt) umgesetzt hatte, hätte keinen allzu großen Aufwand bei der Implementierung der Anforderungen der DSGVO haben sollen.

3. Unternehmen nutzen verstärkt Cloud-Services. Da in bestimmten Zusammenhängen Cloud-Anbieter für Datenschutzverstöße haftbar gemacht werden, haben diese Anbieter ein vitales Interesse daran, Datenschutzregeln zu implementieren und auf deren Einhaltung durch ihre Kunden zu drängen.

Im Folgenden möchten wir nun Begriffe entwickeln, die Ihnen bei der Umsetzung der DSGVO in SAP-Produkten helfen sollen.

1.2.1 Begriffliche und sachliche Grundlagen

Der Begriff *personenbezogene Daten* wird in Art. 4 Nr. 1 DSGVO folgendermaßen definiert:

> *[...] alle Informationen, die sich auf eine identifizierte oder identifizierbare natürliche Person (im Folgenden »betroffene Person«) beziehen; als identifizierbar wird eine natürliche Person angesehen, die direkt oder indirekt, insbesondere mittels Zuordnung zu einer Kennung wie einem Namen, zu einer Kennnummer, zu Standortdaten, zu einer Online-Kennung oder zu einem oder mehreren besonderen Merkmalen identifiziert werden kann, die Ausdruck der physischen, physiologischen, genetischen, psychischen, wirtschaftlichen, kulturellen oder sozialen Identität dieser natürlichen Person sind.*

Wann ist ein Datum personenbezogen?

Dies ist eine sehr umfassende und weitreichende Definition. Wann ist in diesem Sinne eine Person indirekt identifizierbar? Es ist sinnvoll, sich zu vergegenwärtigen, dass nur wenige Attribute ausreichen, um eine Person zu identifizieren. Ein klassisches Beispiel: Es gibt in deutschen Unternehmen noch immer nur einen geringen Frauenanteil in Führungspositionen. Wenn es auf einer Führungsebene nur eine Frau neben zahlreichen Männern gibt, ist das Attribut »weiblich« identifizierend. Grundsätzlich gilt natürlich, dass die Identifizierbarkeit mit der Menge an gespeicherten Attributen steigt. Im Datenschutz-Wiki des Bundesbeauftragten für den Datenschutz und die Informationsfreiheit (BfDI), 2016, findet sich eine weitgehende Verabsolutierung:

> *Das Gesetz kennt [...] kein erlaubtes Risiko. Der verantwortlichen Stelle bleibt daher nichts anderes übrig, als vorsorglich alle Daten wie personenbezogene Daten zu behandeln.*

(Der Bundesbeauftragte für den Datenschutz, 2016).

[«]

1

Personally Identifiable Information, personenbezogene und personenbeziehbare Daten

Die Begriffe *personenbezogene Daten, personenbeziehbare Daten* sowie der in den USA gängige Begriff *Personally Identifiable Information* lassen sich wie folgt voneinander abgrenzen:

- **Personenbezogene Daten**
  Welche Daten als personenbezogene Daten betrachtet werden, kann für jeden Verantwortlichen sehr unterschiedlich sein. Dies hängt u. a. von der Branche, den geltenden gesetzlichen Bestimmungen und den Geschäftsprozessen ab.
- **Personenbeziehbare Daten**
  Daten, die die indirekte Identifikation einer Person ermöglichen, werden oft als personenbeziehbare Daten bezeichnet. Das sind Daten, die die Identifikation einer Person im Zusammenspiel mit anderen Daten ermöglichen, z. B. Augenfarbe, Postleitzahl und Fahrzeug.
- **Personally Identifiable Information**
  Hauptsächlich in den USA werden personenbezogene Daten häufig als Personally Identifiable Information (PII) bezeichnet. Die Begriffe sind jedoch nicht identisch. In der aktuellen Entwicklung (z. B. dem California Consumer Privacy Act (CCPA) 1798.140) entsteht allerdings der Eindruck, dass sich die Bedeutungen der Begriffe annähern bzw. dass sie unterschiedlich verwendet werden.

Praxis in Unternehmen

Es gibt in der Praxis in den Unternehmen durchaus substanzielle Unterschiede in der Bewertung, welche Daten personenbezogen sind. Diese Unterschiede haben viel mit dem Risikoappetit einer Organisation, aber auch mit den Besonderheiten gesondert regulierter Industrien – wie z. B. dem Versicherungswesen – zu tun.

Die Bewertung, welche Daten Sie als personenbezogen behandeln, liegt zunächst einmal in Ihrem Unternehmen. Diese Einschätzung kann aber nachfolgend durch die Aufsichtsbehörden infrage gestellt werden und wird fallweise Gegenstand gerichtlicher Klärungen sein.

Stark verkürzt gilt die DSGVO für die teilweise oder vollständig automatisierte Verarbeitung personenbezogener Daten, sofern dies nicht für ausschließlich familiäre oder persönliche Zwecke geschieht. (Art. 2 DSGVO).

[»]

Zielsetzung dieses Buches

Dieses Buch ist ein Buch von juristischen Laien für (überwiegend) juristische Laien. Wir nehmen aus diesem Grund zahlreiche Verkürzungen vor, sofern dies der Verständlichkeit dient und sachgerecht in Bezug auf den Betrieb von SAP-Lösungen ist. Das bedeutet, dass das Buch keine Hilfestellung im Zusammenhang mit einer möglichen Strafverfolgung bereitstellt. Strafverfolgung ist aber nur in wenigen Ausnahmefällen im Zusammenhang mit dem Einsatz von SAP-Lösungen relevant. Also lohnt sich eine thematische Auseinandersetzung an dieser Stelle nicht.

Geltungsbereich? Die Welt ist nicht genug!

Die DSGVO gilt für alle Verantwortlichen, die Güter oder Dienstleistungen im europäischen Wirtschaftsraum anbieten oder das Verhalten von Personen in diesem Raum überwachen (Art. 3 DSGVO).

Umsetzung in nationales Recht?

Anders als die alte Datenschutzrichtlinie 95/46/EG, die als Richtlinie der EU zwingend in nationales Recht zu übertragen war, entfaltet die DSGVO unmittelbare Wirkung und bedarf keiner Übertragung in nationales Recht. Allerdings enthält die Verordnung Klauseln, die die ergänzende nationale Gesetzgebung fallweise ermächtigen. Dementsprechend wurde in Deutschland am 30.06.2017 das Datenschutz-Anpassungs- und Umsetzungsgesetz EU (DSAnpUG-EU) ausgefertigt. Der Inhalt des DSAnpUG-EU ersetzt das alte Bundesdatenschutzgesetz (BDSG) durch ein neues Gesetz, das wir aus Gründen der Differenzierung BDSG-neu nennen. Dieses enthält zahlreiche nationale Zusatz- und Sonderregelungen. Für dieses Buch ist vor allem der Beschäftigtendatenschutz erheblich, der in § 26 BDSG-neu geregelt wird.

Das BDSG-neu enthält ferner relevante Vorschriften für die Einsetzung eines Datenschutzbeauftragten, für den öffentlichen Sektor und (wie bereits angedeutet) für die Organe der Strafverfolgung.

Geltungsbeginn der DSGVO

Die DSGVO ist am 27. April 2016 in. Kraft getreten und wurde am 25. Mai 2018 wirksam. Obwohl zahlreiche Details erst nach dem Inkrafttreten der DSGVO geregelt werden konnten, galten die Normen und möglichen Bußgelder ab dem 25. Mai 2018 vollumfänglich. Nachdem der Europäische Datenschutzausschuss seine Arbeit aufgenommen hatte, wurde unverzüglich mit einer weiteren Detaillierung und Konkretisierung begonnen.

Was bedeutet Verarbeitung?

Der Begriff *Verarbeitung* personenbezogener Daten umfasst nahezu jeden Umgang mit personenbezogenen Daten. In der Legaldefinition ist auch die reine Speicherung enthalten. Wie wir es später noch darstellen, braucht es auch für die reine Vorhaltung personenbezogener Daten auf einem Speichermedium einen objektiv rechtfertigenden Tatbestand.

In Abbildung 1.2 wird entlang des Lebenszyklus der personenbezogenen Daten die Legaldefinition der Begriffe aus Art. 4 Nr. 2 DSGVO dargestellt.

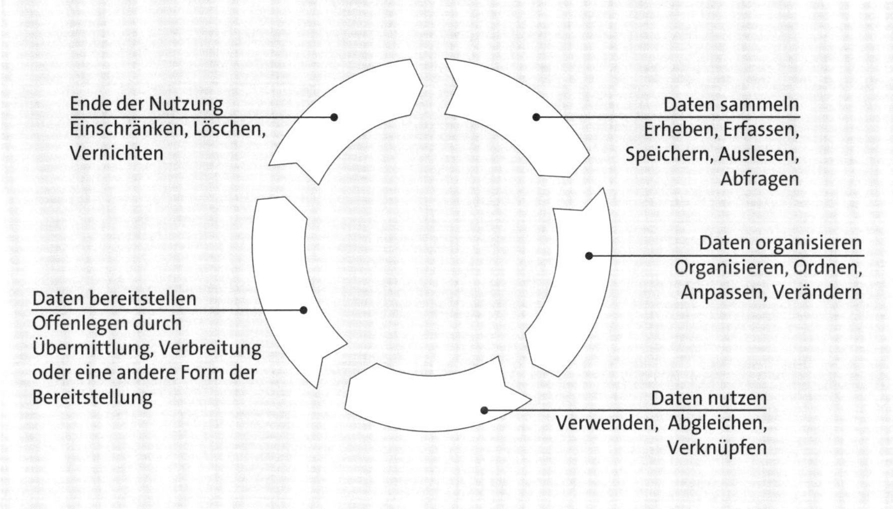

Abbildung 1.2 Verarbeitungsschritte im Lebenszyklus personenbezogener Daten

Verantwortlicher: Kann es nur einen geben?

Art. 4 Nr. 7 DSGVO definiert den *Verantwortlichen* für die Datenverarbeitung als organisatorisch selbstständige Einheit (die natürliche oder juristische Person, Behörde, Einrichtung oder andere Stelle), die allein oder gemeinsam mit anderen Einheiten die Zwecke der Verarbeitung festlegt. Beim Betrieb von SAP-Lösungen ist diese Einheit in den weitaus meisten Fällen eine einzelne juristische Person.

Es ist sinnvoll, im Zusammenhang mit ERP-Systemen davon auszugehen, dass es sich bei dem Verantwortlichen um eine einzelne rechtlich eigenständige Einheit handelt. Eine Abgrenzung hat sowohl rechtliche als auch substanzielle technische Folgen. Gleichwohl findet sich in der Literatur auch der Hinweis, dass es sich bei dem Verantwortlichen nicht zwingend um eine Person mit eigener Rechtspersönlichkeit handeln muss; dies dürfte aber im Kontext dieses Buches unerheblich sein.

Es sind somit zwei unterschiedliche Konstellationen möglich:

- Den Zweck der Verarbeitung bestimmt eine organisatorisch selbstständige rechtsfähige Einheit.
- Der Zweck der Verarbeitung wird durch einen einschlägigen Vertrag unter mehreren verbundenen, organisatorisch selbstständigen rechtsfähigen Einheiten bestimmt (siehe »Gemeinsam für die Verarbeitung Verantwortliche«, Art. 26 DSGVO).

Alle anderen Tatbestände basieren letztlich auf der Konstruktion des Verantwortlichen als wichtigsten Normadressaten der Verordnung, denn als »Normadressaten sind die Verantwortlichen den Ansprüchen der betroffenen Person oder den Aufsichtsmaßnahmen der Behörden ausgesetzt« (Albrecht und Jotzo, 2017). Im Einzelnen sind dies:

- die Auftragsverarbeitung durch einen Auftragnehmer (Art. 4 Nr. 8 DSGVO)
- die Übermittlung von Daten an einen Empfänger (Art. 4 Nr. 9 DSGVO)
- die Übermittlung von Daten an einen Dritten (Art. 4 Nr. 10 DSGVO)
- die Verarbeitung von Daten in einer Unternehmensgruppe (Art. 4 Nr. 19 DSGVO)

Die Beziehung zwischen Verantwortlichem und Zweck beschreiben wir ausführlicher in Kapitel 5, »›Struktur ist alles‹: Verarbeitung muss auf dem Zweck basieren«.

Auftragsverarbeiter

Der *Auftragsverarbeiter* ist die Stelle, natürliche oder juristische Person, die mit der Verarbeitung personenbezogener Daten beauftragt ist. Der Auftragsverarbeiter ist der zweite wesentliche Normadressat der Verordnung. Dem immer bedeutsamer werdenden Konstrukt der Auftragsverarbeitung nähern wir uns in Abschnitt 1.5, »Auftragsverarbeitung«.

Darüber hinaus hat der Auftragsverarbeiter besondere Verpflichtungen, die Verantwortlichen, z. B. im Falle einer Datenschutzverletzung oder einer Beschwerde, zu unterstützen, für die auch zeitliche Anforderungen in Bezug auf Benachrichtigung und Reaktion festgelegt sind.

Ein weiterer wichtiger Punkt ist, dass Bußgelder nun auch gegen den Auftragsverarbeiter verhängt werden können. Die Auftragsverarbeiter sind explizit in Art. 83 DSGVO genannt. Bezüglich des Schadensersatzes gemäß Art. 83 DSGVO haften Auftragsverbeiter und Verantwortlicher im Extremfall sogar gesamtschuldnerisch.

Empfänger

Der *Empfänger* ist jede Stelle oder Person, der personenbezogene Daten offengelegt werden, und die keine Untersuchungsbehörde mit einem rechtmäßigen Untersuchungsauftrag ist. Die DSGVO konstruiert hier offensichtlich in Art. 4 Nr. 9 einen Nicht-Empfänger, der auch nicht unter die Definition des Dritten in Art. 4 Nr. 10 fällt, aber offensichtlich trotzdem an die Daten kommt.

Dritter

Ein *Dritter* ist jede Stelle oder Person, der personenbezogene Daten offengelegt werden.

In Abbildung 1.3 werden die Beziehungen bei der Offenlegung von Daten verdeutlicht. Wie zum Verantwortlichen ausgeführt, steht dieser als zweckbestimmende organisatorische Einheit im Mittelpunkt.

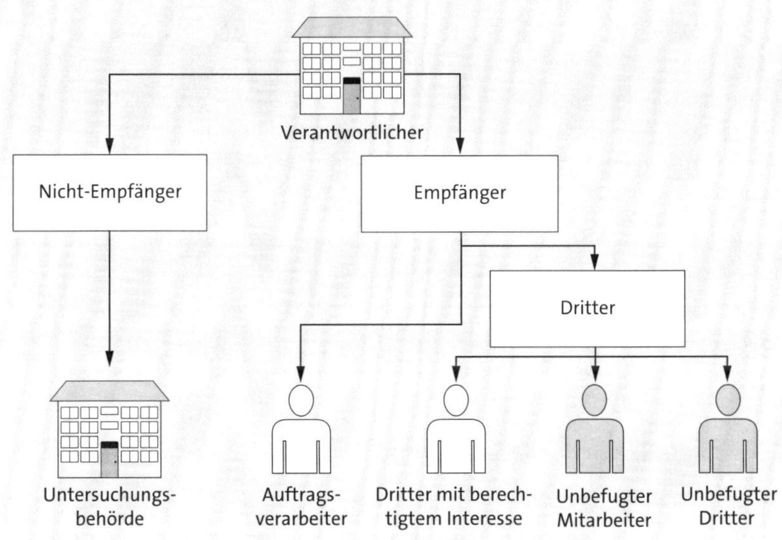

Abbildung 1.3 Empfänger, Auftragsverarbeiter, Dritter

1.2.2 Einschränkung durch speziellere Regelungen

Das Datenschutzrecht regelt die allgemeinen datenschutzrechtlichen Rechte und Pflichten. Es wird durch zahlreiche spezielle Regelungen eingeschränkt.

Das speziellere Recht geht vor

Wenn Sie sich an Ihre Personalabteilung wenden, um dieser zu untersagen, dem Finanzamt weiterhin Ihre personenbezogenen Daten – z. B. Ihr Einkommen – zu übermitteln, wird die Personalabteilung Ihnen mitteilen, dass in diesem Fall das Steuerrecht als das speziellere Recht Vorrang hat.

Normen, Normen und noch mehr Normen

Zahlreiche weitere Rechtsnormen begründen Zugriffsrechte von Behörden (z. B. Steuer, Sozialversicherungen) oder Dritten (z. B. Wirtschaftsprüfern) und begründen sehr unterschiedliche Aufbewahrungsfristen, von denen es allein in Deutschland mehr als 1.900 (Lehnert, Stelzner, Otto und John, 2016) gibt. An wen die Daten zu übermitteln sind, wer Daten einsehen darf und wie lange Daten aufzubewahren sind, wird in unzähligen weiteren Rechtsnormen definiert.

[zB]

Datenschutz im Krankenhaus

Ein Krankenhaus muss den datenschutzrechtlichen Bestimmungen gerecht werden. Es sind aber auch die Normen der Sozialgesetzbücher für die Mitarbeiter und Patienten (jeweils andere), krankenhausspezifische Buchführungsvorschriften, allgemeine Steuergesetze, handelsrechtliche Regelungen, gegebenenfalls rechtsformspezifische Regelungen, Rechtsquellen für Apotheken, arbeitsrechtliche Rechtsquellen, arbeitsschutzrechtliche Rechtsquellen usw. heranzuziehen. Des Weiteren gelten in Deutschland die Landeskrankenhausgesetze. Ist das Krankenhaus eine Einrichtung in öffentlicher Hand, kommen z. B. das Beamtenrecht des Landes und das Personalvertretungsgesetz des Landes hinzu. Ist das Krankenhaus eine Universitätsklinik, ist zusätzlich z. B. das Hochschulrecht des Landes zu berücksichtigen.

1.2.3 Grundlagen der Verarbeitung

Die mit weitem Abstand wichtigste Grundlage der Verarbeitung ist die *Rechtsgrundlage*. Personenbezogene Daten dürfen nur verarbeitet werden, wenn dies *rechtmäßig* geschieht (Art. 5 Abs. 1 Buchst. a DSGVO). Die meisten Bußgelder wurden wegen fehlender oder mangelhafter Rechtmäßigkeit ausgesprochen, und auch ein erheblicher Anteil der Bußgeldhöhe geht auf diesen Tatbestand zurück.

Rechtmäßigkeit

Rechtmäßig ist die Verarbeitung gem. Art. 6 Abs.1 DSGVO, wenn sie folgende Kriterien erfüllt:

- Sie beruht auf einer Einwilligung.
- Sie ist zur Erfüllung eines Vertrags (inklusive notwendiger vorvertraglicher Maßnahmen) notwendig.
- Sie ist zur Erfüllung rechtlicher Pflichten notwendig.
- Sie dient dem Schutz lebenswichtiger Interessen.
- Sie ist für die Wahrnehmung öffentlicher Aufgaben erforderlich.
- Sie dient der Wahrnehmung berechtigter eigener Interessen (oder denen eines Dritten).

Zweckbindung

Eine weitere elementare Grundlage für die Verarbeitung personenbezogener Daten ist die *Zweckbindung* der Verarbeitung. Diese beinhaltet, dass der Zweck festgelegt, eindeutig und legitim sein sowie dass eine andere Weiterverarbeitung mit dem ursprünglichen Zweck zu vereinbaren sein muss

(Art. 5 Abs. 1 Buchst. b DSGVO). Die Zweckbindung vertiefen wir in Abschnitt 1.3.1, »Zweckbindung der Verarbeitung«.

Datenminimierung in Bezug auf den Zweck

Der Zweck gestattet aber nicht die Verarbeitung beliebiger Daten. Es dürfen nur die personenbezogenen Daten verarbeitet werden, die für den Zweck notwendig, angemessen und erheblich sind (*Datenminimierung*, Art. 5 Abs. 1 Buchst. c DSGVO).

[zB]

Mietrecht

Ein Beispiel aus der Praxis ist die »ethnische Kennzeichnung« von Mietern (siehe Abschnitt 1.2.4, »Daten besonderer Kategorien«). Dies ist eine Anforderung, die von einzelnen Vermietern aus der Immobilienbranche gestellt wurde. Diese Anforderung ist in mehrfacher Hinsicht rechtswidrig, u. a. weil Mieter nicht nach ethnischen Gesichtspunkten ausgesucht oder geordnet werden dürfen. Hier sei auf § 7 i. V. m. § 1 Allgemeines Gleichstellungsgesetz (AGG) verwiesen. Eine ethnische Kennzeichnung ist ganz offensichtlich weder notwendig noch angemessen noch erheblich. Auf die Datenminimierung geht Abschnitt 1.4.2, »Datenminimierung«, ein.

Richtigkeit der Daten

Die *Richtigkeit der Daten* ist als explizite Anforderung in Art. 5 Abs. 1 Buchst. d DSGVO formuliert. Daten müssen korrekt und aktuell sein; unrichtige Daten sind zu löschen oder zu korrigieren. Diese Anforderung mutet merkwürdig an, denn die Verarbeitung unrichtiger Daten ist betriebswirtschaftlich unsinnig. Gleichwohl ist zu bedenken, dass unrichtige Daten rufschädigend sein können oder zu unnötig belastenden Folgen führen können. Die Richtigkeit von Daten muss einerseits durch Korrekturmöglichkeiten sichergestellt werden (Abschnitt 1.3.2, »Datenrichtigkeit – Korrektur«), andererseits kann das Datenmanagement (Abschnitt 1.4.3, »Datenrichtigkeit – Datenmanagement«) hier unterstützend wirken.

Speicherbegrenzung

Personenbezogene Daten dürfen nicht endlos verarbeitet werden. Art. 5 Abs. 1 Buchst. e DSGVO legt fest, dass der Personenbezug der Daten nur so lange aufrechterhalten bleiben darf, wie dies für den Zweck der Verarbeitung erforderlich ist (sogenannte *Speicherbegrenzung*). Somit müssen die Daten zu vorab bestimmbaren Zeitpunkten gelöscht werden; dies ist in Abschnitt 1.2.9, »Recht auf Vergessenwerden«, beschrieben. Unter bestimmten Bedingungen ist auch eine Pseudonymisierung statthaft (siehe Abschnitt 1.2.13, »Sicherheit der Verarbeitung«).

Integrität und Vertraulichkeit

In Art. 5 Abs. 1 Buchst. f DSGVO wird auf die *Integrität* und *Vertraulichkeit* der Verarbeitung abgestellt. Es ist demnach eine angemessene Sicherheit der Daten zu gewährleisten:

Schutz vor unbefugter oder unrechtmäßiger Verarbeitung und vor unbeabsichtigtem Verlust, unbeabsichtigter Zerstörung oder unbeabsichtigter Schädigung durch geeignete technische und organisatorische Maßnahmen.

Diese Maßnahmen werden in Abschnitt 1.3.4, »Technisch-organisatorische Maßnahmen (TOM)«, umrissen.

Rechenschaftspflichten

Schließlich werden in Art. 5 Abs. 2 *Rechenschaftspflichten* für die Einhaltung der skizzierten Verarbeitungsgrundsätze konstituiert. Der Nachweis der Einhaltung setzt teilweise zwingend technische Funktionen voraus. Diese Funktionen vertiefen wir in Abschnitt 1.3.5, »Rechenschaftspflichten – Auditierbarkeit«. Das Verzeichnis von Verarbeitungstätigkeiten nach Art. 30 DSGVO oder die Datenschutz-Folgenabschätzung nach Art. 35 DSGVO sind Gegenstand eines allgemeinen Compliance Managements, das technisch nur unterstützt werden kann. Dem Compliance Management widmen wir uns in Abschnitt 1.4.6, »Rechenschaftspflichten – Compliance Management«.

1.2.4 Daten besonderer Kategorien

In Art. 9 Abs. 1 wird die Verarbeitung von *besonderen Kategorien personenbezogener Daten* untersagt.

Es handelt sich dabei um Daten, aus denen die folgenden Informationen hervorgehen:

- rassische und ethnische Herkunft
- politische Meinungen
- religiöse oder weltanschauliche Überzeugungen
- Gewerkschaftszugehörigkeit

[»]

Der Begriff »rassische Herkunft«

Der Begriff *rassische Herkunft* sorgte schon in der Vergangenheit für Verwirrung. Die EU stellt deswegen in den Erwägungsgründen (ErwG 51 DSGVO) klar, dass

[...] die Verwendung des Begriffs »rassische Herkunft« in dieser Verordnung nicht bedeutet, dass die Union Theorien, mit denen versucht wird, die Existenz verschiedener menschlicher Rassen zu belegen, gutheißt.

Des Weiteren enthalten diese Daten Informationen zur eindeutigen Identifikation einer Person:

- genetische Daten
- biometrische Daten

Schließlich gehören zu der besonderen Kategorie der personenbezogenen Daten auch noch die folgenden Daten:

- Gesundheitsdaten
- Daten zum Sexualleben
- Daten zur sexuellen Orientierung

Verboten ist, was nicht explizit erlaubt ist!

In Art. 9 Abs. 2 DSGVO wird die grundsätzliche Untersagung der Verarbeitung besonderer Kategorien von Daten durch Ausnahmetatbestände durchbrochen. Wesentlich für das SAP-Portfolio im Personalbereich sind zunächst einmal die folgenden Daten besonderer Kategorien:

- **Religiöse Überzeugungen**
  Von Belang sind zumindest Daten, die in Bezug zu einer Mitgliedschaft in einer Religionsgemeinschaft stehen, die eine Steuerpflicht verursacht.
- **Gewerkschaftszugehörigkeit**
  Einige Unternehmen führen den Mitgliedsbeitrag aus dem Einkommen ab.
- **Gesundheitsdaten**
  Verschiedentlich sind auch Daten zur Gesundheit von Relevanz.

Besondere Kategorien von Daten im Beschäftigungsverhältnis

Die DSGVO eröffnet für die Verarbeitung personenbezogener Daten im *Beschäftigungsverhältnis* die Möglichkeit nationaler Regelungen. Der Beschäftigtendatenschutz ist in Deutschland in § 26 BDSG-neu geregelt. Inwieweit die Verarbeitung der Gewerkschaftszugehörigkeit hiernach überhaupt noch statthaft ist, mag diskussionswürdig sein, obliegt aber letztlich der Entscheidung des nutzenden Unternehmens.

Gesundheitsdaten fallen ebenfalls im Personalwesen an. Ferner können weitere Applikationen Daten zur Gesundheit enthalten, wie z. B. in Teilen von SAP Concur, SAP Fieldglass und in den Lösungen von SAP Environment Health and Safety Management (SAP EHS). Schließlich sind die Branchenlösungen für das Gesundheitswesen, wie das Patientenmanagement, darauf ausgelegt, solche Daten zu verarbeiten.

Höheres Schutzniveau

Der Umgang mit Daten besonderer Kategorien erhöht das anzustrebende Schutzniveau. Erinnert sei an dieser Stelle daran, dass Art. 5 Abs. 1. Buchst. f ein angemessenes Schutzniveau einfordert. Dies ist u. a. durch das Berechtigungskonzept (siehe für SAP S/4HANA Kapitel 7, »›Die Struktur berechtigt‹: Auswirkungen auf das Berechtigungskonzept«, und für die Cloud-Lösungen, Kapitel 11, »›Der Kopf in den Wolken‹: Datenschutz in Cloud-Lösungen«, und Kapitel 13, »›In der Wolke auf Sicht steuern‹: Übersicht über die Datenschutzfunktionen in SAP-Cloud-Lösungen«) und die Leseprotokollierung (siehe für SAP S/4HANA Kapitel 9 zu Read Access Logging (RAL) und für die Cloud-Lösungen Kapitel 11 und Kapitel 13) zu erreichen.

1.2.5 Rechtfertigende Tatbestände zur Verarbeitung

In Abschnitt 1.2.3, »Grundlagen der Verarbeitung«, haben wir die Tatbestände angeführt, die eine Verarbeitung personenbezogener Daten rechtfertigen:

- auf einer Einwilligung beruhend
- zur Erfüllung eines Vertrags notwendig
- notwendig zur Erfüllung rechtlicher Pflichten
- dem Schutz lebenswichtiger Interessen dienend
- für die Wahrnehmung öffentlicher Aufgaben erforderlich
- der Wahrnehmung berechtigter Interessen dienend

Organisatorischer Nachweis

In aller Regel erfordern die rechtfertigenden Tatbestände vorwiegend oder ausschließlich einen organisatorischen Nachweis über die Dokumentation, z. B. im Verzeichnis von Verarbeitungstätigkeiten gem. Art. 30 DSGVO oder im Rahmen der Transparenzpflichten der Art. 12–15 DSGVO. Davon ausgenommen sind Vertrag und Einwilligung.

Vertrag

Die Anbahnung, das Bestehen und die Abwicklung eines *Vertrags* sind an vielen Stellen in den SAP-Lösungen nachweisbar. Im Rahmen des vereinfachten Sperrens und Löschens personenbezogener Daten wird an zahlreichen Stellen gegen Artefakte verprobt, die das Bestehen eines Vertrags abbilden.

1.2.6 Die Besonderheiten der Einwilligung als rechtfertigender Tatbestand zur Verarbeitung

Die *Einwilligung* stellt einen Sonderfall bei der Datenverarbeitung dar. Es gibt sie in diesem Kontext nur, um eine Datenverarbeitung zu rechtfertigen, die ohne diese rechtswidrig wäre. Klassische Beispiel für eine Einwilligung in die Datenverarbeitung sind Gewinnspiele, die auch die Einwilligung für die weitere Datenverarbeitung zu werblichen Zwecken abfragen.

[zB]

Die Corona-Warn-App

Bevor SAP und die Deutsche Telekom den Auftrag erhielten, die Corona-Warn-App (CWA) für die Bundesrepublik Deutschland bereitzustellen, gab es bereits eine breite Diskussion in der Öffentlichkeit und in Fachkreisen. Die Diskussion drehte sich u. a. um die Frage, wie die App ausgestaltet werden sollte, damit der Datenschutz der die App nutzenden Personen bestmöglich gewahrt wird.

Um die Bedenken hinsichtlich des Datenschutzes auszuräumen, wäre der Erlass eines Gesetzes zur CWA durch den Bundestag eine Möglichkeit gewesen. Der Bundestag hat sich, anders als die Parlamente anderer Staaten, dagegen entschieden. Dementsprechend wird die Verarbeitung der personenbezogenen Daten mit der Einwilligung nach Art. 6 Abs.1 Buchst. A und Artikel 9 Abs. 2 Buchst. a DSGVO begründet.

Diese Einwilligung in die Datenverarbeitung dokumentiert deutlich und nachvollziehbar die Freiwilligkeit der Nutzung der App. Dabei wurde ein gestuftes Verfahren gewählt, sodass in das reine Tracing oder das Hochladen einer positiven Diagnose jeweils eigenständig eingewilligt werden muss. Die CWA ist ein gutes Beispiel dafür, dass Freiwilligkeit das Vertrauen in den Datenschutz erhöht. Die Werbekampagne der Bundesregierung thematisiert den Datenschutz infolgedessen besonders (siehe Abbildung 1.4).

Abbildung 1.4 Werbung für die Corona-Warn-App (2020 Bundesregierung der Bundesrepublik Deutschland)

Die Legaldefinition der Einwilligung lautet nach Art. 4 Nr. 11 DSGVO:

> *»Einwilligung« der betroffenen Person [bezeichnet] jede freiwillig für den bestimmten Fall, in informierter Weise und unmissverständlich*

abgegebene Willensbekundung in Form einer Erklärung oder einer sonstigen eindeutigen bestätigenden Handlung, mit der die betroffene Person zu verstehen gibt, dass sie mit der Verarbeitung der sie betreffenden personenbezogenen Daten einverstanden ist.

Wie freiwillig ist freiwillig?

Das Gebot der Freiwilligkeit ist aus unserer Sicht streng zu interpretieren, d. h., dass sichergestellt sein muss, dass die Freiwilligkeit einer Einwilligung tatsächlich gegeben war. In den Erwägungsgründen zur DSGVO wird präzisiert, dass nicht von Freiwilligkeit ausgegangen werden kann, wenn es sich um ein klares Ungleichgewicht zwischen dem Betroffenen und dem Verantwortlichen handelt. Ferner präzisiert die Grundverordnung die Freiwilligkeit selbst in Art. 7 Abs. 4 DSGVO:

Bei der Beurteilung, ob die Einwilligung freiwillig erteilt wurde, muss dem Umstand in größtmöglichem Umfang Rechnung getragen werden, ob unter anderem die Erfüllung eines Vertrags, einschließlich der Erbringung einer Dienstleistung, von der Einwilligung zu einer Verarbeitung von personenbezogenen Daten abhängig ist, die für die Erfüllung des Vertrags nicht erforderlich sind.

Des Weiteren hat der Europäische Datenschutzausschuss die Leitlinien der Artikel-29-Datenschutzgruppe (G29) zur Einwilligung bestätigt, in denen der Freiwilligkeit besondere Bedeutung zugemessen wird (Article 29 Data Protection Working Party, 2019).

Freiwilligkeit im Arbeitsverhältnis

§ 26 Abs. 2 BDSG-neu nutzt die Öffnungsklausel nach Art. 88 DSGVO und gestattet die Einwilligung als Verarbeitungsgrundlage ausdrücklich im Kontext des Beschäftigungsverhältnisses unter der Voraussetzung, dass für den Betroffenen »ein rechtlicher oder wirtschaftlicher Vorteil erreicht wird oder Arbeitgeber und beschäftigte Person gleichgelagerte Interessen verfolgen.«

Kurzum: An die Bewertung, ob eine Einwilligung freiwillig erteilt wurde, sind hohe Maßstäbe anzulegen; in vielen Fällen schafft sie keinen Erlaubnistatbestand. Die Datenverarbeitung im Rahmen des Beschäftigungsverhältnisses nach § 26 Abs. 1 Satz 1 BDSG-neu kann z. B. nicht über eine Einwilligung gerechtfertigt werden. Dies ist aber auch nicht notwendig, da § 26 Abs. 1 Satz 1 BDSG-neu bereits eine absolut tragfähige Verarbeitungsgrundlage konstituiert.

Bestimmtheit

Auch an die *Bestimmtheit* sind hohe Maßstäbe anzulegen. Bestimmtheit und Freiwilligkeit bedingen hier einander. Nur wenn transparent ist, wie die Daten verarbeitet werden, kann eine Freiwilligkeit vorliegen. Die bereits angeführte Leitlinie aus:

> *[...] dass die Einwilligung der betroffenen Person für »einen oder mehrere bestimmte« Zwecke gegeben werden muss und dass eine betroffene Person in Bezug auf jeden dieser Zwecke eine Wahlmöglichkeit haben muss. Mit der Forderung, dass die Einwilligung für einen »bestimmten« Zweck sein muss, soll ein gewisses Maß an Kontrolle und Transparenz für die betroffene Person sichergestellt werden. Diese Anforderung [...] bleibt eng mit dem Erfordernis der Einwilligung »in Kenntnis der Sachlage« verknüpft. Gleichzeitig muss sie in Übereinstimmung mit der Forderung nach »Granularität« ausgelegt werden, um eine »freie« Einwilligung zu erhalten.*

(Article 29 Data Protection Working Party, 2019)

Beruhen z. B. werbliche Maßnahmen auf einer Einwilligung, ist nicht zwingend davon auszugehen, dass auch darin eingewilligt wurde, dass ein Kundenprofil angelegt wird – es sei denn, dies wurde nicht nur explizit benannt, sondern auch als eigener abwählbarer Zweck definiert. Auch in diesem Fall ist nicht davon auszugehen, dass diese Einwilligung die Weiterverwertung in Testsystemen oder für Machine Learning gestattet, es sei denn, auch dies wurde abwählbar namhaft gemacht.

Informiertheit

Mit dem Gebot der Bestimmtheit wiederum eng verbunden ist das Gebot der *Informiertheit*, die sich auch zwingend aus Art. 13 DSGVO ergibt.

Willensbekundung oder eindeutig bestätigende Handlung

Die Wirksamkeit einer Einwilligung hängt von einer *Willensbekundung* oder einer eindeutig bestätigenden Handlung ab:

> *Stillschweigen, bereits angekreuzte Kästchen oder Untätigkeit der betroffenen Person sollten daher keine Einwilligung darstellen.*

(Article 29 Data Protection Working Party, 2019)

Tatsächlich begründet Art. 7 Abs. 1 DSGVO eine Nachweispflicht für den Verantwortlichen. In welcher Form dieser Nachweis erbracht werden muss, ist dort nicht ausdrücklich festgelegt. Aufgrund praktischer Erwägungen wird dieser Nachweis wohl meist in Form schriftlicher oder elektronischer Aufzeichnungen erfolgen.

Koppelungsverbot

Art. 7 Abs. 4 begründet das in der Literatur länglich diskutierte *Koppelungsverbot*. Koppelungsverbot bedeutet, dass die Einwilligung zur Datenverarbeitung nicht an den Abschluss eines Vertrags gekoppelt werden, also keine Voraussetzung für den Vertragsabschluss darstellen darf.

Art. 7 Abs. 3 DSGVO erlaubt es dem Betroffenen, jederzeit die Einwilligung zu widerrufen. Darüber hinaus sind die folgenden Besonderheiten zu berücksichtigen:

- Art. 8 DSGVO beschreibt weitere Bedingungen für die Einwilligung eines Kindes.
- Art. 9 Abs. 2 Buchst. a DSGVO gestattet die Einwilligung als rechtfertigenden Tatbestand für die Verarbeitung besonderer Kategorien personenbezogener Daten.

Einwilligung und Löschung

Bedenken Sie, dass Art. 6 Abs. 1 Buchst. a DSGVO die Rechtmäßigkeit der Verarbeitung auf der Grundlage einer Einwilligung beschreibt. Daraus ergibt sich, dass der Widerruf der Einwilligung zum Löschen der Daten führen muss, sofern kein anderer und vorab transparent gemachter Tatbestand des Art. 6 Abs. 1 DSGVO die weitere Verarbeitung gestattet.

Einwilligung im Rahmen des Beschäftigungsverhältnisses

§ 26 Abs. 2 BDSG-neu regelt die Einwilligung im Rahmen des Beschäftigungsverhältnisses. § 26 Abs. 3 BDSG-neu gestattet in engen Grenzen auch die Verarbeitung besonderer Kategorien personenbezogener Daten auf der Basis einer Einwilligungserklärung im Rahmen des Beschäftigungsverhältnisses.

Generell ist die Einwilligung im Rahmen des Arbeitsverhältnisses ein schwieriges Instrument. Die Artikel-29-Datenschutzgruppe führt aus:

> *Damit eine Einwilligung gültig ist, muss sie ohne Zwang erfolgen. Das heißt, dass kein Risiko der Täuschung, Einschüchterung oder deutlicher negativer Folgen für die betroffene Person bestehen darf, wenn sie ihre Einwilligung nicht gibt. Bei der Datenverarbeitung im Beschäftigungsbereich, wo eine gewisse Abhängigkeit vorliegt, und im öffentlichen Dienst, z. B. im Bereich der Gesundheit, muss möglicherweise genau bewertet werden, ob der Einzelne ohne Zwang einwilligen kann.*

(Article 29 Data Protection Working Party, 2011).

Strikte Auslegung der Einwilligung in der DSGVO

Die Bewertung der Einwilligung wird in der DSGVO noch wesentlich strikter in den Erwägungsgründen verdeutlicht:

> *Um sicherzustellen, dass die Einwilligung freiwillig erfolgt ist, sollte diese in besonderen Fällen, wenn zwischen der betroffenen Person und dem Verantwortlichen ein klares Ungleichgewicht besteht, insbesondere wenn es sich bei dem Verantwortlichen um eine Behörde handelt, und es deshalb in Anbetracht aller Umstände in dem speziellen Fall unwahrscheinlich ist, dass die Einwilligung freiwillig gegeben wurde, keine gültige Rechtsgrundlage liefern.*

(ErwG 43 DSGVO)

Hier ist hervorzuheben, dass im Arbeitsverhältnis immer ein klares Ungleichgewicht besteht, die Einwilligung als Option diesbezüglich also zumindest infrage zu stellen wäre. Ferner ist im Kontext des Arbeitsrechts immer auch an das Direktionsrecht zu denken. In vielen Fällen kann der Arbeitgeber den Einsatz einer bestimmten Software oder Hardware – unter Achtung der Mitbestimmungsrechte des Betriebsrates – vorgeben.

Die Diskussion um die Einwilligung dreht sich also maßgeblich um die Fragestellung, wann von einer hinreichenden Eindeutigkeit der Willenserklärung ausgegangen werden und inwieweit die Freiwilligkeit angenommen werden kann.

[«]

Weiterführende Literatur

Zur weiteren Vertiefung siehe u .a. Frenzel (in Paal und Pauly, 2017), Art. 7 Rn. 18–21 sowie »Opinion 15/2011 on the definition of consent« (Article 29 Data Protection Working Party, 2011).

Endlosigkeit der Einwilligung

Die Einwilligung ist gesetzlich nicht mit einer Ablauffrist versehen. Da die Einwilligung jedoch nur für bestimmte Fälle erteilt werden kann und ein Ereignis in fernerer Zukunft meist nicht als bestimmt anzusehen ist, gehen wir davon aus, dass eine Einwilligung regelmäßig erneuert werden sollte, sofern für den Betroffenen nicht die Fortwirkung (etwa durch E-Mail-Werbung) offensichtlich ist. Oberbeck (2017) führt aus:

> *Von jeher umstritten ist die Geltungsdauer erteilter Einwilligungserklärungen. Auch dies wird weder in der DSGVO noch im finalen Entwurf der E-Privacy-Verordnung ausdrücklich geregelt. Allerdings gibt der Entwurf in Art. 9 der E-Privacy-Verordnung konkrete Vorgaben zum Widerruf und sich darauf beziehende Hinweise. Zukünftig müssen Nutzer in periodischen Intervallen von sechs Monaten auf diese Widerrufsmöglichkeit hingewiesen werden.*

Einwilligung: sinnvoll aber schwierig

Es sollte deutlich geworden sein, dass einerseits die Einwilligung eine taugliche Verarbeitungsgrundlage ist, die aber zahlreiche Bedingungen erfüllen muss, um wirksam zu sein. Sicherlich ist sie überall dort gut verwendbar, wo es sich um eine eindeutig auf Freiwilligkeit basierende Beziehung handelt und wo dem Betroffenen ein Zusatzgewinn entsteht, der z. B. über Rabattsysteme erreicht werden kann. In Abschnitt 1.4.1, »Einwilligung«, betrachten wir das Thema noch einmal von der technischen Seite.

1.2.7 Transparenzgebot

Die Art. 12–15 DSGVO behandeln die Pflichten zur Transparenz der Datenverarbeitung. In Abbildung 1.5 sind das Transparenzgebot und die letztlich flankierenden Artikel dargestellt. Da eine Einwilligung nach Art. 7 DSGVO nur informiert möglich ist, wird durch diese gleich zu Beginn der Verarbeitung Transparenz der Datenverarbeitung erreicht.

Verzeichnis von Verarbeitungstätigkeiten

Das *Verzeichnis von Verarbeitungstätigkeiten* (alte Bezeichnung: Verfahrensverzeichnis) nach Art. 30 DSGVO erlaubt es sowohl dem Verantwortlichen und dem Auftragsverarbeiter als auch der Aufsichtsbehörde, Transparenz über die Verarbeitung zu erlangen, und enthält teilweise vergleichbare Informationen wie die im Rahmen der Art. 12–15 DSGV benannten.

Data Breach

Die in den Art. 33 und 34 DSGVO enthaltenen Benachrichtigungspflichten im Falle einer Verletzungen des Schutzes personenbezogener Daten (*Data Breach*) verschaffen fallweise der betroffenen Person Transparenz darüber, dass ein Verantwortlicher oder sein Auftragsverarbeiter nicht sachgerecht mit den personenbezogenen Daten umgegangen ist. Ferner wird der Aufsichtsbehörde Transparenz eingeräumt.

Datenschutz-Folgenabschätzung

Auch die Datenschutz-Folgenabschätzung ist eine Anforderung, die der Transparenz in der Datenverarbeitung dient. Diese beschreiben wir ausführlicher in Abschnitt 1.2.14, »Datenschutz-Folgenabschätzung«.

Datenschutzbeauftragter

Die fallweise Bestellung eines Datenschutzbeauftragten nach Art. 37 DSGVO oder die nach § 38 BDSG-neu zwingende Bestellung erleichtern sowohl der betroffenen Person als auch der Aufsichtsbehörde das Erlangen von Transparenz.

Bestellung eines Datenschutzbeauftragten

Die Bestellung eines Datenschutzbeauftragten ist nach DSGVO nicht in allen Fällen erforderlich (siehe Art. 37 DSGVO). In Deutschland ist jedoch in § 38 DSAnpUG-EU geregelt, dass Verantwortliche, die »mindestens zehn Personen ständig mit der automatisierten Verarbeitung personenbezogener Daten beschäftigen« (§ 38 Abs. 1 Satz 1) sowie weitere Tatbestände die Bestellung eines Datenschutzbeauftragten erzwingen.

Explizit wird das Transparenzgebot jedoch in den Art. 12–15 DSGVO behandelt.

Hinreichende Transparenz

Art. 12 DSGVO spannt den Rahmen, den der Verantwortliche erfüllen muss, um der betroffenen Person hinreichende Transparenz über die Verarbeitung, die Wahrung und Wahrnehmung seiner Rechte gewährleisten zu können. Art. 13 und Art. 14 DSGVO definieren die Informationspflichten im Falle einer Datenverarbeitung, die wir vereinfachend *Vorabinformation* nennen wollen. Art. 13 DSGVO regelt dabei die Vorabinformation für den Fall, dass die Daten direkt bei der betroffenen Person erhoben und Art. 14

DSGVO für den Fall, dass die Daten nicht direkt bei der betroffenen Person erhoben werden.

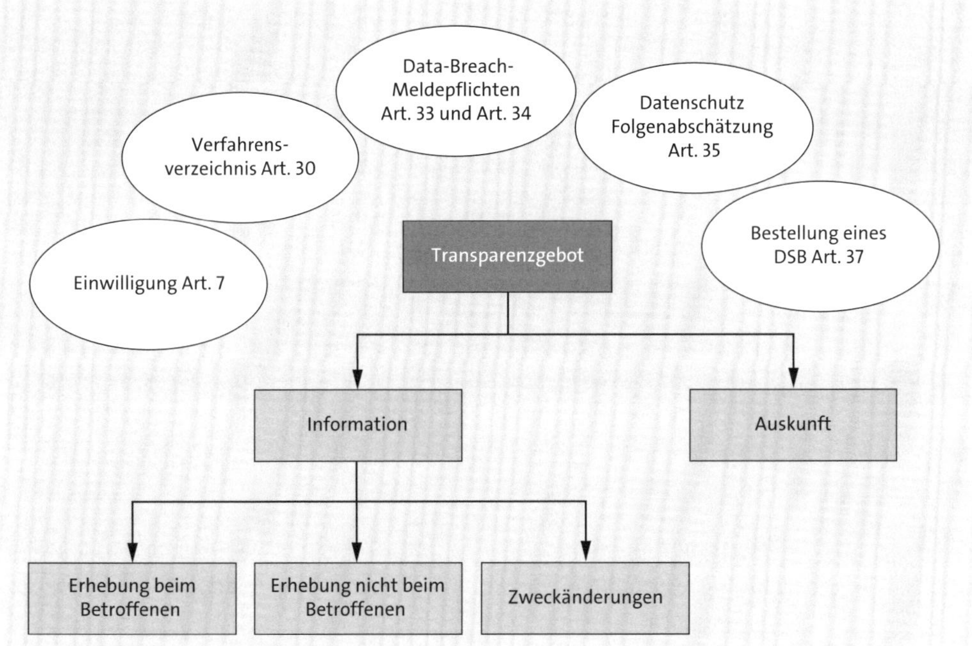

Abbildung 1.5 Transparenz in der Datenverarbeitung

Aufgrund der hohen Vergleichbarkeit der Informationspflichten stellen wir diese auszugsweise in Tabelle 1.1 dar.

Angabenerhebung beim Betroffenen	Angabenerhebung nicht beim Betroffenen
Art. 13. Abs. 1	**Art. 14 Abs. 1**
(a) Verantwortlicher/Vertreter	(a) Verantwortlicher/Vertreter
(b) gegebenenfalls Datenschutzbeauftragter (siehe den nachfolgenden Hinweiskasten)	(b) Datenschutzbeauftragter
(c) Zweck und Rechtsgrundlage	(c) Zweck und Rechtsgrundlage
(d) gegebenenfalls berechtigtes Interesse	
	(d) Kategorien der Daten

Tabelle 1.1 Gegenüberstellung ausgewählter Informationspflichten in Art. 13 und Art. 14 DSGVO

Angabenerhebung beim Betroffenen	Angabenerhebung nicht beim Betroffenen
(e) gegebenenfalls Empfänger	(e) gegebenenfalls Empfänger
(f) Übermittlung an Drittland/ internationale Organisation Vorliegen oder Fehlen eines Angemessenheitsbeschlusses der Kommission Garantien gem. Art. 46 oder Art. 47 oder Art. 49 Abs. 1 Nr. 2 Anspruch auf Kopie	(f) Übermittlung an Drittland/ internationale Organisation Vorliegen oder Fehlen eines Angemessenheitsbeschlusses der Kommission Garantien gem. Art. 46 oder Art. 47 oder Art. 49 Abs. 1 Nr. 2 Anspruch auf Kopie
Art. 13 Abs. 2	**Art. 14 Abs. 2**
(a) Speicherfristen oder Kriterien für solche	(a) Speicherfristen oder Kriterien für solche
	(b) gegebenenfalls berechtigtes Interesse
(b) Auskunftsanspruch Berichtigungsanspruch Sperranspruch Löschanspruch	(c) Auskunftsanspruch Berichtigungsanspruch Sperranspruch Löschanspruch
(c) Recht, Einwilligung zu widerrufen	(d) Recht, Einwilligung zu widerrufen
(d) Beschwerderecht bei der Aufsichtsbehörde	(e) Beschwerderecht bei der Aufsichtsbehörde
(e) inwieweit die Daten für den Vertrag erforderlich sind oder eine gesetzliche Grundlage gegeben ist und welche Konsequenz die Nichtbereitstellung der Daten hätte	
	(f) Datenherkunft
(f) gegebenenfalls automatisierte Entscheidungsfindung, inklusive Profilbildung	(g) gegebenenfalls automatisierte Entscheidungsfindung, inklusive Profilbildung
Art. 13 Abs. 3	**Art. 14 Abs. 4**
Information über geplante Zweckänderungen	Information über geplante Zweckänderungen

Tabelle 1.1 Gegenüberstellung ausgewählter Informationspflichten in Art. 13 und Art. 14 DSGVO (Forts.)

Verständlichkeit der Vorabauskunft

Art. 12 Abs. 1 DSGVO Satz 1 fordert, dass diese Informationen »in präziser, transparenter, verständlicher und leicht zugänglicher Form in einer klaren und einfachen Sprache« gegeben werden müssen. So richtig und wichtig auch diese Anforderung ist, mag jedoch der eine oder andere sich wundern, wie all die oben angeführten Informationen verständlich für die betroffene Person bleiben sollen. Inwieweit eine Vorabauskunft durch Technik unterstützt werden kann, verdeutlichen wir kurz in Kapitel 8, »›Transparenz gewinnt‹: Information Retrieval Framework«. Die dortigen Ausführungen können sinngemäß auf andere Auskunftslösungen übertragen werden.

Auskunft auf Verlangen

In Art. 15 DSGVO werden nun die Anforderungen an die Auskunft an die betroffene Person dargestellt, die auf Antrag zu erteilen ist.

Auskunft versus Vorabinformation

Offensichtlich wird dabei, dass die Vorabinformation zahlreiche Anforderungen mit der Auskunft gemein hat (siehe Tabelle 1.2). Dort stellen wir die Anforderungen der Auskunft den Anforderungen der Vorabinformation gegenüber.

Zusätzlich zu den in Tabelle 1.2 genannten Angaben ist auch die Beauskunftung der tatsächlich verarbeiteten Daten vollständig erforderlich.

Angaben nach Art. 15	In Art. 13	In Art. 14
Auskunft	**Vorabinformation**	
a) Verarbeitungszwecke	Abs. 1 Buchst. c	Abs. 1 Buchst. c
b) Kategorien personenbezogener Daten		Abs. 1 Buchst. d
c) Empfänger bzw. Kategorien von Empfängern (auch in Drittländern oder bei internationalen Organisationen)	Abs. 1 Buchst. e Abs. 1 Buchst. f	Abs. 1 Buchst. e Abs. 1 Buchst. f
d) Aufbewahrungsfristen	Abs. 2 Buchst. a	Abs. 2 Buchst. a
e) Berichtigung, Löschung, Widerspruch, Sperrung	Abs. 2 Buchst. b	Abs. 2 Buchst. c
f) das Bestehen eines Beschwerderechts bei einer Aufsichtsbehörde	Abs. 2 Buchst. d	Abs. 2 Buchst. e
g) Herkunft der Daten		Abs. 2 Buchst. f
h) automatisierte Entscheidungsfindung, inklusive Profiling	Abs. 2 Buchst. f	Abs. 2 Buchst. g

Tabelle 1.2 Auskunft und Vorabinformation in Art. 13, 14 und 15 DSGVO

Die Gegenüberstellung sollte hinreichend sein, um zu verdeutlichen, dass eine Organisation, die eine rechtskonforme Auskunft erteilen kann, damit bereits substanzielle Anforderungen zur Erteilung der Vorabinformation abdeckt. Weitere Anmerkungen zur Auskunft finden Sie in Abschnitt 1.3.6, »Auskunft«, und zur Vorabauskunft in Kapitel 8, »›Transparenz gewinnt‹: Information Retrieval Framework«, sowie in Bezug auf unsere weiteren Cloud-Lösungen in Kapitel 11, »›Der Kopf in den Wolken‹: Datenschutz in Cloud-Lösungen«, und in Kapitel 13, »›In der Wolke auf Sicht steuern‹: Übersicht über die Datenschutzfunktionen in SAP-Cloud-Lösungen«.

1.2.8 Richtigkeit der Daten

Korrekte Daten?

Die *Richtigkeit* der personenbezogenen Daten der betroffenen Person stellt, wie in Abschnitt 1.2.3, »Grundlagen der Verarbeitung«, bereits dargestellt, eine Verarbeitungsgrundlage nach Art. 5 Abs. 1 Buchst. d DSGVO dar. Gem. Art. 16 DSGVO hat die betroffene Person darüber hinaus ein Recht darauf, die Daten unverzüglich berichtigen zu lassen und eventuell auch, auf den Zweck bezogen, unvollständige Angaben, gegebenenfalls durch eine Erklärung, ergänzen zu lassen. Zur Berichtigung von Daten lesen Sie Abschnitt 1.2.8, »Richtigkeit der Daten«, und zur Korrektheit von Daten sehen Sie sich Abschnitt 1.4.3, »Datenrichtigkeit – Datenmanagement« an.

1.2.9 Recht auf Vergessenwerden

Art. 16 DSGVO begründet das Recht des Betroffenen, die Löschung seiner Daten zu verlangen, das sogenannte *Recht auf Vergessenwerden*. Dieses Recht ist aber rechtssystematisch zu betrachten: Einerseits wird der Tatbestand der Löschnotwendigkeit in verschiedenen anderen Artikeln der DSGVO berührt, andererseits berührt dieses Recht zahlreiche andere Rechtsgebiete.

Löschen gemäß DSGVO

Wenden wir uns zunächst jedoch der DSGVO-bezogenen Betrachtung zu. In Abbildung 1.6 sehen Sie die Anforderung des Löschens, von der zeitlich begrenzten Nutzung der personenbezogenen Daten ausgehend. Zunächst einmal können aus den Grundsätzen der Datenverarbeitung nach Art. 5 unmittelbar die *Speicherbegrenzung* und mittelbar die *Zweckbindung* und die *Datenminimierung* angeführt werden. In Bezug auf alle drei Grundlagen ist anzuführen, dass die Erforderlichkeit von personenbezogenen Daten für den vorab definierten Zweck maßgeblich ist.

Zweckgebundenheit der Daten

Die DSGVO, ebenso wie die alten europäischen Datenschutzregelungen EC95/46, konstituiert in Bezug auf personenbezogene Daten ein »Verbot mit Erlaubnisvorbehalt«. Es ist demnach nur dann statthaft, personenbezogene Daten zu verarbeiten, wenn es einen rechtfertigenden Tatbestand gibt (siehe Abschnitt 1.2.3, »Grundlagen der Verarbeitung«). Dieser rechtfertigende Tatbestand ist mit dem vorab definierten Zweck verbunden. Wenn der Zweck nicht mehr besteht, dürfen die Daten nicht mehr verarbeitet und müssen entfernt oder wirksam depersonalisiert werden.

[«]

Der Begriff »Depersonalisieren«

Der Begriff *Depersonalisieren* ist zweifellos eine sperrige Wortschöpfung. Von Depersonalisieren wird gesprochen, wenn die Attribute, die zur Identifizierung einer Person benötigt werden, entfernt werden. Es wird also der Versuch unternommen, die Daten so zu behandeln, dass eine Re-Identifizierung schwer bis unmöglich ist. Der Begriff grenzt sich dabei von der Anonymisierung dahingehend ab, als dass bei anonymisierten Daten die Re-Identifizierung nicht mehr möglich ist. Diese Thematik vertiefen wir in Abschnitt 1.2.13, »Sicherheit der Verarbeitung«.

Gesamtbild der Löschung

Wir nehmen an, dass personenbezogene Daten im Kontext von SAP-Lösungen meistens aus folgenden Gründen verarbeitet werden:

- zur Erfüllung eines Vertrags
- auf der Grundlage einer Einwilligung
- zur Erfüllung rechtlicher Verpflichtungen

Werden die Daten zu den genannten Zwecken verarbeitet und – sobald diese Grundlage entfällt – einem umfassenden, zeitnahen und regelbasierten Sperr- und Löschverfahren zugeführt, kann es nur eine Verarbeitung geben, die auch nach Art. 17 Abs. 1 DSGVO statthaft ist. Diese Thematik vertiefen wir in Kapitel 4 zum Sperren und Löschen mit SAP Information Lifecycle Management, sowie in Kapitel 11 und in Kapitel 13, sofern es um die weiteren Cloud Produkte geht.

Löschen auf Verlangen?

Das *Verlangen nach Löschung* der Daten bleibt natürlich statthaft; ist aber das System richtig konfiguriert, sind keine Daten vorhanden, die einer individuellen Löschung unterliegen. Daten, die nur auf der Grundlage einer Einwilligung verarbeitet werden, sind bei der Rücknahme der Zustimmung zu löschen. Dies kommt dem Löschen auf Verlangen sehr nahe, vor allem wenn keine weiteren Aufbewahrungspflichten existieren. Sofern Sie eine Einwilligungslösung technisch implementiert haben, muss diese in die Sperr- und Löschlogik einbezogen worden sein.

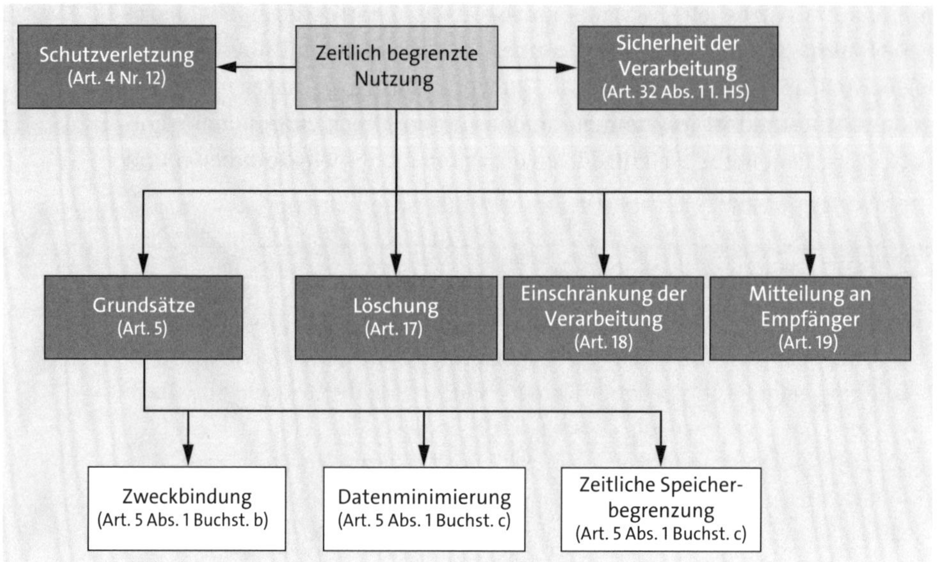

Abbildung 1.6 Löschen im DSGVO-Kontext

Schutzverletzung

Die zeitlich begrenzte Nutzung senkt auch das Risiko einer Schutzverletzung im Sinne des Art. 4 Nr. 12. Daten, die nicht mehr da sind, können auch nicht mehr in ihrem Schutz verletzt werden. Konkret bedeutet dies: Nichts ist wohl unerfreulicher, als Bußgelder für abhanden gekommene Daten zu zahlen, die das Unternehmen schon lange nicht mehr benötigt.

Sperren auf Verlangen

Als neue datenschutzrechtliche Anforderung wird in Art. 18 DSGVO die Einschränkung der Verarbeitung eingeführt. Demnach kann in bestimmten Fällen die Einschränkung der Verarbeitung bei der Erhaltung der Daten verlangt werden. Eine solche Sperrung ist entweder Gegenstand des Berechtigungskonzepts, siehe Abschnitt 1.3.4, »Technisch-organisatorische Maßnahmen (TOM)«, und/oder des gesamthaften Sperr- und Löschkonzepts, siehe Kapitel 4, »›Auch das Ende muss bestimmt sein‹: Sperren und Löschen mit SAP Information Lifecycle Management«. Auch hier weisen wir wieder für die weiteren Cloud-Produkte auf Kapitel 11 und Kapitel 13 hin.

Empfänger informieren

Art. 19 DSGVO regelt die organisatorische Maßnahme, dass dem Empfänger der Daten die Berichtigung, Sperrung auf Verlangen oder Löschung mitzuteilen ist.

Sperrverpflichtung

Das alte BDSG ergänzte die Löschverpflichtung um eine explizite *Sperrverpflichtung*, u. a. wenn die Daten nur noch aufgrund anderer anzuwendender gesetzlicher, satzungsmäßiger oder vertraglicher Aufbewahrungsfristen vorgehalten werden (§ 35 Abs. 3 Nr. 1 BDSG). Die Sperrung ist dabei die

Kennzeichnung der Daten als gesperrt und die darauf basierende Einschränkung der Verarbeitung (§ 3 Abs. 4 Nr. 4 BDSG). Wir nehmen an, dass diese Sperrverpflichtung sich ebenso – allerdings implizit – sowohl aus dem alten Recht EC95/46 als auch aus der DSGVO ergibt.

Die Sperrverpflichtung ist in der DSGVO aus der Bestimmung einer Schutzverletzung nach Art. 4 Nr. 12 und aus der Forderung nach angemessenen technischen und organisatorischen Maßnahmen des Art. 32 Abs. 1 1. HS i. V. m Art. 32 Abs. 2 DSGVO, der die Angemessenheit des Schutzniveaus u. a. an die Vermeidung unbefugten Zugangs knüpft, ableitbar. Ferner ist die Sperrverpflichtung aus den Grundsätzen des Art. 5, und dort im Besonderen aus den Prinzipien der Zweckbindung nach Art. 5 Abs. 1 Buchst. b DSGVO, der Datenminimierung nach Art. 5 Abs. 1 Buchst. c DSGVO und der zeitlichen Speicherbegrenzung nach Art. 5 Abs. 1 Buchst. e DSGVO, ableitbar.

Sperren meint Sperren

Nach unserer Auffassung bedeutet *Sperren* zwingend, dass die Daten auch nicht mehr für Aggregationen, Summenbildungen, Mengenbestimmungen usw. verwendet werden dürfen. Ohne eine eindeutige Pflicht müssen die Daten wirken, als wären sie nicht da.

[!]

Löschen oder Sperren

Daten sind zu löschen, wenn sie nicht mehr im Rahmen des definierten Verwendungszwecks verarbeitet werden. Dies gilt nicht, sofern andere Aufbewahrungsfristen anzuwenden sind. In diesem Fall ist aufgrund der weiteren Schutzbestimmungen eine Sperrung vorzunehmen.

1.2.10 Datenübertragbarkeit (Portability)

Datenübertragbarkeit ist sinngemäß nach Art. 20 DSGVO das Recht einer betroffenen Person, auf Antrag alle Daten, die, basierend auf einer Einwilligungserklärung oder eines Vertrags, von ihr bereitgestellt wurden, in einem durch Dritte verwendbaren Format zu erhalten. Der Betroffene darf die Daten in diesem Format an andere Verantwortliche weitergeben, und zwar, ohne daran gehindert zu werden.

Maschinenlesbare Bereitstellung

Diese Anforderung kann über einen Auskunftsreport formal erfüllt werden. Die ausgegebenen Informationen können in ein maschinenlesbares Format übertragen und die Ausgabe entsprechend angepasst werden. »Entsprechende Anpassung« bedeutet, dass nur die interaktiv von den Betroffenen erhobenen Daten bereitzustellen sind. Erkenntnisse aus der Verarbeitung sind mutmaßlich genauso zu entfernen wie Betriebsgeheimnisse oder Daten, die Dritte betreffen. Die vom europäischen Datenschutzausschuss übernommene Leitlinie der Artikel-29-Datenschutzgruppe aus dem Jahr 2017 führt in Bezug auf das Format aus:

> *[...] sollten die Verantwortlichen personenbezogene Daten in gemeinhin verwendeten offenen Formaten (wie XML, JSON oder CSV) zusammen mit sachdienlichen Metadaten in der bestmöglichen Granularitätsstufe bereitstellen.*

Es bleibt abzuwarten, ob dieser Anspruch durch Industrienormen oder Maßgaben der Aufsichtsbehörden so weit detailliert wird, dass eine solche Bereitstellung auch in B2C-Systemen tatsächlich möglich wird. Konkret bezweifeln wir, dass ein Abzug von Daten aus einer ERP-Lösung ohne Weiteres in einer anderen Installation genutzt werden könnte, ohne dass dafür eine konkrete Datenmigration vorgenommen würde. Wenn die Datenübertragbarkeit umfassend verstanden wird, geht es um Hunderte bis Tausende von Datenfeldern. Aus diesem Grund hoffen wir auf eine Normierung oder Standards, damit die Brauchbarkeit der bereitgestellten Daten sichergestellt wird.

1.2.11 Widerspruch, automatisierte Entscheidungen und Profiling

Der Betroffene hat das Recht, in bestimmten Fällen gegen die Verarbeitung von Daten Widerspruch einzulegen (Art. 21 DSGVO). In gesetzlich geregelten Fällen muss diese dann auch unterbleiben. Dort wo die Verarbeitung von Daten zu vertraglichen oder gesetzlichen Zwecken erfolgt, wird dieses Widerspruchsrecht in aller Regel folgenlos bleiben. Erfolgt die Verarbeitung aber für andere Zwecke, muss entsprechend verfahren werden.

Automatisierte Entscheidung und Profilbildung

Wesentlich wichtiger sind automatisierte Entscheidungen, einschließlich einer Profilbildung (*Profiling*) gemäß Art. 22 DSGVO. Der Anspruch der betroffenen Person besteht im Wesentlichen darin, nicht abschließend Gegenstand einer sie benachteiligenden Entscheidung zu werden, die ausschließlich automatisiert getroffen wurde. Der betroffenen Person sind zumindest Einwirkungsrechte zu gewähren. Dies gilt aber u. a. nicht, wenn diese automatisierte Entscheidung für die Vertragsschließung notwendig ist oder auf der Grundlage einer Rechtsvorschrift geschieht.

In der Rechtsnorm geht es deutlich nur darum, eine Eingriffsmöglichkeit (Art. 22 Abs. 3 DSGVO) bereitzustellen. Damit werden automatisierte Entscheidungen möglich, anders als noch nach Art. 15 der Richtlinie 95/46/EG des Europäischen Parlaments und des Rates vom 24. Oktober 1995 zum Schutz natürlicher Personen bei der Verarbeitung personenbezogener Daten und zum freien Datenverkehr; dort gab es noch einen grundsätzlichen Ausschluss vollständig automatisierter Entscheidungen.

Profiling

Automatisierte Entscheidungen beruhen häufig auf Profilbildung. Art. 4 Nr. 4 DSGVO stellt klar, dass Profiling ein Vorgehen ist, bei dem personenbezogene Daten zur Bewertung oder Verhaltensvorhersage genutzt werden. Profiling ist ein statthaftes Vorgehen, aber Gegenstand der Transparenzpflichten der Art. 13–15 DSGVO und ebenso Gegenstand des Widerspruchsrechts des Betroffen nach Art. 21 und der Datenschutz-Folgenabschätzung nach Art. 35 DSGVO.

1.2.12 Angemessenheit der Maßnahmen, Dokumentation und Nachweis

Die Anforderung an den Umgang mit und die Sicherheit der Daten werden um die Anforderungen der Prüfung und der Dokumentation ergänzt. Art. 24 DSGVO bestimmt, dass der Verantwortliche im Rahmen einer Risikoabwägung geeignete technische und organisatorische Maßnahmen umsetzen muss, um sicherzustellen und den Nachweis erbringen zu können, dass die Verarbeitung gemäß dieser Verordnung erfolgt und dass die Maßnahmen gegebenenfalls aktualisiert werden.

Data protection by design and by default

Griffiger als die Wendung »Datenschutz durch Technikgestaltung und durch datenschutzfreundliche Voreinstellungen«, die in der deutschen Fassung von Art. 25 DSGVO verwendet wird, heißt es im englischen Original »Data protection by design and by default«. Die Verarbeitung ist durch entsprechende Voreinstellungen so auszugestalten, dass den Grundsätzen der Verordnung Genüge getan wird; als Beispiel wird im Rechtstext die Datenminimierung angeführt.

Durch Technikgestaltung und Voreinstellungen ist sicherzustellen, dass nur erforderliche personenbezogene Daten verarbeitet werden. Diese Verpflichtung wird konkretisiert in Bezug auf die Menge der personenbezogenen Daten sowie »den Umfang ihrer Verarbeitung, ihre Speicherfrist und ihre Zugänglichkeit.« (Art. 25 Abs. 2 Satz 2 HS 2 DSGVO). Im Besonderen dürfen die Daten nicht beliebig vielen anderen Personen zugänglich gemacht werden. Auch die Einhaltung dieser Anforderungen ist nachweispflichtig.

Privacy by Design

Privacy by Design, auch *Technikgestaltung* genannt, ist ein Paradigma, das im Rahmen der Gesetzgebung noch recht neu ist: Es schreibt vor, dass Datenschutzüberlegungen und -anforderungen von Anfang an bei der Entwicklung eines neuen Produkts oder Prozesses berücksichtigt werden müssen. Der Datenschutz muss dabei ein wesentlicher Bestandteil der Designphase sein. Es kann durchaus diskutiert werden, wie weit dieses Prinzip auch für den Hersteller von Software oder den Auftragsverarbeiter gilt. Dazu aus dem Heidelberger Kommentar:

> *Unmittelbarer Adressat der Vorschrift ist nur der Verantwortliche (Art. 4 Nr. 7). Im Entwurf des Parlaments waren auch Auftragsverarbeiter explizit verpflichtet worden. Eine in Hinblick auf den Adressatenkreis breitere Konzeption hat sich aber, genau wie die im Gesetzgebungsverfahren diskutierte Einbeziehung der Hersteller von Hard- und Software, nicht durchgesetzt, womit die Vorschrift nach verbreiteter Auffassung vieles von ihrem Wirkungspotential eingebüßt hat.*

(Hermann, Keber, Keppler, 2018, S. RN 27)

Eine Ausweitung des Adressatenkreises verbietet sich auch durch die Sache selbst. Ein Hersteller oder Auftragsverarbeiter kann letztlich nicht ermessen, in welchem Kontext, auf welcher Grundlage, zu welchem Zweck und in welchen Prozessen welche Daten verarbeitet werden. Dies kann nur der Verantwortliche leisten, gegebenenfalls mithilfe einer Datenschutz-Folgenabschätzung (siehe Abschnitt 1.2.14, »Datenschutz-Folgenabschätzung«). Der Verantwortliche muss die Entscheidung treffen, ob das erhaltene Angebot seinem Risikoverständnis genügt. Hersteller und Auftragsverarbeiter müssen allerdings die technischen Funktionen bereitstellen, die erforderlich sind, damit ein Verantwortlicher die Daten rechtskonform verarbeiten oder deren Verarbeitung rechtskonform beauftragen kann.

Privacy by Default

Privacy by Default, auch *datenschutzfreundliche Voreinstellungen* genannt, wird dadurch erreicht, dass Cloud-Lösungen im Standard mit den jeweils striktesten Einstellungen ausgeliefert werden. Zum Beispiel sind nur die E-Mail-Benachrichtigungen aktiviert, die für den Geschäftszweck absolut notwendig sind; alle anderen Benachrichtigungen sind standardmäßig deaktiviert.

1.2.13 Sicherheit der Verarbeitung

In Art. 32 DSGVO werden Maßnahmen beschrieben, um die *Sicherheit der Verarbeitung* zu gewährleisten.

Dazu gehören gem. Art. 32 Abs. 1

- Pseudonymisierung und Verschlüsselung
- die Gewährleistung der Vertraulichkeit, Integrität, Verfügbarkeit und Belastbarkeit der Systeme und Dienste
- Backup/Disaster Recovery
- ein Verfahren zur regelmäßigen Überprüfung, Bewertung und Evaluierung der Wirksamkeit der technischen und organisatorischen Maßnahmen zur Gewährleistung der Sicherheit der Verarbeitung

Pseudonymisierung, Anonymisierung

Die DSGVO schlägt an einigen Stellen die *Pseudonymisierung* von Daten vor. Für eine Diskussion ist es notwendig, die Legaldefinition des Art. 4 Nr. 5 DSGVO zu betrachten:

> *[Pseudonymisierung ist] die Verarbeitung personenbezogener Daten in einer Weise, dass die personenbezogenen Daten ohne Hinzuziehung zusätzlicher Informationen nicht mehr einer spezifischen betroffenen Person zugeordnet werden können, sofern diese zusätzlichen Informationen gesondert aufbewahrt werden und technischen und organisatorischen Maßnahmen unterliegen, die gewährleisten, dass die personenbezogenen Daten nicht einer identifizierten oder identifizierbaren natürlichen Person zugewiesen werden.*

Der so beschriebene Tatbestand gleicht in weiten Teilen der Legaldefinition des alten § 3 Abs. 6 BDSG zur *Anonymisierung*. Der wesentliche Unterschied besteht darin, dass es laut DSGVO legitim ist, identifizierende Merkmale gesondert aufzubewahren, also eine Identifzierung möglich bleibt und möglich bleiben soll. Nach der Auffassung der Autoren sind aber weder Anonymisierung noch Pseudonymisierung für längere und abhängige Datenketten, wie sie in einem ERP-System üblich sind, nahezu nicht zu erreichen. Das Problem wird u. a. in Arbeiten zur sogenannten *k-Anonymität* und zu *Differential Privacy* deutlich.

k-Anonymität

Die k-Anonymität ist ein von Samarati und Sweeney (Samarati und Sweeney, 1998) formulierter Ansatz, bei dem in einer Datenmenge mit vergleichbaren Datensätzen die unmittelbar identifizierenden Attribute entfernt und die mittelbar identifizierenden Attribute so gewählt werden, dass die Gruppe mindestens k Datensätze ausweist, die gleiche mittelbar identifizierende Attribute ausweisen.

Differential Privacy

Differential Privacy ist ein Konzept, bei dem in einer Datenmenge die Daten so verändert werden, dass ein Rückschluss auf die Person signifikant erschwert wird. Dies wird erreicht, indem ausgewählte Attribute so randomisiert werden, dass die Gesamtinformation des ausgewählten Attributs mit hoher Wahrscheinlichkeit erhalten bleibt, die Einzelinformation aber verändert ist (Dwork, 2006).

Es muss vorab erkannt werden, welche mittelbar identifizierenden Attribute oder welche Kombination von Attributen hinreichend sein könnten, um eine Person zu identifizieren. Das Attribut »weiblich« ist in der Arbeitswelt als solches nicht identifizierend. In den meisten deutschen Unternehmen ist auch nicht die Kombination aus »Führungskraft auf einer unteren oder mittleren Führungsebene« und »weiblich« identifizierend. Auf den oberen Führungsebenen oder in besonderen Unternehmensbereichen könnte diese Kombination aber bereits identifizierend werden, spätestens, wenn noch weitere aussagekräftige Attribute, z. B. »Betriebszugehörigkeit« und »Alter«, hinzukommen. Das Ziel wurde also nicht erreicht.

Depersonalisieren

Um jedwedes Missverständnis zu vermeiden, nutzen wir den Begriff *Depersonalisierung* mit der Maßgabe, dass der Erfolg erst im Endzustand der Daten beurteilt werden kann. Dies entspräche wohl auch dem wissenschaftlichen Forschungsstand. Da es aber eine zurzeit noch gültige Legaldefinition im BDSG und mit der DSGVO neue Legaldefinitionen gibt, verwenden wir also bewusst nicht den Begriff *Anonymisierung*.

Maßgeblich, sowohl für das Gelingen der Depersonalisierung als auch für die weitere Nutzbarkeit der Daten, ist die Einschätzung, für welche Berichte die Daten relevant sind. Attribute, die für die gewünschten Berichte nicht erforderlich sind, sollten somit überhaupt nicht erhalten bleiben. In den Fällen, in denen die Verarbeitung auf vertraglichen oder gesetzlichen Grundlagen erfolgt, ist dieses Thema eher nebensächlich.

Beim Export von Daten in Data-Warehouse-Systeme müssen Sie als SAP-Kunde festlegen, welche Informationen Sie personenbezogenen halten möchten und welche Informationen z. B. in Aggregaten zusammengefasst werden. Die Löschinformationen personenbezogener Daten werden in SAP-BW4/HANA- und SAP-BW-Systemen durch eine Benachrichtigungsfunktion unterstützt.

Verschlüsselung

Der *Verschlüsselung* von Daten kommt eine herausragende Bedeutung bei der Übertragung von Daten zu. Ferner fordern einige Industriestandards, z. B. der PCI-Standard der Kreditkartenindustrie, eine Verschlüsselung bestimmter Daten. Verschlüsselung kostet in der Datenverarbeitung Performance. Aus diesem Grund ist eine Verschlüsselung wohl auf die Daten zu beschränken, die in der Folge der Risikobetrachtung auch einschlägig sensibel sind. Bei einer großen Organisation im Versicherungswesen begegnete uns die Forderung nach Verschlüsselung aller Daten – in einem System, in dem alle Mitarbeiter alle Daten uneingeschränkt sehen konnten. Auch hier gilt schließlich: Es kommt immer auf die Kombination der unterschiedlichen Maßnahmen an.

Vertraulichkeit

Die *Vertraulichkeit* der Systeme muss durch geeignete Maßnahmen sichergestellt werden. Diese werden traditionell seit 1976 immer wieder auf andere Weise in den deutschen Datenschutzgesetzen als *technisch-organisatorische Maßnahmen* (TOM) beschrieben. Die TOM werden in Abschnitt 1.3.4, »Technisch-organisatorische Maßnahmen (TOM)«, beschrieben. Die Maßgabe der zweckgetrennten Verarbeitung betrachten wir u. a. in Abschnitt 1.3.1, »Zweckbindung der Verarbeitung«.

Integrität

Als *Integrität* beschreibt Marit Hansen (Hansen, 2012) den Schutz der Systeme vor unentdeckbarer Manipulation. Die Integrität der Systeme ist demnach durch zahlreiche Maßnahmen sicherzustellen und zu kontrollieren. Zentral dürfte dabei sein:

- Schutz des Quellcodes und Protokollierung der Änderungen
- Schutz der Konfiguration und Protokollierung der Änderungen
- Schutz der Schnittstellen und Protokollierung der Nutzung
- andere technische Maßnahmen, die eine ungewollte Manipulation von personenbezogenen Daten vermeiden, u. a. Zugangskontrolle, Zugriffskontrolle, Weitergabekontrolle

Wesentlich dürfte es im Kontext dieses Buches sein, dass die zur Verfügung stehenden Security Patches zeitnah eingespielt werden.

[«]

Security Patches

SAP arbeitet kontinuierlich am Schließen von Sicherheitslücken, die durch eigene oder fremde Tests aufgedeckt werden. Die so zur Verfügung gestellten Softwarereparaturmaßnahmen werden als *Patches* oder auch *Security Patches* bezeichnet. Leider lassen sich viele Kunden mit dem Einspielen der Patches Zeit. Sofern ein Patch nicht eingespielt wurde und infolgedessen Daten missbraucht werden, ist dies wahrscheinlich als bußgeldrelevanter Vorgang zu bewerten.

Verfügbarkeit

Unter dem Stichwort *Verfügbarkeit* (das in Art. 32 Abs. 1 Buchst. b und Buchst. c präzisiert wird) geht es um die klassische Verfügbarkeitskontrolle. Personenbezogene Daten müssen verfügbar bleiben. Dabei geht es darum, Daten vor zufälligem Verlust und zufälliger Zerstörung zu schützen. Neben den Backup-Verfahren gehören dazu auch das Disaster Recovery und Business-Continuity-Konzepte. Dazu schreiben Lehnert und Dopfer-Hirth über Datenschutzanforderungen und ihre Unterstützung in HR-Systemen am Beispiel von SAP ERP HCM, 2016:

> *Auch wenn diese Konzepte als betriebswirtschaftliche Notwendigkeit offensichtlich sein und keiner zusätzlichen datenschutzrechtlichen Begründung bedürfen sollten, zeigt die Erfahrung, dass hier nach wie vor einiges in Unternehmen im Argen liegt.*

Verfahren zur regelmäßigen Überprüfung

Das in Art. 32 Abs. 1 Buchst. d DSGVO geforderte »Verfahren zur regelmäßigen Überprüfung, Bewertung und Evaluierung der Wirksamkeit der technischen und organisatorischen Maßnahmen zur Gewährleistung der Sicherheit der Verarbeitung« kann nicht anders verstanden werden als umfassende Kontrollen und nachfolgende Anpassungen der Maßnahmen.

Sinnvoll ist es dabei, die Nachweispflichten, die in Abschnitt 1.2.12, »Angemessenheit der Maßnahmen, Dokumentation und Nachweis«, ausgeführt werden, gedanklich einzubeziehen.

In Abbildung 1.7 ist die logische Abfolge der dauernden Definitions- und Kontrollhandlungen dargestellt, die jeweils entsprechend zu Dokumentations- und Nachweispflichten führen.

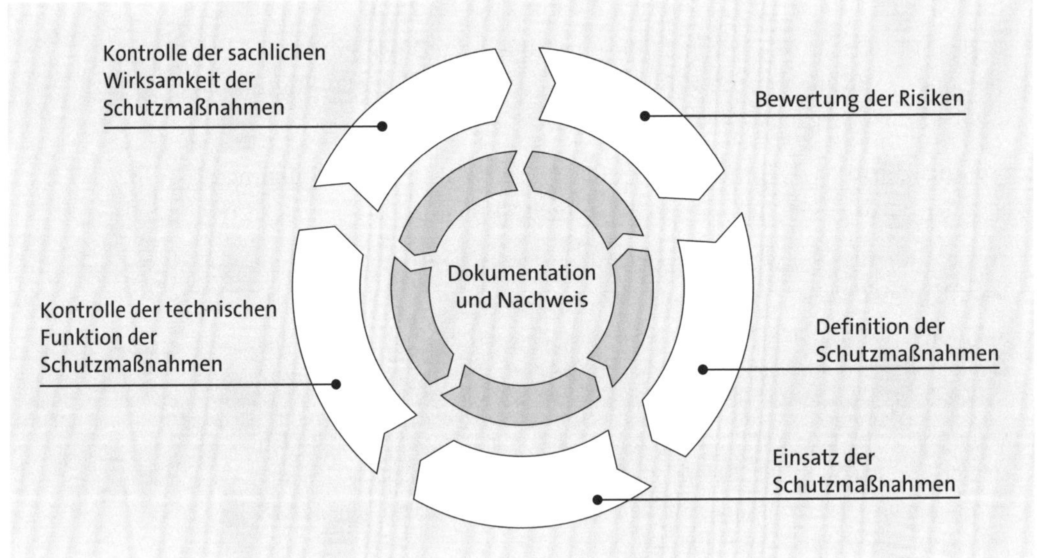

Abbildung 1.7 Kontrollkreis – Nachweiskreis

Um dies an einem einfachen Beispiel des Berechtigungskonzepts zu verdeutlichen: In einem System werden personenbezogene Daten besonderer Kategorien verarbeitet. Dementsprechend ist ein hoher Schutzbedarf für die Daten gegeben (Bewertung). Der Zugriff auf diese Daten muss also so beschränkt werden, dass nur Personen, die einen expliziten Verwendungszweck für diese Daten haben, auf diese auch zugreifen können (Definition). Dementsprechend werden die Berechtigungen ausgeprägt (Einsatz). Über eine einschlägige Berechtigungsanalyse wird festgestellt, ob diese Schutzmaßnahme greift (Kontrolle der technischen Funktion). Ob die Schutzmaßnahme auch sachlich greift, wird einerseits durch die Protokollierung, aber auch durch Expertenbefragungen ermittelt (Kontrolle der sachlichen Funktion). Jeder Schritt wird dokumentiert und idealerweise gegebenenfalls auch mit einer softwaregestützten Kontrollhandlung verbunden. Dies diskutieren wir in Abschnitt 1.4.6, »Rechenschaftspflichten – Compliance Management«, weiter.

1.2.14 Datenschutz-Folgenabschätzung

In die DSGVO ist die *Datenschutz-Folgenabschätzung* (englisch treffender als *Privacy Impact Assessment – PIA* bezeichnet) aufgenommen worden.

Konkrete Nachweispflichten

In Datenschutzkreisen wird zwar diskutiert, ob es eine Vergleichbarkeit mit der Vorabkontrolle des BDSG gibt, erheblich ist aber, dass es in der Datenschutz-Folgenabschätzung um konkretisierte Nachweispflichten geht. So bestimmt Art. 35 Abs. 7 DSGVO, dass die Folgenabschätzung zumindest Folgendes enthalten muss:

a) eine systematische Beschreibung der geplanten Verarbeitungsvorgänge und der Zwecke der Verarbeitung, gegebenenfalls einschließlich der von dem Verantwortlichen verfolgten berechtigten Interessen;

b) eine Bewertung der Notwendigkeit und Verhältnismäßigkeit der Verarbeitungsvorgänge in Bezug auf den Zweck;

c) eine Bewertung der Risiken für die Rechte und Freiheiten der betroffenen Personen gemäß Absatz 1 und

d) die zur Bewältigung der Risiken geplanten Abhilfemaßnahmen, einschließlich Garantien, Sicherheitsvorkehrungen und Verfahren, durch die der Schutz personenbezogener Daten sichergestellt und der Nachweis dafür erbracht wird, dass diese Verordnung eingehalten wird, wobei den Rechten und berechtigten Interessen der betroffenen Personen und sonstiger Betroffener Rechnung getragen wird.

Risikoabschätzung

Mit anderen Worten geht es um eine zweckbezogene, an den Verarbeitungsschritten orientierte Abschätzung von Risiken und die Benennung der Maßnahmen, die zur Risikominimierung vorgesehen sind.

Eine Datenschutz-Folgenabschätzung ist nach Art. 35 Abs. 3 DSGVO durchzuführen, sofern besondere Risiken mit der Verarbeitung verbunden sind – im Besonderen dann, wenn die folgenden Tatbestände erfüllt sind:

a) systematische und umfassende Bewertung persönlicher Aspekte natürlicher Personen, die sich auf automatisierte Verarbeitung einschließlich Profiling gründet und die ihrerseits als Grundlage für Entscheidungen dient, die Rechtswirkung gegenüber natürlichen Personen entfalten oder diese in ähnlich erheblicher Weise beeinträchtigen;

b) umfangreiche Verarbeitung besonderer Kategorien von personenbezogenen Daten gemäß Artikel 9 Absatz 1 oder von personenbezogenen Daten über strafrechtliche Verurteilungen und Straftaten gemäß Artikel 10 oder

c) systematische umfangreiche Überwachung öffentlich zugänglicher Bereiche.

1.2.15 Verzeichnis von Verarbeitungstätigkeiten

Art. 30 DSGVO verpflichtet den Verantwortlichen (Art. 30 Abs. 1 DSGVO) sowie den Auftragsverarbeiter (Art. 30 Abs. 2 DSGVO), ein *Verzeichnis von Verarbeitungstätigkeiten* zu führen, das auf Verlangen der Aufsichtsbehörde vorzulegen ist (Art. 30 Abs. 4 DSGVO). In Art. 30 Abs. 5 DSGVO werden mögliche Ausnahmetatbestände von der Pflicht, solch ein Verzeichnis zu führen, benannt.

Vergleich von Verzeichnis, Auskunft und Vorabinformation

Schauen Sie sich die erforderlichen Angaben des Verzeichnisses von Verarbeitungstätigkeiten an, stellen Sie schnell fest, dass es wiederum zumindest teilweise um Daten geht, die bereits im Rahmen der Transparenzpflichten in Abschnitt 1.2.7, »Transparenzgebot«, diskutiert wurden. Dies bildet Tabelle 1.3 ab.

Angaben nach Art. 30	In Art. 13	In Art. 14	In Art. 15
a) Namen und Kontaktdaten des Verantwortlichen	Abs. 1 Buchst. a	Abs. 1 Buchst. a	
a) gegebenenfalls Namen und Kontaktdaten des Datenschutzbeauftragten	Abs. 1 Buchst. b	Abs. 1 Buchst. b	
b) Verarbeitungszwecke	Abs. 1 Buchst. c	Abs. 1 Buchst. c	Abs. 1 Buchst. a
c) Kategorien personenbezogener Daten		Abs. 1 Buchst. d	Abs. 1 Buchst. b
d) Empfänger bzw. Kategorien von Empfängern (auch in Drittländern oder bei internationalen Organisationen)	Abs. 1 Buchst. e	Abs. 1 Buchst. e	Abs. 1 Buchst. c

Tabelle 1.3 Verzeichnis, Auskunft und Vorabinformation

Angaben nach Art. 30	In Art. 13	In Art. 14	In Art. 15
e) Übermittlungen an Drittland oder int. Organisationen und gegebenenfalls geeignete Garantien	Abs. 1 Buchst. f	Abs. 1 Buchst. f	
f) Aufbewahrungsfristen	Abs. 2 Buchst. a	Abs. 2 Buchst. a	Abs. 1 Buchst. d
g) allgemeine Beschreibung der technischen und organisatorischen Maßnahmen			

Tabelle 1.3 Verzeichnis, Auskunft und Vorabinformation (Forts.)

Neu hinzu kommt die allgemeine Beschreibung der technischen und organisatorischen Maßnahmen. Wir wenden uns in Abschnitt 1.4.5, »Verzeichnis von Verarbeitungstätigkeiten«, der technischen Unterstützung eines solchen Verzeichnisses zu.

1.3 Welche Anforderungen sind notwendigerweise technisch zu unterstützen?

Während einige Anforderungen der DSGVO offensichtlich rein organisatorisch zu lösen sind – z. B. die eventuelle Bestellung eines Datenschutzbeauftragten – und einige Aufgaben technisch unterstützt werden können (siehe Abschnitt 1.4, »Welche Anforderungen können technisch unterstützt werden?«), erfordern einige Anforderungen technische Lösungen oder zumindest technische Möglichkeiten. Diesen widmen wir uns im Folgenden.

1.3.1 Zweckbindung der Verarbeitung

Zweck ist kein definierter Rechtsbegriff; daher muss der Verantwortliche die *Zwecke der Verarbeitung* festlegen. Aus betriebswirtschaftlicher Sicht sollte der Zweck als End-to-End-Prozess definiert werden, z. B. die Abwicklung eines Kaufvertrags.

[»]

Diskussion um »Zwecke der Verarbeitung«

In der Fachdiskussion geht es auch um die Fragestellung, wie Zwecke sinnvoll zu fassen sind. An dieser Fachdiskussion haben wir naturgemäß keinen Anteil, denn wir sind keine Juristen. Unsere ablauforganisatorische und technische Sichtweise orientiert sich am betriebswirtschaftlichen Prozess.

Wenn der Zweckbegriff so verstanden wird, dass jeder einzelne faktische Zweck differenziert wird, ergeben sich Mikrozwecke, die weder im Sperren und Löschen noch im Berechtigungskonzept noch in den Transparenzpflichten mit angemessenem Aufwand darstellbar sind. Sie sorgen dem Betroffenen gegenüber auch nicht für ausreichende Transparenz. Kramer (2016) schreibt dazu Folgendes:

Die Vereinbarkeitsprüfung der DSGVO (Art. 6 Abs. 4) zwingt dazu, genau zu bestimmen, ob mit einer Datenverarbeitung noch der ursprüngliche Zweck verfolgt wird oder ein neuer, auf Vereinbarkeit zu prüfender Sekundärzweck gegeben ist. Ein ursprünglicher Zweck wird beispielsweise verfolgt, wenn bei einem Kaufvertrag Kaufvertragsdaten zu Forderungseinzugszwecken an ein Inkassounternehmen weitergegeben werden, weil der Betroffene nicht zahlt.

Dabei ist es sinnvoll, Zwecke so feingranular zu definieren, dass Geschäfte, auf die unterschiedliche weitere Rechtsnormen anzuwenden sind, auch als unterschiedliche Zwecke abgebildet werden. Wir haben in Abschnitt 1.2.2, »Einschränkung durch speziellere Regelungen«, skizziert, dass es unzählige zusätzliche Rechtsquellen gibt, die sich auf den Datenschutz auswirken.

Zwecke im Verkauf differenzieren

Stellen Sie sich ein Unternehmen mit zwei Produkten vor: Pfefferminzöl und Hustensaft. Für Pfefferminzöl dürften nur die üblichen handels- und lebensmittelrechtlichen Quellen anwendbar sein, für Hustensaft sind die wesentlich schärferen Rechtsquellen der Pharmaindustrie anzuwenden (Lehnert und Pluder, 2016).

Zwecke und weitere Rechtsgrundlagen

Es gilt, die unterschiedlichen Zwecke der Verarbeitung entlang der weiteren anzuwendenden Rechtsquellen so zu gliedern, dass die Verarbeitung der Daten hinreichend ausdifferenziert erfolgen kann. Wenn Sie z. B. nur einen Zweck definiert haben, wenn Ihr Geschäftsmodell den Handel mit Pfefferminzöl und Hustensaft umfasst, wären eventuell alle Daten gleich lang und würden somit zumindest teilweise länger aufbewahrt als nötig, was rechtswidrig wäre.

Entscheidend ist, dass Sie Zweck und verantwortliche Stelle gedanklich zusammenbringen. Ein Zweck gehört immer zur verantwortlichen Stelle. Die rechtlich eigenständige Gesellschaft A in Deutschland ist eine andere verantwortliche Stelle als die rechtlich eigenständige Gesellschaft B in Deutschland. Selbst wenn es um gleiche Geschäftsvorfälle und somit vergleichbare Zwecke geht, wie z. B. um den Verkauf von Pfefferminzöl, gibt es doch unterschiedliche Zwecke: »Verkauf von Pfefferminzöl Gesellschaft A« und »Verkauf von Pfefferminzöl Gesellschaft B«.

Es ist also notwendig, einerseits den Bezug zum Verantwortlichen und andererseits den Bezug zum Geschäftsprozess darzustellen. Der Bezug zum Verantwortlichen ist linienorganisatorisch und der Bezug zum Prozess prozessorganisatorisch. Die Kombination aus linienorganisatorischen und prozessorganisatorischen Merkmalen bildet den Zweck der Verarbeitung ab.

Strukturen sind erforderlich

Um die Zwecke entsprechend abzubilden, sind unterschiedliche Modelle denkbar. Eine Lösung, die Reisekosten und eine Reiseverwaltung für Mitarbeiter anbietet, wird für deutlich weniger Zwecke genutzt als eine hochkomplexe ERP-Lösung, die die unternehmerischen Prozesse entlang der Wertschöpfungskette oder End-to-End abbilden kann. Wie dies in SAP S/4HANA und der SAP Business Suite vonstattengeht, entnehmen Sie Kapitel 5, »›Struktur ist alles‹: Verarbeitung muss auf dem Zweck basieren«.

1.3.2 Datenrichtigkeit – Korrektur

Wie es in Abschnitt 1.2.3, »Grundlagen der Verarbeitung«, bereits angeführt wird, müssen die personenbezogenen Daten richtig und aktuell sein. Aus dieser Anforderung lässt sich ableiten, dass es möglich sein muss, unrichtige personenbezogene Daten zu korrigieren. Grundsätzlich ist dies in den SAP-Produkten möglich.

Für Belege gilt grundsätzlich, dass diese – sofern nachweispflichtig – nicht nachträglich geändert werden dürfen. Hier kann eine Korrektur über Storno und deren Neueinbuchung vorgenommen werden.

Geschäftsbriefe

Zu bedenken ist ferner, dass eventuelle weitere aufbewahrungspflichtige Daten – z. B. in Geschäftsbriefen im Sinne des Handelsgesetzbuches (HGB) – nach unserer laienhaften Auffassung erst dann geändert oder gelöscht werden können, wenn die vorrangige Aufbewahrungspflicht endet.

Mit diesen Mitteln kann also die Richtigkeit der Daten durch manuelle Korrekturen erreicht werden. Dies reicht aber nicht aus, sondern es ist auch sicherzustellen, dass die Daten korrekt und aktuell sind. Lediglich durch eine einfache technische Lösung kann dies jedoch nicht erreicht werden, sondern es sind darüber hinaus technisch unterstützbare organisatorische Maßnahmen erforderlich. Dazu äußern wir uns in Abschnitt 1.4.3, »Datenrichtigkeit – Datenmanagement«.

1.3.3 Datenlöschung – Datensperrung

In diesem Abschnitt gehen wir auf die betriebswirtschaftlichen Folgen und Abhängigkeiten rund um die Themen *Datenlöschung* und *Datensperrung* ein. In Kapitel 4 zum Sperren und Löschen mit SAP Information Lifecycle Management sowie für die SAP-Cloud-Lösungen in Kapitel 11 und in Kapitel 13 vertiefen wir diese Themen aus technischer Perspektive.

Daten, die einerseits nicht mehr im Rahmen des ursprünglichen Zwecks verwendet werden, andererseits aber noch aufbewahrt werden müssen, sind zu sperren (siehe Abschnitt 1.2.9, »Recht auf Vergessenwerden«).

Umgekehrter Geschäftsprozess

Das Sperren und Löschen personenbezogener Daten können Sie als »umgekehrten« Geschäftsprozess betrachten. Das heißt, dass die Daten, die während des Geschäftsprozesses gespeichert wurden, gesperrt und schließlich gelöscht werden müssen. In Abbildung 1.8 ist ein vereinfachter Prozess abgebildet.

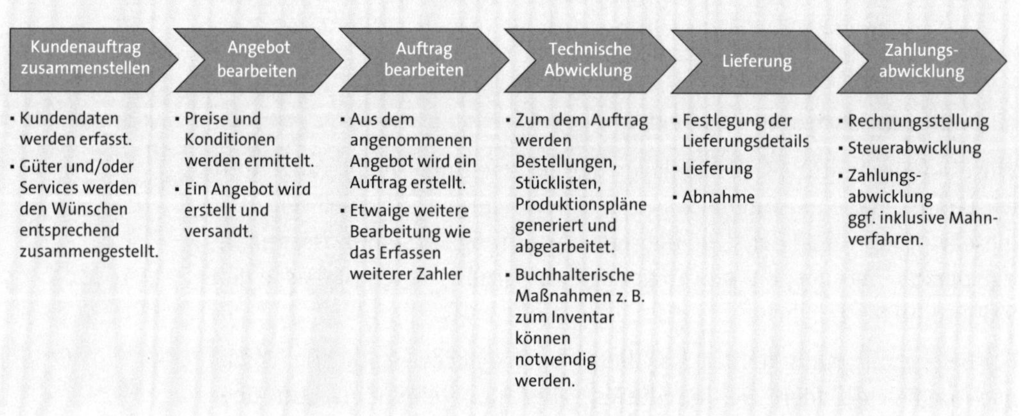

Abbildung 1.8 Vereinfachter Geschäftsprozess

Ein Kundenauftrag geht ein oder wird zusammengestellt, und daraus wird wiederum ein Angebot erstellt. Danach wird der angenommene Auftrag abgewickelt, die Lieferung erfolgt, und schließlich wird die Zahlung verarbeitet. Der gedachte umgekehrte Geschäftsprozess zielt darauf ab, die dabei im Geschäftsprozess erzeugten Daten wieder aus dem System zu entfernen.

Ohne Ihrer Bewertung vorzugreifen oder in diese einzugreifen, ist davon auszugehen, dass sehr wahrscheinlich in jedem dieser Prozessschritte unmittelbar oder mittelbar Daten in Bezug auf den Kunden anfallen. Dementsprechend wäre es in jedem dargestellten Prozessschritt erforderlich, personenbezogene Daten zu löschen. Wir unterstellen des Weiteren für die modellhafte Überlegung, dass es sich um einen einheitlichen Zweck handelt und einheitliche Aufbewahrungsfristen anzuwenden sind.

Integrierte Perspektive

In der schematisierten Darstellung in Abbildung 1.9 wird deutlich, dass es für Teilschritte des Prozesses unterschiedliche Annahmen zur Aufbewahrung geben kann. Unsere Annahmen stellen dabei nur eine Teilmenge möglicher Annahmen dar; die Beurteilung muss pro Zweck, Prozess und Aufbewahrungspflicht erfolgen.

Im Bild ist die Annahme enthalten, dass in einigen Geschäftsprozessschritten Buchungsbelege anfallen (z. B. Bestellungen oder Entnahmen). In diesem Fall könnte geprüft werden, ob zur Nachweispflicht auch der Kundenstammsatz aufzubewahren wäre. Sofern wir uns aber im Bereich der rein kaufmännischen Aufbewahrungspflichten bewegen, ist dies unerheblich. Da die Kundendaten zusammen mit den Belegen der Zahlungsabwicklung nachweisbar sein müssen, können die Stammdaten erst nach diesen Belegen gelöscht werden. Anders stellt es sich bei den Geschäftsbriefen dar, denn diese könnten nach Ablauf der entsprechenden Aufbewahrungsfrist gelöscht werden.

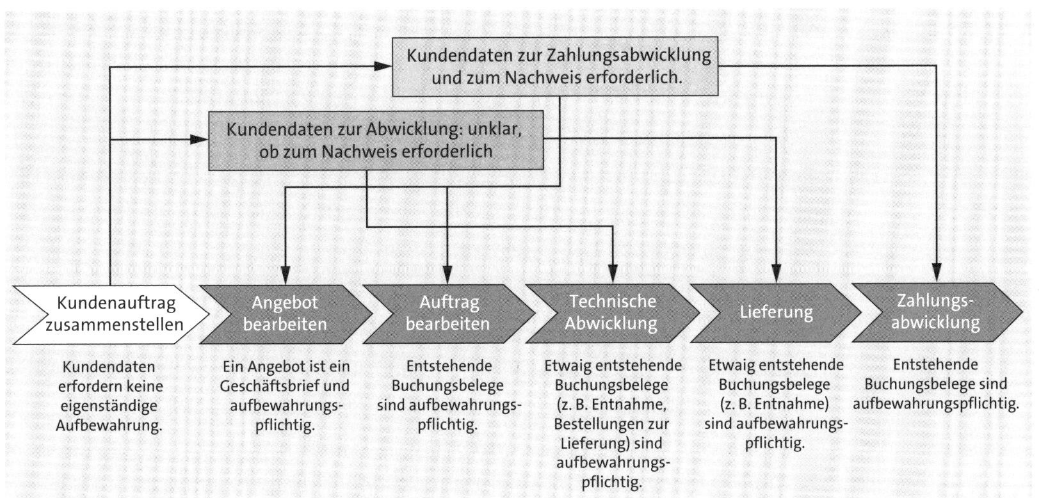

Abbildung 1.9 Aufbewahrungspflicht und Abhängigkeiten

Diese schematisierte Betrachtung ist zwingend, um die Fragestellung zu ergänzen, welche weiteren Aufbewahrungsfristen anzuwenden sind. Den Autoren ist nicht bekannt, ob es eine abschließende Aufzählung aller Aufbewahrungsfristen allein für die Bundesrepublik gibt. Im Arbeitskreis Datenschutz der DSAG (Deutschsprachige SAP-Anwendergruppe) wies Rechtsanwalt Antonio Reschke verschiedentlich daraufhin, dass weit über 1.900 Aufbewahrungsvorschriften anzuwenden seien. Diese speisen sich naturgemäß aus deutlich weniger Rechtsquellen.

Ein legislativer Albtraum

Um diesen Albtraum an unterschiedliche Anforderungen verstehen zu können, müssen Sie sich vergegenwärtigen, dass das Datenschutzrecht dem Grunde nach ein Auffangrecht darstellt, das allgemeine Tatbestände soweit regelt, wie dies nicht durch speziellere rechtliche Tatbestände geregelt ist. Konkret bedeutet dies: Wenn der Kauf abgeschlossen, die Zahlung eingegangen und das rechtlich notwendige Reporting abgeschlossen ist, wären die Daten zu löschen. Allerdings trifft hier der speziellere Tatbestand des kaufmännischen oder steuerlichen Rechts zu: Die Daten müssen dementsprechend aufbewahrt werden. Soweit der einfache Fall!

Handeln Sie mit Gütern, die weiteren, spezielleren Normen unterliegen, kann auch mal eine 30-jährige Aufbewahrungsfrist anzulegen sein. Falls Sie im System die Strahlenbelastung Ihrer Mitarbeiter nachweisen, wären die Aufbewahrungsvorschriften der Strahlenschutzverordnung (StrlSchV) anzuwenden. In diesem Fall wären die Angaben bis zum 75. Lebensjahr, mindestens jedoch 30 Jahre nach der Beendigung der Beschäftigung und längstens bis zum 100. Lebensjahr aufzubewahren (§ 42 Abs. 1 StrlSchV). Können aus Ihrem Geschäft Schadensersatzansprüche im Rahmen des § 823 Bürgerliches Gesetzbuch (BGB) geltend gemacht werden, haben Sie eine Grundlage für die gesperrte Aufbewahrung im Rahmen dieses Tatbestandes. Die Projekterfahrung zeigt, dass allein die Ermittlung der anzuwendenden Fristen gut und gerne 12 Monate dauern kann.

Ein administrativer Albtraum

Sofern Sie die komplexen Systemlandschaften der SAP-ERP-Lösungen kennen, haben Sie bereits die Befürchtung, dass es nicht beim legislativen Albtraum bleibt. Die Datensperrung oder -löschung muss in der Systemlandschaft konsistent erfolgen. Konsistent bedeutet dabei einerseits, die Löschung rechtlich-betriebswirtschaftlich konsistent und andererseits auch technisch konsistent vorzunehmen. Betriebswirtschaftlich-rechtlich bedeutet, dass Sie hinsichtlich der aufbewahrungspflichtigen Daten auch die notwendigen Zusammenhänge erhalten müssen. Wenn Sie, in Ausführung der StrlSchV oder der Röntgenverordnung (RöV), für Ihren Mitarbeiter Tankred

Müller mit der Personalnummer 12061975 die Strahlenbelastung nur in Verbindung mit der Personalnummer aufbewahren, in Ihrem HR-System aber alle identifizierenden Attribute wie »Name«, »Sozialversicherungsnummer« usw. löschen, können Sie nicht mehr den Nachweis antreten, dass es Herr Müller war, der einer bestimmten Strahlenexposition ausgesetzt war. Technisch konsistent bedeutet, dass alle technischen Verwender einer Information gegebenenfalls ohne diese Information nicht mehr funktionieren.

Der Albtraum geht über Systemgrenzen hinweg

Abbildung 1.8 und Abbildung 1.9 stellen »systemneutral« die Abwicklung dar. Das bereits skizzierte Problem der Konsistenz stellt sich natürlich auch in Systemlandschaften, in denen die Verarbeitung über unterschiedliche Softwarelösungen erfolgt. Wenn Sie die Prozessschritte »Angebot bearbeiten« und »Auftrag bearbeiten« außerhalb Ihrer SAP Software durchführen, müssen Sie dieses in Ihrem Sperr- und Löschkonzept, aber auch in der technischen Abwicklung berücksichtigen.

Was weg ist, ist weg!

Zu den spannendsten Momenten in einem solchen Projekt gehört mit Sicherheit der Tag, an dem die Daten gesperrt oder gelöscht wurden – spätestens dann realisieren die Fachabteilungen, dass »weg« tatsächlich auch »weg« bedeutet.

[!]

Beachten Sie die Konsequenzen!

Sperren und Löschen bedeutet eben genau das: *Löschen* ist die unwiederbringliche Zerstörung der Information; *Sperren* ist das umkehrbare Entfernen der Information in einer Form, dass nur noch speziell berechtigte Personen, wie z. B. der Steuerprüfer, zugreifen dürfen. Dies hat unmittelbare Auswirkungen auf sämtliche Berichte, die diese Daten verwenden. Auch in diesen Berichten tauchen die Daten nicht mehr auf. Wenn Sie also historische Betrachtungen durchführen möchten, müssen Sie sie über Data-Warehouse-Aggregate und vergleichbare Maßnahmen sicherstellen, sodass die Daten ohne Personenbezug verfügbar bleiben.

1.3.4 Technisch-organisatorische Maßnahmen (TOM)

Während die DSGVO nur wenige, aber konkrete Schutzmaßnahmen wie die Pseudonymisierung beispielhaft nennt, werden diese in § 64 des BDSG-neu umfangreicher, aber teils überschneidend und sehr allgemein dargestellt.

In Abbildung 1.10 haben wir die TOM des BDSG-neu und die beispielhaften TOM der DSGVO aufgenommen und mit den technischen Maßnahmen verbunden.

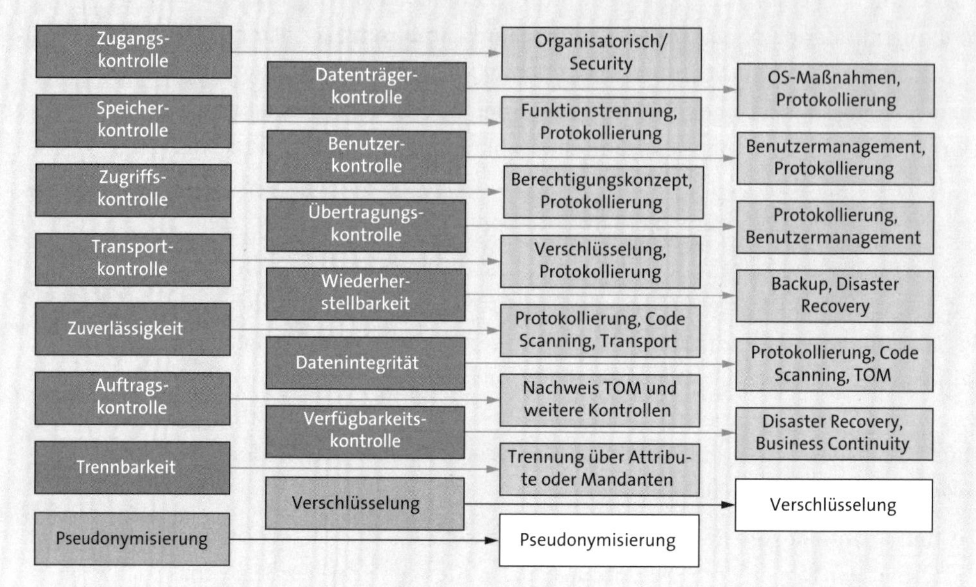

Abbildung 1.10 Deutsche und europäische technisch-organisatorischen Maßnahmen

Datensicherheit und Datenschutz: zwei wie Pech und Schwefel

Es ist offensichtlich, dass es sich bei TOM um Maßnahmen handelt, die teilweise auch unter dem Aspekt der *Datensicherheit* betrachtet werden. Datensicherheit ist zunächst einmal die allgemeinere technische Sicht und unterscheidet nicht, ob die Daten personenbezogen sind oder eben nicht. Datensicherheit brauchen Sie auch, um Daten kaufmännisch korrekt zu verarbeiten.

In Bezug auf personenbezogene Daten stellt Datensicherheit eine unverzichtbare Grundbedingung des Datenschutzes dar, die allerdings für sich genommen eben nur eine notwendige, aber nicht hinreichende Bedingung für die rechtskonforme Verarbeitung personenbezogener Daten darstellt. Im Datenschutz sind dann eben noch weitere Gesichtspunkte einzuhalten, wie die Grundlagen der Verarbeitung, die Zweckbindung und das Löschen nach dem Wegfallen des Zwecks.

[!]

Niemals ohne Datensicherheitskonzept!

Datensicherheit unterstützt den Datenschutz, indem sie sicherstellt, dass die relevanten technischen und organisatorischen Kontrollen zum Schutz der personenbezogenen Daten vorhanden sind. Beide Bereiche müssen zusammenwirken, da die Einhaltung des Datenschutzes nicht ohne wirksame und angemessene Datensicherheit erreicht werden kann. Dies ist der

Grund, warum in immer mehr Datenschutzgesetzen Sicherheitsanforderungen aufgenommen werden, wie z. B. in Art. 32 DSGVO. Wir müssen also immer beide Bereiche zusammen betrachten.

Die folgenden TOM des BDSG-neu beleuchten wir nun näher:

- Zugangskontrolle
- Datenträgerkontrolle
- Speicherkontrolle
- Benutzerkontrolle
- Zugriffskontrolle
- Übertragungskontrolle
- Transportkontrolle
- Wiederherstellbarkeit
- Zuverlässigkeit
- Datenintegrität
- Auftragskontrolle
- Verfügbarkeitskontrolle
- Trennbarkeit

Beachten Sie, dass die Definitionen des geltenden BDSG (2017) im Vergleich zum Vorläufer geändert wurden: Teilweise wurden wieder noch ältere BDSG-Definitionen aufgenommen, teilweise solche aus dem BDSG von 1977. Die geltenden Definitionen skizzieren wir im Folgenden kurz, da sie die notwendigen TOM konkretisieren. Trotzdem sollten Sie sich dessen bewusst sein, dass auch die deutsche Aufzählung nicht vollständig sein kann. Ferner ist zu bedenken, dass diese TOM aus dem Teil des BDSG stammen, das für Polizei und Justiz gilt, sie sind aber als Referenzrahmen, was in Deutschland als notwendig angesehen wird, unbedingt zu erörtern.

Zugangskontrolle

Der Zutritt (physikalisch) zu den Datenverarbeitungsanlagen ist Unbefugten zu verwehren. Erforderlich sind Maßnahmen, die den Zutritt zu den Zonen, in denen die Daten verarbeitet werden, physikalisch unterbinden. Zu diesen Schutzmaßnahmen gehört unseres Erachtens ein bindendes Druckerkonzept.

Mobile Endgeräte

Zu problematisieren ist die Beschränkung des Zutritts, vor allem in Bezug auf *mobile Endgeräte* (u. a. Laptops/Smartphones). Dementsprechend sind weitreichende Maßnahmen, in Abhängigkeit von der Sensibilität der Daten, erforderlich, und mobiles Equipment muss durch übliche Maßnahmen wie Kennwortschutz, Verschlüsselung u. Ä. gesichert sein. An dieser Stelle sei auch auf das Problem der physikalischen Schnittstellen hingewiesen. In unserer Praxis ist es eher eine Ausnahme, dass USB-Schnittstellen oder DVD-Brenner gesperrt sind.

Datenträgerkontrolle

Die *Datenträgerkontrolle* fordert, dass Datenträger nicht unbefugt gelesen, kopiert, verändert oder gelöscht werden dürfen. Dieser Forderung trägt der Umstand Rechnung, dass personenbezogene Daten nicht nur in Systemen verarbeitet, sondern als Teil der Verarbeitung auch auf Datenträgern gehalten werden.

Verschlüsselung von Datenträgern

Dabei ist es unerheblich, ob diese Datenträger an ein System angeschlossen sind oder ob personenbezogene Daten auf einen USB-Stick gezogen wurden. Datenträger können nach dem Stand der Technik u. a. verschlüsselt werden. Sie können ferner der Benutzerkontrolle und der Zugriffskontrolle unterworfen werden.

Datenträgerkontrolle bei ganzen Systemen

Auch im Jahr 2016 wurden wir an einer Diskussion beteiligt, ob man ein ganzes System auf einen externen Datenträger kopieren und diesen dann zu Zwecken der Wartung/technischen Fehleranalyse an eine andere Organisation überstellen dürfe. Ohne dabei die zahlreichen, damit zusammenhängenden weiteren Fallstricke des Datenschutzrechts an dieser Stelle zu thematisieren, ist dieser Denkansatz aus unserer Sicht ohne Verschlüsselung der Daten auf dem Datenträger in einer Art und Weise, dass definitiv nur berechtigte Personen Zugang zu den Daten erlangen, nicht ansatzweise durchführbar. Im täglichen Umgang mit den Daten dürfte der Fall des nicht verschlüsselten USB-Sticks, der unterwegs abhandenkommt, allerdings wesentlich häufiger auftreten.

Speicherkontrolle

Die *Speicherkontrolle* zielt darauf ab zu verhindern, dass Unbefugte personenbezogene Daten eingeben, lesen verändern oder löschen.

Trennung von Datenbank, Programm und Betriebssystem

Dies kann u. a. erreicht werden, indem Datenbank, Programm und Betriebssystem so voneinander getrennt werden, dass eine Kenntnisnahme und Bearbeitung der Daten nur den Benutzern des betreffenden Programms möglich ist. Diese Anforderung spielt in der Auftragsverarbeitung (also in der Cloud) eine erhebliche Rolle.

Benutzerkontrolle

Der Zugang zu den eingesetzten Systemen ist auf den berechtigten Personenkreis einzuschränken. Neben der Passwortvergabe und Chipkartennutzung kommen als Maßnahmen ausdrücklich auch die Protokollierung der Passwortnutzung (siehe Gola, Klug, Körffer und Schomerus, 2015) nach § 9 Rn. 23 und weitere Maßnahmen um die Kennwortnutzung in Betracht (siehe DSAG-Arbeitsgruppe Datenschutz, (Carlberg et al., 2014, S. 67).

Single Sign-On (SSO)

Single Sign-On (SSO) ist zunächst auch eine Komfortfunktion. Allerdings ist die Authentifizierung über ein (Kerberos-)Zertifikat um einiges sicherer als die Nutzung von Benutzer und Passwort mit all seinen Tücken! Daher empfehlen wir eine Authentifizierung über Zertifikate. Dies bedeutet für SAP NetWeaver die Nutzung von SSO, die auch in anderen SAP-Softwarelösungen wie SAP Ariba (siehe Kapitel 13 zu den Datenschutzfunktionen in SAP-Cloud-Lösungen) unterstützt wird.

Passwortschutz

Sofern SSO genutzt wird, müssen Betriebssystemfunktionen wie Bildschirmschoner mit Passwortschutz genutzt werden. Da der Austausch von Benutzerdaten eines der größten Probleme in der Zugangs- und Zugriffskontrolle darstellt, empfehlen wir ausdrücklich, im Verdachtsfall zu prüfen, ob eine Benutzer-ID (kombiniert mit dem Terminal bei den Heimarbeitern) einer im Urlaub befindlichen Person genutzt wird. Zur Zugangskontrolle gehören auch die Kontrolle von Zugriffen anderer Systeme auf das betrachtete System, z. B. in S/4HANA die Kontrolle der Remote-Function-Call-Benutzer, sowie ein umfassendes RFC-Konzept.

Zugriffskontrolle

Zugriffssteuerung über Berechtigungen

Es muss sichergestellt werden, dass nur die Personen Zugriff erhalten, die auch formal dazu berechtigt sind. *Berechtigungen* sind ausschließlich nach dem Minimalprinzip oder dem Need-to-know-Prinzip bereitzustellen.

Während es meist in SAP-ERP-HCM-Lösungen (HCM = Human Capital Management) ein gewisses Problembewusstsein und feingranulare Lösungen im Standard gibt, ist der Schutz vieler Daten, wie Kunden- und Lieferantenstammdaten, von einer einschlägigen, detaillierten Attributierung abhängig, die technisch zwar z. B. in SAP S/4HANA unterstützt, aber längst nicht überall genutzt wird. Als Referenz sei hier auf (Lehnert, Stelzner, Otto und John, 2016) verwiesen. Dort wird auch der Unterschied zwischen dem betriebswirtschaftlichen und dem technischen Berechtigungskonzept vertieft. Weitere Informationen zur Zugriffskontrolle finden Sie in Kapitel 7, »›Die Struktur berechtigt‹: Auswirkungen auf das Berechtigungskonzept«.

Leseprotokollierung

Zur Zugriffskontrolle ist auch die *Leseprotokollierung* zu rechnen. Das *Read Access Logging* ermöglicht in SAP S/4HANA und der SAP Business Suite die Protokollierung lesender Zugriffe von Mitarbeitern (zu den Cloud-Lösungen siehe Kapitel 11 und Kapitel 13). Die bundesdeutschen Aufsichtsbehörden (Orientierungshilfe Protokollierung, 2009) haben in der Vergangenheit u. a. infolge eines Urteils des Europäischen Gerichtshofes für Menschenrechte (EGMR-Urteil vom 17. Juli 2008, I. gegen Finnland – Individualbeschwerde Nr. 20511/03) die Protokollierung des lesenden Zugriffs auf personenbezogene Daten eingefordert.

Prominenter Bankkunde

Ein Beispiel aus der Praxis verdeutlicht auch die Notwendigkeit: Bei einer Hamburger Bank fand man heraus, dass auf Konten sogenannter Prominenter in einer – aus dem Zweck der Verarbeitung – nicht zu erklärenden Häufigkeit zugegriffen wurde. Nach einigen Ermittlungen fand man heraus, dass unter den Mitarbeitern vor allem Auszubildende aus privatem Interesse – also aus blanker Neugier – die Konten einsahen. Dies stellte insoweit ein Problem dar, als dass die Mitarbeiter die einschlägigen Zugriffsrechte brauchten, falls der Prominente mal am Schalter Geld abheben wollte.

Wie ist aber einem Missbrauch von angemessenen Zugriffsrechten entgegenzuwirken? Eben dadurch, dass Zugriffe auf sensible Daten einschlägig protokolliert werden. Die bereits angeführte Arbeitshilfe »Protokollierung« macht diese obligatorisch, unter der Maßgabe, dass sie auch ausgewertet wird. Da die Leseprotokollierung eindeutig eine Verhaltenskontrolle ist – sie soll eben kontrollieren, ob es unangemessene Zugriffe oder Zugriffsversuche gibt –, ist sie in Deutschland Gegenstand der Mitbestimmungsrechte des Betriebsrates nach § 87 Abs. 1 Nr. 6 BetrVG.

Übertragungskontrolle

Im Rahmen der *Übertragungskontrolle* ist sicherzustellen, dass einerseits alle möglichen Einrichtungen zur Datenübertragung (technisch: Schnittstellen) und andererseits alle tatsächlichen Übertragungswege dokumentiert sind. Diese Forderung hat es in sich.

Datenübertragung im SAP-System

Wege, die zur Übertragung genutzt werden können, sind in den SAP-Produkten und -Services zahlreich; einige Beispiele aus der SAP S/4HANA und der SAP Business Suite sollen hier angeführt werden:

- **IDoc (Intermediate Document)**
  Ein IDoc ist ein Standardformat zum elektronischen Datenaustausch zwischen Systemen. Es ist dabei möglich, Daten an Nicht-SAP-Systeme zu senden. IDocs werden über Application Link Enabling (ALE), eine Middleware auf dem SAP NetWeaver Application Server ABAP (SAP NetWeaver AS ABAP), verteilt.
- **RFC (Remote Function Call)**
  Ein RFC ist eine Standardmethode zum Aufrufen von Funktionsbausteinen in einem anderen ABAP-System oder zum Aufrufen von Programmelementen außerhalb der ABAP-Welt.

[«]

Advanced Business Application Programming (ABAP)

ABAP ist die SAP-eigene Programmiersprache, in der große Teile der SAP S/4HANA und SAP Business Suite geschrieben sind.

- **SAP Landscape Transformation Replication Server**
  Beim SAP Landscape Transformation Replication Server handelt es sich um ein SAP-System, das die Replikation von Daten aus einem oder mehreren Quellsystemen in ein oder mehrere Zielsysteme ermöglicht. Bei den Quellsystemen kann es sich um SAP-Systeme oder Fremdsysteme handeln.
- **OData-Services**
  OData-Services basieren auf dem Open Data Protocol (OData).
- **SAP Enterprise Services**
  Die SAP Enterprise Services sind Servicefunktionen im Rahmen der Enterprise Service Architecture (ESA), die den Zugriff auf Daten unterschiedlicher Systeme gestatten können.
- **E-Mail**
  Im SAP Business Workplace steht eine einfache E-Mail-Funktion zur Verfügung, die u. a. genutzt werden kann, um generierte Listen aus dem System zu versenden.
- **Download**
  Ein Download ist die leidige Möglichkeit für den Benutzer, um Daten an verschiedenen Stellen aus dem System herunterzuladen. Diese Möglichkeit kann unterbunden werden. Nach unserer Auffassung sollte sie in einem produktiven System auch unterbunden sein, da ein Download die Daten dauerhaft der Kontrolle entzieht, ob sie noch im Rahmen des Zwecks verarbeitet werden.

[»]

Goethe oder Data Breach

Die Diskussion um Downloads ist sehr kontrovers. Goethe lässt im Faust den Schüler im Studierzimmer den bekannten Satz äußern: »Denn was man schwarz auf weiß besitzt, kann man getrost nach Hause tragen.« Die Motivation für Downloads kann darin bestehen, Daten anders darstellen oder anders auswerten zu können. Sie mag auch Ausdruck einer individuellen Absicherung oder eines Misstrauens gegen die Maschine sein (vielleicht sind die Daten ja morgen weg). Der erste Halbsatz des Schülers reißt die Problemsicht dahingehend auf, dass der Bearbeiter eben in aller Regel nicht die Verfügungsgewalt über die Daten haben sollte. Denn es obliegt nicht ihm, die Daten neu zu kombinieren, sie der Löschung zu entziehen oder anderen verfügbar zu machen. Der zweite Halbsatz des Zitats (»kann man getrost nach Hause tragen«) bedarf keiner weiteren Interpretation. Neudeutsch bezeichnet man dies als *Data Breach*.

- **Fax**
  Im SAP Business Workplace steht eine einfache Fax-Funktion zur Verfügung, die u. a. dazu genutzt werden kann, generierte Listen aus dem System zu versenden.
- **Dateibasierte Schnittstellen**
  Dateibasierte Schnittstellen sind Schnittstellen, die einen Download oder Upload von Daten in Dateiform mit vorab definierten Strukturen erlauben. Diese werden in unterschiedlichen Technologien unterstützt.

Inventar an Schnittstellen

Beachten Sie, dass es sich um *technische Schnittstellen* in einem technischen System handelt; in diesem System können zahlreiche unterschiedliche Verfahren mit unterschiedlichen Zwecken enthalten sein. Es ist also erforderlich, dass Sie einerseits ein vollständiges Inventar aller möglichen Übertragungswege haben und ferner ein vollständiges Inventar aller genutzten Übertragungswege nachweisen; Letztere müssen in Bezug auf die jeweiligen Verfahren/Zwecke nachgewiesen werden. Dabei ist sicherzustellen, dass die Übertragungswege auch berechtigungsseitig so eingeschränkt sind, dass es nicht zu einer Nutzung im Rahmen eines anderen Verfahrens oder Zwecks kommt.

Remote Function Call (RFC)

Der am häufigsten automatisiert genutzte Übertragungsweg ist der RFC, der die Übertragung zwischen unterschiedlichen Systemen ermöglicht. Noch immer haben zahlreiche Kunden keine Transparenz darüber, welche RFC-Verbindungen in ihren produktiven Instanzen eingerichtet sind. Ferner sind diese oft nicht angemessen eingeschränkt. Wie dies erreicht werden kann, wird in Anhang D bei Lehnert, Stelzner, Otto und John (2016, S. 631–649) ausführlich beschrieben.

Transportkontrolle

Die *Transportkontrolle* ergänzt andere TOM, indem sie explizit fordert, dass während des Transports oder der Übertragung Unbefugte nicht auf die Daten zugreifen können. Dies kann u. a. durch Verschlüsselung, sichere Verbindungen, aber auch durch Prüfsummen erreicht werden.

Wiederherstellbarkeit

Auch der Passus zur *Wiederherstellbarkeit* der Daten ist lediglich ein Explizitmachen von offensichtlichen Anforderungen. Demnach müssen eingesetzte Systeme im Falle der Störung wiederhergestellt werden.

Backup, Recovery usw.

Traditionelle Maßnahmen sind Spiegelungen, Desaster Recovery, Backup und Business-Continuity-Konzepte (siehe Abschnitt 1.2.13, »Sicherheit der Verarbeitung«).

Zuverlässigkeit

Die *Zuverlässigkeitsforderung* beinhaltete einerseits die »Gewährleistung, dass alle Funktionen des Systems zur Verfügung stehen, und andererseits, dass auftretende Fehlfunktionen gemeldet werden.« (§ 64 Abs. 2 Nr. 10 BDSG).

Fehlerhaftes Systemverhalten erkennen

Während der erste Teil der Forderung ein wenig merkwürdig erscheinen mag – niemand wird die Richtigkeit infrage stellen, dass es immer gut ist, wenn Funktionen auch funktionieren – ist der zweite Teil softwaretechnisch sehr relevant: Es müssen geeignete Funktionen eingerichtet werden, die es erlauben, fehlerhaftes Systemverhalten zu erkennen und zu melden und somit das Ziel des ersten Teils erreichen zu können, nämlich das Funktionieren des Systems.

Datenintegrität

In Bezug auf die *Datenintegrität* möchten wir auf die Ausführungen in Abschnitt 1.2.13, »Sicherheit der Verarbeitung«, verweisen.

Auftragskontrolle

Die verantwortliche Stelle muss die Einhaltung der Weisungen durch den Auftragnehmer sicherstellen.

Verfügbarkeitskontrolle

Personenbezogene Daten müssen vor einer zufälligen Zerstörung oder vor Verlust geschützt sein. Einer zufälligen Zerstörung von Daten muss auf verschiedenen Ebenen entgegengewirkt werden; zunächst ist auch diese über das betriebswirtschaftliche Berechtigungskonzept sicherzustellen, u. a. greift auch hier das Minimalprinzip.

Berechtigungskonzept

Sowohl über das betriebswirtschaftliche Berechtigungskonzept als auch über seine technische Realisierung ist sicherzustellen, dass Berechtigungen für irgendeine Form von Massenverarbeitung restriktiv vergeben werden; Berechtigungen für Betriebssystemkommandos oder Zugriffe ins File-System sind darunter ebenso zu fassen. Auch hier sind die unter »Weitergabekontrolle« und »Zugangskontrolle« genannten Maßnahmen zu treffen.

Datensicherung

Ferner sind Maßnahmen für die Wiederherstellung und Verfügbarhaltung der Daten hierunter zu fassen. Die DSAG nennt u. a. die regelmäßige Datensicherung (DSAG-Arbeitsgruppe Datenschutz, 2009, S. 69). Ergänzend ist auch hier das Archivierungskonzept anzuführen, siehe Abschnitt 1.2.13, »Sicherheit der Verarbeitung«.

Trennbarkeit

Zur *Trennbarkeit* haben wir eingangs in Abschnitt 1.3.1, »Zweckbindung der Verarbeitung«, Position bezogen. Die Anforderung des § 64 Abs. 3 Nr. 14 bleibt allgemein bei der Notwendigkeit, dass Daten, die für getrennte Zwecke erhoben wurden, auch getrennt verarbeitet werden müssen.

1.3.5 Rechenschaftspflichten – Auditierbarkeit

Wir haben in Abschnitt 1.2.13, »Sicherheit der Verarbeitung«, den Kontrollkreis (Nachweiskreis) dargestellt. An dieser Stelle diskutieren wir nun grundsätzliche Kontrollhandlungen, die im System möglich sein müssen.

Wir gehen davon aus, dass grundsätzliche Prüfungshandlungen in einem Systemaudit vergleichbar sind, ein kaufmännisch veranlasstes Systemaudit also nicht grundsätzlich andere Fragen aufwirft als ein Datenschutzaudit: Beide Audits müssen den Beweis antreten, dass Prozesse nur so, wie organisatorisch definiert, ausgeführt werden können. Beide müssen das Risiko betrachten, dass Codeänderungen, Parameteränderungen und Konfigurationsänderungen den Prozess verändern oder gar intentional beschädigen.

Audit: Systemintegrität

Eine rechtskonforme Verarbeitung personenbezogener Daten ist nur möglich, wenn das System, in dem diese Verarbeitung stattfindet, sicher ist (*Systemintegrität*). Es muss also u. a. Folgendes nachprüfbar sein:

- Bei einer On-Premise-Standardsoftware wie SAP S/4HANA oder der SAP Business Suite wurden alle relevanten Security Patches eingespielt.
- Nur solche Programmänderungen erreichen das produktive System, die im Rahmen der organisatorisch festgelegten Prozesse erfolgen.
- Programm- und Konfigurationsänderungen werden nachweisbar protokolliert.
- Systemparameter, die das Verhalten des Systems festlegen, entsprechen den organisatorischen Vorgaben.
- Änderungen an den Systemparametern müssen auf den jeweiligen Änderer zurückführbar sein.
- Die möglichen technischen Interaktionen mit dem Betriebssystem oder der Datenbank müssen festgelegt und Änderungen an dieser Festlegung nachweisbar sein.

Audit: Systemkommunikation

Verschiedentlich sind wir bereits auf die *Sicherheit der Übertragung* eingegangen, u. a. in Abschnitt 1.2.13, »Sicherheit der Verarbeitung«, und Abschnitt 1.3.4, »Technisch-organisatorische Maßnahmen (TOM)«. Es wurde dargestellt, dass es zahlreiche Übertragungswege gibt. Wir haben auch schon problematisiert, dass in vielen Fällen konkrete Systeme meist zu mehreren Verarbeitungszwecken genutzt werden. Dementsprechend ist es erforderlich, sich ein umfassendes und genaues Bild über die Kommunikationsschnittstellen zu verschaffen und zu prüfen, ob die Schnittstellen nur für bestimmte, vorab definierte Zwecke genutzt werden können. Dazu gehört es auch zu prüfen, mit welchen Privilegien die Zugriffe erfolgen. Im Bereich der bereits angeführten RFC-Kommunikation findet sich oft noch eine absolut inakzeptable Berechtigungsvergabe umfassendster Privilegien.

Audit: Protokollierung

Wie bereits dargestellt, sind Änderungen an personenbezogenen Daten nachweispflichtig. In Abschnitt 1.3.4, »Technisch-organisatorische Maßnahmen (TOM)«, sind wir schon kurz auf die Notwendigkeit der *Leseprotokollierung* eingegangen. Zusätzlich stellt das BDSG-neu das Erfordernis auf, dass es ein Meldewesen für Störungen und eine Protokollierung von Übertragungen geben muss. Offensichtlich führt all das zu zahlreichen Protokollierungsnotwendigkeiten:

- Leseprotokollierung
- Änderungsprotokollierung für personenbezogene Daten
- Protokollierung von Konfigurationsänderungen
- Protokollierung von Systemtransporten
- Protokollierung von Übertragungen
- Protokollierung von Systemereignissen

Bezogen auf die Auditnotwendigkeiten muss geprüft werden können, ob es diese Protokollierung gibt, ob sie angeschaltet ist, wie lange die Daten verfügbar bleiben, und die Protokolle selbst müssen einsehbar sein.

Audit: Berechtigungswesen

Der *Prüfung von Berechtigungen* kommt im Datenschutzleitfaden der DSAG (Carlberg et al., 2014) eine exponierte Rolle zu; dies halten wir auch für sachgerecht. Wie bereits dargestellt, sind Berechtigungen nach einem strikten Minimalprinzip zu vergeben. In einem Audit wäre zu prüfen, ob es angemessene Risikodefinitionen gibt und wie mit den Risiken umgegangen werden soll.

Audit: sperren und löschen

Zu den technischen Prüfnotwendigkeiten gehört es auch zwingend, zu überprüfen, ob Daten gesperrt und gelöscht werden. Es ist z. B. in SAP S/4HANA oder in der SAP Business Suite, sofern das SAP-Konzept des *vereinfachten Sperrens und Löschens* personenbezogener Daten verwendet wird, Folgendes zu prüfen:

- Werden auf den Stammdaten Sperrkennzeichen gesetzt?
- Werden Daten archiviert?
- Werden personenbezogene Daten außerhalb des ursprünglichen Verwendungszwecks im System verarbeitet?
- Sind die Berechtigungen, auf gesperrte Daten zuzugreifen, hinreichend eingeschränkt?
- Sind Fristen zweckbezogen unter der Berücksichtigung der verantwortlichen Stelle definiert?

[»]

Alternativen zum vereinfachten Sperren und Löschen

Sofern Sie ein anderes Verfahren als das von SAP bereitgestellte Verfahren mittels SAP Information Lifecycle Management (SAP ILM) zum Sperren und Löschen einsetzen, sind sinngemäße Prüfungen erforderlich.

Audit: Nachweis personenbezogener Daten

Im folgenden Abschnitt 1.3.6, »Auskunft«, stellen wir die technischen Notwendigkeiten dar, personenbezogene Daten beauskunften zu können. Diese Möglichkeit ist naturgemäß auch Gegenstand eines Audits. Die *Auskunftsmöglichkeit* eröffnet einen vereinfachten Zugang zu der Information, welche personenbezogenen Daten im Systemverbund zu welchem Zweck verarbeitet werden können. Dieser Nachweis ist aber nicht nur erforderlich, um das Auskunftsrecht zu befriedigen, sondern er ist auch notwendig, um sinnhaft die Richtigkeit des Verzeichnisses von Verarbeitungstätigkeiten gem. Art. 30 DSGVO nachweisen zu können oder um die Maßgaben der Datenschutz-Folgenabschätzung untermauern zu können.

Dem Thema *Audit* ist Kapitel 14, »›Täglich grüßt das ...‹: Schützen, Kontrollieren, Nachweisen und Kontrollen nachweisen«, gewidmet.

1.3.6 Auskunft

Wir bereits den Auskunftsanspruch im Kontext der Transparenz diskutiert (siehe Abschnitt 1.2.7, »Transparenzgebot«). Die nach Art. 15 DSGVO notwendigen Angaben sind:

- die Daten selbst
- Angaben zum Verarbeitungszweck
- die Kategorien personenbezogener Daten
- die Empfänger oder Kategorien von Empfängern sowie die Empfänger in Drittländern oder bei internationalen Organisationen
- Angaben zu Aufbewahrungsfristen
- Recht auf Berichtigung, Löschung, Widerspruch, Sperrung
- das Bestehen eines Beschwerderechts bei einer Aufsichtsbehörde
- die Herkunft der Daten
- eventuelle automatisierte Entscheidungsfindung, inklusive Profiling und Angaben zur Art der Profilbildung

Aus dieser Aufzählung wird deutlich, dass lediglich die Auskunft über Daten selbst einer zwingenden technischen Lösung bedarf; andere Anforderungen – wie z. B. das Beschwerderecht – sind rein organisatorischer Natur, und einige Anforderungen sind wünschenswerter Weise technisch zu unterstützen.

Auskunft zu den Daten

Mit der reinen Aufzählung von Daten ist es bei der Auskunft nicht getan. Eine Auskunft, die z. B. Infotyp 9040, Attribut 42, beinhaltet, ist in keiner Weise für den Betroffenen verständlich. In ErwG 39 DSGVO wird deutlich gefordert, dass alle Informationen des Betroffenen »verständlich und in klarer und einfacher Sprache abgefasst sind.«

Art. 12 DSGVO fordert dann auch, dass alle Informationen des Betroffenen in »präziser, transparenter, verständlicher und leicht zugänglicher Form in einer klaren und einfachen Sprache« abgefasst sein müssen. Dementsprechend muss die rein technische Angabe »übersetzt« werden. Infotyp Z4949, Attribut 42, könnte dann im Beispiel mit »besondere Eigenschaften« und »umfassendes Wissen« übersetzt werden.

Angaben zum Verarbeitungszweck

Die Angaben zu den Verwendungszwecken liegen zunächst nicht zwingend im System vor; sie können aber, wie wir es u. a. für SAP S/4HANA in Kapitel 5, »›Struktur ist alles‹: Verarbeitung muss auf dem Zweck basieren«, und Kapitel 6, »›Dem Ende Struktur geben‹: Data Controller Rule Framework«, zeigen, systematisch retrograd in die Verarbeitung der Daten modelliert werden. Wenn diese Modellierungsmöglichkeit von Ihnen genutzt wird, kann auch technisch der Verarbeitungszweck mitgegeben werden.

Angaben zu den Kategorien personenbezogener Daten

Die DSGVO selbst nennt nur die personenbezogenen Daten besonderer Kategorien. Da auch die uns bekannte Literatur nicht weiter ausführt, wie eine Kategoriebildung aussehen kann, gehen wir davon aus, dass es darum geht, in ihrer Bedeutung für die Verarbeitung vergleichbare Daten in Kategorien zusammenzufassen. So könnte es sinnvoll sein, aus Frau Dr. Sabine C. Müller-Lüdenscheid, geb. Meier-Scheytt, die Kategorie »Angaben zum Namen« zu bilden. Die Möglichkeit, solche Kategorien zu bilden und im System zu hinterlegen wäre zwar wünschenswert, die Kategoriebildung bleibt aber dem Grunde nach eine organisatorische Maßnahme.

Angaben zu den Empfängern

Die Beauskunftung über Empfänger gestaltet sich technisch komplexer. Im System sind zwar Schnittstellen zur Übertragung vorgesehen und teilweise auch aktiv, der Empfänger ist aus Systemsicht jedoch zunächst nur ein anderes System. Ferner sind vor allem Downloads nicht kontrollierbar. Selbst im günstigsten Fall müssen hier also organisatorische Maßnahmen vorgenommen werden, um dem Auskunftsersuchen entsprechend nachzukommen.

Angaben zu den Aufbewahrungsfristen

Um Angaben zu den Aufbewahrungsfristen (im Rechtstext *geplante Dauer*) machen zu können, müssen diese zweckbezogen im System hinterlegt sein. Wie wir es für SAP S/4HANA und die SAP Business Suite in Kapitel 4, »›Auch das Ende muss bestimmt sein‹: Sperren und Löschen mit SAP Information Lifecycle Management«, und Kapitel 6, »›Dem Ende Struktur geben‹: Data Controller Rule Framework«, darstellen, hinterlegen Sie im System diese Fristen, sofern sie den SAP-Ansatz zum vereinfachten Sperren und Löschen personenbezogener Daten nutzen. Ferner stellen wir Funktionen bereit, die diese Fristen zweckbezogen zentral vorhalten. Folgen Sie diesem Modell, kann die Auskunft entsprechend mit den konkreten Fristen versehen werden. Sofern Sie andere Lösungen beim Sperren und Löschen verfolgen, müssen Sie die Fristen durch organisatorische Maßnahmen ergänzen.

Zwingend notwendige organisatorische Angaben

Die Angaben zu den Rechten auf Berichtigung, Löschung, Widerspruch, Sperrung und zum Bestehen eines Beschwerderechts bei einer Aufsichtsbehörde sind rein organisatorischer Natur. Dies gilt in aller Regel auch für die Herkunft der Daten.

Angaben zur automatisierten Entscheidung und zur Profilbildung

Die automatisierte Entscheidung sowie die Profilbildung stellen eine technisch-organisatorische Herausforderung dar. In aller Regel kann das System nicht beurteilen, ob eine Entscheidung rein automatisiert stattgefunden hat. Eine Auskunft über die Nutzung von Profilen ist möglich; allerdings ist hier auch wiederum organisatorisch einzugreifen, weil die Art der Profilbildung nur logisch beschrieben werden sollte.

Was wird eigentlich beauskunftet?

Das *Information Retrieval Framework (IRF)* erlaubt es Ihnen in SAP S/4HANA und in der SAP Business Suite, ein Modell personenbezogener Daten zu generieren; ein Muster wird mitausgeliefert. Dieses Modell müssen Sie aber zwingend selbst anpassen. Wir haben in Abschnitt 1.2.1, »Begriffliche und sachliche Grundlagen«, bereits darauf hingewiesen, dass Sie selbst die Bewertung, welche Daten in Ihrem Unternehmen personenbezogen sind, vornehmen müssen. Dies verhält sich beim Auskunftsanspruch genauso.

Ferner müssen Sie auch bewerten, inwieweit bestimmte technisch mögliche Auskünfte in die Rechte Dritter eingreifen. Unseres Erachtens endet der Auskunftsanspruch dort, wo ein Eingriff in die Rechte Dritter erfolgt. So ist es z. B. mutmaßlich nicht angemessen, in der Auskunft zu berichten, durch welchen Mitarbeiter eine Freigabe erfolgte.

In Tabelle 1.4 ist dargestellt, welche Informationen über das Information Retrieval Framework beauskunftet werden können (möglich = technisch möglich; nur organisatorisch = nicht technisch unterstützt).

Angaben nach Art. 15	Information Retrieval Framework
alle personenbezogenen Daten	enthalten
Verarbeitungszwecke	möglich
Kategorien personenbezogener Daten	möglich
Empfänger oder Kategorien von Empfängern, Empfänger in Drittländern oder bei internationalen Organisationen	nur RFC-Schnittstellen
Aufbewahrungsfristen	möglich
Berichtigung, Löschung, Widerspruch, Sperrung	nur organisatorisch
das Bestehen eines Beschwerderechts bei einer Aufsichtsbehörde	nur organisatorisch
Herkunft der Daten	nur organisatorisch
automatisierte Entscheidungsfindung, inklusive Profiling	nur organisatorisch

Tabelle 1.4 Umfang des Information Retrieval Frameworks

1.4 Welche Anforderungen können technisch unterstützt werden?

In diesem Abschnitt diskutieren wir, welche Funktionen zwar technisch nicht zwingend notwendig, aber sinnvoll sind und technisch unterstützt werden können.

1.4.1 Einwilligung

Das Einholen einer Einwilligung zur Datenverarbeitung ist zunächst einmal eine organisatorische Maßnahme. Sie hat aber als Verarbeitungsgrundlage erhebliche Auswirkungen auf die Verarbeitung personenbezogener Daten.

Widerrufsrecht

Sofern die Verarbeitung auf der Einwilligung beruht, ist in der Vorabauskunft nach Art. 13 Abs. 2 Buchst. c und Art. 14 Abs. 2 Buchst. d DSGVO auf das Widerrufsrecht hinzuweisen.

Ferner führt in vielen Fällen der Widerruf der Einwilligung dazu, dass es keine Verarbeitungsgrundlage mehr gibt und die Daten entsprechend zu löschen sind. Im Konzept des vereinfachten Sperrens und Löschens bedeutet dies, dass die Einwilligung als Verarbeitungsgrundlage in der Prüfung auf das Ende der Zweckbestimmung zu verproben wäre. Diese Logik müsste auch für Bewegungsdaten implementiert werden.

1.4.2 Datenminimierung

Personenbezogene Daten, die nicht erfasst werden, sind in jedem Fall die sichersten personenbezogenen Daten. Konkret bedeutet dies, dass Sie es vermeiden müssen, die Daten auf Verdacht auf Vorrat zu halten. Nur Daten, die tatsächlich verwendet werden, dürfen überhaupt erhoben werden.

Daten minimieren? Fort mit den Daten!

Das vereinfachte Sperren und Löschen personenbezogener Daten wirkt sich gleich mehrfach positiv auf die Maßgabe der Datenminimierung aus:

- Daten, die nicht mehr im Rahmen ihres Verwendungszwecks erforderlich sind, werden gelöscht oder zur weiteren Aufbewahrung, entsprechend den weiter anzuwendenden Aufbewahrungspflichten, aus dem System entfernt.
- Die bisherigen Projekte sind auch dadurch gekennzeichnet, dass Unmengen an fehlerhaften Daten entsorgt werden konnten.
- Ein solches Sperr- und Löschprojekt ist mit der Notwendigkeit verbunden, die Zwecke der Verarbeitung und eventuelle Aufbewahrungsfristen

zu ermitteln. Dies führt oft genug zu dem Befund, dass kein Zweck zugeordnet werden kann: Brauchen wir nicht – kann weg!

Zentrale Stammdatenhaltung

Ein wesentlicher Bestandteil der Datenminimierung in der SAP Business Suite ist die zentrale Haltung von Stammdaten. Diese gewährleistet, dass personenbezogene Stammdaten nicht mehrfach redundant angelegt und synchron gehalten werden müssen. Dazu verweisen wir auch in Abschnitt 1.4.3, »Datenrichtigkeit – Datenmanagement«, kurz auf die Lösung SAP Master Data Governance, der wir Kapitel 10 gewidmet haben.

Minimierung über Transparenz

Unsere Annahme ist es, dass spätestens bei der Erstellung des Verzeichnisses von Verarbeitungstätigkeiten (siehe Abschnitt 1.4.5, »Verzeichnis von Verarbeitungstätigkeiten«) zahlreiche unnötige Daten identifiziert werden, zumindest, wenn ein induktiver Weg, also die Ermittlung aus den Daten heraus, eingeschlagen wird. In unserem Vorgehensvorschlag zu einem Projekt (siehe Kapitel 3, »›Vom ersten Schritt zum Weg zum Ziel‹: Vorgehensmodell«) gehen wir von einem schrittweisen Vorgehen, beginnend mit dem Sperr- und Löschkonzept, aus. In diesem Vorgehensmodell entsteht zügig Transparenz über die verwendeten Daten, die schließlich kategorisiert in ein Verzeichnis von Verarbeitungstätigkeiten münden. Nehmen wir an, Sie verarbeiten die Gewerkschaftsmitgliedschaft ihrer Mitarbeiter. Dann stellen Sie beim Sperren und Löschen eventuell fest, dass dieses Datum keine Verwendung in der Abrechnung findet. Das Datum geht in die Beauskunftung ein – hier stellt sich dann die Frage, zu welchem Zweck es erhoben wird. Schließlich wird es als Datum einer besonderen Kategorie im Sinne des Art. 9 DSGVO im Verzeichnis von Verarbeitungstätigkeiten offensichtlich. Wenn Sie bis hier keinen legitimen Grund für die Verarbeitung dieses Datums gefunden haben, sollten sie es aus dem Verzeichnis dergestalt heraushalten, dass sie es in den Originaldaten löschen.

[«]

Unternehmensinterne Verarbeitung der Gewerkschaftszugehörigkeit

Die Verarbeitung der Gewerkschaftszugehörigkeit ist technisch möglich und dient in einigen Unternehmen dazu, den Gewerkschaftsbeitrag direkt vom Gehalt einzuziehen. § 26 Abs. 4 BDSG-neu macht dies – nach unserem Dafürhalten – auch explizit über Kollektivvereinbarung möglich. Als weiteres Argument für die Notwendigkeit der Verarbeitung wird vorgebracht, dass die im Betrieb vertretenen Gewerkschaften bekannt sein müssen, um die Wahlen nach dem Betriebsverfassungsgesetz (BetrVG) überhaupt durchführen zu können.

Auch wenn die unternehmensinterne Verarbeitung der Gewerkschaftszugehörigkeit durchaus geeignet ist, um die genannten Ziele zu erreichen,

> möchten wir doch anmerken, dass die Ziele auch mit weniger einschneidenden Mitteln zu erreichen wären (z. B. Auskunft der Gewerkschaften zur Wahl).

Minimierung über organisatorische Weisung

Datenminimierung ist keine rein technische Fragestellung. Sie wird auch durch klare organisatorische Weisungen erreicht. Wenn Sie jetzt an Ihren Rechner gehen, finden Sie in aller Regel zahlreiche Dateien und E-Mails, die personenbezogene Daten enthalten und die Sie längst hätten löschen können. Dies muss in organisatorischen Weisungen auch vorgegeben werden.

Wenn Sie häufig mit Daten aus SAP-Systemen arbeiten, haben Sie mit hoher Wahrscheinlichkeit diverse Excel-Listen mit Daten, die per Download erzeugt wurden. Wenn Ihre Organisation klare »Verfallsdaten« definiert, z. B., dass Downloads nach einem Monat zu aktualisieren oder zu löschen oder dass E-Mails, deren Vorgangsbearbeitung vollständig abgeschlossen ist, nach drei Jahren zu löschen sind, unterstützen sie substanziell das Ziel der Datenminimierung.

1.4.3 Datenrichtigkeit – Datenmanagement

SAP Master Data Governance

Das Erfordernis der Datenrichtigkeit kann mithilfe von SAP Master Data Governance unterstützt werden. SAP Master Data Governance unterstützt Sie bei der Anlage, Pflege, Löschung und Verteilung von Stammdaten, ermöglicht die Vermeidung von ungewollten Redundanzen (Duplikaten) und sorgt für die konsistente Synchronisierung der Stammdaten auch über Systemgrenzen hinweg. SAP Business Workflow hilft als Kernkomponente von SAP Master Data Governance dabei, die Stammdatenprozesse zu erstellen und zu verwalten. In Kapitel 10, »›Der Herr der Daten werden‹: SAP Master Data Governance«, vertiefen wir dieses Thema.

1.4.4 Vorabauskunft

In Tabelle 1.2 haben wir Auskunft und Vorabauskunft (Information des Betroffenen) einander gegenübergestellt und in Abschnitt 1.3.6, »Auskunft«, dargestellt, wie der Auskunftspflicht nachgekommen werden kann.

Information Retrieval Framework

Tabelle 1.4 zeigt nun, welche Auskünfte über das Information Retrieval Framework möglich sind. Die Vorabauskunft ist ihrem Wesen nach eine organisatorische Maßnahme, da sie überwiegend in die Zukunft gerichtete Absichten beschreibt. Trotzdem gehen wir davon aus, dass die Vorabauskunft unterstützt werden kann. Zu diesem Zweck wird eine phänotypische

Auskunft verallgemeinert und depersonalisiert. Somit wird eine Vorabauskunft über die in Tabelle 1.5 dargestellten Angaben möglich.

Angaben nach Art. 13 und 14	Information Retrieval Framework
Verarbeitungszwecke	möglich
Kategorien personenbezogener Daten	geplant
Aufbewahrungsfristen	geplant

Tabelle 1.5 Unterstützung der Vorabauskunft durch das Information Retrieval Framework

1.4.5 Verzeichnis von Verarbeitungstätigkeiten

Das *Verzeichnis von Verarbeitungstätigkeiten* enthält, wie bereits in Abschnitt 1.2.15, »Verzeichnis von Verarbeitungstätigkeiten«, dargestellt, Angaben, die auch im Rahmen der Auskunft oder der Vorabinformation relevant sind. Die Übergabe der Datenfelder ist keine Anforderung der DSGVO, sie hat aber in Bezug auf das Verzeichnis den Vorteil, dass die Relation »Feld mit personenbezogenen Daten« und »Kategorie von personenbezogenen Daten« erhalten und somit ein Vollständigkeitsnachweis möglich bleibt. Wenn das Verzeichnis in einem System geführt wird, in dem auch weitere Nachweis- und Kontrollmöglichkeiten vorgesehen sind, hat die Übergabe von Datenfeldern auch die Funktion, die Sicherheitsmaßnahmen bis auf die Feldebene zu dokumentieren und gegebenenfalls technisch auditieren zu können.

SAP bietet in Ergänzung die Produkte aus dem GRC-Portfolio (SAP-Lösungen für Governance, Risk, and Compliance) an, die auch genutzt werden können, um sowohl ein Verzeichnis von Verarbeitungstätigkeiten als auch die notwendigen Kontrollen aufsetzen und nachhalten zu können.

Grundsätzlich sind zwei Vorgehensweisen für die Erstellung eines Verzeichnisses von Verarbeitungstätigkeiten denkbar:

Deduktiver Ansatz

Naheliegend scheint zunächst ein deduktiver Ansatz unter der Fragestellung, zu welchen Zwecken überhaupt personenbezogene Daten verarbeitet werden? Deduktiv bedeutet, dass aus abstrakter, allgemeiner Betrachtung der Prozesse auf die Zwecke, die Datenkategorien und die Übertragungswege geschlossen wird. Wir gehen davon aus, dass dieser Ansatz für Bestandssysteme nicht sinnvoll ist. Naturgemäß wäre die deduktive Methode für die vollständige Neueinführung eines Prozesses die Methode der Wahl.

Induktiver Ansatz

Die andere Vorgehensweise, die induktive Methode, scheint zunächst sehr aufwendig, wird sich aber – zumindest in Systemlandschaften, in denen große Anteile der Datenverarbeitung in der SAP Business Suite oder SAP S/4HANA stattfinden –, als nachhaltiger, zügiger und letztlich preiswerter erweisen. Sie basiert auf dem Umstand, dass in den Bestandssystemen bereits personenbezogene Daten verarbeitet werden. Es geht somit darum, sich ein möglichst genaues Bild zu machen und auf dessen Basis den Nachweis der Verarbeitung in das Verzeichnis zu bringen. Dies ist mithilfe des Information Retrieval Frameworks gut möglich.

Information Retrieval Framework

Das *Information Retrieval Framework* kann – nach seiner Einrichtung – aktuell alle personenbezogenen Daten zu einer Person ausgeben. Auf der Basis von einigen Beispielfällen können Sie dann eine Kategorisierung manuell vornehmen. Wir haben unserseits vorgeschlagen, eine solche Kategorisierung auch gleich im Information Retrieval Framework zu ermöglichen.

1.4.6 Rechenschaftspflichten – Compliance Management

Wie es bereits verschiedentlich angeführt und in Abbildung 1.7 verdeutlicht wurde, ist es nicht nur erforderlich, die notwendigen und richtigen Schritte einzuleiten, um einerseits die Betroffenenrechte abzusichern und andererseits angemessene technisch-organisatorischen Maßnahmen durchzuführen. Vielmehr müssen Sie diese auch nachweisen können. Sie müssen sie also in einem regelmäßigen Verfahren auf Wirksamkeit und Angemessenheit überprüfen und diese Überprüfung wiederum auch nachweisen können.

In diesem Buch versuchen wir, die meisten SAP-Lösungen für die Abwicklung betriebswirtschaftlicher Prozesse, sei es on-premise oder in der Cloud, in Bezug auf den Datenschutz darzustellen. Wenn wir nun die Lösungen beschreiben wollen, die Sie beim Nachweis der Konformität unterstützen, lassen sich drei Bereiche unterscheiden (siehe Abbildung 1.11).

Im Bild markieren 1a und 2a sowie 1b und 2b die Datenschutzfunktionen, die im jeweiligen Produkt oder Service enthalten sind. Die Unterscheidung in a und b soll lediglich verdeutlichen, dass es sich um unterschiedliche Produkte oder Services handelt. Der SAP-Vorstand hat verschiedentlich zugesichert, dass alle technisch zwingend erforderlichen Funktionen in den Produkten und in der Lizenz enthalten sind.

In diesen ersten Bereich fallen TOM, wie z. B. die Authentifizierung, das Berechtigungskonzept, Protokollierungen von Aktionen, Verschlüsselung der Kommunikationswege usw., aber auch die Lösungen, die das Sperren und Löschen personenbezogener Daten, die Auskunft und Aushändigung der Daten an den Betroffenen sowie die Leseprotokollierung für Daten besonderer Kategorien ermöglichen.

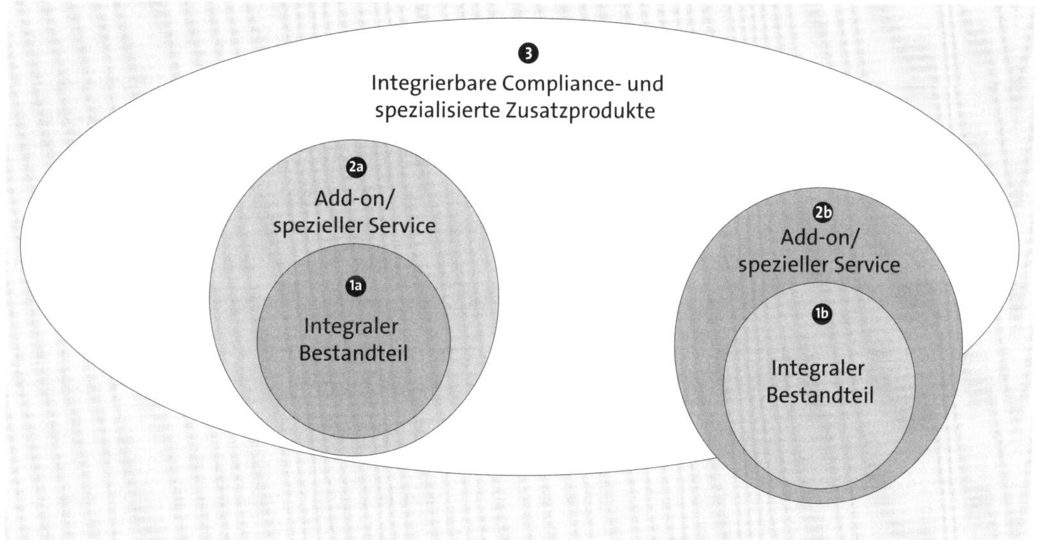

Abbildung 1.11 Build-in, Add-on, integrierbare Produkte

Die mit 2a und 2b gekennzeichneten Kreise symbolisieren Add-ons oder Services, die lösungsspezifisch weitere Funktionen bereitstellen.

Zusätzliche Services

Als Services oder zusätzliche Features/Produkte sollen die folgenden genannt werden:

- **EarlyWatch Alert und Security Optimization Self-Service**
  Der EarlyWatch Alert und der Security Optimization Self-Service sind beide im Lieferumfang des SAP Solution Managers enthalten und können genutzt werden, um sicherheitsrelevante Systemschwächen auszuwerten und nachzuverfolgen.
- **Data Controller Rule Framework (DCRF)**
  Das Data Controller Rule Framework (DCRF) – für SAP S/4HANA und die SAP Business Suite – wird in Kapitel 6, »›Dem Ende Struktur geben‹: Data Controller Rule Framework«, vertieft. Es dient zwar zunächst der Generierung von Sperr- und Löschregeln, versorgt dann aber das Information Retrieval Framework und kann als Ort der Dokumentation der Attribute zum Zweck der Verarbeitung verstanden werden.
- **SAP Master Data Governance**
  SAP Master Data Governance kann dabei unterstützen, Daten korrekt und aktuell zu halten (siehe Kapitel 10, »›Der Herr der Daten werden‹: SAP Master Data Governance«).

- **SAP Fortify by Micro Focus/SAP Code Vulnerability Analyzer**
  Mit SAP Fortify/SAP Code Vulnarability Analyzer können Sie Ihren kundeneigenen Code auf Schwachstellen (Vulnerabilitys) testen. Das ist meist in unseren Cloud-Produkten nicht möglich. Der von SAP gelieferte Code ist dem Code Scanning standardmäßig unterworfen. Mit diesen Tools ergänzen Sie die Anstrengungen von SAP, sicheren Code durch das Scannen Ihres eigenen Codes zu liefern. Somit sind für diese Tools nur die Produkte relevant, die kundeneigenen Code überhaupt zulassen, z. B. SAP S/4HANA und die SAP Business Suite.

Der mit ❸ gekennzeichnete Bereich steht für Produkte, die die Compliance besonders im Bereich Datenschutz, unterstützen.

SAP-Lösungen für GRC

Dabei sind zunächst die *SAP-Lösungen für GRC* zu nennen:

- **SAP Process Control**
  SAP Process Control kann einerseits genutzt werden, um grundsätzlichen Dokumentations- und Nachweispflichten nachzukommen, ermöglicht aber auch die Automatisierung von Kontrollhandlungen, also die Systemüberwachung.
- **SAP Access Control**
  Wesentlich komfortabler als mit dem Benutzerinformationssystem ist die Benutzerkontrolle mit SAP Access Control.
- **SAP Audit Management**
  SAP Audit Management unterstützt Sie bei der Planung, Ausführung und dem Nachweis von Audits. Dies kann naturgemäß auch im Datenschutz genutzt werden.
- **SAP Risk Management**
  Die Lösung SAP Risk Management kann einerseits als zentrale Risikomanagementlösung im Datenschutz genutzt werden, sie unterstützt aber auch substanziell die Datenschutz-Folgenabschätzung gem. Art. 35 DSGVO.

Besonders hervorzuheben sind außerdem SAP-Lösungen, die sich explizit oder übewiegend dem Datenschutz widmen:

- **SAP Privacy Governance**
  SAP Privacy Governance (auch zum GRC-Portfolio gehörig) wurde entwickelt, um Sie bei den zahlreichen administrativen und dokumentarischen Aufgaben zu unterstützen, die sich aus der DSGVO ergeben. Unter anderem unterstützt Sie die Lösung beim Erstellen eines Verfahrensverzeichnisses und bei den Datenschutz-Folgenabschätzungen.

- **SAP Data Custodian**
  SAP Data Custodian ist eine Multi-Cloud-SaaS-Anwendung, mit der Kunden die Transparenz, Kontrolle und Verschlüsselung ihrer Daten in der Cloud aufrechterhalten können. Sie bietet eine umfassende Palette von Datenschutzfunktionen für globale Vorschriften und ist für öffentliche Hyperscaler, SAP-Anwendungen und von SAP verwaltete Clouds verfügbar. Diese Lösung kann u. a. Felder verschlüsseln und maskieren und ferner auch die Übertragung von Daten in andere Länder reporten oder vermeiden.
- **SAP Customer Data Cloud**
  Mit SAP Customer Data Cloud steht eine Einwilligungslösung zur Verfügung, die es Ihnen ermöglicht, die Einwilligung von Betroffen einzuholen und nachweissicher zu speichern

Schließlich sind auch noch anzuführen:

- **SAP Identity Management**
  SAP Identity Management (SAP IDM) unterstützt die Vergabe von Benutzern und Berechtigungen in der gesamten Systemlandschaft und erleichtert somit z. B. die Speicherkontrolle.
- **SAP Process Mining by Celonis**
  Die Lösung SAP Process Mining by Celonis erlaubt die Visualisierung der tatsächlichen Prozesse in der gesamten Systemlandschaft, basierend auf SAP HANA. Dabei können auch Nicht-SAP-Lösungen analysiert werden.
- **SAP Information Steward**
  SAP Information Steward erlaubt das Analysieren von Daten in einer komplexen Systemlandschaft auch für Nicht-SAP-Lösungen. Zur Verfügung stehen Datenprofil- und Metadaten-Management-Tools, die es z. B. erlauben, ergänzend zum ABAP-basierten Information Retrieval Framework, personenbezogene Daten aufzufinden.

Das Thema »Kontrollen und Nachweise« vertiefen wir weiter in Kapitel 14, »›Täglich grüßt das …‹: Schützen, Kontrollieren, Nachweisen und Kontrollen nachweisen«.

1.5 Auftragsverarbeitung

Auftragsverarbeitung ist der rechtliche Terminus, der für die meisten Cloud-Szenarien gilt. Die Auftragsverabeitung ist in Art. 28 DSGVO ziemlich umfangreich geregelt:

Nach Absatz (1) darf der Verantwortliche nur Auftragsverarbeiter beauftragen die hinlängliche Garantien bieten, um die rechtlichen Verpflichtungen, u. a. die TOM, einzuhalten.

Nach Absatz (2) darf der Auftragsverarbeiter weitere Auftragsverarbeiter nur im Rahmen eines definierten Verfahrens, letztlich eine Genehmigung des Verantwortlichen, mit der Verarbeitung betrauen.

Nach Absatz (3) muss die Auftragsverarbeitung auf der Grundlage eines Vertrags oder eines anderen bindenden Rechtsinstruments erfolgen. Dieser Vertrag muss Gegenstand, Dauer, Art und Zweck der Verarbeitung, die Arten personenbezogener Daten, die Kategorien personenbezogener Daten sowie die Rechte und Pflichten des Verantwortlichen abdecken. Darin ist u. a. festgelegt, dass der Auftragsverarbeiter für Folgendes sorgt:

- Die Verarbeitung erfolgt nur auf dokumentierte Weisung hin.
- Die an der Verarbeitung beteiligten Mitarbeiter sind zur Vertraulichkeit verpflichtet.
- Die Maßnahmen nach Art. 32 DSGVO, u. a. die TOM, werden umgesetzt.
- Die rechtlichen Bedingungen für die Beauftragung weiterer (Unter-)Auftragsverarbeiter werden eingehalten.
- Der Verantwortliche wird bei der Umsetzung der Betroffenerechte (Kapitel III der DSGVO: u. a. Vorabauskunft, Auskunft, Widerspruch, Löschung auf Verlangen, Datensperrung) durch den Auftragsverarbeiter unterstützt.
- Der Verantwortliche wird bei den Pflichten nach Art 32 DSGVO (Sicherheit der Verarbeitung), Art. 33 DSGVO (Meldung eines Data Breaches an die Aufsichtsbehörde), Art. 34 DSGVO (Benachrichtigung von Personen, die schwerwiegend durch einen Data Brach betroffen sein könnten), Art. 35 DSGVO (Datenschutz-Folgenabschätzung – Privacy Impact Assessment) und Art. 36 (Konsultation der Aufsichtsbehörde) durch den Auftragsverarbeiter unterstützt.
- Die personenbezogenen Daten werden nach dem Erbringen der Leistung zurückgegeben oder gelöscht, sofern dem keine Rechtsgründe entgegenstehen.
- Alle Informationen, die der Verantwortliche braucht, werden bereitgestellt, um die ordnungsgemäße Abwicklung und den ordnungsgemäßen Betrieb nachzuweisen, inklusive expliziter Inspektionen.

Ferner hat der Auftragsverarbeiter den Verantwortlichen zu informieren, falls diese potenziell gegen Datenschutzbestimmungen verstößt. Neben weiteren Tatbeständen wird noch geregelt, dass ein Auftragsverarbeiter, der die Zwecke und Mittel der Datenverarbeitung selbst bestimmt, zum Verantwortlichen wird.

Der Auftragsverarbeiter handelt auf Weisung

Der Auftragsverarbeiter handelt aber letztlich auf Weisung des Verantwortlichen, der die Zwecke der Verarbeitung festlegt. Dem immer bedeutsamer werdenden Konstrukt der Auftragsverarbeitung wollen wir uns konkreter in Kapitel 13 widmen.

1.6 Zusammenfassung

Dieses Kapitel hat Ihnen einen Überblick über Anforderungen des Datenschutzes und erste Informationen zu Lösungen geliefert. Wie bereits eingangs betont, soll dieses Buch kein weiterer (Rechts-)Kommentar zum Datenschutz sein, sondern Ihnen vielmehr eine Handlungsanleitung in Bezug auf den Betrieb von SAP-Lösungen geben.

Ein Großteil des Autorenteams arbeitet seit dem Jahr 2012 zusammen an der Umsetzung von Datenschutzfunktionen in der SAP Business Suite und in SAP S/4HANA. Beim Schreiben dieses ersten Kapitels ist uns erneut bewusst geworden, dass sich Datenschutz auf ein umfassendes Konzept gründen muss, das mit der Planung der Verarbeitung und den dazu gehörigen Schutzmaßnahmen und Transparenzpflichten beginnen muss, um die Daten über ihren gesamten Lebenszyklus hinweg hinreichend zu sichern, bis sie dann schließlich zu löschen sind. Eine wesentliche Stärkung erfahren die Kontroll- und Nachweispflichten in der DSGVO.

In den nächsten Kapiteln geht es uns darum, zunächst das Bewusstsein weiter zu schärfen und einen Ansatz für Datenschutzprojekte zu formulieren. Danach vertiefen wir zahlreiche, in diesem ersten Kapitel nur angerissene Funktionen von SAP-Lösungen, die Sie im Datenschutz unterstützen.

Kapitel 2
»Wo laufen sie denn«: Wo Sie personenbezogene Daten finden

Niemand verarbeitet personenbezogene Daten – zumindest nicht außerhalb von SAP ERP HCM. Diese weitverbreitete Auffassung trügt: An zahlreichen Stellen der SAP Business Suite und in SAP S/4HANA werden personenbezogene Daten verarbeitet.

Viele, wenn nicht die meisten Daten in der SAP Business Suite und SAP S/4HANA, haben einen Personenbezug oder lassen sich fallweise auf Personen beziehen (siehe Abschnitt 1.2.1, »Begriffliche und sachliche Grundlagen«). Stammdaten, wie der zentrale Geschäftspartner, der Kunde, Lieferant und Mitarbeiter, enthalten in aller Regel identifizierende Merkmale, wie z. B. Namen, Anschriften und Telefonnummern.

Ein Bezug zu einer Person kann aber z. B. auch durch ein Stammdatendesign entstehen, bei dem die Menge der mit diesem Stammdatum verbundenen Personen sehr klein ist. Beispiele sind etwa das Material, das nur ein Mitarbeiter verwenden kann, oder die Kostenstelle, der nur eine Person zugeordnet ist.

Zunächst gehen wir in Abschnitt 2.2, »Stammdaten – Bewegungsdaten«, kurz auf die Unterscheidung von Stamm- und Bewegungsdaten ein. Wir zeigen Ihnen, wie Sie einen Überblick darüber erhalten, welche Komponenten überhaupt genutzt werden. Schließlich zeigen wir anhand konkreter Beispiele, wo personenbezogene Daten verarbeitet werden oder entstehen können. Abschnitt 2.3 geht dabei auf die personenbezogenen Daten in SAP ERP Central Component (SAP ECC) und SAP S/4HANA, Abschnitt 2.4 auf die personenbezogenen Daten in SAP ERP Human Capital Management (SAP ERP HCM) sowie Abschnitt 2.5 auf die personenbezogenen Daten in SAP Customer Relationship Management (SAP CRM) ein.

2.1 SAP Business Suite und SAP S/4HANA

In der SAP Business Suite und SAP S/4HANA sind zahlreiche Anwendungen auf einer gemeinsamen Technologiebasis vereint. Die zentralen Komponenten bieten folgende Funktionen:

- FI (Finance) – für das externe Rechnungswesen
- CO (Controlling) – für das interne Rechnungswesen
- MM (Materials Management) – für die Materialwirtschaft
- SD (Sales and Distribution) – für den Vertrieb
- PP (Production, Planning and Control) – für die Produktionsplanung und -steuerung
- SAP ERP HCM – für das Personalwesen

Neben der zentralen Komponente gibt es ergänzende SAP-Lösungen (sog. *Satelliten*), wie z. B. SAP CRM und SAP Supply Chain Management (SAP SCM) oder native Cloud-Lösungen wie SAP Ariba, SAP Concur, SAP SuccessFactors usw. Ferner gibt es im Rahmen von SAP S/4HANA und der SAP Business Suite branchenspezifische Lösungen, wie z. B. Financial Services Policy Management (FS-PM) für Versicherer oder SAP Patient Management für Krankenhäuser. Auch wenn wir tatsächlich in den letzten Jahren alle Lösungen in diesem Rahmen geprüft und noch stärker auf den Datenschutz ausgerichtet haben, verbietet die Menge an Anwendungen (>120) eine detaillierte Darstellung. Daher konzentrieren wir uns auf nur wenige Beispiele. Anfangen werden wir mit einer allgemeinen Betrachtung zu Stamm- und Bewegungsdaten.

2.2 Stammdaten – Bewegungsdaten

Die Beschreibung von Stammdaten erfolgt mit Bezug auf die Komponente, die dieses Stammdatum nutzt oder auch für andere Verwendungen zur Verfügung stellt. So erfolgt die Beschreibung einer Kostenstelle, logischerweise in Bezug auf die CO-Komponente in SAP ERP bzw. SAP S/4HANA. Allgemein sind *Stammdaten* Informationen, die dauerhaft im System hinterlegt und in Geschäftsprozesse eingebunden werden. Sie werden in Bezug auf die Organisationsebenen angelegt und basieren auf einem Ordnungs- und Steuerungsmerkmal wie der *Materialart*, der Art der Kostenstelle oder der Kontengruppe.

Zusammenspiel von Stamm- und Bewegungsdaten

Abbildung 2.1 entnehmen Sie, dass die Stammdaten **Material**, **Lieferant**, **Sachkonto** und **Kostenstelle** in einem Einkaufsbeleg, in diesem Fall einer Bestellung, zusammengebracht werden.

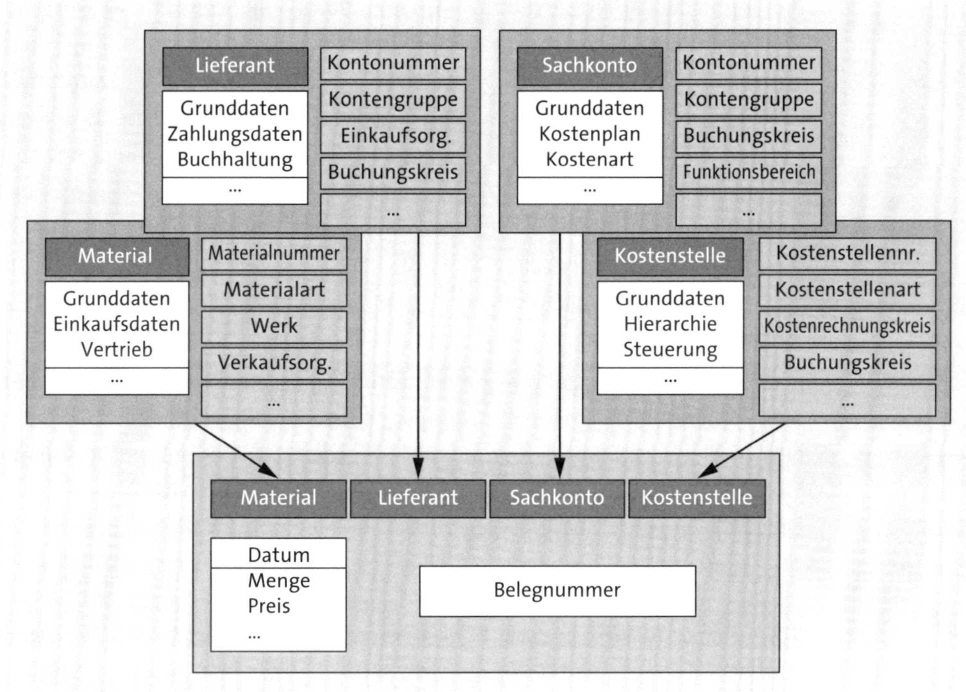

Abbildung 2.1 Stammdaten und Bewegungsdaten

Die Kostenstelle steht hierbei stellvertretend für ein Kontierungsobjekt. Stammdaten liefern u. a. die folgenden Daten:

- **Steuerungsschlüssel**
  Steuerungsschlüssel sind Attribute, die bei der Verwendung in einem Vorgang, wie z. B. dem Anlegen eines Verkaufsauftrags, das Systemverhalten vorbestimmen.
- **Vorschlagsdaten**
  Vorschlagsdaten sind Daten, die bei der Verwendung in einem Vorgang, wie z. B. dem Anlegen eines Verkaufsauftrags, vorgeschlagen werden, z. B. Mengen oder Preise.
- **Verbindliche Daten**
  Verbindliche Daten werden bei der Verwendung in einem Vorgang, wie z. B. dem Anlegen eines Verkaufsauftrags, nicht änderbar übernommen, z. B. Mengen oder Preise.

Redundanz vermeiden

Stammdaten gewährleisten Eindeutigkeit und Redundanzfreiheit, d. h., dass z. B. ein Material nicht mehrfach angelegt werden muss: Der Bleistift ist also immer der Bleistift.

Bei der Anlage einer Bestellung wird eine Reihe von Stammdaten mitgegeben, die viele Felder in der Bestellung mit Vorschlägen oder mit nicht änderbaren Werten befüllt. Weitere (zeitpunkt-/fallbezogene) Daten werden manuell hinzugefügt. Nach der Eingabe aller Daten wird die Bestellung angelegt. Dabei wird ein Beleg erzeugt, der neben den Stammdaten fallbezogene Daten – wie z. B. Datum, Menge und Preis – enthält. Weitere Belege in anderen Komponenten werden erzeugt und bleiben dauerhaft diesem Geschäftsvorfall zugeordnet. Die auf diese Weise erzeugten Belege dokumentieren Bewegungsdaten.

Wiederverwendbarkeit

Vereinfacht sind Stammdaten auf Dauer angelegte, wiederverwendbare Daten, die oft über mehrere Anwendungen hinweg unverändert bestehen bleiben. Bewegungsdaten sind hingegen die Daten, die im Prozess entstehen und durch Belege dokumentiert werden. In Abbildung 2.1 sind die Stammdaten **Material**, **Lieferant**, **Sachkonto** und **Kostenstelle** dargestellt. Diese Daten gehen in den Beleg ein, der eine Belegnummer aufweist.

2.3 Personenbezogene Daten in SAP ERP und SAP S/4HANA

SAP ERP ist aus SAP R/3 hervorgegangen, das wiederum aus SAP R/2 entwickelt wurde. Zahlreiche Datenschutzfunktionen, z. B. im Berechtigungswesen, wurden somit über Jahrzehnte hinweg verbessert. SAP S/4HANA setzt diese Verbesserungen fort. Nachfolgend werden zentrale Stammdaten beschrieben.

2.3.1 Geschäftspartner

Der *SAP-Geschäftspartner* ist eine natürliche oder juristische Person bzw. eine Gruppe von natürlichen oder juristischen Personen. Der Geschäftspartner ist ein zentrales Stammdatum der SAP Business Suite und SAP S/4HANA; er kann in der SAP Business Suite auch für unterschiedliche Geschäftsvorgänge zentral erfasst und verwaltet werden.

Ein Partner – mehrere Rollen

Dies ist dort sinnvoll, wo ein Geschäftspartner in unterschiedlichen betriebswirtschaftlichen Rollen relevant ist, z. B. als Auftraggeber und Warenempfänger. Für die Integration mit anderen SAP-Lösungen stehen vordefinierte Schnittstellen und Verfahren zur Verfügung.

Datenschutzrechtlich relevant sind Geschäftspartner, die einzelne natürliche oder juristische Personen sind.

Geschäftspartnermodell

Das *Geschäftspartnermodell* ist vor allem dann interessant, wenn ein und dieselbe Person in unterschiedlichen Rollen enthalten sein kann:

- der Kunde, der auch Lieferant ist
- der Mitarbeiter, der auch Kunde ist
- der Mitarbeiter, der sowohl Kunde als auch Lieferant ist

Dem Geschäftspartner können in diesem Fall verschiedene (betriebswirtschaftliche) Rollen zugeordnet werden. Im Sinne des Transparenzgebots und der Datensparsamkeit ist dieses Modell sicherlich vorteilhaft. Denn die Daten einer Person verbleiben durch die »übergeordnete« Abstraktion des Geschäftspartners in der SAP Business Suite (mit unterschiedlichen Rollen und zusammenhängend), und die Redundanz wird reduziert.

Nutzung des Geschäftspartners

Der Geschäftspartner ist in einigen SAP-Business-Suite-Komponenten und in SAP S/4HANA obligatorisch. In der SAP-ERP-Komponente Financials (FI) *kann* der Geschäftspartner genutzt werden; zur Anlage eines Debitors oder Kreditors ist die Nutzung des Geschäftspartners jedoch nicht zwingend erforderlich.

2.3.2 Unmittelbar personenbezogene Datensätze in Financials

Unmittelbar personenbezogene Daten sind zunächst Debitoren (Kunden) und Kreditoren (Lieferanten). Bei beiden handelt es sich um Stammdaten. Eine Unterscheidung zwischen juristischen Personen und natürlichen Personen ist häufig schwierig, da sich hinter zahlreichen juristischen Personen eine einzelne natürliche Person verbergen kann.

Ein-Personen-GmbH

Ein bekanntes Beispiel sind kleine GmbHs im Beratungsgeschäft, bei denen der Inhaber gleichzeitig auch der Geschäftsführer und der einzige Mitarbeiter ist. Eine Aussage über die Kreditwürdigkeit einer Ein-Personen-GmbH ist naturgemäß eine Aussage über die natürliche Person.

SAP Business Suite versus SAP S/4HANA

Beachten Sie, dass Kreditoren und Debitoren in der SAP Business Suite manuell angelegt werden können. In SAP S/4HANA erfolgen Anlage und Änderung hingegen über den zentralen Geschäftspartner.

Kreditor

Betrachten wir zunächst den *Kreditor*. Dieser wird zentral über Transaktion XK01 (Anlegen Kreditor – zentral) erfasst. Eine beschränkte Anlage ist über

Transaktion FK01 (Anlegen Kreditor –Buchhaltung) oder Transaktion MK01 (Anlegen Kreditor – Einkauf) möglich.

Abbildung 2.2 zeigt einige Eingabebilder in Transaktion XK01; Tabelle 2.1 weist mögliche Inhalte aus.

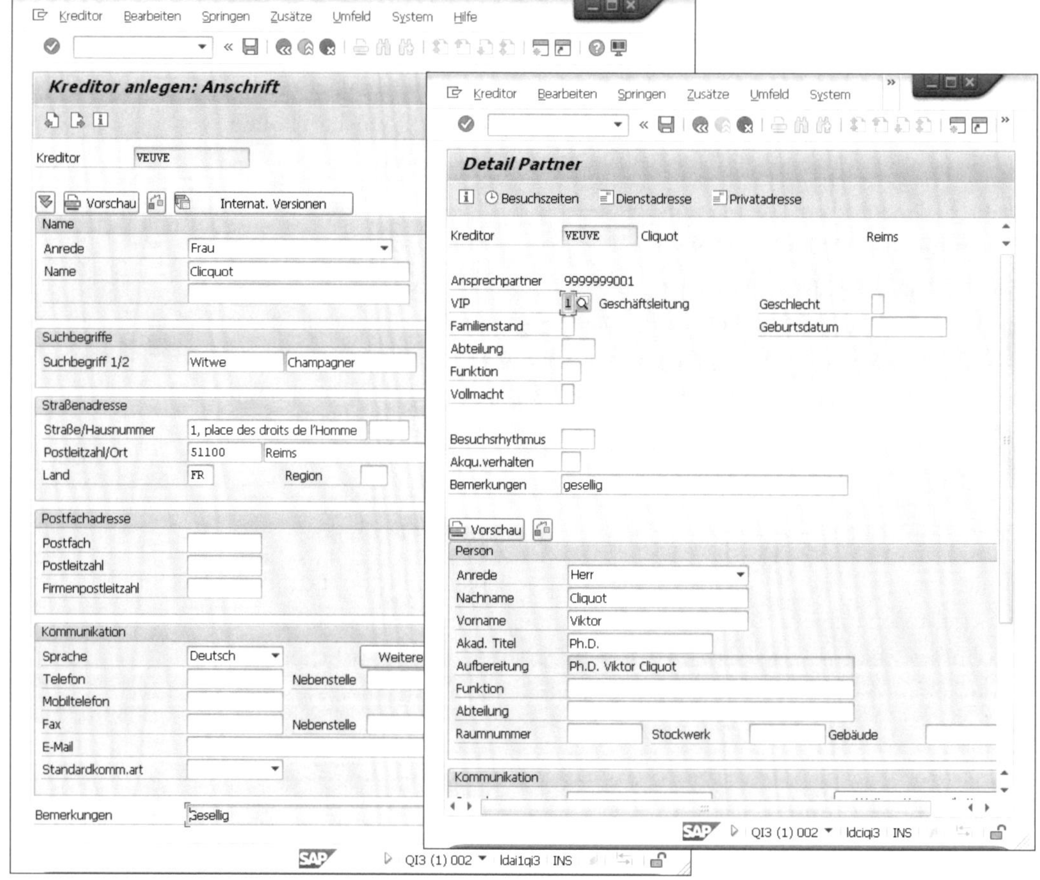

Abbildung 2.2 Eingabebilder (Auswahl) bei der Anlage eines Kreditors

Eingabebild	Angaben zum Kreditor
Einstiegsbild	Buchungskreis, Einkaufsorganisation, Kontengruppe
Anschrift	Anrede, Name, Suchbegriff, Anschrift, Kommunikation
Steuerung	korrespondierender Debitor, Berechtigung/Berechtigungsgruppe, Steuerinformation, Referenzdaten

Tabelle 2.1 Daten zum Kreditor

Eingabebild	Angaben zum Kreditor
Zahlungsverkehr	Bankverbindung, Zahlungsempfänger
Ansprechpartner	Vorname, Name, Telefon, Abteilung, Funktion, Besuchszeiten, Partnerdetails, inklusive Privatadresse und Bemerkungen sowie Akquisitionsverhalten
Buchführung	Kontoführung, Verzinsung, Quellensteuer, Referenzdaten; u. a. Minderheitenkennzeichen und Zertifizierungsdatum (reine Attribute notwendig nach US-Recht)
Zahlungsverkehr	Zahlungsdaten, automatischer Zahlungsverkehr
Korrespondenz	Mahndaten, Korrespondenz u. a. Freitextfeld **Kontovermerk**
Einkaufsdaten	Konditionen, Verkaufsdaten (Verkäufer), Steuerungsdaten
Partnerrollen	Auftraggeber, Warenempfänger, Warenlieferant, Rechnungsempfänger, Rechnungssteller
Zusätze: Texte und Dokumente	freie Eingabe

Tabelle 2.1 Daten zum Kreditor (Forts.)

Tabellen des Lieferantenstamms

Die Daten werden in unterschiedlichen Tabellen gespeichert, z. B. in den im Folgenden aufgeführten Tabellen:

- LFA1 – Lieferantenstamm (allgemeiner Teil)
- KNVK – Kundenstamm (Ansprechpartner)
- LFB1 – Lieferantenstamm (Buchungskreis)
- LFB5 – Lieferantenstamm (Mahndaten)
- LFBK – Lieferantenstamm (Bankverbindungen)
- LFC1 – Lieferantenstamm (Verkehrszahlen)
- LFLR – Lieferantenstamm (Lieferregionen)
- LFM1 – Lieferantenstamm (Einkaufsorganisationsdaten)
- LFM2 – Lieferantenstamm (Einkaufsdaten)
- MINDK – Minderheitenkennzeichen

Aus Tabelle 2.1 wird bereits ersichtlich, dass es eine Vielzahl von Daten gibt, die die Person beschreiben, sodass je nach Nutzung der Eingabemöglichkeiten ein detailliertes Bild entsteht.

Sensible Informationen

Einige dieser Informationen können – sofern der Kreditor/Lieferant eine natürliche Person ist – auch sensibel im Sinne des Datenschutzes sein. Das

Minderheitenkennzeichen – ein Pflichtmerkmal in den Vereinigten Staaten, das für den Nachweis der Förderung von Minderheiten herangezogen wird – wäre ein Beispiel dafür. Wenn es Freitextfelder gibt, können gegebenenfalls weitere sensible Informationen (durch Unwissen oder missbräuchlich) hinterlegt werden. Die in Abbildung 2.3 mit einem Rahmen gekennzeichnete Eingabe ist dabei durchaus typisch: »Gesellig« wird in vielen Unternehmen als Synonym für Alkoholiker verwendet. Bei solch einer Kennzeichnung wird aus einem Freitextfeld ein Datum einer besonderen Kategorie im Sinne des Art. 9 Abs. 1 DSGVO.

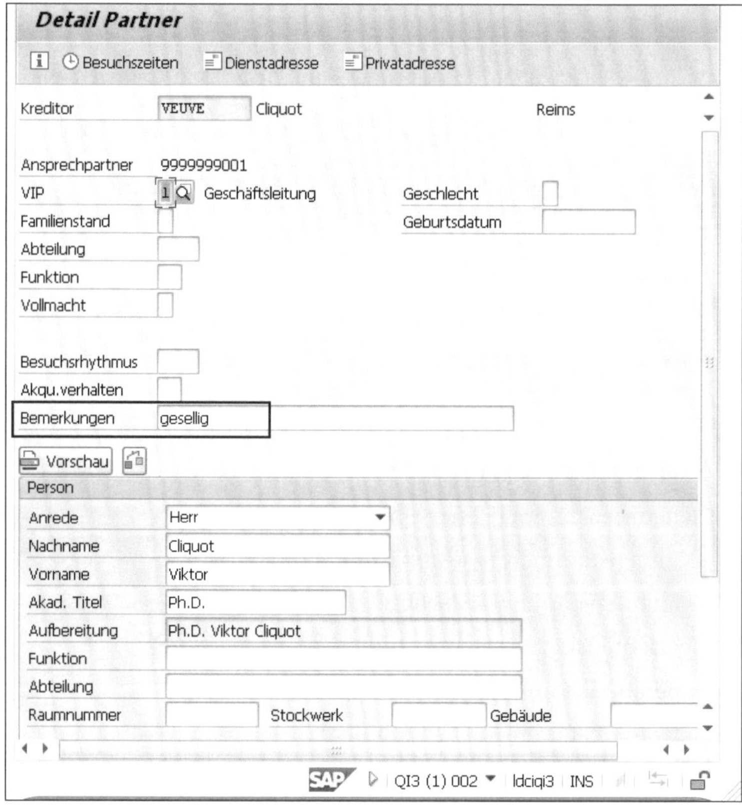

Abbildung 2.3 Partnerdetails – natürliche Person

Zusätzlich zu den unmittelbaren Informationen zur Person des Kreditors können weitere personenbezogene Informationen eventueller Ansprechpartner aufgenommen werden. Gegebenenfalls können auch Bewertungen abgegeben werden, wie es die Felder **Akqu.verhalten** und **Bemerkungen** (Freitextfeld) in Abbildung 2.3 ermöglichen.

Minderheitenkennzeichen

Das Minderheitenkennzeichen qualifiziert eine Person als Minderheit. Es kann unter dem folgendem Pfad überprüft werden: **SAP Customizing Ein-**

führungsleitfaden • Finanzwesen • Debitoren- und Kreditorenbuchhaltung • Kreditorenkonten • Stammdaten • Anlegen der Kreditorenstammdaten vorbereiten • Minderheiten-Kennzeichen definieren.

[!]

Minderheitenkennzeichen nicht im EWR-Raum!

Das Minderheitenkennzeichen ist eine Besonderheit des US-amerikanischen Rechts und sollte von Unternehmen im EWR-Raum keinesfalls genutzt werden.

Es ist möglich, den Zugriff auf die Kreditoren durch Berechtigungsgruppen so zu beschränken, dass nur die Sachbearbeiter zugreifen können, die auch tatsächlich mit diesem Geschäft in Verbindung stehen. Die Berechtigungsgruppe ist im Sperrkonzept, das wir in Kapitel 4, »›Auch das Ende muss bestimmt sein‹: Sperren und Löschen mit SAP Information Lifecycle Management«, beschreiben, ein wesentliches Attribut für das Sperren der Daten.

Debitor

Häufig gibt es interne *Debitoren*, also Mitarbeiter, die gleichzeitig auch Kunden sind. Kundendaten enthalten regelmäßig mehr Informationen über Lebensgewohnheiten als Lieferantendaten. Die Zugriffe auf interne Debitoren sollten dringend durch eine entsprechende Zuordnung in eine interne Kontengruppe beschränkt werden. Abbildung 2.4 zeigt diese Zuordnung beim Anlegen.

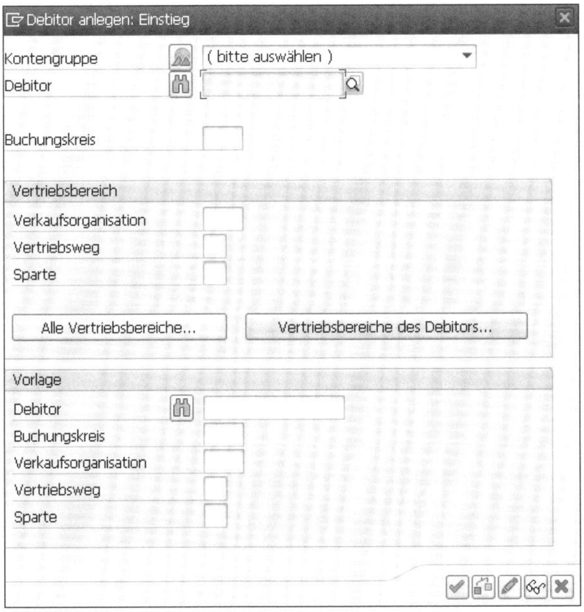

Abbildung 2.4 Kontengruppe »Debitor«

Andererseits und ergänzend kann ein Schutz über eine Berechtigungsgruppe erforderlich sein (siehe Abbildung 2.5). Dies gilt aber nicht nur für Mitarbeiter und somit für interne Debitoren, sondern häufig ist es sinnvoll, den Zugriff auf die Debitoren durch Berechtigungsgruppen einzuschränken. Die Berechtigungsgruppe ist im Sperrkonzept ein wesentliches Attribut für das Sperren der Daten.

Der Schutz durch die Kontengruppe oder die Berechtigungsgruppe ist ein Schutz über die Ausprägung von Berechtigungsobjekten in der einem Benutzer zugeordneten Rolle.

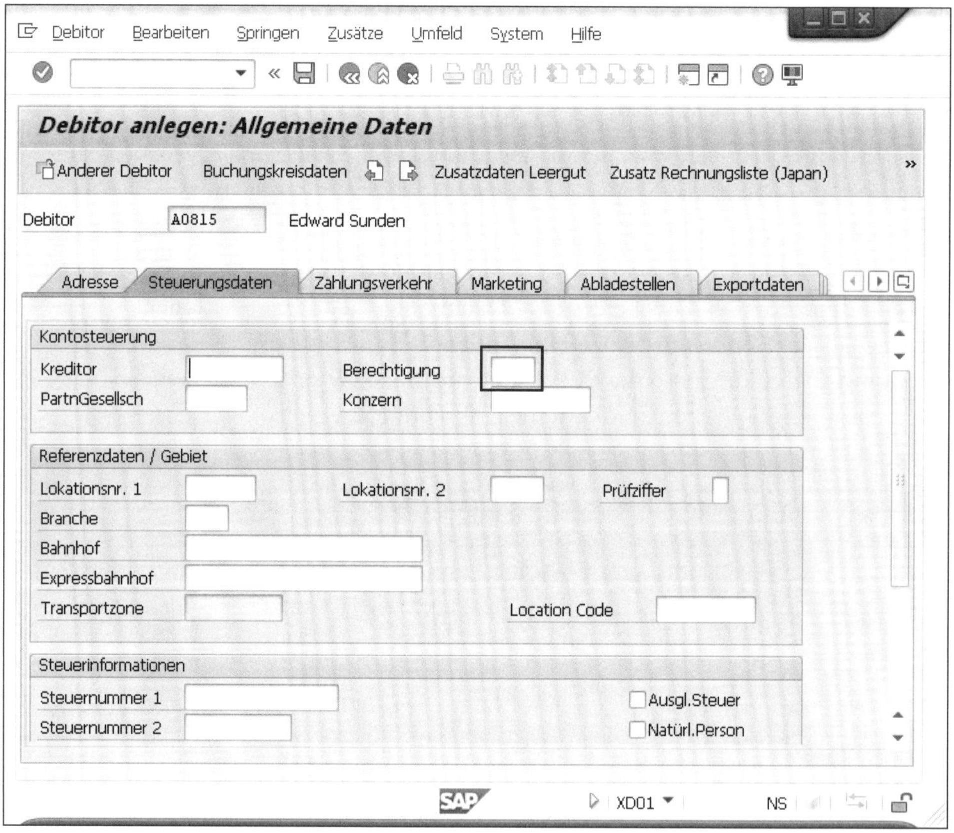

Debitor Bearbeiten Springen Zusätze Umfeld System Hilfe

Debitor anlegen: Allgemeine Daten

Anderer Debitor Buchungskreisdaten Zusatzdaten Leergut Zusatz Rechnungsliste (Japan)

Debitor A0815 Edward Sunden

Adresse Steuerungsdaten Zahlungsverkehr Marketing Abladestellen Exportdaten

Kontosteuerung
Kreditor Berechtigung
PartnGesellsch Konzern

Referenzdaten / Gebiet
Lokationsnr. 1 Lokationsnr. 2 Prüfziffer
Branche
Bahnhof
Expressbahnhof
Transportzone Location Code

Steuerinformationen
Steuernummer 1 Ausgl.Steuer
Steuernummer 2 Natürl.Person

SAP XD01 NS

Abbildung 2.5 Berechtigungsgruppe »Debitor«

Zwingende und optionale Zugriffsbeschränkung

Die Zuordnung eines Debitors oder Kreditors zu einer Kontengruppe ist zwingend erforderlich. Die Zuordnung zu einer Berechtigungsgruppe ist im Standard optional. Diese Einstellung kann allerdings im Customizing geändert werden.

Beide Möglichkeiten werden häufig für Mitarbeiterkonten genutzt, Sie können aber beliebige andere Daten ebenso schützen.

Die Berechtigungsgruppe ist im Sperrkonzept ein wesentliches Attribut für das Sperren der Daten (siehe Kapitel 4, »›Auch das Ende muss bestimmt sein‹: Sperren und Löschen mit SAP Information Lifecycle Management«).

2.3.3 Weitere personenbezogene Datensätze in FI

Die weiteren Daten, die in der Finanzbuchhaltung entstehen, können fallweise durchaus als personenbezogene Daten betrachtet werden. In Abbildung 2.6 sehen Sie einen Report, der das Zahlungsverhalten eines Kunden aufbereitet.

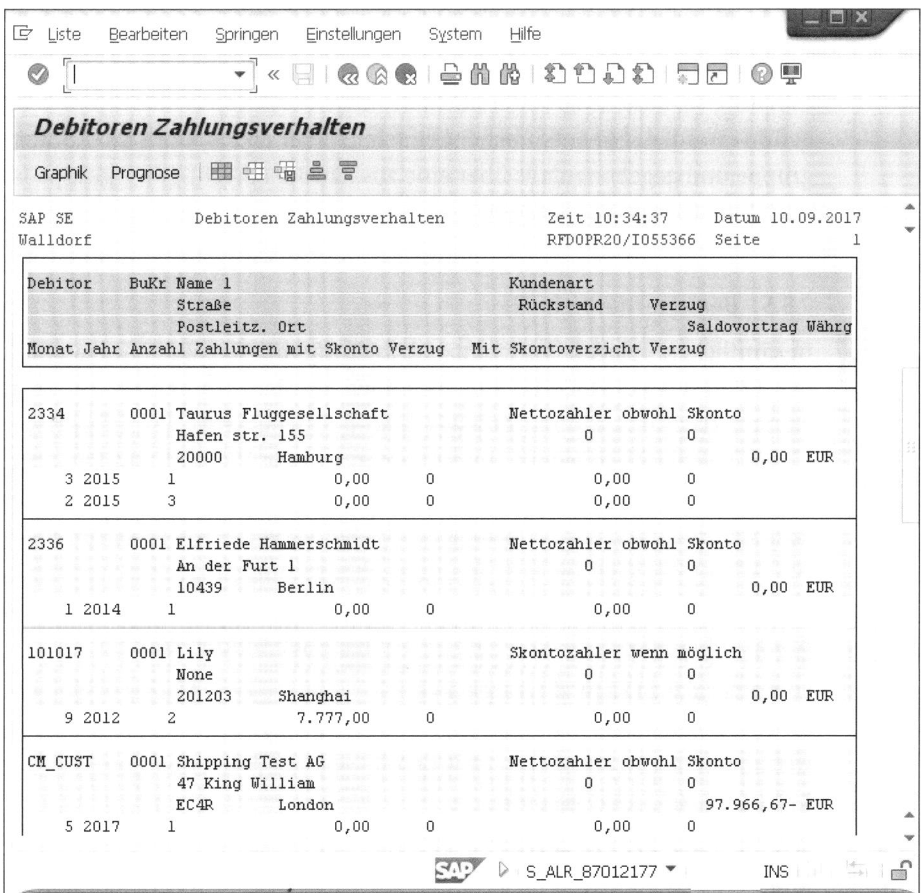

Abbildung 2.6 Personenbezogener Datensatz in FI – Debitoren-Zahlungsverhalten

- **Kostenstellen**
  Kostenstellen stellen einen auf Dauer angelegten Ort der Kostenentstehung/Leistungserbringung dar. Es ist üblich, dass Kostenstellen an der Linienorganisation des Unternehmens ausgerichtet sind, d. h., dass eine Kostenstelle meist einer Organisationseinheit entspricht. Betriebswirtschaftlich sind einer Organisationseinheit üblicherweise mehr als eine Person zugeordnet. Wenn einer Kostenstelle nur eine Person zugeordnet werden kann, wird sie zu einem unmittelbar personenbezogenen Datensatz. Schlimmer noch: Jede einzelne Buchung auf dieser Kostenstelle ist somit auch automatisch ein personenbezogener Datensatz. Es gilt also in jedem Fall zu vermeiden, dass einer Kostenstelle nur eine Person zugeordnet werden kann.
- **Innenaufträge**
  Innenaufträge sind befristete Kostensammler; das klassische Beispiel ist ein Messeauftrag. Innenaufträge werden üblicherweise projektähnlich gehandhabt und ermöglichen in Relation zu den Kostenstellen ein ergänzendes und somit genaueres Reporting. Für Innenaufträge gilt aber ebenso, dass es möglichst zu vermeiden ist, diese personenbezogen anzulegen.

2.3.7 Mittelbar personenbezogene Datensätze in CO

Mittelbar personenbezogene Datensätze lassen sich aufgrund der darin enthaltenen Informationen auf eine Person beziehen. Dies ist vor allem im Reporting bedeutsam.

Controllingberichte

In einem typischen *Controllingbericht* wird eine Vielzahl von Informationen aufbereitet, die fallweise einen Personenbezug enthalten können. Die Berichtstransaktion S_ALR_87013611 (Kostenstellen – Ist-Plan-Abweichung) weist die entstandenen und geplanten Belastungen und Entlastungen einer Kostenstelle mit den direkten Kosten (Primärkosten) und verrechneten Kosten (Sekundärkosten) aus. In Abbildung 2.8 sehen Sie den Berichtsteil, der die Kosten, also auch die Sekundärkosten (z. B. für bezogene Leistungen), ausweist.

Zur Erklärung werden u. a. statistische Kennzahlen und Leistungsarten ausgewiesen. In diesem Beispiel gibt es mit der Kostenstelle, der statistischen Kennzahl, der Leistungsart, den Primärkosten und den Sekundärkosten gleich fünf Datenarten, die in Kombination mit anderen (also z. B. Kostenstelle und Leistungsart) ein personenbezogenes Datum sein können. Leistungsarten und statistische Kennzahlen sind im gleichen Bericht in Abbildung 2.9 enthalten, in unserem Beispiel die Reparaturstunden.

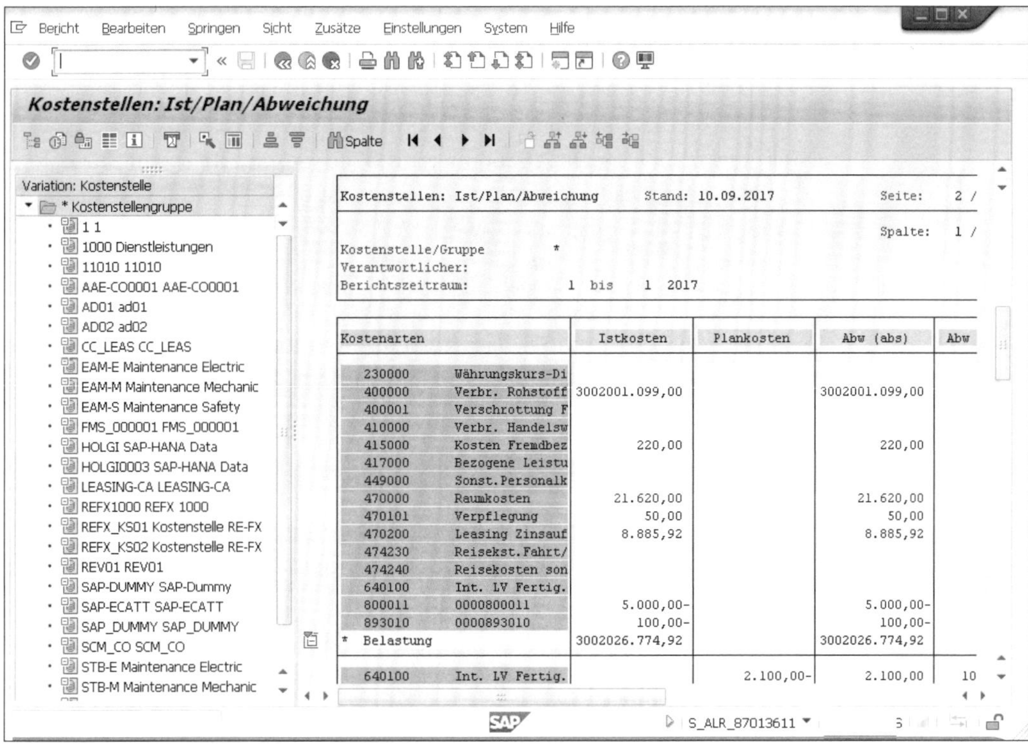

Abbildung 2.8 »Bericht Kostenstellen Ist/Plan/Abweichung«

Kostenstellen: Ist/Plan/Abweichung Stand: 10.09.2017 Seite: 3 / 4

Kostenstellen: Ist/Plan/Abweichung Stand: 10.09.2017 Seite: 4 / 4

Spalte: 1 / 2

Kostenstelle/Gruppe *
Verantwortlicher:
Berichtszeitraum: 1 bis 1 2017

Leistungsarten	Istlstg	Planlstg	Abw (abs)	Abw (%)
000001 000001				
EAMTE Maint. H Electric		0 H	0- H	100,00-
EAMTM Maint. H Mechanic		50.000 H	50.000- H	100,00-
EAMTS Maint. H Safety		0 H	0- H	100,00-
LAAD01 laad01		10,00 KG	10,00- KG	100,00-

Abbildung 2.9 »Bericht – Kostenstellen Ist/Plan/Abweichung« – hier Leistungsarten

Mittelbar bezogenes Datum

Denken Sie z. B. an eine Kostenstelle in der Instandhaltung mit den Leistungsarten *Meisterstunden, Ingenieurstunden* usw. Ist der Kostenstelle nur ein Ingenieur zugewiesen, und ist ausschließlich der Ingenieur dazu berechtigt, auf diese Leistungsart zu buchen, ist der Ausweis der Leistungen (z. B. 10 Stunden) oder der Ausweis der Planabweichung ein konkret personenbezogenes Datum, das entsprechend zu schützen ist.

Es ist also darauf zu achten, dass Kostenstellen und andere Kontierungsobjekte möglichst so vielen Personen zugeordnet sind, dass auch über Leistungsarten oder statistische Kennzahlen keine Rückschlüsse auf eine einzelne Person möglich sind. Jedenfalls sollte ein Rückschluss ohne die Nutzung weiterer verfügbarer Daten nicht möglich sein.

Angaben zum Gehalt

In Bezug auf *Gehälter* ist es in Deutschland üblich, diese – sofern sie auf unterschiedlichen tarifgruppenspezifischen Konten erfasst werden – nicht konkret als tatsächliche Kosten, sondern als Durchschnittssätze je Tarifgruppe in der Kostenstelle auszuweisen. Somit wird nicht das Gehalt (das meist individuelle Anteile hat), sondern das Durchschnittsgehalt einer Gruppe gleicher Qualifikation ausgewiesen. Der Personenbezug geht also, soweit es um die konkrete Höhe des Gehalts geht, verloren.

Während es für die Gehälter eine Lösung gibt, ist dies bei *Leistungsarten* (z. B. Ingenieurleistungen) eher schwierig. Im Sinne der verursachungsgerechten Zuordnung ist die Information erheblich, ob eine Ingenieurleistung oder eine Meisterleistung erbracht worden ist.

Personenbezogener Rückschluss möglich?

Es ist also konkret zu prüfen, ob die Leistungsarten, die von einer Kostenstelle erbracht werden, Rückschluss auf eine einzelne Person zulassen. Ist dies der Fall, muss die Vergabe von Berechtigungen zum Zugriff auf diese Kostenstelle restriktiv erfolgen.

2.3.8 Reporting-Tools in CO und kundeneigenes Reporting

Report Painter/ Report Writer

Das Controlling bietet neben vielen Standardberichten auch weitreichende Möglichkeiten für Ihr selbst definiertes Reporting. Eigene Berichte können auf einfache Weise über den *Report Painter* und etwas komplexer über den *Report Writer* erstellt werden. Report-Painter- bzw. Report-Writer-Berichte unterliegen dem Schutz des Standardberechtigungskonzepts.

Einfach, aber bedenklich

Da ihre Anlage jedoch so einfach ist, können neue Auswertungen erstellt werden, die datenschutzrechtlich bedenklich sein könnten. Damit dies datenschutzkonform bleibt, sollten Sie sicherstellen, dass alle Berichte und

Analysen auf der Grundlage Ihres Datenschutzkonzepts ausschließlich im Entwicklungssystem erstellt und erst dann in die Produktionssysteme transportiert werden. Dies ist u. a. deshalb zwingend, weil der mögliche Zugriff auf Daten und somit jede ausgeführte Transaktion oder jeder ausgeführte Report vorab festgelegt sein müssen. Eine freie Kombination von Daten in einem durch einen Benutzer in einem produktiven System erstellten Bericht kann dieser Maßgabe nicht genügen.

Neben den Möglichkeiten, die durch Reporting-Tools bereitgestellt werden, nutzen viele Unternehmen kundeneigene Reports, um Auswertungen zu ermöglichen. Im Sinne des Datenschutzes ist darauf hinzuweisen, dass kundeneigene Reports mindestens einem vergleichbaren Schutz durch Berechtigungen zu unterwerfen sind.

2.3.9 Benutzerdaten in CO

Die Erläuterungen zu Abschnitt 2.3.5, »Benutzerdaten in FI«, sind sinngemäß auf die CO-Komponente übertragbar.

2.3.10 Unmittelbar personenbezogene Daten in SD

Die unmittelbar personenbezogenen Daten in SD haben Sie schon in den vorangehenden Abschnitten kennengelernt. Es handelt sich dabei einerseits um den Geschäftspartner mit all seinen gegebenenfalls enthaltenen Kontaktpersonen und andererseits um den Debitor.

Ansprechpartner

Um einen Kunden sinnvoll betreuen zu können, werden meist neben der Person des Kunden selbst (oft eine juristische Person) Ansprechpartner beim Kunden erfasst. Teilweise werden – wie Sie in Abbildung 2.10 sehen können – auch qualifizierende Merkmale zum Ansprechpartner erhoben. Formal werden also in nicht unerheblichem Umfang personenbezogene Daten verarbeitet.

Wie Abbildung 2.10 zeigt, können unterschiedliche personenbezogene Informationen in Bezug auf den Ansprechpartner (natürliche Person) hinterlegt werden. Diese können – abhängig von der erlaubten Attributierung – auch durchaus sensiblen Charakter haben. Der in Abbildung 2.10 mit ❶ gekennzeichnete Screen erlaubt es, die private Adresse sowie private Kontaktdaten zu erfassen. Darüber hinaus ist ❷ die Eingabe von Bemerkungen in einem Freitextfeld möglich. Unter **Weitere Daten** ❸ können, abhängig von den Definitionen im Customizing, Attribute gepflegt werden. Im Beispiel in Abbildung 2.10 geht es um das Thema *Gewerkschaft* und vergleichbare Interessen.

Abbildung 2.10 Daten des Ansprechpartners beim Kunden

Unabhängig von der Pflege der Ansprechpartner besteht der wesentliche Unterschied zwischen Debitor und Kreditor darin, dass beim Debitor ein Bezug auf den Endverbraucher vorhanden sein kann, da er in der Regel eine natürliche Person und Konsument ist. In Ausnahmefällen kann hier sogar die Erfassung sensibler Daten erforderlich werden.

Ein Mitglied einer weltanschaulichen Organisation oder eines Tendenzbetriebs ist auch ein Debitor. Somit ist zwingend das sensible Datum der Zugehörigkeit relevant.

Tendenzbetrieb

Tendenzbetriebe sind Unternehmen, die überwiegend politischen, konfessionellen, karitativen, erzieherischen und wissenschaftlichen Zwecken folgen (siehe § 118 BetrVG). In aller Regel erwarten z. B. kirchliche Träger zumindest die Mitgliedschaft in einer christlichen Religionsgemeinschaft – diese Daten dürfen bei Tendenzbetrieben erhoben werden.

Kunden von Heil- und Hilfsmittelherstellern, die kundenindividuelle gefertigte Heilmittel erhalten, Schwerbehinderte, die ein spezielles Auto benötigen – all dies sind Fälle, die eine Erfassung von sensiblen Daten rechtfertigen können. In diesen Fällen ist zunächst zu prüfen, wie viele Daten für die buchhalterische Vertragsabwicklung erforderlich sind. Ferner sind diese Daten gesondert zu schützen, was durch Konfiguration möglich ist.

2.4 Personenbezogene Daten in SAP ERP Human Capital Management

Das in HR-Systemen personenbezogene Daten verarbeitet werden, ist hinreichend offensichtlich. In diesem Abschnitt wollen wir Transparenz über die Arten der Daten und die Strukturen schaffen – so erläutern wir u. a. das Infotyp-Konzept.

2.4.1 Arten personenbezogener Daten in SAP ERP HCM

In SAP ERP HCM werden Daten von Personen verarbeitet, die in unterschiedlicher Beziehung zum Unternehmen stehen können:

1. Mitarbeiter
2. Bewerber
3. externe Mitarbeiter bzw. externe Dienstleister
4. Benutzer der Anwendung SAP ERP HCM

An dieser Stelle wollen wir Ihnen zuerst einen Überblick über die im Zusammenhang mit SAP ERP HCM verwendeten Begrifflichkeiten geben, die wir auch in den folgenden Abschnitten immer wieder nutzen.

Infotypen

Die Stammdaten der Personalwirtschaft werden in sogenannten *Informationstypen* – auch *Infotypen* genannt – abgelegt. Infotypen können also personen- und organisationsbezogene Daten beinhalten und stellen eine Bündelung von gleichartigen Datenfeldern nach personalwirtschaftlichen Kriterien dar. Ein Infotyp wird immer durch einen eindeutigen vierstelligen Schlüssel identifiziert. Zum Beispiel finden Sie die Daten zur Person in Infotyp 0002, die Basisbezüge in Infotyp 0008 und die Abwesenheiten in Infotyp 2001. Der Infotyp 0002 (Daten zur Person) besteht dabei u. a. aus den Feldern **Name**, **Vorname** und **Geburtsdatum**.

Namensräume der Infotypen

Die vierstelligen Schlüssel der Infotypen sind in verschiedene Namensräume unterteilt:

- 0000–0999 und 3200–3999: Stammdaten
- 1000–1999: Planung
- 2000–2999: Zeitwirtschaft
- 4000–4999: Bewerber
- 9000–9999: reserviert für kundeneigene Infotypen

Länderspezifika Zusätzlich zu den allgemeingültigen Infotypen (z. B. 0002 – Daten zur Person) gibt es länderspezifische gesetzliche Anforderungen, die ebenfalls mithilfe von Infotypen abgebildet werden.

Sozialversicherungsrelevante Informationen

Als Beispiel können hier die unterschiedlichen Infotypen für die Eingabe der sozialversicherungsrelevanten Informationen dienen. So gibt es unterschiedliche Infotypen zur Sozialversicherung, z. B. für Deutschland Infotyp 0013, für Österreich Infotyp 0044 und für die Schweiz Infotyp 0036.

Für jeden in SAP ERP HCM definierten Infotyp gibt es eine korrespondierende Infotyptabelle, in der die Daten des Infotyps und technische Einträge – wie z. B. Schlüssel – gespeichert sind. So sind die zu Infotyp 0002 (Daten zur Person) gespeicherten Daten in Tabelle PA0002 zu finden.

Ablage in Tabellen SAP-ERP-HCM-Stammdaten sind in der Regel in den PA*-Tabellen abgelegt; zusätzlich sind die PCL*-Tabellen (HCM-Cluster-Tabellen) und HRP*-Tabellen (Personalplanung, E-Recruiting) relevant. Die Daten der alten Personalbeschaffung finden sich in den PB*-Tabellen. Mit den neueren Releases von SAP ERP HCM sind diese Grenzen nicht mehr eindeutig zu ziehen.

Eine ausführliche Übersicht über die Tabellen der Personalwirtschaft können Sie sich mithilfe des ABAP Dictionarys (Transaktion SE12) ansehen.

Die Pflege der Infotypen erfolgt abhängig von der SAP-ERP-HCM-Komponente, der sie zuzuordnen sind. Für die Personalstammdaten erfolgt die Pflege über Transaktion PA30 (Personalstammdaten pflegen). Ein Beispiel finden Sie in Abbildung 2.11.

Zeitbindung Grundsätzlich gilt für alle Infotypen, dass eine zeitabhängige Speicherung möglich ist und hierdurch die Auswertung vergangenheitsbezogener Daten erleichtert wird. Dabei wird in der Personaladministration zwischen verschiedenen Klassen der *Zeitbindung* unterschieden, je nachdem, ob ein oder mehrere Datensätze zur gleichen Zeit existieren können.

Freitextfelder

Innerhalb der Infotypen sind gegebenenfalls Freitextfelder erlaubt, die eine unkontrollierte Eingabe von Informationen und damit auch von personenbezogenen Daten gestatten. Aus Datenschutzsicht ist diese Möglichkeit als kritisch einzuschätzen und zu regulieren. Falls Freitextfelder genutzt werden, sollte die Eingabe befristet und z. B. organisatorisch auf die zweck- bzw. sachbezogenen Angaben beschränkt sein.

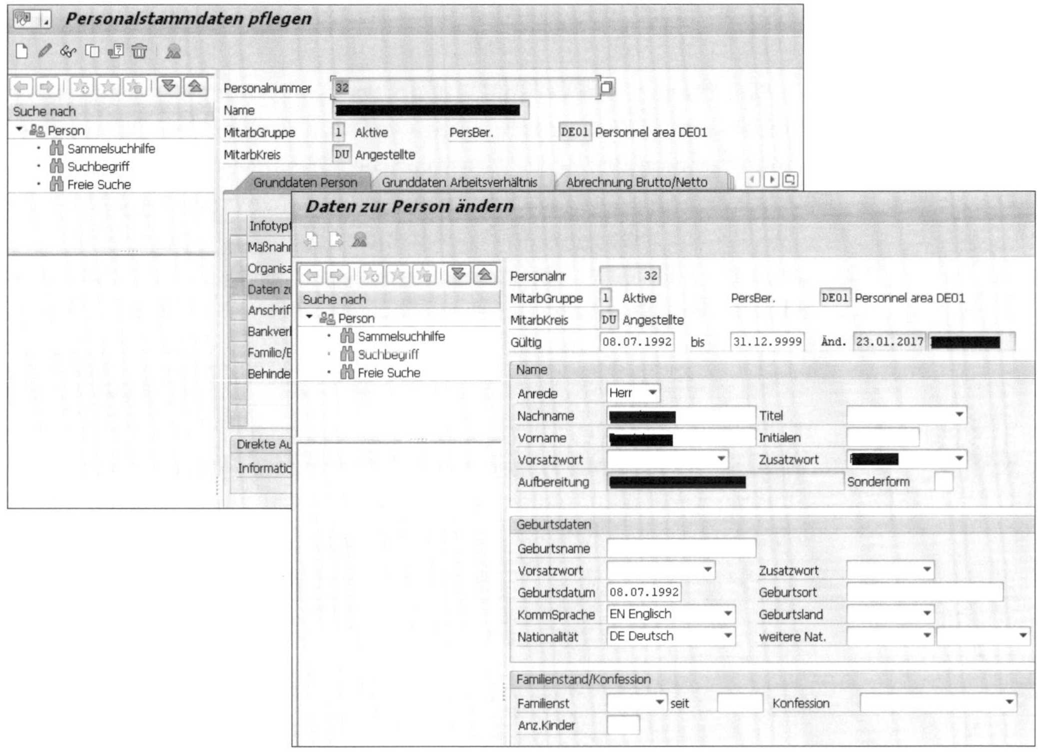

Abbildung 2.11 Pflege von Infotyp 0002 mit Transaktion PA30

Infosubtypen

In SAP ERP HCM werden Infotypen in noch kleinere Einheiten unterteilt; diese werden *Infosubtypen* oder *Subtypen* genannt. Subtypen sollen hauptsächlich die Umsetzung verschiedener Steuerungsmerkmale innerhalb eines Infotyps ermöglichen. Steuerungsmerkmale sind z. B. die gerade beschriebene Zeitbindung, aber auch die Steuerung von Berechtigungszugriffen. Ein Infotyp kann sich also in verschiedene Subtypen unterteilen.

[zB]

Infotyp und Subtypen

Es gibt z. B. zu Infotyp 2001 (Abwesenheiten) u. a. die folgenden Subtypen (Abwesenheitsarten): Urlaub, Krankheit, Kur oder Krank ohne Attest.

Objekttypen

Welche Subtypen zu einem Infotyp vorhanden sind, erfahren Sie u. a. anhand von Tabelle T591A (Infosubtyp-Eigenschaften).

Im *Organisationsmanagement* von SAP ERP HCM werden zusätzlich noch *Objekttypen* unterschieden. Die Infotypen der Personalplanung und -entwicklung werden in Objekttypen gegliedert; es gibt u. a. die Organisationseinheit (O), die Stelle (C), die Planstelle (S) und die Person (P).

Planvariante und Planungsstatus

Die *Planvariante* findet ebenfalls in der Personalplanung Verwendung; sie definiert eine bestimmte Sammlung von Daten zu einer Planung. Mit einer Planung können Sie z. B. die Auswirkungen eines angestrebten Personalzuwachses kalkulieren. Dabei können mehrere Planvarianten mit unterschiedlichen Daten getrennt voneinander abgebildet werden. Zusätzlich haben die relevanten Objekte auch einen der folgenden *Planungsstatus*: **Aktiv**, **Geplant**, **Beantragt**, **Genehmigt** oder **Abgelehnt**. Sollten Sie zukunftsbezogene Personalplanungen durchführen, sind diese Planungen besonders zu schützen.

Überblick über die gespeicherten Daten

Mit dem Report RPDINF01 erhalten Sie einen Überblick über die Strukturen der in SAP ERP HCM vorhandenen Infotypen und können zusätzlich die Infotypen anzeigen, für die Datensätze vorhanden sind. In Abbildung 2.12 finden Sie eine Beispielauswertung des Reports RPDINF01.

AIS - Technische Übersicht zu Infotypen

Objekthierarchie	Kurzbeschreibung/Attribute	Zeitbindung	Zeitbindung (Kurzbeschreibung)
AIS - Technische Übersicht zu Infotypen			
Berichtsumgebung			
Berichtskopfdaten			
Berichtsstatistik			
Anzahl ermittelter Infotypen	8		
Anzahl ermittelter Subtypen	4		
Ermittelte Infotypen			
Infotyp 0000	Maßnahmen	1	Infotyp muß lückenlos vorhanden sein, keine Mehrfachbelegu
Infotyp 0001	Organisatorische Zuordnung	1	Infotyp muß lückenlos vorhanden sein, keine Mehrfachbelegu
Infotyp 0002	Daten zur Person	1	Infotyp muß lückenlos vorhanden sein, keine Mehrfachbelegu
Infotyp 0003	Abrechnungsstatus	A	Infotyp genau einmal vorhanden von 01.01.1800 bis 31.12.9
Infotyp 0006	Anschriften	T	Zeitbindung orientiert sich am Subtyp bzw. Subtyptabelle
Subtyp 1	Ständiger Wohnsitz	1	
Subtyp 3	Heimatanschrift	2	
Infotyp 0007	Sollarbeitszeit	1	Infotyp muß lückenlos vorhanden sein, keine Mehrfachbelegu
Infotyp 0008	Basisbezüge	T	Zeitbindung orientiert sich am Subtyp bzw. Subtyptabelle
Subtyp 0	Basisvertrag	1	
Infotyp 0009	Bankverbindung	T	Zeitbindung orientiert sich am Subtyp bzw. Subtyptabelle

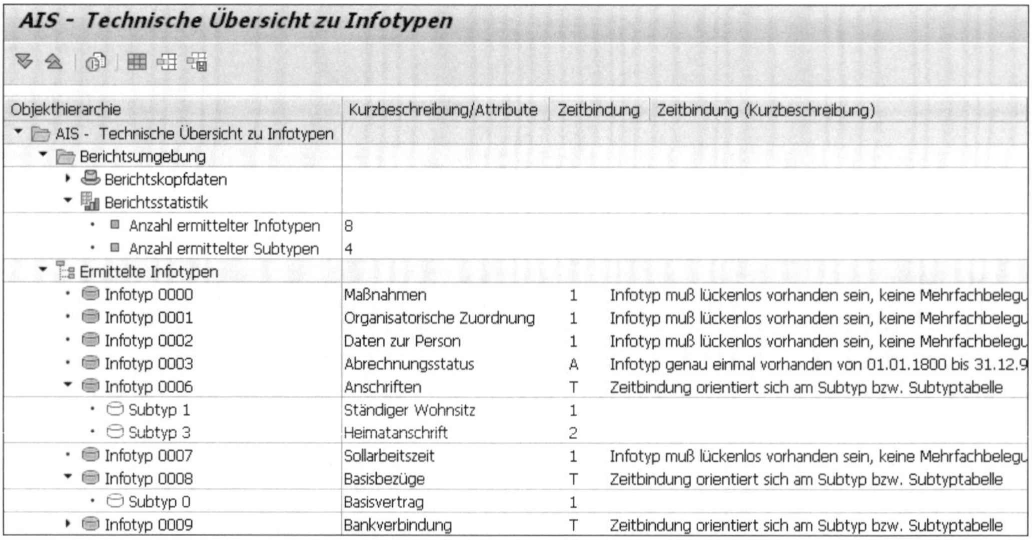

Abbildung 2.12 Beispielauswertung des Reports RPDINF01

In der Auswertung werden übersichtlich die relevanten Informationen zu den vorhandenen Infotypen angezeigt. Sie erhalten eine Statistik zu den ermittelten Infotypen; alle Infotypen werden separat mit ihren Subtypen angezeigt und die entsprechende Anzahl an Datensätzen für Mitarbeiterdaten und Bewerberdaten gelistet. Als Zusatzinformationen werden die zugrundeliegende Tabelle und deren Tabellenberechtigungsgruppe angezeigt. Außerdem erhalten Sie in der Spalte **Text erl.** einen Eindruck, für welche Infotypen die Pflege der oben beschriebenen Freitextfelder möglich ist, und in der Spalte **ZugrBer** ist für alle Infotypen mit zeitabhängiger Berechtigungsprüfung ein Haken gesetzt.

[«]

Report RPDINF01 – technische Übersicht zu Infotypen

Der Report RPDINF01 zeigt Ihnen die tatsächlich zu einem bestimmten Zeitpunkt in einem Mandanten vorhandenen, personenbezogenen Daten von SAP ERP HCM an. Dies geschieht, indem die verwendeten Infotypen sowie deren Subtypen und die Anzahl der jeweils gespeicherten Datensätze zu diesem Infotyp angezeigt werden. Die personenbezogenen Daten selbst können Sie mit diesem Report nicht einsehen.

2.4.2 Benutzerdaten in SAP ERP HCM

Die Erläuterungen zu Abschnitt 2.3.5, »Benutzerdaten in FI«, sind sinngemäß auf die HCM-Komponente übertragbar.

2.5 Personenbezogene Daten in SAP Customer Relationship Management

Unsere Annahme ist, dass im Besonderen die Datenverarbeitung von Kunden mit der DSGVO in den Vordergrund rückt. Dementsprechend wollen wir nachfolgend personenbezogene Daten in SAP CRM darstellen.

2.5.1 Geschäftspartner als Stammdaten

Alle Personen und Organisationen, die in SAP CRM an Geschäftsprozessen beteiligt sind, sind als Geschäftspartner abgebildet. Geschäftspartner sind somit Personen, Organisationen oder Gruppen von Personen, an denen ein Unternehmen ein geschäftliches Interesse hat (siehe hier und im Folgenden das SAP Help Portal und das Glossar).

Geschäftspartnerrolle

Da die Geschäftspartner in unterschiedlichen Rollen vorkommen können – wie z. B. als Organisation, Auftraggeber, Kontaktperson oder Mitarbeiter – sind auch genau diese Rollen als *Geschäftspartnerrollen* in SAP CRM abgebildet. Die Geschäftspartnerrolle definiert somit im SAP-System, welche Rechte und Pflichten ein Geschäftspartner in einem Geschäftsvorgang hat.

Geschäftspartnertyp

Geschäftspartner werden in verschiedenen Geschäftspartnertypen angelegt. Der *Geschäftspartnertyp* gibt an, ob der Geschäftspartner als Person, Organisation oder Gruppe im SAP-System abgebildet ist. Geschäftspartner können generell wie folgt auftreten:

- **Account**
  Ein Account entspricht einem Unternehmen, einer Person oder einer Gruppe, mit der Sie geschäftliche Beziehungen pflegen. Zu den Accounts gehören z. B. Lieferanten, Interessenten, Auftraggeber, Warenempfänger, Konsumenten oder Vertriebspartner als Channel-Partner.
- **Ansprechpartner**
  Ansprechpartner sind Kontaktpersonen im Unternehmen, mit denen Sie geschäftliche Beziehungen pflegen. Der Ansprechpartner ist in der Regel dem Unternehmen über eine Geschäftspartnerbeziehung zugewiesen.
- **Mitarbeiter**
  Der Geschäftspartner in der Geschäftspartnerrolle des Mitarbeiters entspricht dem Mitarbeiter Ihres Unternehmens, der geschäftliche Beziehungen mit Kunden, Lieferanten oder Auftraggebern pflegt bzw. aufnimmt. Der Mitarbeiter kann in einem Shared-Service-Center-Szenario jedoch auch als Bearbeiter sowie als Anfragender behandelt werden.

Diese Geschäftspartnerrollen, die wie in SAP ERP auch in SAP CRM zur Verfügung stehen, können entweder als individuelle Branchenlösung oder mit entsprechend kundeneigenen Anforderungen ergänzt werden. Geschäftspartner in SAP CRM beinhalten neben der Geschäftspartnerrolle noch weitere Informationen.

Geschäftspartnerbeziehungen

Geschäftspartnerbeziehungen

Geschäftspartnerbeziehungen definieren die Art der Beziehung zwischen zwei Geschäftspartnern. Beziehungen können Eigenschaften zugeordnet werden, wie z. B. eine Firmenadresse. Abbildung 2.13 zeigt verschiedene Arten von Geschäftspartnern und mögliche Beziehungen zwischen diesen. Somit ist ein Mitarbeiter im Unternehmen z. B. als verantwortlicher Mitarbeiter für einen bestimmten Kunden gepflegt. Aufgrund dieser Beziehung wird der verantwortliche Mitarbeiter auch in sämtlichen Geschäftsvorgängen gepflegt, die mit dem Kunden zu tun haben.

Klassifikations- oder Marketingattribute

Geschäftspartnern in SAP CRM können darüber hinaus *Klassifikations- oder Marketingattribute* zugewiesen werden. Dies sind frei definierbare Kriterien, um einen Geschäftspartner zu kategorisieren. Diese Kategorisierung kann zur Segmentierung bzw. Zielgruppendefinition der Geschäftspartner im Marketing für bestimmte Marketingaktivitäten genutzt werden.

Kontaktdaten

Zu jedem Geschäftspartner können *Adressen* für verschiedene Adressarten gepflegt werden. Sie können hier z. B. zwischen Rechnungs- und Lieferanschrift unterscheiden. Des Weiteren können Sie zu jedem Geschäftspartner *allgemeine Daten* wie die Kommunikationsarten, über die mit dem Geschäftspartner in Kontakt getreten werden kann, pflegen.

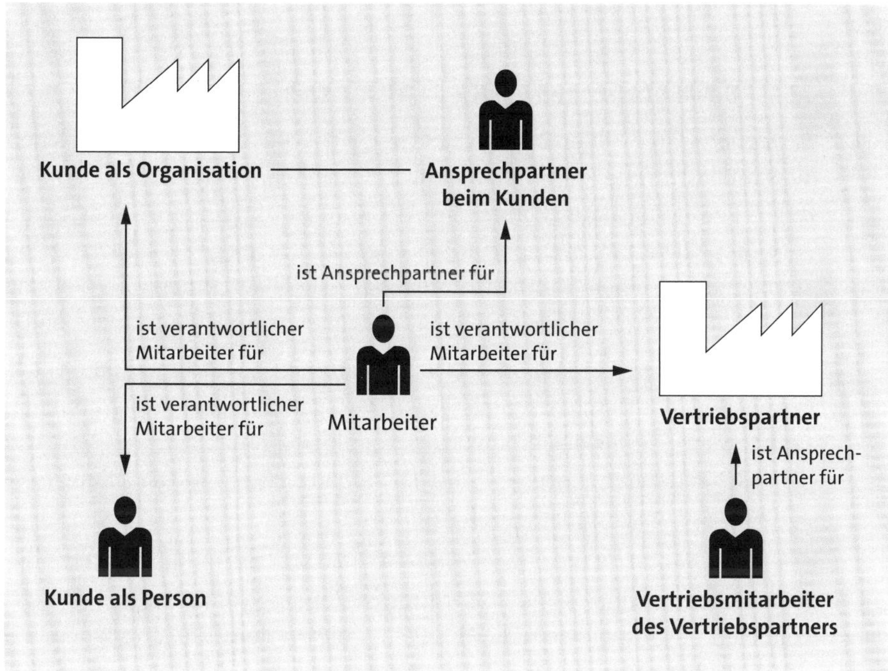

Abbildung 2.13 Arten von Geschäftspartnern und deren Beziehungen

Archivierung

Um zu bestimmen, ob ein Geschäftspartner nicht länger gültig für Geschäftsvorgänge ist, kann dieser zur Archivierung vorgemerkt werden. Dieser Geschäftspartner kann dann anschließend archiviert und aus der Datenbank gelöscht werden.

Um beim Geschäftspartner festzulegen, zu welchem Vertriebsbereich dessen Geschäftsvorgänge angelegt werden sollen, können Sie zu einem Geschäftspartner die Vertriebsbereichsdaten pflegen. Diese beinhalten Informationen zu Vertriebsorganisation, Sparte und Vertriebsweg.

Eine weitere Funktionalität zum Geschäftspartner ist das *Informationsblatt*. Im Informationsblatt werden alle Informationen zum Geschäftspartner komprimiert angezeigt. Dies können allgemeine Informationen zum Geschäftspartner, zu dessen Geschäftsvorgängen, aber auch Informationen aus angeschlossenen Systemen sein. Das Informationsblatt kann als PDF-Format vom Geschäftspartner heruntergeladen werden, um die betreffenden Informationen offline zur Verfügung zu stellen.

Änderungshistorie

Alle Änderungen, die den Geschäftspartner betreffen, werden in der Änderungshistorie protokolliert. Um den Zugriff auf Geschäftspartner über

Berechtigungen einzuschränken, besteht die Möglichkeit, dass Sie Berechtigungsgruppen im Customizing anlegen und sie anschließend dem Geschäftspartner zuordnen.

2.5.2 Bewegungsdaten von Geschäftspartnern

Geschäftsvorgänge abbilden

Bewegungsdaten bilden in SAP CRM Geschäftsvorgänge ab. Diese beziehen sich auf bestimmte Stammdaten, wie z. B. Kunden, Interessenten und Produkte. Bewegungsdaten können in SAP CRM, z. B. Aktivitäten, Kunden- und Serviceaufträge, Leads, Opportunitys oder Fakturabelege sein. Diese Daten sind eindeutig einem Kunden zuordenbar. Wir zeigen Ihnen nun typische Informationen, die in den jeweiligen Geschäftsvorgängen hinterlegt sind.

Bewegungsdaten beinhalten z. B. Informationen zu einem Produkt, das Gegenstand des Geschäftsvorgangs ist. Dazu gehören ebenfalls Produktdetails sowie der Preis des Produkts. Diese Informationen sind relevant, um die anschließenden Prozesse in SAP ERP – z. B. die Rechnungsstellung oder den Versand des Produkts – durchzuführen.

Des Weiteren sind alle beteiligten Parteien – der Kunde selbst, der Ansprechpartner des Kunden, der für den Vorgang verantwortliche Mitarbeiter und eventuell weitere Mitarbeiter, die an dem Vorgang arbeiten – dem jeweiligen Geschäftsvorgang zugewiesen.

Ein Beleg kann einer Verkaufsorganisation zugeordnet werden und zusätzliche Informationen in Form von Notizen oder Anhängen enthalten.

2.5.3 Datenaustausch mit anderen SAP-Systemen

Daten können in den verschiedenen Geschäftsbereichen in SAP CRM mit verschiedenen Backend-Systemen ausgetauscht werden. Typische Anwendungsfälle sind der Austausch mit SAP ERP und SAP Business Warehouse (SAP BW).

Geschäftspartnerdaten und Belege

Üblicherweise werden Geschäftspartnerdaten sowie Belege in SAP ERP oder SAP S/4HANA repliziert. In der Regel geschieht dies, sobald aus einem potenziellen Kunden (Interessenten) ein Kunde mit einem dazugehörigen Angebot und Kundenauftrag geworden ist. Meist ist das führende System für Kundendaten SAP ERP, da dort auch die Zahlungsabwicklung erfolgt. Die Pflegehoheit für den Kunden liegt dann in SAP ERP. Bei der Replikation von Geschäftspartnerdaten werden auch Geschäftspartnerfelder, wie z. B. **Geschäftspartnerrolle**, **Name**, **Adressdetails** sowie **Geschäftspartnerbeziehung** übertragen.

Die Daten von SAP CRM können des Weiteren auch an SAP BW übertragen werden. In SAP BW können Reports anhand der Daten von SAP CRM erstellt werden, um z. B. zu prüfen, welche Produkte am meisten verkauft werden oder wie die zu erwartende Verkaufs-Pipeline für das nächste Quartal aussieht.

2.5.4 Auswertungsmöglichkeiten von Geschäftspartnern im Marketing

Um personalisierte Marketingaktivitäten für Geschäftspartner durchzuführen, müssen so viele Informationen wie möglich von den Kunden gesammelt werden.

Marketingattribute

Geschäftspartner können nach bestimmten Kriterien gefiltert und in Zielgruppen aufgeteilt werden. Diese Kriterien sind z. B. das Alter des Kunden, Beruf, Einkommen sowie Hobbys. Sie werden über *Marketingattribute* festgelegt, die vom Marketingverantwortlichen frei definiert werden können. Diese Marketingattribute und deren Werte stehen dann am Geschäftspartner bereit, um zugeordnet zu werden. Marketingattribute sind so aufgebaut, dass alle Attribute in einer Attributgruppe gesammelt werden. Diese Attributgruppe beinhaltet verschiedene Attribute, denen dann am Geschäftspartner Werte zugewiesen werden. Dieser Gruppe können nun verschiedene Attribute – wie »Hobby«, »Gehaltsgruppe« usw. – zugewiesen werden. Die Werte können ebenfalls im Vorfeld bestimmt werden.

Zielgruppen

Der Anwender wählt dann beim Kunden z. B. das Marketingattribut »Hobby« direkt aus und kann Vorschlagswerte aus einer Liste hinzufügen. Über diese Werte können Zielgruppen für kundenindividuelle Marketingaktivitäten erstellt werden. Diese Marketingaktivität ist z. B. das Versenden von Produktempfehlungen an spezielle Kundengruppen, die über die Zielgruppen identifiziert wurden.

2.6 Zusammenfassung

In der SAP Business Suite und SAP S/4HANA sind personenbezogenen Daten an zahlreichen Stellen nachweisbar. Aus der datenschutzrechtlichen Perspektive ist dabei im Besonderen das Zusammenspiel von Stamm- und Bewegungsdaten zu betrachten. In diesem Kapitel haben wir Ihnen einen beispielhaften Überblick gegeben, der Sie in die Lage versetzen sollte, derartige Erörterungen auch für andere Anwendungen anzustellen.

Kapitel 3
»Vom ersten Schritt zum Weg zum Ziel«: Vorgehensmodell

3

Haben sie erst die Herausforderungen und Konsequenzen der DSGVO durchschaut, stellen sich viele Kunden die Frage, ob der Gesetzgeber die darin enthaltenen Regelungen ernst meint. Schließlich ist der Aufwand, nicht datenschutzkonforme Systeme datenschutzkonform aufzubereiten, gewaltig – und dies betrifft die meisten Systeme.

Die Umsetzung der in Kapitel 1, »›Maßnehmen für Maßnahmen‹: Einführung«, dargestellten Anforderungen ist ein umfangreiches Projekt. In Abschnitt 1.3.3, »Datenlöschung – Datensperrung«, beschreiben wir das Sperren und Löschen als »umgekehrten« Geschäftsprozess (auch negativer Geschäftsprozess genannt).

In diesem Kapitel gehen wir von der Voraussetzung aus, dass die meisten Kunden Datenschutzkonformität von Grund auf in die Systeme implementieren müssen. Wenn dies der Fall ist, stehen Sie am Beginn eines Projekts, das länger als ein Jahr dauert und Tausende von Arbeitstagen verschlingt. Wie Sie dabei vorgehen können, verdeutlicht Ihnen dieses Kapitel.

In diesem Kapitel stellen wir Ihnen unser Vorgehensmodell vor. Dieses Modell soll es Ihnen erleichtern, Ihr Projekt in aufeinander aufbauenden Schritten durchzuführen. Auf diese Weise profitieren Sie in den nachgelagerten Schritten von den vorangehenden Schritten.

3.1 Übersicht zur Vorgehensweise

In diesem Abschnitt führen wir Sie kurz durch die von uns vorgeschlagenen Schritte bei der Durchführung des Projekts.

Die in Abbildung 3.1 dargestellten Maßnahmen, um Ihr SAP-System datenschutzkonform zu gestalten, sind abhängig von den Risiken und dem im System eingerichteten Verarbeitungszweck der Daten.

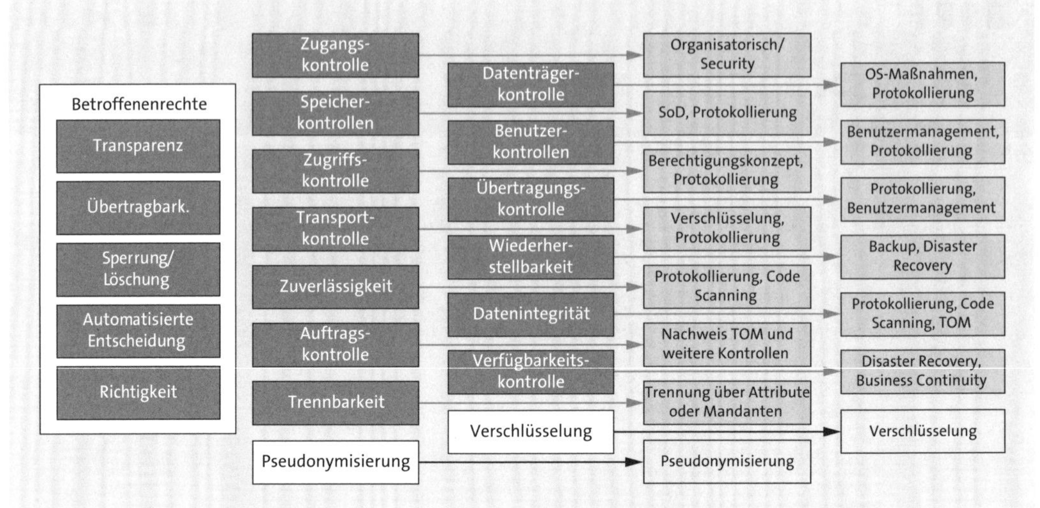

Abbildung 3.1 Erforderliche technisch-organisatorische Maßnahmen

Die gesetzlich festgelegte Vorgehensweise vor der Einführung eines Verfahrens beginnt mit der Überlegung, ob für ein einzusetzendes Verfahren eine Datenschutz-Folgenabschätzung erforderlich ist. In einer solchen Folgeabschätzung werden der Verarbeitungszweck und die Verarbeitungsvorgänge erläutert (siehe Abschnitt 1.2.14, »Datenschutz-Folgenabschätzung«). Des Weiteren werden die Daten in Bezug auf den Verarbeitungszweck bewertet und angemessene Schutzmaßnahmen definiert.

Deduktiver Ansatz

Dieser deduktive Ansatz ist auch der einzig sinnvolle Weg für eine Greenfield-Implementierung, bei der Sie ein neues Verfahren auf der grünen Wiese schaffen.

Induktiver Ansatz

Die drängendste Frage für unsere Bestandskunden ist aber, wie die Datenschutzkonformität in einer Bestandslandschaft erreicht werden kann. Abbildung 3.2 veranschaulicht den dafür erforderlichen induktiven Ansatz.

Beachten Sie dabei die folgenden Punkte:

- Die Nummerierung beschreibt die von uns empfohlene Abfolge der Maßnahmen.
- Jede Verarbeitung personenbezogener Daten basiert auf dem Zweck der Verarbeitung. Diese Abhängigkeit drücken die Pfeile aus.
- Die Darstellung in der Pyramide verdeutlicht die dritte Dimension: Basis allen Datenschutzes ist immer die technische Sicherheit. Ohne technische Sicherheit laufen die anderen Maßnahmen ins Leere.

Abbildung 3.2 Induktiver Ansatz

Die Vorgehensweise im Projekt basiert auf der Annahme, dass der Zweck der Verarbeitung das zentrale Merkmal für die meisten Maßnahmen ist. Daher beschreiben wir den Verarbeitungszweck noch einmal kurz anhand von Abbildung 3.2:

- **Zweck der Verarbeitung**
  Alle personenbezogenen Daten, die Sie in Ihrem Unternehmen speichern, müssen an einen bestimmten Verarbeitungszweck gebunden sein (siehe Abschnitt 1.3.1, »Zweckbindung der Verarbeitung«). Der Zweck wird durch die Attribute der Daten dargestellt, also durch eine stets eindeutige Zurechenbarkeit der Daten. Zur Erinnerung: Wir gehen davon aus, dass ein Zweck in der Regel mit einem einzelnen Verantwortlichen verbunden ist. Dieser Verantwortliche ist normalerweise eine einzelne juristische Person. Dies gilt auch dann, wenn diese juristische Person in einem Konzernverbund definiert ist. Wir gehen ferner davon aus, dass unterschiedliche Geschäftsprozesse spätestens dann als unterschiedliche Zwecke zu betrachten sind, wenn sie durch unterschiedliche weitere Rechtsquellen, die unterschiedliche Aufbewahrungsfristen nach sich ziehen, gekennzeichnet sind.
- **Zweck und Fristen**
  Der Zweck der Verarbeitung wirkt sich unmittelbar auf das Sperren und Löschen von Daten aus: Wenn der Zweck, wie soeben dargestellt, »sor-

tenrein« in Bezug auf die anwendbaren Aufbewahrungsvorschriften gewählt wurde, ist es möglich, die Aufbewahrungsfristen für die Daten im Rahmen eines Zwecks zu definieren.

- **Zweck und Berechtigungen**
  Da der Zugriff auf personenbezogene Daten nur im Rahmen des definierten Zwecks erfolgen darf, muss das Berechtigungskonzept dies auch durch zweckgetrennte Berechtigungen reflektieren.
- **Zweck und Auskunft**
  Sowohl die Vorabauskunft der Art. 13 und 14 DSGVO als auch der Auskunftsanspruch nach Art. 15 DSGVO beinhalten die Notwendigkeit, die Zwecke der Verarbeitung anzugeben.
- **Zweck und Übertragung**
  Die Zweckgebundenheit gilt natürlich auch für die Übertragung von Daten. Sie muss so abgesichert sein, dass nur die Daten übertragen oder abgerufen werden können, die im Rahmen des Zwecks für diese Übertragung vorgesehen sind. Dies bedeutet in anderen Worten, dass auch die Systemschnittstellen zweckbezogen konfiguriert werden müssen.
- **Zweck und Sicherheit**
  An zahlreichen Stellen in der DSGVO wird der Zusammenhang zwischen den Zwecken, Risiken und Schutzmaßnahmen dargestellt, u. a. bei der Datenschutz-Folgenabschätzung nach Art. 35 DSGVO oder auch bei den Maßnahmen zur Sicherheit der Verarbeitung nach Art. 32 DSGVO. Da es diesbezüglich auch um den Nachweis der Maßnahmen geht, muss der Zusammenhang zwischen Zweck und Maßnahmen ersichtlich sein.
- **Zweck und Nachweis**
  Nicht nur die Datenschutz-Folgenabschätzung oder die Nachweispflichten von Art. 32 DSGVO, sondern auch das Verzeichnis von Verarbeitungstätigkeiten erfordert einen zweckbezogenen Nachweis. Also sind auch diesbezüglich die Zwecke nachzuweisen.

3.1.1 Was bedeutet der induktive Ansatz?

Mit immer größer werdender Verwunderung nehmen wir zur Kenntnis, dass es in zahlreichen Konzernen mittlerweile einschlägige, aber leider »kopflastige« Datenschutzprojekte gibt. Kopflastig deshalb, weil diese Projekte erst nach und nach die Verantwortlichen für Prozesse und den Betrieb der SAP-Software erreichen. Offensichtlich wird dabei, dass oft ein deduktiver Ansatz in den Projekten gewählt wird: Sie schauen sich auf einer abstrakten Ebene an, welche Verfahren es gibt und zu welchen Zwecken diese genutzt werden.

Die Wahrheit liegt in den Daten

Unser Vorgehensvorschlag ist jedoch genau andersherum: Die Wahrheit steckt in den Daten. Wir gehen also davon aus, dass eine Bestandsaufnahme auf der Ebene der echten Daten in einem Bestandssystem sachlich geboten ist! Darüber hinaus führt ein solcher Ansatz wesentlich schneller zum Ziel und erfasst die tatsächliche Datenlage wesentlich genauer. Der induktive Ansatz geht also vom Ist-Zustand aus, um aus dem Bestand an Daten und Prozessen zu ermitteln und so herauszufinden, welche Zwecke tatsächlich in der Datenverarbeitung verfolgt werden.

Was muss weg (sein)?

Eine zunächst zweckfreie Inventarisierung von Daten ist allerdings auch nicht das, was wir als Startpunkt empfehlen. Beginnen Sie stattdessen mit dem Sperren und Löschen personenbezogener Daten. Die Bestandssysteme sind in der Regel gewachsene Systeme, in denen immer mehr Daten zu immer vielfältigeren Zwecken verarbeitet wurden. Die Projekte, in denen diese Systeme eingeführt wurden, modellierten dabei die erforderlichen Daten entlang der Geschäftsprozesse. Ein Sperr- und Löschprojekt ist in diesem Sinne gewissermaßen ein negativer Geschäftsprozess. In der Modellierung ist dabei ein wesentlicher Unterschied zur Modellierung eines positiven Geschäftsprozesses, dass die Daten des Geschäftsprozesses bereits vorhanden sind und daher nicht mehr ermittelt werden müssen. Die Daten müssen allerdings auch löschbar gemacht werden. Da nun allerdings die weitaus meisten personenbezogenen Daten dementsprechend gelöscht sein müssen, ist es möglich und sinnvoll, mit dieser Rückwärtsabwicklung zu beginnen.

Sie stellen dabei auch zügig fest, was schon alles längst nicht mehr an personenbezogenen Daten vorhanden sein dürfte. Natürlich stellt sich die Frage, welche Daten von den so ermittelten Daten personenbezogen sind: Dies müssen Sie in letzter Instanz selbst beurteilen. Eine vollständige Implementierung des vereinfachten Sperrens und Löschens sowie des Information Retrieval Frameworks bietet Ihnen eine – unseres Erachtens vollständige – Darstellung aller betroffenen Daten. Auf dieser Grundlage können Sie bewerten, welche Daten personenbezogen sind.

3.1.2 Sperren und Löschen personenbezogener Daten als Startpunkt

Dem *Sperren* und *Löschen* kommt unserer Erfahrung nach eine überragende Bedeutung zu. Zumindest in Deutschland ist das Sperren und Löschen Gegenstand der Prüfungen und Beanstandungen der Aufsichtsbehörden. Rufen Sie sich ins Bewusstsein, dass personenbezogene Daten, die keine datenschutzrechtlich begründeten Zwecke mehr haben und auch sonst keiner Aufbewahrungspflicht mehr unterliegen, absolut keine Verarbeitungsgrundlage mehr haben. Somit sind diese Daten aus dem System zu entfernen. Die Gewichtigkeit des Löschens ist der datenschutzrechtliche Grund, um mit diesem Schritt zu beginnen.

Technische Transparenz

Aber auch technisch sprechen zahlreiche Gründe dafür, mit diesem Schritt zu beginnen, denn Sie erreichen darüber technische Transparenz: Sie können überblicken, welche personenbezogenen Daten über Systemgrenzen, Schnittstellen und Organisationsstrukturen hinweg gespeichert sind.

Konkret beginnt dieser Schritt mit der Ermittlung der in der SAP Business Suite bzw. in SAP S/4HANA zu löschenden Daten, wie Stammdaten, Bewegungsdaten, Zahlungsdaten und Kommunikationsdaten. Abbildung 3.3 veranschaulicht, inwiefern diese Daten miteinander zusammenhängen.

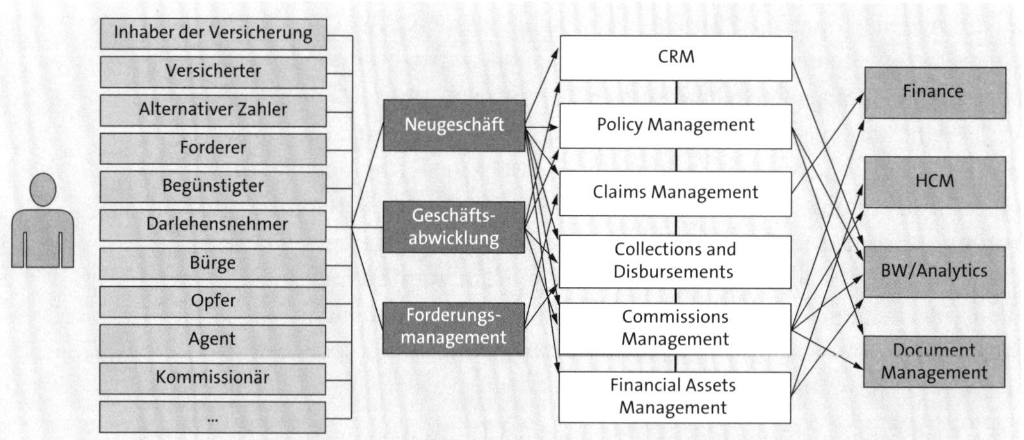

Abbildung 3.3 Abhängigkeit von Daten anhand des Beispiels des Insurance Solution Scopes

Datenabhängigkeit im Versicherungswesen

In der dargestellten Lösungslandschaft (die in diesem Bild auf der Verarbeitung innerhalb der SAP Business Suite beruht) fällt z. B. in Bezug auf eine Versicherung, die im Financial Services Policy Management (FS-PM) gehalten wird, eine Versicherungsleistung an. Diese wird daraufhin im SAP Claims Management abgewickelt und führt zu einer Zahlung über SAP Collections and Disbursements for Insurance und zu Buchungen in SAP ERP Financials. Wesentliche personenbezogene Stammdaten werden im Geschäftspartner vorgehalten. Dabei müssen abhängige Belege im Rahmen von Sperren und Löschungen so berücksichtigt werden, dass die Datenkonsistenz erhalten bleibt.

Konsistenz im SAP-System?

Wenn der gesamte Prozess in der SAP Business Suite bzw. in SAP S/4HANA abgewickelt wird, fällt spätestens beim Testen der Lösung auf, welche abhängigen Daten Sie noch nicht berücksichtigt haben. Sofern es zwingende Abhängigkeiten sind, wird die Sperrung und/oder Löschung der Daten einfach technisch unterbunden. Es kann also im nächsten Schritt analysiert werden, was noch zu löschen ist.

Konsistenz über Systemgrenzen hinweg?

Deutlich schwieriger sind Verfahren, die über die Systemgrenzen der SAP Business Suite bzw. in SAP S/4HANA hinweggehen. Haben Sie z. B. ein Geschäftspartnermanagement außerhalb der SAP Business Suite, kann eine dort ausgeführte Sperrung oder Löschung zu inkonsistenten Daten in der SAP Business Suite führen. Wickeln Sie im Financial Services das Policy Management in einer Lösung außerhalb der SAP Business Suite ab, können Daten in dieser Lösung inkonsistent werden, weil in der SAP Business Suite eine Sperrung/Löschung erfolgt. Beides kann nur durch Analysen und angemessene Tests verhindert werden.

In dieser Analyse stellen Sie außerdem fest, ob Ihre Daten zweckbezogen gehalten werden.

[zB]

Unterschiedliche Aufbewahrungsfristen im Versicherungswesen

Bleiben wir im allgemeinverständlichen Kontext der Versicherungen: Sie können sich vorstellen, dass die Aufbewahrungsfristen einer Reiserücktrittsversicherung deutlich kürzer sind als bei einer Haftpflichtversicherung, weil das Geschäft selbst deutlich kurzfristiger ist, als dies bei einer Haftpflichtversicherung der Fall ist (fallweise Aufbewahrungsfristen von bis zu 30 Jahren). Wenn nun beide Versicherungen mit den gleichen Datenattributen (Verantwortlicher/juristische Person, Auftragsarten, Vertragsarten usw.) versehen sind, können Sie die Daten nicht mehr maschinell unterscheiden. Dies führt bei einer maschinellen Abwicklung des Sperrens und Löschens dazu, dass Sie die Daten wohl erst nach 30 Jahren löschen würden. Dies wäre mutmaßlich in Bezug auf die Daten der Reiserücktrittsversicherung schlicht rechtswidrig. Sie werden also in diesem Schritt feststellen, ob Sie Ihre Daten wirklich zweckbezogen halten oder (und das ist nach unserer Erfahrung die Regel) ob Sie an den Stammdaten- und Organisationsstrukturen etwas ändern müssen.

Daten bereinigen

In den ersten technischen Tests identifizieren Sie sicherlich große Mengen an abgelaufenen inkonsistenten personenbezogenen Daten, was die Praxis bestätigt. Diese stammen aus fehlerhaften Übertragungen, Programmabbrüchen, denen nicht sofort nachgegangen wurde, nicht durchgesetzten Forderungen, aber auch aus alten Datenmigrationsprojekten.

In der Summe erreichen Sie in diesem Schritt also genau die Transparenz über Daten und die Zusammenhänge von Daten und Datenstrukturen, die Sie für die nächsten Schritte benötigen. Mutmaßlich können Sie aber nach diesem Schritt noch keine Daten löschen – Sie müssen erst noch die Datenstrukturen bereinigen.

3.1.3 Trennung nach Zweckbestimmungen

In den weitaus meisten Ihrer Systeme besteht vermutlich die Notwendigkeit, Stammdaten zweckbezogen neu zu strukturieren und dazu auch die Organisationsstrukturen in der Software neu zu definieren.

Organisationsstrukturen

Unter Organisationsstrukturen sind dabei die Merkmale zu verstehen, die in den Anwendungen der SAP Business Suite für die organisatorische Gliederung genutzt werden. Wie es die stark vereinfachte Abbildung 3.4 zeigt, stehen diese Gliederungsmerkmale in einer zu definierenden Verbindung zum Buchungskreis.

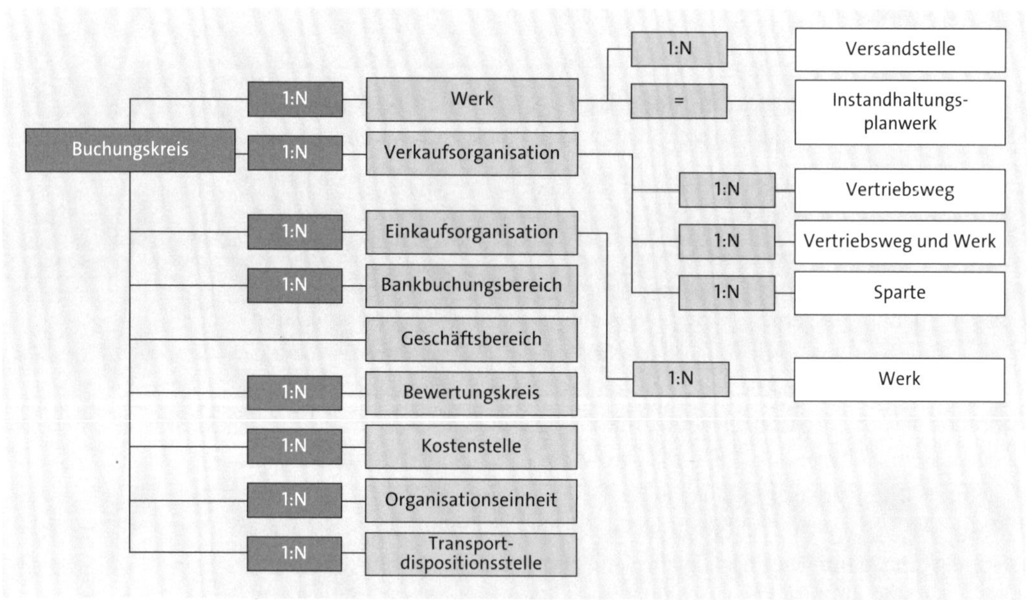

Abbildung 3.4 Vereinfachte Organisationsstruktur

Buchungskreis: Verantwortlicher

Der Buchungskreis repräsentiert eine selbstständig bilanzierende Einheit. In aller Regel ist der Buchungskreis die verantwortliche juristische Person und somit der *Verantwortliche*. Gliedern Sie die Organisationsstruktur also so, dass ein klarer Bezug zum Buchungskreis erhalten bleibt, sodass jede nachfolgende Einheit eindeutig zum Buchungskreis steht. Dieser Grundsatz sollte selbst dann gelten, wenn die Anwendungen fallweise nur lose gekoppelt sind. Diese Merkmale, wie z. B. Buchungskreis oder Einkaufsorganisation, bezeichnen wir im Weiteren als *linienorganisatorische Attribute* (Line Organizational Attributes – LOAs).

Die Datenhaltung erfolgt in Bezug auf diese Merkmale. Das heißt, wenn Sie eine andere Struktur geschaffen haben, kann es eventuell personenbezogene Daten geben, die keinem Verantwortlichen und somit auch keinem Zweck eindeutig maschinell zugerechnet werden können. Es gäbe dann keine belegbare Rechtsgrundlage zur Verarbeitung der personenbezogenen Daten.

Weitere Unterscheidung im Prozess

Wie bereits am Beispiel der Reiserücktrittsversicherung und der Haftpflichtversicherung dargestellt, braucht es aber noch weitere Attribute wie Vertragsart oder Auftragsart, die in der eindeutigen Organisation den jeweiligen Zweck weiter detaillieren. Diese Attribute bezeichnen wir im Folgenden als *prozessorganisatorische Attribute* (Process Organization Attributes – POAs).

[!]

Linienorganisatorische Attribute (LOAs)

Ihre LOAs müssen in jeder Anwendung so gestaltet sein, dass der Bezug zum Verantwortlichen jederzeit nachweisbar ist. Innerhalb des Verantwortlichen sind die unterschiedlichen Zwecke über weitere POAs zu unterscheiden.

Sowohl POAs als auch LOAs werden in zahlreichen Datenschutzfunktionen wie Sperren und Löschen oder im Berechtigungskonzept benötigt.

Notwendigkeit der Bereinigung

Sofern – wie eingangs erwähnt – diese Strukturen angepasst werden müssen, entsteht erheblicher zusätzlicher Projektaufwand; dies ändert aber nichts an der Grundaussage, dass eine rechtskonforme Verarbeitung der Daten nur so zu erreichen ist. Wenn Sie sich nun an die Bereinigung in Bezug auf POAs und LOAs begeben, ist dies der Zeitpunkt, zu dem Sie auch grundsätzliche Erwägungen zur Datenrichtigkeit anstellen können. Wir gehen davon aus, dass die Richtigkeit von Daten am besten durch einschlägige Governance-Prozesse gewährleistet werden sollte. IT-Werkzeuge, wie z. B. SAP Master Data Governance (SAP MDG), helfen sowohl bei der Bereinigung des Ist-Zustands als auch bei der zukünftigen Gewährleistung der Datenrichtigkeit. In anderen Worten: Wenn Sie ohnehin Daten aufgrund der Zwecke bereinigen müssen, ist es sinnvoll, dies systematisch zu tun und auch den anderen Aspekt, eben den der Richtigkeit, zu berücksichtigen. Beides kann toolgestützt geschehen.

Data Controller Rule Framework aufsetzen

Wenn Sie Transparenz über Daten und Strukturen erreicht haben, ist es an der Zeit – sofern Sie SAP Information Lifecycle Management (SAP ILM) nutzen –, das *Data Controller Rule Framework* aufzusetzen. In diesem werden die LOAs und POAs so mit den ILM-Objekten kombiniert, dass die Aufbewahrungsvorschriften nur noch auf der Ebene des Zwecks definiert werden müssen, während die technischen Regeln abgeleitet werden.

Als Zwischenergebnis halten wir fest: Zusätzlich zur Transparenz und der prinzipiellen Datenlöschbarkeit können Sie nach der Bereinigung tatsächlich Daten löschen; Sie haben das Data Retention Rule Framework aufgesetzt und können Aufbewahrungsregeln generieren, und schließlich können Sie die weiteren Maßnahmen umsetzen.

Im nächsten Schritt müssen Sie nun eine zweckbezogene Berechtigungsdifferenzierung vornehmen.

3.1.4 Zwecktrennung und Berechtigungen

Für unseren Vorgehensvorschlag sind an dieser Stelle nur allgemeine Überlegungen nötig, um Sie in die Grundanforderung der zweckbezogenen Berechtigungsdifferenzierung einzuführen.

Organisatorische Differenzierung

Das Berechtigungskonzept in der SAP Business Suite erlaubt eine feingranulare Differenzierung von Berechtigungen durch eine genaue Festlegung dazu, welche Verrichtung mit einer bestimmten Menge an Berechtigungen möglich ist. Im vorangehenden Abschnitt haben wir dargelegt, wie im Wesentlichen an die organisatorische Differenzierung im Rahmen des Verwendungszwecks heranzugehen ist. Benötigt werden geeignet ausgeprägte LOAs und POAs.

Organisatorische Differenzierung im Versicherungswesen

Wenn wir im Beispiel der Versicherungen bleiben, muss ein Sachbearbeiter, der z. B. Reisrücktrittsversicherungen bearbeiten soll, im Rahmen der LOAs und POAs auf die Dokumente zugreifen dürfen, die mit genau diesem Zweck verbunden sind. Umgekehrt gilt: Wenn der Sachbearbeiter hingegen keine Haftpflichtversicherungen bearbeiten soll, darf er auch nicht im Rahmen der LOAs und POAs auf die Dokumente zugreifen, die mit dem Zweck der Haftpflichtversicherung verbunden sind. Der organisatorischen Differenzierung ist im Buch »SAP-Berechtigungswesen« von Lehnert, Stelzner, Otto, John, 2016, das gesamte dritte Kapitel gewidmet.

Differenzierung der Tätigkeit

Die andere Differenzierungsnotwendigkeit ist die der erlaubten Tätigkeiten: Soll der Sachbearbeiter personenbezogene Daten bearbeiten können oder nicht? Tätigkeit, LOAs und POAs definieren gemeinsam sehr genau, zu welchem Zweck, der Sachbearbeiter mit welcher Organisation verbunden ist, ein Sachbearbeiter also welche Tätigkeiten ausführen kann.

SOX allein war gestern

Die Arbeit am Berechtigungskonzept ist in vielen Organisationen eine ungeliebte, aber sehr regelmäßige Arbeit – bisher wurde das Konzept jedoch überwiegend aus kaufmännischer Sicht betrieben. Das bekannteste diesbezügliche Schlagwort ist *SOX Compliance*: Nach dem US-amerikanischen Sarbanes-Oxley Act von 2002 (kurz auch SOX) wurden Berechtigungskonzepte auf Funktionstrennungskonflikte hin überprüft. Dazu sind Tausende solcher Konflikte als konkretes technisches Risiko definiert worden, und die Berechtigungen wurden häufig entsprechend bereinigt. Im Datenschutz müssen wir nun das strikte Minimalprinzip wesentlich ernster nehmen. Auch lesend soll der Sachbearbeiter nur auf die personenbezogenen Daten zugreifen können, die im Rahmen der Zweckbestimmung und in seinem expliziten Aufgabengebiet liegen, und das auch nur dann, wenn es tatsächlich erforderlich ist. Unsere Annahme ist, dass dies ohne ein mächtiges Analysewerkzeug, wie es in *SAP Access Control* zur Verfügung gestellt wird, nicht sinnvoll umsetzbar ist.

Risiken definieren

Konkret müssen Sie die Risiken also in Bezug auf Tätigkeiten, LOAs und POAs definieren, mit diesen Risikodefinitionen Ihre Rollen und Benutzer überprüfen und diese entsprechend bereinigen. Die bereinigten Daten würden Sie in SAP Access Control oder – weniger komfortabel – im Benutzerinformationssystem zur Ausführung der Analyse ablegen.

Technische Benutzer

Wir wenden uns dem Punkt der sicheren Datenübertragung noch in Kapitel 14, »›Täglich grüßt das …‹: Schützen, Kontrollieren, Nachweisen und Kontrollen nachweisen«, zu. Eine sichere Datenübertragung hängt allerdings davon ab, ob die technischen Benutzer in den Schnittstellen über einschlägige und eingeschränkte Berechtigungen verfügen. Das Berechtigungskonzept wird in Kapitel 7, »›Die Struktur berechtigt‹: Auswirkungen auf das Berechtigungskonzept«, ausführlicher dargestellt.

3.1.5 Auskunft an den Betroffenen

Abhängig von Ihren Ressourcen im Projekt können Sie parallel weitere Teilschritte ausführen. Ein Teilschritt ist die Einrichtung der Auskunftsmöglichkeiten.

Wie wir es in Kapitel 8, »›Transparenz gewinnt‹: Information Retrieval Framework«, noch darlegen, gibt es auch technisch einen engen Zusammenhang zwischen dem Information Retrieval Framework (IRF) und SAP Information Lifecycle Management (SAP ILM).

Wenn Sie also beim ersten Schritt das Konzept des vereinfachten Sperrens und Löschens personenbezogener Daten – basierend auf SAP ILM – eingeführt haben, steht bereits vieles zur Verfügung, was Sie nun nutzen können.

Auf Bekanntem aufsetzen

Wie wir es noch darstellen, »liest« das Information Retrieval Framework die Zusammenhänge zwischen den ILM-Objekten (diese dienen der Archivierung) sowie die Datenfelder selbst aus. Daraus wird ein Modell generiert, das Ihnen zur weiteren Bearbeitung und Ergänzung zur Verfügung steht. Die Bearbeitung durch Sie ist zwingend, denn das SAP-System kann nicht entscheiden, welche Daten in Ihren Verfahren personenbezogen sind. Dabei ist es für die Pflege extrem hilfreich, wenn Sie sich schon beim Sperren und Löschen der Strukturen von SAP ILM bedienen: Sie kennen die Strukturen und Felder bereits!

Zwecke und Fristen aus SAP ILM

Sofern Sie auch das Data Controller Rule Framework eingerichtet haben, liefert dieses die Möglichkeit, Zwecke in Ihr Auskunftsmodell zu übernehmen. Ebenso können die Fristen, die in SAP ILM in Bezug auf den Zweck hinterlegt wurden, übernommen werden.

Haben Sie einmal ein Modell der Auskunft nach Art. 15 DSGVO eingerichtet, können Sie dieses nutzen, um über Kategorisierungen auch die Vorabinformation nach Art. 13 und 14 DSGVO zu unterstützen. Ebenso können Sie das kategorisierte Modell nutzen, um das Verzeichnis von Verarbeitungstätigkeiten mit Daten zu versorgen.

3.1.6 Protokollierung

Auch die *Protokollierung* können Sie parallel zu anderen Maßnahmen im Projekt aufsetzen. Aufsetzen bedeutet dabei einerseits, die üblichen Protokolle auf Angemessenheit zu prüfen und zusätzlich die Leseprotokollierung des Read Access Logging (RAL) konfigurieren und aktivieren zu müssen.

Technische Protokolle

Es gibt zahlreiche technische Protokolle in der SAP Business Suite, die die technischen Ereignisse aufzeichnen; hier ist zu prüfen, ob diese wirksam aufgesetzt wurden und auch aktiv sind (weitere Ausführungen dazu finden Sie in Kapitel 9, »›Schau mal, wer da liest‹: Read Access Logging«):

- **Tabellenprotokollierung**
  In Bezug auf die *Änderungsprotokollierung zum Nachweis von Konfigurationsänderungen* ist zu prüfen, ob die Tabellenprotokollierung aktiv ist. Denn diese ist notwendig, um die Integrität der Konfiguration gewährleisten zu können.

- **Änderungsprotokollierung: Stamm- und Bewegungsdaten**
  Prüfen Sie die *Änderungsprotokollierung*, im Besonderen auch dazu, ob Kundenerweiterungen durch diese abgedeckt sind. In die Änderungsprotokollierung fließen alle Änderungen an personenbezogenen Daten ein.
- **Leseprotokollierung**
  Die *Leseprotokollierung* ist ein Verfahren, um sicherzustellen, dass auch von Mitarbeitern nur die Zugriffe ausgeführt werden, die im Rahmen des Verwendungszwecks und der Aufgaben der Mitarbeiter liegen. In Abschnitt 1.3.4, »Technisch-organisatorische Maßnahmen (TOM)«, haben wir bereits grundsätzliche Erwägungen zur Leseprotokollierung diskutiert; in Kapitel 9, »›Schau mal, wer da liest‹: Read Access Logging«, vertiefen wir die Nutzung und Konfiguration der Leseprotokollierung.

SAP liefert für das SAP Read Access Logging Beispielkonfigurationen aus, die sich an den Daten besonderer Kategorien des Art. 9 Abs. 1 DSGVO orientieren und zusätzlich auch den Zugriff auf die Bankverbindungen protokollieren können. Die Beurteilung, welche Daten sinnvoll zu protokollieren sind, und die Verfahren zur Auswertung dieser Zugriffsprotokolle sind durch Sie festzulegen. Eine sinnvolle Kombination mit SAP Process Control oder SAP Enterprise Threat Detection liegt nach unserem Dafürhalten auf der Hand. Nach der Auswertung sind die Protokollsätze, die keine datenschutzwidrigen Tatbestände offenbaren, unseres Erachtens zu löschen, da sie eben einerseits eine Verhaltenskontrolle darstellen, andererseits aber besonders kritische Daten in Protokollform nachweisen können. Die Löschung ist auch technisch vorgesehen. Neben der datenschutzrechtlichen Begründung für das Löschen ist diese auch technisch empfehlenswert: Es werden erhebliche Datenmengen durch die Protokollierung erzeugt. Beachten Sie bei der Definition Ihrer SAP Enterprise Threat Detection auch Zugriffskanäle wie den Remote Function Call (RFC).

3.1.7 Sicherheit in der Datenübertragung

Im Rahmen des Schrittes »Sperren und Löschen« haben Sie bereits einen Teil der Schnittstellen identifiziert, die zur Datenübertragung genutzt werden (können).

Schnittstellenverzeichnis

Um Sicherheit in der Datenübertragung zu erreichen, ist es zunächst erforderlich, ein Verzeichnis aller möglichen und aller genutzten Schnittstellen zu erstellen. Im nächsten Schritt ist zu prüfen, zu welchem Zweck der Verarbeitung diese Schnittstellen genutzt werden.

Ist Transparenz über die Schnittstellen und deren Zwecke erreicht, muss der Zugriff/die Übertragung entsprechend des Zwecks so eingeschränkt werden, dass Daten nur noch in dem Umfang übertragen werden können, wie es der Zweck der Verarbeitung im konkreten Verarbeitungsschritt rechtfertigt.

UCON

Bei einem Kunden fanden wir auch schon einmal Systeme mit über 300 eingerichteten RFC-Verbindungen, die nicht dokumentiert waren, deren Zwecke überwiegend unklar waren und die mit technischen Benutzern mit der Berechtigung `SAP_ALL` versehen waren; mit dieser Berechtigung sind alle Aktionen in einer SAP Business Suite ausführbar. Solche Systeme sind nicht nur »Hackers Darling«: Einmal drin, alles möglich! Sie sind nach unserem Dafürhalten auch eine zwingende Evidenz, dass ein datenschutzkonformer Betrieb nicht gewollt ist. Im Bereich der RFC-Sicherheit hat SAP mit der Unified-Connectivity-Lösung (UCON) die Möglichkeiten stark vereinfacht, die RFC-Security in den Griff zu bekommen; weitere Ausführungen finden Sie im Buch »SAP-Berechtigungswesen« von Lehnert, Stelzner, Otto, John, 2016, Anhang D, S. 631–649. Das UCON-Konzept fasst in einem Administrations-Framework die Connectivity-Komponenten des ABAP-Servers (RFC, HTTP-Services im ICF) in einem Administrations-Framework zusammen, um die Konfiguration zu vereinfachen und somit die Kommunikationswege besser zu sichern.

Verschlüsselung der Datenübertragung

Zur Sicherheit in der Datenübertragung gehört zwingend auch, dass Daten, die an Empfänger außerhalb des zusätzlich geschützten internen Systemverbundes versandt werden, verschlüsselt sind. Wie dies erreicht werden kann, ist u. a. in »M 5.125 Absicherung der Kommunikation von und zu SAP-Systemen« des IT-Grundschutzkatalogs des Bundesamtes für Sicherheit in der Informationstechnik (BSI) beschrieben (2013).

3.1.8 Technische Sicherheit

Das Thema *Technische Sicherheit* des Systembetriebs ist recht umfassend. Der sichere Systembetrieb ist Gegenstand unterschiedlicher Audits; in unserem Buch soll ein Überblick genügen.

In unserem Vorgehensmodell haben wir uns bereits den folgenden Themen der technischen Sicherheit zugewandt:

- Berechtigungskonzept
- Protokollierung
- Sicherheit in der Datenübertragung

In Abschnitt 1.2.13, »Sicherheit der Verarbeitung«, haben wir das Feld etwas weiter gespannt und die folgenden Grundsätze angeführt:

- Schutz des Codes und Protokollierung von Änderungen
- Schutz der Konfiguration und Protokollierung von Änderungen
- Schutz der Schnittstellen und Protokollierung der Nutzung
- andere technische Maßnahmen, die eine ungewollte Manipulation von personenbezogenen Daten vermeiden, u. a. Zugangskontrolle, Zugriffskontrolle, Weitergabekontrolle

Alle benannten Punkte sind in unserem Vorgehensmodell zu betrachten und zu lösen. Wir verweisen diesbezüglich u. a. auf das Buch »SAP-Systeme schützen« von Stumm und Berlin, 2016, auf die Sicherheitsleitfäden von SAP unter *https://help.sap.com*, aber auch erneut auf den Grundschutzkatalog des BSI und dort auf »M 2.341 Planung des SAP Einsatzes« (Bundesamt für Sicherheit in der Informationstechnik, 2013).

Die technische Sicherheit von SAP-Systemen ist eine Grundvoraussetzung für einen datenschutzkonformen Betrieb, aber eben auch Voraussetzung für einen rechtskonformen Betrieb überhaupt, z. B. im Hinblick auf die Grundsätze zur ordnungsmäßigen Führung und Aufbewahrung von Büchern, Aufzeichnungen und Unterlagen in elektronischer Form sowie auf den Datenzugriff (kurz: GoBD). In diesem Buch betrachten wir vor allem die Besonderheiten des Datenschutzes. Daher gehen wir auf Teilaspekte ein, stellen aber nicht alle möglichen Maßnahmen dar.

Davon ausgehend, dass die Systemsicherheit auch aus anderen Gründen nachgewiesen werden muss, geht es im Datenschutz bei den nicht explizit behandelten Themen darum, einen Überblick über die Maßnahmen und ihre Wirksamkeit zu bekommen. Die Maßnahmen sollten dokumentiert werden.

3.1.9 Datenübertragbarkeit

In Abschnitt 1.2.10, »Datenübertragbarkeit (Portability)«, sind wir bereits auf die Datenübertragbarkeit eingegangen und haben auch unsere Zweifel dargelegt, ob diese sinnvoll erreicht werden kann. Technisch ist der in Abschnitt 3.1.5, »Auskunft an den Betroffenen«, dargestellte Schritt zur Beauskunftung vorbereitend für die Datenübertragbarkeit. In diesem Schritt haben Sie den Auskunftsreport konfiguriert; Sie können diesen entweder für die Übertragung der Daten in ein maschinenlesbares Format unmittelbar nutzen oder, auf diesem basierend, ein Template anlegen, das auch eine geringere Menge an Daten bereitstellen kann.

3.1.10 Audit, Nachweis und Dokumentation

Nachweispflichten

Der letzte Schritt in unserem Vorgehensmodell betrifft die *Nachweispflichten*. Tatsächlich ist dies aber nicht so schematisch zu verstehen; Sie müssen in allen Schritten die Notwendigkeit des Nachweises mitbetrachten und entsprechend dokumentieren. Dazu erzeugen Sie – im dargestellten Lösungsumfang – an zahlreichen Stellen ganz »natürlich« Fakten für den weiteren Nachweis:

1. **Erste Transparenz im ersten Schritt**
   Gleich im ersten Schritt erlangen Sie Transparenz über die personenbezogenen Daten, die Sie verarbeiten, sowie über die Zwecke der Verarbeitung über die anzulegenden Aufbewahrungsfristen und über die Schnittstellen in Ihrem Verfahren. Sie haben damit ein solides Fundament, sowohl für das Verzeichnis von Verfahrenstätigkeiten als auch für den Nachweis der Maßnahmen und Kontrollen. Über die Nutzung von SAP ILM können Sie auch die Nachweise für das tatsächliche Sperren und Löschen von personenbezogenen Daten führen.

   Wenn Sie – wie wir es vorschlagen – das vereinfachte Sperren und Löschen, basierend auf SAP ILM, einführen und auch das Data Controller Rule Framework wie bestimmt nutzen, haben Sie für die Nachweispflichten eine modellhafte Darstellung der die Verarbeitungszwecke kennzeichnenden LOAs und POAs sowie über die anzulegenden Fristen – oder Sie erreichen diese spätestens mit der Bereinigung der Organisationsstrukturen und Stammdaten in Rahmen des zweiten Schrittes.
2. **Nachweisverfahren zur Richtigkeit**
   Wenn Sie in diesem zweiten Schritt ein Verfahren – wie z. B. SAP MDG – einführen, um die Richtigkeit der Daten zu gewährleisten, bietet Ihnen dieses Verfahren auch die Nachweismöglichkeit, wie in Ihrem Unternehmen Daten richtig und aktuell gehalten werden.
3. **Nachweis zu Berechtigungsrisiken**
   Die im dritten Schritt vorgeschlagene risikobasierte Bereinigung des Berechtigungskonzepts führt nicht nur zu einem datenschutzkonformen Berechtigungskonzept, sondern auch zum Nachweis, dass Sie ein Berechtigungskonzept nutzen, das explizite datenschutzrechtliche Risiken nachhält. Sofern Sie ein modernes Instrumentarium wie SAP Access Control nutzen, managen Sie nicht nur risikobasiert die Berechtigungen der Benutzer, sondern führen darüber hinaus regelmäßige Kontrollen zur Notwendigkeit bestimmter Berechtigungen eines Nutzers durch.

4. **Nachweis und weitere Datenbasis**
   Die Bearbeitung des Schrittes zur Auskunft führt zu mehreren Nachweisen, zunächst einmal zum Nachweis der bloßen Auskunftsmöglichkeit nach Art. 15 DSGVO. Unter der Nutzung der Kategorisierungsoptionen können Sie auch den Nachweis für die Möglichkeit der Vorabinformation nach Art. 13 und Art. 14 DSGVO antreten. Ferner schaffen Sie unter der Nutzung der Kategorisierung der Daten die beste denkbare Echtdatenbasis für das Verzeichnis von Verarbeitungstätigkeiten. Dies vertiefen wir gleich noch weiter.
5. **Nachweis der Leseprotokollierung**
   Die Einführung der Leseprotokollierung bringt zunächst kaum weitere Erkenntnisse und dient somit im aktuellen Schritt überwiegend dem Nachweis, dass eine Leseprotokollierung als Schutzmaßnahme eingeführt wurde. Je nachdem, welche Daten Sie protokollieren, kann die Auseinandersetzung mit der Leseprotokollierung als Teil der Risikoabwägung verstanden werden, die dann einschlägig zu dokumentieren wäre.
6. **Schnittstellennachweis**
   Der der Sicherheit der Übertragung gewidmete Schritt bringt, sofern er – wie vorgeschlagen – ausgeführt wurde, eine vollständige Übersicht über Schnittstellen (Übertragungswege), ihre Nutzung und die Zwecke der Nutzung.
7. **Nachweis technischer Maßnahmen**
   Sofern Sie – wie vorgeschlagen – die eingerichteten Maßnahmen überprüft, fallweise ergänzt und dokumentiert haben, haben Sie eine umfängliche Darstellung der Sicherheitsmaßnahmen im System gewonnen, die wiederum im aktuellen Schritt einen Teil der notwendigen Nachweise abdecken.
8. **Nachweis der Datenübertragbarkeit**
   Der letzte Schritt der Datenübertragbarkeit schafft unseres Erachtens keinen anderen Nachweis als den Nachweis, dass selbige möglich ist.

In Kapitel 1, »›Maßnehmen für Maßnahmen‹: Einführung«, haben wir diese Nachweispflichten in den Gesamtkontext gestellt. Sie müssen sich vergegenwärtigen, dass Folgendes genau zu dem skizzierten Kontroll- und Nachweiskreis führt:

- die Datenschutz-Folgenabschätzung
- das Verzeichnis von Verarbeitungstätigkeiten
- die zahlreichen Nachweispflichten
- der Nachweis der steten Angemessenheitskontrolle

Betrachten wir dies genauer in Abbildung 3.5.

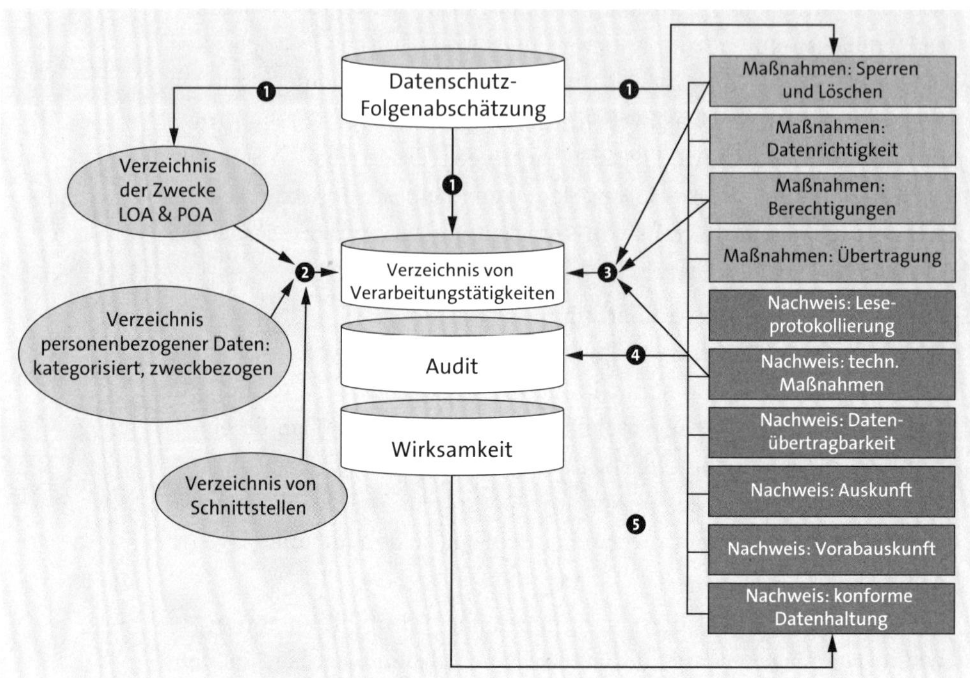

Abbildung 3.5 Audit, Nachweis, Dokumentation

Die hellgrauen (E-Book: hellblauen) Elemente sind Informationen, die Sie im Rahmen der vorgeschlagenen Vorgehensweise bereits ermittelt haben. Diese können Sie nun nutzen.

Privacy Impact Assessment (PIA)

Doch fangen wir systematischen mit der *Datenschutz-Folgenabschätzung* (Privacy Impact Assessment – PIA) an. Diese ist in bestimmten Fällen (siehe Abschnitt 1.2.14, »Datenschutz-Folgenabschätzung«) durchzuführen, bevor Sie ein Verfahren zur Verarbeitung personenbezogener Daten einführen. Auch bei Verfahrensänderungen kann PIA erforderlich sein. Sofern Sie PIA durchführen, würden darin auch Daten, Zwecke und Maßnahmen enthalten sein, die entsprechend zu übernehmen wären. Dies verdeutlicht ❶ in Abbildung 3.5. In unserem Vorgehensvorschlag gehen wir aber von einem Bestandssystem aus; dementsprechend starten wir nicht mit PIA, sondern mit den Informationen und Nachweisen in den blauen Feldern, die in unserem Vorgehen bereits erfasst wurden.

Verzeichnis von Verarbeitungstätigkeiten (VvV)

Nr. ❷ verdeutlicht, dass im Data Controller Rule Framework bereits die Zwecke in Bezug auf die LOAs und POAs erfasst, die personenbezogenen Daten bereits im Information Retrieval Framework erfasst und kategorisiert und im Projektschritt Sicherheit der Übertragung bereits die Schnittstellen dokumentiert wurden. Diese Informationen können dem *Verzeichnis von Verarbeitungstätigkeiten* (VvV) als qualifizierte und weitreichende Basisinformationen dienen. Dies gilt ebenso für einige Nachweise und Maßnahmen, die durch ❸ mit dem VvV verbunden sind.

Audit

❹ verdeutlicht wiederum, dass die Nachweise und Maßnahmen Gegenstand regelmäßiger *Kontrollhandlungen* sein müssen. Neben den formalen Vollaudits besteht unseres Erachtens die zwingende Notwendigkeit, bestimmte Aspekte häufiger bis laufend zu überwachen (z. B. die Berechtigungsvergabe).

Verfahren zur regelmäßigen Überprüfung

Schließlich macht dic DSGVO es Ihnen auch noch zur Auflage, *ein Verfahren zur regelmäßigen Überprüfung, Bewertung und Evaluierung der Wirksamkeit der technischen und organisatorischen Maßnahmen zur Gewährleistung der Sicherheit der Verarbeitung* (Art. 32 Abs.1 Buchst. d DSGVO) einzuführen. Dies wird durch ❺ verdeutlicht.

SAP-Lösungen für GRC

Nach unserem Dafürhalten ist es wesentlich effizienter, für die Gesamtabbildung ein Produkt wie die SAP-Lösungen für Governance, Risk and Compliance (GRC) einzusetzen, damit diese Daten nicht mehrfach redundant gehalten werden und die systemübergreifenden Zusammenhänge der Informationen erhalten bleiben.

3.1.11 Ergebnis unseres Vorgehensmodells

Haben Sie alle Schritte unseres Vorgehensmodells befolgt, haben Sie ein umfangreiches Bündel an Datenschutzmaßnahmen vorzuweisen, das wir im folgenden Kasten nochmals stichpunktartig auflisten.

Was wurde erreicht?

- Transparenz
- datenschutzkonforme Datenhaltung
- Löschbarkeit der personenbezogenen Daten
- datenschutzkonformes Berechtigungskonzept
- Report, der die Auskunft unterstützt
- Unterstützung für die Vorabauskunft
- Unterstützung für das Verzeichnis von Verarbeitungstätigkeiten
- Protokollierung lesender Zugriffe
- Transparenz und Sicherheit der Datenübertragung
- Transparenz über die Sicherheitsmaßnahmen, fallweise Ergänzungen
- Report zur Datenübertragbarkeit
- umfassende Nachweisführung

3.1.12 Was bedeutet der deduktive Ansatz

Der deduktive Ansatz ist der logische Ansatz für eine Greenfield-Implementierung, also für ein Verfahren oder mehrere Verfahren, die vollständig neu implementiert werden. Das können neue Verfahren oder bestehende Verfahren, die vollständig neu aufgesetzt werden, oder Verfahren, die in eine Software mit anderen Strukturen überführt werden sollen, sein.

Klarer unternehmerischer Zweck

Für diesen Fall ist die Frage nach dem Zweck der Verarbeitung zunächst einmal keine primär datenschutzrechtliche Angelegenheit – bevor sich ein Unternehmen zu einem Greenfield-Ansatz entscheidet, ist zumindest eines vollständig transparent: der Zweck eines solchen Investitionsvorhabens.

Ist der unternehmerische Zweck klar, kann auch abgeleitet werden, welche Daten dafür erforderlich sein werden und welche Daten (oder Datenkategorien) mutmaßlich zukünftig einen Zusatznutzen stiften könnten. Jetzt gilt es zu erkennen, welche dieser Daten personenbezogene Daten sind und welche gar Daten besonderer Kategorien sind (siehe Kapitel 1, »›Maßnehmen für Maßnahmen‹: Einführung«).

Zweck und Rechtsgrundlage

In Bezug auf die personenbezogenen Daten ist nun zu betrachten, welche Rechtsgrundlagen den benannten Zweck, der dann als datenschutzrechtlicher Zweck zu fassen ist, legitimieren können.

Sind es mehrere Zwecke, die im Verfahren erheblich sind, müssen nun Überlegungen angestellt werden, wie diese Zwecke in der Datenstruktur so getrennt werden können, dass die Datenverarbeitung selbst getrennt nach Zwecken möglich wird. Dazu ist es minimal erforderlich, die Daten unterschiedlicher rechtlich eigenständiger Unternehmen durch linienorganisatorische Attribute (siehe Kapitel 5, »›Struktur ist alles‹: Verarbeitung muss auf dem Zweck basieren«) zu trennen. In aller Regel verfolgen unterschiedliche rechtsfähige Einheiten unterschiedliche datenschutzrechtliche Zwecke. Dies ergibt sich aus der Definition des Verantwortlichen Art. 4 Nr. 7 DSGVO (siehe Kapitel 1, »›Maßnehmen für Maßnahmen‹: Einführung«). Linienorganisatorische Attribute erlauben ein Mapping der Daten auf eine rechtlich eigenständige Einheit. In einigen Fällen kann solch eine Trennung nur erreicht werden, in dem die Daten rechtlich eigenständiger Unternehmen in eigenen Mandanten bzw. Tennants gehalten werden.

Zweck – Rechtsgrundlage – Aufbewahrung

Sind die Zwecke und die Rechtsgrundlagen bestimmt, ist es fast ein Leichtes die Aufbewahrungs- und Löschfristen zu ermitteln. Zunächst stellt sich die Frage, wie lange die Daten im E2E-Prozess (ohne ergänzendes mehrjähriges Reporting) erforderlich sind. Dann stellt sich die Frage, ob die Daten auf der Grundlage einer Rechtspflicht aufzubewahren sind, und wenn dies zu bestätigen ist, wie lange sie aufzubewahren sind. Je nach Lesart wird die

Aufbewahrung ein eigener Zweck, ein verbundener Sekundärzweck oder Teil des primären Zwecks sein. Spätestens zu diesem Zeitpunkt wird auch transparent, ob Sie mit den Daten doch noch weitere Zwecke verfolgen wollen, wie das bereits skizzierte ergänzende mehrjährige Reporting.

Weitere Zwecke

Ohne »große Klimmzüge« anzustellen, können Sie bereits jetzt definieren, ob Sie weitere Zwecke geltend machen wollen und wie Sie diese legitimieren wollen, z. B. berechtigtes Interesse oder Einwilligung, oder ob Sie die Daten lieber aggregieren (also den Personenbezug wirksam entfernen) wollen.

Detaillierung der Datenkategorien in konkrete Datenfelder

Mit den weiteren Zwecken ist auch verbunden, dass Sie in allen Fällen, in denen Sie bisher nur an gruppierte Daten (Datenkategorien), wie z. B. Adressdaten betrachtet haben, diese stärker ausdetaillieren, um z. B. Unterscheidungen zwischen Geschäftsadressen und Privatadressen möglich zu machen.

Detaillierung der Empfängerkategorien

Im Rahmen der Zweckbetrachtung sollte bereits die Datenübertragung aufgetaucht sein. Ist das bisher nicht geschehen, ist es nun an der Zeit zu überlegen, welche personenbezogenen Daten für welche Zwecke das System verlassen, z. B. sozialversicherungsrechtliche oder steuerrechtliche Meldeverfahren, amtliche Statistiken und Übertragungen an andere Systeme (im Systemverbund). Dies gilt es zwecks Bewertung und späterer Absicherung darzustellen, aber auch um gegebenenfalls im nächsten Schritt die Datenschutz-Folgenabschätzung durchführen zu können.

Datenschutz-Folgenabschätzung

Sie haben nun ein klares Bild, was Sie beabsichtigen, welche Daten Sie brauchen, wie Sie die Verarbeitung der personenbezogenen Daten rechtfertigen, wann Sie diese Daten wieder löschen müssen und wer diese Daten verarbeitet. Nun gilt es zu beurteilen, ob Sie eine Datenschutz-Folgenabschätzung durchführen müssen, eine Muss-Liste findet sich u. a. bei der Landesbeauftragten für den Datenschutz Niedersachsen unter

https://lfd.niedersachsen.de/startseite/datenschutzreform/ds_gvo/liste_von_verarbeitungsvorgangen_nach_art_35_abs_4_ds_gvo/muss-listen-zur-datenschutz-folgenabschatzung-179663.html

Die »technischen« Schritte

Nun gilt es, ein Datenschutzkonzept zu entwickeln. Die Aufbewahrungs- und Löschfristen sind bereits in den vorangehenden Schritten ermittelt worden. Nun gilt es darzulegen, wie die Rechte der Betroffenen (Vorabauskunft, Auskunft, Recht auf Sperrung, Recht auf Löschung, Widerspruchsrecht) ausgestaltet werden können.

Ausgehend von den Datenkategorien, kann der jeweilige Schutzbedarf definiert werden. Dies ist u. a. erheblich, um ein angemessenes Berechtigungskonzept sowie angemessene Schutzmaßnahmen u. a. für die Datenübertragung (Verschlüsselung) implementieren zu können.

Definierte vs. »gefundene« Daten

Bei der Implementierung des Verfahrens ist es mehr als wahrscheinlich, dass, anders als konzipiert, weitere personenbezogene Daten verarbeitet werden. Es wird sicherlich noch dauern, bis der IT-Glaube »viel hilft viel« in Bezug auf (personenbezogene) Daten unter Kontrolle gebracht wurde. Sie müssen in jedem Fall sicherstellen, dass es nicht zu Abweichungen kommt, weder wegen Systemvoreinstellungen noch aus anderen Gründen. Lassen Sie jedes Feld mit personenbezogenen Daten inaktiv setzen, das nicht bereits in Ihrem Konzept beschrieben ist, oder passen Sie laufend Ihr Konzept an. In jedem Fall schlagen wir einen routinemäßigen technischen Abgleich vor.

[»]

Die Stärke des deduktiven Ansatzes

Die wirkliche Stärke des deduktiven Ansatzes besteht in der Möglichkeit zu beschreiben, was sein soll, statt aus einem (möglichweise degenerierten) Ist-Zustand zu rechtfertigen, warum welche Daten wie verarbeitet werden.

3.2 Wege zum Verzeichnis von Verarbeitungstätigkeiten

Im induktiven Ansatz wird das Verzeichnis von Verarbeitungstätigkeiten en passant vorausgefüllt: mit Echtdaten und darauf basierenden Kategorien, anzuwendenden Aufbewahrungsfristen und den Zwecken der Verarbeitung. Sofern es um die Daten in der SAP Business Suite oder in SAP S/4HANA geht, ist dieses Ausfüllen auch genauso vollständig und richtig, wie das zugrundeliegende Projekt. Dies ist – zumindest was die SAP-Bestandssysteme betrifft – für uns die logisch gebotene Vorgehensweise. Wir wollen jedoch beide Ansätze auch vergleichend nebeneinanderstellen.

3.2.1 Induktiver Ansatz versus deduktiver Ansatz

Grundsätzlich sind zwei Vorgehensweisen denkbar, wie ein solches Verzeichnis erstellt werden kann: ein deduktiver oder ein induktiver Ansatz.

Naheliegend scheint zunächst ein *deduktiver Ansatz* unter der Fragestellung zu sein, zu welchen Zwecken überhaupt personenbezogene Daten verarbeitet werden. Dieser Ansatz ist für Bestandssysteme nicht sinnvoll. Die deduktive Methode, die in Abschnitt 3.1.12, »Was bedeutet der deduktive Ansatz«, dargestellt wird, ist für die vollständige Neueinführungen eines Prozesses die Methode der Wahl.

Die andere Vorgehensweise, der *induktive Ansatz*, scheint zunächst sehr aufwendig; sie basiert auf dem Sachverhalt, dass in Bestandssystemen bereits personenbezogene Daten verarbeitet werden. Es geht dementsprechend darum, ein möglichst genaues Bild zu erhalten und, auf diesem basierend, den Nachweis der Verarbeitung »in das Verzeichnis zu bringen«. In Tabelle 3.1 werden beide Ansätze schematisch gegenübergestellt.

Induktiver Ansatz: nur scheinbar mehr Aufwand

Induktiver Ansatz	Deduktiver Ansatz
Welche personenbezogenen Daten werden verarbeitet? (Notwendiger Schritt für Löschen und Transparenz.)	Definition der Zwecke und Rechtsgrundlagen
Wann müssen diese Daten gesperrt und gelöscht werden? (Notwendiger Schritt für Löschen und Transparenz.)	Wann müssen die personenbezogenen Daten gesperrt und gelöscht werden?
Gibt es Abhängigkeiten zu anderen Daten/Datensätzen im Systemverbund? (Notwendiger Schritt für Löschen und Transparenz.)	eventuelle Zweckdetaillierung aufgrund von unterschiedlichen Aufbewahrungsvorschriften
Sind die Daten in Bezug auf die Aufbewahrungsvorschriften »sortenrein« trennbar, d. h. mit separierenden Attributen versehen? (Notwendiger Schritt für Löschen und Transparenz.)	Detaillierung der Datenkategorien in konkrete Datenfelder
Ermittlung der Zwecke unter Berücksichtigung der Aufbewahrungsvorschriften	Detaillierung der Empfängerkategorien und Ausweis aller Systemschnittstellen
Ausprägung eines Löschkonzepts	eventuelle Folgeabschätzung gem. Art. 35 EU DSGVO
Verschriftlichung der Zwecke und Rechtsgrundlagen	Ausprägung eines Löschkonzepts
Ausprägung eines Informations- und Auskunftskonzepts (Art. 13, 14, 15 DSGVO)	Ausprägung eines Informations- und Auskunftskonzepts (Art. 13, 14, 15 DSGVO)
Kategorisierung u. a. in Bezug auf Art. 32 und 35 DSGVO	Definition geeigneter Sicherheitsmaßnahmen gem. Art. 32 i. V. m. Art. 5 DSGVO

Tabelle 3.1 Induktiver versus deduktiver Projektansatz

Kapitel 4

»Auch das Ende muss bestimmt sein«: Sperren und Löschen mit SAP Information Lifecycle Management

4

Vor der DSGVO haben die meisten Kunden dem Löschen von Daten keine besondere Aufmerksamkeit gewidmet. Nun kommt diesem Schritt eine viel größere Bedeutung zu. Lesen Sie in diesem Kapitel, wie Ihnen SAP Information Lifecycle Management beim Sperren und Löschen personenbezogener Daten helfen kann.

Der erste substanzielle Teilschritt auf dem Weg zur Datenschutzkonformität ist ein vollumfängliches *Sperr- und Löschkonzept*. Abgesehen von datenschutzrechtlichen Erwägungen gibt es weitere Gründe, um ein Sperr- und Löschkonzept zu entwickeln: Beim Erarbeiten dieses Konzepts werden systemübergreifende Abhängigkeiten und falsche Stammdatenstrukturen deutlich.

Die Einführung eines Sperr- und Löschkonzepts schafft Transparenz über die Daten und Schnittstellen; dies haben wir in unserem Vorgehensmodell (siehe Kapitel 3, »›Vom ersten Schritt zum Weg zum Ziel‹: Vorgehensmodell«) bereits dargestellt. In diesem Kapitel zeigen wir Ihnen, wie Sie beim Sperren und Löschen von Daten vorgehen können, und warum dabei *SAP Information Lifecycle Management* (*SAP ILM*) eine zentrale Rolle zukommt.

In diesem Kapitel beschreiben wir das vereinfachte Sperren und Löschen von personenbezogenen Daten in der SAP Business Suite und in SAP S/4HANA. Es handelt sich dabei um eine neue Teilfunktion des *Retention-Management-Szenarios* (RM) von SAP ILM, die im Zusammenhang mit der DSGVO entwickelt wurde.

Die rechtlichen Hintergründe des datenschutzbasierten Sperrens und Löschens, des Löschens auf Verlangen und zur Einschränkung der Verarbeitung können Sie in Abschnitt 1.2.9, »Recht auf Vergessenwerden«, nachlesen.

4.1 Einführung

Bevor wir in den folgenden Abschnitten dieses Kapitels tiefer in die Funktionen von SAP ILM eintauchen, geben wir Ihnen in diesem Abschnitt einen Überblick über das vereinfachte Sperren und Löschen von Daten mit SAP ILM aus einer Datenschutzperspektive. Das Konzept des vereinfachten Sperrens und Löschens mit SAP ILM stellt, wie der Name schon sagt, eine wesentliche Vereinfachung gegenüber der klassischen Datenarchivierung dar; das Sperren und Löschen wäre über die klassische Datenarchivierung prinzipiell möglich, aber weitaus aufwendiger.

Das Retention-Management-Szenario von SAP ILM ergänzt die SAP-Standardauslieferung in der SAP Business Suite und SAP S/4HANA um die Fähigkeit, den Lebenszyklus Ihrer produktiven Daten, die Sie in der Datenbank oder in einer BC-ILM-zertifizierten Ablage speichern, auf der Basis vorgegebener Regeln zu verwalten. Diese Regeln nennen wir auch *IRM-Regeln* (Information Retention Management). SAP ILM nutzt außerdem ILM-spezifische, erweiterte Funktionen der Datenarchivierung mit dem *Archive Development Kit (ADK)*.

Compliance-Strategie

Somit ist SAP ILM ein wichtiger Bestandteil in der Compliance-Strategie jedes Unternehmens, denn es hilft dem Unternehmen, die gesetzlichen Regelungen zur Datenaufbewahrung einzuhalten. Diese Regelungen hängen vom Land und von der Branche ab, in denen ein Unternehmen tätig ist. Die gesetzlichen Regelungen definieren ebenfalls, in welchem Land die Geschäftsdaten aufbewahrt werden müssen (*Ursprungsland*).

ILM-basierte Archivierung

Die ILM-basierte Datenarchivierung legt den Fokus auf aufbewahrungspflichtige Massendaten, die Sie vor allem aus Performancegründen in Archive auslagern möchten. Die Aufbewahrungsfrist, z. B. nach der Abgabenordnung, stellt dabei den primären Zweck dar (siehe Abbildung 4.1). In dieser Darstellung ist die datenschutzrechliche Perspektive zunächst ausgeklammert.

Datenschutzrechtliche Perspektive

In Abbildung 4.2 sehen Sie jetzt die Abfolge der möglichen Prüfschritte, wie sie sich aus Datenschutzsicht ergibt.

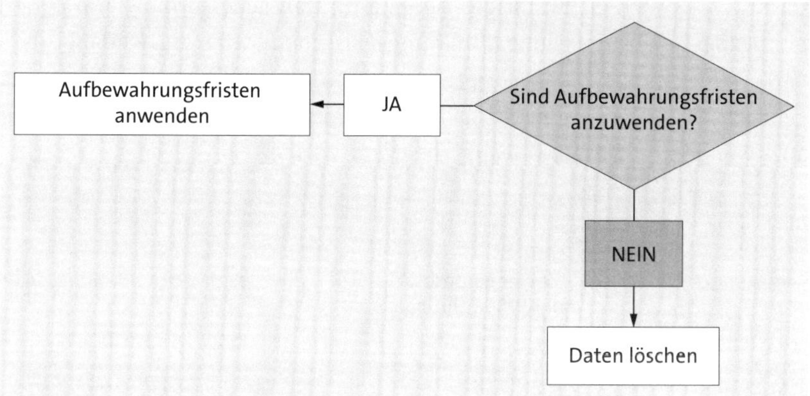

Abbildung 4.1 Aufbewahrungsfristen in SAP Information Lifecycle Management ohne datenschutzrechtliche Perspektive

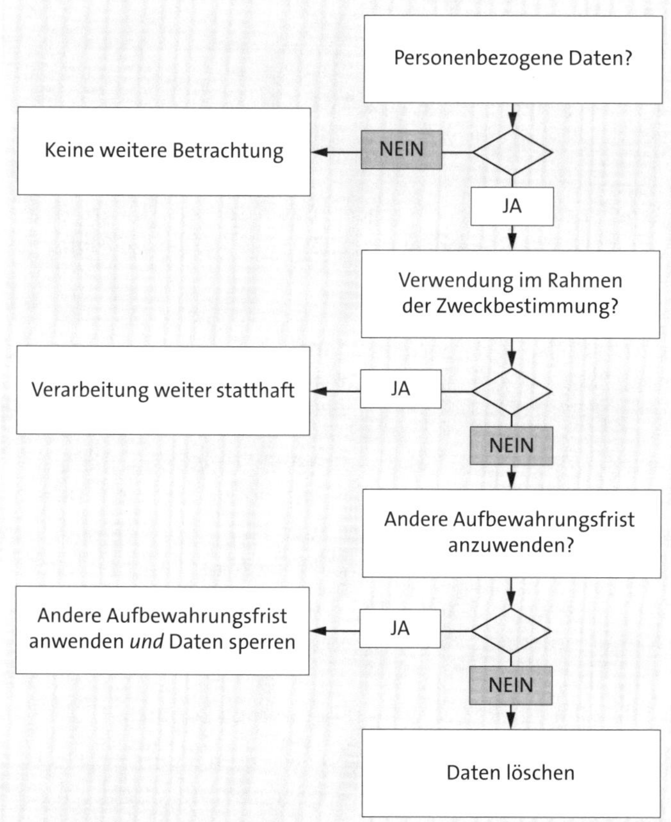

Abbildung 4.2 Aufbewahrungsfristen in SAP Information Lifecycle Management mit datenschutzrechtlicher Perspektive (Quelle: Lehnert, Stelzner, Otto, John: »SAP-Berechtigungswesen«, 2016)

Lebenszyklus personenbezogener Daten

Damit ergibt sich ein wichtiges Schema für den Lebenszyklus von personenbezogenen Daten (siehe Abbildung 4.3). Die Anforderung ist dabei, dass personenbezogene Daten, deren Verarbeitungszweck nicht mehr besteht, gelöscht werden müssen – es sei denn, andere Aufbewahrungsfristen sind anzuwenden. In diesem Fall sind die Daten zu sperren.

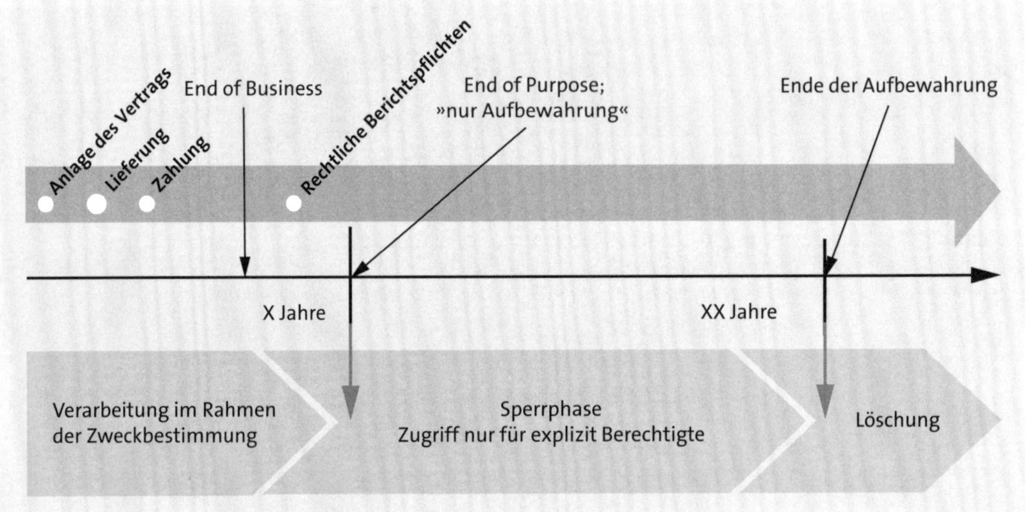

Abbildung 4.3 Lebenszyklus personenbezogener Daten (Lehnert, Luther: »Datenschutz – Sperren und Löschen personenbezogener Daten mit dem SAP Information Lifecycle Management«, 2016)

Verarbeitung im Rahmen der Zweckbestimmung

An einem einfachen Beispiel dargestellt, ergibt sich folgende Betrachtung- Wir haben es mit einer Verarbeitung im Rahmen der *Zweckbestimmung* z. B. bei einem einfachen Verkaufsvorgang zu tun. Der Kunde bestellt Waren, ein Vertrag kommt zustande, die Zahlung erfolgt usw. Alle personenbezogenen Daten, die für diese Abwicklung notwendig sind, müssen für den Verwendungszeck verfügbar sein. Zum Zwecke des eigentlichen Geschäfts sind gleichzeitig noch rechtlich verbindliche Berichtspflichten hinzuzurechnen. Im Rahmen der *International Financial Reporting Standards* (IFRS) ist es erforderlich, Vergleiche in Bezug auf die Vergleichsperiode (das Vorjahr) anzustellen. Dies ist nur möglich, wenn die Daten der Vergleichsperiode auch tatsächlich verarbeitet werden können.

Sperrphase – Löschung noch nicht erlaubt

Die anschließende *Sperrphase* bedeutet, dass nach dem Ende der Zweckbestimmung andere gesetzliche, vertragliche oder satzungsgemäße Aufbewahrungsfristen zu befolgen sind. In diesem Fall dürfen die Daten nicht gelöscht, müssen aber gesperrt werden. Das Sperren muss jede Verarbeitung, die nicht auf gesetzlichen, vertraglichen oder satzungsmäßigen Pflichten beruht, wirksam unterbinden.

Löschphase

Anschließend erreichen wir die *Phase der Löschung* der personenbezogenen Daten. Wenn es keine weiteren gesetzlichen, vertraglichen oder satzungsmäßigen Aufbewahrungsfristen mehr gibt, sind die personenbezogenen Daten zu löschen. Löschung bedeutet in diesem Kontext, dass die Daten nicht mehr wiederhergestellt werden können. SAP ILM vereinfacht diese Anforderungen erheblich.

EoB, EoP und der EoP-Check

An dieser Stelle möchten wir die gängigen Begriffe EoB, EoP und EoP-Check kurz definieren:

- *End of Business* (*EoB*) ist der Beginn der Verweildauer.
- *End of Purpose* (*EoP*) ist das Ende der Verweildauer.
- Der *EoP-Check* (*EoP-Prüfung*) ist die Prüfung auf das Ende des Verwendungszwecks hin. Der EoP-Check besteht immer aus zwei Schritten: der Prüfung, ob ein Stammdatum gesperrt werden darf, und der Verteilung dieser Sperre.

Wiederholen wir nun abschließend die Begriffe und ihre Definitionen so zusammen, wie sie im Kontext dieses Buches verwendet werden (siehe Abschnitt 1.3.1, »Zweckbindung der Verarbeitung«):

Zweck der Verarbeitung

Wenn personenbezogene Daten in SAP S/4HANA oder der SAP Business Suite verarbeitet werden, sollte der *Zweck der Verarbeitung* vorab festgelegt sein.

Zweck ist dabei kein bestimmter Rechtsbegriff, sondern er bedarf der Interpretation durch die verarbeitende Stelle. Zur Zweckbestimmung können fallweise Berichtspflichten, die sich gesetzlich oder rechtsgleich aus dem ursprünglichen Rechtsgeschäft ergeben, gerechnet werden. Möglicherweise können weitere Rechtsgründe wie z. B. IFRS als Zweck heranzuziehen sein.

Aus der Zweckbestimmung und der Art der Daten lassen sich Verweildauer (Residenzzeit) und Aufbewahrungspflicht ableiten.

Verweildauer

Die *Verweildauer* ist die Zeit, in der Daten im Rahmen der Zweckbestimmung verarbeitet werden dürfen.

Bedeutung der Verweildauer – Prüfgebiet ARCHIVING und BUPA_DP

Für das Sperren personenbezogener Daten müssen Sie Verweildauern im Prüfgebiet BUPA_DP (Business Partner Data Privacy) anlegen. Sie müssen genau dieses Prüfgebiet dafür nutzen (kein anderes und auch keine Kopie davon), da dies eine häufig im System fest programmierte Konvention ist. Beachten Sie in diesem Zusammenhang, dass das Prüfgebiet BUPA_DP im Zusammenhang mit den Aufbewahrungsregeln *keine* besondere Bedeutung hat, sondern für die Aufbewahrungsdauern ein Prüfgebiet wie jedes andere ist.

Des Weiteren ist es wichtig zu verstehen, dass die Verweildauer den Zeitraum definiert, über den die Daten gemäß Ihrer Vorgaben auf der Datenbank verbleiben sollen, bevor sie archiviert werden. Mit dem Konzept des vereinfachten Sperrens und Löschens bekommt dieser Begriff noch eine zweite Bedeutung: Verweildauern als Zeiten, in denen Daten im Rahmen der Zweckbestimmung verarbeitet werden dürfen. Doch wie können Sie zwischen den beiden Einsatzgebieten unterscheiden? Das geht sehr einfach: Im ersten Fall wird das Prüfgebiet ARCHIVING (Datenarchivierung) und im zweiten Fall das Prüfgebiet BUPA_DP (Business Partner Data Privacy) verwendet.

Aufbewahrungsfrist

Die *Aufbewahrungsfrist* definiert die Zeit, in der die Daten aus anderen Zwecken als dem ursprünglichen Verwendungszweck aufbewahrt werden müssen. In diesem Fall sind sie zu sperren.

Löschpflicht

Die *Löschpflicht* korrespondiert mit der Sperrpflicht. Es ist sinnvoll, die Fristermittlung für beide Tatbestände gleichzeitig zu bestimmen und zu hinterlegen. Im System sollen Sie nur Daten vorhalten, für deren Verarbeitung es eine gesetzliche, vertragliche oder sonstige rechtskonforme Grundlage gibt.

Weiterführende Informationen

Die Dokumentation und weiterführende Informationen zum Datenschutz finden Sie hier:

- **Für SAP ERP**
  Unter *http://help.sap.com/erp* und **Application Help • SAP Library (Deutsch) • Anwendungsübergreifende Funktionen in SAP ERP • Anwendungsübergreifende Komponenten • Datenschutz**. Diesen Link erreichen Sie auch, wenn Sie die SAP-Dokumentation unter *https://help.sap.com/* aufrufen, in der Suchleiste »SAP ERP« eingeben und in der Dropdown-Liste auf **SAP ERP** klicken. Eine längere Fassung des gleichen Links lautet: *https://help.sap.com/viewer/p/SAP_ERP*
- **Für SAP S/4HANA (On-Premise-Version)**
  Unter *http://help.sap.com/s4hana* und **Product Assistance • Deutsch (German) • Übergreifende Komponenten • Datenschutz**. Eine längere Fassung des gleichen Links lautet *https://help.sap.com/SAP_S4HANA_ON-PREMISE* bzw. *https://help.sap.com/viewer/p/SAP_S4HANA_ON-PREMISE*

- **Für SAP S/4HANA (Cloud-Version)**
  Unter *http://help.sap.com/s4hana_cloud* und **Product Assistance • Deutsch (German) • Allgemeine Informationen** und dort weiter unter **Sicherheitsaspekte • Datenschutz** oder **Datenmanagement • Sperren und Löschen personenbezogener Daten**. Eine längere Fassung des gleichen Links lautet: *https://help.sap.com/viewer/p/SAP_S4HANA_CLOUD*

Die Dokumentation und weiterführende Informationen zur EoP-Prüfung (EoP-Check) finden Sie hier:

- **Für SAP ERP**
  In diesem Bereich liegen Links, wie die in den folgenden Punkten beschriebenen, leider nicht vor.
- **Für SAP S/4HANA (On-Premise-Version)**
  Weiterführende anwendungsspezifische Informationen zum EOP-Check für SAP S/4HANA (On-Premise-Version) kann die jeweilige Anwendung in ihrer Dokumentation anbieten, z. B. im Abschnitt **Data Management**. Zwei Folgenden finden Sie zwei Beispiele dazu – aus der Product Assistance für SAP S/4HANA 1809:
  - »Data Management in Sales«:
    https://help.sap.com/viewer/7b24a64d9d0941bda1afa753263d9e39/1809.000/en-US/9dbad4c9a96d43a6be2d8d5cb8d9f154.html
  - »Data Management in Sourcing and Procurement«:
    https://help.sap.com/viewer/af9ef57f504840d2b81be8667206d485/1809.000/en-US/98eba05ba4304ddea71746f639d6a134.html
- **Für SAP S/4HANA (Cloud-Version)**
  Weiterführende anwendungsspezifische Informationen zum EOP-Check für SAP S/4HANA (Cloud-Version) kann die jeweilige Anwendung in ihrer Dokumentation anbieten, z. B. im Abschnitt **Data Management**. Auch hierzu finden Sie im Folgenden zwei Beispiele:
  - »Data Management in Order and Contract Management«:
    https://help.sap.com/viewer/DRAFT/a376cd9ea00d476b96f18dea1247e6a5/1902.500/en-US/9dbad4c9a96d43a6be2d8d5cb8d9f154.html
  - »Data Management in Sourcing and Procurement«:
    https://help.sap.com/viewer/DRAFT/0e602d466b99490187fcbb30d1dc897c/1902.500/en-US/b3b6d6f0c6b24802bf136d5a7bead669.html

Weiterführende anwendungsübergreifende Informationen zum EOP-Check finden Sie in der Dokumentation. Folgen Sie hierzu den oben genannten Links, und gehen Sie dann weiter über **Vereinfachtes Sperren und Löschen • Prüfung auf Ende des Verwendungszwecks**.

4.2 Überblick über das Sperren und Löschen mit SAP ILM

Beginnen wir mit einer Übersicht des vereinfachten Sperrens und Löschens mit SAP ILM. Dabei unterscheiden wir zwischen Verweildauer und Aufbewahrungsdauer sowie zwischen Stamm- und Bewegungsdaten.

Abbildung 4.4 zeigt Ihnen, an welchen beiden zentralen Stellen die ILM-Fristen zum Einsatz kommen:

- bei der Definition der *Verweildauern* (Residenzzeiten)
- bei der Definition der *Aufbewahrungsfristen*

Dies gilt sowohl für Ihre Stamm- als auch für Ihre Bewegungsdaten.

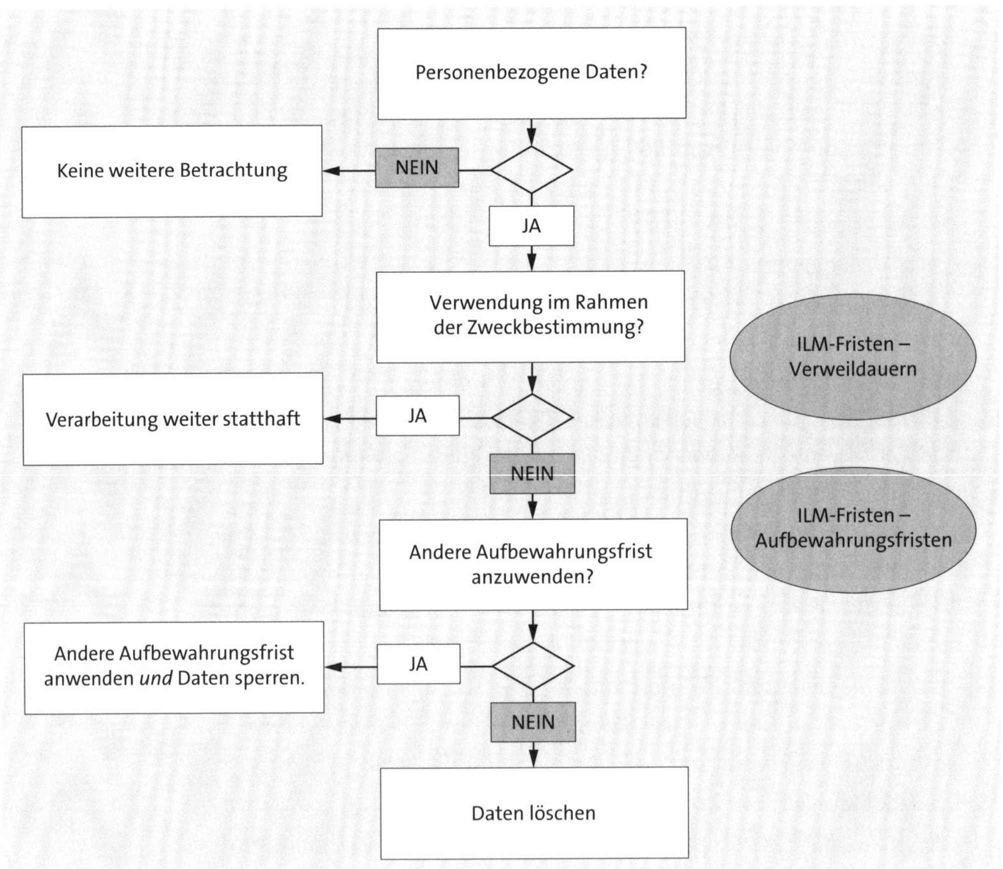

Abbildung 4.4 Sperren und Löschen aus der datenschutzrechtlichen Perspektive – technische Betrachtung (SAP-Schulung BIT665, 2017)

Damit ergibt sich das in Abbildung 4.5 dargestellte Bild, das wir nun im Detail besprechen.

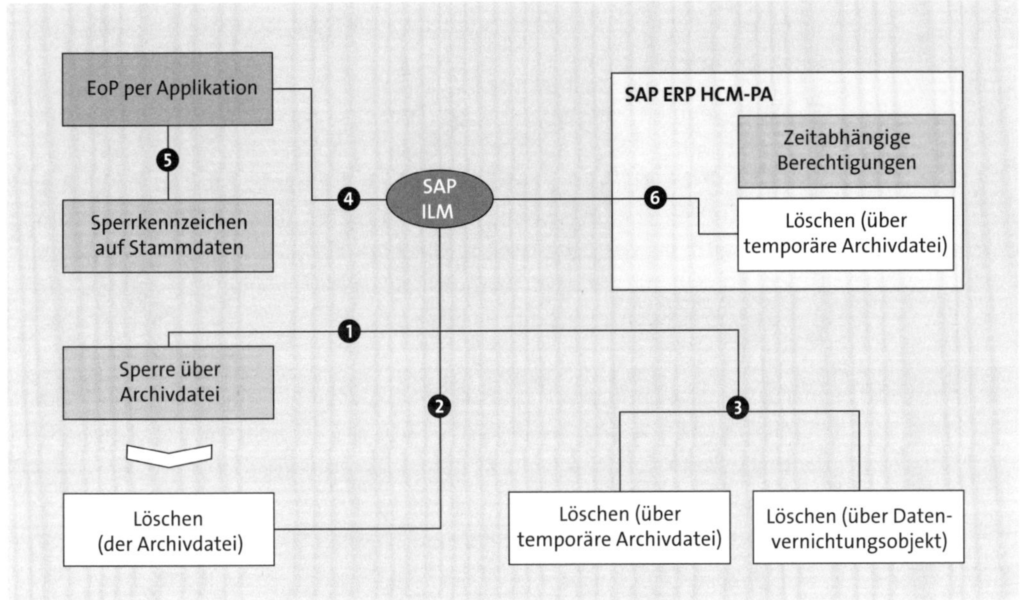

Abbildung 4.5 Sperren und Löschen mit ILM-Mitteln (Lehnert, Stelzner, Otto, John: »SAP-Berechtigungswesen«, 2016)

Stammdatenbasierte Sperre

Unabhängig von einer *stammdatenbasierten Sperre* kann ein betriebswirtschaftliches Objekt über eine Archivdatei gesperrt werden (siehe ❶ in Abbildung 4.5).

Verschiedene Objektbegriffe

In SAP ILM sind die Verweildauern und Aufbewahrungsfristen für die jeweiligen *ILM-Objekte* hinterlegt. Ein ILM-Objekt ist hingegen mit genau einem Archivierungsobjekt bzw. Datenvernichtungsobjekt verknüpft. Dieses steht wiederum im Dienste eines bestimmten betriebswirtschaftlichen Objekts, das wir häufig als Business-Objekt bezeichnen. Ein ILM-Objekt kann des Weiteren zusätzlich mit einem *BOR-Objekt* (Business Object Repository) (auch *BOR-Objekttyp* genannt) verbunden sein. Diese Verbindung wird für das Legal Case Managment benötigt.

[«]

Stammdaten versus Bewegungsdaten

Im Kontext unseres Themas unterscheiden wir zwischen dem Sperren von Stammdaten und dem Sperren von Bewegungsdaten. Bewegungsdaten sind transaktionale Daten. Unter Stammdaten verstehen wir (nur) die folgenden Daten:

- Kunde (auch *Customer* oder *Debitor* genannt)
- Lieferant (auch *Vendor* oder *Kreditor* genannt)

- zentraler Geschäftspartner (auch *Central Business Partner* genannt)
- Ansprechpartner

Die Ausnahme bestätigt die Regel: Zum einen gestaltet sich das Sperrkonzept in SAP ERP HCM etwas anders (siehe Kapitel 5 des Buches »SAP Information Lifecycle Management« von Iwona Luther). Zum anderen gibt es z. B. im Versicherungswesen langlebige Daten (u. a. im Zusammenhang mit Haftpflichtversicherungen), die eine aktive Vorhaltung im System erforderlich machen. Dementsprechend ist es vorteilhafter, sie als gesperrt zu kennzeichnen, als sie zu archivieren.

Für die Stammdaten steht Ihnen eine stammdatenbasierte Sperre zur Verfügung. Das betriebswirtschaftliche Objekt hat hier auf der Tabellenebene ein besonderes Kennzeichen (Attribut), das die Information **ist gesperrt** tragen kann.

Die Bewegungsdaten sperren Sie, indem Sie sie archivieren. Spezielle, neue Berechtigungskonzepte und -objekte kommen hier zum Einsatz.

Unabhängig von den Konzepten für das Sperren steht Ihnen für das Vernichten von Daten als Lösung ein Datenvernichtungsobjekt oder die ILM-Aktion **Datenvernichtung** zur Verfügung (siehe Abschnitt 1.5, »Auftragsverarbeitung«).

Archivierbarkeitsprüfungen

Soll ein Business-Objekt (z. B. ein Kundenauftrag) archiviert werden, wird geprüft, ob die beiden folgenden Voraussetzungen erfüllt sind:

- Das Objekt ist *abgeschlossen*. (Die Daten in der Archivdatei sind dann nicht mehr änderbar.) Diese Verprobungen finden vor allem im Coding des Archivschreibprogramms statt (gegebenenfalls auch im Vorlaufprogramm, wenn vorhanden).
- Die Verweildauern (Residenzzeiten) – falls Sie diese definiert haben – sind *verstrichen*. Wenn ein Objekt die Verweildauerndefinitionen anbietet, stehen sie Ihnen entweder in SAP ILM oder in anwendungsspezifischen Transaktionen zur Verfügung.

Sind die gerade besprochenen Archivierbarkeitsprüfungen bestanden, wird der Kundenauftrag in eine Archivdatei geschrieben. Diese Archivdatei ist durch Berechtigungen geschützt, sodass der Zugriff auf den Kundenauftrag wirksam gesperrt ist. Auf dieses Konzept kommen wir noch zu sprechen.

Bestimmung der Aufbewahrungsfrist

Die Aufbewahrungsfrist wird beim Übertragen der Daten in eine Archivdatei geschrieben :

- Von SAP ILM bestimmt, falls Sie entsprechende Aufbewahrungsfristen definiert haben und alle benötigten Feldwerte bestimmt werden konnten.

- Von SAP ILM noch nicht bestimmt, falls Sie entsprechende Aufbewahrungsfristen zwar definiert haben, aber nicht alle benötigten Feldwerte bestimmt werden konnten. Dies kann in komplexen Geschäftsvorfällen, z. B. im Versicherungsbereich oder in der Personalwirtschaft, der Fall sein.

[zB]

Beginn der Aufbewahrungsfrist

Die Aufbewahrungsfrist beginnt mit dem Ausscheiden des Mitarbeiters aus dem Unternehmen. Dieser Zeitpunkt ist noch nicht erreicht.

Ob die archivierten Daten bereits mit einem Ende der Aufbewahrungsfrist versehen sind oder ob das Datum unbestimmt bleibt und nachträglich ermittelt wird, ist für das Thema in diesem Kapitel unerheblich.

Löschung der gesperrten Daten

Die gesperrten Daten müssen irgendwann gelöscht werden (siehe ❷ in Abbildung 4.5). Auch dies wird über SAP ILM gesteuert (siehe Abschnitt 4.5, »Datenvernichtung«).

Löschung ohne Sperrphase

Wichtig für das Verständnis ist, dass, sofern der Zweck der Datenverarbeitung und die Aufbewahrungsfristen übereinstimmen und beide verstrichen sind, ein Sperren nicht erforderlich ist (siehe ❸ in Abbildung 4.5). Sie können die Daten direkt löschen. Die Fristen für diese Löschung werden selbstverständlich im IRM bestimmt und eingehalten. Für die Löschung stehen Ihnen zwei Alternativen zur Verfügung:

- ein Datenvernichtungsobjekt
- die ILM-Aktion **Datenvernichtung** im Selektionsbild eines ILM-fähigen Archivschreibprogramms. Dies ist in Abbildung 4.5 mit ❸ »Löschen (über temporäre Archivdatei)« gemeint. Die Schreibphase erzeugt eine Archivdatei, die das Archive Development Kit automatisch am Ende der Löschphase löscht. Es findet keine Ablage der Datei statt, und die Indizes aus dem SAP-Archivinformationssystem werden nicht fortgeschrieben.

Stammdatenbasierte Sperre

Nachdem Sie die Verweildauern und Aufbewahrungsfristen im IRM gepflegt haben, verhält sich die stammdatenbasierte Sperre wie folgt:

- Jede registrierte Anwendung (in der Regel sind es Anwendungen mit Bewegungsdaten, die Referenzen zu den benötigten Stammdaten haben) wird gerufen und führt ihre *EoP-Prüfungen* durch (siehe ❹ in Abbildung 4.5). Das Sperren der vorliegenden Stammdateninstanz ist nur unter den folgenden Voraussetzungen möglich:
  - sofern alle Anwendungen keine weitere Verwendung für die Stammdaten haben, die Sie sperren möchten

  - sofern die vom IRM berechneten Fristen für die von Ihnen eingangs definierten Verweildauern verstrichen sind (siehe Abschnitt 4.3.3, »Vorbereitungen für das Sperren von Stammdaten in SAP ILM«)
- Wenn *beide* Voraussetzungen zutreffen, wird in den Stammdaten zu »Kunde« und/oder »Lieferant« und/oder »zentraler Geschäftspartner« ein Sperrkennzeichen gesetzt (siehe ❺ in Abbildung 4.5).

Die mit diesem Stammdatum verbundenen Bewegungsdaten können in der Folge nicht oder nur noch teilweise angezeigt werden. Sie können ferner nicht mehr geändert werden, und auch die Neuanlage von Geschäften ist nicht mehr möglich.

Rolle der Berechtigungen

Die Anzeige der Daten wird über Berechtigungen geschützt. Das heißt, dass ein Zugriff für speziell berechtigte Personen (z. B. Steuerprüfer oder Wirtschaftsprüfer) noch möglich ist. Wir beschreiben dieses Konzept noch ausführlich in Abschnitt 4.3, »Vorbereitungen für das vereinfachte Sperren«.

Vorgehensweise in SAP ERP HCM-PA

In SAP ERP HCM-PA (Personaladministration) werden die Daten nicht über die soeben dargestellten Wege gesperrt (siehe ❻ in Abbildung 4.5). Hier erfolgt lediglich das Löschen der Daten über SAP ILM. Weitere Informationen dazu finden Sie in Kapitel 5 des Buches »SAP Information Lifecycle Management« von Iwona Luther.

Feldmaskierung

Unabhängig davon, ob wir von Stamm- oder Bewegungsdaten sprechen, bietet das System Ihnen in manchen Fällen die sogenannte *Feldmaskierung* an. Sie kennen sie womöglich bereits von der Darstellung einer Konto- oder Kartennummer, bei der die ersten Stellen z. B. durch ein Sternchen (*) dargestellt und nur die letzten Stellen im Klartext zu lesen sind.

Einstellungen zu dieser Feldmaskierung können Sie über Transaktion SDMSK (Data Masking) vornehmen. (Bei der Drucklegung des Buches stand diese Funktionalität nur für das SAP GUI und z. B. nicht für Web Dynpro zur Verfügung. Weitere Informationen zur Verfügbarkeit der Funktionalität bietet Ihnen SAP-Hinweis 2512600 (Verfügbarkeit der Feldmaskierung in der SAP-Basis).

4.3 Vorbereitungen für das vereinfachte Sperren

In diesem Abschnitt erläutern wir, welche Vorbereitungen Sie für das vereinfachte Sperren von personenbezogenen Daten mit SAP ILM vornehmen müssen. Aus dem vorangehenden Abschnitt wissen Sie, dass wir beim Sperren zwischen dem Konzept für die Stammdaten und dem für Bewegungsdaten unterscheiden. An dieser Stelle besprechen wir nun die notwendigen Vorbereitungen für die beiden Gruppen nacheinander. Wir erläutern dabei auch, welche Vorbereitungen Sie in Transaktion SPRO (Customizing: Projekt bearbeiten) und in den ILM-Transaktionen vornehmen müssen.

4.3.1 Vorbereitungen für das Sperren von Stammdaten in Transaktion SPRO

Vorbereitungen für Debitor, Kreditor und Geschäftspartner

Besprechen wir nun, welche Vorbereitungen Sie in Transaktion SPRO (Customizing: Projekt bearbeiten) für das Sperren von Stammdaten (also von Debitoren, Kreditoren, Ansprechpartnern und den zentralen Geschäftspartnern) im Geschäftsprozess vornehmen sollen.

Zunächst einmal müssen Sie die benötigten Business Functions aktivieren:

- `BUPA_ILM_BF`: ILM-basiertes Löschen von Geschäftspartnern
- `ERP_CVP_ILM_1`: ILM-basiertes Löschen von Kunden- und Lieferantenstammdaten
- `ILM_BLOCKING`: ILM-Sperrfunktionalität (wird nur benötigt, wenn Sie planen, gesperrte Stammdaten zu archivieren)
- `FICAX_BUPA_BLOCKING`, `SCM_SCMB_LOC_ILM_1`, `ISH_BP_OM` und `ISH_ILM`: Beispiele für industrie- bzw. modulspezifische Business Functions. Je nach Industrielösung, die Sie einsetzen, können Sie weitere branchenspezifische Business Functions benötigen.

[«]

Business Function für Ansprechpartner?

Eine Business Function für den Ansprechpartner gibt es nicht. Die Einstellungen dafür beinhaltet die Business Function für den Kunden und Lieferanten.

Hilfreiche SAP-Hinweise

Beachten Sie in diesem Zusammenhang auch die beiden folgenden SAP-Hinweise:

- SAP-Hinweis 1825544: Vereinfachte Löschung und Sperrung persönlicher Daten in der SAP Business Suite
- SAP-Hinweis 2039087: Release-Informationen für die vereinfachte Datenlöschung auf der Basis von SAP ILM

[«]

Machen alle mit?

Sie müssen zuerst sicherstellen, dass sich alle Anwendungen, die Sie verwenden, am *EoP-Check* beteiligen (siehe Abschnitt 4.2, »Überblick über das

Sperren und Löschen mit SAP ILM«). So stellen Sie sicher, dass Sie ein Stammdatum nur dann sperren können, wenn in keiner betroffenen Anwendung ein offenes Geschäft mit diesem Stammdatum vorliegt. (Beteiligt sich eine Anwendung nicht am EoP-Check, ist dies nicht garantiert.)

Weitere Informationen finden Sie in der Dokumentation zur Business Function BUPA_ILM_BF, in SAP-Hinweis 1825608 (Vereinfachtes Sperren und Löschen eines zentralen Geschäftspartners) sowie in SAP-Hinweis 2007926 (Vereinfachtes Sperren und Löschen der Kunden-/Lieferantenstammdaten)

Einstiegspfad »Data Protection«

Kommen wir nun zum zweiten Teil der Vorbereitungen für das Sperren von Stammdaten. In Transaktion SPRO (Customizing: Projekt bearbeiten) nehmen Sie im Einstiegspfad **Anwendungsübergreifende Komponenten • Data Protection** einige Einstellungen vor. Wir besprechen sie beispielhaft anhand der Stammdaten *Kreditor* und *Debitor*.

[»]

Vorbereitungen für den zentralen Geschäftspartner

Vergleichbare Vorbereitungen müssen Sie bei Bedarf auch für den zentralen Geschäftspartner vornehmen, und zwar in Transaktion SPRO (Customizing: Projekt bearbeiten) unter **Customizing • Edit Project**. In einem klassischen ERP-System werden vorrangig der Kunde und der Lieferant als Stammdatenobjekte verwendet. Im Vergleich dazu steht Ihnen in SAP Customer Relationship Management (SAP CRM) nur der zentrale Geschäftspartner zur Verfügung. In einem SAP-S/4HANA-System ist wiederum der Geschäftspartner immer das führende Objekt.

Berechtigungsgruppe zur Kennzeichnung gesperrter Stammdaten

Die erste wichtige Customizing-Aktivität bezieht sich auf den zentralen Geschäftspartner. Sie finden sie im SAP-Einführungsleitfaden (IMG) unter **Data Protection • Sperren und Entsperren von Daten • Geschäftspartner**.

Die zweite wichtige Customizing-Aktivität bezieht sich auf den Kunden und Lieferanten. Sie finden sie im IMG unter **Data Protection • Sperren und Entsperren von Daten • Löschen des Kundenstamms/Lieferantenstamms**.

In Abbildung 4.6 legen Sie die Berechtigungsgruppe zur Kennzeichnung gesperrter Stammdaten (Geschäftspartner) fest. Ein Benutzer muss einer Berechtigungsgruppe (über eine entsprechende Rolle) zugeordnet sein, damit er gesperrte Kunden- oder Lieferantenstammdaten anzeigen darf.

Diese Aktivität ist entscheidend, denn nur ausgewählte Benutzer, z. B. die Wirtschaftsprüfer, sollen über diese Berechtigungsgruppe verfügen.

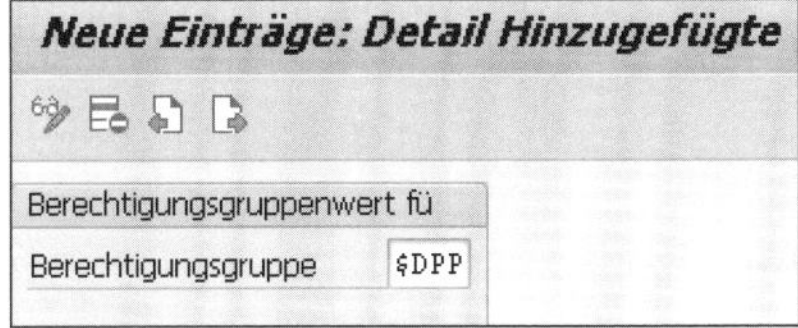

Abbildung 4.6 Berechtigungsgruppe zur Kennzeichnung gesperrter Stammdaten definieren – Geschäftspartner

Abbildung 4.7 zeigt die Berechtigungsgruppe zur Kennzeichnung gesperrter Stammdaten für Kunden- und Lieferantenstammdaten.

Sicht "BerechtGruppe zur Kennzeichnung gesperrter Stammdaten

Neue Einträge

BerechtGruppe zur Kennzeichnung gesperrter Stammdaten defin.

ID-Art	Buchungskreis	Berechtigungsgruppe	Auftragssperre f
1 Kundenstammdaten		$DPP	
2 Lieferantenstammdaten		$DPP	

Abbildung 4.7 Berechtigungsgruppe zur Kennzeichnung gesperrter Stammdaten definieren – Kunden und Lieferanten

Verprobung

Die Notwendigkeit dieser Einstellung wird Ihnen auch klar, wenn Sie an die stammdatenbasierte Sperre denken. Sie bedeutet, dass das betriebswirtschaftliche Objekt auf der Tabellenebene ein besonderes Kennzeichen (Attribut) bekommt, das die Information **ist gesperrt** tragen kann. Eine gut konzipierte Transaktion, die Stammdaten anzeigt, verprobt also – bevor Sie die Daten anzeigt –, ob der Benutzer die Berechtigung dazu hat. Diese Verprobung geschieht mithilfe eines Berechtigungsobjekts, das die Berechtigungsgruppe als Berechtigungsfeld hat.

[«]

Berechtigungsgruppe zuerst definieren?

Sie müssen die Berechtigungsgruppe nicht zuerst, z. B. in einer Transaktion, definieren. Sie entscheiden sich einfach für den benötigten Namen (oder mehrere) und verwenden diesen, wie gerade besprochen.

Die EoP-Check-spezifische Berechtigungsgruppe, die wir in diesem Abschnitt behandeln, wird nur im EoP-Check gesetzt und soll nicht manuell im Customizing für Berechtigungsgruppen eines zentralen Geschäftspartners auswählbar sein.

Für den zentralen Geschäftspartner werden eigene Berechtigungsgruppen in einer weiteren Customizing-Funktion definiert. Sie können die Berechtigungsgruppen hinterlegen, die später einen Benutzer dazu berechtigen, auf die Daten eines zentralen Geschäftspartners zuzugreifen, der *nicht* gesperrt ist.

Berechtigungsobjekte für die Verprobung

Die folgenden Berechtigungsobjekte verproben die Berechtigungsgruppe, die Sie auf dem hier beschriebenen Weg vergeben müssen:

- F_KNA1_BED: Kunde – Kontoberechtigung
- F_LFA1_BEK: Lieferant – Kontoberechtigung
- F_BKPF_BED: Buchhaltungsbeleg – Kontoberechtigung für Kunden
- F_BKPF_BEK: Buchhaltungsbeleg – Kontoberechtigung für Lieferanten
- V_KNA1_BRG: Kunde – Kontoberechtigung für Vertriebsbereiche
- F_KNKK_BED: Kreditmanagement – Kontoberechtigung
- B_BUPA_GRP: Geschäftspartner – Berechtigungsgruppen

Berechtigungsobjekt B_BUP_PCPT

Beachten Sie in diesem Zusammenhang, dass Sie für manche Transaktionen, die Stammdaten anzeigen, auch die Aktivität 03 (Display) des Berechtigungsobjekts B_BUP_PCPT (Geschäftspartner: Geschäftszweck erfüllt) benötigen, um gesperrte Stammdaten zu sehen.

Benennung der Berechtigungsgruppe

In der Wahl des Namens für die Berechtigungsgruppe sind Sie frei: Sie können Buchstaben, Ziffern sowie Sonderzeichen verwenden. Es kann von Vorteil sein, eine Berechtigungsgruppe zu erstellen, die es noch nicht gab. Falls Sie bereits an vielen Stellen die Berechtigungen in der Art »für Berechtigungsgruppen A* bis Z*« vergeben haben, mag ein Wert, beginnend mit einem Sonderzeichen (z. B. $DPP), eine gute Entscheidung sein, um den Kreis der Personen, die auf gesperrte Stammdaten zugreifen dürfen, kleinzuhalten.

Registrierung des Mastersystems

Abbildung 4.8 zeigt, wie Sie das Mastersystem für den zentralen Geschäftspartner im Customizing einstellen. Die Einstellungen finden Sie im SAP-Einführungsleitfaden (IMG) unter **Data Protection • Sperren und Entsperren von Daten • Geschäftspartner • RFC-Verbindung des Mastersystems definieren** sowie **Data Protection • Sperren und Entsperren von Daten • Löschen des Kundenstamms/Lieferantenstamms • RFC-Verbindung des Mastersystems definieren**.

Die entsprechenden Einstellungen für Kunden und Lieferanten sehen Sie in Abbildung 4.9.

Nehmen Sie die Einstellungen zur Registrierung des Mastersystems im führenden System (*Stammdaten-Mastersystem*) vor, müssen Sie den logischen

Systemnamen des Mastersystems eintragen (nicht die RFC-Verbindung, obwohl die Überschrift im Screenshot dies suggeriert).

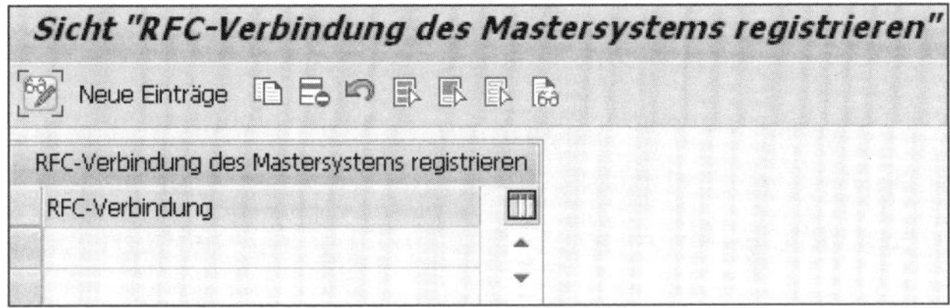

Abbildung 4.8 Registrierung des Mastersystems – zentraler Geschäftspartner

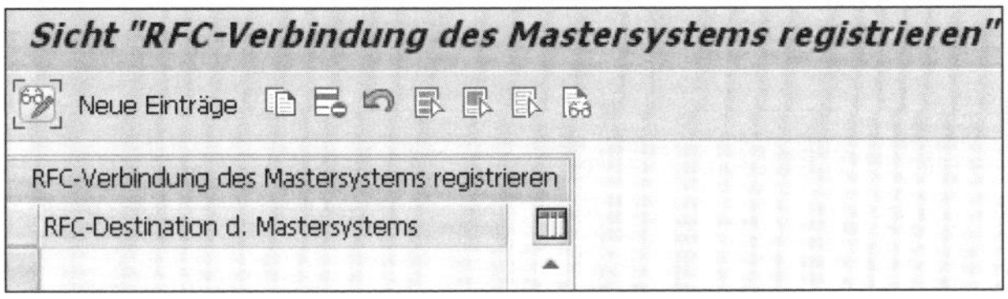

Abbildung 4.9 Registrierung des Mastersystems – Kunde und Lieferant

Den Eintrag für die Registrierung des Mastersystems für den Kunden und Lieferanten müssen Sie zwingend vornehmen. Im Falle des zentralen Geschäftspartners können Sie das Feld auch leer lassen. Ist es leer, geht das System vom Mastersystem aus.

Wenn Sie die Registrierung in einem angeschlossenen System (nicht im führenden Stammdatensystem) vornehmen, müssen Sie nun die RFC-Verbindung zum Mastersystem in der Spalte **RFC-Destination des Mastersystems** eintragen. Dies ist notwendig, damit die Ergebnisse einer lokalen (nur im jeweiligen abhängigen System stattfindenden) EoP-Prüfung an das zentrale System geschickt werden können. Diesem Thema widmen wir uns in Abschnitt 4.4.4, »Lokaler EoP-Check (Zwischenprüfung ohne Setzen des Sperrkennzeichens)«. Zudem deklarieren Sie auf diesem Wege auch, dass es sich nicht um das führende Stammdatensystem handelt. Nehmen Sie an den genannten Stellen nur einen Eintrag vor, da es nur ein System als Mastersystem geben kann.

Registrierung der verbundenen Systeme

Kommen wir nun zur *Registrierung der verbundenen Systeme*. Hier müssen Sie die mit dem Mastersystem verbundenen Systeme bekannt machen.

Wenn Sie diese Einstellungen im führenden System (Stammdaten-Mastersystem) vornehmen, müssen Sie im Feld **RFC-Destination** die RFC-Verbindungen für die verbundenen Systeme eintragen. Mit diesen Systemen wird bei der EoP-Prüfung eine Kommunikation aufgebaut, um die Prüfung für die dort vorhandenen Anwendungen durchzuführen. Die für das Ende des

Verwendungszwecks benötigten Informationen aus den angeschlossenen Systemen werden anschließend im Mastersystem konsolidiert. Mit anderen Worten werden die Zwischenergebnisse aus den angeschlossenen Systemen gelesen und an das Mastersystem gesendet.

Im Gegensatz zu dem soeben besprochenen Eintrag können Sie hier mehrere Einträge vornehmen. Der EoP-Check (Prüfung auf Ende des Verwendungszwecks) führt die RFC-Aufrufe ausschließlich für die Systeme aus dieser Tabelle durch.

Die Einstellungen für den zentralen Geschäftspartner unterscheiden sich von den Einstellungen für Kunden und Lieferanten. Für Kunden und Lieferanten können Sie über die Spalte **Systempriorität** die Reihenfolge bestimmen, in der die angeschlossenen Systeme aufgerufen werden. Im ersten Fall (zentraler Geschäftspartner) dient dazu die Spalte **Positionsnummer**. In der zusätzlichen Spalte **Replikationsart** können Sie die Art der Replikation festlegen. Die Feldhilfe (F1) liefert Ihnen hierzu weitere Informationen.

Nehmen Sie diese Einstellungen in einem angeschlossenen System (nicht im führenden Stammdatensystem) vor, müssen Sie hier nichts eintragen. (Ein Eintrag würde auch ignoriert, da der EoP-Check nicht mehrstufig in weitere Systeme erfolgt.)

Rolle des Mastersystems beim EoP-Check und der Verteilung der Sperren

Beachten Sie, dass sowohl die Prüfung vor dem Sperren von Stammdaten (EoP-Check) als auch die Verteilung der Sperren, ausgehend von dem führenden Mastersystem, in alle verbundenen Systeme erfolgt.

Synchron oder asynchron?

Zu Recht könnten Sie jetzt fragen, ob der EoP-Check bzw. die Verteilung der Sperren synchron oder asynchron passieren. Der EoP-Check findet, ausgehend von dem führenden Mastersystem, in allen verbundenen Systemen immer *synchron* statt. Die Kommunikation mit den verbundenen Systemen können Sie per RFC oder per Enterprise Services (Webservices) realisieren.

RFC- oder Enterprise Services?

Wenn Sie den EoP-Check im Produktivmodus durchführen und die Prüfungen ergeben haben, dass das Stammdatum gesperrt werden kann, wird die Sperrinformation in die verbundenen Systeme verteilt. Das Sperren eines zentralen Geschäftspartners geschieht per RFC oder per Enterprise Services und immer synchron, das Sperren von Kunden und Lieferanten hingegen immer asynchron. Hierzu können Sie einen Enterprise Service verwenden, der als Benachrichtigung (Notification) funktioniert. Alternativ steht Ihnen das ALE-Konzept (Application Link Enabling) mit den IDoc-Typen KREMAS und DEBMAS zur Verfügung. Weitere Details zu den Konfigurationsmöglichkeiten zur Einstellung der Systemlandschaft finden Sie im Buch »SAP Information Lifecycle Management« von Iwona Luther.

Von SAP durchgeführte Vorbereitungen

Um zu sehen, welche Anwendungen sich am EoP-Check beteiligen, um ein OK oder ein Veto für das Sperren eines Stammdatums zu geben, gibt es eine Liste von Anwendungsnamen. Diese Namen bezeichnen Anwendungen, die Kunden oder Lieferanten verwenden und die SAP bereits im Customizing eingetragen hat. Der Anwendungsname wird zum Ausführen der Prüfung auf das Ende des Verwendungszwecks (EoP-Check) für Kunden oder Lieferanten bei den genannten Anwendungen verwendet. Er dient Ihnen auch als Bedingungsfeld bei der Erstellung von Regeln (Transaktion IRMPOL – ILM-Regelwerke) für die Verweildauern und Aufbewahrungszeiträume für Kunden, Lieferanten oder Ansprechpartner.

Die vordefinierten Anwendungsnamen sowie Anwendungsklassen im ausgelieferten Customizing stellt SAP im Menübaum **Löschen des Kundenstamms/Lieferantenstamms • Registrierung von Anwendungen** bereit. Funktionsbausteine finden Sie über den Menüpunkt **Geschäftspartner** für die Standardanwendungen.

Änderungen am SAP-Namensraum sind Modifikationen. In diesen Funktionsbausteinen bzw. Klassen findet der EoP-Check der jeweiligen Anwendung statt. Beachten Sie, dass die hier registrierten Anwendungen in Ihrem zentralen Stammdatensystem die Anwendungen abbilden sollen, die Sie in diesem zentralen System nutzen und die beim EoP-Check befragt werden sollen. In Ihren abhängigen (verbundenen) Systemen sollen Sie hingegen die Anwendungen darstellen, die Sie in diesem System nutzen und die beim EoP-Check befragt werden sollen.

Sie können weitere Anwendungsnamen und Anwendungsklassen (Funktionsbausteine) für Ihre Anwendungen im Kundennamensraum hinzufügen, bei denen die Prüfung auf das Ende des Verwendungszwecks für Kunden, Lieferanten oder den zentralen Geschäftspartner ebenfalls erforderlich ist. Weitere Informationen finden Sie im Buch »SAP Information Lifecycle Management« von Iwona Luther.

4.3.2 Vorbereitungen für das Sperren von Bewegungsdaten in Transaktion SPRO

Vorbereitungen für Bewegungsdaten

Widmen wir uns nun den Vorbereitungen, die Sie in Transaktion SPRO (Customizing: Projekt bearbeiten) für das Sperren von Bewegungsdaten vornehmen müssen. Diese Vorbereitungen sind schnell erledigt, denn Ihre

Aufgabe liegt einzig darin, die Business Function ILM_BLOCKING (SAP ILM: Sperrfunktionalität) zu aktivieren.

Informationen zu Verfügbarkeit der Business Functions

Informationen zur Verfügbarkeit der Business Functions finden Sie in der SAP-Dokumentation. Beachten Sie in diesem Zusammenhang auch die folgenden SAP-Hinweise:

- SAP-Hinweis 2169333: Sperren von bereits archivierten Daten
- SAP-Hinweis 2167473: Benutzerspezifisches Sperren der Anzeige archivierter, personenbezogener Daten

4.3.3 Vorbereitungen für das Sperren von Stammdaten in SAP ILM

Verweildauer (Residenzzeit)

Betrachten wir nun den Zeitraum zwischen EoB und EoP. Es handelt sich dabei um den Zeitraum der Verweildauer (Residenzzeiten). Wir haben am Anfang dieses Kapitels erklärt, dass EoB den Beginn und EoP das Ende der Verweildauer darstellt. Es liegt in Ihrer Verantwortung, mit den zuständigen Kollegen zu bestimmen, welche Länge die Verweildauern für die eingangs erwähnten vier möglichen ILM-Objekte für die Stammdaten betragen sollen.

Verweildauer für die Anwendungsnamen Ihrer Wahl

Wenn Sie für das ILM-Objekt »Debitorenstammdaten« eine Verweildauer von drei Monaten für den Anwendungsnamen ERP_CUST (ERP-Kundenstamm) definieren, bedeutet dies, dass das Stammdatum selbst (der Debitor) das EoP nach drei Monaten ab dem angegebenem Beginnzeitpunkt erreicht.

Definieren Sie des Weiteren für das gleiche ILM-Objekt (den Debitor) eine Verweildauer von 24 Monaten für den Anwendungsnamen ERP_FI (ERP-Finanzbuchhaltung), bedeutet das zusätzlich, dass das Stammdatum (der Debitor), auf den sich ein FI-Beleg bezieht, das EoP nach 24 Monaten ab dem angegebenem Beginnzeitpunkt erreicht.

Verweildauer für mindestens den Anwendungsnamen des zugehörigen Stammdatums

In den Regelwerken für die Stammdaten-ILM-Objekte können Sie die Verweildauer prinzipiell für jeden Anwendungsnamen definieren. Damit ist der Anwendungsname für das Stammdatenobjekt selbst (z. B. ERP_CUST

(ERP-Kundenstamm) als auch der Anwendungsname der Bewegungsdaten, die das Stammdatenobjekt verwenden, gemeint (z. B. ERP_FI (ERP-Finanzbuchhaltung).

Stammdaten-ILM-Objekte dem Prüfgebiet BUPA_DP zuordnen

Sie können die gewünschte Verweildauer für Ihre Stammdaten wie folgt im System eintragen: Im ersten Schritt müssen Sie in Transaktion ILMARA (Prüfgebiete bearbeiten) die für Sie relevanten Stammdaten-ILM-Objekte dem Prüfgebiet BUPA_DP zuordnen (siehe Abbildung 4.10). Es gibt nur vier mögliche ILM-Objekte im Bezug auf das vereinfachte Sperren und Löschen von Stammdaten:

- CA_BUPA: Geschäftspartner (zugeordnet zum Archivierungsobjekt) CA_BUPA: Anwendungsname BUP
- FI_ACCREV: Debitorenstammdaten (zugeordnet zum Archivierungsobjekt FI_ACCRECV, Anwendungsname ERP_CUST)
- FI_ACCPAYB: Kreditorenstammdaten (zugeordnet zum Archivierungsobjekt FI_ACCPAYB, Anwendungsname ERP_VEND)
- FI_ACCKNVK: Ansprechpartner (zugeordnet zum Datenvernichtungsobjekt FI_ACCKNVK, Anwendungsname ERP_CONTACT_PERSON)

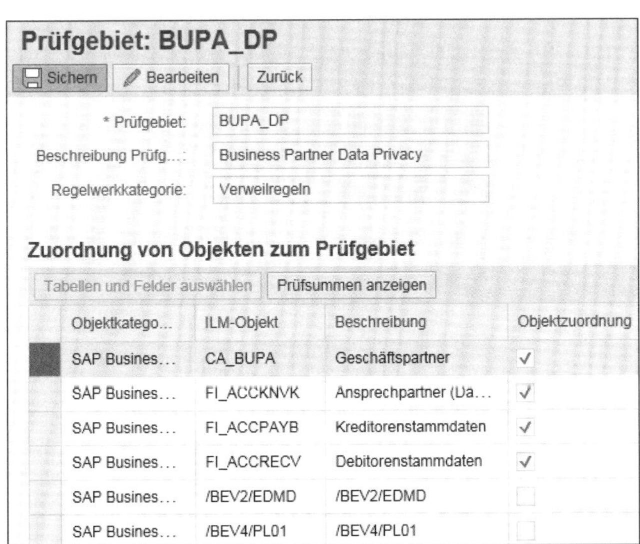

Abbildung 4.10 ILM-Objekte für Verweildauern im Prüfgebiet BUPA_DP

Alle übrigen ILM-Objekte sind zu sperren, wie in Abschnitt 1.4.1, »Einwilligung«, beschrieben. Dazu gehören also auch die ILM-Objekte FI_ACCOUNT (Sachkontenstammdaten) oder FI_BANKS (Bankenstammdaten).

ILM-Objekt FI_ACCKNVK

Das ILM-Objekt FI_ACCKNVK ist einem gleichnamigen Datenvernichtungsobjekt zugeordnet. Die anderen, oben genannten ILM-Objekte sind einem Archivierungsobjekt zugeordnet. Das Datenvernichtungsobjekt FI_ACCKNVK würden Sie nutzen, wenn Sie die Daten eines Ansprechpartners (und nur diese) vernichten möchten. Der zugehörige Anwendungsname (für die Definition der gerade besprochen Verweilzeiten) ist ERP_CONTACT_PERSON.

Möchten Sie dagegen die Ansprechpartnerdaten zusammen mit dem zugehörigen Debitor oder Kreditor vernichten, nutzen Sie das Archivierungsobjekt für den Kunden bzw. Lieferanten. Dieses löscht die Ansprechpartnerdaten – wenn vorhanden – auch mit.

Dokumentation

Weitere Informationen finden Sie in der SAP-Dokumentation unter *https://help.sap.com/* über den Menüpfad **Datenschutz • Datenschutzfunktionen konfigurieren • IRMPOL konfigurieren • Verweilregeln**.

Alleinstellungsmerkmal des Prüfgebiets BUPA_DP

Es ist wichtig, dass Sie für die Definition der Verweildauer für Ihre Stammdaten ausschließlich das Prüfgebiet BUPA_DP verwenden. Dieses Prüfgebiet hat – wie bereits betont – seinen Einsatz genau während der EoP-Prüfung und den darin enthaltenen Prüfungen auf die Verweilregeln.

Verweilregeln für Stammdaten

Im zweiten Schritt müssen Sie in Transaktion IRMPOL (ILM-Regelwerke) die Verweilregeln für Ihre Stammdaten (und bei Bedarf für die dazugehörigen Bewegungsdaten) definieren. Abbildung 4.11 zeigt, wie Sie hierzu ein Regelwerk anlegen und welche Felder Sie dabei wählen sollen. Ausführliche Informationen zu diesem Thema finden Sie auch in Kapitel 2 des Buches »SAP Information Lifecycle Management« von Iwona Luther.

Abbildung 4.11 Verweilregeln für Stammdaten definieren – Regelwerk anlegen

Der Name in der Spalte **Anwendungsname** rechts im Bild im Bereich **Gewählte Bedingungsfelder (max. 4)** entspricht dem Anwendungsnamen aus dem bereits besprochenen IMG-Customizing

Beispiel: EoP-Prüfung

Für ein besseres Verständnis stellen wir Ihnen die Vorgehensweise anhand eines Beispiel vor: Bei der EoP-Prüfung werden alle im Customizing registrierten Anwendungen (Anwendungsnamen) befragt, ob sie keine Verwendung (kein offenes Geschäft) mehr für das Stammdatum haben, das Sie sperren möchten.

Ist dies der Fall, liegt also kein offenes Geschäft vor, wird im zweiten Schritt geprüft, ob die von Ihnen definierten Verweildauern verstrichen sind. Wünschen Sie also, dass z. B. ein Debitor erst dann gesperrt wird, wenn ab seiner letzten Änderung n Tage verstrichen sind, müssen Sie die Zeitspanne dieser n Tage als die soeben beschriebene Verweilregel für den Anwendungsnamen `ERP_CUST` (ERP-Kundenstamm) im Prüfgebiet `BUPA_DP` definieren.

Die Prüfung, ob die Verweildauer verstrichen ist, nimmt jede gerufene Anwendung in ihrer Implementierung der EoP-Prüfungen vor (darin natürlich nur für den ihr zugeordneten Anwendungsnamen). So hat jede Anwendung hinterlegt, dass z. B. das ILM-Objekt `FI_ACCRECV` zu der ID-Art **Kundenstamm** dazugehört.

[«]

Zeitbezug »Beginn des Aufbewahrungszeitraums«

Der Zeitbezug **Beginn des Aufbewahrungszeitraums** im Zusammenhang mit dem Anwendungsnamen des Stammdatums bedeutet in diesem Kontext immer das Datum des Anlegens oder der letzten Änderung an dem Stammdatum, das Sie sperren möchten. Dies gilt also für Debitoren, Kreditoren und den zentralen Geschäftspartner.

Im Zuammenhang mit anderen Anwendungsnamen meint der Zeitbezug **Beginn des Aufbewahrungszeitraums** den EoB-Zeitpunkt für die jeweiligen Bewegungsdaten. Ob dies z. B. der Ausgleichzeitpunkt eines Belegs ist oder das Datum, an dem ein bestimmter Status gesetzt wurde, oder ein weiterer Zeitpunkt, der den EoB-Beginn markiert, ist in dem EoP-Check der jeweiligen Anwendung hinterlegt.

Merken Sie sich einfach, dass Sie bei den Verweildauern (wie Sie später sehen werden, auch bei der Aufbewahrungsdauer) für die Stammdaten-ILM-Objekte (egal welchen Wert Sie dabei in der Spalte **Anwendungsname** eingeben) immer den Zeitbezug **Beginn des Aufbewahrungszeitraums** verwenden müssen.

Mindestausprägung einer IRM-Regel zur Verweildauer

Damit ein Stammdatum (z. B. Kunde) gesperrt werden kann, müssen Sie – wie bereits erläutert – eine passende IRM-Regel zur Verweildauer definieren. Die Mindestausprägung einer solchen Regel stellt die erste Zeile der

Regeln in Abbildung 4.12 dar. Ein Kunde kann in diesem Beispiel erst dann gesperrt werden, wenn die beiden folgenden Voraussetzungen vorliegen:

- Jede der im Customizing registrierten Anwendungen bestätigt, dass kein offenes Geschäft mit dem Kunden vorliegt.
- Die eingetragene Verweildauer seit der letzten Änderung an dem Kundenstamm ist verstrichen.

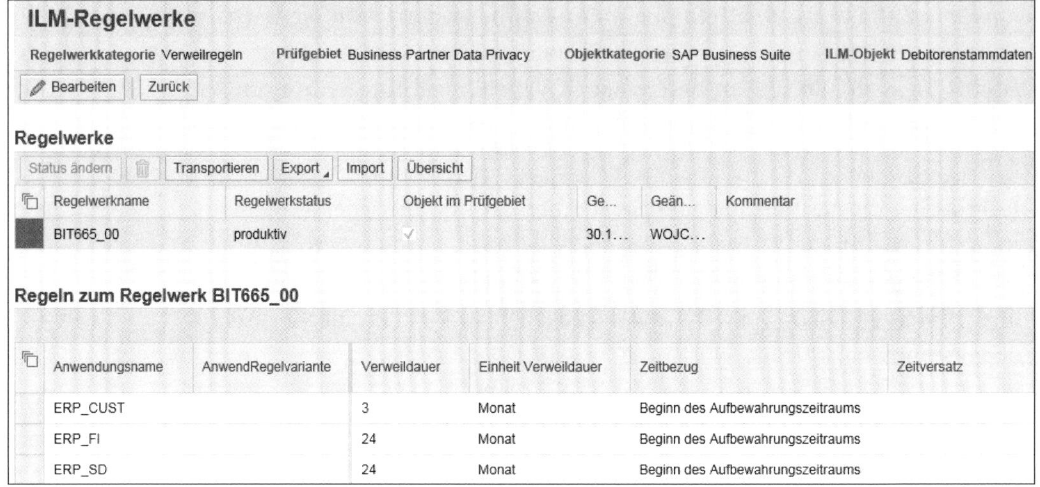

Abbildung 4.12 Verweilregeln für Stammdaten definieren – Regeln ausprägen

Eine komplexere Regel könnte aussehen, wie in Abbildung 4.12 dargestellt. Ein Kunde kann in diesem Beispiel erst dann gesperrt werden, wenn die drei folgenden Voraussetzungen vorliegen:

- Jede der im Customizing registrierten Anwendungen bestätigt, dass kein offenes Geschäft mit dem Kunden vorliegt.
- Die eingetragene Verweildauer ist seit der letzten Änderung am Kundenstamm verstrichen.
- Seit dem Ausgleich des letzten dazugehörigen FI- bzw. SD-Belegs sind sechs Monate vergangen.

Verweildauer der Bewegungsdaten

Ist die Verweildauer der Bewegungsdaten (z. B. FI oder SD) von den Organisationseinheiten (z. B. Buchungskreis) abhängig, stehen Ihnen die Anwendungsregelvarianten (ARV) zur Verfügung (siehe Abschnitt 4.3.5, »Vorbereitungen für das Sperren und Löschen von Stammdaten – die Anwendungsregelvarianten«).

Nennen wir nun die eingangs erwähnten weiteren ILM-Objekte, die Sie verwenden können. Diese sind:

- `FI_ACCKNVK` für den Ansprechpartner
- `FI_ACCPAYB` für den Kreditor
- `CA_BUPA` für den zentraler Geschäftspartner

Im Feld **Anwendungsname** tragen Sie jeweils die folgenden Bezeichnungen ein:

- »ERP_CONTACT_PERSON« für den Ansprechpartner
- »ERP_VEND« für den Kreditor
- »BUP« für den zentraler Geschäftspartner

4.3.4 Vorbereitungen für das Sperren von Bewegungsdaten in SAP ILM

Aufbewahrungsregeln: Spalte »Berechtigungsgruppe«

Nun sind die Vorbereitungen für das Sperren von Bewegungsdaten in SAP ILM an der Reihe. Wie in Abschnitt 4.2, »Überblick über das Sperren und Löschen mit SAP ILM«, dargestellt, sperren Sie die Bewegungsdaten, indem Sie sie archivieren. Für die Sperre kommen spezielle neue Berechtigungskonzepte und -objekte zum Einsatz.

Beginnen wir mit der Spalte **Berechtigungsgruppe** in Ihren Aufbewahrungsregeln und ihrer Bedeutung für das Sperren von Daten. Wie im Konzept des vereinfachten Sperrens und Löschens mithilfe von SAP ILM eine Archivdatei durch Berechtigungen geschützt ist, sodass der Zugriff auf die darin enthaltenen Daten wirksam gesperrt ist, erläutern wir am Beispiel einer Lieferung (siehe Abbildung 4.13).

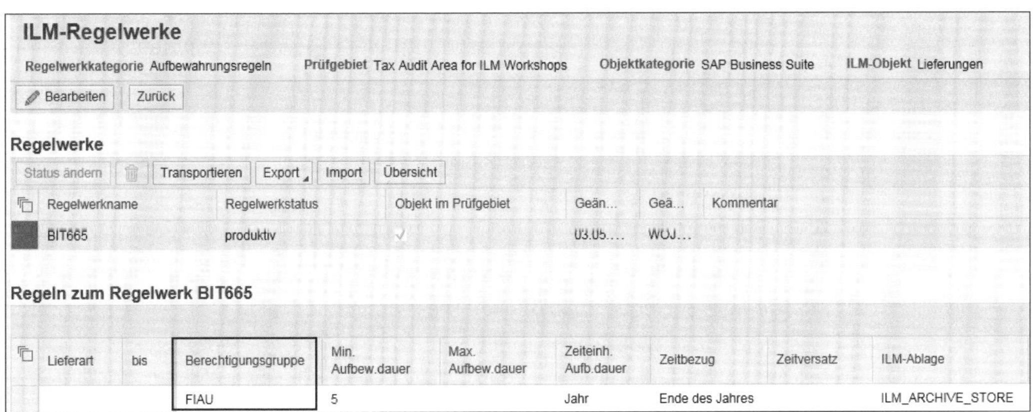

Abbildung 4.13 Die Spalte »Berechtigungsgruppe« in den Aufbewahrungsregeln

Sobald Sie die Business Function `ILM_BLOCKING` aktivieren, bietet Ihnen Transaktion IRMPOL (ILM-Regelwerke) zusätzlich die neue Spalte **Berechtigungsgruppe** an. In unserem Beispiel sehen Sie darin den Wert »FIAU«.

Berechtigungsobjekt S_ARCHIVE

Zusätzlich zum Berechtigungsobjekt S_ARCHIVE (das die Basis für die Rechte zum Zugriff auf Archivdateien darstellt) muss ein Benutzer für die in dieser Spalte eingetragene Berechtigungsgruppe Rechte haben, wenn er auf archivierte Daten zugreifen will.

Zusätzliche Berechtigungen

Sobald Sie die Daten archiviert haben, sind sie damit durch zusätzliche Berechtigungen geschützt, sodass der Zugriff auf sie wirksam gesperrt ist. (*Zusätzlich* bedeutet hier über das Berechtigungsobjekt S_ARCHIVE hinausgehend.) Die Prüfung findet für eine Archivdatei statt, wenn für das dazugehörige ILM-Objekt eine passende, produktive Aufbewahrungsregel vorliegt.

Der Geltungsbereich

Diese Prüfung ist unabhängig vom Erstellungszeitpunkt der Archivdatei. Die Prüfung gilt sogar für Archivdateien *ohne* berechnete Aufbewahrungsdauer, da sie direkt auf der Basis der Daten des sogenannten Datenobjekts in der Archivdatei durchgeführt werden kann. Es ist ganz wichtig, dass Sie diesen Aspekt zur Kenntnis nehmen, denn er bedeutet insbesondere, dass Sie auf diesem Wege auch Archivdateien, die Sie vor der Einführung von SAP ILM (generell oder für ein bestimmtes ILM-Objekt) erstellt haben, sperren können.

Kurzum: Mithilfe von SAP ILM können Sie solche Dateien sperren, aber sie nicht vernichten. Für Letzteres müssen die Daten unter der Kontrolle von SAP ILM erzeugt oder umgesetzt worden sein. Weitere Informationen dazu finden Sie in SAP-Hinweis 2167473 (Benutzerspezifisches Sperren der Anzeige archivierter, personenbezogener Daten), oder in Abschnitt 2.6.6, »Umsetzung von Archivdateien«, im Buch »SAP Information Lifecycle Management« von Iwona Luther.

Ist die ganze Archivdatei gesperrt?

Wenn Sie das Konzept der rechtsfallbedingten Sperren kennen (siehe Abschnitt 4.6, »Legal Case Management«), wissen Sie, dass dort die Sperre für die gesamte Archivdatei gilt. Dies ist hier nicht der Fall. Die Prüfung und Entscheidung darüber, ob ein Benutzer die angeforderten, zwecks Sperrung archivierten Daten sehen kann, findet in dem Moment statt, in dem das Archive Development Kit auf die Archivdatei lesend zugreift. Die Prüfungen und Entscheidungen finden dort pro Datenobjekt statt.

Berechtigungsobjekt S_IRM_BLOC

Das Berechtigungsobjekt S_IRM_BLOC erlaubt Ihnen eine detaillierte Aussteuerung der Berechtigungen für die archivierten Daten per:

- Prüfgebiet
- ILM-Objekt
- zugeordneter Berechtigungsgruppe

Die zugrundeliegende Logik basiert auf den Prüfgebieten. In ihren Regeln können Sie, wie soeben dargestellt, Berechtigungsgruppen hinterlegen. Sofern die Daten bereits im Archiv liegen, ermittelt das System in Bezug auf die angeforderten archivierten Daten das dazugehörige Prüfgebiet sowie die dort hinterlegten Aufbewahrungsdauern und prüft im Benutzerstamm des die Daten anfordernden Benutzers, ob die hinterlegte Berechtigungsgruppe vorhanden ist.

Sie können das hier besprochene Sperren mittels Archivdateien nur nutzen, wenn Sie die notwendigen Einstellungen in SAP ILM vorgenommen haben. Beachten Sie hierzu auch SAP-Hinweis 2169333 (Sperren von bereits archivierten Daten) und SAP-Hinweis 2167473 (Benutzerspezifisches Sperren der Anzeige archivierter, personenbezogener Daten).

Sonderfall: Aufbewahrungsdauer verstrichen

Schließen wir dieses Thema mit wichtigen Informationen zu Sonderfällen ab. Einen davon stellt die Konstellation dar, in der der Benutzer zwar zur Anzeige gesperrter Daten berechtigt, die Aufbewahrungsdauer der Daten aber verstrichen ist. In diesem Fall verhält sich das System so, als ob der Benutzer keine Rechte für den Zugriff auf die Daten hätte. Die angeforderten Daten werden nicht angezeigt, da sie eigentlich bereits hätten vernichtet werden sollen.

Aufbewahrungsdauer verstrichen, Daten im Legal Case enthalten

Es gibt hier jedoch eine Ausnahme: Der Zugriff auf solche Daten ist zwingend notwendig, wenn die angefragte Information in einem Legal Case enthalten ist. Aus diesem Grund steht Ihnen ein spezielles Berechtigungsobjekt zur Verfügung: `S_IRM_BL_M` (Abgelaufene Ressourcen erteilen: Zugriff) Sie weisen das Berechtigungsobjekt also den Benutzern in Ihrem Unternehmen zu, die die Rechtsfälle bearbeiten und somit auf diese spezielle Kategorie der Daten zugreifen müssen.

Ende der Aufbewahrungsdauer = verändertes Sperrverhalten

Zum Schluss noch ein wichtiges Detail: Die gesperrten Daten werden einem Benutzer, der mit entsprechend ausgeprägtem Berechtigungsobjekt `S_IRM_BLOC` (Anzeigen der archivierten Daten blockieren) ausgestattet ist, nicht mehr angezeigt, wenn die Aufbewahrungsdauer abgelaufen ist! Handelt es sich dagegen um einen Benutzer, der mit entsprechend ausgeprägtem Berechtigungsobjekt `S_IRM_BL_M` (Abgelaufene Ressourcen erteilen: Zugriff) ausgestattet ist, werden ihm gesperrte Daten angezeigt (vom Archiv gelesen), denn diese Daten werden noch für eine rechtsfallbedingte Sperre benötigt.

Nachdem Sie das Konzept nun verstanden haben, können Sie nachvollziehen, worin die Vorbereitungen zum Sperren von Bewegungsdaten bestehen. Sie müssen die Spalte **Berechtigungsgruppe** entsprechend füllen und die in diesem Abschnitt genannten Berechtigungsobjekte den richtigen Benutzern zuordnen.

ILM-Objekte für unstrukturierte Daten

Bei den Regelwerken zu den ILM-Objekten AL_DOCUMENTS (Dokumente, die über ArchiveLink abgelegt sind) und AL_PRINTLISTS (Drucklisten, die über ArchiveLink abgelegt sind) sollten Sie die Spalte **Berechtigungsgruppe** nicht ausfüllen (wenn sie in Ihrem Release noch angezeigt wird). Die in diesem Abschnitt dargestellte Logik dieser Spalte steht für diese ILM-Objekte nicht zur Verfügung, da ihre Daten nicht zwecks Sperrung archiviert werden.

4.3.5 Vorbereitungen für das Sperren und Löschen von Stammdaten – die Anwendungsregelvarianten

Nun widmen wir uns den bereits erwähnten *Anwendungsregelvarianten* (ARV). Sie erinnern sich, dass die Anwendungsregelvariante – wie in Abbildung 4.11 dargestellt – eine mögliche Spalte beim Anlegen von Regelwerken in Transaktion IRMPOL (ILM-Regelwerke) darstellt.

Die Anwendungsregelvariante wird nur bei den bereits erwähnten vier Stammdaten-ILM-Objekten (z. B. FI_ACCRECV – Debitorenstammdaten) angeboten. Für die Aufbewahrungs- oder Verweilregeln der Anwendungsdaten (z. B. FI-Belege) werden die Anwendungsregelvarianten nicht benötigt; daher wird diese Spalte hier erst gar nicht zur Auswahl gestellt.

Einsatzszenarien

Welches sind also die Einsatzgebiete der Anwendungsregelvarianten für Stammdaten? In *Szenario A*, das für die Stammdaten und ihre Aufbewahrungsregeln gilt, geht es um das Schaffen einer Verbindung zwischen der Aufbewahrungsdauer der Stammdaten und der Aufbewahrungsdauer aller Bewegungsdaten eines Stammdatums.

Vererbung der Aufbewahrungsdauer von Bewegungsdaten auf das Stammdatum?

Die Aufbewahrungsfristen der Stammdaten werden *nicht* durch Vererbung ermittelt, obwohl dieser Gedanke naheliegt. Das heißt also, dass die längste Aufbewahrungsfrist der dazugehörigen Anwendungsbelege *nicht* als Aufbewahrungsfrist des dazugehörigen Stammdatums automatisch vom System ermittelt und verwendet wird.

Daraus ergibt sich, dass Sie die Aufbewahrungsfristen der Stammdaten durch eine IRM-Regel definieren müssen. Es bedeutet für Sie also eine *Doppelpflege*. Wir gehen gleich ins Detail, um zu erläutern, wie das Konzept der Anwendungsregelvarianten diese Doppelpflege erleichtern kann.

Von den Organisationseinheiten abhängige Verweilregeln

Stellen wir zunächst noch das zweite Einsatzszenario (*Szenario B*) vor, das bei den Verweilregeln der Stammdaten liegt. Prüfen Sie zuerst, ob dieses Szenario für Sie einen Mehrwert darstellt! Dies ist dann der Fall, wenn Sie die Verweilregeln Ihrer Stammdaten in Abhängigkeit der Organisationseinheiten (z. B. Buchungskreise), zu denen ein Stammdatum Bewegungsdaten hat, definieren möchten.

Die Anwendungsregelvarianten werden hier verwendet, um eine Verbindung zwischen diesen zwei Bereichen/Begriffen zu schaffen. Im Umkehrschluss heißt das, dass Sie sich mit Szenario B mit dem Einsatz der Anwendungsregelvarianten gar nicht beschäftigen müssen, wenn die Verweilregeln Ihrer Stammdaten von den Organisationseinheiten unabhängig sind.

[zB]

Szenario B – Verweilregeln der Stammdaten

Ein Beispiel könnte sein, dass Sie möchten, dass ein Kunde erst dann gesperrt wird, wenn alle dazugehörigen FI- und SD-Belege abgeschlossen sind und zusätzlich im Buchungskreis 1000 seither sechs Monate und im Buchungskreis 5000 ein Jahr vergangen ist.

Um die Anwendungsregelvarianten zu definieren, rufen Sie zuerst Transaktion SPRO (Customizing: Projekt bearbeiten) auf. Wählen Sie den Pfad **Data Protection • Sperren und Entsperren von Daten • Löschen des Kundenstamms/Lieferantenstamms** und anschließend die Aktivität **AnwRegelvarianten u. Regelgruppen für Prüfung auf Ende des VwZw. zuordenen** auf.

Im danach erscheinenden Bild (siehe Abbildung 4.14) tragen Sie Folgendes ein:

- In den mit Spalten ❶ **ID-Art** und ❷ **AnwendName** tragen Sie die Anwendungen ein, die die jeweilige Stammdatenart verwendet.
- In der mit Spalte ❹ **Regelgruppe** tragen Sie die dazugehörigen Regelgruppen ein. Diese definieren Sie in Transaktion IRM_CUST_CSS (IRM-kundenspezifische Einstellungen). Weiterführende Informationen zum Konzept der Regelgruppen finden Sie in Abschnitt 2.5.6, »Schnellere

Regelpflege mit den Regel- und Objektgruppen«, im Buch »SAP Information Lifecycle Management« von Iwona Luther.

- In der Spalte ❸ **Anwendungsregelvariante** vergeben Sie einen Namen für die Anwendungsregelvariante, die Sie hier definieren möchten.
- In der Spalte ❺ **Bezeichnung Anwendungsregelvariante** tragen Sie schließlich eine passende Bezeichnung für Ihre Anwendungsregelvariante ein.

Neue Einträge: Übersicht Hinzugefügte

AnwRegelvarianten u. Regelgrpn f.Prüf. a. Ende VwZw. zuordn.

ID-Art	AnwendName	Anwendungsregelvariante	Regelgr.	Bezeichnung Anwendungsregelvariante
1 Kundenstammdaten	ERP_FI	FI_1000	BUKRS_1000	FI Deutschland
1 Kundenstammdaten	ERP_FI	FI_5000	BUKRS_5000	FI USA
1 Kundenstammdaten	ERP_SD	SD_1000	BUKRS_1000	SD Deutschland
1 Kundenstammdaten	ERP_SD	SD_5000	BUKRS_5000	SD USA
❶	❷	❸	❹	❺

Abbildung 4.14 Transaktion SPRO (Customizing: Edit Project) – Anwendungsregelvarianten definieren

Wo ist die Zuordnung hinterlegt?

Im EoP-Prüfungs-Coding jeder Anwendung ist hinterlegt, welche ILM-Objekte berücksichtigt werden (z. B. `FI_ACCRECV` bei der ID-Art **Kundenstamm**). Diese Zuordnung wird u. a. für die Prüfung benötigt, ob die Verweildauer abgelaufen ist.

Die auf diesem Wege angelegte Anwendungsregelvariante ist somit eine Kombination aus der Stammdatenart (ID-Art), dem Anwendungsnamen und einer Regelgruppe. Sie könnten sie jetzt in Transaktion IRMPOL (ILM-Regelwerke) verwenden.

Im Folgenden betrachten wir die beiden wichtigen Verwendungsszenarien A und B genauer.

Szenario A: Aufbewahrungsdauer von Stammdaten

In Szenario A geht es um die Aufbewahrungsdauer von Stammdaten und die eingangs erwähnte Doppelpflege (siehe Abbildung 4.15).

Einfachere Doppelpflege der Aufbewahrungsdauer

Mithilfe der Anwendungsregelvariante können Sie die Doppelpflege einfacher gestalten, da die grau dargestellten Spalten aus der Regelgruppe gefüllt werden, die Sie der Anwendungsregelvariante bei Ihrer Definition zugeordnet haben. Sie müssen sie also nicht manuell noch einmal eingeben. So vermeiden Sie Fehler und reduzieren den Aufwand für die Doppelpflege.

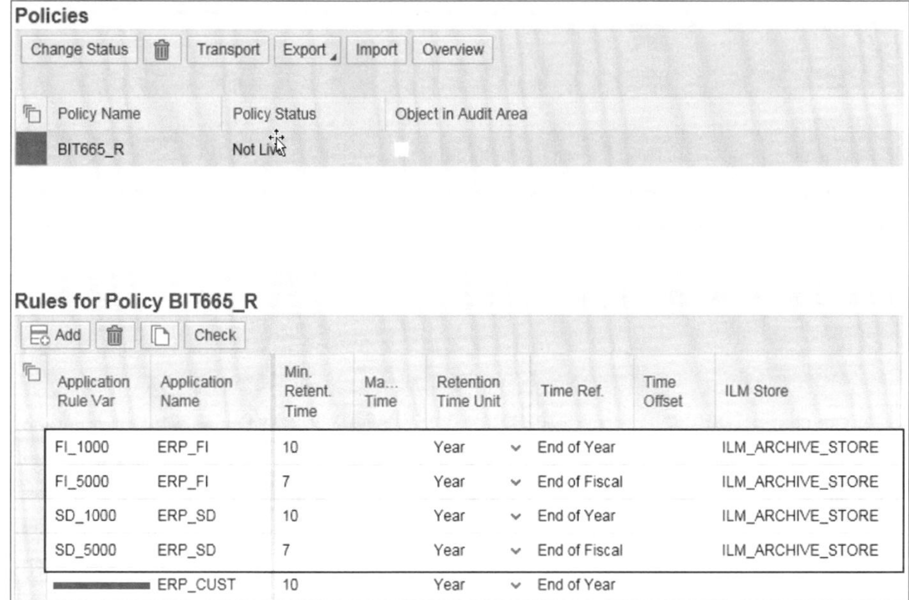

Abbildung 4.15 Szenario A – Aufbewahrungsdauer von Stammdaten (Doppelpflege)

Anwendungsregelvarianten für die Anwendungsnamen der Stammdaten

Die Verwendung der Anwendungsregelvarianten für die Anwendungsnamen der Stammdaten (z. B. ERP_CUST) ist nicht sinnvoll und daher nicht möglich, was durch den roten Strich dargestellt ist. Sollten Sie hier einen Wert eingegeben haben, erscheint eine entsprechende Fehlermeldung.

Wir halten fest, dass die Verwendung der Anwendungsregelvarianten ihren Sinn vor allem im Hauptszenario hat, nämlich der Aufbewahrungsdauerdefinition von Stammdaten in Abhängigkeit von den dazugehörigen Anwendungsnamen der Bewegungsdaten (z. B. ERP_FI). Dies haben wir eingangs auch als Doppelpflege bezeichnet.

Szenario B: Verweildauer in Abhängigkeit der Organisationseinheiten

In Szenario B stehen Ihnen die Anwendungsregelvarianten zur Verfügung, wenn die Verweildauer Ihrer Bewegungsdaten (z. B. FI oder SD) von den Organisationseinheiten (z. B. Buchungskreisen) abhängig ist. Abbildung 4.16 zeigt Ihnen hierzu ein Beispiel. Weitere Informationen finden Sie im Buch »SAP Information Lifecycle Management« von Iwona Luther.

Die EoP-Prüfung ist allerdings in Transaktion SARA (Archivadministration) nicht als Vorlaufprogramm für die dazugehörigen Archivierungsobjekte (CA_BUPA, FI_ACCRECV und FI_ACCPAYB) bzw. für das Datenvernichtungsobjekt (FI_ACCKNVK) hinterlegt. Jedoch hat sie diese Auswirkung. Sie setzt auch die Löschvormerkung für das gesperrte Stammdatum.

Wir raten vom Archivieren der Stammdaten ab, insbesondere dann, wenn Sie in der Zukunft die Notwendigkeit sehen, bestimmte Stammdaten entsperren zu müssen. Dies könnte z. B. in der Versicherungsbranche vorkommen, wenn zu einem Vertrag bei Gewährleistungsansprüchen noch nach Jahren Änderungen vorgenommen werden müssen.

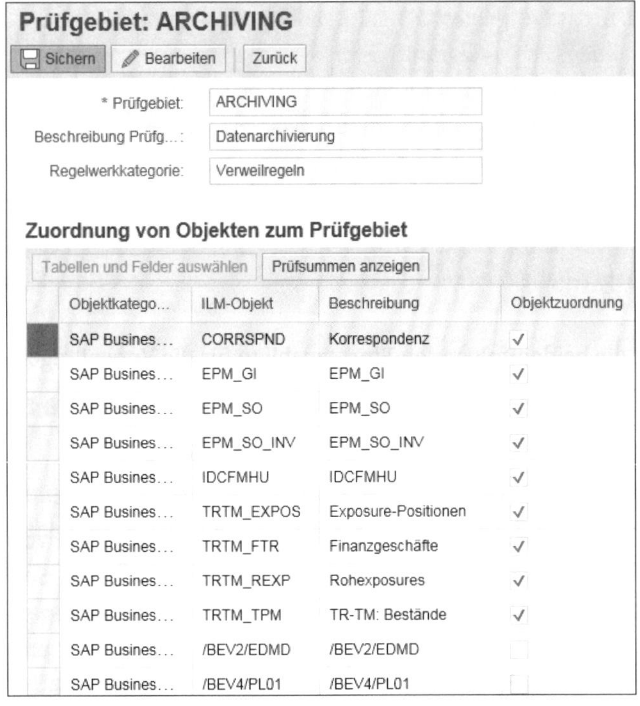

Abbildung 4.17 Prüfgebiet ARCHIVING

4.3.7 Vorbereitungen aus der Sicht vom abhängigen und zentralen Stammdatensystem

Sie kennen nun die benötigten Vorbereitungen in Transaktion SPRO (Customizing: Edit Project) sowie in SAP ILM für die Stamm- und Bewegungsdaten. In diesem Abschnitt beschäftigen wir uns mit der Frage, welche Vorbereitungen in einem abhängigen und welche im zentralen Stammdatensystem Ihrer Landschaft vorgenommen werden sollen.

Widmen wir uns zuerst den Business Functions, die Sie aktivieren müssen. In jedem *abhängigen System*, in dem Sie Stamm- bzw. Bewegungsdaten sperren und vernichten möchten, benötigen Sie die folgenden Business Functions:

Benötigte Business Functions im lokalen System

- ILM: Information Lifecycle Management
- ILM_BLOCKING: ILM: Sperrfunktionalität
- BUPA_ILM_BF: ILM-basiertes Löschen von Geschäftspartnern
- ERP_CVP_ILM_1: ILM-basiertes Löschen von Kunden- und Lieferantenstammdaten
- als Beispiel für industrie- bzw. modulspezifische Business Functions:
  - FICAX_BUPA_BLOCKING: FI-CA: gesperrte Geschäftspartner
  - SCM_SCMB_LOC_ILM_1: für SCM-Lokationen, als weiteres Stammdatum neben dem zentralen Geschäftspartner in einem SAP-SCM-System
  - ISH_BP_OM: SAP Patient Management BP/OM
  - ISH_ILM: SAP Patient Management ILM

Im *zentralen Stammdatensystem* müssen Sie dagegen die folgenden Business Functions aktivieren:

Benötigte Business Functions im zentralen System

- ILM: Information Lifecycle Management. Diese Business Function wird mit SAP NetWeaver ausgeliefert.
- ILM_BLOCKING: ILM: Sperrfunktionalität. Diese Business Function wird mit SAP NetWeaver ausgeliefert. Sie benötigen sie, wenn Sie im zentralen Stammdatensystem auch Bewegungsdaten über die Archivierung sperren oder dort Stammdaten archivieren wollen. (Zu Recht könnten Sie jetzt sagen, dass bei Archiv-Lesezugriffen auf die Stammdaten die im IMG hinterlegte Berechtigungsgruppe verprobt werden soll. Die Möglichkeit dazu besteht aber nicht, wenn ein Benutzer z. B. mithilfe des sogenannten *Archive Explorers* (einer Archive-Development-Kit-Funktionalität) auf archivierte Daten zugreift. Aktivieren Sie die hier genannte Business Function, und nutzen Sie die Spalte **Berechtigungsgruppe**, damit die Berechtigungsprüfungen stattfinden.)
- BUPA_ILM_BF: ILM-basiertes Löschen von Geschäftspartnern. Diese Business Function wird mit SAP NetWeaver ausgeliefert.
- ERP_CVP_ILM_1: ILM-basiertes Löschen von Kunden- und Lieferantenstammdaten. Sie benötigen sie, wenn Sie im zentralen Stammdatensystem die SAP-ERP-Komponente installiert haben.

Informationen zu SAP SCM

Für SAP SCM finden Sie weiterführende Informationen z. B. in SAP-Hinweis 2249093 (Vereinfachtes Sperren und Löschen von SCM-Lokation) und der darin erwähnten Business Function `SCM_SCMB_LOC_ILM_1`.

Systeme und Anwendungsnamen registrieren

Widmen wir uns nun der Registrierung von Systemen und Anwendungsnamen. Im zentralen Stammdatensystem würden Sie im IMG die Anwendungen sehen, die in Ihrem zentralen System existieren, unter:

- **Data Protection • Sperren und Entsperren von Daten • Geschäftspartner • Für Archivierungsprüfung registrierte Anwendungsfukitonsbausteine definieren**
- **Data Protection • Sperren und Entsperren von Daten • Löschen des Kundenstamms/Lieferantenstamms • Anwendungsnamen für die Prüfung auf Ende des Verwendungszwecks registrieren**

Wie Sie bereits wissen, werden diese beim EoP-Check aufgerufen.

Im IMG unter **Data Protection • Sperren und Entsperren von Daten • Löschen des Kundenstamms/Lieferantenstamms • Registrierung der Systemlandschaft • RFC-Verbindungen für mit Mastersystem verbundene Systeme registrieren** würden Sie im Mastersystem die RFC-Verbindung zu den Satellitensystemen eintragen. Schaut man sich wiederum in solch einem Satellitensystem die Anwendungen, die wir bereits genannt haben, an, sehen Sie, welche dort registriert sind. Genau diese werden in diesem System beim EoP-Check gerufen.

Welche Regeln brauchen Sie in welchem System?

Betrachten wir schließlich Transaktion IRMPOL (ILM-Regelwerke) und die Frage, welche Regeln (Verweildauer bzw. Aufbewahrungsdauer) Sie für die Stamm- und Bewegungsdaten in welchem System hinterlegen sollen.

Verweilregeln

Die Verweilregeln müssen Sie für Stammdaten in jedem abhängigen System mindestens für den Anwendungsnamen des Stammdatums definiert haben. Der Grund ist, dass beim EoP-Check ins abhängige System gerufen wird und die Verweildauer mindestens für den Anwendungsnamen des Stammdatums selbst (im Regelwerk des Stammdaten-ILM-Objekts) hinterlegt sein muss.

Im zentralen System werden diese Verweildauern quasi für die abschließende Antwort gesammelt. Die Option, dass man diese Verweildauer »der Einfachheit halber« nur einmal – nämlich im Mastersystem selbst – definiert, würde nicht funktionieren.

Im zentralen System sollten Sie auch eine Verweildauer im Sinne *eines Defaults* für das Stammdatum selbst definieren. Ein Beispiel wäre sechs

Monate ab der letzten Änderung für den Anwendungsnamen ERP_CUST, also für die Kundenstammdaten. Als Beginnzeitpunkt müssen Sie, wie Sie bereits wissen, »Beginn des Aufbewahrungszeitraums« eintragen. Beim EoP-Check wird es mit dem Datum der letzten Änderung bzw. dem Anlegedatum belegt. Dieser Default-Eintrag ist auch für den Fall sehr wichtig, wenn Sie Stammdaten ohne Bewegungsdaten haben. Denn damit wird entschieden, wann solche frühestens gesperrt werden dürfen.

Die Verweilregeln für die Anwendungsnamen der Bewegungsdaten (z. B. ERP_FI, ERP_SD) müssen Sie im abhängigen System hinterlegen. Schließlich liegen die dazugehörigen Belege genau in diesem System vor. Im zentralen System müssen Sie diese nicht 1:1 – also als Doppelpflege – definieren.

Aufbewahrungsdauer

Die Aufbewahrungsdauer für die Stammdaten sollten Sie in den Systemen definieren, in denen diese befolgt werden sollen. Die Zeiten können pro System unterschiedlich sein.

Aufbewahrungsdauer für Stammdaten

In einem CRM-System könnten Sie z. B. die Stammdaten früher löschen wollen als in Ihrem ERP-System. Oder: In einem System für die Versicherungskomponenten möchten Sie die Stammdaten später löschen als in einem ERP-System. Behalten Sie an dieser Stelle in Erinnerung: Die Information über die Sperrung eines Stammdatums wird verteilt; die Information über die Löschung (mithilfe eines Archivierungs- oder eines Datenvernichtungsobjekts) nicht.

Doppelpflege der Aufbewahrungsdauer der Stammdaten im zentralen System

Damit ein Entsperren des Stammdatums bei Bedarf möglich ist, sollten Sie unbedingt sicherstellen, dass die Stammdaten im zentralen System mindestens so lange wie in einem der abhängigen Systeme gespeichert werden. Ist ein Stammdatum im zentralen System nicht mehr da, kann es nicht mehr entsperrt werden, denn die Entsperrung nehmen Sie im zentralen System vor. Das gilt auch dann, wenn es in einem der abhängigen Systeme im gesperrten Zustand noch vorliegt.

Alternativ können Sie das Stammdatum mit der gleichen ID neu anlegen. Dies führt aber zu Problemen bei der Replikation des Stammdatums in die abhängingen Systeme, in denen es im gesperrten Zustand vorliegt.

Wir empfehlen also, die in den abhängigen Systemen gepflegten Aufbewahrungsfristen für die Stammdaten als eine weitere Doppelpflege auch im zentralen System zu erstellen. Sie nutzen dafür die gleichen Werte für die Anwendungsnamen und Anwendungsregelvarianten wie in den abhängigen Systemen. Durch die Speicherung der Sperrinformation aus den abhängigen Systemen auch im zentralen System kann SAP ILM dann auch dort die gleichen Aufbewahrungsdauern berechnen. Damit kann erreicht werden, dass die Löschung des Stammdatums im zentralen System erst erfolgt, wenn die längste Aufbewahrungsdauer aus allen abhängigen Systemen abgelaufen ist.

Integration von Nicht-ABAP-Systemem

Kommen wir noch zum Abschluss auf das Thema des Verteilens der Sperrinformationen, insbesondere an Nicht-ABAP-Systeme (z. B. unter Verwendung von Webservices). Dafür stehen Ihnen der Erweiterungsspot BUPA_PURPOSE_EXPORT und das gleichnamige Business Add-In (BAdI) BUPA_PURPOSE_EXPORT (Export von SORT-Details des gesperrten/entsperrten Geschäftspartners in anwendungsspezfischen Speicher) zur Verfügung. Weitere Informationen zu diesem BAdI finden Sie in seiner Dokumentation sowie in einem Leitfaden, der auf SAP-Hinweis 2103639 (End of Purpose Check Adaption for Business Partner Consuming Applications: Guide for Partners and Customers) verweist. Diesen SAP-Hinweis haben wir bereits in Abschnitt 4.3.1, »Vorbereitungen für das Sperren von Stammdaten in Transaktion SPRO«, erwähnt.

4.4 Stamm- und Bewegungsdaten sperren

Betrachten wir nun, wie Sie Stammdaten und danach Bewegungsdaten sperren können. Dabei zeigen wir Ihnen auch weitere Möglichkeiten des Zugriffs auf diese Daten.

4.4.1 Bewegungsdaten im Geschäftsprozess sperren

Datenarchivierung

Das Sperren von Bewegungsdaten im Geschäftsprozess nehmen Sie, nachdem Sie die Vorbereitungen, wie in Abschnitt 4.3 dargestellt, abgeschlossen haben, folgendermaßen vor:

1. **Die Daten ILM-basiert archivieren**
   Wie Sie im Einzelnen bei der Datenarchivierung vorgehen, lesen Sie z. B. unter *https://help.sap.com*. Weitere Informationen erhalten Sie in der SAP-Schulung BIT660 (Datenarchivierung).
2. **Die Berechtigungsgruppe(n) festlegen und verwenden**
   Sie müssen die Spalte **Berechtigungsgruppe** in Ihren Aufbewahrungsregeln mit der Berechtigungsgruppe Ihrer Wahl füllen und diese in den Berechtigungsprofilen Ihrer Benutzer verwenden.

Entsperrungskonzept für Bewegungsdaten

Wie sieht nun das Entsperrungskonzept für die Bewegungsdaten aus? Das Entsperren ist zum einen gleichzusetzen mit dem *Zurückladen der archivierten Daten* in die Datenbank. (Voraussetzung dafür ist natürlich, dass das Archivierungsobjekt ein Rückladeprogramm anbietet.) Beachten Sie auch, dass das Zurückladen nur in begründeten Ausnahmefällen durchgeführt werden sollte und als solches eine Ausnahmefunktionalität darstellt.

Zum anderen ist das Entsperren mit dem *Entfernen der Berechtigungsgruppe* aus der Spalte **Berechtigungsgruppe** eines Regelwerkes verbunden. Beachten Sie, dass die Entfernung der Berechtigungsgruppe für alle Daten, die die Regelwerkzeile beschreibt, gilt! Eine solch massenhafte Entsperrung ist wohl im Allgemeinen nicht sinnvoll.

Sie kennen nun die Details sowohl zum Sperren als auch zum Entsperren von Bewegungsdaten in Ihren Geschäftsprozessen.

4.4.2 Gesperrte Bewegungsdaten im Geschäftsprozess anzeigen

Anwendungsspezifische Unterschiede der Anzeige

Wie Bewegungsdaten, die aufgrund einer Sperre archiviert wurden, angezeigt werden, ist zum Teil anwendungsspezifisch. Die Logik der Prüfungen, ob ein Benutzer dazu berechtigt ist, die Daten zu sehen, ist jeweils gleich, doch die anschließenden Benutzerinteraktion und die dabei gesendeten Meldungen können sich unterscheiden.

Wir demonstrieren das Anzeigen von gesperrten Bewegungsdaten im Geschäftsprozess am Beispiel von SD-Lieferungen und FI-Belegen. Betrachten wir zuerst das zugrundeliegende Regelwerk für die SD-Lieferungen (siehe Abbildung 4.18).

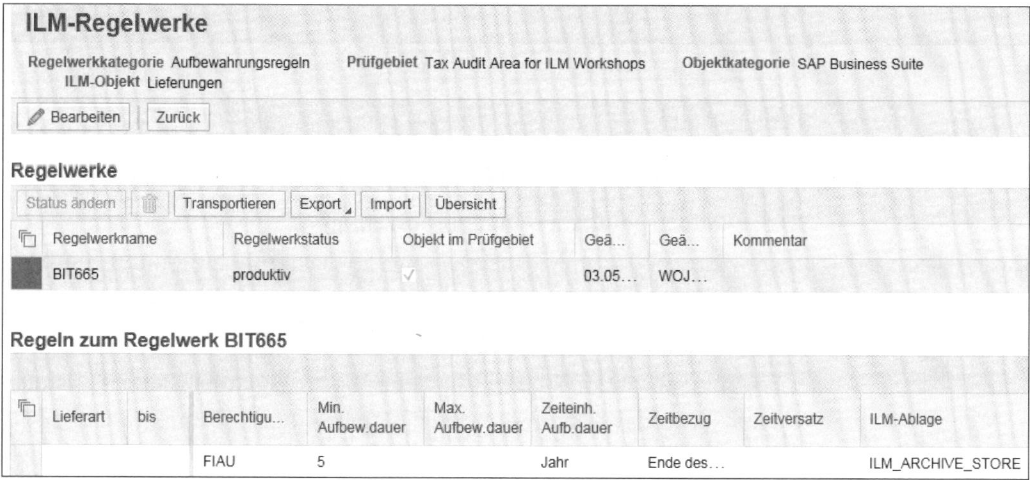

Abbildung 4.18 Transaktion IRMPOL (ILM-Regelwerke) – Beispiel für Aufbewahrungsregeln

SD-Szenario 1: Benutzer mit Prüfberechtigung

Benutzer mit Prüfberechtigung (SD)

In unserem ersten Szenario betrachten wir einen Benutzer mit Prüfberechtigungen, der Lieferungen, die aufgrund von Sperren archiviert wurden, anzeigen möchte (Transaktion VL03N – Auslieferung anzeigen). Rufen Sie Transaktion VL03N (Auslieferung anzeigen) unter diesen Voraussetzungen auf, zeigt das System die Daten an und informiert Sie darüber, dass sie aus dem Archiv gelesen wurden (siehe Abbildung 4.19).

Abbildung 4.19 Transaktion VL03N (Auslieferung anzeigen) – Benutzer mit Prüfberechtigungen

SD-Szenario 2: Benutzer ohne Prüfberechtigung

Benutzer ohne Prüfberechtigung (SD)

In Szenario 2 betrachten wir die Anzeige von Lieferungen, die aufgrund von Sperren archiviert wurden (Transaktion VL03N – Auslieferung anzeigen), für einen Benutzer ohne Prüfberechtigungen.

Rufen Sie Transaktion VL03N (Auslieferung anzeigen) in dieser Konstellation auf, zeigt das System die Daten nicht an und informiert Sie über die Gründe mit der in Abbildung 4.20 dargestellten Meldung.

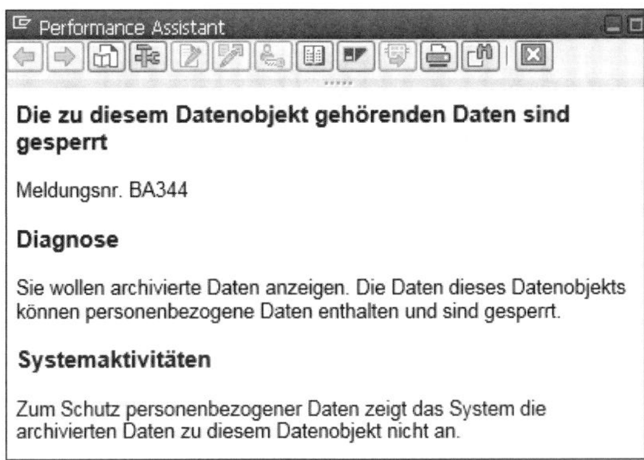

Abbildung 4.20 Transaktion VL03N (Auslieferung anzeigen) – Benutzer ohne Prüfberechtigungen

FI-Szenario 1: Benutzer mit Prüfberechtigung

Benutzer mit Prüfberechtigung (FI)

Gehen wir jetzt zu vergleichbaren Szenarien für FI-Belege über. Zunächst betrachten wir auch hier das zugrundeliegende Regelwerk, wie es Abbildung 4.21 darstellt.

Abbildung 4.21 Transaktion IRMPOL (ILM-Regelwerke) – Aufbewahrungsregeln für FI-Belege

Szenario 1 stellt das Anzeigen von FI-Belegen (Transaktion FB03 – Beleg anzeigen), die aufgrund von Sperren archiviert wurden, für einen Benutzer mit Prüfberechtigungen dar. Rufen Sie Transaktion FB03 (Beleg anzeigen) in dieser Konstellation auf, zeigt das System die Daten an und informiert Sie darüber, dass sie aus dem Archiv gelesen wurden (siehe Abbildung 4.22).

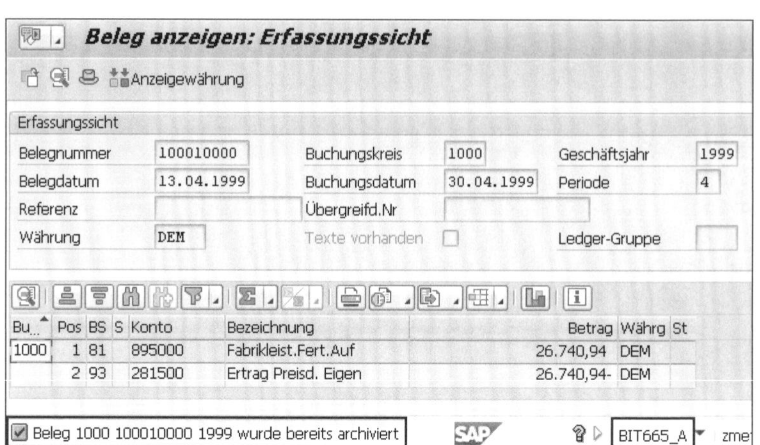

Abbildung 4.22 Transaktion FB03 (Beleg anzeigen) – Benutzer mit Prüfberechtigungen

FI-Szenario 2: Benutzer ohne Prüfberechtigung

Benutzer ohne Prüfberechtigung (FI)

In Szenario 2 betrachten wir die Anzeige von FI-Belegen (Transaktion FB03 – Beleg anzeigen), die aufgrund von Sperren archiviert wurden, für einen Benutzer ohne Prüfberechtigungen.

Rufen Sie Transaktion FB03 (Beleg anzeigen) – in dieser Konstellation auf, zeigt das System die Daten nicht an und informiert Sie über die Gründe (siehe Abbildung 4.23).

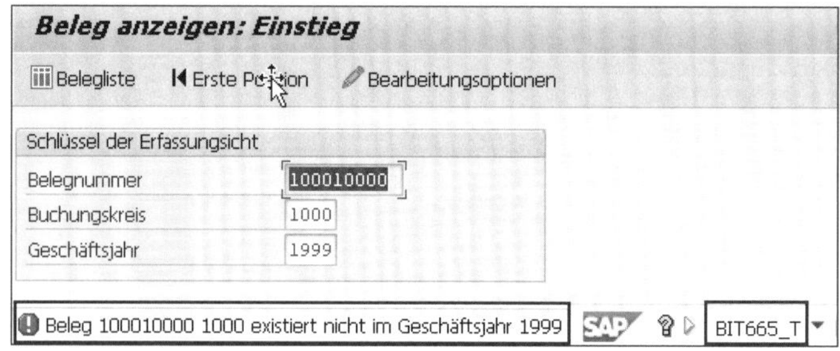

Abbildung 4.23 Transaktion FB03 (Beleg anzeigen) – Benutzer ohne Prüfberechtigungen

4.4.3 Stammdaten im Geschäftsprozess sperren

Schauen wir nun, wie Sie die Stammdaten sperren können. Wir demonstrieren Ihnen die Vorgehensweise anhand eines Kundenstammdatums. Wie Sie wissen, wird bei der Prüfung auf das Ende des Verwendungszwecks von Geschäftspartnern hin für jede registrierte Anwendung geprüft, ob das EoP eingetreten ist.

Szenario 1: Kunde kann nicht gesperrt werden – kein Geschäft; Verweildauer nicht abgelaufen

Beginnen wir mit einem einfachen Beispiel: Wir legen in Transaktion XD01 (Anlegen Debitor: zentral) einen Kunden (Debitor) an und versuchen, ihn zu sperren. Betrachten wir nun die Verweildauern, die Sie in Transaktion IRMPOL (ILM-Regelwerke) definiert haben (siehe Abbildung 4.24).

Abbildung 4.24 Transaktion IRMPOL (ILM-Regelwerke) – Beispiel für Verweilregeln

Der angegebene Zeitbezug **Beginn des Aufbewahrungszeitraums** für den Anwendungsnamen eines Stammdatums (z. B. ERP_CUST – ERP-Kundenstamm) bedeutet, wie wir es bereits in Abschnitt 4.3, »Vorbereitungen für das vereinfachte Sperren«, geschildert haben, immer das Anlagedatum oder das Datum der letzten Änderung des Stammdatums. Dies gilt für Debitoren, Kreditoren und den zentralen Geschäftspartner.

Mindestausprägung einer Verweildauer für Stammdaten

Sie müssen für die Stammdaten-ILM-Objekte ein Regelwerk für die Verweildauer anlegen. Dieses Regelwerk muss mindestens die Verweildauer für den Anwendungsnamen des Stammdatums vorgeben. Dies stellt Abbildung 4.24 am Beispiel des ILM-Objekts für Debitorenstammdaten dar.

Da wir den Kundenstamm soeben erst angelegt haben, ist die verlangte Verweildauer, die in der ersten Zeile der oben dargestellten Regel steht, noch nicht verstrichen. (Da es zu dem Stammdatum keine Bewegungsdaten gibt, werden die Zeilen 2 und 3 im oben genannten Regelwerk, die für die Anwendungsnamen ERP_FI und ERP_SD gelten, nicht weiter beachtet.) Prüfen wir also, ob das Sperren des Kunden tatsächlich nicht möglich ist.

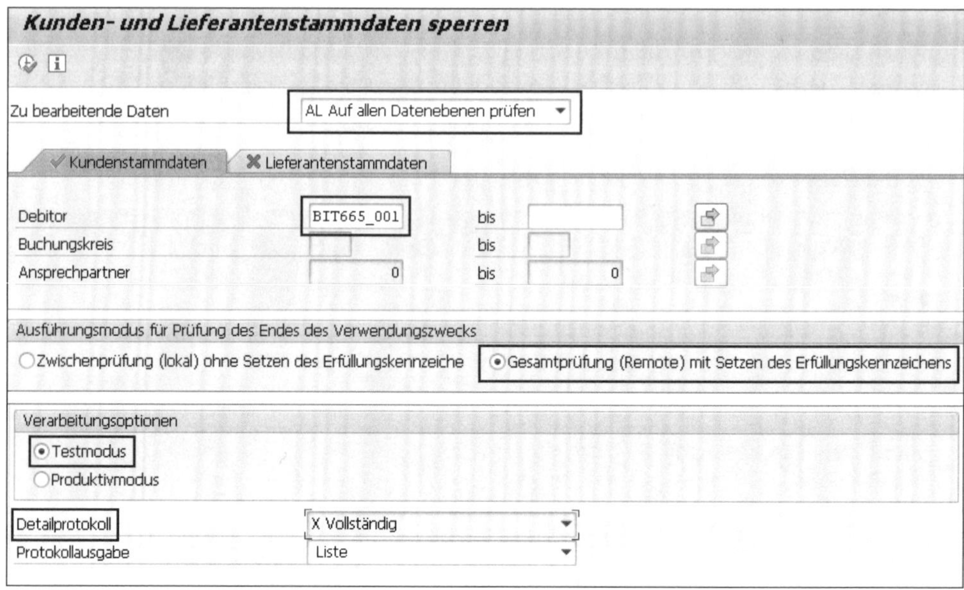

Abbildung 4.25 Szenario 1: Kunde kann nicht gesperrt werden (kein Geschäft mit dem Kunden; Verweildauer nicht abgelaufen)

Kunden- und Lieferantenstammdaten sperren

Abbildung 4.25 zeigt Transaktion CVP_PRE_EOP (Kunden- u. Lieferantenstammdatum sperren), die Ihnen zum Sperren eines Debitors, Kreditors, oder des Ansprechpartners dient.

Berechtigungsobjekt für Transaktion CVP_PRE_EOP

B_BUP_PCPT (Geschäftspartner: Geschäftszweck erfüllt) ist das spezielle Berechtigungsobjekt für den EoP-Check. Sie benötigen darin die Aktivität 05 (Sperren), um Stammdaten zu sperren.

In Abbildung 4.25 geben Sie die zu bearbeitenden Daten ein und spezifizieren, welche Kunden gesperrt werden sollen. Über die Registerkarte **Lieferantenstammdaten** können Sie Kreditoren sperren.

BAdI CVP_EOP_MODIFY_SELECTION

Beachten Sie in diesem Zusammenhang auch das BAdI CVP_EOP_MODIFY_SELECTION (Modifikation ausgewählter Daten bei Prüfung auf Ende des Verwendungszwecks zulassen), siehe Abbildung 4.26. Es stellt zwei Methoden bereit:

- Mit BEFORE_SELECTION (Modify selection parameters before Database selection) können Sie z. B. die Standarddatenbankselektion, die die zu sperrenden Daten gemäß den Eingaben im Selektionsbild bestimmt, überspringen.
- Mit AFTER_SELECTION (Modify selection after database selection) können Sie die von der Standardselektionsfunktion ausgewählten Daten ändern oder die Datenbankselektion mithilfe einer Logik durchführen.

Weitere Informationen dazu finden Sie in der Dokumentation des BAdIs.

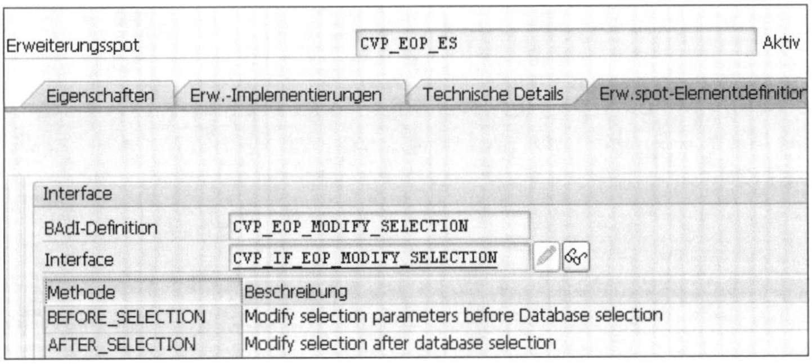

Erweiterungsspot: CVP_EOP_ES — Aktiv

Eigenschaften | Erw.-Implementierungen | Technische Details | Erw.spot-Elementdefinition

Interface

BAdI-Definition: CVP_EOP_MODIFY_SELECTION

Interface: CVP_IF_EOP_MODIFY_SELECTION

Methode	Beschreibung
BEFORE_SELECTION	Modify selection parameters before Database selection
AFTER_SELECTION	Modify selection after database selection

Abbildung 4.26 BAdI CVP_EOP_MODIFY_SELECTION (Modifikation ausgewählter Daten bei EoP-Check zulassen)

Über das Eingabefeld **Buchungskreis** können Sie das Sperren bei Bedarf nur für bestimmte Buchungskreise vornehmen. Ebenfalls können Sie über das gleichnamige Eingabefeld einen Ansprechpartner sperren. In beiden Fällen müssen Sie zuerst im Feld **Zu bearbeitende Daten** den Wert **Nur Ansprechpartner prüfen (CP)** bzw. **Nur auf Buchungskreisebenen prüfen (FI)** auswählen, damit die Eingabefelder **Buchungskreis** bzw. **Ansprechpartner** eingabebereit werden.

Eingabefelder »Buchungskreis« und »Ansprechpartner«

Wenn Sie die Sperrung der Stammdaten nur für bestimmte Buchungskreise vornehmen, werden alle Ansprechpartner mitgesperrt. Wenn Sie die Sperrung eines Ansprechpartners vornehmen, wird der Ansprechpartner für alle Buchungskreise gesperrt.

Ausführmodus für die Prüfung des Endes des Verwendungszwecks

Wichtig sind dabei auch Ihre Eingaben im Bereich **Ausführmodus für Prüfung des Endes des Verwendungszwecks**. Aktivieren Sie das Kennzeichen **Gesamtprüfung (Remote) mit Setzen des Erfüllungskennzeichens**, wenn Sie die Transaktion in Ihrem führenden Mastersystem starten.

Eingaben bei »Ausführmodus für Prüfung des Endes des Verwendungszwecks«

Sie können den Radiobutton **Gesamtprüfung (Remote) mit Setzen des Erfüllungskennzeichens** im Bereich **Ausführmodus für Prüfung des Endes des Verwendungszwecks** nur dann verwenden, wenn Sie Transaktion CVP_PRE_EOP (Kunden- u. Lieferantenstammdatum sperren) in Ihrem zentralen Stammdatensystem aufrufen. Die Transaktion zieht die Einstellungen aus Abbildung 4.26 heran, um zu entscheiden, ob dies der Fall ist. Rufen Sie die Transaktion in einem abhängigen System auf, wird dieser Radiobutton ausgegraut.

Die Bedeutung der EoP-Prüfung hinsichtlich des Radiobuttons **Zwischenprüfung (lokal) ohne Setzen des Erfüllungskennzeichens** erklären wir in Abschnitt 4.4.4, »Lokaler EoP-Check (Zwischenprüfung ohne Setzen des Sperrkennzeichens)«.

Verarbeitungsoptionen

Wir empfehlen Ihnen, die Transaktion zuerst im Testmodus zu starten, indem Sie im Bereich **Verarbeitungsoptionen** den Radiobutton **Testmodus** wählen.

Ebenfalls empfehlen wir, als Detailprotokoll die Option **Vollständig** zu wählen, um die Verarbeitungsschritte der Transaktion nachzuvollziehen – insbesondere, um alle befragten Anwendungen (Anwendungsnamen) mit ihren Antworten auf die Freigabe zum Sperren zu sehen. Abbildung 4.27 zeigt das Protokoll der Transaktion nach der Ausführung.

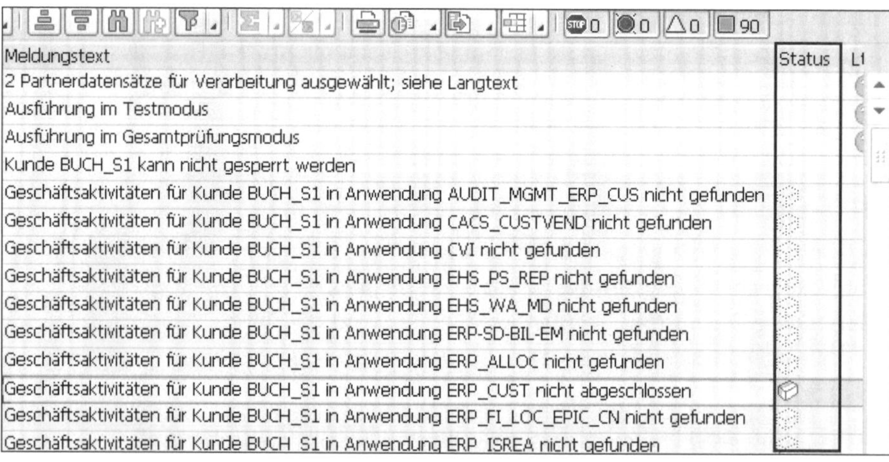

Abbildung 4.27 Szenario 1: Kunde kann nicht gesperrt werden (kein Geschäft mit dem Kunden; Verweildauer nicht abgelaufen 2/2)

Wie erwartet, ist die Verweildauer nicht verstrichen. Dies zeigt die Protokollzeile an, die über die nicht abgeschlossenen Geschäftsaktivitäten in der Ihnen bereits bekannten Anwendung ERP_CUST berichtet. Der Kunde kann nicht gesperrt werden.

Ergebnis der EoP-Prüfung

[zB]

Protokoll zu Transaktion CVP_PRE_EOP (Kunden- u. Lieferantenstammdatum sperren)

In unserem Protokoll werden zwei Partnerdatensätze angezeigt, weil die Prüfung auf der allgemeinen Ebene sowie auf der Buchungskreisebene stattgefunden hat. Zu dem Kunden in unserem Beispiel liegen Daten auf der allgemeinen Ebene (Buchungskreis unabhängig) sowie für den Buchungskreis 1000 vor. Wäre der Kunde auch für den Buchungskreis 2000 und 3000 angelegt worden, würden Sie im Protokoll insgesamt vier Partnerdatensätze sehen.

Beachten Sie für Ihre Tests: Auch wenn Sie eine Verweildauer von 0 Tagen eintragen, erlaubt Ihnen das System die Sperrung eines Stammdatums erst am folgenden Tag.

[«]

Die Würfel als Status

Die in Abbildung 4.27 in der Spalte **Status** dargestellten Würfel ermöglichen es Ihnen, schnell das Ergebnis der Prüfung zu interpretieren. Die Darstellung kann die folgenden Werte annehmen:

- Schatten = kein Geschäft mit dem Kunden
- zur Hälfte ausgefüllt = Geschäft getätigt, aber noch nicht abgeschlossen
- voll ausgefüllt = Geschäft getätigt und abgeschlossen

Protokollspalte »Typ« (Meldungstyp)

Zu beachten ist, dass die erste Spalte des Protokolls mit der Überschrift **Typ (Meldungstyp)** die grüne Ampel auch dann anzeigt, wenn ein Anwendungsname ein Veto für die Sperrung eingelegt hat (in der Abbildung nicht zu sehen). Der Meldungstyp besagt, ob die EoP-Prüfung für diesen Anwendungsnamen aus technischer Sicht korrekt und vollständig durchgelaufen ist – unabhängig davon, ob die Anwendung »ja« oder »nein« zu der Sperrung sagt.

Eine rote Ampel würde technische Probleme bedeuten – z. B. beim Aufruf des im Customizing für eine Anwendung hinterlegten Funktionsbausteins. Eine Sperrung wird in diesem Fall verhindert, da die Anwendung bei erfolgreicher Kommunikation (die leider nicht möglich war) gegebenenfalls ein Veto für die Sperrung einlegen würde.

Szenario 2: Kunde kann gesperrt werden – kein Geschäft; Verweildauer abgelaufen

Die nächste Ausbaustufe unseres Beispiels ist, die Verweildauer aus Abbildung 4.24 (Transaktion IRMPOL – ILM-Regelwerke: Beispiel für Verweilregeln) zu Testzwecken nur auf einen Tag zu setzen, den kommenden Tag abzuwarten und Transaktion CVP_PRE_EOP (Kunden- und Lieferantenstammdatum sperren) am folgenden Tag erneut auszuführen.

Das Protokoll in Abbildung 4.28 zeigt für diesen Fall das Ergebnis des Testlaufs korrekt an. Die Verweildauer ist für diesen Debitor verstrichen. Es liegt des Weiteren gar kein (und somit kein offenes) Geschäft mit dem Kunden vor. Der Kunde könnte also gesperrt werden.

Meldungstext	Status	Lt
Geschäftsaktivitäten für Kunde BUCH_S1 in Anwendung PRICAT nicht gefunden		
Geschäftsaktivitäten für Kunde BUCH_S1 in Anwendung RET_PUR_RP nicht gefunden		
Geschäftsaktivitäten für Kunde BUCH_S1 in Anwendung SRS nicht gefunden		
GeschAktivitäten für Kunde BUCH_S1 mit Bukrs 1000 in Anwendung CACS_CUSTVEND nicht gefunden		
GeschAktivitäten für Kunde BUCH_S1 mit Bukrs 1000 in Anwendung ERP-SD-BIL-EM nicht gefunden		
GeschAktivitäten für Kunde BUCH_S1 mit Bukrs 1000 in Anwendung ERP_ALLOC nicht gefunden		
Geschäftsaktivit. f. Kunde BUCH_S1 m. Bukrs 1000 in Anwendung ERP_CUST abgeschlossen		
GeschAktivitäten für Kunde BUCH_S1 mit Bukrs 1000 in Anwendung ERP_EF nicht gefunden		
GeschAktivitäten für Kunde BUCH_S1 mit Bukrs 1000 in Anwendung ERP_FI nicht gefunden		
GeschAktivitäten für Kunde BUCH_S1 mit Bukrs 1000 in Anwendung ERP_FI_LOC_ECSPL15 nicht gefunden		
GeschAktivitäten für Kunde BUCH_S1 mit Bukrs 1000 in Anwendung ERP_FI_LOC_EPIC_CN nicht gefunden		
GeschAktivitäten für Kunde BUCH_S1 mit Bukrs 1000 in Anwendung ERP_FI_LOC_ES_CASH nicht gefunden		
GeschAktivitäten für Kunde BUCH_S1 mit Bukrs 1000 in Anwendung ERP_FI_LOC_ES_VOC nicht gefunden		

Abbildung 4.28 Szenario 2 – Kunde kann gesperrt werden (kein Geschäft mit dem Kunden; Verweildauer abgelaufen)

Szenario 3: Kunde kann nicht gesperrt werden – nicht abgeschlossenes Geschäft

Die Steigerung unseres Beispiels ist es nun, in Transaktion FB03 (Beleg anzeigen) einen Beleg zu diesem Kunden zu buchen und diesen im zweiten Schritt mit Transaktion F-28 (Zahlungseingang buchen) auszugleichen.

Kunde kann nicht gesperrt werden

Wir erwarten, dass Transaktion CVP_PRE_EOP (Kunden- und Lieferantenstammdaten sperren) vor dem Ausgleich des Belegs die Sperrung des Kunden verweigert. Dies zeigt Abbildung 4.29 am Beispiel des Kunden BUCH_S3. Die Verweildauer für den Anwendungsnamen des Stammdatums selbst (ERP_CUST am Beispiel des Kunden) ist in diesem Fall verstrichen. Insgesamt ist die Sperrung aber noch nicht möglich.

Meldungstext	Status
Geschäftsaktivitäten für Kunde BUCH_S3 in Anwendung PRICAT nicht gefunden	
Geschäftsaktivitäten für Kunde BUCH_S3 in Anwendung RET_PUR_RP nicht gefunden	
Geschäftsaktivitäten für Kunde BUCH_S3 in Anwendung SRS nicht gefunden	
Kunde BUCH_S3 mit Buchungskreis 1000 kann nicht gesperrt werden	
GeschAktivitäten für Kunde BUCH_S3 mit Bukrs 1000 in Anwendung CACS_CUSTVEND nicht gefunden	
GeschAktivitäten für Kunde BUCH_S3 mit Bukrs 1000 in Anwendung ERP-SD-BIL-EM nicht gefunden	
GeschAktivitäten für Kunde BUCH_S3 mit Bukrs 1000 in Anwendung ERP_ALLOC nicht gefunden	
Geschäftsaktivit. f. Kunde BUCH_S3 m. Bukrs 1000 in Anwendung ERP_CUST abgeschlossen	
GeschAktivitäten für Kunde BUCH_S3 mit Bukrs 1000 in Anwendung ERP_EF nicht gefunden	
GeschAktivitäten f. Kunde BUCH_S3 mit Bukrs 1000 in Anwendung ERP_FI nicht abgeschl.	
GeschAktivitäten für Kunde BUCH_S3 mit Bukrs 1000 in Anwendung ERP_FI_LOC_ECSPL15 nicht gefunden	
GeschAktivitäten für Kunde BUCH_S3 mit Bukrs 1000 in Anwendung ERP_FI_LOC_EPIC_CN nicht gefunden	
GeschAktivitäten für Kunde BUCH_S3 mit Bukrs 1000 in Anwendung ERP_FI_LOC_ES_CASH nicht gefunden	

Abbildung 4.29 Szenario 3 – Kunde kann nicht gesperrt werden (nicht abgeschlossenes Geschäft mit dem Kunden; Verweildauer abgelaufen)

Szenario 4: Kunde kann gesperrt werden – abgeschlossenes Geschäft; Verweildauer abgelaufen

Nach dem Ausgleich aller Geschäftsaktivitäten zu dem Kunden ist die Sperrung möglich. Abbildung 4.30 zeigt Ihnen das dazugehörige Protokoll.

Meldungstext	Status
Kunde BUCH_S3 mit Buchungskreis 1000 sperren	
GeschAktivitäten für Kunde BUCH_S3 mit Bukrs 1000 in Anwendung CACS_CUSTVEND nicht gefunden	
GeschAktivitäten für Kunde BUCH_S3 mit Bukrs 1000 in Anwendung ERP-SD-BIL-EM nicht gefunden	
GeschAktivitäten für Kunde BUCH_S3 mit Bukrs 1000 in Anwendung ERP_ALLOC nicht gefunden	
Geschäftsaktivit. f. Kunde BUCH_S3 m. Bukrs 1000 in Anwendung ERP_CUST abgeschlossen	
GeschAktivitäten für Kunde BUCH_S3 mit Bukrs 1000 in Anwendung ERP_EF nicht gefunden	
Keine Verweilregel f. Anwendung ERP_FI u. Regelvar. gefunden; s. Langtext	
Geschäftsaktivit. f. Kunde BUCH_S3 m. Bukrs 1000 in Anwendung ERP_FI abgeschlossen	
GeschAktivitäten für Kunde BUCH_S3 mit Bukrs 1000 in Anwendung PRICAT nicht gefunden	
GeschAktivitäten für Kunde BUCH_S3 mit Bukrs 1000 in Anwendung RET_PUR_RP nicht gefunden	
GeschAktivitäten für Kunde BUCH_S3 mit Bukrs 1000 in Anwendung SRS nicht gefunden	
3 Partnerdatensätze gesperrt	

Abbildung 4.30 Szenario 4: Kunde kann gesperrt werden (abgeschlossenes Geschäft; Verweildauer abgelaufen)

Unabhängigkeit von der Archivierung

Es ist unerheblich, ob Teile der dazugehörigen Belege archiviert wurden oder nicht, da es sich bei den archivierten Daten um abgeschlossene Geschäftsaktivitäten handelt. Mit anderen Worten: Archivierte Daten können im Allgemeinen kein Veto für die Sperrung darstellen.

Zentralen Geschäftspartner sperren

Besprechen wir zum Schluss, wie Sie einen zentralen Geschäftspartner sperren können. Für diese Zwecke steht Ihnen Transaktion BUPA_PRE_EOP (Geschäftspartner wird gesperrt) zur Verfügung.

Abbildung 4.31 zeigt das dazugehörige Selektionsbild. Sie erkennen viele Gemeinsamkeiten mit Transaktion CVP_PRE_EOP (Kunden- u. Lieferantenstammdatum sperren), auch wenn die Namen der Bildelemente nicht den gleichen Wortlaut oder die gleiche Darstellung haben.

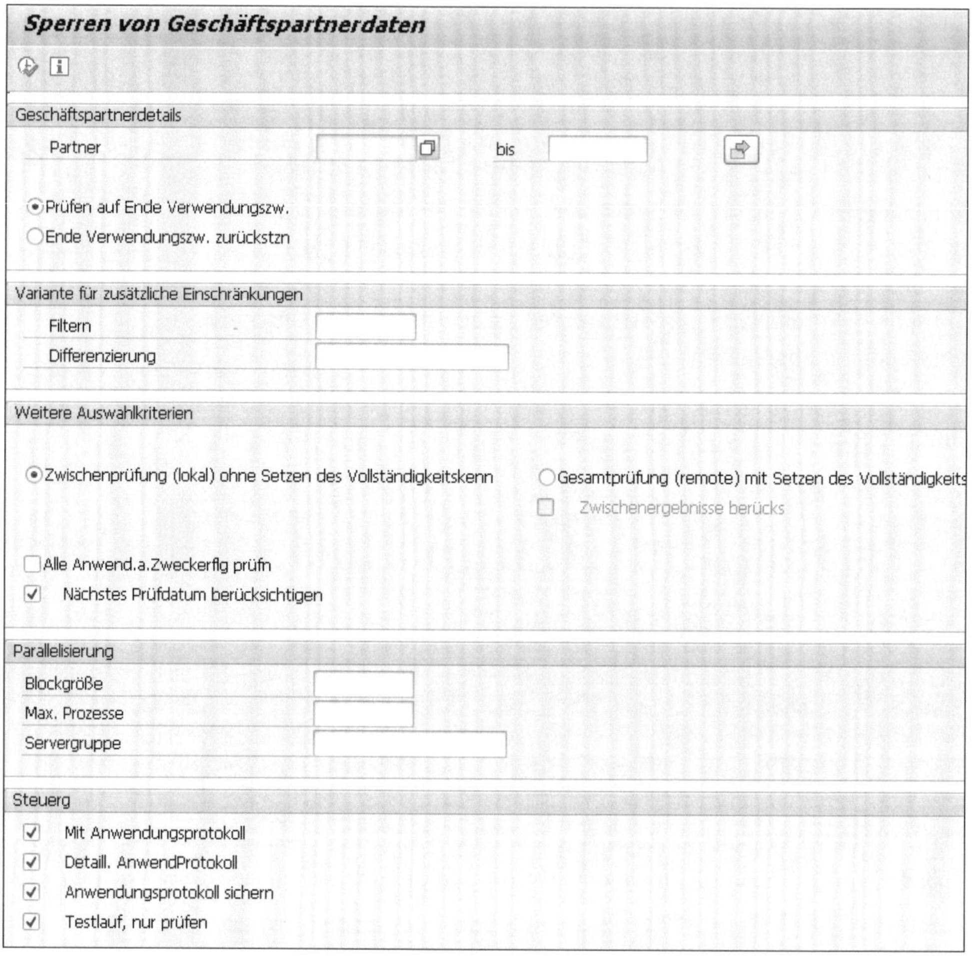

Sperren von Geschäftspartnerdaten

Geschäftspartnerdetails

Partner bis

Prüfen auf Ende Verwendungszw.

Ende Verwendungszw. zurückstzn

Variante für zusätzliche Einschränkungen

Filtern

Differenzierung

Weitere Auswahlkriterien

Zwischenprüfung (lokal) ohne Setzen des Vollständigkeitskenn

Gesamtprüfung (remote) mit Setzen des Vollständigkeits

Zwischenergebnisse berücks

Alle Anwend.a.Zweckerflg prüfn

Nächstes Prüfdatum berücksichtigen

Parallelisierung

Blockgröße

Max. Prozesse

Servergruppe

Steuerg

Mit Anwendungsprotokoll

Detaill. AnwendProtokoll

Anwendungsprotokoll sichern

Testlauf, nur prüfen

Abbildung 4.31 Transaktion BUPA_PRE_EOP (Geschäftspartner wird gesperrt)

Berechtigungsobjekt für Transaktion BUPA_PRE_EOP (Geschäftspartner wird gesperrt)

Das Berechtigungsobjekt B_BUP_PCPT (Geschäftspartner: Geschäftszweck erfüllt) kennen Sie bereits. Sie benötigen es für Transaktion CVP_PRE_EOP (Kunden- u. Lieferantenstammdatum sperren). Es ist das gleiche Berechtigungsobjekt mit der gleichen Aktivität 05 (Sperren), das Sie auch für Transaktion BUPA_PRE_EOP (Geschäftspartner wird gesperrt) benötigen.

4.4.4 Lokaler EoP-Check (Zwischenprüfung ohne Setzen des Sperrkennzeichens)

Zum in Abschnitt 4.4.3, »Stammdaten im Geschäftsprozess sperren«, beschriebenen Vorgehen – dem »richtigen« Sperren von Stammdaten – gibt es eine Alternative: den *lokalen EoP-Check*. Um den EoP-Check zu wählen, müssen Sie folgende Aktivitäten durchführen:

- Für Kunden und Lieferanten wählen Sie den Radiobutton **Zwischenprüfung (lokal) ohne Setzen des Erfüllungskennzeichens** (siehe Abbildung 4.25).
- Für einen zentralen Geschäftspartner wählen Sie den Radiobutton **Zwischenprüfung (lokal) ohne Setzen des Vollständigkeitskennzeichens**.

Rufen Sie Transaktion CVP_PRE_EOP (Kunden- u. Lieferantenstammdatum sperren) in einem abhängigen System auf, und wählen Sie den Radiobutton **Zwischenprüfung (lokal) ohne Setzen des Erfüllungskennzeichens**, wird die EoP-Prüfung *nur* lokal, d. h. in dem abhängigen System durchgeführt. Die Ergebnisse der Prüfung werden an das führende System geschickt. Zu den Ergebnissen gehören folgende Informationen:

- welche Stammdaten gesperrt werden können
- welche Stammdaten noch nicht gesperrt werden können, weil die Anwendugen das EoB noch nicht zurückmelden können oder weil das EoB zwar vorliegt, die Verweildauern aber noch nicht abgelaufen sind

Performanceverbesserung

Die gesammelten Ergebnisse dienen der Performanceverbesserung: Wenn Sie die EoP-Prüfung später im führenden System aufrufen, können die noch nicht sperrbaren Daten leichter ausgeschlossen werden. Den lokalen EoP-Check können Sie auch dann vornehmen, wenn Sie in Erfahrung bringen möchten, ob die Stammdatensperrung aus Sicht des abhängigen Systems (egal ob es das zentrale oder das abhängige ist) möglich ist.

4.4.5 Gesperrte Stammdaten im Geschäftsprozess anzeigen

Beispiel mit zwei Benutzern

Betrachten wir jetzt anhand unseres Beispiels die Anzeige von Stammdaten zu einem gesperrten Kunden. Wir verwenden dabei zwei Benutzer: Der eine Benutzer kommt bei externen oder internen Datenschutzprüfungen zum Einsatz. Er soll somit die gesperrten Stammdaten sehen können. In Abbildung 4.6 und Abbildung 4.7 haben Sie gelernt, in welcher Customizing-Aktivität Sie die Berechtigungsgruppe zur Kennzeichnung gesperrter Stammdaten definieren. Es ist die Berechtigungsgruppe, der ein Benutzer (über eine entsprechende Rolle) zugeordnet sein muss, damit er gesperrte Kunden- oder Lieferantenstammdaten anzeigen darf. Dem zweiten Benutzer fehlen diese speziellen Rechte; er soll die gesperrten Stammdaten nicht einsehen können.

Szenario 1: Gesperrten Kunden mit Prüfberechtigungen anzeigen

Gesperrten Kunden mit Prüfberechtigungen anzeigen

Abbildung 4.32 zeigt, dass ein Benutzer, der mit der Berechtigungsgruppe zur Kennzeichnung gesperrter Stammdaten ausgestattet ist, die Stammdaten eines gesperrten Kunden in Transaktion XD03 (Anzeigen Debitor: zentral) sehen kann. Dieser Benutzer könnte z. B. bei externen oder internen Datenschutzprüfungen zum Einsatz kommen.

Das System sendet zuerst eine Warnung, dass der Debitor zum Löschen vorgemerkt (gesperrt) ist, und zeigt die Daten nach der Bestätigung dieser Information an.

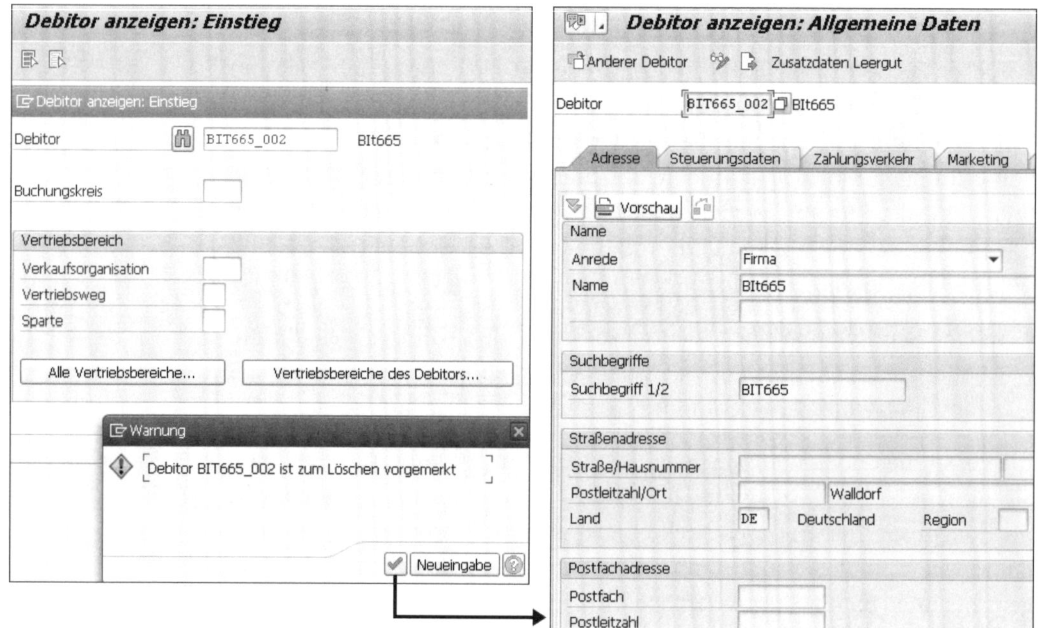

Abbildung 4.32 Szenario 1: Transaktion XD03 (Anzeigen Debitor: zentral) – gesperrten Kunden mit Prüfberechtigungen anzeigen

Szenario 2: Gesperrten Kunden mit Prüfberechtigungen ändern

Gesperrten Kunden mit Prüfberechtigungen ändern

Ein Benutzer, der z. B. bei externen oder internen Datenschutzprüfungen verwendet wird, darf die Stammdaten eines gesperrten Kunden in Transaktion XD02 (Ändern Debitor: zentral) nicht ändern. Das System sendet einen Fehler, der diesen Sachverhalt erläutert. Änderungen an gesperrten Daten sind prinzipiell nicht möglich.

Solch ein Benutzer kann alternativ auch überhaupt keine Berechtigung für die Transaktion zur Änderung von Stammdaten haben. Eine entsprechende Fehlermeldung informiert ihn darüber.

Szenario 3: Gesperrten Kunden ohne Prüfberechtigungen anzeigen und ändern (ändern nicht möglich)

Ein anderer Benutzer als der, der z. B. bei Datenschutzprüfungen verwendet wird, kann Stammdaten eines gesperrten Kunden weder sehen noch ändern.

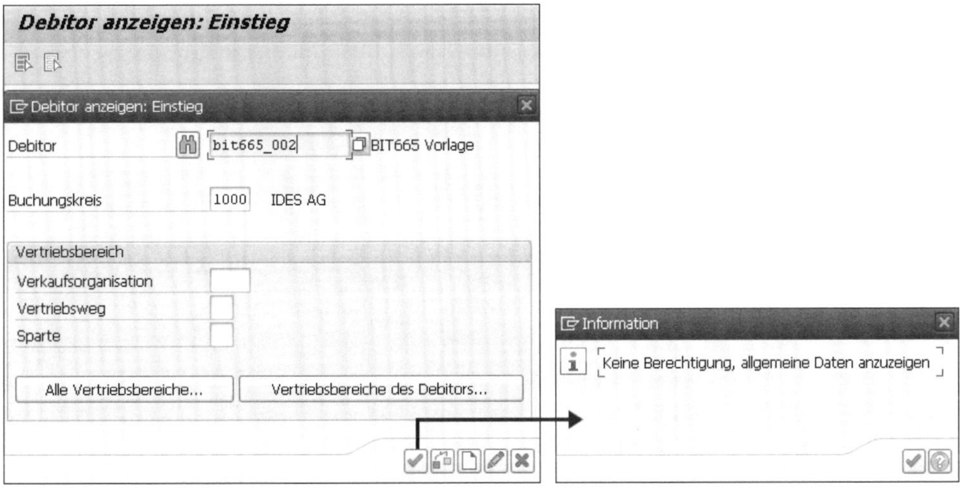

Abbildung 4.33 Transaktion XD03 (Anzeigen Debitor: zentral) – Kunden mit einem Benutzer ohne Prüfberechtigungen nach der Sperrung anzeigen

In Abbildung 4.33 ist zu sehen, dass Transaktion XD03 (Anzeigen Debitor: zentral) die Verarbeitung verweigert. Abbildung 4.34 zeigt das Gleiche für Transaktion XD02 (Ändern Debitor: zentral).

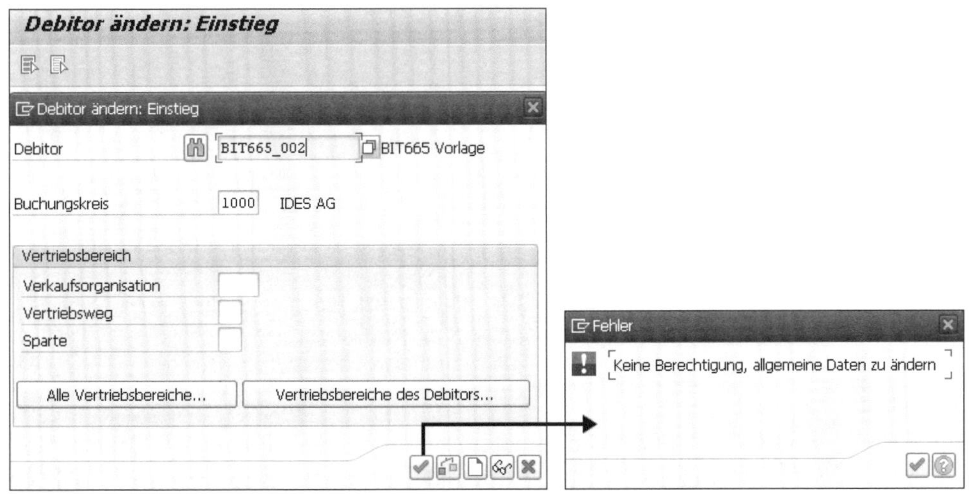

Abbildung 4.34 Transaktion XD02 (Ändern Debitor: zentral) – Kunden mit einem Benutzer ohne Prüfberechtigungen nach der Sperrung ändern

4.4.6 Stammdaten im Geschäftsprozess entsperren

In diesem Abschnitt zeigen wir Ihnen den umgekehrten Prozess – das Entsperren eines Stammdatums am Beispiel eines gesperrten Debitors.

Entsperrantrag anlegen

Zunächst legen Sie einen *Entsperrantrag* an. Rufen Sie dazu Transaktion BUP_REQ_UNBLK (Entsperren des Geschäftspartners anfordern) auf. Wie in Abbildung 4.35 dargestellt, geben Sie hier die gewünschte Objektart ein – in unserem Beispiel den Kunden (Customer). Mögliche Alternativen sind:

- Geschäftspartner
- Lieferant
- Kontaktperson

Im Eingabefeld **Debitor** spezifizieren Sie nun die Debitoren, die Sie entsperren möchten. Abschließend nennen Sie den Grund Ihres Vorhabens. (Die hierzu notwendigen Customizing-Einstellungen besprechen wir später in diesem Abschnitt.) Ihre Aktionen schließen Sie mit einem Klick auf den Button **Entsperren anfordern** ab. Transaktion BUP_REQ_UNBLK (Entsperren des Geschäftspartners anfordern) legt jetzt einen Entsperrantrag für Sie an.

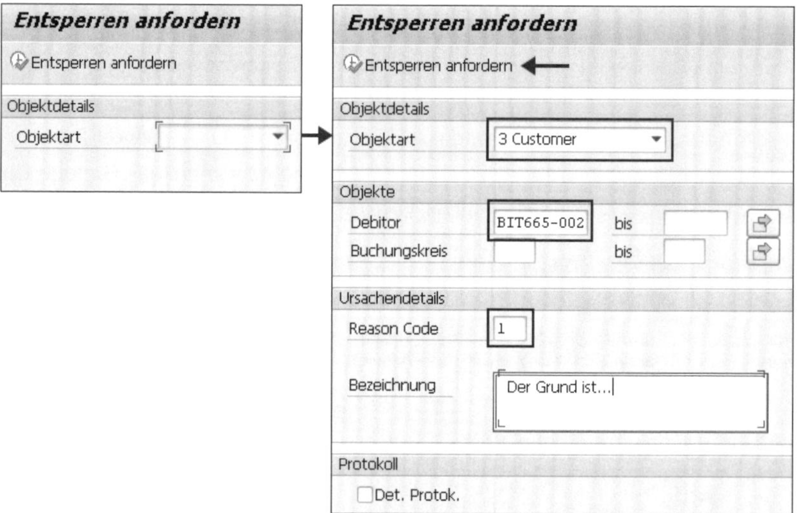

Abbildung 4.35 Transaktion BUP_REQ_UNBLK (Entsperren des Geschäftspartners anfordern) – gesperrte Stammdaten aufrufen

Entsperrantrag genehmigen

Im nächsten Schritt kann ein Mitarbeiter den Entsperrantrag genehmigen und so die Entsperrung final vornehmen. Dies geschieht in Transaktion CVP_UNBLOCK_MD (Kunden- und Lieferantenstammdaten entsperren) oder in Transaktion BUP_REQ_UNBLK (Entsperren des Geschäftspartners anfordern).

- Transaktion CVP_UNBLOCK_MD: Kunden- und Lieferantenstammdaten entsperren – für Kunden und Lieferanten (siehe Abbildung 4.36)

Abbildung 4.36 Transaktion CVP_UNBLOCK_MD (Kunden- und Lieferantenstammdaten entsperren) – gesperrte Stammdaten entsperren

- Transaktion BUP_REQ_UNBLK: Entsperren des Geschäftspartners anfordern – für den zentralen Geschäftspartner (siehe Abbildung 4.37)

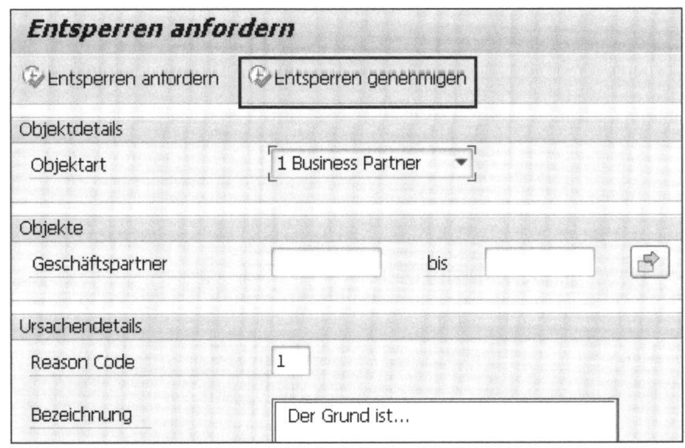

Abbildung 4.37 Transaktion BUP_REQ_UNBLK (Entsperren des Geschäftspartners anfordern) – gesperrte Stammdaten entsperren

Füllen Sie in Transaktion CVP_UNBLOCK_MD das Selektionsbild aus Abbildung 4.36 aus, und klicken Sie auf den Button **Ausführen**, oder verwenden Sie die Taste [F8]. Es erscheint das in Abbildung 4.38 dargestellte Bild. Hier genehmigen Sie den gezeigten Antrag oder lehnen ihn ab. Nutzen Sie dazu die Buttons **Genehmigen** oder **Ablehnen**.

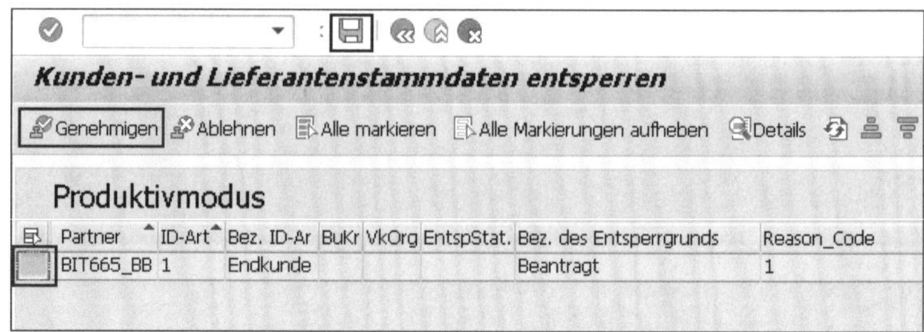

Abbildung 4.38 Transaktion CVP_UNBLOCK_MD (Kunden- und Lieferantenstammdaten entsperren) – gesperrte Kunden entsperren

Grund der Entsperrung

Betrachten wir nun abschließend die *Grund der Entsperrung*, den Sie im Feld **Grund der Entsperrung** bzw. **Reason Code** der Transaktion CVP_UNBLOCK_MD eingeben.

Werte vordefinieren

Sie können die Werte vordefinieren, die Sie in dieses Feld eintragen können; die Wertedefinitionen führen Sie im IMG unter **Data Protection • Sperren und Entsperren von Daten • Geschäftspartner • Gründe für das Entsperren von Geschäftspartnern festlegen** durch (siehe Abbildung 4.39). Standardmäßig werden hier keine Werte ausgeliefert.

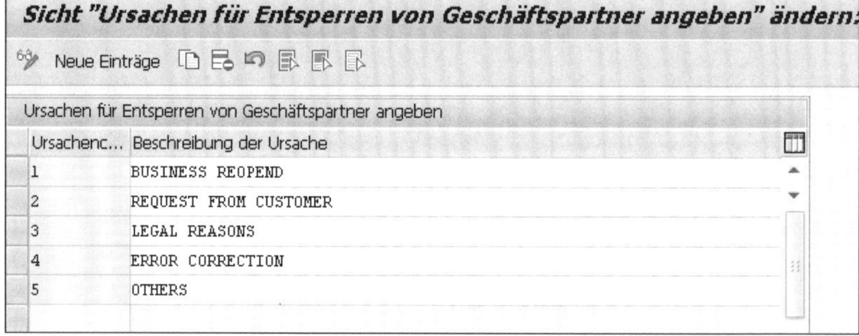

Abbildung 4.39 Transaktion BUP_REQ_UNBLK (Entsperren des Geschäftspartners anfordern) – gesperrte Kunden entsperren

Ursachencode

Die definierte Wertehilfe ([F4]) für dieses Feld steht Ihnen beim Entsperren sowohl eines Geschäftspartners als auch eines Kunden oder Lieferanten zur Verfügung. Sie nehmen diese Einstellung also nur einmal vor.

4.5 Datenvernichtung

Ablauf der Aufbewahrungsdauer

Beschreiben wir nun die ILM-Funktionen, mit deren Hilfe Daten (Informationen) der *Datenvernichtung* unterzogen werden können. Es handelt sich dabei um die letzte Phase im Lebenszyklus von personenbezogenen Daten (siehe Abbildung 4.40). Wir greifen hier wieder die Darstellung aus Abbildung 4.3 auf.

Wie Sie die dazugehörige Aufbewahrungsdauer definieren, besprechen wir ausführlich in Kapitel 2, »Grundfunktionen von SAP ILM« des Buches »SAP Information Lifecycle Management« von Iwona Luther.

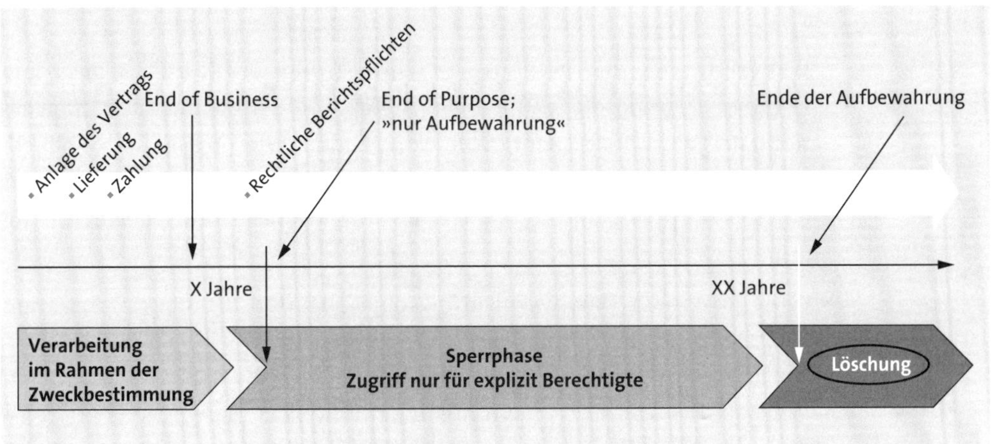

Abbildung 4.40 Lebenszyklus personenbezogener Daten – Datenvernichtung

4.5.1 Wege der Datenvernichtung

Mit SAP ILM lassen sich die folgenden Elemente vernichten:

- Daten aus der Datenbank
- Archivdateien
- Anlagen, d. h. verknüpfte Dokumente (Einträge in den TOAnn-Tabellen)
- Drucklisten (Einträge in der TOADL-Tabelle)

Vernichtung von Daten aus der Datenbank

Für die Vernichtung von *Daten aus der Datenbank* stehen Ihnen in SAP ILM zwei Möglichkeiten zur Verfügung:

- Ein Business-Objekt kann kein Datenvernichtungsobjekt anbieten (siehe Abbildung 4.41).
- Ein Business-Objekt kann ein ILM-fähiges Archivierungsobjekt, genauer gesagt, die darin enthaltene ILM-Aktion **Datenvernichtung** anbieten.

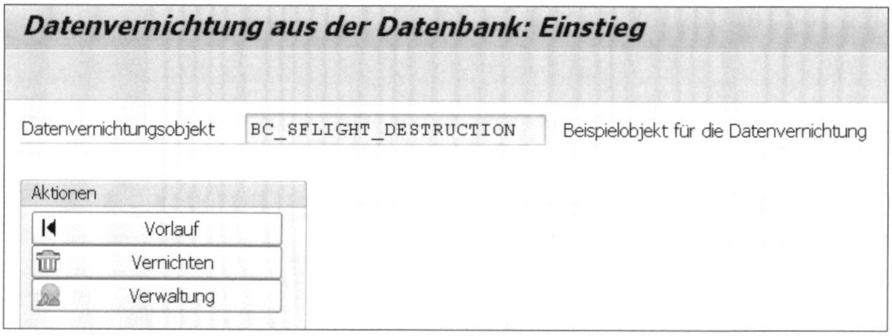

Abbildung 4.41 Transaktion ILM_DESTRUCTION (Datenvernichtung) – Datenvernichtungsobjekte

Weiterführende Informationen zu den Begriffen *Archivierungsobjekt* und *Datenvernichtungsobjekt* finden Sie in Kapitel 2 des Buches »SAP Information Lifecycle Management« von Iwona Luther. Wie Sie für ein ILM-Objekt oder für eine Tabelle bestimmen können, ob sie einem Archivierungs- oder einem Datenvernichtungsobjekt zugeordnet sind, lesen Sie dort in Abschnitt 2.2.

Läufe zu einem Datenvernichtungsobjekt starten Sie über Transaktion ILM_DESTRUCTION (Datenvernichtung). Die Einzelheiten dazu erläutern wir in Abschnitt 4.5.3, »Vernichtung aus der Datenbank per Datenvernichtungsobjekt«. Läufe zu einem Archivierungsobjekt planen Sie über Transaktion SARA (Archivadministration) ein.

[»]

Voraussetzung für die Vernichtung von Archivdateien

Wie bereits erwähnt, können Sie mithilfe von SAP ILM nur solche Archivdateien vernichten, die in einer BC-ILM-zertifizierten Ablage gespeichert sind.

Vernichtung von Archivdateien, Anlagen und Drucklisten

Als Nächstes schauen wir uns an, wie sich *Archivdateien* sowie *Anlagen* und *Drucklisten* vernichten lassen. Dafür gibt es in SAP ILM Transaktion ILM_DESTRUCTION (Datenvernichtung). Je nachdem, wie Sie das Einstiegsbild dieser Transaktion ausfüllen, bleiben Sie in Transaktion ILM_DESTRUCTION oder springen auch in die Transaktion SARA. Entsprechend stehen Ihnen folgende Transaktionen in SAP ILM zur Datenvernichtung zur Verfügung:

- **Transaktion SARA**
  Transaktion SARA (Archivadministration) nutzen Sie, wenn ein Business-Objekt für die Datenvernichtung seiner Daten ein ILM-fähiges

Archivierungsobjekt anbietet und Sie mit bestimmten Daten wie folgt verfahren möchten:

- Sie möchten die Daten direkt von der Datenbank löschen (ILM-Aktion Datenvernichtung).
- Sie möchten die Daten zuerst archivieren (ILM-Aktion Archivierung).

- **Transaktion ILM_DESTRUCTION**
  Transaktion ILM_DESTRUCTION (Datenvernichtung) nutzen Sie hingegen in den folgenden Fällen:
  - Ein Business-Objekt bietet für die Datenvernichtung seiner Daten (von der Datenbank) ein Datenvernichtungsobjekt an.
  - Ein Business-Objekt bietet für die Datenvernichtung seiner Daten ein ILM-fähiges Archivierungsobjekt an, und Sie haben damit Archivdateien erzeugt.
  - Sie haben Aufbewahrungsdauern für Anlagen oder Drucklisten in einer ILM-Ablage gespeichert.

[«]

Transaktion ILM_DESTRUCTION

Transaktion ILM_DESTRUCTION (Datenvernichtung) steht Ihnen in beiden ILM-Szenarien, Retention Management und Retention Warehouse, zur Verfügung.

4.5.2 Vernichtung aus der Datenbank per Archivierungsobjekt

ILM-Aktion »Datenvernichtung«

Für die Datenvernichtung von Daten aus der Datenbank mithilfe eines Archivierungsobjekts nutzen Sie die ILM-Aktion **Datenvernichtung** (siehe Abbildung 4.42). Wenn die Läufe erfolgreich waren, haben Sie schließlich Ihr Ziel erreicht, und die Daten sind von der Datenbank endgültig entfernt worden. Daber wurden die IRM-Regeln ausgewertet und haben darüber entschieden, ob die Aufbewahrungsdauer der Daten abgelaufen ist oder nicht. Ebenfalls wurde bei dieser ILM-Aktion verprobt, ob die Daten nicht durch rechtsfallbedingte Sperren belegt sind.

Analyse der Protokolle

Schauen Sie sich auf jeden Fall das Protokoll an (im Anwendungsprotokoll und/oder in der Liste (Spool), um zu sehen, für welche der im Selektionsbild des Archivschreibprogramms spezifizierten Daten die Datenvernichtung durchgeführt werden konnte (siehe Abbildung 4.42).

Hier sehen Sie auch, für welche Daten die Datenvernichtung aus welchem Grund abgelehnt wurde. (Zu besprechen wäre ebenfalls, ob und wie Sie die Protokolle aufbewahren wollen.)

Variantenpflege: Report BC_SFLIGHT_WRI, Variante

Variantenattribute

Flüge

Fluggesellschaft	LH	bis	
Verbindungs-Nummer	1130	bis	
Datum des Fluges		bis	

Einschränkungen

Flugzeugtyp		bis	

ILM-Aktionen

○ Archivierung
○ Schnappschuss
◉ Datenvernichtung

Ablaufsteuerung

○ Testmodus
◉ Produktivmodus ☐ Löschen mit Testvariante

Detailprotokoll	kein Detailprotokoll
Protokollausgabe	Liste
Vermerk zum Archivierungslauf	Liste 1 Anwendungsprotokoll 2 Liste und Anwendungsprotokoll

Abbildung 4.42 Transaktion SARA (Archivadministration) – ILM-Aktion »Datenvernichtung«: Protokollausgabe

4.5.3 Vernichtung aus der Datenbank per Datenvernichtungsobjekt

Transaktion ILM_DESTRUCTION

Wie zu Beginn von Abschnitt 4.5, »Datenvernichtung«, beschrieben, kann ein Business-Objekt für die Datenvernichtung alternativ ein Datenvernichtungsobjekt bereitstellen. Wir beschreiben in diesem Abschnitt, wie Sie ein Datenvernichtungsobjekt für die Datenvernichtung verwenden können:

1. Rufen Sie Transaktion ILM_DESTRUCTION (Datenvernichtung) auf.
2. Markieren Sie im Bereich **Typ der zu vernichtenden Daten** den Radiobutton **Daten aus der Datenbank** (siehe Abbildung 4.43).
3. Geben Sie im gleichnamigen Feld das ILM-Objekt ein, das dem Datenvernichtungsobjekt Ihrer Wahl zugeordnet ist.

Das ILM-Objekt zu einem Datenvernichtungsobjekt

Zum Zeitpunkt der Drucklegung dieses Buches gab es leider noch keine Transaktion, über die Sie direkt zum Bild aus Abbildung 4.41 gelangen können. Sie müssen an dieser Stelle also das ILM-Objekt kennen, das einem Datenvernichtungsobjekt zugeordnet ist.

4. Klicken Sie auf den Button **Ausführen** ([F8]). Sie gelangen auf diesem Wege zum Bild aus Abbildung 4.41, das im Aufbau stark Transaktion SARA (Archivadministration) ähnelt. (Das Datenvernichtungsobjekt ist quasi das »Geschwisterchen« des Archivierungsobjekts.)

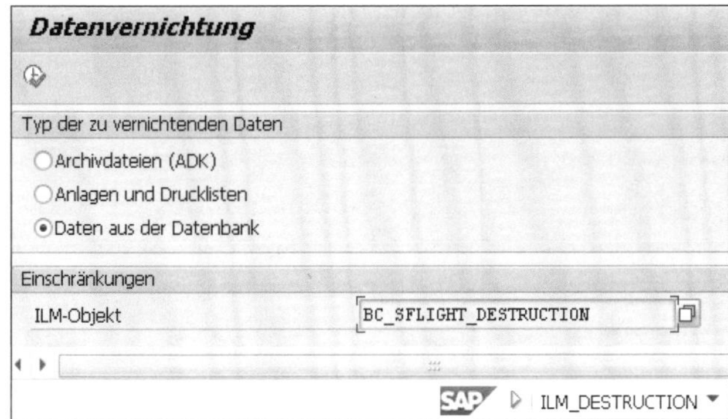

Abbildung 4.43 Transaktion ILM_DESTRUCTION (Datenvernichtung) – Einstiegsbild

Ein Datenvernichtungsobjekt kann optional über ein *Vorlaufprogramm* verfügen. Das Konzept ist ähnlich dem Konzept bei den Archivierungsobjekten. Hier könnte z. B. ein für die Datenvernichtung benötigter Status gesetzt werden. Bietet das Datenvernichtungsobjekt das Vorlaufprogramm an, sehen Sie im Bereich **Aktionen** zusätzlich den Button **Vorlauf** (siehe Abbildung 4.41). Die Schritte zur Einplanung und für das Monitoring des Vorlaufjobs ähneln denen für das Vernichtungsprogramm, das wir im Folgenden beschreiben.

Optionales Vorlaufprogramm

Wenn Sie auf den Button **Vernichten** klicken, gelangen Sie zur Darstellung in Abbildung 4.44. Hier können Sie Vernichtungsläufe zum ausgewählten Objekt einplanen. Die Vorgehensweise dabei ähnelt sehr stark dem Vorgehen für die Archivierungsläufe.

Vernichtungsprogramm einplanen

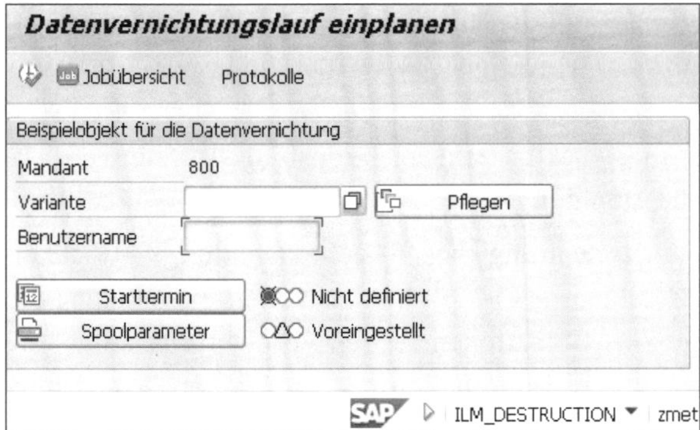

Abbildung 4.44 Transaktion ILM_DESTRUCTION (Datenvernichtung) – Datenvernichtungslauf einplanen

Benötigtes Berechtigungsobjekt

Das Berechtigungsobjekt, das Sie für das Ausführen von Datenvernichtungsläufen für Daten auf der Datenbank benötigen, heißt S_ARCD_OBJ (Datenvernichtungslauf für Daten auf der Datenbank ausführen). Es ist in der Rolle SAP_BC_ILM_DESTROY (Daten in der ILM-Ablage vernichten) enthalten. Die Details dazu sehen Sie in Abbildung 4.45.

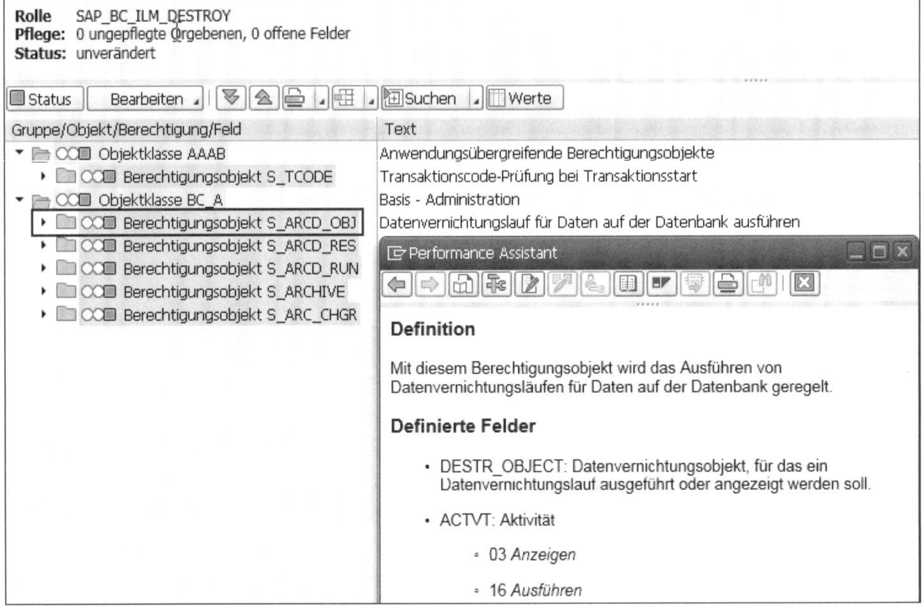

Abbildung 4.45 Berechtigungsobjekt S_ARCD_OBJ (Datenvernichtungslauf für Daten auf der Datenbank ausführen)

Über den Button **Jobübersicht** (oben in Abbildung 4.44) sehen Sie die zugehörigen Hintergrundjobs.

Über den Button **Protokolle** (direkt daneben) sehen Sie die Protokolle im Anwendungsprotokoll, die zu Ihren Läufen entstanden sind. Die Entscheidung darüber, ob das Protokoll in die Liste (Spool bei Hintergrundprogrammen) oder ins Anwendungsprotokoll geschrieben werden soll, treffen Sie – wie auch bei Archivierungsobjekten – im Selektionsbild des Datenvernichtungsprogramms (siehe Abbildung 4.45).

Vernichtungsläufe verwalten

Wenn Sie auf den Button **Verwaltung** klicken (siehe Abbildung 4.46), gelangen Sie zu dem Bild aus Abbildung 4.47. In einem zuvor erscheinenden Pop-up-Fenster können Sie Einschränkungen zu den Vernichtungsläufen, die Sie sehen wollen, vornehmen (siehe Abbildung 4.46). Wählen Sie anschließend den Button **Ausführen** oder alternativ die F8-Taste, sehen Sie eine Liste der gewünschten Vernichtungsläufe.

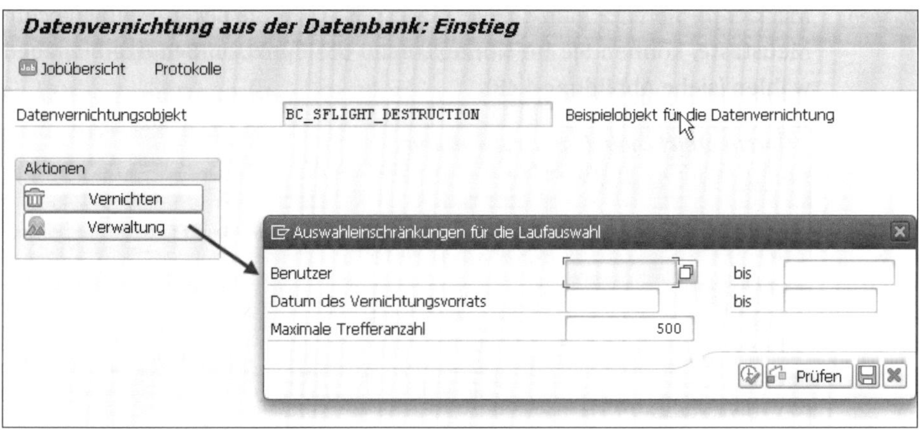

Abbildung 4.46 Transaktion ILM_DESTRUCTION (Datenvernichtung) – Datenvernichtungsläufe – Verwaltung – Auswahleinschränkung für die Laufauswahl

Abbildung 4.47 Transaktion ILM_DESTRUCTION (Datenvernichtung) – Datenvernichtungsläufe verwalten

Status eines Vernichtungslaufs

In der Spalte **Status** der Liste sehen Sie die Informationen zum Status des Laufs. Dieser kann z. B. einen der folgenden Werte haben:

- **Fertig**: Wenn der Datenvernichtungslauf erfolgreich abgeschlossen wurde.
- **Abgebrochen**: Wenn der Datenvernichtungslauf nicht erfolgreich beendet wurde. Sie können den Lauf dann erneut einplanen. Markieren Sie dazu die Zeile mit dem Lauf, und wählen Sie im Kontextmenü **Neu einplanen**. Das System plant einen neuen Datenvernichtungslauf mit der gleichen Variante für Sie ein.
- **Ersetzt**: Wenn der zuvor abgebrochene Lauf durch einen neu eingeplanten Datenvernichtungslauf ersetzt und dieser erfolgreich beendet wurde.

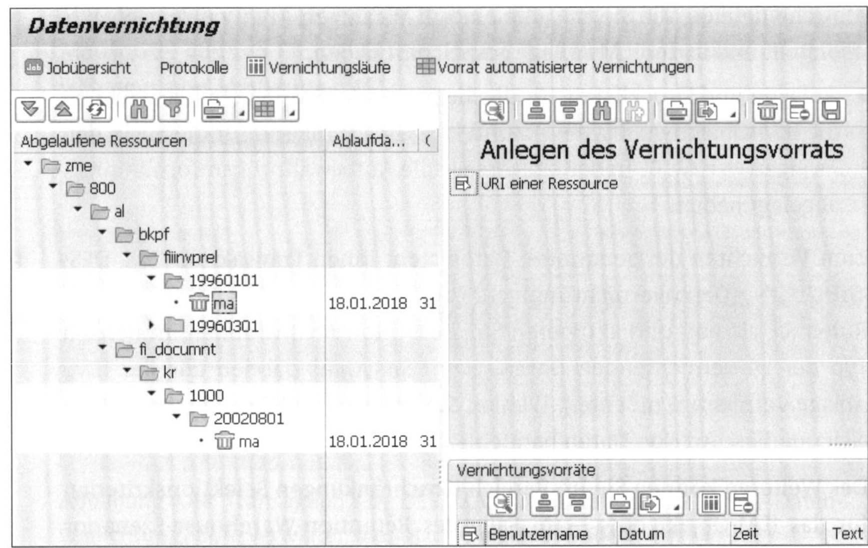

Abbildung 4.51 Transaktion ILM_DESTRUCTION (Datenvernichtung) – Anlagen und Drucklisten anzeigen

Sie sehen nur in der ILM-Ablage abgelegte Ressourcen

Beachten Sie, dass Transaktion ILM_DESTRUCTION (Datenvernichtung) nur Archivdateien auflistet, die in der ILM-Ablage gespeichert sind. Im Gegensatz dazu zeigt Transaktion SARA (Archivadministration) alle Archivdateien an. Gleiches gilt für die Anlagen und Drucklisten. Nur wenn die zugehörigen Aufbewahrungsinformationen in die ILM-Ablage propagiert wurden, werden sie hier angezeigt.

Ressource: Icons

Vor jeder Ressource sehen Sie eines von drei möglichen Icons, die Folgendes bedeuten:

- : Der Mülleimer zeigt Ihnen, dass die minimale Aufbewahrungsdauer schon abgelaufen ist, dass Sie die Ressource also vernichten können.
- : Der Blitz steht dafür, dass die maximale Aufbewahrungsdauer bereits abgelaufen ist und Sie die Ressource vernichten müssen.
- : Das Schloss symbolisiert, dass manche Daten in der Archivdatei bzw. eine Anlage in einem Legal Case gesperrt sind und die Vernichtung daher nicht möglich ist (unabhängig von der minimalen oder maximalen Aufbewahrungsdauer).

Welche Ressourcen können vernichtet werden?

Sie können nun Archivdateien bzw. Anlagen und Drucklisten für die Vernichtung auswählen, deren Aufbewahrungszeit abgelaufen ist *und* für die keine rechtsfallbedingten Sperren vorliegen. Ressourcen, die noch nicht vernichtet werden können, weil ihre Aufbewahrungszeit noch nicht abgelaufen ist bzw. weil für sie rechtsfallbedingte Sperren vorliegen, werden grau dargestellt. Sie können noch nicht für die Vernichtung ausgewählt werden.

Über den Button **Layout ändern** können Sie entscheiden, welche Informationen Sie zu den einzelnen Ressourcen sehen möchten. Sie können die Layouts dort auch verwalten.

Die Vernichtung der Ressourcen geschieht in einem Hintergrundjob. Sie bestimmen also, welche Ressourcen darin gelöscht werden sollen, und hinterlegen Informationen wie den Startzeitpunkt für den Hintergrundjob.

Sie haben zwei Möglichkeiten, um zu entscheiden, welche Ressourcen vernichtet werden sollen:

- Drag & Drop
- Vorrat automatisierter Vernichtungen

Vernichtungsvorrat anlegen – Drag & Drop

Verschieben Sie die gewünschten Ressourcen per Drag & Drop aus der Liste **Abgelaufene Ressourcen** links im Baum in den Bereich **Anlegen des Vernichtungsvorrats** rechts oben im Bild (siehe Abbildung 4.51). Sie können auch jeden Menüpunkt anklicken und ihn dorthin verschieben. Auch die Wurzel des Menübaums, die den Systemnamen trägt, lässt sich markieren, wodurch der komplette Baum verschoben werden kann.

Das System überträgt daraufhin alle abgelaufenen Ressourcen in den Vernichtungsvorrat. Ressourcen, die diesen Zustand noch nicht erreicht haben (und deshalb grau dargestellt werden), bleiben links im Baum. Auf diesem Wege können Sie »auf einen Schlag« alle abgelaufenen Ressourcen in den Vernichtungsvorrat übernehmen. Enthält der Vernichtungsvorrat doch zu viele Ressourcen, entfernen Sie diese mithilfe des Buttons (**Markierte Einträge löschen**), siehe Abbildung 4.52.

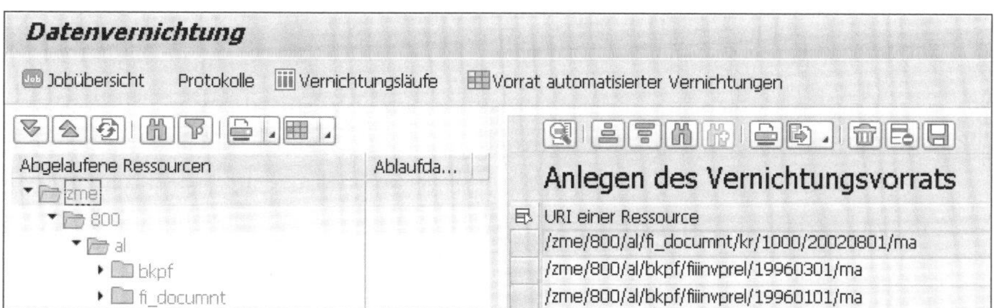

Abbildung 4.52 Transaktion ILM_DESTRUCTION (Datenvernichtung) – Vernichtungsvorrat: Einträge löschen

Über einen Klick auf den Button (**Vernichtungsvorrat zurücksetzen**) können Sie alle Einträge löschen (siehe Abbildung 4.53).

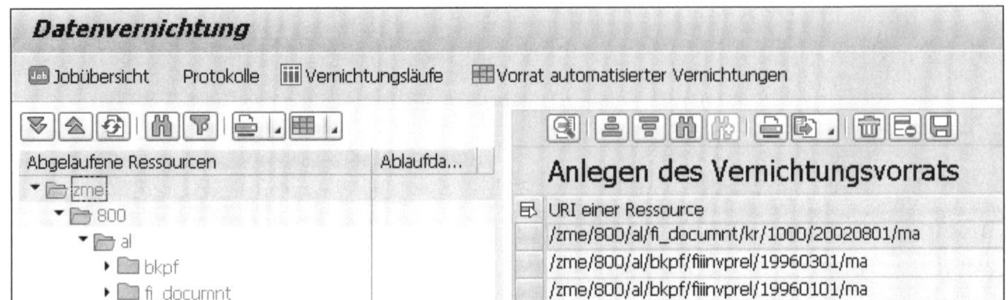

Abbildung 4.53 Transaktion ILM_DESTRUCTION (Datenvernichtung) – Vernichtungsvorrat zurücksetzen

Vernichtungsvorrat speichern

Sind Sie mit der Auswahl der Ressourcen zufrieden, klicken Sie auf den Button (**Vernichtungsvorrat sichern**) und hinterlegen eine Beschreibung für den Vernichtungsvorrat (siehe Abbildung 4.54).

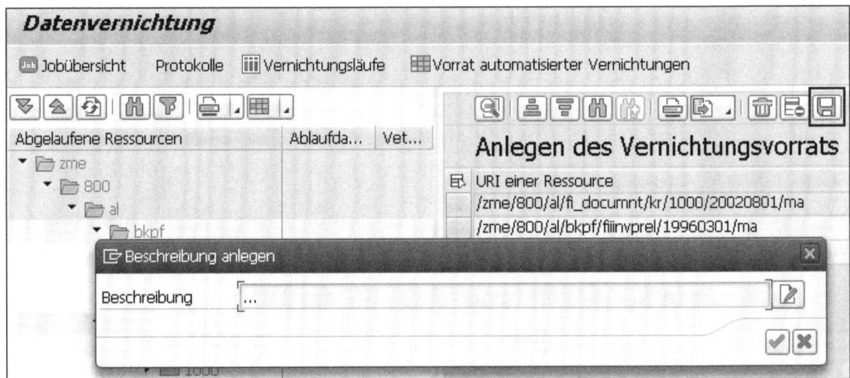

Abbildung 4.54 Transaktion ILM_DESTRUCTION (Datenvernichtung) – Vernichtungsvorrat speichern

Sie sehen Ihren Vernichtungsvorrat anschließend rechts unten im Bild im Bereich **Vernichtungsvorräte** (siehe Abbildung 4.55).

Vorrat automatisierter Vernichtungen

Die zweite Möglichkeit, um einen Vernichtungsvorrat anzulegen, steht Ihnen über den Button **Vorrat automatisierter Vernichtungen** (oben rechts in Abbildung 4.54) zur Verfügung. Klicken Sie darauf, um einen Vernichtungsvorrat zu erzeugen, der alle Ressourcen enthält, die das obligatorische Vernichtungsdatum erreicht haben.

Obligatorisches Vernichtungsdatum

Das *obligatorische Vernichtungsdatum* wird in der Archivadministration von Transaktion SARA (Archivadministration) genannt. Es wird aus der maximalen Aufbewahrungsdauer in Transaktion IRMPOL (ILM-Regelwerke) berechnet.

Sie erhalten daraufhin ein Pop-up-Fenster mit der Abfrage, ob Sie einen neuen Vernichtungsvorrat anlegen oder die Ressourcen einem vorhandenen Vernichtungsvorrat hinzufügen möchten. Im Anschluss an Ihre Auswahl sehen Sie den gewählten Vernichtungsvorrat rechts unten im Bild im Bereich **Vernichtungsvorräte** (siehe Abbildung 4.55).

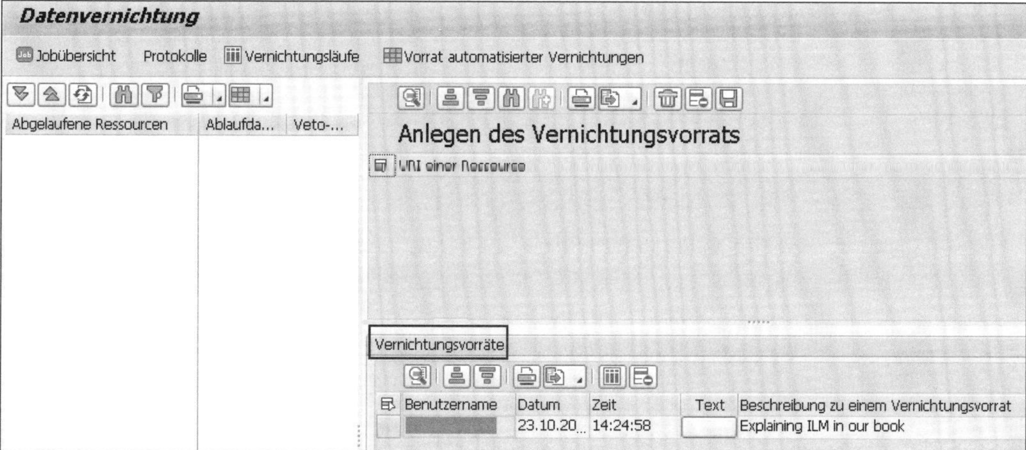

Abbildung 4.55 Transaktion ILM_DESTRUCTION (Datenvernichtung) – Vernichtungsvorräte

Sie müssen keine Aktionen im Bereich **Anlegen des Vernichtungsvorrats** durchführen, wenn sie den Button **Vorrat automatisierter Vernichtungen** verwenden (rechts oben in Abbildung 4.55).

Ressourcen im Vernichtungsvorrat sehen

Wenn Sie die Ressourcen sehen möchten, die ein Vernichtungsvorrat enthält, klicken Sie auf den Button **Ressourcen anzeigen** (siehe Abbildung 4.56). Es erscheint ein Pop-up-Fenster, in dem die Ressourcen aufgelistet werden.

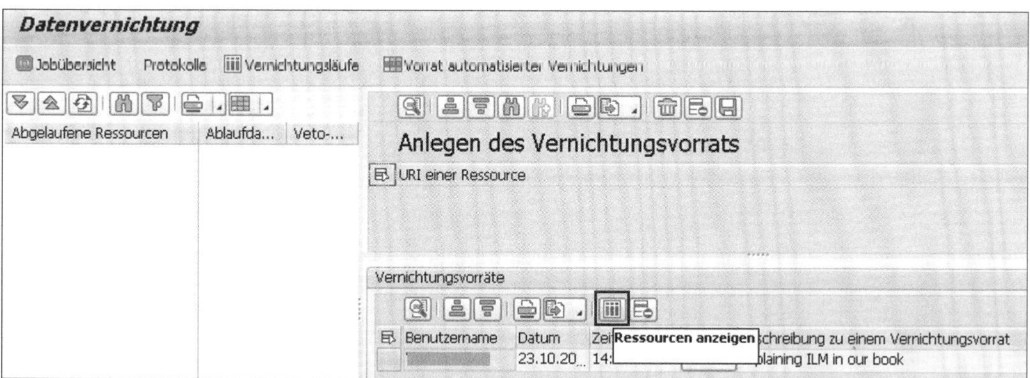

Abbildung 4.56 Transaktion ILM_DESTRUCTION (Datenvernichtung) – Ressourcen anzeigen

Vernichtungslauf einplanen

Um einen Vernichtungslauf einzuplanen, markieren Sie die Vernichtungsvorräte, die Sie darin aufnehmen wollen, und klicken auf den Button **Einplanen** (siehe Abbildung 4.57).

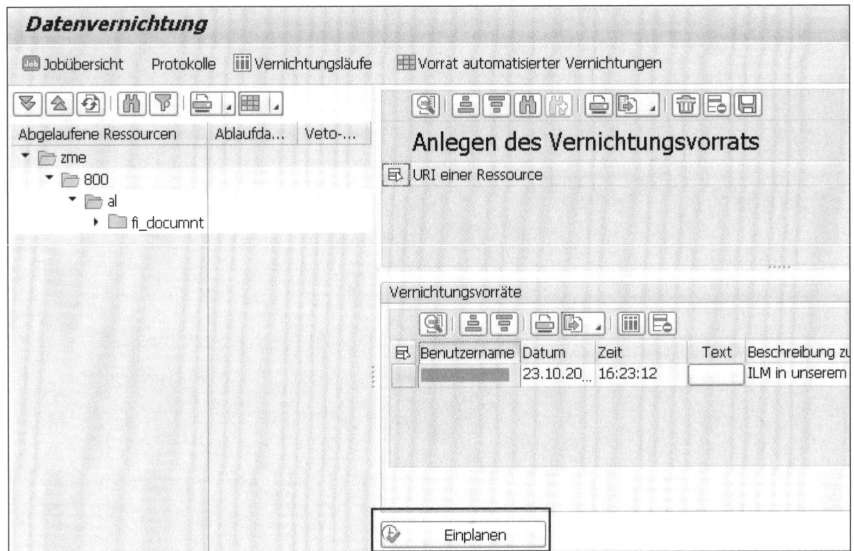

Abbildung 4.57 Transaktion ILM_DESTRUCTION (Datenvernichtung) – Vernichtungslauf einplanen

Test- oder Produktivmodus

Im darauffolgenden Pop-up-Fenster entscheiden Sie im Bereich **Verarbeitungsoptionen** über den Modus (**Testmodus** oder **Produktivmodus**) und ob es ein **Detailprotokoll** geben soll. Klicken Sie auf den Button **Starttermin**, um die entsprechende Information zu hinterlegen. Das dazugehörige Pop-up-Fenster kennen Sie bereits von der klassischen Datenarchivierung. Mit dem Button **Einplanen** legen Sie den Hintergrundjob schließlich an.

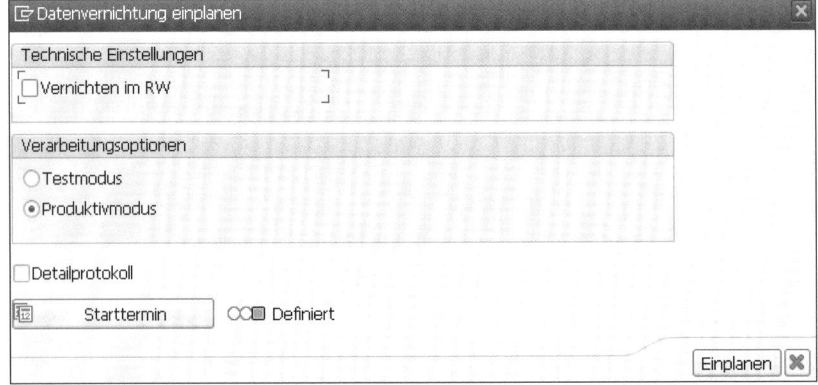

Abbildung 4.58 Transaktion ILM_DESTRUCTION (Datenvernichtung) – Vernichtungslauf einplanen: Details

Vier-Augen-Prinzip

Für die Datenvernichtung liefern wir die Rolle SAP_BC_ILM_DESTROY (ILM: Datenvernichtung). Darin finden Sie zwei Berechtigungsobjekte:

- S_ARCD_RES (Ressourcen in Vernichtungsvorrat aufnehmen)
- S_ARCD_RUN (Datenvernichtungslauf ausführen)

Mit ihnen können Sie bei Bedarf auch ein Vier-Augen-Prinzip abbilden. Ein Benutzer kann die Rechte zum Aufnehmen von Ressourcen in einen Vernichtungsvorrat und ein anderer Benutzer die Rechte haben, einen Datenvernichtungslauf einzuplanen (siehe Abbildung 4.59).

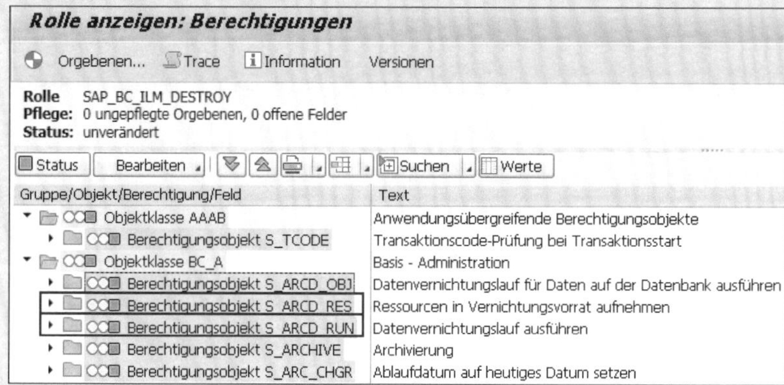

Abbildung 4.59 Die Rolle SAP_BC_ILM_DESTROY und ihre Berechtigungsobjekte für Datenvernichtungsvorräte und -läufe

Jobübersicht

Über den Button **Jobübersicht** (oben links in Abbildung 4.57) können Sie die Jobs überwachen. Die Vorgehensweise kennen Sie von der klassischen Datenarchivierung.

Jobübersicht in Transaktion ILM_DESTRUCTION (Datenvernichtung)

Die Jobübersicht zeigt Ihnen alle dazugehörigen Jobs. Dabei sind zwei Typen von Jobnamen für Sie von Interesse:

- ILM_DESTR_DBxxx für die Hintergrundjobs zu Datenvernichtungsobjekten
- ILM_DESTRxxx für die Hintergrundjobs, deren Einplanung wir gerade geschildert haben

Protokolle zeigen Anwendungslogs

Über den Button **Protokolle** (oben links in Abbildung 4.57) können Sie die *Anwendungslogs* zu Ihren Jobs einsehen. Über das Kennzeichen **Detailpro-**

tokoll (siehe Abbildung 4.58) entscheiden Sie, ob die Ressourcen auch dann im Anwendungslog protokolliert werden sollen, wenn sie erfolgreich gelöscht wurden, oder ob dies nur dann geschehen soll, wenn Fehlermeldungen aufgetreten sind.

Informationen zu den Vernichtungsläufen

Mithilfe des Buttons **Vernichtungsläufe** (oben links in Abbildung 4.57) können Sie weitere Informationen zu den im Produktivmodus durchgeführten Vernichtungsläufen einsehen. Sie können im danach erscheinenden Pop-up-Fenster einschränken, welche Läufe Sie betrachten möchten (siehe Abbildung 4.60).

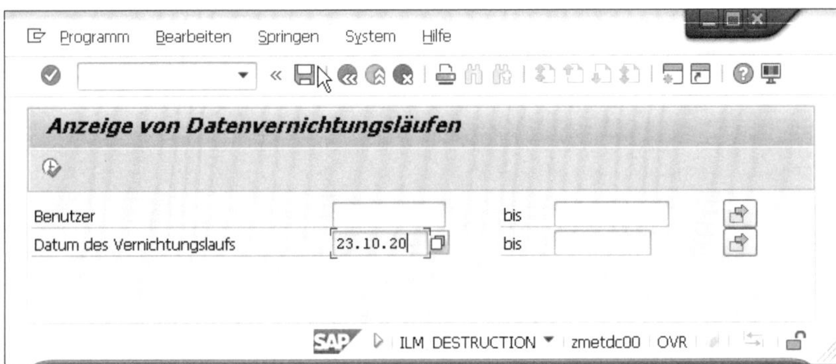

Abbildung 4.60 Transaktion ILM_DESTRUCTION (Datenvernichtung) – Datenvernichtungsläufe anzeigen

Auf dem Ergebnisbild sehen Sie die Vernichtungsläufe und die zugehörigen Informationen wie Protokoll, Selektionsparameter und Vernichtungsvorräte (siehe Abbildung 4.61).

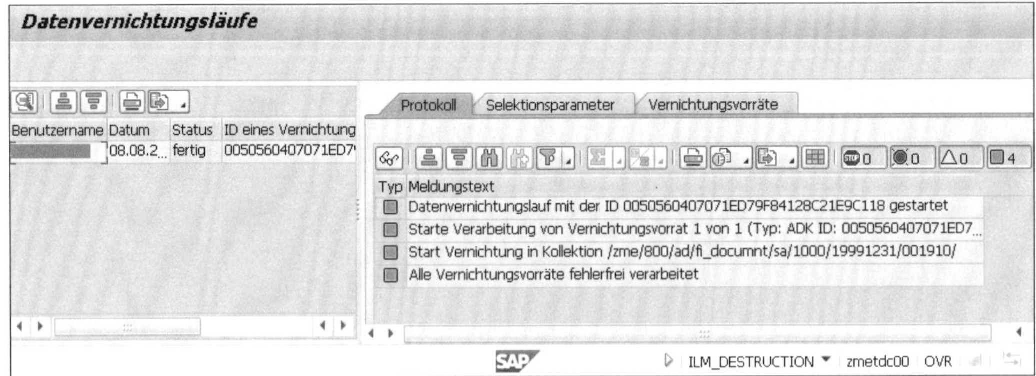

Abbildung 4.61 Transaktion ILM_DESTRUCTION (Datenvernichtung) – Datenvernichtungsläufe anzeigen: Protokoll

Besonderheiten bei der Vernichtung von Archivdateien

Kommen wir nun zu ein paar Besonderheiten beim Vernichten von Archivdateien. In der Archivadministration von Transaktion SARA (Archivadministration) erkennen Sie, für welche Läufe die Vernichtung der dazugehörigen Archivdateien bereits stattgefunden hat.

»Grabstein« zum Archivlauf

Das Icon informiert Sie darüber, dass die Dateien nicht mehr existieren, die korrespondierenden Daten also gemäß den IRM-Regeln vernichtet wurden (siehe Abbildung 4.62).

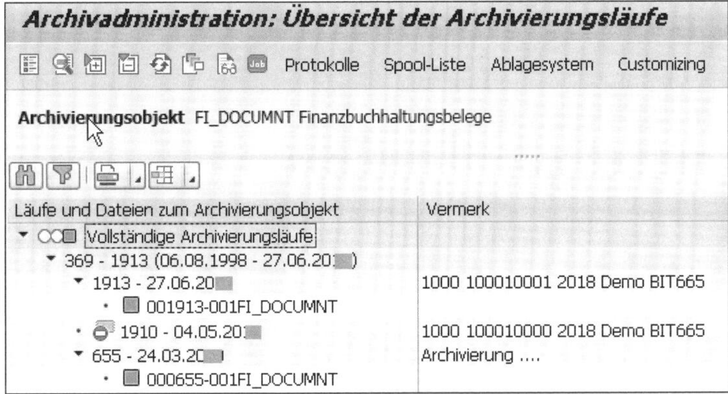

Abbildung 4.62 Transaktion SARA (Archivadministration) – vernichtete Läufe

Über einen Klick mit der rechten Maustaste auf den Laufeintrag und die Funktion **Benutzereingaben** sehen Sie die Details zu der dazugehörigen Variante. Sie können also nachvollziehen, welche Daten archiviert und nun vernichtet wurden.

Wie Sie aus der klassischen Datenarchivierung wissen, handelt es sich hier um eine Kopie der Variante, die das Archive Development Kit zum Zeitpunkt des Archivlaufs erstellt hat. Damit können Sie jederzeit nachvollziehen, mit welchen Selektionen der Lauf durchgeführt wurde, insbesondere auch dann, wenn die Variante inzwischen verändert wurde oder wenn die Archivdatei – wie in diesem Fall – nicht mehr existiert.

Datenobjekte mit Legal Hold extrahieren

Die zweite Besonderheit ist die Extraktion von Datenobjekten, die in eine rechtsfallbedingte Sperre verwickelt sind, in eine separate (neue) Archivdatei. Sie erreichen dies, indem Sie einen Lauf, der mit dem Icon versehen ist, markieren und über die rechte Maustaste die Funktion **Datenobjekte mit Legal Hold extrahieren** wählen (siehe Abbildung 4.63). Weitere Informationen dazu finden Sie in Abschnitt 4.6.5, »Extraktion von Datenobjekten mit Legal Hold«.

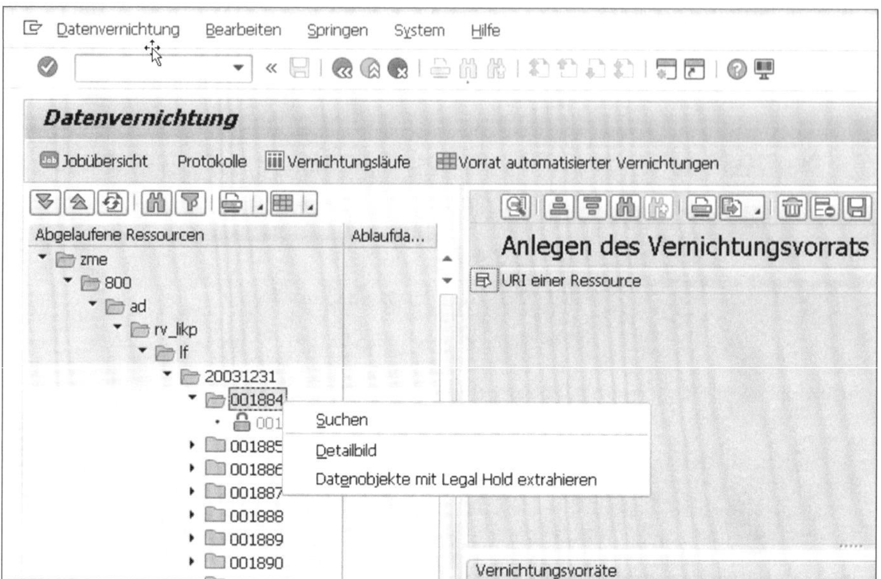

Abbildung 4.63 Transaktion ILM_DESTRUCTION (Datenvernichtung) – Datenobjekte mit Legal Hold extrahieren

4.6 Legal Case Management

Rechtsfallbedingte Sperren

Kein Unternehmen möchte gerne in ein Gerichtsverfahren verwickelt sein. Falls es doch dazu kommen sollte, kann es für Sie hilfreich sein, die ILM-Funktionen zum rechtsfallbedingte Sperren, zum Legal Case Management und der Vernichtung von Daten, die Teil eines Rechtsfalles sind, zu kennen. In diesem Abschnitt besprechen wir eine besondere Funktion im Retention-Management-Szenario: *rechtsfallbedingte Sperren*. SAP ILM bietet Ihnen Funktionen für die Verwaltung solcher Rechtsfälle sowie für das Setzen rechtsfallbedingter Sperren für betroffene Daten.

Einsatzgebiet von Legal Case Management

Das Setzen rechtsfallbedingter Sperren ist in einem produktiven Anwendungssystem – also im Retention-Management-Szenario – möglich. Die Verwendung dieser Funktion in einem Retention-Warehouse-System (für Daten stillgelegter Altsysteme) ist derzeit nicht möglich.

Rechtsfall: Legal Case

Beginnen wir mit der Definition der Begriffe. Ein *Rechtsfall* – auch *Legal Case* genannt – bezieht sich auf eine bestimmte Rechtssache oder ein Gerichtsverfahren innerhalb des Unternehmens.

Rechtsfallbedingte Sperre: Legal Hold

Eine *rechtsfallbedingte Sperre* – auch *Legal Hold* genannt – bezieht sich auf bestimmte Daten, Dokumente oder physische Informationen zum jeweiligen Rechtsfall. Es ist wichtig, dass Sie diese Begriffe korrekt verwenden, um Missverständnisse zu vermeiden. Das Legal Case Management rufen Sie über Transaktion ILM_LHM (Legal Hold Management) auf.

Transaktion ILM_LHM und Transaktion SCASE

Beachten Sie, dass Transaktion ILM_LHM ab SAP_BASIS 7.31 die früher für diese Zwecke vorhandene Transaktion SCASE (Case Management) ersetzt. Damit kann das Legal Case Management ab SAP_BASIS 7.31 unabhängig vom SAP Case Management, das ab SAP_BASIS 702 genutzt wurde, aufgerufen und verwendet werden.

4.6.1 Übersicht und Anzeige vorhandener Rechtsfälle

Übersicht der Rechtsfälle

Rufen Sie Transaktion ILM_LHM (Legal Hold Management) auf. Es erscheint ein Bild wie in Abbildung 4.64, das Ihnen eine Liste aller vorhandenen rechtsfallbedingten Sperren anzeigt. Sie sehen die verantwortlichen Personen, den Status und Daten, wie das Anlage- oder Änderungsdatum, und die bearbeitende Person.

Anzeige eines Rechtsfalls

Markieren Sie eine Zeile, und klicken Sie auf den Button **Anzeigen**, um die Details zu einem Rechtsfall zu sehen. Die Bedeutung der einzelnen Felder sowie der Liste der BOR-Objekte erklären wir anhand des Beispiels des Anlegens und Änderns der Rechtsfälle.

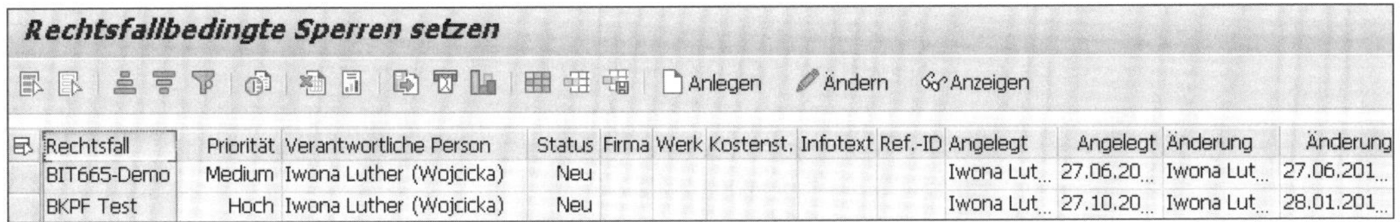

Rechtsfallbedingte Sperren setzen

Anlegen Ändern Anzeigen

Rechtsfall	Priorität	Verantwortliche Person	Status	Firma	Werk	Kostenst.	Infotext	Ref.-ID	Angelegt	Angelegt	Änderung	Änderung
BIT665-Demo	Medium	Iwona Luther (Wojcicka)	Neu						Iwona Lut...	27.06.20...	Iwona Lut...	27.06.201...
BKPF Test	Hoch	Iwona Luther (Wojcicka)	Neu						Iwona Lut...	27.10.20...	Iwona Lut...	28.01.201...

Abbildung 4.64 Transaktion ILM_LHM (Legal Hold Management)

4.6.2 Das Konzept der BOR-Objekttypen und ihre Verbindung zu ILM-Objekten

BOR-Objekttypen

Bevor wir die Funktionen des Änderns oder Anlegens eines Rechtsfalls besprechen, ist es wichtig zu erläutern, dass dabei das Konzept der *BOR-Objekttypen* verwendet wird. Wie Sie der SAP-Dokumentation entnehmen können, werden Business-Objekte im BOR durch den Objekttyp (z. B. BUS2032) sowie einen beschreibenden Namen (z. B. Kundenauftrag) identifiziert.

BOR-Objekttyp-Instanz

Für jeden BOR-Objekttyp ist auch ein Schlüssel definiert. In unserem Beispiel BUS2032 (Kundenauftrag) ist es die Verkaufsbelegnummer. Wenn Sie also einen BOR-Objekttyp (z. B. BUS2032) sowie einen dazugehörigen Schlüssel (z. B. 80012231) angeben, bestimmen Sie eindeutig eine Instanz dieses BOR-Objekttyps.

Funktionsweise der BOR-Objekttypen

Sie können sich das Konzept der BOR-Objekttypen ähnlich wie das Konzept eines Reisepasses vorstellen: Der BOR-Objekttyp ist das Land, das den Pass ausstellt. Der Schlüssel ist die Passnummer. Mit beiden Attributen können Sie eindeutig einen Bürger (Instanz) beschreiben.

Verbindung zwischen BOR-Objekttypen und ILM-Objekten

Diese Instanzen sind die Objekte, die Sie in einen Rechtsfall aufnehmen können. Der Charme dieses Konzepts besteht darin, dass Sie damit jede Instanz (z. B. einen Beleg) jeder Anwendung angeben können. Die Voraussetzung ist, dass diese Anwendung an dem Konzept der Business-Objekte des BOR teilnimmt. Tut sie das, ist es die Pflicht des Entwicklers des dazugehörigen ILM-Objekts, den BOR-Objekttyp im Customizing anzugeben.

Diese Angabe schafft die Verbindung zum zugehörigen Archivierungs- oder Datenvernichtungsobjekt. Sie ist somit auch die Voraussetzung dafür, dass das Konzept der rechtsfallbedingten Sperren mit SAP ILM zusammenarbeiten kann. Denn nur mithilfe dieser Verbindung kann SAP ILM anschließend dafür sorgen, dass die Instanz nicht vernichtet wird, solange sie in einen Rechtsfall verwickelt ist.

4.6.3 Rechtsfall anlegen oder ändern

Einen neuen Rechtsfall anlegen

Rufen Sie Transaktion ILM_LHM (Legal Hold Management) auf, und klicken Sie auf den Button **Anlegen** bzw. **Ändern** (siehe Abbildung 4.64). Im oberen Teil von Abbildung 4.65, im Bereich **Rechtsfallattribute**, können Sie allgemeine Daten zum Rechtsfall hinterlegen oder diese im Laufe der Zeit ändern. Muss-Felder sind hier **Name des Rechtsfalls**, **Priorität**, **Verantwortliche Person** und **Rechtsfallstatus**. Speichern Sie dann Ihre Eingaben.

Daten in den Rechtsfall aufnehmen

Nun können Sie mit dem Aufnehmen von Daten in den neuen Rechtsfall beginnen. Sie können dies auf zwei Wegen tun:

- Über den Button **Objekte hinzufügen**, wenn Sie genau eine Instanz eines BOR-Objekttyps aufnehmen wollen.
- Über den Button **E-Discovery** in folgenden Fällen:
  - Wenn Sie eine oder mehrere Instanzen eines BOR-Objekttyps hinzufügen wollen.

- Wenn Sie eine oder mehrere Instanzen eines BOR-Objekttyps, inklusive der verknüpften Instanzen anderer BOR-Objekttypen, hinzufügen wollen.

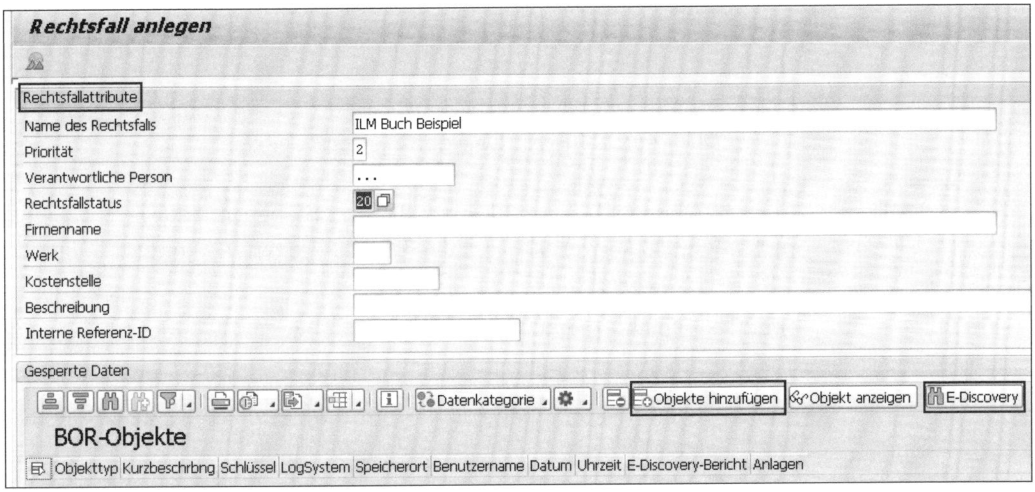

Abbildung 4.65 Transaktion ILM_LHM (Legal Hold Management) – Rechtsfall anlegen oder ändern

E-Discovery-Funktion und Document Relationship Browser

Die E-Discovery-Funktion bietet Ihnen die Möglichkeit, nicht nur gewünschte Instanzen eines BOR-Objekttyps in den Rechtsfall aufzunehmen, sondern dabei auch alle verknüpften Instanzen (z. B. Belege) hinzuzufügen. Wenn Sie nun an das Tool *Document Relationship Browser* (*DRB*) denken, das z. B. in der SAP-Schulung BIT660 (Datenarchivierung) erläutert wird, liegen Sie richtig: Genau dieses Tool wird für die Suche nach verknüpften Belegen verwendet.

Manuelles Hinzufügen von Objekten

Die erste Funktion (Button **Objekte hinzufügen**) wählen Sie, wenn Sie genau eine Instanz eines BOR-Objekttyps in einen Rechtsfall aufnehmen möchten. Wir nennen dies auch das *manuelle Hinzufügen von Objekten*. Nachdem Sie den Button **Objekte hinzufügen** angeklickt haben, geben Sie Folgendes an:

- Das logische System, aus dem die Instanz (der Beleg) stammt.
- den BOR-Objekttyp, den Sie entweder aus dem Bereich **Zuletzt ausgewählte Objekte** auswählen können, oder den Sie finden, indem Sie zuerst den Button **Infosystem** anklicken und im daraufhin erscheinenden Pop-up-Fenster nach dem passenden Objekttyp suchen.
- Den Schlüssel der Instanz.

Abbildung 4.66 zeigt die Ergebnisliste.

Abbildung 4.66 Transaktion ILM_LHM (Legal Hold Management) – Ergebnisliste der manuellen Aufnahme von Objekten in einen Rechtsfall

Informatinen zu jeder BOR-Objekttyp-Instanz

Das System hat die Instanz, die Sie spezifiziert haben, in den Rechtsfall aufgenommen. Dabei werden zu jeder BOR-Objekttyp-Instanz u. a. folgende Informationen gezeigt:

- der BOR-Objekttyp und seine Kurzbeschreibung
- der Schlüssel der Instanz sowie das logische System, dem sie angehört
- der Speicherort (das System ist also imstande zu ermitteln, ob die Instanz auf der Datenbank oder im Archiv vorliegt)
- welcher Benutzer die Objekte wann und mithilfe welcher Funktionalität aufgenommen hat (in unserem Beispiel über das manuelle Hinzufügen mit dem Button **Objekte hinzufügen**)
- ob das System dazugehörige Originalbelege ermitteln konnte (die rechtsfallbedingte Sperre kann sich nämlich auch darauf erstrecken)

[»]

Logisches System

Der Tatsache, dass das logische System angegeben wird, entnehmen Sie, dass Sie sogar systemübergreifend Instanzen (z. B. Belege) in die Rechtsfälle aufnehmen können.

[»]

Document Relationship Browser – Suche auf der Datenbank und im Archiv

Die Suche erfolgt auf der Datenbank und im Archiv. Im zweiten Fall ist es wichtig, dass Sie passende Archivinfostrukturen aktiviert haben. Meist sind es die gleichen Infostrukturen, die Sie auch für die Nutzung des Tools Document Relashionship Browser benötigen.

E-Discovery

Möchten Sie hingegen einen bestimmten Beleg (z. B. einen Kundenauftrag) in einen Rechtsfall aufnehmen, dieses Mal jedoch zusammen mit allen abhängigen Belegen (z. B. dem Materialbeleg, der Kundeneinzelfaktura, den dazugehörigen FI- und CO-Belegen usw.), hilft Ihnen dabei die *E-Discovery-Funktion*, die Sie über den gleichnamigen Button **E-Discovery** aufrufen.

Hier werden die für den Rechtsfall relevanten Daten (Instanzen) anhand von Suchkriterien, die Sie vorgeben, gesucht und in den Rechtsfall aufgenommen. Die Suchkriterien hängen vom BOR-Objekttyp ab. Folgende BOR-Objekttypen werden derzeit unterstützt:

- Abrechnungsbelege
- Verkaufsbelege
- Lieferungen
- Bestellungen

Die jeweils aktuelle Liste unterstützer BOR-Objekttypen zeigt Ihnen auch die Wertehilfe (F4) zum Feld **Programm**. In Abbildung 4.67 sehen Sie, wie Sie Objekte mit der E-Discovery-Funktion in einen Rechtsfall aufnehmen können. Pflegen Sie die Informationen in den Feldern **Programm**, **Variante** und **Logisches System**, und bestätigen Sie anschließend Ihre Eingaben.

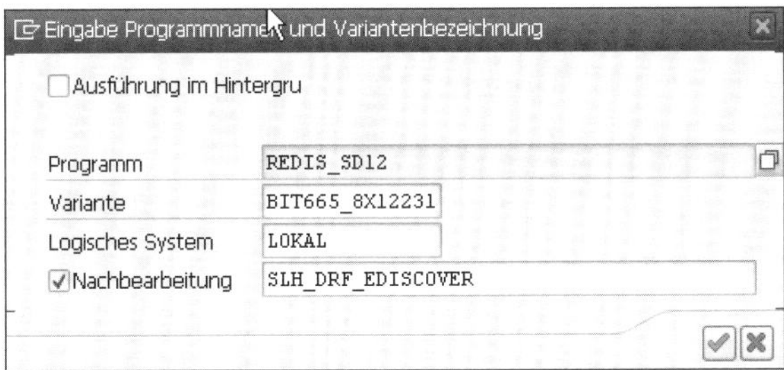

Abbildung 4.67 Transaktion ILM_LHM (Legal Hold Management) – Programmnamen und Variantenbezeichnung eingeben

Sie erhalten daraufhin eine Ergebnisliste. In Abbildung 4.68 und Abbildung 4.69 sehen Sie den Nachbearbeitungsstatus.

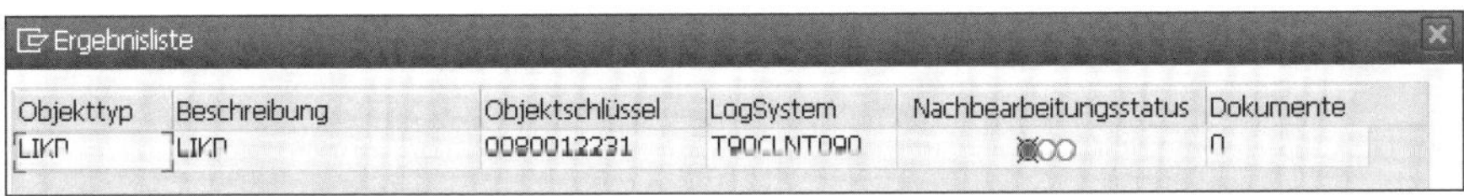

Abbildung 4.68 Transaktion ILM_LHM (Legal Hold Management) – Ergebnisliste mit Nachbearbeitungsstatus (rot)

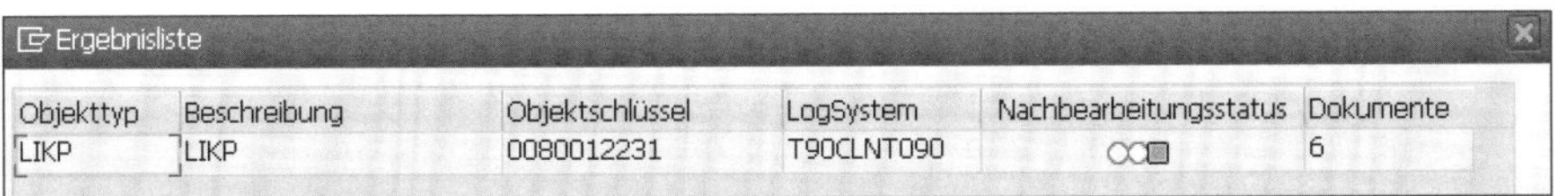

Abbildung 4.69 Transaktion ILM_LHM (Legal Hold Management) – Ergebnisliste mit Nachbearbeitungsstatus (grün)

Klasse CL_EDISC_REF_COLLECTOR

Reichen Ihnen die Alternativen, die die Wertehilfe (F4) zum Feld **Programm** anzeigt, nicht aus, wenden Sie sich an SAP. Alternativ können Sie die Klasse CL_EDISC_REF_COLLECTOR (Sammeln von Objekt-Referenzen im globalen Speicher) nutzen, um kundenspezifische E-Discovery-Berichte zu implementieren. Diese Klasse übergibt die über den E-Discovery-Bericht gefundenen BOR-Objekttyp-Instanzen an den entsprechenden Rechtsfall. Weitere Informationen zur korrekten Verwendung dieser Klasse finden Sie in den ausgelieferten Beispielberichten, die die Wertehilfe (F4) zum Feld **Programm** anzeigt.

Anlegen und Ändern der Variante

Im Feld **Variante** geben Sie eine Variante zu dem ausgewählten Programm an. Darin können Sie genau spezifizieren, welche Belge zu welchen Organisationseinheiten usw. Sie in den Rechtsfall aufnehmen wollen. Bietet das Fenster in Abbildung 4.70 keine Möglichkeit zum Anlegen oder Ändern einer Variante an, müssen Sie eine passende Variante in einem separaten Fenster anlegen, z. B. über Transaktion SE38 (ABAP Editor).

Das Feld **Logisches System** ist schon mit dem Wert **LOKAL** für das lokale System belegt.

Ausführung im Hintergrund und Nachbearbeitung

Das Kennzeichen **Ausführung im Hintergrund** aktivieren Sie, wenn Sie wünschen, dass das System die gesamte Arbeit als Hintergrundjob ausführt, nachdem Sie das Pop-up-Fenster im nächsten Schritt bestätigt haben.

Das Kennzeichen **Nachbearbeitung** setzen Sie, wenn Sie wünschen, dass das System folgende Schritte der Reihe nach ausführt:

1. Die Instanzen werden gemäß der Variante des von Ihnen angegebenen Programms gesucht und in den Rechtsfall aufgenommen.
2. Die verknüpften Instanzen werden über den Document Relationship Browser bestimmt und in den Rechtsfall aufgenommen.

Beachten Sie aber, dass die verknüpften Instanzen gemäß Ihren Einstellungen im Document Relationship Browser gesucht werden. Für diese Einstellungen stehen Ihnen die Rolle SAP_DRB und die Registerkarte **Personalisierung** zur Verfügung (siehe Abbildung 4.70).

BOR-Objekttypen im Document Relationship Browser

Wenn Sie darin auf den Eintrag **SAP DRB: Anzeigeoptionen & Objekttypen für Belegverknüpfungen – S_DRB** doppelklicken, sehen Sie alle BOR-Objekttypen, die sich am Document Relationship Browser beteiligen (siehe Abbildung 4.71). Sind auf der linken Seite keine Objekttypen aufgelistet, werden verknüpfte Belege über alle BOR-Objekttypen (auf der rechten Seite im Bild) gesucht. Wünschen Sie dies einzuschränken, können Sie gewünschte Objekttypen auf die linke Seite verschieben. Hierzu müssen Sie zuerst in den Änderungsmodus der Pflege der Rolle SAP_DRB wechseln.

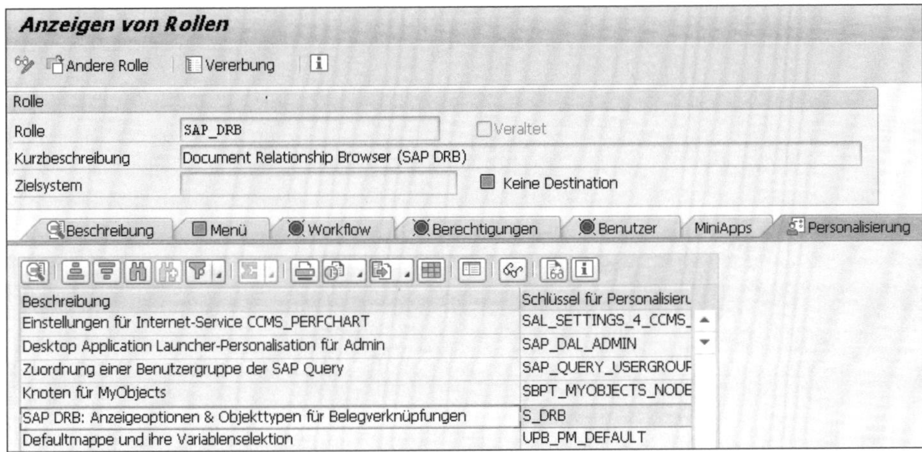

Abbildung 4.70 Transaktion PFCG (Rollenpflege) – Personalisierung der Rolle SAP_DRB: Aufruf

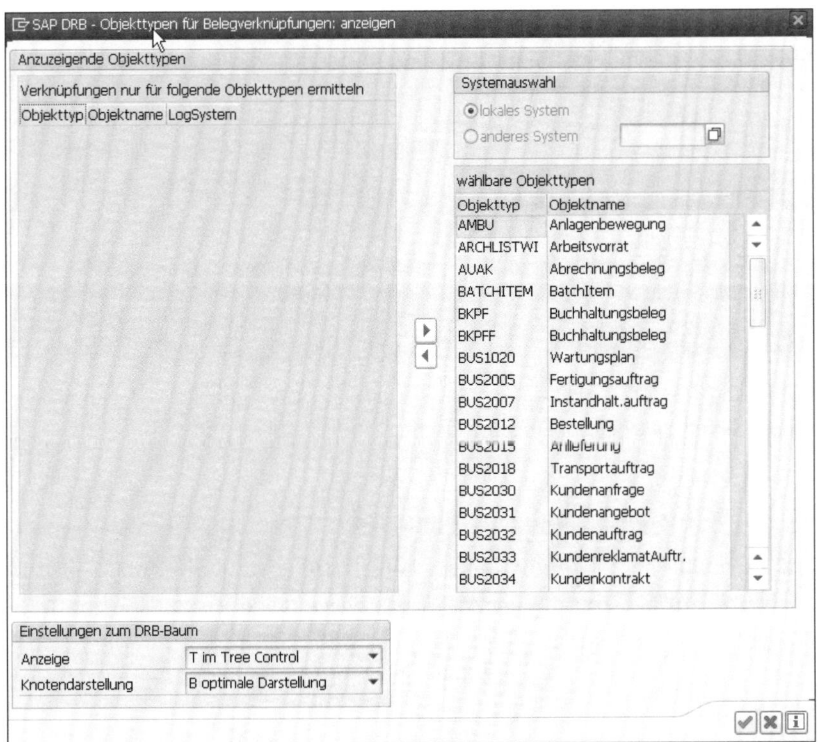

Abbildung 4.71 Transaktion PFCG (Rollenpflege) – Personalisierung der Rolle SAP_DRB: Einstellungen

Die Ergebnisliste (siehe Abbildung 4.72) der Aufnahme von BOR-Objekten in Ihren Rechtsfall mithilfe der E-Discovery-Funktion hat den gleichen Aufbau wie bei der manuellen Suche mithilfe des Buttons **Objekte hinzufügen**. In der Spalte **E-Discovery-Bericht** wird das von Ihnen ausgewählte Programm angegeben.

Objekttyp	Kurzbeschreibung	Schlüssel	LogSystem	Speicherort	Na...	Datum	Uhrzeit	E-Discovery-Bericht	Anlagen
LIKP	Auslieferung	0080012233	T90CLNT090	Datenbank	Iw...	27.06.20...	13:57:55	Manuell	0
LIKP	Auslieferung	0080012231	T90CLNT090	Archiv	Iw...	27.06.20...	14:04:45	REDIS_SD12	0
BKPF	Buchhaltungsbeleg	240001000001122003	T90CLNT090	Datenbank	Iw...	27.06.20...	14:04:45	REDIS_SD12	0
BKPF	Buchhaltungsbeleg	240049000004142003	T90CLNT090	Datenbank	Iw...	27.06.20...	14:04:45	REDIS_SD12	0
BUS2032	Kundenauftrag	0000008621	T90CLNT090	Datenbank	Iw...	27.06.20...	14:04:45	REDIS_SD12	0
MKPF	Wareneingang	49000287222003	T90CLNT090	Datenbank	Iw...	27.06.20...	14:04:45	REDIS_SD12	0
VBRK	Kundeneinzelfaktura	0090033403	T90CLNT090	Datenbank	Iw...	27.06.20...	14:04:45	REDIS_SD12	1

Abbildung 4.72 Transaktion ILM_LHM (Legal Hold Management) – Ergebnisliste der Objektaufnahme via E-Discovery

BOR-Objekte aus der Ergebnisliste entfernen

Bei Bedarf können Sie die Liste der gesperrten BOR-Objekte bearbeiten. Sie können Einträge aus der Liste löschen. Dazu steht Ihnen der in Abbildung 4.73 markierte Button (**Markierte Zeilen löschen**) zur Verfügung. Beachten Sie, dass Objekte dabei natürlich nicht physisch gelöscht werden.

Gesperrte Daten

BOR-Objekte

Markierte Zeilen löschen

Objekttyp	Kurzbeschreibung	Schlüssel	LogSystem	Speicherort	Na...	Datum	Uhrzeit	E-Discovery-Bericht	Anlagen
LIKP	Auslieferung	0080012233	T90CLNT090	Datenbank	Iw...	27.06.20...	13:57:55	Manuell	0
LIKP	Auslieferung	0080012231	T90CLNT090	Archiv	Iw...	27.06.20...	14:04:45	REDIS_SD12	0
BKPF	Buchhaltungsbeleg	240001000001122003	T90CLNT090	Datenbank	Iw...	27.06.20...	14:04:45	REDIS_SD12	0
BKPF	Buchhaltungsbeleg	240049000004142003	T90CLNT090	Datenbank	Iw...	27.06.20...	14:04:45	REDIS_SD12	0
BUS2032	Kundenauftrag	0000008621	T90CLNT090	Datenbank	Iw...	27.06.20...	14:04:45	REDIS_SD12	0
MKPF	Wareneingang	49000287222003	T90CLNT090	Datenbank	Iw...	27.06.20...	14:04:45	REDIS_SD12	0
VBRK	Kundeneinzelfaktura	0090033403	T90CLNT090	Datenbank	Iw...	27.06.20...	14:04:45	REDIS_SD12	1

Abbildung 4.73 Transaktion ILM_LHM (Legal Hold Management) – Ergebnisliste mit Objekten bearbeiten: Einträge löschen

4.6.4 Rechtsfallbedingte Sperren setzen

Ein Rechtsfall liegt nun vor. Sie haben erfahren, wie man ihn anlegt und auch im Lauf der Zeit ändern kann. Sie wissen, wie man Instanzen (z. B. Belege) darin aufnehmen kann. Damit können Sie im System die Rechtsfälle dokumentieren und Klarheit über die darin verwickelten Objekte schaffen.

Propagation der Rechtssperren auf Archivdateien

Sie können aber noch weitere ILM-Funktionalitäten nutzen und nun z. B. die sogenannte *Propagation der rechtsfallbedingten Sperren* durchführen. Wir nennen es alternativ auch das *Setzen von rechtsfallbedingten Sperren*.

Die Funktionalität bewirkt, dass SAP ILM die Vernichtung von Daten nicht erlaubt, wenn diese Teil eines Rechtsfalls sind.

[«]

Grünes Licht für die Vernichtung von Daten

SAP ILM gibt grünes Licht für das Vernichten von Daten (das wir in Abschnitt 1.5, »Auftragsverarbeitung«, besprochen haben), wenn die dazugehörige Aufbewahrungszeit vorbei ist und die Daten außerdem in keinem der aktiven Rechtsfälle als BOR-Instanzen vorhanden sind.

[«]

Geltungsbereich in Datenbank und Archiv

Der Geltungsbereich der rechtsfallbedingten Sperren erstreckt sich auf alle Daten: die archivierten, die über ArchiveLink abgelegten und die auf der Datenbank gespeicherten Daten. Es stellt sich die Frage, wie SAP ILM die Vernichtung von Daten, die in Rechtsfälle involviert sind, verhindern kann, wenn diese Daten in der Datenbank gespeichert sind. Sind die Daten archiviert, können Sie schließlich über den zugehörigen »Aufkleber« (das Attribut an der Archivdatei bzw. am ArchiveLink-Dokument) mit der Sperre versehen. Diese Sperren werden aber nicht an die Datenbanktabellen weitergegeben (propagiert).

Die Antwort auf die obige Frage liegt in der Anforderung, dass aufbewahrungspflichtige Daten nur mithilfe von SAP ILM vernichtet werden dürfen. Welche Funktionalitäten im Detail dafür zur Verfügung stehen müssen, besprechen wir genauer in Abschnitt 1.5, »Auftragsverarbeitung«. Wenn sich die Anwendungen daranhalten und SAP ILM korrekt verwenden, kann es, wie beschrieben, korrekt grünes Licht für die Datenvernichtung geben.

Rechtsfallbedingte Sperren während der Löschphase setzen

Um diesen Service zu bieten, erstellt das System während der Archivierung zusätzliche Aufkleber an der Archivdatei. Der Aufkleber entsteht pro Rechtsfall, in den eine Instanz der Archivdatei verwickelt ist. Dieser Vorgang findet während der Löschphase statt. Die spannende Frage ist nun, wann die Informationen dieser Aufkleber dem ILM-zertifizierten Ablagesystem mitgeteilt werden. Es passiert *nicht* während der Ablagephase. Hierzu gibt es dedizierte Reports, die Sie (am besten als regelmäßige Jobs im Hintergrund) einplanen sollten. Bevor wir Ihnen diese Reports vorstellen, halten wir aber fest, dass Sie des Weiteren folgende Wünsche haben:

- Sie möchten, dass die Aufkleber mit der Sperrinformation auch dann entstehen, wenn Sie archivierte Daten – eine gewisse Zeit nach dem Vorgang der Archivierung – in einen Rechtsfall aufnehmen.

- Sie möchten, dass die Aufkleber von der Archivdatei entfernt werden, wenn Sie den Rechtsfall löschen oder eine Instanz aus dem Rechtsfall entfernen.

Diese Aktionen werden *nicht* automatisch beim Speichern des Rechtsfalls vorgenommen.

Report ARC_LHM_PROPAGATE_LEGAL_HOLD

Für die genannten Fälle teilen Sie dem ILM-zertifizierten Ablagesystem die aktuellen Informationen zu den Aufklebern mithilfe des Reports ARC_LHM_PROPAGATE_LEGAL_HOLD (Rechtsfallbedingte Sperren auf Archivdateien anwenden) mit (siehe Abbildung 4.74).

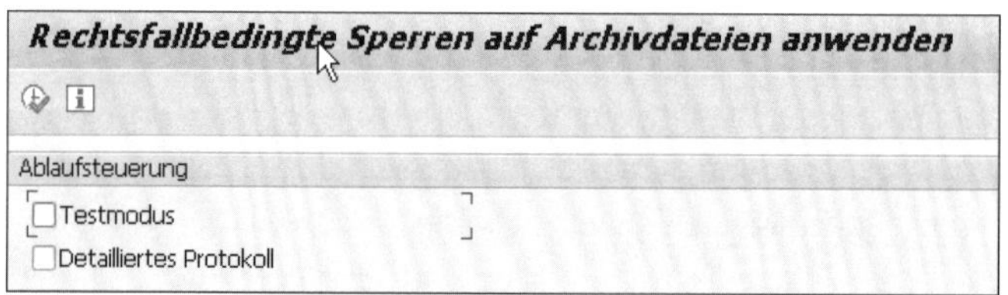

Abbildung 4.74 Report ARC_LHM_PROPAGATE_LEGAL_HOLD (Rechtsfallbedingte Sperren auf Archivdateien anwenden)

Report ARLNK_LHM_PROPAGATE_LEGAL_HOLD

Der Report ARLNK_LHM_PROPAGATE_LEGAL_HOLD (Rechtsfallbedingte Sperren auf ArchiveLink-Referenzen anwenden) bietet Ihnen die gleiche Funktionalität, aber nicht für Archivdateien, sondern für Dokumente, die Sie über die ArchiveLink-Schnittstelle abgelegt haben.

Report `ARC_LHM_PROPAGATE_LEGAL_HOLD` und Report `ARLNK_LHM_PROPAGATE_LEGAL_HOLD` haben das gleiche Selektionsbild, in dem Sie im Bereich **Ablaufsteuerung** Eingaben zum Modus (Test- oder Produktivmodus) und zum Protokollumfang (mit Detailprotokoll oder nicht) vornehmen können.

Protokollumfang

Wählen Sie ein Detailprotokoll, werden die einzelnen Ressourcen (Archivdateien bzw. die über ArchiveLink abgelegten Objekte) auch dann im Anwendungslog protokolliert, wenn sie erfolgreich bearbeitet wurden. Andernfalls werden die Ressourcen nur protokolliert, wenn es sich um eine Fehlermeldung handelt. Die Pfade der Kollektionen werden in jedem Fall protokolliert.Weiterführende Informationen finden Sie in der Dokumentation der genannten Reports.

Regelmäßiger Job im Hintergrund

Die Archivierung von Daten kann eine beliebige Zeit später als das Aufnehmen dieser Daten in einen Rechtsfall stattfinden. Ebenfalls können Sie jederzeit einen Beleg oder einen über Archive-Link abgelegten Originalbeleg aus dem Rechtsfall entfernen. Aus diesem Grund empfehlen wir, den Report ARC_LHM_PROPAGATE_LEGAL_HOLD (Rechtsfallbedingte Sperren auf Archivdateien anwenden) sowie den Report ARLNK_LHM_PROPAGATE_LEGAL_HOLD (Rechtsfallbedingte Sperren auf ArchiveLink-Referenzen anwenden) als regelmäßige Jobs im Hintergrund einzuplanen.

4.6.5 Extraktion von Datenobjekten mit Legal Hold

Wenn eine Sperre die ganze Löschung verhindert

Wir möchten hier noch einmal betonen, dass die in einem Rechtsfall gesperrten Daten nicht der Datenvernichtung unterzogen werden können. In Transaktion ILM_DESTRUCTION (Datenvernichtung) ist ein kleines Schloss vor einer Datei zu sehen, sobald ein Beleg – eine BOR-Objekttyp-Instanz – aus dieser Archivdatei in einen Rechtsfall verwickelt ist (siehe z. B. Abbildung 4.50). Infolgedessen kann die ganze Archivdatei nicht gelöscht werden.

[zB]

Ein Beleg verhindert die Vernichtung

Im Extremfall ist die Vernichtung einer ganzen Archivdatei mit Tausenden von Belegen nicht möglich, weil darin für einen einzigen Beleg eine rechtsfallbedingte Sperre gesetzt ist.

Report zur Extraktion von Datenobjekten mit Legal Hold

In diesem Zusammenhang kann für Sie der Report RSARC_EXTRACT_LEGAL_HOLDS (Extraktion von Datenobjekten mit Legal Hold) von Interesse sein (siehe Abbildung 4.75). Falls Sie Archivdateien mit rechtsfallbedingten Sperren haben, die gemäß der Aufbewahrungszeit der Daten schon gelöscht werden können, extrahiert der Report die Datenobjekte der Archivdatei, die von dem Rechtsfall betroffen sind, in eine neue Archivdatei. Die Legal-Hold-Information und die Informationen zur Aufbewahrungsdauer werden dabei selbstverständlich vollständig übernommen. Die Ausgangsdatei wird hingegen von der Legal-Hold-Sperre befreit, sodass Sie für sie die finale Löschung vornehmen können.

Sie können diesen Report auch im Hintergrund für mehrere Archivdateien oder Archivierungsobjekte einplanen.

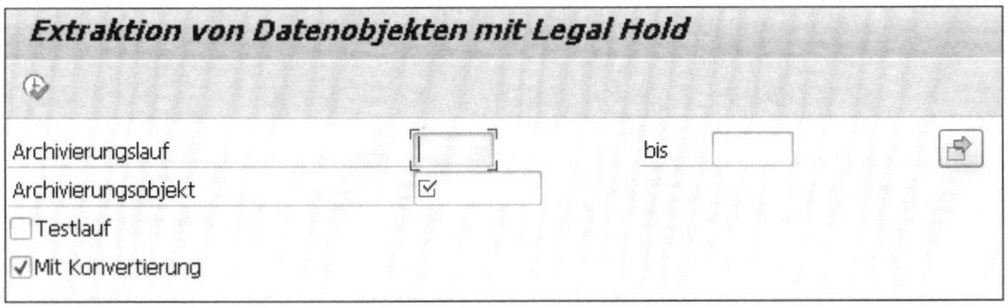

Extraktion von Datenobjekten mit Legal Hold

Archivierungslauf bis

Archivierungsobjekt

Testlauf

Mit Konvertierung

Abbildung 4.75 Report RSARC_EXTRACT_LEGAL_HOLDS (Extraktion von Datenobjekten mit Legal Hold)

Extraktion von Datenobjekten mit Legal Hold

Alternativ zum Report RSARC_EXTRACT_LEGAL_HOLDS (Extraktion von Datenobjekten mit Legal Hold) können Sie die Extraktion auch in Transaktion ILM_DESTRUCTION (Datenvernichtung) vornehmen. Hierzu markieren Sie eine Archivdatei, die mit dem Schloss-Icon versehen ist, und wählen über die rechte Maustaste die Option **Datenobjekte mit Legal Hold extrahieren** (siehe Abbildung 4.76). Auf diesem Wege können Sie – im Gegensatz zu dem Report – nur den gerade markierten Lauf bearbeiten.

Abbildung 4.76 Transaktion ILM_DESTRUCTION (Datenvernichtung) – Datenobjekte mit Legal Hold extrahieren

Ablage von extrahierten Dateien

Die Ablage von Archivdateien, die aus der Extraktion von Datenobjekten mit Legal Hold entstanden sind, erfolgt automatisch. Das System erzeugt keinen Ablagejob, der mit den Buchstaben STO versehen ist (siehe Abbildung 4.77). Die Ablage geschieht also synchron.

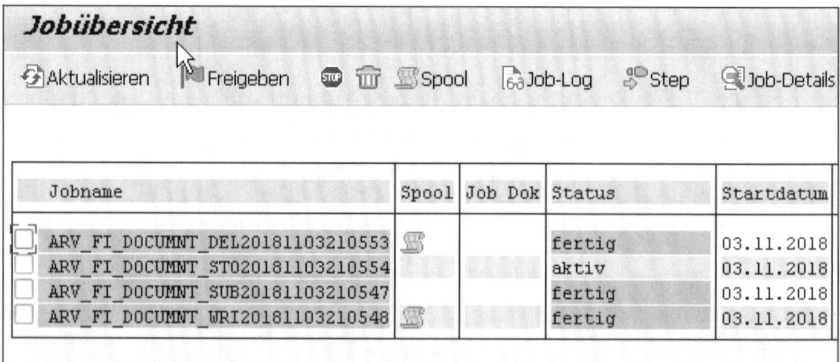

Jobname	Spool	Job Dok	Status	Startdatum
ARV_FI_DOCUMNT_DEL20181103210553			fertig	03.11.2018
ARV_FI_DOCUMNT_STO20181103210554			aktiv	03.11.2018
ARV_FI_DOCUMNT_SUB20181103210547			fertig	03.11.2018
ARV_FI_DOCUMNT_WRI20181103210548			fertig	03.11.2018

Abbildung 4.77 Transaktion SARA (Archivadministration) – Ablagejobs in der Jobübersicht

4.6.6 Rechtsfall abschließen oder löschen

Status eines Rechtsfalls verändern

Sie können den Status eines Rechtsfalls ändern, wie in Abbildung 4.78 dargestellt. Ist der Rechtsfall geschlossen, setzen Sie für ihn den Status **50 – Fall geschlossen**.

Rechtsfall ändern

Löschen

Rechtsfallattribute

Name des Rechtsfalls	ILM Buch Beispiel
Priorität	3 Medium
Verantwortliche Person	KAUFMANN KAUFMANN
Rechtsfallstatus	32 Gerichtsverfahren
Firmenname	
Werk	

Rechtsfallstatus (1) 6 Einträge gefunden

Rechtsfallstatus	Kurzbeschreibung
20	Neu
23	Datensammlung
26	Prüfung
29	Datenproduktion
32	Gerichtsverfahren
50	Fall geschlossen

Abbildung 4.78 Transaktion ILM_LHM (Legal Hold Management) – Rechtsfallstatus ändern und Rechtsfall löschen

Rechtsfall schließen

Dieser Status ist die Voraussetzung dafür, dass Sie den Rechtsfall löschen können. Setzen Sie ihn, und speichern Sie Ihre Eingaben, erscheint das in Abbildung 4.79 gezeigte Pop-up-Fenster. Die Transaktion vergewissert sich, dass Sie den Rechtsfall schließen und sie somit alle Objekte aus der Tabelle **Gesperrte Daten** entfernen kann. Dies ist auch notwendig, damit die Sperren aus den dazugehörigen Archivdateien (wie in Abschnitt 4.6.4, »Rechtsfallbedingte Sperren setzen«, beschrieben) entfernt werden können.

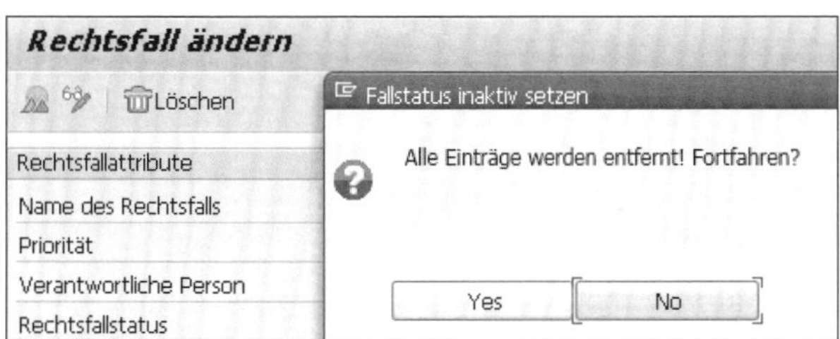

Abbildung 4.79 Transaktion ILM_LHM (Legal Hold Management) – Rechtsfallstatus »Fall geschlossen« setzen

Gesamten Rechtsfall oder einzelne Objekte löschen

Das Löschen des Rechtsfalls nehmen Sie anschließend über den Button **Löschen** vor (siehe Abbildung 4.78). Ist der Rechtsfall noch nicht geschlossen, wollen Sie aber die Sperre für ein bestimmtes Objekt aufheben, markieren Sie den entsprechenden Eintrag in der Liste der gesperrten BOR-Objekte und wählen den Button **Markierte Zeilen löschen** (siehe Abbildung 4.73).

4.7 ILM-Benachrichtigungen

Mit der Business Function ILM_NOTIFICATION gibt es eine zusätzliche Funktion des SAP ILM Retention Managers. Sie steht Ihnen ab Release SAP NetWeaver 7.5 SPS14, passend zur SAP Business Suite, z. B. SAP ERP EHP8 SPS12 oder höher, ab SAP NetWeaver 7.53 SPS01, passend zu SAP S/4HANA 1809 oder höher, und in SAP S/4HANA Cloud zur Verfügung.

ILM-Benachrichtigungsfunktion

Mit der Business Function ILM_NOTIFICATION aktivieren Sie eine Funktionalität zur Erstellung von ILM-Benachrichtigungen in Ihrem System. Sie sammelt Informationen zu über SAP ILM gesteuerten Ereignissen, wie z. B. das Archivieren oder Löschen von Daten, und stellt diese für eine weitere Verarbeitung zur Verfügung. Das heißt, dass erstens alle Informationen protokolliert werden, wenn für ILM-fähige Objekte Archivierungs-, Sperr-, Lösch- oder Vernichtungsprozesse ausgeführt werden, und dass zweitens diese Protokollinformationen später extrahiert und genutzt werden können, um weitere Systeme oder Anwendungen über diese Ereignisse zu informieren und dort zusätzliche Prozesse, wie z. B. das Löschen weiterer Daten, anzustoßen.

Daten werden nur für ILM-fähige Objekte protokolliert

Technisch gesehen, können Daten auch ohne die Hilfe von SAP ILM gelöscht werden. Dies geschieht dann jedoch unkontrolliert und ist nicht durch die ILM-Benachrichtigungsfunktionalität abgedeckt. Voraussetzung ist damit immer die Existenz eines ILM-Objekts, um ILM-Benachrichtigungen für gesperrte oder gelöschte Daten zu erzeugen.

4.7.1 Löschen verteilter Daten

Replikation von Daten

Eine Motivation zur Erschaffung der Funktionalität für ILM-Benachrichtigungen liegt u. a. in der Replikation von Daten an weitere Systeme (gemeint sind sowohl SAP- als auch Nicht-SAP-Zielsysteme) und in den damit verbundenen Fragen, wie diese Daten mit dem Quellsystem verbunden bleiben und aktuell gehalten werden können. Dabei unterscheidet man drei Fälle der Datenreplikation:

1. **Transiente Datenreplikation**
   Das Zielsystem liest nur die aktuellen Daten und speichert diese nicht (bzw. nicht über einen längeren Zeitraum). Im Quellsystem gelöschte Daten werden nicht mehr repliziert, und gesperrte Daten dürfen nicht mehr übertragen werden.

2. **Gespiegelte Datenreplikation**
   Das Zielsystem zeigt dieselben Daten wie das Quellsystem. Löschungen, z. B. aufgrund von Archivierung, führen zu Löschungen im Zielsystem. Auf der Datenbank gesperrte Daten müssen von der weiteren Übertragung ausgeschlossen, das Setzen eines Sperrkennzeichens muss wiederum übertragen werden.
3. **Weitere Verarbeitung der Daten**
   Das Sperren und Löschen von Daten im Quellsystem, z. B. aufgrund ihrer Archivierung, darf in den meisten Fällen nicht zur sofortigen Löschung im Zielsystem führen und kann somit nicht als solches übertragen werden.

Insbesondere der dritte Fall erfordert eine zusätzliche Benachrichtigung des Zielsystems, da weitere Verarbeitungsschritte oder auch eine entsprechend spätere Löschung der Daten relevant sein können. Zudem benötigen solche Zielsysteme eine zusätzliche (zumeist noch zu erschaffende) Funktion, um die ILM-Benachrichtigungen zu sammeln und gezielte Folgeprozesse anzustoßen.

[«]

Erforderliche weitere Funktionalität in Zielsystemen

Eine zusätzliche Funktionalität zur Verarbeitung von ILM-Benachrichtigungen in einem Zielsystem ist nicht Teil der ILM-Benachrichtigungsfunktion. Diese umfasst nur die Erfassung sowie Funktionen zum Auslesen solcher Ereignisse im Quellsystem. Ein Beispiel dafür ist die Extraktion von ILM-Benachrichtigungen für SAP-BW4/HANA- und SAP-BW-Systeme und die dort angebotene Verarbeitung in einer Datenschutz-Workbench. Weiterführende Informationen finden Sie u. a. in SAP-Hinweis 2748685 (Business-Suite-Datenschutzbenachrichtigungen für SAP BW/4HANA und SAP Business Warehouse (SAP BW).

Offene Fragen im Quellsystem

Denn bereits im Quellsystem der Daten stellen sich weitere, nicht einfach zu lösende Fragen zur Replikation von Daten. Zum einen können einige Replikationsverfahren zwar das Anlegen und Ändern, aber keine Löschungen von Daten übertragen. Ganz im Gegensatz dazu gibt es Verfahren, die z. B. Datenbankereignisse, wie die Löschung von Daten, direkt replizieren, was in oben genanntem Fall 2 zur direkten Löschung führen darf, aber eben nicht in oben genanntem Fall 3 – und dann gibt es noch Löschereignisse wie die Vernichtung einer Archivdatei am Ende der jeweiligen Aufbewahrungsfrist, die keine gängigen Replikationsverfahren übertragen können.

ILM-Benachrichtigungen als Antwort

Die ILM-Benachrichtigungen sollen diese offenen Fragen im Quellsystem beantworten, indem eine Möglichkeit zur Übertragung der gewünschten Löschereignisse geschaffen wird. Dies geschieht unabhängig und damit ergänzend zu allen anderen Replikationsmethoden und logischerweise innerhalb von SAP ILM, da dieses als zentrales Tool zum Löschen von aufbewahrungspflichtigen Daten in allen relevanten Prozessen verwendet wird. Zudem kann es für die empfangenden Systeme wichtige Zusatzinformationen, wie z. B. die Art der Löschung oder das Ende von Aufbewahrungsfristen, hinzufügen.

4.7.2 Sperren und Löschen von personenbezogenen Daten

Relevanz für den Datenschutz

Eine weitere Motivation zur Erschaffung von ILM-Benachrichtigungen sind die Anforderungen der DSGVO bezüglich verteilter personenbezogener Daten. Insbesondere die Mitteilungspflichten nach Art. 19 DSGVO erfordern eine technische Lösung. Wenn Sie verantwortlich für die Verarbeitung von personenbezogenen Daten sind, könnten ILM-Benachrichtigungen es Ihnen ermöglichen, allen Empfängern, denen personenbezogene Daten offengelegt wurden, jede Berichtigung oder Löschung dieser Daten oder eine Einschränkung der Verarbeitung nach Art.16, Art.17 Abs.1 und Art.18 DSGVO mitzuteilen. Wenn die Daten an Empfänger weitergegeben wurden, liegt es zum einen im Interesse des Betroffenen, dass auch die Empfänger über die Unrichtigkeit der Daten, deren Löschung oder den eingeschränkten Bearbeitungsumfang unterrichtet werden. Zum anderen sind auch Empfänger daran interessiert, Veränderungen im Hinblick auf personenbezogene Daten zu erfahren (siehe Schwartmann, DS-GVO/BDSG, Art.19 Rn6, 2018).

Art und Weise der Benachrichtigungen

Es gibt keine Formvorschriften, wie und auf welchem Wege diese Benachrichtigungen zu erfolgen haben. Die Nutzung des ursprünglichen Kommunikationskanals wird jedoch angenommen, was in der Praxis letztlich zumeist einer üblichen technischen Replikation an angeschlossene Systeme entsprechen dürfte. Ebenso ist es nicht geregelt, unter welchem zeitlichen Limit die Informationspflicht steht. In den meisten Fällen sollte es aber nach dem Wortlaut von Art.19 genügen, wenn die Informationspflicht zeitlich im Rahmen des üblichen Geschäftsvorgangs erfüllt wird (siehe Schwartmann, DS-GVO/BDSG, Art.19 Rn14, 2018). Unserer Meinung nach beschränkt sich dies nicht nur auf »fremde« Systeme, sondern lässt sich ebenso für eigene Systeme verwenden. Somit können technische Prozesse eingerichtet werden, um die Verarbeitung personenbezogener Daten auch in der eigenen SAP-Systemlandschaft zu steuern, was wiederum einen Beitrag zur Sicherstellung der Richtigkeit der Daten nach Art.5 Abs.1 Buchst. e DSGVO darstellt.

Bei der Replikation von personenbezogenen Daten sind die Besonderheiten einer transaktionalen und einer analytischen Nutzung zu berücksichtigen.

Transaktionale Nutzung personenbezogener Daten

Liegt eine *transaktionale Nutzung* dieser Daten im Zielsystem vor, handelt es sich eventuell um eine Zweckerweiterung bzw. Verarbeitung zu anderen Zwecken des Empfängers. Dabei ist zu prüfen, ob dieses Szenario in die EoP-Prüfung von Stammdaten gemäß Abschnitt 4.3, »Vorbereitungen für das vereinfachte Sperren«, einzubinden ist.

Analytische Nutzung personenbezogener Daten

Liegt eine *analytische Nutzung* dieser Daten im Zielsystem vor, muss beim Erreichen des EoP eine entsprechende Benachrichtigung durch das Quellsystem erfolgen. Wir gehen davon aus, dass eine analytische Nutzung personenbezogener Daten nur im Rahmen des ursprünglichen Verwendungszweckes erfolgen darf. Eine weitere Verarbeitung nach dem EoP von dann im Quellsystem gesperrten oder gelöschten Daten dürfte nicht mehr erlaubt sein (womit die Daten im Zielsystem nach dem EoP zu löschen oder so zu verändern sind, dass kein Personenbezug mehr vorliegt).

Weiterverarbeitungsverbot nach dem EoP

Bei der Verteilung von personenbezogenen Daten an ein Zielsystem zur analytischen Nutzung ist im Quellsystem zudem Folgendes zu beachten:

- **Initiale Datenübernahme**
  Da für gesperrte Daten nach dem EoP ein Weiterverarbeitungsverbot besteht, dürfen diese bei einer initialen Datenübernahme nicht mehr übertragen werden.
- **Delta-Replikation**
  Bei Delta-Replikation von geänderten Daten soll natürlich die Information übertragen werden, dass ein Datensatz gesperrt wurde. Da nach dem Sperren keine weiteren Änderungen der Daten möglich sind, sind sonst keine weiteren Maßnahmen zu beachten. Zusätzlich wird bzw. soll eine ILM-Benachrichtigung an das Zielsystem erfolgen, welche Business-Entitäten/-Datensätze das EoP erreicht haben.

[«]

Keine Beschränkung nur auf personenbezogene Daten

ILM-Benachrichtigungen werden für alle Arten von Daten und für die dafür ausgeführten Archivierungs-, Sperr-, Lösch- oder Vernichtungsprozesse erzeugt. Eine Beschränkung nur auf personenbezogene Daten ist nicht vorgesehen. Eine Limitierung auf entsprechende ILM-Objekte kann konfiguriert bzw. in der Datenselektion beim Verarbeiten der ILM-Benachrichtigungen vorgenommen werden. Details dazu beschreiben wir im folgenden Abschnitt.

4.7.3 Funktionen und Konfiguration der ILM-Benachrichtigungen

ILM-Prozesse als Trigger

Nun haben Sie einige Gründe kennengelernt, warum bzw. wobei Ihnen die Funktionen der ILM-Benachrichtigungen helfen können. Im Folgenden möchten wir Ihnen einen genaueren Überblick über diese Funktionen verschaffen. In Abbildung 4.80 sehen Sie einen Überblick über alle Komponenten der ILM-Benachrichtigungen. Wie bereits erwähnt, können ILM-Benachrichtigungen in allen Archivierungs-, Sperr-, Lösch- oder Vernichtungsprozessen für ILM-Objekte erstellt werden. Der initiale Trigger dafür findet sich somit unter ❶, fest integriert in die verschiedenen ILM-Prozesse. Dies beinhaltet auch ILM-gesteuerte Prozesse, z. B. die Löschläufe von ILM-Datenvernichtungsobjekten oder auch das Sperren und Entsperren von Geschäftspartnern. In beiden Beispielen werden die ILM-Funktionen nur zur Berechnung von Verweil- oder Löschfristen genutzt, und die jeweilige Anwendung muss selbst die für die ILM-Benachrichtigungen benötigten Informationen bereitstellen.

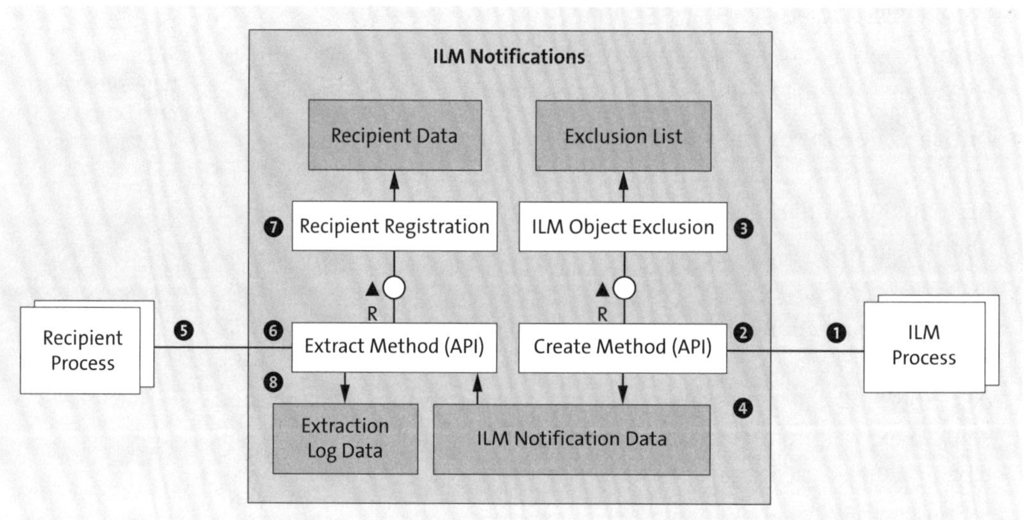

Abbildung 4.80 Komponenten der Funktionen für ILM-Benachrichtigungen

Methode CREATE

Von den ILM-Prozessen wird die API-Methode `CREATE` ❷ zum Anlegen der ILM-Benachrichtigungen gerufen. Ein Beispiel für diesen Aufruf finden Sie im SAP-ILM-Datenvernichtungsobjekt-Beispielprogramm `BC_SFLIGHT_DES` (Datenvernichtung Flugdatenmodell: Beispielprogramm). Weitere Informationen finden Sie auch in der Systemdokumentation der zugehörigen ABAP-Klasse `CL_ILM_NOTIFICATION` (ILM Notification API).

Bevor die ILM-Benachrichtigungen in der Datenbank ❹ gespeichert werden können, wird erst noch unter ❸ geprüft, dass kein Ausschluss für die Erstellung der ILM-Benachrichtigung für dieses ILM-Objekt und den jeweiligen ILM-Prozess konfiguriert wurde.

Methode EXTRACT

Die vorhandenen ILM-Benachrichtigungen können von den Empfängern ❺ abgerufen werden. Dazu rufen diese die unter 6 beschriebene API-Methode EXTRACT zum Lesen der ILM-Benachrichtigungen auf. Möglich ist dies nur für Benutzer, die die Berechtigung für die Aktivität 59 (Verteilen des Berechtigungsobjekts S_ILM_NOTI – Zugriff auf ILM-Benachrichtigungen) haben. Zusätzlich wird unter ❼ geprüft, ob der angegebene Empfänger zuvor registriert wurde. Das Lesen der ILM-Benachrichtigungen an sich wird unter ❽ entsprechend protokolliert und könnte z. B. als Nachweis über das erfolgte Informieren von Empfängern genutzt werden.

[«]

Einschränkung an Empfängern

Bislang ist die Liste an Empfängern limitiert und kann auch nicht erweitert werden. Lesen Sie die SAP-Dokumentation zu den ILM-Benachrichtigungen, um sich über die erlaubten Empfänger bzw. eventuelle zukünftige Änderungen zu informieren. Sie finden sie unter *http://help.sap.com/erp* (zu Release SAP ERP 6.0 EHP8) und dort unter **Application Help • SAP Library (Deutsch) • Anwendungsübergreifende Funktionen in SAP ERP • Anwendungsübergreifende Komponenten • SAP Information Lifecycle Management • Using ILM Notifications**.

Zudem sind die Empfänger selbst für die Replikation der Daten an weitere Systeme verantwortlich. Das heißt, eine entsprechende Implementierung in der SAP Business Suite oder im SAP-S/4HANA-System ist Voraussetzung zum Lesen der Daten und zu deren Übermittlung über den gewünschten Kommunikationskanal.

Welche ILM-Prozesse erzeugen Benachrichtigungen?

Die Erstellung von ILM-Benachrichtigungen wird bislang für die folgenden ILM-Prozesse unterstützt:

- Archivierung (Schreiblauf) von Daten aus der Datenbank mithilfe eines Archivierungsobjekts und der ILM-Aktion **Archivierung**
- Löschen von Daten aus der Datenbank mithilfe eines Archivierungsobjekts (Löschlauf)
- Vernichten von Daten aus der Datenbank mithilfe eines Archivierungsobjekts unter der Verwendung der ILM-Aktion **Datenvernichtung**
- Vernichtung von Daten aus der Datenbank mithilfe eines Datenvernichtungsobjekts
- Vernichtung von Daten aus abgelegten Archivdateien mithilfe von Transaktion `ILM_DESTRUCTION` (Datenvernichtung)

Weitere mögliche ILM-Prozesse

Bislang werden nur die wichtigsten ILM-Prozesse unterstützt. Es gibt aber noch mehr ILM-Prozesse, die theoretisch dazu geeignet sind, ILM-Benachrichtigungen zu erstellen:

- Konvertierung von abgelegten Archivdateien mit Transaktion ILM_CHANGE_RET (Ablaufdatum ändern)
- Erstellen eines Rechtsfalls mit Transaktion ILM_LHM (Legal Hold Management) oder bei der Propagation bzw. dem Setzen einer rechtsfallbedingten Sperre im Legal Case Management
- Zurückladen von Daten einer Archivdatei in die Datenbank

Schlüsselinformationen

Wir haben bislang beschrieben, dass ILM-Benachrichtigungen für ILM-Objekte erstellt werden können. Dies ist aber nur die eine Seite der Medaille, denn schließlich sind ILM-Benachrichtigungen nur sinnvoll, wenn auch entsprechende Daten, d. h. die Schlüsselinformationen des jeweiligen gesperrten oder gelöschten Anwendungsobjekts, in der Benachrichtigung enthalten sind.

Ermittlung des ILM-Objektinstanzschlüssels für Benachrichtigungen

Dafür wurde Transaktion IRM_CUST_BS (IRM Customizing: Business Suite) um den neuen Eintrag **Ermittlg d. ILM-Objektinstanzschlüssels f. Benachrchtg** erweitert (siehe Abbildung 4.81). Pflegen Sie ihn für Ihre eigenen ILM-Objekte, während für die von SAP erstellten ILM-Objekte in Zukunft eine entsprechende Auslieferung von SAP erfolgen muss. Sie können aber zusätzlich eine Implementierung des BAdIs `BADI_IRM_NOTIFICATION` (ILM-Benachrichtigung: Schlüsselwertermittlung) im Erweiterungsspot `ES_IRM_CUST` (ILM-Benachrichtigung: Schlüsselwertermittlung) erstellen, um entweder die ausgelieferten Einträge mit den benötigten Namen der Datenbankfelder zur Ermittlung der Schlüsselinformation zu erweitern oder um eine eigene Schlüsselinformation zu definieren. Genauere Informationen finden Sie in der Dokumentation des BAdIs bzw. seiner Methode `GET_NOTIF_KEY_OBJECTS`.

Abgrenzung zur Schlüsselinformation für BOR-Objekte

Schlüsselinformationen werden in Transaktion IRM_CUST_BS (IRM Customizing: Business Suite) bislang bereits für die Ermittlung des Objektinstanzschlüssels für BOR-Objekttypen gepflegt. Die Vermutung liegt nahe, dass dies die gleiche Information wie für ILM-Benachrichtigungen ist. Jedoch hat sich gezeigt, dass die Schaffung einer neuen Customizing-Sicht aus den folgenden Gründen notwendig ist:

- Nicht für jedes ILM-Objekt existiert auch ein entsprechendes BOR-Objekt. Einerseits ist die Erstellung eines solchen auch nicht immer möglich bzw. sinnvoll, andererseits stellt dies auch einen unnötigen Zusatzaufwand dar, wenn keine andere Nutzung des BOR-Objekts erforderlich ist.
- Zudem gibt es Anwendungsfälle, die mehr bzw. andere Daten für die Ermittlung der Schlüsselinformation in ILM-Benachrichtigungen erfordern. Dies erfordert die Änderung der Schlüsselinformation für BOR-Objekttypen, was wiederum eine inkompatible und damit nicht erlaubte Änderung für deren bisherige Verwendung wäre.

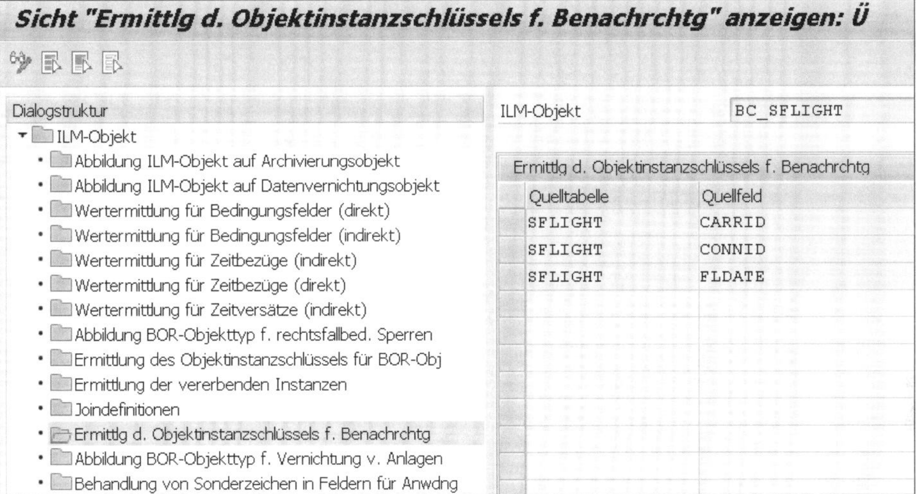

Abbildung 4.81 Schlüsselinformationen für ILM-Benachrichtigungen im ILM-Objekt pflegen

Für die nun festgelegten Schlüsselinformationen werden dann in den ILM-Prozessen die entsprechenden Daten ermittelt und in den ILM-Benachrichtigungen abgelegt.

Ausschluss von ILM-Objekten

Die zuvor schon erwähnte Möglichkeit zum Ausschluss von ILM-Objekten finden Sie, wie in Abbildung 4.82 dargestellt, im Customizing unter **SAP-Einführungsleitfaden • SAP NetWeaver • Application Server • Basis-Services • Information Lifecycle Management • ILM Notifications**.

- ILM Notifications
  - ILM-Benachrichtigungen
  - ILM-Objekte für Benachrichtigung ausschließen
  - BAdI: Benachrichtigungsschlüssel ändern

Abbildung 4.82 Konfigurationsmöglichkeiten für ILM-Benachrichtigungen

Die Erzeugung von ILM-Benachrichtigungen erfolgt (nach Aktivierung der Business Function ILM_NOTIFICATION) automatisch für alle ILM-Objekte, für die ILM-Prozesse im System ausgeführt werden.

Aktivierung von ILM-Benachrichtigungen in SAP S/4HANA Cloud

Sie können die Erzeugung von ILM-Benachrichtigungen in SAP S/4HANA Cloud gesondert ein- bzw. ausschalten. Die entsprechende Funktion finden Sie mittels eines auf der Rollenvorlage SAP_BR_BPC_EXPERT basierenden Business-Users und der darin enthaltenen SAP-Fiori-App **Lösung verwalten**. Klicken Sie dort auf **Lösung konfigurieren**, und schränken Sie dann auf den Anwendungsbereich **Application Platform and Infrastructure** und den Subanwendungsbereich **Data Protection** ein. Öffnen Sie die Zeile für den Elementnamen **ILM-Benachrichtigungen aktivieren**.

Im Dokument »SAP Best Practices for SAP S/4HANA Cloud« finden Sie im Lösungsumfang unter **Datenbank- und Datenmanagement • Enterprise Information System** den Umfangsbestandteil **Datenschutz (1J7)**. Er enthält weitere Informationen, Einrichtungsanweisungen und ein Testskript, die Ihnen bei der Konfiguration und Verwendung der Funktion helfen können.

Wenn Sie die Erzeugung von ILM-Benachrichtigungen für einige ILM-Objekte nicht wünschen, können Sie die Erstellung, wie in den Beispielen in Abbildung 4.83, für alle ILM-Prozesse eines ILM-Objekts oder für bestimmte ILM-Prozesse deaktivieren.

Sicht "Ausschlussliste der ILM-Benachrichtigung" ändern: Übersicht

Neue Einträge

Ausschlussliste der ILM-Benachrichtigung

ILM-Objekt	BenachrMod
AP_IBASE	01 Archivierung schreiben
BC_HROBJ	05 Vernichtung mit DOBJ
BC_SBAL	01 Archivierung schreiben
BC_SBAL	03 Online-Datenvernichtung
SN_META	01 Archivierung schreiben

* Alle
01 Archivierung schreiben
02 Archivierung löschen
03 Online-Datenvernichtung
04 Archivierte Datenvernichtung
05 Vernichtung mit DOBJ
11 Gesperrt
12 Entsperrt

Abbildung 4.83 Ausschlussliste für ILM-Benachrichtigungen pflegen

Inhalt von ILM-Benachrichtigungen

Die erzeugten ILM-Benachrichtigungen enthalten neben einer GUID als Schlüssel, dem Namen des ILM-Objekts, dem Code für den jeweils erzeugenden ILM-Prozess, gegebenenfalls dem Namen der entsprechenden Archivdatei und neben den Schlüsselinformationen auch noch zwei Datumswerte, die über den Lebenszyklus der Daten informieren.

Wann wird gesperrt?

Zum einen handelt es sich dabei natürlich um das Datum für das Ende der Aufbewahrungsfrist, das für die Daten anhand der im System gepflegten ILM-Aufbewahrungsregeln berechnet wurde oder schon erreicht ist. Zum anderen handelt es sich um das berechnete Datum, ab dem die Daten zu sperren sind, was insbesondere bei der Archivierung und natürlich nur bei aktivierter Business Function ILM_BLOCKING (ILM: Sperrfunktionalität) möglich ist. Wenn Sie entsprechende Regelwerke ohne und mit eingetragenen Berechtigungsgruppen gepflegt haben, wird dieses Datum berechnet, indem das späteste Enddatum all jener Regeln ohne Einschränkung des Zugriffs auf die Daten durch eine Berechtigungsgruppe bestimmt wird. Denn danach werden die Daten entsprechend als gesperrt betrachtet, weil der Lesezugriff auf die archivierten Daten nur noch durch besonders berechtigte Nutzer möglich ist.

Löschen von ILM-Benachrichtigungen

Zu guter Letzt müssen die gespeicherten und verarbeiteten ILM-Benachrichtigungen (inklusive der Protokolldaten über die Verarbeitung) auch entsprechend gelöscht werden. Zum einen können sie durch die enthaltene Schlüsselinformation der Anwendungsdaten auch personenbezogen sein und müssen nach Ablauf angemessener Aufbewahrungsfristen gelöscht werden, zum anderen können große Mengen an Einträgen entstehen, was gegebenenfalls zu Performanceproblemen in Ihrem System führen könnte. Aus diesen Gründen wird das ILM-Datenvernichtungsobjekt ILM_NOTIF_DESTR (Vernichtung von ILM-Benachrichtigungen) mit dem zughörigen ILM-Objekt ILM_NOTIFICATION (ILM-Benachrichtigung) zur Löschung von ILM-Benachrichtigungen angeboten (siehe Abbildung 4.84).

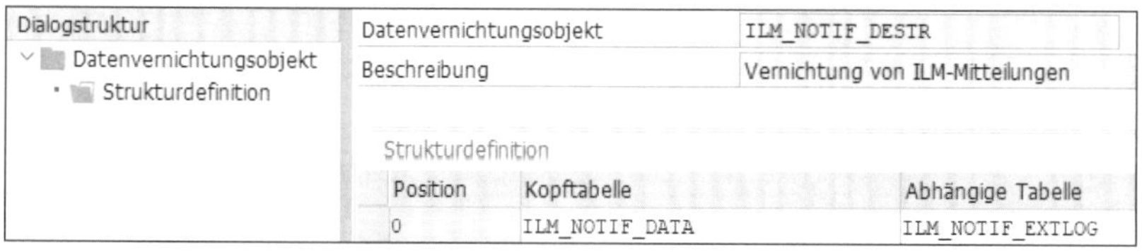

Dialogstruktur
- Datenvernichtungsobjekt
  - Strukturdefinition

Datenvernichtungsobjekt	ILM_NOTIF_DESTR
Beschreibung	Vernichtung von ILM-Mitteilungen

Strukturdefinition

Position	Kopftabelle	Abhängige Tabelle
0	ILM_NOTIF_DATA	ILM_NOTIF_EXTLOG

Abbildung 4.84 ILM-Datenvernichtungsobjekt ILM_NOTIF_DESTR

Die Zeitreferenz als Startdatum für die Pflege von Aufbewahrungsfristen zum Löschen von ILM-Benachrichtigungen ist das Erstelldatum der Benachrichtigungen. Zur Einschränkung der Aufbewahrungsregeln können sowohl die Namen der ILM-Objekte als auch der ILM-Benachrichtigungsmodus als Kennzeichnung des jeweiligen ILM-Prozesses genutzt werden. Beide Felder sind auch Selektionsfelder für die Ausführung der Datenvernichtung selbst.

4.8 Zeitabhängiges Sperren personenbezogener Daten in der Personaladministration (SAP ERP HCM-PA)

In den vorangehenden Abschnitten haben wir das Konzept des vereinfachten Sperrens und Löschens personenbezogener Daten im Allgemeinen vorgestellt. Auch in SAP ERP HCM-PA wird SAP ILM eingesetzt, um Daten zu löschen. Die nachfolgenden Ausführungen sind, stark gekürzt, dem Buch »SAP-Berechtigungswesen« (Lehnert, Stelzner, Otto, und John, 2016) entnommen.

Sonderfall Personaladministration

Aufgrund der betriebswirtschaftlich anderen Sichtweise in SAP ERP HCM-PA weicht das Konzept fundamental vom sonstigen Sperrkonzept innerhalb der SAP Business Suite ab. Dies ist leicht nachvollziehbar, da es bei nahezu allen Daten in SAP ERP HCM-PA um personenbezogene Daten geht und die anzuwendenden Rechtsquellen eine Vielzahl teilweise konkurrierender Bedingungen setzen.

Zeitabhängige Berechtigungsprüfung

Die *zeitabhängige Berechtigungsprüfung* ermöglicht es Ihnen, den Zugriff datenbezogen auf bestimmte Zeiträume in der Vergangenheit zu beschränken. Die allgemeinen Regeln hinsichtlich Lese- und Schreibzugriff gelten analog. Das Konzept der zeitabhängigen Berechtigungsprüfung ermöglicht es Ihnen, Berechtigungen für bestimmte Benutzergruppen einzeln festzulegen. Abbildung 4.85 zeigt die Wirkung der zeitabhängigen Berechtigungsprüfung.

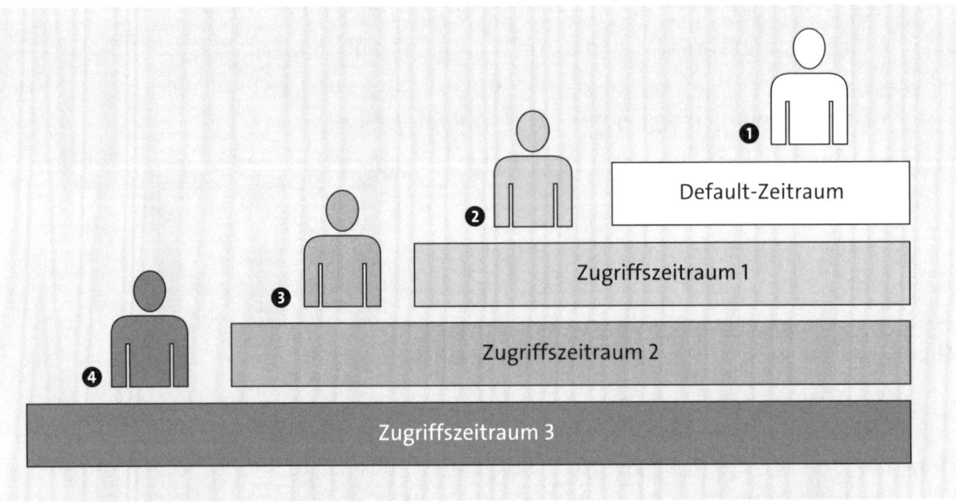

Abbildung 4.85 Wirkung der zeitabhängigen Berechtigungsprüfung

Der Berechtigungszeitraum wird für bestimmte Daten bestimmt. In SAP ERP HCM unterscheidet die Datenorganisation Infotypen und Subtypen.

[«]

Infotyp (Informationstyp) und Subtyp:

- Bei Infotypen handelt es sich um personen- und organisationsbezogene sowie um »andere« Daten. So werden die primären Daten zur Person in Infotyp 0002 hinterlegt. Infotypen können zeitabhängig gespeichert werden. Es gibt mehrere Hundert Infotypen im Standard, davon viele länderspezifische.
- Subtypen sind weitere Untergliederungen des Infotyps.

Zunächst richten Sie einen Default-Berechtigungszeitraum für einen Infotyp oder feingranularer für eine Kombination aus Infotyp und Subtyp ein. Diese ist dann für alle Zugriffe die minimal rückwirkende Zugriffsberechtigung. Haben Sie einen Default-Berechtigungszeitraum von 90 Tagen gewählt, kann jeder Benutzer, der zum Zugriff auf diese Daten berechtigt ist, rückwirkend 90 Tage auf ein bestimmtes Datum zurückgreifen. In Abbildung 4.85 sind dies alle Benutzer (❶–❹).

Berechtigungsobjekt P_DURATION

Einen längeren rückwirkenden Zugriff haben nur die Benutzer, denen in einer Rolle das Berechtigungsobjekt `P_DURATION` (Berechtigungszeiträume für HR-Stammdaten) mit einer entsprechenden Ausprägung für den Infotyp/Subtyp sowie eine Zeitraum-ID zugewiesen wurde. In der Abbildung wurde z. B. dem Personalsachbearbeiter ❷ die Zeitraumberechtigung für 12 Monate und dem Datenschutzbeauftragten ❹ der Zeitraum von 360 Monaten zugewiesen.

Aktivieren der zeitabhängigen Prüfung

Um die zeitabhängige Berechtigungsprüfung nutzen zu können, müssen Sie das BAdI `HRPADAUTH_TIME` (Zeitlogik in der PA-Berechtigungsprüfung) implementieren, um Default-Berechtigungszeiträume zu definieren und entsprechende Berechtigungen auszuprägen.

Das Vorgehen hierzu entnehmen Sie der SAP-Dokumentation unter **Personaladministration • Werkzeuge • Datenschutz • Sperren • Zeitabhängiges • Sperren von Daten • BAdI: Kundenindividuelle Prüfung für Berechtigungszeiträume einrichten**.

4.9 Zusammenfassung

Wir haben Ihnen in diesem Kapitel gezeigt, wie die Welt ein wenig besser wird. Denn Sie wissen nun um die Bedeutung der klaren Definition von Aufbewahrungsregeln, Sie wissen, wie Sie Daten sperren, wie Sie sie im Falle einer Rechtsstreitigkeit aufnehmen können, und Sie wissen, wie Sie Daten nach dem Ablauf der Aufbewahrungszeiten löschen können.

Kapitel 5
»Struktur ist alles«: Verarbeitung muss auf dem Zweck basieren

Die Frage nach dem Zweck der Verarbeitung kann fast philosophisch werden. Wie auch immer Sie die Zwecke definieren – es ist technisch wichtig, dass Sie die personenbezogenen Daten diesen Zwecken auch zuordnen können.

In diesem Kapitel setzen wir uns mit der Abbildung des Zwecks auseinander. Die zugrundeliegenden Annahmen sind softwareagnostisch: Die Verarbeitung personenbezogener Daten muss auf einem legitimen Zweck beruhen. Der Nachweis dieses Zwecks und die erforderlichen technischen Maßnahmen bedürfen einer Attributierung der Daten durch ein spezifisches Zweckattribut oder linien- und prozessorganisatorische Attribute. Da die Verarbeitung in SAP-ERP-Systemen hauptsächlich der Abwicklung von Verträgen und/oder rechtlichen Verpflichtungen dient, ist die Verwendung von linien- und prozessorganisatorischen Attributen die Methode der Wahl; nur sie gestattet es, den Zweck der Verarbeitung personenbezogener Daten im betriebswirtschaftlichen Geschäftsprozess transparent zu halten.

Am Ende dieses Kapitels sollte ein klares Bild vorhanden sein, wie Sie den Zweck mit linien- und prozessorganisatorischen Attributen darstellen können und wie diese eingerichtet werden.

Für das Verständnis des Kapitels sind grundlegende Kenntnisse im Customizing der entsprechenden SAP-Anwendung hilfreich. Wir verweisen an dieser Stelle auf die umfangreiche anwendungsspezifische Literatur bei SAP PRESS.

5.1 Verantwortlicher und Zweck

Zweck im Gesetz

Zur Erinnerung: Der Zweck muss vor der Verarbeitung festgelegt sein. Der Zweck ersetzt allerdings nicht die rechtfertigende Grundlage (Art. 5 Abs. 1 Buchst. b DSGVO). Es dürfen nur die personenbezogenen Daten verarbeitet werden, die zur Erreichung des Zwecks erforderlich sind (Art. 5 Abs. 1

Buchst. c DSGVO). Die personenbezogenen Daten müssen in Bezug auf die Zwecke der Verarbeitung richtig und aktuell gehalten werden (Art. 5 Abs. 1 Buchst. d DSGVO). Schließlich dürfen die personenbezogenen Daten nur so lange verarbeitet werden, wie der Zweck dies rechtfertigt (siehe Abschnitt 1.3.1, »Zweckbindung der Verarbeitung«). Zunächst ist die Frage zu beantworten, wer den Zweck der Verarbeitung definiert. Diese Frage beantwortet Art. 4 Nr.7 DSGVO. Demnach definiert der Verantwortliche den Zweck alleine oder gemeinsam mit anderen Verantwortlichen.

[»]

Gemeinsame Verantwortung

Die gemeinsame Verantwortung mehrerer Verantwortlicher stellen wir in diesem Buch nicht dar, denn sie ist mit zahlreichen weiteren Bedingungen verbunden. Lesen Sie hierzu Gola, Art. 4 Rn 50–53 (Gola: »Begriffsbestimmungen«, 2017) oder Pötters und Böhm, Art. 4 Rn 30 (Pötters und Böhm, 2017).

Der Verantwortliche ist »die natürliche oder juristische Person, Behörde, Einrichtung oder andere Stelle« (Art. 4 Nr. 7 DSGVO). Üblicherweise ist der Verantwortliche in unserem Kontext eine juristische Person, also eine rechtsfähige Organisation. In Abbildung 5.1 ist eine Übersicht von rechtsfähigen und nicht rechtsfähigen Organisationen des Privatrechts und des öffentlichen Rechts dargestellt.

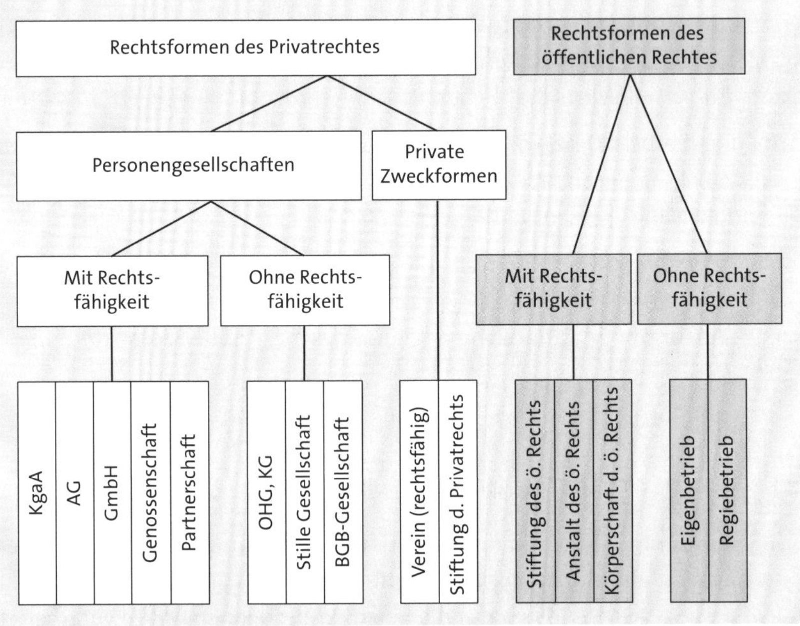

Abbildung 5.1 Rechtsformen (Lehnert, Stelzner, Otto und John, 2016)

Der Verantwortliche für die Verarbeitung personenbezogener Daten ist in aller Regel nicht der Konzern (vgl. DSGVO Art. 4 Nr. 19 – »Unternehmensgruppe«), sondern eine einzelne rechtlich eigenständige (im Finanzwesen selbstständig bilanzierende) Einheit.

Zwingende Zuordnung des Verantwortlichen

Pötters und Böhm verdeutlichen in aller Klarheit (Art. 4 Rn 28, Pötters und Böhm, 2017):

> *Es bedarf einer Rechtsperson, der sich eine Verarbeitung von personenbezogenen Daten zuordnen lässt. Der Begriff des »Verantwortlichen« ist somit untrennbar mit dem Begriff der »Verarbeitung« verbunden. Durch diese Regelung gibt es für jede »Verarbeitung« einen »Verantwortlichen«. Mithin ist eine »Verarbeitung« ausgeschlossen, die sich nicht einem »Verantwortlichen« zuordnen lässt.*

Ein Zweck – ein Verantwortlicher

Wir können unmittelbar daraus folgern, dass jedes personenbezogene Datum immer einem Verantwortlichen und einem Zweck zugeordnet werden können muss. Wir gehen ferner davon aus, dass ein Zweck in aller Regel einem einzelnen Verantwortlichen zuzurechnen ist.

Wie können unterschiedliche Zwecke abgebildet werden? Abbildung 5.2 stellt grundsätzliche Möglichkeiten hierzu dar. Die mit ❶ gekennzeichnete Darstellung beschreibt eine Einheit von Zweck und System. In der Literatur wird dies als Systemtrennung beschrieben.

Die mit ❷ gekennzeichnete Trennung ist die Mandantentrennung in einem System. Das heißt, dass in ein und demselben technischen System die personenbezogenen Daten vollständig logisch getrennt gehalten werden. Dies ist in der SAP Business Suite oder in SAP S/4HANA durch mandantenspezifische Tabellen und Einstellungen möglich.

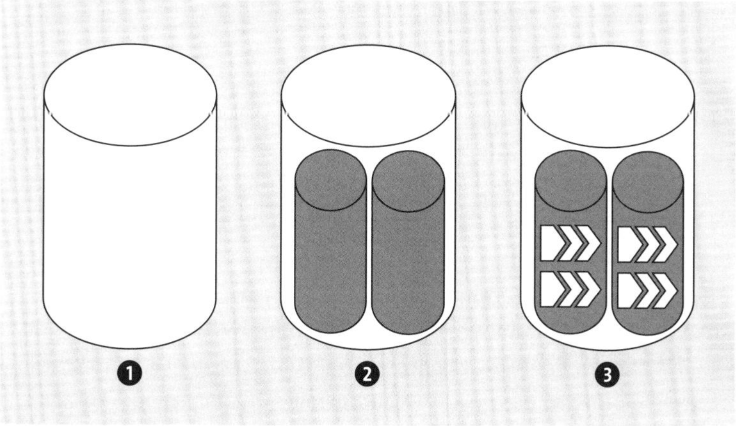

Abbildung 5.2 Trennung nach Zwecken

Die mit ❸ gekennzeichnete Trennung beschreibt eine Verarbeitung, in der auch in einem Mandanten unterschiedliche Zwecke verarbeitet werden können. Dies ist in der SAP Business Suite oder in SAP S/4HANA durch die einschlägige Attributierung von Daten möglich.

Trennungsgebot in der deutschen Literatur

Wie die Verarbeitung zu trennen ist, war lange Gegenstand der Debatten unter dem alten Bundesdatenschutzgesetz (BDSG). Die von uns zurate gezogene Literatur kommt zwar übergreifend zu vergleichbaren Maßnahmen, um die Trennung der Zweckbindungen zu gewährleisten, jedoch werden die Präferenzen unterschiedlich gesetzt:

- räumliche Trennung oder Systemtrennung
- Trennung im System durch Mandanten
- Trennung im Mandanten durch Berechtigungskonzept
- Funktionstrennung

Gola, Klug und Körffer kommen zu dem Schluss, dass eine Systemtrennung nicht notwendig ist (Gola, Klug und Körffer, 2010, § 9 Rn 29). Däubler, Klebe, Wedde und Weichert sind hingegen der Auffassung, dass eine Systemtrennung erforderlich ist, sofern die getrennte Verarbeitung nicht durch technisch-organisatorische Maßnahmen gewährleistet werden kann (Däubler, Klebe, Wedde und Weichert, 2010, § 9 Rn 100, unter der Bezugnahme auf Bergmann, Möhrl und Herb: »Datenschutzrecht – Loseblattsammlung«, 2009). Dies ist kein Widerspruch, sondern eine andere Präferenzsetzung.

Funktionstrennung gehört zur Zwecktrennung

Zu den technisch-organisatorischen Maßnahmen gehört in jedem Fall das Funktionstrennungsprinzip, in diesem Fall zwischen Wartung und Nutzung des Systems.

Systemtrennung ist in der Praxis nicht weitverbreitet

Wir haben nicht sehr viele Kunden kennengelernt, die tatsächlich eine Systemtrennung betrieben haben. Uns ist nur ein Kunde bekannt, bei dem diese Systemtrennung so weit getrieben wurde, dass die Daten nur per Band übertragen werden konnten. Die weitaus meisten systemtrennenden Kunden erlaubten die RFC-Kommunikation; darüber hinaus wurde die Administration der verschiedenen Systeme oft in der Personalunion wahrgenommen.

In unserem Kundenkreis befinden sich Kunden, die mehr als 100 produktive SAP-ERP-Mandanten haben. In den meisten dieser Fälle war der Wartungs- und Kontrollaufwand ganz erheblich. Tatsächlich entstand vereinzelt der Eindruck, dass wirksame Kontrollen in einer derart komplexen Systemlandschaft teuer und schwierig sind. Eine physikalische Systemtrennung würde die Kosten nochmals deutlich nach oben treiben und die Komplexität weiter erhöhen.

[!]

Komplexität führt zu Intransparenz

System- oder Mandantentrennung führen nicht nur zu signifikant erhöhten Wartungskosten, sondern können die Kontrollmöglichkeiten – zumindest aus Konzernsicht – auch erheblich erschweren.

Eine Datentrennung nach Verwendungszweck kann in den SAP-Systemen für die Endbenutzer in den Geschäftsprozessen (unter der Nutzung organisatorischer Attribute) mit Standardmitteln ohne Mandantentrennung erreicht werden.

Die Frage, wie weit die Trennung reichen muss, kann unseres Erachtens nur unter der Würdigung der Rahmenbedingungen beantwortet werden:

- Was ist die gesetzliche Grundlage der Verarbeitung? Gibt es zwingende Gründe für oder gegen eine Verarbeitung in der geplanten Form?
- Wie sensibel sind die prozessierten Daten?
- Findet die Verarbeitung in derselben juristischen Person statt, oder handelt es sich um eine Auftragsdatenverarbeitung oder Verarbeitung durch Dritte in sicheren Drittstaaten oder um die Verarbeitung durch Dritte in unsicheren Drittstaaten?
- Wiegt im Falle einer Mandantentrennung/Systemtrennung der Zugewinn an formaler Sicherheit den Kontrollverlust durch wachsende Komplexität auf?
- Wie ist das allgemeine Schutzniveau zu beurteilen?
- Welcher Aufwand ist angemessen?

Im Folgenden diskutieren wir zunächst die linienorganisatorischen Trennungsmöglichkeiten in der SAP Business Suite.

5.2 Organisationsstrukturen (Linienorganisation)

Wir haben in Abschnitt 5.1, »Verantwortlicher und Zweck«, bereits den Verantwortlichen für die Verarbeitung mit der selbstständig bilanzierenden Einheit in Verbindung gebracht. Die in diesem Buch beschriebene Software ist eine Software, die für die Abwicklung der wesentlichen Geschäftsprozesse in einem Unternehmen oder in einer Verwaltung ausgelegt ist; dabei geht es um Waren und Dienstleistungen, die bereitgestellt oder auch bezogen werden. All dies muss zusammen mit dem Anlagevermögen buchhalterisch in Bezug auf die selbstständig bilanzierende Stelle dargestellt werden, die in aller Regel deckungsgleich mit dem Verantwortlichen ist.

Dementsprechend kommt dem Buchungskreis eine überragende Bedeutung zu. Daher beginnen wir die weiteren Ausführungen mit dem Thema *Buchungskreis*.

5.2.1 Wichtige Organisationsstrukturen

In Abbildung 5.3 werden, stark vereinfacht, die nachfolgend beschriebenen Organisationsattribute verschiedener Anwendungen dargestellt.

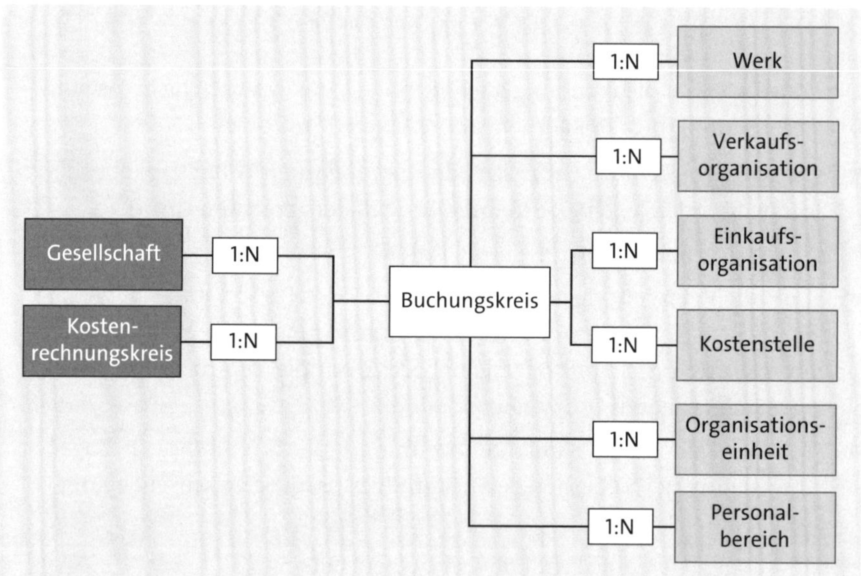

Abbildung 5.3 Vereinfachte Organisationsstruktur

Mandant

Die gröbste organisatorische Unterteilung einer SAP Business Suite oder einer SAP-S/4HANA-Installation ist der Mandant. Der *Mandant* ist die grundlegende Organisationsebene des SAP-Systems. Die betriebswirtschaftlichen Einstellungen des Systems sind mandantenspezifisch; betriebswirtschaftliche Daten werden mandantenspezifisch gehalten.

Buchungskreis

Der *Buchungskreis* ist die zentrale organisatorische Einheit des Rechnungswesens, die das Unternehmen aus der Sicht der Finanzbuchhaltung gliedert. Er repräsentiert die kleinste selbstständig bilanzierende Einheit; alle buchhalterisch relevanten Informationen des Systems sind auf diesen bezogen.

Gesellschaft

Darüber hinaus können *Gesellschaften* eingerichtet werden, die das Unternehmen gemäß den Anforderungen der Handelsgesetzgebung gliedern können. Die Einrichtung von Gesellschaften ist optional und spielt vor allem in der Konsolidierung eine Rolle. Im SAP-System werden die Konsolidierungsfunktionen der Finanzbuchhaltung auf der Basis von Gesellschaften durchgeführt. Eine Gesellschaft kann einen oder mehrere Buchungskreise umfassen.

Kostenrechnungskreis

Der *Kostenrechnungskreis* ist innerhalb einer Unternehmensgruppe die organisatorische Einheit, für die eine umfassende und gegebenenfalls übergreifende Kostenrechnung durchgeführt wird. Dementsprechend kann ein Kostenrechnungskreis einen oder mehrere Buchungskreise umfassen.

Kostenstellenstandardhierarchie

In einem Kostenrechnungskreis gibt es eine *Kostenstellenstandardhierarchie*. Diese ist die aufbauorganisatorische Sicht der Kostenstellenrechnung. Ihr Aufbau entspricht häufig der Aufbauorganisation eines Unternehmens. Eine Kostenstelle ist ein Kontierungsobjekt. Im Besonderen im Berechtigungskonzept kann die Kostenstellenstandardhierarchie häufig genutzt werden, um zweckbezogen Zugriffsrechte zu beschränken.

Einkaufsorganisation

Die *Einkaufsorganisation* ist die buchungskreisbezogene Organisationsebene von Materials Management (MM), die für die Abwicklung des Einkaufs verantwortlich ist. Ein Buchungskreis kann mehrere Einkaufsorganisationen umfassen.

Werk

Das *Werk* ist in der Logistik sicherlich die bedeutendste Organisationsebene. In Bezug auf das Werk werden diverse logistische Stammdaten, wie z. B. das Material, angelegt. Werke können für Teile der logistischen Struktur eingerichtet werden, die aufbauorganisatorisch von anderen Teilen unterschieden werden. Beliebig viele Werke können einem Buchungskreis zugeordnet werden. Die Relation von Werk zu Einkaufsorganisation ist beliebig.

Verkaufsorganisation

Der Vertrieb wird durch die Organisationsebenen *Verkaufsorganisation*, *Vertriebsweg* und *Sparte* gegliedert. Dabei ist die Verkaufsorganisation die grundlegende Organisationsebene des Vertriebs. Sie definiert die Organisationseinheit im rechtlichen Sinne. Geschäftsvorfälle werden jeweils innerhalb einer Verkaufsorganisation abgewickelt. Die so definierte Organisationseinheit schließt Verträge mit Dritten. Entsprechend ist eine Verkaufsorganisation genau einem Buchungskreis zugeordnet. Es können einem Buchungskreis aber auch mehrere Verkaufsorganisationen zugeordnet werden.

Personalbereich

Im *SAP Human Capital Management* (SAP ERP HCM) ist die Annahme gesetzt, dass der Mandant »eine für sich handelsrechtlich, organisatorisch und datentechnisch abgeschlossene Einheit innerhalb eines SAP-ERP-Systems« ist (*http://help.sap.com*, 2013). Im Mandanten sind die Personalbereiche von SAP ERP HCM in Bezug auf die Buchungskreise einzurichten. Der Personalbereich ist dabei eine organisatorische Einheit, die einen abgegrenzten Unternehmensbereich der Personalverwaltung darstellt. Der Personalbereich wird nur in SAP ERP HCM-PA (Personaladministration) verwendet. Personalbereiche sind in Personalteilbereiche untergliedert. Auf der Ebene der Personalbereiche und Personalteilbereiche werden personalbezogene Regelungen festgelegt. Die Regelungen können einen gesetzlichen, tarifvertraglichen oder innerbetrieblichen Charakter haben. Einem Personalbereich ist genau ein Buchungskreis zugewiesen, dem die finanzbuchhaltungsrelevanten Werte, die den Personalbereich betreffen, zuzurechnen sind.

Die Aufbauorganisation des Unternehmens kann im *Organisationsmanagement* (OM) von SAP ERP HCM abgebildet werden.

Struktur des Organisationsmanagements

Ausgehend von einer *Wurzelorganisationseinheit* werden dabei die Organisationseinheiten von der Spitze bis zur Basis abgebildet. Den Organisationseinheiten sind regelmäßig Planstellen und der Planstelle wiederum Personen zugeordnet. Die Planstelle kann durch eine Stelle beschrieben sein; die Organisationseinheiten sind dem Buchungskreis zugeordnet.

Die Beschreibung einer Planstelle durch eine Stelle ermöglicht es, vergleichbare Planstellen durch eine gegebenenfalls organisationseinheitliche Bündelung von Attributen zu definieren. Dabei können neben dem Hinterlegen der Stelle zahlreiche signifikante technische, vertragsrechtliche und personaladministrative Attribute hinterlegt werden. Zu den technischen Attributen können Berechtigungen gehören.

Organisationsmanagement in der Systemlandschaft

Im Rahmen des *Geschäftspartnermanagements* ist die Integration des Organisationsmanagements mit SAP CRM, SAP SRM und dem SAP Solution Manager besonders hervorzuheben. Durch diese Integration ist es möglich, die Stellung der Mitglieder der Organisation ebenso darzustellen wie die Mitglieder der Geschäftspartner, Kunden und Lieferanten.

Die Integration in SAP Business Warehouse (SAP BW) ermöglicht die Gliederung und Berechtigung entsprechend den Zuordnungen im Organisationsmanagement.

Vereinfachte Organisationsstruktur

Die in Abbildung 5.3 dargestellte und nachfolgend beschriebene Organisationsstruktur ist insofern signifikant vereinfacht, als dass die Organisationselemente zweiter Ordnung (wie z. B. der Vertriebsweg) und die Sparte nicht ausgewiesen werden, ebenso wenig wie mögliche übergeordnete Gliederungsmerkmale (z. B. Ergebnisbereich) oder branchenspezifische Gliederungsmerkmale (Bankkreis). Statt möglicher 27 beschränken wir uns auf 9 Relationen. Die Zuordnungen in Abbildung 5.4, ausschnittsweise abgebildet, finden Sie im SAP-Einführungsleitfaden (IMG) unter dem folgenden Pfad: **SAP Einführungsleitfaden • Unternehmensstruktur • Zuordnungen**.

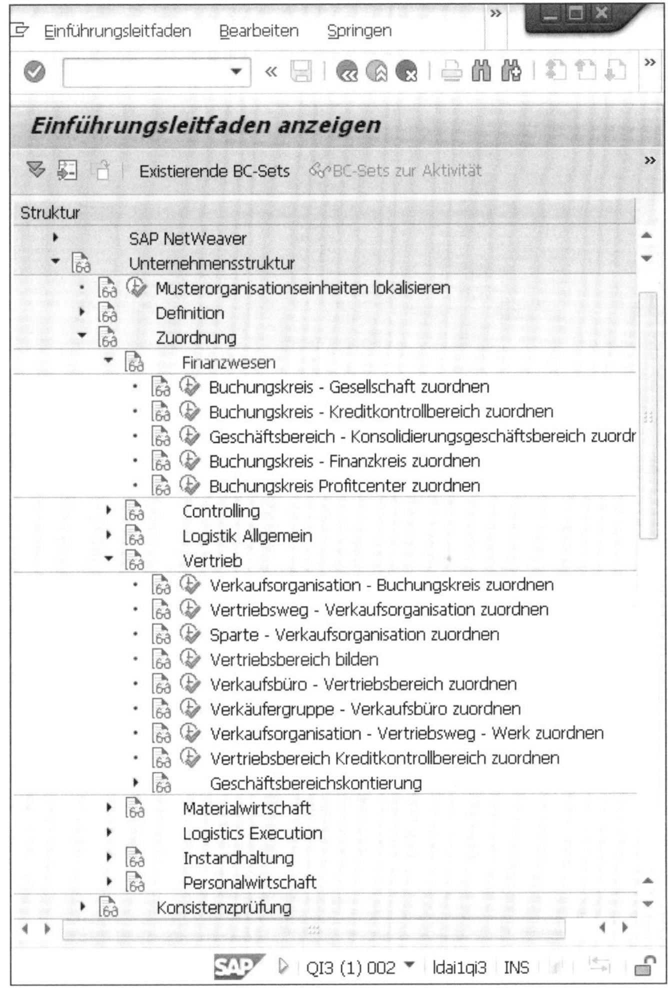

Abbildung 5.4 Zuordnungen pflegen

In Abbildung 5.5 ist schematisch dargestellt, wie Unternehmen in einer Unternehmensgruppe abgebildet werden können. Für das Unternehmen als rechtlich eigenständige Einheit oder eben für den Verantwortlichen im Rechtssinne gilt nach unseren Ausführungen, dass diese Struktur im System so zu reflektieren ist, dass alle linienorganisatorischen Attribute (LOAs) eindeutig auf den Buchungskreis bezogen sind. Sofern die übergeordnete Darstellung, z. B. im internen Rechnungswesen auf dem Level des Ergebnisbereiches (CO-PA) ist, ist dieser den Buchungskreisen überzuordnen. Dieser (der Ergebnisbereich) wäre dann auch LOA-Repräsentant der Unternehmensgruppe.

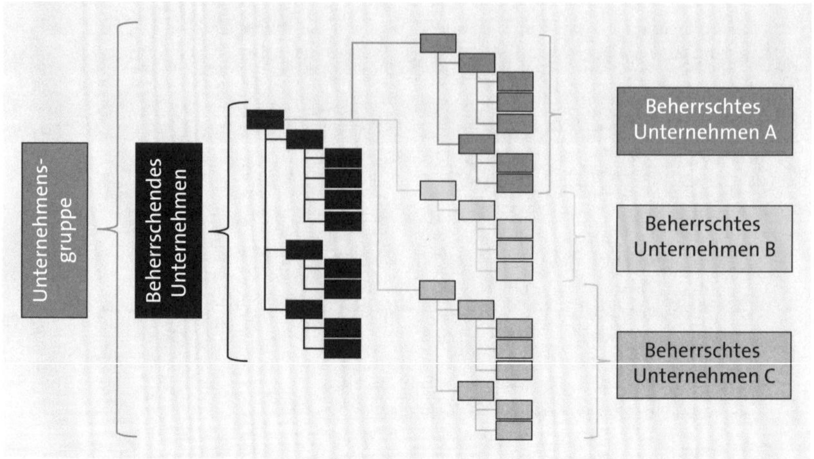

Abbildung 5.5 Darstellung von Unternehmen in einer Unternehmensgruppe

5.2.2 Was, wenn die Strukturen anders eingerichtet wurden?

Nach unserer Auffassung sind die dargestellten organisatorischen Strukturen sehr gut dazu geeignet, die Verarbeitung der Daten in Bezug auf den jeweiligen Verantwortlichen durchzuführen. Die beschriebenen LOAs werden im Berechtigungskonzept, beim vereinfachten Sperren und Löschen und bei der zweckbezogenen Auskunft berücksichtigt. Zusammen mit weiteren Maßnahmen – etwa Funktionstrennung, Einschränkung der Berechtigungen für generischen Tabellenzugriff oder Depersonalisierung von Daten für Testsysteme – sind unseres Erachtens die Daten hinreichend separiert.

Trennung per Mandant

Betrachten Sie diese Möglichkeiten der Zwecktrennung in Bezug auf den Verantwortlichen nicht als hinreichend, bleibt nur noch die Lösung, die zweckbasierte Trennung je Verantwortlichen durch eine *Mandantentrennung* zu erreichen. Im SAP Help Portal ist zu lesen, dass ein Mandant »eine für sich handelsrechtlich, organisatorisch und datentechnisch abgeschlossene Einheit innerhalb eines SAP-Systems mit getrennten Stammsätzen [ist]« (*http://help.sap.com*, 2017).

Saubere Strukturen sind Bedingung

Möchten Sie nicht für jeden Verantwortlichen einen eigenen Mandanten betreiben, bleibt Ihnen nur (wohlgemerkt nur nach unserem Dafürhalten; dies ist kein rechtlicher Rat), die oben angeführten Strukturen so zu betreiben, dass immer eine eindeutige Zuordnung zum Buchungskreis erreicht wird. Es ist uns durchaus bewusst, dass diese Strukturen bei einigen Kunden anders eingerichtet wurden. Wir sehen allerdings keine Alternative zu einem Bereinigungsprojekt. Wir haben in Abschnitt 5.1, »Verantwortlicher und Zweck«, dargelegt, dass eine Trennung pro System, eine Trennung pro Mandant im System und eine Trennung pro Zweck/Verantwortlichem in einem Mandanten in einem System diskutiert werden können.

[+]

Merke: Verantwortlicher nicht eindeutig?

Wie oben dargestellt, rechtfertigt eine solche stringente und durchgängige linienorganisatorische Darstellung die Vermutung der Datenschutzkonformität. Es ist nicht ausgeschlossen, dass es mit beträchtlichem wirtschaftlichen Aufwand gelingt, mit anderer Konfiguration oder Vorgehensweise ebenfalls eine solche Konformität zu erreichen. Jedoch nehmen wir an, dass dies mit sehr hohem Aufwand in der Einrichtung, der Dokumentation und der Kontrolle verbunden wäre. Des Weiteren besteht die Gefahr, dass ein solcher Ansatz als Widerspruch zum Stand der Technik und damit als Verletzung von Artikel 32 gewertet wird.

Die Datenverarbeitung mehrerer Verantwortlicher in einem Mandanten ist mutmaßlich nicht datenschutzkonform, wenn die LOAs nicht so eingerichtet wurden, dass alle nachgeordneten LOAs immer eindeutig auf einen Buchungskreis bezogen sind.

Mit dem Verantwortlichen ist bereits die wichtigste Kennzeichnung des Zwecks möglich. Nachfolgend stellen wir da, wie dies durch prozessorganisatorische Attribute (POAs) zu unterstützen ist.

5.3 Prozessorganisation

In Kapitel 2, »›Wo laufen sie denn‹: Wo Sie personenbezogene Daten finden«, sind wir bereits auf transaktionale Daten und Stammdaten eingegangen. Diese weisen in aller Regel konfigurierbare Merkmale aus, die genutzt werden, um die betriebswirtschaftlichen Prozesse zu steuern.

Geschäftsprozess

Es ist sicher sinnvoll, zunächst einmal zu betrachten, was unter einem *Geschäftsprozess* zu verstehen ist. Im Buch »SAP-Berechtigungswesen« ist dieser wie folgt definiert worden (Lehnert, Stelzner, Otto und John, 2016):

> *Ein Geschäftsprozess ist eine zielgerichtete, zeitlich-logische, in sich abgeschlossene Abfolge von Aufgaben, die arbeitsteilig von mehreren Organisationseinheiten oder Organisationen ausgeführt werden kann. Im Kontext der Konfiguration kann die Prozesssicht als abfolgeorientierte Sicht über die Aufbauorganisation hinweg angesehen werden.*

Grundsätzlich gilt es, in allen Anwendungen der SAP Business Suite und in SAP S/4HANA die Verarbeitung personenbezogener Daten jeweils durch einschlägige Attribute Zwecken zuzuordnen. Wir können dies in diesem Buch nur exemplarisch darstellen. Dazu betrachten wir den denkbar einfachsten Geschäftsprozess in der SAP- Komponente Sales and Distribution (SD), den Verkauf von Waren (siehe Abbildung 5.6).

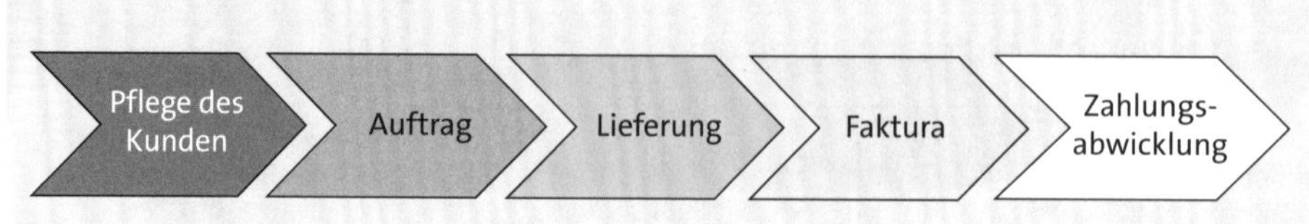

Abbildung 5.6 Vereinfachter Geschäftsprozess in SD

[»]

Auch zweckbezogene Kundenanlage möglich

Prinzipiell könnten Sie die Kunden auch zweckbezogen anlegen. Dies stößt aber sehr schnell an logische Grenzen, da zahlreiche Geschäftsbeziehungen auf durchaus unterschiedliche Zwecke ausgerichtet sein können. Üblich ist es, zumindest allgemeinere Unterscheidungen zu nutzen, wie etwa die Kennzeichnung von Mitarbeitern als interne Kunden.

Die Art des und die Informationen zum Kunden werden im Customizing unter dem folgenden Pfad festgelegt: **SAP Customizing Einführungsleitfaden • Finanzwesen • Debitoren- und Kreditorenbuchhaltung • Debitorenkonten • Stammdaten • Anlegen der Debitorenstammdaten vorbereiten • Kontengruppe mit Bildaufbau definieren (Debitoren)**.

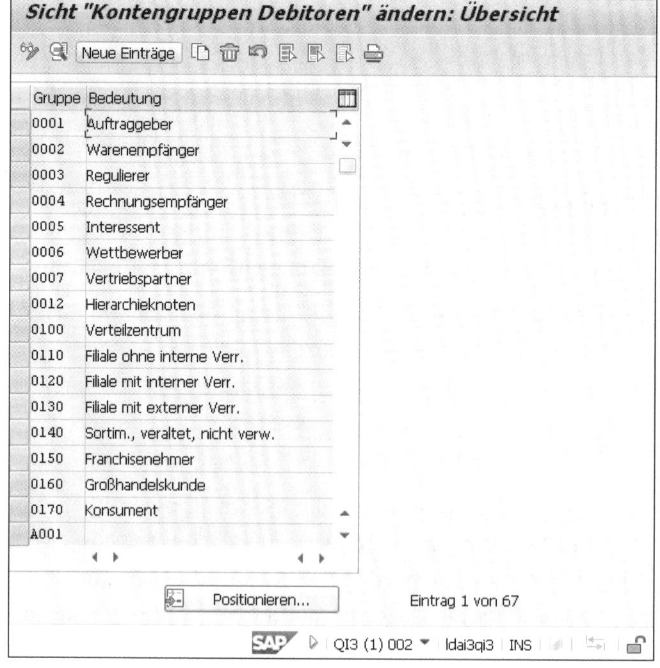
Sicht "Kontengruppen Debitoren" ändern: Übersicht

Neue Einträge

Gruppe	Bedeutung
0001	Auftraggeber
0002	Warenempfänger
0003	Regulierer
0004	Rechnungsempfänger
0005	Interessent
0006	Wettbewerber
0007	Vertriebspartner
0012	Hierarchieknoten
0100	Verteilzentrum
0110	Filiale ohne interne Verr.
0120	Filiale mit interner Verr.
0130	Filiale mit externer Verr.
0140	Sortim., veraltet, nicht verw.
0150	Franchisenehmer
0160	Großhandelskunde
0170	Konsument
A001	

Positionieren... Eintrag 1 von 67

SAP QI3 (1) 002 ldai3qi3 INS

Abbildung 5.7 Kontengruppe – Debitoren

Kontrolle/Definition der Felder

In Abbildung 5.7 sehen Sie den Einstiegsbild, sofern Sie dem oben angegeben Pfad im Customizing folgen.

In den nachfolgenden Anzeigen in Abbildung 5.8 können Sie die Kontengruppe prüfen oder – bei Neuanlage – festlegen. Über die Anzeige oder Pflege der Feldstatus prüfen bzw. legen Sie fest, welche Daten zur Anzeige kommen, welche ausgeblendet sein sollen, welche als Kann-Eingabe gepflegt werden können und bei welchen es sich um eine Muss-Eingabe handelt.

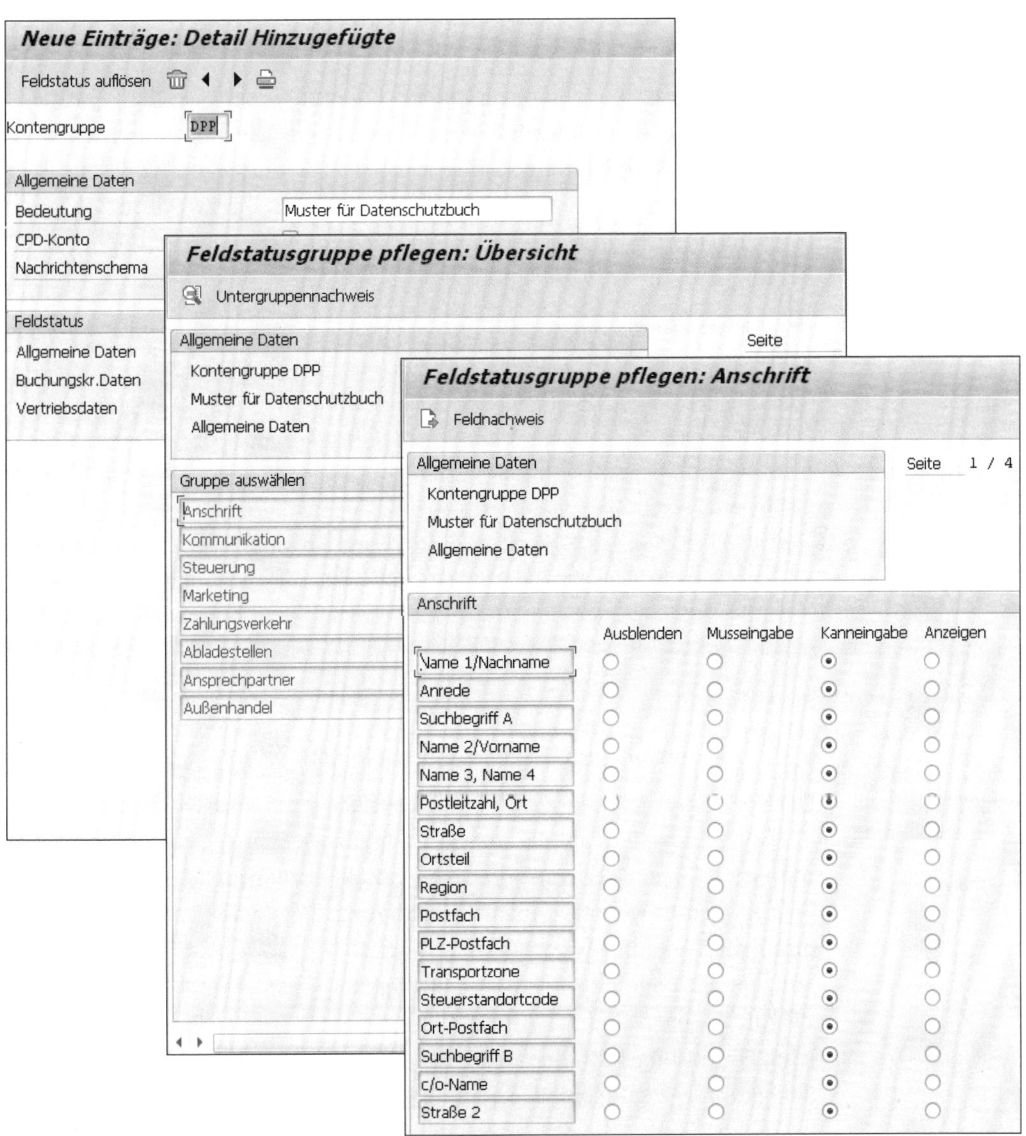

Abbildung 5.8 Einstellungen zur Anzeige/Pflege des Debitors

[!]

Datenminimierung im Debitor

Beachten Sie das bereits angeführte Prinzip der Datenminimierung gem. Art. 5 DSGVO. Nur die Daten dürfen zur Erfassung vorgesehen sein, die Sie für die Zwecke der Verarbeitung auch wirklich benötigen. Dies gilt auch für die Ansprechpartnerdaten.

Ansprechpartner

Die Software bietet die Möglichkeit, Ansprechpartner sowohl auf dem Kundenstammsatz als auch auf dem Lieferantenstammsatz oder in Verbindung zu einem Geschäftspartner zu hinterlegen.

Dies ist natürlich vor allem bei Kunden, Lieferanten und Geschäftspartnern sinnvoll, die keine natürlichen Personen sind. Die dort hinterlegbaren Attribute sind vollständig konfigurierbar – es dürfte sinnvoll sein, hier genauestens zu prüfen, welche Attribute konform zum Zweck der Verarbeitung sind. Im mittleren Screenshot in Abbildung 5.8 sehen Sie die Auswahl-Buttons u. a. zum Ansprechpartner.

Verwendung der Kontengruppe

Beim Sperren und Löschen ist das Feld **Kontengruppe** ein Bedingungsfeld. Im Berechtigungswesen ist das Feld **Kontengruppe** Gegenstand einer Berechtigungsprüfung (mehr zu Berechtigungen in Kapitel 7, »›Die Struktur berechtigt‹: Auswirkungen auf das Berechtigungskonzept«). Ob es sinnvoll ist, Kunden über die Kontengruppe einem Zweck zuzuordnen, sei dahingestellt. In jedem Fall ist es sinnvoll, dieses Gruppierungsmerkmal im Hinblick auf das Sperren und Löschen sowie auf Berechtigungen auszuprägen.

5.3.1 Betriebswirtschaftliche Objekte in SD

Betrachtungen zum Verkaufsauftrag

Der Verkaufsauftrag wird erstellt oder generiert, um das Rechtsgeschäft des Verkaufs im System abbilden zu können. Bis ein Vertrag zustande gekommen ist, kann ein *Verkaufsauftrag* als Objekt vorvertraglicher Verhandlungen betrachtet werden. Inhalt und Nutzung des Verkaufsauftrags werden durch die Verkaufsbelegart gesteuert. Diese wird sowohl im Berechtigungskonzept als auch in SAP ILM als Differenzierungsmerkmal angeboten. Die Verkaufsbelegart finden Sie im IMG unter dem folgenden Pfad: **SAP Customizing Einführungsleitfaden • Vertrieb • Verkauf • Verkaufsbelege • Verkaufsbelegkopf • Verkaufsbelegarten definieren**.

In Abbildung 5.9 sehen Sie das Einstiegsbild für die Pflege von Verkaufsbelegarten. Die Pflege von Verkaufsbelegarten ist komplex. Für die Datenschutzperspektive ist vor allem relevant, dass die Verkaufsauftragsart ein hinreichendes Differenzierungskriterium in Bezug auf den Zweck ist.

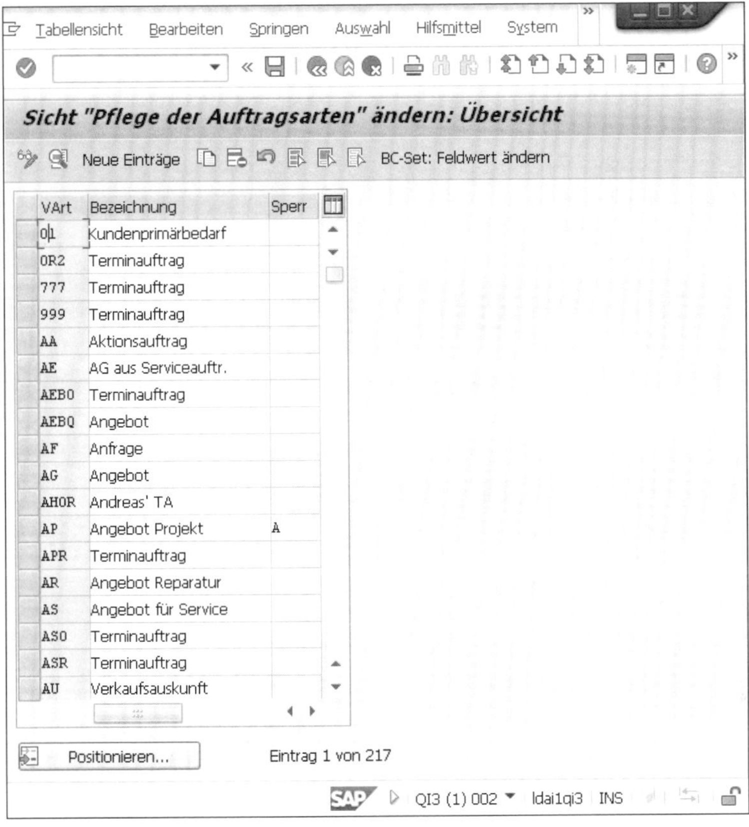

Abbildung 5.9 Pflege von Verkaufsbelegarten

Verkaufsauftrag – personenbezogen?

Im Verkaufsauftrag werden in der Regel insofern personenbezogene Daten gepflegt, als dass sich diese gegebenenfalls auf eine natürliche Person – den Betroffenen – beziehen. Die Inhalte eines solchen Auftrags selbst sind ablauftechnischer Natur. Nach unserem Dafürhalten ist die Bestellung eines Kunden ein personenbezogenes Datum. Die in Abbildung 5.10 dargestellte Sicht auf den Verkaufsauftrag – Transaktion VA03 (Kundenauftrag anzeigen) – enthält die Information, dass der Auftraggeber **TEST_CUST** auch der Warenempfänger ist, und bei der Ware handelt es sich um **TEST_MAT** mit der Bezeichnung **test matr**. Die Relevanz im Sinne des personenbezogenen Datums wird plastischer, wenn Sie sich statt der Ware **TEST_MAT** eine Ware vorstellen, deren Bezug üblicherweise als »heikler« wahrgenommen wird. Aber egal, ob die Ware nun »Fifty Shades of Grey« oder eben **TEST_MAT** ist: Wir gehen davon aus, dass es sich um einen eindeutigen Personenbezug handelt.

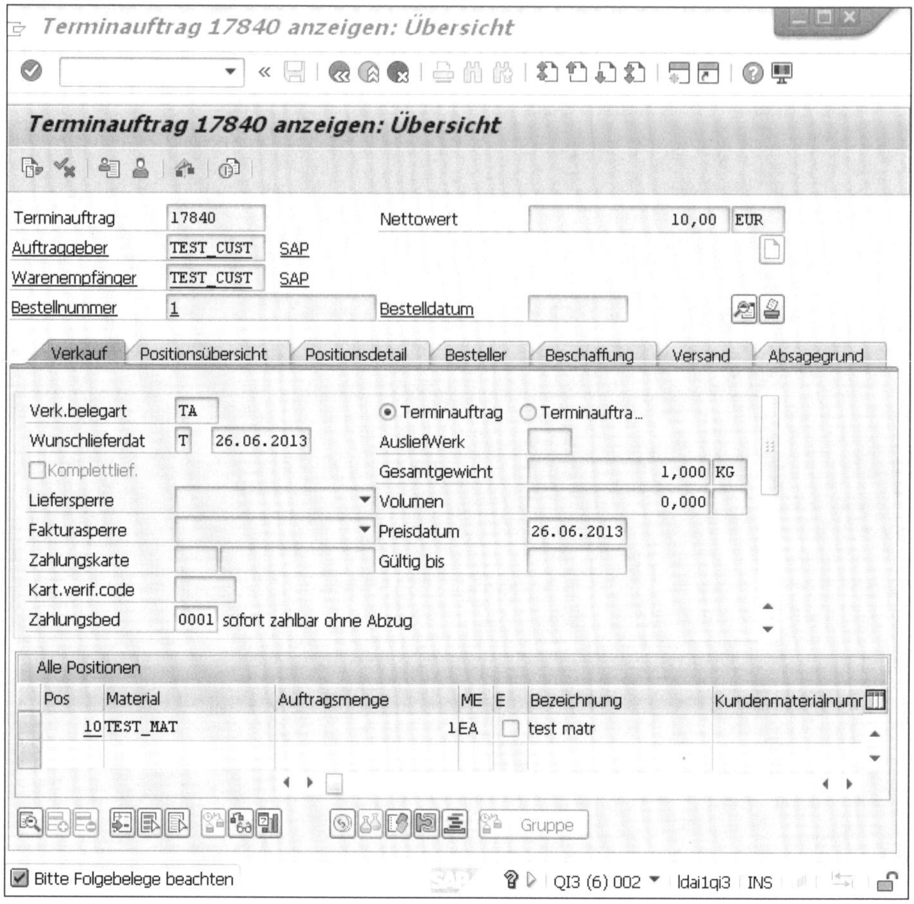

Abbildung 5.10 Verkaufsauftrag

Betrachtungen zur Lieferung

Die *Lieferung* erfolgt in der Regel in Bezug auf den vorgenannten Auftrag; systematisch ist sie eine Handlung in der Vertragserfüllung. Die Lieferung wird durch die Lieferart gesteuert. Diese ist ein mögliches Selektionskriterium in der Archivierung. Die Lieferart finden Sie im IMG unter dem folgenden Pfad: **SAP Customizing Einführungsleitfaden • Logistics Execution • Versand • Lieferungen • Lieferarten definieren**.

Wir verzichten auf einen Screenshot, denn er sähe nicht wesentlich anders aus als der Screenshot zur Verkaufsbelegart. Die Anzeige der Lieferung erfolgt über Transaktion VL03N (Auslieferung anzeigen) und beinhaltet substanziell aus Datenschutzsicht kaum andere Angaben als der Auftrag, wie er in Abbildung 5.11 ausgewiesen ist. Allerdings kann der Warenempfänger vom Besteller abweichen.

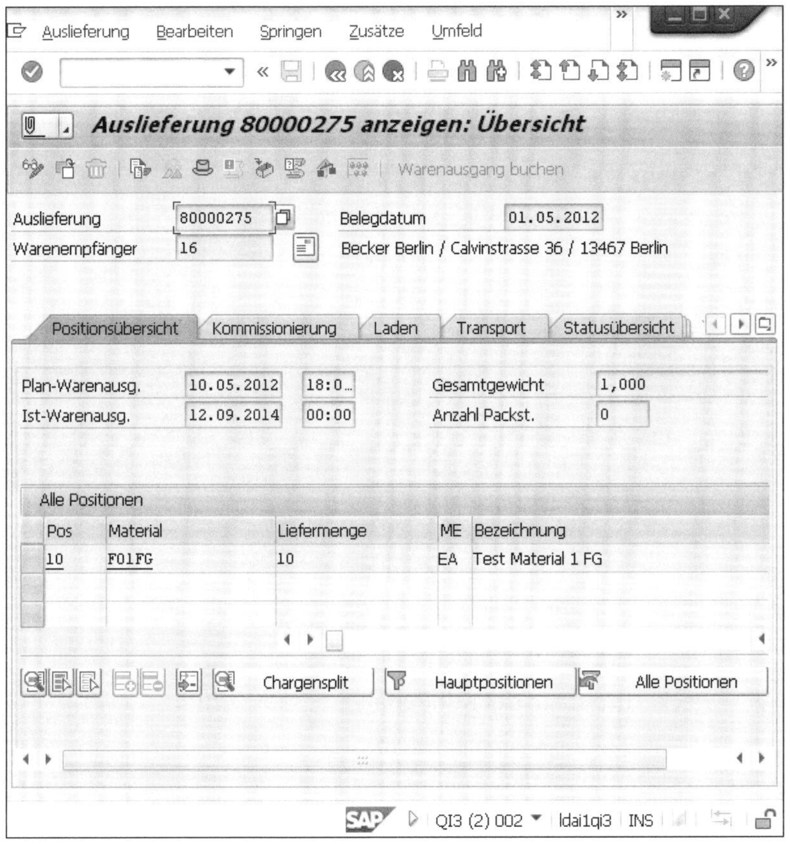

Abbildung 5.11 Auslieferung anzeigen

Bemerkungen zur Faktura

Die *Faktura* ist die Rechnungsstellung und somit ein weiterer Schritt in der Vertragsabwicklung. Die Faktura wird durch die Fakturaart vorbestimmt. Die Verkaufsbelegart finden Sie im IMG unter **SAP Customizing Einführungsleitfaden • Vertrieb • Fakturierung • Faktura • Fakturaart definieren**. Auch in diesem Fall ist es nicht sinnvoll, die immer vergleichbare Art des Customizings zu zeigen. Die *Fakturaart* ist wiederum ein Differenzierungsmerkmal in der Archivierung. Die Faktura wird über Transaktion VF03 (Anzeigen Faktura) angezeigt; die entsprechende Anzeige sehen Sie in Abbildung 5.12.

Der Regulierer kann eine andere Person als der Warenempfänger, der Auftraggeber oder der Rechnungsempfänger sein. Mit der Fakturaerstellung endet die Abwicklung des Geschäftsvorfalls, und die Weiterverarbeitung erfolgt im Rechnungswesen. Die Fakturaart ist wiederum ein Differenzierungsmerkmal in der Archivierung.

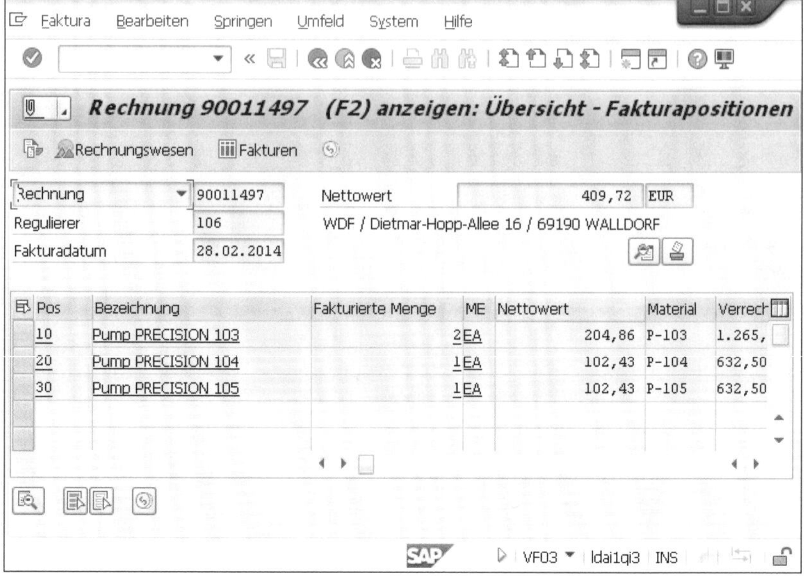

Abbildung 5.12 Faktura anzeigen

5.3.2 Zweckattribute in der Kundenauftragsabwicklung

Wir haben einleitend dargestellt, dass der Kundenstammsatz aufgrund seiner eventuell multiplen Verwendung nur schwerlich allein zweckbezogen attributiert werden kann. Diese Annahme ist für personenbezogene Stammdaten durchaus generalisierbar – Zweckbezug und Datenminimierung als gesetzliche Anforderungen kollidieren. Wir gehen aber davon aus, dass zentral gehaltene Stammdaten durchaus im Sinne des Datenschutzes sind. Die zweckbezogene Attributierung in SD ist aber gegebenenfalls durch die angeführten Merkmale zu erreichen. In unseren Vorträgen machen wir gerne deutlich, dass Sie Daten so attributieren sollten, dass unterschiedliche Geschäfte mit eventuell unterschiedlichen Aufbewahrungsfristen auch unterschiedliche Attribute haben und somit unterscheidbar sind. Der Handel mit Pfefferminzteebeuteln hat andere Aufbewahrungsnotwendigkeiten als der Handel mit Hustensaft. Dementsprechend müssen sich die Daten voneinander unterscheiden können; andernfalls können Sie sie auch nicht sachgerecht sperren und löschen.

5.4 Linien- und Prozessorganisation definieren den Zweck

Wir haben nun zuerst die Linienorganisation und anschließend die Prozessorganisation betrachtet. Nun versuchen wir, diese beiden Attributierungen, die den Zweckbezug sicherstellen, zusammen zu beschreiben. Dazu dient Abbildung 5.13. Auf der linken Seite sehen Sie das in Abbildung 5.5 beschriebene Modell eines Konzerns (Unternehmensgruppe). Auf der rechten Seite sehen Sie wiederum den vereinfachten Geschäftsprozess in SD, wie er in Abbildung 5.6 dargestellt wurde. Dieser Geschäftsprozess beginnt ❶ mit der Pflege des Kunden. Die Kundenpflege kann gegebenenfalls konzernweit einheitliche Aspekte umfassen, gegebenenfalls sind Teile des Kunden auch konzernweit nutzbar.

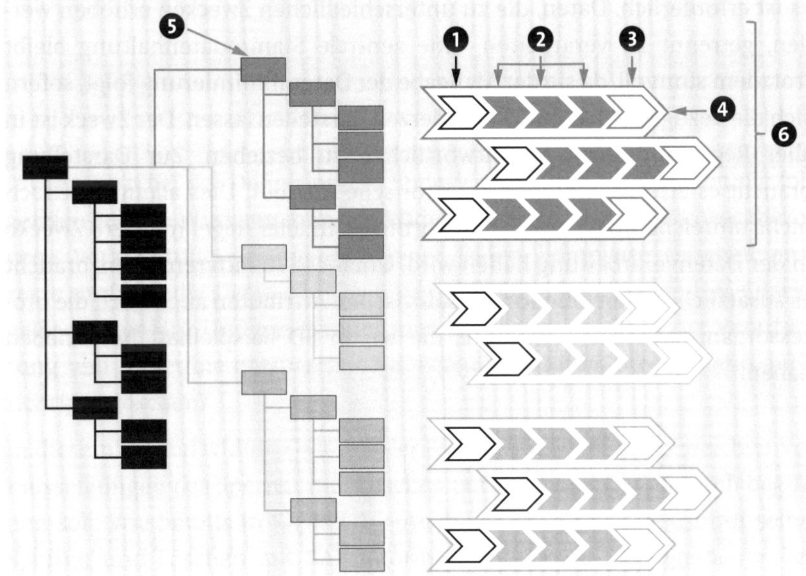

Abbildung 5.13 Der Zweck in der Linien- und Prozessorganisation

Unter ❷ sehen Sie den Verkaufsauftrag, die Lieferung und die Faktura. Unter ❸ sehen Sie schließlich die Abwicklung im Rechnungswesen. Der gesamte prozessuale Ablauf wird nun durch ❹ repräsentiert. ❺ wiederum kennzeichnet den Verantwortlichen für die Verarbeitung. ❹ und ❺ zusammengenommen stellen den Zweck der Verarbeitung dar. Da ein Unternehmen immer mehr Zwecke als nur einen datenschutzrechtlichen Zweck für die Verarbeitung verwendet, ergibt die Kombination von ❺ und ❻ die Menge der Zwecke eines Verantwortlichen.

Komplexität bei buchungskreisübergreifenden Buchungen

In vielen Szenarien finden buchungskreisübergreifende Buchungen statt. In diesem Fall sind die dargestellten Annahmen entsprechend zu ergänzen. Rechtlich muss geklärt sein, wie der Verantwortliche definiert ist.

Die Löschfunktionalität der Anwendung stellt dabei sicher, dass das Sperren und Löschen bzw. Vernichten der Daten der Anwendung vollständig und konsistent durchgeführt werden kann. Eine Verbindung zum jeweiligen Zweck der Verarbeitung im System fehlte aber bislang bzw. konnte nur gedanklich abgeleitet werden. Mit dem *Data Controller Rule Framework* (DCRF) und der zugehörigen Business Function `ILM_RULE_GENERATOR` möchten wir Ihnen eine Funktion vorstellen, die die Verbindung von personenbezogenen Daten einer Anwendung zur verantwortlichen Stelle und dem jeweiligen Zweck der Verarbeitung ermöglicht. Das Data Controller Rule Framework erlaubt Ihnen auf Basis dieser Informationen die Erzeugung der benötigten Regeln für das Sperren und Löschen in den ILM-Objekten der Anwendungen.

6.1 Organisation des Löschens in Geschäftsprozessen

Aufbewahrungsfristen

Die Zuordnung von in einem Geschäftsprozess, wie dem Verkauf von Waren, erzeugten personenenbezogenen Daten zum Zweck der Verarbeitung erfolgt über die in den beteiligten Anwendungen vorhandenen prozessorganisatorischen Attribute und die Zuordnung zur verantwortlichen Stelle über linienorganisatorische Attribute. Diese Zuordnung ist aber nur möglich, wenn Sie einen vollständigen Überblick über die erzeugten Daten haben. Die Nutzung des in Kapitel 3, »›Vom ersten Schritt zum Weg zum Ziel‹: Vorgehensmodell«, erläuterten Vorgehensmodells kann Ihnen diesen notwendigen Überblick verschaffen. Im Hinblick auf diese ermittelten Daten müssen Sie klären, welche *Aufbewahrungsfristen* gelten.

Wir gehen davon aus, dass die für den gleichen Zweck verwendeten Daten in einer verantwortlichen Stelle auch die gleiche Aufbewahrungsfrist haben. Entsprechend bringt die Betrachtung der Daten bezüglich der Verwendungszwecke und verantwortlichen Stellen Struktur in den Sperr- und Löschprozess. Das heißt, dass Sie Klarheit, sowohl über den Umfang der zu sperrenden und zu löschenden Daten als auch über die anzuwendenden Fristen, gewinnen.

Die Löschreihenfolge

Die Reihenfolge der Erzeugung von Daten in einem Geschäftsprozess muss nicht unbedingt auch der *Löschreihenfolge* der Daten entsprechen. Jede Anwendung muss dabei sicherstellen, dass die Datenkonsistenz erhalten bleibt. Demnach müssen zumeist referenzierende Daten zuerst gelöscht werden. Die Netzgrafik in Transaktion SARA (Archivadministration) verdeutlicht die Vorgehensweise für Archivierungsobjekte (siehe Abbildung 6.1). Es können aber auch weitere Prüfungen hinzukommen. Da diese zumeist als Nicht-Existenzprüfung ausgelegt sind, bedeutet dies in der Löschreihenfolge weitere Schritte, die durchlaufen werden müssen.

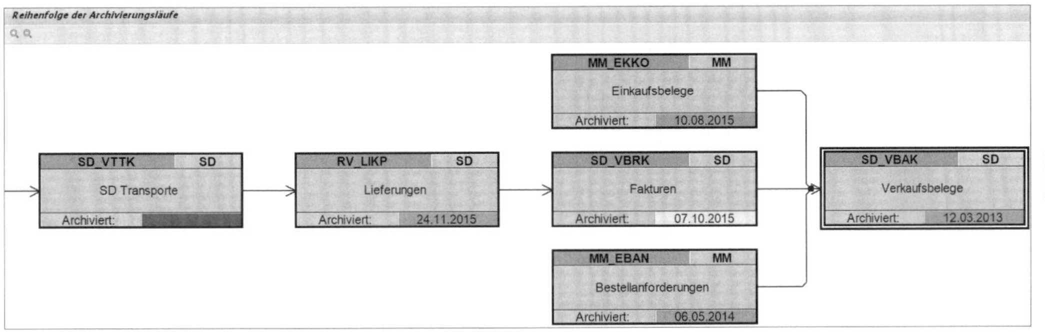

Abbildung 6.1 Auszug der Netzgrafik für das Archivierungsobjekt SD_VBAK (Verkaufsbelege)

Stammdaten

Nicht nur Fragestellungen rund um die Systemkonsistenz, sondern auch die anzuwendenden Aufbewahrungsfristen geben eine Reihenfolge beim Sperren und Löschen von Daten vor. Dies ergibt sich in Fällen von Daten ohne oder mit kürzeren Aufbewahrungsfristen, die aufgrund ihrer Verbindung mit Daten mit längeren Aufbewahrungsfristen aufgehoben werden müssen, weil sonst der erforderliche Nachweis der Richtigkeit dieser Daten nicht möglich wäre. Dies betrifft im Besonderen Stammdaten, die für viele unterschiedliche Zwecke genutzt werden. Diese Stammdaten können somit auch erst nach dem Ende des letzten gültigen Zwecks von referenzierenden Anwendungsdaten gelöscht werden. Wie Sie dies für Geschäftspartner in der SAP Business Suite und SAP S/4HANA einrichten können, wird in Abschnitt 4.1, »Einführung«, dargestellt.

Organisation des Löschens

Unabhängig von der Reihenfolge anhand der Aufbewahrungsfristen bleibt der organisatorische *Löschprozess*. In einem Geschäftsprozess sind die unterschiedlichen Schritte unterschiedlichen Bearbeitern zugeordnet und auch entsprechend funktional im Berechtigungskonzept ausgeprägt. Notwendige Schritte zum Abschluss eines Geschäftsprozesses müssen somit auch von diesen Bearbeitern zum richtigen Zeitpunkt durchgeführt werden. Sie müssen die dafür notwendigen Schritte und Einstellungen ermitteln. Die Dokumentation der jeweils relevanten Löschfunktionalität der Anwendung kann die erforderlichen Informationen liefern.

Beispiel für eine Löschreihenfolge

Im Beispiel des Geschäftsprozesses *Verkauf von Waren* (siehe Abschnitt 5.3, »Prozessorganisation«) sind die folgenden Schritte notwendig, um den Geschäftsprozess zu seinem logischen Ende zu bringen und die Archivierung als Teil des Sperr- und Löschprozesses zu ermöglichen:

1. **Materialbelege archivieren**
   Für die Archivierung von Materialbelegen mit dem Archivierungsobjekt `MM_MATBEL` (Materialwirtschaft: Materialbelege) gibt es keine vorausgesetzten Schritte. Eingestellt werden können in Transaktion OMB9 (Beleglaufzeiten ändern) je Werk und Vorgangsart die Beleglaufzeiten in Tagen, nach denen die Archivierung erlaubt ist.
2. **Frachtkosten abschließen und archivieren**
   Frachtkosten archivieren Sie mit dem Archivierungsobjekt `SD_VFKK` (Frachtkosten). Vorausgesetzt ist die Archivierung der Materialbelege. Existieren auch Einkaufsbelege für die Beschaffung der verkauften Produkte, müssen diese ebenso vorab archiviert worden sein. Des Weiteren müssen die Status für die vollständige Abrechnung, Kontierung und den Versand abgeschlossen sein. Verweilzeiten nach der letzten Änderung bis zur Archivierung können Sie in Transaktion VORI (Archivierungssteuerung Frachtkosten) je Buchungskreis und Frachtkostenart einstellen.
3. **SD-Transporte archivieren**
   Mit dem Archivierungsobjekt `SD_VTTK` (SD-Transporte) können Sie SD-Transporte archivieren. Hierzu müssen die zugehörigen Frachtkosten bereits archiviert worden sein. Des Weiteren müssen alle verbundenen Lieferungen vollständig geplant, die Warenbewegungen abgeschlossen und die Lieferkosten vollständig berechnet worden sein.
4. **Lieferungen archivieren**
   Danach ist die Archivierung der Lieferung mit dem Archivierungsobjekt `RV_LIKP` (Lieferungen) möglich. Wiederum müssen die in Transaktion VORL (Archivierungssteuerung Lieferung) je Verkaufsorganisation und Lieferart eingestellten Residenzzeiten vergangen sein. Das Vorlaufprogramm der Archivierung setzt die entsprechenden Löschvormerkungen jedoch nur, wenn die verbundenen Fakturen abgeschlossen sind.
5. **Fakturen abschließen und archivieren**
   Nach den Transporten und Lieferungen ist auch die Archivierung der Fakturen mit dem Archivierungsobjekt `SD_VBRK` (Fakturen) möglich. Dafür muss der Gesamtbearbeitungsstatus auf **abgeschlossen** gesetzt sein.
6. **Verkaufsbelege archivieren**
   Der letzte Schritt vor der Archivierung der Stammdaten (z. B. Kunden mit dem Archivierungsobjekt `FI_ACCRECV` – Kreditorenstammdaten) ist die Archivierung der Verkaufsbelege mit dem Archivierungsobjekt `SD_VBAK` (Verkaufsbelege). Residenzzeiten nach der letzten Änderung bis zur Archivierung können Sie für dieses Objekt in Transaktion VORA (Archivierungssteuerung Verkaufsbeleg) je Verkaufsorganisation und Verkaufsbelegart einstellen. Neben der Archivierung der vorausgesetzten

Belege wie der Lieferungen dürfen auch keine Kundenauftragsbestände oder offenen Inventurbelege existieren.

7. **Finanzbuchhaltungsbelege archivieren**
Finanzbuchhaltungsbelege können erst nach allen anderen Belegen mit dem Archivierungsobjekt FI_DOCUMNT (Finanzbuchhaltungsbelege) archiviert werden. Relevant sind dafür der Abschluss des laufenden Geschäftsjahres, der entsprechende Ablauf von Residenzzeiten je Buchungskreis und Belegart gemäß Transaktion OBR8 (Belegartenlaufzeiten pflegen) und der Status der Belege.

[«]

Residenzzeiten in SAP S/4HANA Cloud

Die unterschiedlichen Transaktionen der Objekte, z. B. Transaktion VORL, Transaktion VORA oder Transaktion OBR8, zur Konfiguration von Residenzzeiten sind in den meisten Fällen in einem SAP-S/4HANA-Cloud-System nicht verfügbar. Hier wird zur Vereinfachung der Konfiguration nur die zentrale Pflege von Residenzzeiten über die ILM-Regelpflege für das Prüfgebiet ARCHIVING angeboten.

Die Möglichkeit, ILM-basierte Residenzzeiten zu pflegen, haben Sie auch in der SAP Business Suite oder in SAP S/4HANA. Dies ist aber häufig nur eine zusätzliche Möglichkeit neben der Pflege von Residenzzeiten in den genannten Transaktionen. Zu beachten ist, dass viele Archivierungsobjekte in den objektspezifischen Transaktionen eingestellte Fristen für die Ausführung der Archivierung voraussetzen, im Gegensatz zur Verwendung in SAP S/4HANA Cloud.

Identifikation der Löschfunktionen

Die Zuordnung der Anwendungen und ILM-Objekte in diesem Beispiel ist vergleichsweise einfach, weil der Geschäftsprozess sehr bekannt und häufig beschrieben ist. In dem in Kapitel 3, »›Vom ersten Schritt zum Weg zum Ziel‹: Vorgehensmodell«, beschriebenen Vorgehensmodell werden Ansätze dargestellt, um auch in schwierigeren Fällen alle relevanten ILM-Objekte zu identifizieren. In anderen Fällen helfen Mittel, wie z. B. Transaktion DB15 (Tabellen und Archivierungsobjekte), um, von einem Tabellennamen ausgehend, die vorhandenen Archivierungsobjekte zu ermitteln. Eine weitere Informationsquelle ist aber auch die Dokumentation der Anwendung über angebotene Archivierungs- und Löschfunktionen.

Mit dem Wissen über relevante Anwendungen kann dann die Gruppierung der Daten anhand der anzuwendenden Aufbewahrungsfristen erfolgen. Anschließend pflegen Sie die Regeln zum Sperren und Löschen mit den in Kapitel 4, »›Auch das Ende muss bestimmt sein‹: Sperren und Löschen mit SAP Information Lifecycle Management«, beschriebenen Transaktionen von SAP ILM. Entscheidend sind auch hierbei wieder die linien- und prozessorganisatorischen Attribute.

6.2 Funktionen und Konfiguration des Data Controller Rule Frameworks

Vereinfachte Pflege von Verweil- und Aufbewahrungsfristen

Neben den bereits bekannten Transaktionen von SAP ILM gibt es ab Release SAP NetWeaver 7.5 SPS07 das *Data Controller Rule Framework* zur Vereinfachung der Pflege von Verweil- und Aufbewahrungsfristen. Mit dem Data Controller Rule Framework können Sie *Verwendungszwecke* als Gründe für die Verarbeitung von Daten definieren. Dabei werden die verwendeten Geschäftsprozesse und die betroffenen Business-Objekte berücksichtigt. Für die Bestimmung der verantwortlichen Stellen können Sie die Linienorganisationsattribute zuordnen, die die verantwortlichen Stellen im System repräsentieren. Die Regelpflege für eine Aufbewahrungsfrist basiert auf der verantwortlichen Stelle und den für eine verantwortliche Stelle definierten Verwendungszwecken (siehe Abbildung 6.2).

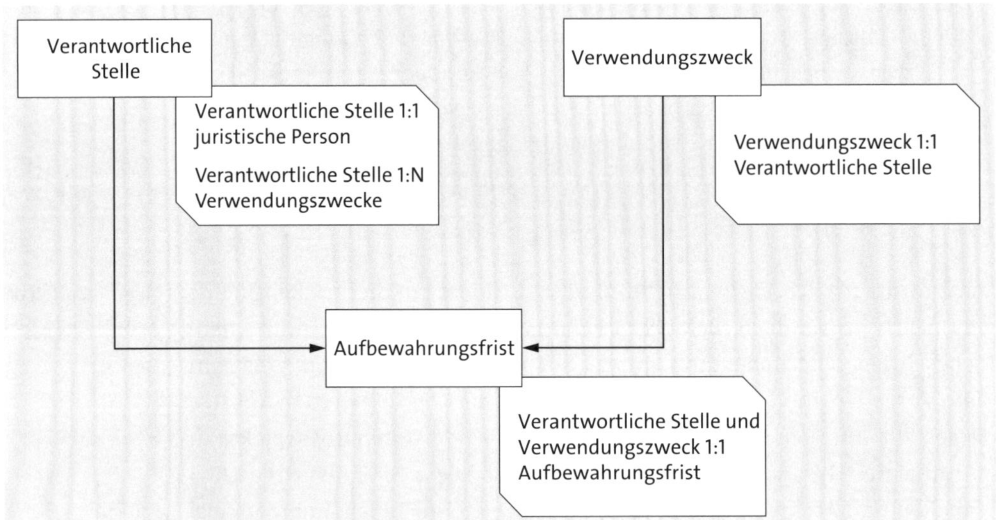

Abbildung 6.2 Verantwortliche Stelle, Verwendungszweck und ihre Verknüpfung mit der Aufbewahrungsfrist

Die verantwortliche Stelle und die Verwendungszwecke sind mit den Daten im System sowie mit den ILM-Objekten verbunden. Die Aktivierung von im Data Controller Rule Framework gepflegten Regeln legt für jedes zugeordnete ILM-Objekt, den individuellen Einstellungen entsprechend, die erforderlichen ILM-Konfigurationen und -Regelwerke an.

Pflegeindividualität in den ILM-Objekten

Voraussetzung für die Nutzung des Data Controller Rule Frameworks ist somit das Vorhandensein der ILM-Objekte, die die Kriterien und Bedingungen für die Pflege der Regeln definieren. Diese sind hierbei auch der entscheidende Grund für die Verwendung des Frameworks. Da jede Anwendung eigene und zumeist unterschiedliche Bedingungsfelder für die Definition von Regeln anbietet, muss auch die Pflege der Regeln individuell auf das ILM-Objekt zugeschnitten sein. Wie wir aber gelernt haben, sind die zu pflegenden Fristen an eine verantwortliche Stelle und einen Verwendungszweck gebunden. Somit muss eine Übersetzung dieser generellen Information in alle entsprechenden Werte der Bedingungsfelder der Anwendung erfolgen.

In Abbildung 6.3 sehen Sie, wie die Linienorganisation und die Prozessorganisation die Menge der Verwendungszwecke je verantwortlicher Stelle darstellen. Wir beziehen uns dabei wieder auf das Beispiel »Verkauf von Waren«. Ihre verantwortlichen Stellen und Verwendungszwecke können Sie im Data Controller Rule Framework definieren und miteinander verbinden, um Aufbewahrungsfristen zu pflegen. Das heißt, Sie können Aufbewahrungsfristen für alle Zwecke der Verarbeitung in Bezug zu Ihrer Linien- und Prozessorganisation pflegen.

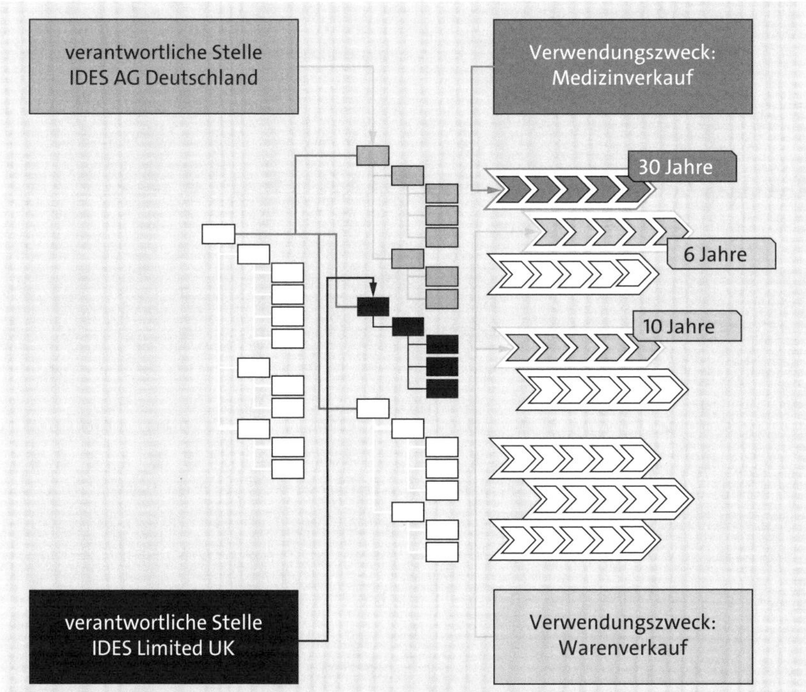

Abbildung 6.3 Verantwortliche Stelle, Verwendungszweck und Aufbewahrungsfristen in Bezug zur Linien- und Prozessorganisation

Regeln zur Pflegeerleichterung

Wie beschrieben, ist es schwierig, die Zuordnung von verantwortlichen Stellen und Verwendungszwecken zu den vielen verschiedenen Bedingungsfeldern der ILM-Objekte manuell zu pflegen. Zudem bedeutet die manuelle Erstellung der Regeln in den bekannten ILM-Transaktionen auch die Pflege einer Vielzahl von einzelnen Regeln. Die Generierung vieler Regeln über das Data Controller Rule Framework in allen zugeordneten ILM-Objekten für die gleiche Frist bringt somit eine wesentliche *Pflegeerleichterung* mit sich. Nebeneffekt ist auch eine höhere Datenqualität der Regeln, da unbeabsichtigte manuelle Pflegefehler reduziert werden können.

6.2.1 Das Data Controller Rule Framework konfigurieren

Im Folgenden zeigen wir Ihnen die möglichen bzw. notwendigen Einstellungen, um das Data Controller Rule Framework verwenden zu können. Die dafür, in Abbildung 6.4 gezeigten verfügbaren Funktionen sind im Customizing unter dem folgenden Pfad gruppiert: **SAP Einführungsleitfaden • SAP NetWeaver • Application Server • Basis-Services • Information Lifecycle Management • Retention Management • Data Controller Rule Framework**.

Data Controller Rule Framework
- Organisationsentität definieren
- Verantwortliche Stelle definieren
- Funktion definieren
- Zeitbezug und Zeitversatz setzen
- Standardprüfgebiet setzen

Abbildung 6.4 Konfigurationsmöglichkeiten des Data Controller Rule Frameworks

Weiterführende Informationen

Weitere Informationen über die folgenden Customizing-Aktivitäten finden Sie in der Systemdokumentation der jeweiligen Customizing-Aktivität.

Die Organisationsstruktur nutzen

Die Customizing-Aktivität **Organisationsentität definieren** liefert Ihnen die verschiedenen, für die Abbildung der verantwortlichen Stellen benötigten Organisationsstrukturen. Hier finden Sie also die unterschiedlichen Typen der linienorganisatorischen Attribute. Diese Organisationsentitäten beziehen sich auf die von Ihnen im System bereits gepflegten Organisationseinheiten. Die Organisationseinheiten definieren Sie im Customizing unter **SAP Einführungsleitfaden • Unternehmensstruktur** und ordnen sie untereinander zu (siehe Abbildung 6.5). Hinzu kommen gegebenenfalls weitere Organisationseinheiten zusätzlich genutzter Branchenlösungen oder Add-ons.

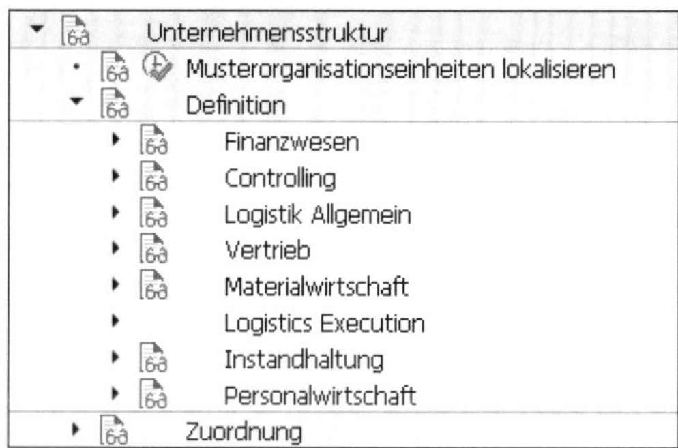

Abbildung 6.5 Organisationseinheiten definieren und zuordnen

Interface IF_LRM_OE_DATA_PROVIDER

Mit der Definition der Organisationsentitäten verbunden ist jeweils eine spezifische Implementierung des Interface `IF_LRM_OE_DATA_PROVIDER`. Diese Implementierungen dienen dazu, die unterschiedlichen Organisationsentitäten im Framework bekannt zu machen und einheitlich bzw. wiederverwendbar miteinander zu verknüpfen. Die Einträge sind von SAP vordefiniert und werden an Sie ausgeliefert.

[«]

Unterschiede in SAP S/4HANA Cloud – Verwendung des von SAP vordefinierten Organisationsmodells

Das Tool *SAP Best Practices for SAP S/4HANA Cloud* (siehe *https://rapid.sap.com/bp/BP_CLD_ENTPR*) beschreibt das in der Cloud zur Verfügung stehende Organisationsmodell. Hier werden die entsprechenden Entitäten und Zuordnungen von SAP fest vordefiniert und sind nicht für Kunden erweiterbar. Dies bedeutet aber auch, dass ein Cloud-Kunde die Einstellungen in der Customizing-Aktivität **Organisationsentität definieren** nicht ändern muss bzw. dass alle notwendigen Einstellungen von SAP vordefiniert zur Verfügung stehen. Somit ist, im Gegensatz zu den übrigen hier beschriebenen Customizing-Aktivitäten, diese Aktivität nicht in der Cloud verfügbar.

Bezug zum Buchungskreis

Wichtig ist hierbei immer der eindeutige Bezug zum Verantwortlichen (juristische Person) und damit zum Buchungskreis. Die Organisationsentitäten, die in den von SAP definierten ILM-Objekten als Bedingungsfeld verwendet werden, sind bereits vordefiniert (siehe Abbildung 6.6). Auf dieser Basis definieren Sie die verantwortliche Stelle, ausgehend vom Buchungskreis. Das Customizing erlaubt Ihnen aber auch, eigene Organisationsentitäten hinzuzufügen.

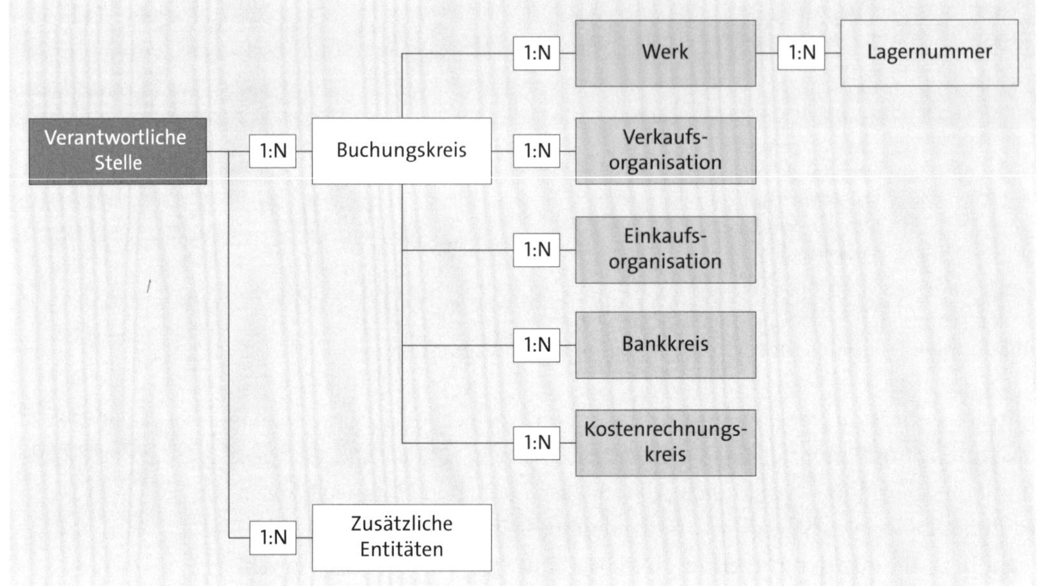

Abbildung 6.6 Organisationstruktur mit Bezug zum Buchungskreis definieren

Bedingungsfelder zuordnen

Neben der Definition der Organisationsentitäten ordnen Sie in dieser Aktivität auch die *Bedingungsfelder* der ILM-Objekte zu (siehe Abbildung 6.7). Auf diese Weise identifizieren Sie die passenden Organisationsentitäten zu einem ILM-Objekt, da aufgrund der Nutzung unterschiedlicher Namen und Datenelemente keine automatische Zuordnung durch das System möglich ist. Sie müssen diese Bedingungsfelder um die den jeweiligen Organisationsentitäten entsprechenden Bedingungsfelder Ihrer eigenen ILM-Objekte ergänzen, um das Data Controller Rule Framework auch für Ihre eigenen Daten verwenden zu können.

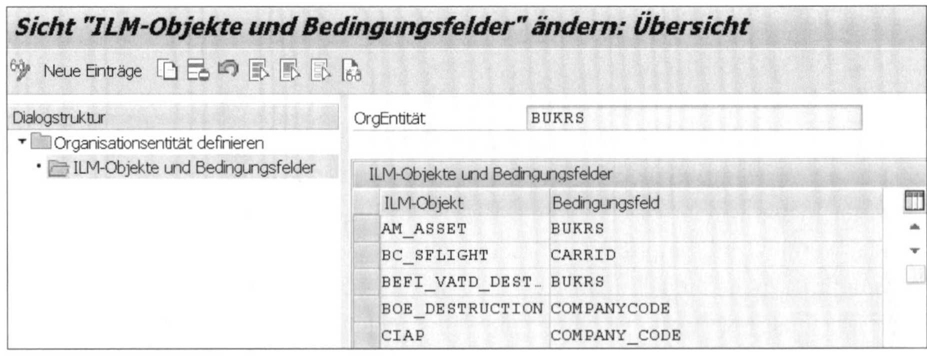

Abbildung 6.7 Bedingungsfelder von ILM-Objekten den entsprechenden Organisationsentitäten zuordnen

[«]

Unterschiede in SAP S/4HANA Cloud – Konfiguration der Lösung

Die weiteren Customizing-Aktivitäten, wie wir sie hier für ein SAP-Business-Suite- oder SAP-S/4HANA-System beschreiben, gibt es auch in SAP S/4HANA Cloud. Jedoch finden Sie sie mittels eines auf der Rollenvorlage SAP_BR_BPC_EXPERT basierenden Business-Users und der darin enthaltenen SAP-Fiori-App **Lösung verwalten**. Klicken Sie dort auf **Lösung konfigurieren**, und schränken Sie dann auf den Anwendungsbereich **Application Platform and Infrastructure** und den Subanwendungsbereich **Retention Management** ein. Öffnen Sie die Zeile für den Elementnamen **Regelgenerator**.

Im Dokument »SAP Best Practices for SAP S/4HANA Cloud« finden Sie im Lösungsumfang unter **Datenbank- und Datenmanagement • Enterprise Information System** den Umfangsbestandteil **Datenschutz (1J7)**. Er enthält weitere Informationen, Einrichtungsanweisungen und ein Testskript, die Ihnen bei der Konfiguration und Verwendung der Funktionalität helfen können.

Verantwortliche Stelle definieren

In der Customizing-Aktivität **Verantwortliche Stelle definieren** identifizieren Sie die für Ihre Organisationseinheiten relevanten verantwortlichen Stellen (siehe Abbildung 6.8).

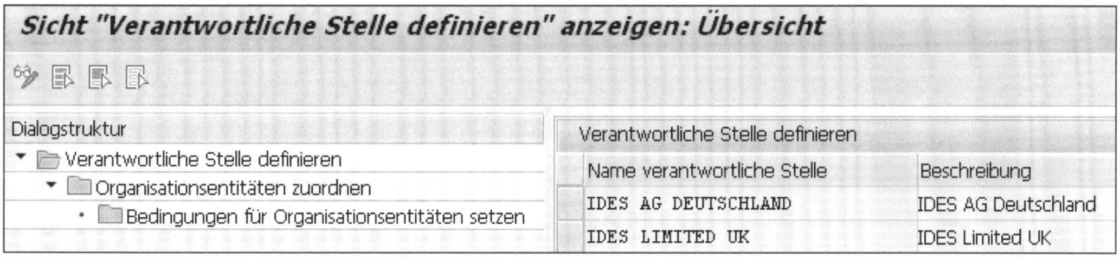

Sicht "Verantwortliche Stelle definieren" anzeigen: Übersicht

Dialogstruktur
- Verantwortliche Stelle definieren
  - Organisationsentitäten zuordnen
    - Bedingungen für Organisationsentitäten setzen

Verantwortliche Stelle definieren

Name verantwortliche Stelle	Beschreibung
IDES AG DEUTSCHLAND	IDES AG Deutschland
IDES LIMITED UK	IDES Limited UK

Abbildung 6.8 Übersicht über die verantwortlichen Stellen

Gruppierung der Organisationseinheiten

Gruppiert werden verschiedene, zuvor als Organisationsentität definierte Attribute (z. B. Buchungskreis). Gemäß den gepflegten Organisationseinheiten werden automatisch weitere zugeordnete Organisationseinheiten ermittelt und in der verantwortlichen Stelle gespeichert (z. B. Verkaufsorganisationen eines Buchungskreises).

In Abbildung 6.9 sehen Sie beispielhaft die Zuordnung der Organisationsentität **Buchungskreis** für die verantwortliche Stelle IDES AG DEUTSCHLAND.

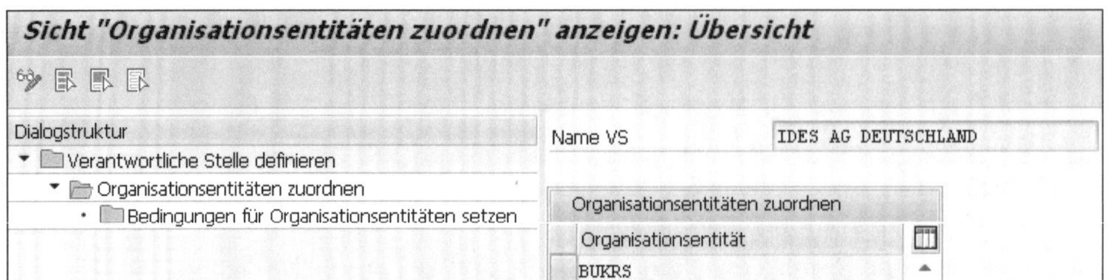

Abbildung 6.9 Direkte Zuordnung von Organisationsentitäten

Ermittelte Organisationseinheiten

Der Organisationsentität (Spalte **Organisationsentität**) wird im Folgenden der Wert für die Organisationseinheit DE01 zugeordnet (siehe Abbildung 6.10). Dies bewirkt, dass alle untergeordneten Organisationseinheiten ebenfalls zugewiesen werden. Die direkt zugeordneten sowie die ermittelten Organisationseinheitenwerte werden bei der folgenden Generierung von ILM-Regeln mit Bezug zu dieser verantwortlichen Stelle verwendet. Zum Beispiel werden für ein ILM-Objekt mit dem Bedingungsfeld **Werk** alle Werte der Werke in den erzeugten Regeln eingetragen, die dem Buchungskreis DE01 zugeordnet sind.

Abbildung 6.10 Untergeordnete Organisationseinheiten für die verantwortliche Stelle IDES AG DEUTSCHLAND anzeigen

Zum Vergleich sehen Sie in Abbildung 6.11 die für die verantwortliche Stelle IDES LIMITED UK in Bezug zum Buchungskreis UK01 ermittelten untergeordneten Organisationseinheiten.

Sicht "Bedingungen für Organisationsentitäten setzen" anzeigen: Übersi

Dialogstruktur
Verantwortliche Stelle definieren
Organisationsentitäten zuordnen
Bedingungen für Organisationsentitäten setzen

Name VS: IDES LIMITED UK
OrgEntität: BUKRS
Abgel. OrgEntitätsbedingungen anzeig.

Bedingungen für Organisationsentitäten setzen

Sequenz	Wertebereich	Wertebereich
1	UK01	

QM7(1)/005 Sicht "Bedingungen für Organisationsentitäten setzen" anzeigen: Übersi

Übergeord. OrgEnt.	Wert	Organisationsentität	Wert	Beschreibung
BUKRS	UK01	COUNTRY_OF_BUKRS	GB	Verein. Königr.
BUKRS	UK01	EKORG	UK01	Einkaufsorg. UK01
BUKRS	UK01	EKORG	UK02	Einkaufsorg. UK02
WERKS_D	UK01	LGNUM	UK1	Zentrallager (volles WM
WERKS_D	UK02	LGNUM	UK2	Lean-WM (ohne Bestä
BUKRS	UK01	VKORG	UK01	Verkaufsorg. UK01
BUKRS	UK01	VKORG	UK02	Verkaufsorg. UK02
BUKRS	UK01	WERKS_D	UK01	Werk UK01
BUKRS	UK01	WERKS_D	UK02	Werk UK02

Abbildung 6.11 Untergeordnete Organisationseinheiten für die verantwortliche Stelle IDES LIMITED UK anzeigen

Verwendungszwecke definieren

In der Customizing-Aktivität **Verwendungszweck definieren** erstellen Sie Einträge zur Abbildung Ihrer Geschäftsprozesse mit den jeweiligen prozessorganisatorischen Attributen. Diese Attribute werden bei der Definition von Aufbewahrungsregeln in SAP ILM oder bei der Bereitstellung von Informationen zu personenbezogenen Daten verwendet. Der Verwendungszweck gruppiert die in einem Geschäftsprozess verwendeten ILM-Objekte, für die die gleichen Verweil- und Aufbewahrungsfristen relevant sind.

In Abbildung 6.12 sehen Sie die Definition der Verwendungszwecke WARENVERKAUF und MEDIZINVERKAUF.

Sicht "Zweck definieren" anzeigen: Übersicht

Dialogstruktur
Zweck definieren
ILM-Objekte zu Funktion zuordnen
Bedingungsfelder pflegen

Zweck definieren

Zweck-ID	Beschreibung
MEDIZINVERKAUF	Bearbeitung Verkauf von Arzneimitteln
WARENVERKAUF	Bearbeitung Verkauf von Waren

Abbildung 6.12 Verwendungszwecke definieren

Gleiche ILM-Objekte in mehreren Zwecken?

Beide Verwendungszwecke dokumentieren den Verkaufsprozess von Waren und gruppieren die gleichen, in Abbildung 6.13 dargestellten ILM-Objekte.

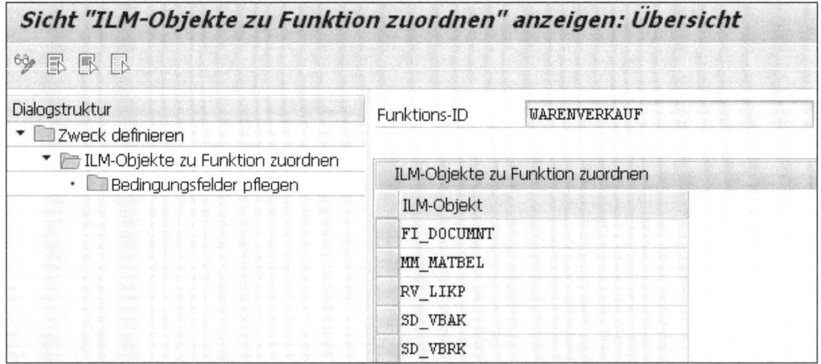

Abbildung 6.13 ILM-Objekte je Verwendungszweck gruppieren

Wir nehmen in unserem Beispiel an, dass die mit dem Verwendungszweck WARENVERKAUF verbundenen Aufbewahrungsfristen für alle Waren gültig sind. Damit ist keine Einschränkung auf prozessorganisatorische Attribute, d. h. Bedingungsfelder der gruppierten ILM-Objekte, erforderlich. Dies bedeutet später bei der Generierung von ILM-Regeln, dass diese Fristen für alle Daten mit Bezug zur genutzten verantwortlichen Stelle gültig sind. Die Fristen gelten also auch für Daten mit spezifischeren Verwendungszwecken, wie in unserem zweiten Beispieleintrag MEDIZINVERKAUF. Keine Einschränkung auf prozessorganisatorische Attribute ist somit nur sinnvoll, wenn der Verwendungszweck eine kürzere Aufbewahrungsfrist hat.

Einschränkung auf prozessorganisatorische Attribute

Der Verwendungszweck MEDIZINVERKAUF ist mit einer eigenen längeren Aufbewahrungsfrist versehen und auf bestimmte Werte für prozessorganisatorische Attribute eingeschränkt. Dies sehen Sie beispielhaft in Abbildung 6.14 für die Auftragsart MED im ILM-Objekt SD_VBAK (Verkaufsbelege).

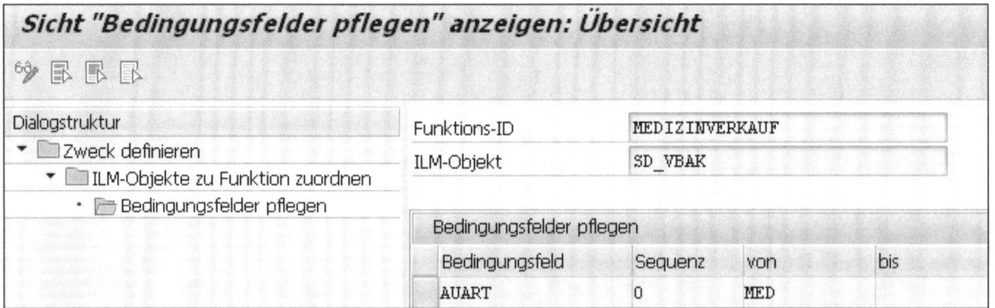

Abbildung 6.14 Einschränkung auf ein prozessorganisatorisches Attribut in einem Verwendungszweck

Die Einschränkung sollte für alle im Verwendungszweck gruppierten ILM-Objekte erfolgen. Dafür müssen Sie zuvor die zu nutzenden Bedingungsfelder identifizieren. Entscheidend ist, ob die verwendeten Werte, wie für die Auftragsarten von Verkaufsbelegen, eine Unterscheidung für die erforderlichen Verwendungszwecke ermöglichen. Ist dies mit den von Ihnen genutzten Werten für die von SAP angebotenen Bedingungsfelder nicht möglich, können Sie weitere passende Bedingungsfelder (gegebenenfalls auch für kundeneigene Felder) zum jeweiligen ILM-Objekt definieren. Das ist eine sinnvolle Alternative zur aufwendigen Umsetzung von Daten. Voraussetzung für die Definition von zusätzlichen Bedingungsfeldern ist, dass die gewählten Felder immer einen Wert enthalten, da eine Regelermittlung für initiale Werte nicht möglich ist. Die Zuordnung und Wertermittlung (bzw. das Füllen eventuell initialer Felder) im Retention Management von SAP ILM erreichen Sie durch eine Implementierung der BAdI-Definition `BADI_IRM_OT_FLD` im Erweiterungsspot `ES_IRM_CUST`. Beachten Sie aber, dass Sie die Trennung nach Verwendungszweck auch für die konsistente Pflege der Berechtigungen benötigen. Eine Erweiterung der ILM-Objekte um weitere Felder kann bedeuten, dass Sie diese nicht für die Unterscheidung der Berechtigungen nutzen können.

Zeitbezug und Zeitversatz setzen

Mit der Customizing-Aktivität **Zeitbezug und Zeitversatz setzen** legen Sie den Standardzeitbezug und den Standardzeitversatz für ein ILM-Objekt fest. Genutzt wird diese Einstellung, um ILM-Regeln für das jeweilige ILM-Objekt für den ausgewählten Zeitbezug zu generieren. Zur Auswahl stehen alle Zeitbezüge je ILM-Objekt (siehe Abbildung 6.15). Sind mehrere Werte vorhanden, wählen Sie den Wert aus, der für Ihren Bedarf am besten den Zeitpunkt für das Ende des Geschäftsprozesses abbildet.

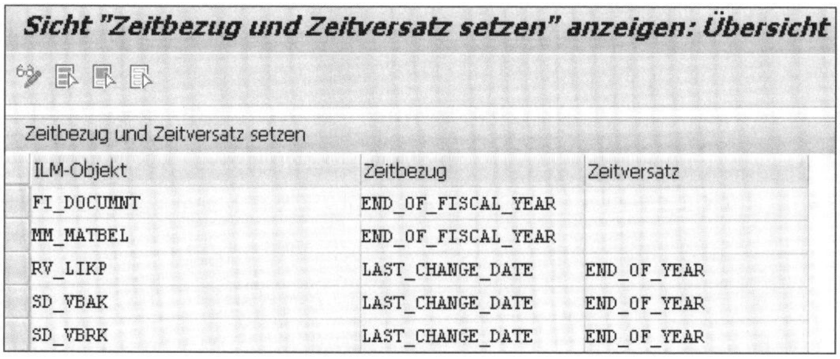

Sicht "Zeitbezug und Zeitversatz setzen" anzeigen: Übersicht

Zeitbezug und Zeitversatz setzen

ILM-Objekt	Zeitbezug	Zeitversatz
FI_DOCUMNT	END_OF_FISCAL_YEAR	
MM_MATBEL	END_OF_FISCAL_YEAR	
RV_LIKP	LAST_CHANGE_DATE	END_OF_YEAR
SD_VBAK	LAST_CHANGE_DATE	END_OF_YEAR
SD_VBRK	LAST_CHANGE_DATE	END_OF_YEAR

Abbildung 6.15 Zeitbezug und Zeitversatz für ILM-Objekte definieren

Die *Zeitversätze* ermöglichen, wie z. B. mit dem Wert `END_OF_YEAR`, dass für alle innerhalb des gleichen Jahres beendeten Geschäftsprozesse der 31. Dezember als Startzeitpunkt für den Beginn der Verweil- und Aufbewahrungsfristen genutzt wird. Dies kann den Erfordernissen für die Aufbewahrung der Belege entsprechen, und es bietet auch Vorteile für die Archivierung der Daten, denn diese schreibt Daten mit dem gleichem Ende der Aufbewahrungsfrist (und gleichen Werten der Bedingungsfelder für die aktiven ILM-Regelwerke) in dieselbe Archivdatei. Das bedeutet, dass bei der Verwendung des Zeitversatzes END_OF_YEAR alle Belege desselben Jahres mit der gleichen Aufbewahrungsfrist in derselben Datei landen und Sie die Erstellung vieler Archivdateien für ein Tagesdatum vermeiden.

Standardprüfgebiet setzen

In der Customizing-Aktivität **Standardprüfgebiet setzen** legen Sie das *Standardprüfgebiet* fest, das bei der Generierung von ILM-Regeln für die Aufbewahrungsfristen verwendet wird. In Abbildung 6.16 wird das ausgelieferte Prüfgebiet GENERAL (Allgemeine Regeln) verwendet. SAP empfiehlt Ihnen stattdessen, für die Definition von ILM-Regeln zu Aufbewahrungsfristen immer ein eigenes, im Kundennamensraum erstelltes Prüfgebiet zu verwenden. Sie können es mit Transaktion ILMARA (Prüfgebiete bearbeiten) definieren.

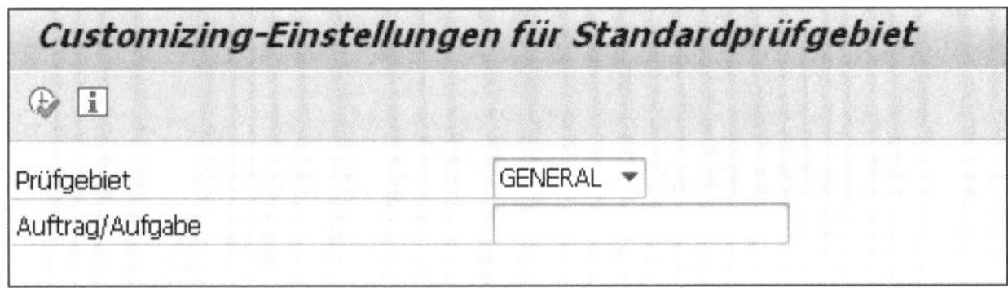

Abbildung 6.16 Prüfgebiet für ILM-Regeln zu Aufbewahrungsfristen festlegen

Prüfgebiet ARCHIVING

Im Gegensatz zu den Aufbewahrungsfristen werden die ILM-Regeln zu Verweilfristen immer für das von SAP ausgelieferte Prüfgebiet ARCHIVING (Datenarchivierung) generiert. Dieses Prüfgebiet hat eine spezielle Verwendung bei der Archivierung von Daten. Er erlaubt eine Datenarchivierung (und damit auch Sperrung der Daten) nämlich nur, wenn die gültigen Verweilfristen für die ins Archiv zu schreibenden Daten bereits abgelaufen sind. Möglich ist dies für jedes Archivierungsobjekt, dessen ILM-Objekt die Regelwerkkategorie RST (Verweilregeln) unterstützt. Diese zentrale Lösung über ILM-Regeln ergänzt dabei optional die anwendungseigenen Lösungen zur Definition von Verweilregeln, z. B. die bereits erwähnte Transaktion VORA (Archivierungssteuerung Verkaufsbeleg) mit dem Archivierungsobjekt SD_VBAK.

6.2.2 Regeln im Data Controller Rule Framework pflegen

Um Regeln im Data Controller Rule Framework zu erstellen und zu aktivieren, können Sie die SAP-Fiori-App **ILM-Geschäftsregeln verwalten** oder

Transaktion IRMRULE (Geschäftsregeln pflegen) verwenden. Gehen Sie dazu folgendermaßen vor:

1. Geben Sie eine Regel-ID und eine Regelbeschreibung an.
2. Wählen Sie das Startdatum für die Regel. Das ausgewählte Datum darf nicht vor dem aktuellen Datum liegen. Sie können das Startdatum für die zeitliche Planung von Regeländerungen nutzen und z. B. die Aktivierung der Regel bis zum Erreichen dieses Datums aufschieben.
3. Das Enddatum der Regel wird automatisch auf den 31.12.9999 gesetzt. Es kann später auf ein Enddatum eingeschränkt werden, wenn Sie eine aktive Regel durch eine neue Regel ablösen wollen.
4. Sie können eine Berechtigungsgruppe angeben. Dieses Feld kann genutzt werden, um im Rahmen der Business Function `ILM_BLOCKING` ILM-Regeln für das Sperren archivierter Daten zu nutzen. Die Werte werden verwendet, um zu steuern, welche Benutzer zur Anzeige gesperrter Daten innerhalb des entsprechenden Aufbewahrungszeitraums beim Lesen im Archiv berechtigt sind.
5. Zusätzlich können Sie nach der Implementierung von SAP-Hinweis 2626084 (IRMRULE: ILM-Ablagefeld im Geschäftsregel-Generator) die ILM-Ablage hinterlegen, in der später die Archivdateien abgelegt werden sollen.
6. Ordnen Sie die verantwortliche Stelle zu, für die die Regel erstellt werden soll. Damit bewirken Sie gleichzeitig die Zuordnung aller in der verantwortlichen Stelle gepflegten und ermittelten Organisationseinheiten als linienspezifische Attribute. Dies wird bei der Simulation und Erstellung der ILM-Regeln in den über die Verwendungszwecke zugeordneten ILM-Objekten verwendet.
7. Füllen Sie im Bereich **Aufbewahrungs-/Verweilzeiten** den **Verweilzeitraum** mit einer entsprechenden Zeiteinheit als Jahr, Tag oder Monat aus. Pflegen Sie ebenso eine **Aufbewahrungsdauer** und die dafür zu verwendende Zeiteinheit. Sie werden beim Anlegen der Regel in Transaktion IRMRULE (Geschäftsregeln pflegen) gefragt, ob Sie nur Verweilzeiten, nur Aufbewahrungszeiten oder beides pflegen möchten. Die Felder sind entsprechend der Auswahl verfügbar. Sie können diese Funktion nutzen, um Regeln zu erstellen, die nur für das Archivieren, nur für das Löschen oder für beides gültig sein sollen. Dies gibt Ihnen die notwendige Flexibilität, um auch in Sonderfällen z. B. zusätzlich benötigte Verweilzeiten als ILM-Regeln zu erstellen.

8. Sie können zu einer Regel einen oder mehrere Verwendungszwecke hinzufügen. Damit ordnen Sie die ILM-Objekte zu, für die später die Regelgenerierung erfolgt. Sie ordnen implizit ebenso die in den Verwendungszwecken definierten prozessorganisatorischen Attribute zu. Durch die Zuordnung von mehreren Zwecken können Sie Verwendungszwecke mit unterschiedlichen Aufbewahrungsfristen in einer anderen verantwortlichen Stelle in der ausgewählten verantwortlichen Stelle der Regel mit gleichen Aufbewahrungsfristen verwenden. Die Praxis hat aber bislang gezeigt, dass eine eindeutige Zuordnung nur eines Zwecks je verantwortlicher Stelle bzw. je Regel zu bevorzugen ist.

In Abbildung 6.17 sehen Sie ein Beispiel für die Pflege einer Regel in Transaktion IRMRULE (Geschäftsregeln pflegen) zur verantwortlichen Stelle IDES AG DEUTSCHLAND und dem Verwendungszweck WARENVERKAUF.

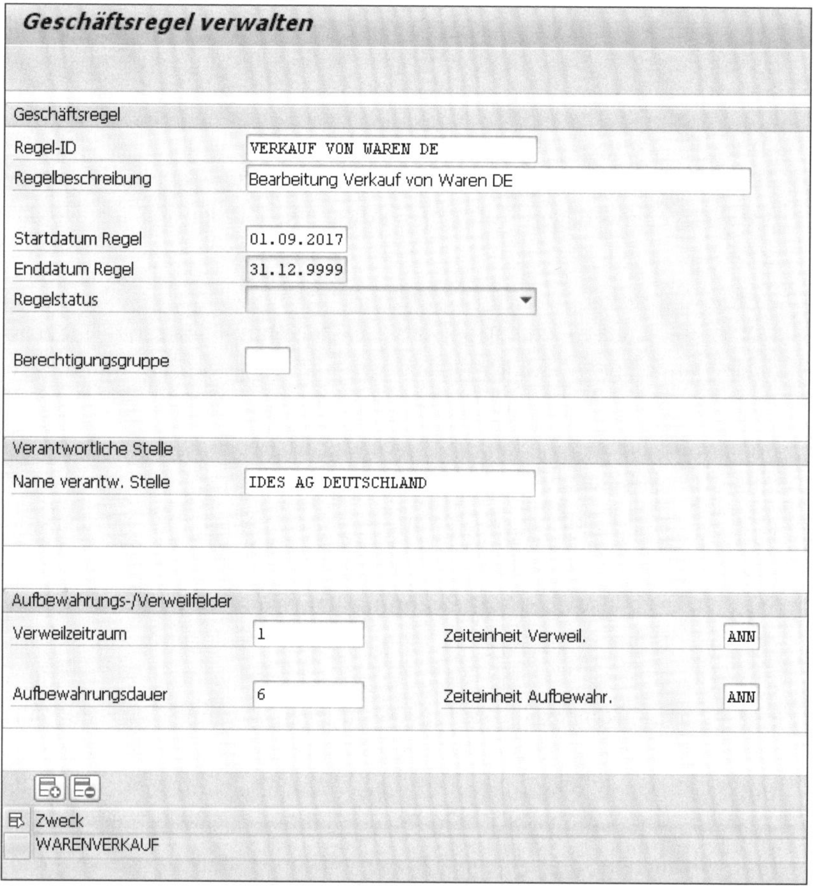

Abbildung 6.17 Eine Regel in Transaktion IRMRULE (Geschäftsregeln pflegen) erstellen

Beim Sichern wird eine Geschäftsregel angelegt, die sich im Status **Entwurf** befindet. Sie können Regeln in diesem Status jederzeit ändern oder löschen. Im Einstiegsbild der Transaktion sehen Sie die Übersicht aller von Ihnen gepflegten Regeln (siehe Abbildung 6.18).

Geschäftsregel verwalten

Aktualisieren Anlegen Löschen Anzeigen

Geschäftsregel-ID	Regelbeschreibung	Name VS	Status	Verw.dauer	Einheit	AufbZeitr.	Zeiteinh.	Startdat.	Endedatum
VERKAUF MEDIZIN DE	Bearbeitung Verkauf von Arzneimitteln DE	IDES AG DEUTSCHLAND	Entwurf	1	Jahr	30	Jahr	01.09.2017	31.12.9999
VERKAUF VON WAREN DE	Bearbeitung Verkauf von Waren DE	IDES AG DEUTSCHLAND	Entwurf	1	Jahr	6	Jahr	01.09.2017	31.12.9999
VERKAUF VON WAREN UK	Bearbeitung Verkauf von Waren UK	IDES LIMITED UK	Entwurf	1	Jahr	10	Jahr	01.09.2017	31.12.9999

Abbildung 6.18 Übersicht der gepflegten Regeln in Transaktion IRMRULE (Geschäftsregeln pflegen)

Regeln simulieren

Für Regeln mit dem Status **Entwurf** können Sie im Detailbild der Regelpflege mit einem Klick auf den Button **Simulieren** die Erstellung der ILM-Regeln simulieren (siehe Abbildung 6.19). Als Ergebnis erhalten Sie eine Liste der ILM-Regeln, die generiert werden würden.

Geschäftsregel bearbeiten

Simulieren

Geschäftsregel

Regel-ID	VERKAUF VON WAREN DE
Regelbeschreibung	Bearbeitung Verkauf von Waren DE

Abbildung 6.19 Ergebnis der Regelgenerierung simulieren

Simulationsergebnis des Verwendungszwecks »Warenverkauf«

In Abbildung 6.20 sehen Sie das Simulationsergebnis für alle ILM-Objekte des Verwendungszwecks WARENVERKAUF zur verantwortlichen Stelle IDES LIMITED UK mit einer Verweilfrist von einem Jahr und einer Aufbewahrungsfrist von zehn Jahren mit Bezug zur jeweils eingestellten Zeiteinheit und dem Zeitversatz. Wie in unserem Beispiel konfiguriert, werden die Aufbewahrungsfristen in den ILM-Objekten im Prüfgebiet GENERAL (Allgemeine Regeln) erzeugt. Verweilfristen werden nur in den ILM-Objekten RV_LIKP, SD_VBAK und SD_VBRK erzeugt, da die anderen ILM-Objekte die Regelwerkkategorie RST (Verweilregeln) nicht unterstützen. Die Verweilfristen sind, wie beschrieben, immer dem Prüfgebiet ARCHIVING (Datenarchivierung) zugeordnet. Die den ILM-Objekten zugeordneten Bedingungsfelder wurden mit den in der verantwortlichen Stelle gepflegten und ermittelten Organisationseinheiten gefüllt. Der Verwendungszweck ist nicht auf weitere Bedingungsfelder eingeschränkt; darum werden die ILM-Regeln je Organisationseinheit nicht mit weiteren Bedingungsfeldern kombiniert.

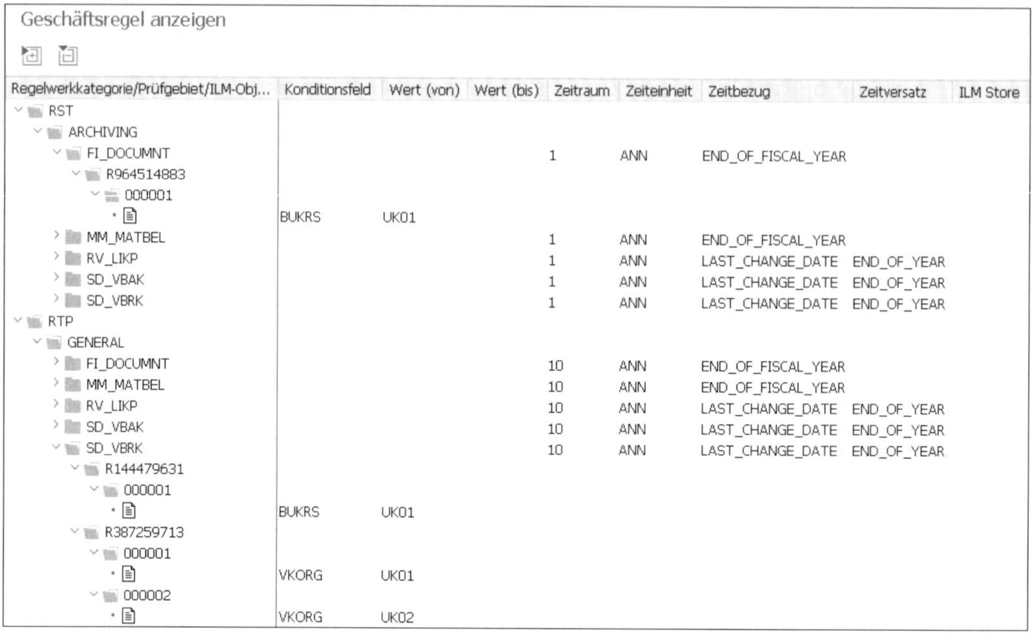

Geschäftsregel anzeigen

Regelwerkkategorie/Prüfgebiet/ILM-Obj...	Konditionsfeld	Wert (von)	Wert (bis)	Zeitraum	Zeiteinheit	Zeitbezug	Zeitversatz	ILM Store
RST								
ARCHIVING								
FI_DOCUMNT				1	ANN	END_OF_FISCAL_YEAR		
R964514883								
000001								
	BUKRS	UK01						
MM_MATBEL				1	ANN	END_OF_FISCAL_YEAR		
RV_LIKP				1	ANN	LAST_CHANGE_DATE	END_OF_YEAR	
SD_VBAK				1	ANN	LAST_CHANGE_DATE	END_OF_YEAR	
SD_VBRK				1	ANN	LAST_CHANGE_DATE	END_OF_YEAR	
RTP								
GENERAL								
FI_DOCUMNT				10	ANN	END_OF_FISCAL_YEAR		
MM_MATBEL				10	ANN	END_OF_FISCAL_YEAR		
RV_LIKP				10	ANN	LAST_CHANGE_DATE	END_OF_YEAR	
SD_VBAK				10	ANN	LAST_CHANGE_DATE	END_OF_YEAR	
SD_VBRK				10	ANN	LAST_CHANGE_DATE	END_OF_YEAR	
R144479631								
000001								
	BUKRS	UK01						
R387259713								
000001								
	VKORG	UK01						
000002								
	VKORG	UK02						

Abbildung 6.20 Simulationsergebnis für den Verwendungszweck WAREN-VERKAUF und die verantwortliche Stelle IDES LIMITED UK

Zum Vergleich sehen Sie in Abbildung 6.21 das Simulationsergebnis für den Verwendungszweck MEDIZINVERKAUF und die verantwortliche Stelle IDES AG DEUTSCHLAND. Die Zeitreferenzen und Prüfgebiete bleiben gleich. Aufgrund der unterschiedlichen verantwortlichen Stellen werden jedoch ILM-Regeln für andere Organisationseinheiten ermittelt. Da auch der Verwendungszweck mit einschränkenden Werten als prozessorganisatorische Attribute gepflegt ist, werden zusätzlich die ermittelten ILM-Regeln je Organisationseinheit mit diesen Werten verknüpft. Damit ist sichergestellt, dass eine solche ILM-Regel nur für Daten in der jeweiligen Organisationseinheit und exakt für diese prozessorganisatorischen Attribute gültig ist.

Regeln aktivieren

Beim Erreichen des gewählten Startdatums können Sie eine Regel aktivieren. Wenn das Startdatum der Regel noch in der Zukunft liegt, wird die Geschäftsregel im Status **eingeplant** gesichert. Ansonsten werden die ILM-Regeln generiert, und die Regel wird im Status **aktiv** gesichert.

Mit Transaktion IRMRULE_ACTIVATE (Eingeplante Geschäftsregeln aktivieren) können Sie die eingeplanten Geschäftsregeln aktivieren. Diese Funktion steht in SAP S/4HANA Cloud nicht zur Verfügung. Sie können in dieser Transaktion nur die Regeln anzeigen, die sich im Status **eingeplant** befinden und deren Startdatum vor dem aktuellen Datum liegt oder dem aktuellen Datum entspricht.

Geschäftsregel anzeigen

Regelwerkkategorie/Prüfgebiet/ILM-Objekt/...	Konditionsfeld	Wert (von)	Wert (bis)	Zeitraum	Zeiteinheit	Zeitbezug	Zeitversatz	ILM Store
RST								
ARCHIVING								
FI_DOCUMNT				1	ANN	END_OF_FISCAL_YEAR		
R419827695								
000001								
	BUKRS	DE01						
	BSCHL	ME						
MM_MATBEL				1	ANN	END_OF_FISCAL_YEAR		
RV_LIKP				1	ANN	LAST_CHANGE_DATE	END_OF_YEAR	
SD_VBAK				1	ANN	LAST_CHANGE_DATE	END_OF_YEAR	
SD_VBRK				1	ANN	LAST_CHANGE_DATE	END_OF_YEAR	
RTP								
GENERAL								
FI_DOCUMNT				30	ANN	END_OF_FISCAL_YEAR		
MM_MATBEL				30	ANN	END_OF_FISCAL_YEAR		
RV_LIKP				30	ANN	LAST_CHANGE_DATE	END_OF_YEAR	
SD_VBAK				30	ANN	LAST_CHANGE_DATE	END_OF_YEAR	
SD_VBRK				30	ANN	LAST_CHANGE_DATE	END_OF_YEAR	
R394869981								
000001								
	FKART	ME						
	VKORG	DE01						
000002								
	FKART	ME						
	VKORG	DE02						
R560591620								
000001								
	BUKRS	DE01						
	FKART	ME						

Abbildung 6.21 Simulationsergebnis für den Verwendungszweck MEDIZIN-VERKAUF und die verantwortlichen Stelle IDES AG DEUTSCHLAND

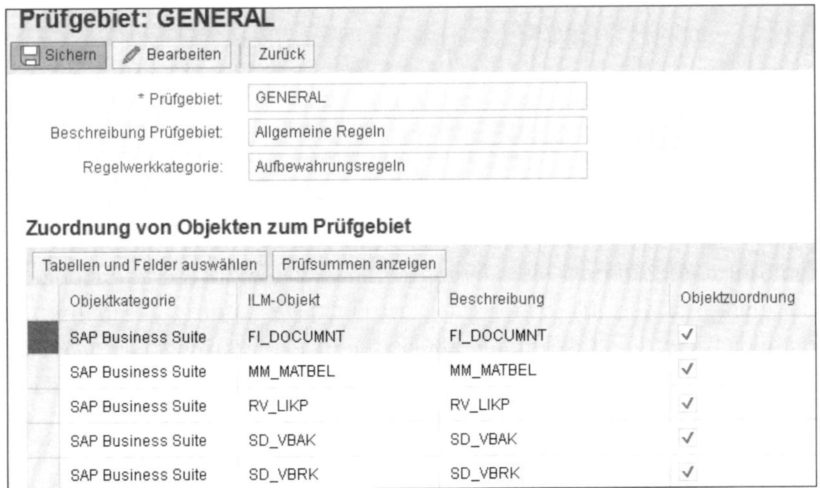

Abbildung 6.22 Aktivierte ILM-Objekte für das Prüfgebiet GENERAL

Prüfgebiete aktivieren

Beim Aktivieren der Regel werden die folgenden Daten in SAP ILM erzeugt: Die jeweils einem Verwendungszweck zugeordneten ILM-Objekte werden (wenn es noch nicht der Fall ist) dem gewählten Prüfgebiet für die Aufbewahrungsregeln zugeordnet. Das Ergebnis sehen Sie in der Folge in Transaktion ILMARA (Prüfgebiete bearbeiten), wie in Abbildung 6.22 gezeigt. Das Gleiche geschieht für das Prüfgebiet ARCHIVING (Datenarchivierung), wenn Verweilfristen relevant sind (siehe Abbildung 6.23).

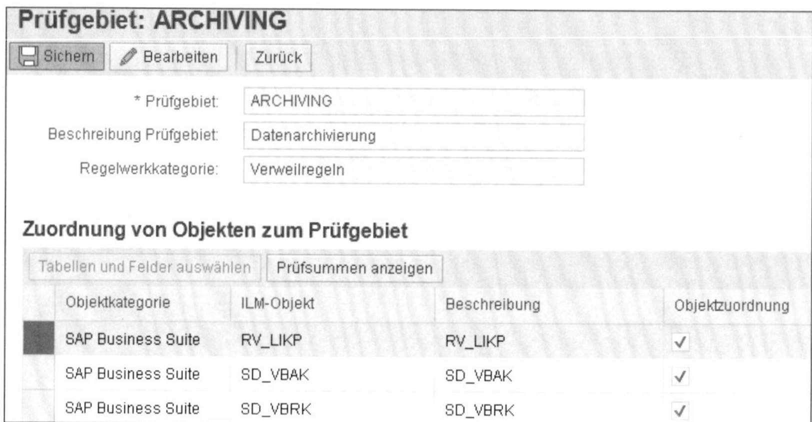

Abbildung 6.23 Aktivierte ILM-Objekte für das Prüfgebiet ARCHIVING

Erzeugung der Regelgruppen

Es wird in Transaktion IRM_CUST_CSS (IRM-kundenspezifische Einstellungen) eine Objektgruppe mit zugeordneten Regelgruppen erzeugt. Die Regelgruppen enthalten die gepflegten Fristen und Zeiteinheiten (siehe Abbildung 6.24).

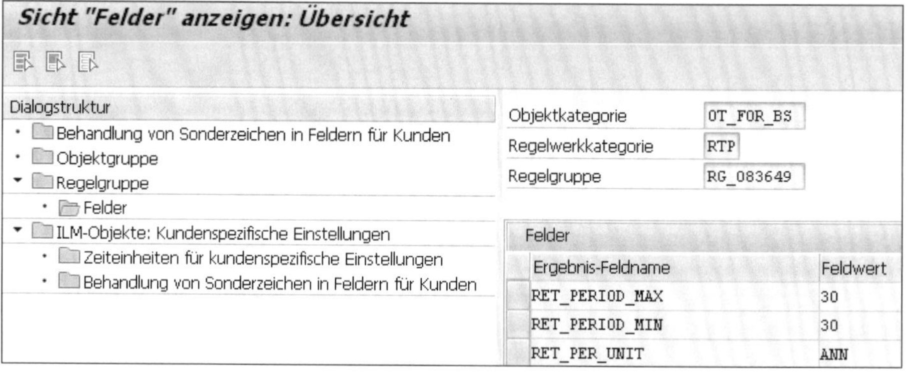

Abbildung 6.24 Die erzeugte Regelgruppe für die Aufbewahrungsfrist

Es werden jeweils Regelgruppen für die Aufbewahrungsfristen sowie für die Verweilfristen erzeugt. Die Objektgruppe wird den ILM-Objekten zugeordnet. Anschließend wird die Objektgruppe auch für die Verwendung von Regelgruppen aktiv gesetzt (siehe Abbildung 6.25).

Sicht "ILM-Objekte: Kundenspezifische Einstellungen" anzeigen: Übersic

Dialogstruktur
- Behandlung von Sonderzeichen in Feldern für Kunden
- Objektgruppe
- Regelgruppe
  - Felder
- ILM-Objekte: Kundenspezifische Einstellungen
  - Zeiteinheiten für kundenspezifische Einstellungen
  - Behandlung von Sonderzeichen in Feldern für Kunden

Objektkategorie OT_FOR_BS

ILM-Objekte: Kundenspezifische Einstellungen

ILM-Objekt	RG verw.	Objektgruppe
FI_DOCUMNT	☑	OG_083649
MM_MATBEL	☑	OG_083649
RV_LIKP	☑	OG_083649
SD_VBAK	☑	OG_083649
SD_VBRK	☑	OG_083649

Abbildung 6.25 ILM-Objekte für die Verwendung von Regelgruppen aktivieren

ILM-Regeln erzeugen

Es werden ILM-Regeln in Transaktion IRMPOL (ILM-Regelwerke) generiert. Das geschieht (siehe Abbildung 6.26) für die Objektkategorie `OT_FOR_BS` (SAP Business Suite), die Regelwerkkategorien RST (Verweilregeln) und/oder RTP (Aufbewahrungsregeln) und die entsprechenden Prüfgebiete.

ILM-Regelwerke

Regelwerkkategorie Aufbewahrungsregeln Prüfgebiet Allgemeine Regeln Objektkategorie SAP Business Suite

Bearbeiten | Zurück

Regelwerke

Status ändern | Transportieren | Export | Import | Übersicht

ILM-Objekt	Regelwerkname	Regelwerkstatus	Objekt im Prüfgebiet	Geändert am
FI_DOCUMNT	R083647814	nicht produktiv	✓	08.09.2017
MM_MATBEL	R083648135	nicht produktiv	✓	08.09.2017
RV_LIKP	R083648905	nicht produktiv	✓	08.09.2017
SD_VBAK	R083648835	nicht produktiv	✓	08.09.2017
SD_VBRK	R083649126	nicht produktiv	✓	08.09.2017

Abbildung 6.26 Übersicht über die generierten ILM-Regeln

Den ILM-Objekten werden die Bedingungsfelder gemäß der verantwortlichen Stelle und den Verwendungszwecken zugeordnet und Regeln für jede Kombination dieser Werte erstellt. Die Fristen sind über die zugeordnete Regelgruppe vorhanden; die Zeitreferenzen und Zeitversätze werden ebenso übernommen.

In Abbildung 6.27 sehen Sie die für das ILM-Objekt `FI_DOCUMNT` (Finanzbuchhaltungsbelege) erzeugte Regel. Aus der verantwortlichen Stelle IDES AG DEUTSCHLAND wurde für den Buchungskreis der Wert »DE01« eingetragen. Der Wert »MED« im Bedingungsfeld Buchungsschlüssel wurde aus dem Verwendungszweck MEDIZINVERKAUF kopiert. Die erzeugte Regelgruppe RG_083649 mit der minimalen und maximalen Aufbewahrungsfrist von 30 Jahren ist zugeordnet, ebenso der Zeitbezug **Ende des Geschäftsjahres**.

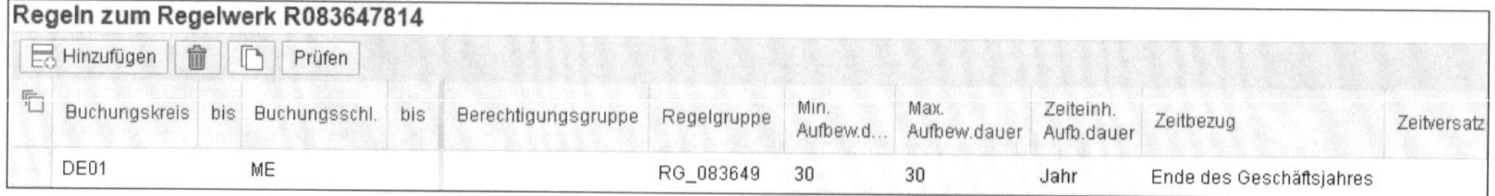
Regeln zum Regelwerk R083647814

Hinzufügen | Prüfen

Buchungskreis	bis	Buchungsschl.	bis	Berechtigungsgruppe	Regelgruppe	Min. Aufbew.d...	Max. Aufbew.dauer	Zeiteinh. Aufb.dauer	Zeitbezug	Zeitversatz
DE01		ME			RG_083649	30	30	Jahr	Ende des Geschäftsjahres	

Abbildung 6.27 Generierte Regel für das ILM-Objekt FI_DOCUMNT

Die Regeln sind im Regelwerkstatus **nicht produktiv** gesichert. Wenn Sie die Korrektheit des Generierungsergebnisses geprüft haben, können Sie den Status auf **produktiv** setzen, um die Regeln in zukünftigen Archivierungs- (Transaktion SARA – Archivadministration) und Datenvernichtungsläufen (Transaktion ILM_DESTRUCTION – Datenvernichtung) verwenden zu können.

[!]

ILM-Regeln werden zukünftig als produktiv erzeugt

Mit der Implementierung von SAP-Hinweis 2605458 (Regelgenerierer: Mit diesem Regelgenerierer angelegtes ILM-Regelwerk hat den Status »Not Live«) werden die generierten ILM-Regeln immer im Regelwerkstatus **produktiv** erstellt. Sie müssen somit bereits zuvor durch die Simulierung der Regelgenerierung sicherstellen, dass das Ergebnis Ihren Wünschen entspricht.

Aktive und historische Regeln

In Transaktion IRMRULE (Geschäftsregeln pflegen) können Sie Regeln im Status **aktiv** kopieren. In diesem Fall wird eine Nachfolgeregel im Status **Entwurf** für die kopierte Regel erstellt. Die kopierte Regel wird im Status **historisch** gesichert und kann nicht mehr geändert werden. Das Enddatum der historischen Regel wird auf das Tagesdatum gesetzt. Die für die zuvor aktive Regel erzeugten ILM-Regeln werden dabei nicht verändert.

Für Regeln im Status **Aktiv** oder **Historisch** können Sie die generierten ILM-Regeln auch in Transaktion IRMRULE (Geschäftsregeln pflegen) anzeigen. Auf diese Weise können Sie später nachvollziehen, welche ILM-Regeln für welche verantwortliche Stelle und welche Verwendungszwecke gültig sind oder waren. Beachten Sie, dass manuelle Änderungen und auch das Löschen von ILM-Regeln in Transaktion IRMPOL (ILM-Regelwerke) möglich sind. Wenn Sie eine ILM-Regel löschen, sind die Informationen für Ihre Kontroll- und Nachweispflichten verloren!

6.3 Zusammenfassung

Das Ende der Verarbeitung hat viele Facetten. Wir sind in diesem Kapitel auf die Reihenfolge für das Löschen der Daten eingegangen und wie sich diese bestimmen lässt. Dies wird einerseits durch die Länge der anwendbaren Aufbewahrungsfristen bestimmt, andererseits aber auch durch die Funktionalität der Anwendungen, die ein konsistentes Löschen der Daten sicherstellen. Dargestellt wurde in diesem Zusammenhang am Beispiel des Kundenauftragsprozesses, welche unterschiedlichen Aktivitäten für das Archivieren der Daten zu organisieren sind.

Mit dem Data Controller Rule Framework haben wir Ihnen eine Anwendung vorgestellt, die Ihre in den Geschäftsprozessen genutzten personenbezogenen Daten mit der verantwortlichen Stelle, den Verwendungszwecken und den jeweils relevanten Verweil- und Aufbewahrungsfristen verknüpft. Sie erhalten dadurch im System Transparenz über Ihre personenbezogenen Daten und können diese Daten durch die Zuordnung zu den linien- und prozessorganisatorischen Attributen effektiv unterscheiden.

Mit der vollständigen Zuordnung Ihrer Daten zu den Verwendungszwecken und verantwortlichen Stellen erhalten Sie einen prinzipiellen Nachweis der Löschbarkeit aller personenbezogenen Daten. Für die folgende Durchführung des Sperrens und Löschens bzw. Vernichtens können Sie prüfen, ob Ihr Löschprozess vollständig und konsistent funktioniert (z. B. welche Daten noch nicht berücksichtigt sind oder welche Abhängigkeiten es gibt).

Die Verwendung des Data Controller Rule Frameworks hat u. a. die folgenden Vorteile:

- Reduzierung des Konfigurationsaufwands
- schnellere Pflege der Regeldefinitionen für geschäftliche und regulatorische Anforderungen
- Verminderung von Konfigurationsfehlern durch Reduzierung der manuellen Regelpflege, was auch zur Vermeidung von kostspieligen Verstößen gegen rechtliche Vorschriften helfen kann
- verbesserte Transparenz über Regelwerke für Audits und weitere Rechenschaftspflichten
- Vereinfachung der fortlaufenden Regelpflege für sich ändernde geschäftliche oder gesetzliche Bedingungen
- sichereres Wissen, wann Daten gelöscht werden können, für alle Verantwortlichen einer Organisation unter Beachtung aller unterschiedlichen gesetzlichen Aufbewahrungsfristen für die unterschiedlichen Typen von Daten bzw. Zwecke der Verarbeitung

Abschließend möchten wir Ihnen ein Beispiel dafür geben, welche Konfigurationseinsparungen ein Unternehmen von moderater Größe und bei normaler gesetzlicher Komplexität erzielen kann. In Tabelle 6.1 sehen Sie den dafür angenommenen Rahmen und die daraus resultierende Anzahl von zu pflegenden Aufbewahrungsfristen als einzelne ILM-Regelwerke.

	Anzahl	Erläuterung
Verantwortliche Stellen	20	Kombination der Unternehmen und ihrer Linienorganisation
SAP-Systeme	4	z. B. SAP ERP, SAP Customer Relationship Management (SAP CRM), SAP Supplier Relationship Management (SAP SRM)
Regulierte Geschäftsprozesse	6	geschätzt, abhängig von Geschäftszwecken, den gesetzlichen Rahmenbedingungen usw.
Anwendungsobjekte je Geschäftsprozess	5	geschätzt, die technischen Objekte in den SAP-Lösungen zur Durchführung der Prozesse
Zu konfigurierende Regelwerke gesamt	**2.400**	ergibt sich aus dem o. g. Rahmenbedingungen

Tabelle 6.1 Organisatorischer, gesetzlicher und technischer Rahmen

Wir schätzen einen durchschnittlichen Pflegeaufwand von 30 Minuten pro ILM-Regelwerk. Wie bereits zuvor erläutert, sind ILM-Objekte technische Objekte mit sehr unterschiedlichen Parametern. Bei einer höheren Anzahl von unterschiedlichen relevanten Objekten kann sich auch der Pflegeaufwand je Regelwerk noch deutlich erhöhen.

In Summe führt dies zu einem Pflegeaufwand von 150 Personentagen, wenn man einen Arbeitstag von acht Stunden annimmt. Die Nutzung des Data Controller Rule Frameworks reduziert den Aufwand deutlich. Zwar sind immer noch 2.400 ILM-Regelwerke erforderlich, aber diese werden nicht mehr manuell erstellt, sondern unter deutlich geringerer technischer Komplexität z. B. hinsichtlich der linien- und prozessorganisatorischen Attribute zentral erstellt und in SAP ILM automatisch erzeugt.

Anzunehmen ist, dass sowohl größere Unternehmen mit mehr SAP-Systemen und Geschäftsprozessen als auch gesetzlich stärker regulierte Branchen deutlich größere Konfigurationsaufwände haben und somit noch mehr von der Nutzung des Data Controller Rule Frameworks profitieren können.

Kapitel 7
»Die Struktur berechtigt«: Auswirkungen auf das Berechtigungskonzept

Berechtigungen waren lange Zeit das Einzige, woran viele Kunden hinsichtlich des Datenschutzes dachten: »Datenschutz? – Ich hab' doch ein Berechtigungskonzept«. Einem wohldefinierten Berechtigungskonzept kommt eine herausragende Bedeutung im Datenschutz zu. Allerdings sind zahlreiche Anpassungen in den Konzepten erforderlich – oder ist Ihr Berechtigungskonzept bereits dazu in der Lage, den Zweck der Verarbeitung und das Minimalprinzip zu beachten?

In diesem Kapitel geben wir Ihnen eine kurze Einführung in das rollenbasierte Berechtigungskonzept. Auf dieser Grundlage erfahren Sie, wie eine zweckbezogene Differenzierung im Berechtigungskonzept durch die Nutzung linien- und prozessorganisatorischer Attribute erfolgen kann. Schließlich beschreiben wir abstrakt, wie Risikodefinitionen vorgenommen werden können und führen eine neue Risikobetrachtung ein.

7.1 Benutzer und Berechtigungen – eine Einführung

Um darstellen zu können, wie in Berechtigungen das Minimalprinzip und die Zweckbindung umgesetzt werden können, ist es erforderlich, dass Sie zumindest einen Überblick über Benutzer und Berechtigungen erhalten. Die nachfolgenden Ausführungen basieren auf dem Buch »SAP-Berechtigungswesen« (Lehnert, Stelzner, Otto, & John, 2016, S. 163–177).

7.1.1 Benutzer

Unterschiedliche Benutzertypen

Damit eine (natürliche) Person im SAP-System Aktionen ausführen kann, benötigt sie einen Benutzer, dem Berechtigungen zugeordnet sind (siehe Abbildung 7.1). Eine Person ❶ verfügt ❷ über einen Benutzer ❸. Dem Benutzer sind eine (oder mehrere) Rollen ❹ zugeordnet. Eine Rolle ❺ verfügt über ein Menü ❻, das Anwendungen ❼ enthält. In Bezug auf diese Anwendungen gehören zur Rolle Berechtigungen ❽. Die einzelnen Berechtigungen sind Berechtigungen zu einem Berechtigungsobjekt ❾.

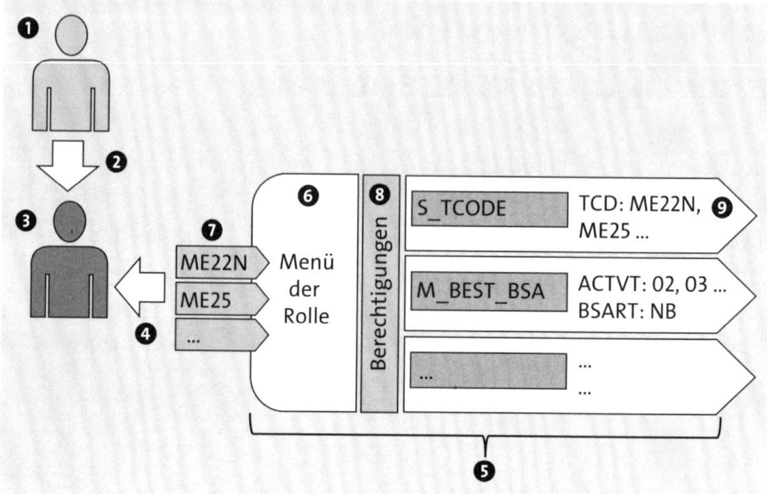

Abbildung 7.1 Person – Benutzer – Rolle – Berechtigungen

Alle Aktionen im SAP-System werden durch Benutzer ausgeführt. Es gibt unterschiedliche Benutzertypen für unterschiedliche Arten von Aktionen:

- Dialogbenutzer
- Servicebenutzer
- Kommunikationsbenutzer
- Systembenutzer
- Referenzbenutzer

Im Folgenden erläutern wir Ihnen die einzelnen Benutzertypen:

- **Dialogbenutzer**
  Dialogbenutzer sind für natürliche Personen personalisierte Benutzer, die sich über das SAP GUI, die grafische Benutzeroberfläche (Graphical User Interface), am SAP-System anmelden. Der Dialogbenutzer ist der zentrale Benutzertyp; er steht deshalb in diesem Buch im Vordergrund.
- **Servicebenutzer**
  Servicebenutzer dienen z. B. in Webservices dem anonymen Zugriff mehrerer Benutzer. Aus diesem Grund sollten die Berechtigungen für diesen Benutzertyp stark eingeschränkt werden. Ein Anwender meldet sich über das SAP GUI an; dabei ist es möglich, dass er sich mehrfach anmeldet. Der Status des Kennworts eines Servicebenutzers ist immer

produktiv. Dies bedeutet auch, dass nur ein Benutzeradministrator das Kennwort ändern kann.

- **Kommunikationsbenutzer**
  Kommunikationsbenutzer sind personenbezogene Benutzer, die sich allerdings nicht über das SAP GUI, sondern per RFC-Aufruf (RFC = Remote Function Call) anmelden. Es ist dem Benutzer möglich, das Kennwort zu ändern. Es erfolgt eine Prüfung, ob das Kennwort abgelaufen oder initial ist. Je nachdem, ob sich der Nutzer interaktiv angemeldet hat oder nicht, muss das Kennwort geändert werden.
- **Systembenutzer**
  Systembenutzer sind Benutzer, die in technischen Abläufen, wie z. B. Batch-Läufen, Verwendung finden. Der Benutzer meldet sich hier nicht über das SAP GUI an. Beim Einsatz von Systembenutzern sind Mehrfachanmeldungen möglich. Für Kennwörter gibt es keine Änderungspflicht.
- **Referenzbenutzer**
  Der Referenzbenutzer ist ein Mittel, um die Berechtigungsadministration zu vereinfachen. Es ist nicht möglich, sich über einen solchen Benutzer am SAP-System anzumelden. Der Referenzbenutzer dient dazu, Berechtigungen zu vererben.

Das betriebswirtschaftliche Berechtigungskonzept muss auch Aussagen zu den dargestellten Benutzern enthalten. Aus Gründen der Regelkonformität dürfen auch für technische Benutzer nur die Berechtigungen vergeben werden, die auch erforderlich sind. Umso wichtiger ist, dass dieses Prinzip für alle Benutzer zu gelten hat, die Personen Zugriffe auf das System ermöglichen.

7.1.2 Berechtigungen – Berechtigungsfelder und Berechtigungsobjekte

Berechtigungen werden benötigt, um Anwendungen im SAP-ERP-System zu starten und deren Funktionen ausführen zu können. In den folgenden Abschnitten beschreiben wir die strukturellen Eigenschaften und die Verwendung von Berechtigungen in ABAP-Programmen.

Um die Ausführung einer betriebswirtschaftlichen Funktion vor Unbefugten zu schützen, enthalten ABAP-Programme Berechtigungsprüfungen. Bei der Ausführung der Programme wird festgestellt, ob der ausführende Benutzer die anwendungsspezifischen Daten in der gewünschten Weise bearbeiten darf.

Berechtigungsfeld

Um einen betriebswirtschaftlichen Prozess berechtigungstechnisch abzubilden, müssen Sie für jede am Prozess beteiligte Kenngröße einen Parameter definieren, der als *Berechtigungsfeld* bezeichnet wird. Da an einem betriebswirtschaftlichen Vorgang meistens mehrere Kenngrößen beteiligt sind, benötigen Sie geeignete Kombinationen von Berechtigungsfeldern.

Berechtigungsobjekt

Solche Kombinationen heißen *Berechtigungsobjekte*. Ein Berechtigungsobjekt besteht aus maximal zehn Berechtigungsfeldern und ist einer Berechtigungsobjektklasse zugeordnet. Aus einem Berechtigungsobjekt entsteht eine Berechtigung, sobald Sie den im Objekt enthaltenen Feldern Werte zuordnen.

Beispiel: Berechtigungsobjekt M_BEST_EKO

In Abbildung 7.2 ist mit M_BEST_EKO (Einkaufsorganisation in der Bestellung) ein einfaches Beispiel für ein Berechtigungsobjekt dargestellt.

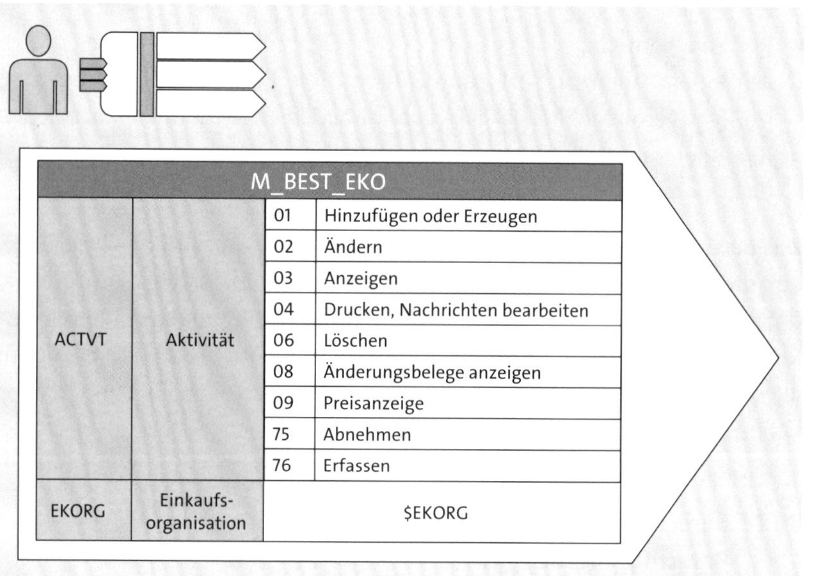

Abbildung 7.2 Beispiel eines Berechtigungsobjekts

Das Berechtigungsobjekt enthält die Berechtigungsfelder ACTVT (Aktivität) und EKORG (Einkaufsorganisation). Mit Berechtigungen zu diesem Objekt legen Sie fest, welche Bearbeitungsarten (z. B. Bestellung anlegen) Angehörige bestimmter Einkaufsorganisationen innerhalb einer Anwendung (z. B. Bestellung) durchführen dürfen.

ACTVT ist eines der am häufigsten verwendeten Berechtigungsfelder, das in Objekten sehr unterschiedlicher Anwendungsbereiche vorkommt.

Linienorganisatorisches Attribut

Das Feld EKORG (Einkaufsorganisation) ist das Feld, in dem festgelegt wird, für welche Einkaufsorganisationen diese Berechtigungen gelten sollen. In Abschnitt 5.2.1, »Wichtige Organisationsstrukturen«, sind wir bereits auf die Einkaufsorganisation als linienorganisatorisches Attribut (*LOA*) eingegangen. Hier an dieser Stelle sehen Sie nun, dass sie genau dieses Merkmal (und die anderen in Kapitel 5, »›Struktur ist alles‹: Verarbeitung muss auf dem Zweck basieren«, benannten LOAs) auch in den Berechtigungen pflegen können.

Beispiel: Berechtigungsobjekt M_BEST_BSA

Prozessorganisatorisches Attribut

Ähnlich verhält es sich mit Berechtigungsobjekten wie M_BEST_BSA (Belegart in Bestellung), die dazu geeignet sind, prozessorganisatorische Attribute (*POAs*) zu berücksichtigen, wie wir sie bereits in Abschnitt 5.3, »Prozessorganisation«, dargestellt haben.

Auch diese Berechtigungsobjekte sind aus zwei Feldern zusammengesetzt. Wenn Sie dieses Berechtigungsobjekt in Transaktion SU21 (Pflegen der Berechtigungsobjekte) anzeigen, erhalten Sie eine Darstellung, wie sie Abbildung 7.3 beispielhaft zeigt.

Berechtigungsobjekt anzeigen

Objekt M_BEST_BSA
Text Belegart in Bestellung
Klasse MM_E Materialwirtschaft - Einkauf
Autor SAP

Berechtigungsfelder

Berechtigungsfeld	Kurzbeschreibung...
ACTVT	Aktivität
BSART	Einkaufsbelegart

Dokumentation zum Berechtigungsobjekt
Dokumentation zum Objekt anzeigen

Weitere Einstellungen zum Berechtigungsobjekt
Zulässige Aktivitäten

Abbildung 7.3 Berechtigungsobjekt M_BEST_BSA

Berechtigungsprüfung bei der Programmausführung

Wenn die Berechtigungsobjekte ausgeprägt sind, werden entsprechende Berechtigungen generiert, die in diesem Modell immer auf der Rolle basieren. Mit den skizzierten beiden Berechtigungsobjekten wird gesteuert, welche Aktivität in welcher Einkaufsorganisation und in welcher Belegart möglich ist. Im Programmablauf werden – je nach Komplexität – mehrere

Berechtigungen schrittweise verprobt, angefangen mit einer Startberechtigungsprüfung. Die Prüfabfolge des technischen Prozesses in Transaktion ME21N (Bestellung anlegen) ist in Abbildung 7.4 vereinfacht und schematisiert dargestellt.

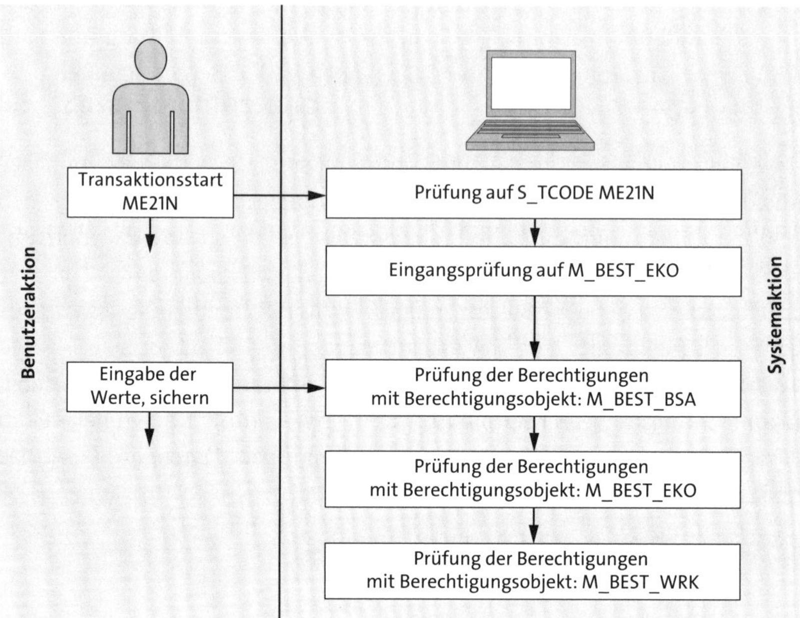

Abbildung 7.4 Prüfung im Programmablauf (Lehnert, Stelzner, Otto, John, 2016, S. 395)

Die in der Abbildung erste dargestellte Prüfung auf `S_TCODE` »Transaktionscode-Prüfung bei Transaktionsstart« ist auch auf andere Startberechtigungsobjekte möglich; für SAP S/4HANA ist besonders das Objekt `S_SERVICE` (Prüfung beim Start von externen Services) zu nennen, da dieses für die SAP-Fiori-Apps notwendig ist.

Zugriffsbeschränkung mittels LOAs und POAs

Einer Person ist ein Benutzer zugeordnet. Diesem Benutzer sind wiederum Rollen zugordnet. In den Rollen befinden sich Berechtigungsobjekte, die – sobald die Rolle generiert ist – die Berechtigungen des betreffenden Benutzers sind. In zahlreichen Programmen – z. B. in betriebswirtschaftlichen Anwendungen – findet eine Abfolge von Berechtigungsprüfungen statt. Der Benutzer kann also in seinem Zugriff mittels LOAs und POAs hinreichend eingeschränkt werden – es muss nur einschlägig differenziert werden.

7.2 Organisationsebenen neu denken

Um das Bild zu vervollständigen, sind noch einige Ausführungen zu den Organisationseben erforderlich. Für Rollen sind die Organisationsebenen starke organisatorische Differentiatoren, die in zahlreichen Berechtigungen verprobt werden. In vielen Fällen entsprechen die Organisationsebenen den in Abschnitt 5.2.1, »Wichtige Organisationsstrukturen«, dargestellten Merkmalen wie Buchungskreis oder Einkaufsorganisation.

Vorhandene Organisationsebenen

Die im System vorhandenen Organisationsebenen sind in Tabelle USORG (Organisationsebenen für den Profilgenerator) ausgewiesen, die in Abbildung 7.5 gezeigt wird.

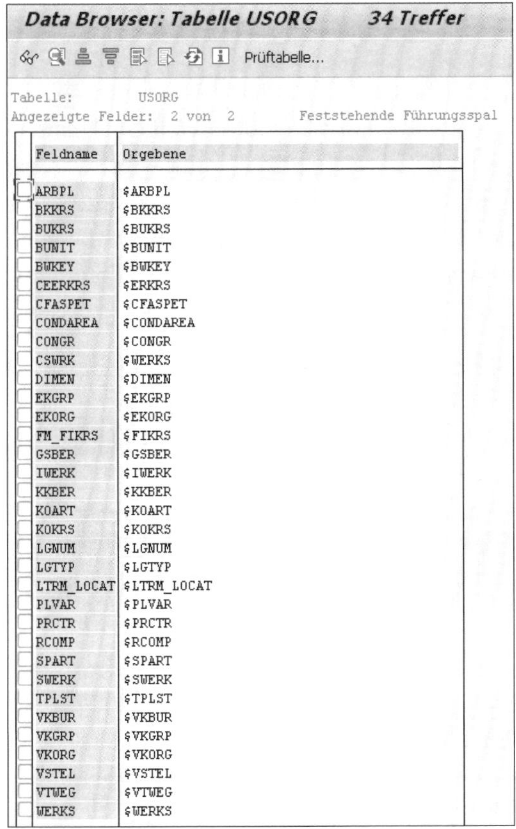

Data Browser: Tabelle USORG **34 Treffer**

Prüftabelle...

Tabelle: USORG
Angezeigte Felder: 2 von 2 Feststehende Führungsspal

Feldname	Orgebene
ARBPL	$ARBPL
BKKRS	$BKKRS
BUKRS	$BUKRS
BUNIT	$BUNIT
BWKEY	$BWKEY
CEERKRS	$ERKRS
CFASPET	$CFASPET
CONDAREA	$CONDAREA
CONGR	$CONGR
CSWRK	$WERKS
DIMEN	$DIMEN
EKGRP	$EKGRP
EKORG	$EKORG
FM_FIKRS	$FIKRS
GSBER	$GSBER
IWERK	$IWERK
KKBER	$KKBER
KOART	$KOART
KOKRS	$KOKRS
LGNUM	$LGNUM
LGTYP	$LGTYP
LTRM_LOCAT	$LTRM_LOCAT
PLVAR	$PLVAR
PRCTR	$PRCTR
RCOMP	$RCOMP
SPART	$SPART
SWERK	$SWERK
TPLST	$TPLST
VKBUR	$VKBUR
VKGRP	$VKGRP
VKORG	$VKORG
VSTEL	$VSTEL
VTWEG	$VTWEG
WERKS	$WERKS

Abbildung 7.5 Organisationsebenen in Tabelle USORG (Organisationsebenen für den Profilgenerator)

Prinzipiell können auch Berechtigungsfelder zu Organisationsebenen »angehoben« werden. Organisationseben sind zunächst einmal auch Berechtigungsfelder in einem Berechtigungsobjekt. Ihre Besonderheit besteht in ihrem Status und in den Möglichkeiten, die sich aus diesem Status ergeben. Organisationsebenen sind für das Ableitungskonzept erforderlich. Beim Durchgehen der definierten Organisationsebenen stellen Sie fest, dass nicht alle Organisationsebenen LOAs im Sinne dieses Buches sind.

Ableitungskonzept

Das Ableitungskonzept ist ein zentrales technisches Vehikel im Berechtigungskonzept. Es berücksichtigt die Notwendigkeit, entlang klarer organisatorischer Grenzen, Rollen differenzieren zu können. Wie es in Abbildung 7.6 dargestellt ist, können aus einer zentralen Referenzrolle Rollen abgeleitet werden, die eine spezifische Ausprägung der Organisationsebenen und somit der LOAs bekommen. Angenommen es gibt drei rechtlich eigenständige Einheiten, können diese mit jeweils einer bestimmten Menge von LOAs abgebildet werden; beim Ableiten der Rollen werden diese Werte in die abgeleitete Rolle eingetragen.

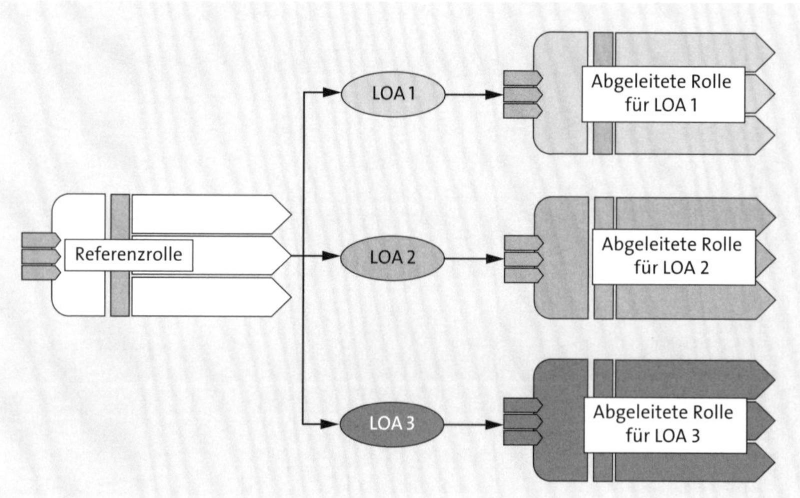

Abbildung 7.6 Ableitungskonzept und LOAs

Wie es in Kapitel 5, »›Struktur ist alles‹: Verarbeitung muss auf dem Zweck basieren«, dargestellt wird, gehen wir davon aus, dass in aller Regel ein Zweck der Verarbeitung personenbezogener Daten spezifisch für eine rechtlich eigenständige Einheit zu betrachten ist. Dementsprechend muss das Organisationsmodell auch in der Nutzung der Organisationsebenen reflektiert sein. In Kapitel 14, »›Täglich grüßt das ...‹: Schützen, Kontrollieren, Nachweisen und Kontrollen nachweisen«, gehen wir auf notwendige Kontrollhandlungen ein. Wesentlich ist in diesem Kontext die Frage, wie die Organisationsebenen in den Rollen ausgeprägt wurden.

Vorgehensmodell als Basis

Sofern Sie unserem Vorgehensmodell gefolgt sind (siehe Kapitel 3, »›Vom ersten Schritt zum Weg zum Ziel‹: Vorgehensmodell«), haben Sie ein umfassendes Bild der linienorganisatorischen Differenzierungsnotwendigkeiten allein schon dadurch gewonnen, dass Sie diese Attribute auch beim Sperren und Löschen und bei der Auskunft benötigen. Sofern Sie auch das Business Retention Data Controller Rule Framework nutzen, haben Sie dort ein Abbild, das Sie für das Berechtigungswesen entsprechend nutzen können.

Alternatives Vorgehen

Sofern Sie aber mit Berechtigungen als ersten Implementierungsschritt starten möchten, bleibt Ihnen nichts anderes übrig, als die in Abschnitt 5.2.1, »Wichtige Organisationsstrukturen«, skizzierten Zusammenhänge zu ermitteln. Konkret wird in diesem Abschnitt auch gezeigt, an welcher Stelle Sie die Zuordnungen in der Unternehmensstruktur auswerten können. Sie müssen in diesem Fall also ermitteln, welche Zuordnungen gepflegt sind, und dabei bewerten, ob die Beziehungen eindeutig auf einen Verantwortlichen (in aller Regel die juristische Person) weisen. Der Verantwortliche dürfte meist durch den Buchungskreis repräsentiert sein.

Wenn Sie dieses Mapping nachvollzogen haben, prüfen Sie in Tabelle USORG (Organisationsebenen für den Profilgenerator), welche Organisationsebenen in Ihrem System für die Berechtigungen zur Verfügung stehen. Im nächsten Schritt ist die Durchführung einer Ist-Analyse erforderlich; Sie betrachten die tatsächlichen Zuordnungen in Tabelle AGR_1252 (Organisationsebenen) zu den Berechtigungen. Ferner betrachten Sie auch die manuellen Ausprägungen dieser Felder in Tabelle AGR_1251 (Berechtigungsdaten zur Aktivitätsgruppe). Beide Angaben zusammengenommen geben Auskunft darüber, welche linienorganisatorischen Differenzierungen bei Ihnen derzeit in den Rollen vorhanden sind. Einträge in Tabelle AGR_1251 (Berechtigungsdaten zur Aktivitätsgruppe) in diesen Feldern sind zugleich auch ein Beweis dafür, dass Ihr Berechtigungskonzept nicht dem Standard entspricht.

[!]

Keine generische Pflege

Eine generische Pflege mit »*« oder umfassende Intervalle »0001–9999« stellen in aller Regel keine sinnvolle Differenzierung dar.

[«]

Daten zweckgetrennt verarbeitet?

In unseren regelmäßigen Gesprächen mit der Beratung geht es auch immer wieder um die Frage, wie eigentlich festgestellt werden kann, ob Daten zweckgetrennt verarbeitet werden. Unsere Antwort ist dann regelmäßig, dass ein kurzer Blick in die organisatorische Differenzierung von Rollen einen zügig ermittelten und gewichtigen Indikator darstellt.

7.3 Prozessattribute identifizieren

In Abschnitt 5.3, »Prozessorganisation«, haben wir uns bereits mit den prozessorganisatorischen Attributen (POAs) beschäftigt. Dabei haben wir auch unsere Annahmen im Prozess deutlich gemacht und nach und nach die Elemente eines exemplarischen Prozesses dargestellt: Kunde, Auftrag, Lieferung, Faktura. Diese betriebswirtschaftlichen Objekte sind regelmäßig durch einschlägige Berechtigungsobjekte geschützt, die es u. a. ermöglichen, eine Differenzierung nach POAs vorzunehmen. Als Beispiel sei hier auf das Berechtigungsobjekt V_VBAK_AAT (Verkaufsbeleg: Berechtigung für Verkaufsbelegarten) verwiesen (siehe Abbildung 7.7).

Abbildung 7.7 Berechtigungsobjekt V_VBAK_AAT (Verkaufsbeleg: Berechtigung für Verkaufsbelegarten)

Berechtigungen zum Umgang mit einem Verkaufsauftrag werden auch im Controlling vergeben (z. B. Erzeugniskalkulation). Aus der Sicht des Datenschutzes ist eine anwendungsnahe Lösung anzustreben; diese wird durch die beiden Berechtigungsobjekte in Abbildung 7.8 erreicht.

Das Berechtigungsobjekt V_VBAK_AAT gestattet eine Differenzierung nach unterschiedlichen Verkaufsbelegarten. Eine ausführliche Darstellung derartiger Attribute finden Sie im Buch »SAP-Berechtigungswesen« (Lehnert, Stelzner, Otto, John, 2016, Kapitel 21).

Vorgehensmodell als Basis

Auch in Bezug auf die POAs gilt es wieder, dass Sie die wesentlichen POAs bereits im Rahmen unseres Vorgehensmodelles identifiziert haben sollten, da Sie diese Attribute auch beim Sperren und Löschen benötigen. Ebenso gilt es, dass bei der Nutzung des Data Controller Rule Frameworks das Modell bereits in wesentlichen Teilen abgebildet sein sollte.

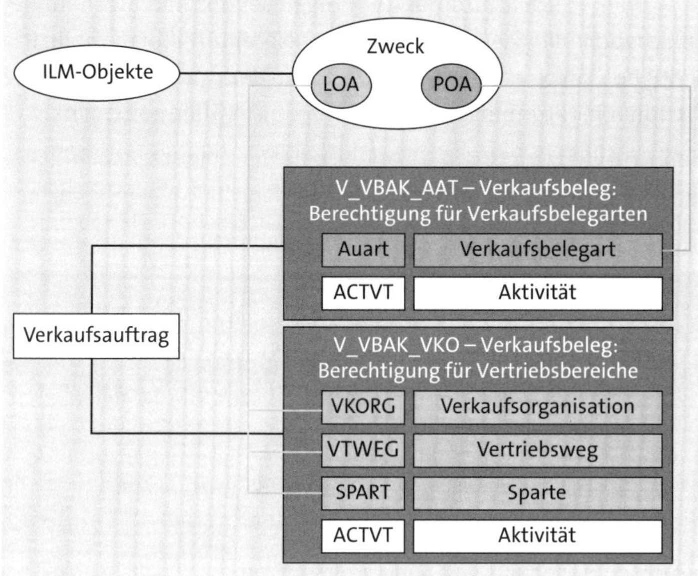

Abbildung 7.8 LOAs und POAs in den Berechtigungsobjekten zum Verkaufsauftrag

Alternatives Vorgehen

Ein alternatives Vorgehen ist in diesem Fall deutlich aufwendiger, da es um wesentlich mehr mögliche Felder und Ansätze geht. Allerdings zeigt die Erfahrung beim Kunden, dass bereits aus rein betriebswirtschaftlichen und innerorganisatorischen Gründen meist eine Differenzierung vorgenommen wurde, die es zu betrachten und gegebenenfalls anzupassen gilt.

Ein möglicher Startpunkt ist wieder die Ausprägung der Rollen, die sich über Tabelle AGR_1251 (Berechtigungsdaten zur Aktivitätsgruppe) auswerten lässt. Diesmal sollten aber eben nicht die wenigen Organisationsebenen, sondern die zahlreichen anderen Felder betrachtet werden. Sie können sich die Arbeit weiter erleichtern, indem Sie in den Feldern zusätzlich die jeweiligen Aktivitäten beschreiben. So können Sie z. B. im Feld ACTVT den Zusatz »Aktivität ausschließen« anfügen.

7.4 Berechtigungsrisiken

Wie wir bereits in Abschnitt 1.3.4, »Technisch-organisatorische Maßnahmen (TOM)«, dargestellt haben, müssen Berechtigungen aus Sicht des Datenschutzes einem strikten Minimalprinzip folgen. Jeglicher Zugriff außerhalb des Verarbeitungszwecks ist ein Verstoß gegen dieses Minimalprinzip.

Traditionelle Betrachtung

Traditionell werden Risiken im Berechtigungswesen definiert und ausgewertet. Das klassische Vorgehen ist dabei letztlich ein Verbotsprinzip, das vereinfacht auf dem folgenden Prinzip beruht: Ein Benutzer soll nicht diese oder jene Aktion oder Kombination von Aktionen ausführen können!

Datenschutzbetrachtung

Das Minimalprinzip ist jedoch ein Gebotsprinzip. Ein Benutzer soll nur die Aktionen ausführen können, die dem Zweck der Verarbeitung entsprechen.

Um diese Aussage (stark vereinfachend) mit Mengengerüsten zu unterlegen, betrachten wir Folgendes:

Unter circa 60.000 betriebswirtschaftlichen Transaktionen werden in der klassischen Risikodefinitionslogik einige Tausend Transaktionen (im Regelwerk von SAP Access Control: circa 2.500) angeführt, die als risikobehaftet gelten.

Für das Minimalprinzip des Datenschutzes ist aber jede Transaktion, die dazu geeignet ist, personenbezogenen Daten zu exponieren, ein Risiko, wenn diese Exposition im Sinne des Zwecks nicht erforderlich ist. Realistisch ist dies die 20-fache Menge.

Alles ist riskant?

Dies führt aber nicht nur zu erheblichen Herausforderungen in Bezug auf die Menge an Risikodefinitionen, sondern auch auf die Treffermenge (erneut vereinfacht). Denn schließlich geht jeder Benutzer im System auf die eine oder andere Art mit personenbezogenen Daten um, und genau dies wäre Gegenstand der Treffermenge. Die Feststellung, dass nahezu jeder Benutzer mit personenbezogenen Daten umgeht, ist deshalb aber nahezu wertlos. Was also gilt es nachzuweisen? Es gilt nachzuweisen, welche Benutzer in welchen Verarbeitungszwecken Zugriff haben. Wie das ablaufen kann, werden wir nachfolgend darstellen.

Für dieses Buch möchten wir die Risikodefinition aus dem Buch »SAP-Berechtigungswesen« (Lehnert, Stelzner, Otto, John, 2016, S. 44) übernehmen:

Aktivitätsbezogene Risiken

Aus der Sicht der Benutzerberechtigungen lassen sich aktivitätsbezogene Risiken in drei unterschiedliche Arten von kritischen Zugriffen im System unterteilen:

- Funktionstrennungskonflikte
- kritische Aktionen
- kritische Berechtigungen

Im Folgenden erläutern wir die einzelnen Arten von kritischen Zugriffen:

- **Funktionstrennungskonflikte**
  Funktionstrennungskonflikte ergeben sich durch die Kombination zweier Aktivitäten. So ist z. B. die Kombination von Lieferantenpflege und Bestellbearbeitung kritisch. Abhängig von Regeln, Verfahren und Customizing-Einstellungen kann ein Funktionstrennungskonflikt allerdings auch innerhalb einer Transaktion darstellbar sein, wenn das Regelwerk zwischen dem Erfassen und Freigeben einer Buchung eine Funktionstrennung vorsieht. Die technische Aussteuerung dieser unterschiedlichen Aktivitäten erlaubt eine Funktionstrennung, die verrichtungsorientiert ist: Es kann also eine Trennung von Erfassungs- und Freigabeprozess eingerichtet werden.
- **Kritische Aktionen**
  Kritische Aktionen sind Aktionen, die eine einzelne Aktivität (Verrichtung) betreffen, die zu einem Risiko führt. So ist z. B. die Pflege der Mandanteneinstellungen eine kritische Aktion, da dadurch das produktive System für nicht legitime Änderungen geöffnet werden kann. Eine kritische Aktion wird als Verbindung einer Anwendung, z. B. einer Transaktion mit einem Berechtigungsobjekt, definiert.
- **Kritische Berechtigungen**
  Kritische Berechtigungen sind Berechtigungen, die in sich kritisch sind, ohne dass die Art des Zugriffs auf diese Berechtigung schon definiert sein muss (technische Definition: Berechtigungsobjekt ohne Verbindung zu einer konkreten Transaktion). Ein Beispiel ist das Debugging im Änderungsmodus.

Soweit die Darstellung der »klassischen« Risikoperspektive! Was ist nun in Bezug auf die rein datenschutzrechtlich fundierten Risiken zu betrachten?

Funktionstrennung im Datenschutz

Im Datenschutz ist die Funktionstrennung vor allem für systemtechnische Aktivitäten erheblich, wie z. B. die Trennung von Benutzeradministrator und Berechtigungsadministrator oder die Funktionstrennung im Transportmanagement.

Transportmanagement

Unter dem Transportmanagement ist hier das Management von Transportaufträgen zwischen Entwicklungs- und Produktivsystem zu verstehen.

Explizit mit der Betriebswirtschaft verbundene Funktionstrennungsanforderungen sind z. B. beim Entsperren von Kunden oder Lieferanten zu betrachten. Das Zuweisen eines Sonderbonus und die Veranlassung der Zahlung bleiben hingegen ein betriebswirtschaftliches Funktionstrennungsrisiko, das keiner datenschutzrechtlichen Betrachtung unterzogen werden muss. Funktionstrennungsrisiken spielen im Datenschutz mengenmäßig also eine eher marginale Rolle.

Kritische Aktionen im Datenschutz

Kritische Aktionen gibt es im Datenschutz ebenso. Dabei sind naturgemäß auch die eher technischen Aktionen schwerwiegend. Auch die oben allgemein angeführte Pflege der Mandanteneinstellungen ist ein explizites Datenschutzrisiko. Konkret in Bezug auf den Datenschutz ist auch anzuführen, dass ein unbegrenzter Zugriff auf Tabellen in aller Regel einen massiven Verstoß gegen das Minimalprinzip und das Zwecktrennungsprinzip darstellt.

Kritische Berechtigungen im Datenschutz

Die Definition von kritischen Berechtigungen im Datenschutz ist wesentlich wichtiger als in der »klassischen« Risikobetrachtung. Um ein einfaches Beispiel zu bilden: Der Zugriff auf interne Kreditoren (z. B. Reisekosten) ist unabhängig von der Art des Zugriffs ein Risiko für alle Benutzer, die nicht explizit für die Zwecke in Bezug auf die internen Kreditoren berechtigt sein sollen.

Purpose Risk

Der dargestellte Gebotscharakter macht wohl eine neue Kategorie erforderlich. Diese muss dazu in der Lage sein, Auskunft darüber zu erteilen, ob der Tatbestand der Zwecktrennung in den Berechtigungen des Benutzers so erfüllt wurde, dass der Benutzer nur über Berechtigungen verfügt, die sich aus den Zwecken, für die er berechtigt sein muss, ergibt. Im Deutschen böte sich wohl der Begriff *Verwendungszweckrisiko* an, den wir aber schnell und besser ins Englische übertragen und somit die Bezeichnung *Purpose Risk* einführen.

Purpose Risk

Ein Purpose Risk ist eine allgemeine zweckfundierte Risikodefinition unter der Nutzung der Berechtigungsobjekte, die einzelnen Artefakten im Rahmen eines Zwecks sowie den LOAs und POAs eines Zwecks zugeordnet werden. Das Purpose Risk setzt sich also aus der Menge aller kritischen Berechtigungen nach datenschutzrechtlicher Definition in Bezug auf alle Artefakte eines Verarbeitungszwecks zusammen.

Betrachten wir zunächst die Darstellung in Abbildung 7.9: Der Verkaufsauftrag ist – in diesem Zusammenhang – durch zwei wesentliche Berechtigungsobjekte geschützt: `V_VBAK_AAT` (Verkaufsbeleg: Berechtigung für Verkaufsbelegarten) sowie `V_VBAK_VKO` (Verkaufsbeleg: Berechtigung für Vertriebsbereiche). Als LOA kommen die Sparte, der Vertriebsweg oder die Verkaufsorganisation infrage. Das POA ist die Auftragsart. Für diese Betrachtung ist die Aktivität zu vernachlässigen.

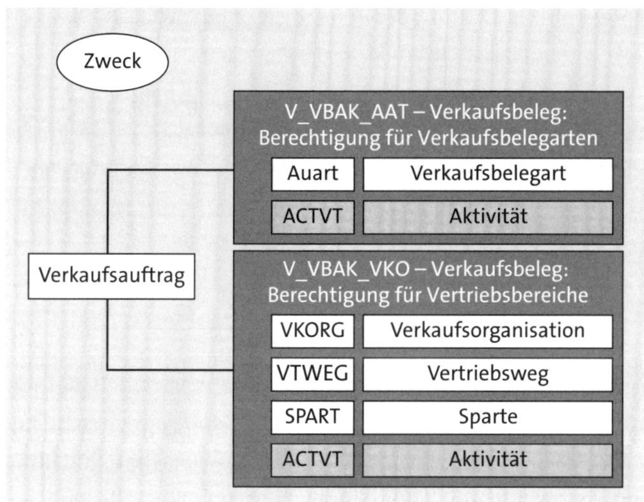

Abbildung 7.9 Zusammenhang von Zweck, Artefakt und Berechtigungsobjekt in der Risikodefinition

Da die Verkaufsorganisation n:1 mit dem Buchungskreis verbunden ist, sähe eine potenzielle Risikodefinition wie in Tabelle 7.1 aus.

Feldname	Feldbezeichnung	Wert
V_VBAK_AAT (Verkaufsbeleg: Berechtigung für Verkaufsbelegarten)		
AUART	Verkaufsbelegart	jede im Rahmen des Zwecks
ACTVT	Aktivität	
UND		
V_VBAK_AAT (Verkaufsbeleg: Berechtigung für Verkaufsbelegarten)		
VKORG	Verkaufsorgani-sation	Verantwortlicher
ACTVT	Aktivität	

Tabelle 7.1 Risikodefinition (Kombination »kritischer« Berechtigungen)

Diese artefaktbezogene Betrachtung ist nun für jedes Artefakt im Zweck zu wiederholen, bis alle Risiken definiert sind.

Die Summe aller Risikodefinitionen (die faktisch Definitionen kritischer Berechtigungen sind) gibt das gesamte Purpose Risk wieder. Darstellbar sind somit zwei Ebenen: eine allgemeine Ebene, die Auskunft über den

Zweck gibt, und eine konkrete Ebene, die in Bezug auf den Zweck auch noch die Artefakte ausweist (siehe Tabelle 7.2).

Benutzer	Zweck (allgemeine Ebene)	Artefakt (konkrete Ebene)
Müller	Verkauf von Hustensaft	Kundenstamm, Verkaufsauftrag, Faktura
Müller	Verkauf von Pfefferminztee	Kundenstamm

Tabelle 7.2 Zwei Ebenen des Purpose Risks

Vorgehensmodell als Basis

Wieder gilt, sofern Sie unser vorgeschlagenes Vorgehensmodell befolgt haben: Sind wesentliche Werte bereits ermittelt, müssen sie einschlägig angewendet werden. Dazu müssen Sie die Artefakte zu deren ILM-Objekten, für die Sie ja bereits Regeln angelegt haben, entsprechend aufbereiten. Wenn Sie auch das Data Controller Rule Framework bereits eingerichtet haben, sind Sie in der komfortablen Situation, dass dem Zweck POAs, LOAs und ILM-Objekte bereits zugeordnet sind.

7.5 Zusammenfassung

Berechtigungen sind ein technisches und nicht unbedingt triviales Thema. Für einen eher systemfern aufgestellten Datenschützer ist es außerdem wichtig zu wissen, dass Berechtigungen in aller Regel mehrstufig geprüft werden, dass die Linienorganisation und die Prozessorganisation zu beachten sind und dass es logischerweise einen engen Zusammenhang zwischen den Regeln beim Löschen und den Berechtigungen gibt. Es dürfte wohl nicht zu erwarten sein, dass solch ein systemferner Datenschützer eigenständig technische Risikodefinitionen vornimmt. Sehr wohl kann aber auch dieser die Verantwortlichen aus der IT befragen, welche Risiken definiert und wie die POAs und LOAs berücksichtigt werden.

Dem berechtigungsaffinen IT-Spezialisten haben wir mit diesem Kapitel gezeigt, dass ihn letztendlich – wenngleich im Mantel des Datenschutzes – ein altbekanntes Betätigungsfeld mit in der Regel erheblichem Handlungsbedarf erwartet.

Kapitel 8
»Transparenz gewinnt«: Information Retrieval Framework

Die Anforderungen rund um Transparenz in der Datenverarbeitung stellen eine wesentliche Säule des neuen Datenschutzrechts dar. Das Information Retrieval Framework von SAP unterstützt Sie sowohl dabei, den Auskunftsanspruch der Betroffenen zu erfüllen als auch eine Vorabinformation und ein Verzeichnis von Verarbeitungstätigkeiten zu erstellen.

In diesem Kapitel erfahren Sie, wie Sie das Information Retrieval Framework (IRF) nutzen, um die Informationspflichten an die Betroffenen sowie das Recht auf Datenübertragbarkeit zu erfüllen.

Personenbezogene Daten können mithilfe von SAP Information Lifecycle Management (SAP ILM) gelöscht werden. Voraussetzung dafür ist, dass ILM-Objekte in Ihrem SAP-System vorliegen (siehe Abschnitt 4.1, »Einführung«). Vor dem Hintergrund, dass über die personenbezogenen Daten, die über SAP ILM gelöscht wurden, ebenfalls Auskunft erteilt werden muss, greift das Information Retrieval Framework ebenfalls auf diese ILM-Objekte zu. Auf diese Weise spiegeln die Informationen im Rahmen der Beauskunftung die Löschung korrekt wider.

Voraussetzung für die Nutzung des Information Retrieval Frameworks ist, dass die relevanten ILM-Objekte mit Personenbezug bekannt sind. Aus diesen ILM-Objekten kann automatisiert ein Information-Retrieval-Framework-Datenmodell (im Folgenden schlicht *Datenmodell* genannt) generiert werden (siehe Abschnitt 8.4.2, »Initiales Datenmodell generieren«). Das Information Retrieval Framework greift zu diesem Zweck auf die sogenannte *Generic Smart Search* zurück. Das so erzeugte Datenmodell wird jeweils manuell angepasst (siehe Abschnitt 8.4.5, »BAdI-Implementierungen erstellen«).

Die Generic Smart Search extrahiert, basierend auf dem Datenmodell, für jede Zweckbestimmung automatisch alle zugehörigen Daten (siehe Abschnitt 8.5, »Datenmodell testen«).

Das Ergebnis kann durch den Datenschutzbeauftragten kontrolliert und gegebenenfalls nach einer Überarbeitung an die Betroffenen übermittelt werden (siehe Abschnitt 8.6, »Beauskunftung durchführen«).

Relevante Abschnitte für SAP S/4HANA Cloud

Das Information Retrieval Framework ist nicht nur in der On-Premise-Version von SAP S/4HANA sowie in der SAP Business Suite, sondern auch in SAP S/4HANA Cloud verfügbar. Auf Besonderheiten wird an den jeweiligen Stellen hingewiesen. Das Datenmodell des Information Retrieval Frameworks ist in SAP S/4HANA Cloud von SAP vorgegeben und kann nicht geändert werden! Daher sind nur Abschnitt 8.3.3, »Berechtigungen zuweisen«, Abschnitt 8.3.4, »Automatisierte Datenvernichtung einrichten«, Abschnitt 8.6, »Beauskunftung durchführen«, und Abschnitt 8.10, »Zusammenfassung«, relevant. Die in den anderen Abschnitten dargestellten Funktionen können Sie in SAP S/4HANA Cloud nicht nutzen.

8.1 Transparenz – Auskunft und Vorabinformation

In Abschnitt 1.2.7, »Transparenzgebot«, haben Sie die zentralen Begriffe *Transparenzgebot* sowie *Transparenz der Datenverarbeitung* ausführlich kennengelernt. Die verschiedenen Transparenzanforderungen zählen zu den Betroffenenrechten.

Auskunft und Vorabinformation

In Bezug auf diese Betroffenenrechte im Hinblick auf die Transparenz haben wir in Kapitel 1, »›Maßnehmen für Maßnahmen‹: Einführung«, eine Unterscheidung zwischen den beiden folgenden Anforderungen vorgenommen:

- *Auskunft* an den Betroffenen nach Art. 15 DSGVO
- *Vorabinformation* des Betroffenen nach Art. 13 und Art. 14 DSGVO

Beide Anforderungen weisen viele inhaltliche und strukturelle Ähnlichkeiten auf. Ein wesentlicher Unterschied zwischen der Auskunft und der Vorabinformation besteht darin, dass bei der Auskunft das Vorhandensein von Daten selbst auch beauskunftet werden muss. Konkret heißt das, dass Sie darüber Auskunft geben müssen, *ob* personenbezogene Daten verarbeitet werden. Eine detaillierte Gegenüberstellung von Auskunft und Vorabinformation finden Sie in Tabelle 1.2 in Abschnitt 1.2.7, »Transparenzgebot«.

Die Person, die nach Art. 15 DSGVO beauskunften kann, sollte somit erst recht dazu in der Lage sein, die notwendigen Vorabinformationen nach Art. 13 und Art. 14 DSGVO bereitzustellen. Eine grundsätzliche Vergleichbarkeit einiger dieser Angaben mit den Angaben für das Verzeichnis von Verarbeitungstätigkeiten nach Art. 30 DSGVO haben wir auch an dieser Stelle skizziert.

Datenübertragbarkeit und Auskunft

Ferner haben wir in Abschnitt 1.2.10, »Datenübertragbarkeit (Portability)«, dargestellt, dass ein Report, der alle personenbezogenen Daten ausgeben kann, unseres Erachtens auch zur formalen Erfüllung des Rechts auf Datenübertragbarkeit nach Art. 20 DSGVO hinreichend ist, sofern er die Daten in ein maschinenlesbares Format überführt. Wir haben außerdem verdeutlicht, dass wir auf eine Normierung oder Standards hoffen, um eine effektive Brauchbarkeit dieser Daten zu gewährleisten.

Ein Report, der eine geeignete Auskunft bereitstellen kann (natürlich ohne die rein organisatorischen Angaben), ist also unseres Erachtens in der Lage, auch die Vorabinformation und das Verzeichnis von Verarbeitungstätigkeiten zu unterstützen.

Information und Vorgehensmodell

Sofern Sie unserem Vorgehensmodell folgen, haben Sie durch das Sperren und Löschen mit SAP ILM bereits die relevanten Artefakte identifiziert und in Verbindung gebracht. Ferner haben Sie Ihr Datenmodell in Bezug auf die Zweckbestimmung betrachtet und eventuell angepasst. Einer zweckbezogenen Auskunft steht also inhaltlich nichts mehr im Weg.

In den nachfolgenden Abschnitten erklären wir Ihnen, wie Sie das Information Retrieval Framework nutzen können, um eine solche zweckbezogene Auskunft durchzuführen.

8.2 Neuerungen im Information Retrieval Framework

Mit Release SAP NetWeaver ABAP 7.40 SP23, 7.50 SP16 und 7.52 SP05 – eine vollständige Übersicht finden Sie in SAP-Hinweis 2742873 (IRF-Verbesserungen mithilfe von Modellgrenzen) – wurden einige gravierende Änderungen im Information Retrieval Framework vorgenommen. Für diejenigen unter Ihnen, die mit älteren Releases bereits vertraut sind, möchten wir die wichtigsten Neuerungen an dieser Stelle kurz zusammenfassen – alle anderen Leser können diesen Abschnitt überspringen.

Altes versus neues Datenmodell

Ursprünglich basierte das Modellierungsverhalten des Information Retrieval Frameworks auf einem einzigen Datenmodell. Dieses Datenmodell enthielt alle relevanten Datenbanktabellen. Diese Datenbanktabellen wurden in sogenannte *Tabellen-Cluster* gruppiert. Diese Tabellen-Cluster wurden automatisch ein oder mehreren ILM-Objekten zugeordnet.

ILM-Objektgrenzen

Mit dem neuen Modellierungsverhalten (siehe SAP-Hinweis 2742873 – IRF-Verbesserungen mithilfe von Modellgrenzen), das diesem Buch zugrunde liegt, wurden sogenannte *ILM-Objektgrenzen* eingeführt: Für jedes ILM-Objekt gibt es ein eigenes Datenmodell. Tabellen-Cluster existieren weiterhin, sollten aber ignoriert werden.

BAdI-Implementierungen

Eine Modellierung im Browser mittels Galilei wird somit hinfällig, da nun ausschließlich Implementierungen von *BAdI-Methoden* (BAdI = Business Add-In) genutzt werden. Auf diese BAdIs gehen wir in Abschnitt 8.4.5, »BAdI-Implementierungen erstellen«) ein. SAP hat einige BAdI-Implementierungen ausgeliefert, siehe SAP-Hinweis 2743548 (SAP Business Suite: Abrufen von Daten) und SAP-Hinweis 2939146 (Information Retrieval Framework (IRF): Überblick über die Aktivierung mit SAP S/4HANA). Diese haben jedoch keinen Anspruch auf Vollständigkeit. Sie können sie jedoch als Vorlage nutzen, um Ihre eigene BAdI-Implementierung zu entwickeln.

Um das neue Modellierungsverhalten zu nutzen, müssen Einstellungen am System vorgenommen werden (dies wird in Abschnitt 8.3.6, »Modellierungsverhalten aktivieren«, erläutert).

Existiert bereits ein altes Datenmodell, und soll der BAdI-Ansatz genutzt werden, muss das bisherige Datenmodell angepasst oder komplett ersetzt werden. Darauf wird in Abschnitt 8.9, »Bestehende Datenmodelle übernehmen«, kurz eingegangen.

Die Funktionsweise der Suche nach relevanten Daten unterscheidet sich von der früheren Vorgehensweise; auf die Unterschiede gehen wir hier nicht im Detail ein, sondern verweisen auf den neuen Parameter `DISPLAY_ACROSS_ILM` (siehe Abschnitt 8.3.6, »Modellierungsverhalten aktivieren«). Kurz gesagt, wird die neue Suche in der Regel weniger Daten ermitteln als die alte Suche. Wir schlagen vor, beide Suchen zu nutzen, um das Ergebnis im eigenen System direkt zu vergleichen und sich dann für eine von beiden zu entscheiden. Der Parameter kann jederzeit geändert werden und gilt für jede neue Suche.

ILM Destruction Object

Ein neues ILM-Objekt, das sogenannte *ILM Destruction Object* erlaubt eine automatisierte Löschung von gesammelten Daten (siehe Abschnitt 8.3.4, »Automatisierte Datenvernichtung einrichten«).

Zentrale Instanz

Die sogenannte *zentrale Instanz* ist nicht verfügbar. Personenbezogene Daten können zwar für komplette Geschäftsprozesse auf Basis des Verwendungszwecks ermittelt werden. Das beschränkt sich jedoch auf das lokale System, auf dem eine Suche angestoßen wird. Eine solche Suche muss daher gegebenenfalls in mehreren Systemen manuell angestoßen werden. Eine Suche aller personenbezogenen Daten für einen systemübergreifenden Geschäftsprozess ist nicht möglich.

Ferner weisen wir auf SAP-Hinweis 2646204 (Sammelhinweis für Information Retrieval Framework) hin, der als Sammelhinweis fungiert und fortlaufend um Verweise auf neue SAP-Hinweise erweitert wird.

8.3 Setup des Information Retrieval Frameworks

Zur Nutzung des Information Retrieval Frameworks ist es notwendig, als Setup mehrere Tätigkeiten durchzuführen, die wir im folgenden Abschnitt erläutern.

8.3.1 Business Function aktivieren

Sofern Ihr SAP NetWeaver Application Server ABAP (SAP NetWeaver AS ABAP) auf dem notwendigen Service-Package-Stand ist, steht Ihnen das Information Retrieval Framework zur Verfügung. Dessen Nutzung wird jedoch so lange verhindert, bis Sie explizit das erlauben, was wir im Folgenden erläutern.

Im ersten Schritt müssen Sie die Business Function aktivieren. Starten Sie dazu Transaktion SPRO (Customizing: Projekt bearbeiten), und klicken Sie auf den Button **Business Functions aktivieren**. Auf der Folgeseite wählen Sie die Business Function `CA_DTINF_FW` mit einem Doppelklick aus und aktivieren diese, wie in Abbildung 8.1 dargestellt.

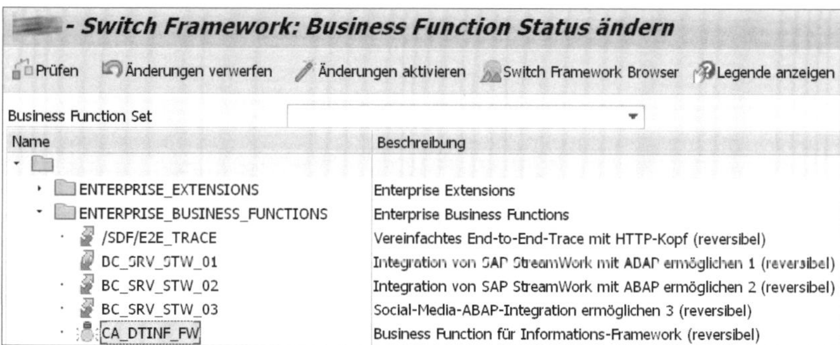

Abbildung 8.1 Business Function aktivieren

[!]

Mandantenunabhängige Einstellung

Es handelt sich bei der Aktivierung der Business Functions um eine mandantenunabhängige Einstellung, die für das gesamte SAP-System gilt.

8.3.2 Systemstatus festlegen

Im nächsten Schritt müssen Sie den Systemstatus festlegen, der die Funktionalität des Information Retrieval Frameworks auf dem jeweiligen Mandanten festlegt. Im Gegensatz zur mandantenunabhängigen Business Function bezieht sich der Systemstatus auf jeweils einen Mandanten. Klicken Sie im Customizing auf **Systemstatus pflegen** (siehe Abbildung 8.2).

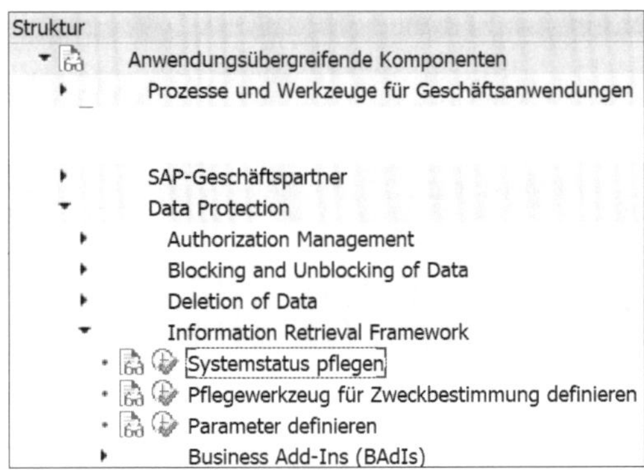

Abbildung 8.2 Systemstatus im Menü pflegen

Es öffnet sich eine neue Seite, in der Sie im Bereich **Angaben zum Systemstatus** den Systemstatus definieren (siehe Abbildung 8.3).

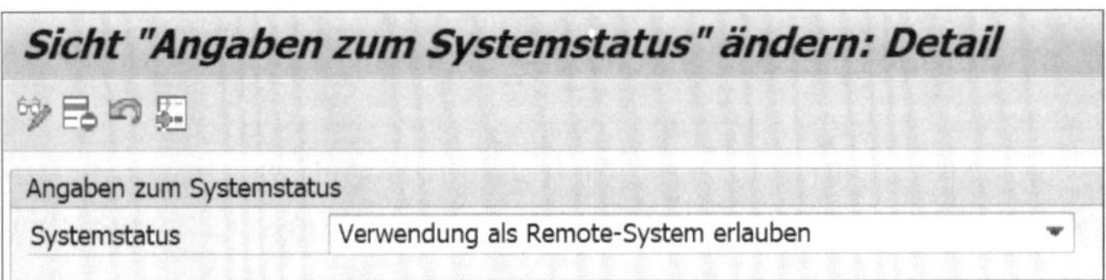

Abbildung 8.3 Systemstatus definieren

Systemstatus

Es sind zwei Systemstatus verfügbar:

- **Verwendung nicht erlauben**
  Hierbei handelt es sich um eine Standardeinstellung. Das Information Retrieval Framework kann in dem Mandanten nicht genutzt werden, selbst wenn die Business Function aktiv ist.
- **Verwendung als Remote-System erlauben**
  Das Information Retrieval Framework ist nutzbar; die Nutzung der Funktionen ist jedoch auf den jeweiligen Mandanten im SAP-System beschränkt.

Visualisierung des Datenmodells im Browser

Darüber hinaus müssen, sofern eine Visualisierung des Datenmodells im Browser verfügbar sein soll (siehe Abschnitt 8.8, »Datenmodell im Browser anzeigen«), die OData-Services aktiviert und SAP Gateway eingerichtet werden. Hierzu verweisen wir auf die SAP-Dokumentation des Information Retrieval Frameworks. Öffnen Sie die Seite *https://help.sap.com/viewer/p/SAP_NETWEAVER*, wählen Sie Ihr Release aus und dann **SAP NetWeaver Library: Function Oriented View • Solution Lifecycle Management • Information Retrieval Framework**.

8.3.3 Berechtigungen zuweisen

Die unterschiedlichen Transaktionen des Information Retrieval Frameworks sind durch *Berechtigungsprüfungen* abgesichert; auf diese gehen wir nur kurz ein.

8

[«]

Rollenvorlage in SAP S/4HANA Cloud

Sie müssen den Anwendungskatalog SAP_CORE_BC_ILM_IRF der Rollenvorlage *Data Privacy Specialist* (Business Role ID SAP_BR_DATA_PRIVACY_SPECIALIST) den jeweiligen Business-Usern zuweisen.

Berechtigungsobjekte im Information Retrieval Framework

Die möglichen Berechtigungsobjekte des Information Retrieval Frameworks finden Sie in Transaktion SU21 (Pflegen der Berechtigungsobjekte) als S_INF*, z. B. S_INF_MAIN, um das Datenmodell zu ändern. Zu fast jedem Berechtigungsobjekt gibt es unterschiedliche Aktivitäten, die je nach Bedarf vergeben werden können, um eine Ausführung zu ermöglichen. Welche Berechtigungen für die hier beschriebenen Beispiele erforderlich sind, können Sie der Dokumentation der Berechtigungsobjekte entnehmen. Zeigen Sie dazu ein ausgewähltes Berechtigungsobjekt in Transaktion SU21 (Pflegen der Berechtigungsobjekte) an, und klicken Sie auf **Dokumentation zum Objekt anzeigen**.

8.3.4 Automatisierte Datenvernichtung einrichten

Das ILM Destruction Object DTINF_DESTRUCTION, siehe SAP-Hinweis 2777153 (Löschen von gesammelten Daten), ermöglicht es Ihnen, anhand von ILM-Regeln eine automatisierte Löschung der bei einer Beauskunftung angefallenen Daten festzulegen. Voraussetzung ist die Nutzung von SAP ILM.

[«]

SAP ILM in SAP S/4HANA Cloud

Ihnen steht, wie bereits zuvor in Kapitel 4, »›Auch das Ende muss bestimmt sein‹: Sperren und Löschen mit SAP Information Lifecycle Management«, angegeben, SAP ILM und somit das ILM Destruction Object DTINF_DESTRUCTION zur Verfügung.

8.3.5 ILM-Objekte im Kontext des Information Retrieval Frameworks

Das Datenmodell des Information Retrieval Frameworks wird, wie zu Beginn des Kapitels erwähnt, aus (relevanten) ILM-Objekten erzeugt. In diesem Abschnitt erklären wir, wie die relevanten Datenbanktabellen ermittelt werden.

Beispiel: ILM Objekt BC_SFLIGHT

Wir nutzen dafür ein Beispiel, das bei manchem Leser ein Déjà-vu auslösen mag: Wir betrachten das Flight-Datenmodell, das auch in SAP-Schulungen zur ABAP-Entwicklung genutzt wird. Zu diesem Datenmodell gibt es ein ILM-Objekt `BC_SFLIGHT`. ILM-Objekte sind wiederum Archivierungsobjekten bzw. ILM Destruction Objects zugeordnet.

Das Flight-Datenmodell

Dieses Flight-Datenmodell wird genutzt, um Flüge für Kunden zu buchen: Es gibt Tabellen mit Flugkunden, deren Buchungen von Flügen, die dazugehörigen Flugtickets mit den Flugzielen und weitere Tabellen.

Archivierungsobjekt

Wir beginnen auf der untersten Ebene – dem Archivierungsobjekt – und prüfen, welche Tabellen diesem zugeordnet sind. Öffnen Sie Transaktion AOBJ (Definition Archivierungsobjekte). Suchen Sie den Eintrag **BC_SFLIGHT**, und markieren Sie ihn. Klicken Sie dann auf **Strukturdefinition**, und Sie erhalten die in Abbildung 8.4 gezeigte Übersicht.

Abbildung 8.4 Übersicht über das Archivierungsobjekt BC_SFLIGHT

An dieser Stelle sind nur zwei Tabellen relevant:

- SPFLI als Ausgangstabelle (Vatersegment)
- SFLIGHT als abhängige Tabelle (Segment)

Dies bedeutet, dass die Daten aus Tabelle SFLIGHT von Tabelle SPFLI abhängig sind. Anders ausgedrückt: Die Daten aus Tabelle SFLIGHT werden abhängig von den Daten aus Tabelle SPFLI ermittelt. Wir haben somit auch das Wissen um eine Hierarchie: Ausgangstabellen und die von diesen Tabellen abhängigen Tabellen – eine wichtige Information für das Datenmodell.

Archivierungsobjekt BAdI

Archivierungsobjekte können über *BAdIs* verändert werden (SAP liefert solche BAdIs im Standard mit aus). Was dies für Auswirkungen hat, prüfen wir, indem wir Transaktion DB15 (Datenarchivierung: DB-Tabellen) starten und im Feld **Tabellen zum Objekt** »BC_SFLIGHT« angeben. Abbildung 8.5 zeigt, wie das Ergebnis aussieht.

Abbildung 8.5 Tabellen des Archivierungsobjekts, inklusive BAdI

Das Ergebnis unterscheidet sich somit bereits von dem Ergebnis bei der Nutzung von Transaktion AOBJ (Definition Archivierungsobjekte): Drei weitere Tabellen sind hinzugekommen (SBOOK, SNVOICE und STICKET); Tabelle SPFLI ist hingegen verschwunden. Wir sehen hier keine Hierarchie mehr.

8.3.6 Modellierungsverhalten aktivieren

Nach den Vorarbeiten, die wir in den vorangehenden Abschnitten beschrieben haben, kommen wir nun zum Modellierungsverhalten des Information Retrieval Frameworks selbst. In diesem Abschnitt erfahren Sie, wie Sie dieses Modellierungsverhalten aktivieren. Vorab: Um eine Erzeugung von Datenmodellen mittels BAdIs durchzuführen, muss Ihr System auf dem erforderlichen Stand sein, siehe SAP-Hinweis 2742872 (IRF: SAP-BAdIs zum Modellaufbau heranziehen und weitere Verbesserungen).

Kombination *Startpunkte* genannt werden) ermitteln, um auf dieser Basis eine Suche durchführen zu können.

Wie in Abschnitt 8.3.5, »ILM-Objekte im Kontext des Information Retrieval Frameworks«, dargestellt, nutzen wir wieder das ILM-Objekt `BC_SFLIGHT` und starten Transaktion DTINF_ADJUST_MODEL (Datenmodell anpassen). Es erscheint die Anzeige aus Abbildung 8.8. Durch das Setzen des Parameters `SAP_MODE_BADI` wird das Kennzeichen **Modell.-BAdI-SAP übernehmen** eingabebereit.

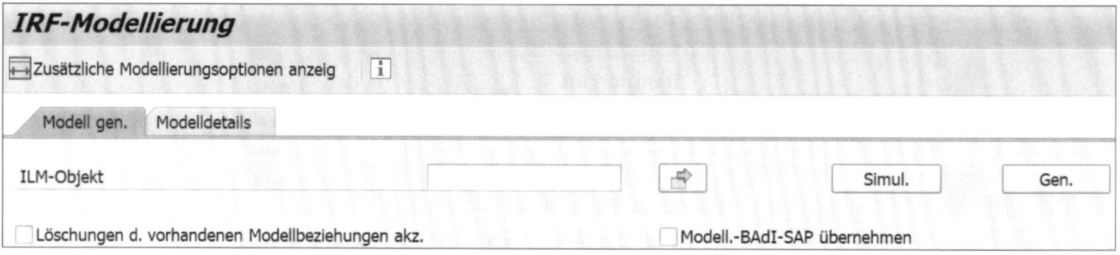

Abbildung 8.8 Einstiegsbild von Transaktion DTINF_ADJUST_MODEL

Tragen Sie »BC_SFLIGHT« in das Feld **ILM-Objekt** ein, setzen Sie das Kennzeichen **Modell.-BAdI-SAP übernehmen**, und klicken Sie auf den Button **Simul.** (Simulation). Das Ergebnis wird in Abbildung 8.9 angezeigt.

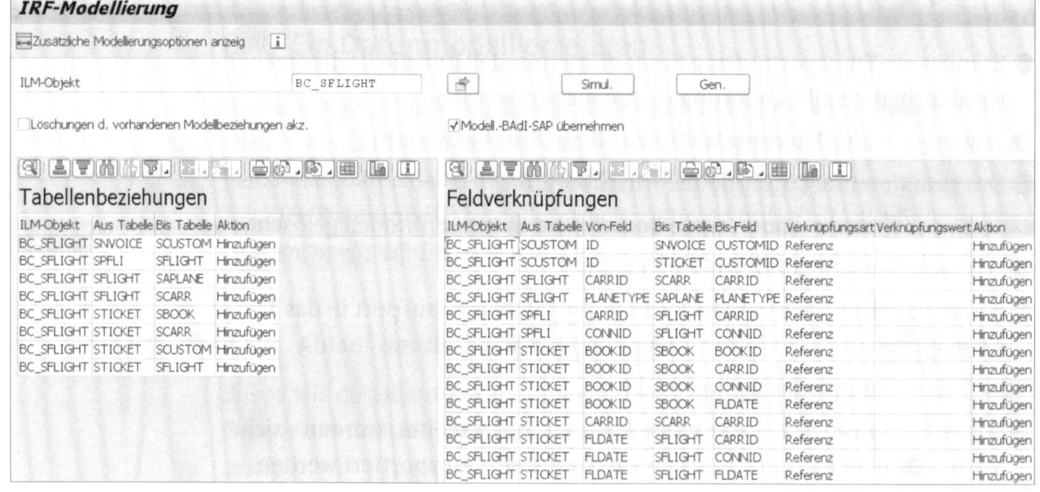

ILM-Objekt	Aus Tabelle	Bis Tabelle	Aktion
BC_SFLIGHT	SNVOICE	SCUSTOM	Hinzufügen
BC_SFLIGHT	SPFLI	SFLIGHT	Hinzufügen
BC_SFLIGHT	SFLIGHT	SAPLANE	Hinzufügen
BC_SFLIGHT	SFLIGHT	SCARR	Hinzufügen
BC_SFLIGHT	STICKET	SBOOK	Hinzufügen
BC_SFLIGHT	STICKET	SCARR	Hinzufügen
BC_SFLIGHT	STICKET	SCUSTOM	Hinzufügen
BC_SFLIGHT	STICKET	SFLIGHT	Hinzufügen

ILM-Objekt	Aus Tabelle	Von-Feld	Bis Tabelle	Bis-Feld	Verknüpfungsart	Verknüpfungswert	Aktion
BC_SFLIGHT	SCUSTOM	ID	SNVOICE	CUSTOMID	Referenz		Hinzufügen
BC_SFLIGHT	SCUSTOM	ID	STICKET	CUSTOMID	Referenz		Hinzufügen
BC_SFLIGHT	SFLIGHT	CARRID	SCARR	CARRID	Referenz		Hinzufügen
BC_SFLIGHT	SFLIGHT	PLANETYPE	SAPLANE	PLANETYPE	Referenz		Hinzufügen
BC_SFLIGHT	SPFLI	CARRID	SFLIGHT	CARRID	Referenz		Hinzufügen
BC_SFLIGHT	SPFLI	CONNID	SFLIGHT	CONNID	Referenz		Hinzufügen
BC_SFLIGHT	STICKET	BOOKID	SBOOK	BOOKID	Referenz		Hinzufügen
BC_SFLIGHT	STICKET	BOOKID	SBOOK	CARRID	Referenz		Hinzufügen
BC_SFLIGHT	STICKET	BOOKID	SBOOK	CONNID	Referenz		Hinzufügen
BC_SFLIGHT	STICKET	BOOKID	SBOOK	FLDATE	Referenz		Hinzufügen
BC_SFLIGHT	STICKET	CARRID	SCARR	CARRID	Referenz		Hinzufügen
BC_SFLIGHT	STICKET	FLDATE	SFLIGHT	CARRID	Referenz		Hinzufügen
BC_SFLIGHT	STICKET	FLDATE	SFLIGHT	CONNID	Referenz		Hinzufügen
BC_SFLIGHT	STICKET	FLDATE	SFLIGHT	FLDATE	Referenz		Hinzufügen

Abbildung 8.9 Initiales simuliertes Datenmodell

Tabellenbeziehungen und Feldverknüpfungen

In der linken Seite werden im Bereich **Tabellenbeziehungen** die Tabellenbeziehungen dargestellt, und im rechten Bereich **Feldverknüpfungen** die dazugehörigen Feldverknüpfungen. Da in unserem Fall noch keine BAdI-Implementierung existiert, weder von SAP noch von uns, würden alle

Tabellenbeziehungen und Feldverknüpfungen wie in den Spalten **Aktion** zu sehen dem `BC_SFLIGHT`-spezifischem Datenmodell hinzugefügt.

Starttabelle und Startfeld identifizieren

Im Vergleich zu Abbildung 8.5 hat das Information Retrieval Framework nun signifikant mehr Tabellen ermittelt (sichtbar in der Tabelle **Tabellenbeziehungen**), z. B. SPFLI, SCARR und SAPLANE. Darunter ist auch Tabelle SCUSTOM, die wir als passende Starttabelle identifizieren können. Diese Tabelle enthält ein eindeutig identifizierendes Merkmal (das benötigte *Startfeld*), die Flugkundennummer (Feld **ID**) sowie den Namen und die Adresse des Flugkunden. Informationen zu den gefundenen Tabellen erhalten Sie z. B. über Transaktion SE11 (ABAP Dictionary Pflege). Abbildung 8.10 zeigt Ihnen die Elemente aus Tabelle SCUSTOM im ABAP Dictionary.

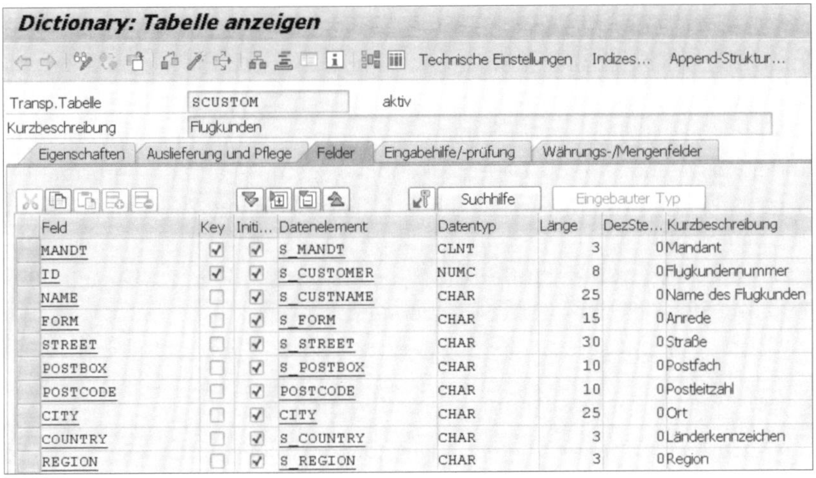

Dictionary: Tabelle anzeigen

Technische Einstellungen Indizes... Append-Struktur...

Transp.Tabelle SCUSTOM aktiv
Kurzbeschreibung Flugkunden

Eigenschaften | Auslieferung und Pflege | Felder | Eingabehilfe/-prüfung | Währungs-/Mengenfelder

Suchhilfe | Eingebauter Typ

Feld	Key	Initi...	Datenelement	Datentyp	Länge	DezSte...	Kurzbeschreibung
MANDT	☑	☑	S_MANDT	CLNT	3	0	Mandant
ID	☑	☑	S_CUSTOMER	NUMC	8	0	Flugkundennummer
NAME	☐	☑	S_CUSTNAME	CHAR	25	0	Name des Flugkunden
FORM	☐	☑	S_FORM	CHAR	15	0	Anrede
STREET	☐	☑	S_STREET	CHAR	30	0	Straße
POSTBOX	☐	☑	S_POSTBOX	CHAR	10	0	Postfach
POSTCODE	☐	☑	POSTCODE	CHAR	10	0	Postleitzahl
CITY	☐	☑	CITY	CHAR	25	0	Ort
COUNTRY	☐	☑	S_COUNTRY	CHAR	3	0	Länderkennzeichen
REGION	☐	☑	S_REGION	CHAR	3	0	Region

Abbildung 8.10 Starttabelle und Startfeld (Tabelle SCUSTOM)

Datenmodell generieren

Wechseln Sie nun zu Transaktion DTINF_ADJUST_MODEL (IRF-Datenmodell anpassen), um das Datenmodell zu generieren. Klicken Sie nun auf den Button **Gen. (Generieren)**, um ein initiales Datenmodell zu erzeugen. Sie werden nach einem Transportauftrag gefragt, in dem das erzeugte Datenmodell gespeichert werden soll. Wählen Sie den zuvor erzeugten Transportauftrag aus.

Datenmodell löschen

Sollte ein Datenmodell für das ILM-Objekt bereits existieren, wird die Generierung eines neuen Datenmodells solange verhindert, bis das entsprechende alte Datenmodell gelöscht wurde. Das in Abbildung 8.9 dargestellte Kennzeichen **Löschungen d. vorhandenen Modellbeziehungen akz.** kann aktiviert werden. Klicken Sie nun erneut auf den Button **Gen. (Generieren)**, um das Datenmodell zu löschen. Es gibt aber auch eine weitere Möglichkeit, um das gesamte Datenmodell eines ILM-Objekts zu löschen: Klicken Sie auf **Zusätzliche Modellierungsoptionen einblenden**, wählen Sie den Button

Modell löschen, tragen Sie »BC_SFLIGHT« in das Feld **ILM-Objekt** ein, und klicken Sie auf den Button **Löschen** (siehe Abbildung 8.11).

Abbildung 8.11 Datenmodell löschen

8.4.3 Beispieldaten erzeugen

Datenbanktabellen mit Daten befüllen

Um das Datenmodell fertigzustellen, sind weitere Daten aus den relevanten Datenbanktabellen notwendig – in unserem Beispiel Daten zu den Flugkunden. Die Daten sind deshalb relevant, weil das Information Retrieval Framework bei der automatischen Suche nach Verknüpfungen zwischen Feldern von Tabellen die Feldinhalte sowie die Domänen der Felder miteinander vergleicht. Sind die Datenbanktabellen gefüllt, kann das Information Retrieval Framework bessere Ergebnisse liefern. Um die Tabellen für unser Beispiel zu füllen, rufen Sie Transaktion SA38 (ABAP: Programmausführung) auf. Führen Sie daraufhin die beiden Reports SAPBC_DATA_GENERATOR und SFLIGHT_DATA_GEN nacheinander aus.

8.4.4 Datum zur Beauskunftung auswählen

Datum für die Suche ermitteln

Als Nächstes müssen wir einen Flugkunden auswählen, den wir in diesem Modellierungsprozess nutzen. Wir benötigen hierzu ebenfalls eine Starttabelle und ein Startfeld, die wir in Abschnitt 8.5.1, »Zweckbestimmungen manuell anlegen«, nutzen werden. Wir verwenden, wie zuvor erläutert, Tabelle SCUSTOM als Starttabelle. Starten Sie Transaktion SE16 (Data Browser). Klicken Sie auf der Folgeseite auf den Button (**Ausführen**). In unserem Beispiel öffnet sich die in Abbildung 8.12 gezeigte Ansicht. Beachten Sie, dass die Ansicht in Ihrem SAP-System von dieser Ansicht abweichen kann.

Data Browser: Tabelle SCUSTOM 200 Treffer

Prüftabelle...

Tabelle: SCUSTOM
Angezeigte Felder: 14 von 16 Feststehende Führungsspalten: [2] Listbreit

MANDT	ID	NAME	FORM	STREET
000	00000001	SAP AG	Firma	Dietmar-Hopp-Allee 16
000	00000002	Andreas Klotz	Herr	Pimpinellenweg 9
000	00000003	Hans Bullinger	Herr	Veilchenstraße 12
000	00000004	Staerck	Frau	Kaiserstr. 55
000	00000005	Martin	Mister	44 Harolds Road
000	00000006	Starr	Miss	74 Kings Road
000	00000007	King	Mister	Hyde Park 7

Abbildung 8.12 Datenbankinhalt der Starttabelle

Wir nutzen für unser Beispiel die Flugkundennummer 7 (die führenden Nullen können ignoriert werden).

8.4.5 BAdI-Implementierungen erstellen

Wir müssen die Datenmodelle immer so ändern, dass unsere ermittelte Starttabelle ein valider Startpunkt ist. Dazu muss diese Starttabelle (in unserem Beispiel SCUSTOM) in Abbildung 8.9 in der Spalte **Aus Tabelle** auftauchen. Dies ist in unserem Beispiel noch nicht der Fall.

Für diese Korrektur am Datenmodell müssen wir ein eigenes BAdI des Information Retrieval Frameworks (und die zugehörigen Methoden) entwickeln. Rufen Sie dazu Transaktion SE18 (BAdI Builder: Einstieg Definition) auf, und wählen Sie den Erweiterungsspot `ES_DTINF`. Auf eine Darstellung des Vorgehens beim Entwickeln von BAdIs verzichten wir an dieser Stelle und verweisen auf die entsprechende ABAP-Dokumentation (klicken Sie im Menü auf **Springen • Online-Handbuch**, wenn Sie Transaktion SE18 geöffnet haben).

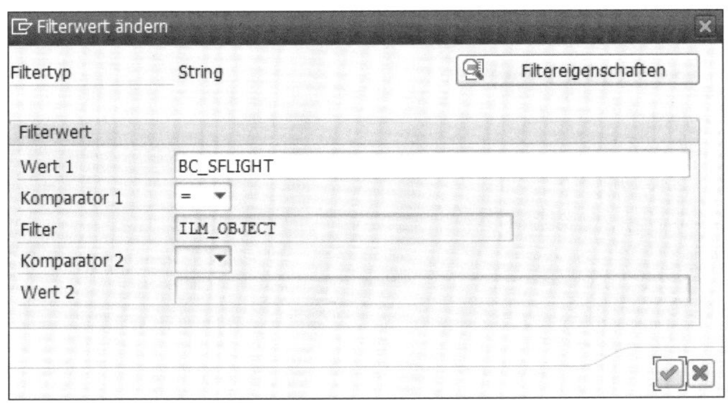

Abbildung 8.13 ILM-Objekt einem BAdI zuweisen

BAdI zum ILM-Objekt zuordnen

Für die BAdI-Definition `BADI_DTINF_ILM_OBJ_TABLES` legen Sie eine neue Implementierung an. Nachdem Sie Ihre neue Implementierung und Implementierungsklasse aktiviert haben, müssen Sie definieren, für welches ILM-Objekt (oder mehrere ILM-Objekte) die BAdI-Implementierung relevant sein soll. Auf diese Weise wird die Ausführung des BAdIs durch das Information Retrieval Framework auf dieses ILM-Objekt (oder diese ILM-Objekte) eingeschränkt. Dazu müssen Sie noch die Filterwerte Ihrer BAdI-Implementierung pflegen. Tragen Sie dazu die Werte aus Abbildung 8.13 ein. Dadurch wird das BAdI nur durchlaufen, wenn das ILM-Objekt `BC_SFLIGHT` vom Information Retrieval Framework verarbeitet wird.

8.4.6 BAdI-Methoden implementieren

Nachdem die Grundsteine gelegt worden sind, können wir nun unsere BAdI-Implementierung mit Code versehen.

Tabellenverknüpfungen prüfen

Im ermittelten Datenmodell aus Abbildung 8.9 gibt es mehrere Fehler:

- Tabelle SCUSTOM sollte mit Tabelle STICKET verknüpft sein, anstatt Tabelle STICKET mit Tabelle SCUSTOM.
- Tabelle SFLIGHT sollte mit Tabelle SPFLI verknüpft sein, anstatt Tabelle SPFLI mit Tabelle SFLIGHT.
- Tabelle STICKET sollte mit Tabelle SNVOICE verknüpft sein, anstatt Tabelle SNVOICE mit Tabelle SCUSTOM.
- Tabelle STICKET und Tabelle SFLIGHT sollen nicht auf Tabelle SCARR verweisen.

BAdI-Methoden »get_tables« und »remove_tables«

Wir passen als Erstes diese Tabellenbeziehungen an, da dies Änderungen in den ermittelten Feldverknüpfungen nach sich zieht. Die Feldverknüpfungen werden deshalb als Letztes korrigiert. Dazu versehen wir zwei Methoden des BAdIs mit Code, und zwar `get_tables` und `remove_tables`. Die Methode `get_tables` sehen Sie in Abbildung 8.14.

Methode IF_DTINF_ILM_OBJ_TABLES~GET_TABLES

```
METHOD if_dtinf_ilm_obj_tables~get_tables.

  DATA:
    ls_table LIKE LINE OF ct_tables.

  " SCUSTOM -> STICKET hinzufügen

  ls_table-table_father = 'SCUSTOM'.

  ls_table-table_son = 'STICKET'.

  APPEND ls_table TO ct_tables.

  " SFLIGHT -> SPFLI hinzufügen

  ls_table-table_father = 'SFLIGHT'.

  ls_table-table_son = 'SPFLI'.

  APPEND ls_table TO ct_tables.

  " STICKET -> SNVOICE hinzufügen

  ls_table-table_father = 'STICKET'.

  ls_table-table_son = 'SNVOICE'.

  APPEND ls_table TO ct_tables.

ENDMETHOD.
```

Abbildung 8.14 Implementierung der BAdI-Methode »get_tables«

In dieser Methode fügen wir an die bereits ermittelten Tabellenbeziehungen drei neue ein: von Tabelle SCUSTOM zu Tabelle STICKET, von Tabelle SFLIGHT zu Tabelle SPFLI und von Tabelle STICKET zu Tabelle SNVOICE.

Abbildung 8.15 zeigt die Methode `remove_tables`.

Methode IF_DTINF_ILM_OBJ_TABLES~REMOVE_TABLES

```
METHOD if_dtinf_ilm_obj_tables~remove_tables.

  " STICKET -> SCUSTOM löschen
  DELETE ct_objects
    WHERE
      table_father = 'STICKET' AND
      table_son = 'SCUSTOM'.

  " SPLI -> SFLIGHT löschen
  DELETE ct_objects
    WHERE
      table_father = 'SPFLI' AND
      table_son = 'SFLIGHT'.

  " SNVOICE -> SCUSTOM löschen
  DELETE ct_objects
    WHERE
      table_father = 'SNVOICE' AND
      table_son = 'SCUSTOM'.

  " STICKET -> SCARR löschen
  DELETE ct_objects
    WHERE
      table_father = 'STICKET' AND
      table_son = 'SCARR'.

  " SFLIGHT -> SCARR löschen
  DELETE ct_objects
    WHERE
      table_father = 'SFLIGHT' AND
      table_son = 'SCARR'.

ENDMETHOD.
```

Abbildung 8.15 Implementierung der BAdI-Methode »remove_tables«

In dieser Methode löschen wir wiederum die falschen Tabellenbeziehungen, wie z. B. Tabelle STICKET zu Tabelle SCUSTOM und Tabelle SNVOICE zu Tabelle SCUSTOM.

Implementierung in den BAdI-Methoden

In der Methode `get_tables` dürfen nur Tabellenbeziehungen hinzugefügt und in der Methode `remove_tables` Tabellenbeziehungen entfernt werden. Beachten Sie ebenfalls die weiteren Parameter der Methoden, auf die hier nicht eingegangen wird.

Nun lassen wir erneut das Datenmodell generieren (zum Druckzeitpunkt sollte jedoch die Transaktion neu gestartet werden, wenn ein BAdI bzw. die Methoden verändert wurden). Diesmal sehen wir in Abbildung 8.16, dass die gewünschten Änderungen durchgeführt wurden.

Tabellenbeziehungen

ILM-Objekt	Aus Tabelle	Bis Tabelle
BC_SFLIGHT	STICKET	SBOOK
BC_SFLIGHT	SCUSTOM	STICKET
BC_SFLIGHT	STICKET	SFLIGHT
BC_SFLIGHT	SFLIGHT	SAPLANE
BC_SFLIGHT	SFLIGHT	SPFLI
BC_SFLIGHT	SPFLI	SAIRPORT
BC_SFLIGHT	SPFLI	SCARR
BC_SFLIGHT	SPFLI	SGEOCITY
BC_SFLIGHT	STICKET	SNVOICE
BC_SFLIGHT	SNVOICE	SCARR
BC_SFLIGHT	SNVOICE	SPFLI
BC_SFLIGHT	STICKET	SPFLI

Abbildung 8.16 Korrigierte Tabellenbeziehungen

Allerdings fällt auf, dass es nun eine neue Verbindung zwischen Tabelle SPFLI und Tabelle SAIRPORT sowie Tabelle SGEOCITY gibt. Ferner gibt es (unerwünschte) Verbindungen zwischen Tabelle SNVOICE und Tabelle SCARR bzw. Tabelle SPFLI sowie Tabelle STICKET und Tabelle SPFLI. Das hat den folgenden Grund: Wir haben in der Methode `get_tables` Tabelle SPFLI bzw. Tabelle SNVOICE hinzugefügt. Das Information Retrieval Framework ermittelt diese Tabellen vor der Ausführung der Methode `remove_tables` als verknüpft. Die unerwünschten Verbindungen können wir wiederum in der Methode `remove_tables` lösen. Auf eine explizite Darstellung des Codings verzichten wir an dieser Stelle.

Feldverknüpfungen prüfen

Nun prüfen wir die daraus resultierenden Feldverknüpfungen (siehe Abbildung 8.17).

Der Tabelle können wir entnehmen, dass das Feld `ID` von Tabelle SCUSTOM mit dem Feld `CUSTOMID` von Tabelle STICKET verknüpft ist.

Verknüpfung über eine Referenz

Diese Verknüpfung erfolgt über eine sogenannte *Referenz* – der Wert eines Feldes in der Ausgangstabelle muss dem Wert eines Feldes in der Zieltabelle entsprechen, um diesen Eintrag zu selektieren. Das heißt, dass ein gefundener Feldwert 7 für die SCUSTOM-ID im Feld `CUSTOMID` in Tabelle STICKET gesucht würde.

Sind mehrere Einträge für eine Kombination aus **Aus Tabelle** und **Bis Tabelle** vorhanden, müssen alle Feldwerte (als Referenz) eine Übereinstimmung haben. Im Fall von STICKET wird daher nach einer Übereinstimmung aller Feldwerte von BOOKID, CARRID und CONNID in Tabelle SNVOICE gesucht.

Feldverknüpfungen

ILM-Objekt	Aus Tabelle	Von-Feld	Bis Tabelle	Bis-Feld
BC_SFLIGHT	SCUSTOM	ID	STICKET	CUSTOMID
BC_SFLIGHT	SFLIGHT	CARRID	SPFLI	CARRID
BC_SFLIGHT	SFLIGHT	CONNID	SPFLI	CARRID
BC_SFLIGHT	SFLIGHT	CONNID	SPFLI	CONNID
BC_SFLIGHT	SFLIGHT	PLANETYPE	SAPLANE	PLANETYPE
BC_SFLIGHT	SPFLI	AIRPFROM	SAIRPORT	ID
BC_SFLIGHT	SPFLI	AIRPTO	SAIRPORT	ID
BC_SFLIGHT	SPFLI	CARRID	SCARR	CARRID
BC_SFLIGHT	SPFLI	CITYFROM	SGEOCITY	CITY
BC_SFLIGHT	SPFLI	CITYTO	SGEOCITY	CITY
BC_SFLIGHT	SPFLI	COUNTRYFR	SGEOCITY	COUNTRY
BC_SFLIGHT	SPFLI	COUNTRYTO	SGEOCITY	COUNTRY
BC_SFLIGHT	STICKET	ARCHIVE_	SNVOICE	INSTNO
BC_SFLIGHT	STICKET	BOOKID	SBOOK	BOOKID
BC_SFLIGHT	STICKET	BOOKID	SBOOK	CARRID
BC_SFLIGHT	STICKET	BOOKID	SBOOK	CONNID
BC_SFLIGHT	STICKET	BOOKID	SBOOK	FLDATE
BC_SFLIGHT	STICKET	BOOKID	SNVOICE	BOOKID
BC_SFLIGHT	STICKET	CARRID	SNVOICE	CARRID
BC_SFLIGHT	STICKET	CONNID	SNVOICE	CONNID
BC_SFLIGHT	STICKET	CONNID	SPFLI	CARRID
BC_SFLIGHT	STICKET	CONNID	SPFLI	CONNID
BC_SFLIGHT	STICKET	CUSTOMID	SNVOICE	CUSTOMID
BC_SFLIGHT	STICKET	FLDATE	SFLIGHT	CARRID
BC_SFLIGHT	STICKET	FLDATE	SFLIGHT	CONNID
BC_SFLIGHT	STICKET	FLDATE	SFLIGHT	FLDATE
BC_SFLIGHT	STICKET	FLDATE	SNVOICE	FLDATE

Abbildung 8.17 Initiale Feldverknüpfungen

Wenn wir einfach annehmen, dass Felder mit dem gleichen Namen in der **Von-Tabelle** und der **Bis-Tabelle** stehen, erscheinen die Verknüpfungen auf den ersten Blick korrekt zu sein.

Es fallen aber mehrere Unstimmigkeiten bezüglich Tabelle STICKET auf. Um zwei Beispiele herauszugreifen:

- Die Verknüpfung zur Tabelle SNVOICE mittels des Feldes ARCHIVE_ zu Feld INSTNO ist nicht korrekt.
- Das Flugdatum (Feld FLDATE, Tabelle STICKET) ist mit dem Code der Einzelflugverbindung (Feld CONNID, Tabelle SFLIGHT) verknüpft.

Offensichtliche Fehler wie diese sollten Sie bereits zu diesem Zeitpunkt in den entsprechenden BAdI-Methoden korrigieren. Dazu stehen wieder zwei Methoden zur Verfügung: add_field_links und remove_field_links.

Implementierung in den BAdI-Methoden

In der Methode `add_field_links` dürfen Feldverknüpfungen nur hinzugefügt, in `remove_field_links` nur gelöscht werden. Die Parameter der Methoden sollten ebenfalls beachtet werden, da diese noch weitere, hier nicht beschriebene Möglichkeiten bereithalten.

In unserem Beispiel löschen wir zuerst die Feldverknüpfungen, bei denen die Feldnamen nicht übereinstimmen (siehe Abbildung 8.18).

BAdI-Methode »remove_field_links«

```
Methode  IF_DTINF_ILM_OBJ_TABLES~REMOVE_FIELD_LINKS

METHOD if_dtinf_ilm_obj_tables~remove_field_links.

  DATA:
    ls_link         LIKE LINE OF ct_links,
    lv_field_father TYPE fieldname,
    lv_field_son    TYPE fieldname.

  LOOP AT ct_links
    INTO
      ls_link
    WHERE
      table_father EQ 'SFLIGHT' OR " SFLIGHT überprüfen
      table_father EQ 'STICKET'.   " STICKET überprüfen

    lv_field_father = ls_link-field_father.

    lv_field_son = ls_link-field_son.

    " Stimmen die Namen der Felder nicht überein?
    IF lv_field_father NE lv_field_son.

      " Die Verknüpfung löschen
      DELETE ct_links
        INDEX
          sy-tabix.

    ENDIF.

  ENDLOOP.

ENDMETHOD.
```

Abbildung 8.18 Feldverknüpfungen mittels BAdI entfernen

Abbildung 8.19 zeigt die nun ermittelten Feldverknüpfungen: Die Feldverknüpfungen entsprechen dem, was wir mit unserem BAdI erreichen wollten:

- Für die Aus-Tabelle SFLIGHT wurde die Verknüpfung der Felder `CONNID` zu `CARRID` gelöscht.
- Für die Aus-Tabelle STICKET wurden alle Einträge gelöscht, in denen die Von-Feld- und Bis-Feld-Einträge nicht übereinstimmen.

Feldverknüpfungen

ILM-Objekt	Aus Tabelle	Von-Feld	Bis Tabelle	Bis-Feld
BC_SFLIGHT	SCUSTOM	ID	STICKET	CUSTOMID
BC_SFLIGHT	SFLIGHT	CARRID	SPFLI	CARRID
BC_SFLIGHT	SFLIGHT	CONNID	SPFLI	CONNID
BC_SFLIGHT	SFLIGHT	PLANETYPE	SAPLANE	PLANETYPE
BC_SFLIGHT	SPFLI	AIRPFROM	SAIRPORT	ID
BC_SFLIGHT	SPFLI	AIRPTO	SAIRPORT	ID
BC_SFLIGHT	SPFLI	CARRID	SCARR	CARRID
BC_SFLIGHT	SPFLI	CITYFROM	SGEOCITY	CITY
BC_SFLIGHT	SPFLI	CITYTO	SGEOCITY	CITY
BC_SFLIGHT	SPFLI	COUNTRYFR	SGEOCITY	COUNTRY
BC_SFLIGHT	SPFLI	COUNTRYTO	SGEOCITY	COUNTRY
BC_SFLIGHT	STICKET	BOOKID	SBOOK	BOOKID
BC_SFLIGHT	STICKET	BOOKID	SNVOICE	BOOKID
BC_SFLIGHT	STICKET	CARRID	SNVOICE	CARRID
BC_SFLIGHT	STICKET	CONNID	SNVOICE	CONNID
BC_SFLIGHT	STICKET	CUSTOMID	SNVOICE	CUSTOMID
BC_SFLIGHT	STICKET	FLDATE	SFLIGHT	FLDATE
BC_SFLIGHT	STICKET	FLDATE	SNVOICE	FLDATE

Abbildung 8.19 Korrigierte Feldverknüpfungen nach der Löschung

In unserem einfachen Beispiel ist diese Korrektur leicht; bei echten ILM-Objekten stellt sich eine Korrektur in den meisten Fällen schwieriger dar, besonders wenn die Feldnamen nicht identisch sind. Nutzen Sie Transaktion SE11 (ABAP Dictionary: Einstieg) für beide Tabellen oder die Anzeige im Browser (siehe Abschnitt 8.8, »Datenmodell im Browser anzeigen«), um sich alle Felder der Tabellen anzuschauen.

8.5 Datenmodell testen

Wenn ein erstes überarbeitetes Datenmodell vorliegt, muss dieses als Nächstes validiert und in einem iterativen Prozess überarbeitet werden. Die Voraussetzung, um ein Datenmodell zu testen, ist das Vorliegen von Zweckbestimmungen (Verwendungszwecke) – diese haben Sie gegebenenfalls durch unser Vorgehensmodell bereits definiert. Sie erfahren im nächsten Abschnitt, wie Sie diese Zweckbestimmungen zur Nutzung durch das Information Retrieval Framework anlegen. Im darauffolgenden Abschnitt gehen wir schließlich auf die Testsuche von Daten ein.

8.5.1 Zweckbestimmungen manuell anlegen

Eine Suche nach personenbezogenen Daten erfolgt auf der Basis einer Zweckbestimmung. Eine solche Zweckbestimmung müssen wir nun definieren. Starten Sie dazu Transaktion DTINF_MAINTAIN_PURP (Zweckbestimmungspflege). Alternativ können Sie den folgenden Pfad im Customizing nutzen: **Anwendungsübergreifende Komponenten • Datenschutz • Information Retrieval Framework • Zweckbestimmungspflege • Zweckbestimmung pflegen**. Sie sehen nun die Darstellung aus Abbildung 8.20.

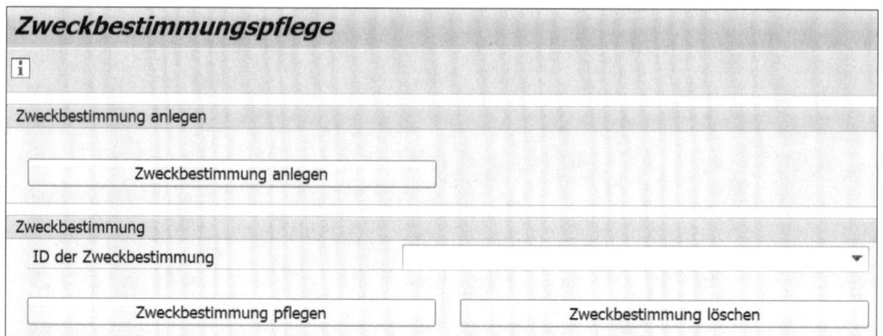

Abbildung 8.20 ILM-Objekt einer Zweckbestimmung zuweisen

Legen Sie einen neuen Zweck an, indem Sie auf den Button **Zweckbestimmung anlegen** klicken. Es öffnet sich ein neues Fenster, in dem Sie im Feld **VrwZwck** (Verwendungszweck) »TEST_FLIGHT« als (technischen) Namen der Zweckbestimmung angeben (siehe Abbildung 8.21).

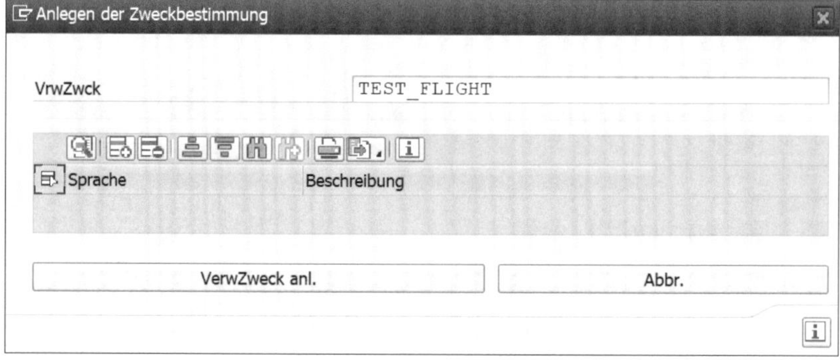

Abbildung 8.21 Zweckbestimmung angeben

Die Zweckbestimmung wird bei der Datenausgabe an den Betroffenen angezeigt. Sie sollte selbsterklärend sein. Hinterlegen Sie daher eine verständliche Bezeichnung. Klicken Sie auf den Button (**Zeile einfügen**), und wählen Sie über das Dropdown-Menü der Spalte **Sprache** den Eintrag **D** (für Deutsch) aus. Geben Sie dann »Test von BC_SFLIGHT« in das Feld **Beschreibung** ein (siehe Abbildung 8.22). Diesen Schritt wiederholen Sie für alle Sprachen, in denen Sie die Datenausgabe für die Betroffenen zur Verfügung stellen möchten.

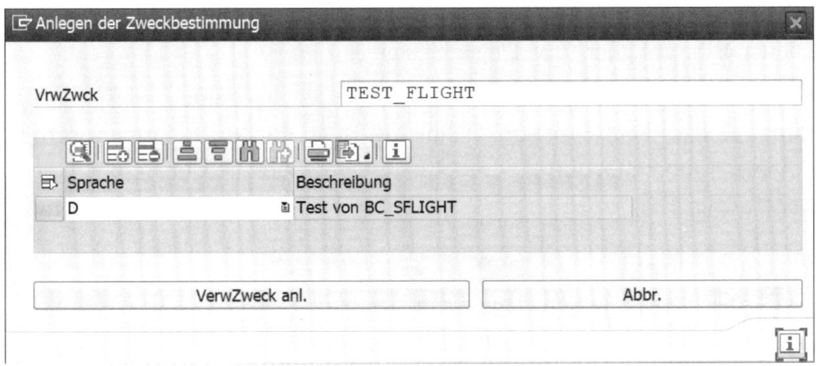

Abbildung 8.22 Zweckbestimmung mit Beschreibung

Klicken Sie nun auf den Button **VerwZweck anl.**. Danach befinden Sie sich wieder auf der Einstiegsseite der Transaktion.

ILM-Objekt zuordnen

Ferner müssen Sie die ILM-Objekte, die Sie dieser Zweckbestimmung zuordnen möchten, definieren. Wählen Sie dazu über das Dropdown-Menü **ID der Zweckbestimmung** die Zweckbestimmung »Test von BC_SFLIGHT« aus, und klicken Sie anschließend auf **Zweckbestimmung pflegen**. Es öffnet sich ein neues Bild (siehe Abbildung 8.23).

Abbildung 8.23 ILM-Objekt zur Zweckbestimmung hinzufügen

Klicken Sie auf den Button (**Ändern**), und wählen Sie in der Dropdown-Liste **ILM-Objekt** die Option **BC_SFLIGHT** aus.

[«]

Verfügbare ILM-Objekte für die Zweckbestimmung

In dieser Dropdown-Liste erscheinen nur ILM-Objekte, zu denen zuvor ein Datenmodell erzeugt wurde.

Transportauftrag angeben

Klicken Sie nun auf (**Sichern**). Dadurch wird das ILM-Objekt der Zweckbestimmung hinzugefügt, und Sie erhalten eine entsprechende Meldung. Dies müssen Sie für alle relevanten ILM-Objekte wiederholen. Beim Sichern muss ein Transportauftrag angegeben werden; hier können Sie auch einen anderen Transportauftrag auswählen als den zuvor angelegten, z. B. wenn diese Daten unabhängig vom Datenmodell transportiert werden sollen. Ebenso ist es möglich, ILM-Objekte zu entfernen.

Ungültiger Startpunkt

Sollte ein Pop-up-Fenster wie in Abbildung 8.24 erscheinen, weist dies darauf hin, dass kein Startpunkt (Starting Table Cluster) gefunden werden konnte. Gültige Startpunkte im SAP-Standard sind z. B. der Geschäftspartner (Tabelle BUT000) oder die Kundennummer (Tabelle KNA1).

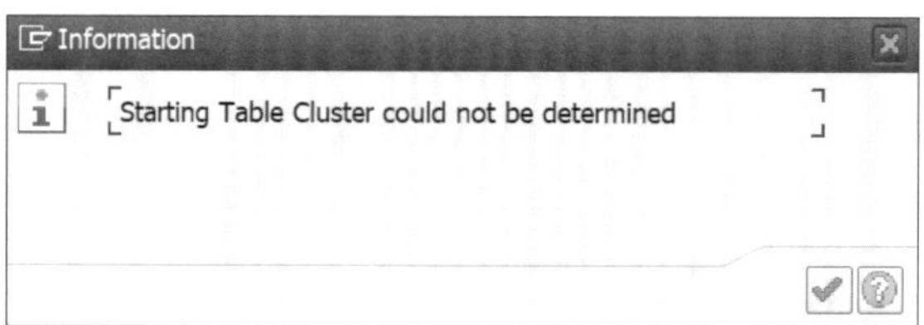

Abbildung 8.24 Startpunkt nicht ermittelbar

Mehr als ein ILM-Objekt je Zweckbestimmung

Fügen Sie am besten zuerst das ILM-Objekt hinzu, in dem die Starttabelle existiert, um potenzielle Verwirrungen wegen der Fehlermeldung zu vermeiden.

Kundeneigenen Startpunkt definieren

Eine Suche nach einem Flugkunden kann somit noch nicht ausgeführt werden. Sie müssen daher im Information Retrieval Framework einen eigenen Startpunkt definieren. Öffnen Sie dazu wieder das Customizing, wie in Abschnitt 8.3.2, »Systemstatus festlegen«, dargestellt, und klicken Sie auf **Parameter definieren**.

Klicken Sie auf **Neue Einträge**, geben Sie die Daten, wie in Abbildung 8.25 dargestellt, ein, und sichern Sie den Eintrag mit einem Klick auf den Button (**Sichern**).

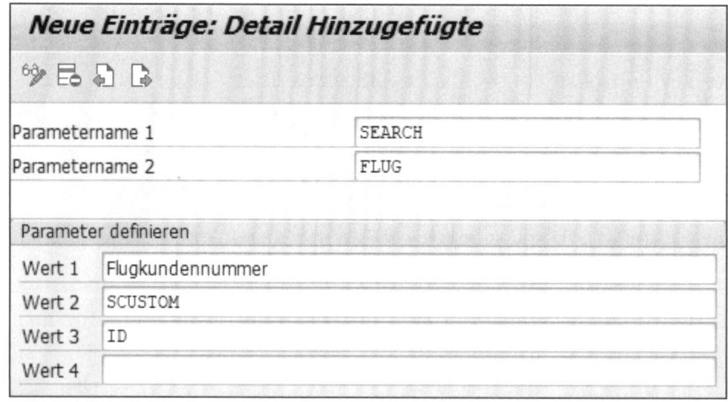

Abbildung 8.25 Parameter für einen weiteren Startpunkt definieren

Damit haben Sie die erforderlichen Zweckbestimmungen erfolgreich angelegt und können Ihr Datenmodell testen.

8.5.2 Testsuche von Daten

Um Ihr Datenmodell zu testen, öffnen Sie zunächst Transaktion DTINF_TEST_MODEL (Generiertes IRF-Modell testen). Geben Sie im Einstiegsbild die Werte ein, die Sie in Abbildung 8.26 sehen. Damit suchen wir, beginnend in der Starttabelle SCUSTOM, nach dem zuvor ausgewählten Flugkunden mit der Nummer 7.

Information-Retrieval-Framework - Test des Erfassungsergebnisses

XML-Datei lokal speichern

Suchbegriffe eingeben

Primärtabelle	SCUSTOM
Feldname 1	ID
Suchwert 1	7
Zweckbestimmung	TEST_FLIGHT
RFC-Suche zulassen	X
Max. Hierarchietiefe	

Anzeigeoptionen

Abbildung 8.26 Testsuche nach Daten starten

Nachdem Sie auf den Button (**Ausführen**) geklickt haben, erhalten Sie ein Ergebnis, wie in Abbildung 8.27 dargestellt.

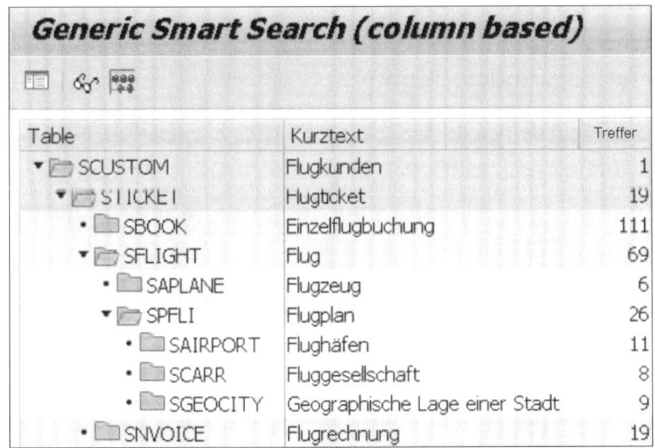

Generic Smart Search (column based)

Table	Kurztext	Treffer
SCUSTOM	Flugkunden	1
STICKET	Flugticket	19
SBOOK	Einzelflugbuchung	111
SFLIGHT	Flug	69
SAPLANE	Flugzeug	6
SPFLI	Flugplan	26
SAIRPORT	Flughäfen	11
SCARR	Fluggesellschaft	8
SGEOCITY	Geographische Lage einer Stadt	9
SNVOICE	Flugrechnung	19

Abbildung 8.27 Ergebnis der initialen Datensuche

Sie sehen eine Tabellenhierarchie und erkennen, dass 1 Treffer für die Tabelle **Flugkunden** (SCUSTOM) ermittelt wurde und es 19 Treffer für die

Tabelle **Flugticket** (STICKET) gibt. Die Treffer für das Flugticket basieren auf der hierarchisch darüberliegenden Ausgangstabelle **Flugkunden**, was unserem Datenmodell entspricht.

Durch einen Klick auf die »Hits« einer Zeile ändert sich die Ansicht: Klicken Sie auf **19** für die Tabelle **Flugticket** (STICKET). Das Ergebnis ist in Abbildung 8.28 dargestellt: Wir sehen darin, welche Daten aus der Tabelle ermittelt wurden.

Details Treffer:19

Mandant	Fluggesellschaft	Flug-Nr.	Flugdatum	Buchung	Kundennr.	TA	Ort	Arch
001	JL	407	15.03.2020	4373	7	O	AIRPORT	
001	JL	408	04.07.2019	4995	7	O	AIRPORT	
001	JL	408	09.11.2019	6654	7	O	AIRPORT	
001	JL	408	12.01.2020	7542	7	O	AIRPORT	
001	JL	408	12.01.2020	7543	7	O	AIRPORT	
001	LH	400	05.08.2019	938	7	O	AIRPORT	
001	LH	401	07.10.2019	5476	7	O	AIRPORT	
001	LH	402	01.09.2019	9036	7	O	AIRPORT	
001	LH	2402	12.01.2020	17816	7	O	AIRPORT	
001	QF	6	02.08.2019	4114	7	O	AIRPORT	
001	SQ	158	30.06.2019	9377	7	O	AIRPORT	
001	SQ	158	02.09.2019	9577	7	O	AIRPORT	
001	SQ	988	02.07.2019	10793	7	O	AIRPORT	
001	SQ	988	02.07.2019	10794	7	O	AIRPORT	
001	UA	941	04.09.2019	987	7	O	AIRPORT	
001	UA	941	28.10.2019	1485	7	O	AIRPORT	
001	UA	3516	07.12.2019	13014	7	O	AIRPORT	
001	UA	3516	08.01.2020	13674	7	O	AIRPORT	
001	UA	3517	28.05.2019	14305	7	O	AIRPORT	

Abbildung 8.28 Ermittelte Flugticketdaten

Das Ergebnis sieht gut aus: Es gibt mehrere Einträge, und alle verweisen auf die von uns angegebene Flugkundennummer!

Es gibt in Abbildung 8.27 allerdings im Vergleich zu den Flugtickets signifikant mehr Einzelflugbuchungen (SBOOK). Dies überprüfen wir nun auf Korrektheit. Wir klicken auf **111** für **Einzelflugbuchung** und sehen das Resultat in Abbildung 8.29.

Das Resultat zeigt gegebenenfalls jedoch nur einen Teil aller Felder der Tabelle. Sie können auf einer einzelnen Zeile einen Doppelklick ausführen, um sämtliche Felder der Tabelle anzuzeigen. Es fällt auf, dass die Kundennummer nicht mehr der Kundennummer entspricht, nach der wir gesucht haben.

Um zu klären, wie dies passiert ist, klicken wir auf den Button (**Abakus**) und erhalten so Auskunft darüber, wie die Daten dieser Tabelle auf der Datenbank selektiert wurden (siehe Abbildung 8.30).

Details | Treffer: 111 | Max. Treffer: 500

MDT	ID	Flug-Nr.	Flugdatum	Buchung	Kundennr.	G/P-Kunde	S	Gew	Maß	R	Klasse	Betrag	Währ
001	AA	17	02.08.2019	938	790	P		0	KG	X	Y	414,91	EUR
001	AA	17	02.08.2019	987	3237	P		0	KG		Y	461,00	EUR
001	AA	17	03.09.2019	1485	1899	P		26,4000	KG		Y	359,50	USD
001	AA	64	01.06.2019	4114	3536	P		13,1000	KG		Y	380,65	USD
001	AA	64	03.07.2019	4373	4502	P		0	KG		Y	401,79	USD
001	AA	64	05.09.2019	4995	1140	P	X	22,5000	KG		Y	359,50	USD
001	AZ	789	08.12.2019	9377	2214	P		0	KG		Y	978,50	EUR
001	AZ	789	08.12.2019	9577	3361	P		16,4000	KG		Y	638,96	GBP
001	AZ	790	30.05.2019	10703	1400	P		14,8000	KG	X	Y	1.014,00	EUR
001	AZ	790	30.05.2019	10794	949	P		0	KG		Y	930,27	USD

Abbildung 8.29 Datensuche mit inkorrekter Feldverknüpfung

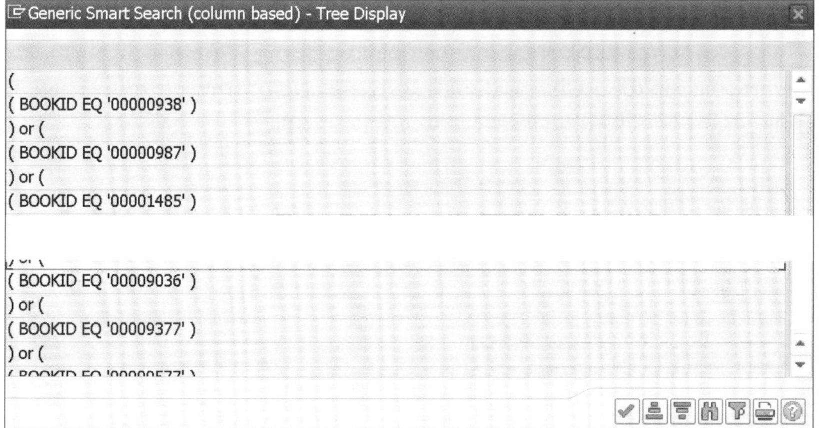

Abbildung 8.30 Selektionsbedingung zwischen Tabellen

Es wird nun ersichtlich, dass zwar nach einer Übereinstimmung bei den Buchungen (BOOKID) gesucht wurde; ein Blick auf die Felder der Datenbanktabelle SBOOK zeigt uns jedoch, dass auch das Feld `CUSTOMID`, d. h. die Flugkundennummer, ebenfalls vorhanden ist. Diese fehlt in unserem Datenmodell, was mit einer weiteren BAdI-Methode (BAdI-Methode `add_field_links`) korrigiert wird (siehe Abbildung 8.31).

[«]

Komplexe Feldverknüpfungen möglich

In der BAdI-Methode `add_field_links` ist es möglich, komplexere Verknüpfungen als nur Verknüpfungen von Feld zu Feld zu definieren. Darauf wird in Abschnitt 8.7, »Komplexere Feldverknüpfungen«, eingegangen.

```
METHOD if_dtinf_ilm_obj_tables~add_field_links.

  DATA:
    ls_link LIKE LINE OF ct_links.

  CLEAR cv_replace. " ct_links Tabelle an bestehende Links anhängen

  " Tabelle STICKET -> SBOOK mit Feld CUSTOMID -> CUSTOMID hinzufügen
  ls_link-ilm_object = 'BC_SFLIGHT'.

  ls_link-table_father = 'STICKET'.

  ls_link-table_son = 'SBOOK'.

  ls_link-field_father = 'CUSTOMID'.

  ls_link-field_son = 'CUSTOMID'.

  APPEND ls_link TO ct_links.

ENDMETHOD.
```

Abbildung 8.31 Feldverknüpfung hinzufügen

Analog zum vorigen Vorgehen erzeugen wir das Datenmodell nochmals neu und lassen die Suche nochmals laufen. Es gibt nun 19 einzelne Flugbuchungen zu den 19 Flugtickets (siehe Abbildung 8.32).

Generic Smart Search (column based)

Table	Kurztext	Treffer
▾ SCUSTOM	Flugkunden	1
▾ STICKET	Flugticket	19
• SBOOK	Einzelflugbuchung	19
▾ SFLIGHT	Flug	69
• SAPLANE	Flugzeug	6
▾ SPFLI	Flugplan	26
• SAIRPOR	Flughäfen	11
• SCARR	Fluggesellschaft	8
• SGEOCIT	Geographische Lage einer Stadt	9
• SNVOICE	Flugrechnung	19

Abbildung 8.32 Datensuche nach dem Hinzufügen von Feldverknüpfungen

Die genauere Analyse der genutzten Feldverknüpfungen zeigt, dass diese nun, wie gewünscht, korrigiert sind (siehe Abbildung 8.33).

Wir empfehlen, an dieser Stelle sämtliche Feldverknüpfungen zwischen den Tabellen über den Button (**Abakus**) zu betrachten, um zu prüfen ob die Verknüpfung so richtig sein kann.

Es wird ebenfalls empfohlen, die Resultate der einzelnen Verknüpfungen zu betrachten. So gibt es bei einer Einzelflugbuchung das Feld AGENCYNUM (Nummer des Reisebüros). Wir sehen jedoch keine Tabelle, deren Name auf ein Reisebüro hindeutet. Leider hat das Information Retrieval Framework

Tabelle STRAVELAG nicht gefunden. Wir korrigieren dies mit der Methode `get_tables` und den anderen genannten Methoden aus Abschnitt 1.4.6, »Rechenschaftspflichten – Compliance Management«, (`remove_tables`, `add_field_links` und `remove_field_links`). Dann erstellen Sie das Datenmodell erneut, überprüfen es und lassen die Suche erneut laufen. Wir verzichten an dieser Stelle darauf, die einzelnen Schritte nochmals darzustellen. Abbildung 8.34 zeigt das Resultat.

MDT	ID	Flug-Nr.	Flugdatum	Buchung	Kundennr.
001	JL	407	15.03.2020	4373	7
001	JL	408	04.07.2019	4995	7
001	JL	408	09.11.2019	6654	7
001	JL	408	12.01.2020	7542	7
001	JL	408	12.01.2020	7543	7
001	LH	400	05.08.2019	938	7
001	LH	401	07.10.2019	5476	7
001	LH	402	01.09.2019	9036	7
001	LH	2402	12.01.2020	17816	7
001	QF	6	02.08.2019	4114	7
001	SQ	158	30.06.2019	9377	7
001	SQ	158	02.09.2019	9577	7
001	SQ	988	02.07.2019	10793	7
001	SQ	988	02.07.2019	10794	7
001	UA	941	04.09.2019	987	7
001	UA	941	28.10.2019	1485	7
001	UA	3516	07.12.2019	13014	7
001	UA	3516	08.01.2020	13674	7
001	UA	3517	28.05.2019	14305	7

Abbildung 8.33 Korrigierte Einzelflugbuchungen

Table	Kurztext	
SCUSTOM	Flugkunden	1
STICKET	Flugticket	19
SBOOK	Einzelflugbuchung	19
STRAVELAG	Reisebüro	17
SFLIGHT	Flug	69
SAPLANE	Flugzeug	6
SPFLI	Flugplan	26
SAIRPORT	Flughäfen	11
SCARR	Fluggesellschaft	8
SGEOCITY	Geographische Lage einer Stadt	9
SNVOICE	Flugrechnung	19

Abbildung 8.34 Finales Ergebnis der Datensuche

Sollten weitere Inkonsistenzen auftreten, korrigieren Sie diese, wie auf den vorangehenden Seiten gezeigt. Ist das Ergebnis hingegen zufriedenstellend, kann der Auftrag bzw. können die Aufträge (BAdIs, Datenmodell und

Zweckbestimmung) in das Testsystem transportiert und dort erneut getestet werden.

Wenn das Ergebnis im Testsystem ebenfalls korrekt ist, können Sie die Aufträge in das Produktivsystem transportieren. Ist das nicht der Fall, führen Sie eine weitere Korrektur im Entwicklungssystem durch.

8.6 Beauskunftung durchführen

In den vorangehenden Abschnitten haben Sie erfahren, wie Sie ein Datenmodell erzeugen, testen und gegebenenfalls korrigieren. In Ihrem SAP-System haben Sie daraufhin den Transportauftrag in das Test- und anschließend in das Produktivsystem freigegeben.

In diesem Abschnitt erfahren Sie nun, wie Sie herausfinden, welche Daten für einen Betroffenen, der Auskunft über seine personenbezogenen Daten verlangt, ermittelt würden. Die dafür notwendigen Schritte würden im Testsystem (zwecks Simulation) bzw. im Produktivsystem (beim Vorliegen von realen Anfragen von Betroffenen oder gegebenenfalls auch zur Simulation) ausgeführt.

8.6.1 Zweckbestimmungen definieren

Data Controller Rule Framework

Neben dem Datenmodell sind, wie bereits erläutert, die Zweckbestimmungen für eine Suche notwendig – einen solchen hatten wir für unsere Tests des Datenmodells in den vorangehenden Kapiteln angelegt. Wir erklären nun kurz, welche Optionen Sie haben, wenn es um die Beauskunftung an einen Betroffenen geht.

Sollte kein Data Controller Rule Framework (DCRF), siehe Kapitel 6, »›Dem Ende Struktur geben‹: Data Controller Rule Framework«, eingesetzt werden, müssen Sie zuvor sämtliche Zweckbestimmungen, inklusive ILM-Objekte, definiert und transportiert haben (siehe Abschnitt 8.5.1, »Zweckbestimmungen manuell anlegen«).

Nutzen Sie hingegen das Data Controller Rule Framework, müssen Sie keine Zweckbestimmungen im Information Retrieval Framework definiert haben, denn das Information Retrieval Framework interagiert mit dem Data Controller Rule Framework und ermittelt die gepflegten Zweckbestimmungen sowie die zugehörigen ILM-Objekte automatisch zur Laufzeit. Natürlich müssen zuvor die im Data Controller Rule Framework definierten Daten in das Test- bzw. Produktivsystem transportiert worden sein.

SAP S/4HANA Cloud und Data Controller Rule Framework

Ihnen steht das Data Controller Rule Framework zur Verfügung, und dieses muss zuvor von Ihnen entsprechend eingerichtet worden sein. Sie müssen die gepflegten Daten allerdings in das Produktivsystem transportieren.

8.6.2 Datenbeschaffung starten

Wir haben nun alle notwendigen Grundlagen geschaffen, um eine Beauskunftung durchführen zu können: Wir haben ein Datenmodell und Zweckbestimmungen.

Nun erläutern wir, wie eine Beauskunftung konkret durchgeführt wird.

SAP-S/4HANA-Cloud-Rollen

Mit der Rolle des Data Privacy Specialist steht Ihnen die App **Start Data Collection** und hierbei die Suche nach Geschäftspartnern (und allen dazu verbundenen Daten) zur Verfügung.

Datenbeschaffung starten

Zur Durchführung der Beauskunftung starten Sie Transaktion DTINF_START_COLL (Datenbeschaffung starten). Hierbei sind bereits einige Suchkriterien standardmäßig vorgegeben. Es kann z. B. nur nach Geschäftspartner-, Kunden- oder Lieferantennummern gesucht werden. Die dazugehörigen Startpunkte sind bereits im SAP-System hinterlegt. Haben Sie kundeneigene Startpunkte definiert (dies hatten wir für den Flugkunden am Ende von Abschnitt 8.5.1, »Zweckbestimmungen manuell anlegen«, gemacht) werden auch diese angezeigt.

Haben Sie Ihre Zweckbestimmungen zwischenzeitlich verändert, können Sie sie über einen Klick auf (**Zwecke aktualisieren**) aktualisieren.

Transaktion DTINF_START_COLL

In Abbildung 8.35 sehen Sie das Einstiegsbild von Transaktion DTINF_START_COLL (Datenbeschaffung starten). Wir nutzen in unserem Testsystem wie in den vorangehenden Abschnitten die Flugkundennummer 7. Geben Sie deshalb in den Feldern **Art Betroffenen-ID** »Flugkundennummer« und im Feld **Betroffenen-ID** »7« ein. Die Ausgabesprache definieren Sie im Feld **Sprache der betroffenen Person**. Da der Kunde deutschsprachig ist, wählen Sie **Deutsch** aus. Bei der Zweckbestimmung können Sie entweder eine einzelne Zweckbestimmung über das Dropdown-Menü **Zweckbestimmung** auswählen – oder mehrere Zweckbestimmungen durch einen Klick auf den Button (**Mehrfachselektion**). Klicken Sie dann auf den Button **Ausführen**.

Abbildung 8.35 Beauskunftung starten

Sie erhalten daraufhin die Bestätigung, dass die Datensammlung erfolgreich eingeleitet wurde. Im Hintergrund wird nun ein Job ausgeführt, der für das Beauskunften zuständig ist.

8.6.3 Datenabfragen verwalten

Nachdem im vorangehenden Abschnitt die Datensammlung angestoßen worden ist, kommen wir nun zu dem letzten relevanten Schritt: der Verwaltung aller Datensammlungen, die Ihnen eine Übersicht über alle erfolgten Datensammlungen gibt und Ihnen Zugriff auf die gesammelten Daten ermöglicht.

SAP-S/4HANA-Cloud-Rollen

Mit der Rolle des Data Privacy Specialist steht Ihnen die App **Ergebnis der Datenabfrage verwalten** zur Verfügung.

Transaktion DTINF_PROC_COLL

Starten Sie Transaktion DTINF_PROC_COLL (Ergebnis der Datenabfrage verwalten). Das Einstiegsbild sehen Sie in Abbildung 8.36. Für die Suche nach der Flugkundennummer 7 erscheint der Status (**wartend**) – d. h., sie wird gerade ausgeführt. Weitere mögliche Status sind (**Fehler**) und (**erfolgreich beendet**).

Abbildung 8.36 Auftragsliste der Datenabfrage – Status »wartend«

Status der Datenabfrage

Durch einen Doppelklick auf die Zeilen dieser Datenabfrage erhalten Sie eine detaillierte Übersicht über den Status. Sie sehen jeweils einen Eintrag für jede Zweckbestimmung, die zu verarbeiten ist (siehe Abbildung 8.37). In unserem Fall wurde nur nach einer Zweckbestimmung gesucht.

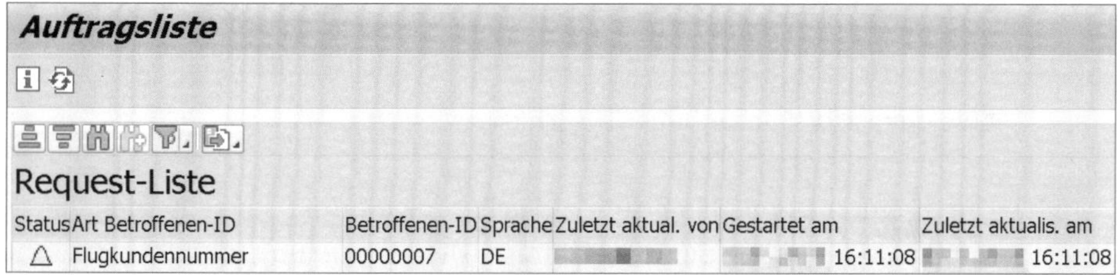

Abbildung 8.37 Detaillierter Status einer Datenabfrage

8

Datenabfrage ausführen

Die einzelnen Suchen werden nicht parallel gestartet, um die Systemlast in Grenzen zu halten. Dieses Systemverhalten können Sie nicht beeinflussen. Ist eine einzelne Suche abgeschlossen (oder wurde sie abgebrochen), wird eine weitere Suche angestoßen.

Der Status gibt Ihnen Auskunft über den Fortschritt der einzelnen Suchen. Durch deren fortschreitende Verarbeitung wird sich dieser Status im Laufe der Zeit ändern.

Bearbeitungsmöglichkeiten der Liste

Es gibt vier Buttons, über die Sie Einfluss auf einen einzelnen Eintrag in der Liste nehmen können:

- (**Neustart**): Eine nicht erfolgreich ausgeführte Suche wird neu gestartet.
- (**Aktualisieren**): Die Liste wird aktualisiert.
- (**Abbrechen**): Die Suche wird abgebrochen. Diese Funktion kann sinnvoll sein, wenn eine einzelne Suche zu lange dauert und stattdessen die weiteren Suchen durchgeführt werden sollen.
- (**Ergebnisse anzeigen**): Ein Suchergebnis wird angezeigt.

Kehren Sie nach einer eventuellen Bearbeitung der Einträge auf die vorherige Seite (Auftragsliste) zurück, indem Sie auf (**Zurück**) klicken (dieser Button befindet sich oberhalb des Ausschnitts, den Sie in der Abbildung sehen). Klicken Sie dann auf den Button (**Aktualisieren**), bis der Status grün wird (siehe Abbildung 8.38).

Abbildung 8.38 Suchanfrage abgeschlossen

Durch einen Doppelklick auf die Suchanfrage öffnet sich eine neue Seite mit den Ergebnissen der Datenabfrage (siehe Abbildung 8.39).

Abbildung 8.39 Ergebnis einer Datenabfrage

Hierarchische Darstellung der Ergebnisse

Anders als zuvor sehen Sie nun nicht mehr die Details, sondern ein hierarchisches Ergebnis der Datenabfrage (siehe Abbildung 8.37).

Auf deren linken Seite werden alle Zweckbestimmungen dargestellt, zu denen eine Suche durchgeführt worden ist. In unserem Fall wurde nur nach »TEST_FLIGHT« gesucht. Das Ergebnis entspricht dem zuvor in Transaktion DTINF_TEST_MODEL (Generiertes IRF-Modell testen) ermittelten Ergebnis, allerdings mit einer anderen Darstellung: Es gibt einen hierarchischen Tabellenbaum, der einzeln aufgeklappt werden kann, und auf der rechten Seite erscheinen alle Einträge zu dem ausgewählten Eintrag.

Wurden in Abbildung 8.34 noch alle 19 Flugbuchungen zusammen in einer Tabelle dargestellt, wird nun in Abbildung 8.39 eine einzelne Flugbuchung zu einem Flugticket angezeigt. Es ist auch zu erkennen, dass das ausgewählte Flugticket insgesamt drei Flüge umfasst.

Ebenso ist zu erkennen, dass die Ausgabe in Deutsch erfolgt – dies hatten wir so in Abschnitt 8.6.2, »Datenbeschaffung starten«, angegeben, als wir die Suche anstießen. An dieser Stelle wird für jede Suche immer die gewählte Ausgabesprache angezeigt, unabhängig davon, in welcher Sprache Sie sich am System anmelden.

Automatische Datenkonvertierung

Ebenfalls wurde der **Kundentyp** als **Privatkunde**, der **Raucherplatz** als **Nichtraucher** bzw. die **Flugklasse** als **Economy Class** ausgegeben, obwohl in den Feldern der Datenbanktabelle ein »P«, »(leer)« bzw. »Y« steht. Dies Konvertierung wird, sofern möglich, automatisch vom Information Retrieval Framework durchgeführt.

Mit dieser Ausgabe ist es für den Betroffenen möglich, die übermittelten Daten nachzuvollziehen.

Download der Ergebnisse als Textdatei

Sofern Sie über die entsprechenden Berechtigungen verfügen, können Sie das Ergebnis der Suche durch Anklicken des Buttons (**Download**) als Textdatei herunterladen. Anschließend können Sie diese manuell bearbeiten. Wie diese Daten zum Kunden gelangen ob als Ausdruck per Post oder elektronisch, liegt im Ermessen Ihres Unternehmens.

8.7 Komplexere Feldverknüpfungen

Alternativen zur Feld-zu-Feld-Verknüpfung

Für Fälle, in denen es nicht möglich ist, eine adäquate Verknüpfung zwischen zwei Tabellen über eine Feld-zu-Feld-Verknüpfung per Referenz herzustellen, gibt es drei weitere Optionen. Dazu nutzen Sie die Parameter `CT_LINKS_ALL` in dem BAdI `ADD_FIELD_LINKS` des Erweiterungsspots `IF_DTINF_ILM_OBJ_TABLES`:

- **Konstante (Strukturkomponente CONST_VAL)**
  Hiermit kann ein Wert definiert werden, der im verknüpften Feld (**Bis-Feld**) vorhanden sein muss. Das **Von-Feld** ist beliebig und muss aus technischen Gründen angegeben werden. Der Parameter `LINK_TYPE` ist zusätzlich auf **C** (für konstant) zu setzen.
- **Final**
  Sind mehrere Tabellen-Cluster verknüpft, z. B. Tabellen-Cluster A mit Tabellen-Cluster B, Tabellen-Cluster B mit Tabellen-Cluster C und Tabellen-Cluster C mit Tabellen-Cluster D, werden alle Daten rekursiv in jedem verknüpften Tabellen-Cluster gesucht (von A nach B, von B nach C

und von C nach D). Sollen jedoch nur die Daten aus dem nächsten verknüpften Tabellen-Cluster gelesen werden (z. B. von A nach B und dann nur von B nach C) und nicht aus weiteren Tabellen-Clustern (von C nach D), kann diese Strukturkomponente gesetzt werden (in der Verknüpfung von B nach C). Der Parameter `LINK_TYPE` ist zusätzlich auf **F** (für final) zu setzen.

- **Funktionsbaustein (Strukturkomponente SEC_TAB_EXIT)**
  Sollten Feldverknüpfungen nicht ausreichen, kann der Name eines Funktionsbausteins angeben werden, der zur Laufzeit der Suche ausgeführt wird. Dieser Funktionsbaustein kann als Rückgabe entweder eine veränderte bzw. komplexere Feldverknüpfung enthalten oder auch Daten als Ergebnis, wodurch die sonst stattfindende Suche in den Datenbanktabellen nicht durchgeführt wird. Der Parameter `LINK_TYPE` ist auf **M** (Funktionsbaustein) zu setzen. Für weitere Informationen zu den Funktionsbausteinen wird auf die Dokumentation bzw. die gegebenenfalls ausgelieferten Implementierungen von SAP verwiesen.

8.8 Datenmodell im Browser anzeigen

Modell im Browser anzeigen

Das Datenmodell kann, wie in den vorangehenden Kapiteln bereits für ein »kleines« ILM-Objekt dargestellt, komplex werden – und die ILM-Objekte von Anwendungen können viel komplexer sein. Eine tabellarische Anzeige, wie sie zuvor genutzt wurde, kann diese Komplexität möglicherweise nicht mehr nachvollziehbar darstellen.

Eine weitere Option, um das Datenmodell eines ILM-Objekts darzustellen, befindet sich im Browser. Darauf wird in diesem Kapitel eingegangen.

Starten Sie Transaktion DTINF_MODELING (IRF-Modellierungs-Tool starten), um das Modellierungswerkzeug zu starten, das ein Browserfenster öffnet. Nutzen Sie hierzu vorzugsweise Google Chrome; dieser Browser bietet die beste Leistung (Stand: Januar 2020). In dem Browser sehen Sie nach erfolgreicher Anmeldung die in Abbildung 8.40 dargestellte Anzeige (diese ist nur auf Englisch verfügbar). Wählen Sie als ILM-Objekt im Feld **ILM Object** die Option **BC_SFLIGHT** aus; die weiteren Felder können Sie leer lassen.

Modellierungswerkzeug

Klicken Sie nun auf den Button ➔ (**Next**) unten rechts. Es erscheint das in Abbildung 8.41 gezeigte Bild.

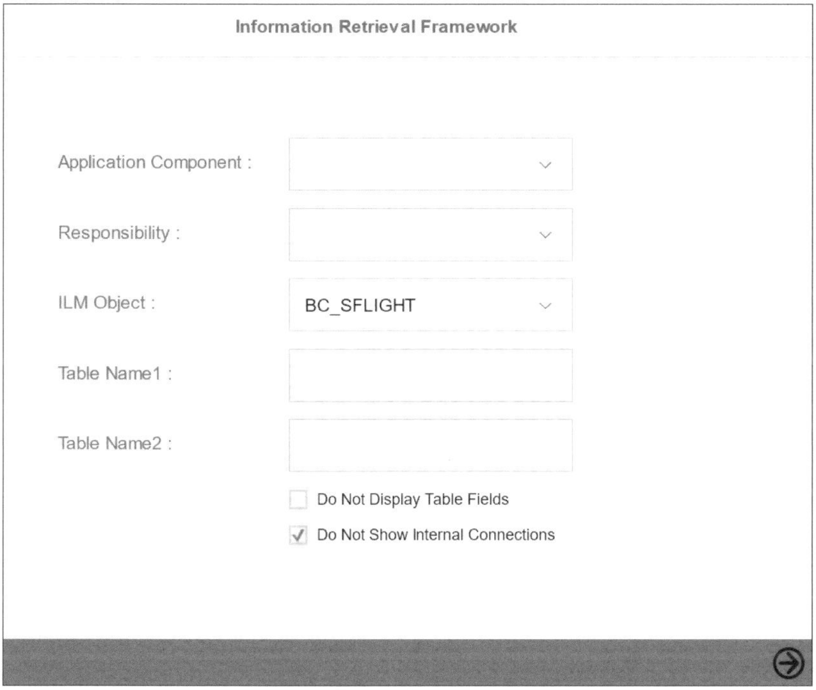

Information Retrieval Framework

Application Component :

Responsibility :

ILM Object : BC_SFLIGHT

Table Name1 :

Table Name2 :

☐ Do Not Display Table Fields

☑ Do Not Show Internal Connections

Abbildung 8.40 Einstiegsseite des Modellierungswerkzeugs

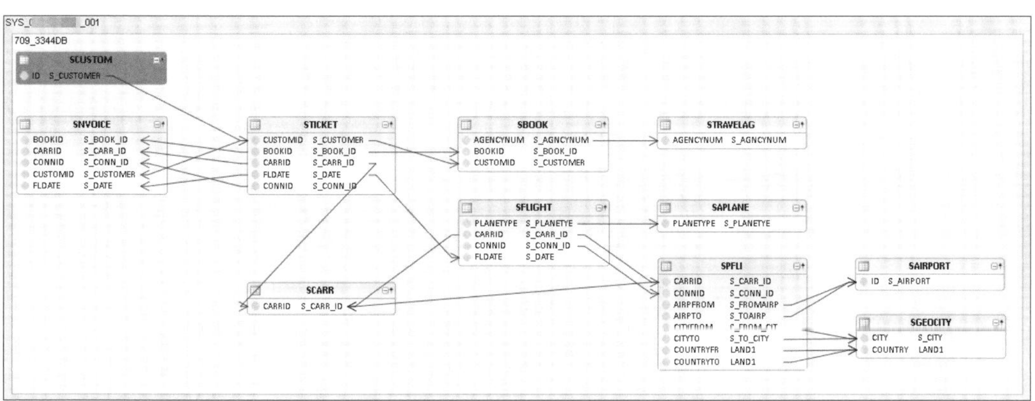

Abbildung 8.41 Ansicht eines ILM-Objekts im Modellierungswerkzeug

Dieser Anzeige lässt sich Folgendes entnehmen:

- Wir arbeiten auf dem System `SYS_ID_Mandant` (blauer Kasten).
- Alle zuvor ermittelten Tabellen befinden sich in einem Tabellen-Cluster `709_3344DB` (dargestellt in Beige).
- Alle Tabellen weisen Verknüpfungen auf, die durch Pfeile markiert sind.

- Es werden die für eine Verknüpfung relevanten Felder für jede Tabelle angezeigt. (Das Feld `ID` aus Tabelle SCUSTOM ist mit dem Feld `CUSTOMID` in Tabelle STICKET verknüpft.)
- Die Richtung der Pfeile entspricht den Feldverknüpfungen, die in Abschnitt 8.4.6, »BAdI-Methoden implementieren«, aufgezeigt wurden.
- Tabelle SCUSTOM ist die einzige Tabelle, die nur auf andere Tabellen verweist und wird grün dargestellt.
- Wenn Sie eine Tabelle (oder mehrere Tabellen) ausgewählt haben werden über (**Expand**) alle Felder der Tabelle angezeigt. Diese Anzeige können Sie über (**Collapse**) rückgängig machen.

Weitere Buttons

Alle weiteren Buttons sind im Falle des neuen Modellierungsverhaltens irrelevant geworden und sollten nicht benutzt werden.

8.9 Bestehende Datenmodelle übernehmen

Falls Sie bereits Datenmodelle mit dem alten Modellierungsverhalten nutzen, können Sie diese in das neue Modellierungsverhalten überführen, wenn diese weiterverwendet werden sollen.

Transaktion DTINF_ADAPT_MODELS

Starten Sie dazu Transaktion DTINF_ADAPT_MODELS (Generierte IRF-Modelle anpassen). In dem Bild, das sich daraufhin öffnet (siehe Abbildung 8.42), können Sie das Datenmodell für alle ILM-Objekte anpassen (Kennzeichen **Alle Modelle** aktiviert) bzw. nach der Deaktivierung des Kennzeichens und per Klick auf den Button einzelne ILM-Objekte auswählen. Durch einen Klick auf den Button **Anpassen** wird das Datenmodell umgewandelt.

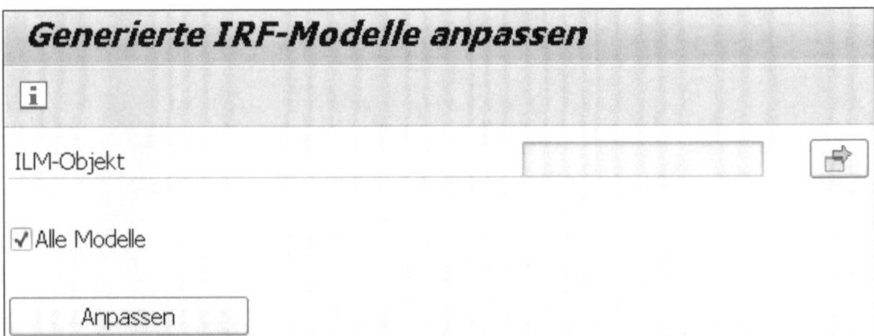

Abbildung 8.42 Alte Datenmodelle anpassen

Einsatz von BAdI-Implementierungen

Die Anpassung erzeugt aus dem alten Datenmodell ein neues Datenmodell. Es werden hierbei jedoch keine BAdI-Implementierungen für jedes ILM-Objekt erzeugt (siehe Abschnitt 8.4.5, »BAdI-Implementierungen erstellen«). Dies ist solange unkritisch, bis Sie sich entscheiden, gegebenenfalls von SAP zur Verfügung gestellte BAdI-Implementierungen zu nutzen. Zu einem solchen Zeitpunkt ist es unter Umständen notwendig, Ihre bestehenden Datenmodelle in eigenen BAdI-Implementierungen zu definieren. Das kann ein nicht unerheblicher Aufwand sein, und es sollte abgewägt werden, ob nicht direkt die ausgelieferten Datenmodelle genutzt und diese dann überarbeitet werden sollten.

8.10 Zusammenfassung

War es vor der Verfügbarkeit des Information Retrieval Frameworks notwendig, eine Vielzahl diverser Reports, Transaktionen oder UIs unterschiedlicher Anwendungen zu kennen, um ein Auskunftsersuchen umzusetzen, verbunden mit sehr viel händischer Arbeit und gegebenenfalls ohne direkte Unterstützung von Geschäftsprozessen, haben Sie nun gesehen, dass dies durch die Nutzung von ILM-Objekten quasi vollautomatisiert durchgeführt werden kann – und das ganze Prozedere erfolgt gegebenenfalls, bereits automatisiert, in einer für den Betroffenen verständlichen Form, die die DSGVO einfordert.

Aber dennoch funktioniert dies nicht ohne eigenes Zutun: Erst durch den iterativen Prozess des manuellen Erstellens eines Datenmodells und der Analyse des Suchergebnisses können korrekte Datenmodelle erstellt werden, die das gewünschte Ergebnis liefern.

Wo die Grenze des Datenumfangs liegt, der dem Betroffenen zur Verfügung gestellt wird, irgendwo zwischen dem Minimum (eine einzelne Seite Papier, die vermutlich nicht ausreicht) und dem möglichen Maximum (Hunderte oder Tausende Seiten Papier), müssen Sie individuell entscheiden.

Kapitel 9

»Schau mal, wer da liest«: Read Access Logging

Beim Datenschutz denkt man zunächst an den Schutz von Menschen vor Überwachung. Um aber personenbezogene Daten wirksam zu schützen, muss man wiederum die Nutzer von Systemen überwachen können.

9

SAP stellt unter dem Namen Read Access Logging (RAL) eine kostenfreie Leseprotokollierung in SAP NetWeaver bereit, die in der SAP Business Suite, in SAP S/4HANA und in SAP S/4HANA Cloud genutzt werden kann. Dass das Werkzeug bislang erst zögerlich genutzt wird, hat drei Gründe:

- durch die Implementierung und Nutzung entstehender Aufwand
- das bestehende Spannungsfeld zwischen Datenschutz und Verhaltenskontrolle
- die sich erst langsam entwickelnde Bereitschaft der Unternehmen, den Datenschutz aktiv zu gestalten

Nach einer kurzen Darstellung der Anforderungen und einer Beschreibung des sinnvollen Umfangs einer Leseprotokollierung werden in diesem Kapitel das Setup und die Pflege von Read Access Logging skizziert.

9.1 Anforderungen an eine Leseprotokollierung

Die Protokollierung lesender Zugriffe als Mittel der Zugriffskontrolle haben Sie bereits in Abschnitt 1.3.4, »Technisch-organisatorische Maßnahmen (TOM)«, kennengelernt.

Ein zweischneidiges Schwert

Die Protokollierung von Benutzeraktivitäten ist durchaus zweischneidig. Sie dient zwar dem Schutz von personenbezogenen Daten, erzeugt aber gleichzeitig auch personenbezogene Daten, die zudem als Verhaltenskontrolle im Sinne des § 87 Abs. 1 Nr. 6 BetrVG (Betriebsverfassungsgesetz) zu werten sind.

Weitgehend unbestritten ist die Notwendigkeit, Datenänderungen und Systemzugriffe, und selbst Zugriffe auf einzelne Programme, zu protokollieren, da anders weder die Konsistenz des Buchungsinhalts noch die Systemsicherheit gewährleistet werden kann. Die Leseprotokollierung stellt aber eine andere Dimension der möglichen Verhaltensüberwachung dar.

Behördensicht

Aufgrund dieses Spannungsverhältnisses stellte der Bundesbeauftragte für den Datenschutz bereits in seinem 14. Tätigkeitsbericht (Bundesbeauftragter für den Datenschutz, 1993, S. 194) einige maßgebende Anforderungen auf, die sich so ähnlich auch in der Orientierungshilfe für die Protokollierung der deutschen Aufsichtsbehörden wiederfinden (Arbeitskreis »Technische und organisatorische Datenschutzfragen«, 2009):

- Eine Protokollierung ist nur zulässig, wenn sie auch erforderlich ist.
- Die Erforderlichkeit bedingt auch die tatsächliche Auswertung.
- Sofern die Protokollierung ausschließlich dem Zwecke der Aufrechterhaltung von Datenschutz und Datensicherheit dient, dürfen die Protokolldateien auch ausschließlich für diese Zwecke genutzt werden.

Die Orientierungshilfe »Protokollierung« (Arbeitskreis »Technische und organisatorische Datenschutzfragen«, 2009, S. 4–5) empfiehlt, die folgenden Tätigkeiten zu protokollieren:

- Authentifizierung und Autorisierung
- Dateneingabe und -veränderung
- Dateneinsicht
- Datenübermittlung
- Datenlöschung

Nicht wahllos protokollieren

Der Bundesbeauftragte machte im 14. Tätigkeitsbericht überdies deutlich, dass eine »wahllose Registrierung aller Aktivitäten des Benutzers [...] aus Sicht des Datenschutzes bedenklich [ist]«. Es käme vielmehr darauf an, dass »Aktivitäten mit erhöhtem Schutzbedarf registriert werden«.

In Bezug auf die Protokollierungsverfahren in der SAP Business Suite und in SAP S/4HANA bzw. SAP S/4HANA Cloud gehen wir davon aus, dass diesen Ansprüchen Genüge getan wird. Für besonders sensible Daten liefert SAP aus diesem Grund in Read Access Logging entsprechende Beispielkonfigurationen aus.

Nutzung von Beispielkonfigurationen

Die von SAP ausgelieferten Konfigurationen können Sie nicht selbst aktivieren. Stattdessen müssen Sie eigene Konfigurationen durch Kopieren der von SAP ausgelieferten Konfigurationen erzeugen und diese anschließend aktivieren.

Als sensible Daten sind sowohl die Daten besonderer Kategorien (siehe Abschnitt 1.2.4, »Daten besonderer Kategorien«) als auch die Angaben zu den Bankkonten zu werten. Über die Beispielkonfigurationen hinaus können eigene Konfigurationen für Daten eingerichtet werden, die Sie in Ihrem System als besonders sensibel betrachten.

[«]

Vorgehensmodell

Sofern Sie unserem Vorgehensmodell (siehe Kapitel 3, »›Vom ersten Schritt zum Weg zum Ziel‹: Vorgehensmodell«) folgen, sollten Sie bereits wesentliche Informationen zu den personenbezogenen Daten erhoben haben.

9.2 Verfügbarkeit und Funktionsumfang von Read Access Logging

Kanäle

Read Access Logging unterstützt verschiedene *Kanäle*, die eine Leseprotokollierung erlauben. Zu diesen Kanälen gehören solche, bei denen eine Protokollierung von den Endbenutzern am System durchgeführt werden kann (UI-Kanäle, UI = User Interface), und solche, die bei der Kommunikation zwischen den Systemen genutzt werden (Remote-API-Kanäle, API = Application Programming Interface).

Für eine Übersicht, welche Kanäle von Read Access Logging unterstützt werden, suchen Sie z. B. unter *https://help.sap.com/s4hana_op_1909* nach »System Security for AS ABAP Only«, öffnen das entsprechende Suchergebnis und navigieren zum Bereich **Lesezugriffsprotokollierung** (Deutsch) bzw. **Read Access Logging** (Englisch). Unter **Lesezugriffsprotokollierung konfigurieren** und **Kanalspezifische Informationen** finden Sie eine aktuelle Übersicht.

Verfügbare Read-Access Logging-Kanäle

Zurzeit werden die folgenden Read-Access-Logging-Kanäle unterstützt:

- UI-Kanäle
  - Dynpro
  - Web Dynpro
  - CRM Web UI (WebCUIF)Remote API Kanäle
- SAP Gateway (für OData/SAPUI5/SAP Fiori)
  - Remote Function Call (RFC)

- Webservice
- Knowledge Provider (KPro)
- ALE/IDoc-Kommunikation
- SAP BW
- Enterprise Search
- Output Forms (DDIC-Schnittstelle)
- Analytics (z. B. für SAP BW/4HANA)

9.3 Setup und Pflege

Im vorangehenden Abschnitt wurde erklärt, welche Read-Access-Logging-Kanäle es gibt, und Sie wissen somit, was protokolliert werden kann. In diesem Abschnitt gehen wir darauf ein, wie Sie Read Access Logging konfigurieren müssen, um zu protokollieren. Um Read Access Logging nutzen zu können, müssen zum einen Berechtigungen vergeben werden, und zum anderen muss Read Access Logging aktiviert werden.

9.3.1 Funktionsweise

Read Access Logging protokolliert, auf UI-Kanäle bezogen, welcher Benutzer zu welchem Zeitpunkt ein bestimmtes Datum gesehen hat. Diese Information wird in Read Access Logging Logs gespeichert. Diese Daten können mittels SAP ILM und den Read-Access-Logging-spezifischen ILM-Objekten (SRAL, SRAL_ELOG, SRAL_EXP) automatisiert gelöscht werden.

Es wäre jedoch falsch, alles zu protokollieren. Zum einen würde dies die Performance des Systems stark beeinträchtigen, und zum anderen ist dies auch, ebenso wie in Abschnitt 9.1, »Anforderungen an eine Leseprotokollierung«, genannt, als »wahllose Registrierung aller Aktivitäten des Benutzers…«, nicht geboten.

Eine Protokollierung sollte sich daher auf Daten beschränken, die es ermöglichen, zu einem beliebigen Zeitpunkt nach gewissen Kriterien zu suchen, um Verdachtsfällen nachzugehen. Dies mag eine Kontonummer, eine Kreditkartennummer oder auch ein Kunde sein.

Wenn Sie z. B. die Kundennummer protokolliert haben (und im Dynpro-Kanal z. B. die Transaktion ebenfalls mitprotokollieren lassen) und Sie anhand des Read Access Logging Logs den Zeitpunkt feststellen, wann der Eintrag im Log erzeugt wurde, können Sie mittels der Änderungsbelege der jeweiligen Transaktion bzw. Applikation nachschlagen, was der Benutzer zu dem bestimmten Zeitpunkt gesehen hat. Zu bedenken ist dabei, dass der Benutzer möglicherweise nicht alle Daten gesehen haben kann, die Sie anhand der Änderungsbelege rekonstruieren können. Dies kann z. B. der Fall sein, wenn auf dem Dynpro einige Felder im Coding nicht angezeigt oder gegebenenfalls durch die Nutzung von Business Add-Ins (BAdIs) im System deaktiviert wurden.

Welche Felder zu protokollieren sind, wird in sogenannten *SAP-Read-Access-Logging-Konfigurationen* hinterlegt. Auf diese Konfigurationen gehen wir in Abschnitt 9.6, »Konfigurationen«, ein.

Sofern Sie die UI-Kanäle protokollieren möchten, müssen Sie jedoch zuvor *SAP-Read-Access-Logging-Aufzeichnungen* erstellen, aus denen Sie anschließend Read-Access-Logging-Konfigurationen erzeugen können. Dies wird in Abschnitt 9.5, »Aufzeichnungen für UI-Kanäle«, behandelt.

9.3.2 Berechtigungen

Transaktion SU21

Für die Nutzung von Read Access Logging benötigen Sie die erforderlichen Berechtigungen. Die möglichen Read-Access-Logging-Berechtigungen finden Sie in Transaktion SU21 (Pflegen der Berechtigungsobjekte) als `S_RAL*`, z. B. `S_RAL_REC` für die Aufzeichnung von Konfigurationen. Diese müssen entsprechend vergeben werden. Welche Berechtigungen für die hier beschriebenen Beispiele erforderlich sind, können Sie der Dokumentation der jeweiligen Berechtigungsobjekte entnehmen. Zusätzlich liefert SAP Vorlagen für Berechtigungsrollen (`SAP_BC_RAL_*`) aus, die Sie zur einfacheren Zuweisung von Berechtigungen zu Benutzern verwenden können.

9.3.3 Aktivierung

Nachdem Sie die Berechtigung `S_RAL_CLIS` vergeben haben, können Sie Transaktion SRALMANAGER (Lesezugriffsprotokollierungs-Manager) starten. Es öffnet sich ein Browserfenster, wie es in Abbildung 9.1 dargestellt ist.

Klicken Sie auf **Aktivierung im Mandanten**, und es öffnet sich das in Abbildung 9.2 dargestellte Fenster.

Das Kennzeichen **Lesezugriffsprotokollierung aktivieren in Mandant** muss aktiviert werden. Möchten Sie Read Access Logging für den RFC-Kanal nutzen, können Sie die jeweiligen Systeme hier aktivieren.

Abbildung 9.1 Transaktion SRALMANAGER (Lesezugriffsprotokollierungs-Manager) im Webbrowser

Aktivierung in SAP S/4HANA Cloud

Sie können in SAP S/4HANA Cloud die Lesezugriffsprotokollierung in der App **Konfiguration des Lesezugriffsprotokolls** aktivieren. Die entsprechende Funktion finden Sie mittels eines auf der Rollenvorlage ADMINISTRATOR basierenden Business-Users.

Über *SAP Best Practices for SAP S/4HANA Cloud* (siehe *https://rapid.sap.com/bp/BP_CLD_ENTPR*) finden Sie im Lösungsumfang unter **Datenbank- und Datenmanagement • Enterprise Information Management** den Umfangsbestandteil **Datenschutz (1J7)**. Er enthält weitere Informationen, Einrichtungsanweisungen und ein Testskript, die Ihnen bei der Konfiguration und Verwendung der Funktionalität zur Lesezugriffsprotokollierung helfen können.

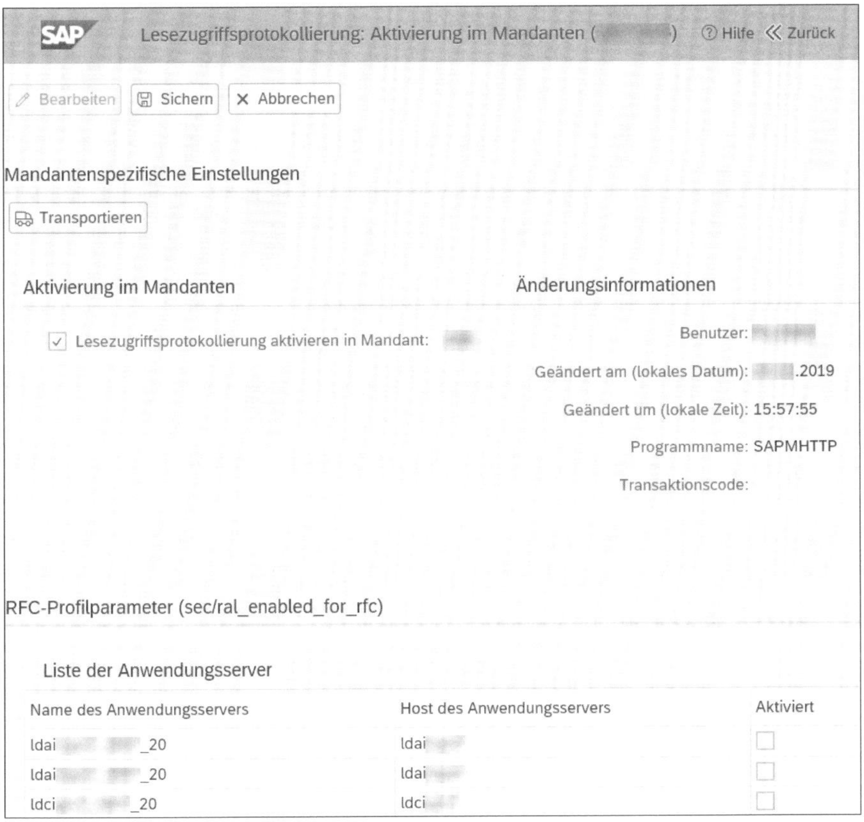

SAP Lesezugriffsprotokollierung: Aktivierung im Mandanten ( ) Hilfe Zurück

Bearbeiten Sichern Abbrechen

Mandantenspezifische Einstellungen

Transportieren

Aktivierung im Mandanten

Lesezugriffsprotokollierung aktivieren in Mandant:

Änderungsinformationen

Benutzer:

Geändert am (lokales Datum): .2019

Geändert um (lokale Zeit): 15:57:55

Programmname: SAPMHTTP

Transaktionscode:

RFC-Profilparameter (sec/ral_enabled_for_rfc)

Liste der Anwendungsserver

Name des Anwendungsservers	Host des Anwendungsservers	Aktiviert
ldai _20	ldai	
ldai _20	ldai	
ldci _20	ldci	

Abbildung 9.2 Aktivierung von Read Access Logging

9.4 Festlegen von Zweckbestimmung und Protokolldomänen

Bevor wir zu der eigentlichen Arbeit in Read Access Logging kommen, müssen noch zwei weitere Schritte durchgeführt werden: die Pflege der Zweckbestimmung und das Festlegen von Protokolldomänen. Auf beides gehen wir im Folgenden nacheinander ein.

9.4.1 Zweckbestimmung

Die *Zweckbestimmung* definiert den Zweck einer Protokollierung. Sie können beliebig viele Zweckbestimmungen pflegen. Klicken Sie dazu in Transaktion SRALMANAGER (Lesezugriffsprotokollierungs-Manager) auf **Zweckbestimmungen**. Es öffnet sich eine Ansicht wie in Abbildung 9.3.

Klicken Sie auf den Button **Anlegen**, und es öffnet sich ein neues Fenster.

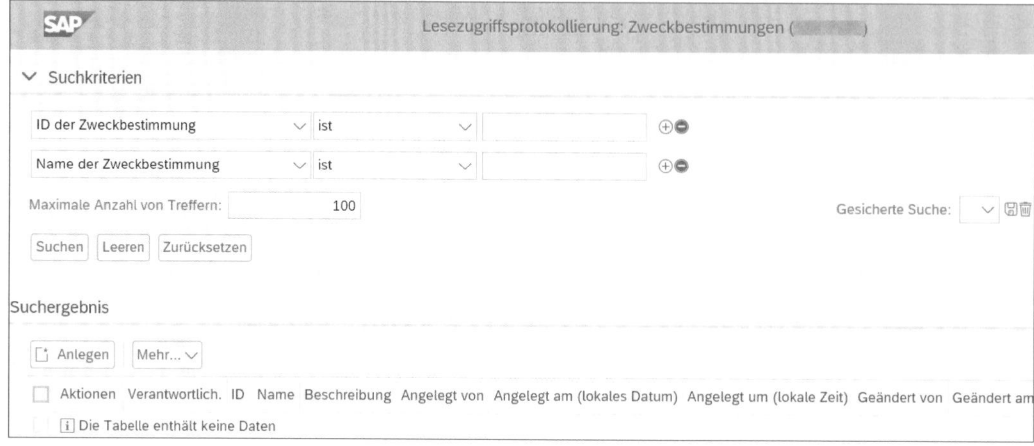

Abbildung 9.3 Zweckbestimmungen anzeigen

Da wir in diesem Kapitel ein Beispiel anhand eines Kunden durchgehen, vergeben wir einen Zweck – wie Sie es in Abbildung 9.4 sehen können – und klicken anschließend auf den Button **Anlegen**.

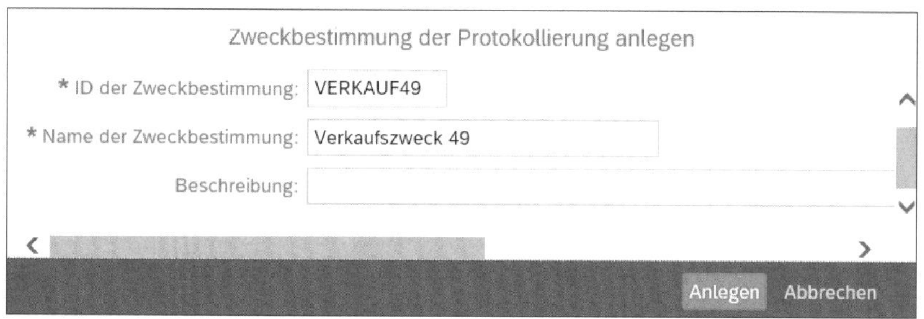

Abbildung 9.4 Zweckbestimmung hinzufügen

Die Liste der Zweckbestimmungen zeigt nun den neu erstellten Eintrag an, wie in Abbildung 9.5 dargestellt.

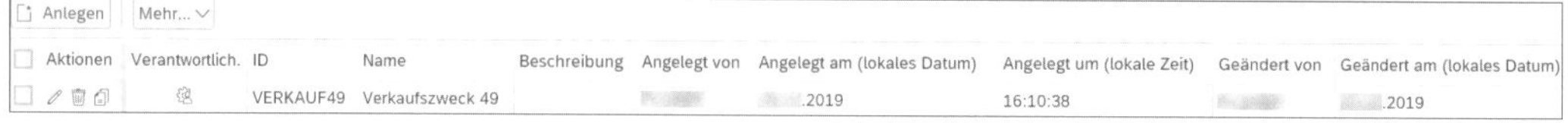

Abbildung 9.5 Zweckbestimmung im System pflegen

9.4.2 Protokolldomänen

Protokolldomänen erlauben es, für die später zu loggenden Felder festzulegen, um was für eine Art Feld es sich jeweils handelt. Dies könnte z. B. eine Lieferantennummer oder eine Bankkontonummer sein. Diese Protokolldomänen werden auch in die Read Access Logging Logs geschrieben.

Übergreifende Suchen in Leseprotokollen

Sofern Sie die Protokolldomänen konsequent für die entsprechenden Felder spezifizieren, erlaubt diese Protokolldomäne eine Suche in den Read Access Logging Logs nach einer bestimmten Protokolldomäne (Bankkontonummer) und einem Wert (DE68...) – und das Read-Access-Logging-Kanal-übergreifend! Eine solche Suche würde also alle Einträge finden, egal ob diese durch eine dynprobasierte Applikation oder in SAP Customer Relationship Management (SAP CRM) angezeigt oder auch durch einen Webservice übermittelt wurden.

Klicken Sie in Transaktion SRALMANAGER (Lesezugriffsprotokollierungs-Manager) auf **Protokolldomänen** (siehe Abbildung 9.1) und in dem neuen Fenster auf den Button **Anlegen** (siehe Abbildung 9.6). Für eine Protokolldomäne muss eine Kombination aus einem Namen sowie dem Geschäftsbereich spezifiziert werden. Wir nutzen dafür die in Abbildung 9.6 dargestellten Einträge und klicken anschließend auf den Button **Anlegen**.

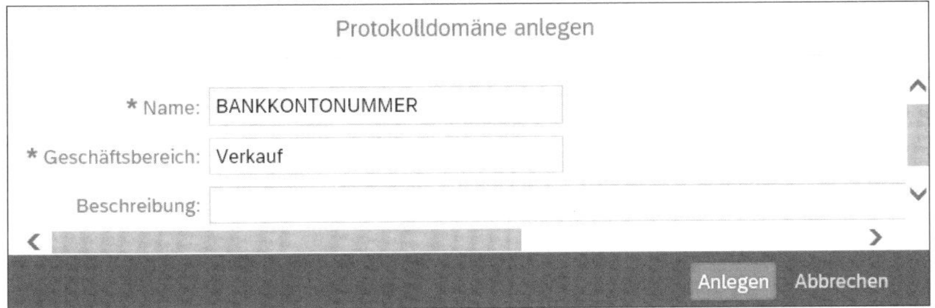

Abbildung 9.6 Protokolldomäne anlegen

Der neu erstellte Eintrag wird Ihnen anschließend angezeigt (siehe Abbildung 9.7).

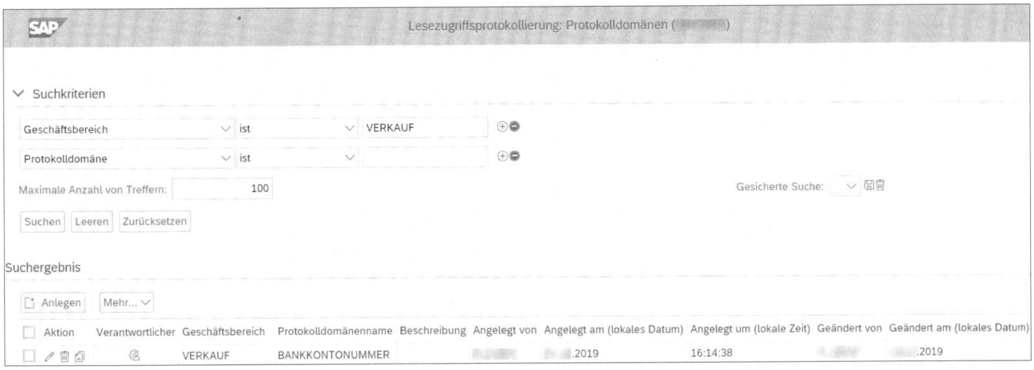

Abbildung 9.7 Im System gepflegte Protokolldomäne

Nun können wir uns der eigentlichen Arbeit zuwenden – dem Erstellen von Aufzeichnungen und Konfigurationen.

9.5 Aufzeichnungen für UI-Kanäle

Für *UI-Kanäle* muss definiert werden, welche Felder eines UI zu protokollieren sind. Dieses muss von Hand durchgeführt werden und wird in diesem Abschnitt erläutert.

Klicken Sie zunächst in Transaktion SRALMANAGER (Lesezugriffsprotokollierungs-Manager) auf **Aufzeichnungen** (siehe Abbildung 9.1).

Wir möchten für den Dynpro-Kanal einige Felder, die der Bankkontonummer zugeordnet sind, durch Read Access Logging aufzeichnen lassen. Hierzu klicken Sie auf den Button **Anlegen**, geben die Daten analog zu Abbildung 9.8 ein und klicken anschließend wieder auf **Anlegen**.

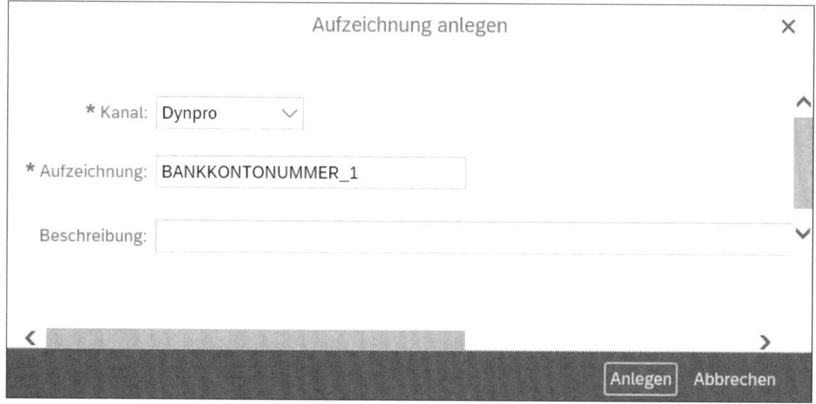

Abbildung 9.8 Aufzeichnung anlegen

In dem Fenster erscheint nun die von uns angelegte Aufzeichnung (siehe Abbildung 9.9). Das Stopp-Zeichen besagt, dass diese Aufzeichnung gerade aktiv ist. Der dazugehörige aufzeichnende Benutzer (das ist unser Benutzer) kann sich nun im SAP GUI anmelden und die Felder in diese Aufzeichnung aufnehmen.

Sie melden sich über das SAP GUI neu (!) am System an und öffnen den Geschäftspartner (Transaktion BP – Geschäftspartner bearbeiten). Sie wählen einen Kunden aus, bei dem es sich auch um einen Geschäftspartner handelt, und öffnen die Registerkarte **Zahlungsverkehr**. Es erscheint das in Abbildung 9.10 gezeigte Bild.

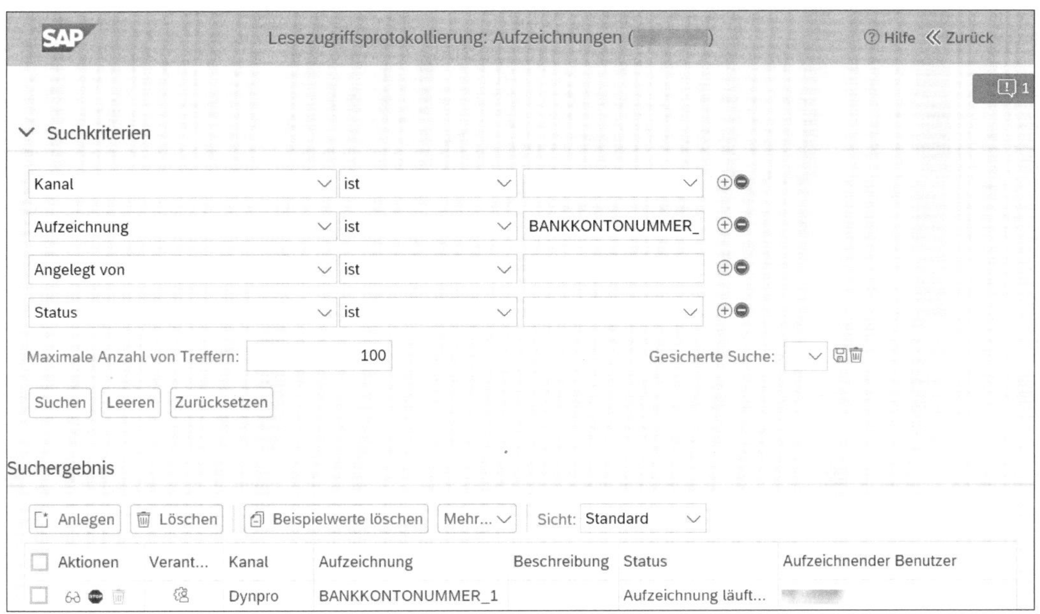

Abbildung 9.9 Gestartete Aufzeichnung

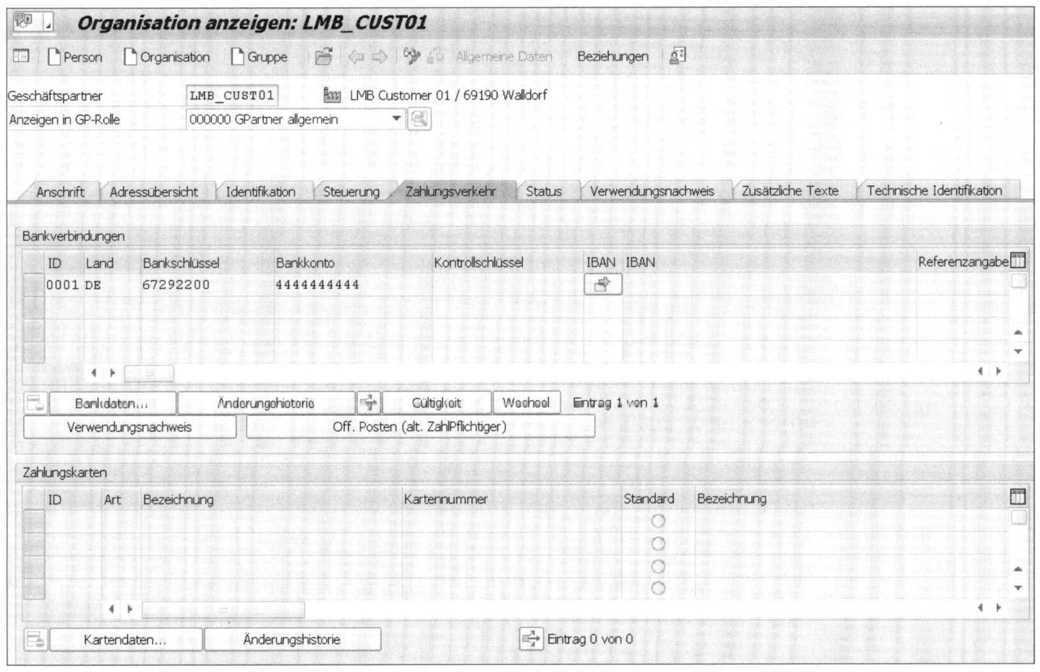

Abbildung 9.10 Zahlungsverkehr eines Geschäftspartners

Feld aufzeichnen

Wir selektieren den Eintrag **DE** und klicken auf die rechte Maustaste. Es erscheint ein Pop-up-Fenster, aus dem wir **RAL: Feld aufzeichnen** auswählen.

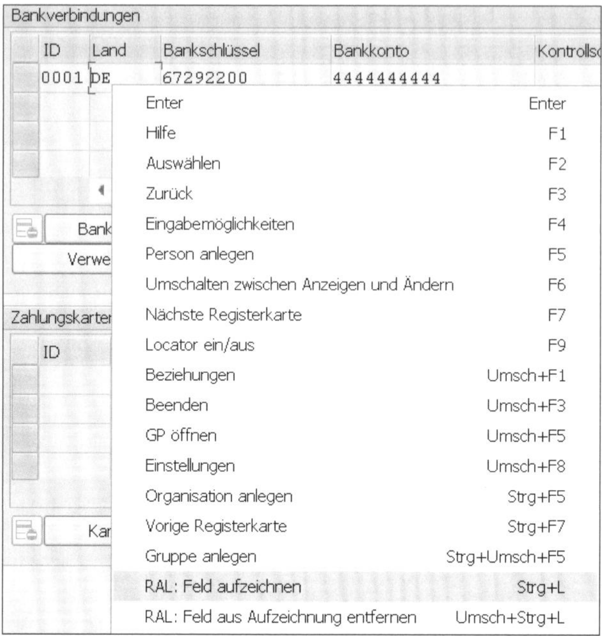

Abbildung 9.11 Feld in die Read-Access-Logging-Aufzeichnung aufnehmen

Das Aufzeichnen wird durch eine Meldung bestätigt (siehe Abbildung 9.12).

Feld 'GT_BUT0BK-BANKS' wurde zu Aufzeichnung 'BANKKONTONUMMER_1' hinzugefügt

Abbildung 9.12 Erfolgsmeldung der Aufnahme in die Aufzeichnung

Dies wiederholen wir für den Bankschlüssel, das Bankkonto und die IBAN.

Feld aus Aufzeichnung entfernen

Sollten Sie ein Feld wieder entfernen wollen, können Sie dies, wie es in Abbildung 9.11 dargestellt ist, indem Sie auf **RAL: Feld aus der Aufzeichnung entfernen** klicken. Sie können dieses Feld jedoch auch später aus Transaktion SRALMANAGER (Lesezugriffsprotokollierungs-Manager) entfernen.

An dieser Stelle beenden wir die Aufzeichnung. Hierzu klicken Sie wiederum auf **Aufzeichnungen** in Transaktion SRALMANAGER (Lesezugriffsprotokollierungs-Manager), siehe Abbildung 9.1, und anschließend auf den Button . Dies wird vom System bestätigt. Es erscheint nun das in Abbildung 9.13 gezeigte Fenster.

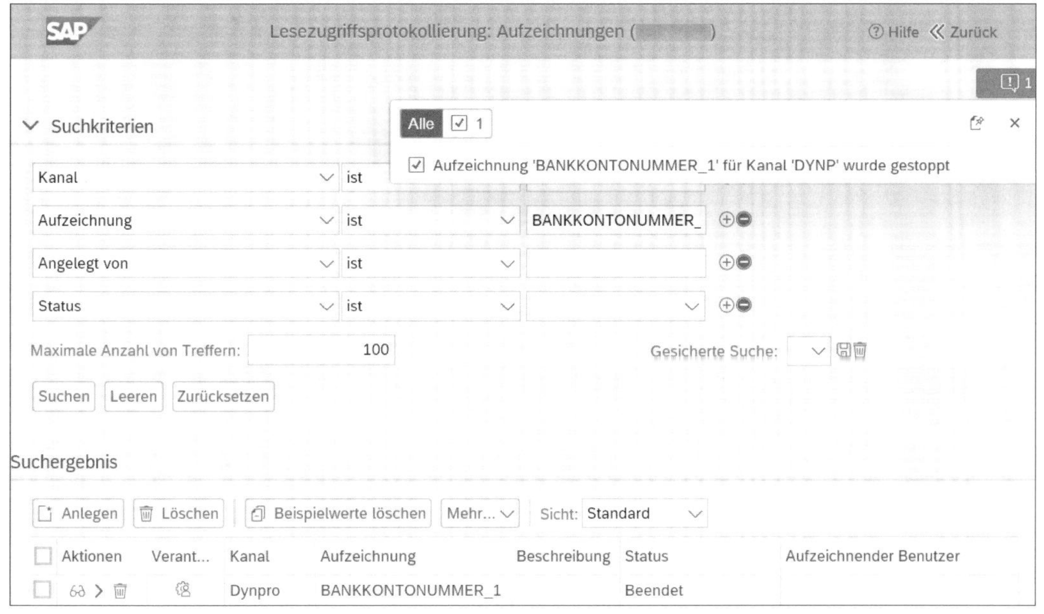

Abbildung 9.13 Gestoppte Aufzeichnung

Sie können eine Aufzeichnung über die folgenden Buttons öffnen, starten oder löschen:

- Über den Button (**Anzeigen**) öffnen Sie die Aufzeichnung.
- Über den Button (**Starten**) wird die Aufzeichnung fortgesetzt – jeder beliebige User kann mit einer bestehenden Aufzeichnung weitermachen. Dies ist nützlich, wenn die Arbeit nicht beendet werden konnte und an einem der folgenden Tage fortgesetzt werden soll.
- Über den Button (**Löschen**) entfernen Sie eine Aufzeichnung.

Öffnen Sie nun die Aufzeichnung, indem Sie auf den Button (**Anzeigen**) klicken. Auf der Folgeseite wählen Sie den ersten Eintrag aus, und es erscheint die Darstellung aus Abbildung 9.14.

Sie können die Feldnamen wiedererkennen, denn sie entsprechen den Feldnamen aus Abbildung 9.12.

Der Container-Pfad liefert die technische Information dazu, wo sich das entsprechende Feld befindet – in unserem Fall ist dieser Pfad zu lang, um ihn darzustellen (und er ist überdies für Sie absolut irrelevant). Wir sehen ebenfalls, in welcher Transaktion dieses Feld aufgezeichnet wurde.

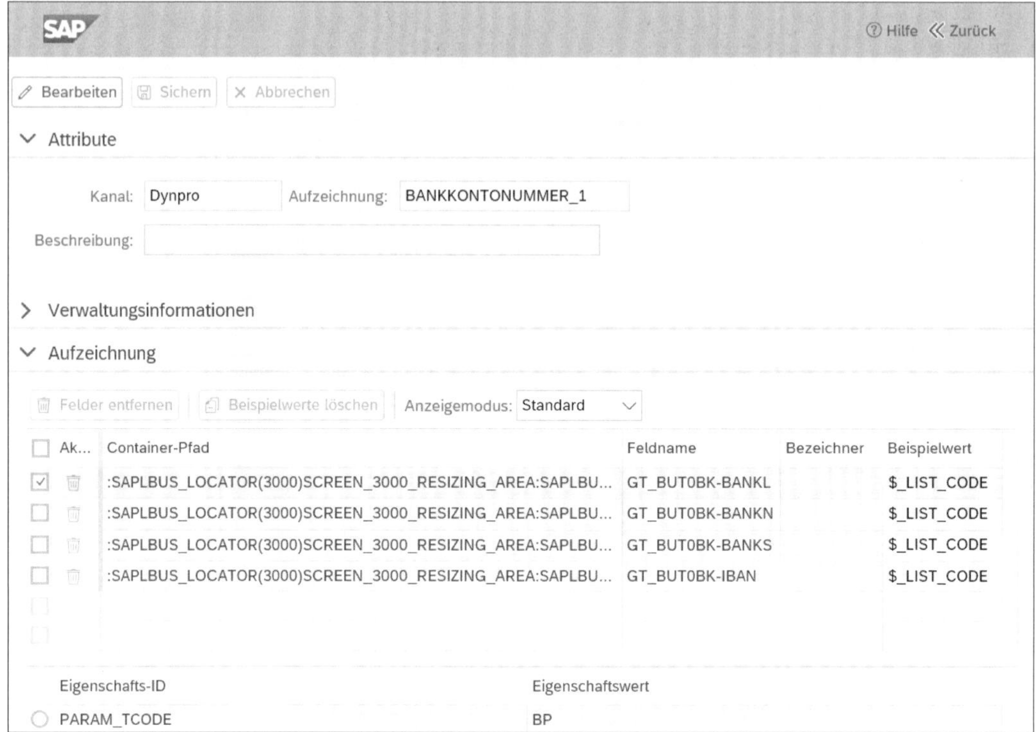

Abbildung 9.14 Aufzeichnung anzeigen

Würden wir **Bearbeiten** auswählen, könnten wir z. B. Felder entfernen; diesen Teil überspringen wir allerdings.

Das Vorgehen für Web Dynpro und das CRM Web UI entspricht der hier schon gezeigten Vorgehensweise; daher überspringen wir auch dies und wenden uns den Read-Access-Logging-Konfigurationen zu.

9.6 Konfigurationen

Die Read-Access-Logging-Konfigurationen definieren, was protokolliert werden soll. In diesem Abschnitt gehen wir auf den sich einer Aufzeichnung anschließenden Schritt einer Konfiguration ein, um diesen Prozess leichter nachvollziehbar zu machen. Wie eine Konfiguration für Remote-API-Kanäle durchgeführt wird, zeigen wir in Abschnitt 9.8, »Konfigurationen für Remote-API-Kanäle«.

Um mit den Read-Access-Logging-Konfigurationen zu arbeiten, klicken Sie auf **Konfiguration** in Transaktion SRALMANAGER (Lesezugriffsprotokollierungs-Manager). Es öffnet sich das in Abbildung 9.15 gezeigte Fenster.

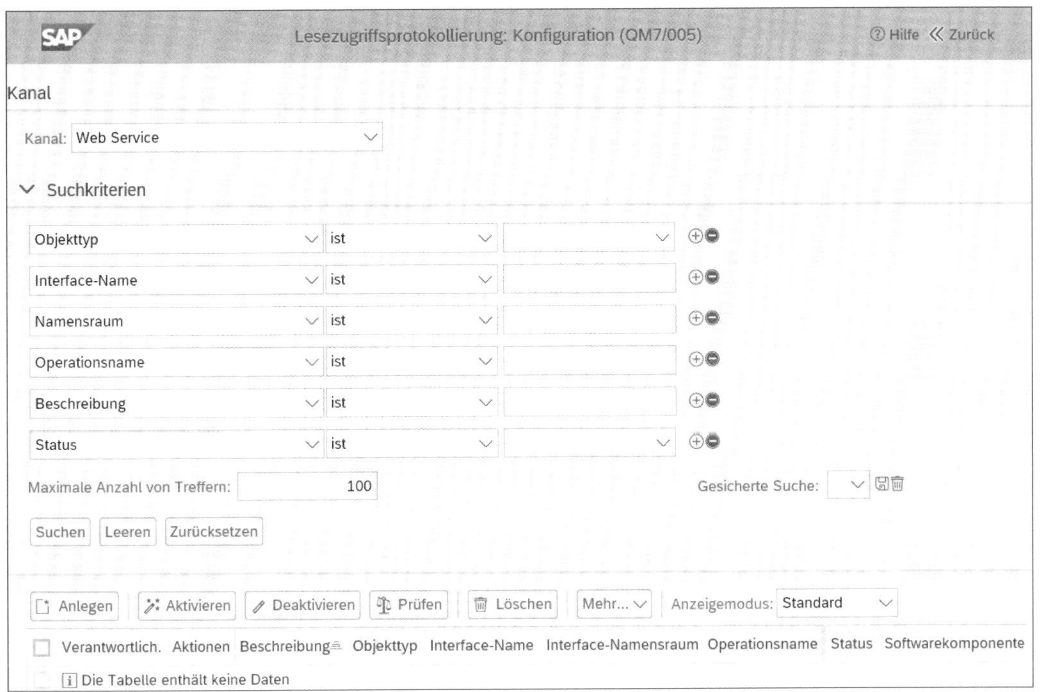

Abbildung 9.15 Read-Access-Logging-Konfiguration im Webbrowser

Die angezeigten Suchkriterien entsprechen den Kriterien für den Kanal, in diesem Fall dem Webservice. Entscheiden Sie, ob Sie selbst eine Konfiguration anlegen oder eine der von SAP ausgelieferten Vorlagen ändern möchten. Vorlagen von SAP verwenden das Symbol [SAP] unter **Verantwortlicher**. Sie finden diese Beispielkonfigurationen durch die Verwendung des Suchkriteriums **Verantwortlicher** und die Auswahl des Wertes **SAP-Vorlage**.

[«]

Von SAP geänderte Beispielkonfigurationen erkennen

Um nach Konfigurationen zu suchen, die von der SAP-Vorlage abweichen, setzen Sie das Suchkriterium **Abweichungen von SAP-Vorlage** auf **Wahr** in den Suchkriterien. Anschließend öffnen Sie die SAP-Vorlage, indem Sie auf den Button [⧉] klicken.

Um eine Konfiguration, die auf einer SAP-Vorlage basiert, neu aufzubauen, wählen Sie eine Konfiguration aus der Tabelle aus, klicken anschließend auf **Mehr...** und schließlich noch auf **Aus SAP-Vorlage neu aufbauen**.

Zum Anlegen einer eigenen Konfiguration zum Kanal-Dynpro wechseln Sie über das Dropdown-Menü auf **Dynpro** und klicken dann auf den Button **Anlegen**. Im Folgebild geben Sie den Namen Ihrer Aufzeichnung (»BANK-

KONTONUMMER_1«) ein und klicken dann auf den Button **Suchen** (siehe Abbildung 9.16).

Abbildung 9.16 Auswahl der Aufzeichnung für die Konfiguration

Der Status verrät Ihnen, dass hierzu noch keine Konfiguration existiert. Klicken Sie nun auf den Button Anlegen.

[»]

Aufzeichnung und Konfiguration

Eine Aufzeichnung kann für mehrere Konfigurationen verwendet werden; eine Konfiguration besteht jedoch nur aus einer Aufzeichnung.

Auf der Folgeseite klicken Sie auf den Button (**Anlegen**) zum Anlegen einer Protokollgruppe, wählen Sie **Verkaufszweck 49** aus der Zweckbestimmung aus und klicken anschließend auf den Button Anlegen (siehe Abbildung 9.17). Das Fenster ändert sich – Sie können nun die Felder in eine Tabelle fallen lassen (siehe Abbildung 9.18).

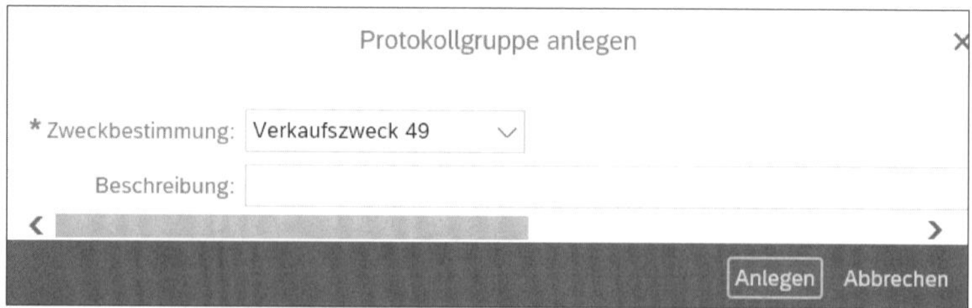

Abbildung 9.17 Protokollgruppe anlegen

Die Felder, die Sie in die Tabelle übernehmen können, werden Ihnen unten links angezeigt. Ziehen Sie den Transaktionscode, den Benutzernamen, den OK-Code und die Nachricht per Drag & Drop in die Tabelle.

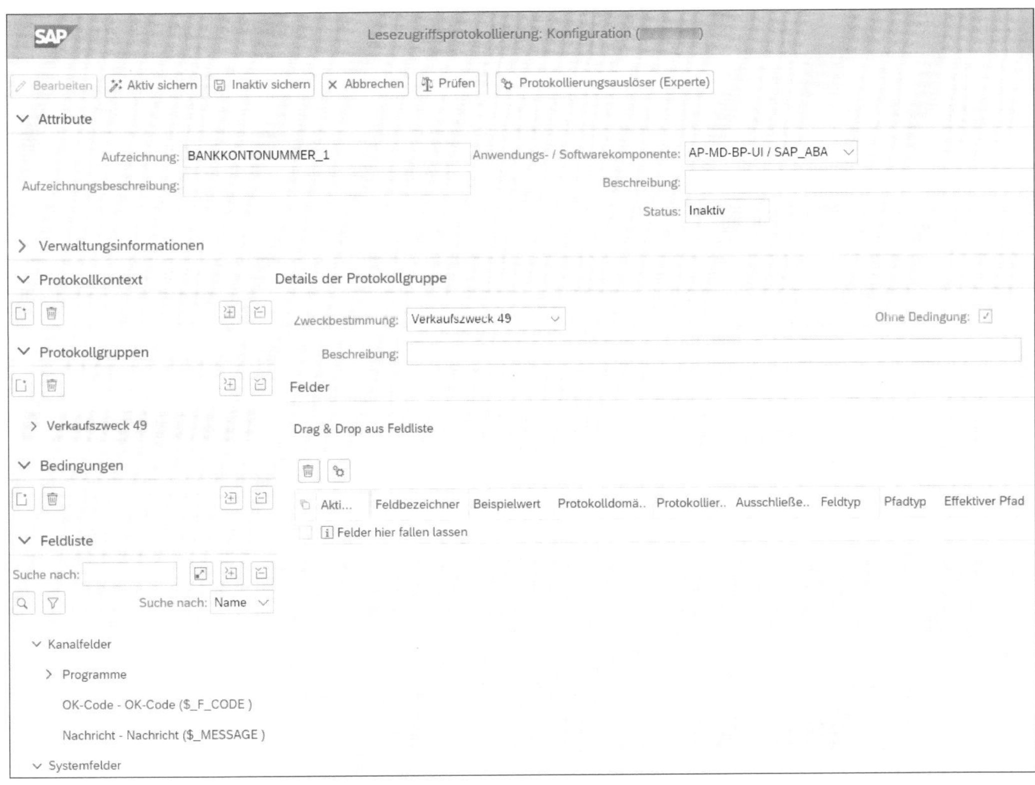

Abbildung 9.18 Felder zu einer Konfiguration hinzufügen

Nun fehlen Ihnen aber noch die Felder, die Sie zuvor definiert haben. Sie können nun entweder den Baum unter **Programme** öffnen, den sich darunter aufbauenden Baum fortlaufend weiter öffnen, bis Sie zu den Feldern gelangen, oder Sie ziehen einfach **Programme** direkt in die Feldertabelle, um alle Felder aufzunehmen (siehe Abbildung 9.19).

Protokolldomäne zuweisen

Den ersten vier Feldern kann eine Protokolldomäne zugewiesen werden. Wir haben für diese Felder bzw. Kategorien jedoch keine Protokolldomänen angelegt und lassen diese daher (erst einmal) leer. Den restlichen vier Feldern weisen wir unsere Bankkontonummer zu, indem wir sie über die Suchhilfe des Feldes `VERKAUF/BANKKONTONUMMER` auswählen. Den Text können wir nun aus der Spalte kopieren und in die übrigen drei Einträge übernehmen. Der Beispielwert kann Ihnen dabei helfen zu entscheiden, welche Protokolldomäne Sie angeben sollten (siehe Abbildung 9.20).

> Verkaufszweck 49
∨ Bedingungen
∨ Feldliste
Suche nach:
Suche nach: Name
∨ Kanalfelder
> Programme
OK-Code - OK-Code ($_F_CODE)
Nachricht - Nachricht ($_MESSAGE)
∨ Systemfelder
Benutzername
Bildschirm-Titel
Transaktionscode

Drag & Drop aus Feldliste

Akti...	Feldbezeichner	Beispielwert	Protokolldomäne	Protokollieru..	Ausschließen,..	Feldtyp	Pfadtyp	Effektiver Pfad	Feld
				Mit Wert	✓	Ausgabe	Vollständig angegeben	:Transaktionscode	Transaktionscode
				Mit Wert	✓	Ausgabe	Vollständig angegeben	:Benutzername	Benutzername
	OK-Code	OK-Code		Mit Wert	✓	Eingabe	Vollständig angegeben	:$_F_CODE	::$_F_CODE
	Nachricht	Nachricht		Mit Wert	✓	Ausgabe	Vollständig angegeben	:$_MESSAGE	::$_MESSAGE
		$_LIST_CODE		Mit Wert	✓	Ausgabe	Generisch	*:SAPLBUDO (1500):GT_BUTOBK-BANKL	:SAPLBUS_LOCATOR(SCREEN_3000_RESIZI SCREEN_1010_RIGHT (1000) SCREEN_1000_WORK (1100)SCREEN_1100_ (1101)SCREEN_1100_ GENSUB:SAPLBUSS(7 (1500):GT_BUTOBK-B
		$_LIST_CODE		Mit Wert	✓	Ausgabe	Generisch	*:SAPLBUDO (1500):GT_BUTOBK-BANKN	:SAPLBUS_LOCATOR(SCREEN_3000_RESIZI SCREEN_1010_RIGHT (1000) SCREEN_1000_WORK (1100)SCREEN_1100_ (1101)SCREEN_1100_ GENSUB:SAPLBUSS(7 (1500):GT_BUTOBK-B
		$_LIST_CODE		Mit Wert	✓	Ausgabe	Generisch	*:SAPLBUDO (1500):GT_BUTOBK-	:SAPLBUS_LOCATOR(SCREEN_3000_RESIZI

Abbildung 9.19 Alle Felder der Konfiguration hinzufügen

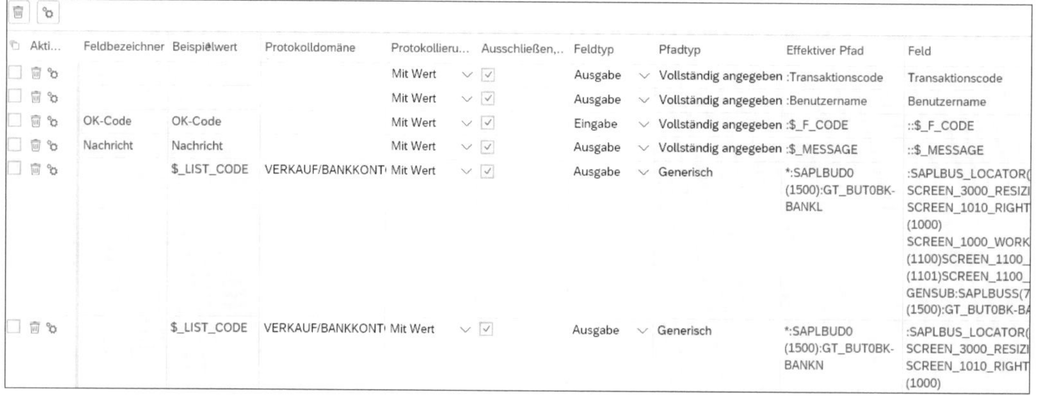

Akti...	Feldbezeichner	Beispielwert	Protokolldomäne	Protokollieru...	Ausschließen,...	Feldtyp	Pfadtyp	Effektiver Pfad	Feld
				Mit Wert	✓	Ausgabe	Vollständig angegeben	:Transaktionscode	Transaktionscode
				Mit Wert	✓	Ausgabe	Vollständig angegeben	:Benutzername	Benutzername
	OK-Code	OK-Code		Mit Wert	✓	Eingabe	Vollständig angegeben	:$_F_CODE	::$_F_CODE
	Nachricht	Nachricht		Mit Wert	✓	Ausgabe	Vollständig angegeben	:$_MESSAGE	::$_MESSAGE
		$_LIST_CODE	VERKAUF/BANKKONT	Mit Wert	✓	Ausgabe	Generisch	*:SAPLBUDO (1500):GT_BUTOBK-BANKL	:SAPLBUS_LOCATOR(SCREEN_3000_RESIZI SCREEN_1010_RIGHT (1000) SCREEN_1000_WORK (1100)SCREEN_1100_ (1101)SCREEN_1100_ GENSUB:SAPLBUSS(7 (1500):GT_BUTOBK-B
		$_LIST_CODE	VERKAUF/BANKKONT	Mit Wert	✓	Ausgabe	Generisch	*:SAPLBUDO (1500):GT_BUTOBK-BANKN	:SAPLBUS_LOCATOR(SCREEN_3000_RESIZI SCREEN_1010_RIGHT (1000)

Abbildung 9.20 Felder zu den Protokolldomänen festlegen

Feldtyp

Der Feldtyp wird zur Feststellung genutzt, wann ein Feld technisch protokolliert wird und kann die folgenden Werte annehmen:

- **Ausgabe**
  Ausgabe (zum Ausgabezeitpunkt) bedeutet, dass nur protokolliert wird, was angezeigt wurde.
- **Eingabe**
  Eingabe (zum Eingabezeitpunkt) erlaubt es, den Wert eines Eingabefeldes zu protokollieren.
- **Beides**
  Beides protokolliert sowohl den Fall einer Ausgabe als auch einer Eingabe.

Protokollierungstyp

Über **Protokollierungstyp** können Sie definieren, ob der Wert protokolliert wird oder nicht.

Wir schlagen vor, die Einträge, die zur Identifikation eines Datums relevant sind, natürlich zu protokollieren – weitergehende Felder, von denen Sie nur protokollieren möchten, dass deren Inhalte gesehen wurden, können ohne Wert protokolliert werden. Denn auf die Werte kann, wie wir es in Abschnitt 9.3.1, »Funktionsweise«, erläutern, über Änderungsbelege zurückermittelt werden.

So protokollieren Sie z. B. den Zugriff von Mitarbeitern auf Patientendaten, da Sie wissen möchten, wer die HIV-Diagnose von Patienten gesehen hat. Daher protokollieren Sie (neben dem Benutzer) den Patienten (mit Wert) und die HIV-Diagnose (ohne Wert). Den Patienten brauchen Sie, um zu wissen, wessen Patientendaten gesehen wurden – um welche Diagnose es sich handelt, ist für die Protokollierung irrelevant (und deren Einsicht sollte auch tunlichst unterlassen werden, da es sich hierbei um ein sensibles personenbezogenes Datum handelt) und kann gegebenenfalls den Änderungsbelegen entnommen werden.

Konfiguration aktiv schalten

Wir übernehmen die weiteren Voreinstellungen und klicken auf **Aktiv sichern**. Ab diesem Zeitpunkt ist die Konfiguration aktiv; sie wird nun zur Laufzeit ausgewertet und führt gegebenenfalls zu einer Protokollierung.

Alle Felder einer Konfiguration werden unabhängig voneinander ausgewertet und, sofern das Feld dem Benutzer angezeigt wird, protokolliert. Dies kann jedoch durch Read-Access-Logging-Bedingungen beeinflusst werden (siehe Abschnitt 9.9, »Bedingungen«). Warum dies notwendig sein kann, zeigt sich im folgenden Abschnitt.

9.7 Auswertung von Protokollen

Es ist nun eine Konfiguration aktiv, wodurch die Aktivitäten der Benutzer gegebenenfalls protokolliert werden. In diesem Abschnitt widmen wir uns nun der Überprüfung der Protokolle, um darauf basierend, gegebenenfalls die Konfigurationen anzupassen.

9.7.1 Manuelle Auswertung

Protokolleinträge erzeugen und anzeigen

Nun möchten Sie testen, ob und was in Read Access Logging für unser Beispiel protokolliert wird. Dazu starten Sie nochmals Transaktion BP (Geschäftspartner bearbeiten), die Sie bereits in Abschnitt 9.5, »Aufzeichnungen für UI-Kanäle«, genutzt hatten. Sie klicken sich durch einige Registerkarten hindurch, wechseln dann in Transaktion SRALMANANGER (Lesezugriffsprotokollierungs-Manager) und öffnen über die Registerkarte **Monitor** den Link zu dem Lesezugriffsprotokoll. Alternativ können Sie Transaktion SRALMONITOR (Lesezugriffsprotokollierungs-Monitor) verwenden. Als **Quelle** nutzen Sie die **Rohdatenbank**, für den Zeitraum (**Datum/Zeit**) wählen Sie die Option **Letzte 10 Minuten** und klicken danach auf den Button **Suchen** (siehe Abbildung 9.21).

Monitor in SAP S/4HANA Cloud

Sie können in SAP S/4HANA Cloud den Monitor für die Lesezugriffsprotokollierung in der App **Lesezugriffsprotokollierungs: Monitor** aufrufen. Die entsprechende Funktion finden Sie mittels eines auf der Rollenvorlage DATA_PRIVACY_SPECIALIST basierenden Business-Users.

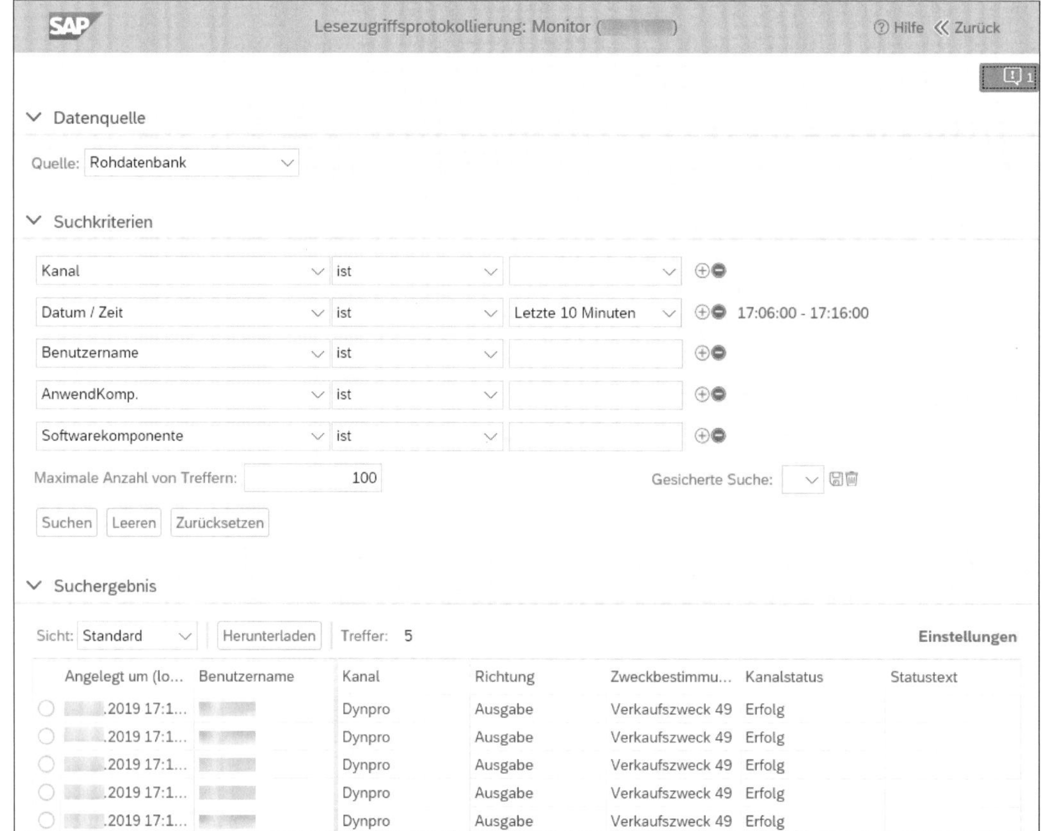

Abbildung 9.21 Übersicht über die Systemzugriffe im Lesezugriffsprotokoll

Protokollierte Einträge

Wir wählen nun den ältesten (den letzten) Eintrag aus. Abbildung 9.22 zeigt uns, dass der Start von Transaktion BP (Geschäftspartner bearbeiten) protokolliert wurde.

Detaillierte Informationen

Details | Zugriffsumgebung

	Protokolldomäne	Beschreibung der Protokolldomäne	Feldwert	Typ	Feld
○			SCREEN_1000_OPEN	Eingabe	:#$_F_CODE
○			BP	Ausgabe	SY-TCODE
○				Ausgabe	SY-UNAME

Abbildung 9.22 Protokoll beim Transaktionsstart

Öffnen Sie den zweitältesten Eintrag, sehen Sie weniger Felder – Sie waren auf einer anderen Registerkarte, und Sie sehen auch, dass ein OK-Code von dem Benutzer ausgelöst wurde (siehe Abbildung 9.23). Dieser fehlt im ersten Fall, da die Transaktion direkt gestartet wurde.

Detaillierte Informationen

Details | Zugriffsumgebung

	Protokolldomäne	Beschreibung der Protokolldomäne	Feldwert	Typ	Feld
○			SCREEN_1100_TAB_01	Eingabe	:#$_F_CODE
○			BP	Ausgabe	SY-TCODE
○				Ausgabe	SY-UNAME

Abbildung 9.23 Protokoll beim Wechsel auf eine andere Registerkarte (TAB_04)

Ein ähnliches Bild zeigt sich in Abbildung 9.24 – eine Aktivität des Benutzers ohne Relevanz für die Protokollierung.

Detaillierte Informationen

Details | Zugriffsumgebung

	Protokolldomäne	Beschreibung der Protokolldomäne	Feldwert	Typ	Feld
○			SCREEN_1100_TAB_02	Eingabe	:#$_F_CODE
○			BP	Ausgabe	SY-TCODE
○				Ausgabe	SY-UNAME

Abbildung 9.24 Protokoll beim Wechsel auf eine andere Registerkarte (TAB_01)

Erst mit Abbildung 9.25 ändert sich das Bild: Der Benutzer hat die entsprechende Registerkarte (**TAB_05**) geöffnet, und es erscheinen im Protokoll nun Informationen darüber, dass dem Benutzer Daten zu einer Bankkontonummer angezeigt wurden und welche Werte diese hatten.

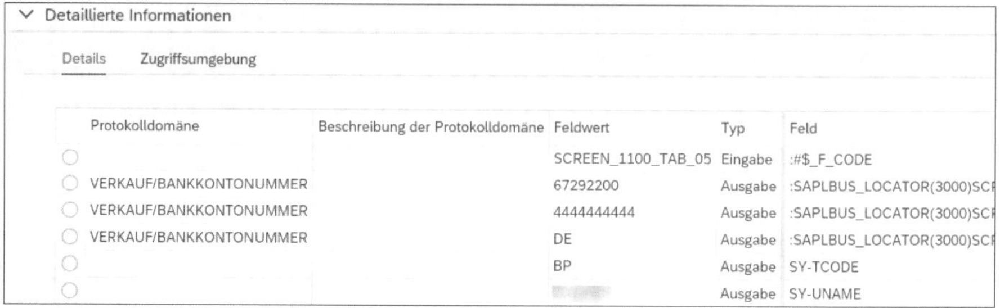

Detaillierte Informationen

Details | Zugriffsumgebung

Protokolldomäne	Beschreibung der Protokolldomäne	Feldwert	Typ	Feld
		SCREEN_1100_TAB_05	Eingabe	:#$_F_CODE
VERKAUF/BANKKONTONUMMER		67292200	Ausgabe	:SAPLBUS_LOCATOR(3000)SC
VERKAUF/BANKKONTONUMMER		4444444444	Ausgabe	:SAPLBUS_LOCATOR(3000)SC
VERKAUF/BANKKONTONUMMER		DE	Ausgabe	:SAPLBUS_LOCATOR(3000)SC
		BP	Ausgabe	SY-TCODE
		[illegible]	Ausgabe	SY-UNAME

Abbildung 9.25 Protokoll bei der Ansicht des Zahlungsverkehrs

Sichtbare Verhaltensüberwachung

Wie Sie sehen können, wurde korrekt protokolliert. Sie sehen aber auch, dass jede Aktivität des Benutzers innerhalb dieser Transaktion protokolliert wurde, ohne das relevante Feld anzuzeigen – was uns zu einer Verhaltensüberwachung führt. Hier wird eindeutig zu viel protokolliert!

Ferner gilt es zu beachten, dass Read Access Logging bei jeder Aktion immer eine zufällige Identifikationsnummer speichert, die beim Start einer Transaktion erzeugt wird. Anhand dieser Identifikationsnummer ist es möglich, jeden Schritt eines Benutzers innerhalb einer Transaktion zu protokollieren. Dies ist in einigen Fällen notwendig, da nur durch das Wissen um die Kette von Aktionen, die zu einem bestimmten Ereignis geführt hat, die notwendige Erkenntnis geliefert wird, den Fall nachvollziehen und einordnen zu können. An dieser Stelle verweisen wir Sie daher auf die Read-Access-Logging-Bedingungen, die je Konfiguration in Read Access Logging hinterlegt werden können (siehe Abschnitt 9.9, »Bedingungen«).

9.7.2 Automatisierte Suche in Read-Access-Logging-Protokollen

Sie können die Lesezugriffsprotokolle über das UI nutzen, um nach relevanten Einträgen zu suchen. Allerdings ist dies mit viel manuellem Aufwand verbunden. Sofern Sie nachvollziehen möchten, was ein Benutzer am System getan hat, kommen Sie außerdem schnell an die Grenze des geistig Nachvollziehbaren.

Auswertung von Protokollen mittels ABAP-Code

Wir schlagen daher vor, dass, je nach Anforderung, Coding entwickelt wird, das die Read Access Logging Logs automatisiert durchsucht und das Ergebnis aufbereitet ausgibt. Da die Read Access Logging Logs jedoch in einem Read-Access-Logging-internen Format vorliegen, können Sie diese nicht, wie sonst üblich, über Datenbankabfragen auswerten bzw. einlesen. Sie müssen stattdessen auf die Read Access Logging API ausweichen. Die Klasse `cl_sral_simple_reader` bietet z. B. die Methode `if_sral_simple_reader~read_data_unpacked` an, die Sie nutzen könnten. Der Rest ist Ihrer Fantasie überlassen.

9.8 Konfigurationen für Remote-API-Kanäle

Im Gegensatz zu den UI-Kanälen lassen sich die Remote-API-Kanäle ohne Aufzeichnung einrichten. Die Konfiguration der Lesezugriffsprotokollierung ist kanalübergreifend generisch, aber es gibt Unterschiede in den Parametern, die Sie zwischen den Kanälen konfigurieren müssen. Weiterführende Informationen je Kanal finden Sie im SAP Help Portal in der bereits zuvor referenzierten Seite für kanalspezifische Informationen.

9.8.1 Konfiguration für den Remote-Function-Call-Kanal

Konfiguration eines RFC-Funktionsbausteins

Als Beispiel erstellen wir in diesem Abschnitt eine Konfiguration für den RFC-Kanal; die meisten anderen Kanäle verhalten sich ähnlich. Sie wählen in der Konfiguration diesen Kanal aus und klicken auf **Anlegen**. Anschließend wählen Sie den Funktionsbaustein `BAPI_BUPA_BANKDETAIL_GETDETAIL` aus und klicken auf den Button **Suchen**. Es erscheint das Fenster aus Abbildung 9.26.

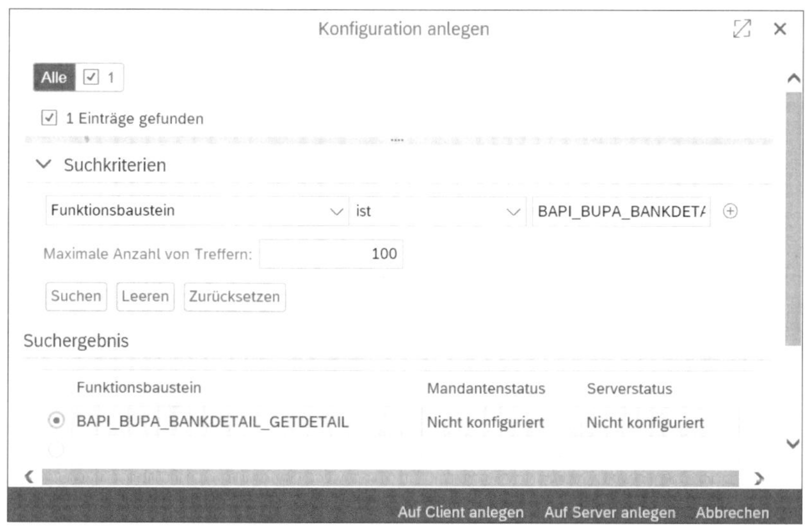

Abbildung 9.26 Konfigurationsvariante für den RFC-Funktionsbaustein

RFC-Client bzw. RFC-Server

Zur Auswahl stehen hierbei die zwei Buttons **Auf Client anlegen** und **Auf Server anlegen**. Was ist der Unterschied zwischen diesen beiden Varianten?

- **Auf Client anlegen**
  Dieser Button legt eine Konfiguration für einen RFC-Client an, also das System, aus dem der RFC initiiert wird (die Funktionalität des Clients ist eingeschränkt; daher gehen wir darauf nicht näher ein).

- **Auf Server anlegen**
  Dieser Button legt eine Konfiguration für einen RFC-Server an. Der RFC-Server ist das System, das gerufen wird und eine Antwort liefert.

Sie klicken nun auf den Button **Auf Server anlegen** und erzeugen, wie es in Abschnitt 9.6, »Konfigurationen«, bereits beschrieben wurde, die Protokollgruppe. Es erscheint ein Fenster, wie es in Abbildung 9.27 dargestellt ist.

Durch das Anklicken von > Kanalfelder öffnet sich ein Baum mit allen Feldern, die in den Schnittstellenparametern eines RFC (**Importing**, **Exporting**, **Changing** und **Tables**) verfügbar sind und der Konfiguration hinzugefügt werden können.

Felder der Konfiguration hinzufügen

Wählen Sie die nötigen Felder aus, die von dem RFC genutzt werden, um die Daten zu selektieren (der Geschäftspartner), die Felder, die übermittelt wurden, und auch die Fehlermeldungen, die möglicherweise aufgetreten sind.

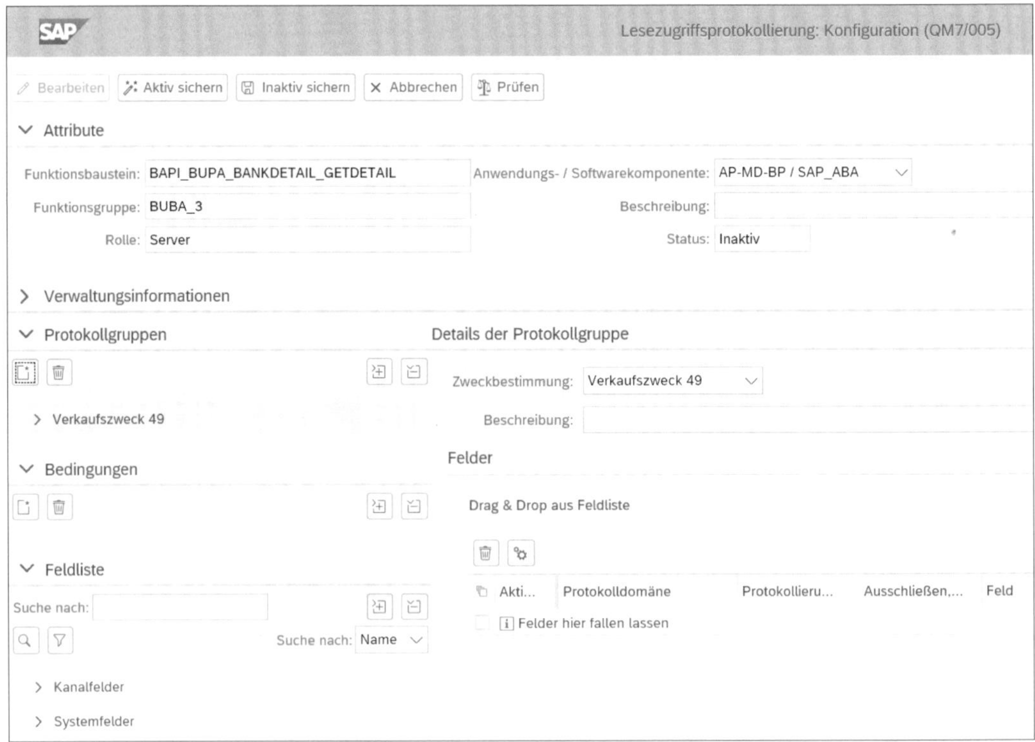

Abbildung 9.27 Konfiguration für den RFC-Server anlegen

Die Konfiguration kann daher, wie es in Abbildung 9.28 zu sehen ist, angelegt werden (für eine bessere Lesbarkeit wurden einige Felder entfernt, bevor die Abbildung erstellt wurde).

Einschränkung bei der RFC-Protokollierung

Nachdem diese Konfiguration aktiv gesichert worden ist, wird nun ebenfalls eine Protokollierung durchgeführt, sofern ein RFC von einem anderen System angestoßen wurde. Ein RFC, ausgehend von dem gleichen System in einen anderen Mandanten, löst hingegen keine Protokollierung aus.

Details der Protokollgruppe

Zweckbestimmung: Verkaufszweck 49 — Ohne Bedingung: ☑

Beschreibung:

Felder

Drag & Drop aus Feldliste

Akti...	Protokolldomäne	Protokollierungstyp	Ausschließen, wenn initial	Feld
	VERKAUF/BANKKONTONUMMER	Mit Wert	☑	Importing-BANKDETAILID-BANKDETAILID
	VERKAUF/BANKKONTONUMMER	Mit Wert	☑	Exporting-BANKDETAILDATA-BANK_CTRY
	VERKAUF/BANKKONTONUMMER	Mit Wert	☑	Exporting-BANKDETAILDATA-BANK_CTRYISO
	VERKAUF/BANKKONTONUMMER	Mit Wert	☑	Exporting-BANKDETAILDATA-BANK_KEY
	VERKAUF/BANKKONTONUMMER	Mit Wert	☑	Exporting-BANKDETAILDATA-BANK_ACCT
		Mit Wert	☑	Tables-RETURN[]-TYPE
		Mit Wert	☑	Tables-RETURN[]-ID
		Mit Wert	☑	Tables-RETURN[]-NUMBER
		Mit Wert	☑	Tables-RETURN[]-MESSAGE
		Mit Wert	☑	Tables-RETURN[]-LOG_NO
		Mit Wert	☑	Tables-RETURN[]-LOG_MSG_NO
		Mit Wert	☑	Tables-RETURN[]-MESSAGE_V1
		Mit Wert	☑	Tables-RETURN[]-MESSAGE_V2
		Mit Wert	☑	Tables-RETURN[]-MESSAGE_V3
		Mit Wert	☑	Tables-RETURN[]-MESSAGE_V4

Abbildung 9.28 Parameter des RFC-Funktionsbausteins hinzufügen

9.8.2 Konfiguration für Analytics

Anders erfolgt die Konfiguration für den Analytics-Kanal, der z. B. in SAP BW/SAP S/4HANA Zugriffe über bestimmte Schnittstellen (INA, Java-BICS, MDX, OData), Query-Abfragen, Query-Ergebnisse oder -Ausgaben, die Wertehilfe bei Aktionen in den Bereichen Monitoring, Modellierung und Administration, die Stammdatenpflege sowie die Datenvorschau in den SAP-BW-Modellierungswerkzeugen protokollieren kann.

Modellierung in SAP BW/4HANA

Um die Lesezugriffsprotokollierung für diesen Kanal nutzen zu können, brauchen Sie zunächst nur die inaktiv ausgelieferte Konfiguration BW Analytics für den Kanal ANALYTICS in Transaktion SRALMANGER (Lesezugriffsprotokollierungs-Manager) zu aktivieren. Weitere Einstellungen sind hier nicht notwendig, sondern stattdessen kommt es auf die Read-Access-Logging-spezifische Modellierung Ihrer InfoObjects und InfoProvider an.

InfoObjects (Merkmal und Kennzahl) können Sie einer *Business Area* und einer *Log Domain* für die Lesezugriffsprotokollierung zuweisen. Im Info-Provider-Kontext (DataStore-Objekt, Open ODS View, Composite Provider, Merkmal) können Sie die Eigenschaft **Log Read Access Output** auswählen. Eine Aggregationsebene erbt diese Eigenschaft vom Basis-InfoProvider. Wenn **Log Read Access Output** ausgewählt ist, wird zusätzlich zur Anfrage auch das Ergebnis der Anfrage protokolliert. Die Leseanfrage wird, unabhängig davon, immer protokolliert, wenn die Anfrage logging-relevant ist.

Annotationen für analytische CDS Views

Die Business Area und die Log Domain bzw. die Eigenschaft **Log Read Access Output** sind technisch durch die folgenden Annotationen für analytische CDS Views realisiert:

- `AccessControl.readAccess.logging.logdomain`: Type Array of (area: String(30), domain: String(30)); Scope: View, Element, Parameter
- `AccessControl.readAccess.logging.output`: Type Boolean; Scope: View

Sie können somit die Lesezugriffsprotokollierung für SAP Analytics auch ohne die Modellierungs-Tools in SAP BW/4HANA durch entsprechende Annotationen wie in Abbildung 9.29 für Ihre analytischen CDS Views benutzen.

```
@Analytics.dataCategory:#CUBE
@AccessControl.readAccess.logging.output: true
define view C_Cube ...
   association [0..1] to I_BankAccount as _CompanyBankAccount
      on $projection.CompanyBankAccount = _CompanyBankAccount.BankAccount
   association [0..1] to I_BankAccount as _EmployeeBankAccount
      on $projection.EmployeeBankAccount = _EmployeeBankAccount.BankAccount
{
   @AccessControl.readAccess.logging.domain:['']
   @ObjectModel.foreignKey.association:'_CompanyBankAccount'
   CompanyBankAccount,
   _CompanyBankAccount,
   @ObjectModel.foreignKey.association:'_EmployeeBankAccount'
   EmployeeBankAccount,
   _EmployeeBankAccount,
   ...
}

@Analytics.dataCategory:#DIMENSION
@ObjectModel.representativeKey:'BankAccount'
define view I_BankAccount {
   @AccessControl.readAccess.logging.domain:['BANK']
   key BankAccount,
   ...
}
```

Abbildung 9.29 Beispiel für die Nutzung der Read-Access-Logging-spezifischen ABAP-CDS-Annotationen

Die daraufhin erfolgende Leseprotokollierung enthält, je nach Aktion (Query-Abfrage, Query-Ergebnis, Wertehilfe, Stammdatenpflege oder Datenvorschau eines InfoProviders), unterschiedliche Log-Informationen. Es soll auf diese Weise möglich sein zu rekonstruieren, mit welcher Parametrisierung der Benutzer z. B. eine Query ausgeführt hat.

Wie erfolgt die Lesezugriffsprotokollierung?

Als Beispiel werden für eine Query-Abfrage statische Informationen wie der Name der Query (Log-Domäne ANALYTICS/QUERY_NAME), Filter (Log-Domäne ANALYTICS/QUERY_FILTER), Aufriss (Log-Domäne ANALYTICS/QUERY_DRILL_CHAR; auch von nicht logging-relevanten Merkmalen) und weitere Parameter protokolliert. Hinzu kommen als sogenannter dynamischer Teil die Log-Domänen der enthaltenen logging-relevanten Merkmale der Query.

Ein Query-Ergebnis wird protokolliert, wenn das Query-Ergebnis logging-relevant ist und wenn für den InfoProvider die Eigenschaft **Log Read Access Output** gesetzt ist. Zusätzlich zu den Daten der Abfrage (Stichwort: Nachvollziehbarkeit) werden die Werte der zu protokollierenden Strukturelemente, Anzeigeattribute oder Merkmale im Aufriss mit der jeweils zugehörigen Log-Domäne geschrieben.

9.9 Bedingungen

Einschränkung der Protokollierung mittels Bedingungen

In diesem Abschnitt gehen wir darauf ein, wie Sie die Protokollierung durch das Hinzufügen von *Bedingungen* in eine Konfiguration so einstellen können, dass ein Protokoll nur unter bestimmten Bedingungen durchgeführt wird. Wir zeigen dies anhand eines Beispiels. In Abschnitt 9.6, »Konfigurationen«, haben wir eine Read-Accesss-Logging-Konfiguration für die Bankkontonummer erstellt, und die Protokollierung funktionierte.

Protokollierung von Feldern für zusätzliche Informationen

In einigen Fällen kann es wichtig sein zu protokollieren, von welchem Geschäftspartner die Bankkontonummer betrachtet wurde, anstatt wie bisher nur die Bankkontonummer selbst zu protokollieren. Sie erzeugen dazu, wie es in Abschnitt 9.4.2, »Protokolldomänen«, beschrieben wird, eine neue Protokolldomäne **Geschaeftspartner**. Anschließend setzen Sie die Aufzeichnung BANKKONTONUMMER_1 fort.

Wählen Sie den gleichen Geschäftspartner aus, und starten Sie Transaktion BP (Geschäftspartner bearbeiten) erneut. Öffnen Sie diesen Geschäftspartner, und fügen Sie dessen Geschäftspartnernummer der Read-Access-Logging-Aufzeichnung hinzu (siehe Abbildung 9.30).

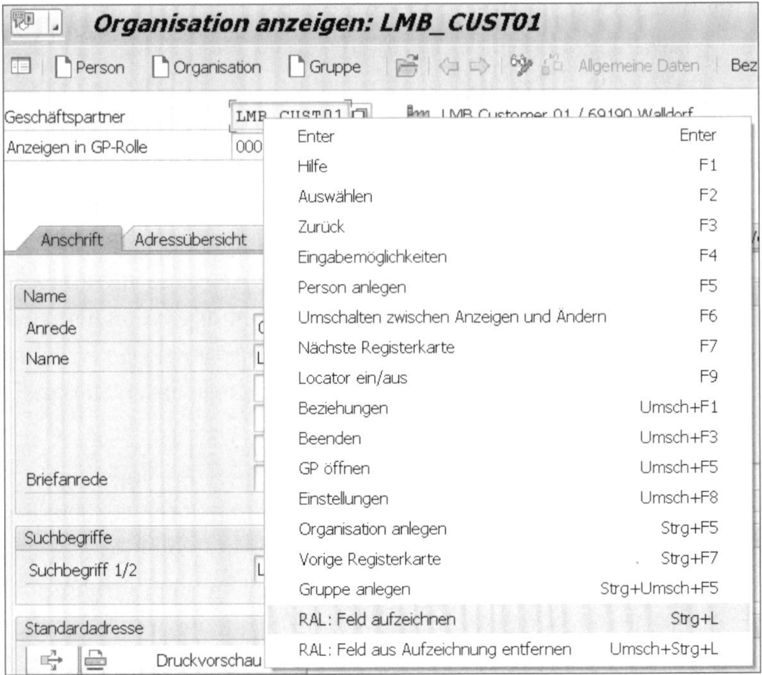

Abbildung 9.30 Aufzeichnung des Geschäftspartners

Das Hinzufügen des Feldes zu der Aufzeichnung wird durch eine Meldung aus Abbildung 9.31 bestätigt.

Feld 'BUS_JOEL_MAIN-CHANGE_NUMBER' wurde zu Aufzeichnung 'BANKKONTONUMMER_1' hinzugefügt

Abbildung 9.31 Der Aufzeichnung hinzugefügtes Feld »Geschäftspartner«

Beenden Sie die Read-Access-Logging-Aufzeichnung, und öffnen Sie die gleiche Read-Access-Logging-Konfiguration, wie zuvor in Abschnitt 9.6, »Konfigurationen«, beschrieben.

Neue Felder in die Konfiguration übernehmen

Ziehen Sie nochmals den gesamten Baum **Programme** in den rechten Bildbereich, und lassen Sie ihn dort fallen. Es werden Fehlermeldungen angezeigt, da viele Felder in der Konfiguration bereits vorhanden sind. Sie sehen jedoch am Ende der Tabelle unser soeben aufgezeichnetes Feld und definieren die Protokolldomäne (siehe Abbildung 9.32).

Nachdem diese Read-Access-Logging-Konfiguration aktiviert worden ist, wird nun der Geschäftspartner neben der Bankkontonummer (und, wie in Abschnitt 9.7.1, »Manuelle Auswertung«, erklärt, neben weiteren Feldern) protokolliert.

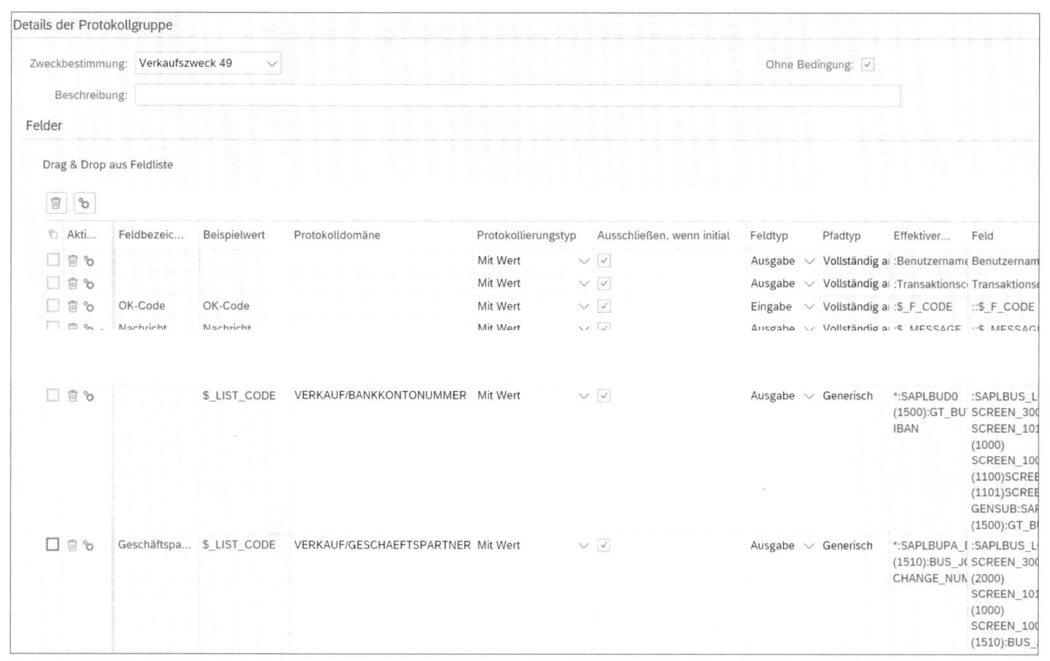

Abbildung 9.32 Der Konfiguration hinzugefügter Geschäftspartner

Dass eine Protokollierung des Geschäftspartners (bzw. sämtlicher anderer Felder) nur notwendig ist, wenn dem Benutzer die Bankkontonummer angezeigt wird, verdeutlicht die Notwendigkeit, Read-Access-Logging-Bedingungen einzusetzen.

Bedingung anlegen

Klicken Sie nun auf den Button (**Bedingung anlegen**), geben Sie die Daten ein, wie es in Abbildung 9.33 dargestellt ist, und klicken Sie anschließend auf den Button Anlegen.

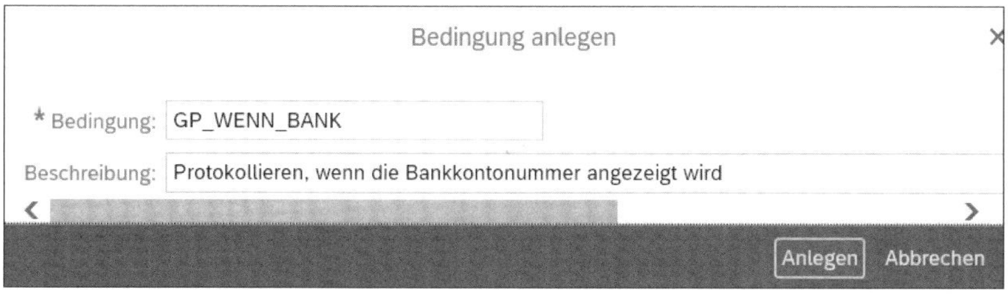

Bedingung anlegen

* Bedingung: GP_WENN_BANK

Beschreibung: Protokollieren, wenn die Bankkontonummer angezeigt wird

Anlegen Abbrechen

Abbildung 9.33 Bedingung anlegen

Auf der neuen Seite wurden bereits die Bedingungen geöffnet. Klicken Sie auf den Button Anlegen, geben Sie die Daten wie in Abbildung 9.34 ein, und klicken Sie schließlich noch auf den Button Anlegen.

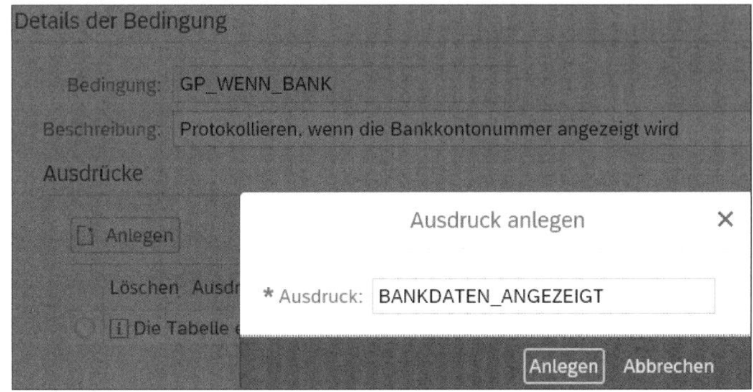

Abbildung 9.34 Ausdruck der Bedingung anlegen

Felder für die Bedingung festlegen

Sie ziehen nun wieder den Baum **Programme** nach rechts; es werden wieder alle Felder angezeigt (siehe Abbildung 9.35). Sie benötigen aber nur die Felder mit den Bankdaten und entfernen daher den Geschäftspartner über den Button (**Zeile entfernen**).

Details des Ausdrucks

Attribute

Bedingung: GP_WENN_BANK Beschreibung: Protokollieren, wenn die Bankkontonummer angezeigt wird
Ausdruck: BANKDATEN_ANGEZEIGT

Selektionsoptionen

Feldbezeichner	Beispielwert	Pfadtyp	Field	Sign	Option	Unterer/Oberer Wert
Geschäftspartner	$_LIST_CODE	Generisch	:SAPLBUS_LOCATOR(3000)SCREEN_3000_RESIZIN...	Inklusi...	Ist gleich	
	$_LIST_CODE	Generisch	:SAPLBUS_LOCATOR(3000)SCREEN_3000_RESIZIN...	Inklusi...	Ist gleich	
	$_LIST_CODE	Generisch	:SAPLBUS_LOCATOR(3000)SCREEN_3000_RESIZIN...	Inklusi...	Ist gleich	
	$_LIST_CODE	Generisch	:SAPLBUS_LOCATOR(3000)SCREEN_3000_RESIZIN...	Inklusi...	Ist gleich	
	$_LIST_CODE	Generisch	:SAPLBUS_LOCATOR(3000)SCREEN_3000_RESIZIN...	Inklusi...	Ist gleich	

Abbildung 9.35 Felder für die Bedingung

Selektionsoptionen festlegen

Unser Ziel ist es, nur dann zu protokollieren, wenn die Bankkontonummer angezeigt wird. Dies erreichen Sie durch die Selektionsoptionen, die Sie Abbildung 9.36 entnehmen können.

Selektionsoptionen

Feldbezeichner	Beispielwert	Pfadtyp	Field	Sign	Option	Unterer/Oberer Wert
	$_LIST_CODE	Generisch	:SAPLBUS_LOCATOR(3000)SCREEN_3000_RESIZIN...	Inklusi...	Entspricht M...	*
	$_LIST_CODE	Generisch	:SAPLBUS_LOCATOR(3000)SCREEN_3000_RESIZIN...	Inklusi...	Entspricht M...	*
	$_LIST_CODE	Generisch	:SAPLBUS_LOCATOR(3000)SCREEN_3000_RESIZIN...	Inklusi...	Entspricht M...	*
	$_LIST_CODE	Generisch	:SAPLBUS_LOCATOR(3000)SCREEN_3000_RESIZIN...	Inklusi...	Entspricht M...	*

Abbildung 9.36 Bedingungen definieren

Nun kehren Sie zurück zu der Protokollgruppe und deaktivieren das Feld **Ohne Bedingung** (siehe Abbildung 9.37).

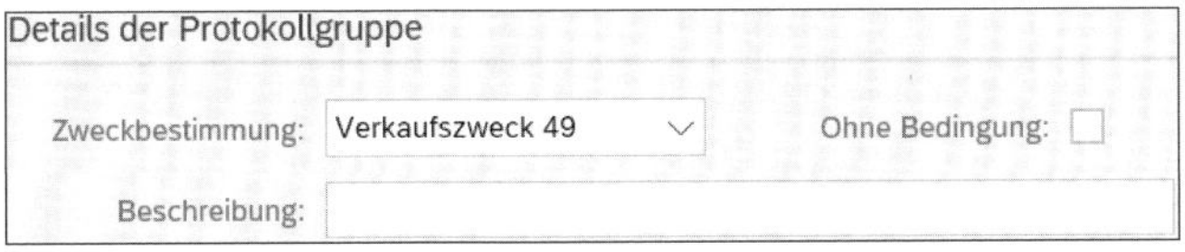

Abbildung 9.37 Bedingungen für die Protokollgruppe erlauben

Es öffnet sich unterhalb der Feldertabelle ein neuer Bereich **Zugeordnete Bedingungen**. Sie klicken auf **Bedingung zuordnen** und wählen aus der Dropdown-Liste des Feldes **Bedingung** unsere zuvor erstelle Bedingung **GP_WENN_BANK** aus. Ferner aktivieren Sie den Status. Das Ergebnis sieht so wie in Abbildung 9.38 aus.

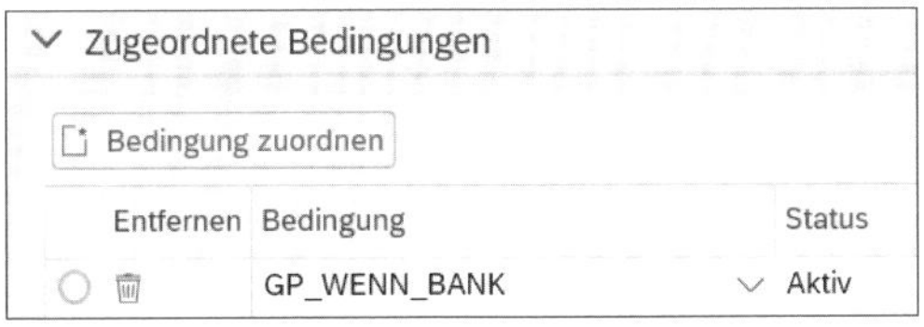

Abbildung 9.38 Bedingung aktivieren

Neue Konfiguration mit Bedingungen testen

Nach der Aktivierung der Konfiguration starten Sie erneut Transaktion BP (Geschäftspartner bearbeiten). Sie öffnen den Geschäftspartner wie zuvor, klicken auf die verschiedenen Registerkarten und betrachten das Read-Access-Logging-Lesezugriffsprotokoll. Statt wie zuvor zig Einträge zu erhalten, wird jetzt nur noch protokolliert, wenn die Bankkontonummer gesehen wurde – und von welchem Geschäftspartner. Dies ist in Abbildung 9.39 dargestellt.

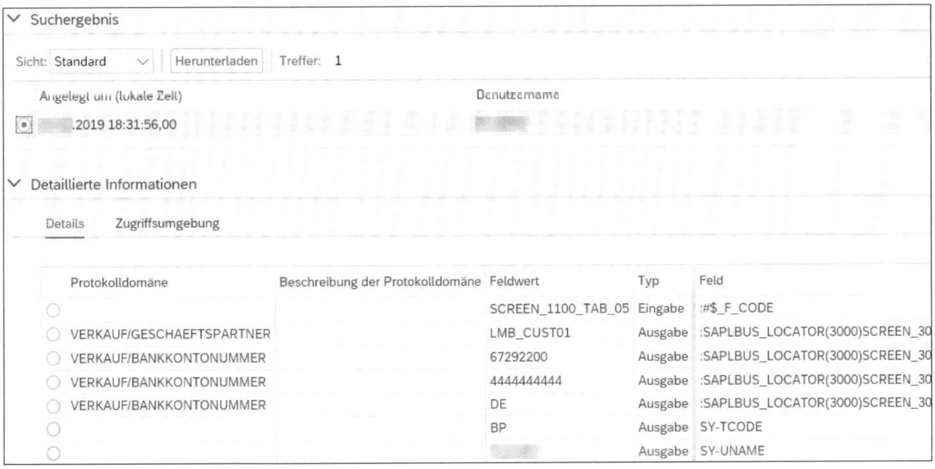

Abbildung 9.39 Protokoll mit Bedingung in der Konfiguration

Wir haben hiermit eine deutliche Reduzierung der Protokolleinträge erreicht.

Protokollierung von Feldern ohne deren Wert

Sie könnten das Ganze nun noch abrunden, indem die Felder der Bankkontonummer in der Read-Access-Logging-Konfiguration so verändert werden, dass der Protokollierungstyp auf **Ohne Wert** eingestellt ist. Sie hätten damit ein Protokoll, dem Sie entnehmen können, welcher Benutzer die Bankkontonummer eines Geschäftspartners zu welchem Zeitpunkt gesehen hat. Die Bankkontonummer sehen Sie allerdings nicht – da diese aber in den Änderungsbelegen nachgeschlagen werden kann, vermeiden Sie eine unnötige Datenreplikation. Ein Suchen nach dieser Bankkontonummer kann bei einer solchen Konfiguration natürlich nicht mehr so leicht durchgeführt werden.

9.10 Transportmechanismen

Transportieren von erzeugtem Read Access Logging Customizing

Read Access Logging wird in einem Customizing-Mandanten konfiguriert. Damit diese Daten in dem Produktivsystem genutzt werden können, müssen sie transportiert werden. Dazu müssen Sie die von Ihnen erstellten Zweckbestimmungen, Protokolldomänen und Konfigurationen in dem jeweiligen Fenster auswählen und über den Button **Mehr...** auf **Transport** klicken, wonach Sie dann einen Transportauftrag auswählen müssen. Anschließend geben Sie diesen frei.

Dem aufmerksamen Leser fällt auf, dass die Aufzählung dessen, was transportiert werden muss, nicht die Aufzeichnungen umfasst. Darum müssen Sie sich nicht kümmern – diese werden automatisch mit der jeweiligen Konfiguration transportiert.

9.11 Import und Export

Read Access Logging Customizing importieren und exportieren

Analog zum Transportieren (siehe Abschnitt 9.10, »Transportmechanismen«) ist es auch möglich, entsprechende Einträge in eine lokale Datei mittels *Export* abzuspeichern, um diese dann auf einem anderen System zu importieren. Oder Sie möchten den aktuellen Stand sichern, um gegebenenfalls einfach auf diesen Stand zurückkehren zu können.

9.12 Zusammenfassung

Sie haben in diesem Kapitel gelernt, wie Sie Read Access Logging nutzen können, um zu protokollieren, welche Daten einem Benutzer angezeigt wurden. Welche Daten dies sind, müssen Sie selbst definieren (SAP liefert jedoch teilweise auch Beispielkonfigurationen aus).

Sie haben gelernt, wie Sie diese Protokollierung für die Endbenutzer, die mit dem System arbeiten, einrichten können, und auch, welche Systeme aus Ihrem System über Systemverbindungen Daten abgefragt haben.

Sie haben ebenfalls gesehen, dass Read Access Logging eine Protokollierungstiefe in einem Umfang ermöglicht, die eine Prüfung auf die Einhaltung gesetzlicher Bestimmungen erforderlich machen kann. An welche Bedingungen Sie diese Protokollierung knüpfen können, um die Protokollierung einzuschränken, wurde ebenfalls von uns erörtert.

Kapitel 10
»Der Herr der Daten werden«: SAP Master Data Governance

Eine wichtige Voraussetzung, um Geschäftsprozesse datenschutzkonform, transparent und effizient durchführen zu können, ist eine hohe Qualität der Stammdaten. Im Fokus dieses Kapitels liegt also das zweckbezogene Management von Daten. Es zeigt Ihnen, wie Sie SAP Master Data Governance im Datenschutzkontext einsetzen.

Stammdaten (engl. Master Data) stehen schon deshalb im Fokus der datenschutzrechtlichen Betrachtung, weil sie langlebig sein können. Stammdaten werden in den jeweiligen operativen und analytischen Prozessen ständig referenziert, sodass Mängel in diesen nicht nur zu einer fehlenden Zweckbezogenheit und zu Fehlern in den Geschäftsprozessen oder -berichten führen, sondern damit auch zu häufigem manuellen Nacharbeiten und somit wiederum zu geringerer Effizienz. In Abschnitt 1.2.3, »Grundlagen der Verarbeitung«, haben wir die Bedeutung der Datenqualität bereits aus einer grundlegenden Perspektive betrachtet.

Oft erfolgen Korrekturen an den Stammdaten nur einmalig zum Zweck der erfolgreichen Durchführung der Transaktion. Dabei werden weder die Stammsätze berichtigt noch eine Analyse dazu durchgeführt, warum es zu Fehlern gekommen ist.

Wir beschreiben, wie ein Stammdatenmanagement genutzt werden kann, um Transparenz in Prozessen und Daten zu schaffen. Anschließend erfahren Sie, wie Sie SAP Master Data Governance (SAP MDG) nutzen, um den Datenschutz sicherzustellen.

10.1 Transparenz erzielen

Nachverfolgbarkeit der Prozesse

Für zahlreiche geschäftliche, organisatorische oder regulatorische Anforderungen wird es immer wichtiger, Transparenz sowohl in Geschäftsprozessen als auch in Datenbeständen und deren Bewegungen zu gewährleisten. Mittels SAP Master Data Governance wird dies für die Stammdaten in mehrfacher Hinsicht unterstützt: Entlang des zentralen Pflegeprozesses wird genau festgelegt und dokumentiert, wer welche Anlage/Änderung mit welchem Arbeitsschritt wann durchgeführt hat. Dies kann zum Nachweis beitragen, wer ein neues Sachkonto zu welchem Geschäftsmonat zur Nutzung freigegeben hat, wann eine Änderung an den Bankdaten eines Lieferanten stattgefunden hat oder wer Datensätze für Endverbraucher oder Ansprechpartner, die personenbezogene Daten enthalten, angelegt oder geändert hat. Proaktiv bedeutet ebenso, dass genau solche Datenzugriffe über SAP Master Data Governance zentral gesteuert werden können – also nicht nur im Nachhinein nachvollziehbar sind, sondern von vornherein nur ganz bestimmte Zugriffe für einzelne Anwender oder berechtigte Rollen erlaubt werden.

Qualitätsmängel vermeiden

Auch bei der Datenqualität steht die Proaktivität bei SAP Master Data Governance im Vordergrund: Prozessunterbrechungen und nachträgliche Korrekturen (wenn Lieferungen aufgrund falscher Adressdaten nicht angekommen sind oder wenn falsche Produkte oder gleiche Produkte mehrfach zu unterschiedlichen Konditionen wegen duplikativer Materialdaten ausgeliefert wurden) werden mittels SAP Master Data Governance reduziert, indem sowohl zunächst eine hohe Datenqualität durch Bereinigung und Deduplizierung hergestellt als auch durch den zentral gesteuerten Pflegeprozess mit seinen Qualitätsmechanismen erhalten werden kann.

Somit können mit SAP Master Data Governance bezüglich der Richtigkeit von Stammdaten, der Transparenz in deren Bearbeitung und hinsichtlich einer zentralen Steuerung von Mechanismen zur Datenbereitstellung hohe Ansprüche für eine unternehmensweite Systemlandschaft erfüllt werden.

10.2 Die Szenarien der Stammdatenpflege

Für das Stammdatenmanagement gibt es zwei grundlegende Szenarien: die dezentrale und die zentrale Datenpflege. Diese beiden Szenarien stellen wir im Folgenden vor.

Dezentrale Datenpflege

Bei der *dezentralen Datenpflege* auf mehreren Systemen gibt es in der Regel keine einheitlichen Standards für Datenmodellerweiterungen, Formate, Nummerierung oder Nomenklatur. Häufig ist es auch nicht nachvollziehbar, welche Anwender oder Rollen an welchen Schritten der Datenpflege beteiligt sind. Ferner sind Stammdatensätze oft redundant in mehreren Systemen vorhanden, aber aufgrund der fehlenden Standards nicht ohne Weiteres als gleich identifizierbar.

Diese mangelnde Transparenz führt auch zu datenschutzrechtlichen Problemen: Zum Beispiel ist eine vollständige Beauskunftung schwierig. Um die Möglichkeit zu schaffen, für zentrale Anwendungen eine vereinheitlichte Version dieser nicht standardisierten und/oder redundanten Datensätze bereitzustellen, sind Mechanismen vonnöten, die die Quelldaten aufgrund von erkannten Ähnlichkeiten/Gleichheiten in jeweils einen konsolidierten Datensatz überführen.

Zentrale Datenpflege

Das zweite Szenario sieht eine *zentral gesteuerte Datenpflege* vor, bei der alle Anwender den gleichen Standards und Regeln folgen, um Stammdaten anzulegen oder zu verändern. In diesem Szenario müssen konzern- oder bereichsweite Standards für die jeweiligen Datenmodelle und Datenerweiterungen festgelegt werden. Dies beinhaltet z. B.:

- Regeln für erlaubte Feldinhalte sowie deren Überprüfung bei der Pflege
- transparente Pflegeprozesse, die eine einfache Rückverfolgung der durchgeführten Änderungen ermöglichen

Versionen von SAP Master Data Governance

SAP Master Data Governance unterstützt als Stammdatenmanagement-Anwendung beide Szenarien. In den ersten Versionen war SAP Master Data Governance für die Unterstützung der Central Governance ausgelegt (zentrale Workflow-Steuerung, zentrale sowie dezentrale User).

In späteren Versionen kam die Unterstützung des Konsolidierungsszenarios hinzu. SAP Master Data Governance ist eine Cross-Domain-Anwendung, d. h., sie verwendet das gleiche Anwendungs-Framework für unterschiedliche Datendomänen (z. B. Kunde, Lieferant und Produkt) oder Finanzstammdaten (z. B. Sachkonto, Kostenstelle oder Profit-Center). Die jeweiligen Datenmodelle in SAP Master Data Governance richten sich nach den Standarddatenmodellen in SAP S/4HANA und SAP ERP und decken die verfügbaren Felder und Strukturen weitgehend ab.

10.3 Central Governance in SAP Master Data Governance

Zwischenspeicher: SAP Master Data Governance Staging Area

Ein zentrales Konzept des Central-Governance-Szenarios in SAP Master Data Governance ist das *Staging*. Bei einem Staging werden alle, erst teilweise gepflegten, geprüften oder genehmigten Datensätze nur im SAP Master Data Governance Staging gehalten und sind dort sichtbar. Erst mit der Vervollständigung und mit dem positiven Durchlauf aller Qualitätsprüfungen und aller erforderlichen Genehmigungsschritte werden die Datensätze aktiviert und an die jeweiligen Zielsysteme verteilt. So wird verhindert, dass unfertige, qualitativ minderwertige Datensätze in operativen Systemen zurückbleiben, die dort entweder nicht genutzt werden oder bei der Nutzung Folgefehler in den operativen Prozessen auslösen.

Pflegeprozess mit Genehmigungsstufen

Der Pflegeprozess in SAP Master Data Governance verläuft in mehreren Schritten – von der Beantragung über verschiedene *Genehmigungsstufen*. Für jeden Schritt wird der jeweils notwendige oder erlaubte Umfang der Datenpflege angeboten und den jeweils durchführenden Rollen zugeordnet. Dabei kann die Anzahl der Beteiligten sehr flexibel gestaltet oder auch per Regelwerk dynamisch bei der Durchführung ermittelt werden. So können sowohl hochstandardisierte simple als auch sehr komplexe und dynamische Pflegeprozesse abgebildet werden. Ein Beispiel für einen einfachen zweistufigen Workflow für einen Antrag auf eine neue Kostenstelle mit Genehmigung sowie Pflege der Attribute ist in Abbildung 10.1 dargestellt.

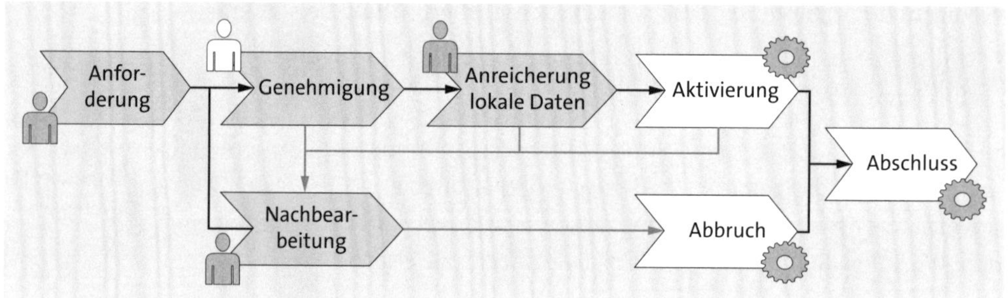

Abbildung 10.1 Einfacher Prozess zur Anpassung von Kostenstellen

Beispiel: neues Material anlegen

Ein Beispiel für einen komplexeren Workflow ist ein Antrag auf ein neues Material vom Typ Handelsware mit der Anreicherung der Basisdaten durch einen Datenspezialisten und mit einer Genehmigung durch das Produktmanagement. Die Materialstammdaten für den Vertrieb und deren Freigabe werden parallel zu den Prozessteilen für die Einkaufsdaten mit der Prüfung sowie den Dispositionsdaten und auch den Bewertungsdaten gepflegt. Die finale Genehmigung durch das zentrale Produktmanagement schließt den Bearbeitungsvorgang ab, der regelbasiert durch SAP Master Data Governance geführt wird. Die Aktivierung der Daten und die anschließende Verteilung ermöglicht eine konsistente Datenhaltung in allen Empfängersystemen. Abbildung 10.2 stellt den Prozess vereinfacht dar.

Datenqualität sicherstellen

Durch *Validierungsmechanismen* entlang jedes einzelnen Schrittes wird sichergestellt, dass nur Inhalte, die den gesetzten und den internen Qualitätsanforderungen entsprechen, auch im Datensatz gespeichert und später in die operativen Systeme repliziert werden. Diese Mechanismen bieten auch die Möglichkeit, die eigenen Daten über Fremdanbieterdaten automatisch anzureichern – z. B. Adressdaten aus postalischen Datenangeboten.

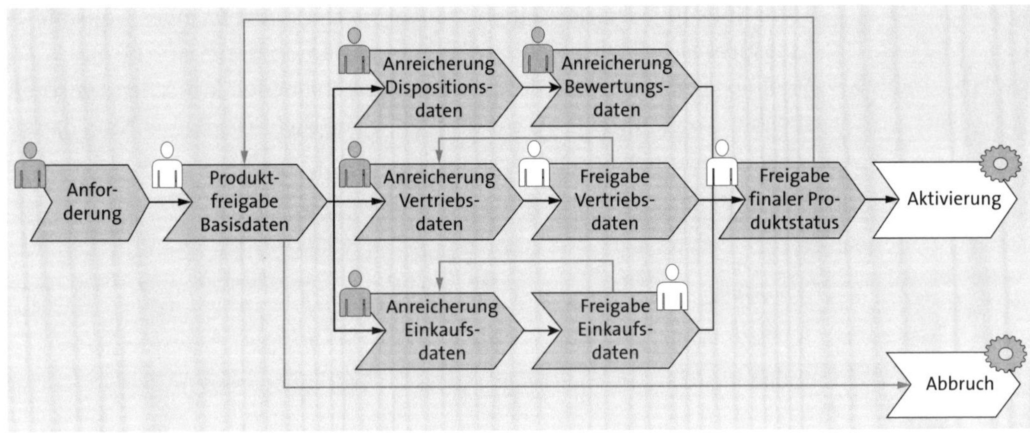

Abbildung 10.2 Ablauf der Materialanlage

10

Verteilung an die Zielsysteme

Nach einer abschließenden Genehmigung oder Vervollständigung werden die neu erzeugten oder geänderten Datensätze automatisch per *Push-Verfahren* an die jeweiligen Zielsysteme verteilt. Dieser Vorgang kann über Workflow gesteuert oder auch über eingeplante Reports ausgeführt werden. Eine manuelle Replikation wird ebenfalls mit den seitens SAP ERP verfügbaren Verteilmechanismen unterstützt (z. B. ALE/IDoc, Webservices, RFC oder File-Transfer) und ermöglicht die Datenverteilung sowohl an SAP-Systeme als auch Nicht-SAP-Systeme.

10.4 Konsolidierung in SAP Master Data Governance

Datenimport in die SAP Master Data Governance Import Area

Die *Konsolidierung* in SAP Master Data Governance basiert auf einem Prozessmodell, das ab einem Datenimport aus unterschiedlichen Quellsystemen in die SAP Master Data Governance Import Area beginnt und neben der Pflege von Lieferanten, Kunden und Geschäftspartnern auch die Bearbeitung von Materialstammdaten vorsieht. Sie können die Konsolidierung auch für kundeneigene Stammdatenobjekte nutzen.

Die Konsolidierung wird eingesetzt, um Daten aus unterschiedlichen Quellsystemen mit dem SAP-Master-Data-Governance-Datenbestand zu harmonisieren. Dazu werden, je nach Stammdatenart, leicht unterschiedliche Prozesse eingesetzt. Wir beschränken uns auf die Darstellung für Geschäftspartner, die Kunden und Lieferanten beinhalten können, da dieser Darstellung im Rahmen des Datenschutzes besonderer Bedeutung zukommt.

Abbildung 10.3 skizziert einen standardisierten Ablauf eines Konsolidierungsprozesses für Geschäftspartner, von dem in der Praxis oft nur marginal abgewichen wird. Die Option, in verschiedenen kritischen Schritten ein Vier-Augen-Prinzip zu garantieren, ermöglicht die Einrichtung datenschutzkonformer Prozesse.

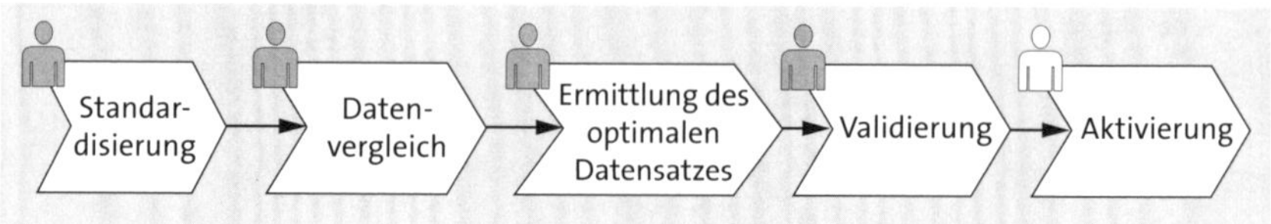

Abbildung 10.3 Konsolidierungsprozess für Geschäftspartner

Das entsprechende Customizing für diesen Konsolidierungsprozess sehen Sie in Abbildung 10.4.

Abbildung 10.4 Customizing des Konsolidierungsprozesses für Geschäftspartner

SAP Master Data Governance sieht als ersten Schritt in der Konsolidierung eine *Standardisierung* der Daten vor. Hier werden die übergebenen Daten für eine optimale Vergleichbarkeit vorbereitet.

Redundanzen vermeiden

Im nächsten Schritt wird per fehlertolerantem Suchalgorithmus jeder Datensatz mit jedem Datensatz verglichen und auf Ähnlichkeiten hin geprüft. Jede Ähnlichkeit trägt hier anhand eines Regelwerks für Gewichtungen zu einem *Match Score* bei, der am Ende für jeden Vergleich eine Indikation über die Ähnlichkeit gibt. Ziel ist es, die als gleich erkannten Datensätze zu ermitteln und zusammenzuführen. Bei einem sehr hohen Match Score kann dies automatisch erfolgen. Bei einem hohen, aber unzureichenden Score kann durch manuelle Interaktion beurteilt und gegebenenfalls korrigiert werden. In solchen Bearbeitungsschritten ist es z. B.

ebenso möglich, Datensätze in andere Prozesse zur weiteren Behandlung herauszulösen.

Best Record konsolidieren

Aufgrund dieser Matching-Ergebnisse – und gegebenenfalls manueller Intervention – werden dann aus jeder Gruppe die als gleich erkannten Datensätze jeweils zu einem besten Datensatz (*Best Record*) zusammengeführt. Mittels eines weiteren Regelwerks kann gesteuert werden, welche Inhalte im Konkurrenzfall übernommen werden sollen. Dies ist erforderlich, wenn in den Quelldaten unterschiedliche Inhalte für dasselbe Attribut vorliegen. Auch hat der berechtigte Anwender die Möglichkeit, Prozessschritte mit abweichenden Einstellungen zu starten und bei Bedarf zu wiederholen, um verbesserte Datenqualitätsergebnisse zu erzielen.

Transparenz der Arbeitsschritte

Derartige Aktionen werden protokolliert und können im Auditierungsprotokoll detailliert nachgelesen werden (siehe Abbildung 10.5).

10

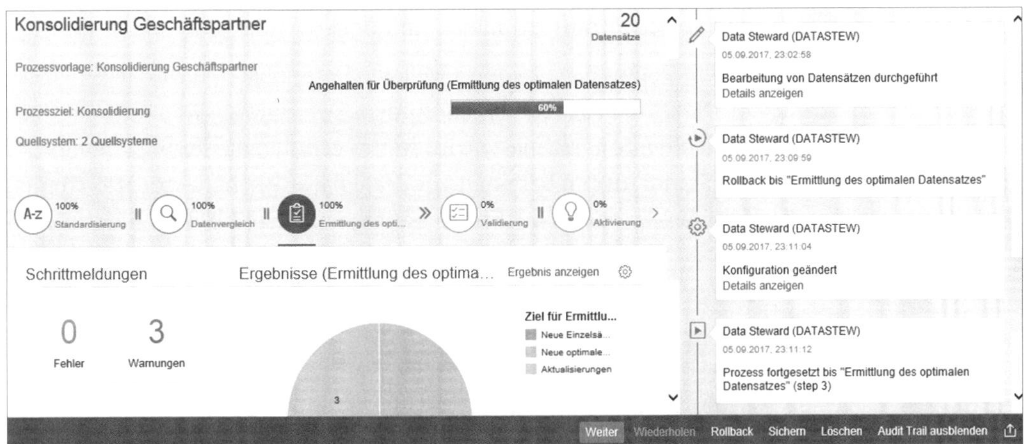

Abbildung 10.5 Auditierung im Geschäftspartner-Konsolidierungsprozess

Datensätze validieren

Dieser konsolidierte Datenbestand wird nun durch SAP Master Data Governance wiederum auf Vollständigkeit und Korrektheit geprüft (validiert), um sicherzustellen, dass die neuen Best Records den geforderten Qualitätsanforderungen genügen. In diesem Schritt kann auch optional ein Workflow-Schritt zur Anreicherung oder Genehmigung eingesteuert werden, der auch die Möglichkeit eröffnet, fehlerhafte Datensätze zu entfernen.

Datensätze aktivieren

Nach der finalen Prüfung werden die konsolidierten Datensätze in der Konsolidierung direkt aktiviert oder per Änderungsauftrag an die Central Governance übermittelt und damit den zentralen Folgeprozessen zur Verfügung gestellt. In diesen Prozessen können gegebenenfalls eine weitere Nachbearbeitung und eine erneute oder alternative Freigabe im Massenverfahren durchgeführt werden.

10.5 Kombination der Szenarien

Die in Abschnitt 10.2, »Die Szenarien der Stammdatenpflege«, dargestellten zentralen und dezentralen Szenarien werden oft als Entwicklung in einem konzernweiten Stammdatenmanagement kombiniert, wie dies im letzten Abschnitt dargestellt wurde. Da die Definition und Einführung zentraler Regelwerke auch eines hohen Aufwands an organisatorischer Vorbereitung bedürfen, kann die Nutzung der Konsolidierung zunächst für einen geplanten Zeitraum bereits dafür sorgen, dass ein bereinigter und duplikatfreier Stammdatenbestand zur Verfügung steht, um z. B. ein zentrales Finanz- oder Berichtswesen eindeutig zu unterstützen.

Zentrale Pflege aktivieren

Sobald der zentral kontrollierte Pflegeprozess (Central Governance) im Unternehmen angewendet werden kann, wird dieses Szenario in SAP Master Data Governance aktiviert. Das heißt, dass die dezentrale Pflege in den SAP-ERP-Standardtransaktionen unterbunden wird.

Die weitere Datenpflege zu den jeweiligen Datenobjekten wird dann in SAP Master Data Governance vorgenommen. Der zentrale Datenbestand aus dem Konsolidierungsszenario wird weiter genutzt, da dieser ja bereits auf zentrale Standards hin bereinigt wurde. Je nach Geschäftsszenario können diese beiden Szenarien auch unabhängig voneinander, z. B. für verschiedene Datenobjekte oder Geschäftsbereiche gemischt, zum Einsatz kommen. Auch kann bei der Nutzung des zentralen Pflegeszenarios jederzeit über den Konsolidierungsprozess ein neues Quellsystem angebunden werden, sodass z. B. nach einer Firmenakquisition die neuen Daten mit den bestehenden Daten konsolidiert werden können, damit dieselben Kunden, Lieferanten oder Produkte zusammengeführt oder neue Datensätze auch zeitnah zentral bereitgestellt werden können.

10.6 Sensible Daten mit SAP Master Data Governance bearbeiten

Schützenswert: Mitarbeiterdaten

SAP Master Data Governance unterstützt auch die Bearbeitung von besonders schützenswerten Objekten, wie z. B. Mitarbeiterdaten (sogenannten sensiblen Daten). Angestellte mit Reisetätigkeiten werden oft als Lieferanten in SAP-Systemen benötigt, um Reisekosten und Spesen erstatten zu können. Diese werden als Geschäftspartner mit SAP Master Data Governance ebenso bearbeitet wie andere Lieferanten auch.

Die Notwendigkeit der berechtigungsseitigen Trennung – z. B. über die Kontengruppen der Lieferanten – kann mit SAP Master Data Governance sowohl in der Central Governance als auch in der Konsolidierung sichergestellt werden.

Self-Services

Inwieweit für die Prozesse der Mitarbeiterdaten eine Freigabe erforderlich ist, muss im Rahmen der Anforderungsanalyse geklärt werden. Wenn der Mitarbeiter z. B. mithilfe von sogenannten *Self-Services* die Pflege seiner Bankdaten und/oder Adressdaten selbst vornimmt, ist unter Umständen eine weitere Prüfung nicht erforderlich, sofern die Daten durch geeignete Methoden validiert werden. Dies kann z. B. durch die IBAN-Prüfung erfolgen, die die Angabe falscher Bankdaten praktisch verhindert. Auch Adressdaten lassen sich überprüfen, wie wir es in Abschnitt 10.8, »Datenqualitätssicherung mit Services«, erörtern.

Insbesondere für Prozesse mit sensiblen Daten bietet SAP Master Data Governance auch die Option, dem Freigebenden nur die absolut notwendigen Daten anzuzeigen und z. B. sensible Daten auszublenden. Abbildung 10.6 zeigt die Ansicht des Anforderers.

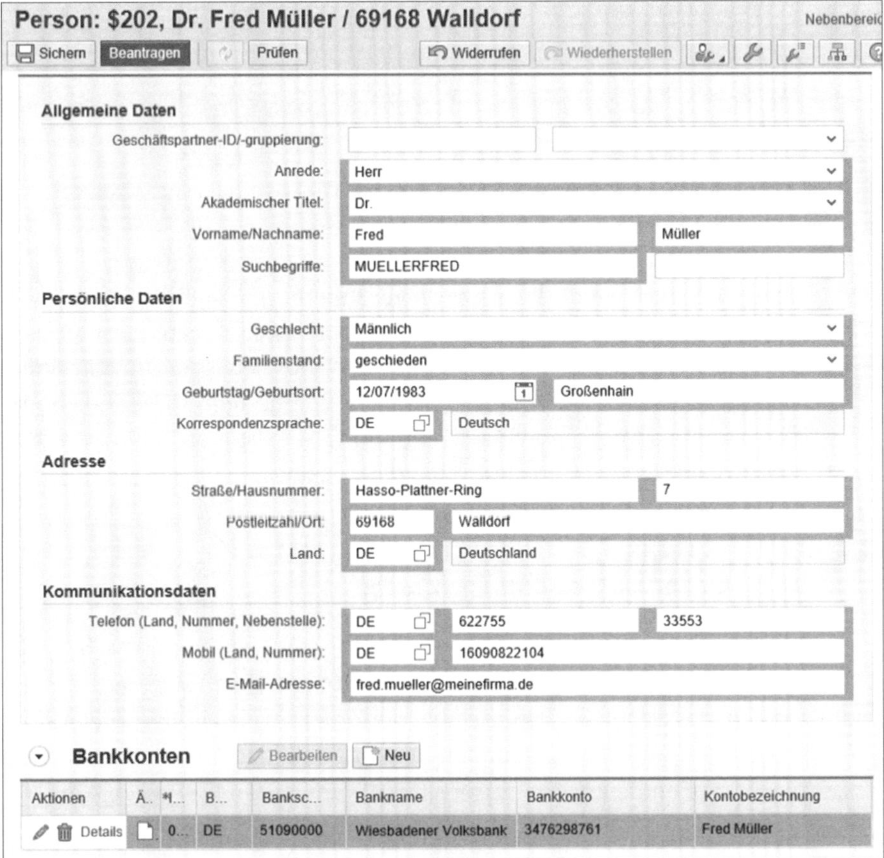

Abbildung 10.6 Änderung der Mitarbeiterdaten anfordern

Abbildung 10.7 stellt im Vergleich die Ansicht des Genehmigers exemplarisch dar.

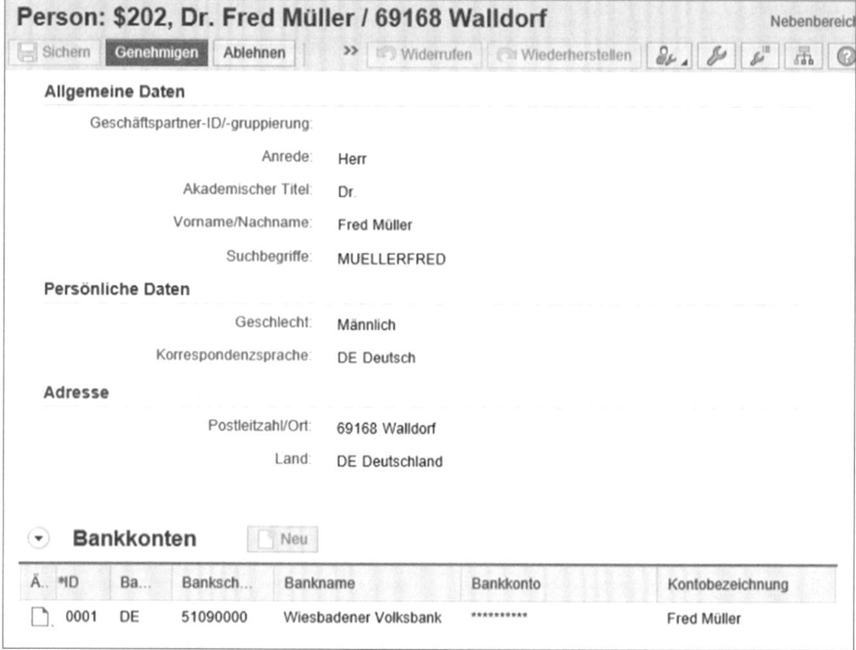

Abbildung 10.7 Mitarbeiterdaten mit beschränkter Attributsichtbarkeit genehmigen

Sensible Daten ausblenden

Der Genehmiger kann die Daten nicht ändern und sieht nur einen Ausschnitt der Daten, den er für die Prüfung benötigt. Der Familienstand, die Geburtsdaten und die Adressdaten werden nicht oder nur unvollständig angezeigt. Die Bankdaten sind verschlüsselt dargestellt, sodass erkennbar ist, dass eine oder mehrere Bankverbindungen existieren, schützenswerte Details aber nicht ersichtlich sind.

10.7 Organisatorische Trennung

SAP Master Data Governance ist als zentrales Tool dafür vorgesehen, alle relevanten Daten eines Stammdatenobjekts einsehen und bearbeiten zu können. Das Gebot des Datenschutzes erfordert es gleichzeitig, organisatorische Trennungen vorzunehmen und zu verhindern, dass übergreifende Zugriffe auf eindeutig lokal zugeordnete Datenbestände erfolgen können.

Für die Kundendaten muss gelten, dass die lokalen organisatorischen Daten der Buchungskreise sowie der Vertriebsorganisation, der Vertriebswege und Vertriebskanäle nicht von den Prozessbeteiligten eingesehen werden dürfen, die nicht zu diesen Organisationen gehören.

Berechtigungssteuerung in den SAP-Master-Data-Governance-Stammdaten

SAP Master Data Governance ermöglicht dies mit den Standardmitteln der *Berechtigungssteuerung* auf den Stammdatenobjekten selbst, die ohne zusätzliche Konfiguration aktiv und gültig bleiben. Durch die folgenden Maßnahmen lassen sich die erforderlichen Differenzierungen des Zugriffs realisieren:

- kein Zugriff
- Neuanlage der Daten
- Ändern der Daten
- Anzeige der Daten
- Sperrkennzeichen ändern
- Löschvormerkung bearbeiten

Fallweise Unterdrückung der Berechtigungssteuerung

Für bestimmte Anforderungsvorgänge ist es unter Umständen sinnvoll, diese Berechtigungssteuerung zu unterdrücken. Das gilt z. B. dann, wenn ein neuer Kunde zentral für viele Organisationen im initialen Anforderungsschritt angelegt werden soll. Wenn der planmäßige Anforderer nicht zur Pflege von Organisationsdaten berechtigt ist, lässt sich die nachfolgende effiziente Parallelisierung der lokalen Anreichungsvorgänge im Prozess nur dann wesentlich vereinfachen, wenn die Berechtigungsprüfung für den ersten Schritt deaktiviert wird. Ansonsten müssten für jede Organisation separate Anforderungen erstellt oder alternative Methoden implementiert werden. Die Funktion zur Deaktivierung der Berechtigungen für den initialen Schritt ist in Abbildung 10.8 dargestellt.

Sicht "Erweiterungen und Prüfungen pro ÄndAntragsSchritt" ändern: Über

Dialogstruktur
- Typ des Änderungsantrags
  - Änderungsantragsschritt
    - Erweiterungen und Prüfungen
    - Entitätstypen pro Änderungsar
      - Attribute pro Änderungsan
  - Benutzerschnittstelle pro Änderun

Typ des ÄndAntrags: ZCUST1
Änder.Schritt: 00

Erweiterungen und Prüfungen pro ÄndAntragsSchritt

Prüfungen und AnreicherSpots	Lfd. Nr.	Meldungsausgabe	Relevant	Ausführung
Grundprüfung	0	Standard	☑	Wird immer ausgeführt
Berechtigungsprüfung	0	Standard	☐	Wird immer ausgeführt
Dublettenprüfung	99	Standard	☑	Wird bei Datenänderungen ...
Validierungsregeln (BRFplu...	0	Standard	☑	Wird immer ausgeführt
BAdI-Validierungen	0	Standard	☑	Wird immer ausgeführt
Existenzprüfung	0	Standard	☑	Wird immer ausgeführt
Prüfung des Wiederverwendu...	0	Standard	☑	Wird immer ausgeführt
Adressprüfung		Standard	☐	Wird bei Datenänderungen ...
Adressanreicherung	1	Standard	☐	Wird bei Datenänderungen ...
Adressanreicherung		Standard	☐	Wird bei Datenänderungen ...

Abbildung 10.8 Einstellungen zur Deaktivierung von Berechtigungsprüfungen für einen Anforderungsschritt

Das entsprechende Relevanzkennzeichen ist hier für den Schritt 00 (Anforderung) im Prozess ZCUST1 (Anforderung Neukunde) deaktiviert.

Organisatorische Trennung bei deaktivierter Berechtigungsprüfung

Sorgen Sie in solchen Fällen dafür, dass der Anforderer nur die unbedingt benötigten Informationen angeben kann und die erforderliche Anreicherung durch entsprechend berechtigte Anwender später ausgeführt wird. Die Optionen zur Deaktivierung sensibler Datenfelder ist in Abschnitt 10.6, »Sensible Daten mit SAP Master Data Governance bearbeiten«, dargestellt.

10.8 Datenqualitätssicherung mit Services

Optionen zur Datenqualitätssicherung

Eine Kernaufgabe von SAP Master Data Governance ist es, eine ausreichende *Datenqualität* sicherzustellen. Dazu können neben der Nachnutzung des Standard-Customizings in SAP S/4HANA und SAP ERP (z. B. Wertehilfen und Gültigkeitsprüfungen) weitere Methoden zum Einsatz kommen. Die Optionen des *Business Rules Frameworks*, das eine SAP-Master-Data-Government-spezifische Konfiguration von Ableitungen (Vorbelegung von Feldern unter bestimmten Bedingungen) und Validierungen (Prüfungen unter bestimmten Bedingungen) ermöglicht, werden häufig in SAP-Master-Data-Governance-Projekten eingesetzt. Daneben gibt es noch die Optionen der Einbindung von kundeneigenem Coding und der Einbindung von externen Services – oft auch in Kombination.

10.8.1 Die verschiedenen Services

Als externe Services stehen Ihnen verschiedene Alternativen für die unterschiedlichen Anwendungszwecke zur Verfügung.

Die in Projekten regelmäßig eingesetzten Services sind z. B.:

- Adressvalidierung
- Dublettenerkennung
- Sanktionslistenprüfung
- Anreicherung gegen öffentliche Datenverzeichnisse

Adressvalidierung

Anschriften normalisieren

Der *Adressvalidierungsservice* wird z. B. auch genutzt, um die in Abschnitt 10.4, »Konsolidierung in SAP Master Data Governance«, beschriebenen Standardisierungsschritte der Konsolidierung zu unterstützen. Solche Services können sowohl auf internen Systemen selbst installiert und betrieben als auch als cloudbasierte Services eingebunden werden. Sie ermöglichen eine Normalisierung der Adresse – wodurch unterschiedliche Schreibweisen, z. B. für Straße (»Strasse«, »Str«, »Str.«), besser vergleichbar gemacht werden.

Außerdem ermöglichen diese Art Services einen Vergleich der angegebenen Adresse mit der in einem öffentlichen Datenverzeichnis vorliegenden Adresse. Dies bewirkt eine sehr gute Qualität der Adresseingabe, da fehlende oder falsche Daten ergänzt, korrigiert oder erneuert und gleichzeitig abgeglichen werden. Abbildung 10.9 zeigt eine solche Integration in die SAP-Master-Data-Governance-Anwendung für Lieferanten.

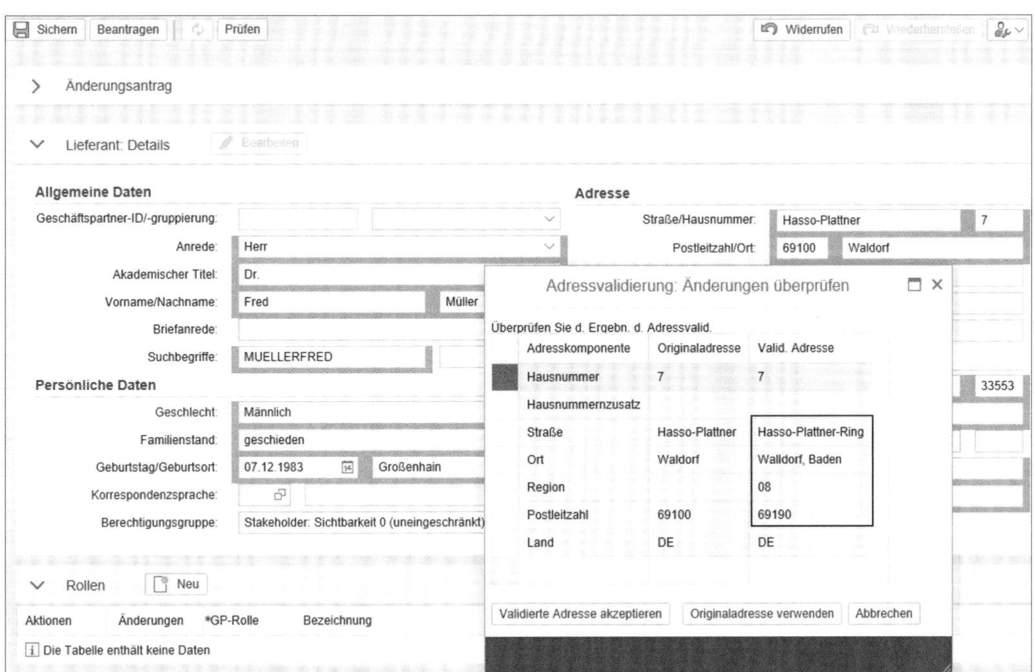

Abbildung 10.9 Addressvalidierung im Rahmen eines SAP-Master-Data-Governance-Anforderungsschritts

Dublettenerkennung

Die Nutzung von Adressvalidierungsmechanismen ist auch eine wesentliche Voraussetzung zur verbesserten Erkennung von *Dubletten* für Geschäftspartner, Kunden und Lieferanten. Ein Ziel der Central Governance ist die Vermeidung solcher doppelter Einträge in den Stammdaten, die in den transaktionalen Prozessen zu den in Abschnitt 10.3, »Central Governance in SAP Master Data Governance«, dargestellten Problemen führen würden.

Sanktionslistenprüfung

Ein weiterer wichtiger Service ist die *Sanktionslistenprüfung*. Auch ein solcher Service lässt sich in die SAP-Master-Data-Governance-Anwendung integrieren. Er ermöglicht es, im Rahmen der Stammdatenpflege im Unternehmen bereits im Vorfeld potenzielle Kandidaten als Lieferanten und Kunden zu beschränken. Dies ist notwendig, insofern die Geschäftspartner in irgendeiner Form als bedenklich erscheinen oder durch regulatorische Auflagen von allen oder auch nur bestimmten Geschäftsbeziehungen auszuschließen sind.

Quellen für die Sanktionslistenprüfung

Zur Sanktionslistenprüfung können verschiedene Quellen herangezogen werden. Dies können *externe Quellen* (z. B. Gesetzgeber, Europäische Union (EU), supranationale Organisationen oder Sicherheitsbehörden eines oder mehrerer Länder) sein. Neben den genannten Quellen sind oft auch *interne Anweisungen* (Beschluss der Geschäftsführung, Entscheidungen von verbundenen Unternehmen oder auch Partnern) zu beachten. Zu berücksichtigen ist, dass Sanktionen gegen Geschäftspartner einen zeitlichen und/oder geografischen Bezug haben können und die Einschränkung daher nicht weltweit oder nicht dauerhaft Geltung haben muss. Eine Einbeziehung von entsprechenden Spezialisten in die Anforderungsprozesse von Stammdaten lässt sich mit SAP Master Data Governance realisieren.

Datenanreicherungsdienste

Dun & Bradstreet ist einer der bekanntesten Anbieter von Services für Datenanreicherungen. Derartige Services werden auch von anderen Providern angeboten. Als Beispiel sei z. B. *OneKey IMS Health* für Ärzte, Apotheker und Krankenhäuser genannt. Prüfen Sie die Qualität und Zuverlässigkeit solcher Services vor einem Einsatz. Ihre Kernfunktionalität liegt oft in der Verifizierung der angegebenen Daten gegen eine zentrale öffentliche Datenbank. Zumeist werden deren Identifizierungsnummern in SAP Master Data Governance mitgespeichert, um eine schnellere Wiedererkennung zu ermöglichen. Sie helfen damit, die Qualität des eigenen Datenbestands gegen Gebühren zu verbessern, ohne selbst in die manuelle Bearbeitung investieren zu müssen. Solche Services lassen sich mit den durch SAP Master Data Governance bereitgestellten Erweiterungsfunktionalitäten in die Systemlandschaft integrieren.

10.8.2 Proxy-Anbieter

Proxy-Anbieter für Dienste

Es gibt Services, die als *Proxy* fungieren und die Anforderungen an den eigentlichen Anbieter getunnelt weiterleiten, um z. B. die Kunden-/Lieferantenkontakte der nutzenden Mitglieder eines solchen Verbunds gegenüber dem externen Anbieter zu verschleiern. Gleichzeitig können die Mitglieder des Verbunds sich gegenseitig beim Vorliegen von Bedenken hinsichtlich einzelner konkreter Geschäftspartner informieren. Auch dies ist hinsichtlich des datenschutzkonformen Umgangs unter Umständen fragwürdig und muss bei einer tragfähigen Entscheidung Berücksichtigung finden.

[!]

Risiken bei externen Services

Aus Datenschutzsicht bleibt anzumerken, dass die Nutzung aller, in diesem Kapitel dargestellten Optionen von externen Anbietern ein Risiko darstellen kann. Hinsichtlich der Verfolgbarkeit und Ausspähbarkeit besteht unter Umständen die Möglichkeit von Rückschlüssen auf eigene Geschäftstätigkeiten durch die Serviceanbieter.

Jeder Aufruf von externen Services sendet womöglich sensible Informationen über eigene existierende oder potenzielle neue Geschäftspartner zu externen dritten Quellen zur Datenverifizierung. Dies kann für Wettbewerber oder auch für andere böswillige Dritte ein potenzielles Einfallstor darstellen. Wir möchten ausdrücklich darauf hinweisen, dass auch die Nutzung solcher Dienstleistungen unter die Notwendigkeit der einschlägigen datenschutzrechtlichen Legitimation fällt.

10.9 Zusammenfassung

Wie wir es u. a. in Kapitel 5, »›Struktur ist alles‹: Verarbeitung muss auf dem Zweck basieren«, herausgearbeitet haben, müssen alle personenbezogenen Daten in Bezug auf die Zwecke eindeutig vorgehalten werden. Dies ist erforderlich, um Berechtigungen, das vereinfachte Sperren und Löschen, aber auch die Auskunft und die weiteren Transparenzpflichten befriedigen zu können.

Redundante Daten oder solche mit fehlenden oder falschen Zweckattributen führen zu erheblichen Schwierigkeiten in Bezug auf die datenschutzrechtlichen Pflichten bis hin zur faktischen Unmöglichkeit, Datenschutzkonformität erreichen und oder nachweisen zu können.

Personenbezogene Daten müssen richtig, aktuell und zweckbezogen attributiert sein. Dazu ist unseres Erachtens ein entsprechendes zentrales Management erforderlich. SAP Master Data Governance hilft dabei, diese Anforderungen zu erfüllen.

Kapitel 11

»Der Kopf in den Wolken«: Datenschutz in Cloud-Lösungen

Cloud-Lösungen müssen im Rahmen der DSGVO besondere Datenschutz-Anforderungen erfüllen, da die DSGVO erstmalig konkrete gesetzliche Regelungen für Auftragsverbeiter – und damit für die Anbieter solcher Cloud-Lösungen – beinhaltet. Diese gehen weit über die reine Produktfunktionalität hinaus und reichen über Prozess- und Serviceanforderungen bis hin zu vertraglichen Anforderungen und Anforderungen bezüglich der Dienstleister der Cloud-Anbieter.

Der Kunde von Cloud-Lösungen muss als Verantwortlicher nach wie vor die eigene gesetzliche Konformität sicherstellen und ist daher voll dafür verantwortlich, dass seine Dienstleister ebenfalls gesetzeskonform handeln.

In diesem Kapitel erläutern wir die allgemeinen Datenschutzfunktionen für die Cloud-Lösungen von SAP und gehen im Speziellen auf die service- und prozessbezogenen Datenschutzfunktionen ein. Als integraler Bestandteil sind sie in den SAP-Cloud-Lösungen weitestgehend gleich und werden deshalb gemeinsam in diesem Kapitel dargestellt. Die Besonderheiten zentraler SAP-Cloud-Lösungen lernen Sie in Kapitel 12, »›Lösungen, die wachsen und nicht wuchern‹: Datenschutz in der SAP Cloud Platform«, und in Kapitel 13, »›In der Wolke auf Sicht steuern‹: Übersicht über die Datenschutzfunktionen in SAP-Cloud-Lösungen«, kennen.

Um die Referenz zu den oft englischsprachigen Veröffentlichungen zum Thema DSGVO zu erleichtern, ist im Anhang ein Glossar mit den wesentlichen englischen Bezeichnungen enthalten.

11.1 Datenschutz aus Sicht der Cloud – eine Einführung

Im folgenden Abschnitt finden Sie eine kurze Einführung in die wesentlichen Merkmale vom Cloud-Lösungen und deren Bedeutung für den Datenschutz.

11.1.1 Merkmale von Cloud-Lösungen

Definition von Cloud Computing

Im Rahmen dieses Buches definieren wir Cloud Computing wie folgt: Cloud Computing bezeichnet den dynamisch an den Bedarf angepassten Nutzen von IT-Dienstleistungen über ein Netz. Angebot und Nutzung dieser Dienstleistungen erfolgen dabei über definierte technische Schnittstellen und Protokolle. Die angebotenen Dienstleistungen können dabei das komplette Spektrum der Informationstechnik umfassen und beinhalten u. a. Infrastruktur, z. B. Rechenleistung und Speicherplatz, Plattformen, z. B. komplette Unix- oder Microsoft-Windows-Umgebungen und Software, z. B. Standard- oder Branchensoftware. Einfacher formuliert, umschreibt Cloud Computing den Ansatz, IT-Infrastrukturen und Anwendungen über ein Rechnernetz zur Verfügung zu stellen, ohne dass diese auf dem lokalen Rechner installiert sein müssen.

Eigenschaften von Cloud-Services

Ein Cloud-Service wird dabei durch die folgenden fünf Eigenschaften charakterisiert:

1. **On-demand Self-Service**
   Die Provisionierung der Ressourcen (z. B. Rechenleistung, Storage) läuft automatisch ohne Interaktion mit dem Service-Provider ab.
2. **Broad Network Access**
   Die Services sind mit Standardmechanismen über das Netz verfügbar und nicht an einen bestimmten Client gebunden.
3. **Resource Pooling**
   Die Ressourcen des Anbieters liegen in einem Pool vor, aus dem sich viele Anwender bedienen können (Multi-Tenant-Modell). Dabei wissen die Anwender nicht, wo sich die Ressourcen befinden; sie können aber vertraglich den Speicherort, also z. B. Region, Land oder Rechenzentrum, festlegen.
4. **Rapid Elasticity**
   Die Services können schnell und elastisch zur Verfügung gestellt werden, in manchen Fällen auch automatisch. Aus Anwendersicht scheinen die Ressourcen daher unendlich zu sein.
5. **Measured Service**
   Die Ressourcennutzung kann gemessen und überwacht werden und, entsprechend bemessen, auch den Cloud-Anwendern zur Verfügung gestellt werden.

Cloud Computing hat neben der oben erwähnten Elastizität und dem Self-Service üblicherweise noch folgende Eigenschaften:

- **Serviceorientierte Architektur (SOA)**
  Eine serviceorientierte Architektur (SOA) ist eine der Grundvoraussetzungen für Cloud Computing. Die Cloud-Dienste werden in der Regel

über eine REST-API angeboten (REST = Representational State Transfer; API = Application Programming Interface), ein weit verbreiteter Architekturansatz, der beschreibt, wie verteilte Systeme miteinander kommunizieren können.

- **Public Cloud und Private Cloud**
  In einer Cloud-Umgebung teilen sich üblicherweise viele Anwender gemeinsame Ressourcen (Public Cloud). Diese muss deshalb mandantenfähig sein. Eine Sonderform ist die Private Cloud, bei der eine dedizierte Umgebung bereitgestellt wird, die ausschließlich von einem Kunden genutzt wird.
- **Pay-per-Use oder Flatrate**
  Es werden nur Ressourcen bezahlt, die auch tatsächlich in Anspruch genommen wurden (Pay-per-Use-Modell), wobei es auch Flatrate-Modelle geben kann.

Cloud-Service-Modelle

Im Rahmen dieser generellen Definitionen haben sich verschiedene Service- und Liefermodelle entwickelt. Dabei werden drei verschiedene Cloud-Service-Modelle unterschieden:

1. **Infrastructure as a Service (IaaS)**
   Bei IaaS werden IT-Ressourcen wie z. B. Rechenleistung, Datenspeicher oder Netze als Dienst angeboten. Ein Cloud-Kunde kauft diese virtualisierten und in hohem Maß standardisierten Services und baut darauf eigene Services zum internen oder externen Gebrauch auf. So kann ein Cloud-Kunde z. B. Rechenleistung, Arbeitsspeicher und Datenspeicher anmieten und darauf ein Betriebssystem mit den Anwendungen seiner Wahl laufen lassen.
2. **Platform as a Service (PaaS)**
   Ein PaaS-Anbieter stellt eine komplette Infrastruktur bereit und bietet dem Kunden auf der Plattform standardisierte Schnittstellen an, die von den Diensten des Kunden genutzt werden. So kann die Plattform z. B. Mandantenfähigkeit, Skalierbarkeit, Zugriffskontrolle, Datenbankzugriffe usw. als Services zur Verfügung stellen. Der Kunde hat keinen Zugriff auf die darunterliegenden Schichten (Betriebssystem, Hardware), er kann aber auf der Plattform eigene Anwendungen laufen lassen, für deren Entwicklung der Anbieter in der Regel eigene Werkzeuge anbietet.
3. **Software as a Service (SaaS)**
   Sämtliche Angebote von Anwendungen, die den Kriterien des Cloud Computing entsprechen, fallen in diese Kategorie. Dem Angebotsspektrum sind hierbei keine Grenzen gesetzt. Als Beispiele seien Kontaktda-

tenmanagement, Finanzbuchhaltung, Textverarbeitung oder Kollaborationsanwendungen genannt.

Der Begriff *as a Service* wird noch für eine Vielzahl weiterer Angebote benutzt, wie z. B. für Security as a Service, Business Process as a Service und Storage as a Service, sodass häufig auch von *XaaS* gesprochen wird, also »irgendwas als Dienstleistung«. Dabei lassen sich die meisten dieser Angebote zumindest grob einer der obigen Kategorien zuordnen.

Die Servicemodelle unterscheiden sich auch im Einfluss des Kunden auf die Sicherheit der angebotenen Dienste. Bei IaaS hat der Kunde die volle Kontrolle über das IT-System – vom Betriebssystem aufwärts, da alles innerhalb seines Verantwortungsbereichs betrieben wird –, bei PaaS hat er nur noch Kontrolle über seine Anwendungen, die auf der Plattform laufen, und bei SaaS übergibt er praktisch die ganze Kontrolle an den Anbieter.

Cloud-Liefermodelle

Es gibt vier verschiedene Cloud-Liefermodelle:

1. **Public Cloud – die öffentliche Cloud**
   Die Public Cloud bietet Zugang zu abstrahierten IT-Infrastrukturen für die breite Öffentlichkeit über das Internet. Public-Cloud-Dienstanbieter erlauben ihren Kunden, IT-Infrastruktur zu mieten auf einer flexiblen Basis des Bezahlens für den tatsächlichen Nutzungsgrad bzw. Verbrauch (pay-as-you-go), ohne Kapital in Rechner- und Datenzentrumsinfrastruktur investieren zu müssen.
2. **Private Cloud – die private Cloud**
   Eine Private Cloud ist eine Cloud-Umgebung, die ausschließlich für eine Organisation betrieben wird. Das Hosten und Verwalten der Cloud-Plattform kann intern (z. B. durch unternehmenseigene Rechenzentren), aber auch durch Dritte erfolgen.
3. **Hybrid Cloud – die hybride Cloud**
   Die Hybrid Cloud bietet kombinierten Zugang zu abstrahierten IT-Infrastrukturen aus den Bereichen von Public Clouds und Private Clouds – nach den Bedürfnissen ihrer Nutzer.
4. **Community Cloud – die gemeinschaftliche Cloud**
   Die Community Cloud bietet Zugang zu abstrahierten IT-Infrastrukturen wie bei der Public Cloud – jedoch für einen kleineren Nutzerkreis, der sich, meist örtlich verteilt, die Kosten teilt (z. B. mehrere städtische Behörden, Universitäten, Betriebe oder Unternehmen mit ähnlichen Interessen, Forschungsgemeinschaften sowie Genossenschaften).

Des Weiteren gibt es Mischformen der oben genannten Cloud-Typen:

- **Virtual Private Cloud – eine private Rechnerwolke auf prinzipiell öffentlich zugänglichen IT-Infrastrukturen**
  Die Abschottung der privaten virtuellen Bereiche auf der öffentlichen Infrastruktur wird durch geeignete Sicherheitsmaßnahmen (Virtual Local Area Networks, VLANs) gewährleistet.
- **Multi Cloud – Bündelung verschiedener Cloud-Computing-Dienste**
  Dies ist eine Weiterentwicklung der Hybrid Cloud, bei der mehrere Cloud-Computing-Dienste in einer heterogenen Systemarchitektur gleichzeitig genutzt werden können.

Service- und Liefermodell der SAP-Cloud-Lösungen

Die SAP-Cloud-Lösungen basieren auf dem Servicemodell SaaS und den Liefermodellen Hybrid Cloud, Public Cloud oder Private Cloud, je nach Lösung und Systemaufbau. SAP stellt dabei die betriebswirtschaftliche Software, in Abhängigkeit der jeweiligen Lösung, in einem Rechenzentrum bereit, betreibt dieses oder lässt es betreiben und leistet technische Unterstützung und Beratung. SAP übernimmt alle notwendigen Komponenten des Rechenzentrums: Netzwerke, Datenspeicher, Datenbanken, Anwendungsserver, Webserver sowie Disaster-Recovery- und Datensicherungsdienste. Außerdem werden weitere operative Dienstleistungen wie Authentifizierung, Verfügbarkeit, Identitätsmanagement, Patch-Verwaltung, Aktivitätsüberwachung, Software-Upgrades und Anpassungen durchgeführt. Des Weiteren ist SAP dafür verantwortlich, dass alle notwendigen technischen und organisatorischen Maßnahmen (TOM) vorhanden und die entsprechenden Nachweise verfügbar sind.

Der Kunde muss keine eigene Software installieren. Für die Nutzung der Cloud-Lösungen werden lediglich ein internetfähiger Computer sowie eine Internetanbindung benötigt. Der Zugriff auf die Software wird über einen Webbrowser realisiert. Einschränkend soll hier bemerkt werden, dass bei einer direkten Systemkopplung eines Kundensystems zu einer SAP-Cloud-Lösung in Abhängigkeit der Kopplungsart Weiteres benötigt wird, üblicherweise eine definierte Kommunikationsschnittstelle mit entsprechender technischer Kopplung und Absicherung, z. B. zur Übertragung von Stamm- oder Bewegungsdaten.

11.1.2 Datenschutz und Datensicherheit

Die bereits in Kapitel 1, »›Maßnehmen für Maßnahmen‹: Einführung«, behandelten Themen Datenschutz, Datensicherheit und deren Unterscheidung gelten natürlich gleichermaßen für die Cloud-Lösungen. Es gibt jedoch Unterschiede bei deren Umsetzung in den TOM. Diese sind in Abschnitt 11.2.8, »Technische und Organisatorische Maßnahmen (TOM) in den SAP-Cloud-Lösungen«, näher beschrieben.

Data Governance in SAP-Cloud-Lösungen

SAP hat generelle Produktstandards für Sicherheit und Datenschutz festgelegt. Diese Standards spiegeln sich auch in den Produkt- und Servicefunktionen der SAP-Cloud-Lösungen wider. Die wesentlichen Grundsätze dazu werden in Kapitel 1, »›Maßnehmen für Maßnahmen‹: Einführung«, dieses Buches beschrieben.

11.1.3 Rollen und Verantwortlichkeiten

In der DSGVO sind – ähnlich wie in den meisten anderen Datenschutzgesetzen – bestimmte Rollen und Verantwortlichkeiten festgelegt, siehe Art. 4 DSGVO »Begriffsbestimmungen«.

Relevante DSGVO-Rollen im Cloud-Kontext

Es handelt sich dabei um folgende Rollen (in Klammern finden Sie die englischen Bezeichnungen):

- betroffene Person (Data Subject)
- Verantwortlicher (Data Controller)
- Auftragsverarbeiter (Data Processor)
- weiterer Auftragsverarbeiter (Sub-Processor)

All diese Rollen sind im Cloud-Kontext relevant. Der Ausgangspunkt und damit die wichtigste Rolle ist in der DSGVO die betroffene Person, da das Ziel der DSGVO darin besteht, den Schutz der Persönlichkeitsrechte der einzelnen Person zu gewährleisten.

In Abbildung 11.1 finden Sie eine Darstellung der Rollen, die im Rahmen der Verarbeitung personenbezogener Daten in SAP-Cloud-Lösungen zum Tragen kommen sowie deren Beziehungen untereinander.

Im Folgenden finden Sie weitere Konkretisierungen bezüglich der Umsetzung der Rollen in der DSGVO innerhalb der Cloud.

- **Betroffene Person**
  Im SAP-Cloud-Kontext ist die betroffene Person der Benutzer einer SAP-Cloud-Lösung (z. B. der Mitarbeiter eines SAP-Cloud-Kunden) oder der Mitarbeiter eines Geschäftspartners des SAP-Cloud-Kunden (z. B. der Kunde eines SAP-Cloud-Kunden). Die wesentlichen Grundsätze der DSGVO dazu wurden bereits in Kapitel 1, »›Maßnehmen für Maßnahmen‹: Einführung«, dieses Buches genauer beschrieben.
- **Verantwortlicher und Auftragsverarbeiter im Cloud-Kontext**
  Im SAP-Cloud-Kontext sind die Kunden der SAP-Cloud-Lösungen die Verantwortlichen. SAP handelt im Auftrag des Kunden als Auftragsver-

arbeiter. Die Verarbeitung wird durch einen Vertrag geregelt, der u. a. eine Servicebeschreibung, SLA (Service Level Agreements) und – besonders wichtig für den Datenschutz – die Datenverarbeitungsvereinbarung (Data Processing Agreement, DPA) umfasst. Die dazu wesentlichen Grundsätze der DSGVO wurden bereits in Kapitel 1, »›Maßnehmen für Maßnahmen‹: Einführung«, dieses Buches genauer beschrieben.

- **Weitere Auftragsverarbeiter**
  Weitere Auftragsverarbeiter oder auch Unterauftragsverarbeiter sind Auftragsverarbeiter, die unter der Kenntnisnahme des Verantwortlichen personenbezogene Daten im Auftrag des Auftragsverarbeiters des Verantwortlichen verarbeiten. Für weitere Auftragsverarbeiter gelten ähnliche vertragliche Verpflichtungen wie für die Auftragsverarbeiter selbst.

Abbildung 11.1 Rollen im Rahmen der Verarbeitung personenbezogener Daten (Quelle: SAP)

Verantwortung der Auftragsverarbeiter

Der Auftragsverarbeiter ist dafür verantwortlich, dass die weiteren Auftragsverarbeiter dieselben Konformitätsverpflichtungen erfüllen, abgesichert durch vertragliche Vereinbarungen wie Datenschutz-vereinbarungen und technische und organisatorische Maßnahmen (TOM). In den SAP-Cloud-Lösungen kommen verschiedene weitere Auftragsverarbeiter zum Einsatz. Eine genauere Beschreibung finden Sie in Abschnitt 11.2.6, »Weitere Auftragsverarbeiter«.

11.2 Datenschutzservices und -prozesse für die SAP-Cloud-Lösungen

Um die Anforderungen der DSGVO zu erfüllen, reicht es im Cloud-Kontext nicht aus, die Software mit Datenschutzfunktionen zur Verfügung zu stellen, sondern es müssen auch geeignete Prozesse vorhanden sein.

Service- und Support-Prozesse

Die notwendigen Service-, Support- und Kommunikationsprozesse werden in diesem Abschnitt behandelt:

- Überblick über die Datenschutzorganisation, Ausführung der Rechte betroffener Personen und Benachrichtigungen bei Datenschutzverletzungen
- Überblick über die Transparenz- und Rechenschaftsanforderungen sowie Erläuterungen, wie diese Anforderungen in SAP-Cloud-Lösungen erfüllt werden
- Datenschutzbezogene Funktionen in SAP-Cloud-Diensten und -Prozessen

In Abbildung 11.2 finden Sie eine Übersicht über datenschutzbezogene Services, die in den SAP-Cloud-Lösungen zusätzlich zu den Softwarefunktionalitäten zur Verfügung gestellt werden.

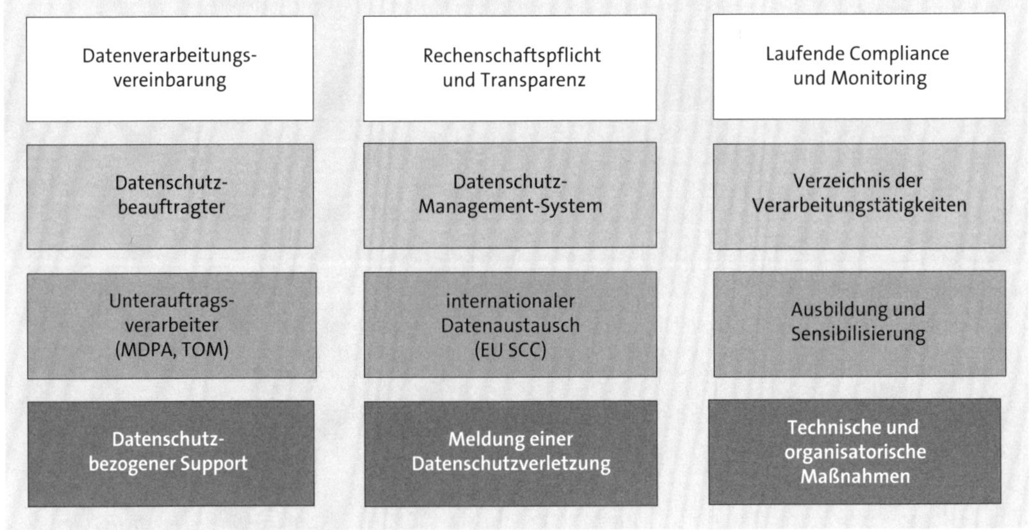

Abbildung 11.2 Datenschutzbezogene Services in den SAP-Cloud-Lösungen

11.2.1 Datenschutzbeauftragter und Datenschutzorganisation

SAP hat auf der Unternehmensebene einen Datenschutzbeauftragten (Data Protection Officer, DPO) sowie unter diesem eine Organisation, die den

Datenschutz in den jeweiligen Ländern und Geschäftsbereichen vertritt. Diese Organisation ist für den internen Datenschutz zuständig und stellt z. B. den korrekten Umgang mit personenbezogenen Daten von Kunden und Interessenten sicher.

11.2.2 Rechte der betroffenen Person

Ausübung der Rechte Betroffener

Die SAP-Cloud-Lösungen bieten zahlreiche Funktionen, damit die Rechte von betroffenen Personen wahrgenommen werden können. Diese sind in den Kapiteln zu den einzelnen Lösungen beschrieben. Die Ausübung dieser Rechte kann in Abhängigkeit der jeweiligen Lösung Bestandteil der Services sein, manuell vorgenommen werden oder steht automatisiert zur Verfügung. Die dazu wesentlichen Grundsätze der DSGVO werden in Kapitel 1, »›Maßnehmen für Maßnahmen‹: Einführung«, dieses Buches genauer beschrieben.

11.2.3 Meldung einer Datenschutzverletzung

Im Falle einer Verletzung des Schutzes personenbezogener Daten muss der Verantwortliche vom Auftragsverarbeiter unverzüglich über diese Verletzungen informiert werden (siehe Art. 31 Abs. 2 DSGVO). Die Meldung einer Datenschutzverletzung erfolgt dabei über den Incident-Response-Prozess von SAP.

Erkennung von Datenschutzverletzungen

Tools und Mechanismen zur Überwachung von Anwendungen, Protokollen und sicherheitsrelevanter Infrastruktur sollen sicherstellen, dass Datenschutzverletzungen zuverlässig erkannt werden können. Dies dient als Ausgangspunkt für einen durchgängigen Prozess bis hin zur Kundenbenachrichtigung über die etablierten Support-Kanäle. Damit nur die relevanten Datenschutzverletzungen zur Meldung gebracht werden, ist in der DSGVO ein risikobasierter Ansatz verankert. Die generellen Regeln dazu sind in der Datensicherheitsrichtlinie festgelegt. Kunden können unter dem Link *https://www.sap.com/about/trust-center/security/incident-management.html* im SAP Trust Center ebenfalls Datenschutzverletzungen melden.

Benachrichtigungsfrist

Für den Verantwortlichen beginnt die in der DSGVO festgelegte 72-stündige Benachrichtigungsfrist mit Eingang der Benachrichtigung durch den Auftragsverarbeiter, da dies der Zeitpunkt ist, an dem der Verantwortliche die Datenschutzverletzung feststellen konnte. Darüber hinaus wird auch der SAP-Datenschutzbeauftragte informiert, um den Fall auf der Unternehmensebene zu verfolgen und entsprechend zu behandeln.

11.2.4 Transparenz

Die gesetzlich vorgeschriebene Transparenz gehört zu den Pflichten von Verantwortlichen und Auftragsverarbeitern. Um diese herzustellen, werden weitere Mittel benötigt. Diese werden im Folgenden beschrieben.

Verzeichnis der Verarbeitungstätigkeiten

Für jede Cloud-Lösung muss gemäß Art. 30 Abs. 2 DSGVO vom Auftragsverbeiter ein Verzeichnis der Verarbeitungstätigkeiten zur Verfügung gestellt werden. In diesem sind die Prozesse aufzuführen, in denen personenbezogene Daten verarbeitet werden.

Inhalt des Verzeichnisses für Auftragsverarbeiter

Die folgenden Angaben müssen gemäß DSGVO im Verzeichnis für Auftragsverarbeiter enthalten sein:

- Name und Kontaktdaten des Auftragsverarbeiters
- Datenschutzbeauftragter des Auftragsverarbeiters
- Zweck der Verarbeitung
- Kategorien der betroffenen Personen und personenbezogenen Daten
- Übertragung von personenbezogenen Daten in ein Drittland oder eine internationale Organisation
- Speicherdauer für jede Datenkategorie
- technische und organisatorische Sicherheitsmaßnahmen

In Abbildung 11.3 finden Sie ein Beispiel für ein Verzeichnis der Verarbeitungstätigkeiten. Im Verzeichnis sind auch manuelle und nicht systemgestützte Verarbeitungstätigkeiten aufzuführen.

Datenschutz-Folgenabschätzung

Auch Auftragsverarbeiter müssen Datenschutz-Folgenabschätzungen durchführen. Gemäß DSGVO ist dafür der risikobasierte Ansatz zu wählen. Deshalb wird eine Datenschutz-Folgenabschätzung normalerweise nur für bestimmte Lösungen oder Teile von Lösungen durchgeführt, z. B. für Lösungen, die sensitive Daten verarbeiten.

Integration der Datenschutz-Folgenabschätzung

Bestenfalls sind sie vollständig in den Entwicklungsprozess integriert, um sowohl Neuentwicklungen als auch größere Änderungen an vorhandenen Lösungen zu bewerten. Auf der Grundlage der Ergebnisse sollten die Risiken bewertet und entsprechend behandelt werden.

Verzeichnis der Verarbeitungstätigkeiten und Informationen nach Art. 13 DSGVO

Verantwortlicher: Stadt Lauf a.d.Pegnitz, Urlasstraße 22, 91207 Lauf a.d.Pegnitz, Telefon: 09123 / 184 - 0; E-Mail: info@stadt.lauf.de

Behördlicher Datenschutzbeauftragter: gemeinsamer DSB der kreisangehörigen Gemeinden im Landkreis Nürnberger Land, Waldluststr. 1, 91207 Lauf a.d. Pegnitz, Tel. 09123/950-6190, E-Mail: ds.kommunal@nuernberger-land.de

Weitere Informationen gem. Art. 13 Abs. 2 DSGVO finden Sie am Ende der Tabelle.

Verarbeitungstätigkeit	Zweck der Verarbeitung und Rechtsgrundlage	Kategorien der zu verarbeitenden personenbezogenen Daten	Kategorien der betroffenen Personen	Kategorie der Empfänger, denen die personenbezogenen Daten offengelegt worden sind oder noch offengelegt werden, einschließlich Empfänger in Drittländern oder internationalen Organisationen	Vorgesehene Fristen für die Löschung (Vernichtung) der verschiedenen Datenkategorien
Abwasserabgabe	Berechnung der Kleineinleiterabgabe **BayWHG, BayAbwG**	Name, Vorname, grundstücksbezogene Daten	Abgabepflichtige, Unternehmen	zust. Verwaltungsmitarbeiter: Wasserwirtschaftsamt, Landratsamt Nürnberger Land	30 Jahre nach Abschluss des Vorgangs
Arbeitssicherheit und Betriebsmedizin	Arbeitsschutz und Unfallverhütung; betriebsmedizinische Betreuung **ASiG**	Name, Vorname, Organisationseinheit, Tätigkeitsbeschreibung, Gefährdungsbeurteilung, Pflicht- und Angebotsuntersuchungen	alle Mitarbeiter	zust. Verwaltungsmitarbeiter, Fachkraft für Arbeitssicherheit, Fachkraft für Betriebsmedizin	spätestens 30 Jahre nach Abschluss der Personalakte
Auftragsvergaben	Abwicklung von Bau- und Dienstleistungsaufträgen **DSGVO**	Unternehmensdaten, Anschrift, Name, Vorname, Tel.Nr. E-Mail, Auskünfte aus Gewerbezentralregister	Auftragnehmer	zust. Verwaltungsmitarbeiter, Ing.Büros	10 Jahre nach Abschluss der Baumaßnahme/des Vorgangs
Brand- und Katastrophenschutz	Organisation des Brand- und Katastrophenschutzes mit Telefonverzeichnissen, Lehrgangsanmeldungen, Aufgabenverteilung **BayFwG**	Name, Vorname, Anschrift, weitere Kontaktdaten (dienstl. und privat)	Führungskräfte der Hilfsorganisationen, betroffene Mitarbeiter	Führungskräfte der Hilfsorganisationen	spätestens nach 30 Jahren
Bauleitplanung	Durchführung von Bauleitplanverfahren, Befreiungen **BauGB**	Grundstücksdaten	Bürger, Grundstückseigentümer, Bauherrn, Planer	zust. Verwaltungsmitarbeiter, Planer, Mitglieder des Stadtrates	keine
Bauverwaltung und Geodaten	Bau- und Grundstücksdatenverwaltung, Vorkaufsrechte, **BauGB, GO**	Name, Vorname, Adresse, Grundstücksdaten der Grundstückseigentümer und Bauherrn	Grundstückseigentümer, Bauherrn, Nachbarn, Planer	zust. Verwaltungsmitarbeiter, Mitglieder des Stadtrates Landratsamt Nürnberg Nürnberger Land, Notare, Städtische Werke	keine
Behinderten- und Seniorenarbeit	Beratungstätigkeit, Veranstaltungen **GO**	alle Daten, die für eine zielgerichtete Seniorenarbeit- und Behindertenarbeit erforderlich sind	Bürger, Einrichtungen	Behinderten- und Seniorenbeauftragter, zust. Verwaltungsmitarbeiter	zehn Jahre nach Abschluss des Vorgangs
Beteiligungen der Stadt Lauf a.d.Pegnitz	Verwaltung der Beteiligungen der Stadt Lauf a.d.Pegnitz **GO**	Name, Vorname, Anschrift, Funktion	Unternehmen, Geschäftsführer, Aufsichtsratsmitglieder, Mitglieder der Gesellschafterversammlungen	zust. Verwaltungsmitarbeiter, Mitglieder des Stadtrates Öffentlichkeit (Beteiligungsbericht)	keine
Bewerbermanagement	Personalgewinnung und Praktikanten, Ehrenämter **DSGVO**	Name, Vorname, Geb.Datum, Anschrift, weitere Kontaktdaten, schulischer und beruflicher Werdegang, Zeugnisse	alle Bewerber	zust. Verwaltungsmitarbeiter, Mitglieder des Stadtrates (Einsichtnahme); Personalratsmitglieder	spätestens sechs Monate nach Abschluss des Stellenbesetzungsverfahrens
Bürgerversammlung und -beteiligungsverfahren	Durchführung der Bürgerbeteiligung und Niederschrifterstellung **GO, BauGB**	Name, Vorname, ggf. Anschrift, weitere Kontaktdaten	im Verfahren beteiligte Bürger und weitere Personen, Bürger, die sich in der Bürgerversammlung zu Wort melden	zust. Verwaltungsmitarbeiter, Mitglieder des Stadtrates Öffentlichkeit (im Rahmen der Veranstaltungen)	keine

Abbildung 11.3 Beispiel für ein Verzeichnis der Verarbeitungstätigkeiten (Quelle: http://www.industriemuseum-lauf.de/wp-content/uploads/DSGVO_Verarbeitungsverzeichnis.pdf)

Datenschutzspezifischer Support

Auftragsverarbeiter sollten Kunden bei Fragen zu Datenschutzfunktionen in Produkten, zur Ausführung von Rechten betroffener Personen sowie bei Beschwerden durch entsprechenden Kunden-Support unterstützen, wie z. B. dem SAP Cloud Support.

11.2.5 Rechenschaftspflicht

Rechenschaftspflicht, eine permanente Aktivität

Die Rechenschaftspflicht ist eine weitere gesetzlichen Pflicht, die in der DSGVO festgeschrieben ist. Auch hier müssen die Auftragsverarbeiter die Verantwortlichen unterstützen, durch z. B. laufende Aktivitäten wie regelmäßige Zertifizierungen, Sicherheitsüberprüfungen von Anwendungen, Netzwerk- und IT-Infrastruktur sowie dokumentierte Sicherheitsrichtlinien und regelmäßige Sicherheitstrainings. Die folgenden Maßnahmen stellen eine Auswahl dar, wie sie z. B. in SAP-Cloud-Lösungen zur Anwendung kommt.

Konformitätsprüfungen (Compliance-Audits)

SAP führt interne und externe Compliance-Audits durch. Externe Compliance-Audits werden von namhaften Wirtschaftsprüfungsunternehmen vorgenommen, um unabhängige Bewertungen sicherzustellen.

Übliche Audits im Cloud-Umfeld

Jede Cloud-Lösung kann dabei, je nach Lösung, unterschiedliche Audits durchlaufen, z. B. sind PCI-Audits nur dort sinnvoll, wo auch Kreditkartendaten verarbeitet werden. Generelle Audits wie SOC (Service Organization Controls) sind wiederum für jede SAP-Cloud-Lösung verfügbar.

Payment Card Industry Data Security Standard (PCI-DSS)

Der PCI-DSS (Payment Card Industry Data Security Standard) ist ein Informationssicherheitsstandard für Unternehmen, die Kreditkartendaten verarbeiten. Da in einigen SAP-Ariba-Cloud-Lösungen Kreditkartendaten verarbeitet werden, wird SAP Ariba als Service-Level-1-Anbieter bewertet. Die Prüfung zur Einhaltung der PCI-DSS-Anforderungen wird dabei von einem unabhängigen *Qualified Security Assessor* (QSA) durchgeführt. Prüfungsgegenstand sind dabei die Kernkomponenten der SAP-Ariba-Plattform – das sogenannte *Card Holder Environment*, in dem Karteninhaberdaten gespeichert, verarbeitet oder übertragen werden, und das sich aus Personen, Prozessen und Technologie zusammensetzt.

Die untenstehenden Audits werden regelmäßig durchgeführt. Die Audit-Reports sowie der jeweils aktuelle Stand sind im SAP Trust Center für registrierte Kunden unter folgendem Link abrufbar: *https://www.sap.com/about/trust-center/certification-compliance.html*. Damit werden dem Verantwortlichen gem. Art. 28 Abs. 3 Buchst. h DSGVO die Informationen zum Nachweis der Einhaltung der in Art. 28 DSGVO niedergelegten Pflichten zur Verfügung gestellt.

Allgemeine Audits

Service Organization Controls (SOC)

SAP beauftragt namhafte Wirtschaftsprüfungsunternehmen mit der Erstellung von Auditberichten zu den SOC. Diese dienen speziell zur Prüfung von Dienstleistern und werden üblicherweise halbjährlich durchgeführt.

SOC – eine regelmäßige Prüfung von Dienstleistern

Es gibt derzeit drei SOC-Reporttypen:

- **SOC-Reporttyp I – Verfügbarkeit von Dokumentation**
  Dieser Reporttyp entspricht in den USA dem SSAE16-Report und auf internationaler Ebene dem ISAE3402-Report. Der Bericht dient in erster Linie dazu, die Einhaltung von Finanzvorschriften, wie dem Sarbanes-Oxley Act, zu unterstützen. Das Audit bezieht sich dabei hauptsächlich auf die Dokumentation von Richtlinien und Prozessen.
- **SOC-Reporttyp II – Test der Wirksamkeit von Prozessen**
  Dieser Reporttyp überprüft nicht nur die Verfügbarkeit von dokumentierten Richtlinien und Prozessen, sondern testet auch deren Ausführung und Wirksamkeit über einen bestimmten Zeitraum. Der Bericht enthält die Prüfungsergebnisse zu den organisatorischen Kontrollen in Bezug auf die Trust-Service-Kriterien Verfügbarkeit, Vertraulichkeit, Integrität und Sicherheit.
- **SOC-Reporttyp III – öffentlicher Report**
  Während die SOC-1- und SOC-2-Reports den Kunden und Interessenten normalerweise nur im Rahmen eines NDA (Non-Disclosure Agreement, üblicherweise ein Teil des Kundenvertrags) zur Verfügung gestellt werden, ist der SOC-3-Report öffentlich. Er deckt im Prinzip dieselben Themen ab wie der SOC-2-Report, allerdings in stark zusammengefasster Form.

ISO 27001

ISO/IEC 27001 ist ein Informationssicherheitsstandard, der von der International Organization for Standardization (ISO) und der International Electrotechnical Commission (IEC) veröffentlicht wurde. Es ist der weltweit anerkannte Standard für die Einrichtung eines Informationssicherheits-Managementsystems (ISMS). Organisationen, die die Anforderungen dieses Standards erfüllen, können nach erfolgreichem Abschluss eines Audits

Informationssicherheits-Managementsystem (ISMS)

von einer akkreditierten Zertifizierungsstelle zertifiziert werden. Die Standards ISO 27017 (Informationssicherheit beim Cloud Computing und Implementierung cloudspezifischer Kontrollen) und ISO 27018 (Schutz personenbezogener Daten in der Cloud) basieren auf ISO 27001 und können zusätzlich – aber nur in Zusammenhang mit einem existierenden ISO-27001-Audit – zertifiziert werden.

BS 10012

Personal Information Management System (PIMS)

Der British Standard 10012 (BS 10012) ist ein Standard, der von der britischen Regierung veröffentlicht wurde, um den Schutz personenbezogener Daten zu fördern. Er beschreibt die Implementierung eines Personal Information Management System (PIMS) im Rahmen des Sicherheitsprogramms von Unternehmen. Zwei der wichtigsten Punkte des Standards sind, dass sich die Unternehmen verpflichten, nur zwingend notwendige personenbezogene Daten zu verarbeiten sowie genau anzugeben, wie diese Daten verarbeitet werden.

BS 10012 mit Anforderungen der DSGVO

Der Standard enthält Richtlinien für die Einrichtung eines PIMS, aber keine genauen technischen Vorschriften. In der neuesten Version von 2017 wurde der Standard aktualisiert, um die Anforderungen der DSGVO widerzuspiegeln. Derzeit ist dies der einzige übergeordnete Standard, der eine DSGVO-Zertifizierung ermöglicht.

SAP zertifiziert gemäß BS 10012

SAP ist in weiten Teilen gemäß BS 10012 zertifiziert. Die Zertifizierung erfolgt dabei durch einen unabhängigem Auditor – der BSI (The British Standards Institution). Weitere Informationen zu BS 10012 finden Sie unter folgendem Link des BSI: *https://www.bsigroup.com/en-GB/BS-10012-Personal-information-management/*. Obwohl der Standard nur den innerbetrieblichen Datenschutz zertifiziert und nicht die Cloud-Lösungen an sich, ist er dennoch ein wichtiger Baustein der Rechenschaftspflicht, da damit die Konformität der SAP-internen Verarbeitung von personenbezogenen Daten, wie z. B. Kundendaten, zertifiziert wird.

Lösungsspezifische Audits

Im Folgenden erhalten Sie eine Übersicht über die Audits und Zertifikate der SAP-Cloud-Lösungen. Da die Lösungen unterschiedliche Geschäftsfelder adressieren, sind auch die Audits unterschiedlich, z. B. wird PCI-DSS nur für Lösungen benötigt, die Kreditkartendaten verarbeiten. Eine genauere Beschreibung der genannten Lösungen finden Sie in Kapitel 13, »›In der Wolke auf Sicht steuern‹: Übersicht über die Datenschutzfunktionen in SAP-Cloud-Lösungen«, dieses Buches.

SAP Ariba

- **SOC 1/SOC 2/SOC 3**
  Die SAP-Ariba-Cloud-Lösungen werden regelmäßig ISAE 3402 SOC 1 Typ II und ISAE 3000 SOC 2 Typ II sowie SOC-3-Audits unterzogen. Das Engagement für ISAE 3000 SOC 2 basiert auf den Trust Services Principles (TSP 100) für Sicherheit, Vertraulichkeit, Prozessintegrität und Verfügbarkeit. Der Prüfzeitraum ist halbjährlich von November bis April und von Mai bis Oktober. Entsprechende Überbrückungsbriefe werden nach Bedarf zur Verfügung gestellt.
- **PCI-DSS**
  Die SAP-Ariba-Cloud-Lösungen werden jährlich auf die aktuelle PCI-DSS-Konformität (Payment Card Industry Data Security Standard) als Service-Level-1-Anbieter überprüft und bei VISA registriert. Der Prüfzeitraum für PCI-DSS beträgt 12 Monate.
- **ISO 27001:2013 (plus ISO 27017:2015 und ISO 27018:2019)**
  Informationssicherheits-Managementsysteme für Entwicklung, Support, Betrieb und Beratung von SAP-Ariba-Cloud-Lösungen. Der Prüfzeitraum ist 36 Monate mit jährlichen Überwachungsaudits. Zusammen mit ISO 27001 werden auch ISO 27017 (Informationssicherheit Cloud Computing) und ISO 27018 (Schutz personenbezogener Daten in der Cloud) geprüft.
- **ISO 9001:2015**
  Qualitätsmanagement in Bezug auf Softwarelösungen und Cloud-Services.

SAP Concur

- **SOC 1/SOC 2**
  SAP Concur führt regelmäßig ein SSAE18-SOC1- und ein ISAE-3402-SOC2-Audit mit einer unabhängigen, zertifizierten Wirtschaftsprüfungsgesellschaft durch. Der Prüfzeitraum ist halbjährlich von November bis April und von Mai bis Oktober.
- **ISO 27001**
  SAP Concur führt regelmäßig ein ISO-27001-Audit seines Informationssicherheits-Managementsystems in Bezug auf die angebotenen Services durch. Das Audit wird von einem qualifizierten unabhängigen Dritten gemäß den Anforderungen von ISO 27001 durchgeführt. Der Prüfzeitraum ist 36 Monate mit jährlichen Überwachungsaudits.
- **PCI-DSS**
  Der Prüfzeitraum für PCI-DSS beträgt 12 Monate.

11.2.6 Weitere Auftragsverarbeiter

Definitionen

Als *weiterer Auftragsverarbeiter* oder auch *Unterauftragsverarbeiter* wird eine natürliche oder juristische Person, eine Behörde, eine Agentur oder eine andere Stelle bezeichnet, die personenbezogene Daten im Auftrag eines Auftragsverarbeiters verarbeitet. Im Falle der SAP-Cloud-Lösungen sind dies größtenteils Dienstleister, die Services zur Erweiterung der Lösungen anbieten.

Arten von Auftragsverarbeitern

Es werden zwei Arten von weiteren Auftragsverarbeitern eingesetzt:

1. **Drittanbieter: Auftragsverarbeiter, die nicht Teil von SAP sind**
   Kunden können im Rahmen der SAP-Cloud-Lösungen zusätzliche Services nutzen, die in einigen Fällen von Drittanbietern bereitgestellt werden. Beispiele dazu sind Dienstleister zur Faxverarbeitung oder zum elektronischen Datenaustausch
2. **SAP-Konzernunternehmen: Auftragsverarbeiter, die zum SAP-Konzern gehören**
   Ähnlich wie die Drittanbieter, nutzen SAP-Cloud-Lösungen auch SAP-interne Konzernunternehmen für zusätzliche Dienstleistungen. Ein Beispiel dazu ist die Nutzung von Services von SAP Cloud Platform zum elektronischen Datenaustausch.

Auswahlprozess

Datenschutzvereinbarung mit Auftragsverarbeitern

Bei der Verwendung von Auftragsverarbeitern sind Standardprozesse bezüglich deren Auswahl, Vertragsschluss, Einsatz und Vertragsbeendigung von Vorteil. Dabei sind insbesondere die Einhaltung der Datenschutzvereinbarung und die Effektivität der TOM (Art. 28 Abs. 1 DSGVO) sowie die genaue Beschreibung des Umfangs der Verarbeitung (Art. 28 Abs. 3 DSGVO) wichtig.

Bei neuen Auftragsverarbeitern wird initial ein Auswahl- und Überprüfungsprozess durchgeführt, bei dem die Sicherheits- und Datenschutzpraktiken eines Auftragsverarbeiters im Hinblick auf den geplanten Einsatzzweck bewertet werden. Die Auftragsverarbeiter sind außerdem dazu verpflichtet, laufend die Sicherheitsrichtlinien zu befolgen und die Anforderungen der Datenschutzvereinbarung zu erfüllen. Dabei unterstützen regelmäßige Sicherheitsüberprüfungen und Risikobewertungen der Auftragsverarbeiter.

Informationspflicht

Aktuelle Auftragsverarbeiterlisten

SAP stellt für jede Cloud-Lösung eine Liste der verwendeten Auftragsverarbeiter zur Verfügung. Diese Listen werden regelmäßig aktualisiert und

Kunden über die Aktualisierung informiert, denn gemäß Art. 28 Abs. 2 DSGVO besteht eine Informationspflicht über alle Änderungen, also über alle neuen und geänderten Auftragsverarbeiter. Die Listen der genehmigten Auftragsverarbeiter finden Sie im SAP Support Portal unter folgendem Link: *https://support.sap.com/en/my-support/trust-center/subprocessors.html*

11.2.7 Übermittlung personenbezogener Daten an Drittländer oder internationale Organisationen

Es liegt in der Natur von verteilten Cloud-Lösungen, dass Daten zwischen verschiedenen Rechenzentrumsstandorten und in andere Länder übermittelt werden. Die DSGVO hat dies in den Art. 44–50 geregelt.

Szenarien der Datenübertragung

Diese Übermittlung trifft auch auf einige SAP-Cloud-Lösungen zu. Hier sind zwei Szenarien zu betrachten:

1. Übermittlung innerhalb von SAP, wenn z. B. personenbezogene Daten von einem SAP-Rechenzentrum in den Niederlanden an ein SAP-Rechenzentrum in den USA übermittelt werden.

   Die interne Übermittlung von personenbezogenen Daten wird – falls vorhanden – in der Leistungsbeschreibung der jeweiligen SAP-Cloud-Lösung beschrieben, inklusive der vorhandenen TOM, um eine sichere Datenübertragung zu gewährleisten, z. B. Verschlüsselung von Daten bei der Übertragung mit TLS 1.2 (siehe Abschnitt 11.2.8, »Technische und Organisatorische Maßnahmen (TOM) in den SAP-Cloud-Lösungen«.
2. Übermittlung an Dritte, wenn z. B. personenbezogene Daten im Rahmen einer SAP-Cloud-Lösung an einen weiteren Auftragsverarbeiter übermittelt werden.

EU-Standardvertragsklauseln (SCC)

Die Übermittlung von personenbezogenen Daten am Auftragsverarbeiter wird mit entsprechenden standardisierten Vereinbarungen zur Übertragung personenbezogener Daten geregelt. Diese basieren auf den EU-Standardvertragsklauseln (Standard Contractual Clauses, SCC) und erfüllen damit die DSGVO-Anforderungen für die grenzüberschreitende Übertragung personenbezogener Daten (siehe Art. 28 DSGVO). Die EU-Standardvertragsklauseln sind wesentlicher Bestandteil der Datenverarbeitungsvereinbarung und bieten den rechtlichen Schutz für die grenzüberschreitende Übermittlung personenbezogener Daten. Darüber hinaus sind technische und organisatorische Maßnahmen vorhanden, um eine sichere Datenübertragung zu gewährleisten.

11.2.8 Technische und Organisatorische Maßnahmen (TOM) in den SAP-Cloud-Lösungen

Verantwortlichkeiten für die TOM

In Kapitel 1, »›Maßnehmen für Maßnahmen‹: Einführung«, dieses Buches, wurden die TOM allgemein beschrieben. In Cloud-Szenarien sind die TOM sowohl durch den Verantwortlichen als auch durch den Auftragsverarbeiter umzusetzen. In der nachfolgenden tabellarischen Darstellung beziehen wir uns jeweils exemplarisch auf die in Abschnitt 1.3.4 dargestellten Maßnahmen, die wir nachfolgend detaillierter darstellen. In jedem Fall ist aber der Verantwortliche dafür zuständig, den Auftragsverarbeiter zu steuern und zu kontrollieren.

In Abbildung 11.4 finden Sie eine Übersicht der TOM, die im Cloud-Umfeld zum Tragen kommen.

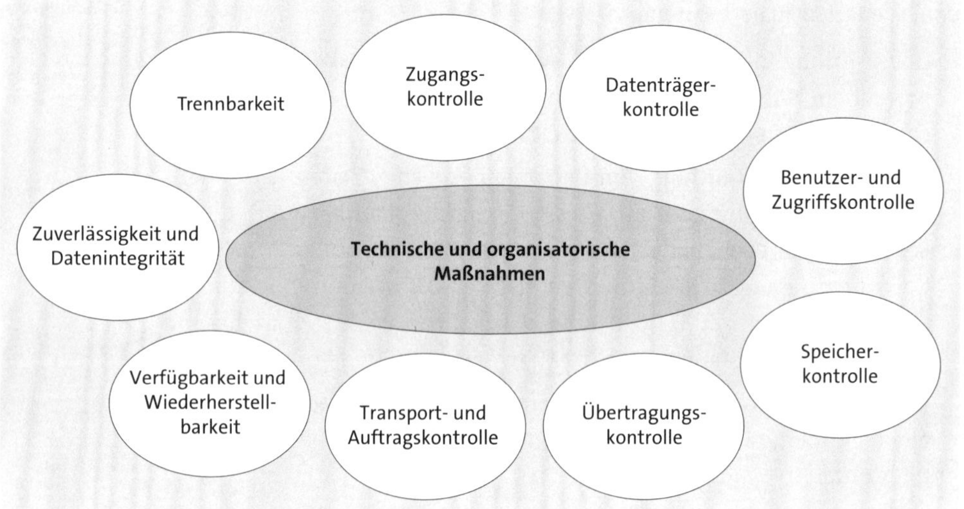

Abbildung 11.4 Technische und organisatorische Maßnahmen (TOM) in SAP-Cloud-Lösungen

Tabelle 11.1 zeigt die Aufteilung der Verantwortlichkeiten zwischen Verantwortlichen und Auftragsverarbeitern für die TOM.

Maßnahme	Verantwortlicher	Auftragsverarbeiter
Zugangs-kontrolle	in seinem Verantwortungsbereich	für die technischen Anlagen, die zur Vertragserfüllung genutzt werden

Tabelle 11.1 Verantwortlichkeiten für technische und organisatorische Maßnahmen (TOM)

Maßnahme	Verantwortlicher	Auftragsverarbeiter
Datenträger-kontrolle	z. B. bei Kopien auf kundeneigene Datenträger	für die Datenträger, die zur Vertragserfüllung genutzt werden
Speicher-kontrolle		Funktionstrennung in der Administration, Protokollierung
Benutzer-kontrolle	Benutzerkonzept des Kunden	Funktionstrennung in der Administration, Benutzerkonzept des Betreibers, Protokollierung
Zugriffskontrolle	Berechtigungskonzept des Kunden	Funktionstrennung in der Administration, Berechtigungskonzept des Betreibers, Protokollierung
Übertragungs-kontrolle	Vorgabe von Übertragungen, kundeneigene Übertragungen	nur kundendefinierte Übertragungen, Protokollierung
Transport-kontrolle	für kundeneigene Transporte, Übertragungen, Verschlüsselung, sichere Verbindungen	Verschlüsselung, sichere Verbindungen
Wiederherstell-barkeit		Festplattenspiegelung, Disaster Recovery, Backup und Business-Continuity-Konzepte, Test
Zuverlässigkeit		Anwendungsmanagement
Datenintegrität		Monitoring, Penetrationstests, externe Prüfung
Auftrags-kontrolle	Die verantwortliche Stelle muss die Einhaltung der Weisungen durch den Auftragnehmer sicherstellen.	schriftliche Verträge, Vertragskontrolle, weitere Auftragsverarbeiter, Sicherheitszertifikate
Verfügbarkeits-kontrolle		Hochverfügbarkeit, Disaster Recovery, Backup und Business-Continuity-Konzepte, Test
Trennbarkeit	Prozesse sind entsprechend einzurichten.	Systemseparation, Multi-Tenancy

Tabelle 11.1 Verantwortlichkeiten für technische und organisatorische Maßnahmen (TOM) (Forts.)

Betrachtung der TOM: speziell für Cloud-Lösungen

Im Folgenden werden die Maßnahmen nochmals betrachtet, diesmal jedoch besonders in Bezug auf die Leistungen, die im Rahmen der SAP-Cloud-Lösungen erbracht werden. Bei Cloud-Lösungen wird nicht nur die Software zur Verfügung gestellt, sondern auch die gesamte Infrastruktur, Rechenzentrum, Rechner und Speicher, Betrieb und Wartung, Support und das Application Management. Insofern ist der Anbieter von Cloud-Lösungen dafür verantwortlich, dass alle notwendigen Maßnahmen vorhanden und die entsprechenden Nachweise verfügbar sind. Eine generelle Datensicherheitsrichtlinie (Data Security Policy) schafft den Rahmen, auf dem diese Maßnahmen basieren.

Wir können hier natürlich nicht alle Maßnahmen nennen, möchten aber insbesondere auf die folgenden Maßnahmen hinweisen, die im Cloud-Kontext wichtig sind.

Zugangskontrolle

Physischer Zugang

Der physische Zugang zu Einrichtungen, Gebäuden und Räumlichkeiten, in denen sich Datenverarbeitungssysteme befinden, die personenbezogene Daten verarbeiten oder nutzen, soll nur befugten Personen erlaubt sein. Zu den Zugangskontrollen gehört:

- Die entsprechenden Gebäude sind durch Zutrittskontrollsysteme gesichert, z. B. ist der Zutritt nur mit Chipkarte möglich
- Die äußeren Zugänge der entsprechenden Gebäude sind mit einer zertifizierten Schließanlage mit aktiver Schlüsselverwaltung ausgestattet.
- Abhängig von der Sicherheitseinstufung werden die entsprechenden Gebäude, einzelne Bereiche und das umliegende Gelände durch weitere Maßnahmen geschützt, z. B. durch spezielle Zutrittsprofile, Videoüberwachung, Einbruchmeldeanlagen und biometrische Zutrittskontrollsysteme.

Vergabe von Zutrittsrechten

Die Vergabe der Zutrittsrechte an die berechtigten Personen sollte auf individueller Basis gemäß den Maßnahmen zur System- und Datenzugriffskontrolle erfolgen. Dies gilt auch für den Zutritt von Besuchern. Gäste und Besucher müssen sich namentlich an der Rezeption anmelden, sollten einen Besucherausweis erhalten und von autorisiertem Personal begleitet werden. Internes und externes Personal sollte den Unternehmensausweis an allen Standorten tragen.

Zusätzliche Maßnahmen für Rechenzentren

Für die Rechenzentren gelten strenge Sicherheitsmaßnahmen, die u. a. durch Wachpersonal, Überwachungskameras, Bewegungsmelder und Zugangskontrollmechanismen unterstützt werden, um Anlagen und Einrichtungen vor dem Zugriff Unbefugter zu schützen. Zu den Systemen und zur Infrastruktur der Rechenzentren haben ausschließlich autorisierte Personen Zugang. Geräte wie Bewegungssensoren und Kameras werden in regelmäßigen Abständen gewartet, um eine ordnungsgemäße Funktion sicherzustellen.

In allen internen sowie in allen von Dritten betriebenen Rechenzentren werden Zutritte von befugten Personen zu den nicht öffentlichen Bereichen mit Namen und Uhrzeit protokolliert.

Darüber hinaus müssen Rechenzentren mit kugelsicheren Wänden, Videoüberwachungskameras, Kartenschlüsselsystemen sowie biometrischen Systemen und Ausweissystemen ausgestattet sein.

Benutzerkontrolle

Autorisierte Nutzung und Zugriffsmanagement

Datenverarbeitungssysteme, die zur Bereitstellung von Cloud-Lösungen genutzt werden, müssen vor einer nicht autorisierten Nutzung geschützt werden. Beispiele für Maßnahmen sind das Zugriffsmanagement (auch bekannt unter IAM, Identity and Access Management), Passwortrichtlinien hinsichtlich Länge, Komplexität und Wechselfrequenz und eine starke Authentifizierung (z. B. Multi-Faktor-Authentifizierung, also Überprüfung der Zugangsberechtigung anhand von mehreren unabhängigen Merkmalen).

- Die Gewährung des Zugriffs auf sensible Systeme, einschließlich der Systeme zur Speicherung und Verarbeitung personenbezogener Daten, erfolgt über mehrere Berechtigungsstufen. Berechtigungen werden über definierte Prozesse, basierend auf einer Security Policy, verwaltet.
- Alle Personen greifen mit einer eindeutigen Kennung – der User-ID – auf die Systeme zu.
- Angeforderte Änderungen an Berechtigungen dürfen nur in Übereinstimmung mit der Security Policy durchgeführt werden und sind durch entsprechende Verfahren abgesichert, z. B. dürfen keine Rechte ohne die entsprechende Berechtigung desjenigen, der die Rechte erteilt, erteilt werden.
- Zugriffe auf Produktivsysteme werden protokolliert.
- Wenn ein Mitarbeiter das Unternehmen verlässt, werden dessen Zugriffsrechte aufgehoben.

- Das Unternehmensnetzwerk ist durch Firewalls gegenüber dem öffentlichen Netzwerk geschützt.
- Es werden aktuelle Virenscanner an den Übergängen zum Firmennetz, für E-Mail-Konten, sowie auf allen File-Servern und auf allen Einzelplatzcomputern verwendet.
- Ein Sicherheits-Patch-Management gewährleistet die Anwendung entsprechender regelmäßiger Sicherheits-Updates

Kennwortrichtlinie

Es muss eine Kennwortrichtlinie existieren, die erfordert, dass Kennwörter regelmäßig geändert und initial vorgegebene Kennwörter geändert werden, die die Weitergabe von Kennwörtern untersagt und regelt, wie vorzugehen ist, wenn ein Kennwort offengelegt wurde. Zur Authentifizierung werden personalisierte Benutzerkennungen (User-IDs) zugewiesen. Des Weiteren muss die Richtlinie beinhalten, dass alle Kennwörter bestimmte Mindestbedingungen erfüllen müssen und in verschlüsselter Form gespeichert werden. Es gibt Regelungen zur Änderungsfrequenz und Komplexität von Kennwörtern, z. B. wird alle sechs Monate eine Änderung des Kennwortes erzwungen, das Kennwort muss mindestens 8 Zeichen lang sein und Sonderzeichen enthalten, plus mögliche weitere Regeln.

Zugriffskontrolle

Benutzer erhalten nur Zugriff auf die personenbezogenen Daten, für deren Zugriff sie berechtigt sind. Personenbezogene Daten dürfen bei der Verarbeitung, Nutzung oder Speicherung nicht unbefugt gelesen, kopiert, verändert oder entfernt werden.

- Personenbezogene Daten genießen mindestens den gleichen Schutz wie vertrauliche Informationen; dieses ist entsprechend in der Datensicherheitsrichtlinie festgelegt.
- Es existiert ein entsprechendes Berechtigungskonzept, in dem die Zuweisungsprozesse und die zugewiesenen Rollen pro User-ID dokumentiert sind.
- Alle produktiven Server werden in den Rechenzentren oder in sicheren Serverräumen betrieben. Die Sicherheitsmaßnahmen zum Schutz der Anwendungen zur Verarbeitung personenbezogener Daten werden in regelmäßigen Abständen geprüft. Zu diesem Zweck werden interne und externe Sicherheitsüberprüfungen und Penetrationstests der IT-Systeme durchgeführt.

- Auf den Cloud-Systemen wird nur Software installiert, die einen Genehmigungsprozess durchlaufen hat und dort genehmigt wurde. Dies sichert ab, dass nur Software zum Einsatz kommt, die Kontrollmechanismen zum Datenzugriff aufweist.
- Durch einen entsprechenden Sicherheitsstandard wird geregelt, auf welche Weise Daten und Datenträger gelöscht oder vernichtet werden, wenn sie nicht mehr benötigt werden. Ein unbefugter Datenzugriff wird dadurch ausgeschlossen.

[«]

»Need-to-know«-Prinzip

Nach dem »Need-to-know«-Prinzip wird der Zugriff auf personenbezogene Daten nur bei entsprechender Notwendigkeit gewährt, d. h. jeder Person wird der Zugriff nur auf die Informationen gewährt, die sie unbedingt zur Erledigung ihrer Pflichten benötigt.

Speicherkontrolle

Es wird die Möglichkeit geschaffen, im Nachhinein zu untersuchen und festzustellen, ob und von wem personenbezogene Daten erfasst, geändert oder gelöscht wurden:

- Es ist ausschließlich befugten Personen gestattet, auf personenbezogene Daten zuzugreifen.
- Ein Protokollierungssystem für das Erfassen, Ändern und Löschen oder Sperren personenbezogener Daten ist implementiert.

Transportkontrolle

Elektronischer und physischer Transport von Daten

Die Transport- oder auch Datenübertragungskontrolle gewährleistet, dass personenbezogene Daten, außer soweit für die Erbringung der Cloud-Services notwendig, bei der Übertragung oder Speicherung nicht unbefugt gelesen, kopiert, verändert oder entfernt werden können. Beim physischen Transport von Datenträgern werden geeignete Maßnahmen durchgeführt, um die vereinbarten Service-Level zu gewährleisten:

- Personenbezogene Daten sind bei der Übertragung über interne Netzwerke und an weitere Auftragsverarbeiter gemäß der Security Policy geschützt, z. B. durch die Verschlüsselung von Daten bei der Übertragung mit TLS 1.2.
- Die physische Übertragung von Daten, z. B. auf externen Datenträgern, wird – sofern sie nötig ist – auch entsprechend geschützt, z. B. durch verschlüsselte Datenträger in mit Blei ausgekleideten Behältern.

- Für die Übertragung der Daten zwischen Auftragsverarbeiter und Kunden müssen die Sicherheitsmaßnahmen für die Übertragung der personenbezogenen Daten von den Parteien vereinbart werden. Dies gilt sowohl für die physische als auch für die netzwerkbasierte Datenübertragung.

Auftragskontrolle

Schriftliche Verträge mit Auftragsverarbeitern

Personenbezogene Daten dürfen vom Auftragsverarbeiter ausschließlich in Übereinstimmung mit der schriftlichen vertraglichen Vereinbarung mit dem Kunden und den Weisungen des Kunden verarbeitet werden.

Beispiele für solche Maßnahmen sind Verträge und entsprechende Kontrollen:

- Es bestehen schriftliche Verträge zwischen Auftragsverarbeiter und Kunden sowie zwischen Auftragsverarbeiter und den weiteren Auftragsverarbeitern, in denen die Verarbeitung klar beschrieben und geregelt ist und die Aufgaben der Parteien ebenfalls klar geregelt sind.
- Es werden Kontrollen und Verfahren genutzt, um die Einhaltung dieser Verträge zu überwachen.
- Alle Mitarbeiter des Auftragsverarbeiters sowie die weiteren Auftragsverarbeiter sind vertraglich dazu verpflichtet, die Geheimhaltungspflicht in Bezug auf alle sensiblen Informationen einzuhalten.
- Die weiteren Auftragsverarbeiter sollten mindestens ein international gültiges Sicherheitszertifikat aufweisen, z. B. ISO 27001.

Verfügbarkeitskontrolle und Wiederherstellbarkeit

Schutz vor Vernichtung oder Verlust von Daten

Personenbezogene Daten werden vor versehentlicher oder nicht autorisierter Vernichtung oder Verlust geschützt.

- Es existieren regelmäßige Backup-Prozesse zur Wiederherstellung der Verfügbarkeit der Systeme bei Bedarf, inklusive regelmäßiger Tests der Backup- und Restore-Funktion sowie entsprechende Backup-Pläne, in denen die Backup-Zyklen angegeben sind.
- In den Rechenzentren sind Verfügbarkeitsmaßnahmen gemäß dem herrschenden Industriestandard vorgenommen worden, wie z. B. unterbrechungsfreie Stromversorgungen (USV, Generatoren), Hochverfügbarkeitsmechanismen für Computer, Storage und Netzwerk, Gebäudeschutzmaßnahmen usw.

[«]

Zusätzliche Maßnahmen für geschäftskritische Systeme

Für geschäftskritische Systeme sollten zusätzliche Vorkehrungen getroffen werden. Es sollten Notfallpläne für geschäftskritische Prozesse (BCP, Business Continuity Plan) sowie Desaster-Recovery-Pläne (DR-Pläne) existieren. Auch sollten die Notfallprozesse und -systeme regelmäßig getestet werden.

Trennbarkeit

Trennung der Daten pro Kunde

Insbesondere für Cloud-Lösungen ist es wichtig, dass personenbezogene Daten, die für unterschiedliche Zwecke erfasst werden, auch getrennt verarbeitet werden können. Diese Maßnahmen sollen z. B. sicherstellen, dass ein Kunde einer Cloud-Lösung nicht die Daten eines anderen Kunden sehen oder gefährden kann:

- Es muss abgesichert werden, dass ein Kunde ausschließlich auf seine eigenen Daten Zugriff hat.
- Es werden die technischen Möglichkeiten der implementierten Systeme genutzt, um die Trennung von personenbezogenen Daten zu ermöglichen, die von verschiedenen Auftraggebern stammen, wie z. B. Multi-Tenancy, Trennung auf der Netzwerkebene oder getrennte Systemlandschaften oder Datenbanken pro Kunde.

Zuverlässigkeit

Erkennen und Beheben von fehlerhaftem Systemverhalten

Die Zuverlässigkeit im Sinne des Funktionierens der Systeme ist für Cloud-Lösungen eigentlich selbstverständlich. Der wichtigere Teil ist insbesondere für Cloud-Lösungen die lückenlose Überwachung und das Erkennen und Beheben von fehlerhaftem Systemverhalten, die beim Auftragsverarbeiter etabliert sein müssen.

- Es werden Überwachungssysteme eingesetzt, die es ermöglichen, alle wesentlich Systemteile zu monitoren.
- Es sind Prozesse etabliert, die die Behandlung von fehlerhaftem Verhalten der Systeme sicherstellen.
- Es werden Rechenzentren in verschiedenen Regionen und Ländern zur Unterstützung der Datenresidenz und Redundanzanforderungen eingerichtet.
- ANSI/TIAEIA-942 Tier III + Einrichtungen

Datenintegrität

Unversehrte, vollständige und aktuelle Daten

Personenbezogene Daten bleiben während der Verarbeitungsaktivitäten unversehrt, vollständig und aktuell. Um die oben genannten Kontrollen und Maßnahmen umzusetzen, werden zum Schutz vor unautorisierten Änderungen u. a. die folgenden Mittel verwendet:

- Firewalls und Perimeterschutz
- Antivirensoftware
- Datensicherung, inklusive Replikation und Wiederherstellung
- Security Incident Monitoring
- Intrusion Detection
- regelmäßige geplante Infrastruktur-Scans und Schwachstellentests
- externe und interne Penetrationstests
- regelmäßige Prüfung der Sicherheitsmaßnahmen durch externe Prüfer

Zusammenfassung

Viele der genannten Maßnahmen kommen bei der Auftragsverarbeitung in SAP-Cloud-Lösungen zum Einsatz. Auszuführen, welche Maßnahmen im Speziellen auf jede einzelne Lösung zutreffen, würde den Rahmen dieses Buches sprengen. Die TOM sind Bestandteil der Standardverträge. Sie werden regelmäßig in Audits geprüft und sind somit auch in den Audit-Reports der jeweiligen Lösung zu finden.

Umsetzung der TOM auch durch die Verantwortlichen

Aber auch die Verantwortlichen selbst müssen ihre TOM angemessen umsetzen. Um dies zu ermöglichen, werden in den Lösungen Funktionen zu einzelnen TOM zur Verfügung gestellt, wie z. B. Funktionen zur Berechtigungsvergabe in der Benutzerverwaltung. Diese werden in den Kapiteln zu den einzelnen Cloud-Lösungen näher beschrieben.

TOM – immer und überall

Die genannten Maßnahmen gelten natürlich nicht nur für SAP-Cloud-Lösungen, sondern treffen auf alle Cloud-Lösungen zu. Insofern ist das oben Gesagte auch auf alle anderen Cloud-Lösungen anwendbar, die eventuell bei Ihnen zum Einsatz kommen. Falls Sie also die eine oder andere Cloud-Lösung noch nicht entsprechend geprüft haben, können Sie das anhand der genannten Kriterien nachholen.

11.2.9 Risikomanagement

Risikobewertungen und Mitigationspläne

Formelle und regelmäßige Risikobewertungen sind die Grundlage für die Einschätzung der Datenschutzrisiken. Sie sollten regelmäßig, z. B. jährlich, vom Cloud-Anbieter durchgeführt werden, um Risiken zu identifizieren, zu quantifizieren und zu bewerten. Für die identifizierten Risiken sollten Pläne zur Mitigation aufgestellt werden, mit dem Schwerpunkt auf Risiken bezüglich der Vertraulichkeit, Integrität und Verfügbarkeit geschützter Informationen und der Anwendung von Kontrollen bezüglich dieser Risiken.

11.2.10 Laufende Konformität

Konformität – eine permanente Aktivität mit vielen Beteiligten

Der Cloud-Anbieter sollte die fortlaufende Einhaltung und Überwachung der Konformität durch die folgenden Maßnahmen sicherstellen:

- kontinuierliche Überwachung von möglichen Gefahren und Sicherheitslücken
- regelmäßige Folgenabschätzung und Risikominderung
- regelmäßiger Test der Prozesse für Sicherheitsverletzungen, Sicherheitsbewertung von Anwendungen, Netzwerk und IT-Infrastruktur
- regelmäßige Schulungen zu Datenschutz und Sicherheit für Endbenutzer
- regelmäßige Überprüfung der Sicherheitsmaßnahmen durch externe Prüfer
- regelmäßige Überprüfung der weiteren Auftragsnehmer

11.3 Zusammenfassung

In diesem Kapitel haben Sie gesehen, dass Cloud-Lösungen im Rahmen der DSGVO besondere Datenschutzanforderungen erfüllen müssen. Diese beinhalten – neben der reinen Produktfunktionalität – Anforderungen an Prozesse, Services, vertragliche Regelungen und auch Anforderungen an weitere Dienstleister der Cloud-Anbieter. Die SAP-Cloud-Lösungen stellen dazu ein Portfolio an Leistungen zur Verfügung, die die gesetzlichen Anforderungen für Auftragsverarbeiter abdecken. Diese Leistungen helfen Kunden der Cloud-Lösungen auch dabei, ihre eigene gesetzliche Konformität zu unterstützen. Letztendlich muss aber jeder Kunde als Verantwortlicher für die Verarbeitung personenbezogener Daten seine gesetzliche Konformität vollumfänglich selbst sicherstellen.

Kapitel 12
»Lösungen, die wachsen und nicht wuchern«: Datenschutz in der SAP Cloud Platform

In diesem Kapitel stellen wir Ihnen die Datenschutzfunktionen der SAP Cloud Platform vor. Dabei behandeln wir als Beispiel sowohl eine Cloud-Anwendung und ihre Werkzeuge als auch die Datenschutzservices, die Ihnen für Ihre Eigenentwicklungen zur Verfügung stehen.

SAP Cloud Platform ist die Technologieplattform von SAP. Diese Softwarelösung ermöglicht es Ihnen, entweder Anwendungen von SAP zu nutzen oder eigene Anwendungen zu entwickeln. In Abschnitt 12.1, »Was ist SAP Cloud Platform?«, führen wir in das Thema Datenschutz in der SAP Cloud Platform ein. Anschließend stellen wir Ihnen die Datenschutzfunktionen an zwei konkreten Anwendungsbeispielen ausführlich vor:

Die Datenschutzfunktionen der SaaS-Anwendung (Software as a Service) *SAP Subscription Billing* lernen Sie in Abschnitt 1.2, »Was bedeutet die DSGVO für Sie?«, kennen. Die Datenschutzfunktionen von *SAP Master Data Integration* (vormals *SAP Cloud Platform Master Data for Business Partners*) lernen Sie in Abschnitt 12.3.1, »Datenschutzfunktionen von SAP Master Data Integration«, kennen. Die Funktion und Integration des *SAP Cloud Platform Data Retention Managers* für die Entwicklung einer kundeneigenen Cloud-Anwendung ist Thema von Abschnitt 12.3.3, »Retention-Regeln des SAP Cloud Platform Data Retention Managers konfigurieren«.

12.1 Was ist SAP Cloud Platform?

Dieser Abschnitt möchte Ihnen häufige Fragen zu SAP Cloud Platform beantworten. Diese Informationen werden Ihnen bei der Erstellung Ihres technischen Datenschutzkonzepts helfen.

Integration in die SAP-Welt

Die SAP Cloud Platform bietet zahlreiche Verbindungsmöglichkeiten zu bestehender SAP-Software und viele Standardmöglichkeiten zur einfachen Integration von Softwareanwendungen. Weitere Anwendungsfälle für SAP Cloud Platform sind daher die Erweiterung und die individuelle Anpassung an bestehende *On-Premise-* oder *Cloud-Anwendungen* von SAP. Anwendungen, die Sie oder Ihre Kollegen in Ihrem Unternehmen betreiben, können Sie mit einem Standardvorgehen integrieren und aufrufbar machen.

Technische Überlegung zum Datenschutzkonzept

Folgende Fragen stellen sich für ein technisches Datenschutzkonzept:

- Welche Integrationen sind möglich?
- Wo kommen die Daten her?
- Wie finde ich einen Service?
- Wo sind die Datenschutzfunktionen beschrieben?
- Welches Rechenzentrum steht in welchem Land zur Verfügung?
- Welche Standardlandschaften (Amazon Web Services (AWS), Microsoft Azure, Alibaba) werden unterstützt?
- Welche technischen und organisatorischen Maßnahmen (TOM) gibt es in SAP Cloud Platform?

Die SAP Cloud Platform eignet sich auch für die Entwicklung neuer kundeneigener Anwendungen oder als Ergänzung bestehender SAP-Anwendungen. Viele neue Services und Anwendungen sind in den letzten Jahren in der SAP Cloud Platform entstanden. Die SAP Cloud Platform bietet eine ideale Basis für eigene Cloud-Anwendungen. Ein Angebot an Services ermöglicht es Ihnen, ohne großen Aufwand schnell und effizient Cloud-Software zu schreiben und von vielen bereits vorhanden Funktionen zu profitieren. Um ein gutes Datenschutzkonzept zu erstellen, empfiehlt Ihnen unser Autorenteam, eine klare Vorstellung Ihres Szenarios zu entwickeln. Diese Übersicht hilft Ihnen, Anforderungen zur Umsetzung eines übergreifenden Datenschutzkonzepts aufzuschreiben.

12.1.1 Standard-Services von SAP Cloud Platform finden und mieten

Abonnementmodell (Cloud Subscription)

Die SAP Cloud Platform basiert auf einen Abonnementmodell (*Cloud Subscription*). Es ist es daher notwendig, dass Sie oder Ihr Arbeitgeber einen *Customer Global Account* besitzen oder Ihr Unternehmen am *Partnerprogramm* von SAP teilnimmt. Es besteht zudem die Möglichkeit, sich für einen *Trial-Account* zu registrieren und ohne weitere Verpflichtungen Services auszuprobieren. Ihnen stehen auch viele fertige Softwarelösungen, z. B. SAP Subscription Billing, zur Verfügung. Vielleicht gibt es bereits eine fertige Softwarelösung für Ihr Unternehmen?

Damit Sie die SAP Cloud Platform einheitlich und effizient nutzen können, gibt es für viele Standardanwendungsfälle Lösungen in Form von E-Reuse-

Services. Eine Vielzahl von Services steht damit auf der Plattform zur Benutzung bereit und ermöglicht Ihnen so eine effiziente Entwicklung eigener *Cloud-Anwendungen*. Die Standardisierung der Tools vereinfacht das Entwickeln gut integrierbarer Software.

[«]

Was ist ein Service?

Unter einem Service verstehen die Autoren eine oder mehrere über ein Standard-Interface nutzbare Softwarefunktionen. Der Einstieg in diese Welt ist denkbar einfach und unkompliziert. Nach der Registrierung und der Auswahl stehen die Services, Laufzeitumgebungen und Hilfsmittel zur Verfügung.

Verfügbarkeit der Services

Um sinnvoll mit der Eigenentwicklung einer funktionierenden Integration zu Ihrer heute eingesetzten Software beginnen zu können und um zu verstehen, welche Funktionen für den Datenschutz zur Verfügung stehen, empfehlen wir Ihnen, zwei grundsätzliche Vorüberlegungen anzustellen:

- **Welche Services oder Anwendungen möchten Sie nutzen?**
  Eine Übersicht der verfügbaren Services (Capabilities) wird im SAP Help Portal bereitgestellt. Die Informationen finden Sie unter folgendem Link: *https://help.sap.com/viewer/65de2977205c403bbc107264b8eccf4b/Cloud/en-US/7613d9ce711e1014839a8273b0e91070.html*. Hinter den Kacheln der SAP-Help-Portal-Seite befindet sich je eine tabellarische Übersicht der verfügbaren Services pro Kategorie (siehe Abbildung 12.1).

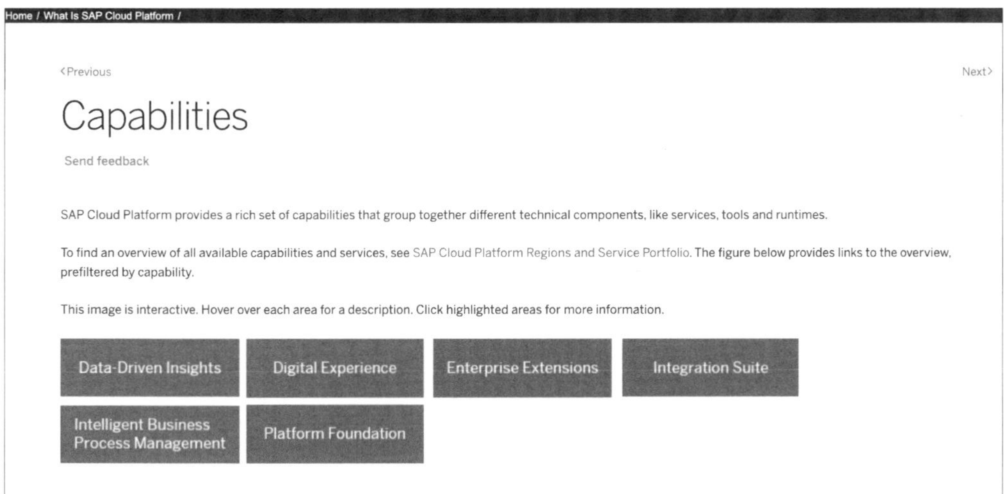

Abbildung 12.1 Auswahl der Services im SAP Help Portal

Abbildung 12.2 zeigt Ihnen ein Beispiel für den Service **Business Rules** der Kategorie **Intelligent Business Process Management**. In der Tabelle ist die

Verfügbarkeit der Services in den möglichen Landschaften **AWS**, **Azure** und **Alibaba** beschrieben. SAP arbeitet beim Betrieb der SAP Cloud Platform mit verschiedenen Partnern zusammen. Diese Partnerinformation ermöglicht es Ihnen, abhängig von Ihren Datenschutzpräferenzen, eine Auswahl zu treffen.

Business Rules	Cloud Foundry	Intelligent Business Process Management	AWS	Europe (Frankfurt) Australia (Sydney) US East (VA) Singapore Japan (Tokyo) Brazil (São Paulo)	Available
Business Rules	Cloud Foundry	Intelligent Business Process Management	Azure	Europe (Netherlands) US West (WA)	Available
Business Rules	Cloud Foundry	Intelligent Business Process Management	Alibaba	China (Shanghai)**	Available

Abbildung 12.2 Beispiel für einen Eintrag des Service »Business Rules«

- **In welchem Rechenzentrum stehen die Services zur Verfügung?**
  Viele Unternehmen in Europa legen aus Datenschutzgründen großen Wert darauf, die Standorte der Rechenzentren zu kennen. Wünschen Sie und Ihr Unternehmen nur europäische Rechenzentren? SAP bietet im SAP Help Portal eine gute Übersicht dazu, in welchen Rechenzentren von SAP oder der SAP-Partner die Services der SAP Cloud Platform zur Verfügung stehen (siehe Abbildung 12.3).

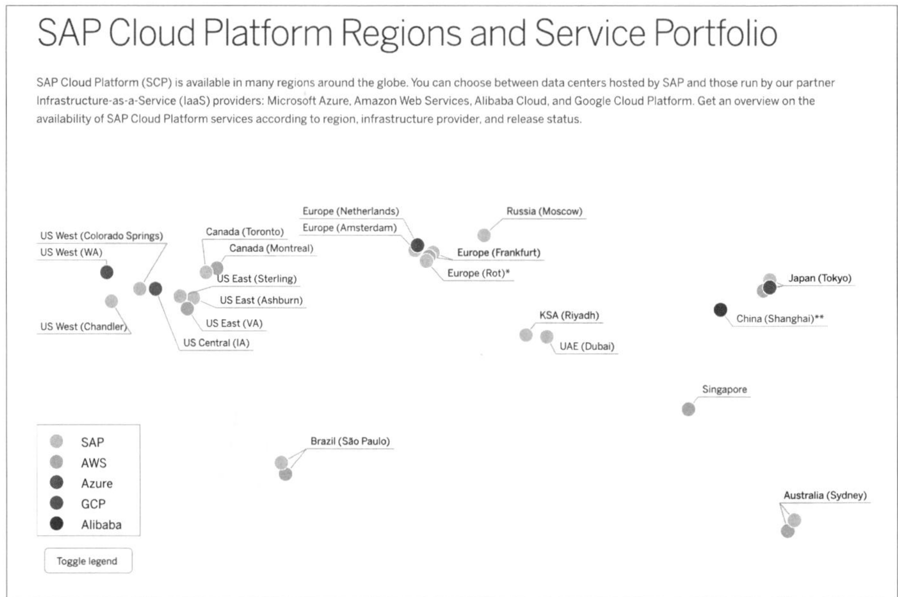

Abbildung 12.3 Übersicht über die vorhandenen Rechenzentren der SAP Cloud Platform

Diese Informationen finden Sie unter dem folgenden Link: *https://help.sap.com/doc/aa1ccd10da6c4337aa737df2ead1855b/Cloud/en-US/3b642f68227b4b1398d2ce1a5351389a.html*

12.1.2 Datenschutzfunktionen und Dokumentation der SAP Cloud Platform

Nachdem wir Ihnen nun ein paar Grundlagen zur SAP Cloud Platform erklärt und beschrieben haben, zeigen wir Ihnen, wie Sie im SAP Help Portal Services finden und auswählen können.

Dokumentation

Die SAP Cloud Platform unterscheidet sich zwar von On-Premise-Systemen, wie z. B. der SAP Business Suite, aber die Vorbereitung und Analyse der Daten für ein Datenschutzprojekt ist vergleichbar. Auch die Datenschutzfunktionen der SAP Cloud Platform sind in der SAP-Hilfe beschrieben. Sie finden Sie unter **Data Protection and Privacy** (in englischer Sprache) bzw. unter **Datenschutz** (in deutscher Sprache). Eine ausführliche Datenschutzdokumentation finden Sie in den Setup und Administration Guides, der Feature-Übersicht oder in den API (Application Programming Interface) und Integration Guides. In Abbildung 12.4 sehen Sie ein Beispiel für eine Einstiegseite in eine Anwendungsdokumentation.

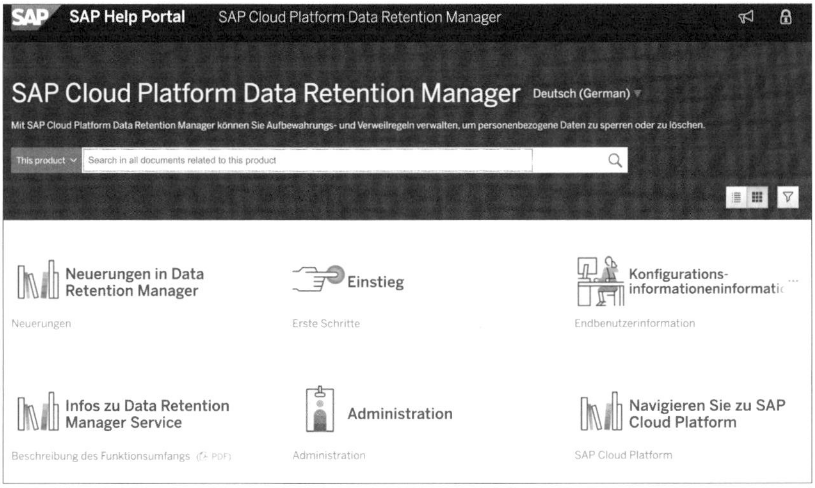

Abbildung 12.4 Einstiegsseite in eine Anwendungsdokumentation

12.1.3 Die TOM der SAP Cloud Platform

In Abschnitt 1.3.4, »Technisch-organisatorische Maßnahmen (TOM)«, sind wir bereits auf die TOM eingegangen. An dieser Stelle gehen wir deshalb lediglich auf die Bedeutung für und auf die Umsetzung durch den Auftragsverarbeiter sowie den Verantwortlichen ein. Die Verpflichtungen, die SAP als Auftragsverarbeiter übernimmt, sind in einer Anlage zum *Personal Data Processing Agreement* for SAP Cloud Services zu finden (siehe Tabelle 12.1).

Maßnahme	Auftragsverarbeiter SAP	Verantwortlicher
Zugangskontrolle: Zugangsbeschränkungen zu Gebäuden, Anlagen und physischen Schnittstellen.	Im Kontext der Cloud Offerings von SAP geht es um zwei Kernbereiche: um die allgemeine Zugangskontrolle aller Bereiche, in denen z. B. ein Zugriff auf ein Cloud-System durch einen Supporter ausgeübt werden kann, und um den besonderen Schutz unserer Rechenzentren.	Der Verantwortliche ist nur der Sorge enthoben, sich um die Sicherheit der Server zu kümmern, auf denen das System und die Datenbank arbeiten, wie SAP Cloud Platform oder SAP S/4HANA. Natürlich muss er sich um die Zugangskontrolle zu allen Endgeräten, die auf dieses System zugreifen können oder Daten aus diesen Systemen empfangen, kümmern, sofern sie seiner Kontrolle zu zurechnen sind. Das sind neben Arbeitsplatzrechnern auch Drucker und mobile Endgeräte.
Datenträgerkontrolle: Datenträger dürfen nicht unbefugt gelesen, kopiert, verändert oder gelöscht werden.	Die Datenträger der eigentlichen Cloud-Instanz sind vollumfänglich durch die Zugangskontrolle gesichert.	Relevant für den Verantwortlichen sind alle Kopien auf andere Datenträger, wie USB-Sticks, externe Festplatten und andere Cloud-Services. Exemplarisch sei hier der Mitarbeiter erwähnt, der auf ein mobiles Endgerät Kundendaten herunterlädt und diese dann über eine Sicherung des Geräts bei einem anderen Anbieter als SAP vermeintlich »sichert«, sie faktisch jedoch der Kontrolle des Verantwortlichen entzieht.
Speicherkontrolle: ähnlich der Datenträgerkontrolle unter Beachtung der Eingabemöglichkeiten.	Neben dem Schutz der Datenträgerkontrolle auch Schutz durch Funktionstrennung.	Für eine Verarbeitung außerhalb des Primärsystems relevant.

Tabelle 12.1 Anlage zum Personal Data Processing Agreement for SAP Cloud Services

Maßnahme	Auftragsverarbeiter SAP	Verantwortlicher
Benutzerkontrolle: Einschränkung auf befugte Nutzer.	Beschränkung auf Administratoren und Support-Rollen, Protokollierung der User-Nutzung.	Da der überwiegende Teil der Verarbeitung (Eingabe von Daten, Auswertungen usw.) beim Verantwortlichen liegt, muss dieses entsprechend umfassend geregelt sein.
Zugriffskontrolle: Berechtigungskonzept.	Das Berechtigungskonzept muss administrative Zugriffe und Support-Zugriffe ermöglichen, und die Funktionstrennung ist zu beachten. Eine Protokollierung erfolgt.	Ebenso wie bei der Benutzerkontrolle: Da die betriebswirtschaftliche Nutzung beim Verantwortlichen liegt, ist ein umfassendes Berechtigungskonzept aufzustellen, das das Minimalprinzip einschlägig berücksichtigt. Eine Protokollierung erfolgt und kann auch für lesende Zugriffe genutzt werden.
Übertragungskontrolle: Kontrolle der Übertragung personenbezogener Daten oder Bereitstellung zum Abruf.	Nur vereinbarte oder angewiesene Übertragungen werden ausgeführt.	Der Verantwortliche ist einerseits derjenige, der den Auftragsverarbeiter anweisen wird, wann an wen welche Daten zu übertragen sind. Andererseits werden zahlreiche Übertragungen vom Verantwortlichen selbst vorgenommen. Dies gilt im Besonderen für alle Daten, die aus dem System extrahiert wurden, wie die fast sprichwörtlichen Microsoft-Excel-Downloads.
Transportkontrolle: Absicherung von Übermittlung oder Transport.	Die Datenübermittlung erfolgt verschlüsselt, sodass Verlust, Änderung und ungewollte Kenntnisnahme ausgeschlossen sind. Transporte erfolgen nicht.	Der Verantwortliche hat alle Übertragungen und Transporte außerhalb des gestellten Systems abzusichern. Auch hier wird auf Downloads, z. B. auf USB-Sticks, verwiesen.

Tabelle 12.1 Anlage zum Personal Data Processing Agreement for SAP Cloud Services (Forts.)

Maßnahme	Auftragsverarbeiter SAP	Verantwortlicher
Wiederherstellbarkeit: Eingesetzte Systeme müssen wiederherstellbar sein.	Regelmäßige Backup-Prozesse, Angebot für Desaster-Recovery-Strategien, Notfallprozesse und -systeme werden regelmäßig getestet.	Für das Cloud-System durch den Auftragsverarbeiter zu leisten.
Zuverlässigkeit: Systeme müssen zur Verfügung stehen und Fehlfunktionen erkannt werden.	▪ Firewalls ▪ Security Monitoring Center ▪ Antivirensoftware ▪ Erstellen von Sicherungskopien und Wiederherstellung ▪ externe und interne Penetrationstests ▪ regelmäßige Prüfung der Sicherheitsmaßnahmen durch externe Prüfer	Für das Cloud-System durch den Auftragsverarbeiter zu leisten.
Datenintegrität: Personenbezogene Daten dürfen nicht durch Fehlfunktionen beschädigt werden.	▪ Firewalls ▪ Security Monitoring Center ▪ Antivirensoftware ▪ Erstellen von Sicherungskopien und Wiederherstellung ▪ externe und interne Penetrationstests ▪ regelmäßige Prüfung der Sicherheitsmaßnahmen durch externe Prüfer	Für das Cloud-System durch den Auftragsverarbeiter zu leisten.
Auftragskontrolle: Sicherstellung, dass der Auftragnehmer entsprechend Vertrag und Vorgabe verarbeitet.	Nur relevant, soweit SAP Subauftragnehmer zur Verarbeitung nutzt. Diese müssen dann entsprechend kontrolliert werden.	Der Verantwortliche muss durch geeignete Kontrollen bis hin zu Onsite-Inspektionen sicherstellen, dass die Verarbeitung im Rahmen von Vertrag und Vorgaben stattfindet.

Tabelle 12.1 Anlage zum Personal Data Processing Agreement for SAP Cloud Services (Forts.)

Maßnahme	Auftragsverarbeiter SAP	Verantwortlicher
Verfügbarkeitskontrolle: Schutz der Daten gegen Verlust oder Beschädigung.	regelmäßige Backup-Prozesse, unterbrechungsfreie Stromversorgungen, Geschäftseventualfallpläne für geschäftskritische Prozesse, Angebot von Desaster-Recovery-Strategien	Für das Cloud-System durch den Auftragsverarbeiter zu leisten.
Trennbarkeit: Daten, die für unterschiedliche Zwecke erhoben worden sind, sind getrennt zu halten.	Multi-Tenancy- oder getrennte Systemlandschaften	Der Auftragnehmer kann die Systeme oder Mandanten trennen; die Trennung innerhalb eines Systems muss durch den Verantwortlichen gewährleistet werden, u. a. durch entsprechende Stammdaten- und Prozessmodellierung.

Tabelle 12.1 Anlage zum Personal Data Processing Agreement for SAP Cloud Services (Forts.)

12.2 Datenschutzfunktionen von SAP Subscription Billing

In diesem Abschnitt stellen wir Ihnen die Datenschutz-Tools der SAP Cloud Platform vor. Wir stellen dabei den SAP Cloud Platform Data Retention Manager und das Auskunft-Tool SAP Cloud Platform Personal Data Manager vor.

12.2.1 Einführung

Abonnementverwaltung in der Cloud

SAP Subscription Billing ist eine Software *zur Abonnementverwaltung* der SAP Cloud Platform. Sie können mit dieser Cloud-Anwendung Kunden anlegen, ihnen ein oder mehrere Abonnements verkaufen und diese verwalten. Am Ende einer Abrechnungsperiode werden vom System Rechnungen erzeugt und die Abonnementkosten abgerechnet. Außerdem haben Sie die Möglichkeit, Berichte über die Abonnementkunden zu erstellen. Weitere Details zu der Cloud-Anwendung finden Sie im SAP Help Portal unter folgender URL: *https://help.sap.com/viewer/product/CLOUD_TO_CASH_OD/2019-12-11/en-US*

Datenschutzanalyse des Geschäftsprozesses

Um ein gutes Verständnis für die Datenschutzanforderungen zu bekommen ist es wichtig, den Geschäftsprozess zu verstehen:

- Welche Daten werden verarbeitet?
- Gibt es einen Vertrag, der die Basis der Verarbeitung definiert?
- Gibt es Aufbewahrungsfristen?
- Sind die Endkunden an dem Prozess beteiligt?

In SAP Subscription Billing sind die personenbezogenen Daten für jeden Ihrer Kunden gespeichert. Im Folgenden betrachten wir, welche personenbezogenen Daten in welcher Eingabemaske verarbeitet werden. In der Such- und Änderungsansicht für Kunden können Sie Ihre Kundendaten (Geschäftspartnerdaten) suchen (siehe Abbildung 12.5). Hier finden sich die Kundenstammdaten aller Abonnenten.

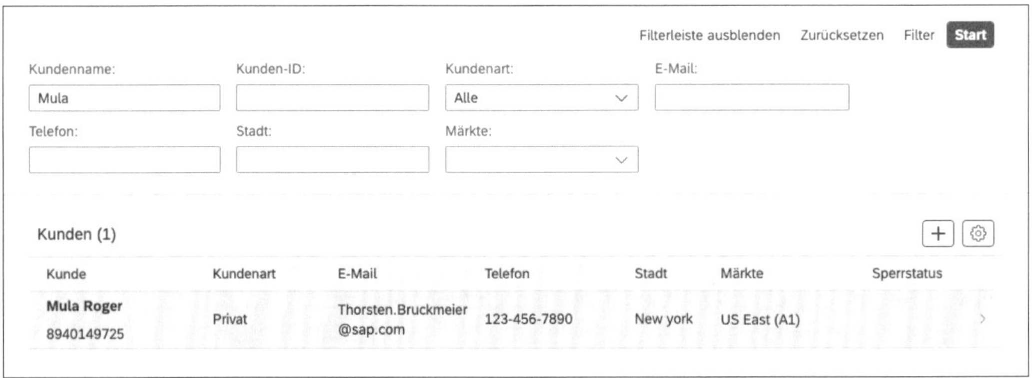

Abbildung 12.5 Kundenstammdaten in SAP Subscription Billing

Informationen über einen Kunden in der Anwendung finden

Für den Kunden Mula Roger gibt es eine Gesamtübersicht zu den Abrechnungen aller Abonnements, inklusive vieler Details zu den zu erwartenden Zahlungen und Abrechnungssummen (siehe Abbildung 12.6).

Es ist möglich, Kennzahlen (siehe die Kopfzeile in Abbildung 12.8) zu dem Abonnementkunden einzusehen (Nettoabrechnungssummen, bezogen auf den Abonnementvertrag oder zum laufenden Geschäftsjahr). Aus dieser zentralen Übersichtseite zum Kunden können Sie in weitere Bereiche navigieren. Weitere personenbezogene Daten finden Sie in der Abonnementverwaltung. In diesem Teil der Anwendung ist es auch möglich, die Laufzeit eines Abonnements zu verlängern oder neue Abonnements anzulegen.

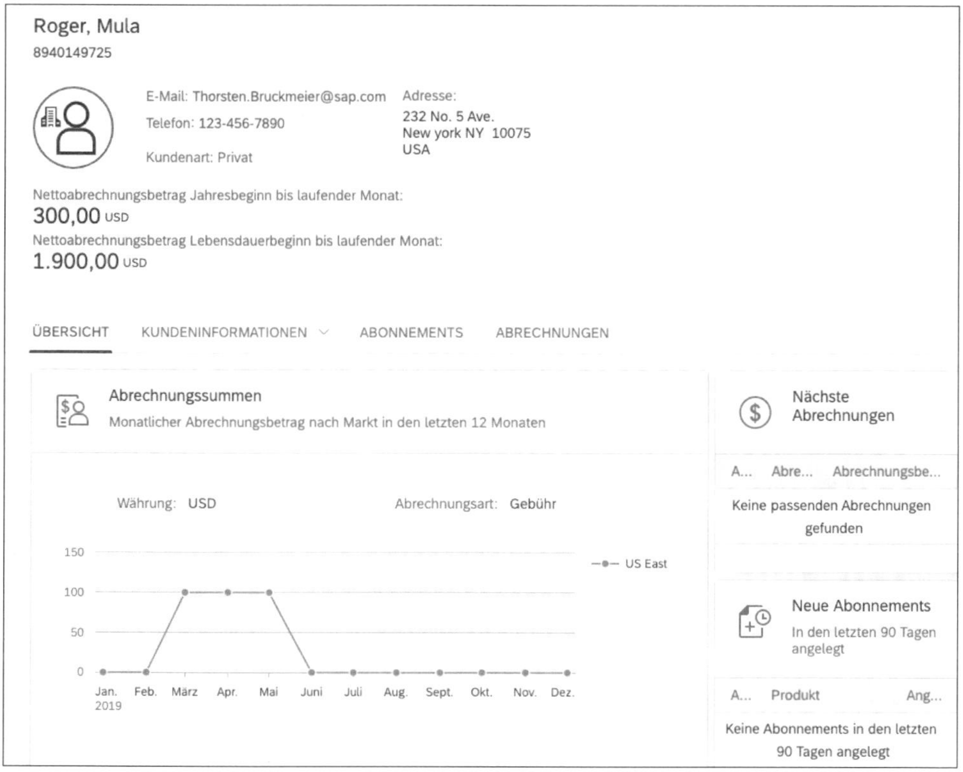

Roger, Mula
8940149725
E-Mail: Thorsten.Bruckmeier@sap.com
Telefon: 123-456-7890
Kundenart: Privat
Adresse:
232 No. 5 Ave.
New york NY 10075
USA
Nettoabrechnungsbetrag Jahresbeginn bis laufender Monat:
300,00 USD
Nettoabrechnungsbetrag Lebensdauerbeginn bis laufender Monat:
1.900,00 USD
ÜBERSICHT
KUNDENINFORMATIONEN
ABONNEMENTS
ABRECHNUNGEN
Abrechnungssummen
Monatlicher Abrechnungsbetrag nach Markt in den letzten 12 Monaten
Währung: USD
Abrechnungsart: Gebühr
150
100
50
0
US East
Jan. 2019
Feb.
März
Apr.
Mai
Juni
Juli
Aug.
Sept.
Okt.
Nov.
Dez.
Nächste Abrechnungen
A...
Abre...
Abrechnungsbe...
Keine passenden Abrechnungen gefunden
Neue Abonnements
In den letzten 90 Tagen angelegt
A...
Produkt
Ang...
Keine Abonnements in den letzten 90 Tagen angelegt

Abbildung 12.6 Abrechnungsübersicht eines Kunden

Abonnementübersicht

Die *Abonnementübersicht* zeigt Ihnen Details zum Abonnement 1405. Auf dieser Seite können Sie sehen, dass das Abonnement des Kunden Mula Roger ausgelaufen ist (siehe Abbildung 12.7).

Abonnement: 1405
Status ändern
Snapshot wechseln
Kunde: Mula Roger
E-Mail: mula.roger@demo.com
Telefon: 123-456-7890
Status:
Ausgelaufen
Gültig ab: 08.06.2017
Läuft aus am: 01.05.2019
Zustand am: 08.06.2017
Markt: US East
Zeitzone: America/New_York
Sperrstatus:
Löschdatum:
POSITIONSLISTE
ALLGEMEINE INFORMATIONEN
GUTHABEN
ZAHLUNGSDETAILS
FREI DEFINIERBARE REFERENZEN
Positionen (1)
Position
Produktname
Produkt-ID
Abonnementart
Wiederkehrender Nettobetrag
1
Order Test 01
Order_Test_01
Kostenpflichtig
100,00 USD pro Monat

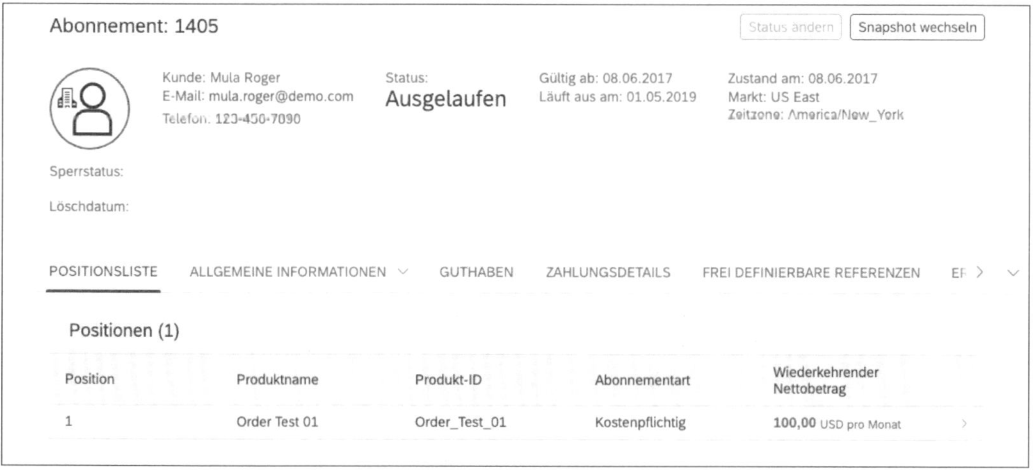

Abbildung 12.7 Abonnementübersicht eines Kunden

Verarbeitungsgrund für personenbezogene Daten

Da das Abonnement ausgelaufen ist, stellt sich die Frage, ob es noch einen *Verarbeitungsgrund* für den Kunden Mula Roger gibt. Über die zentrale Übersicht im Bild können Sie außerdem auf weitere Seiten navigieren, um zusätzliche Informationen einzusehen und die Daten gegebenenfalls anzupassen oder zu erweitern.

In Abbildung 12.8 sehen Sie eine Übersicht aller Rechnungen des Kunden Mula Roger, inklusive des Zahlungsstatus und weiteren Zahlungsdetails.

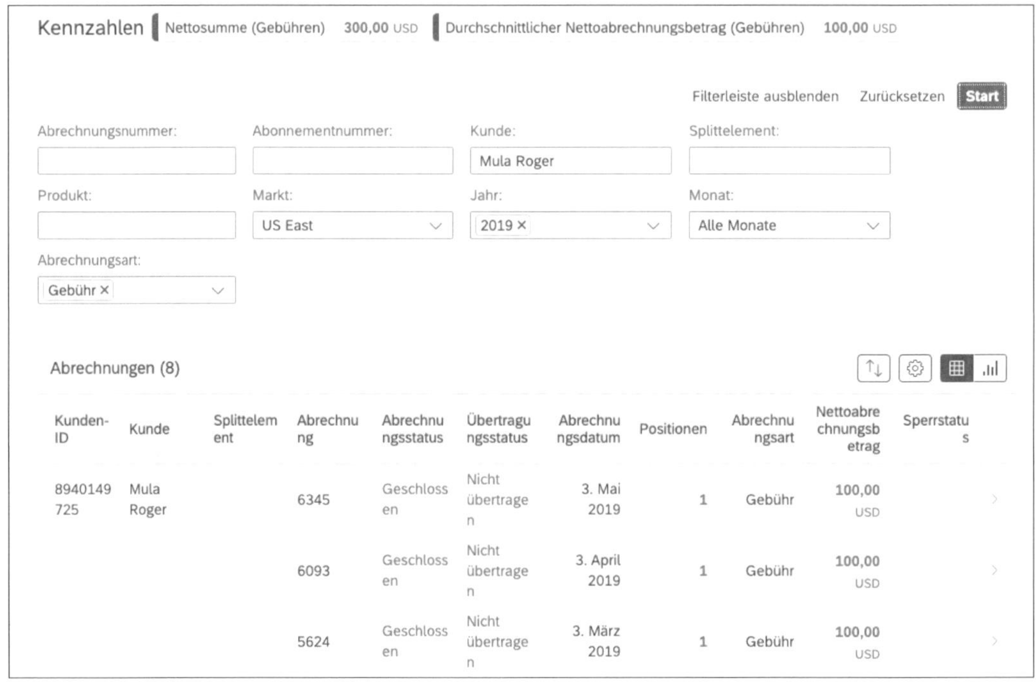

Abbildung 12.8 Rechnungsübersicht eines Kunden

Abos, Abrechnung und Rechnungen

In SAP Subscription Billing verarbeiten Sie also personenbezogene Daten zu Kunden, Abonnements, Abrechnungen und Rechnungen.

Die Eingabe- und Suchmasken, die Sie in Abbildung 12.5 bis Abbildung 12.8 sehen, sind für die Sachbearbeiter des Vertriebs oder des Rechnungswesens optimiert. Eine Auskunft über die im System gespeicherten personenbezogenen Daten zu unserer Beispielperson Mula Roger wäre sehr aufwendig und nur durch das Zusammenstellen und Schwärzen von Screenshots möglich. Die Bildschirmmasken von SAP Subscription Billing sind nicht für Datenschutzabfragen optimiert.

Trotzdem ist es durch das vorhandene Datenschutzkonzept der Anwendung SAP Subscription Billing effizient und ohne manuellen Aufwand möglich, eine Auskunft über die verarbeiteten personenbezogenen Daten einzelner Kunden (Betroffenen) zu erstellen. SAP liefert mit SAP Subscription Billing das ausschließlich für SAP Cloud-Anwendungen zur Verfügung stehende Auskunft-Tool *SAP Cloud Platform Personal Data Manager* für Ihre Auskunftsverpflichtungen aus.

SAP Cloud Platform Data Retention Manager

Ein weiterer Service, der *SAP Cloud Platform Data Retention Manager*, den Sie auch für Ihre Eigenentwicklung erwerben können, vereinfacht die Konfiguration der Löschregeln und ermöglicht Ihnen das Löschen von Kundendaten nach dem Ablauf des Verarbeitungszwecks.

Diese Cloud-Services unterstützen Sie dabei, Ihre Datenschutzanforderungen für SAP Subscription Billing umzusetzen. Sie sind für Ihre Sachbearbeiter, die sich um Datenschutzanfragen kümmern, optimiert und helfen Ihnen bei der Abarbeitung von Kundenanfragen mit Datenschutzkontext.

12.2.2 SAP Cloud Platform Personal Data Manager: Auskunft-Tool für personenbezogene Daten

Das Auskunft-Tool SAP Cloud Platform Personal Data Manager ermöglicht es Ihnen, Auskunfts- und Löschanfragen von Ihren Kunden zu verwalten. Dieser Service kann personenbezogene Daten über eine sichere Download-Funktion als PDF-Datei zu Verfügung stellen oder die Daten in ein technisches Format exportieren. Die Suchmasken des Auskunft-Tools sind für Auskunftsanfragen optimiert und helfen Ihnen im telefonischen Kundenkontakt. Sie finden eine ausführliche Beschreibung der Auskunftsfunktion von SAP Subscription Billing im SAP Help Portal unter der folgenden URL (siehe Abbildung 12.9):

https://help.sap.com/viewer/80d121f216af43648e79664efe5595f7/2019-12-11/en-US/6b0c9826d3684be7957ce39a72c8f312.html

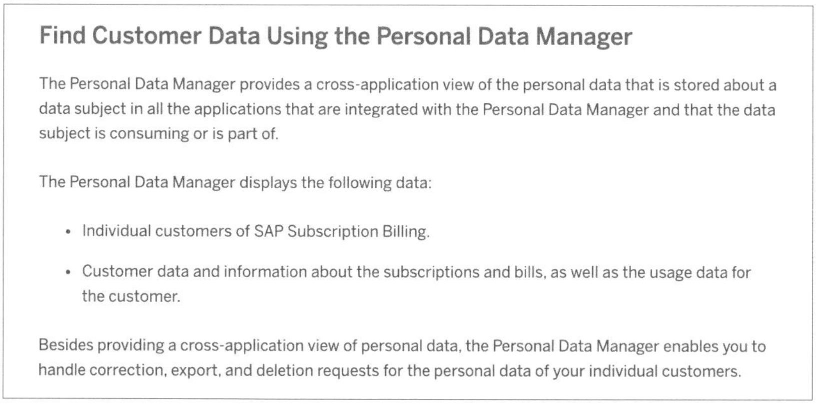

Find Customer Data Using the Personal Data Manager

The Personal Data Manager provides a cross-application view of the personal data that is stored about a data subject in all the applications that are integrated with the Personal Data Manager and that the data subject is consuming or is part of.

The Personal Data Manager displays the following data:

- Individual customers of SAP Subscription Billing.
- Customer data and information about the subscriptions and bills, as well as the usage data for the customer.

Besides providing a cross-application view of personal data, the Personal Data Manager enables you to handle correction, export, and deletion requests for the personal data of your individual customers.

Abbildung 12.9 Ausschnitt aus der Dokumentation im SAP Help Portal

Über die Startseite des Auskunft-Tools gelangen Sie durch Klicken auf die Kachel **Personenbezogene Daten verwalten** in die Suchmaske zur Auswahl der betroffenen Person (siehe Abbildung 12.10). Zudem können Sie über die Einstiegsseite auf die von Ihnen erzeugten Anfragen (Ihre Arbeitsliste) und eine Übersicht über die von Ihnen im Auskunft-Tool erzeugten Daten zugreifen. Da diese beiden Transaktionen für das Verständnis der Funktionen des Auskunft-Tools nicht essenziell sind, werden wir sie in diesem Buch nicht weiter vertiefen.

Abbildung 12.10 Navigationsseite des Auskunft-Tools

Betroffene Person – Suche

In der Eingabemaske **Betroffene Person – Suche** geben Sie eine Kombination aus drei Merkmalen ein (siehe Abbildung 12.11). Eine Möglichkeit ist es, die ID, den Vornamen und den Namen einzugeben. Eine zweite Möglichkeit ist es, den Vornamen und den Namen mit dem Geburtsdatum oder der E-Mail-Adresse zu kombinieren. Eine freie Suche von Personen ist in dieser Anwendung nicht möglich, denn das Auskunft-Tool ist nicht für die freie Suche von Personen im System vorgesehen. Zur sicheren Identifikation der richtigen Person sollten Sie zusätzlich zu dem Namen mindestens ein weiteres Merkmal eingeben, um eine Verwechslung auszuschließen. In vielen Fällen reichen auch Name und Vorname nicht aus, um eine Person sicher zu identifizieren. Finden Sie mit der Kombination Vorname, Name und E-Mail-Adresse mehr als einen Eintrag, sollten Sie das Ergebnis kritisch überprüfen.

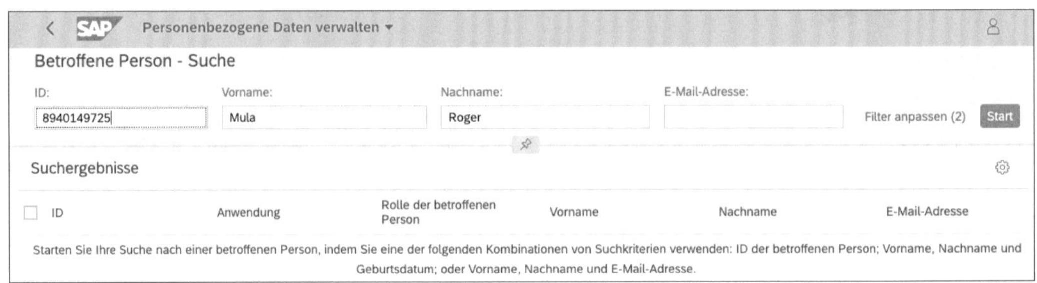

Abbildung 12.11 Eingabemaske für die Personensuche mit ID und Namen

Geben Sie im Feld **ID** die ID (hier »8940149725«) sowie den Namen und Vornamen in die gleichnamigen Felder ein, und klicken Sie auf den Button **Start**. Das Auskunft-Tool findet nun den Kunden Mula Roger.

In der Anwendung SAP Subscription Billing wird ein Datensatz mit für den Kunden Mula Roger gefunden, den Sie im nächsten Schritt durch Markieren auswählen (siehe Abbildung 12.12).

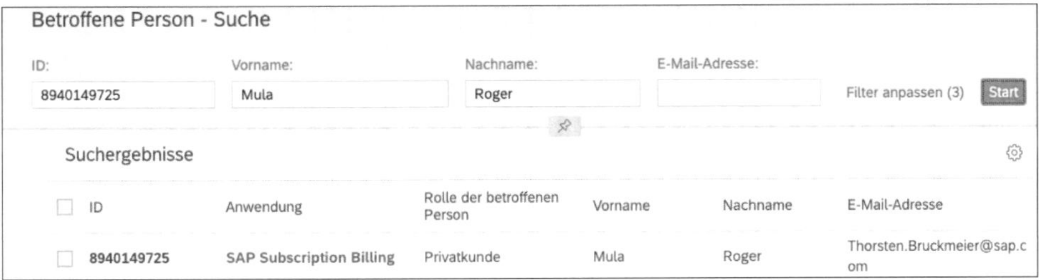

Abbildung 12.12 Sucherergebnis für einen Kunden

Übersicht der Cloud-Anwendungen auf einem System

Sie gelangen auf eine weitere Übersichtsseite (siehe Abbildung 12.13). Hier sehen Sie eine Liste aller Anwendungen, die die Daten des Kunden Mula Roger verarbeiten. Es findet sich hier genau ein Eintrag in der Anwendung SAP Subscription Billing. In der Tabelle **Anfragen im Eingang** werden alle Lösch- und Korrekturanfragen von Mula Roger angezeigt. Diese Funktion gibt Ihnen und Ihren Sachbearbeitern die Möglichkeit, alle Anfragen zu diesem Kunden unter der ID **8940149725** mit dem dazugehörigen Bearbeitungsstatus einzusehen.

Sie sehen in der Abbildung 12.13 zwei Anfragen zur Löschung von Daten durch den Kunden Mula Roger in diesem Jahr. Diese Information ist für Sie sehr wertvoll, da Sie die Anfragenhistorie besser nachvollziehen können. Das ermöglicht es Ihnen, einen guten Service für Ihren Kunden im Bereich Datenschutz zu bieten.

Exportanfragen anzeigen

Im unteren Teil des Bildes werden alle Exportanfragen des Kunden Mula Roger angezeigt (siehe Abbildung 12.14). In diesem Screen des Auskunft-Tools wird zu den Exportanfragen auch dokumentiert, ob die Daten von dem Betroffenen abgerufen wurden. Es ist also jederzeit nachvollziehbar, ob die bereitgestellten Daten Ihren Adressaten erreicht haben.

Löschung anfordern

Das Auskunft-Tool hat in der Datenanzeige zwei Bildbereiche (siehe Abbildung 12.15). Über den Toggle-Button (Pfeil) können Sie entweder den rechten oder den linken Teil des Bildes ausblenden. Die linke Seite zeigt eine Übersicht über die Anfragen und Cloud-Anwendungen, die personenbezogene Daten der ausgewählten Person verarbeiten. Hier haben Sie zudem die Möglichkeit, eine Löschung aller Daten von Mula Roger in allen integrierten Cloud-Anwendungen zu beantragen.

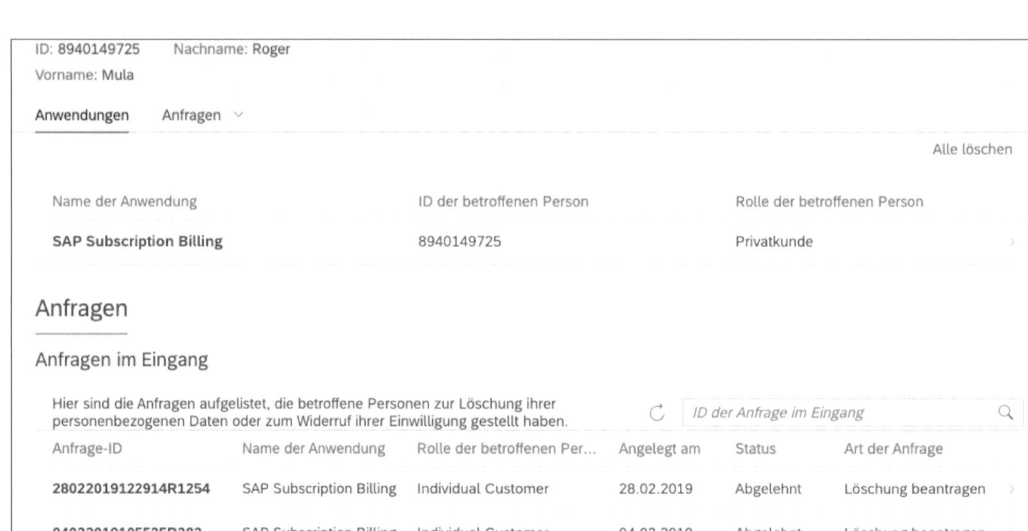

Abbildung 12.13 Anwendungen und Anfragen zu dem Kunden Mula Roger

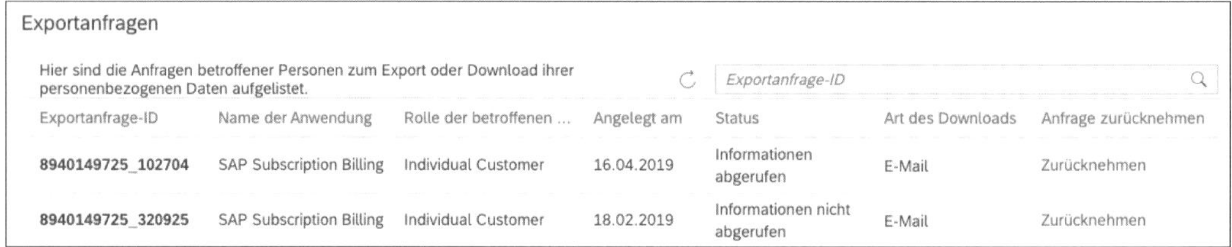

Abbildung 12.14 Exportanfragen zu dem Kunden Mula Roger

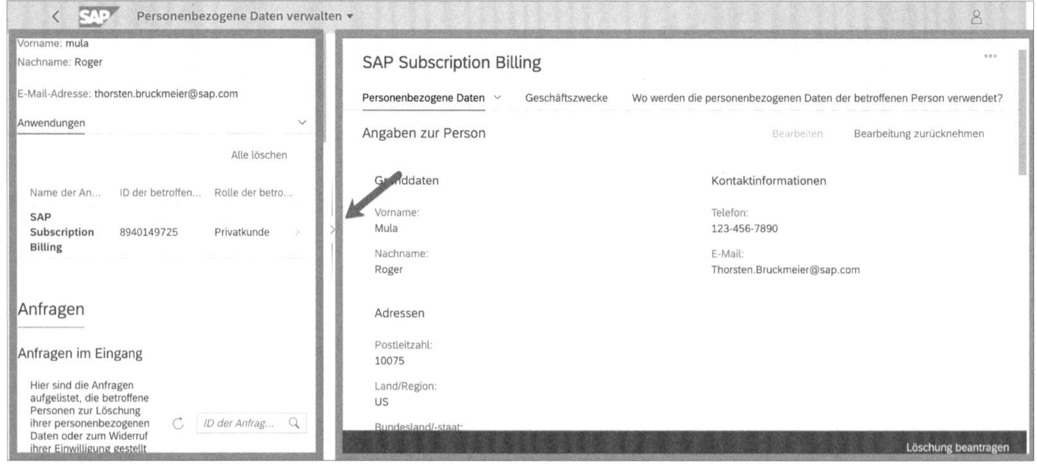

Abbildung 12.15 Bildbereiche des Auskunft-Tools

Ob die Daten gelöscht werden dürfen, wird direkt im SAP Cloud Platform Data Retention Manager geprüft. Ist eine Löschung möglich, kann die Löschung der Daten unmittelbar aus dem Auskunft-Tool getriggert werden. Auf der rechten Seite (roter Rahmen) werden die in der zuvor ausgewählten Anwendung gefundenen Daten angezeigt. Der rechte Bereich wird erst eingeblendet, nachdem Sie die Anwendung SAP Subscription Billing ausgewählt haben.

Personenbezogene Daten exportieren

In diesem Bildbereich können Sie über die drei Punkte (am oberen rechten Rand des Bildes) die Funktion **Export von Daten** anstoßen. Wählen Sie hierzu den Menüeintrag **Personenbezogene Daten exportieren** aus (siehe Abbildung 12.16).

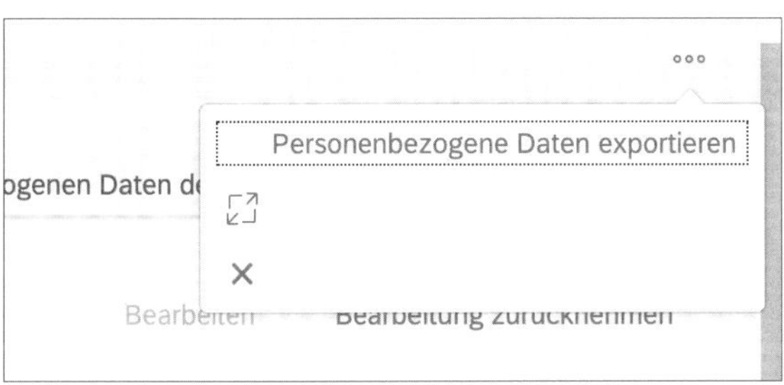

Abbildung 12.16 Auswahldialog »Personenbezogene Daten exportieren«

Exportart auswählen

Im folgenden Auswahldialog haben Sie zuerst die Option, zwischen den Exportarten **E-Mail** oder **Herunterladen** zu wählen (siehe Abbildung 12.17). Wählen Sie **E-Mail**, werden zwei E-Mails an die im Kundenstammsatz hinterlegte E-Mail-Adresse versendet. Eine E-Mail beinhaltet ein Einmalpasswort und die andere E-Mail einen Download-Link. Um die exportierten Daten abzurufen, muss das Einmalpasswort eingegeben werden. Wählen Sie **Herunterladen**, wird der Download-Link dem Sachbearbeiter in der Tabelle der Exportanfragen zur Verfügung gestellt.

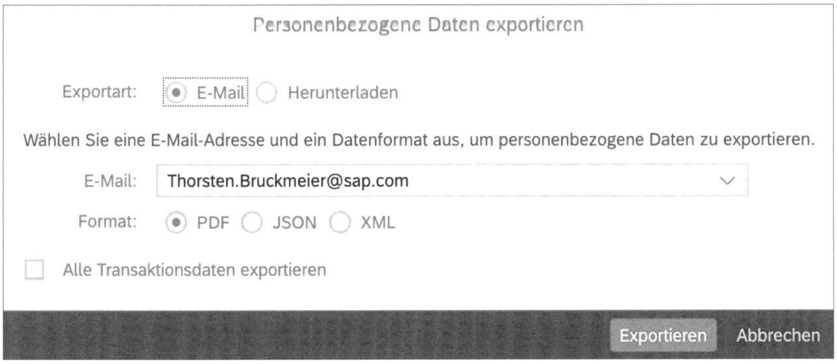

Personenbezogene Daten exportieren

Exportart: E-Mail Herunterladen

Wählen Sie eine E-Mail-Adresse und ein Datenformat aus, um personenbezogene Daten zu exportieren.

E-Mail: Thorsten.Bruckmeier@sap.com

Format: PDF JSON XML

Alle Transaktionsdaten exportieren

Exportieren Abbrechen

Abbildung 12.17 Exportart und technisches Format auswählen

Export als PDF-, JSON- oder XML-Datei

Die Daten können durch Aktivieren des Radiobuttons **PDF**, **JSON** oder **XML** in strukturierter Form als PDF-Datei oder in den technischen Formaten JSON und XML zur Verfügung gestellt werden. Mit dem Auskunft-Tool ist es möglich, sowohl die Auskunftsanforderungen als auch den vollständigen Export zum Übertragen von Daten auf ein anderes System zu erfüllen. Der Export wird durch einen Klick auf den Button **Exportieren** gestartet.

Die Detailanzeige der gefundenen Daten ermöglicht es Ihnen, sich schnell eine Übersicht über die im System gefunden Daten zu verschaffen. Die Detailanzeige ist in mehrere Registerkarten gegliedert. Eine Übersicht über die Angaben zur Person hilft Ihnen beim Abgleich der Stammdaten (siehe Abbildung 12.18).

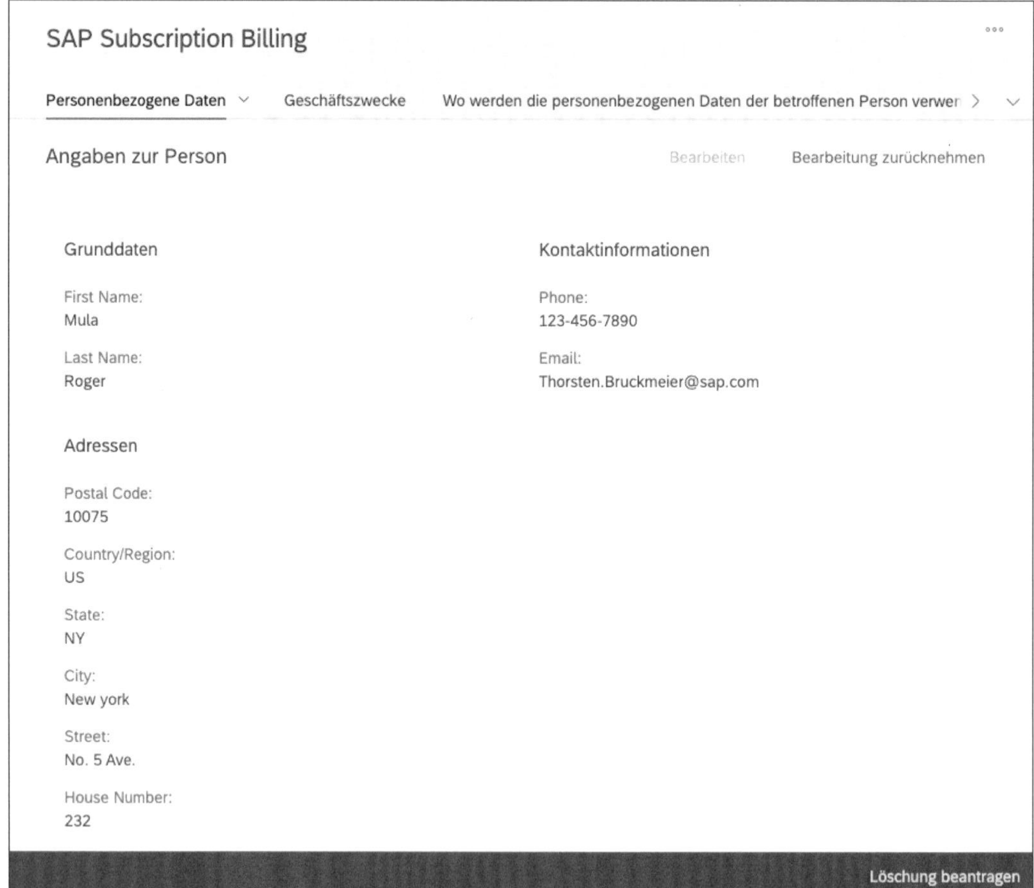

Abbildung 12.18 Angaben zur Person

Korrektur der Stammdaten

Das Auskunft-Tool bietet Ihnen hier die Möglichkeit, eine Korrektur der Stammdaten über einen Workflow anzustoßen. Dazu wählen Sie **Bearbeiten** aus. Die von Ihnen vorgenommen Änderungen werden an die integrierte Anwendung weitergeben; der Änderungsantrag ist in der Anfragenliste sichtbar. In diesem Bildbereich ist es möglich, eine Löschung aller Daten von Mula Roger in der ausgewählten Anwendung, in unserem Beispiel SAP Subscription Billing, zu beantragen. Wählen Sie hierzu den Button **Löschung beantragen** aus.

Die Prüfung, ob die Daten gelöscht werden dürfen, findet direkt im SAP Cloud Platform Data Retention Manager statt. Ist eine Löschung möglich, kann die Löschung der Daten unmittelbar aus dem Auskunft-Tool getriggert werden.

Auf der Registerkarte **Geschäftszwecke** (siehe Abbildung 12.19) wird Ihnen angezeigt, ob es noch einen aktiven Geschäftszweck gibt.

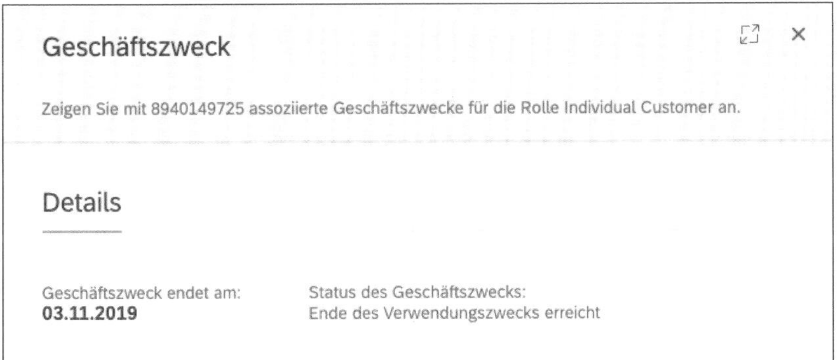

Abbildung 12.19 Details zum Geschäftszweck

Geschäftszwecke überprüfen

In unserem Beispiel ist das Ende des Verwendungszwecks erreicht. Die Prüfung, ob es einen Geschäftszweck gibt, findet direkt im SAP Cloud Platform Data Retention Manager statt. Es werden die für die Anwendung hinterlegten Aufbewahrungsregeln geprüft. Diese Information ist hilfreich im Gespräch mit dem Kunden. In unserem Beispiel ist der Verwendungszweck am 03.11.2019 abgelaufen. Es gibt also kein aktives Abonnement mehr für den Kunden Mula Roger.

Übersicht über alle transaktionalen Daten

Auf der Registerkarte **Abonnements** des Auskunft-Tools werden alle gefundenen transaktionalen Daten ausgegeben. Hier finden Sie eine Übersicht der Abonnements, der Abrechnungen und der Nutzungsdatensätze (siehe Abbildung 12.20).

In diesem Abschnitt haben wir Ihnen das Auskunft-Tool von SAP Subscription Billing und die im Tool eingebauten Funktionen für die Auskunft, den Export und die Korrektur von Daten ausführlich vorgestellt. Das konkrete Anwendungsbeispiel Mula Roger soll Ihnen die Nutzung der eingebauten Funktionen illustrieren. Im nächsten Abschnitt stellen wir Ihnen das Lösch-Tool SAP Cloud Platform Data Retention Manager vor.

Abbildung 12.20 Übersicht über die Verwendung von personenbezogenen Daten

12.2.3 Personenbezogenen Daten mit dem SAP Cloud Platform Data Retention Manager löschen

Löschregeln definieren

Der *SAP Cloud Platform Data Retention Manger* dient zur Löschung von personenbezogenen Daten in SAP Subscription Billing. Der E-Reuse-Service ermöglicht es Ihnen, für Ihre Cloud-Anwendungen Geschäftszwecke zu definieren. Diesen Geschäftszwecken werden Verweil- und Aufbewahrungsregeln zugeordnet. Der SAP Cloud Platform Data Retention Manager wertet die Verweil- und Aufbewahrungsregeln aus und übergibt die Löschinformation an die Cloud-Anwendung.

Das gilt sowohl, wenn die Löschung von Daten im SAP Cloud Platform Data Retention Manager selbst, also auch durch das Auskunft-Tool angefordert wird. Die Cloud-Anwendung sperrt, archiviert oder löscht die markierten Daten. Da der SAP Cloud Platform Data Retention Manager keine Anwendungsdaten speichert, erfolgt die eigentliche Datenbankaktion in der integrierten Cloud-Anwendung.

Um Ihre Geschäftszwecke zu verwalten, klicken Sie auf die Kachel **Geschäftszwecke verwalten** (siehe Abbildung 12.21).

Abbildung 12.21 Geschäftszwecke verwalten im SAP Cloud Platform Data Retention Manager

Geschäftszwecke suchen

Sie haben in der Bildansicht **Geschäftszweck-Aktivitäten** die Möglichkeit, gezielt über das Suchfeld einzelne Geschäftszwecke zu suchen und auszuwählen (siehe Abbildung 12.22). In der Bildansicht unseres Beispiels befinden sich zwei aktive Geschäftszwecke.

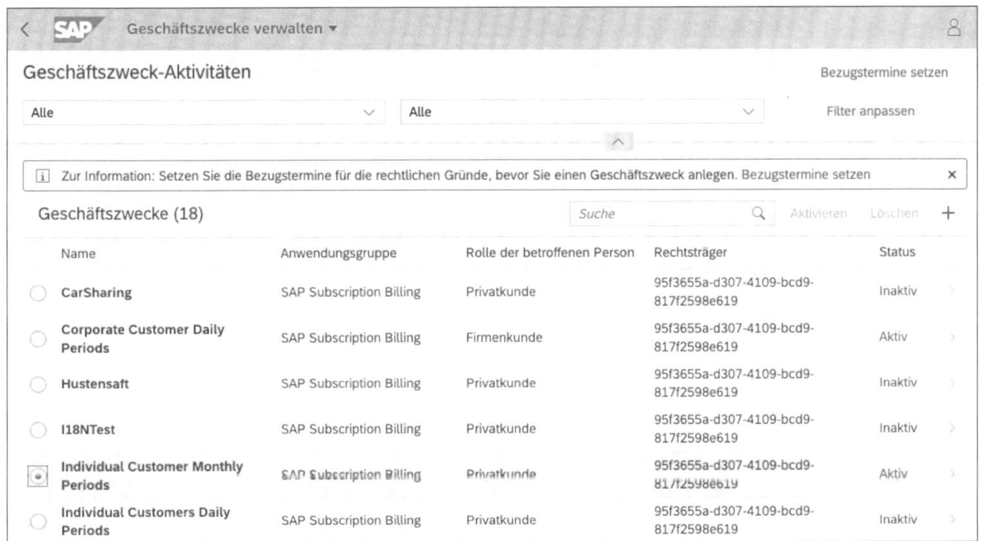

Abbildung 12.22 Übersicht über die Geschäftszweckaktivitäten

Aufbewahrungsregeln werden nicht ausgeliefert

Geschäftszwecke werden immer inaktiv angelegt und bei Bedarf aktiviert. Die Aktivierungsfunktion hilft Ihnen bei der Einführung neuer oder bei Änderungen bestehender Konfigurationen. Zu jedem Geschäftszweck sind Aufbewahrungsregeln in unserem Demosystem angelegt. SAP liefert *keine* vordefinierten Aufbewahrungsregeln mit Anwendungen aus. Sie selbst müssen die für Ihre Geschäftszwecke notwendigen Aufbewahrungsregeln definieren.

In der Anwendung SAP Subscription Billing können sowohl für Endkunden als auch für Geschäftskunden Zwecke definiert werden. In unserem Demosystem werden daher mehrere Zwecke unterschieden. Zu dem zweiten im System aktiven Geschäftszweck **Individual Customer Monthly Periods** sind Verweil- und Aufbewahrungsregeln im SAP Cloud Platform Data Retention Manger für SAP Subscription Billing für Abrechnungen und Abonnements hinterlegt und können auch in der Transaktion geändert und aktiviert werden (siehe Abbildung 12.23).

Verweil- und Aufbewahrungsregeln

Konditionen	Referenzdatum	Verweilzeitraum	Aufbewahrungszeitraum
Abrechnung			
	Abrechnungsdatum	6 Monate	5 Jahre
Abonnement			
	Auslaufdatum	3 Monate	4 Monate

Abbildung 12.23 Zugeordnete Verweil- und Aufbewahrungsregeln

Geschäftszwecke anzeigen

Der Geschäftszweck **Corporate Customer Daily Periods** (siehe Abbildung 12.22) wurde über die Suchfunktion der Transaktion gefunden. Es wird Ihnen nur ein Geschäftszweck im Bild angezeigt, da für **Corporate Customer Daily Periods** auch nur ein Geschäftszweck vorhanden ist (siehe Abbildung 12.24).

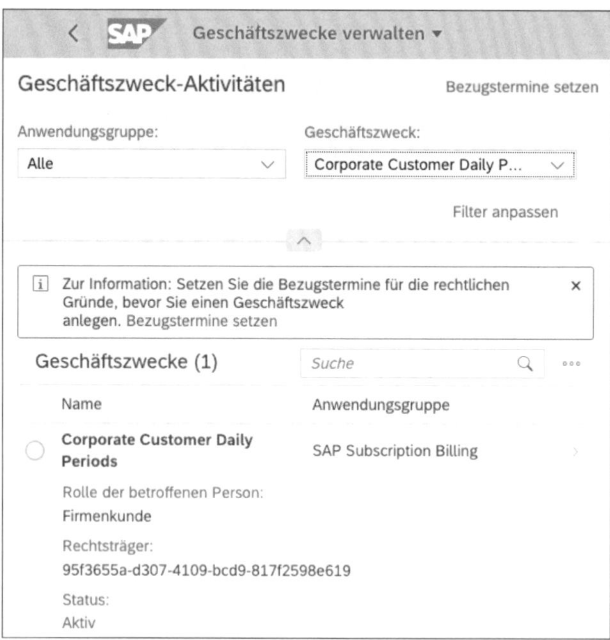

Abbildung 12.24 Auswahl des Geschäftszwecks »Corporate Customer Daily Periods«

Eine detaillierte Beschreibung der Konfiguration von Geschäftszwecken und Regeln finden Sie in Abschnitt 12.3.2, »Den SAP Cloud Platform Data Retention Manager installieren und konfigurieren«.

Sie wollen nun alle betroffenen Personen ermitteln, die löschbar sind. Dazu wählen Sie die Kachel **Daten der betroffenen Person löschen** (siehe Abbildung 12.25). Sie befinden sich nun in der Transaktion zum Anfordern der Löschung von personenbezogenen Daten.

Abbildung 12.25 Auswahl-Screen »Daten der betroffenen Person löschen« im SAP Cloud Platform Data Retention Manager

Identifikation der zu löschenden Personen über Löschregeln

Im Bereich **Nach löschbaren betroffenen Personen suchen** werden alle aktiven Löschregeln aus der Konfiguration angezeigt (siehe Abbildung 12.26). Es gibt in unserem Demosystem für SAP Subscription Billing eine Löschregel für Firmenkunden und eine Löschregel für Privatkunden. Der SAP Cloud Platform Data Retention Manager unterstützt eine große Anzahl von Löschregeln. Deshalb gibt es verschiedene Filtermöglichkeiten.

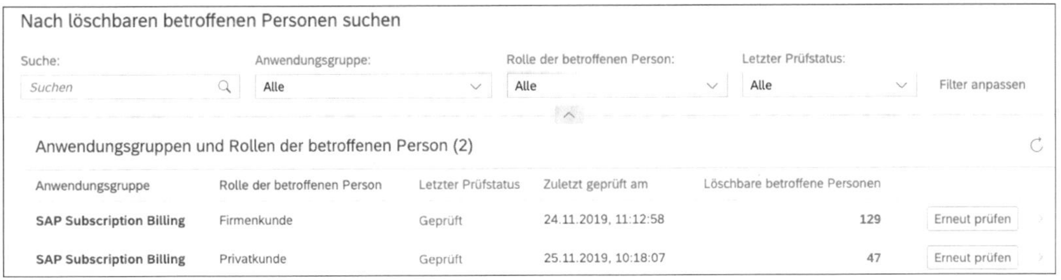

Abbildung 12.26 Nach löschbaren betroffenen Personen suchen

In der Tabelle **Anwendungsgruppen und Rollen der betroffenen Person** wird das Ergebnis der letzten Prüfung über löschbare Personen angezeigt (siehe Abbildung 12.27).

Status der Löschung

Im Prüfstatus wird der Status der Prüfung angezeigt. Die Löschregel **Privatkunde** wird gerade ausgeführt. Dies sehen Sie an dem gelben Status **In Bearbeitung**. In der letzten Prüfung vom 25.11.2019 wurden 47 löschbare Personen identifiziert. Im letzten Abschnitt haben wir bei der Auskunft über Mula Roger festgestellt, dass der Verarbeitungszweck der personenbezogenen Daten von Mula Roger mit der ID **8940149725** abgelaufen ist. Möchten Sie diesen Kunden einzeln löschen, müssen Sie auf den Pfeil (>) neben dem Prüfstatus klicken.

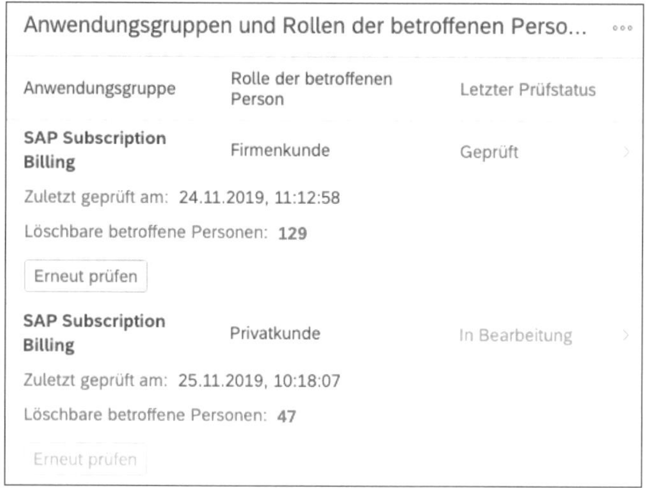

Abbildung 12.27 Übersicht und Ergebnisansicht der Löschprüfung

Kunden löschen

In der Liste **Löschbare betroffene Personen** geben Sie nun in das Suchfeld »8940149725« ein. Das System findet erwartungsgemäß den Eintrag von Mula Roger (siehe Abbildung 12.28).

Abbildung 12.28 Selektionsansicht »Löschbare betroffene Personen«

Als letzten Schritt markieren Sie nun den Datensatz von Mula Roger und klicken auf den Button **Löschung anfordern** (siehe Abbildung 12.29). Der SAP Cloud Platform Data Retention Manger triggert nun die Löschung der

Kundendaten. Die Cloud-Anwendung SAP Subscription Billing führt die Löschung der personenbezogenen Daten des Kunden aus.

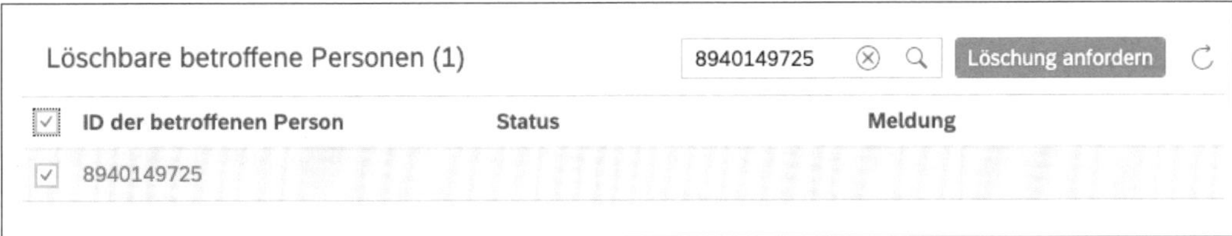

Abbildung 12.29 Löschung der Person mit der ID 8940149725 anfordern

12.2.4 Die Auditlog-Funktion der SAP Cloud Platform

Auditlog als Eventprotokoll

Das *Auditlog* ist eine Standardfunktion der SAP Cloud Platform. Mit dem Auditlog können Sie dauerhaft wichtige Ereignisse aus den Cloud-Anwendungen protokollieren. Das Auditlog ist eine instanzübergreifende Protokollpersistenz, und der Zugriff auf die Datensätze ist durch Berechtigungen geschützt. Das Auditlog stellt eine wichtige Grundfunktion der SAP Cloud Platform dar und wird flächendeckend von dessen Services und Anwendungen verwendet. Sie können das Auditlog für die *Leseprotokollierung*, *Änderungsprotokollierung* und für die *Protokollierung von sicherheitsrelevanten Ereignissen* einsetzen. Weitere Informationen finden Sie unter:

https://help.sap.com/viewer/65de2977205c403bbc107264b8eccf4b/Cloud/en-US/e3baa5f1a0c64c44aac8ab3ea3d1b500.html

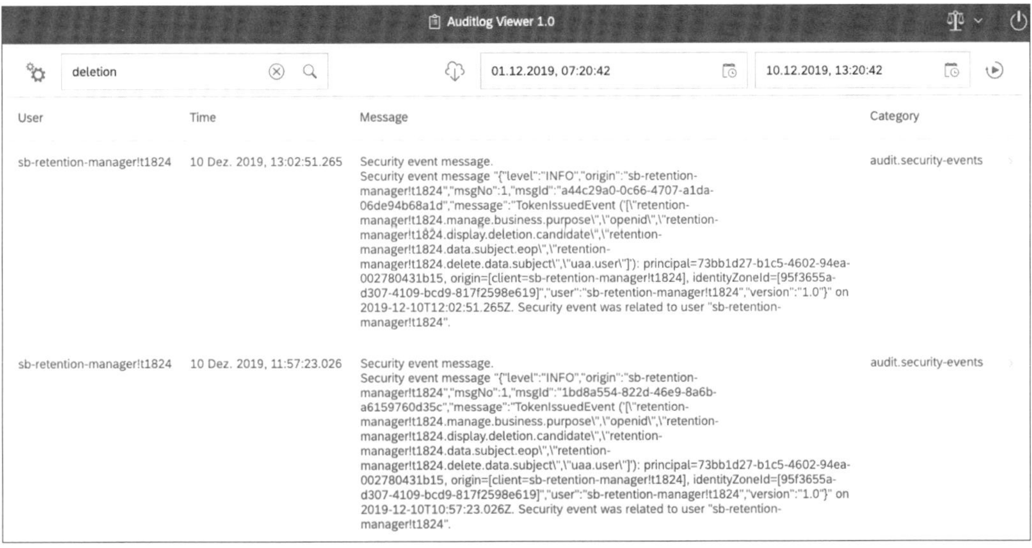

Abbildung 12.30 Suche nach dem Event »deletion« im Auditlog

Der Auditlog Viewer bietet Ihnen die Möglichkeit, gezielt nach Einträgen zu suchen. Der Zeitraum der Auswahl der Protokolleinträge kann hierbei eingeschränkt werden (siehe Abbildung 12.30).

Diese Einschränkung ermöglicht Ihnen eine exakte Suche von Einträgen. Damit das technische Logfile für die Sachbearbeiter einfach zu lesen ist, besteht auch die Option, die Daten zu herunterzuladen und in einem externen Tool auszuwerten.

Abbildung 12.31 Detaillierte Log-Nachricht zum Löschnachweis

Prtokolleinträge überprüfen

Protokolleinträge können für Löschnachweise, Änderungsnachweise und Read Access Logging verwendet werden. In Abbildung 12.31 sehen Sie eine detaillierte Nachricht des SAP Cloud Platform Data Retention Managers als Löschnachweis nach der erfolgreichen Löschung von Daten.

Im Data-Abschnitt der Protokollnachricht erhalten Sie alle relevanten Informationen, die zur Nachricht geschrieben worden sind (siehe Abbildung 12.32). Sie finden Informationen über die Anwendung und den Zeitpunkt sowie wichtige Details, um den Inhalt des Eintrages nachvollziehen zu können. Die SaaS-Anwendung SAP Subscription Billing bietet Ihnen mit dem Auskunft-Tool, mit dem SAP Cloud Platform Data Retention Manager und dem Auditlog Datenschutz als wichtigen Bestandteil des Produktkonzepts.

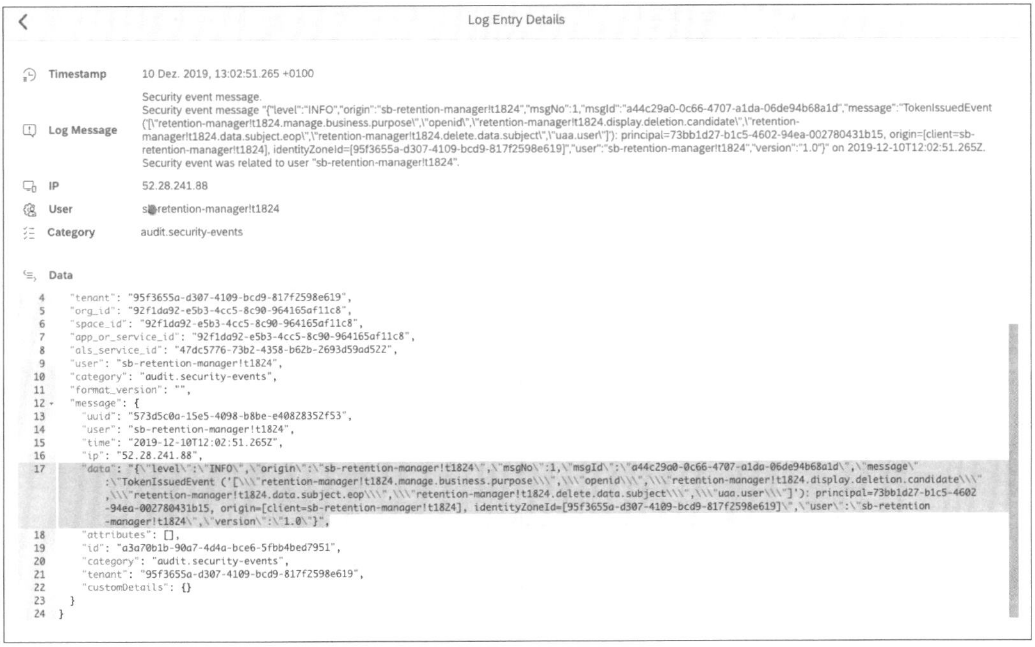

Log Entry Details

Timestamp 10 Dez. 2019, 13:02:51.265 +0100

Log Message
Security event message.
Security event message "{"level":"INFO","origin":"sb-retention-manager!t1824","msgNo":1,"msgId":"a44c29a0-0c66-4707-a1da-06de94b68a1d","message":"TokenIssuedEvent ('[\"retention-manager!t1824.manage.business.purpose\",\"openid\",\"retention-manager!t1824.display.deletion.candidate\",\"retention-manager!t1824.data.subject.eop\",\"retention-manager!t1824.delete.data.subject\",\"uaa.user\"]'): principal=73bb1d27-b1c5-4602-94ea-002780431b15, origin=[client=sb-retention-manager!t1824], identityZoneId=[95f3655a-d307-4109-bcd9-817f2598e619]","user":"sb-retention-manager!t1824","version":"1.0"}" on 2019-12-10T12:02:51.265Z.
Security event was related to user "sb-retention-manager!t1824".

IP 52.28.241.88

User sb-retention-manager!t1824

Category audit.security-events

Data


```
  "tenant": "95f3655a-d307-4109-bcd9-817f2598e619",
  "org_id": "92f1da92-e5b3-4cc5-8c90-964165af11c8",
  "space_id": "92f1da92-e5b3-4cc5-8c90-964165af11c8",
  "app_or_service_id": "92f1da92-e5b3-4cc5-8c90-964165af11c8",
  "als_service_id": "47dc5776-73b2-4358-b62b-2693d59ad522",
  "user": "sb-retention-manager!t1824",
  "category": "audit.security-events",
  "format_version": "",
  "message": {
    "uuid": "573d5c0a-15e5-4098-b8be-e40828352f53",
    "user": "sb-retention-manager!t1824",
    "time": "2019-12-10T12:02:51.265Z",
    "ip": "52.28.241.88",
    "data": "{\"level\":\"INFO\",\"origin\":\"sb-retention-manager!t1824\",\"msgNo\":1,\"msgId\":\"a44c29a0-0c66-4707-a1da-06de94b68a1d\",\"message\"
        :\"TokenIssuedEvent ('[\\\"retention-manager!t1824.manage.business.purpose\\\",\\\"openid\\\",\\\"retention-manager!t1824.display.deletion.candidate\\\"
        ,\\\"retention-manager!t1824.data.subject.eop\\\",\\\"retention-manager!t1824.delete.data.subject\\\",\\\"uaa.user\\\"]'): principal=73bb1d27-b1c5-4602
        -94ea-002780431b15, origin=[client=sb-retention-manager!t1824], identityZoneId=[95f3655a-d307-4109-bcd9-817f2598e619]\",\"user\":\"sb-retention
        -manager!t1824\",\"version\":\"1.0\"}",
    "attributes": [],
    "id": "a3a70b1b-90a7-4d4a-bce6-5fbb4bed7951",
    "category": "audit.security-events",
    "tenant": "95f3655a-d307-4109-bcd9-817f2598e619",
    "customDetails": {}
  }
}
```


Abbildung 12.32 Data-Abschnitt des Auditlogs

12.3 Datenschutzfunktionen der SAP Cloud Platform für kundeneigene Cloud-Anwendungen

Eine Plattform für eigene Cloud-Anwendungen

Im Folgenden geht es um die Entwicklung von kundenspezifischen Cloud-Anwendungen. Hier nutzen Sie die SAP Cloud Platform als Entwicklungsplattform.

Sie können mit dieser Entwicklungsplattform eigene Cloud-Anwendungen mit flexiblen Datenmodellen definieren. Gleichzeitig stellen diese Möglichkeiten Sie vor Herausforderungen bei der Umsetzung des Datenschutzes in Ihren Anwendungen. Ihre Aufgabe bei der Entwicklung von Kundenanwendungen besteht darin, ein anwendungsspezifisches Konzept für den Datenschutz zu entwickeln.

Um Ihnen diese Arbeit zu erleichtern, gibt es in der SAP Cloud Platform Services, die Ihnen Bausteine und Standardkonzepte an die Hand geben. Zum Beispiel unterstützt Sie *SAP Identity Management* dabei, ein Berechtigungskonzept umzusetzen. Für die Speicherung von Daten steht Ihnen SAP HANA als Standard-Cloud-Service zur Verfügung. Wir werden Ihnen zuerst *SAP Master Data Integration* vorstellen und anschließend auf die Konfigurations- und Entwicklungsaspekte des bereits in Abschnitt 12.2.3, »Personenbezogenen Daten mit dem SAP Cloud Platform Data Retention Manager löschen«, vorgestellten SAP Cloud Platform Data Retention Managers eingehen.

12.3.1 Datenschutzfunktionen von SAP Master Data Integration

Stammdaten in der SAP Cloud Platform

Wir stellen Ihnen nun in diesem Teil einen Service für Stammdaten vor, da dieser für die im Folgenden beschriebene Kundenanwendung benötigt wird. An dieser Stelle möchten wir Sie darauf hinweisen, dass wir als Autorenteam keine Rechtsberatung zur Definition von Regeln geben. Unser Beispiel ist frei erfunden und hat keinen Bezug zu konkreten Aufbewahrungsregeln.

Datenschutzüberlegungen zur Integration

Wichtig ist, dass Sie die Gesamtanwendung im Blick haben. Es stellen sich daher folgende Fragen:

- Welche Datenschutzfunktionen gibt es bereits im Szenario?
- Welche Datenschutzanforderungen muss ich umsetzen?
- Welche Stammdaten werden über Szenarios geteilt?
- Welche zusätzlichen Anforderungen gibt es an den Datenschutz?

Sie mieten nun (Subscription) den E-Reuse-Service SAP Master Data Integration, da Ihre Kundenanwendung, eine spezifische Verkaufsanwendung für Kosmetik- und Medizinprodukte, eine Integration zu Ihrer im Hause laufenden SAP-S/4HANA-On-Premise-Installation benötigt. Der SAP Cloud Platform Master Data Service bietet Integrationsmöglichkeiten und die Replikation von Stammdaten für Ihre Anwendung. Für die Vorbereitung Ihres Entwicklungsprojekts müssen Sie ein detailliertes Verständnis über die Funktion und API des E-Reuse-Service entwickeln.

Einwilligungs-, Auskunfts-, und Löschfunktion

Die im SAP Help Portal veröffentlichte Dokumentation liefert Ihnen alle Details für die Administration und Integration des E-Reuse-Service (siehe Abbildung 12.33). In der Servicedokumentation finden Sie in dem Kapitel »Data Privacy for Business Partner« eine Übersicht zu den im Geschäftspartner vorhanden Bibliotheken (APIs) zum Thema Datenschutz.

Der Geschäftspartner in der SAP Cloud Platform hat eine *Auskunftsfunktion* (Information API), eine *Einwilligungsfunktion* (Consent API) und eine Integration zum SAP Cloud Platform Data Retention Manager für die *Löschung von transaktionalen Daten* (siehe Abbildung 12.34). Die Einwilligungsfunktion unterstützt das Speichern und Prüfen der Einwilligung von Geschäftspartnern.

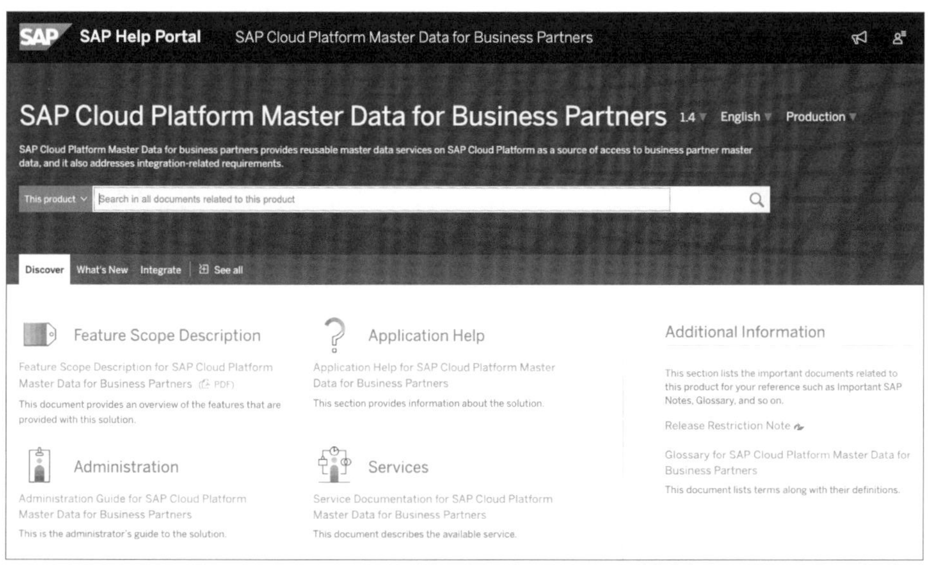

Abbildung 12.33 Dokumentation für die Integration von SAP Master Data Integration

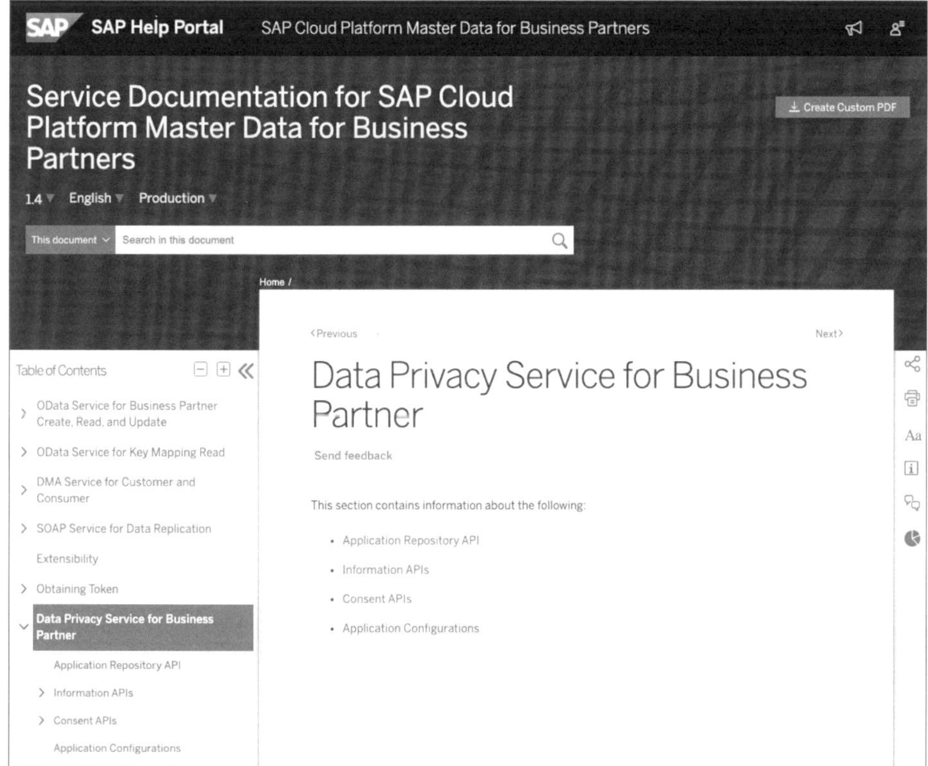

Abbildung 12.34 Datenschutzfunktionen (APIs) des Geschäftspartners

Nach der Navigation auf eine der URLs im SAP Help Portal finden Sie eine Übersicht zu jeder Funktion, die eine der Entwicklungs-bibliotheken (APIs) anbietet. Die Methoden der Auskunftsfunktion ermöglichen es dem Entwickler, einen *Business-Kontext* zu einem Geschäftspartner zu ermitteln oder zu definieren (siehe Abbildung 12.35).

Es gibt eine weitere Entwicklungsbibliothek zum Export von personenbezogenen Daten der Geschäftspartner. Die durch das System generierten Exportdateien können über eine Download-Funktion zur Verfügung gestellt werden. Es besteht zudem die Möglichkeit, die *Inbox* über die Bibliotheken auszulesen und neue Einträge in der Inbox zur Dokumentation von Aktionen anzulegen. Der Funktionsumfang der Information API erlaubt es Ihnen, alle benötigten Informationen für die Datenschutzimplementierung Ihrer Kunden-Cloud-Anwendung zu nutzen.

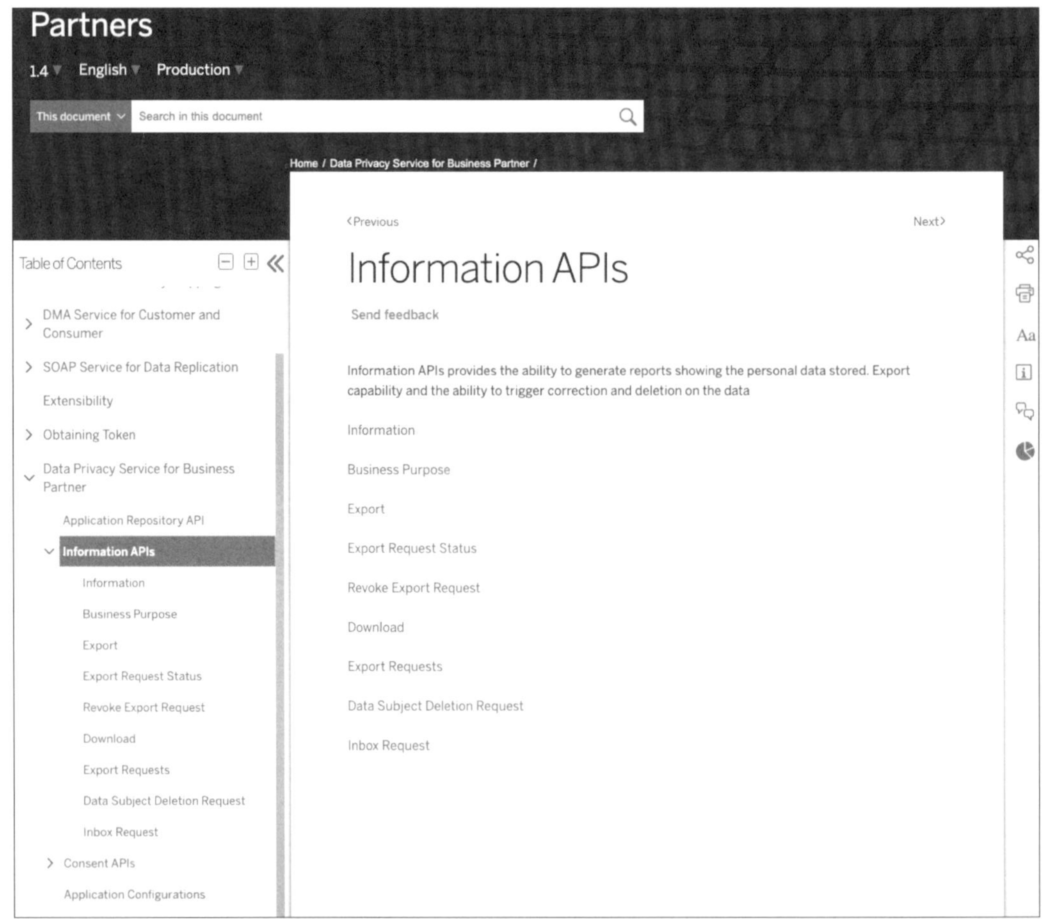

Abbildung 12.35 Datenschutzfunktion (API) für Auskunft und Export

Stammdaten und Transaktiondaten löschen

Bei der Löschung von personenbezogenen Daten ist es nicht ausreichend, eine Löschfunktion ausschließlich auf der Stammdatenebene anzubieten. Für die Löschung von personenbezogenen Daten ist der Kontext wichtig. Ein Geschäftspartner wird in der Regel zusammen mit transaktionalen Daten angelegt. Die transaktionalen Daten, wie z. B. ein Kaufvertrag, bilden die Rechtsgrundlage für die Verarbeitung der Kundendaten.

Bei unserem Beispiel einer Anwendung zum Verkauf von Kosmetik- und Medizinprodukten sollten wir die Stammdaten (den Geschäftspartner) erst nach der Löschung der transaktionalen Vertragsdaten löschen, da der Kontext bis zum Ende der Aufbewahrungsfrist wichtig ist. Im Administration Guide von SAP Master Data Integration wird beschrieben, wie eine Integration mit dem SAP Cloud Platform Data Retention Manger möglich ist. Diese Integration ist notwendig, um für Kundenanwendungen nicht nur die Stammdaten, sondern auch die Bewegungsdaten bei der Löschung zu berücksichtigen (siehe Abbildung 12.36).

Abbildung 12.36 Integration mit dem SAP Cloud Platform Retention Manager zur Löschung von Daten

Die Konfigurations- und Integrationsmöglichkeiten dieses Service stellen wir Ihnen im nächsten Abschnitt vor.

12.3.2 Den SAP Cloud Platform Data Retention Manager installieren und konfigurieren

SAP Cloud Platform Cockpit

Sie möchten für Ihre neue Cloud-Eigenentwicklung, der Anwendung zum Verkauf von Kosmetik- und Medizinprodukten, den SAP Cloud Platform Data Retention Manager nutzen. Sie haben bereits in Ihrem Account in der SAP Cloud Platform viele Services, die Sie für die Entwicklung Ihrer Kundenanwendung benötigen, ausgewählt, und diese sind in Ihrer Entwicklungsumgebung aktiv. Um den SAP Cloud Platform Data Retention Manager nutzen zu können, müssen Sie diesen Service im *SAP Cloud Platform Cockpit* auswählen und mieten (subscribe). In Abbildung 12.37 sehen Sie den ausgewählten Service. Das grüne Label **Subscribed** symbolisiert die Auswahl des SAP Cloud Platform Data Retention Managers.

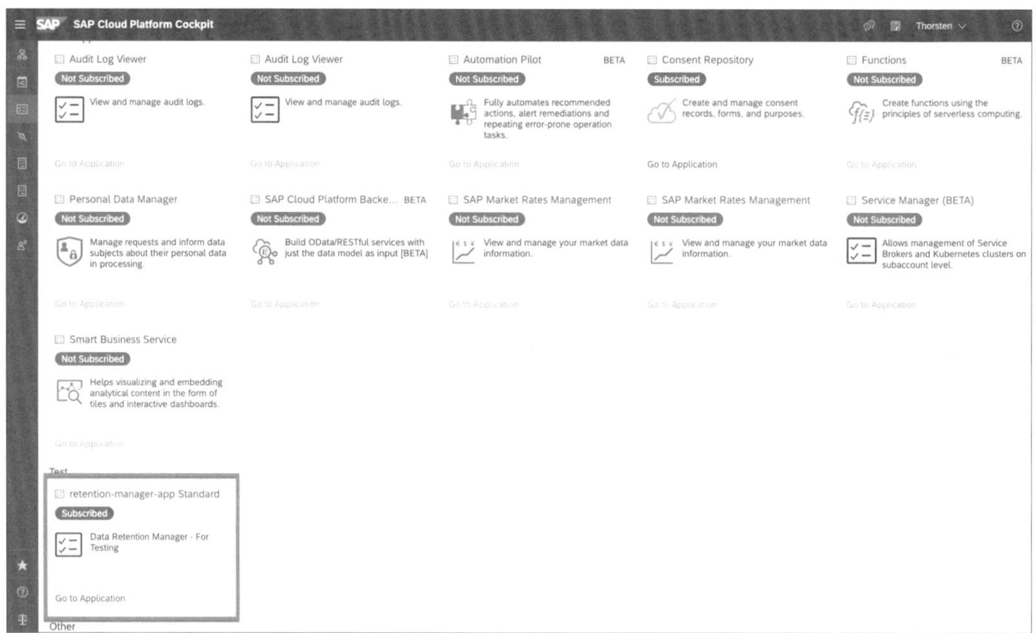

Abbildung 12.37 SAP Cloud Platform Cockpit

Intergration über Standard-Interfaces

Durch Auswählen des Servicetitels **retention-manager-app Standard** navigieren Sie in die Detailansicht zu diesem Service (siehe Abbildung 12.38). In dieser Ansicht des SAP Cloud Platform Cockpits können Sie die *Konfigurationsdateien* zuordnen. Sie können wichtige Details, z. B. die Namen der Rollen, die für den Start des E-Reuse-Service notwendig sind, dem Service bekannt machen.

Da der SAP Cloud Platform Data Retention Manager flexibel in viele Anwendungen integrierbar ist, werden dem Service der Kontext und wichtige Strukturen über die Konfigurationsdatei mitgeliefert. Es werden dem SAP Cloud Platform Data Retention Manager auch die Anwendungen, die er aufrufen kann, bekannt gemacht. In Ihrer kundeneigenen Anwendung sorgen Sie dafür, dass der SAP Cloud Platform Data Retention Manager die notwendigen Standard-Interfaces für das Ermitteln der Löschliste vorfindet (das ist Teil der Entwicklung Ihrer Anwendung). Durch dieses Integrationskonzept ist es Ihnen möglich, mit wenig Aufwand eine Standardfunktion einzubinden.

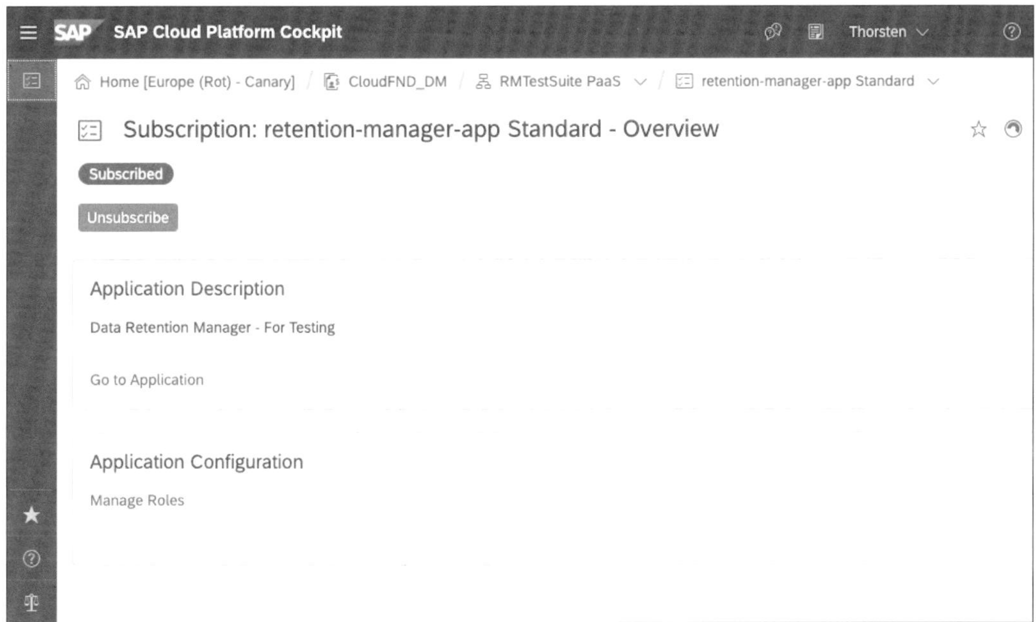

Abbildung 12.38 Detailsicht »Retention Manager« im SAP Cloud Platform Cockpit

Aufbau der Konfigurationsdatei »Instance Config.jason«

Da Sie Ihre Anwendung nun entwickelt haben und dem SAP Cloud Platform Data Retention Manager nun die aufrufbaren Interfaces zur Verfügung stehen, sollten Sie das Datenmodell der Anwendung dem SAP Cloud Platform Data Retention Manger über die Konfigurationsdatei **Instance Config.jason** bekannt machen.

Geschäftzwecke definieren

In Ihrer Beispielanwendung verkaufen Sie medizinische Produkte an Endkunden in Deutschland. Eine weitere Verkaufsgruppe verkauft Kosmetikprodukte an Endkunden in den USA. Die Rechtsgrundlage zur Verarbeitung der personenbezogenen Daten ist jeweils ein abgeschlossener Kaufvertrag.

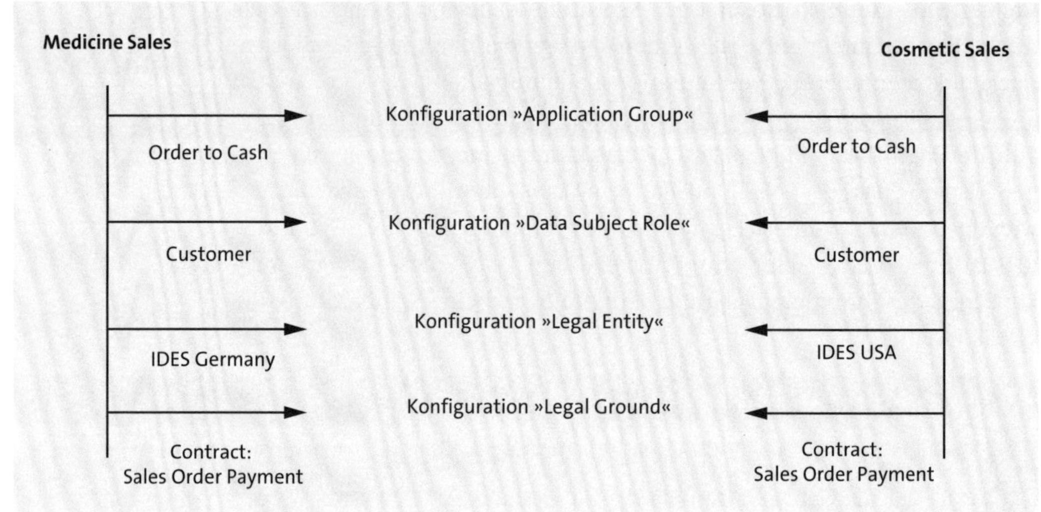

Abbildung 12.39 Übersicht über die im User Interface konfigurierbaren Daten

Konfigurationsdatei »Instance Config.json«

Sie wollen, wie in Abbildung 12.39 beschrieben, eine *Application Group* – `OrdertoCash`, eine *Data Subject Role* – `Customer` und einen Verarbeitungsgrund *Legal Ground* – `Contract: Payment` in der Konfigurationsdatei hinterlegen. Die *Legal Entity* als die verantwortliche Stelle wird erst im System in der Konfiguration von Geschäftszwecken hinterlegt.

```
{
  "xs-security": {
    "xsappname": "o2c-dpp",
    "authorities": [
      "$ACCEPT_GRANTED_AUTHORITIES"
    ]
  },
  "retention-configs": {
    "applicationGroupName": "OrderToCash",
    "applicationGroupDescription": "Order To Cash",
    "applicationGroupDescriptionKey": "OrderToCash",
...
    "dataSubjects": [
      {
        "dataSubjectRole": "Customer",
        "dataSubjectDescription": "Customer",
...
          "legalEntityValueHelpEndPoint": "/legalEntities"
        },
```

```
    "legalGrounds": [
      {
        "legalGround": "SalesOrder",
        "legalGroundDescription": "Contract: Sales Order",
...
        "startTimes": [
          {
            "startTime": "CompletionDate",
            "startTimeDescription": "Document Completion Date",
            "startTimeDescriptionKey": "CompletionDate"
          }
        ]
      },
      {
        "legalGround": "Payment",
        "legalGroundDescription": "Contract: Payment",
...
        "startTimes": [
          {
            "startTime": "PostingDate",
            "startTimeDescription": "Posting Date",
            "startTimeDescriptionKey": "PostingDate"
          }
        ]
...
```

Listing 12.1 Konfigurationsdatei »Instance-Config.json«

Im Ausschnitt der Konfigurationsdatei haben wir die für Ihre Beispielanwendung notwendigen Einträge fett formatiert (siehe Listing 12.1). Die drei Punkte ... symbolisieren einen Ausschnitt aus der vollständigen Datei, die wir im Buch verkürzt darstellen.

12.3.3 Retention-Regeln des SAP Cloud Platform Data Retention Managers konfigurieren

Anmeldung an den SAP Cloud Platform Data Retention Manager

Um die Konfiguration des SAP Cloud Platform Data Retention Mangers für Ihre Beispielanwendung abschließen zu können, ist es notwendig, zwei weitere Geschäftszwecke (Medicine Sales der Organisation IDES Gemany und Cosmetic Sales der Organisation IDES USA) in der Konfigurationstransaktion anzulegen und die notwendigen Aufbewahrungsregeln zu hinterlegen.

Im Anmeldebild des SAP Cloud Platform Data Retention Managers melden Sie sich mit Ihrer E-Mail-Adresse und Ihrem Passwort an (siehe Abbildung 12.40).

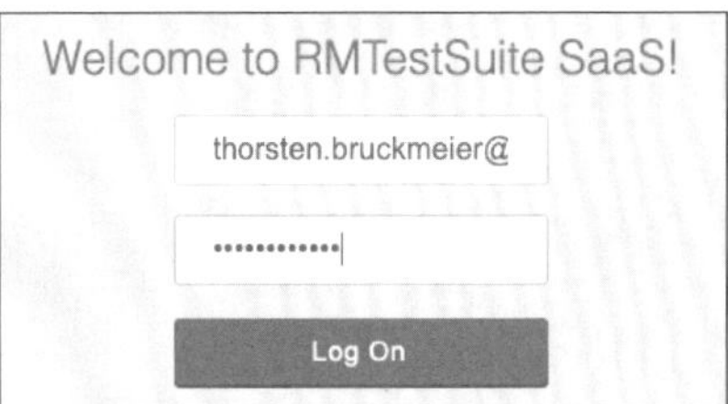

Abbildung 12.40 Anmeldung im SAP Cloud Platform Data Retention Manager

Abbildung 12.41 zeigt den Einstieg in den SAP Cloud Platform Data Retention Manger. Es werden hier die Kacheln **Geschäftszwecke verwalten** und **Daten der betroffenen Person löschen** angezeigt.

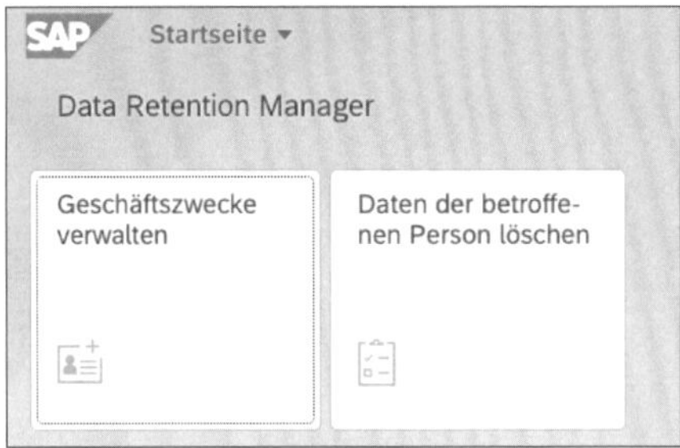

Abbildung 12.41 Kachel »Geschäftszwecke verwalten« im SAP Cloud Platform Data Retention Manager

Geschäftszweck anlegen

Anschließend navigieren Sie über die Startseite in die Transaktion **Geschäftszwecke verwalten**. Abbildung 12.42 zeigt das Eingabebild zum Anlegen eines neuen Geschäftszwecks.

Abbildung 12.42 Geschäftszweck pflegen

Einen neuen Geschäftszweck legen Sie über den Plus-Button (+) im Bild **Geschäftszweck-Aktivitäten** an (siehe Abbildung 12.43). Sie geben für die Erstellung eines neuen Geschäftszwecks im Eingabebild **Neuer Geschäftszweck** die folgenden Informationen ein: **Geschäftszweck**: »Medicine Selling«; **Anwendungsgruppe**: »Order to Cash«; **Rolle der betroffenen Person**: »Customer«; **Rechtsträger**: »IDES Germany« (siehe Abbildung 12.42). Die Wertelisten werden mit Optionen aus der Konfigurationsdatei gefüllt. Nach der erfolgreichen Anlage wird der Geschäftsweck als **Inaktiv** gespeichert (siehe Abbildung 12.43).

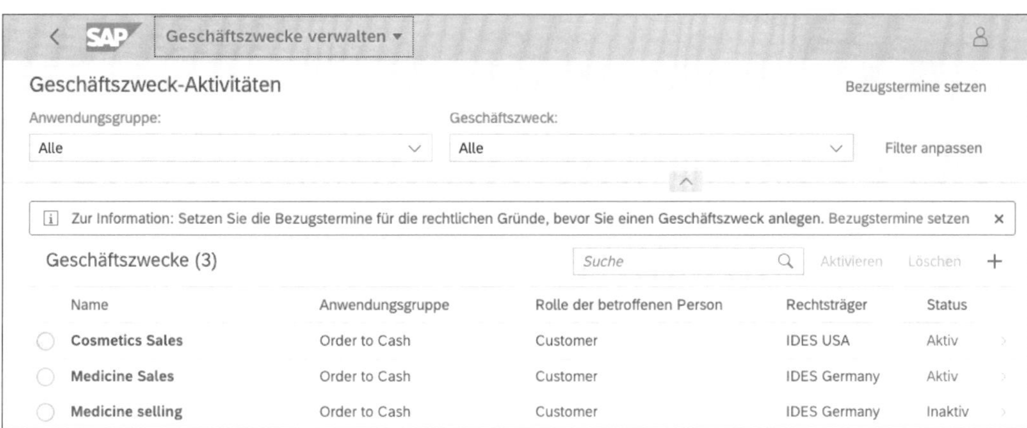

Abbildung 12.43 Ergebnis der Pflege von »Medicine Selling«

Im Bild **Geschäftszweck-Aktivitäten** haben Sie die Möglichkeit, die Geschäftszwecke nach **Anwendungsgruppe** und **Geschäftszweck** zu filtern (siehe Abbildung 12.43). Zusätzlich werden über dieses Bild die Regeln aktiviert.

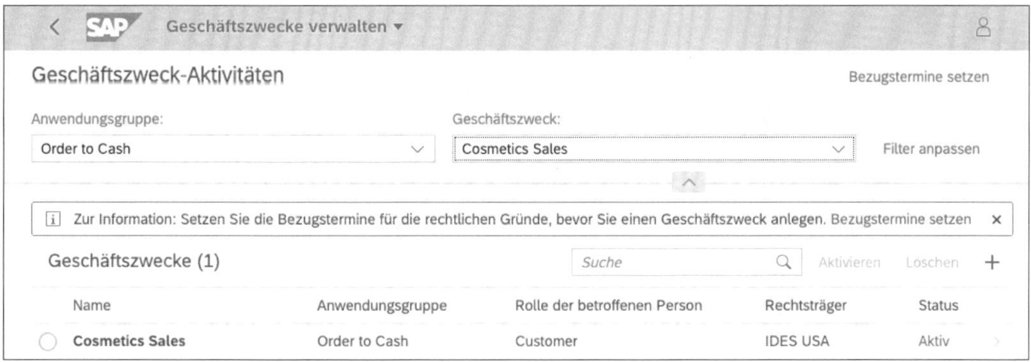

Abbildung 12.44 Auswahl des Geschäftszwecks zur weiteren Konfiguration durch Filter

Mit der Filterfunktion können Sie im Feld **Geschäftszweck** einen solchen (in diesem Beispiel **Cosmetics Sales**) auswählen, um diesen weiterzubearbeiten (siehe Abbildung 12.44). In dem konkreten Beispiel haben Sie nun alle beschriebenen Konfigurationen im System angelegt (siehe Abbildung 12.39). Im letzten Schritt der Konfiguration legen Sie zu den zwei definierten Geschäftsbereichen Verweil- und Aufbewahrungsregeln an. Wie in Abbildung 12.45 gezeigt, wählen Sie das Konfigurationsbild **Bezugstermine setzen** aus.

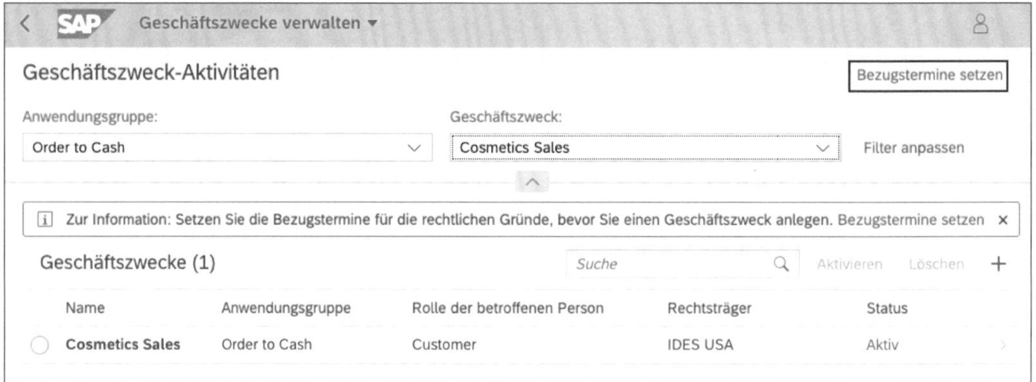

Abbildung 12.45 Bezugstermine auswählen und pflegen

Bezugstermine für Regeln definieren

Die Bezugstermine verbinden Objekte im System mit den von Ihnen definierten Regeln. Bei einer Zahlung ist die Option **Posting Date** ein möglicher Referenzzeitpunkt für die Regel. Bei einem Verkaufsauftrag könnte die Option **Dokument Completion Date** eine notwendige Referenz sein (siehe Abbildung 12.46).

Diese Bezugstermine werden über die *Konfigurationsdatei* in das System geladen. Die Anzahl der Möglichkeiten hängt von der Komplexität Ihrer Kunden-Cloud-Anwendung ab. In unserem konkreten Beispiel gibt es zwei transaktionale Objekte, die wir betrachten: die *Zahlung* und den *Verkaufsauftrag*.

Abbildung 12.46 Bezugstermine für die Regeln pflegen

Sie wollen für den Verkauf von Kosmetikprodukten (Cosmetic Sales) in den USA (IDES USA) Verweil- und Aufbewahrungsregeln anlegen. Zur Regelpflege selektieren Sie im ersten Schritt in der Ansicht **Geschäftzweck-Aktivitäten** den zuvor über die Filterfunktion ausgewählten Geschäftszweck Cosmetics Sales (siehe Abbildung 12.47).

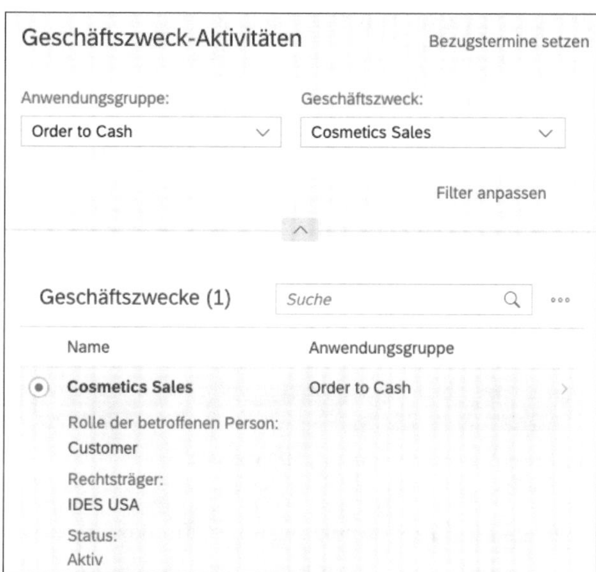

Abbildung 12.47 Auswahl für die Regelpflege

Auf der rechten Seite des Bildes (siehe Abbildung 12.48) wählen Sie nun **Bearbeiten** aus, um die Regeln zur Aufbewahrung zu definieren.

Abbildung 12.48 Regelpflege bearbeiten

Es gibt zwei Bezugspunkte: Nur Aufbewahrung und End of Purpose, also den **Verweilzeitraum** und das Ende der Aufbewahrung, also den **Aufbewahrungszeitraum**, für die Sie im System Regeln hinterlegen können. Der Lebenszyklus von Daten ist in Kapitel 4 in Abbildung 4.3 beschrieben.

Alle Zeiträume beginnen exakt am Zeitpunkt des zuvor durch Sie definierten Bezugstermins für die Objekte **Auftrag** und **Zahlung**.

Abbildung 12.49 Verweil- und Aufbewahrungsregeln pflegen

In Abbildung 12.49 haben Sie für Ihre Beispielanwendung für das Objekt **Sales Order** (Verkaufsauftrag) eine Verweildauer von einem Jahr und eine Aufbewahrungszeit von drei Jahren definiert. Der SAP Cloud Platform Data Retention Manager kann nun diese Regeln in Verbindung mit dem zugeordneten Kunden auswerten. Ihrer integrierten Kundenanwendung kann nun die Information über notwendige Löschungen von Objekten und Kunden über die implementierten Interfaces mitgeteilt werden. Sie haben die Möglichkeit, die Aufbewahrung entweder über eine zweite Datenbankinstanz oder über ein Sperrkennzeichen zu realisieren. Gibt es keine Aufbewahrungszeiten, können Sie die Objekte direkt aus Ihrer Datenbank löschen.

12.3.4 Den SAP Cloud Platform Data Retention Manager nutzen

Löschung von betroffenen Personen veranlassen

Über die Transaktion **Nach löschbaren betroffenen Personen suchen** (siehe Abbildung 12.50) haben Sie die Möglichkeit, eine Löschung zu veranlassen. Im ersten Schritt lösen Sie über den Button **Auffrischen** eine Prüfung der hinterlegten Verweil- und Aufbewahrungsregeln aus.

Abbildung 12.50 Löschbare Personen suchen

Nachdem das System die Regel geprüft hat, wird Ihnen die Anzahl der löschbaren betroffenen Personen angezeigt (siehe Abbildung 12.51).

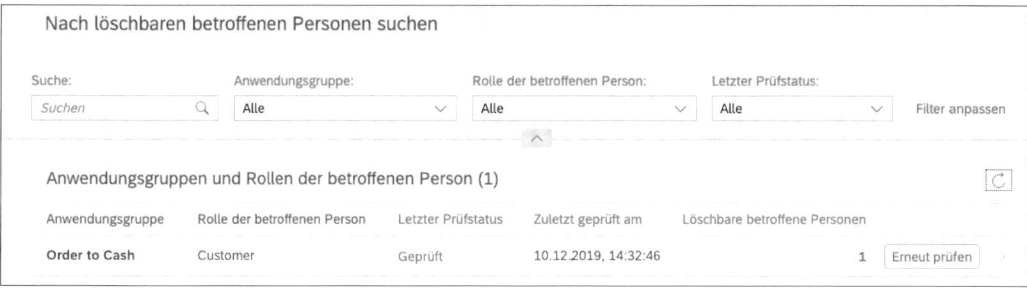

Abbildung 12.51 Ergebnis der Löschregel für Personen

In diesem Beispiel können Sie eine Person löschen. Sie wählen diese Person aus, indem Sie über den Pfeil (>) nach rechts navigieren und durch einen Klick auf den Button **Löschung anfordern** die markierte Person löschen.

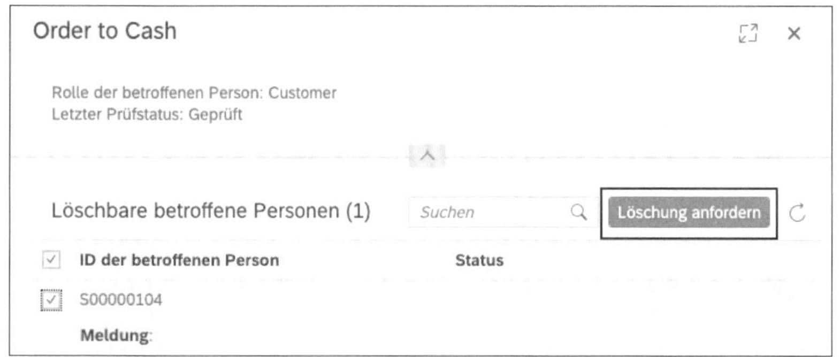

Abbildung 12.52 Löschung anfordern

Weitergabe der Löschanforderung

Nachdem Sie die erscheinende Warnung »Die ausgewählten Dateien werden unwiderruflich gelöscht. Möchten Sie fortfahren?« über den Button

Löschung anfordern bestätigt haben, wird die Löschanforderung an Ihre Kundenanwendung weitergegeben.

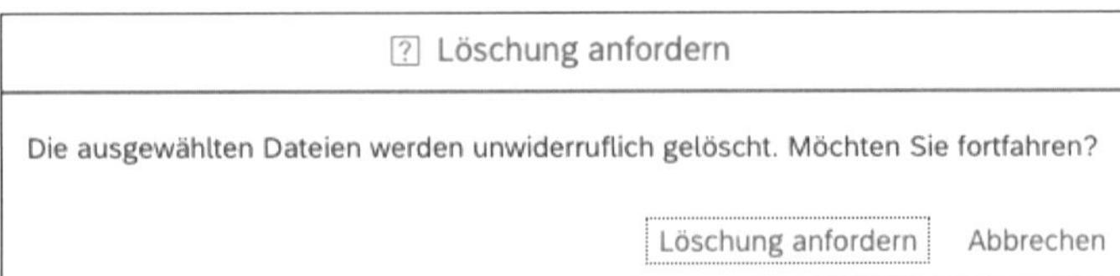

Abbildung 12.53 Daten löschen

Alle Löschanforderungen werden, wie in Abschnitt 12.2.4, »Die Auditlog-Funktion der SAP Cloud Platform«, beschrieben, in das Systemprotokoll geschrieben, das über den Auditlog Viewer einsehbar ist.

In diesem Abschnitt haben wir Ihnen ausführlich die Integration des SAP Cloud Platform Retention Managers sowie die Konfiguration der Aufbewahrungsregeln vorgestellt. Zusammen mit den Datenschutzbibliotheken von SAP Master Data Integration ist es Ihnen nun möglich, Ihre eigene Kundenanwendung in SAP Cloud Platform zu entwickeln.

Kapitel 13

»In der Wolke auf Sicht steuern«: Übersicht über die Datenschutzfunktionen in SAP-Cloud-Lösungen

Die SAP-Cloud-Lösungen bieten vielfältige Funktionen, um Kunden dabei zu unterstützen, die Anforderungen der DSGVO zu erfüllen. In den SAP-Cloud-Lösungen sind viele Standardfunktionen enthalten, sie erlauben aber auch in einem gewissen Rahmen eine individuelle Konfiguration. Diese Aspekte werden im Folgenden aus Sicht der Cloud-Lösungen der Cloud Business Group (CBG) von SAP behandelt.

13

Im Einzelnen betrachten wir in diesem Kapitel die folgenden Lösungen:

- **SAP Ariba**
  Lösungen für die elektronische Beschaffung und die Lieferkette
- **SAP SuccessFactors**
  Lösungen für den Personalbereich (Human Capital Management)
- **SAP Concur**
  Lösungen für Reisemanagement und Reisekostenabrechnung
- **SAP Customer Experience (CX)**
  CRM-Lösungen für Marketing, Handel, Sales, Service und Kundendaten

Diese Lösungen werden als webbasierte Services zur Verfügung gestellt. Das bedeutet, dass SAP in diesem Fall als Auftragsverarbeiter gemäß DSGVO auftritt und der Kunde als Verantwortlicher. Eine genauere Betrachtung der Rollen und Verantwortlichkeiten im Umfeld der Auftragsverarbeiter finden Sie in Abschnitt 11.1.3, »Rollen und Verantwortlichkeiten«.

13.1 Einführung

Im Folgenden werden die Funktionen behandelt, die die genannten Lösungen zur Verfügung stellen, um Kunden als Verantwortliche bei den Pflichten zu unterstützen, die sie im Rahmen der DSGVO haben. Dabei werden jeweils nur die für den Datenschutz relevanten Funktionen dargestellt und nicht der volle Funktionsumfang der Lösung. Die Abschnitte zu den einzelnen Cloud-Lösungen haben den gleichen Aufbau, um einen Vergleich der Funktionen zu erleichtern. In Tabelle 13.1 erhalten Sie eine Übersicht der verschiedenen Funktionen der SAP-Cloud-Lösungen für den Datenschutz.

Design	Rechte Betroffener	Datenhaltung	Organisatorische Funktionen
Data Governance	Anzeige, Berichtigung und Übertragbarkeit	Löschen personenbezogener Daten	Protokollierung
Privacy by Design and by Default	Information über die betroffene Person	Aufbewahrung und Sperrung	Strukturen und Berechtigungen
Einwilligung und Datenschutzerklärung	Opt-in und Opt-out	besondere Kategorien personenbezogener Daten	technische und organisatorische Maßnahmen

Tabelle 13.1 Datenschutzbezogene Funktionen in SAP-Cloud-Lösungen

Funktionen für den Datenschutz

Zur Erfüllung der Datenschutzanforderungen stellen die SAP-Cloud Lösungen die folgenden Basisfunktionen bereit:

- Eine Möglichkeit für Benutzer, ihre personenbezogenen Daten anzuzeigen und zu korrigieren, gem. Artikel 15 (Auskunft) und 16 (Berichtigung) DSGVO.
- Ein druckbares Format für die personenbezogenen Daten, gem. Artikel 15 DSGVO (Auskunft).
- Export von personenbezogenen Daten in ein maschinenlesbares Format, wie z. B. CSV, gem. Artikel 20 DSGVO (Portabilität).
- Anzeige und Übertragbarkeit der notwendigen Protokolle, gem. Artikel 32 DSGVO (auch §76 BDSG).
- Einstellung von Präferenzen, z. B. Aktivieren und Deaktivieren von E-Mail-Benachrichtigungen (auch Opt-in und Opt-out genannt), gem. Artikel 13 DSGVO (Einwilligung und Widerruf).
- Aufbewahrung, Sperrung und Löschung von personenbezogenen Daten, gem. Artikel 5, 17 ,18 DSGVO.
- Transparenz durch eine Datenschutzerklärung, gem. Artikel 12 DSGVO.
- Data Protection by Design and by Default, gem. Artikel 25 DSGVO.

Einwilligung und Widerruf (Opt-in und Opt-out)

Die *Einwilligung* (auch *Opt-in* genannt) ist eine wichtige Rechtsgrundlage zur Verarbeitung personenbezogener Daten, wie bereits in Abschnitt 1.2.6, »Die Besonderheiten der Einwilligung als rechtfertigender Tatbestand zur Verarbeitung«, beschrieben. Die Einwilligung kann widerrufen werden (auch Opt-out genannt). Beide Fälle kommen in den SAP-Cloud-Lösungen vor, so z. B. die Einwilligung und der Widerruf zu E-Mail-Benachrichtigungen.

Datenschutzerklärung

Datenschutzerklärungen informieren die Betroffenen darüber, wie ihre Daten gesammelt, verwendet, offengelegt und verwaltet werden. Datenschutzerklärungen bieten dem Betroffenen Transparenz darüber, welche personenbezogenen Daten von ihm gesammelt werden und wie diese Informationen vom Verantwortlichen verwendet werden dürfen.

Die folgenden allgemeinen Anforderungen zur Einwilligung und Datenschutzerklärung werden in den SAP-Cloud-Lösungen erfüllt:

- Es sind zweckgebundene Datenschutzerklärungen verfügbar.
- Die Datenschutzerklärungen weisen mindestens den in Artikel 13 DSGVO festgelegten Mindestinhalt auf.
- Die Anzeige der Datenschutzerklärung erfolgt vor der Erhebung der personenbezogenen Daten.
- Die Kenntnisnahme der Datenschutzerklärung wird protokolliert, auch für Änderungen der Datenschutzerklärung.
- Einwilligungen werden protokolliert.
- Wenn ein Benutzer die Datenschutzeinstellungen ändert, wie z. B. die zu empfangenden Benachrichtigungen, werden diese Änderungen ebenfalls protokolliert.

Löschen, Sperren und Daten aufbewahren

Wie in Abschnitt 1.2.9, »Recht auf Vergessenwerden«, beschrieben, unterliegen die personenbezogenen Daten bestimmten Fristen zur Verarbeitung, Speicherung, Sperrung und Löschung. Aus der Kette der verschiedenen Zwecke resultiert für jede Datenart ein Regelwerk, aus dem sich die Aufbewahrungs-, Sperrungs- und Löschfristen ergeben und das in den Verarbeitungssystemen abgebildet werden muss. Die zur Abdeckung der internen und behördlichen Vorschriften notwendigen Daten müssen entsprechend aufbewahrt werden, und nicht mehr benötigte Daten müssen gelöscht werden. Verschiedene Länder haben zudem unterschiedliche Anforderungen und gesetzliche Vorschriften, wie lange bestimmte Daten aufbewahrt werden müssen. Die SAP-Cloud-Lösungen unterstützen diese Anforderungen auf unterschiedliche Weise, da auch die Verarbeitungszwecke in den Lösungen unterschiedlich sind.

Data Protection by Design and by Default

Der Grundsatz »Datenschutz durch Technikgestaltung und durch datenschutzfreundliche Voreinstellungen« (Data Protection by Design and by Default) ist in den SAP-Cloud-Lösungen ebenfalls durch entsprechende Funktionen erfüllt, wie z. B. dadurch, dass nur die für den Geschäftszweck notwendigen Benachrichtigungen voreingestellt sind.

Änderungen im Funktionsumfang und in den Benutzeroberflächen

Die SAP-Lösungen im Cloud-Umfeld erhalten häufige Updates. Aus diesem Grund können sich die im Buch in den Screenshots dargestellten Benutzeroberflächen sowie die beschriebenen Funktionen geändert haben. Zum Zeitpunkt der Drucklegung (Stand: September 2020) waren darüber hinaus noch nicht alle Texte in den behandelten Lösungen ins Deutsche übersetzt; daher sehen Sie teilweise englische Screenshots.

13.2 Datenschutz in SAP Ariba

In diesem Kapitel werden die datenschutzbezogenen Funktionen in SAP Ariba beschrieben. Wir erläutern, wie die SAP-Ariba-Cloud-Lösung Einkäufer und Lieferanten bezüglich der Anforderungen der DSGVO unterstützt. Es wird veranschaulicht, wie Sie auf datenschutzbezogene Funktionen in SAP Ariba zugreifen und diese verwalten können. Außerdem zeigt dieser Abschnitt, wie SAP Ariba gesetzliche, technische und organisatorische Anforderungen in Bezug auf den Datenschutz erfüllt.

13.2.1 Überblick über SAP Ariba

Die SAP-Ariba-Cloud-Lösungen für die elektronische Beschaffung und die Lieferkette beinhalten u. a.:

- **Lieferantenmanagement: SAP Ariba Supplier Management**
  Lösungsportfolio für die zentrale Verwaltung von Lieferantendaten, Lebenszyklen, Leistungen, Performance und Risiken
- **Lieferantensuche: SAP Ariba Strategic Sourcing**
  Auffinden von qualifizierten Lieferanten, beschleunigte Einkaufszyklen und Vertragsabschluss
- **Logistikkette: SAP Ariba Supply Chain**
  Verknüpfung von Personen, Partnern, Informationen und Prozessen für eine intelligente Steuerung der Aktivitäten vom Design bis zur Lieferung

- **Beschaffung: SAP Ariba Procurement**
  Einkaufslösung mit verschiedenen Funktionen, wie geführter Einkauf, Spot-Käufe, Katalogmanagement
- **Finanzen: SAP Ariba Financial Supply Chain Management**
  Management von Verbindlichkeiten, Cashflow und Umlaufvermögen, Analyse von Ausgaben, Rechnungs- und Zahlungsmanagement
- **Einkauf: SAP Ariba Buyer**
  SAP-Ariba-Cloud-Lösungen für Einkäufer mit Integrationsassistenten, Vorlagen und Erweiterungen
- **Lieferantennetzwerk: Ariba Network**
  Zentrale Plattform für das Lieferantennetzwerk und digitaler Marktplatz

Personenbezogene Daten in SAP Ariba Buyer und Ariba Network

Die Verwaltung personenbezogener Daten findet größtenteils in zwei Backend-Komponenten statt:

- **SAP Ariba Buyer: Einkäuferlösungen**
  SAP Ariba Buyer bildet die Basis für alle Einkäuferlösungen, also im Wesentlichen die Lösungen SAP Ariba Strategic Sourcing, SAP Supplier Management und SAP Ariba Procurement.
- **Ariba Network: Lieferantenlösungen**
  Ariba Network bildet die Basis für alle Lieferantenlösungen, also im Wesentlichen für das Lieferantennetzwerk.

In einigen der genannten SAP-Ariba-Lösungen sind weitere Datenschutzfunktionen enthalten, die wir im Folgenden ebenfalls beschreiben.

[«]

Besonderheiten im SAP-Ariba-Geschäftsmodell

Das Geschäftsmodell von SAP Ariba als Einkaufsplattform erfordert es, dass SAP Ariba der Auftragsverarbeiter für zwei verschiedene Arten von Verantwortlichen ist, nämlich für:

- *Kunden der Einkäuferlösungen*: Hier ist SAP Ariba der Auftragsverarbeiter für die Kunden, die als Einkäufer tätig sind. Üblicherweise sind diese Einkäufer in mittleren und großen Unternehmen tätig.
- *Kunden des Ariba Networks*: Hier ist SAP Ariba der Auftragsverarbeiter für Kunden, die als Lieferanten tätig sind. Die Unternehmensgröße kann von Einzelunternehmen bis zu Großbetrieben reichen.

13.2.2 Personenbezogene Daten in SAP Ariba

In den SAP-Ariba-Cloud-Lösungen werden größtenteils geschäftliche Kontaktinformationen verarbeitet. Diese sind für den Geschäftszweck zwingend erforderlich, da ansonsten Bestellungen, Lieferscheine, Rechnungen usw. nicht sinnvoll verarbeitet werden können. Welche personenbezogenen Daten verarbeitet werden, ist in den jeweiligen Vereinbarungen mit Käufern und Lieferanten definiert. Informationen dazu finden Sie in der Datenschutzerklärung zu den SAP-Ariba-Cloud-Services unter *http://www.ariba.com/legal/privacy-policy*. Die Klassifizierung der Daten wird durch die DSGVO vorgegeben (siehe Abschnitt 1.2.4, »Daten besonderer Kategorien«):

- **Personenbezogene Daten**
  Das sind alle Informationen, die eine Person direkt oder indirekt identifizieren, z. B. Name, Adresse, E-Mail oder ein Foto. SAP-Ariba-Cloud-Lösungen verarbeiten im Standard nur einfache Geschäftskontaktinformationen von Einzelpersonen als Benutzer- oder Geschäftskontakte. Dies sind im Einzelnen:
  - E-Mail-Adresse
  - Mitarbeiternummer
  - Mitarbeitername
  - Geschäftstelefon
  - Geschäftsfax
  - alternative E-Mail-Adressen
  - Geschäftsadresse
- **Besondere Kategorien oder auch sensible personenbezogene Daten**
  Damit sind Angaben wie z. B. Rasse, ethnische Herkunft, politische Meinungen, religiöse oder philosophische Überzeugungen, Gewerkschaftszugehörigkeit, genetische Daten oder biometrische Daten gemeint.

Die Datenschutzerklärung für die SAP-Ariba-Cloud-Lösungen untersagt eine Verwendung dieser Lösungen zur Verarbeitung sensibler personenbezogener Daten, sofern dies nicht ausdrücklich von SAP Ariba schriftlich gestattet wurde. Dies ist für den Teil der SAP-Ariba-Lösungen relevant, der frei gestaltbare Fragebögen erlaubt; hier könnten natürlich auch sensible Daten abgefragt und verarbeitet werden.

13.2.3 Datenschutzfunktionen in SAP Ariba

Dieser Abschnitt erläutert die Funktionen der SAP-Ariba-Cloud-Lösungen für die Erfüllung von Datenschutzanforderungen. Insbesondere die Wahrnehmung der *Betroffenenrechte* (Data Subject Rights, DSR) spielt dabei eine wichtige Rolle.

Anzeige, Berichtigung und Übertragbarkeit von personenbezogenen Daten in SAP Ariba

Zur Erfüllung der Datenschutzanforderungen stellen die SAP-Ariba-Cloud-Lösungen die in Kapitel 1, »›Maßnehmen für Maßnahmen‹: Einführung«, beschriebenen Basisfunktionen bereit. Im Folgenden finden Sie die Details zu den Funktionen in den jeweiligen Lösungen.

Personenbezogene Daten anzeigen und bearbeiten

Lieferanten im Ariba Network können ihre personenbezogenen Daten mit der Option **Mein Konto** im Ariba Network anzeigen und bearbeiten. Klicken Sie dazu oben im Dashboard auf den Benutzernamen. Es öffnet sich das in Abbildung 13.1 gezeigte Bild.

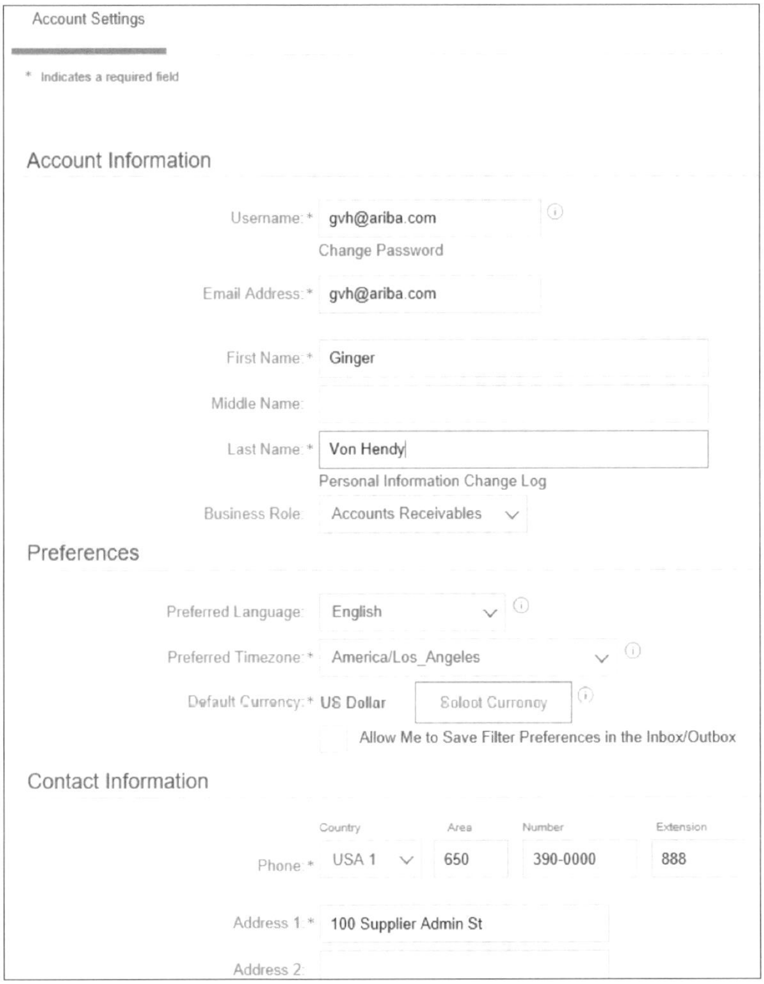

Abbildung 13.1 Personenbezogene Daten für Lieferanten im Ariba Network anzeigen und bearbeiten

Auch Einkäufer können im Ariba Network ihre personenbezogenen Daten anzeigen und bearbeiten, indem sie oben im Dashboard auf den Benutzernamen klicken und **Profil verwalten • Persönliche Informationen** auswählen. In SAP Ariba Strategic Sourcing und SAP Ariba Supplier Management können Benutzer im Menü **Einstellungen** ihre personenbezogenen Daten anzeigen, korrigieren und drucken. Klicken Sie dort im Dashboard auf ihren Namen und danach auf **Profil anpassen**.

In der Beschaffungslösung SAP Ariba Procurement können Benutzer im Menü **Einstellungen • Profil anpassen** ihre personenbezogenen Daten anzeigen, korrigieren und drucken (siehe Abbildung 13.2).

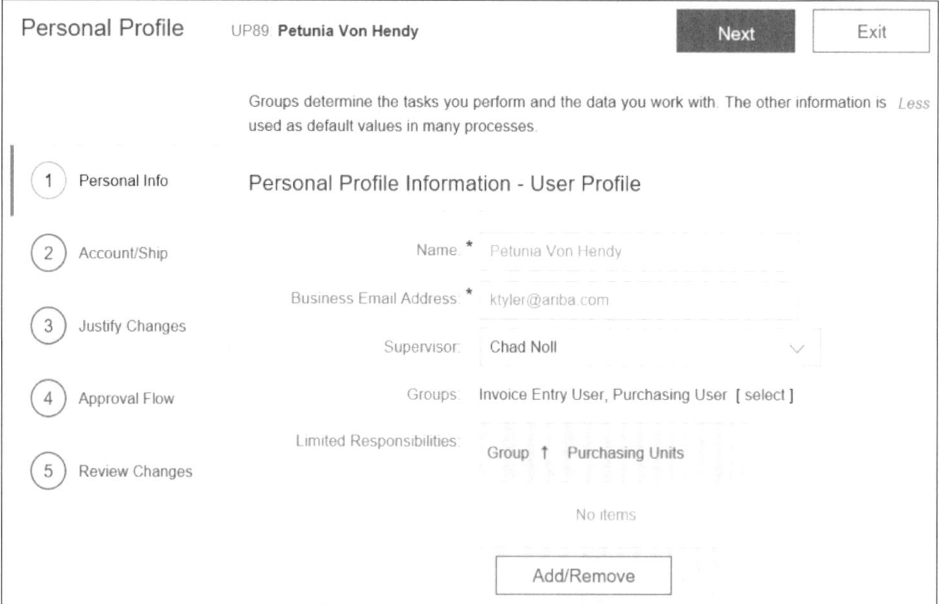

Abbildung 13.2 Personenbezogene Daten in SAP Ariba Procurement anzeigen und bearbeiten

Datenexport in SAP Ariba Strategic Sourcing und SAP Ariba Supplier Management

In SAP Ariba Strategic Sourcing und SAP Ariba Supplier Management können Administratoren die personenbezogenen Daten von Benutzern in ein maschinenlesbares Format exportieren und über den Menüpfad **Voreinstellungen • Benutzerinformationen für die Beschaffung** herunterladen.

Kundenadministratoren können Benutzerdaten gesammelt in CSV-Dateien exportieren. Diese Funktion ist im SAP Ariba Administrator unter **Site Manager • Datenimport/-export** verfügbar.

Einzel- und Massenexport im Ariba Network

Für Ariba Network ist ein Einzelexport nicht verfügbar. Da nur sehr wenige personenbezogenen Daten im Ariba Network verarbeitet werden, können Sie diese per Screenshot ausdrucken.

Administratoren in Lieferantenunternehmen können Benutzerdaten über die Registerkarte **Unternehmenseinstellungen • Benutzer** gesammelt in CSV-Dateien exportieren.

Einzel- und Massenexport in SAP Ariba Procurement

In SAP Ariba Procurement können Benutzer ihre personenbezogenen Daten über den Menüpfad **Einstellungen • Meine Einkaufsbenutzerinformationen** herunterladen. Administratoren können Benutzerdaten auch gesammelt in CSV-Dateien exportieren. Diese Funktion ist im SAP Ariba Administrator unter **Site Manager • Datenimport / -export** verfügbar.

Löschen, Sperren und Daten aufbewahren in SAP Ariba

Der Zusammenhang zwischen Verarbeitung, Speicherung, Sperrung und Löschung personenbezogener Daten wurde bereits in Kapitel 1, »›Maßnehmen für Maßnahmen‹: Einführung« beschrieben.

Zweck und Dauer der Verarbeitung

Bezogen auf SAP Ariba können Zweck und Dauer der Verarbeitung z. B. folgendermaßen aussehen:

1. **Verarbeitung**
   Im Rahmen des täglichen Geschäfts wird eine Bestellung ausgelöst, die die personenbezogenen Daten, wie z. B. den Namen des Käufers, enthält (erster Zweck).
   - Zweck: Verarbeitung im Rahmen des normalen Geschäftsbetriebs
   - Dauer: bis zum vollständigen Abschluss der Bestellung inklusive aller Lieferungen, Rechnungen und Zahlungen
2. **Archivierung**
   Nachdem die Bestellung vollständig abgeschlossen worden ist, wird sie für einen bestimmten Zeitraum aufbewahrt, basierend auf den gesetzlichen Regulierungen und gegebenenfalls Auf den Richtlinien des Unternehmens (= zweiter Zweck). Während dieser Zeit sind die Daten für die weitere Verarbeitung gesperrt.
   - Zweck: Archivierung zur Einhaltung gesetzlicher Aufbewahrungsfristen, Vorschriften und Grundsätze, z. B. der GoB (Grundsätze ordnungsmäßiger Buchführung)
   - Dauer: je nach Land unterschiedlich, in Deutschland 10 Jahre
3. **Löschung**
   Nach dem Ablauf der Aufbewahrungszeit werden die Daten gelöscht (End of Purpose (EoP) = letzter Zweck).
   - Zweck: Obligatorische Löschung von personenbezogenen Daten
   - Dauer: unverzüglich

Personenbezogene Daten löschen

In den meisten SAP-Ariba-Lösungen werden neben den verwendeten Stammdaten Geschäftsdokumente verarbeitet, die in eingeschränktem Umfang personenbezogene Daten, z. B. die Namen der Besteller und Genehmiger, enthalten können. Diese Dokumente müssen archiviert werden und dürfen erst nach einer bestimmten Zeit gelöscht werden.

Es gibt somit zwei Arten von Daten, die in den SAP-Ariba-Lösungen gelöscht werden müssen: Stammdaten in den Benutzerprofilen sowie Bewegungsdaten wie Bestellungen oder Rechnungen.

Stammdaten im Ariba Network löschen

Als Administrator können Sie im Ariba Network auf der Registerkarte **Benutzer** des Bildes **Kontoeinstellungen** personenbezogene Daten aus einem Benutzerprofil löschen (siehe Abbildung 13.3). Sie werden anschließend aufgefordert, den Löschvorgang zu bestätigen.

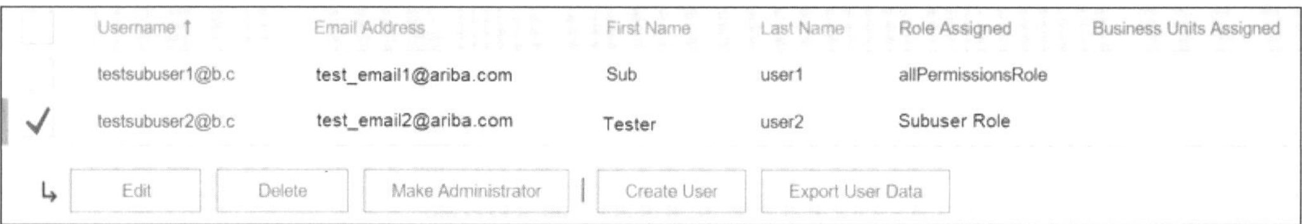

Abbildung 13.3 Benutzerprofil im Ariba Network löschen

Unternehmenskonto löschen

Als Kunde können Sie Unternehmenskonten (Administratorenkonten) nicht selbst löschen. Wenden Sie sich dafür per Service Request an den SAP-Ariba-Support.

Stammdaten in SAP Ariba Buyer löschen

Der Kundenadministrator in SAP Ariba Buyer kann personenbezogene Daten für Benutzer löschen, indem er den Benutzer zuerst deaktiviert und dann den inaktiven Benutzer auswählt und auf den Button **Anonymisieren** klickt (siehe Abbildung 13.4). Beim Anonymisieren werden personenbezogene Daten mit anderen Zeichen dauerhaft überschrieben. Der Administrator wird danach aufgefordert, den Vorgang zu bestätigen.

Durch dieses zweistufige Vorgehen sind deaktivierte Benutzer noch nicht komplett aus dem System entfernt und können im Zweifelsfall wieder reaktiviert werden.

Bewegungsdaten nach der Anonymisierung

Nach der Anonymisierung eines Benutzerprofils bleiben die Bewegungsdaten und Protokolle erhalten, die den Benutzer enthalten. Damit ist die Integrität der entsprechenden Dokumente gewährleistet.

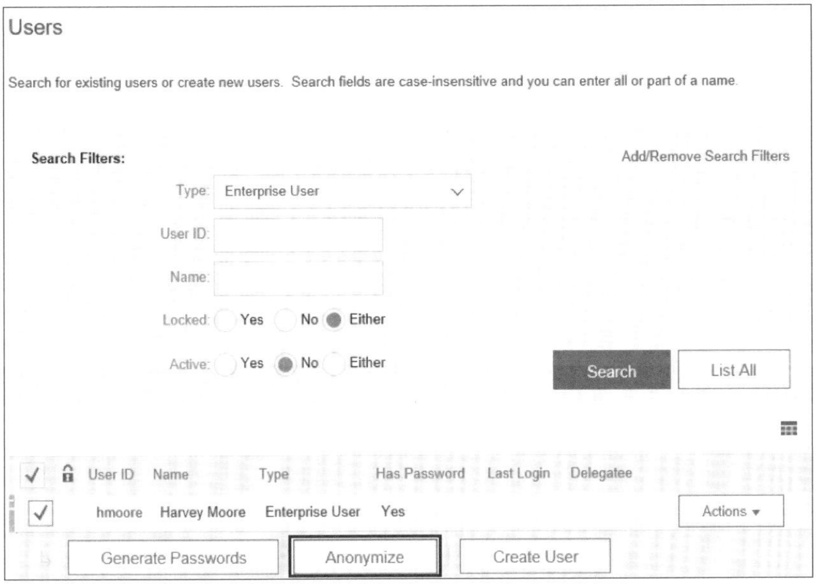

Abbildung 13.4 Benutzer in SAP Ariba Buyer anonymisieren

Bewegungsdaten löschen

Als Kunden können Sie Bewegungsdaten, wie z. B. Bestellungen oder Sourcing-Events derzeit nicht selbst vollständig löschen. Wenden Sie sich dafür per Service Request an den SAP-Ariba-Support. Die Bewegungsdaten werden üblicherweise bei Vertragsende durch das Löschen aller Daten im SAP-Ariba-Cloud-Konto des Kunden entfernt.

Zukünftige Versionen der Ariba Network- und SAP-Ariba-Buyer-Plattformen werden wahrscheinlich erweiterte Funktionen zum Löschen der Bewegungsdaten enthalten, z. B. Löschen nach einem vom Kunden konfigurierbaren Aufbewahrungszeitraum.

Sperrfunktionen

Im Folgenden gehen wir auf die Einschränkung oder Sperrung der Verarbeitung und Datenaufbewahrung ein. Die Sperrfunktionen unterscheiden sich in Abhängigkeit der Lösung.

Das Sperren eines Unternehmenskontos (Administratorenkontos) können Sie als Kunde im Ariba Network derzeit nicht selbst durchführen. Wenden Sie sich dafür per Service Request an den SAP-Ariba-Support.

Mitglieder der Gruppe **Kundenadministratoren** können Benutzer in SAP Ariba Buyer im Bereich **Administrator • Benutzermanager** deaktivieren (siehe Abbildung 13.5).

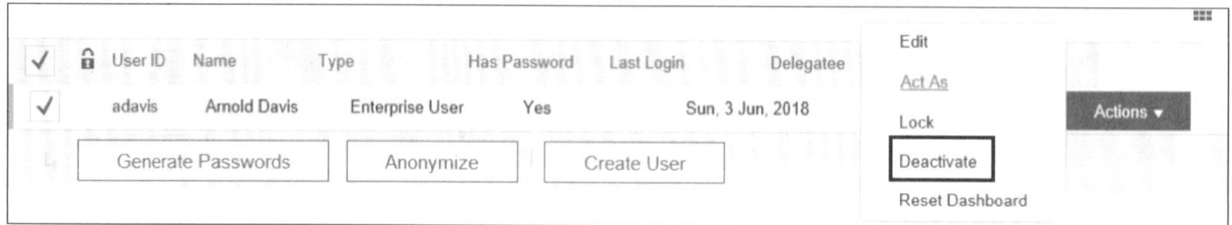

Abbildung 13.5 Benutzer in SAP Ariba Buyer sperren

Bewegungsdaten archivieren

In den SAP-Ariba-Buyer-Lösungen werden *Bewegungsdaten* normalerweise nur bis zum Ende der Verarbeitungsphase aufbewahrt, also z. B. bis zum vollständigen Abschluss einer Bestellung. Danach können die Daten archiviert werden. Dies können Sie entweder selbst oder mithilfe eines externen Dienstleisters durchführen (eine Definition der Datenübergabe ist notwendig) oder SAP Ariba mit der Archivierung beauftragen. Diese wird derzeit durch einen externen Dienstleister durchgeführt.

Nutzungsende in SAP Ariba Buyer

Das Nutzungsende, die finale Löschung der Kundendaten und ggf. eine Übertragung der Daten für Ihre eigene Archivierung, ist in den Kundenverträgen entsprechend geregelt.

Berechtigungen in SAP Ariba

Ein wesentlicher Bestandteil der technisch-organisatorischen Maßnahmen (TOM) ist die System- und Datenzugriffskontrolle. Bei den SAP-Ariba-Lösungen ist insbesondere die Verwaltung der Autorisierung, Authentifizierung und der rollenbasierte Zugriff für Mitarbeiter, Auftragnehmer und Dritte durch die Einkäufer- und Lieferantenadministratoren hervorzuheben.

Zugriffskontrolle im Ariba Network

Im Ariba Network können die Administratoren Rollen erstellen und wählen die Funktionen aus, die jede Rolle ausführen darf. Anschließend weisen sie den Benutzern die entsprechenden Rollen zu, die sie zur Ausführung ihrer Tätigkeiten benötigen.

- Administratoren für Lieferanten verwalten Benutzer, indem sie **Unternehmenseinstellungen • Benutzer** auswählen.
- Administratoren für Einkäufer verwalten Benutzer, indem sie **Administration • Benutzer** auswählen.

Abbildung 13.6 zeigt die Erstellung von Rollen und Benutzern im Ariba Network für Lieferanten. Für Einkäufer gibt es ähnliche Möglichkeiten.

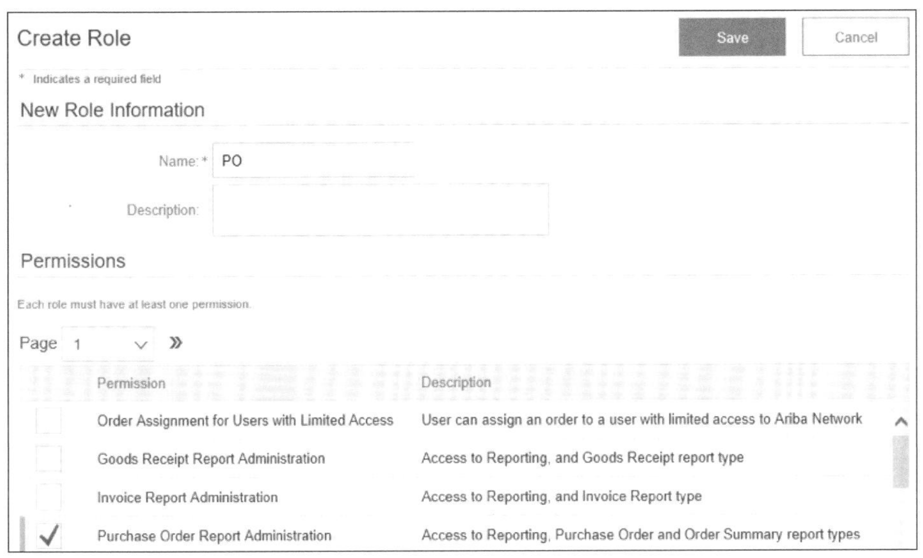

Abbildung 13.6 Rolle im Ariba Network erstellen

13

Zugriffskontrolle in SAP Ariba Buyer

In SAP Ariba Buyer werden Berechtigungen in Form von Gruppen erteilt. In den Gruppen wird festgelegt, welche Funktionen jede Gruppe ausführen darf. Die Einkäuferadministratoren können sowohl vorgegebene Standardgruppen verwenden als auch benutzerdefinierte Gruppen anlegen.

Mitglieder der Gruppen **Kunden-Administrator** und **Kunden-Benutzer-Administrator** können die Benutzer im Bereich **Kundenverwaltung** im SAP Ariba Administrator verwalten (siehe Abbildung 13.7).

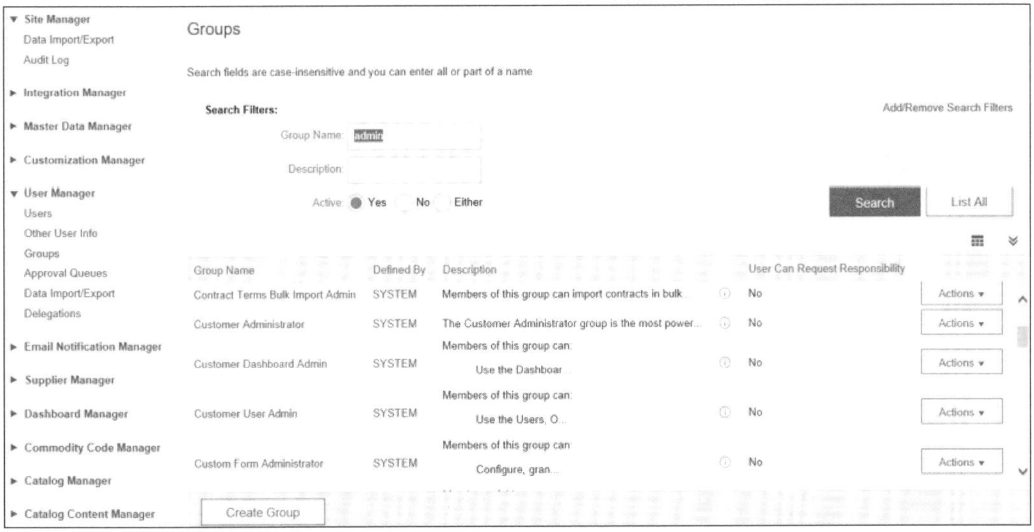

Abbildung 13.7 Gruppenverwaltung im SAP Ariba Administrator

Beispiele für Benutzerverwaltungsaktivitäten sind das Erstellen von Benutzern und Gruppen, das Zuweisen von Benutzern zu Gruppen und das Deaktivieren von Benutzern.

Suite-Integration

Wenn Sie über eine sogenannte Suite-Integration verfügen, können alle Benutzerverwaltungsaktivitäten im Administratorbereich der SAP-Ariba-Beschaffungslösung SAP Ariba Procurement ausgeführt werden – über **Administration • Core Administration**. Bei der Suite-Integration sind SAP Ariba Strategic Sourcing und SAP Ariba Supplier Management in SAP Ariba Procurement integriert.

Protokollierung in SAP Ariba

Als Teil der TOM und für den Nachweis von datenschutzrelevanten Aktivitäten werden die folgenden Ereignisse protokolliert:

- Kenntnisnahme der Datenschutzerklärung, einschließlich Datum und Uhrzeit und der Version der bestätigten Datenschutzerklärung
- Änderungen von personenbezogenen Daten auf der Feldebene
- Herunterladen von Benutzerprofildaten
- Massenexport von Kundendaten
- Änderungen an benutzerdefinierten Feldern, die als personenbezogene Daten markiert sind
- Änderungen an den Benachrichtigungseinstellungen zum Aktivieren und Deaktivieren von Benachrichtigungen
- Löschung personenbezogener Daten

Protokollierung im Ariba Network

Im Ariba Network können Lieferanten ein *Änderungsprotokoll* ihrer personenbezogenen Daten anzeigen, indem sie oben im Dashboard auf den Benutzernamen klicken und **Mein Konto** auswählen. Das Bild verfügt über einen Link zum Änderungsprotokoll für personenbezogene Daten im Bereich **Kontoinformationen** (siehe Abbildung 13.8).

Einkäufer können ein Änderungsprotokoll ihrer personenbezogenen Daten anzeigen, indem sie **Administration • Konfiguration • Persönliche Informationen • Änderungsprotokoll für personenbezogene Daten** wählen (siehe Abbildung 13.9).

Administratoren für *Lieferanten* können ein Protokoll aller Benutzerprofiländerungen unter **Unternehmenseinstellungen • Überwachungsprotokolle • Profiländerungen** anzeigen.

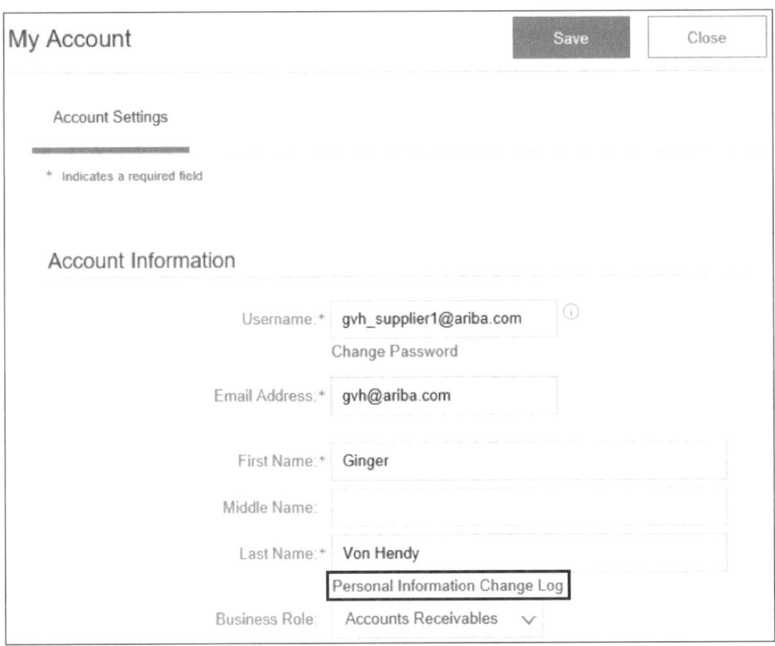

Abbildung 13.8 Änderungsprotokoll für personenbezogene Daten für Lieferanten

Abbildung 13.9 Änderungsprotokoll für personenbezogene Daten für Einkäufer

Administratoren für *Einkäufer* können ein Protokoll aller Benutzerprofiländerungen unter **Administration • Überwachungsprotokoll • Profiländerungen** anzeigen.

Abbildung 13.10 zeigt ein Beispiel für das Protokoll, das bei den oben genannten Abrufen erzeugt wird. Die Protokolleinträge zeigen jeweils die Änderungen der personenbezogenen Daten auf der Feldebene.

User Profile Changes

Operation	Username	Date ↓	Comments	Impacted Entity	Object	Field Name
Update user	sp51@a.c	15 Mar 2018 7:54:08		sp51s1@a.c		Role
Create user	sp51@a.c	15 Mar 2018 7:53:19		sp51s1@a.c		
Update user	sp51@a.c	15 Mar 2018 7:39:14	email address change pending confirmation	sp51@a.c		Zip code
Update user	sp51@a.c	15 Mar 2018 7:39:14	email address change pending confirmation	sp51@a.c		City
Update user	sp51@a.c	15 Mar 2018 7:39:14	email address change pending confirmation	sp51@a.c		Street1

Abbildung 13.10 Beispiel für ein Änderungsprotokoll personenbezogener Daten

Protokollierung in SAP Ariba Buyer

In SAP Ariba Buyer können Mitglieder der Gruppe **Kundenadministrator** ein Protokoll über alle datenschutzrelevanten Aktivitäten im SAP Ariba Administrator unter **Site Manager • Überwachungsprotokoll** anzeigen.

Protokollierung bei benutzerdefinierten Formularen

Der *Formulargenerator* verfügt über ein eigenes Überwachungsprotokoll, in dem Vorgänge für Felder, die personenbezogene Daten enthalten, aufgezeichnet werden. Mitglieder der Gruppe **Formularadministrator** können im Arbeitsbereich **Formular- und Erweiterungs-Manager** im SAP Ariba Administrator auf den Link **Überwachungsprotokoll herunterladen** klicken. Damit kann das Protokoll exportiert werden.

Export von Protokollen

Änderungsprotokolle können durch Klicken auf den Button in eine Microsoft-Excel-Datei exportiert werden.

Einwilligung und Datenschutzerklärung in SAP Ariba

Einwilligung

Wie in Kapitel 1, »›Maßnehmen für Maßnahmen‹: Einführung«, beschrieben, ist die Einwilligung eine wichtige Rechtsgrundlage zur Verarbeitung personenbezogener Daten. In SAP Ariba sind Opt-in- und Opt-out-Funktionen enthalten, so z. B. Einwilligung und Widerruf von E-Mail-Benachrichtigungen.

Datenschutzerklärung

Die SAP-Ariba-Lösungen stellen ebenfalls Funktionen zur Datenschutzerklärung zur Verfügung. Die allgemeinen Anforderungen an die Datenschutzerklärung, wie in Kapitel 1, »›Maßnehmen für Maßnahmen‹: Einführung«, beschrieben, werden in den SAP-Ariba-Cloud-Lösungen erfüllt.

Die SAP-Ariba-Cloud-Lösungen zeigen ein Pop-up-Fenster zur Datenschutzerklärung an, wenn sich ein Benutzer zum ersten Mal anmeldet. In diesem Pop-up-Fenster wird der Benutzer aufgefordert, die Datenschutzerklärung zu lesen und deren Kenntnisnahme zu bestätigen. Ohne diese Bestätigung kann die jeweilige Lösung nicht verwendet werden.

Im Ariba Network wird nur beim Administrator zusätzlich die Bestätigung der AGBs abgefragt. Damit ist die in Artikel 14 DSGVO verlangte klare Trennung der Datenschutzerklärung von allen anderen Vereinbarungen realisiert. Auch hier kann ohne Bestätigung die jeweilige Lösung nicht verwendet werden.

[!]

Besonderheiten bei SAP Ariba bezüglich der Datenschutzerklärung

Wie bereits in Abschnitt 13.2.1, »Überblick über SAP Ariba«, dargestellt, hat das Geschäftsmodell von SAP Ariba einige Besonderheiten. Der Zweck der Verarbeitung der personenbezogenen Daten für Benutzer aus dem Einkäuferumfeld und für Benutzer aus dem Lieferantenumfeld ist jeweils unterschiedlich. Daraus resultiert die Notwendigkeit einer eigenen Datenschutzerklärung für beide Gruppen.

Optionen für die Datenschutzerklärung

Die SAP-Ariba-Cloud-Lösungen bieten drei Optionen für die Datenschutzerklärung:

1. **Generische Datenschutzerklärung (SAP Ariba Privacy Statement)**
   Verwendung einer generischen Datenschutzerklärung, die SAP Ariba als Standard für die jeweilige Cloud-Lösung anbietet. Diese Option ist die Voreinstellung.
2. **Benutzerdefinierte Datenschutzerklärung (Custom Privacy Statement)**
   Verwendung einer benutzerdefinierten Datenschutzerklärung, die den jeweiligen Compliance-Anforderungen des Kunden entspricht. Die benutzerdefinierte Datenschutzerklärung wird per Link aufgerufen, z. B. zu einem Dokument auf der Website des Kunden.
3. **Keine Datenschutzerklärung (No Privacy Statement)**
   Keine Verwendung einer Datenschutzerklärung. Wenn die Datenschutzerklärung bereits angezeigt und die Kenntnisnahme an einer anderen Stelle eingeholt wurde, z. B. wenn dies bereits in Ihrem eigenen Portal integriert ist, muss dieses nicht nochmal erfolgen, und es wird nur der Hinweis auf die Cookie-Einstellungen angezeigt.

Die Bestätigung des Benutzers wird erfasst und im Hintergrund protokolliert.

Darüber hinaus gibt es eine Rücksetzfunktion, die das Pop-up-Fenster mit der Abfrage der Datenschutzerklärung erneut anzeigt, wenn eine neuere Version der Datenschutzerklärung verwendet wird.

Datenschutzerklärung und Einwilligung

Abbildung 13.11 zeigt eine Datenschutzerklärung im Ariba Network. In diesem Beispiel wird die generische SAP-Ariba-Datenschutzerklärung verwendet.

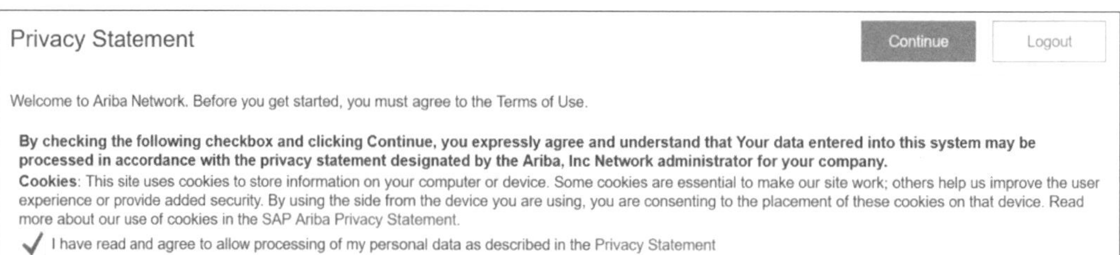

Abbildung 13.11 Kenntnisnahme der Datenschutzerklärung (und der Cookies) für ein Benutzerkonto im Ariba Network

Abbildung 13.12 zeigt eine benutzerdefinierte Datenschutzerklärung für SAP Ariba Buyer. Diese erscheint, wenn ein Benutzer sich zum ersten Mal anmeldet oder wenn sich die Version der Datenschutzerklärung geändert hat.

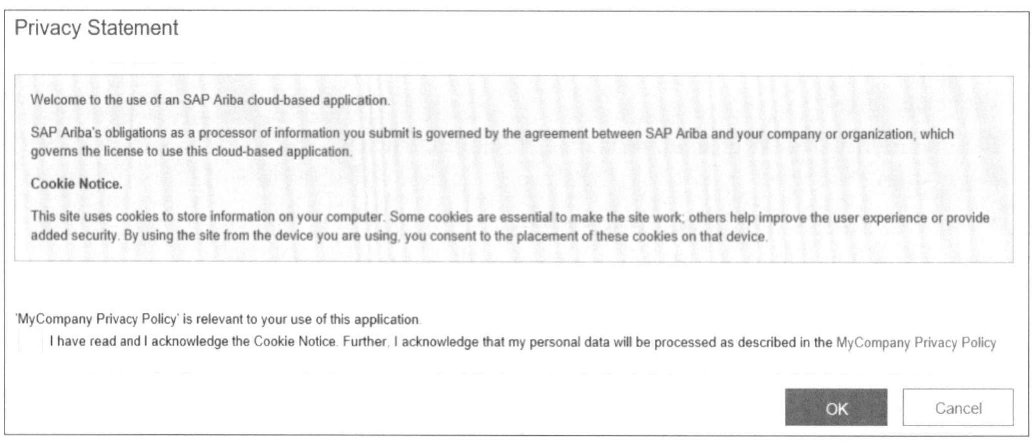

Abbildung 13.12 Benutzerdefinierte Datenschutzerklärung

Generische Datenschutzerklärung von SAP Ariba

Bei der Verwendung der generischen SAP-Ariba-Datenschutzerklärung erreicht man über den Link **SAP Ariba Datenschutzerklärung** das Bild, in dem die Datenschutzerklärung in vielen Sprachen verfügbar ist.

Die drei Optionen für die Datenschutzerklärung können durch Mitglieder der Gruppe **Administrator** im Unternehmensprofil gesetzt werden (siehe Abbildung 13.13).

Die Parameter für die gewählte Option sowie die URL für das Dokument, den Anzeigetext und die Version werden ebenfalls im Administratorbereich unter **Anpassungs-Manager • Parameter** konfiguriert.

Abbildung 13.13 Optionen für die Datenschutzerklärung

[«]

Neue Versionen der Datenschutzerklärung

Die Versionierung der generischen SAP-Ariba-Datenschutzerklärung wird von SAP Ariba selbst kontrolliert. Sobald hier also eine neue Version eingespielt wurde und die Verwendung der generischen SAP-Ariba-Datenschutzerklärung eingestellt ist, werden Benutzer bei der nächsten Anmeldung aufgefordert, der neuen Datenschutzerklärung zuzustimmen. Dieses wird ebenfalls protokolliert. Die Änderung der generischen SAP-Ariba-Datenschutzerklärung wird den Kunden rechtzeitig vorher angekündigt.

Wenn Sie eine Suite-Integration haben (die Lösungen SAP Ariba Strategic Sourcing und SAP Ariba Supplier Management sind in SAP Ariba Procurement integriert), müssen Sie diese Parameter nur einmal im Administratorbereich von SAP Ariba Procurement festlegen – unter **Administration • Core Administration**.

Benachrichtigungseinstellungen (Opt-in, Opt-out)

Es ist möglich, in den SAP-Ariba-Lösungen E-Mail-Benachrichtigungen zu aktivieren und zu deaktivieren (*Opt-in/Opt-out*). Benutzer können selbst einstellen, welche E-Mail-Benachrichtigungen sie erhalten wollen (Self-Service). Voreingestellt sind nur die Benachrichtigungen, die unbedingt für den Geschäftszweck notwendig sind. So sind z. B. Marketing-E-Mails in der Standardvoreinstellung nicht aktiviert (Privacy by Default, siehe Kapitel 1, »›Maßnehmen für Maßnahmen‹: Einführung«).

Benachrichtigungseinstellungen für Lieferanten

Lieferanten im Ariba Network können ihre Benachrichtigungseinstellungen ändern, indem sie **Unternehmenseinstellungen • Benachrichtigungen** auswählen (siehe Abbildung 13.14).

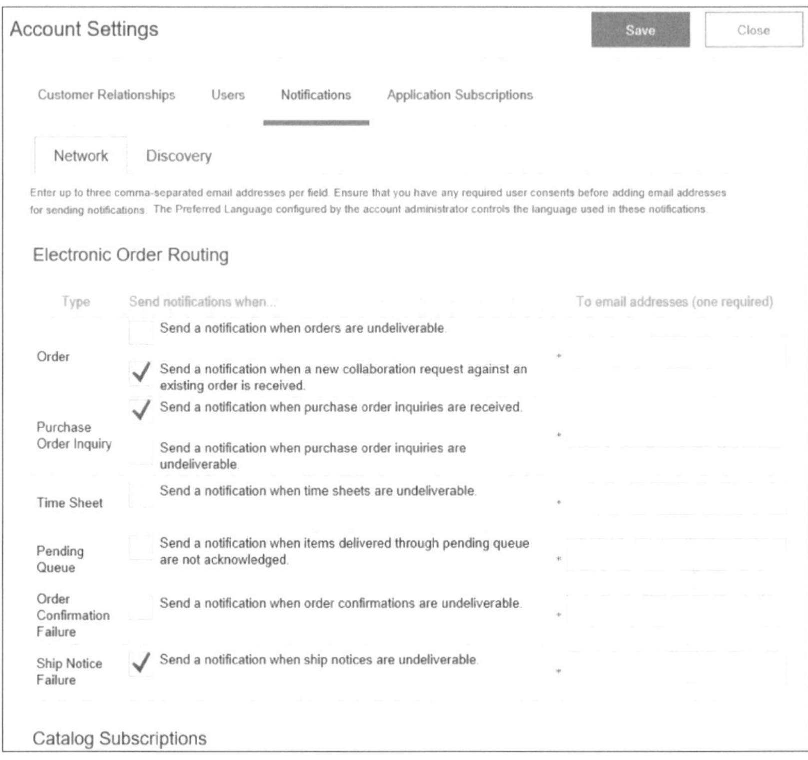

Abbildung 13.14 Benachrichtigungseinstellungen für Lieferanten im Ariba Network anpassen

Benachrichtigungseinstellungen für Einkäufer

Einkäufer im Ariba Network können Benachrichtigungen aktivieren und deaktivieren, indem sie im Dashboard auf den jeweiligen Benutzernamen klicken und **Profil verwalten • Benachrichtigungen** wählen.

Abstellen von E-Mail-Benachrichtigungen aus SAP Ariba Discovery

Sie können die E-Mail-Benachrichtigungen aus SAP Ariba Discovery anpassen, indem Sie sie in den Benachrichtigungseinstellungen einstellen. Sie können unerwünschte E-Mail-Benachrichtigungen aus SAP Ariba Discovery auch direkt abstellen, indem Sie in der aus SAP Ariba Discovery erhaltenen E-Mail auf den Link **Abbestellen** (**Unsubscribe**) klicken (siehe Abbildung 13.15).

Benachrichtigungen aus SAP Ariba Discovery

Marketingbenachrichtigungen aus SAP Ariba Discovery sind standardmäßig deaktiviert (Privacy by Default) und müssen aktiv eingeschaltet werden, falls sie versendet werden sollen.

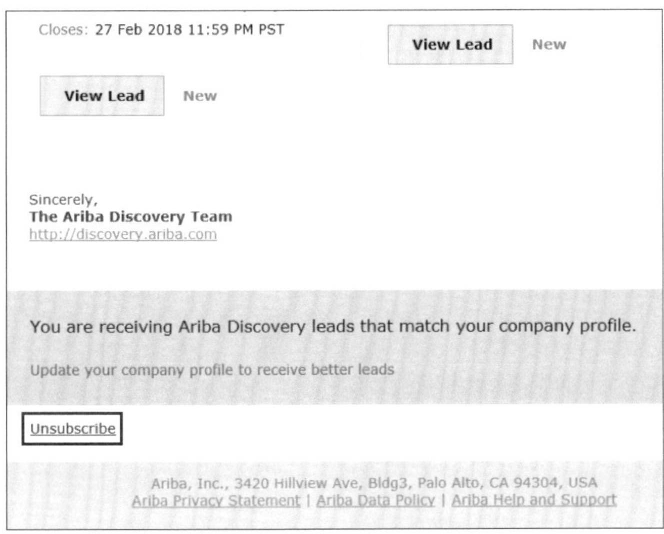

Abbildung 13.15 E-Mail-Benachrichtigungen aus SAP Ariba Discovery abbestellen

In den Lösungen SAP Ariba Strategic Sourcing und SAP Ariba Supplier Management können Benutzer ihre Benachrichtigungseinstellungen anpassen. Dazu gehen Sie in das Menü **Einstellungen** und klicken im Dashboard auf ihren Namen sowie danach auf **Benachrichtigungseinstellungen ändern** (siehe Abbildung 13.16).

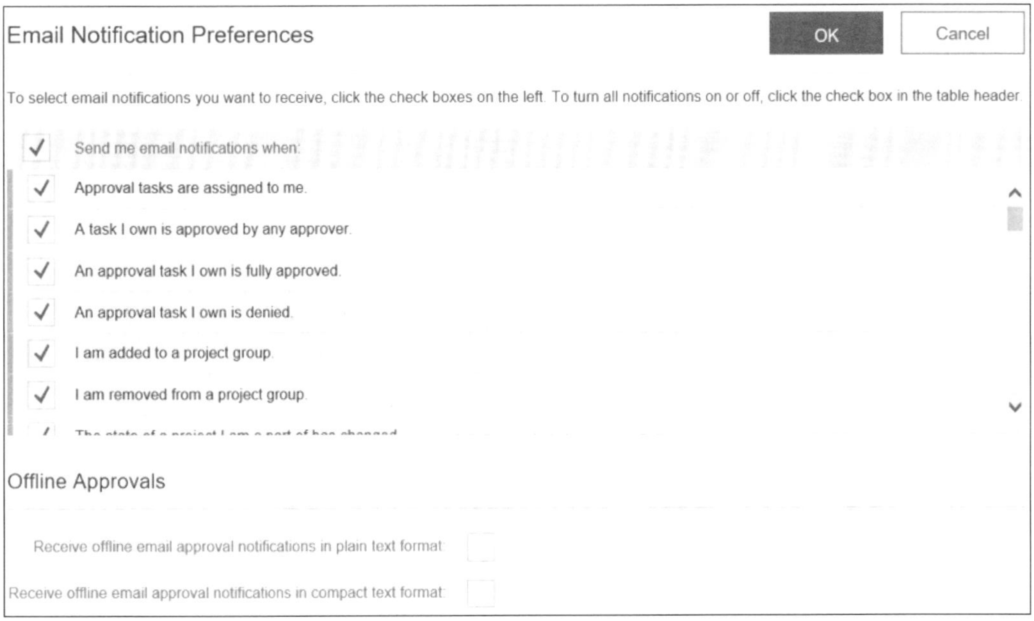

Email Notification Preferences

OK | Cancel

To select email notifications you want to receive, click the check boxes on the left. To turn all notifications on or off, click the check box in the table header.

- ✓ Send me email notifications when:
- ✓ Approval tasks are assigned to me.
- ✓ A task I own is approved by any approver.
- ✓ An approval task I own is fully approved.
- ✓ An approval task I own is denied.
- ✓ I am added to a project group.
- ✓ I am removed from a project group.

Offline Approvals

Receive offline email approval notifications in plain text format

Receive offline email approval notifications in compact text format

Abbildung 13.16 Benachrichtigungseinstellungen für Einkäufer im Ariba Network anpassen

In der Beschaffungslösung SAP Ariba Procurement können Benutzer im Menü **Einstellungen • E-Mail-Benachrichtigungseinstellungen ändern** die Benachrichtigungseinstellungen anpassen (siehe Abbildung 13.17).

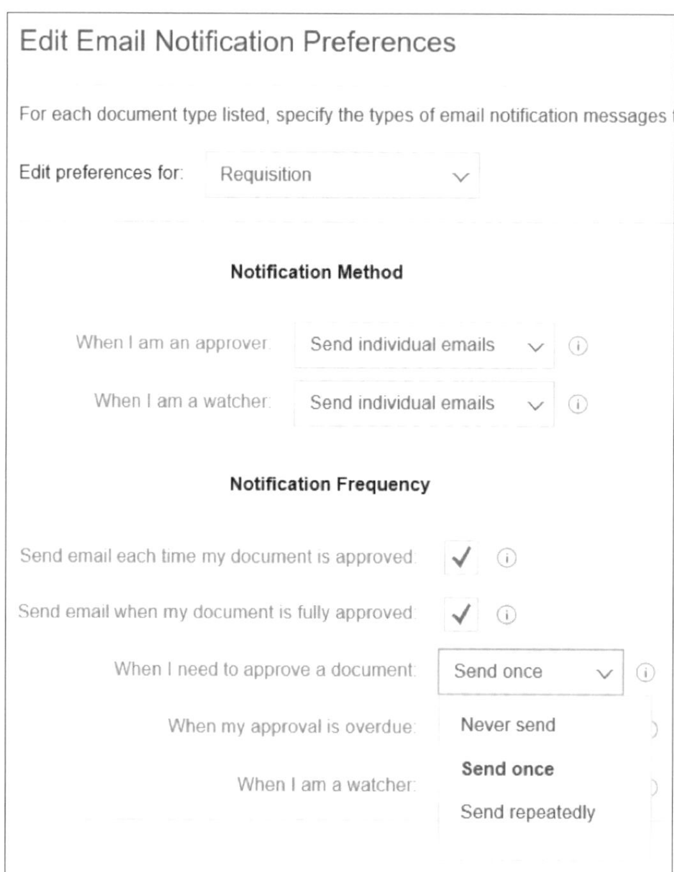

Abbildung 13.17 Anpassen der Benachrichtigungseinstellungen in SAP Ariba Procurement

Weitere datenschutzrelevante Funktionen in SAP Ariba

Single Sign-On in SAP Ariba Buyer

Um die *Single-Sign-On-Authentifizierung* (SSO) in SAP Ariba Buyer zu implementieren, müssen sowohl der Kunde als auch SAP Ariba ihre Systeme in enger Zusammenarbeit entsprechend konfigurieren. In SAP Ariba wird SSO als Teil des Seitenprofils (Site Profile) konfiguriert.

Datenverschlüsselung

Die *Datenverschlüsselung* ist eine der technischen Maßnahmen zur Gewährleistung der Datensicherheit im Rahmen der TOM. In den SAP-Ariba-Lösungen wurde eine mehrstufige Verschlüsselungsstrategie implementiert:

1. *Verschlüsselung in Bewegung* (Encryption in Transit): Alle Daten werden während der Übertragung über ein öffentliches Netzwerk, über interne Netzwerke und zwischen Anwendungsebenen mit TLS 1.2 verschlüsselt.
2. *Verschlüsselung im Ruhezustand* (Encryption at Rest) in der Datenbank.
3. *Verschlüsselung auf Feldebene* mit AES 256 von Feldern, die personenbezogene Daten enthalten.
4. *Verschlüsselung von Dokumentanhängen*, die in der Datenbank gespeichert sind und möglicherweise personenbezogene Daten enthalten, z. B. Verträge in der Vertragsverwaltung.
5. *Verschlüsselung im Ruhezustand* (Encryption at Rest) im Festspeicher.
6. *Verschlüsselung der Festplatten*, die Anwendungsdaten enthalten mit AES 256.
7. *Verschlüsselung von Dokumenten*, die im Dateisystem gespeichert sind und möglicherweise personenbezogene Daten enthalten, z. B. cXML-Datenaustauschdateien.

Benutzerdefinierte Felder mit personenbezogenen Daten

Einen Sonderfall stellen die *benutzerdefinierten Felder* dar. Im Formulargenerator, der z. B. zum Erstellen von benutzerdefinierten Fragebögen verwendet wird, können die Formularersteller die Felder kennzeichnen, die personenbezogene Daten enthalten. Diese Felder werden dadurch mit denselben Datenschutzfunktionalitäten versehen wie die fest definierten Felder mit personenbezogenen Daten. Das heißt primär, dass die benutzerdefinierten Felder in der Datenbank verschlüsselt werden, Änderungen in diesen Feldern im Überwachungsprotokoll protokolliert werden und diese Felder auch beauskunftet werden können.

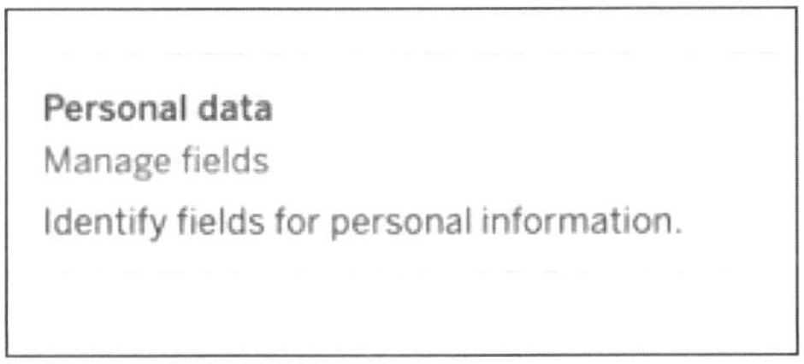

Personal data
Manage fields
Identify fields for personal information.

Abbildung 13.18 Kennzeichnung von Feldern, die personenbezogene Daten enthalten

Die Option zum Markieren von personenbezogenen Daten finden Sie im Formulargenerator auf der Registerkarte **Formulareinstellungen** im Bereich **Personenbezogene Daten** (siehe Abbildung 13.18).

13.3 Datenschutz in SAP Concur

In diesem Abschnitt werden die datenschutzbezogenen Funktionen in SAP Concur beschrieben. Wir veranschaulichen, wie Kunden auf datenschutzbezogene Funktionen in SAP Concur zugreifen und diese verwalten können. Außerdem gehen wir darauf ein, wie SAP Concur gesetzliche, technische und organisatorische Anforderungen in Bezug auf den Datenschutz erfüllen.

13.3.1 Überblick über SAP Concur

SAP Concur bietet Lösungen für Reisemanagement und Reisekostenabrechnung. Die wichtigsten sind:

- **SAP Concur Expense**
  automatisierte Abrechnung der Reisekosten
- **SAP Concur Travel**
  Reisemanagement mit der Buchung von Geschäftsreisen und Ausgabenkontrolle

Weitere Komponenten sind *SAP Concur Invoice* zur Rechnungsstellung und *SAP Concur Locate* zur Lokalisierung.

Personenbezogene Daten werden vor allem in den Backend-Komponenten verwaltet. Im Folgenden zeigen wir, wie dort der Datenschutz sichergestellt werden kann und gehen auf spezielle Funktionen von SAP Concur Expense und SAP Concur Travel ein.

13.3.2 Personenbezogene Daten in SAP Concur

SAP Concur verarbeitet im Wesentlichen geschäftliche Kontaktinformationen, die für Reisebuchungen und -abrechnungen als Geschäftszweck erforderlich sind. Es werden personenbezogene Daten zu folgenden Zwecken genutzt:

- **Verarbeitung und Abschließen von Transaktionen**
  wie der Erstellung und Einreichung von Spesenabrechnungen oder der Buchung von Geschäftsreisen
- **Transaktionsbezogene Mitteilungen**
  wie Eingangs- oder Buchungsbestätigungen, technische Hinweise, Updates, Sicherheitswarnungen sowie Support- und andere administrative Mitteilungen

Die folgenden Kategorien von Daten werden verarbeitet:

- **Daten zum persönlichen Profil**
  Name, Kontaktinformationen, Reisepräferenzen, Finanzinformationen und Kontonummern für damit verbundene Dienste usw.
- **Organisationsinformationen**
  Mitarbeiteridentifikation, Personalabrechnung, Kostenstelle, Informationen zum Genehmigenden usw.
- **Daten zu Spesen und Reisen**
  Reisepläne und Speseninformationen, einschließlich der Belegbilder usw.
- **Mobiltelefondaten**
  Informationen zum mobilen Gerät und Positionsdaten, sofern diese aktiviert sind
- **Daten für verbundene Services**
  Konto-, Treueprogramm- oder Prämiennummern für die Taxi-, Mietwagen-, Fluglinien- oder Hotelbuchung

Die entsprechenden Informationen finden Sie auch in der Datenschutzerklärung zu den SAP-Concur-Cloud-Lösungen hier: *https://www.concur.de/processor-privacy-statement*

Darunter fallen – abhängig von der verwendeten Lösung und deren Konfiguration – auch spezielle Kategorien personenbezogener Daten (sensible Daten) wie Reisepräferenzen, Finanzinformationen und Kontonummern für verbundene Dienste, Mitarbeiteridentifikation, Personalabrechnung, weitere Informationen zu den Genehmigenden sowie Treueprogramm- und Prämiennummern.

13.3.3 Datenschutzfunktionen in SAP Concur

In diesem Abschnitt stellen wir Ihnen die Funktionen zur Erfüllung der Datenschutzanforderungen in den SAP-Concur-Cloud-Lösungen vor.

Anzeige, Berichtigung und Übertragbarkeit von Daten in SAP Concur

Zur Erfüllung der Datenschutzanforderungen stellen die SAP-Concur-Cloud-Lösungen, die in Kapitel 1, »›Maßnehmen für Maßnahmen‹: Einführung«, beschriebenen Basisfunktionen bereit. Im Folgenden finden Sie die Details zu den Funktionen in den jeweiligen Lösungen.

Benutzerprofil anlegen und korrigieren

Die Anlage eines *Benutzerprofils* und die Rechtevergabe erfolgt durch den Administrator. Sie gehen dabei wie folgt vor:

Gehen Sie zu **Unternehmen • Benutzerverwaltung**. Suchen Sie nach der betroffenen Person, indem Sie ihren Namen in das Suchfeld eingeben und auf **Suchen** klicken. Klicken Sie auf **Benutzerdetails**. Korrigieren Sie alle Daten, die zur Erfüllung der Berichtigungsanfrage erforderlich sind. Klicken Sie auf **Speichern**.

Betroffene Personen, also Anwender von SAP Concur, gehen wie folgt vor, um ihre persönlichen Informationen zu ändern: Gehen Sie den Pfad **Profileinstellung • Profiloptionen • Persönliche Informationen**. Wählen Sie aus, welchen Bereich Sie ändern möchten (einige Felder sind nur für den Administrator änderbar und daher gesperrt). Bearbeiten Sie die entsprechenden Felder, und klicken Sie dann auf **Speichern**.

Die personenbezogenen Daten können vom Benutzer in der Profileinstellung angezeigt und berichtigt werden. Klicken Sie dazu auf den **Profil**-Button und dann auf **Profileinstellungen** (siehe Abbildung 13.19 rechts oben). Daraufhin werden die vielfältigen Profiloptionen angezeigt.

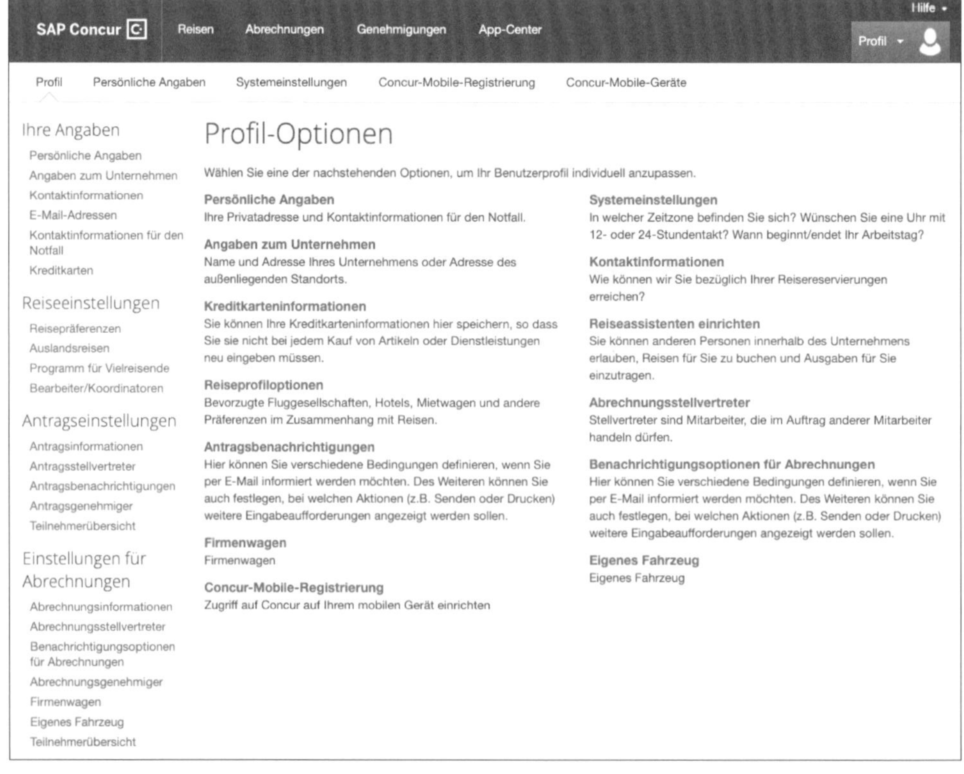

Abbildung 13.19 Profiloptionen in SAP Concur

Als Beispiel für die Anzeige und Berichtigung sehen Sie in Abbildung 13.20 die Möglichkeiten zur Berichtigung der persönlichen Angaben.

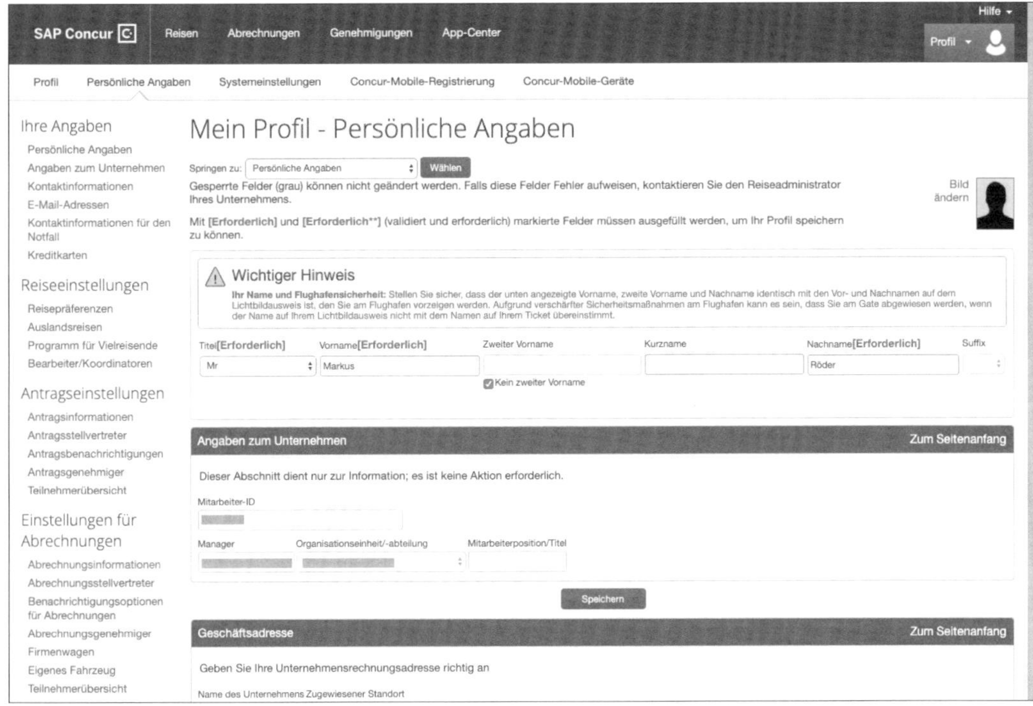

Abbildung 13.20 Beispiel für die Berichtigung persönlicher Angaben in SAP Concur

Eine weitere Möglichkeit der Berichtigung besteht im manuellen Import von Benutzerdaten und der Systemkopplung mit automatisiertem Datenimport, z. B. aus einem führenden SAP-System. Auf die Details zum Datenimport können wir im Rahmen dieses Buches leider nicht näher eingehen.

Elektronische Kopie und Portabilität der Daten

Sie können personenbezogene Daten aus SAP Concur auch in ein maschinenlesbares Format exportieren. So geht's:

1. Erstellen Sie im SAP-Concur-Administratorbereich den Bericht für die betroffene Person. Die verfügbaren Berichte hängen von den jeweils verwendeten SAP-Concur-Lösungen ab. Gehen Sie wie folgt vor:
   – Wählen Sie den Pfad **Reporting • Travel Reports • Mitarbeiterdetails** (erweitert).
   – Führen Sie den Bericht Bankreport und Mitarbeiterdetails aus dem Standardberichtskatalog aus.

- Führen Sie den Bericht Mitarbeiterinformation in SAP Concur Expense aus.
- Verschiedene weitere Berichte sind je nach den verwendeten SAP-Concur-Lösungen über Additional Reporting verfügbar.

2. Exportieren Sie die Daten in das Comma-separated-Format (CSV, Comma-seperated Values), oder kopieren Sie die Daten mit Copy & Paste aus dem Bericht.
3. Falls nötig, importieren Sie die Daten in Microsoft Excel oder ein ähnliches Tool und erstellen eine maschinenlesbare Datei.
4. Übergeben Sie die Datei sicher an die betroffene Person, am besten über einen sicheren Kanal.

Löschen, Sperren und Daten aufbewahren in SAP Concur

In den SAP-Concur-Cloud-Lösungen können die zur Abdeckung der internen und behördlichen Vorschriften notwendigen Daten entsprechend aufbewahrt und nicht mehr benötigte Daten gelöscht werden.

Funktionen zur Datenaufbewahrung

Zur *Datenaufbewahrung* stehen in SAP Concur die folgenden Funktionen zur Verfügung:

- Sie können eine bestimmte Zeitspanne festlegen, nach der Daten wie alte Benutzerprofile, Reiserouten und Spesenabrechnungen entfernt werden (Ausübung des Rechts auf Vergessenwerden).
- Es ist möglich, einen bestimmten Benutzer zu sperren und dessen Daten von der Verarbeitung auszuschließen (Ausübung des Rechts auf Einschränkung der Verarbeitung/des Sperrens und des Rechts auf Widerspruch).
- Sie können die Daten eines bestimmten Benutzers unabhängig von der unternehmensweiten Konfiguration der Datenaufbewahrung entfernen (Ausübung des Rechts auf Vergessenwerden).
- Sie können eine Zusammenfassung zur Überwachung der Datenaufbewahrungsaktivitäten erstellen.

Für diese Tätigkeiten steht Ihnen die Rolle *Datenaufbewahrungsadministrator* (Data Retention Administrator) zur Verfügung. Diese Rolle kann auf den Punkt **Datenaufbewahrung** im Bild **Unternehmensadministration** zugreifen und erhält die Bestätigungs-E-Mail für Konfigurationsänderungen (siehe Abbildung 13.21).

Abbildung 13.21 Zugriff auf die Datenaufbewahrung im SAP-Concur-Administratorbereich

Aufbewahrung und Löschung von Bewegungsdaten

Die prinzipiellen Schritte zur Einrichtung der Datenaufbewahrungs- und Löscheinstellungen in SAP Concur sind:

Schritt 1: Definition der Aufbewahrungszeiten

Sie definieren und dokumentieren die Aufbewahrungszeiten für Ihr Unternehmen. Die Aufbewahrungsfristen können für jede Lösung und Datenart einzeln festgelegt werden oder aber generell für das gesamte Unternehmen.

Schritt 2: Kontakt zum SAP-Concur-Support

Die Datenaufbewahrung ist standardmäßig für alle Kunden deaktiviert. Damit Sie diese Funktion nutzen und die nötigen Einstellungen selbst konfigurieren können, muss der SAP-Concur-Support die Verwaltung der Datenaufbewahrung aktivieren und Ihnen eine entsprechende Rolle zuweisen.

Schritt 3: Einrichtung der Datenaufbewahrung

Sobald die Verwaltung der Datenaufbewahrung für Sie aktiviert wurde, können Sie die Aufbewahrungszeiten für SAP Concur Expense, SAP Concur Travel und SAP Concur Invoice gemäß dem im Schritt 1 definierten Regelwerk für Ihr Unternehmen mit dem *SAP Concur Wizard* für die Verwaltung der Datenaufbewahrung konfigurieren.

Sie können Richtlinien für das gesamte Unternehmen für alle Ausgaben oder auch verschiedene Richtlinien für jede einzelne Ausgabenart konfigurieren, um den Anforderungen verschiedener Gesetze und Vorschriften gerecht zu werden. Zum Beispiel kann die Vorschrift in einem Land vorgeben, die Spesenabrechnungen 4 Jahre lang aufbewahren zu müssen, in einem anderen Land jedoch für 10 Jahre.

Voreinstellung der Datenaufbewahrungszeit

Sie sollten auf jeden Fall die generelle Einstellung der Datenaufbewahrungszeit vornehmen. Diese gilt dann als Voreinstellung für alle Reisekosten und Ausgabenarten.

In Abbildung 13.22 sehen Sie ❶ die generelle Einstellung der Datenaufbewahrung und ❷ die Einstellung der Datenaufbewahrung auf lokaler Ebene, inklusive der Definition der Aufbewahrungsdauer.

Einstellungen bestätigen

Der Administrator überprüft abschließend die Konfiguration für die verschiedenen Produkte. Danach bestätigt er mit seinem Namen die Erstellung bzw. Aktualisierung der Datenaufbewahrungsrichtlinie und aktiviert sie. Nach der Bestätigung der Einstellungen erhält der Administrator eine E-Mail zur Dokumentation.

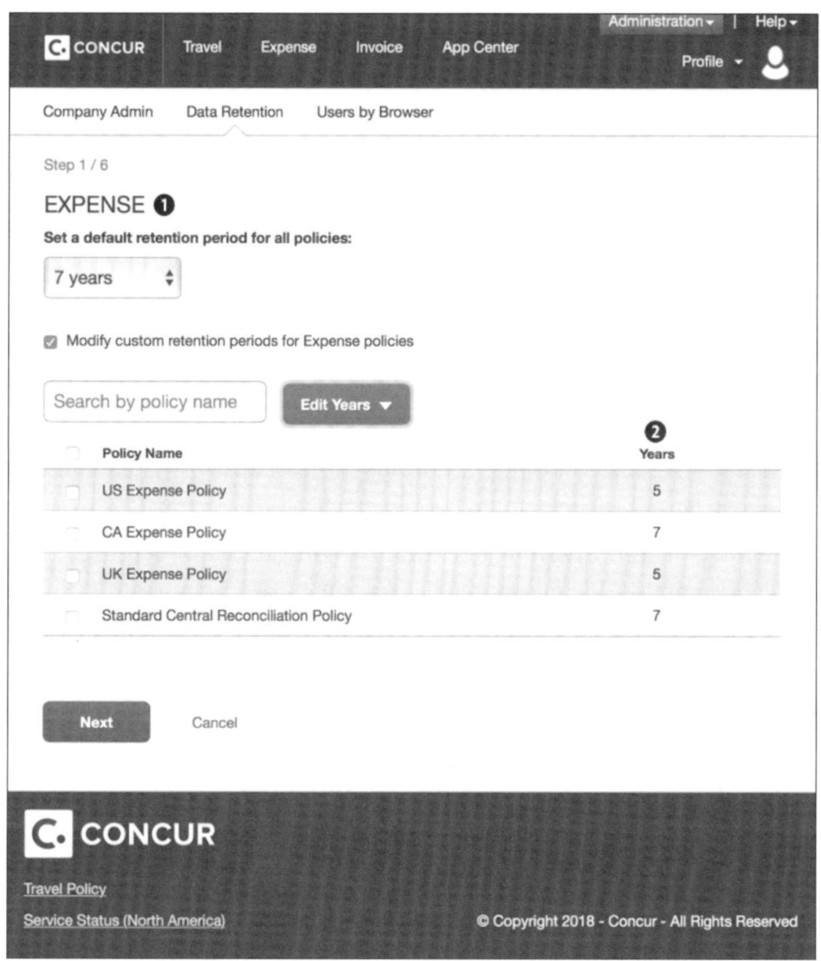

Abbildung 13.22 Einstellen der Datenaufbewahrung für verschiedene Ebenen

Um gegebenenfalls Fehler korrigieren zu können, gibt es eine 72-stündige »Abkühlperiode« (Cool down), bevor die Datenaufbewahrung tatsächlich aktiviert wird. Dies gibt dem Administrator auch die Möglichkeit, die Einstellungen für die Datenaufbewahrung rückgängig zu machen, falls sie versehentlich eingerichtet wurden.

Schritt 4: Löschung der Bewegungsdaten und Protokollierung

Die Datenbereinigung beginnt automatisch, sobald diese Abkühlperiode abgelaufen ist. Das System sucht gemäß dem Regelwerk nach abgelaufenen Bewegungsdaten, z. B. Spesenabrechnungen oder Reiserouten, und löscht diese. Die Löschung wird protokolliert, um sie z. B. für Audits nachweisen zu können.

Datenarten für die Datenaufbewahrung

Die Datenaufbewahrung kann für die folgenden Datenarten in SAP Concur konfiguriert werden:

- **SAP Concur Expense**
  Spesenabrechnungen, Autorisierungsanfragen, Bargeldvorschuss, Kreditkartentransaktionen, Quittungen
- **SAP Concur Invoice**
  Rechnungen, Bestellanfragen, Bestellungen
- **SAP Concur Travel**
  Reiserouten, Profilinformation
- **SAP Concur Locate (falls aktiviert)**
  Warnungen/Rundschreiben, Reiserouten, Profilinformation

Nach der erstmaligen Konfiguration der Aufbewahrungsfristen sind im laufenden Betrieb die folgenden Aufgaben relevant:

- **Benutzer halten (Sperren oder Einschränkung der Verarbeitung)**
  Diese Funktion bietet die Möglichkeit, die Daten eines bestimmten Benutzers zu halten, aber den Benutzer von der Verarbeitung auszuschließen.
- **Benutzer löschen**
  Diese Funktion bietet die Möglichkeit, einen Benutzer zu entfernen, unabhängig von der Konfiguration der Datenaufbewahrung.

Benutzer sperren

Die *Sperrung eines Benutzers* (Benutzer halten) erfolgt über die Funktion **Deaktivieren** im Administratorbereich. Wählen Sie **Unternehmen • Benutzerverwaltung**.

Suchen Sie nach der betroffenen Person, indem Sie ihren Namen in das Suchfeld eingeben und auf **Suchen** klicken. Klicken Sie auf **Benutzerdetails** für die betroffene Person. Tragen Sie unter **Benutzerrollen • Kontoaktivierungsdatum** ein Datum ein, das nicht nach dem in der Sperranfrage angegebene Datum liegt. Klicken Sie auf **Speichern**.

Sobald der Benutzer deaktiviert ist, werden seine personenbezogenen Daten nicht mehr in den SAP-Concur-Lösungen verarbeitet. Die Funktion **Benutzer löschen** ist ebenfalls deaktiviert, d. h. eine Löschanforderung kann erst dann verarbeitet werden, wenn die Sperrung behoben ist.

Wie bereits in Abschnitt 1.3.3, »Datenlöschung – Datensperrung«, beschrieben, muss man in bestimmten Situationen die Benutzerdaten halten, ohne dass eine weitere Verarbeitung stattfindet. Dieses »Einfrieren« kann hier ebenfalls durchgeführt werden. Abbildung 13.23 zeigt, wie Sie ❶ die Löschung eines Benutzers starten und ❷ einen Benutzer sperren können.

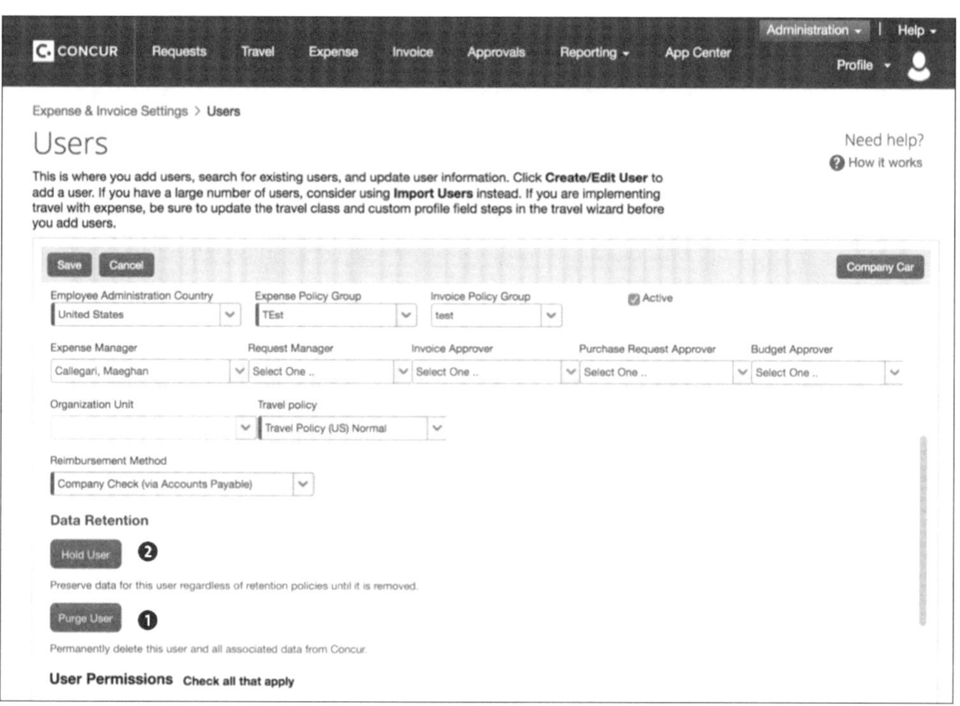

Abbildung 13.23 Benutzer in SAP Concur sperren und löschen

Benutzer löschen

Vor einer *Benutzerlöschung* sollte geklärt sein, dass die Benutzerinformationen nicht eventuell aus anderen rechtlichen Gründen vorgehalten werden müssen, gegebenenfalls auch im gesperrten Zustand. Nach der Freigabe der Löschung werden die Benutzerdaten erst nach einem Monat vollständig entfernt, damit nachgelagerte Prozesse ausgeführt werden können, wie z. B. das Reporting.

Löschung bestätigen

Nach dem Ausführen der Löschung oder Sperrung erfolgt eine Sicherheitsabfrage, ob man den Vorgang fortsetzen will. Hier können Sie nochmals prüfen, ob Sie die Löschung oder Sperrung endgültig freigeben wollen. Sobald die Löschung bestätigt wurde, kann sie nicht mehr rückgängig gemacht werden.

Der Benutzer wird vollständig gelöscht, d. h., alle Informationen der betroffenen Person werden komplett aus dem System entfernt. Dies umfasst alle Daten in SAP Concur Expense, SAP Concur Travel und die sonstigen Daten aus dem System.

Nutzungsende in SAP Concur

Das Nutzungsende, die finale Löschung der Kundendaten und ggf. eine Übertragung der Daten für Ihre eigene Archivierung, ist in den Kundenverträgen entsprechend geregelt.

Berechtigungen in SAP-Concur-Cloud-Lösungen

Die SAP-Concur-Cloud-Lösungen verfügen über ein umfangreiches Rollen- und Rechtekonzept, das im Rahmen dieses Buches nur in den Grundzügen beschrieben werden kann. Jede der SAP-Concur-Lösungen hat dabei eigene Administrator- und Benutzerrollen, die den Anwendern zugewiesen werden können. Durch die Einstellung von rollenbasierten Berechtigungen (RBP, Role-based Permissions) können personenbezogene Daten in den Lösungen SAP Concur Travel, SAP Concur Expense und SAP Concur Invoice geschützt und der Zugriff eingeschränkt werden.

Übersicht der SAP-Concur-Benutzerverwaltung

Im Bereich **Benutzerverwaltung** der Unternehmensverwaltung können die Administratoren von SAP Concur Travel, SAP Concur Expense, SAP Concur Invoice und SAP Concur Request neue Benutzer hinzufügen und Benutzerprofile ändern. Das beinhaltet auch die Zuweisung einer Rolle. Je nach zugewiesener Rolle unterscheiden sich die verfügbaren Funktionen und die angezeigten Daten für den Benutzer. Die Zuweisung der Rollen erfolgt mittels der Funktion **Benutzerberechtigungen**.

Aufteilung der Aufgaben

Um eine *Trennung der Aufgaben* (Segregation of Duties) zu ermöglichen, sind verschiedene Administratorenrollen verfügbar. Das Verwalten von Benutzern wird über den Benutzertyp gesteuert, sodass es Administratoren für Benutzer von SAP Concur Travel gibt, und Administratoren für Benutzer von SAP Concur Expense, SAP Concur Invoice und SAP Concur Request. Diese Funktion hindert Sie nicht daran, alle Benutzertypen gleichzeitig unter einer einzigen Rolle zu verwalten. Sie bietet aber eine zusätzliche Methode zum Aufteilen der Verantwortung für die Verwaltung von Benutzern.

Administratorrollen

Geben Sie den Administratoren, die vollen Zugriff auf die Benutzer benötigen, sowohl die Mitarbeiteradministrator- als auch die Benutzerverwaltungsrolle.

Rollenhierarchie

Die *Benutzerverwaltungsrollen* haben unterschiedliche Kontrolle über die Benutzerkonten. Wenn einem Benutzer mehr als eine Benutzerverwaltungsrolle zugewiesen ist, bestimmt die Rolle mit der größten Kontrolle den Benutzerzugriff, und die kleineren Rollen werden nicht angewendet.

Trennung der Benutzerverwaltungspflichten

Die *Benutzerverwaltungspflichten* sollten aufgeteilt werden, um eine klare Aufgabenstruktur zu etablieren:

- Benutzer anlegen
- Rollen zuweisen

- Benutzerrollen und -einstellungen pflegen
- Protokollzugriff für die schreibgeschützten Rollen

Die folgenden Rollen ermöglichen die Aufgabentrennung:

- **Mitarbeiteradministrator/Benutzeradministrator**
  Diese Rolle hat den Zugriff auf die Benutzerverwaltungsfunktion. Der Benutzer kann nur die grundlegenden Benutzerrollen (Ausgabenbenutzer, Reisebenutzer) zuweisen.
- **Rollenadministrator/Berechtigungsadministrator**
  Diese Rolle hat den Zugriff auf die Funktion **Benutzerberechtigungen**.
- **Benutzerpflege/Mitarbeiterpflege**
  Diese Rolle hat den Zugriff auf die Funktion **Benutzerberechtigungen**, jedoch ohne die Möglichkeit, ein neues Benutzerkonto zu erstellen.

Zwei Frameworks für Benutzerberechtigungen

Wie Benutzerberechtigungen benannt und verwaltet werden, hängt von der verwendeten SAP-Concur-Lösung ab:

- **Berechtigungen**
  Rollen im Zusammenhang mit SAP Concur Travel werden als *Berechtigungen* bezeichnet und auf der Registerkarte **Travel** im Bereich **Benutzerberechtigungen** verwaltet.
- **Rollen**
  Rollen im Zusammenhang mit SAP Concur Expense, SAP Concur Invoice und SAP Concur Request werden *Rollen* genannt und auf den Registerkarten **Expense**, **Invoice**, **Request** und **Reporting** im Bereich **Benutzerberechtigungen** verwaltet.

[«]

Unterdrückung der Passwortfunktion/Single Sign-On

In SAP Concur können Passwortänderungen mittels zentraler Einstellung deaktiviert werden. Wenn ein neuer Benutzer hinzugefügt wird – entweder über den Import oder beim manuellen Hinzufügen durch den Benutzeradministrator –, erzeugt das System ein zufällig generiertes Passwort mit 20 Zeichen. Diese Funktion ist hilfreich für Kunden, die SSO verwenden, da hier der Benutzer sein Passwort nicht kennen muss – und man möchte auch nicht, dass ein Administrator das Passwort ändern kann.

Benutzer in SAP Concur verwalten

Die *Benutzerverwaltung* in SAP Concur (siehe Abbildung 13.24) erreichen Sie folgendermaßen:

1. Wählen Sie **Administration • Unternehmen • Unternehmensadministrator**, und klicken Sie dann auf **Benutzerverwaltung** (linkes Menü).

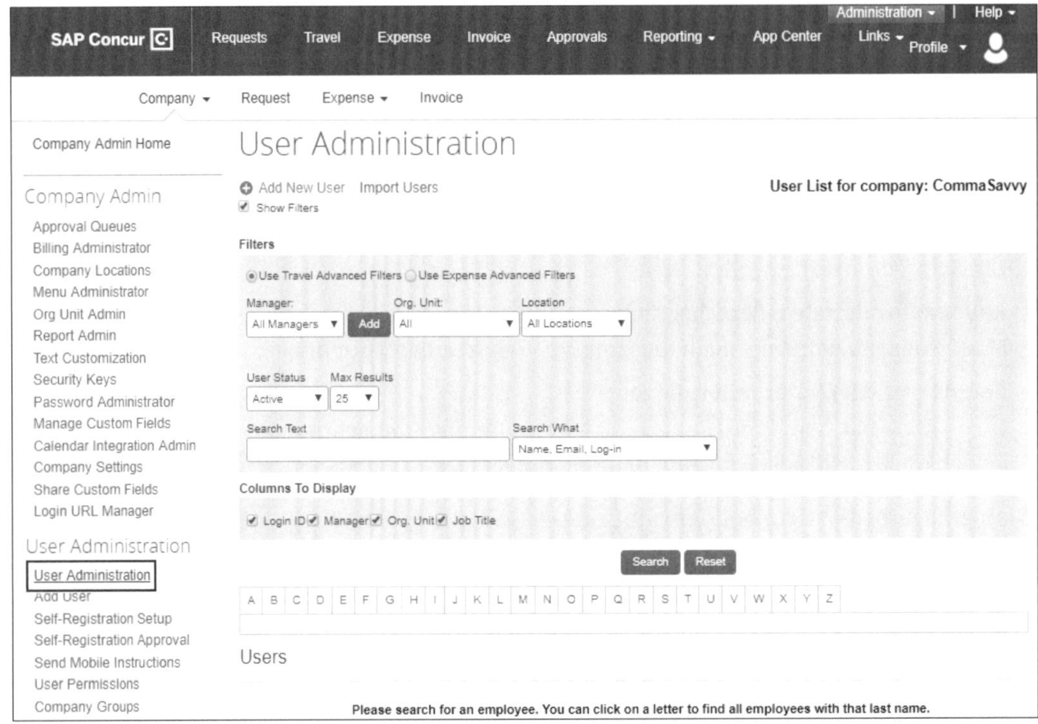

Abbildung 13.24 Startbild der SAP-Concur-Benutzerverwaltung

Neue Benutzer hinzufügen

Als Benutzeradministrator können Sie im Bild **Benutzer anzeigen** neue Benutzer hinzufügen (siehe Abbildung 13.25). Klicken Sie im Bild **Benutzerverwaltung** auf **Neuen Benutzer hinzufügen** oder im Menü links auf **Benutzer hinzufügen**. Das Benutzerdetailbild wird nun angezeigt. Füllen Sie die erforderlichen Felder aus. Geben Sie, je nach ausgewähltem Bereich, die zusätzlichen Details für SAP-Concur-Travel- und SAP-Concur-Expense-Benutzer ein. Sie können jetzt folgende Aktionen ausführen:

- Sie können auf den Button **Sichern** klicken, um die Daten zu sichern.
- Sie können auf den Button **Sichern und Neu** klicken, um die Daten zu sichern und einen weiteren Benutzer anzulegen.
- Sie können auf den Button **Sichern und Benachrichtigen** klicken, um die Daten zu sichern und den neuen Benutzer via E-Mail zu benachrichtigen.

Nach vorhandenen Benutzern suchen und ändern

Analog dazu können Sie bestehende Benutzer anpassen. Dazu kann der Benutzeradministrator nach vorhandenen SAP-Concur-Travel- oder SAP-Concur-Expense-Benutzern suchen. Benutzer mit Zugriff auf beide Lösungen werden in beiden Suchvorgängen angezeigt. So suchen Sie nach Benutzern: Aktivieren Sie im Bild **Benutzerverwaltung** das Kennzeichen **Filter anzeigen**. Wählen Sie den Radiobutton **Erweiterte Expense Filter** oder

Erweiterte Travel Filter. Geben Sie die Suchkriterien ein, und aktivieren Sie die Spalten, die angezeigt werden sollen (siehe Abbildung 13.26). Klicken Sie auf **Suchen**.

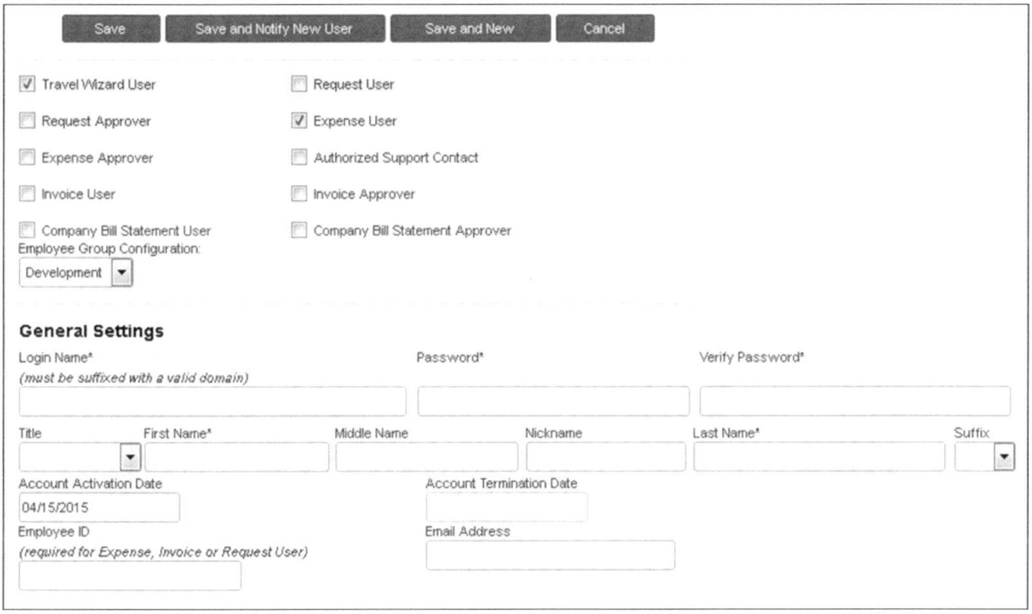

Abbildung 13.25 Einen neuen Benutzer anlegen

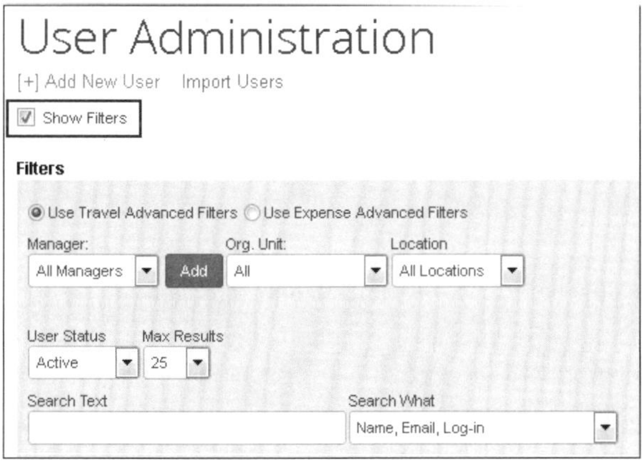

Abbildung 13.26 Benutzer suchen

Nachdem der entsprechende Benutzer gefunden worden ist, können dessen Daten geändert werden. Zusätzlich können die Spracheinstellungen, die Vertreterregelung, die Rückerstattungsmethode und die zuständigen Genehmiger angepasst werden.

Deaktivierte Benutzer aktivieren

Ein deaktivierter Benutzer kann wieder aktiviert werden, indem man das Ablaufdatum löscht. Während des nächtlichen Verarbeitungslaufs wird der Benutzer wieder aktiviert. Der Benutzer kann sich anmelden, nachdem dieser Prozess ausgeführt worden ist.

Berechtigungen in SAP Concur verwalten

Im Bild mit den Benutzerberechtigungen werden Registerkarten für alle konfigurierten SAP-Concur-Produkte angezeigt, z. B. SAP Concur Travel, SAP Concur Expense oder SAP Concur Invoice. So greifen Sie im Bild mit den Benutzerberechtigungen (siehe Abbildung 13.27) zu: Wählen Sie den Menüpfad **Administration • Unternehmen • Unternehmensadministrator**. Klicken Sie im linken Menü auf **Benutzerberechtigungen**.

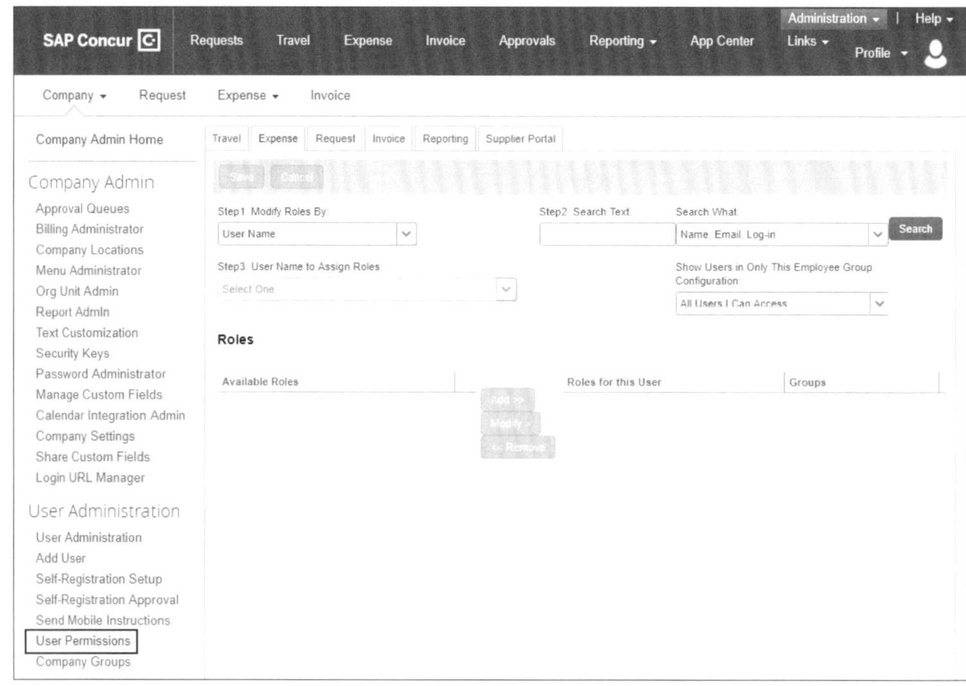

Abbildung 13.27 Startbild der SAP-Concur-Benutzerberechtigungen

Sie können die Benutzerberechtigungen aus zwei verschiedenen Sichten bearbeiten:

- aus der Sicht des Benutzers nach Benutzername
- aus der Sicht der Rolle nach Rollenname

Berechtigungen nach Benutzernamen verwalten

Der Berechtigungsadministrator kann Benutzer nach Namen auswählen und dann die verfügbaren Rollen zuweisen oder entfernen. So fügen Sie eine Rolle nach dem Benutzernamen hinzu: Wählen Sie im Bild **Benutzerberechtigungen** in der Liste **Rollen ändern nach** die Option **Benutzername** aus (siehe Abbildung 13.28).

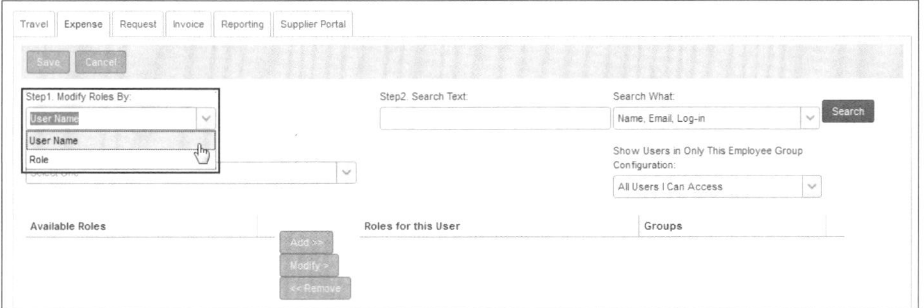

Abbildung 13.28 Rollenanpassung nach Benutzernamen

Geben Sie im Suchbereich die gewünschten Benutzerinformationen ein, klicken Sie auf den Button **Suchen**, und wählen Sie den gewünschten Benutzer aus (siehe Abbildung 13.29). Wählen Sie die gewünschte(n) Rolle(n) im Feld **Verfügbare Rollen** aus (siehe Abbildung 13.30).

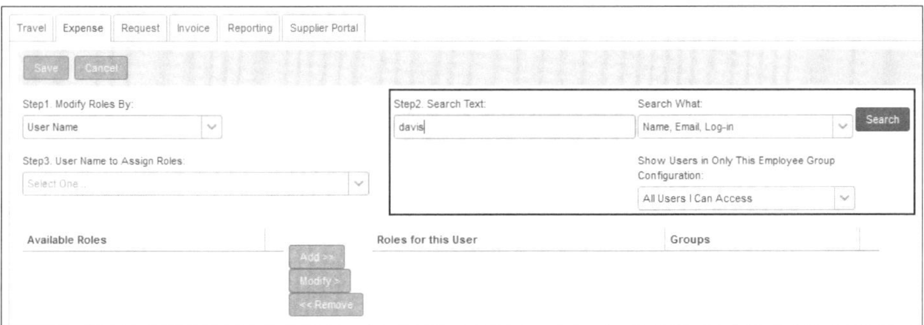

Abbildung 13.29 Benutzer suchen

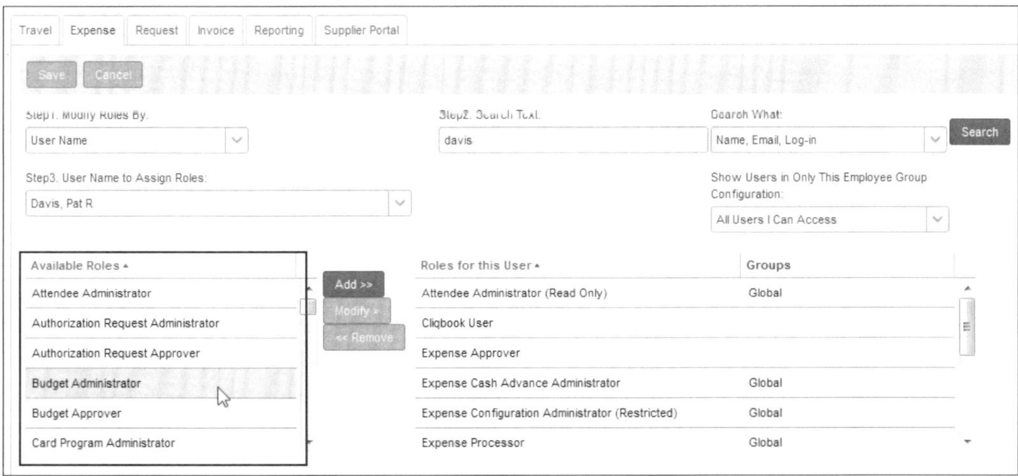

Abbildung 13.30 Rolle auswählen

Wählen Sie den gewünschten Gruppenkonfigurationsnamen aus, und klicken Sie auf **Fertig**. Klicken Sie auf **Hinzufügen**, um die Rolle(n) dem Benutzer zuzuweisen.

Berechtigungen nach Rolle verwalten

Wenn Sie die Berechtigungen aus Sicht der Rolle nach Rollennamen verwalten wollen, wählen Sie im Bild **Benutzerberechtigungen** in der Liste **Rollen ändern nach** die Option **Rolle** aus (Schritt 1 oben). Die restliche Bearbeitung erfolgt analog in den Schritten 2–6.

Wenn Sie eine Rolle entfernen möchten oder die Gruppenzuweisung zu einer Rolle ändern möchten, klicken Sie im Schritt 3 oben auf den Button **Entfernen** oder auf den Button **Ändern**.

Daten maskieren

SAP-Concur-Lösungen enthalten Felder, die in der Benutzeroberfläche komplett oder teilweise maskiert sind, d. h. Zeichen werden ganz oder teilweise durch »*« ersetzt, wie Ghost Card, Rabatt- und Promo-Code, sowie Passwörter. Kontonummern sind standardmäßig maskiert und werden nur Benutzern mit entsprechenden Rechten angezeigt; Kreditkartennummern sind ebenfalls bei der Anzeige bis auf die letzten 4 Ziffern maskiert.

Protokollierung in SAP Concur

Alle Änderungen an personenbezogenen Profildaten werden in den SAP Concur-Lösungen automatisch protokolliert. Das gilt unabhängig davon, über welchen Kanal die Änderung vorgenommen wurde. Des Weiteren werden Zugriffe auf sensible personenbezogene Daten protokolliert (Read Access Logging, RAL).

Zu protokollierende Aktivitäten

Protokolle werden beim Erstellen, Lesen, Aktualisieren oder Löschen von vertraulichen Informationen erstellt, einschließlich vertraulichen Authentifizierungsinformationen wie Kennwörtern, insbesondere bei folgenden Tätigkeiten:

- bei jedem Lesezugriff auf Benutzerdaten (Profile oder Dokumente) eines anderen Benutzers
- bei jedem Lesezugriff auf Benutzerdaten (Profile oder Dokumente) durch SAP-Concur-Operatoren oder Administratoren
- bei Änderung oder Löschung von Benutzerdaten (Profile oder Dokumente)

Die Protokolle dürfen keine vertraulichen Informationen enthalten, wie z. B. Passwörter, PINs, personenbezogene Daten mit hohem Risiko wie Sozialversicherungsnummern, Führerschein, Passnummer, Kreditkartennummern und spezielle Kategorien personenbezogener Daten wie biometrische Daten.

Änderungsprotokoll für personenbezogene Daten eines Mitarbeiters

Änderungen an Benutzerdaten und Rollen werden protokolliert und sind auswertbar. Sie können den Änderungsverlauf in Berichten anzeigen, die in SAP Concur Insight erstellt wurden.

- Um Änderungen an Benutzerdetails anzuzeigen, erstellen Sie einen Bericht mithilfe der Felder in der Tabelle **Ausgaben • Listen • Mitarbeiterhistorie**.
- Um Änderungen an Benutzerrollen anzuzeigen, erstellen Sie einen Bericht mithilfe der Felder in der Tabelle **Kosten • Listen • Mitarbeiterrollenverlauf**.

An einem Benutzer vorgenommene Änderungen, wie z. B. Kennwortänderungen, können durch Ausführen eines Berichts in SAP Concur Travel vorgenommen werden. Die folgenden Berichte sind verfügbar:

- Benutzerprofiländerungen
- Änderungen der Benutzereinstellungen

Berichte zuweisen

Um den Bericht zuzuweisen, navigieren Sie (Sie benötigen die Administratorrolle für Reiseberichte) zu **Administration • Unternehmen • Berichtsadministrator** und wählen dann aus, wie die Berichte zugewiesen werden – über den Reportnamen, den einzelnen Benutzer oder die Gruppe (siehe Abbildung 13.31).

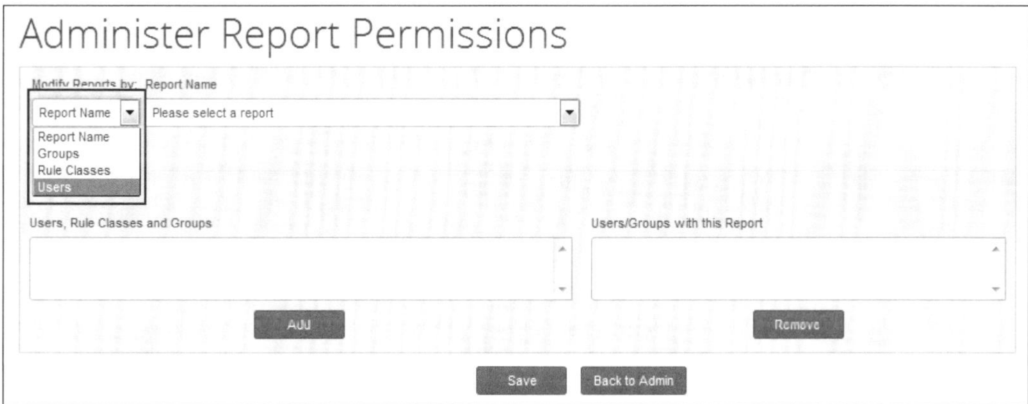

Abbildung 13.31 Berichte auswählen

In Abbildung 13.32 wird der Benutzer ausgewählt und die Berichte, die er ausführen soll, über den Button **Hinzufügen** zugewiesen.

Der Benutzer, dem die Berichte zugewiesen wurden, kann sie jetzt ausführen, indem er zu **Berichterstellung • Berichte** navigiert und einen Bericht auswählt. In Abbildung 13.33 ist der Bericht **Admin Password Changes** ausgewählt.

Administer Report Permissions
Modify Reports by: User Name
Users
Brown, Terry L
Available Reports
Concur TripLink -- Concur TripLink Travel Policy Exceptions
Concur TripLink -- Concur TripLink Users with Validated Email
Concur TripLink -- Price-to-Beat by Itinerary
Concur TripLink -- Travel Points by Itinerary
General -- Admin Password Changes
General -- Assistants in Company
General -- Company Locations
General -- Concur Best Practices Dashboard
General -- Concur Travel Credit Cards
General -- Corporate Privacy Agreement Acceptance
General -- Credit Card Changes
General -- Employee Company Groups
General -- Employee Custom Fields
General -- Employee Details
General -- Employee Details (Extended)
General -- Employee Details (Extended) Slim
General -- E-Receipt Enabled Employees
Reports Assigned to Groups to which the User Belongs
Reports Assigned directly to this User
Concur TripLink -- Concur TripLink By Air Supplier
Concur TripLink -- Concur TripLink By Car Supplier
Concur TripLink -- Concur TripLink By Hotel Supplier
Concur TripLink -- Concur TripLink By Rail Supplier
Concur TripLink -- Concur TripLink Supplier Summary by User
Concur TripLink -- Concur TripLink Travel Policy Exceptions
Concur TripLink -- Concur TripLink Users with Validated Email
Concur TripLink -- Price-to-Beat by Itinerary
Concur TripLink -- Travel Points by Itinerary
General -- Concur Best Practices Dashboard
Add
Remove
Save
Back to Admin

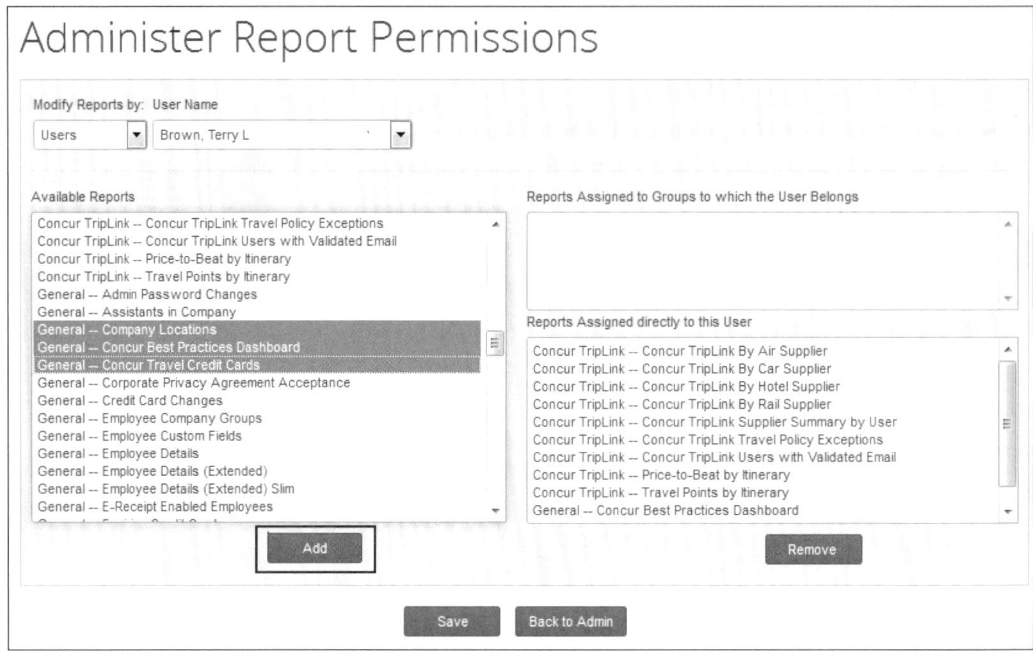

Abbildung 13.32 Berichte zu einem Benutzer zuweisen

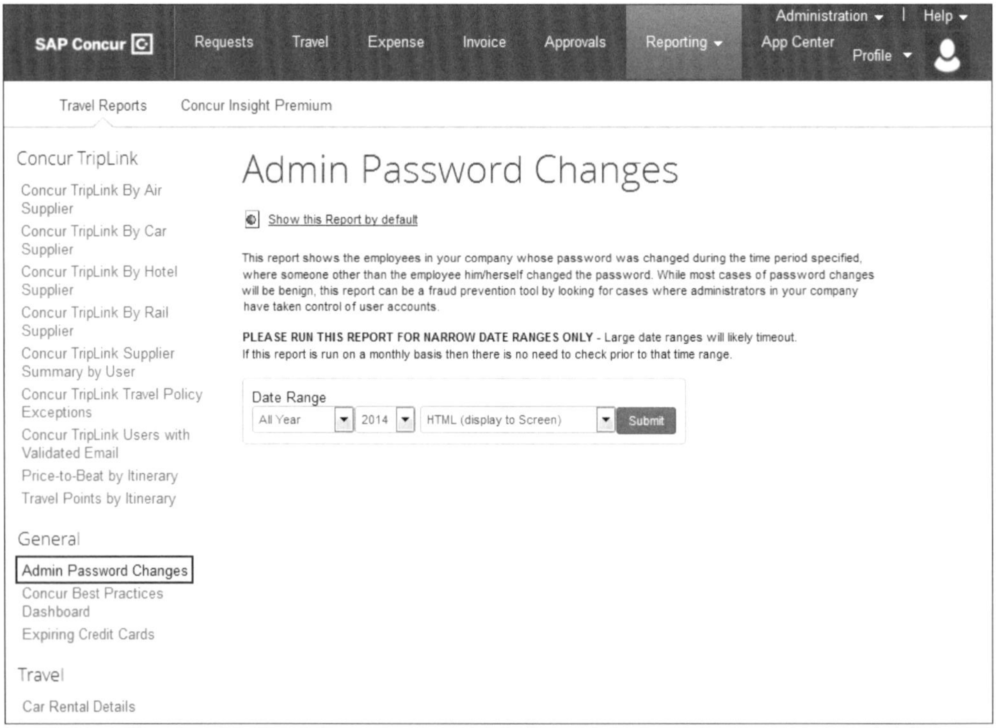

SAP Concur
Requests
Travel
Expense
Invoice
Approvals
Reporting
Administration
Help
App Center
Profile
Travel Reports
Concur Insight Premium
Concur TripLink
Concur TripLink By Air Supplier
Concur TripLink By Car Supplier
Concur TripLink By Hotel Supplier
Concur TripLink By Rail Supplier
Concur TripLink Supplier Summary by User
Concur TripLink Travel Policy Exceptions
Concur TripLink Users with Validated Email
Price-to-Beat by Itinerary
Travel Points by Itinerary
General
Admin Password Changes
Concur Best Practices Dashboard
Expiring Credit Cards
Travel
Car Rental Details
Admin Password Changes
Show this Report by default
This report shows the employees in your company whose password was changed during the time period specified, where someone other than the employee him/herself changed the password. While most cases of password changes will be benign, this report can be a fraud prevention tool by looking for cases where administrators in your company have taken control of user accounts.
PLEASE RUN THIS REPORT FOR NARROW DATE RANGES ONLY - Large date ranges will likely timeout.
If this report is run on a monthly basis then there is no need to check prior to that time range.
Date Range
All Year
2014
HTML (display to Screen)
Submit

Abbildung 13.33 Bericht zur Ausführung auswählen

Einwilligung und Datenschutzerklärung in SAP Concur

Die Nutzung der Lösungen und die Verarbeitung der personenbezogenen Daten der Mitarbeiter erfolgt normalerweise im Rahmen bestehender Arbeitsverträge als Rechtsgrundlage. Die Datenschutzerklärung von SAP Concur mit einer Übersicht über die Verarbeitung personenbezogener Daten finden Sie hier:

https://www.concur.de/processor-privacy-statement

Falls eine Einwilligung als Rechtsgrundlage zur Verarbeitung personenbezogener Daten notwendig ist, wird diese bereits außerhalb der SAP-Concur-Lösungen eingeholt, d. h. in den Lösungen wird keine Einwilligung eingeholt.

Cookies

Um SAP Concur nutzen zu können, ist es notwendig, der Verwendung von Cookies zuzustimmen. Es gibt **Erforderliche Cookies**, die unbedingt benötigt werden, um mit SAP Concur arbeiten zu können. **Funktionelle Cookies** sind optional und dienen der Analyse der Website-Nutzung (siehe Abbildung 13.34).

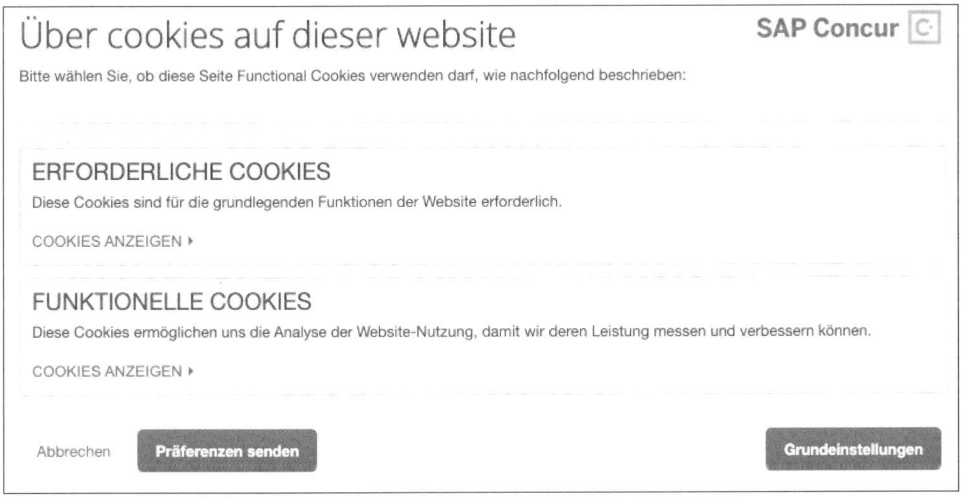

Abbildung 13.34 Cookie-Einstellungen in SAP Concur

Benachrichtigungseinstellungen (Opt-in, Opt-out)

SAP Concur verwendet generelle E-Mail-Benachrichtigungen, z. B. für E-Mail-Erinnerungen, die Sie aktivieren und deaktivieren können (Opt-in/opt-out). Sie können die Benachrichtigungseinstellungen in der Profileinstellung anzeigen und ändern. Klicken Sie dazu rechts oben auf das Profilsymbol und dann auf **Profileinstellungen** und **Systemeinstellung**. Sie erhalten das in Abbildung 13.35 gezeigte Auswahlbild **E-Mail-Benachrichtigungen**.

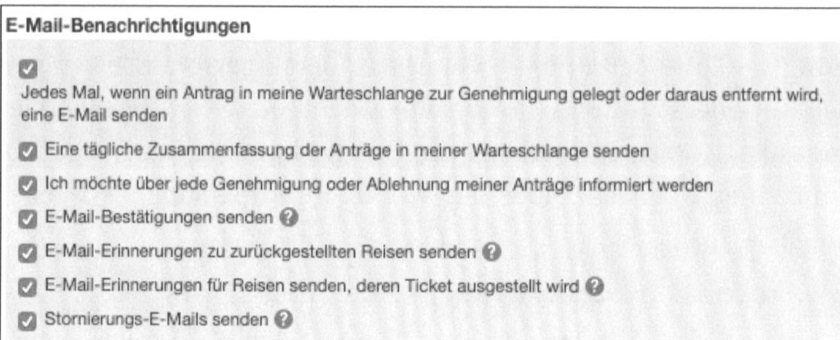

Abbildung 13.35 Benachrichtigungseinstellungen anpassen

Einstellungen für SAP Concur Expense anpassen

Die Benachrichtigungseinstellungen für SAP Concur Expense bearbeiten Sie wie folgt: Klicken Sie im Bild für die Benutzerverwaltung auf **Ausgabeneinstellungen** im Bereich **Ausgaben- und Rechnungseinstellungen**. Das Bild **Ausgabeneinstellungen** erscheint. Stellen Sie die gewünschten Benachrichtigungen ein, und klicken Sie auf **Speichern** (siehe Abbildung 13.36).

Expense Preferences for Pat Davis

Save

Select the options that define when the user receives email notifications. Prompts are pages that appear when the user selects a certain action, such as Submit or Print.

Send email when...

- [x] The status of a cash advance changes
- [x] A cash advance is submitted for approval
- [x] The status of an expense report changes
- [x] New company card transactions arrive
- [x] Faxed receipts are successfully received
- [x] An expense report is submitted for approval
- [x] The status of an authorization request changes
- [x] An authorization request is submitted for approval
- [ ] A card feed import completes

Prompt...

- [ ] For an approver when an expense report is submitted
- [ ] For an approver when an authorization request is submitted

Abbildung 13.36 Benachrichtigungseinstellungen für SAP Concur Expense

Weitere datenschutzrelevante Funktionen in SAP Concur

SAP Concur enthält weitere Funktionen, die Sie dabei unterstützen, Datenschutz sicherzustellen. Dazu gehören Single Sign-On (SSO) und Datenverschlüsselung.

Single Sign-On

Um die *SSO-Authentifizierung* in SAP Concur zu implementieren, müssen die Systeme beim Kunden als auch bei SAP Concur konfiguriert werden. Der SAP-Concur-Support unterstützt hier bei der initialen Einrichtung.

Die *Datenverschlüsselung* ist eine der technischen Maßnahmen zur Gewährleistung der Datensicherheit im Rahmen der TOM. In den SAP Concur-Lösungen wurde eine dreistufige Verschlüsselungsstrategie implementiert:

Datenverschlüsselung

1. *Verschlüsselung in Bewegung* (Encryption in Transit). Alle Daten werden während der Übertragung über ein öffentliches Netzwerk und über interne Netzwerke mit TLS 1.2 verschlüsselt.
2. *Verschlüsselung im Ruhezustand* (Encryption at Rest) in der Datenbank durch Verschlüsselung auf der Feldebene mit AES 256 von Feldern, die bestimmte personenbezogene Daten enthalten.
3. *Verschlüsselung der Festplatten* (Storage Encryption), die Anwendungsdaten enthalten, mit AES 256.

[!]

Keine personenbezogenen Daten in benutzerdefinierten Feldern

Die SAP-Concur-Lösungen enthalten benutzerdefinierte Freiform-Datenfelder, die Sie zum Speichern von beliebigen Daten verwenden können. In diesen Feldern werden häufig personenbezogene Daten gespeichert. Diese Felder werden nicht verschlüsselt und dürfen daher nicht zum Speichern personenbezogener Daten verwendet werden.

13.4 Datenschutzfunktionen in SAP SuccessFactors

Dieser Abschnitt widmet sich den datenschutzbezogenen Funktionen in SAP SuccessFactors. Sie lernen, wie die SAP-SuccessFactors-Cloud-Lösungen die Anforderungen der DSGVO unterstützen. Wir beschreiben die datenschutzbezogenen Funktionen im Detail und erläutern, wie gesetzliche, technische und organisatorische Anforderungen in Bezug auf den Datenschutz erfüllt werden.

13.4.1 Überblick über SAP SuccessFactors

Die SAP SuccessFactors Human Experience Management (HXM) Suite umfasst Cloud-Services für das Human Capital Management. Diese müssen jeweils verschiedene Datenschutzanforderungen erfüllen. Die SAP-SuccessFactors-Cloud-Lösungen beinhalten u. a.:

- **Personaladministration: SAP SuccessFactors Employee Central**
  SAP SuccessFactors Employee Central enthält zentrale Prozesse und Informationsquellen des Personalwesens für die Stammbelegschaft und externe Mitarbeiter, die Abbildung der Organisationsstruktur, die Doku-

mentenverwaltung, Arbeitgeberleistungen und die Lohn- und Gehaltsabrechnung (Payroll).

- **Lernen und Entwicklung: SAP SuccessFactors Learning**
  SAP SuccessFactors Learning bietet eine Lernplattform, die Personalentwicklung und die Nachfolgeplanung.
- **Recruiting und Einarbeitung: SAP SuccessFactors Recruiting and Onboarding**
  SAP SuccesFactors Recruiting and Onboarding beinhaltet Stellenausschreibung, Bewerbermanagement, Einarbeitung, Formalitäten bei Neueinstellungen und Integration.
- **Zeit- und Anwesenheitsmanagement: SAP SuccessFactors Time and Attendance**
  SAP SuccesFactors Time and Attendance enthält Arbeitszeitnachweise, Arbeitszeiterfassung und Personalplanung.
- **Personalplanung und -analyse: SAP SuccessFactors Workforce Analytics & Planning**
  SAP SuccessFactors Workforce Analytics & Planning beinhaltet Personalanalysen, Personalplanung und ein Entscheiderportal.

13.4.2 Personenbezogene Daten in SAP SuccessFactors

SAP SuccessFactors bietet eine umfassende Cloud-Lösung für das Personalmanagement; daher werden sehr viele und unterschiedliche personenbezogene Daten verarbeitet.

Die Klassifizierung der personenbezogenen Daten in SAP SuccessFactors wird durch die DSGVO vorgegeben (siehe Abschnitt 1.2.4, »Daten besonderer Kategorien«):

- **Personenbezogene Daten**
  In SAP SuccessFactors-Lösungen werden u. a. geführt:
  - Name
  - Vorname
  - Adresse
  - E-Mail
  - Foto

  Solche Daten werden auch mit PD für Personal Data abgekürzt.
- **Besondere Kategorien oder auch sensible personenbezogene Daten**
  In SAP SuccessFactors-Lösungen werden u. a. geführt:
  - Geschlecht
  - ethnische Herkunft

  - Minderheit
  - Staatsangehörigkeit
  - Sozialversicherungsnummer
  - insbesondere in den USA: Veteranenstatus

  Solche Daten werden auch mit SPD (Sensitive Personal Data) abgekürzt.

Des Weiteren werden in SAP SuccessFactors Daten von folgenden Personenkreisen verarbeitet:

- **Person**
  Hierbei handelt es sich um einen internen Mitarbeiter oder Benutzer des Systems oder um einen externen Lernenden.
- **Externer Kandidat**
  Hierbei handelt es sich um eine Person, die sich für eine Stelle beworben oder ein Kandidatenprofil erstellt hat.
- **Onboardee**
  Dies ist eine Person in der Einarbeitungsphase.

In SAP SuccessFactors gibt es einen Grundstock an zwingend notwendigen personenbezogenen Daten, ohne die das System nicht arbeitsfähig wäre. Die Datenfelder können jedoch umfangreich benutzerdefiniert ergänzt werden, sodass hier nur einige Beispiele für die Datenkategorien genannt werden können.

Klassifizierung der besonderen Kategorien

Die genannte Klassifizierung ist nur ein Anhaltspunkt. Sie müssen in Ihrem Unternehmen selbst definieren, welche Daten Sie für sensibel halten und welche nicht. SAP SuccessFactors bietet daher eine Funktion an, um Datenelemente als sensibel zu kennzeichnen.

Im Folgenden finden Sie die Klassifizierung der Daten in den verschiedenen Lösungen:

- **SAP SuccesFactors Employee Central**
  Alle Stammdaten in SAP SuccessFactors Employee Central werden standardmäßig als personenbezogene Daten eingestuft. Es ist möglich, Datenfelder in der Konfiguration festzulegen, die auf der Benutzeroberfläche maskiert werden sollen und die für die Lesezugriffsprotokollierung relevant sind.
- **Meta Data Framework (MDF)**
  Mithilfe des Metadaten-Frameworks können Sie Objekte mit personenbezogenen Daten klassifizieren. Des Weiteren können Sie einzelne Felder für die Lesezugriffsprotokollierung markieren.

- **SAP SuccessFactors Talent Management**
  Alle Daten zu einer betroffenen Person werden standardmäßig als personenbezogene Daten eingestuft. Es ist keine zusätzliche Konfiguration erforderlich.
- **SAP SuccessFactors Learning**
  Alle Daten eines Nutzers werden standardmäßig als personenbezogene Daten eingestuft. Es ist keine zusätzliche Konfiguration erforderlich.
- **SAP SuccesFactors Recruiting and Onboarding**
  Es ist möglich, im Recruiting personenbezogene Daten zu anonymisieren und zu löschen. Sie können jeweils die für die Anonymisierung und die für die Lesezugriffsprotokollierung relevanten Felder festlegen.

Minimierung sensibler personenbezogener Daten

Wir empfehlen Ihnen, den Zugriff auf sensible personenbezogene Daten in SAP SuccessFactors wie folgt einzuschränken:

- Begrenzen Sie die Möglichkeit, in Berichten sensible personenbezogene Daten abzufragen. Das gilt besonders dann, wenn auf große Mengen personenbezogener Daten zugegriffen wird.
- Wenn ein Zugriff auf sensible personenbezogene Daten unbedingt erforderlich ist, aktivieren Sie womöglich die Lesezugriffsprotokollierung.
- In den Lösungen SAP Success Factors Talent Management und SAP SuccesFactors Learning werden besondere Vorkehrungen für sensible Daten nicht unterstützt, z. B. die Leseprotokollierung. Führen Sie also keine Felder ein, die sensible personenbezogene Daten enthalten können. Entfernen Sie bereits bestehende Felder, die solche Daten enthalten.
- Prüfen Sie vor der Erstellung von Berichten, ob vertrauliche personenbezogene Daten für deren Geschäftszwecke erforderlich sind. Wenn sensible personenbezogene Daten benötigt werden, beschränken Sie deren Umfang auf das absolute Minimum.

13.4.3 Datenschutzfunktionen in SAP SuccessFactors

In diesem Abschnitt erläutern wir, wie SAP-SuccessFactors-Cloud-Lösungen die Datenschutzanforderungen erfüllen. Um die Datenschutzfunktionen in den SAP-SuccessFactors-Cloud-Lösungen nutzen zu können, müssen zwei Komponenten aktiviert sein:

- Meta Data Framework
- Data Retention Time Management (DRTM)

Diese Komponenten konfigurieren Sie im **Admin Center** unter **Company System Settings**. Auf die Details zur Aktivierung und Konfiguration können wir im Rahmen dieses Buches leider nicht näher eingehen.

Anzeige, Berichtigung und Übertragbarkeit von Daten in SAP SuccessFactors

Zur Erfüllung der Datenschutzanforderungen stellen die SAP SuccessFactors-Lösungen die in Kapitel 11 genannten Funktionen bereit. Zusätzlich ist die Kennzeichnung von individuell ergänzten Datenelementen möglich, die personenbezogene Daten enthalten. Für den Zugriff auf diese Funktionen sind entsprechende Berechtigungen notwendig.

Personenbezogene Daten anzeigen und korrigieren

In den SAP-SuccessFactors-Lösungen gibt es verschiedene Bereiche, in denen personenbezogenen Daten verwaltet werden, wie z. B. Mitarbeiter und Kandidaten. Die Verwaltung und Anzeige von Mitarbeiterdaten erfolgt im sogenannten Personenprofil (People Profile) von SAP SuccessFactors. Ein Beispiel hierfür sehen Sie in Abbildung 13.37.

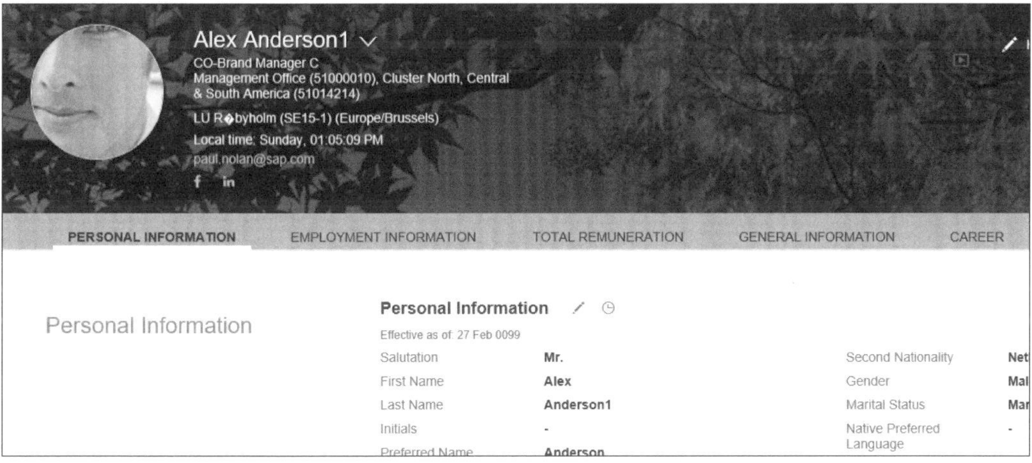

Abbildung 13.37 Beispiel für ein Personenprofil

Sensible Daten im Personenprofil

Das Personenprofil kann sensible Daten enthalten, z. B. den Leistungsverlauf und die Vergütungsinformationen. Die Blöcke, die sensible Daten enthalten, müssen ordnungsgemäß geschützt werden, z. B. wenn sich Delegierte als Stellvertreter im System anmelden und diese Daten nicht sehen sollen.

Die folgenden Blöcke im Personenprofil können als sensible Daten betrachtet werden:

- Profil-Benutzerinformationen
- Profil-Trendinformationen

- Profil-Meta-Data-Framework-Informationen
- benutzerdefinierte Blöcke zum Background einer Person
- alle Talentblöcke
- alle persönlichen Informationsblöcke
- alle Informationsblöcke zum Beschäftigten
- alle Informationsblöcke zur Kompensation

Sie können einzeln entscheiden, welche Informationen zu den Mitarbeitern angezeigt werden und in welcher Reihenfolge. Unter **Mitarbeiterdaten • Personen konfigurieren • Allgemeine Einstellungen** können Sie die Einstellungen des Personenprofils anpassen (siehe Abbildung 13.38).

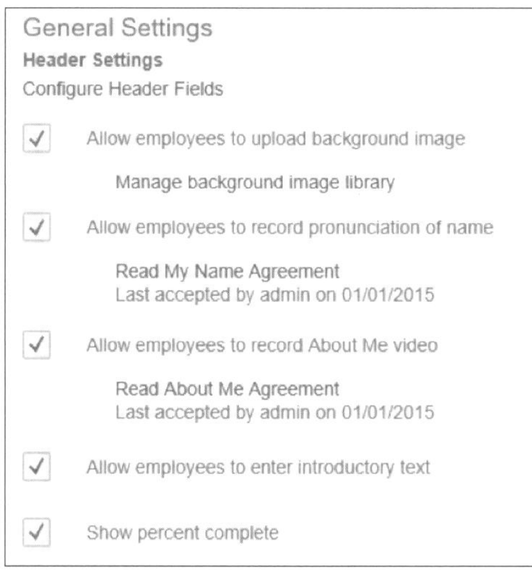

Abbildung 13.38 Einstellungen des Personenprofils (Ausschnitt)

Benutzerdaten berichtigen

Einige Daten kann ein Benutzer selbst in seinem Profil anpassen. Welche das sind, hängt von den oben gezeigten Einstellungen ab. Die Kerndaten wie Name und Vorname, IDs usw. können vom Benutzer nicht selbst angepasst werden. Das ist nur mit entsprechenden Berechtigungen möglich. Im Normalfall werden die Daten jedoch nicht manuell erfasst, sondern über Importe. Für die Berichtigung gibt es prinzipiell drei Möglichkeiten:

1. **Manuelle Einzelberichtigung**
   Dazu benötigen Sie die Berechtigung zum **Verwalten von Benutzern** unter **Verwalten von Administratorberechtigungen für Benutzer** im Admin Center:
   - Gehen Sie zum Admin Center.
   - Geben Sie im Suchfeld Tools »Benutzer verwalten« ein.

Es wird nun eine Liste aller Benutzer angezeigt. Sie können Benutzer auch mittels **Schnellsuche** (Suche nach Namen oder Benutzernamen) oder **Erweiterte Suche** (Suche in weiteren Feldern) suchen.

- Klicken Sie auf den Namen des Benutzers, den Sie aktualisieren möchten.
- Nehmen Sie Ihre Änderungen im Pop-up-Fenster vor. Sie dürfen die Benutzer-ID oder Auftrags-ID nicht ändern.
- Klicken Sie auf den Button Speichern.

2. **Manueller Datenimport**
   Sie können Benutzerdaten manuell unter der Benutzung einer Vorlage aus CSV-Dateien importieren. Gehen Sie dazu auf **Admin Center • Benutzerinformationen aktualisieren • Mitarbeiterdaten importieren**. Auch hierzu sind entsprechende Berechtigungen nötig.
3. **Automatisierter Datenimport**
   Über entsprechende Schnittstellen können Daten aus anderen Systemen mittels einer direkten Systemkopplung importiert werden, z. B. aus einem führenden SAP-System. Auf die sehr umfangreichen Möglichkeiten und Details zur Systemkopplung können wir im Rahmen dieses Buches leider nicht näher eingehen.

Kandidaten verwalten

Im Kandidatenprofil (siehe Abbildung 13.39) werden die Daten von Kandidaten eingegeben und in einer eigenständigen durchsuchbaren Kandidatendatenbank gespeichert.

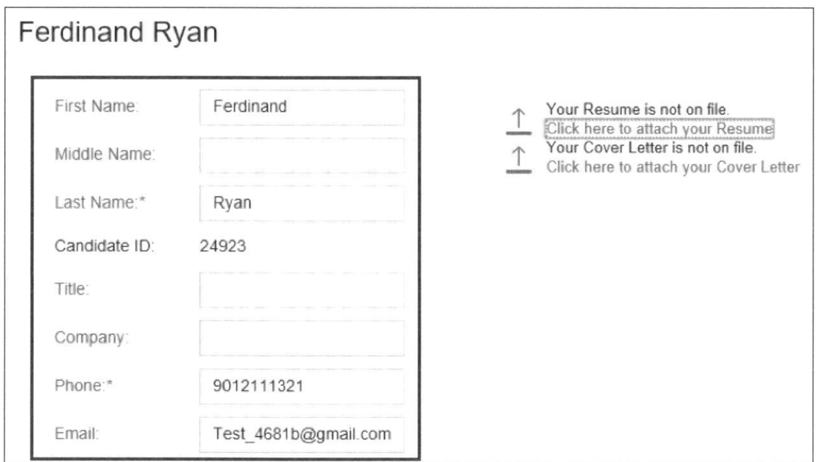

Abbildung 13.39 »Visitenkarte« eines Bewerbers

Die Felder für Lebenslauf und Anschreiben werden, unabhängig von der Konfiguration, immer angezeigt. Die jeweiligen Anhänge enthalten immer personenbezogene Daten. Im Bereich **Weitere Informationen** werden weitere Felder mit personenbezogenen Daten angezeigt. Des Weiteren können hier benutzerdefinierte Felder verwendet werden, die ebenfalls häufig personenbezogene Daten beinhalten.

Bericht über betroffene Personen

Zur Unterstützung des in der DSGVO verankerten Auskunftsrechts des Einzelnen gibt es den *Bericht über betroffene Personen*. Sie können mit dieser Funktion einen Bericht erstellen, der die personenbezogenen Daten der betroffenen Person aller SAP-SuccessFactors-Lösungen umfasst.

Um den Bericht über betroffene Personen zu konfigurieren, müssen Sie die folgenden Schritte durchführen: Erstellen Sie eine Rolle, und ordnen Sie die entsprechenden Berechtigungen. Aktivieren Sie den Report über **Admin Center • Berechtigungen • Aktivieren der Data Subject Information**. Legen Sie schließlich über **Admin Center • Data Subject Information • Konfiguration** fest, welche Datenelemente aus jeder SAP-SuccessFactors-Lösung in den Bericht aufgenommen werden sollen.

Sie müssen einen Verarbeitungszweck für jedes einzelne Datenelement eingeben. Dieser Zweck erscheint im Report, Sie sollten hier also einen möglichst informativen Text eingeben (siehe Abbildung 13.40).

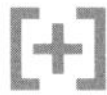

Eigenen Verarbeitungszweck formulieren

Verwenden Sie nicht den voreingestellten Standardzweck, sondern formulieren Sie einen eigenen Zweck, der für Ihre Belange passt und die Frage nach dem »Warum« beantwortet.

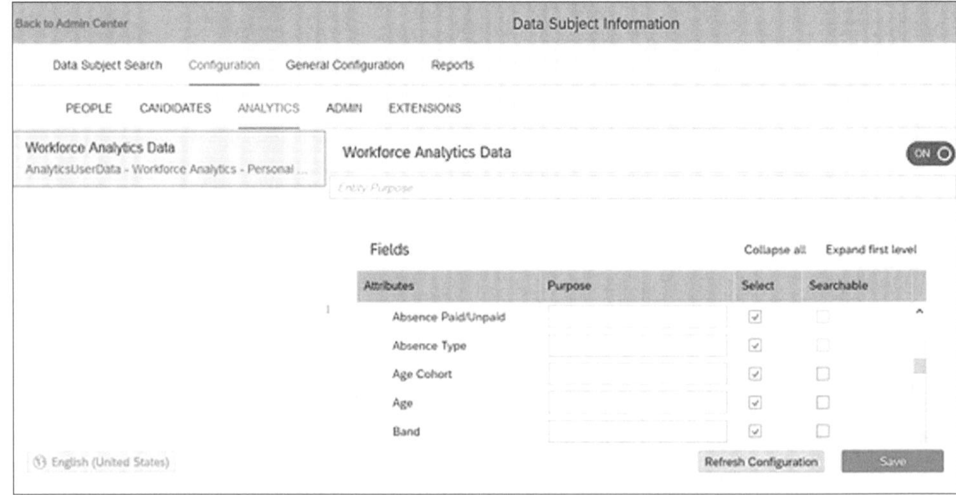

Abbildung 13.40 Felder auswählen und Verarbeitungszweck für den betroffenen Bericht eingeben

Verschiedene Sprachen für den Verarbeitungszweck einstellen

Der Zweck kann in mehreren Sprachen konfiguriert werden. Verwenden Sie dazu den Sprach-Button links unten. Der Bericht wird dann in der Sprache der betroffenen Person gedruckt. Dazu muss die Sprache bzw. das Gebietsschema der betroffenen Person unter **Optionen • Sprache** eingestellt sein.

Bericht über betroffene Personen erstellen

Für alle integrierten SAP-SuccessFactors-Lösungen wird ein zentraler Bericht generiert, der gesammelt die Daten aus SAP SuccessFactors Employee Central, SAP SuccessFactors Recruiting Candidate Mangement, SAP SuccessFactors Learning, SAP SuccessFactors Talent Management und SAP SuccessFactors Recruiting and Onboarding und SAP SuccessFactors Workforce Analytics & Planning enthält.

Um den Bericht abzurufen, suchen Sie die betroffene Person (Beschäftigte und interne Kandidaten, externe Kandidaten oder Onboardees) in SAP SuccessFactors. Generieren Sie den Bericht, und wählen Sie ihn anschließend aus der Berichtsliste aus (siehe Abbildung 13.41). Zusätzlich können Sie den Bericht im PDF- oder CSV-Format herunterladen.

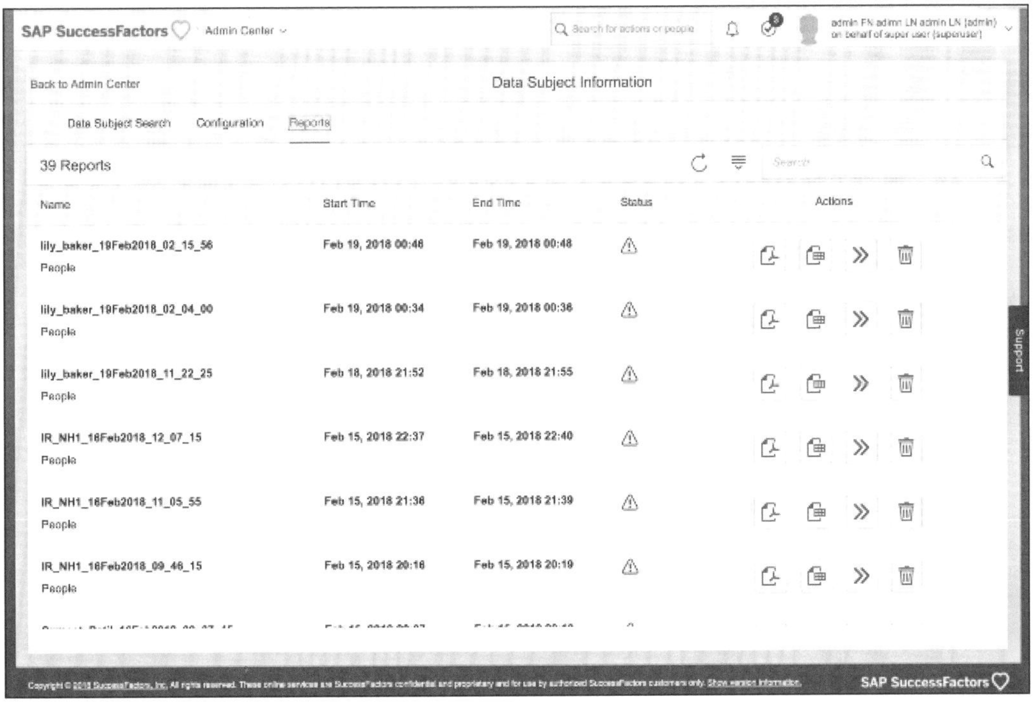

Abbildung 13.41 Bericht aus der Berichtsliste auswählen

Löschen, Sperren und Daten aufbewahren in SAP SuccessFactors

In den SAP-SuccessFactors-Cloud-Lösungen können die zur Abdeckung der internen und behördlichen Vorschriften notwendigen Daten entsprechend aufbewahrt, aber auch nicht mehr benötigte Daten gelöscht werden, wie in Kapitel 1, »›Maßnehmen für Maßnahmen‹: Einführung«, ausgeführt.

Personenbezogene Daten aufbewahren und löschen

Mit dem DRTM können Sie abgelaufene Daten und inaktive Benutzer dauerhaft aus dem System entfernen. Dazu können Sie Geschäftsregeln für Ausnahmen oder Abhängigkeiten sowie einen Genehmigungs-Workflow für die Überwachung von Löschanforderungen erstellen. Zusätzlich können Sie die Aufbewahrung von Daten flexibel nach Zeitraum und Land definieren. Bei der Ausführung einer Löschanforderung prüft das System auf Abhängigkeiten und bereinigt die Daten entsprechend. In Abbildung 13.42 sehen Sie eine Ansicht der Aufbewahrungszeiten im DRTM.

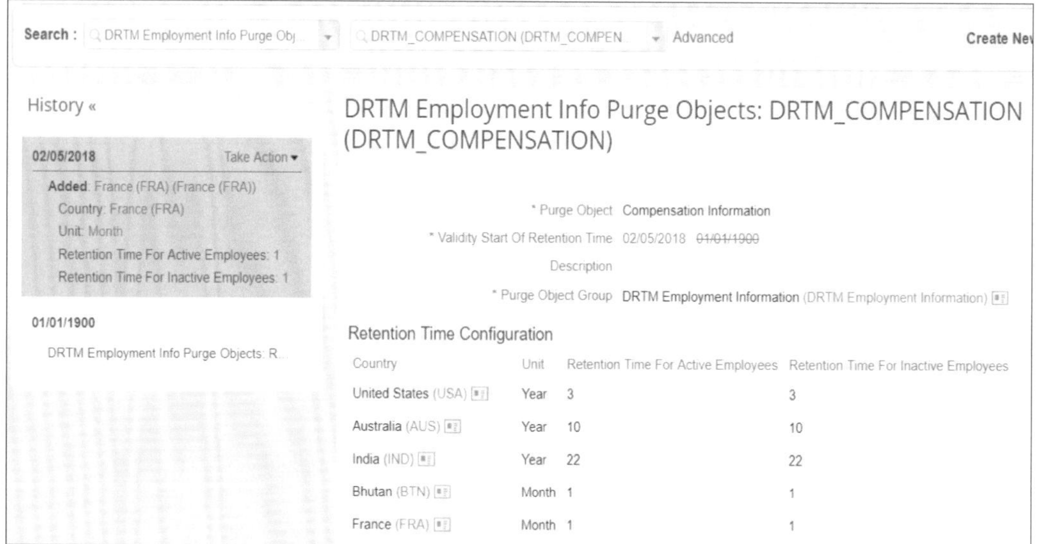

Abbildung 13.42 Ansicht der Aufbewahrungszeiten in SAP SuccessFactors

Die Datenbereinigung findet in verschiedenen Bereichen und Ebenen statt:

- **Produkte (Datenbereinigung auf Produktebene)**
  Hiermit werden Daten in den verschiedenen SAP-SuccessFactors-Lösungen gelöscht, z. B. SAP SuccessFactors Employee Central, SAP SuccessFactors Performance & Goals (Leistung und Zielvorgaben), SAP SuccessFactors Learning, SAP SuccessFactors Recruiting and Onboarding usw. Die Löschung wird durch das DRTM gesteuert.

- **Stammdaten (Bereinigung auf Stammdatenebene)**
  Stammdaten wie Benutzer, Beschäftigte, Bewerber usw. werden in den verschiedenen SAP-SuccessFactors-Lösungen referenziert. Sie sind die Grundlage eines HR-Kernsystems und dürfen nicht gelöscht werden, solange sie aus den Lösungen referenziert werden.
  - Die Löschung wird durch das DRTM gesteuert.
  - Es werden nur inaktive (z. B. gekündigte) Beschäftigte gelöscht.
  - Es werden Stammdaten sowie die damit verbundenen Daten auf der Produktebene aus dem System entfernt.

Vorbereitung des Data Retention Time Managements

Die folgenden Schritte müssen zur Vorbereitung des Data Retention Time Managements ausgeführt werden:

- Als Voraussetzung müssen die rollenbasierten Berechtigungen und das Meta Data Framework aktiviert sein.
- Aktivieren des DRTM unter **Admin Center • Unternehmenseinstellungen • Data Retention Management**.
- Erstellen einer Rolle und Zuordnung der entsprechenden Berechtigungen.
- Aktivieren der DRTM-Objekte über **Admin Center • Upgrade Center • Suche nach »DRTM«**.
- Aktivieren des DRTM für jedes benötigte Land über **Admin Center • Datenmanagement • Suche nach »Land«**; danach Anlegen eines neuen Eintrags für jedes Land und Einschalten des DRTM.
- Definition und Dokumentation der benötigten Aufbewahrungsfristen.
- Konfiguration wie im Folgenden beschrieben.

Länderspezifische Datenaufbewahrungsregeln

Verwenden Sie diese Funktion, wenn Sie eine der folgenden Aktionen vornehmen wollen:

- Sie wollen alle personenbezogenen Daten für mindestens einige Ihrer Mitarbeiter in einem beliebigen Land löschen.
- Sie benötigen unterschiedliche Aufbewahrungszeiten für verschiedene Länder.
- Sie wollen Daten für bestimmte Benutzer aufbewahren.
- Sie wollen das DRTM zum ersten Mal in SuccessFactors einrichten.

Löschanforderung erstellen und planen

Löschanforderungen bieten die folgenden Kernfunktionen:

- Einstellen der Rechte zum Erstellen und Genehmigen von Löschanforderungen.
- Einplanen einer Löschanforderung für einen bestimmten Zeitpunkt oder sofortige Ausführung nach Genehmigung.

- Erstellen einer Vorschau für Genehmiger zur Überprüfung der Löschanforderung vor der Genehmigung.
- Erstellen eines Berichts nach dem Abschluss des Bereinigungsjobs, damit Anforderer und Genehmiger erfolgreiche Löschung der einzelnen Datensätze kontrollieren können.

Um eine Löschanforderung zu erstellen, gehen Sie ins Admin Center und dort auf **Löschanforderung erstellen**. Wählen Sie einen passenden Löschanforderungstyp (für die Möglichkeiten siehe Tabelle 13.2). Vergeben Sie einen Namen für die Löschanforderung. Wählen Sie aus, ob die Löschanforderung nur für einen einzelnen Benutzer gelten soll oder insgesamt für bestimmte Länder (Mehrfachauswahl möglich; hier können Sie auch angeben, ob Sie nur inaktive und/oder aktive Benutzer löschen wollen).

Wählen Sie das Löschobjekt aus (üblicherweise **MDF Custom Objects**). Geben Sie einen oder mehrere Genehmiger an. Klicken Sie auf **Planen**, wenn Sie die Löschanforderung für einen bestimmten Zeitpunkt einplanen wollen, oder auf **Sofort ausführen** (Sie können die Anforderung auch Zwischenspeichern, wenn Sie sie erst später fertigstellen wollen, oder verwerfen). Die Löschanforderung wird erst ausgeführt, wenn sie von allen notwendigen Genehmigern bestätigt wurde. In Abbildung 13.43 sehen Sie, wie Sie eine Löschanforderung in SAP SuccessFactors erstellen.

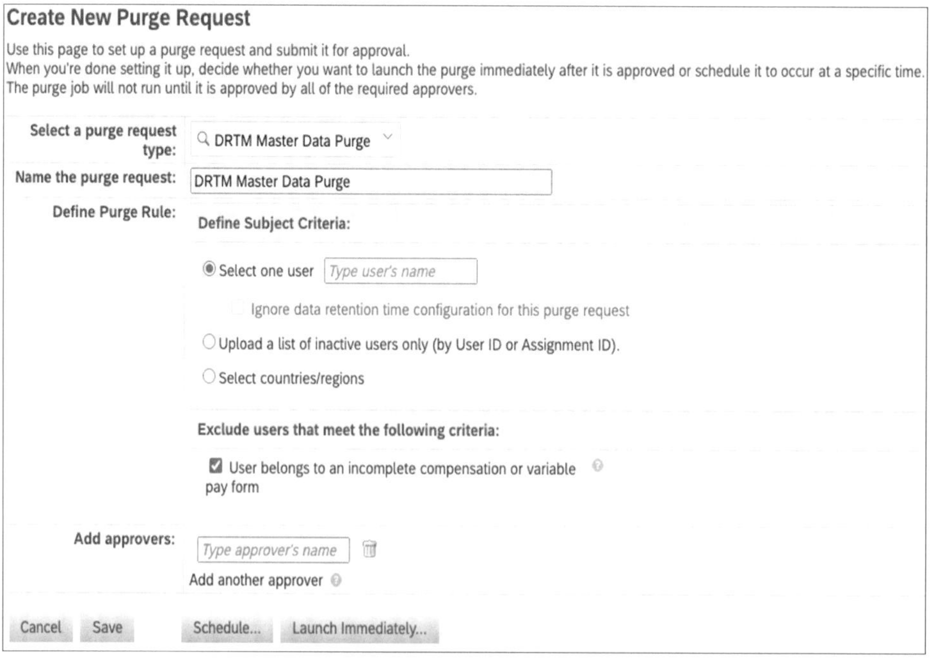

Abbildung 13.43 Löschanforderung in SAP SuccessFactors erstellen

[«]

Löschen für eine Niederlassung

In SAP SuccessFactors Employee Central können Daten auch für eine juristische Einheit (z. B. eine Niederlassung) gelöscht werden und nicht nur für das gesamte Land (diese Option muss aktiviert und konfiguriert werden, bevor sie verwendet werden kann).

Löschanforderungstypen

Für die Löschanforderungen sind drei verschiedene Typen definiert, die die verschiedenen Bereiche abdecken. In den Typen können jeweils die erforderlichen Zeiträume für aktive und inaktive Mitarbeiter eingestellt werden.

Löschtyp	Anwendbar auf	DRTM-Objekt	Funktion
Stammdatenbereinigung	inaktive Benutzer	DRTM-Stammdatenbereinigung	Löscht personenbezogene Daten, einschließlich Protokolldaten, basierend auf den für Stammdaten konfigurierten Aufbewahrungsrichtlinien; übersteuert die für einzelne Anwendungsdaten festgelegten Aufbewahrungszeiten. Hinweis: Die Aufbewahrungsrichtlinien können per Schalter auch komplett ignoriert werden, um, falls notwendig, einen Benutzer schnell und komplett löschen zu können (mit Vorsicht verwenden!).
Bereinigung der Anwendungsdaten *	aktive und inaktive Benutzer	DRTM-<Objektname>-Bereinigung	Löscht personenbezogene Daten für alle (aktiven oder inaktiven) Benutzer der Anwendung, basierend auf der Aufbewahrungszeit des Bereinigungsobjekts.
Bereinigung der Protokolldaten *	aktive und inaktive Benutzer	DRTM-Protokolldaten-Bereinigung	Löscht Änderungs- und Leseprotokolle für alle (aktiven oder inaktiven) Benutzer.

Tabelle 13.2 Liste der Löschanforderungstypen

Löschanforderung genehmigen und ausführen

Vor dem Ausführen muss die Löschanforderung genehmigt werden (siehe Abbildung 13.44). Dazu muss sie von allen notwendigen Genehmigern überprüft und bestätigt werden. Zur Überprüfung der Löschergebnisse kann eine Vorschau des Löschprotokolls angezeigt werden. Der Genehmiger kann damit das Ergebnis vorab überprüfen.

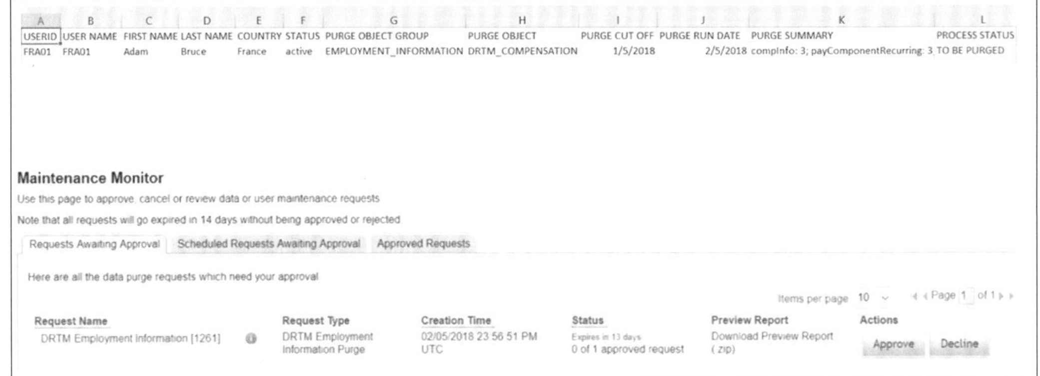

Abbildung 13.44 Vorschau und Genehmigung der Löschanforderung

Nachdem die Löschanforderung ausgeführt worden ist, können Sie im Monitor die abgeschlossene Anforderung anzeigen und das Löschprotokoll herunterladen.

Löschprotokolle löschen

Löschprotokolle und deren Vorschau können personenbezogene Daten enthalten, sodass Sie diese aus Datenschutzgründen möglicherweise regelmäßig entfernen müssen. Dazu können sie wie folgt aus dem System gelöscht werden: Wählen Sie hierzu **Admin Center • Tools • Löschanfragen • Genehmigte Anfragen**.

Suchen Sie die Löschanfrage mit den Löschprotokollen, die Sie löschen möchten. Wählen Sie im Aktionsmenü den Bericht aus, den Sie löschen möchten, und bestätigen Sie dies. Sie können auswählen, ob Sie nur den Vorschaubericht entfernen möchten oder auch das endgültige Löschprotokoll. Das ausgewählte Protokoll wird endgültig aus dem Speicher gelöscht und kann nicht wiederhergestellt werden.

Einige Hinweise und weitere Informationen zur Löschung:

- **Kandidaten**
  Die Definition eines inaktiven Kandidaten hängt vom Land und dem Unternehmen ab. Für Kunden in der Europäischen Union können Sie die Anzahl der Inaktivitätstage definieren. Wenn der Kandidat diese Anzahl von Tagen ohne Systemaktivität überschreitet, wird der Kandidat, abhängig von der Art der konfigurierten Datenaufbewahrung, für die Anonymisierung oder Löschung markiert. Systemaktivität ist dabei eine Aktivität im Profil des Bewerbers oder eine Bewerbung in Bearbeitung oder

im Interviewstatus. Die Kandidaten werden täglich gelöscht oder anonymisiert.

- **Benutzer**
  In der Benutzerverwaltung können Sie Benutzer zur Anonymisierung oder Löschung markieren. Zusätzlich können Sie in der Bereitstellung einstellen, ob ein Benutzer inaktiv ist.

Personenbezogene Daten sperren

Der Zugriff auf personenbezogene Daten sollte nur durch Personen erfolgen, die diese Daten einsehen müssen (Need-to-know-Prinzip). Dieses wird über das Berechtigungskonzept gesteuert. Für die Erfüllung der Anforderungen der DSGVO bezüglich der Sperrung der Daten muss man diese Funktion erweitern. Mit der Sperrfunktion in den SAP-SuccessFactors-Lösungen können Sie den Zugriff auf historische, personenbezogene Daten einschränken, die sich noch innerhalb einer Aufbewahrungsfrist befinden. Diese Einschränkung ist für verschiedene Rollen einstellbar; so kann eine Rolle Zugriff auf die Daten haben, während dieser für eine andere Rolle blockiert ist (siehe Abbildung 13.45).

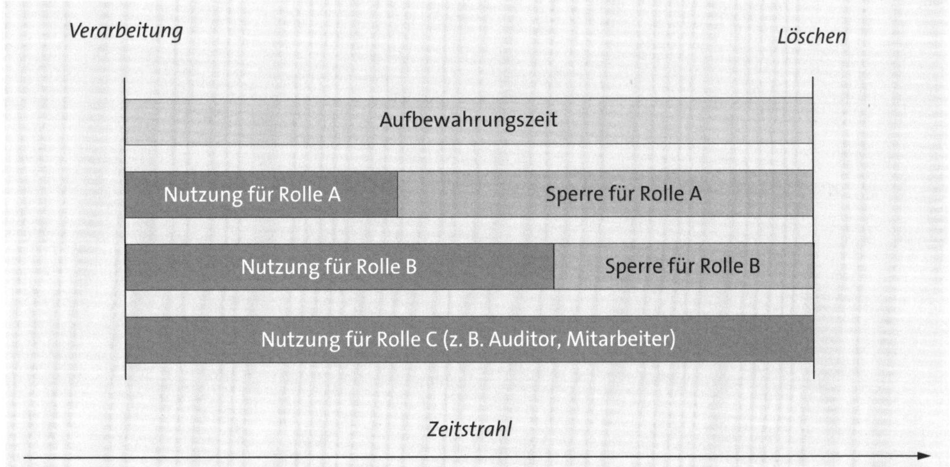

Abbildung 13.45 Sperrkonzept in SAP SuccessFactors

Die Sperrung wird in SAP SuccessFactors Employee Central und Reporting unterstützt. In den anderen Komponenten müssen alle Rollen Zugriff auf die historischen Daten haben.

Die folgenden Aufgaben müssen zur Vorbereitung ausgeführt werden:

- Definition und Dokumentation der benötigten Sperrfristen
- Einstellen der Sperrung für Meta-Data-Framework-Objekte. Aktivieren des DRTM unter **Admin Center • Objektdefinitionen konfigurieren • MDF Objekt öffnen • Sicherheit • Feld Sperrfrist**.

- Konfiguration der Rollen, die nicht vollen Zugriff auf die historischen Daten haben sollen, über **Admin Center • Berechtigungsrollen verwalten • Berechtigungsrollen-Details • Berechtigungseinstellungen** und Auswahl der Berechtigungskategorien
- Einstellen der Sperrfristen

Sperrung einstellen

Die Sperre kann auf der Objektebene unter **Ansicht Historie** eingestellt werden, z. B. für Adressinformationen, abhängige Personen usw.

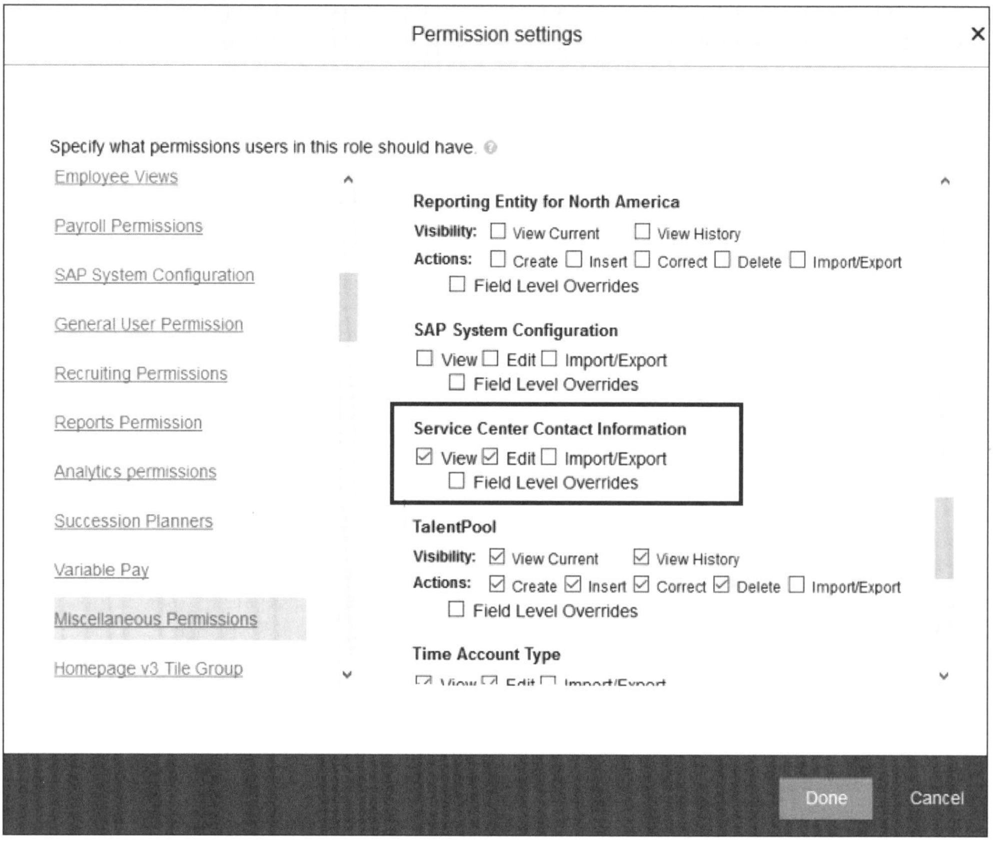

Abbildung 13.46 Sperrung einstellen

Die Zugriffszeiträume werden beim Erteilen der Berechtigungen definiert (siehe Abbildung 13.47).

Sichtbarkeit der Datensätze

Datensätze sind nicht sichtbar, wenn das Start- und Enddatum (für Objekte mit Gültigkeitsdatum) oder das Referenzdatum (für andere Objekte) älter sind als [Heute – Zugriffszeitraum].

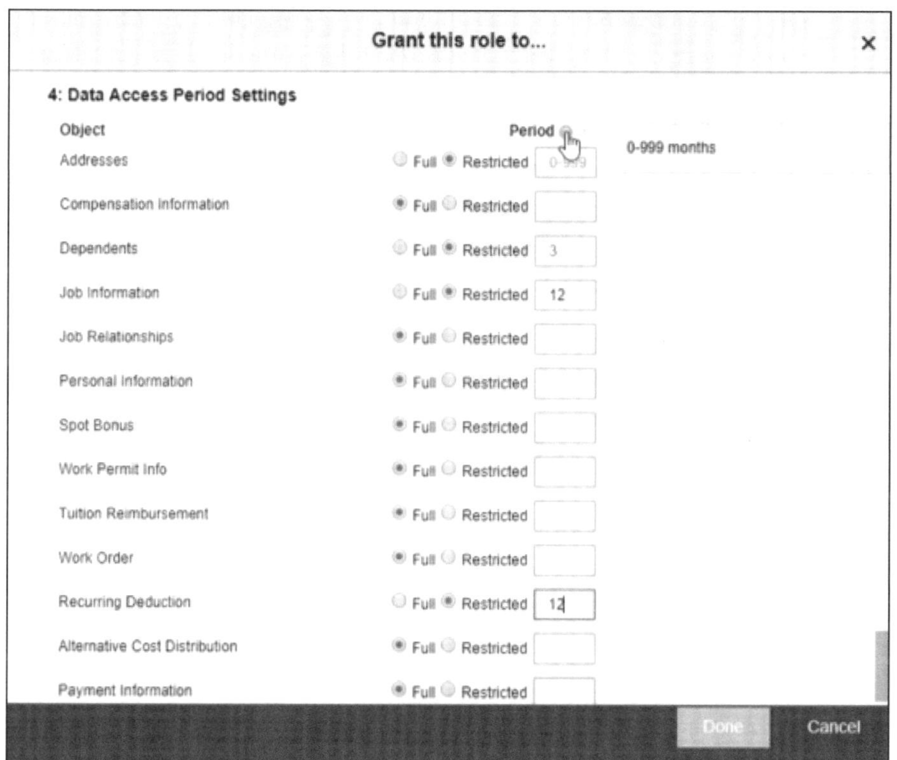

Abbildung 13.47 Zugriffszeiträume einstellen

Nutzungsende in SAP SuccessFactors

Das Nutzungsende, die finale Löschung der Kundendaten und ggf. eine Übertragung der Daten für Ihre eigene Archivierung, ist in den Kundenverträgen entsprechend geregelt.

Berechtigungen in SAP SuccessFactors

Wie bereits in Abschnitt 11.2.8, »Technische und Organisatorische Maßnahmen (TOM) in den SAP-Cloud-Lösungen«, beschrieben, sind die System- und Datenzugriffskontrolle ein wesentlicher Bestandteil der TOM. Die SAP-SuccessFactors-Cloud-Lösungen verfügen über ein umfangreiches Rollen- und Rechtekonzept, das im Rahmen dieses Buches nur in den Grundzügen beschrieben werden kann.

Die System- und Datenzugriffskontrolle ist durch rollenbasierte Berechtigungen realisiert. Dabei steuern RBP den Zugriff auf die Lösungen und was Benutzer sehen und bearbeiten können.

Mit RBPs können Sie ein sehr differenziertes Berechtigungskonzept einrichten, das dem Need-to-Know-Prinzip folgt, einschließlich der Möglichkeit, separate Berechtigungen zum Anzeigen, Ändern und Löschen von Daten zu definieren.

Sie sollten regelmäßig überprüfen, ob die Gründe für die Erteilung von Berechtigungen weiterhin gelten.

Übersicht der SAP SuccessFactors-Benutzerverwaltung

Die rollenbasierten Berechtigungen enthalten drei Hauptelemente:

- **Berechtigungsrollen**
  Sie können einem bestimmten Mitarbeiter, einem Manager, einer Gruppe von Mitarbeitern oder allen Mitarbeitern im Unternehmen eine Rolle zuweisen. Die Rollen steuern die Zugriffsrechte, die ein Mitarbeiter oder eine Gruppe von Mitarbeitern auf die Anwendungs- oder Mitarbeiterdaten hat. Sie können die von Ihnen definierten Berechtigungsrollen einer Berechtigungsgruppe zuweisen.
- **Berechtigungsgruppen**
  Sie können Gruppen von Mitarbeitern definieren, die bestimmte Attribute gemeinsam haben. Sie können verschiedene Attribute verwenden, um die Gruppenmitglieder auszuwählen, z. B. die Abteilung eines Benutzers, das Land oder den Jobcode. Diese Gruppen können statisch oder dynamisch sein.
- **Zielgruppen**
  Zielgruppen sind Gruppen von Benutzern, für die die Ausführung von Berechtigungen zusammengefasst werden kann, z. B. alle Mitarbeiter einer Niederlassung.

Zusammenhang von Rollen und Gruppen

Wie hängen nun Rollen und Gruppen zusammen? Während Rollen festlegen, was zulässig ist, legen die Gruppen fest, wer dazu berechtigt ist (berechtigte Benutzer) und für wen (Zielbenutzer), d. h. einer Berechtigungsgruppe wird eine Rolle für eine bestimmte Zielgruppe zugewiesen (siehe Abbildung 13.48).

Des Weiteren werden Berechtigungsrollen zum Definieren von Berechtigungen, zum Verwalten von Vorlagen und zum Festlegen des Workflows verwendet.

Zuerst Gruppen erstellen

Wir empfehlen, die Gruppen vor den Rollen zu erstellen, damit Sie während der Rollenerstellung die Gruppe auswählen können, für die die Rolle vergeben werden soll. Darüber hinaus benötigen Sie definierte Gruppen für Rollen, für die eine Zielgruppe erforderlich ist.

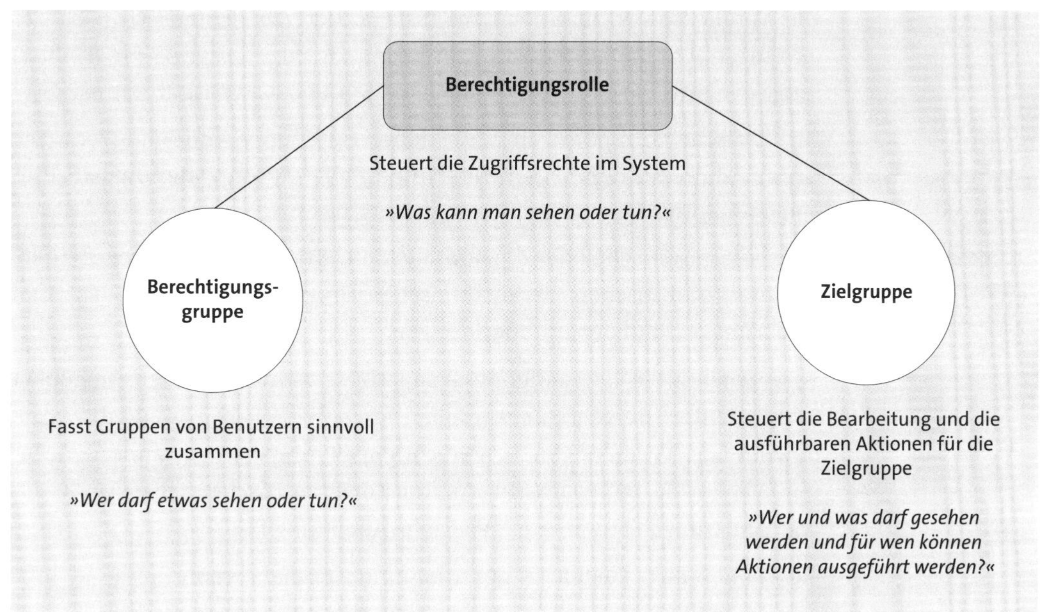

Abbildung 13.48 Hauptelemente der rollenbasierten Berechtigungen

Berechtigungen verwalten

Die Verwaltung von Berechtigungen erfolgt über **Admin Center • Benutzerberechtigung festlegen • Rollenbasierte Berechtigungen verwalten** (siehe Abbildung 13.49).

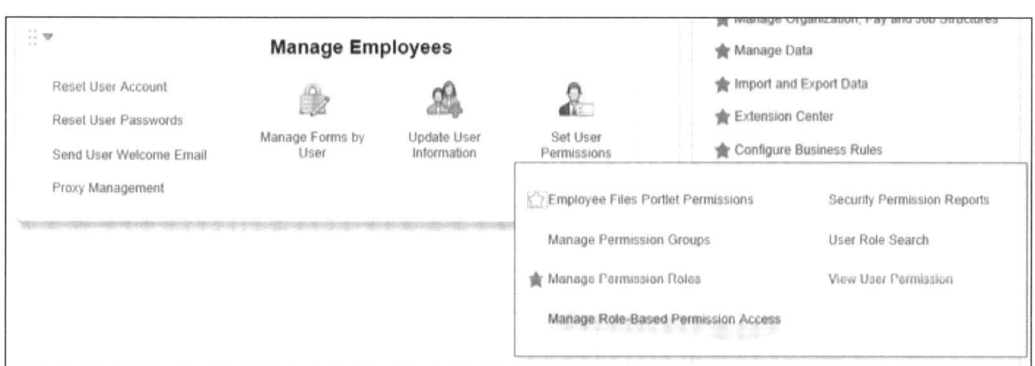

Abbildung 13.49 Rollenbasierte Berechtigungen verwalten

Statische und dynamische Gruppen

Die Berechtigungsgruppen werden verwendet, um Gruppen von Mitarbeitern zu definieren, die bestimmte Attribute gemeinsam haben. Zu diesem Zweck gibt es zwei Typen: dynamische und statische Gruppen.

Die Mitgliedschaft zu einer dynamischen Gruppe richtet sich nach der jeweiligen Angabe in den Benutzerdaten, z. B. Zugehörigkeit zur IT-Abteilung. Dynamische Gruppen werden vom System automatisch aktualisiert.

Die statische Gruppe ist eine fest definierte Gruppe von Benutzern. Die Gruppe kann nur durch manuellen Import oder API-Aufrufe zum Hinzufügen oder Entfernen von Benutzern geändert werden.

Berechtigungsgruppen verwalten

Sie können statische oder dynamische Berechtigungsgruppen bearbeiten, kopieren und löschen. Bei dynamischen Gruppen können Sie auch den Änderungsverlauf der Gruppe anzeigen.

So verwalten Sie Berechtigungsgruppen: Verwenden Sie den Menüpfad **Admin Center • Berechtigungsgruppen verwalten**. Klicken Sie auf das Drop-down-Menü **Aktion** neben der Berechtigungsgruppe, die Sie ändern möchten. Wählen Sie die gewünschte Aktion: **Kopieren**, **Löschen**, **Übersicht anzeigen**, **Änderungshistorie anzeigen** (siehe Abbildung 13.50).

Sie können eine Berechtigungsgruppe nur löschen, wenn ihr keine Rolle zugeordnet ist.

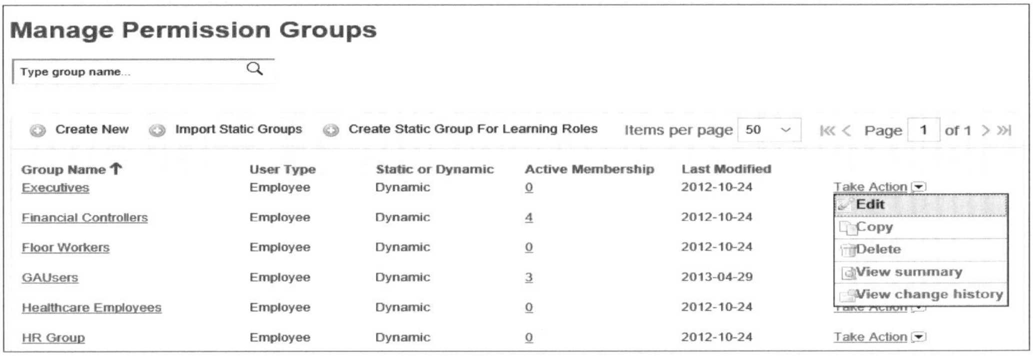

Manage Permission Groups

Type group name...

Create New | Import Static Groups | Create Static Group For Learning Roles | Items per page 50 | Page 1 of 1

Group Name ↑	User Type	Static or Dynamic	Active Membership	Last Modified	
Executives	Employee	Dynamic	0	2012-10-24	Take Action
Financial Controllers	Employee	Dynamic	4	2012-10-24	Edit
Floor Workers	Employee	Dynamic	0	2012-10-24	Copy / Delete
GAUsers	Employee	Dynamic	3	2013-04-29	View summary
Healthcare Employees	Employee	Dynamic	0	2012-10-24	View change history
HR Group	Employee	Dynamic	0	2012-10-24	Take Action

Abbildung 13.50 Berechtigungsgruppen verwalten

Berechtigungsrollen verwalten

Berechtigungsrollen werden zum Gruppieren von Berechtigungen verwendet. Nachdem Sie die Berechtigungen in einer Rolle zusammengefasst haben, können Sie die Rolle einer Benutzergruppe zuweisen und ihnen Zugriff auf bestimmte Aufgaben und Funktionen im System gewähren.

So verwalten Sie Berechtigungsrollen: Verwenden Sie den Menüpfad **Admin Center • Berechtigungsrollen Details**. Geben Sie den Rollennamen ein. Spezifizieren Sie unter **Berechtigungseinstellungen** die Berechtigungen, die die Benutzer in dieser Rolle haben sollen (siehe Abbildung 13.51).

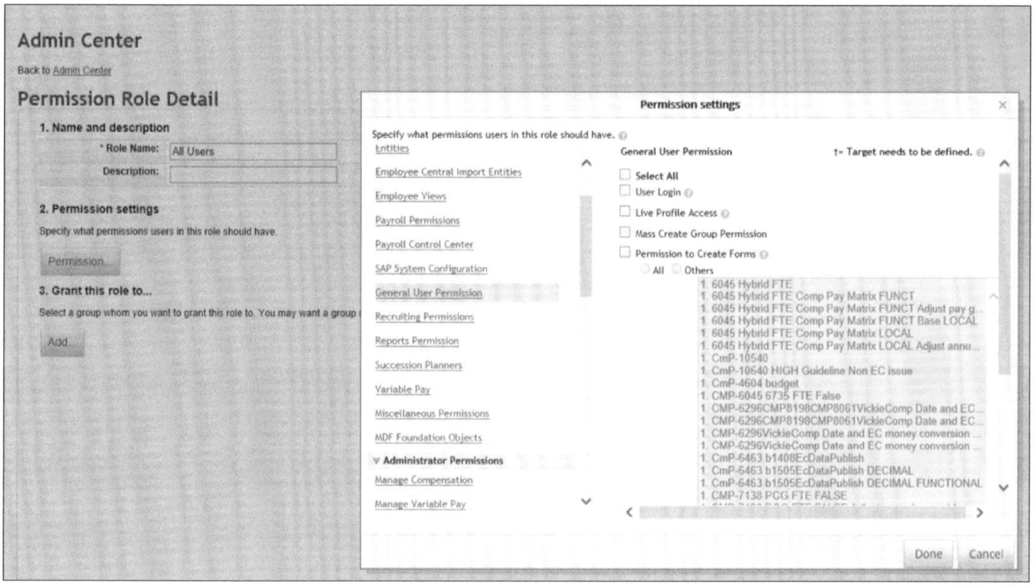

Abbildung 13.51 Berechtigungen einer Rolle spezifizieren

Geben Sie eine Gruppe oder mehrere Gruppen an, der Sie diese Rolle zuweisen wollen. Hier können Sie auch die Zugangs- und Sperrfristen für die Gruppe einstellen.

Es gibt die folgenden Werkzeuge für die Berechtigungsverwaltung:

- **Suche nach Benutzerrollen**
  Mit der Benutzerrollensuche können Sie die Rollen durchsuchen, die bestimmten Benutzern für eine bestimmte Berechtigung und einen Zielbenutzer zugewiesen wurden (siehe Abbildung 13.52).

Abbildung 13.52 Nach Benutzerrollen suchen

- **Anzeige von Benutzerberechtigungen**
  Sie können Benutzer nach verschiedenen Kriterien filtern und dann die Berechtigungen der Benutzer detailliert anzeigen (siehe Abbildung 13.53).

Abbildung 13.53 Benutzerberechtigungen anzeigen

Personenbezogene Daten maskieren

Mit der *Maskierung* können bestimmte personenbezogene oder sensible Daten in der Benutzeroberfläche ausgeblendet werden. Die Maskierung kann pro Feld aktiviert werden. Die Inhalte sind dann nur für Berechtigte und auf explizite Anforderung hin sichtbar. Maskierte Daten werden dem Benutzer mit Sternchen angezeigt, z. B. »********* [Zum Anzeigen klicken]« (siehe Abbildung 13.54). Der Benutzer kann nun auf das maskierte Feld klicken, und es wird angezeigt, falls er die entsprechende Berechtigung hat.

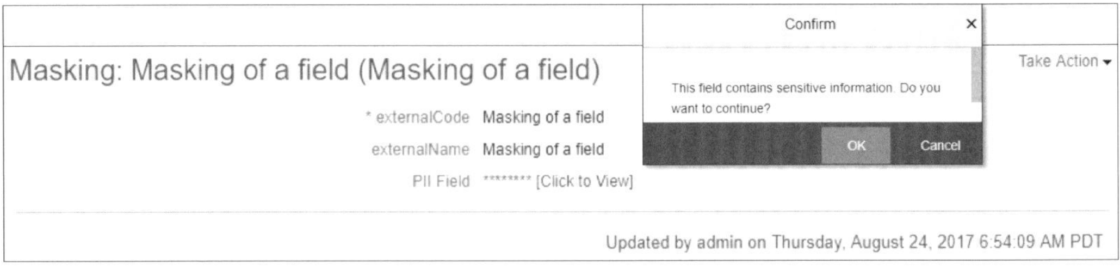

Abbildung 13.54 Beispiel für die Maskierung von Daten im Meta Data Framework

[«]

Berechtigungen auf Feldebene

Sie können Berechtigungen auf der Feldebene verwenden, um den Zugriff auch auf bestimmte Felder einzuschränken.

Die verschiedenen Maskierungsoptionen in den SAP-SuccessFactors-Lösungen sind:

- **SAP SuccessFactors Employee Central**
  Durch die Konfiguration auf der Feldebene können Felder festgelegt werden, die maskiert werden sollen.
- **Meta Data Framework**
  Die Maskierung wird aktiviert, indem Sie im MDF Extension Center die Einstellung für vertrauliche Informationen auf der Feldebene setzen.
- **Workflow**
  Der Workflow unterstützt die Maskierung nicht, da alle Felder für die Entscheidungsfindung erforderlich sind.
- **Reporting**
  In Berichten wird die Maskierung nicht unterstützt.

Protokollierung in SAP SuccessFactors

Alle Änderungen an personenbezogenen Daten werden in den SAP-SuccessFactors-Lösungen protokolliert, sobald die Funktion zur Protokollierung aktiviert ist. Die Protokollierungsfunktion ist für die meisten SAP-SuccessFactors-Lösungen verfügbar.

Änderungs-Protokollierung aktivieren

Zur Nutzung der Protokollierungsfunktion müssen die rollenbasierten Berechtigungen aktiviert und eingestellt sein (siehe Abbildung 13.55). Danach kann man die Protokollierung im **Admin Center** einschalten.

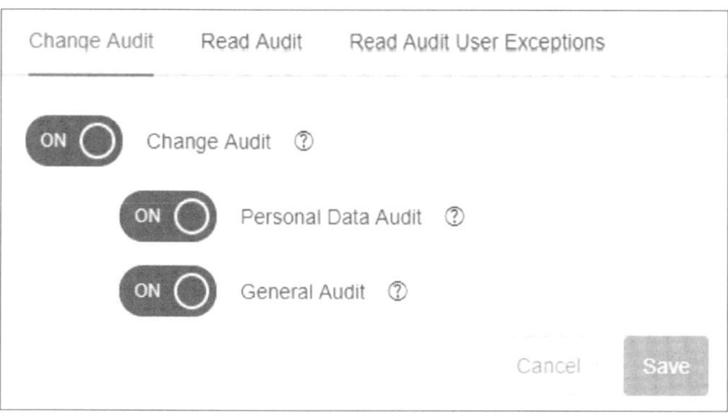

Abbildung 13.55 Protokollierungsfunktion aktivieren

Änderungsprotokolle erstellen

Zur Erstellung von Änderungsprotokollen im Admin Center haben Sie drei Suchoptionen (siehe Abbildung 13.56):

- **Personensuche**
  Damit können Sie Protokolle über Beschäftigte und interne Kandidaten erstellen, jeweils mit zwei unterschiedlichen Sichten:
  - Protokoll von an Personen geänderten Daten
  - Protokoll der von einem Benutzer geänderten Daten
- **Externe Kandidatensuche**
  Damit können Sie ein Protokoll darüber erstellen, wer welche Daten von externen Kandidaten geändert hat und weitere Informationen erhalten.
- **Onboardee-Suche**
  Damit können Sie ein Protokoll darüber erstellen, wer welche Daten von Onboardees geändert hat, und weitere Informationen erhalten.

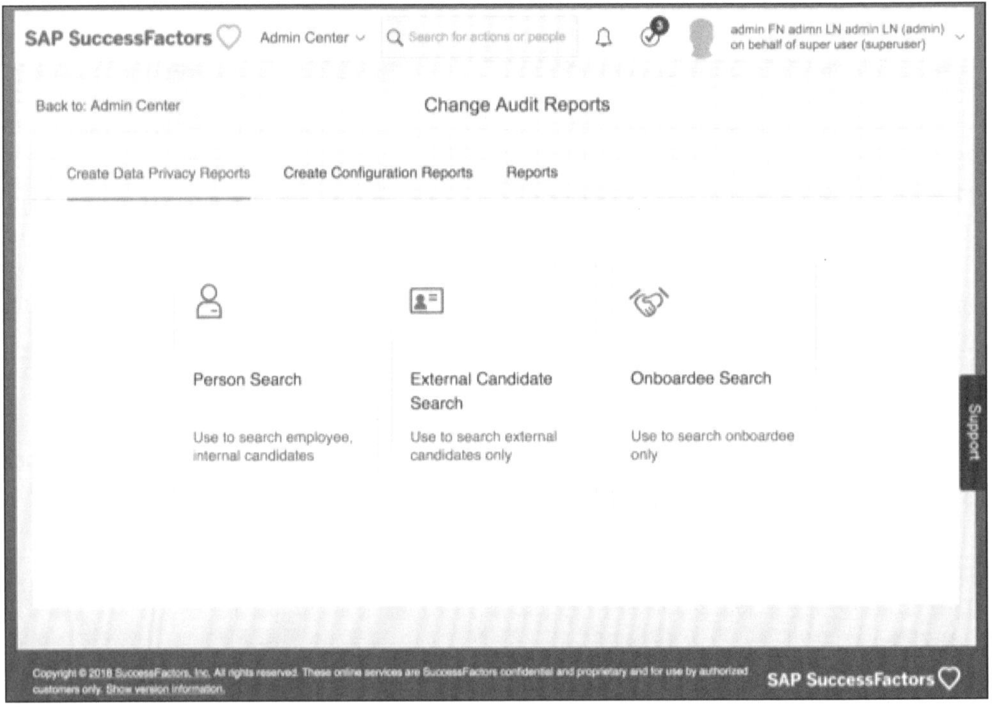

Abbildung 13.56 Änderungsprotokolle in SAP SuccessFactors erstellen

Sie können drei verschiedene Reports ausführen:

- **Datenschutzprotokoll erstellen**
  Hier suchen Sie nach betroffenen Personen, wie oben beschrieben, und erstellen ein Änderungsprotokoll anhand von verschiedenen Auswahlkriterien (siehe Abbildung 13.57).

- **Konfigurationsberichte erstellen**
  Hier können Sie Protokolle erstellen, in denen Änderungen angezeigt werden, zu:
  - rollenbasierten Berechtigungen
  - Stellvertreterzuordnung
  - Benutzerverwaltung
- **Berichte**
  Hier können Sie die fertigen Berichte herunterladen.

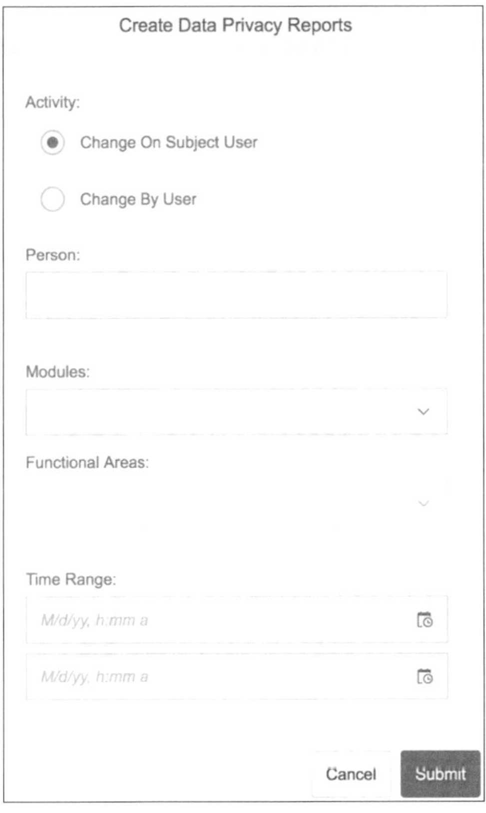

Abbildung 13.57 Auswahlkriterien zum Datenschutzprotokoll

Protokolle verwalten und herunterladen

Protokolle können sehr groß werden und deren Generierung einige Zeit in Anspruch nehmen. Die Protokolle können über **Admin Center • Protokolle • Berichte** abgerufen werden (siehe Abbildung 13.58).

Die Protokolle enthalten Informationen darüber, wer die Daten geändert hat, gegebenenfalls den Stellvertreter, welche Änderungen vorgenommen wurden, die Art der Änderung, das Datum und den Zeitstempel sowie die Werte vor und nach der Änderung.

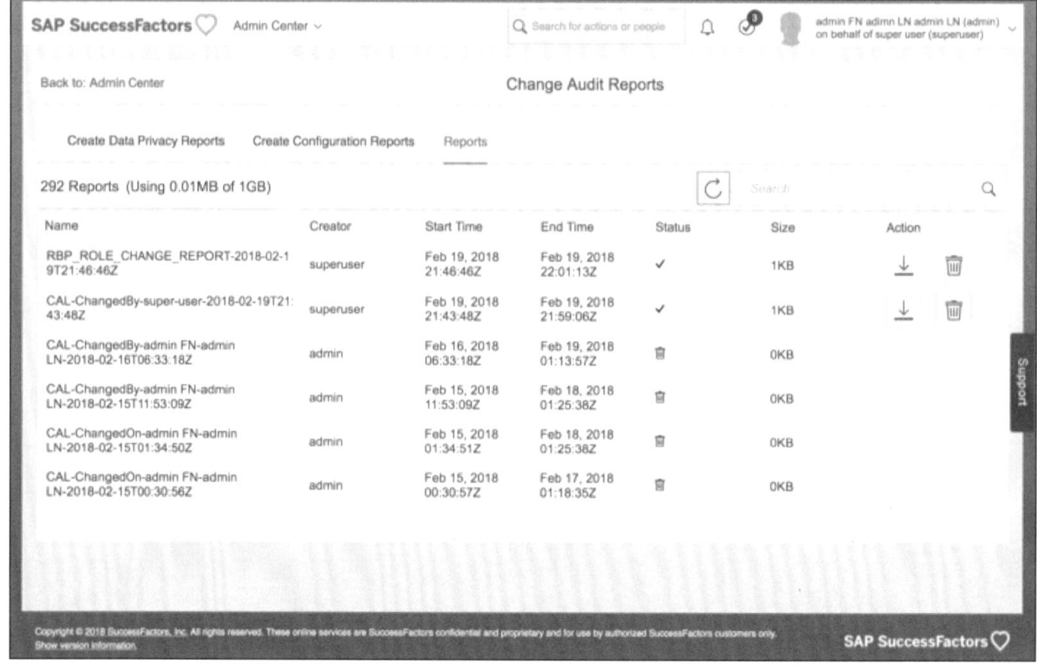

Abbildung 13.58 Liste der verfügbaren Protokolle

Der Bericht enthält die folgenden Standardfelder:

- Benutzer, der die Änderung vorgenommen hat
- Stellvertreter (falls zutreffend)
- Benutzer, dessen Daten geändert wurden
- Komponente und Funktionsbereich, in dem die Änderung vorgenommen wurde
- Feld, das geändert wurde
- Werte vor und nach der Änderung
- zusätzliche Kontextinformationen, die zur Identifizierung der Änderung erforderlich sind
- Art der Änderung (Einfügen, Löschen, Aktualisieren)
- Datum und Uhrzeit der Änderung

Änderungsprotokolle nach Zeitplan

Sie können Änderungsprotokolle über den Pfad **Admin Center • Änderungsprotokolle** auch so einrichten, dass sie nach einem von Ihnen festgelegten Zeitplan automatisch wiederholt werden. Wählen Sie dazu die Registerkarte **Zeitpläne anzeigen**.

Leseprotokolle in SAP-SuccessFactors-Cloud-Lösungen

Die Leseprotokollierung erfolgt für Zugriffe auf Datenelemente, die als sensible personenbezogene Daten gekennzeichnet wurden. Zur Nutzung der Protokollierungsfunktion müssen die rollenbasierten Berechtigungen aktiviert und eingestellt sein. Danach kann man die Protokollierung im Admin Center einschalten.

Um die Leseprotokollierung sinnvoll nutzen zu können, gehen Sie wie folgt vor:

- Markieren Sie im Datenmodell die sensiblen personenbezogenen Datenelemente für jede Lösung.
- Entfernen Sie Felder, die sensible personenbezogene Daten enthalten aus dem Talent-, Lern- und Rekrutierungsmarketing.
- Prüfen Sie im Admin Center, ob die Leseprotokollierung aktiviert ist. Falls nicht, schalten Sie sie ein (die Leseprotokollierung ist standardmäßig aktiviert).

Ausnahmen der Leseprotokollierung einstellen

Für bestimmte technische Benutzer sollten Lesevorgänge nicht protokolliert werden. Bei Systemintegrationen werden Konten von technischen Benutzern verwendet, durch die potenziell auch sensible personenbezogene Datenfelder ausgelesen werden. Da die Daten nicht von einem Menschen gelesen werden, ist die Protokollierung der Lesevorgänge normalerweise nicht sinnvoll. Die auszunehmenden Benutzer kann man ebenfalls im Admin Center einstellen.

Die Erstellung und Verarbeitung des Leseprotokolls erfolgt analog zum Änderungsprotokoll. Das Protokoll enthält Informationen darüber, wer wann die Daten gelesen hat, sowie Datum und Zeitstempel des Lesevorgangs. Das Protokoll kann im CSV-Format heruntergeladen und z. B. in Microsoft Excel geöffnet werden.

Sekundäre Anmeldeinformationen zu Protokollen hinzufügen

Es kommt häufig vor, dass für den Support ein einziges Benutzerkonto von vielen Support-Technikern gemeinsam genutzt wird. In diesem Fall gibt es keine Möglichkeit, um Änderungs- oder Lesevorgänge einzelnen Supportmitarbeitern zuzuordnen. Durch diese Funktion werden Informationen des sekundären Benutzers in den jeweiligen Protokollen hinzugefügt, und Sie können sehen, wer genau was getan hat.

Löschprotokolle in SAP-SuccessFactors-Cloud-Lösungen

Als Vorbereitung und zur Prüfung der Löschung können Löschprotokolle vorab erzeugt werden. Zur Überprüfung der Löschergebnisse kann der Genehmiger eine Vorschau des Löschprotokolls anzeigen. Nachdem die Löschung ausgeführt worden ist, können Sie im Monitor das Löschprotokoll herunterladen.

Einwilligung und Datenschutzerklärung in SAP SuccessFactors

Datenschutz-erklärung

Sowohl interne als auch externe Kandidaten können aufgefordert werden, eine Datenschutzerklärung zur Kenntnis zu nehmen, bevor sie eine Bewerbung einreichen. Die Datenschutzerklärungen können nach Land und Kandidatentyp definiert werden. Dabei wird geprüft, ob die Kandidaten die Datenschutzerklärungen akzeptieren oder ablehnen.

In den SAP-SuccessFactors-Cloud-Lösungen sind zweckgebundene Datenschutzerklärungen für die verschiedenen Fälle verfügbar, z. B. wenn sich der Kandidat (a) bewirbt, (b) bereit ist, künftige Stellenausschreibungen zu erhalten (Rekrutierungsmarketing/-management) oder (c) ein externer Learning-Teilnehmer ist.

Die Kenntnisnahme der Datenschutzerklärung ist insbesondere wichtig für die Lösungen, die potenziell durch externe Personen genutzt werden, also z. B. die Recruiting- und Learning-Lösungen. Im Folgenden wird exemplarisch die Recruiting-Lösung behandelt.

In Tabelle 13.3 finden Sie eine Übersicht der Datenschutzerklärungen nach Produktbereichen.

Produktbereich	Datenschutzerklärung
Onboarding	**Onboarding Intern**: Diese Erklärung wird angezeigt, bevor ein interner Onboarding-Benutzer seine Daten eingeben kann. **Onboarding Extern**: Diese Erklärung wird angezeigt, bevor ein externer Onboarding-Benutzer seine Daten eingeben kann.
Learning	Falls Ihre Datenschutzschutzrichtlinien es erfordern, dass Benutzer der Speicherung ihrer personenbezogenen Daten in SAP SuccessFactors Learning zustimmen müssen, fügen Sie eine Einwilligung zur Datenspeicherung hinzu.
Recruiting	**Recruiting Intern**: Diese Erklärung wird angezeigt, bevor ein interner Kandidat ein Kandidatenprofil erstellt oder sich auf eine Stelle bewirbt. **Recruiting Extern**: Diese Erklärung wird angezeigt, bevor ein externer Kandidat ein Kandidatenprofil erstellen kann. Der Kandidat muss die Erklärung akzeptieren, um fortzufahren.
Performance and Goals	Der einzige Anwendungsfall für die Zustimmung des Benutzers ist das Anfordern von Feedback von externen Benutzern mithilfe der Funktion **Feedback anfordern**.

Tabelle 13.3 Übersicht der Datenschutzerklärungen nach Produktbereichen

Um die Funktionen zur Datenschutzerklärung in den SAP-SuccessFactors-Cloud-Lösungen nutzen zu können, muss DPCS 2.0 (*Data Protection Consent Statements*) aktiviert und konfiguriert sein. Die Erstkonfiguration erfolgt durch den SAP-SuccessFactors-Support oder einen anderen Implementierungspartner.

Voraussetzungen für die Nutzung der Datenschutzerklärung

DPCS 2.0 stellt u. a. die folgenden Funktionen bereit:

- Länderspezifische Datenschutzerklärungen für interne und externe Benutzer, in der jeweiligen bevorzugten Sprache des Kandidaten.
- Bewerber müssen die Datenschutzerklärung akzeptieren, bevor sie ihre Daten eingeben und die Bewerbungsunterlagen abgeben.
- Nachverfolgung der Kenntnisnahme von Kandidaten zur Datenschutzerklärung und Erstellung eines Protokolls zum Nachweis.

Die Aktivierung der Datenschutzerklärung erfolgt in diesen Schritten:

Datenschutzerklärung aktivieren

1. Sie kontaktieren den SAP-Cloud-Support oder den Implementierungspartner zur Aktivierung von DPCS 2.0.
2. DPCS 2.0 wird aktiviert und Ihnen eine entsprechende Rolle zugewiesen. Sobald dies geschehen ist, können Sie die nachfolgenden Schritte ausführen.
3. Wählen Sie **Bereitstellung • Unternehmenseinstellungen**, und stellen Sie sicher, dass die Option **Datenschutzerklärung** (DPCS 2.0) aktiv ist. Falls nicht, müssen Sie entweder Schritt 1 oder 2 noch ausführen.
4. Wählen Sie **Admin Center • Datenschutzerklärung**, und klicken Sie auf **Neue Datenschutzerklärung**.
5. Wenn Sie eine Datenschutzerklärung für Kandidaten einrichten wollen, führen Sie zusätzlich die folgenden Schritte aus:

   Datenschutzerklärung für Kandidaten

   Wählen Sie den Menüpfad **Bereitstellung • Personalbeschaffung verwalten - Datenschutzoptionen für Kandidaten bearbeiten • Datenschutzeinstellungen**.

   Nehmen Sie die folgenden Datenschutzeinstellungen vor:

   - Aktivieren der externen Datenschutzerklärung: Hiermit aktivieren Sie die Konfiguration der externen Datenschutzerklärung. Nach einer Versionsänderung muss die aktuelle Version der Datenschutzerklärung bei der nächsten Anmeldung akzeptiert werden.
   - Aktivieren der internen Datenschutzerklärung: Hiermit aktivieren Sie die Konfiguration der internen Datenschutzerklärung. Nach einer Versionsänderung muss die aktuelle Version der Datenschutzerklärung beim nächsten Bewerbungsvorgang akzeptiert werden.

Einrichtung der Datenschutzerklärung

Im Folgenden werden im Detail die Schritte zur Einrichtung der Datenschutzerklärung beschrieben:

1. Verwenden Sie den Menüpfad **Admin Center • Systemeigenschaften • Einstellungen für die Datenschutzerklärung**. Sie müssen mindestens eine Datenschutzerklärung konfigurieren.
2. Geben Sie auf der Registerkarte **Allgemeine Einstellungen** die Informationen zur Anweisung ein (siehe Abbildung 13.60):
   - Name: Name der Anweisung. Sobald Sie die Datenschutzerklärung erstellt haben, können Sie das Feld Name nicht mehr ändern!
   - Typ: Verfügbare Typen der Datenschutzerklärung.
   - Login: Die Datenschutzerklärung wird angezeigt, wenn sich ein Benutzer zum ersten Mal bei SAP SuccessFactors anmeldet und muss zur Kenntnis genommen werden. Es wird die generische Datenschutzerklärung für die gesamte SAP-SuccessFactors-Plattform angezeigt, nicht die spezifische für das Recruiting.
   - Recruiting Intern: die Datenschutzerklärung wird angezeigt, bevor ein interner Kandidat sein Profil abschließt oder sich bewirbt.
   - Recruiting Extern: die Datenschutzerklärung wird angezeigt, bevor ein externer Kandidat ein Profil erstellen kann. Der Kandidat muss die Datenschutzerklärung akzeptieren, um fortzufahren.
   - URL für Ablehnung: Website-Adresse auf die Kandidaten geleitet werden, wenn sie der Datenschutzerklärung nicht zugestimmt haben. Damit können Sie individuell das Feedback für diesen Fall gestalten.

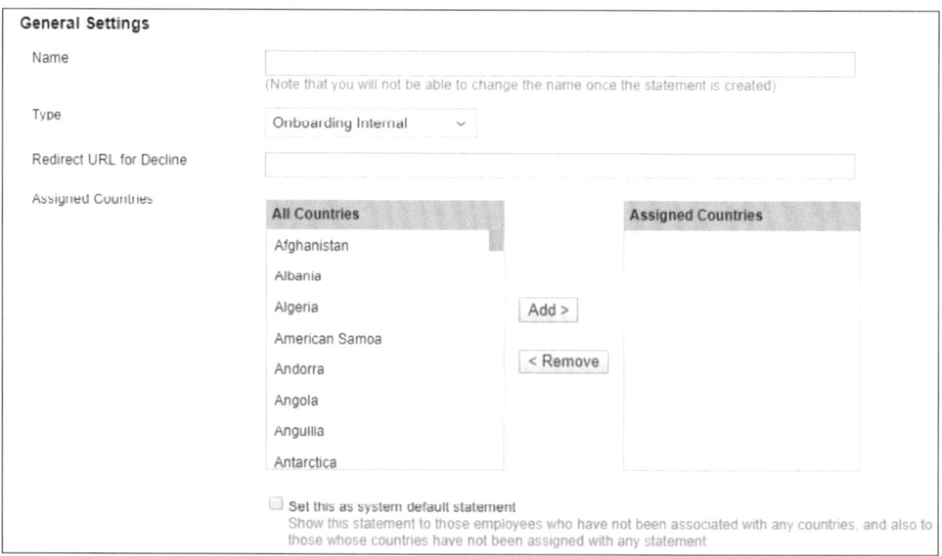

Abbildung 13.59 Datenschutzerklärung einrichten

  - Zugewiesene Länder: Wenn das Land eines Kandidaten mit einem der hier zugewiesenen Länder übereinstimmt, wird die entsprechende Datenschutzerklärung angezeigt. Sie können für jeden oben genannten Typ (Login, Recruiting Intern und Recruiting Extern) jeweils eine Datenschutzerklärung pro Land konfigurieren.

3. Nachdem Sie diese Einstellungen konfiguriert haben, klicken Sie auf die Registerkarte **Datenschutzerklärung**.
4. Geben Sie den Titel und den Text für die Datenschutzerklärung in das Feld **Datenschutzerklärung** ein, um die Standard- Datenschutzerklärung zu erstellen (siehe Abbildung 13.60). Diese wird angezeigt, wenn eine Datenschutzerklärung in der von einem Kandidaten ausgewählten Sprache nicht verfügbar ist.
5. Um übersetzte Anweisungen hinzuzufügen, klicken Sie auf **Sprache hinzufügen** und wählen eine der konfigurierten Sprachen in der Dropdown-Liste aus. Geben Sie die übersetzte **Datenschutzerklärung** für jede Sprache ein.
6. Wenn Sie alle notwendigen Sprachen hinzugefügt haben, klicken Sie auf **Speichern und Veröffentlichen**.

Datenschutzerklärung veröffentlichen

Wenn die Datenschutzerklärung nicht veröffentlicht wird, wird sie den Kandidaten auch nicht angezeigt. Bei jeder Veröffentlichung wird eine neue Version erstellt. Sie können die Datenschutzerklärung auch zwischenspeichern, wenn Sie erst später daran weiter arbeiten wollen.

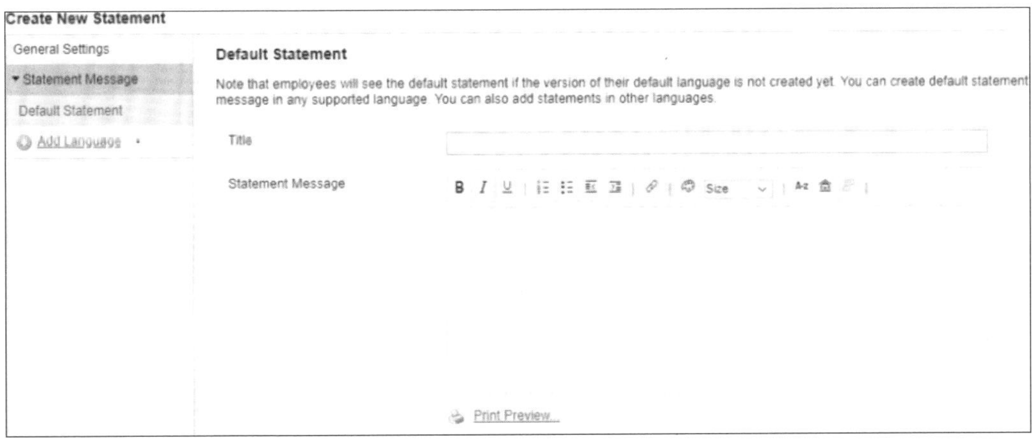

Abbildung 13.60 Titel und Text für die Datenschutzerklärung

Abfrage und Anzeige der Datenschutzerklärung

Abbildung 13.61 zeigt ein Beispiel für die Abfrage der Datenschutzerklärung beim Erstellen eines Accounts in SAP SuccessFactors Recruiting and Onboarding.

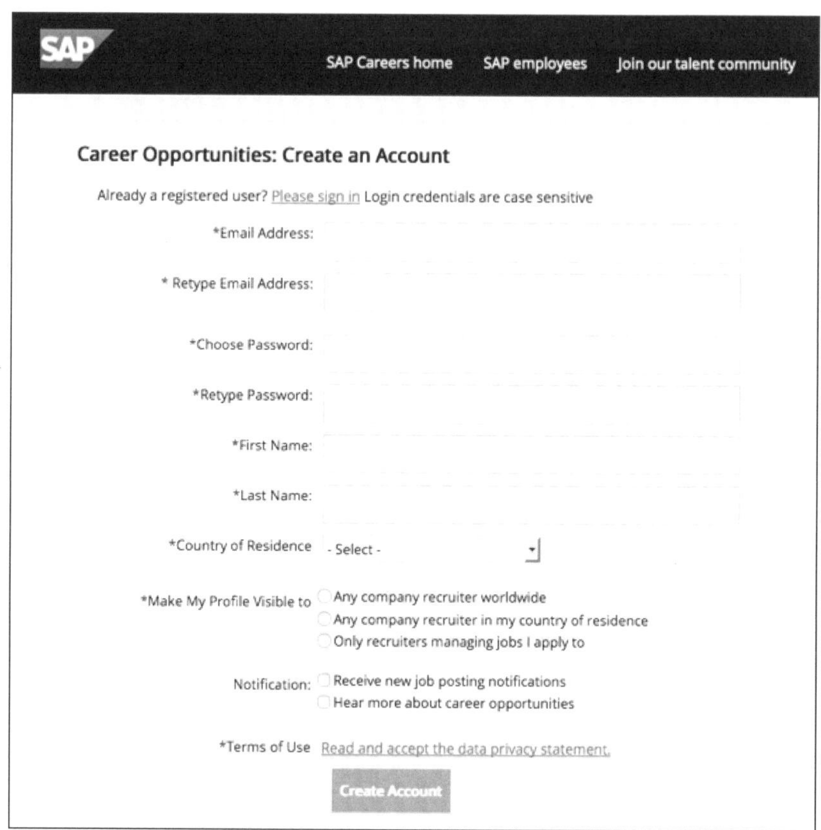

Abbildung 13.61 Erstellen eines Accounts in SAP SuccessFactors Recruiting and Onboarding mit Abfrage der Datenschutzerklärung

Nach einem Klick auf **Lesen und Akzeptieren der Datenschutzerklärung** wird diese mit den Optionen **Zustimmen**, **Ablehnen** und **Drucken** angezeigt. Ohne Kenntnisnahme der Datenschutzerklärung kann der Account nicht angelegt werden.

Weitere datenschutzrelevante Funktionen in SAP SuccessFactors

Es stehen Ihnen weitere datenschutzrelevante Funktionen in SAP-SuccessFactors-Cloud-Lösungen zur Verfügung.

Authentifizierung/ Single Sign-On

Für die Authentifizierung unterstützt SAP SuccessFactors verschiedene Verfahren. Bei der Verwendung des SAP Identity Authentication Service (IAS) werden die folgenden Anmeldeoptionen unterstützt:

- SAML2 SSO
- Benutzername/Passwort
- Zwei-Faktor-Authentifizierung/Token

Diese Anmeldeoptionen können auch gemischt für verschiedene Benutzer verwendet werden, basierend auf den in IAS festgelegten Regeln, z. B. kann eine Regel festlegen, alle Benutzer mit einer bestimmten E-Mail-Domäne per Benutzername bzw. Passwort zu authentifizieren oder für alle Benutzer eines bestimmten IP-Adressbereichs eine Zwei-Faktor-Authentifizierung durchführen.

Datenverschlüsselung

Die Datenverschlüsselung ist eine der technischen Maßnahmen zur Gewährleistung der Datensicherheit im Rahmen der TOM. In den SAP-SuccessFactors-Lösungen wurde eine zweistufige Verschlüsselungsstrategie implementiert.

- *Verschlüsselung in Bewegung* (Encryption in Transit): Verschlüsselung der Daten während der Übertragung über ein öffentliches Netzwerk und über interne Netzwerke mit TLS.
- *Verschlüsselung im Ruhezustand* (Encryption at Rest): Verschlüsselung der Festplatten, die Anwendungsdaten enthalten, mit AES 256 auf der Blockebene.

13.5 Datenschutzfunktionen in SAP Customer Experience

In diesem Abschnitt werden die datenschutzbezogenen Funktionen in den Cloud-Lösungen von *SAP Customer Experience* (ehemals *SAP C/4HANA*) vorgestellt. Wir erläutern, wie Sie die Lösungen von SAP Customer Experience dabei unterstützen, die Anforderungen der DSGVO umzusetzen. Ferner wird veranschaulicht, wie Sie auf datenschutzbezogene Funktionen in SAP Customer Experience zugreifen und diese verwalten können. Schließlich zeigen wir, wie die Lösungen von SAP Customer Experience gesetzliche, technische und organisatorische Anforderungen in Bezug auf den Datenschutz erfüllen.

13.5.1 Überblick über SAP Customer Experience

SAP Customer Experience umfasst verschiedene Lösungen, die jeweils die unterschiedlichen Datenschutzanforderungen erfüllen müssen. SAP Customer Experience besteht aus fünf Cloud-Lösungen und der SAP Customer Experience Foundation:

- **SAP Customer Data Cloud**
  SAP Customer Data Cloud enthält die Benutzerregistrierung, die Verwaltung von Kundenprofilen, die Authentifizierung und Zugriffskontrolle sowie die Erfassung von Einwilligungen und Präferenzen.
- **SAP Commerce Cloud**
  SAP Commerce Cloud ist eine Handelsplattform mit Warenkorbbezahlung, Steuerung von Produktinformationen und Kundenerlebnissen, Werbeaktionen und Auftragsverwaltung sowie branchenspezifische Funktionen.
- **SAP Sales Cloud**
  SAP Sales Cloud beinhaltet die Vertriebssteuerung mit Vertriebsgebieten, Quoten und Absatzplänen, Vergütungsplänen, Gutschriften, kunden- und kanalspezifischer Preisgestaltung, Angebots- und Vertragsvorlagen, Online- Verhandlungen und Echtzeitanalysen.
- **SAP Service Cloud**
  SAP Service Cloud enthält Kundenservice mit konsolidierten Informationen für Mitarbeiter und Techniker und einheitlicher Sicht auf die Kunden, Servicehistorie und Interaktionen mit anderen Abteilungen, Diagnosen, Vernetzung von Service-Ressourcen, Self-Service und automatisierte Kundengespräche.
- **SAP Marketing Cloud**
  SAP Marketing Cloud bietet das Management von Kundenbeziehungen, Marketingaktivitäten, basierend auf den Einwilligungen, die Anreicherung von Kundenprofilen, die Zielgruppenbestimmung, -segmentierung und -ansprache sowie die Performance der Marketingaktivitäten und Analysen.
- **SAP Customer Experience Foundation**
  SAP Customer Experience Foundation enthält das SAP Customer Experience Cockpit, die Produktverwaltung, Berechtigungen, die Protokollierung, und das Erweiterungs-Framework.

Da diese Produktlinien von SAP Customer Experience unterschiedliche Zielgruppen haben, stellen wir deren Datenschutzfunktionen in den folgenden Abschnitten separat dar. Wenn Sie SAP Customer Data Cloud einsetzen, können Sie deren Datenschutzfunktionen als Basis für andere Produktlinien verwenden. Auf diesen Fall gehen wir jeweils im Unterabschnitt »Weitere datenschutzrelevante Funktionen« der folgenden Abschnitte ein. Wenn Sie einzelne Produktlinien haben, nutzen Sie die dort enthalten Funktionen.

Des Weiteren sind die Benutzeroberflächen von SAP Customer Experience oftmals stark individualisierbar, weshalb die verwendeten Screenshots jeweils nur Beispiele darstellen können.

[«]

Nutzungsende in SAP Customer Experience

Das Nutzungsende, die finale Löschung der Kundendaten und ggf. eine Übertragung der Daten für Ihre eigene Archivierung, ist in den Kundenverträgen entsprechend geregelt.

13.5.2 Datenschutzfunktionen von SAP Customer Data Cloud

SAP Customer Data Cloud ermöglicht Ihnen die Erfassung und Verwaltung von Kundendaten. Sie unterstützt Sie dabei, die Datenschutzanforderungen der DSGVO zu erfüllen.

SAP Customer Data Cloud stellt dazu verschiedene Datenschutzfunktionen zentral in drei Komponenten zur Verfügung:

- **SAP Customer Identity and Access Management (CIAM) for B2C**
  Das Identitäts-, Zugangs- und Profilmanagement für Privatkunden enthält die Komponenten SAP Customer Identity und SAP Customer Profile.
- **SAP Customer Identity and Access Management (CIAM) for B2B**
  Das Identitäts-, Zugangs- und Profilmanagement für Geschäftskunden enthält die Bestandteile SAP Customer Identity, SAP Customer Profile und das Customer Identity Add-on for B2B.
- **SAP Enterprise Consent and Preference Management**
  Dieses Werkzeug zur Verwaltung von Einwilligungen und Einstellungen enthält die Komponenten SAP Customer Consent und SAP Customer Profile.

Diese Komponenten setzen sich wiederum aus den folgenden Bestandteilen zusammen, auf die wir im Folgenden immer wieder verweisen werden:

- **SAP Customer Identity**
  Identifikation von Online-Benutzern und -Besuchern mittels der folgenden Services:
  - **Registration as a Service (RaaS)**
    Erstellung und Verwaltung von Workflows zur Registrierung, zur Authentifizierung und zum Profilmanagement auf Websites und in mobilen Anwendungen. RaaS beinhaltet die Lite-Registrierung, die herkömmliche Registrierung und das Social Login, die Multifaktor-

Authentifizierung, die risikobasierte Authentifizierung und Datenflüsse zur Profilaktualisierung.

- **Social Login**
  Das Social Login ermöglicht die Nutzung bestehender Identitäten aus ca. 30 sozialen Netzwerken und Identitätsanbietern (IDPs) – darunter Facebook, Twitter, LinkedIn und Google+.
- **Single Sign-On und Föderation**
  SSO-Authentifizierungslösung, die zusätzlich den Anmeldestatus von Benutzern synchronisiert. Zu den unterstützten Protokollen gehören SAML 2.0 und OpenID Connect.

- **SAP Customer Identity Add-on for B2B**
  Lösung zur Einrichtung einer komplexen Berechtigungsstruktur, wie sie in größeren Unternehmen benötigt wird.
- **SAP Customer Profile**
  Profilmanagementlösung, die Benutzerdaten in einheitliche Profile umwandelt, die in allen nachgelagerten Anwendungen und Services koordiniert werden können, inklusive der zentralen Verwaltung von Benutzerkonten und -daten mittels der folgenden Services:
  - **Datentransformation und -vereinheitlichung**
    Umwandeln von Daten zu Identität, Profil und Kontenstatus in einheitliche Benutzerprofile für die einzelnen Kunden.
  - **Koordination und Governance**
    Koordinieren von Daten aus einzelnen Profilen in Echtzeit oder im Batch-Modus über alle Anwendungen hinweg, inklusive der Protokollierung für Aktualisierungen von Administratoren oder Benutzern.
  - **Customer Insights**
    Plattformübergreifende Analysen zur Identität, zu Profilen und zum Kontenstatus von Kunden, um ausführliche Einblicke in die Zielgruppen zu erhalten und eine genauere Segmentierung zu ermöglichen.
- **SAP Customer Consent**
  Verwaltung von Einwilligungen und Benutzerpräferenzen, darunter Opt-ins und Kommunikationspräferenzen, und die Erfassung in einem zentralen, auditierbaren Archiv mittels der folgenden Services:
  - **Verwaltung von Kommunikationspräferenzen und Opt-ins**
    Diese ermöglicht sowohl registrierten als auch nicht registrierten Benutzern das Opt-in zum Erhalt von Newslettern und zu anderen Marketingabonnements oder Promotionen sowie das Festlegen zugehöriger Präferenzen. Unterstützt auch doppelte Opt-ins bei Abonnements in Regionen, in denen dies eine Anforderung darstellt.

- **Consent Management**
  Das Consent Management bietet anpassbare Workflows, um Einwilligungen zu Nutzungsbedingungen, Datenschutzerklärung und Cookies anzuzeigen und einzuholen. Dabei werden automatisch Anforderungen zur Erneuerung der Einwilligung ausgelöst, wenn sich die Datenschutzerklärung ändert.
- **Self-Service-Präferenzzentrum**
  Das Self-Service-Präferenzzentrum ermöglicht Benutzern die Anzeige ihrer Einwilligungen sowie das Aktualisieren ihrer Opt-ins und Präferenzen per Self-Service.
- **Archiv für Einwilligungen**
  Erfassen der einwilligungsbezogenen Aktionen in einem schreibgeschützten, auditierbaren Archiv.

In SAP Customer Data Cloud sind viele Datenschutzfunktionen gebündelt, die von den anderen Lösungen von SAP Customer Experience über Schnittstellen genutzt werden können.

Personenbezogene Daten in SAP Customer Data Cloud

In SAP Customer Data Cloud werden verschiedene personenbezogenen Daten verwaltet.

- **Personenbezogene Daten**
  In SAP Customer Data Cloud werden u. a. die folgenden personenbezogenen Daten geführt:
  - Name
  - Vorname
  - Adresse
  - E-Mail
  - individuell einstellbare Daten, z. B. Vorlieben (z. B. Sport und andere Freizeitaktivitäten)
- **Besondere Kategorien oder auch sensible personenbezogene Daten**
  In SAP Customer Data Cloud werden u. a. das Alter und Geschlecht geführt.

Anzeige, Berichtigung und Übertragbarkeit von Daten in SAP Customer Data Cloud

Im Bereich SAP Customer Identity gibt es im Standard-B2C drei Arten von Benutzern (Administrator, Gast und voll registrierter Benutzer), die jeweils unterschiedliche Anzeige- und Berichtigungsmöglichkeiten der personenbezogenen Daten haben.

Personenbezogene Daten können entweder zentral über den Administrator in Auftrag gegeben oder über die Benutzer selbst im Self-Service des Preference Centers (siehe Abbildung 13.62) angezeigt und korrigiert werden.

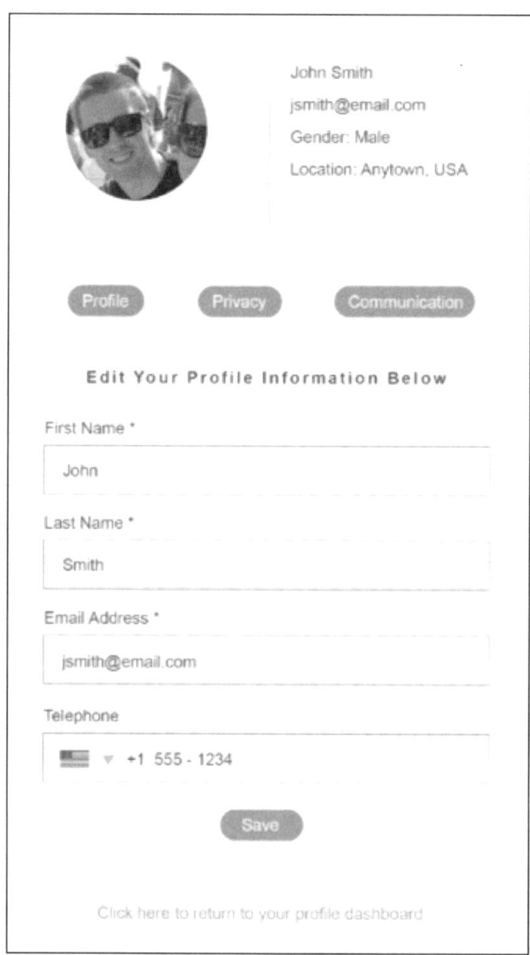

Abbildung 13.62 Personenbezogene Daten durch den Benutzer im Preference Center berichtigen

Berichtigung durch Synchronisierung

Eine weitere Möglichkeit der Berichtigung besteht in der *Synchronisierung* mit nachgelagerten Anwendungen und Diensten. Dadurch wird sichergestellt, dass die Profil-, Präferenz- und Einwilligungseinstellungen über den Lebenszyklus eines Kunden hinweg auf dem neuesten Stand bleiben, z. B. durch den Abgleich der Daten mit Facebook, falls der Betroffene sich per Facebook-Profil in SAP Customer Data Cloud angemeldet hat.

Anzeige und Berichtigung durch Administratoren

Im Folgenden gehen wir insbesondere auf die Möglichkeiten ein, die Administratoren zur Anzeige und Berichtigung von personenbezogenen Daten zur Verfügung stehen. Benutzer und Gäste werden unter dem Punkt **Identity Access** in der *SAP Customer Data Cloud Console* verwaltet. Identity Access dient vor allem zum Anzeigen von Benutzerkontoinformationen, zum Bearbeiten von Profildetails und für andere Administratortätigkeiten. Sie können Identity Access z. B. für die folgenden Szenarien verwenden:

- Ein Support-Mitarbeiter sendet einem Benutzer, der sich nicht mehr anmelden kann, eine E-Mail zum Zurücksetzen des Kennworts.
- Ein Support-Mitarbeiter deaktiviert für einen Benutzer Benachrichtigungen, die er nicht mehr erhalten möchte (Opt-out).
- Ein Marketingmitarbeiter zeigt die Segmente an, zu denen der Benutzer gehört, und bearbeitet benutzerdefinierte Informationen.
- Ein Administrator fragt alle nicht verifizierten Konten ab, die seit über einem Jahr nicht aktualisiert wurden, und löscht sie.

Im Hauptbild von Identity Access wird eine ungefilterte Liste der Website- und App-Benutzer angezeigt (siehe Abbildung 13.63).

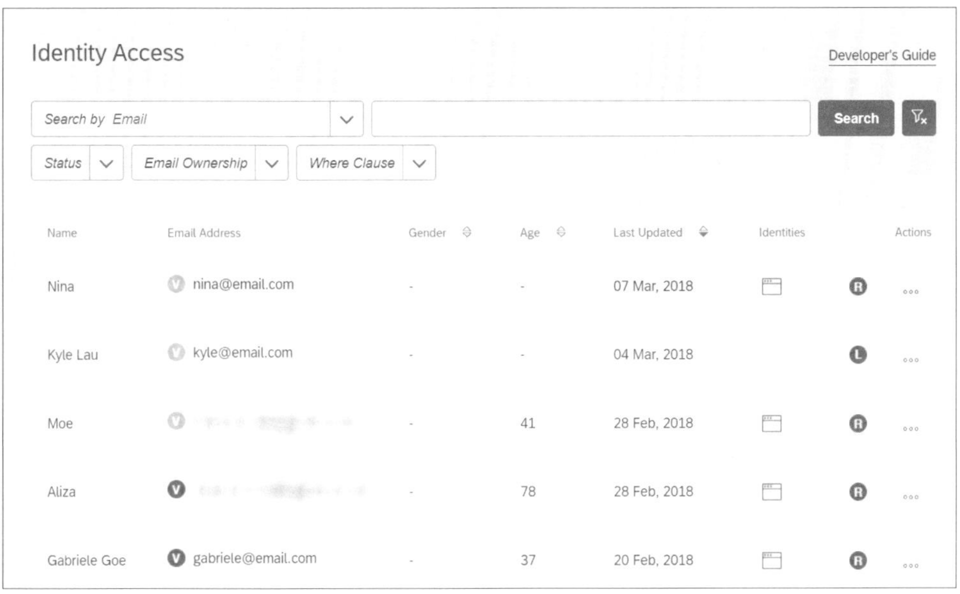

Abbildung 13.63 Benutzerliste in Identity Access

Die Benutzerliste enthält den Benutzernamen, die E-Mail-Adresse und das Datum, an dem das Konto zuletzt aktualisiert wurde.

Benutzerprofil Öffnen Sie das vollständige Benutzerprofil, indem Sie auf die Zeile des Benutzers in der Liste klicken oder im Menü die Option **Benutzerprofil anzeigen** auswählen. Im Benutzerprofil werden auf mehreren Registerkarten alle für diesen Benutzer gespeicherten Daten angezeigt (siehe Abbildung 13.64).

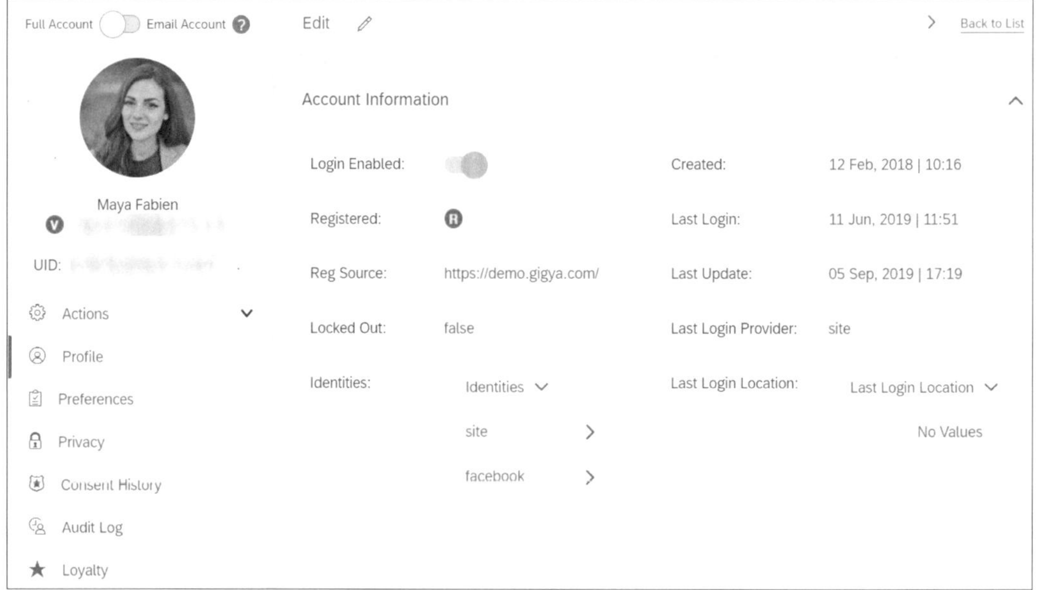

Abbildung 13.64 Benutzerprofil anzeigen

In Menü links können Sie verschiedene Bereiche zur Profilansicht und zur Ausführung von verschiedenen Aktionen anwählen. Hier sind verschiedene Datenschutzfunktionen für einen Benutzer zusammengefasst:

- **Profil**
  Das Profil ist die zentrale Registerkarte des Benutzerprofils, auf der personenbezogene Details und benutzerdefinierte Daten angezeigt werden.
- **Datenschutz**
  Wenn Sie SAP Enterprise Consent and Preference Management im Einsatz haben, wird der Menüpunkt **Datenschutz** angezeigt. Hier wird der Status des Benutzers zur Datenschutzerklärung, zu den Nutzungsbedingungen und anderen Erklärungen dargestellt (siehe Abbildung 13.65).

  Zusätzlich können Sie die Historie der Einwilligungen für den Benutzer in Form einer Zeitleiste anzeigen, nach verschiedenen Kriterien filtern und die Details einblenden (siehe Abbildung 13.66).

Abbildung 13.65 Status eines Benutzers anzeigen

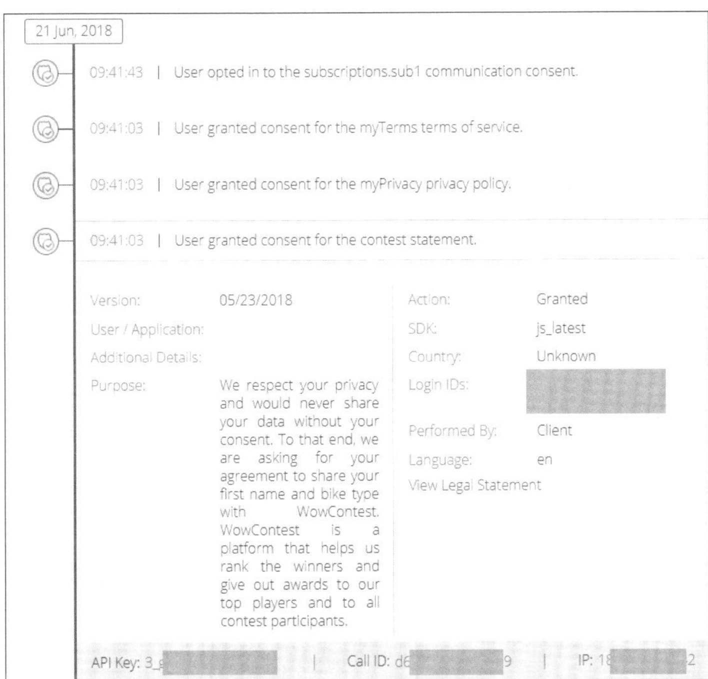

Abbildung 13.66 Historie eines Benutzers anzeigen

- **Audit-Log**
  Unter Audit-Log können Sie die Protokollierung für einen Benutzer abrufen. Dies umfasst sowohl die Aktionen eines Benutzers als auch die durch die Administratoren vorgenommen Aktionen. Das Protokoll wird in Form einer Zeitleiste angezeigt, die sich nach verschiedenen Kriterien filtern lässt (siehe Abbildung 13.67).

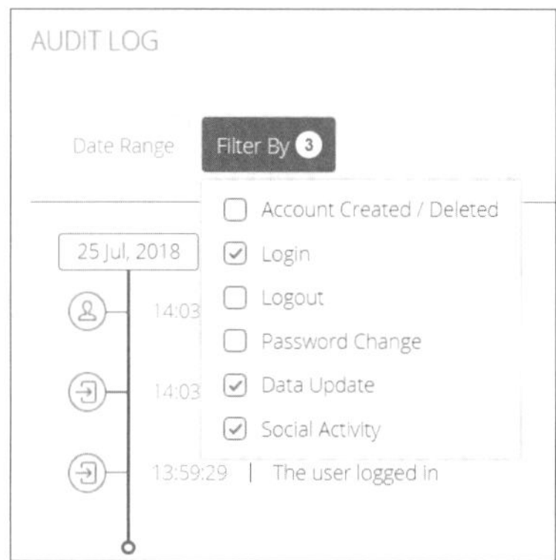

Abbildung 13.67 Protokollierung für einen Benutzer anzeigen

Löschen, Sperren und Daten aufbewahren in SAP Customer Data Cloud

Daten löschen

Ihre Kunden können Konten per Self-Service im Preference Center löschen. Ein Administrator mit entsprechenden Rechten kann Kundenkonten auch über die Administrator-Konsole löschen.

Automatische Datenlöschung

Des Weiteren können Sie Skripts so anpassen, dass Kundendatensätze automatisch gelöscht werden, wenn Ihre Kunden in einem festgelegten Zeitraum inaktiv waren.

Kundenkonten sperren

Zum Sperren können Sie einzelne Kundenkonten als inaktiv markieren, wenn ein Kunde die Sperrung seines Kontos anfordert. In diesem Fall ist eine Anmeldung am System nicht mehr möglich, und die markierten Kunden werden aus den Verarbeitungsaktivitäten herausgenommen.

Berechtigungen in SAP Customer Data Cloud

Im Hinblick auf die Berechtigungen in SAP Customer Data Cloud wird zwischen Funktionen für Privatkunden und für Unternehmenskunden unterschieden:

- SAP Customer Identity and Access Management for B2C für Privatkunden
- SAP Customer Identity and Access Management for B2B für Geschäftskunden

SAP Customer Identity and Access Management for B2C

In *SAP Customer Identity and Access Management for B2C* gibt es drei Rollen, deren Berechtigungen fest vorgegeben sind:

- **Administratoren**
  Administratoren haben die Berechtigungen zur Verwaltung des Systems.
- **Benutzer**
  Vollregistrierte Benutzer, die die Datenschutzerklärung zur Kenntnis genommen und ihre Einwilligung zu den Kommunikationseinstellungen gegeben haben. Diese haben im Unterschied zu Gästen eine feste User-ID im System.
- **Gäste**
  Gäste haben die Möglichkeit einer *Lite-Registrierung*, bei der nur die E-Mail-Adresse gespeichert wird. Die Option **lite registration** muss dazu für Ihr Unternehmen aktiviert worden sein.

Sie können personenbezogenen Daten zentral über den Administrator anzeigen und berichtigen. Die Benutzer können ihre Daten selbst im Self-Service des Preference Centers anzeigen und korrigieren.

SAP Customer Identity and Access Management for B2B

Im B2B-Bereich stehen viele unterschiedliche Möglichkeiten zur Gestaltung von Rollen und Berechtigungen zur Verfügung. Mit SAP Customer Identity and Access Management for B2B können Sie eine komplexe Berechtigungsstruktur einrichten.

SAP Customer Identity and Access Management for B2B verwendet eine richtlinienbasierte Zugriffsverwaltung. Zur Einordung finden Sie hier die drei prinzipiellen Typen von Berechtigungssystemen:

- **Role-based Access Control (RBAC)**
  Traditionelle Berechtigungsmethode, bei der der Zugriff auf ein Asset nur auf zugewiesenen Benutzerrollen beruht. Die Implementierung von RBAC ist relativ einfach, aber die Wartung wird im Laufe der Zeit aufwendig, da das System wächst und die Berechtigungen differenzierter werden. Diese Art der Zugriffssteuerung wird z. B. bei Active Directory und LDAP verwendet.
- **Attribute-Based Access Control (ABAC)**
  ABAC ermöglicht differenzierte Berechtigungen, bei denen der Zugriff anhand der Attribute eines Benutzers, der Attribute einer Ressource und der Attribute der Umgebung gesteuert wird. Die Implementierung ist zwar arbeitsintensiver, das System ist aber nach Abschluss relativ einfach und effizient zu warten.

- **Policy-Based Access Control (PBAC)**
  PBAC stellt eine Kombination der ABAC- und RBAC-Modelle dar. Mit PBAC können Sie die Business-Logik, die den Zugriffsentscheidungen zugrunde liegt, leicht implementieren und verstehen. Durch PBAC wird die Anzahl der Regeln zum Steuern, Genehmigen und Verwalten reduziert und eine skalierbarer Zugriffssteuerung ermöglicht. PBAC unterstützt sowohl einfache als auch komplexe Autorisierungsmodelle.

Die richtlinienbasierte Zugriffssteuerung von SAP Customer Data Cloud besteht aus vier Komponenten:

1. **Organisationsmanagement**
   Das *Organisationsmanagement* ermöglicht das schnelle Einbinden von Partnerorganisationen mit Funktionen zum Erstellen, Bearbeiten, Aktualisieren und Löschen von Partnerorganisationen (siehe Abbildung 13.68). Der Administrator kann hier Organisationsadministratoren und -mitglieder erstellen und verwalten. Des Weiteren können Sie Website-Gruppen für die jeweiligen Organisationen erstellen und verwalten.

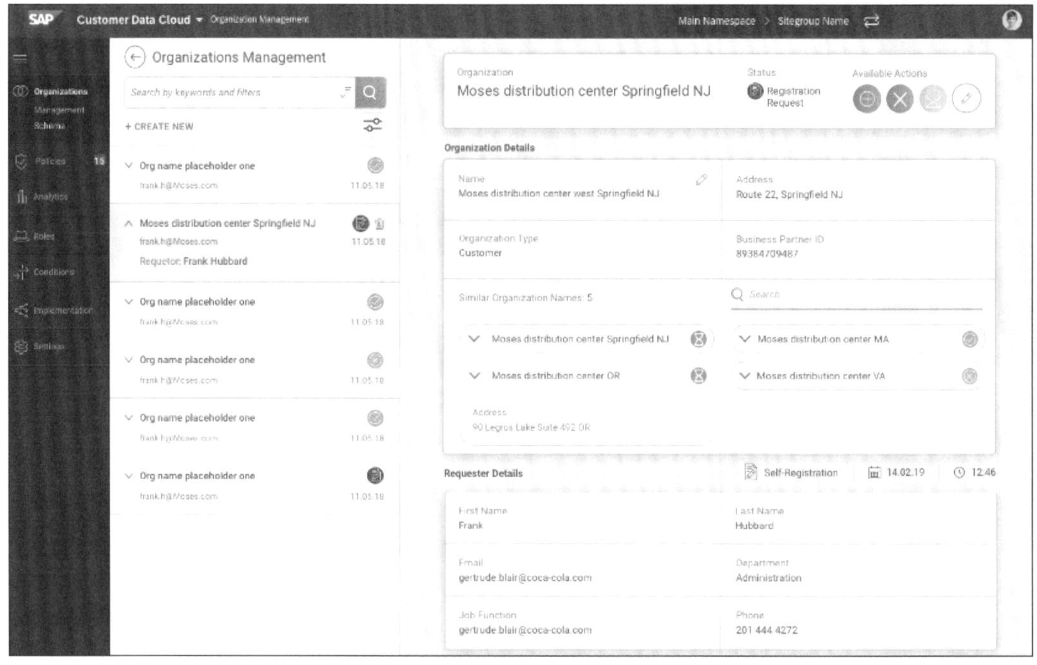

Abbildung 13.68 Organisationsmanagement in SAP Customer Data Cloud for B2B

2. **Rollenverwaltung**
   Der Zugriff auf Daten und Funktionen kann durch die Zuordnung eines Benutzers zu einer oder mehreren Rollen geregelt werden, die mit be-

stimmten Berechtigungen oder entsprechenden Attributen des Anforderers, der Ressource und der Umgebung erstellt wurden.

3. **Richtlinienbasierte Zugriffsentscheidung**
   Die Entscheidung für den Zugriff auf Daten und Funktionen wird aufgrund der Kombination von Rollen und Attributen, gepaart mit einer Logik für flexible Zugriffsrichtlinien, getroffen.
4. **Laufzeitberechtigungen**
   Zugriffsentscheidungen werden zur Laufzeit getroffen, d. h. nur bei Bedarf und wenn der Benutzer tatsächlich auf eine Anwendung und/oder Daten zugreift.

Protokollierung in SAP Customer Data Cloud

Metadaten protokollieren

In *SAP Consent Vault* werden die Metadaten zu Kenntnisnahmen und Einwilligungen für die folgenden Elemente protokolliert:

- die Datenschutzerklärung
- die Nutzungsbedingungen
- sonstige Zustimmungserklärungen, z. B. zu Marketingmitteilungen
- Kommunikationseinstellungen

Damit können Sie die initialen Kenntnisnahmen und Einwilligungen nachweisen sowie den Verlauf mit allen Änderungen. SAP Consent Vault bietet dazu die folgenden Funktionen:

- Protokollierung der Kenntnisnahme der Datenschutzerklärung, inklusive der Version, der zugestimmt wurde, und dem Zeitpunkt der Einwilligung
- Anzeige der Historie und Suche in allen Einwilligungen
- Suche in einem bestimmten Zeitraum
- Filtern nach Aktionen (Einwilligung erteilt, zurückgezogen und erneuert)

Die Daten werden 7 Jahre lang in SAP Consent Vault gespeichert.

So verwenden Sie SAP Consent Vault: Gehen Sie zur Registerkarte **Admin** in der SAP Customer Data Cloud Console, und wählen Sie links im Navigationsmenü **Consent Vault** aus (siehe Abbildung 13.69).

SAP Consent Vault

Wenn Sie eine Gruppe von Websites haben, kann SAP Consent Vault nur für die übergeordnete Site geöffnet werden und zeigt dann die Protokolle aller Websites in der Gruppe an.

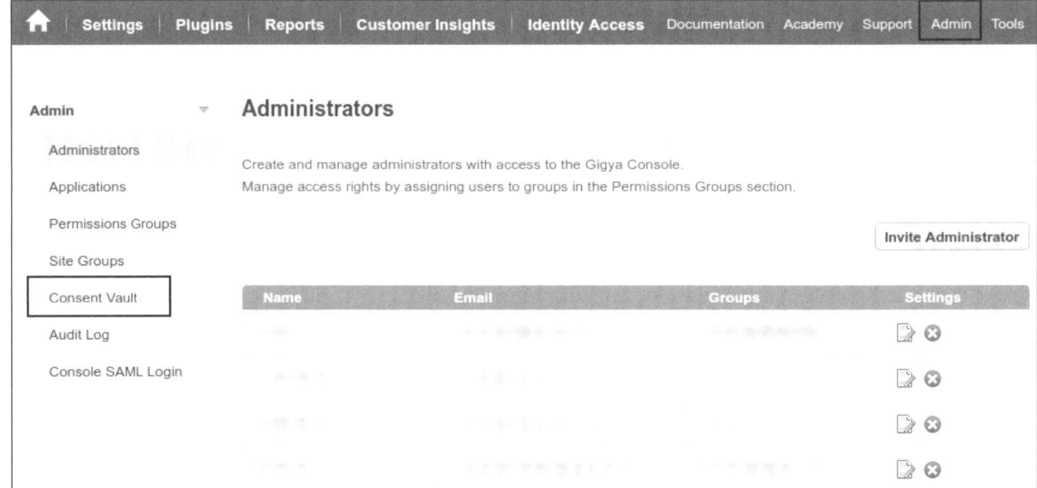

Abbildung 13.69 SAP Consent Vault starten

Wenn Sie SAP Consent Vault aufrufen, erhalten Sie eine Liste der zuletzt ausgeführten Einwilligungsaktionen mit den entsprechenden Status (**Einwilligung erteilt**, **erneuert**, **zurückgezogen**).

Durch Klicken auf den Link in der ID-Spalte können Sie die Details zur Einwilligung anzeigen (siehe Abbildung 13.70).

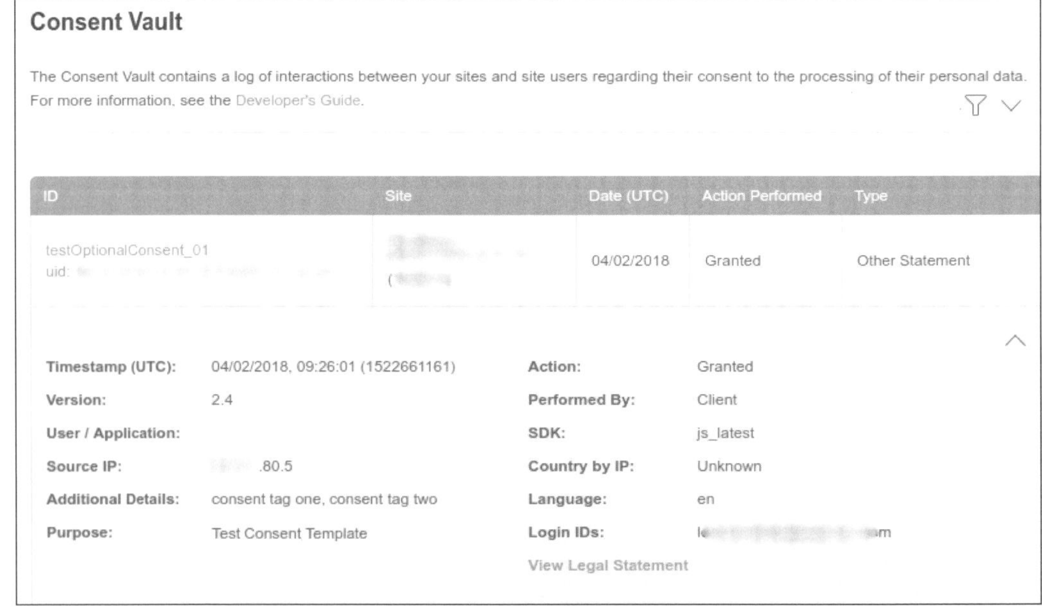

Abbildung 13.70 Detailanzeige einer Einwilligung

[«]

Status in SAP Consent Vault

Gelöscht bedeutet, dass der Benutzer gelöscht wurde und infolgedessen auch seine Einwilligung zurückgezogen wird. Für diese automatische Rücknahme wird ein separater Datensatz mit der Aktion **Recht auf Vergessen** angelegt.

Nicht gewährt bedeutet, dass der Benutzer die Kenntnisnahme bei der erstmaligen Vorlage der Datenschutzerklärung nicht bestätigt hat.

Einwilligung und Datenschutzerklärung von SAP Customer Data Cloud

Im Folgenden wird das Vorgehen zur Datenschutzerklärung und Einwilligung im Detail für SAP Customer Data Cloud beschrieben. Die Verwaltung der Einwilligungen für SAP Customer Data Cloud findet zentral im Bereich SAP Enterprise Consent and Preference Management statt (siehe Abbildung 13.71).

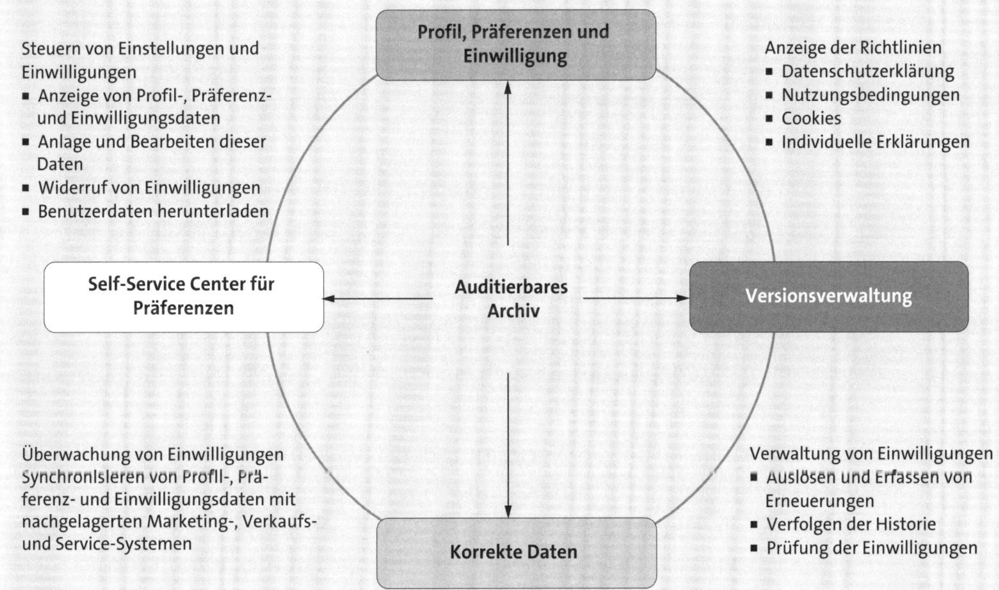

Abbildung 13.71 Datenschutzfunktionen in der SAP-Customer-Consent-Cloud-Lösung

Die Komponenten zur Verwaltung der Einwilligung sind im Einzelnen:

- **Konten**
  Hier werden die Benutzer- und Gästeidentitäten gespeichert und verwaltet. Vollständig registrierte Benutzer werden in der Benutzerkontenda-

tenbank gespeichert, die Lite-Registrierungen (Gäste) und die E-Mail-Präferenzen in der E-Mail-Konten-Datenbank.

- **Einwilligungsmanagement**
  Hier werden Profile, Präferenzen und Einwilligungen über den gesamten Lebenszyklus des Benutzers erfasst, verwaltet und synchronisiert sowie erforderliche Erneuerungen ausgelöst.
- **SAP Consent Vault**
  In SAP Consent Vault werden die erforderlichen Metadaten zu den Einwilligungen protokolliert und sind dort abrufbar.
- **Kommunikationseinstellungen**
  In den Kommunikationseinstellungen können Benutzer verschiedene Kommunikationskanäle abonnieren und verwalten.
- **Preference Center**
  Mit den Verwaltungsfunktionen im Preference Center können Benutzer ihre Präferenzen und Einwilligungen jederzeit selbst ändern oder widerrufen (Opt-in/Opt-out).

Im Folgenden werden die einzelnen Komponenten detailliert beschrieben.

Datenschutzerklärung

Die allgemeinen Anforderungen, wie in Kapitel 1, »›Maßnehmen für Maßnahmen‹: Einführung«, beschrieben, werden in der SAP-Customer-Data-Cloud-Lösung erfüllt.

Die Kenntnisnahme der Datenschutzerklärung ist für SAP Customer Data Cloud besonders bedeutend, da die Lösungen von externen Personen genutzt werden, die unter Umständen nur als Gast im System unterwegs sind. Aus diesem Grund müssen die verschieden Anwendungsfälle flexibel abgedeckt werden, sodass die Nachweise und die Historie ständig verfügbar sind. Darüber hinaus ist auch ein Überblick über die Versionen der Datenschutzerklärung möglich.

SAP Customer Consent

Das Einholen und die Verwaltung der Einwilligungen in SAP Customer Data Cloud erfolgt über *SAP Customer Consent*. Hier werden Profile, Präferenzen und Einwilligungen über den gesamten Lebenszyklus des Benutzers erfasst, verwaltet und synchronisiert. Überdies werden erforderliche Erneuerungen der Einwilligung automatisch ausgelöst, z. B. wenn eine neue Version der Datenschutzerklärung eingestellt wurde. Diese Erneuerungen werden ebenfalls aufgezeichnet und als Protokoll zur Verfügung gestellt.

SAP Customer Consent umfasst die folgenden Funktionen:

- Anzeige der Datenschutzerklärung und anderer Dokumente, wie z. B. Nutzungsbedingungen
- Kenntnisnahme bei Neuanmeldung

- Erfassen von Version und Zeitpunkt der Kenntnisnahme
- Erneute Kenntnisnahme nach Änderung der Datenschutzerklärung
- Markenübergreifende und standortspezifische Kenntnisnahme bei einer Implementierung für mehrere Länder und/oder mehrere Marken oder Produkte
- Drittanbieter-Integration mithilfe von IdentitySync, der Export-Transfer-Load-Plattform (ETL) in SAP Customer Data Cloud.

Kenntnisnahme einholen und anzeigen

Die Datenschutzerklärung wird in konfigurierbaren Registrierungsformularen angezeigt. An dieser Stelle wird auch die Kenntnisnahme der Datenschutzerklärung eingeholt. Für die Registrierung können Sie Vorlagen oder individuell konfigurierte Formulare verwenden, z. B. für verschiedene Regionen. Die Registrierungsformulare können Sie mit dem UI Builder erstellen und anpassen (siehe Abbildung 13.72). Die Kenntnisnahme der Datenschutzerklärung und die Einwilligung zu den Kontoeinstellungen werden dann direkt bei der Eingabe der Registrierung im Formular erfasst.

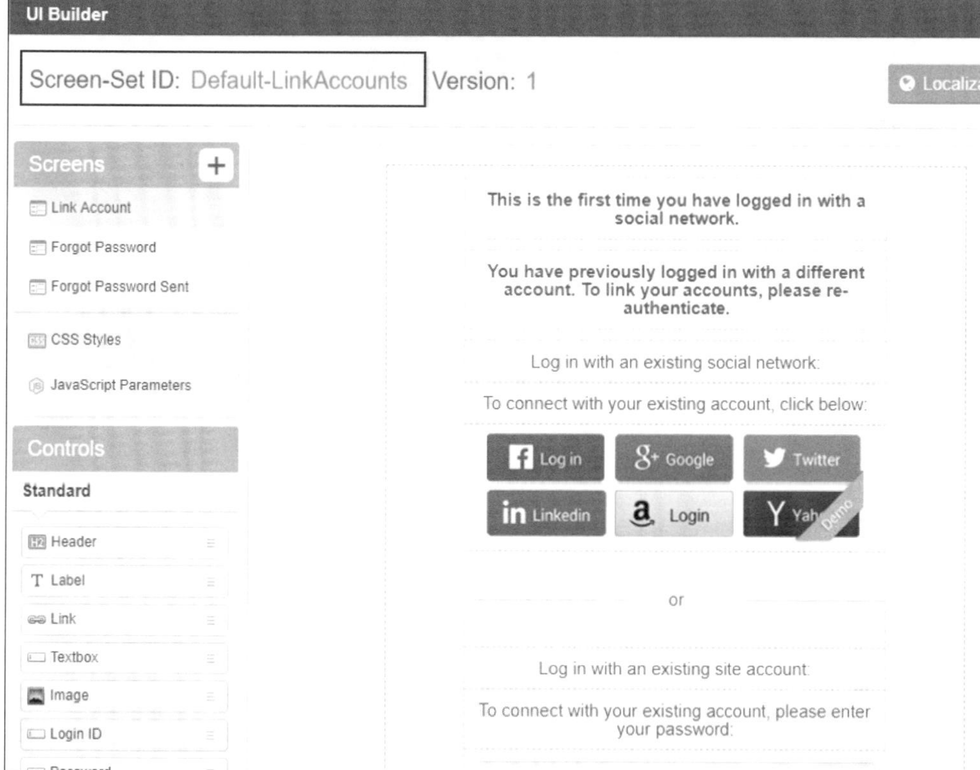

Abbildung 13.72 Registrierungsformular mit dem UI Builder erstellen

Für Gastbenutzer, die sich nicht vollständig registrieren möchten, können Sie die *Lite-Registrierung* verwenden. Hier wird nur die E-Mail-Adresse abgefragt.

SAP Customer Consent bietet drei Arten von Einwilligungen an:

- Datenschutzerklärung
- Nutzungsbedingungen
- Sonstige Einwilligungen

Benutzer müssen die Datenschutzerklärung zur Kenntnis nehmen, bevor sie die Website oder App nutzen können. Die Abfrage der Kenntnisnahme kann sowohl bei der Lite-Registrierung als auch bei der Vollregistrierung vorgenommen werden. Die Einwilligungserklärung kann in der jeweiligen Landessprache angezeigt werden. Sie enthält üblicherweise den Grund für die Erhebung personenbezogener Daten (also den Zweck) sowie einen Link zur eigentlichen Datenschutzerklärung, zu der die Einwilligung erhoben wird (siehe Abbildung 13.73). Die Einwilligung und Kommunikationseinstellungen werden erfasst und in SAP Consent Vault gespeichert.

Abbildung 13.73 Abfrage der Einwilligung bei der Lite-Registrierung

SAP Customer Consent enthält einen Mechanismus, mit dem sichergestellt wird, dass angemeldete Benutzer eine gültige Einwilligung zur Datenschutzerklärung gegeben haben.

Einwilligungsstatus validieren

Fallbeispiele für die Nutzung von SAP Customer Consent

- Ein neuer Benutzer registriert sich auf Ihrer Website, stimmt jedoch der Datenschutzerklärung nicht zu. Der Benutzer kann dann die Registrierung nicht abschließen.
- Ein Benutzer hat aus historischen Gründen keine gültige Einwilligung zur Datenschutzerklärung für sein Konto. Bei der nächsten Anmeldung wird das Formular zum Registrierungsabschluss angezeigt, in dem die entsprechende Einwilligung angefordert wird.
- Ein Benutzer hat der Datenschutzerklärung Ihrer Website zugestimmt und ist noch angemeldet, aber der Administrator hat eine neue Version der Datenschutzerklärung eingespielt. Während der Sitzung wird das Formular zum Registrierungsabschluss angezeigt, in dem die Einwilligung für die neue Version angefordert wird.

Versionssteuerung

SAP Customer Data Cloud verfügt über eine detaillierte Versionsverwaltung zu den Datenschutzerklärungen. Abbildung 13.74 zeigt den Ablauf der Versionsverwaltung und die Einwilligung aus Sicht des Administrators.

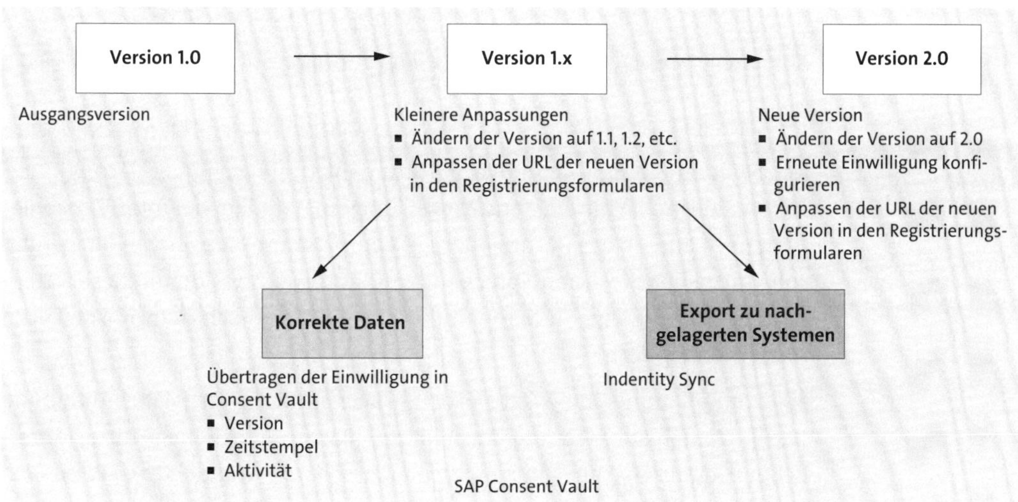

Abbildung 13.74 Versionssteuerung der Datenschutzerklärung

Datenschutzerklärung anlegen

So legen Sie eine Datenschutzerklärung an: Gehen Sie zum **Consent Dashboard** in der SAP Customer Data Cloud Console (siehe Abbildung 13.75).

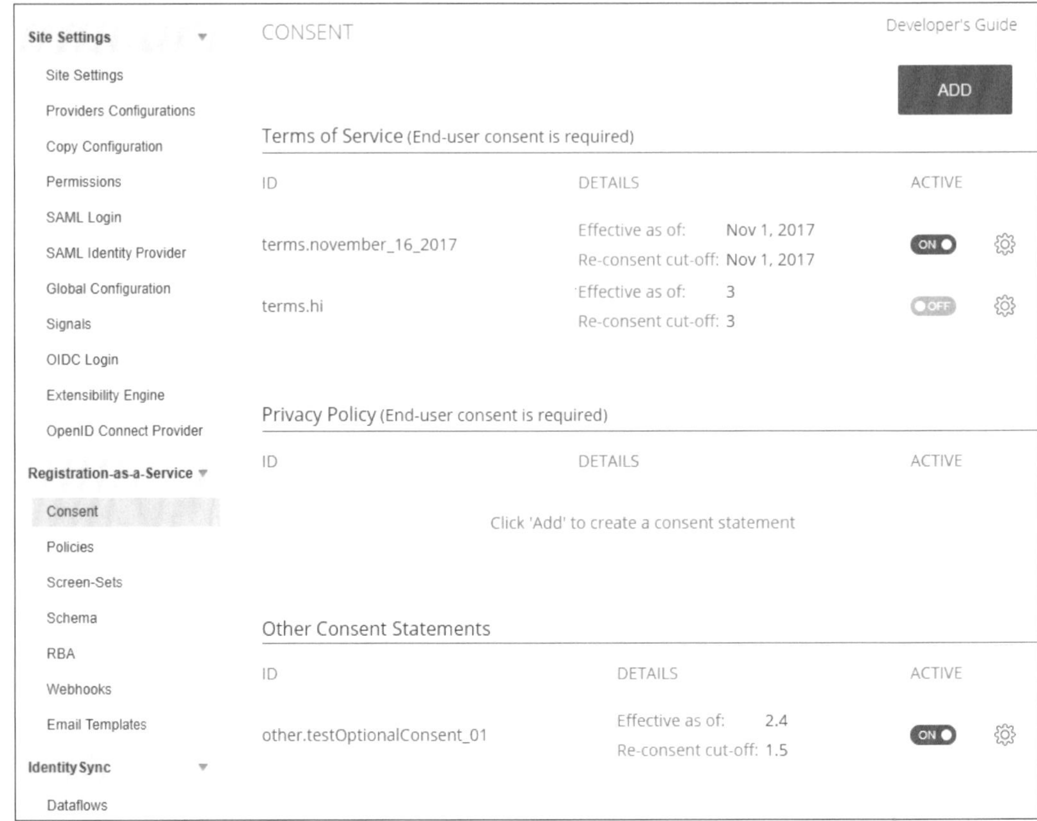

Abbildung 13.75 SAP Customer Data Cloud Console

Klicken Sie auf **Hinzufügen**, um eine neue Datenschutzerklärung zu erstellen. Wählen Sie den Typ **Privacy Statement** (Datenschutzerklärung), und geben Sie eine ID für die neue Anweisung ein. Wählen Sie unter **Versionierung nach** aus, ob das Datum oder die Versionsnummer verwendet werden soll, und geben Sie die entsprechenden Daten oder Version für diese Datenschutzerklärung ein. Sie können diese Definition nach dem Abspeichern nicht mehr ändern.

Sie können nun eine lokalisierte Vorlage hinzufügen (siehe Abbildung 13.76). Wählen Sie dazu **Add Consent Template**, und geben Sie die erforderlichen Details ein: Pflegen Sie das Gebietsschema und den Zweck. Im Feld **Zweck** tragen Sie den Zweck dieser Datenschutzerklärung ein; dieser Text wird dem Benutzer in der Oberfläche angezeigt. Unter **Dokumenten-URL** pflegen Sie die URL der PDF-Version der Datenschutzerklärung (muss HTTPS sein). Klicken Sie auf **Hinzufügen**. Wiederholen Sie diesen Vorgang für alle weiteren Länder, die Sie benötigen.

URLs für Dokumente

Die Dokumenten-URL muss persistent sein, und das Dokument muss unter der angegebenen Adresse so lange verfügbar sein, wie es die lokale Gesetzgebung erfordert.

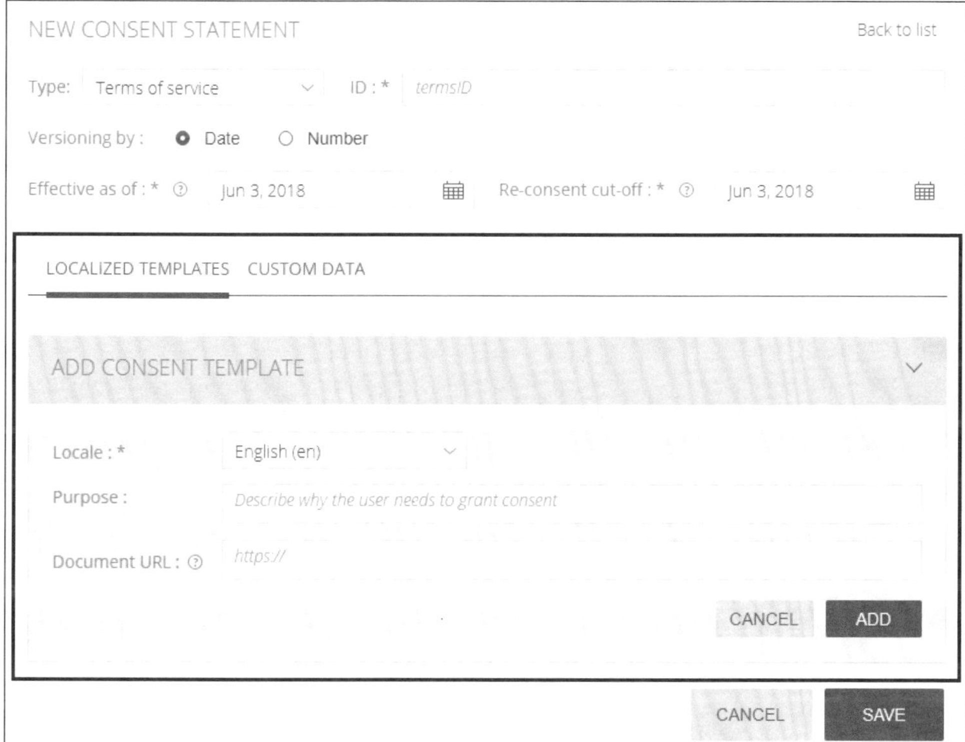

Abbildung 13.76 Lokalisierte Vorlagen für die Datenschutzerklärung anlegen

In SAP Consent Vault werden die erforderlichen Metadaten zu den Einwilligungen der Datenschutzerklärung gespeichert. Damit können Sie die initialen Einwilligungen sowie alle Änderungen nachweisen.

Präferenzen im Preference Center verwalten

Mit den Verwaltungsfunktionen im Preference Center von SAP Customer Consent können Kunden ihre Präferenzen und Einwilligungen jederzeit selbst ändern oder widerrufen (Opt-in/Opt-out), siehe Abbildung 13.77.

Das Preference Center bietet die folgenden Funktionen:

- einheitliche Darstellung aller Präferenzen, einschließlich der von verschiedenen Plattformen gesammelten Daten
- Anzeige und Anpassung der Präferenzen in konfigurierbaren Widgets

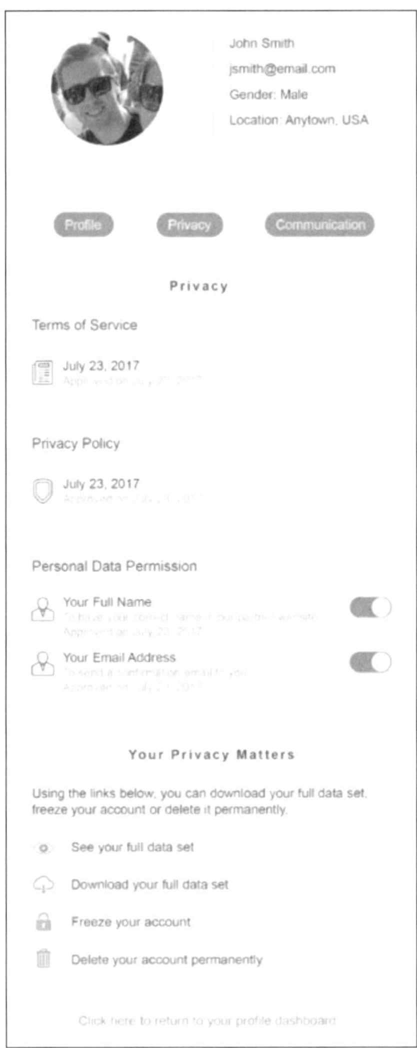

Abbildung 13.77 Einstellung der Präferenzen zum Datenschutz durch den Benutzer im Preference Center

One-Click-Abmeldung

Sie können den Benutzern die Möglichkeit geben, sich mit einem Klick (*One Click*) von einem Abonnement abzumelden, Dazu muss er lediglich in einer aus einem Abonnement erhaltenen E-Mail auf den Link zum Abmelden klicken. Diese Einstellung wird automatisch in den Kommunikationseinstellungen aktualisiert und dort angezeigt.

Weitere datenschutzrelevante Funktionen in SAP Customer Data Cloud

Authentifizierung und Verifizierung

Da die SAP-Customer-Data-Cloud-Lösungen potenziell von sehr vielen externen Benutzern genutzt werden, ist der Bereich Datensicherheit – und damit verbunden die *Authentifizierung und Verifizierung* – sehr wichtig. Deshalb werden die für den Datenschutz wichtigen Funktionen im Folgenden detaillierter betrachtet.

Für die Authentifizierung von Benutzern unterstützt SAP Customer Data Cloud verschiedene Verfahren. Diese werden unter mehreren Punkten im Bereich **Einstellungen** der SAP Customer Data Cloud Console definiert (siehe Abbildung 13.78).

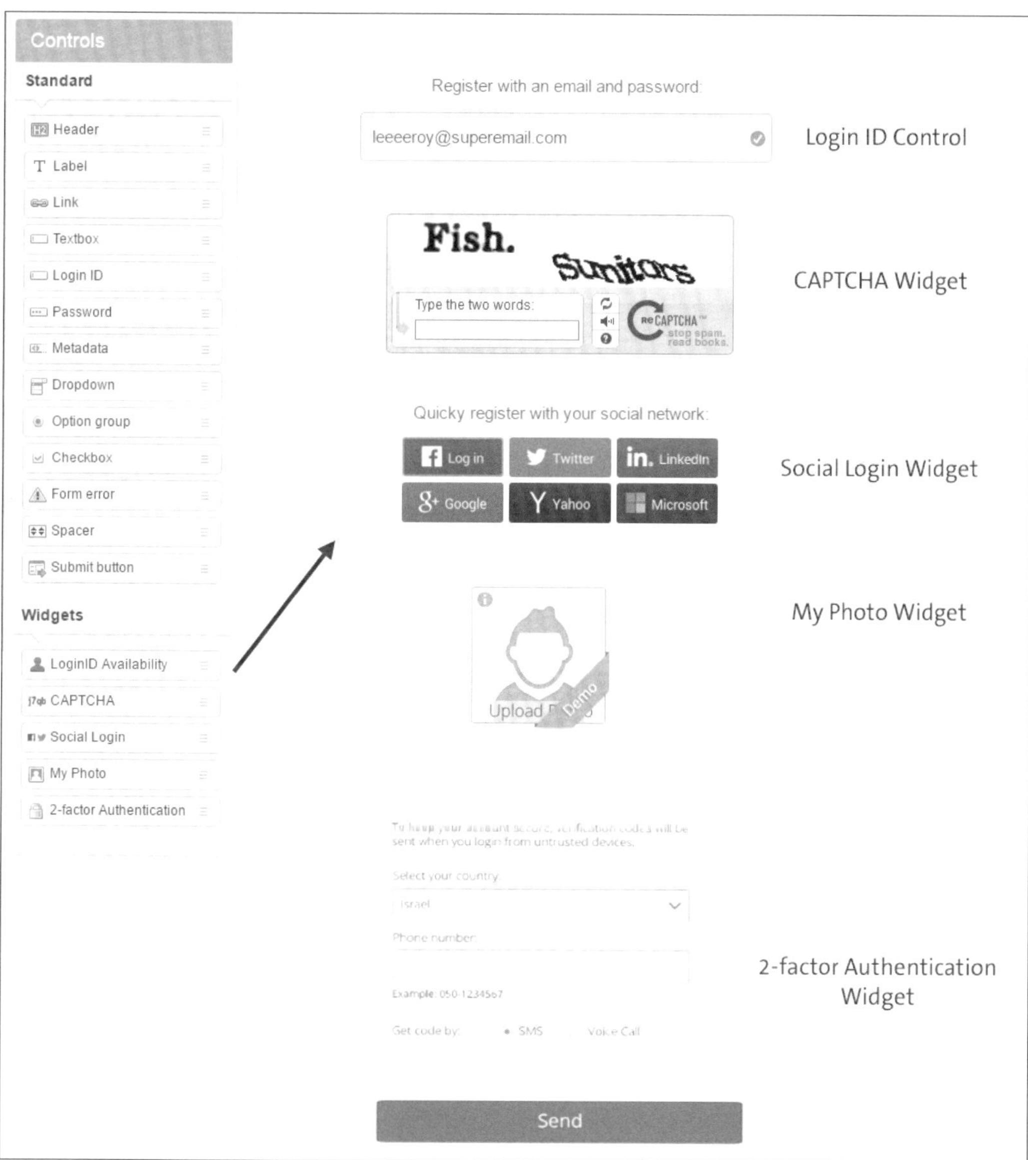

Abbildung 13.78 Authentifizierungsoptionen in SAP Customer Data Cloud

Unter **Richtlinien** kann der Administrator verschiedene Richtlinien definieren und die folgenden Einstellungen vornehmen:

- **Login-Kennung**
  Damit können Sie die bevorzugte Anmeldekennung für Ihre Benutzer auswählen. Das System erlaubt keine doppelten Benutzernamen oder E-Mail-Konten.
- **E-Mail-Bestätigung**
  Wenn sich ein Benutzer bei einer Website registriert, für die eine E-Mail-Bestätigung erforderlich ist, wird ihm eine E-Mail zur Bestätigung seiner Adresse gesendet.
- **Link-Überprüfung**
  Der in der Bestätigungs-E-Mail angezeigte Link leitet automatisch zur Zielseite weiter, wodurch der Registrierungsvorgang abgeschlossen und der Benutzer auf der Website angemeldet wird.
- **Bestätigungscode**
  Wenn Sie die Codeüberprüfung aktivieren, erhalten Benutzer nach dem Absenden des Registrierungsbildes eine E-Mail mit einem Code.
- **Passwortstärke**
  Die Passwortstärke wird durch drei Parameter definiert:
  - Min. Length: Mindestanzahl von Zeichen für das Passwort
  - Min. Character Groups: Anzahl der verschiedenen Zeichengruppen, die im Kennwort enthalten sein müssen (Großbuchstaben, Kleinbuchstaben, Zahlen und Sonderzeichen)
  - Regulärer Ausdruck: Definieren eines Zeichenfolgenmusters, mit dem die Kennwörter übereinstimmen müssen
- **Passwort ändern**
  Hier können Sie auswählen, ob und nach wie vielen Tagen das Passwort geändert werden soll. SAP Customer Data Cloud speichert sieben Kennwörter für die Überprüfung der Wiederverwendung.
- **Überprüfung der Altersgrenze**
  SAP Customer Data Cloud unterstützt Altersbeschränkungen gemäß den COPPA-Regeln (Federal Trade Commission (FDC) Children's Online Privacy Protection Act = Gesetz zum Schutz der Privatsphäre von Kindern im Internet), um für die Betreiber von Websites Regeln zu schaffen, wie mit den persönlichen Daten von Kindern unter 13 Jahren umzugehen ist. Aktivieren Sie diese Option, um bei der Registrierung von neuen Benutzern die Prüfung des Mindestalters vorzunehmen.

- **CAPTCHA**
  Ein CAPTCHA-Test (Completely Automated Public Turing Test to tell Computers and Humans Apart) ist ein Identifikationsverfahren, mit dem sichergestellt wird, dass ein Registrierungsversuch von einem Menschen und nicht von einem Automaten unternommen wird.
- **Account Harvesting**
  Beim Login Identifier Harvesting, auch als Account Harvesting bezeichnet, werden legitime Benutzer-IDs abgerufen, um für illegale oder böswillige Zwecke Zugriff auf Zielsysteme zu erhalten. Sie können sich gegen das Harvesting schützen, indem Sie diese Option aktivieren.
- **Double Opt-in**
  Sie können Kommunikationskanäle so einstellen, dass eine doppelte Einwilligung (Double Opt-in) erforderlich ist, d. h., dass Benutzer per E-Mail bestätigen müssen, dass sie sich tatsächlich z. B. zu einem bestimmten Abonnement anmelden möchten. Diese Bestätigung kann in manchen Ländern gesetzlich vorgeschrieben sein, z. B. in Deutschland.

Risikobasierte Authentifizierung

Zusätzlich gibt es die sogenannte *risikobasierte Authentifizierung* (RBA). Sie ist eine zusätzliche Ebene der clientseitigen Sicherheit, die böswillige Angriffe und Hackingversuche auf Ihre Website verhindern kann. Dazu wird das mit einem bestimmten Anmeldeversuch verbundene Risiko berechnet und den Benutzern Authentifizierungsprobleme entsprechend diesem Risiko angezeigt. Die risikobasierte Authentifizierung enthält zwei Arten von Regeln zur Bestimmung der Risikostufe und ihrer Ergebnisse:

- Globale Regeln, die für alle Anmeldeversuche auf Ihrer Website (oder Ihren Site-Gruppen) gelten.
- Individuelle Regeln, die für einzelne Konten gelten.

SAP Customer Data Cloud bietet verschiedene Standardregelwerke für die beiden Arten an.

Basierend auf den verschiedenen Risikofaktoren kommen bestimmte Authentifizierungsstufen zur Anwendung. Die folgenden Risikofaktoren können eine höhere Authentifizierungsstufe auslösen:

- Die Anmeldung ist nach einer festgelegten Anzahl von Versuchen von einem bestimmten Konto oder einer bestimmten IP-Adresse aus fehlgeschlagen.
- Der Prozentsatz der fehlgeschlagenen Anmeldungen, die nach einer bestimmten Anzahl von Versuchen ausgelöst wurden, wurde überschritten.
- Ein neues Gerät wurde für die Anmeldung verwendet.
- Der Benutzer meldet sich zum ersten Mal in einem anderen Land an.

Two-Factor Authentication

Die Zwei-Faktor-Authentifizierungsregistrierung erfordert, dass der Benutzer zwei Authentifizierungsschritte durchläuft: Der erste Schritt bei der ersten Anmeldung ist üblicherweise das Kennwort, der zweite Schritt ist z. B. ein Authentifizierungscode, den der Benutzer auf seinem Mobilgerät erhält.

Verschlüsselung

Sie können Felder, die personenbezogene Daten enthalten, als verschlüsselt definieren, z. B. **Adresse**, **E-Mail**, **Vorname**, **Nachname**, **Profil-Name**, **User-Name** und **Telefon**.

Verschlüsselte Felder

Wenn Sie eine Suche in einem verschlüsselten Feld durchführen möchten, müssen Sie eine vollständige Zeichenfolge eingeben, denn es kann nicht nach Teilen von Zeichenketten gesucht werden. Sobald ein Feld als verschlüsselt gespeichert wurde, kann der Vorgang nicht mehr rückgängig gemacht werden.

Einwilligung und Mindestalter

SAP Customer Identity und SAP Customer Consent prüfen das Alter anhand des angegebenen Geburtsdatums und verhindern die Registrierung, wenn das für die Einwilligung notwendige Alter unterschritten wird. Benutzer, die über einen anderen Kanal als die Registrierung mittels SAP Customer Data Cloud ins System gekommen sind und ein bestimmtes Alter unterschreiten, werden automatisch gelöscht. Sie können zusätzlich eine Einwilligung für Eltern implementieren.

13.5.3 Datenschutzfunktionen von SAP Marketing Cloud

Stammdatenverwaltung

Die Verwaltung von personenbezogenen Daten und Einstellungen von SAP Marketing Cloud findet im Prinzip in zwei Systemen statt:

- Die personenbezogenen Stammdaten werden in den führenden ERP-Systemen verwaltet (hier SAP S/4HANA Cloud).
- Die marketingspezifischen Daten werden in SAP Marketing Cloud verwaltet.

SAP Marketing Cloud besitzt also keine eigene Stammdatenverwaltung. Alle Datenschutzfunktionen von SAP S/4HANA Cloud stehen somit für SAP Marketing Cloud zur Verfügung. Dazu gehören auch die Funktionen von SAP Information Lifecycle Management (SAP ILM), siehe Kapitel 4, »›Auch das Ende muss bestimmt sein‹: Sperren und Löschen mit SAP Information Lifecycle Management«. Im Folgenden finden Sie einen Überblick über die spezifischen Datenschutzfunktionen in SAP Marketing Cloud.

Personenbezogene Daten in SAP Marketing Cloud

Die wesentlichen personenbezogenen Stammdaten werden in SAP S/4HANA Cloud verwaltet. Nur die marketingspezifischen Daten, wie z. B. Daten für Abonnements von Marketinginformationen, werden in SAP Marketing Cloud geführt.

Anzeige, Berichtigung und Übertragbarkeit von Daten in SAP Marketing Cloud

Personenbezogene Daten anzeigen

Benutzer können die personenbezogenen Daten über die Benutzeroberfläche anzeigen und exportieren (siehe Abbildung 13.79).

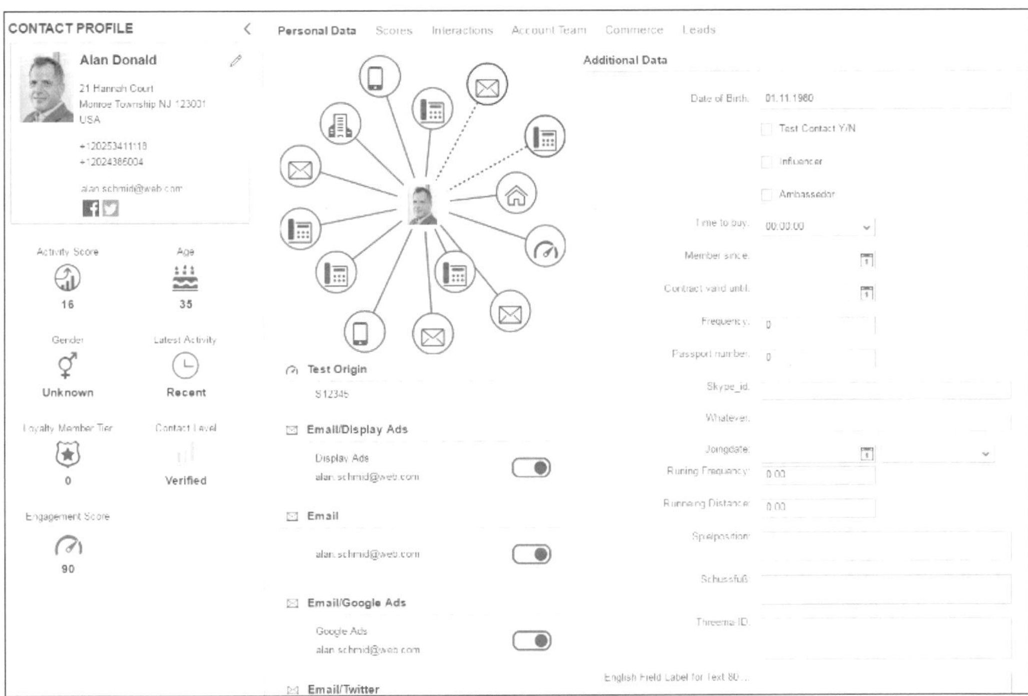

Abbildung 13.79 Kontaktdaten in SAP Marketing Cloud anzeigen

Personenbezogene Daten berichtigen

SAP Marketing Cloud verwendet Daten aus dem Quellsystem SAP S/4HANA Cloud und stellt sie dar, ist jedoch kein Stammdatenverwaltungssystem an sich und aktualisiert auch nicht das Quellsystem. Das bedeutet, dass die wesentlichen personenbezogenen Stammdaten in SAP S/4HANA Cloud verwaltet werden und nur die marketingspezifischen Daten in SAP Marketing Cloud, wie z. B. Daten für Abonnements von Marketinginformationen.

Systembenutzer können Berichtigungen im Auftrag von Benutzern direkt manuell im SAP-Marketing-Cloud-System vornehmen. Externe Benutzer können die Berichtigung im Self-Service über die entsprechende Website vornehmen.

Übertragbarkeit der personenbezogenen Daten

Die SAP-Marketing-Lösung bietet Funktionen zum Abrufen aller über die betroffene Person gespeicherten personenbezogenen Daten aus dem System. Es gibt verschiedene Möglichkeiten, um Daten für den externen Zugriff herunterzuladen.

Marketingmitarbeiter können eine oder mehrere Personen auswählen und ihre Daten in einem Standardformat exportieren. Definieren Sie dazu in der Kontaktliste eine Zielgruppe, und exportieren Sie diese mittels der Exportfunktion für die Zielgruppe (siehe Abbildung 13.80).

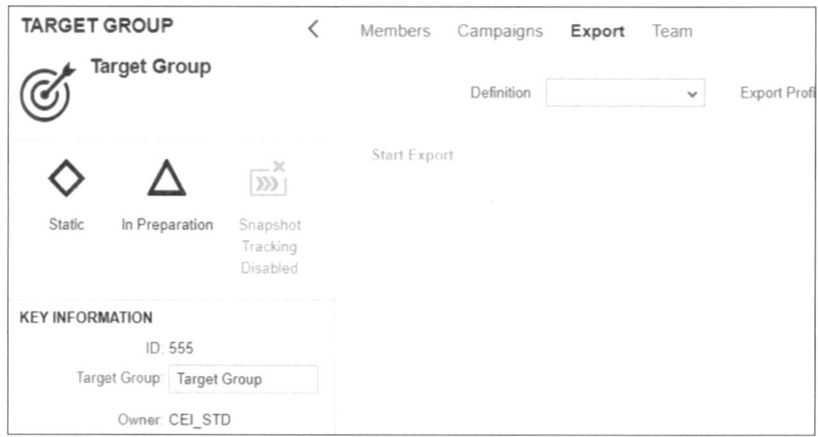

Abbildung 13.80 Export von personenbezogenen Daten

Löschen, Sperren und Daten aufbewahren in SAP Marketing Cloud

Die Stammdaten werden im Quellsystem SAP S/4HANA Cloud verwaltet. Entnehmen Sie die Details zum Löschen, Sperren und zur Datenaufbewahrung dem Kapitel zu SAP ILM (Kapitel 4). Die Funktionen zum Löschen, zum Sperren und zur Datenaufbewahrung der personenbezogenen Daten und Einstellungen in SAP Marketing Cloud werden im Folgenden beschrieben. Sie haben zwei Möglichkeiten zur Löschung: über die Kontaktliste und über die Jobsteuerung.

Löschen über die Kontaktliste

Einzelne Kontakte können über die *Kontaktliste* gelöscht werden. Markieren Sie dazu die zu löschenden Kontakte, und klicken Sie auf **Löschen** (siehe Abbildung 13.81).

Automatisches Löschen über die Jobsteuerung

Mit dem automatischen Löschen über die *Jobsteuerung* können Sie personenbezogene Daten über verschiedene Parameter gesteuert löschen, z. B. nach einer bestimmten Aufbewahrungsfrist. Sie können vor der eigentlichen Löschung einen Testlauf durchführen. Des Weiteren können Sie den Löschlauf sofort oder zeitgesteuert ausführen lassen.

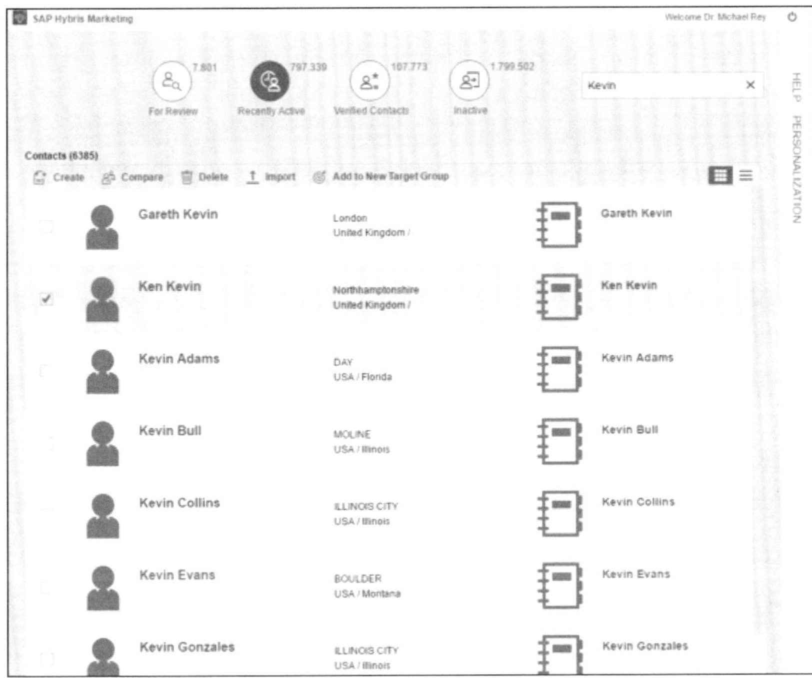

Abbildung 13.81 Manuelles Löschen über die Kontaktliste

Sperren und Datenaufbewahrung

SAP Marketing Cloud nutzt die ILM-Funktionalitäten zur Sperrung und Datenaufbewahrung von SAP S/4HANA Cloud (siehe Kapitel 4, »›Auch das Ende muss bestimmt sein‹: Sperren und Löschen mit SAP Information Lifecycle Management«).

Berechtigungen in SAP Marketing Cloud

SAP Marketing Cloud nutzt die Berechtigungsfunktionen von SAP S/4HANA Cloud. Kurz zusammengefasst:

- Das Berechtigungskonzept ist rollenbasiert, personalisiert und läuft in Echtzeit.
- Die Rollen enthalten Kataloge, und die Kataloge enthalten Funktionen.
- SAP liefert vordefinierte Rolleninhalte für die SAP-S/4-HANA-Cloud-Systeme
- Sie pflegen die in Ihrem System nötigen Einschränkungen für Felder, Werte und Aktivitäten.

Protokollierung in SAP Marketing Cloud

In SAP Marketing Cloud werden zwei Arten von Protokollen zur Verfügung gestellt:

- das Änderungsprotokoll zum Verfolgen von Änderungen an Stamm- und Transaktionsdaten
- das Leseprotokoll (Read Access Logging) zum Verfolgen des Lesezugriffs bei sensiblen personenbezogenen Daten über verschiedene Kanäle hinweg, z. B. Webservices

Änderungsprotokoll SAP Marketing Cloud protokolliert lokale manuelle Änderungen an personenbezogenen Daten mithilfe der Standardfunktionen für SAP-Änderungsdokumentobjekte; diese enthalten die folgenden Protokollinformationen:

- ID und Name des Objekts, das geändert wurde
- Name und ID des Benutzers, der die Änderung vorgenommen hat
- Aktion, z. B. **aktualisiert**
- Datum, an dem die Änderung vorgenommen wurde
- Kontext zur Änderung
- vorheriger und neuer Wert

Leseprotokoll Die Leseprotokollierung wird benötigt, um die in der DSGVO vorgeschriebene Protokollierung des Lesezugriffs für sensible personenbezogene Daten einzuhalten. Die Standardfunktionalität von SAP Marketing Cloud verarbeitet keine sensiblen personenbezogenen Daten. Falls Sie jedoch z. B. die Kontaktdaten um sensible Daten erweitert haben, können Sie Ihre eigene Konfiguration für die Leseprotokollierung für verschiedene Kanäle definieren.

Einwilligung und Datenschutzerklärung von SAP Marketing Cloud

Die Erfüllung der notwendigen Rechtsgrundlagen für die Verarbeitung von personenbezogenen Daten in SAP Marketing Cloud, wie z. B. Einwilligungen, liegen in Ihrer Verantwortung und müssen vorliegen, bevor Sie Daten von Einzelpersonen in SAP Marketing Cloud verarbeiten. Die notwendige Funktionalität wird umfassend in SAP Customer Data Cloud bereitgestellt. Für die Synchronisation der Daten zwischen den beiden Systemen stehen Schnittstellen zur Verfügung, wie in den folgenden Abschnitten beschrieben.

Integration von SAP Customer Data Cloud in SAP Marketing Cloud

SAP Customer Data Cloud stellt die Integration in die SAP-Marketing Cloud-Lösung zur Verfügung. Diese Integration ermöglicht es Ihnen, die SAP-

Customer-Identity-and-Access-Management-Funktionen von SAP Customer Data Cloud mit den Marketingfunktionen in SAP Marketing Cloud zu verknüpfen. Sie können in SAP Customer Data Cloud die Anmeldungen und Registrierungen sowie die Verwaltung von Profilen und Präferenzen durchführen. Die dort erstellten Benutzeridentitäten können über eine Schnittstelle automatisiert in der Datenbank von SAP Marketing Cloud synchronisiert werden. Die oben genannten Funktionen von SAP Marketing Cloud werden dazu dann nicht benötigt. Die Details zu dieser Schnittstelle können im Rahmen dieses Buches leider nicht näher beschrieben werden.

13.5.4 Datenschutzfunktionen von SAP Commerce Cloud

Die Datenschutzfunktionen von SAP Commerce Cloud finden sich größtenteils im Backoffice- und im Administrationsbereich von SAP Commerce Cloud. Die für Endbenutzer sichtbare Oberfläche kann durch jeden Kunden der Lösug individuell gestaltet werden. Auch das zugrundeliegende Framework kann in hohem Maße individuell konfiguriert werden. Wir beschränken uns deshalb hier größtenteils auf die Beschreibung des Backoffice-Bereichs der Version für die Public Cloud.

Personenbezogene Daten in SAP Commerce Cloud

In SAP Commerce Cloud werden einfache personenbezogene Daten verwaltet, wie sie für den normalen Geschäftsbetrieb notwendig sind, wie z. B. Name, Vorname, Adresse, E-Mail usw. Besondere Kategorien personenbezogener Daten werden nicht spezifisch unterstützt, Sie können aber deren Anzeige und den Zugriff über die Berechtigungen einstellen.

Anzeige, Berichtigung und Übertragbarkeit von Daten in SAP Commerce Cloud

Personenbezogene Daten anzeigen

Das sogenannte *Personal Data Reporting* ermöglicht das Erstellen von Berichten über personenbezogene Daten. Im Customer Support Backoffice Cockpit können Sie dazu Kundenberichte erstellen und herunterladen.

Es gibt zwei Arten von Berichten:

- **Snaphot**
  Ausgabe der aktuellen personenbezogenen Kundendaten
- **Audit**
  Ausgabe der aktuellen personenbezogenen Kundendaten einschließlich aller Änderungen, wann diese vorgenommen wurden und von welchem Benutzer

Personenbezogene Daten berichtigen

Personenbezogene Daten können Sie im Backoffice-Bereich von SAP Commerce Cloud korrigieren. Diese Änderungen werden protokolliert.

Ausgabe und Übertragbarkeit der Daten

Zur Ausgabe und Übertragung von personenbezogenen Daten gibt es zwei Möglichkeiten:

- **Download eines Berichts (Personal Data Report)**
  Sie können aus den Daten der SAP-Commerce-Datenbank im Customer Support Cockpit einen Prüfbericht erstellen (siehe Abbildung 13.82). Nach dessen Erzeugung können Sie den Bericht ansehen und herunterladen. Zur Nutzung dieser Funktion ist die Erweiterung `customersupportbackoffice` im Backoffice-Bereich erforderlich.

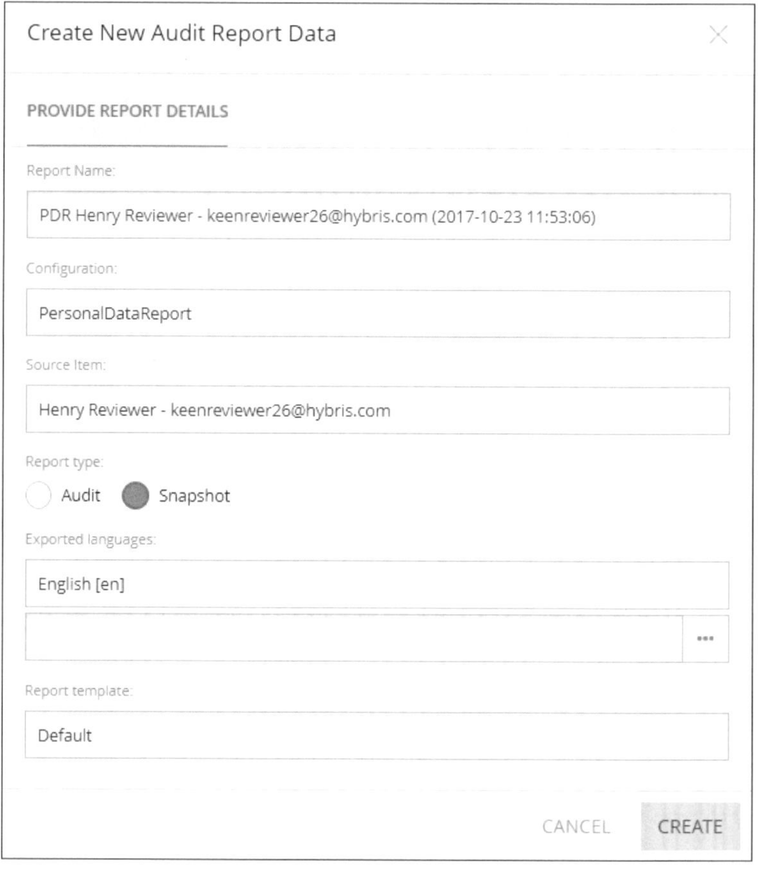

Abbildung 13.82 Bericht über personenbezogene Daten erzeugen

- **Nutzung der Import-/Exportfunktionen**
  Mit diesen Funktionen können Sie alle Arten von Daten in und aus der SAP-Commerce-Cloud-Lösung importieren und exportieren.

Löschen, Sperren und Daten aufbewahren in SAP Commerce Cloud

Die Löschung und Aufbewahrung von Daten in SAP Commerce Cloud können im *Data Retention Framework* an Ihre Anforderungen angepasst werden. Basierend auf den konfigurierbaren Aufbewahrungsfristen werden die Daten von automatisierten Jobs gelöscht.

Konto löschen

Benutzer können ihr Konto im Self-Service löschen. Dazu gehen sie in der Storefront zu **Mein Konto • Konto schließen**. Daraufhin wird der folgende Prozess ausgeführt:

1. Personenbezogene Kundendaten wie Adressbuch, Zahlungsinformationen, Bestell- und Warenkorbdaten usw. werden gelöscht.
2. Personenbezogene Kundendaten werden bis zum Ablauf der gesetzlich festgelegten Aufbewahrungsfristen aufbewahrt.
3. Es wird ein Protokoll erstellt, sobald alle personenbezogenen Kundendaten gelöscht wurden.

Datenaufbewahrung

Sie können Aufbewahrungsregeln für die notwendigen Datenelemente konfigurieren. Dazu geben Sie einen Aufbewahrungszeitraum an und welche Bereinigungslogik für die Elemente ausgeführt werden soll, wenn der Aufbewahrungszeitraum abgelaufen ist. Zum Beispiel können Sie entscheiden, dass Sie Bestellungen nach 10 Jahren entfernen möchten.

Dazu gibt es automatisierte Bereinigungsläufe, die die Daten von deaktivierten Kunden nach Ablauf der Aufbewahrungsfrist löschen, wie E-Mail-Addresse, Kontaktinformationen, Versanddetails, Lieferpräferenzen, Präferenzeinstellungen und Zahlungsdetails. Die Bestellhistorie wird nicht gleichzeitig mit den kundenbezogenen Daten gelöscht, da für auftragsbezogene Daten eine separate Aufbewahrungsfrist gilt (standardmäßig 10 Jahre).

Sperren

Personenbezogene Daten können im Backoffice-Bereich als gesperrt markiert und die Verarbeitung damit eingeschränkt werden.

Berechtigungen in SAP Commerce Cloud

Die Berechtigungsdienste für SAP Commerce Cloud stellen ein Framework bereit, mit dem Sie Ihre eigenen Berechtigungsrichtlinien implementieren können. In den Berechtigungsdiensten können Sie Zugriffsrechte für Benutzer, Benutzergruppen und Benutzeruntergruppen definieren und Zugriffsrechte für Typen, Objekte und Attribute verwalten oder sie global zuweisen. Damit können Sie auch den Zugriff auf personenbezogene Daten einschränken. Die Berechtigungen werden dabei auf verschiedenen Ebenen vergeben. Sie sind im Folgenden in der Reihenfolge ihrer Priorität beschrieben:

- **Globale Berechtigungen**
  Diese beziehen sich auf Benutzer oder Benutzergruppen und gelten immer, wenn keine anderen Berechtigungen auf den weiteren Ebenen definiert sind (niedrigste Priorität).
- **Typberechtigungen**
  Setzen der Berechtigungen für Benutzer oder Benutzergruppen auf Typen, z. B. Kundendaten lesen, ändern, erstellen und löschen.
- **Objektberechtigungen**
  Setzen der Berechtigungen für Benutzer oder Benutzergruppen auf bestimmte Objekte, z. B. der Adresse von Kunden.
- **Attributberechtigungen**
  Setzen der Berechtigungen für Benutzer oder Benutzergruppen auf einzelne Attribute eines bestimmten Objekts, z. B. Straße innerhalb des Adressobjekts (siehe Abbildung 13.83). Damit können Sie sehr differenziert die Berechtigungen auf einzelne Felder steuern (höchste Priorität).

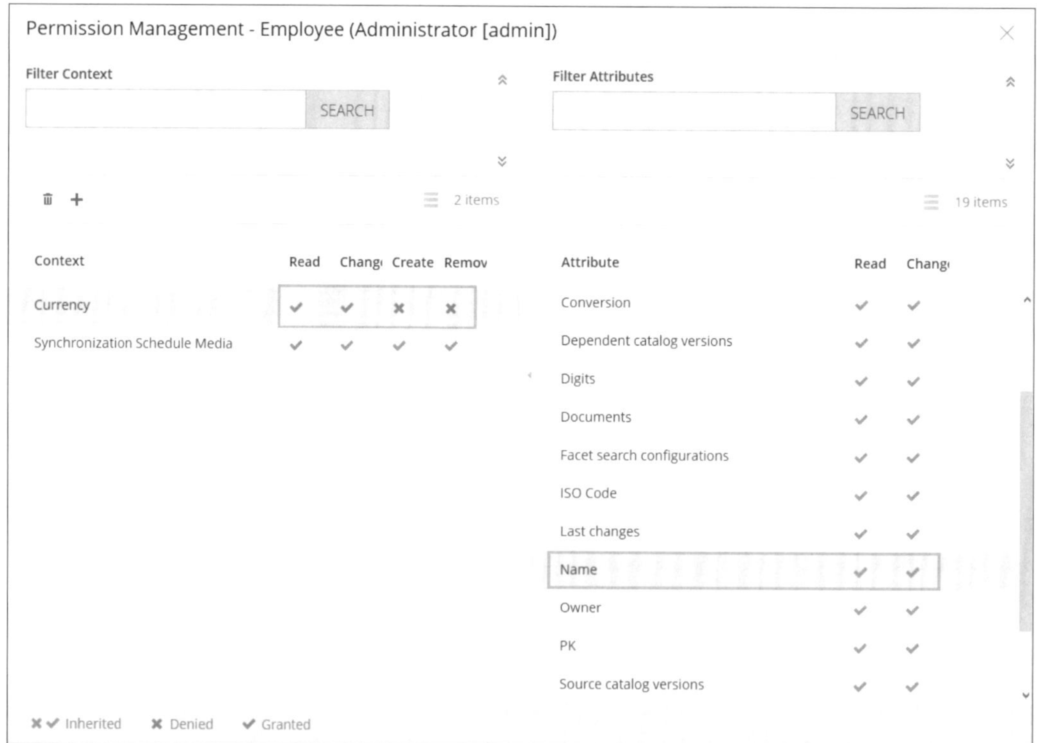

Abbildung 13.83 Berechtigung auf Attributebene einstellen

Protokollierung in SAP Commerce Cloud

Änderungs-
protokolle

Alle Änderungen an personenbezogenen Daten werden protokolliert. Im Backoffice-Bereich können Sie Berichte erstellen und die Änderungsprotokolle anzeigen. Die Vorlagen für diese Berichte sind erweiterbar und anpassbar. Änderungsprotokolle von über personenbezogene Daten können hier ebenfalls abgerufen werden.

Einwilligungen
protokollieren

Alle Änderungen an den Einwilligungseinstellungen werden im Backend aufgezeichnet und können im Backoffice **Administration Cockpit** angezeigt werden. Zum Anzeigen der Einwilligungsprotokolle gehen Sie zu **User Consent**. Hier können Sie auch suchen, z. B. um über die erweiterte Suche alle Einwilligungsdatensätze für einen bestimmten Benutzer oder eine bestimmte Einwilligungsvorlage anzuzeigen. Bei Bedarf können Sie das Protokoll in eine CSV-Datei exportieren. Suchen Sie dazu nach den Datensätzen, die Sie exportieren möchten, und klicken Sie auf **Liste in CSV exportieren**.

13

Einwilligung und Datenschutzerklärung von SAP Commerce Cloud

Das Einholen und die Verwaltung von Einwilligungen ist in verschiedenen Bereichen möglich:

- **Einholen von Einwilligungen in SAP Commerce Cloud**
  Die Einwilligung in SAP Commerce Cloud ist in den sogenannten Acceleratoren integriert, die die Benutzeroberfläche bilden und die Sie an Ihre eigenen Bedürfnisse anpassen können. Die Version der Einwilligung wird ebenfalls nachverfolgt. Es gibt Acceleratoren für den B2C- und B2B-Bereich. Dazu sind Vorlagen erhältlich, die jeweils auf verschiedene Branchen und Zielgruppen ausgelegt sind.
- **Einwilligungsmanagement bei der SAP-Marketing-Cloud-Integration**
  Falls Sie SAP Marketing Cloud integriert haben, können B2C-Kunden in der Einwilligungsverwaltung entscheiden, ob sie personalisierte Inhalte und Angebote oder E-Mails aus Marketingkampagnen erhalten möchten oder nicht.
- **Einwilligungsmanagement bei der SAP-Customer-Data-Cloud-Integration**
  Die notwendige Funktionalität zum Einwilligungsmanagement wird umfassend in SAP Customer Data Cloud bereitgestellt. Für die Synchronisation der Daten zwischen den beidem Systemen stehen Schnittstellen zur Verfügung.

Einwilligungen
einholen

Das Einholen von Einwilligungen in SAP Commerce Cloud stellt den häufigsten Anwendungsfall dar. Die Einwilligungen können an bestimmten

Einstiegspunkten der Storefront eingeholt werden. Typischerweise sind das die Seiten, auf denen Benutzer sich registrieren und ein Konto erstellen. Um ein Konto zu erstellen, können Benutzer entweder die Seite **Anmelden/ Registrieren** nutzen oder sich auf der Bestellbestätigungsseite nach der Bestellung als Gast registrieren. Sie können auch andere, individuelle Einstiegspunkte erstellen.

Einwilligungsverwaltung

Registrierte Benutzer können ihre Einstellungen jederzeit über **Mein Konto • Einwilligungsverwaltung** ändern. Hier werden alle Einwilligungen angezeigt. Es stehen verschiedene Schalter zur Verfügung, mit denen Benutzer jede Einwilligung aktivieren oder deaktivieren können. Jede Änderung auf dieser Seite wird aufgezeichnet und im Backoffice Administration Cockpit angezeigt.

Einwilligungsvorlagen

Einwilligungsvorlagen definieren den Inhalt, der Benutzern in der Storefront angezeigt wird. Eine Storefront kann mehrere Einwilligungsvorlagen haben, und eine Vorlage kann für mehrere Storefronts verwendet werden. Der B2C-Accelerator enthält standardmäßig die Zustimmungsvorlage MARKETING_NEWSLETTER, mit der Benutzer aufgefordert werden, dem Empfang von Marketing-Newslettern zuzustimmen. Diese Vorlage ist in allen B2C-Storefronts verfügbar, z. B. für Elektronik oder Bekleidung. Sie können die Einwilligungsvorlagen im Backoffice über **Benutzer • Einwilligungsvorlagen** anzeigen und bearbeiten.

Versionierung

Wenn sich die Datenschutzerklärung oder ein Opt-in ändert, müssen Benutzer der Storefront die neue Version zur Kenntnis nehmen. Die neue Vorlagenversion ersetzt die alte auf der Seite **Einwilligungsverwaltung** der Storefront.

Einwilligung für einen Marketing-Newsletter

Wenn z. B. eine Einwilligungsvorlage für einen Marketing-Newsletter vorhanden ist, die Kunden über beliebte Produkte informiert, möchten Sie dem Newsletter möglicherweise Sonderangebote hinzufügen, die für den Kunden spezifisch sind und auf dessen Kaufhistorie beruhen. In diesem Fall können Sie eine neue Vorlage mit einer aktualisierten Versionsnummer erstellen, der der Kunde in der Storefront zustimmen muss.

Einwilligungsvorlagen

Die Vorlagenversion werden im System gespeichert, um einen Nachweis über die Zustimmungserklärungen zu haben. Einwilligungsvorlagen sollten deshalb nicht gelöscht werden.

Weitere datenschutzrelevante Funktionen in SAP Commerce Cloud

Konfiguration personenbezogener Daten

Das *Data Annotation Framework* von SAP Commerce Cloud ermöglicht die einfache Konfiguration personenbezogener Daten. Diese können hier gekennzeichnet werden und fließen dann in die Berichte über personenbezogene Daten ein.

Integration von SAP Customer Data Cloud in SAP Commerce Cloud

SAP Customer Data Cloud stellt die Integration in die SAP-Commerce Cloud-Lösung zur Verfügung. Diese Integration ermöglicht es Ihnen, die Customer-Identity-and-Access-Management-Funktionen von SAP Customer Data Cloud mit den E-Commerce-Funktionen von SAP Commerce Cloud zu verknüpfen. Sie können in SAP Customer Data Cloud die Anmeldungen und Registrierungen sowie die Verwaltung von Profilen und Präferenzen durchführen. Die dort erstellten Benutzeridentitäten können über eine Schnittstelle automatisiert in der Datenbank von SAP Commerce Cloud synchronisiert werden. Die oben genannten Funktionen von SAP Commerce Cloud werden dann nicht dazu benötigt. Die Details zur Schnittstelle können im Rahmen dieses Buches leider nicht näher beschrieben werden.

Sicherheitsmechanismen

Die folgenden Sicherheitsmechanismen werden von SAP Commerce Cloud u. a. angeboten:

- **Verschlüsselung mit HTTPS**
  Es ist möglich, die Verschlüsselung über HTTPS zu nutzen.
- **Transparente Attributverschlüsselung (TAE)**
  Um sensible Daten transparent zu verschlüsseln, können Sie ein Attribut als verschlüsselt deklarieren.
- **Überwachung der Kennwortänderung**
  Damit können Sie Kennwortänderungen protokollieren.
- **Passwort-Sicherheitsrichtlinien**
  Sie können die Anforderungen definieren, die Kennwörter erfüllen müssen.

13.5.5 Datenschutzfunktionen von SAP Sales Cloud und SAP Service Cloud

Die Datenschutzfunktionen von SAP Sales Cloud und SAP Service Cloud haben dieselbe Basis (früher auch *SAP Cloud for Customer* genannt und oft mit C4C abgekürzt). Alle an dieser Stelle im Zusammenhang mit SAP Sales Cloud beschriebenen Datenschutzfunktionen gelten gleichermaßen für SAP Service Cloud.

Die wichtigsten Datenschutzfunktionen sind im Arbeitsbereich (Workcenter) **Datenschutzmanagement** zusammengefasst:

- Offenlegung personenbezogener Daten
- Entfernung personenbezogener Daten
- Zugriffsprotokolle

Berechtigungen für die Datenschutzfunktionen

Benutzer mit Zugriffsberechtigung auf den Arbeitsbereich **Datenschutzmanagement** können alle Datenschutzfunktionen in diesem Bereich ausführen, einschließlich der Offenlegung und Löschung personenbezogener Daten von Mitarbeitern und Privatpersonen. Sie sollten sicherstellen, dass nur Mitarbeiter, die zur Weitergabe/Löschung personenbezogener Daten berechtigt sind, Zugriff auf das Datenschutzmanagement erhalten. Wenn Ihre Unternehmensgruppe aus mehreren Unternehmen besteht, können Sie den Zugriff auf dieses Workcenter auf der Unternehmensebene festlegen.

Personenbezogene Daten in SAP Sales Cloud und SAP Service Cloud

Hier werden die verschiedensten personenbezogenen Daten verwaltet:

- Daten von Mitarbeitern, Geschäftspartnern und Kunden
- individuelle Stamm- und Transaktionsdaten
- Benutzerautorisierung und Zugriffsprotokollierung

Die Klassifizierung der Daten wird durch die DSGVO bereits vorgegeben (siehe Abschnitt 1.2.4, »Daten besonderer Kategorien«):

- **Personenbezogene Daten**
  Dazu gehören alle Informationen, die eine Person direkt oder indirekt identifizieren:
  - Name
  - Vorname
  - Adresse
  - E-Mail
  - Foto
  - individuell einstellbare Daten, wie Vorlieben, z. B. Sport und andere Freizeitaktvitäten (nicht sensible Daten)
- **Besondere Kategorien oder auch sensible personenbezogene Daten**
  Dazu gehören Rasse, ethnische Herkunft, politische Meinungen, religiöse oder philosophische Überzeugungen, Gewerkschaftszugehörigkeit, genetische Daten, biometrische Daten usw. Hier werden u. a. geführt:

- Alter
- Geschlecht
- Staatsangehörigkeit

Anzeige, Berichtigung und Übertragbarkeit in SAP Sales Cloud und SAP Service Cloud

Personenbezogene Daten anzeigen

Im Arbeitsbereich **Datenschutzmanagement • Offenlegung Persönlicher Daten** können Sie personenbezogene Daten in einer Rundumsicht anzeigen. Sie können alle Stammdatenelemente wie Kopf- und Adressdetails für die ausgewählten Person sehen (siehe Abbildung 13.84).

Ferner erhalten Sie eine zentrale Sicht auf alle Geschäftsvorfälle, an denen die ausgewählte Person beteiligt war, inklusive der Transaktionsdaten und Transaktionsdetails. Damit können Sie auf Anfragen für die Offenlegung personenbezogener Daten für Mitarbeiter, Kunden und Geschäftspartner reagieren. Die Daten können exportiert werden, um die Auskunft und Übertragbarkeit zu gewährleisten.

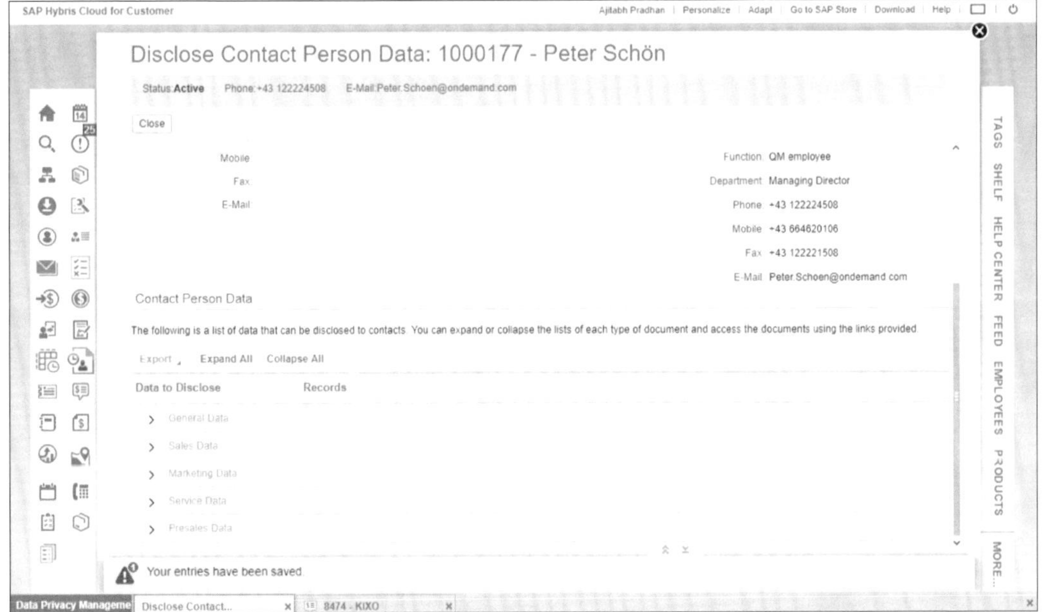

Abbildung 13.84 Personenbezogene Daten anzeigen

Löschen, Sperren und Daten aufbewahren in SAP Sales Cloud und SAP Service Cloud

Personenbezogene Daten löschen

Im Arbeitsbereich **Datenschutzmanagement • Entfernung Persönlicher Daten** können Sie die Prozesse zum Löschen personenbezogener Daten verwalten (siehe Abbildung 13.85). Sie können eine oder mehrere Personen in einer bestimmten Rolle auswählen und den Löschprozess starten. Dabei können Sie auswählen, ob Sie Mitarbeiter, Geschäftspartner, Kunden oder alles sehen wollen.

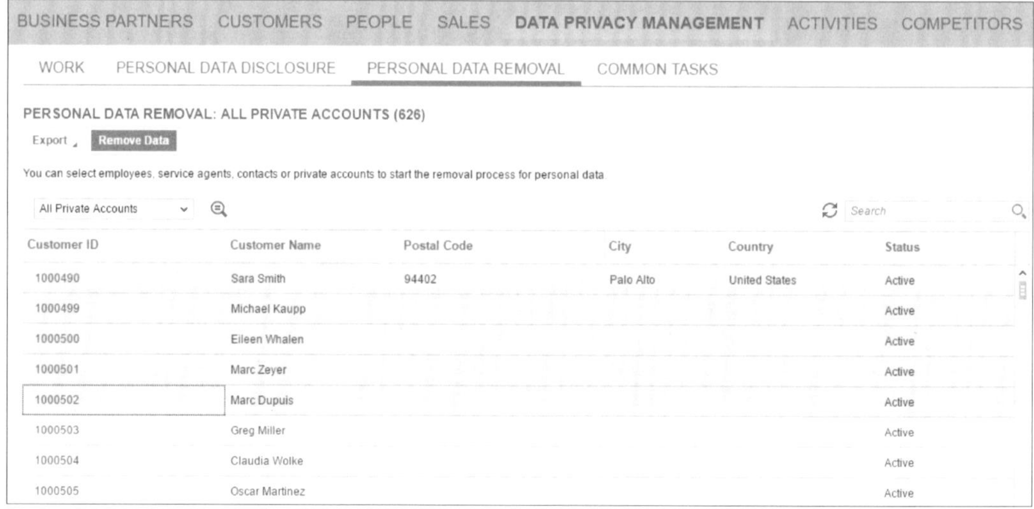

Abbildung 13.85 Personenbezogene Daten löschen

Die Löschung erfolgt asynchron über einen Hintergrundjob zur Massenlöschung. Während des Löschlaufs werden alle Stammdatenelemente vom System anonymisiert (siehe Abbildung 13.86).

Abbildung 13.86 Personenbezogene Daten in den Transaktionen nach der Löschung

Alle Referenzen in den Transaktionen werden ebenfalls anonymisiert. Die Stammdatenelemente werden auch aus allen Listenansichten entfernt, und es werden Wertehilfen angezeigt. Der Stammdatensatz an sich wird nicht vollständig aus der Datenbank entfernt, sondern er wird als **Gelöscht** markiert.

Personenbezogene Daten in den Transaktionen

Personenbezogene Daten können auch über Transaktionen in das System gelangen. Zum Beispiel kann ein Ticket, das per Self-Service eingestellt wurde, personenbezogene Daten enthalten, die nicht anderweitig in den Stammdaten erfasst sind. Sobald der Zweck des Tickets erfüllt ist, sollte das Ticket entfernt oder zumindest anonymisiert werden können. Dazu können, unabhängig von dem genannten Löschlauf, einzelne Transaktionen anonymisiert oder gelöscht werden.

Personenbezogene Daten sperren

Die Sperrung in integrierten Szenarien wird durch zwei Service-Schnittstellen unterstützt. Über diese Schnittstellen können externe Systeme das EoP abfragen und verwalten.

- **Prüfung**
  Zur Prüfung des EoP eines Geschäftspartners.
- **Aktualisierung**
  Setzen das EoP-Kennzeichens. Sobald dieses Kennzeichen gesetzt ist, wird der Partner nicht mehr in Listenansichten, Auswahllisten, Analysen und Webservice- oder OData-Aufrufen (Open Data Protocol) ausgegeben.

Datenaufbewahrung

Die zur Abdeckung der internen und behördlichen Vorschriften notwendigen Daten können entsprechend aufbewahrt und nicht mehr benötigte Daten gelöscht werden. Sie können die Regeln zur Datenaufbewahrung pro Land konfigurieren und per Datenbereinigung die personenbezogenen Daten dauerhaft löschen (siehe Abbildung 13.87). Dazu können Sie eine Zeitspanne festzulegen, nach der die Daten entfernt werden sollen. Die verschiedenen Datenarten werden dabei unterschiedlich behandelt:

- **Geschäftspartner**
  Das System prüft, ob noch Transaktionen innerhalb der Aufbewahrungsdauer vorhanden sind. Falls nicht, wird der Löschprozess fortgesetzt.
- **Kunden**
  Das System prüft, ob noch Aufträge oder Angebote innerhalb der Aufbewahrungsdauer vorhanden sind. Falls nicht, wird der Löschprozess fortgesetzt.

- **Mitarbeiter**
  Das System prüft anhand der Gültigkeitsdauer, ob ein Mitarbeiter noch aktiv ist. Falls dies nicht der Fall und der Aufbewahrungszeitraum abgelaufen ist, wird der Löschprozess fortgesetzt.

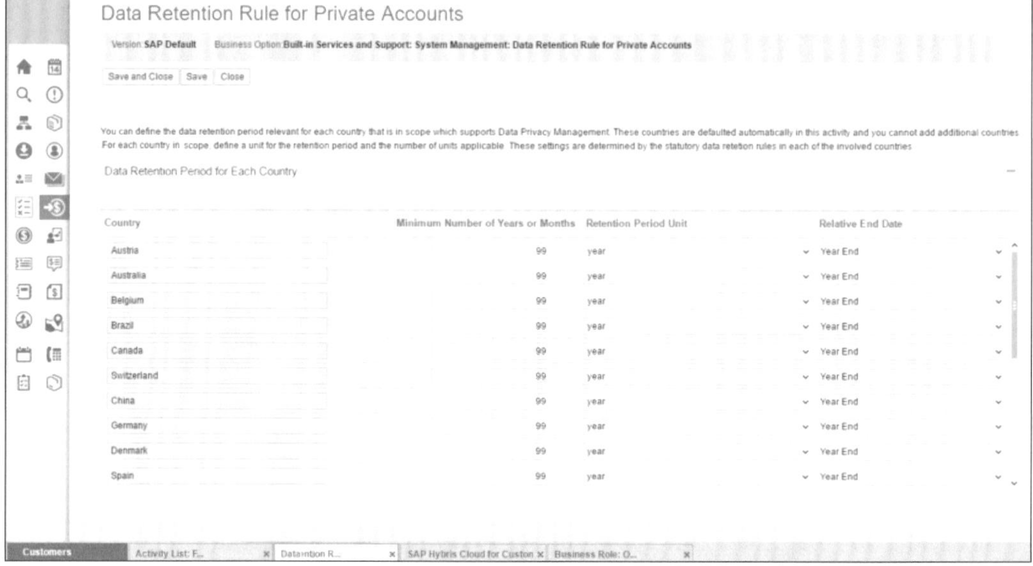

Abbildung 13.87 Einstellung der Aufbewahrungsfristen

Berechtigungen in SAP Sales Cloud und SAP Service Cloud

Um sicherzustellen, dass die Vertriebs- und Servicemitarbeiter nur Zugriff auf die personenbezogenen Daten Ihrer Kunden und Geschäftspartner haben, die für ihre relevanten Geschäftsprozesse erforderlich sind, müssen Sie entsprechende Berechtigungen für die Benutzer einrichten.

Berechtigungen und Rollen

Die Berechtigungen werden über *Rollen* realisiert. Prinzipiell müssen Sie dazu die folgenden Schritte durchführen:

- Definition der Rollen
- Definition der Benutzer
- Definition des Zugriffs für jede Rolle
- Definition des Zugriffskontexts und der Einschränkungsregeln, z. B. für Lesen und Bearbeiten
- Zurordnung der Benutzer zu Rollen

Sie müssen zusätzlich zwei Zugriffsarten betrachten: den direkten Zugrff eines Benutzers und den indirekten Zugriff über eine Schnittstelle.

Rollenverwaltung für den direkten Zugriff

Der Administrator kann den Zugriff jedes Benutzers auf einzelne Kunden-, Kontakt- und Mitarbeiterdaten definieren und steuern. Die Rollenzuordnung wird im Arbeitsbereich **Rollenverwaltung** eingerichtet (siehe Abbildung 13.88). Um den Zugriff auf der Datenebene zu steuern, können Sie Zugriffskontexte und Einschränkungsregeln definieren. Alle Änderungen an den Rollen und der Benutzerzuordnung werden protokolliert.

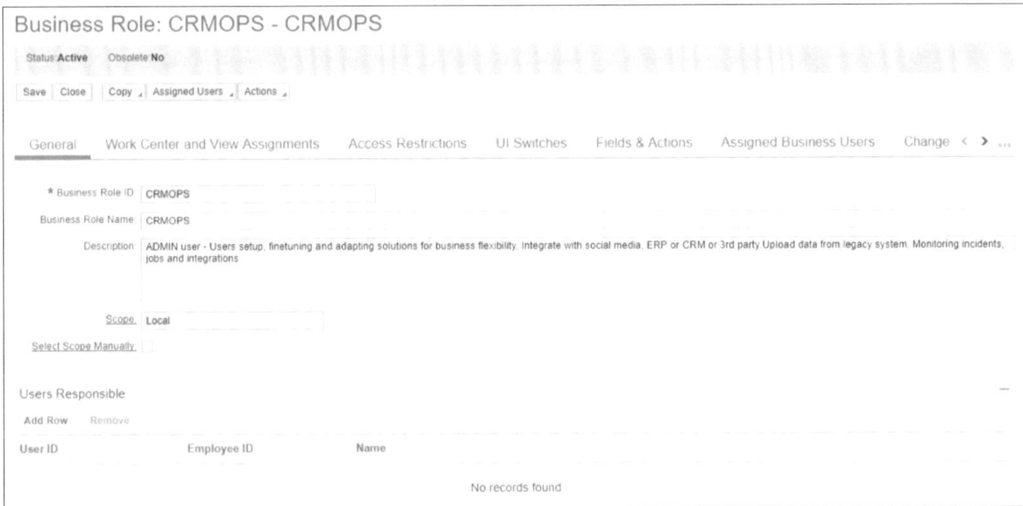

Abbildung 13.88 Rollenverwaltung für den direkten Zugriff

Rollenverwaltung für den indirekten Zugriff

Der Administrator kann den Zugriff von externen Systemen über Integrationsszenarien definieren und steuern. Kommunikationsszenarien und -vereinbarungen ermöglichen dabei die Steuerung des externen Zugriffs über den Arbeitsbereich **Anwendungs- und Benutzerverwaltung**. Für den Zugriff auf die Webservices sind zusätzlich gültige Zertifikate erforderlich. Die Kommunikationsüberwachung erfolgt über die Protkollierung, z. B. über fehlgeschlagene Webservice-Aufrufe.

Protokollierung in SAP Sales Cloud und SAP Service Cloud

Es werden zwei Arten von Protokollen zur Verfügung gestellt: Änderungsprotokolle und Leseprotokolle.

Änderungsprotokoll

Das *Änderungsprotokoll* wird verwendet, um alle Änderungen an personenbezogenen Daten zu überwachen, z. B. für die folgenden Fragestellungen:

- Wer hat auf die Kunden- oder Mitarbeiterdaten einer bestimmten Geschäftseinheit zugegriffen und die Daten geändert?
- Wann wurden die Daten geändert, und welche Art von Änderungen wurden vorgenommen?

Es werden alle Änderungen an den Standardattributen der Kunden- und Mitarbeiterdaten protokolliert (siehe Abbildung 13.89). Partner können zusätzlich benutzerdefinierte Objekte und Erweiterungen erstellen. Die Änderungen an solchen Erweiterungsfeldern können ebenfalls protokolliert werden.

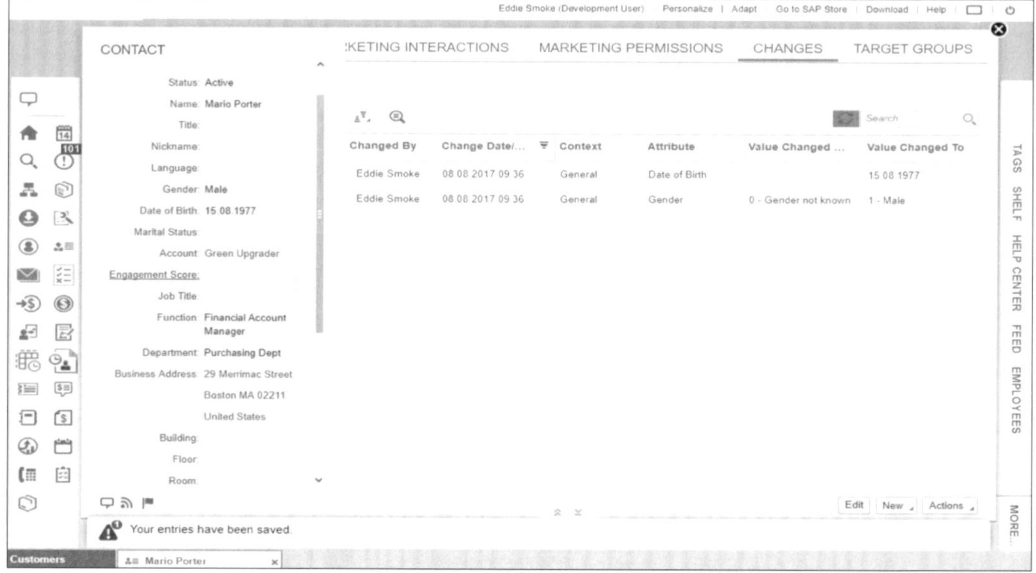

Abbildung 13.89 Änderungsprotokoll anzeigen

Leseprotokollierung

Die *Leseprotokollierung* wird benötigt, um die in der DSGVO vorgeschriebene Protokollierung des Lesezugriffs für sensible personenbezogene Daten einzuhalten.

Im Folgenden sind die wichtigsten Funktionen der Leseprotokollierung aufgeführt:

- **Unterstützung für verschiedene Kanäle**
  User Interface (UI), Anhänge, Webservice, OData-Service, Data Workbench, Änderungsprotokoll, Analytics, Excel-Download.
- **Unterstützung für verschiedene Anhänge**
  Sie können konfigurieren, welche Anhangstypen für Read Access Logging aktiviert werden müssen. In bestimmten Fällen können Anhänge sensible personenbezogene Daten enthalten; dann muss der Zugriff auf solche Dokumente protokolliert werden. Auch können Sie eigene Dokumenttypen definieren.

- **Unterstützung von Feldgruppen**
  Sie können mehrere Felder mit personenbezogenen Daten zu einer Feldgruppe zusammenfassen und gesammelt für die Leseprotokollierung aktivieren. Eine Reihe von Feldern ist bereits im Standard als personenbezogen gekennzeichnet und für die Leseprotkollierung aktiviert, z. B. Bankverbindung und Steuernummer.
- **Anzeige und Download der Leseprotokolle**
  Als Administrator können Sie die Leseprotokolle anzeigen und herunterladen, die beim täglichen Batch-Lauf generiert werden. Die Leseprotokolle werden nach 14 Tagen automatisch gelöscht. Die Archivierung dieser Protokolle liegt in Ihrer eigenen Verantwortung.
- **Leseprotokollierung für Erweiterungsfelder**
  Erweiterungsfelder für sensible personenbezogene Daten sind nur beim Geschäftspartner möglich. Um die Vertraulichkeit zu wahren, können diese nicht auf Listen ausgegeben werden.

Einwilligung und Datenschutzerklärung von SAP Sales Cloud und SAP Service Cloud

Da die SAP-Sales-Cloud- und SAP-Service-Cloud-Lösungen in die Kundenumgebung eingebunden sind und die Nutzung der Lösungen und die Verarbeitung der personenbezogenen Daten der Mitarbeiter normalerweise im Rahmen der bestehenden Arbeitsverträge als Rechtsgrundlage sowie die Verarbeitung der personenbezogenen Daten der im System geführten Kunden normalerweise im Rahmen der bestehenden Verträge als Rechtsgrundlage erfolgt, wird keine zusätzliche Einwilligung zu einer Datenschutzerklärung eingeholt.

Sie müssen also die Rechtsgrundlage für die Verarbeitung außerhalb von SAP Sales Cloud und SAP Service Cloud implementieren, z. B. durch die Arbeitsverträge mit den Mitarbeitern und die Verträge mit ihren Kunden.

13.6 Zusammenfassung

In diesem Kapitel haben wir dargestellt, dass die SAP-Cloud-Lösungen vielfältige Funktionen bieten, die Sie bei der Erfüllung der Anforderungen der DSGVO unterstützen. Da die SAP-Cloud-Lösungen verschiedene Geschäftsbereiche ansprechen, die jeweils unterschiedliche Anforderungen an den Datenschutz stellen, sind auch die bereitgestellten Funktionen unterschiedlich realisiert und ausgeprägt. Letztendlich kommt es darauf an, dass Sie Ihre eigene Konformität sicherstellen und die entsprechenden Funktionen vorfinden, mit denen Sie dies in Ihrem Umfeld tun können. Die wesentlichen Bereiche sind dabei die Anzeige, Korrektur und Ausgabe von personenbezogenen Daten, die Protokollierung, datenschutzkonforme Voreinstellungen und natürlich die Aufbewahrung, Sperrung und Löschung von personenbezogenen Daten. Die SAP-Cloud-Lösungen bieten diese Funktionen im Standard an, gewähren aber gleichzeitig auch die Flexibilität, um viele Einstellungen zu konfigurieren, sodass sie für die meisten Anwendungsbereiche genutzt werden können.

Kapitel 14

»Täglich grüßt das ...«: Schützen, Kontrollieren, Nachweisen und Kontrollen nachweisen

Geht es um Datenschutzkontrollen, wird sehr schnell auf Standards wie ISO/IEC 27018 zum Datenschutz in der Cloud oder auf den BSI-Grundschutzkatalog verwiesen. Das ist nicht falsch; wir gehen allerdings davon aus, dass es zunächst einmal notwendig ist, die Anforderungen aus der Rechtslage zu entwickeln, bevor auf den benannten Standard ISO/IEC 27018 oder andere Standards der ISO/IEC-27-Reihe zu verweisen ist.*

Dreh- und Angelpunkt des Themas *Kontrollen* ist Art. 5 DSGVO, da dort die Grundlagen der Verarbeitung beschrieben werden. Eine wesentliche Forderung ist dabei die Einhaltung der Rechenschaftspflicht nach Art. 5 Abs. 2 DSGVO. Wir wollen in diesem Kapitel aus den Rechtsgrundlagen einen umfangreichen Kontrollrahmen entwickeln. Dass diese Kontrollen, vor allem im Bereich der Integritätskontrollen eine hohe Übereinstimmung mit den bereits üblichen Kontrollen des *internen Kontrollsystems* (IKS) haben, ist offensichtlich. Betrachten Sie die notwendigen datenschutzrechtlichen fundierten Kontrollen als integralen Bestandteil Ihres IKS.

Stellen Sie sich vor ...

Die Aufsichtsbehörde führt eine Vor-Ort-Prüfung durch (siehe z. B. **Fokussierte Kontrollen (vor Ort)** unter *https://www.lda.bayern.de/de/kontrollen.html*). Es kommt die Frage auf, welche technisch-organisatorischen Maßnahmen eingesetzt werden, um die Sicherheit der Datenverarbeitung zu gewährleisten. Um auskunftsfähig zu sein, müssen die meisten Leserinnen und Leser dieses Buches nicht notwendigerweise diese Kontrollen einrichten können, aber Sie brauchen ein grundsätzliches Verständnis und einen Überblick hierzu. Auf der Basis dieses Kapitels können Sie gezielt Ihre IT befragen! Somit werden Sie der Aufsichtsbehörde gegenüber auskunftsfähig.

14.1 Kontrollrahmen und Grundlagen der Verarbeitung

In Abbildung 14.1 kommen wir auf den Kontrollkreis/Nachweiskreis zurück, den Sie bereits in Kapitel 1, »›Maßnehmen für Maßnahmen‹: Einführung«, kennengelernt haben.

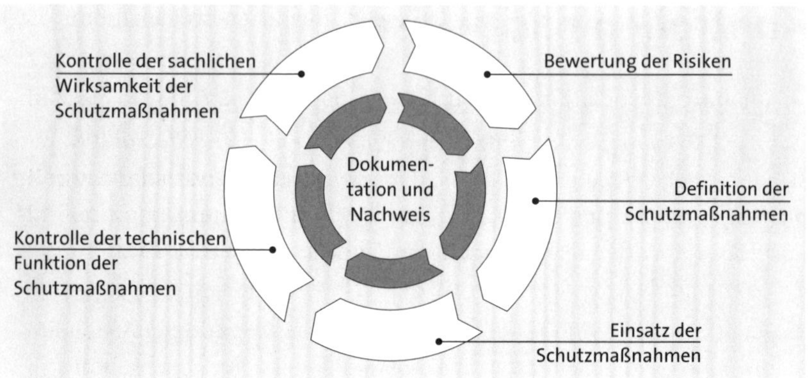

Abbildung 14.1 Kontrollkreis/Nachweiskreis

Dieser Kreis soll verdeutlichen, dass im Besonderen durch Art. 5 Abs. 2 i. V. m. Art. 24 Abs. 1 DSGVO ein »endloser« Kontrollkreis angestoßen wird. In diesem Kapitel steigen wir tiefer in das Thema *Kontrollen*, basierend auf den Anforderungen der DSGVO, ein.

Art. 5 Abs. 1 DSGVO benennt allgemein die Anforderungen, die an eine Datenverarbeitung personenbezogener Daten zu stellen sind. Art. 5. Abs. 2 begründet in Bezug auf diese Anforderungen eine umfassende Rechenschaftspflicht. Diese ist im Überblick in Abbildung 14.2 dargestellt.

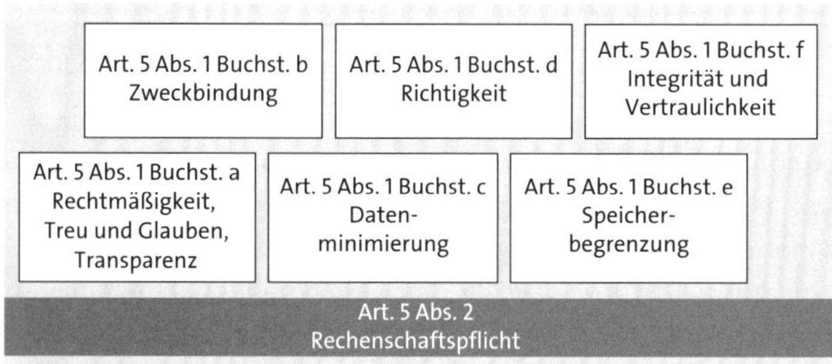

Abbildung 14.2 Allgemeiner Kontrollrahmen

Praktisch stellt sich nun die Frage, wie z. B. die Verarbeitung nach *Treu und Glauben* nachgewiesen werden kann. Der Antwort auf solche Fragestellungen nähern wir uns in den folgenden Ausführungen an.

14.2 Rechtmäßigkeit, Treu und Glauben und Transparenz

In diesem Abschnitt wollen wir Ihnen darstellen, welche Anforderungen sich in Bezug auf notwendige Kontrollen aus Art. 5 Abs. 1 Buchst. a DSGVO ableiten lassen, da dieser Artikel einer systematischen Interpretation bedarf.

Unsere Folgerungen sind in Abbildung 14.3 skizziert und sollen in diesem Abschnitt dargestellt werden. In der Abbildung wird verdeutlicht, dass die Anforderung der Rechtmäßigkeit auf die »Rechtmäßigkeit der Verarbeitung« gemäß Art. 6 DSGVO zu beziehen ist; Art. 6 DSGVO nennt wiederum als Verarbeitungsgrundlage die Einwilligung, die in Art. 7 DSGVO detailliert wird, und systematisch zwingend, zusammen mit Art. 8 DSGVO, der die Einwilligung bei Kindern regelt, zu betrachten ist. Ferner ist das Gebot der Rechtmäßigkeit eine Generalklausel; sie erzwingt die Beachtung aller Anforderungen der DSGVO, um die Rechtmäßigkeit nachzuweisen.

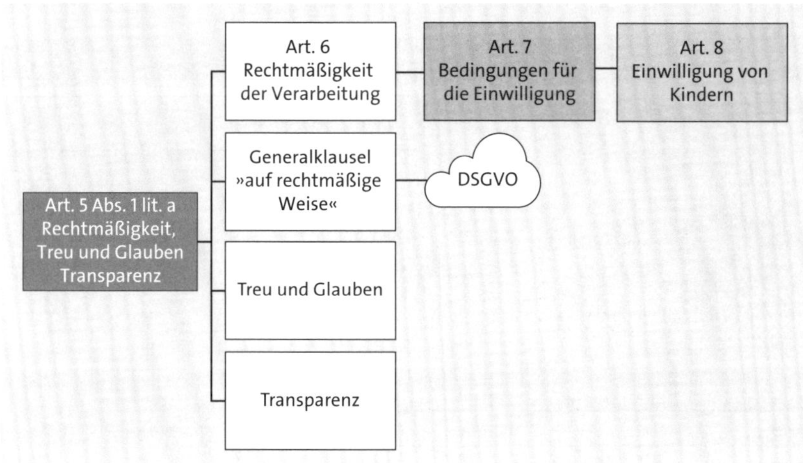

Abbildung 14.3 Ableitungen aus Art. 5 Abs. 1 Buchst. a DSGVO

14.2.1 Folgerungen aus Art. 5 Abs. 1 Buchst. a

Die Rechtmäßigkeit der Verarbeitung ergibt sich einerseits aus Art. 6 DSGVO, der die möglichen Grundlagen für die Verarbeitung aufzählt (Einwilligung, Vertragserfüllung, rechtliche Verpflichtung, lebenswichtige Interessen, öffentliches Interesse, berechtigtes Interesse). Die Einwilligung wird wiederum in Art. 7 DSGVO konkretisiert, um dann noch durch Sonderbedingungen für die Einwilligung von Kindern (Art. 8 DSGVO) ausgestaltet zu werden.

Immanente Konformität

Andererseits stellt Frenzel (Frenzel, 2017) in Art. 5 Rn 14–16 unter der Referenz auf ErwG 40 DSGVO dar, dass die Verarbeitung an sich rechtmäßig, also basierend auf den Anforderungen der DSGVO, erfolgen müsse. Einfacher ausgedrückt: Selbst wenn die Grundlage der Verarbeitung rechtmäßig ist, bleibt immer noch die Anforderung, dass sie auch rechtskonform, also im Sinne der DSGVO durchgeführt wird.

Die Anforderung nach *Treu und Glauben* ist schwerer zu fassen, u. a. auch deshalb, weil die deutschsprachige Übersetzung keinen anderen Begriff für *fairly* fand (siehe Frenzel, 2017, Rn 18–20). Pötters führt aus (Pötters, 2017 Rn 8–9), dass sich der Begriff fairly nur schwer positiv umschreiben lässt, um dann das Beispiel verborgener Techniken (heimliche Videoüberwachung, Spyware usw.) zu bemühen.

Das *Transparenzgebot* haben wir bereits ausführlich in Abschnitt 1.2.7, »Transparenzgebot«, diskutiert. Zur Erinnerung stellen wir es erneut in Abbildung 14.4 dar.

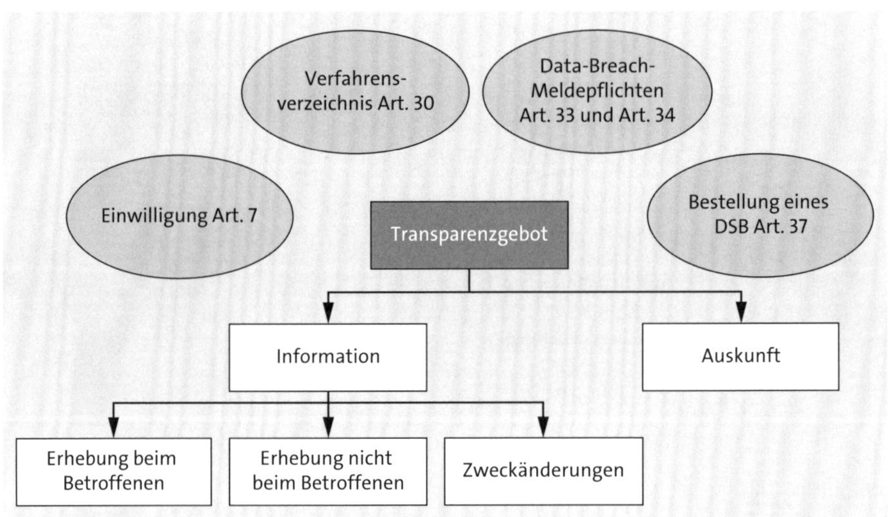

Abbildung 14.4 Transparenzgebot im weiteren Sinne

14.2.2 Kontrollmöglichkeiten für Art. 5 Abs. 1 Buchst. a

Nach der allgemeinen Erörterung wollen wir nun die Kontrollen konkretisieren. Dementsprechend geben wir Ihnen in Tabelle 14.1 einen Überblick über mögliche Kontrollen.

Anforderung	Inhalt	Kontrolle
rechtmäßige Verarbeitung – Grundlage	Nachweis der jeweiligen Rechtsgrundlage	organisatorische Kontrolle
rechtmäßige Verarbeitung – Generalklausel	umfassender Nachweis der technischen und organisatorischen Maßnahmen	organisatorische Kontrolle; technische Kontrolle
Treu und Glauben	Treu und Glauben	fallbezogene Würdigung
Transparenz	Nachweis der Vorabauskunft und der Auskunft	technische Kontrolle, ob vorhanden und ob technisch vollständig

Tabelle 14.1 Kontrollen nach Art. 5 Abs. 1 Buchst. a

14.3 Zweckbindung

Auf die *Zweckbindung* sind wir bereits in Abschnitt 1.3.1, »Zweckbindung der Verarbeitung«, sowie in Kapitel 4 zum Sperren und Löschen mit SAP Information Lifecycle Management eingegangen. Unsere Folgerungen aus Art. 5 Abs. 1 Buchst. b DSGVO sind in Abbildung 14.5 skizziert und sollen nachfolgend dargestellt werden.

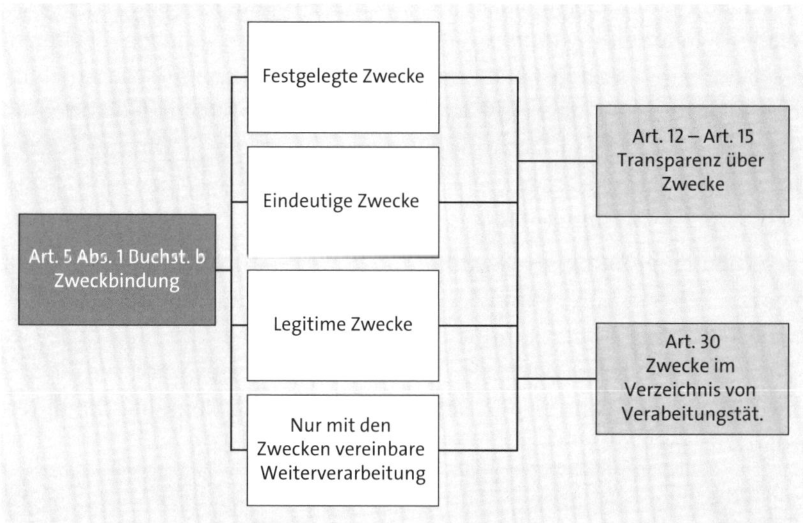

Abbildung 14.5 Ableitungen aus Art. 5 Abs. 1 Buchst. b

14.3.1 Folgerungen aus Art. 5 Abs. 1 Buchst. b

Die Maßgabe der vorangehenden Festlegung der Zwecke der Verarbeitung findet sich u. a. in den Art. 13 und 14 DSGVO so konkretisiert, dass die Zwecke der Verarbeitung Gegenstand der Information des Betroffenen zum Beginn der Verarbeitung sein müssen. Wie wir es in Kapitel 1, »›Maßnehmen für Maßnahmen‹: Einführung«, bereits dargelegt haben, gibt es zurzeit eine Fachdiskussion um den Zweckbergriff. Die Frage der Eindeutigkeit ließe sich trefflich diskutieren, wobei wir schnell in der Semantik landen würden. Der Begriff der Semantik selbst ließe sich dann in der Sprachwissenschaft, in der Philosophie, in der Juristerei und schließlich in der Informatik betrachten, um zu potenziell unterschiedlichen Schlüssen zu gelangen.

Eindeutigkeit in der Software

Aus der Sicht einer Standardsoftware kommend, werfen sich im Wesentlichen zwei Fragen auf, denen es sich zu folgen lohnt. Wie kann die Nutzung zweckbezogen eindeutig erfolgen, und wie kann die Nutzung zweckbezogen eindeutig nachgewiesen werden?

Eindeutig wäre zu ergänzen um *oder mehrfach eindeutig*: Wir haben in Kapitel 5, »›Struktur ist alles‹: Verarbeitung muss auf dem Zweck basieren«, zentrale Stammdaten wie den Kundenstammsatz angesprochen. Auch dieser muss eindeutig auf die jeweiligen Zwecke bezogen werden können. Da er aber mehreren Zwecken dienen kann, muss jeder einzelne Zweck eindeutig nachweisbar sein. In der Summe bliebe es dann eben bei mehrfacher Eindeutigkeit.

Die Antwort auf die erste Frage haben wirin unserem Kapitel 5, »›Struktur ist alles‹: Verarbeitung muss auf dem Zweck basieren«, gegeben: Personenbezogene Daten sind durch linien- und prozessorganisatorische Attribute so zu kennzeichnen, dass eine Verarbeitung zu unterschiedlichen Zwecken getrennt erfolgen kann. Die Antwort auf die zweite Frage ergibt sich aus der Antwort auf die erste Frage (siehe Kapitel 8, »›Transparenz gewinnt‹: Information Retrieval Framework«).

Legitim?

Die erneute Betonung der *Legitimität der Zwecke* führt aus unserer Sicht nicht zu weiteren Kontrollnotwendigkeiten. Dies gilt im Besonderen, da die Zweckfestlegung in der Summe ein organisatorischer Akt außerhalb der Software bleibt, der im besten Fall durch Compliance-Software, wie die SAP GRC Suite (SAP-Lösungen für Governance, Risk, and Compliance), unterstützt werden kann.

Weiterverarbeitung mit dem Zweck zu vereinbaren?

Abhängig davon, wie Sie die Zwecke fassen möchten, stellt sich die Frage der *Weiterverarbeitung* im Rahmen der Zwecke bereits bei den anwendbaren Aufbewahrungsvorschriften. Sofern Sie die Aufbewahrung z. B. im Rahmen der kaufmännischen Buchhaltungsvorschriften als eigenen Zweck fassen (und ex ante auch so definieren), fände keine mit dem Zweck vereinbarte

Weiterverarbeitung statt, sondern die Verarbeitung würde zum Zweck der Aufbewahrung im Rahmen der kaufmännischen Aufbewahrungsvorschriften erfolgen. In unserer Lesart, die den Zweck im eigentlichen betriebswirtschaftlichen Kernprozess verortet, würde die Aufbewahrung eine unbedingt mit dem ursprünglichen Zweck konforme Weiterverarbeitung darstellen. Soweit die abstrakte Diskussion!

Weiterverarbeitung der Daten

Konkreter wird die Frage der Weiterverarbeitung überall dort, wo Daten das System verlassen. Die Wahrscheinlichkeit, dass es sich bei einer Übergabe an das SAP Business Warehouse (SAP BW) um eine Weiterverarbeitung handelt, dürfte offensichtlich sein. Gleiches gilt für alle anderen Schnittstellen, auch die von uns bereits problematisierte Übertragung von Daten in Microsoft Excel. Konkret: Wenn für den Betriebsrat eine Liste von Mitarbeitern als Wählerliste aus dem System in Microsoft Excel abgezogen wird, dürfte die Annahme zulässig sein, dass dies sehr wohl noch als *Datenverarbeitung für Zwecke des Beschäftigungsverhältnisses* im Sinne des § 26 BDSG-neu verstanden werden kann. Die nächste, sich unmittelbar anschließende Frage wäre dann aber, wie das Unternehmen es sicherstellen kann, dass die Excel-Liste nur zu eben diesem Zweck genutzt wird, die personenbezogenen Daten also nur zu diesem Zweck weiterverarbeitet werden.

Der Umgang mit der Zweckbindung ist auch noch explizit in Art. 25 Abs. 2 DSGVO geregelt; dieser wird in Abschnitt 14.4, »Datenminimierung«, weiter verfolgt.

14.3.2 Kontrollmöglichkeiten für Art. 5 Abs. 1 Buchst. b

Nach der allgemeinen Erörterung wollen wir nun die Kontrollen konkretisieren. Dementsprechend geben wir Ihnen in Tabelle 14.2 einen Überblick über mögliche Kontrollen.

Anforderung	Inhalt	Kontrolle
festgelegte Zwecke	Sind die Zwecke (vorab) festgelegt?	technische Kontrolle, ob die Zwecke festgelegt sind ▪ Data Controller Rule Framework (DCRF) ▪ Information Retrieval Framework (IRF)
eindeutige Zwecke	Nachweis der Eindeutigkeit	organisatorische Kontrolle

Tabelle 14.2 Kontrollen nach Art. 5 Abs. 1 Buchst. b

Anforderung	Inhalt	Kontrolle
eindeutige Zwecke	Nachweis einer zweckbezogenen Datenhaltung	technische Kontrolle ■ Data Controller Rule Framework ■ Information Retrieval Framework ■ Kontrolle im SAP- Einführungsleitfaden (IMG)
legitime Zwecke	fallbezogene Würdigung	fallbezogene Würdigung
Weiterverarbeitung im Rahmen des Zwecks	Nachweis, dass die Weiterverarbeitung nur im Rahmen des Zwecks stattfindet	zweckgetrennte Datenhaltung Schnittstellenkontrollen

Tabelle 14.2 Kontrollen nach Art. 5 Abs. 1 Buchst. b (Forts.)

14.4 Datenminimierung

So wenig wie möglich

Unsere Folgerungen aus Art. 5 Abs. 1 Buchst. c DSGVO sind in Abbildung 14.6 skizziert: Die *Datenminimierung* erfordert, dass Daten zweckangemessen, zweckerheblich und auf das zwecknotwendige Maß beschränkt sein müssen. Dies ist u. a. durch entsprechende technisch-organisatorische Maßnahmen (TOM) sicherzustellen. Im Folgenden wollen wir diese Anforderungen weiter konkretisieren.

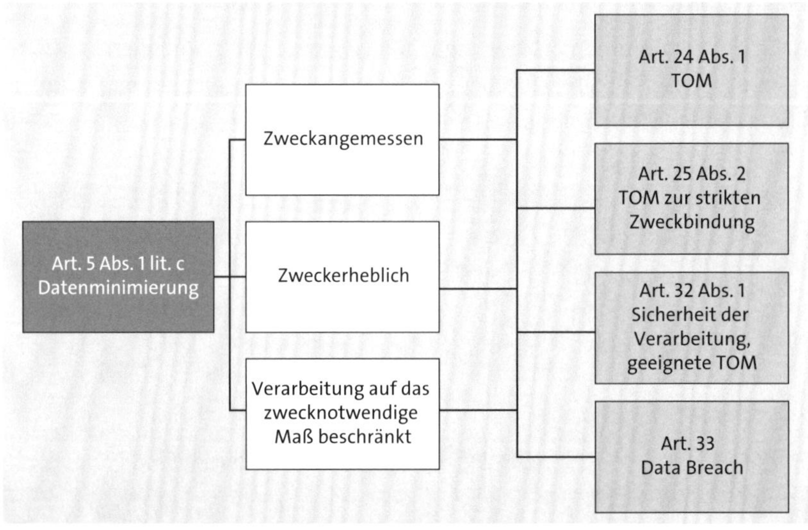

Abbildung 14.6 Ableitungen aus Art. 5 Abs. 1 Buchst. c

14.4.1 Folgerungen aus Art. 5 Abs. 1 Buchst. c

Die Daten müssen dem Zweck angemessen und erheblich sein. Was angemessen und erheblich bedeutet, wollen wir in zwei Schritten betrachten:

Dem Zweck angemessen

Es dürfen nur die Daten erhoben werden, die für den Umfang der Verarbeitung angemessen sind. Zur Angemessenheit führt Pötters aus (Pötters, 2017, Rn. 15):

> *Die Verarbeitung ist angemessen, wenn sie verhältnismäßig im engeren Sinne ist.*

[zB]

Gewerkschaftsmitgliedschaft

Ein schönes Beispiel ist das Verarbeiten der Gewerkschaftsmitgliedschaft unter dem offensichtlichen Vorwand, dass alle Gewerkschaften im Rahmen des Betriebsverfassungsgesetzes (BetrVG) bestimmte Informations- und Zutrittsrechte haben. Um diese gewähren zu können, müsse man wissen, welche Gewerkschaften im Betrieb vertreten sind.

Offensichtlich ist, dass tatsächlich ein Verzeichnis der im Betrieb vertreten Gewerkschaften benötigt wird. Dies kann ein Unternehmen jedoch sinnvollerweise durch andere Instrumente erreichen, über die deutlich weniger in die Grundrechte der Mitarbeiter eingegriffen wird.

Das Führen der Gewerkschaftsmitgliedschaft bei jedem Mitarbeiter wäre also aus unserer Sicht als *nicht dem Zwecke unter der Maßgabe der Verhältnismäßigkeit angemessen* abzulehnen. Es hat das Unternehmen schlicht nicht zu interessieren, ob Doris Musterfrau Mitglied der Gewerkschaft IG Beispiel ist; das Unternehmen braucht lediglich die Information, dass die IG Beispiel im Unternehmen vertreten ist.

Erheblich für den Zweck

Erheblich für den Zweck sind die Daten, die zur Verarbeitung im Rahmen des Zwecks notwendig sind. Ist ein Vertrag zustande gekommen, bei dem der Leistungserbringer dazu berechtigt ist, die Zahlung im IBAN-Verfahren einzuziehen, ist die IBAN-Nummer für den Zweck erheblich, da sie zwingend erforderlich ist. Denn ohne die IBAN-Nummer kann das Geschäft nicht abgeschlossen werden. Im oben genannten Beispiel ist die Angabe, ob eine konkrete Person Mitglied einer Gewerkschaft ist, auch nicht für den Zweck erheblich, selbst dann nicht, wenn diese Person das einzige Mitglied dieser Gewerkschaft im Betrieb wäre.

Verarbeitung auf das notwendige Maß beschränkt

Während die ersten beiden Begriffe eine primär inhaltliche Bewertung dazu, welche Daten verarbeitet werden dürfen, darstellt, ist die Beschränkung auf das notwendige Maß wesentlich umfassender. Die Verarbeitung von personenbezogenen Daten unterliegt damit:

- Zeitlichen Aspekten, zu welchen Zeitpunkten die Verarbeitung also erforderlich ist.
- Benutzerbezogenen Aspekten, welcher Benutzer also die Daten im Rahmen seiner Aufgabenerfüllung verarbeiten dürfen muss.

Pötters (Pötters, 2017, Art. 5 Rn. 22), geht so weit, auch die Häufigkeit der Nutzung zu problematisieren:

> *Das heißt, mehrfache Auswertungen von Daten, die weitgehend die gleichen Informationen enthalten, sind rechtswidrig. Wie so oft ist dies aber zunächst eine Rechtsmeinung, die durchaus nicht unumstritten ist.*

Eine abweichende Ansicht vertreten z. B. Böhm und Ströbel (Böhm und Ströbel, 2017, Art. 5 Rn. 19):

> *Anders als der Begriff Datenminimierung impliziert, beschränkt Art. 5 Abs. 1 lit c. DSGVO Datenverarbeitungen nicht auf das absolute Minimum. Ob eine Datenverarbeitung gegen den Grundsatz der Datenminimierung verstößt, hängt vielmehr von einer Angemessenheitsprüfung ab.*

Technisch-organisatorische Maßnahmen

Art. 24 DSGVO regelt nun, »dass geeignete technische und organisatorische Maßnahmen« zu treffen sind. Art. 25 Abs. 2 DSGVO verdeutlicht, dass »grundsätzlich nur personenbezogene Daten, deren Verarbeitung für den jeweiligen bestimmten Verarbeitungszweck erforderlich ist, verarbeitet werden«. Art. 32 wiederum bestimmt für die Sicherheit der Verarbeitung, dass »geeignete technische und organisatorische Maßnahmen, um ein dem Risiko angemessenes Schutzniveau zu gewährleisten«, zu treffen sind.

TOM haben wir bereits in Abschnitt 1.3.4, »Technisch-organisatorische Maßnahmen (TOM)«, beschrieben. In Bezug auf die Datenminimierung dürfte es sich bei diesen Maßnahmen insbesondere um die folgenden handeln:

- Zugangskontrolle
- Datenträgerkontrolle
- Speicherkontrolle
- Benutzerkontrolle
- Zugriffskontrolle
- Übertragungskontrolle
- Transportkontrolle
- Auftragskontrolle
- Trennbarkeit

Ergänzend zu den TOM sind in jedem Fall zu nennen:

- das Sperren und Löschen personenbezogener Daten
- die Verschlüsselung

Der u. a. in Art. 32 Abs. 1 Buchst. a genannten Pseudonymisierung stehen wir aus den in Abschnitt 1.2.13, »Sicherheit der Verarbeitung«, genannten Gründen in Bezug auf die tatsächliche Realisierbarkeit kritisch gegenüber und bevorzugen daher den Begriff *Entpersonalisierung*.

14.4.2 Kontrollmöglichkeiten nach Art. 5 Abs. 1 Buchst. c

Nach dieser allgemeinen Erörterung wollen wir nun die Kontrollen konkretisieren. Dementsprechend geben wir Ihnen in Tabelle 14.3 einen Überblick über mögliche Kontrollen.

Anforderung	Inhalt	Kontrolle
angemessen für den Zweck	Erhobene Daten müssen angemessen im Sinne von verhältnismäßig sein.	organisatorische Kontrolle
erheblich für den Zweck	Die Daten müssen erheblich im Sinne von notwendig sein.	organisatorische Kontrolle; fallweise technische Kontrollen; denkbar: Verwendungsnachweise
auf das notwendige Maß beschränkt	Verarbeitung darf nur für den Zweck erfolgen.	▪ zweckgetrennte Datenhaltung ▪ technische Kontrolle ▪ Data Controller Rule Framework ▪ Information Retrieval Framework ▪ Kontrolle im IMG
auf das notwendige Maß beschränkt	Entsprechende Zugriffsbeschränkung ist erforderlich.	organisatorische Kontrollen: ▪ organisatorische Weisungen technische Kontrollen: ▪ Authentifizierung ▪ Minimalprinzip im Berechtigungskonzept ▪ Speicherkontrolle ▪ Zugriffsprotokollierung ▪ Übermittlungskontrolle ▪ Transportkontrolle ▪ Verschlüsselung

Tabelle 14.3 Kontrollen nach Art. 5 Abs. 1 Buchst. c

14

Anforderung	Inhalt	Kontrolle
auf das notwendige Maß beschränkt	Entpersonalisierung von Daten ist erforderlich.	technische Kontrollen, z. B. Entpersonalisierung von Testsystemen
auf das notwendige Maß beschränkt	Der zeitlichen Zugriff ist entsprechend zu gestalten.	technische Kontrollen: ■ Daten sperren, wenn sie nur noch aus rechtlichen Gründen aufbewahrt werden; ■ Daten löschen, wenn sowohl der Zweck als auch die rechtlichen Aufbewahrungsgründe entfallen sind.

Tabelle 14.3 Kontrollen nach Art. 5 Abs. 1 Buchst. c (Forts.)

14.5 Richtigkeit

Unsere Folgerungen aus Art. 5 Abs. 1 Buchst. d DSGVO sind in Abbildung 14.7 skizziert. Die *Richtigkeit* der Daten lässt sich in drei Bereiche untergliedern: die Richtigkeit der Daten, die Aktualität der Daten und die Notwendigkeit, Daten, die für den Zweck nicht richtig sind, zu berichtigen oder zu löschen. Dies wird in den Art. 16 und 18 DSGVO explizit erläutert.

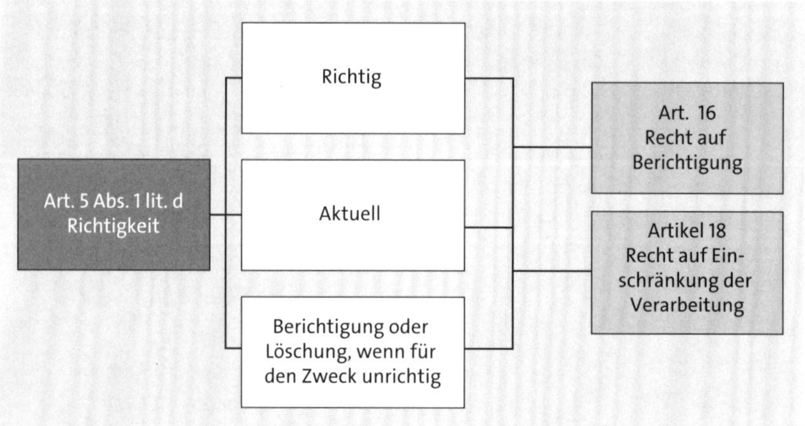

Abbildung 14.7 Ableitungen aus Art. 5 Abs. 1 Buchst. d

14.5.1 Folgerungen aus Art. 5 Abs. 1 Buchst. d

Die Anforderung, dass personenbezogene Daten richtig und erforderlichenfalls aktuell sein müssen, scheint dem Wesensgehalt einer SAP-ERP-

Lösung nach schon aus betriebswirtschaftlichen Gründen immanent zu sein. Personenbezogene Daten werden schließlich in einem SAP-ERP-System verarbeitet, um auf einer rationalen Grundlage Entscheidungen treffen und Geschäfte abwickeln zu können. Betriebswirtschaftlich können in diesem Sinne falsche Daten teure Daten werden. Doch es geht im Datenschutz nicht um das unternehmerische Risiko von falschen Daten, die zu falschen Entscheidungen führen können, sondern um die Rechte der Betroffenen. Falsche Daten über einen Menschen können zu falschen Einschätzungen oder auch Entscheidungen über diesen Menschen führen. Der aufgrund eines falschen Kreditratings nicht vergebene Kredit ist ein solches Beispiel.

Falsche Angaben

Die DSGVO definiert aus diesem Grund die allgemeine Anforderung, dass Daten sachlich richtig sein müssen. Neben alltagsüblichen Fehlern, wie die falsche Schreibweise eines Namens, können auch weitere deutlich problematischere Angaben falsch sein.

So können z. B. die Angaben zur Kreditwürdigkeit falsch sein und im Falle einer ungerechtfertigt schlechten Kreditwürdigkeitsbewertung zu negativen Folgen für den Betroffenen führen, denn dem Betroffenen werden hierdurch z. B. schlechtere Zahlungskonditionen angeboten.

Aktualität

Ein durchaus nicht selten vorkommendes Problem entsteht aus personenbezogenen Daten, die sich auf Angehörige beziehen. Werden diese nach einer Scheidung nicht korrigiert, können unterschiedliche unerwünschte Effekte eintreten, wie z. B. Überweisungen an den Ex-Partner. Auch die zum Punkt *Richtigkeit* erwähnte Kreditwürdigkeit ist immer als zeitabhängig zu betrachten. Ein negatives Scoring aus der Vergangenheit muss nicht die aktuelle Zahlungsmoral des Betroffenen abbilden. Dies gilt betriebswirtschaftlich naturgemäß auch im entgegengesetzten Falle.

Berichtigungsanspruch

Verbunden mit dem Anspruch auf Richtigkeit und Aktualität ist der Rechtsanspruch des Betroffenen, dass unrichtige personenbezogene Daten berichtigt werden. Dieser Rechtsanspruch findet in Art. 16 DSGVO seinen Ausdruck.

Einschränkung der Verarbeitung

Ebenso ist das Recht auf Einschränkung der Verarbeitung u. a. für den Fall definiert, dass die Richtigkeit der verarbeiteten Daten von der betroffenen Person bestritten wird (Art. 18 Abs. 1 Buchst. a).

14.5.2 Kontrollmöglichkeiten für Art. 5 Abs. 1 Buchst. d

Nach dieser allgemeinen Erörterung wollen wir die Kontrollen konkretisieren. Tabelle 14.4 gibt einen Überblick über mögliche Kontrollen.

Anforderung	Inhalt	Kontrolle
Richtigkeit	Die Daten müssen für die Zwecke richtig sein.	organisatorische Kontrollen: ▪ Berichtigungsprozedere technische Kontrollen: ▪ Doublettenprüfung. ▪ Stammdatenmanagement
Aktualität	Die Daten müssen für die Zwecke aktuell sein.	organisatorische Kontrollen: ▪ Berichtigungsprozedere technische Kontrollen: ▪ Doublettenprüfung ▪ Stammdatenmanagement ▪ Verfahren, wann Scoring-Werte ungültig werden
Berichtigungsanspruch	Die Daten müssen berichtigt werden.	organisatorische Kontrollen: ▪ Berichtigungsprozedere

Tabelle 14.4 Kontrollen nach Art. 5 Abs. 1 Buchst. d

14.6 Speicherbegrenzung

Unsere Folgerungen aus Art. 5 Abs. 1 Buchst. e DSGVO sind in Abbildung 14.8 skizziert: Aus der *Speicherbegrenzung* ergibt sich unmittelbar die Notwendigkeit, die Identifizierbarkeit der Person zeitlich zu limitieren, z. B. durch eine Löschung.

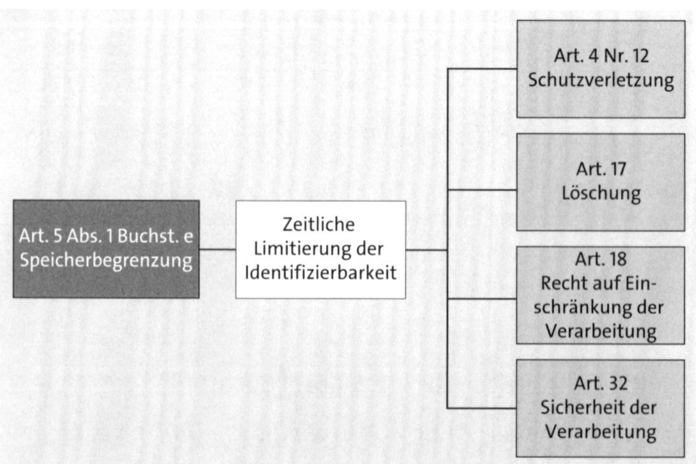

Abbildung 14.8 Ableitungen aus Art. 5 Abs. 1 Buchst. e

Geschieht dies nicht, kann im Falle der Verarbeitung etwaig von einer Schutzverletzung ausgegangen werden. Die zeitliche Begrenzung ist auch mittelbar Gegenstand des Art. 32 DSGVO. Das Recht auf Einschränkung der Verarbeitung führt etwaig entgegengesetzt zu dem Effekt, dass Daten zwar vor dem Zugriff gesperrt, aber zeitlich länger zur Verfügung stehen. Dies wollen wir nun nachfolgend vertiefen.

14.6.1 Folgerungen aus Art. 5 Abs. 1 Buchst. e

Die Speicherbegrenzung zielt darauf ab, dass personenbezoge Daten nur so lange verarbeitet werden, wie dies zur Erfüllung des Zwecks erforderlich ist. Wir hatten verschiedentlich schon darauf hingewiesen, dass die Erforderlichkeit auch für eine notwendige Aufbewahrung im Rahmen von rechtlichen Pflichten einschlägig ist.

Frenzel (Frenzel, 2017 Art. 5 Rn. 45) diskutiert die Abtrennung von Daten, deren Verarbeitung nicht mehr zweckbezogen notwendig ist, von Daten, für die es weiterhin rechtfertigende Grundlagen gibt.

Wir gehen davon aus, dass die Speicherbegrenzung bei rechtssystematischer Interpretation mit einer Sperrverpflichtung einhergeht. Diese würde letztlich im Konzept des vereinfachten Sperrens und Löschens (siehe Kapitel 4, »›Auch das Ende muss bestimmt sein‹: Sperren und Löschen mit SAP Information Lifecycle Management«) auch die Annahmen von Frenzel abdecken. Abbildung 14.9 verdeutlicht unsere Annahme der zeitlich begrenzten Nutzung im Kontext der DSGVO. Ist die Speicherung fehlerhaft nicht begrenzt, kann der Tatbestand der Schutzverletzung (Art. 4 Nr. 12 DSGVO) gegeben sein.

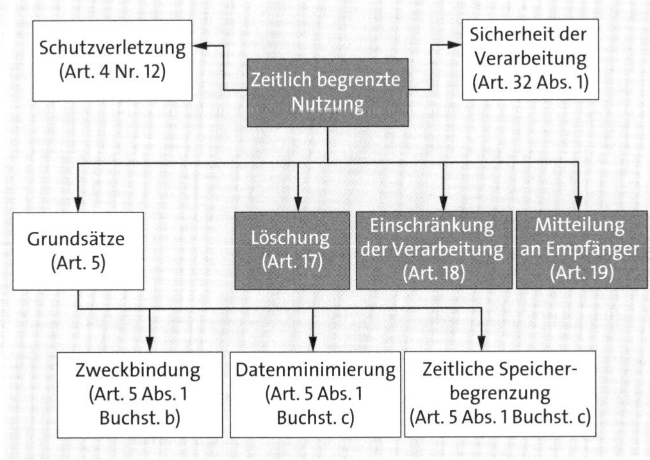

Abbildung 14.9 Speicherbegrenzung – Sperren und Löschen

Ferner ist eine unterbliebene Sperrung oder Löschung wohl auch ein Verstoß gegen die Sicherheit der Verarbeitung nach Art. 32 Abs. 1. Die Notwendigkeit des Sperrens ergibt sich zudem aus den Grundsätzen gem. Art. 5 DSGVO, nämlich Zweckbindung und Datenminimierung. Eine besondere Art des Sperrens ergibt sich aus Art. 18 DSGVO (Einschränkung der Verarbeitung), der die Anforderung aufstellt, dass – unter bestimmten Bedingungen – Daten auf Betreiben des Betroffenen wirksam zu sperren sind und diese Sperrung auch eine Sperrung gegen Löschung bedeutet.

Zur Speicherbegrenzung gehört ferner das Pseudonymisieren, das nach Art. 5 Abs. 1 Buchst. e mit den folgenden Worten umschrieben wird: »... in einer Form gespeichert werden, die die Identifizierung der betroffenen Personen nur so lange ermöglicht, wie es für die Zwecke, für die sie verarbeitet werden, erforderlich ist.« Dies kann nach unserer Auffassung sowohl als Pseudonymisierung als auch als Anonymisierung verstanden werden. Dass eine echte Pseudonymisierung oder echte Anonymisierung schlicht nicht mit werthaltigen Daten erreicht werden kann, haben wir in Abschnitt 1.2.13, »Sicherheit der Verarbeitung«, dargelegt und dort den alternativen Begriff des Entpersonalisierens eingeführt.

14.6.2 Kontrollmöglichkeiten für Art. 5 Abs. 1 Buchst. e

In Tabelle 14.5 geben wir einen Überblick über mögliche Kontrollen.

Anforderung	Inhalt	Kontrolle
Speicherbegrenzung	zeitliche Limitierung der Nutzung und/oder Identifizierbarkeit	technische Kontrollen: ▪ ob regelbasierte Datenlöschung ▪ ob regelbasierte Datensperrung ▪ Entpersonalisieren

Tabelle 14.5 Kontrollen nach Art. 5 Abs. 1 Buchst. e

14.7 Integrität und Vertraulichkeit

Unsere Folgerungen aus Art. 5 Abs. 1 Buchst. f DSGVO sind in Abbildung 14.10 skizziert.

Systematisch lassen sich drei wesentliche Bereiche herausstellen: die angemessene Sicherheit der Verarbeitung, der Schutz vor unrechtmäßiger oder unbefugter Verarbeitung sowie der Schutz vor unbeabsichtigtem Verlust,

Zerstörung oder Schädigung. Diese drei Bereiche werden in den weiter angeführten Artikeln der DSGVO konkretisiert. Nachfolgend stellen wir die Anforderungen detaillierter dar.

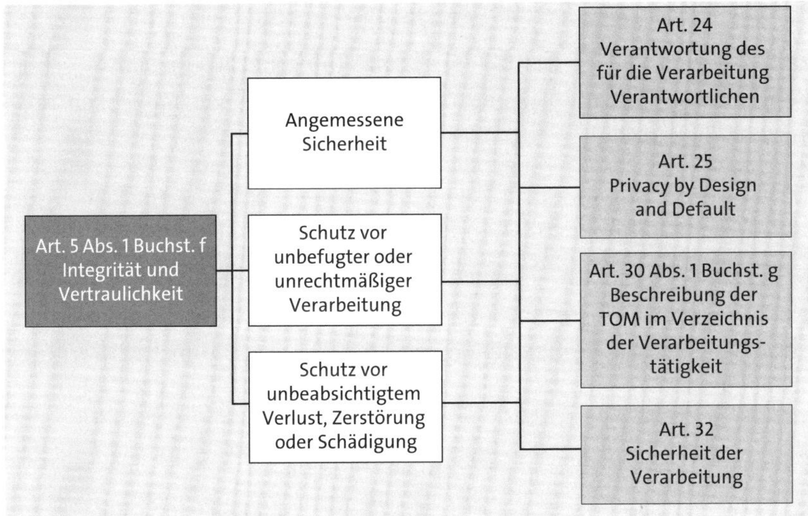

Abbildung 14.10 Ableitungen aus Art. 5 Abs. 1 Buchst. f

14.7.1 Folgerungen aus Art. 5 Abs. 1 Buchst. f

Die Folgerungen aus Art. 5 Abs. 1 Buchst. f lassen sich in einem Satz zusammenfassen: Sorgen Sie für geeignete technisch-organisatorische Maßnahmen! Diese werden dann auch in den Art. 24, 25 und 32 DSGVO gefordert und sollen im Verzeichnis der Verarbeitungstätigkeiten nach Art. 30 Abs. 1 Buchst. g DSGVO ausgewiesen werden.

Was bedeuten nun aber Integrität und Vertraulichkeit? Das Bundesamt für Sicherheit in der Informationstechnik (BSI) definiert Integrität wie folgt (Bundesamt für Sicherheit in der Informationstechnik, 2013):

> *Integrität bezeichnet die Sicherstellung der Korrektheit (Unversehrtheit) von Daten und der korrekten Funktionsweise von Systemen. Wenn der Begriff Integrität auf »Daten« angewendet wird, drückt er aus, dass die Daten vollständig und unverändert sind. In der Informationstechnik wird er in der Regel aber weiter gefasst und auf »Informationen« angewendet. Der Begriff »Information« wird dabei für »Daten« verwendet, denen je nach Zusammenhang bestimmte Attribute wie z. B. Autor oder Zeitpunkt der Erstellung zugeordnet werden können. Der Verlust der Integrität von Informationen kann daher bedeuten, dass diese unerlaubt verändert, Angaben zum Autor verfälscht oder Zeitangaben zur Erstellung manipuliert wurden.*

Ferner definiert das BSI Vertraulichkeit wie folgt (ebd.):

> *Vertraulichkeit ist der Schutz vor unbefugter Preisgabe von Informationen. Vertrauliche Daten und Informationen dürfen ausschließlich Befugten in der zulässigen Weise zugänglich sein.*

Zunächst aber wenden wir uns dem Thema Integrität zu, um dann abschließend zu betrachten, welche Punkte im Kontext der Vertraulichkeit noch hervorzuheben sind.

14.7.2 Kontrollmöglichkeiten für Art. 5 Abs. 1. Buchst. f

Nachfolgend wollen wir einen Überblick über mögliche Kontrollen geben, diesmal jedoch zunächst in grafischen Darstellungen. Abbildung 14.11 weist die aus unserer Sicht offensichtlichen Kontrollpunkte zum Stichwort Integrität aus.

Wir bieten »nur« einen notwendigen Überblick

Die hier dargestellten Möglichkeiten dienen dazu, Ihnen einen Überblick zu verschaffen. Dieser Überblick kann nicht ins technische Detail gehen. Prüfen Sie für konkrete Fragen immer die Sicherheitsleitfäden unter *https://help.sap.com*

Schwachstellen im Code

Wir beginnen mit der Fragestellung, wie sicher Ihr Code ist. SAP prüft den eigenen Code u. a. mit sogenannten *Code-Scans*; diese kontrollieren, ob *Vulnerabilities* – also Schwachstellen im Code – vorhanden sind. Klassische Beispiele sind fest codierte Passwörter, Hintertüren, aber auch Schwachstellen wie *Cross-Site Scripting*.

Cross-Site Scripting

Cross-Site Scripting ist das Ausnutzen einer Sicherheitslücke in Webanwendungen, bei der vereinfacht Information aus einer nicht vertrauenswürdigen Seite in eine vertrauenswürdige Seite eingefügt wird. Aus dieser vertrauenswürdigen Seite kann dann ein Angriff gestartet werden.

Schwachstellen entstehen immer wieder, auch im kundeneigenen Code. Relativ häufig werden z. B. in kundeneigenen Programmen keine Berechtigungsprüfungen verbaut. Es hilft also nicht allein, dass SAP intensiv den eigenen Code überwacht, sondern auch kundeneigener Code muss vergleichbaren Verfahren unterzogen werden.

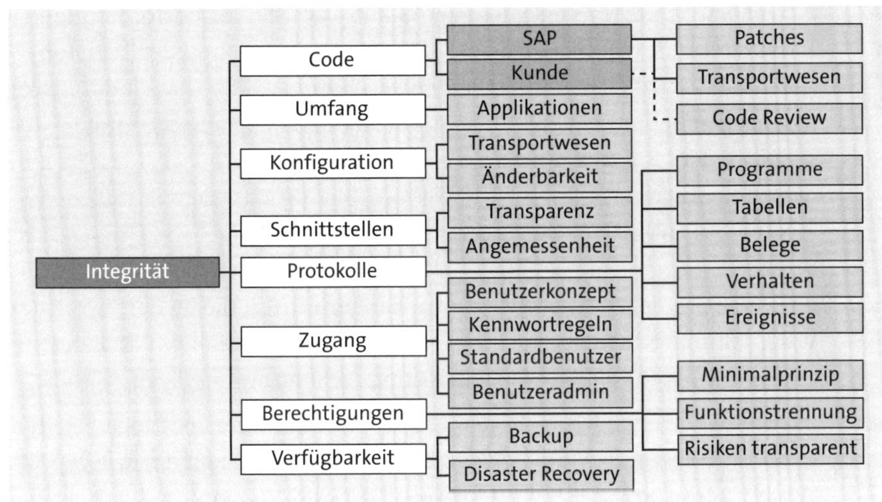

Abbildung 14.11 Kontrollpunkte zur Integrität

SAP hat seit Jahren einen Security-Response-Prozess eingeführt, um Schwachstellen, die nach der Lieferung aufgedeckt werden, unverzüglich beseitigen zu können. Dazu liefert SAP sogenannte *Patches* aus. Ein Patch ist ein meist kleineres Software-Update, um Lücken zu schließen oder Fehler zu beheben. Doch auch damit ist es nicht getan. Denn diese müssen auch eingespielt werden, wenn sie relevant sind.

Transportwesen

Alle Codeänderungen in einem produktiven System müssen Sie grundsätzlich über den produktiven Mandanten über das Transport-Management-System erreichen. Dies ist erforderlich, um Änderungen im System oder im datenschutzrechtlichen Sinne im Verfahren nachweisen und kontrollieren zu können.

Nutzungsumfang

In der SAP Business Suite und in SAP S/4HANA stehen zahlreiche Anwendungen für die unterschiedlichen betriebswirtschaftlichen Abläufe zur Verfügung. Transparenz über deren Nutzung ist elementar, um Ihr Verfahren abzusichern. Dies gilt einerseits für den Überblick über die Nutzung, andererseits auch für den Überblick über den Releasestand.

Konfiguration

Die Konfiguration des Systems ist die Summe aller gewünschten Einstellungen. Jede Änderung an der Konfiguration soll grundsätzlich über Transportaufträge laufen. Das heißt, auch hier ist das Transport-Management-System wichtig. Ferner muss durch Mandanteneinstellungen sichergestellt werden, dass Änderungen im produktiven Mandanten nicht möglich sind, sondern das System über den kontrollierten Transportweg erreichen.

Schnittstellen – Inventarisierung und Angemessenheit

Wir haben schon an verschiedenen Stellen auf die Herausforderung der *Schnittstellen* hingewiesen, bisher überwiegend im Sinne der Datenübermittlungskontrolle. Schnittstellen stellen darüber hinaus auch ein Risiko dar, da über Schnittstellen Informationen in den Mandanten gelangen – im schlimmsten Fall kann hierdurch auch bösartiger Code in das System gelangen. Auch aus diesem Grund ist es wichtig, dass Schnittstellen vollständig inventarisiert und auch hinreichend auf ihre Angemessenheit geprüft sind. Angemessen bedeutet in diesem Zusammenhang, dass nur die Daten/Datenarten in das System gelangen dürfen, die für den Zweck der Verarbeitung erheblich sind. Dazu ist es. u. a. notwendig, das Berechtigungskonzept für die Schnittstellen entsprechend auszuprägen.

Protokollierung

Die SAP Business Suite und SAP S/4HANA bieten zahlreiche Möglichkeiten der *Protokollierung*. Wir gehen später exemplarisch darauf ein, wie geprüft werden kann, ob diese auch »angeschaltet« sind. Zu nennen sind in Bezug auf Integrität die folgenden Optionen:

- Programmänderungen
- Tabellenprotokollierung
- Änderungsprotokollierung
- Verhaltensprotokollierung
- Ereignisprotokollierung

Protokollierung von Programmänderungen

Da Programmänderungen grundsätzlich den produktiven Mandanten nur über das Transport-Management-System erreichen dürfen, müssen Änderungen über das Transport-Management-System und die Versionsverwaltung nachvollzogen werden.

Tabellenänderungsprotokollierung

Die Tabellenprotokollierung protokolliert Änderungen an Tabellen, sofern diese Tabellen entsprechend gekennzeichnet sind und die Tabellenprotokollierung aktiv geschaltet ist. Die Tabellenprotokollierung zielt weitaus überwiegend auf die Änderungen von Konfigurationen ab, jedoch weniger auf die Änderung von betriebswirtschaftlichen Daten; hierzu ist eine eigene Änderungsprotokollierung vorgesehen. Da auch Konfigurationen in aller Regel nur in einem Vormandanten, nicht aber im produktiven Mandanten erfolgen sollen, muss eine eigene Tabellenprotokollierung im Transport-Management-System aktiv geschaltet werden. Beide Protokollierungen ermöglichen dann in der Summe einen Überblick über Änderungen an der Konfiguration.

Änderungsprotokollierung

Grundsätzlich sind in der SAP Business Suite und in SAP S/4HANA umfangreiche Änderungsprotokolle aktiv. Für den Gegenstand der Systemintegrität spielen dabei die Inhalte weniger eine Rolle, als der Nachweis der Protokollierung an sich. Die Inhalte der Änderungsprotokolle sind u. a.

erheblich für die Betroffenenrechte. Die Protokolle betreffen die Belege und Stammdaten.

Verhaltensprotokollierung

Wie jedes ordnungsgemäße System gestatten auch die SAP Business Suite und SAP S/4HANA die Protokollierung des Benutzerverhaltens in verschiedenen Protokollen. Diese Protokollierungen sind – aus unserer Sicht – datenschutzrechtlich zwingend. Der Arbeitskreis »Technische und organisatorische Datenschutzfragen« der Konferenz der Datenschutzbeauftragten des Bundes und der Länder empfiehlt (Arbeitskreis »Technische und organisatorische Datenschutzfragen«, 2009):

> *Der Zweck der Protokollierung besteht darin, ein Verfahren zur Verarbeitung personenbezogener Daten so transparent zu machen, dass die Ordnungsmäßigkeit bzw. ein Verstoß gegen die Ordnungsmäßigkeit einer Verarbeitung personenbezogener Daten nachweisbar ist. Die Protokolldaten müssen darüber Auskunft geben können, wer wann welche personenbezogenen Daten in welcher Weise [damit auch lesend: die Verf.] verarbeitet hat. [...] Sie müssen die tatsächlich erfolgten Operationen, die beteiligten Anwendungen, Maschinen und Personen mit Zeitbezug korrekt dokumentieren.*

Protokolliert werden standardmäßig u. a.:

- Anmeldungen im System und Passwortänderungen
- ausgeführte Transaktionen/Programme
- Tabellenänderungen (s. o.)
- Erfassen und Ändern von Stammdaten (s. o.)
- das Ergebnis der jeweils letzten Berechtigungsprüfung

Leseprotokollierung

Ergänzend zu diesen allgemeinen Protokollierungsoptionen wurde eine *Leseprotokollierung* bereitgestellt, die es gestattet, den rein lesenden Zugriff auf personenbezogene Daten zu protokollieren. Diese haben wir in Kapitel 9, »›Schau mal, wer da liest‹: Read Access Logging«, umfassend beschrieben. Auch diese Protokollierung ist im Kontext der Integrität nur insoweit erheblich, als dass ihre Funktion zum notwendigen Umfang eines integeren Systems gehört. Die Inhalte sind erheblich, z. B. zum Nachweis und zur Kontrolle des Minimalprinzips.

Ereignisprotokollierung

Generell werden im System an zahlreichen Stellen Ereignisse protokolliert. Für den Nachweis der Systemintegrität ist im Besonderen das *Security Audit Log* zu nennen. Dieses dient der Protokollierung sicherheitsrelevanter Ereignisse.

Zugangskontrollen

Der Systemzugang muss auf namentliche Benutzer beschränkt sein. Dies ist Gegenstand eines Benutzerkonzepts und gilt auch für technische Benutzer, z. B. in den RFC-Schnittstellen. Da es sich bei der Benutzer-ID technischer Benutzer nicht um die Benutzer-ID natürlicher Personen handelt, bedarf es für diese eines einschlägigen zweckbezogenen Namenskonzepts. Zum Benutzerkonzept gehört auch die regelmäßige Prüfung, ob diese Benutzer auch genutzt werden. Nicht genutzte Benutzer sind letztlich ein Beweis dafür, dass Personen Rechte im System eingeräumt wurden, ohne dass es dafür einen Grund gibt, somit besteht die Evidenz eines Verstoßes gegen die Zweckbindung.

Kennwortregeln

Sofern nicht Single Sign-On (SSO) genutzt wird, muss es sinnvolle *Kennwortregelungen* im System geben. Sowohl Single Sign-On als auch die Kennwortregeln sind Gegenstand sogenannter Systemparameter.

Sonderbenutzer

Sonderbenutzer sind Benutzer, die im Rahmen des Installationsprozesses angelegt werden. Diese Sondernutzer haben umfangreiche und teilweise alle Berechtigungen im System. Sie sind somit kritische Benutzer. Einige der expliziten Empfehlungen von SAP zu diesen Sonderbenutzern lauten (Sonderbenutzer schützen, 2017):

- Stellen Sie sicher, dass `SAP*` vorhanden ist und in allen Mandanten deaktiviert wurde.
- Stellen Sie sicher, dass die Standardkennwörter für `SAP*`, `DDIC` und `EARLYWATCH` geändert wurden.
- Stellen Sie sicher, dass diese Benutzer in allen Mandanten zu der Gruppe `SUPER` gehören.
- Sperren Sie die Benutzer `SAP*`, `DDIC` und `EARLYWATCH`. Entsperren Sie sie nur, wenn es unbedingt erforderlich ist.

Berechtigungsadministration

Den nachfolgenden Abschnitt haben wir aus dem Buch »SAP-Berechtigungswesen« übernommen; dort finden sich auch weitere Ausführungen zur Benutzer- und Berechtigungsadministration (Lehnert, Stelzner, Otto und John, 2016, S. 736).

Die Sicherheitsleitfäden von SAP sind in Bezug auf die Berechtigungsverwaltung, die eingehalten werden muss, eindeutig: Berechtigungen und Benutzer im produktiven System dürfen nicht von einem einzigen Benutzer gepflegt werden. Eine Funktionstrennung in drei beteiligte Benutzer wird dringend angeraten:

- **Rollenadministrator**
  Der Rollenadministrator pflegt die Berechtigungen in Rollen, darf aber weder die zugehörigen Profile generieren noch sie den Benutzern zuordnen.

- **Benutzerverwalter**
  Der Benutzerverwalter darf die Benutzerstammsätze pflegen und Rollen zuweisen, aber weder Rollen ändern noch die dazugehörigen Profile generieren.
- **Profilverwalter**
  Der Profilverwalter darf die zu den Rollen gehörenden Profile generieren, aber weder die Rollen ändern noch zuordnen.

Darüber hinaus müssen Sie im produktiven System über Benutzergruppen sicherstellen, dass kein Benutzer seine eigenen Rollen ändern kann.

Berechtigungen

In Kapitel 7, »›Die Struktur berechtigt‹: Auswirkungen auf das Berechtigungskonzept«, sind wir auf das Berechtigungskonzept eingegangen. In Bezug auf das Thema *Integrität des Systems* kann schon einmal festgestellt werden, dass sowohl die SAP Business Suite als auch SAP S/4HANA ein Berechtigungskonzept bereitstellen, dass die Integrität des Systems ausreichend absichert. Wesentlich ist es jedoch, dass angemessene Kontrollen aufgesetzt werden.

Transparente Risiken – Berechtigungen

Auf das Thema *Risikodefinitionen im Berechtigungswesen* sind wir in Abschnitt 7.4, »Berechtigungsrisiken«, umfänglich eingegangen. Die dortigen Ausführungen beschreiben den Kontrollrahmen zu diesem Punkt hinlänglich.

Verfügbarkeit

Das Thema *Verfügbarkeit der Daten* ist wohl eines der ältesten Themen der IT und hat jedem von uns schon üble Streiche gespielt. Vielen von uns sind während des Studiums eine Hausarbeit, Teile der Diplomarbeit oder eine andere wichtige Arbeit durch einen Absturz des Computers verloren gegangen. Erst danach dachten wir über regelmäßige Backups nach. Üblicherweise werden zur Verfügbarkeit drei Ansätze diskutiert:

- Backup
- Disaster Recovery
- Business Continuity

Das Backup ist eine »schlichte«, meist periodische externe Sicherung. Das BSI definiert das Backup (oder die Datensicherung) wie folgt (Bundesamt für Sicherheit in der Informationstechnik, 2013):

> *Bei einer Datensicherung werden zum Schutz vor Datenverlust Sicherungskopien von vorhandenen Datenbeständen erstellt. Datensicherung umfasst alle technischen und organisatorischen Maßnahmen zur Sicherstellung der Verfügbarkeit, Integrität und Konsistenz der Systeme einschließlich der auf diesen Systemen gespeicherten und für Verarbeitungszwecke genutzten Daten, Programme und Prozeduren.*

Ordnungsgemäße Datensicherung bedeutet, dass die getroffenen Maßnahmen in Abhängigkeit von der Datensensitivität eine sofortige oder kurzfristige Wiederherstellung des Zustandes von Systemen, Daten, Programmen oder Prozeduren nach erkannter Beeinträchtigung der Verfügbarkeit, Integrität oder Konsistenz aufgrund eines schadenswirkenden Ereignisses ermöglichen. Die Maßnahmen umfassen dabei mindestens die Herstellung und Erprobung der Rekonstruktionsfähigkeit von Kopien der Software, Daten und Prozeduren in definierten Zyklen und Generationen.

Disaster Recovery

Das Backup stellt also sicher, dass die Systeme wiederherstellbar sind. Der Begriff *Disaster Recovery* geht weiter; es geht nicht nur um die Wiederherstellbarkeit, sondern auch um die Definition aller Maßnahmen zur Wiederherstellung der Systeme, inklusive der notwendigen technischen Infrastruktur.

Business Continuity Management

Am weitesten geht das Konzept des *Business Continuity Managements* Dieses beschreibt das BSI wie folgt (Bundesamt für Sicherheit in der Informationstechnik, 2013):

Business Continuity Management (BCM) bezeichnet alle organisatorischen, technischen und personellen Maßnahmen, die zur Fortführung des Kerngeschäfts einer Behörde oder eines Unternehmens nach Eintritt eines Notfalls bzw. eines Sicherheitsvorfalls dienen. Des Weiteren unterstützt BCM die sukzessive Fortführung der Geschäftsprozesse bei länger anhaltenden Ausfällen oder Störungen.

Verfügbarkeit und WannaCry

Die Verfügbarkeit ist eine Anforderung, die sich aus den betriebswirtschaftlichen Anforderungen nicht minder ergibt. Trotzdem zeigt die Beratungspraxis, dass auch in diesem Felde eklatante Lücken klaffen. Dies wurde erneut deutlich, als sich im Jahr 2017 der Verschlüsselungs-Trojaner WannaCry (Gesellschaft für wissenschaftliche Datenverarbeitung, 2017) ausbreitete. Die Ausbreitung von WannaCry hätte einerseits vermieden werden können, wenn die Systeme ordentlich gepatcht gewesen wären. Andererseits hätte der Impact signifikant reduziert werden können, wenn es zeitnahe Backups gegeben hätte. Nur zur Erinnerung: Patienten konnten im Vereinigten Königreich nicht behandelt werden, weil WannaCry die Daten verschlüsselt und es keine zeitnahen Backups gegeben hatte.

Vertraulichkeit

Betrachten wir nun die zweite Anforderung des Art. 5 Abs. 1 Buchst. f., die *Vertraulichkeit* der Verarbeitung. Auffällig ist unmittelbar, dass sämtliche Maßnahmen, die die Integrität eines Systems sicherstellen, auch gleichzeitig Maßnahmen sind, die die Vertraulichkeit der Datenverarbeitung sicherstellen. Abbildung 14.12 stellt dies dar.

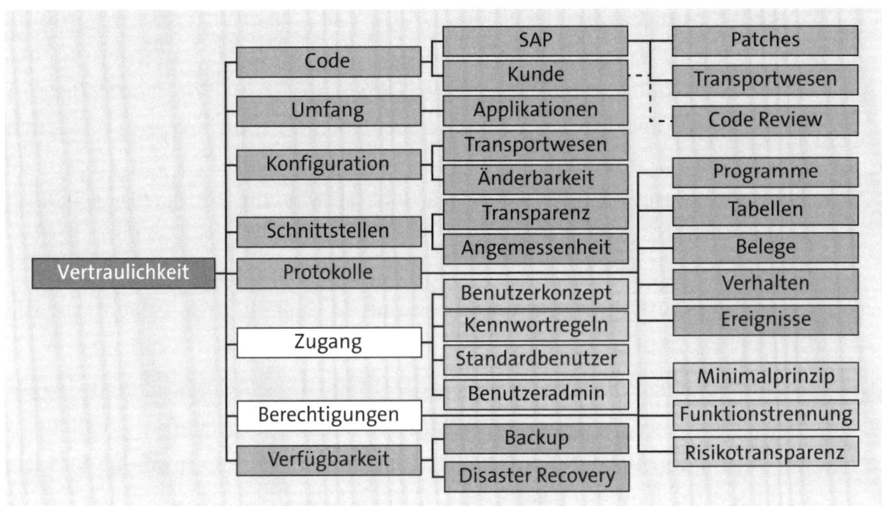

Abbildung 14.12 Kontrollpunkte – Fokus »Vertraulichkeit«

Im Rahmen der Vertraulichkeit der Datenverarbeitung sind aus unserer Sicht technisch die Anforderungen zum Systemzugang und die Anforderungen zum Berechtigungskonzept besonders hervorzuheben. Deren Inhalte haben wir bereits zum Thema *Integrität* mitbehandelt. Zusätzlich zu den technischen Maßnahmen sind in jedem Fall organisatorische Maßnahmen zu benennen. Die mit der Datenverarbeitung betrauten Personen müssen über die Maßgaben der Vertraulichkeit regelmäßig aufgeklärt werden; dazu gehört leider immer noch der Hinweis, dass Benutzer und Passwörter nicht geteilt werden dürfen.

14.8 Rechenschaftspflicht

Wir haben bereits mehrfach – auch in der Einleitung dieses Kapitels – darauf hingewiesen, dass es nicht nur erforderlich ist, die richtigen technisch-organisatorischen Maßnahmen zu treffen, sondern dass dies künftig auch umfassend nachgewiesen werden können muss (siehe Art. 5 Abs. 2 DSGVO):

> *Der Verantwortliche ist für die Einhaltung des Absatzes 1 verantwortlich und muss dessen Einhaltung nachweisen können (»Rechenschaftspflicht«).*

Verstöße gegen die *Rechenschaftspflicht* stellen einen Bußgeldtatbestand dar, gem. Art. 83 Abs. 5 Buchst. a DSGVO (Böhm und Ströbel, 2017), Art. 5 Rn. 42.

Sowohl Böhm und Ströbel als auch Pötters wiesen eindringlich darauf hin, dass die Rechenschaftspflicht eine gewichtige neue Anforderung der DSGVO darstellt (Böhm und Ströbel, 2017), Art. 5 Rn 41 ,(Pötters, 2017), Art. 5 Rn. 32. Sicherlich bleibt es abzuwarten, welche Anforderungen bezüglich der Rechenschaftspflichten durch die Aufsichtsbehörden und durch die Rechtsprechung konkretisiert werden. Allein die Bußgeldbewährung macht es hinlänglich deutlich, dass ein konsistenter Ansatz von der Risikobewertung über die Maßnahmen hin zu einer aussagekräftigen Dokumentation erforderlich sein wird. Abbildung 14.13 stellt unsere Sicht auf die Rechenschaftspflichten dar.

Nachweise Es sind zunächst die Grundsätze des Art. 5 nachzuweisen. Art. 24 Abs. 1 präzisiert dies erneut, indem dort klargestellt wird, dass der Verantwortliche in der Lage sein muss, den »Nachweis dafür erbringen zu können, dass die Verarbeitung gemäß dieser Verordnung erfolgt« (Art. 24 Abs. 1 Satz 1 2. HS DSGVO). Art. 28 Abs. 3 präzisiert wiederum die diesbezüglichen Pflichten des Auftragnehmers, inklusive eines Kontrollrechts des Auftraggebers/Verantwortlichen. Art. 30 DSGVO fordert wiederum – nach der Maßgabe des Möglichen – den Ausweis dieser Maßnahmen im Verzeichnis von Verarbeitungstätigkeiten.

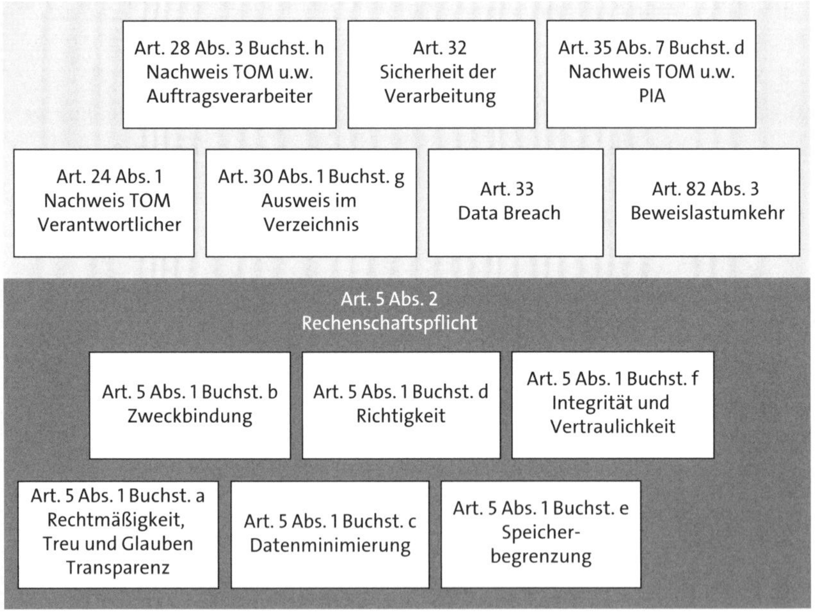

Abbildung 14.13 Rechenschaftspflicht und Nachweise

Art. 32 DSGVO stellt Maßgaben zur Sicherheit der Verarbeitung zusammen und ergänzt den Rahmen um ein Verfahren »zur regelmäßigen Überprüfung, Bewertung und Evaluierung der Wirksamkeit der technischen und organisatorischen Maßnahmen zur Gewährleistung der Sicherheit der Verarbeitung.« (Art. 32 Abs. 1 Buchst. d DSGVO).

Art. 33 DSGVO macht eventuelle Schutzverstöße zum Gegenstand eines Meldeverfahrens (*Data Breach*).

Art. 35 DSGVO zur *Datenschutz-Folgenabschätzung* fordert, dass dieses bereits die Maßnahmen zur Sicherheit der Verarbeitung dokumentiert.

Beweislastumkehr

Schließlich findet sich in Art. 82 Abs. 3 DSGVO eine *Beweislastumkehr*, denn nur wenn der Verantwortliche und/oder der Auftragsverarbeiter nachweisen, dass »er in keinerlei Hinsicht für den Umstand, durch den der Schaden eingetreten ist, verantwortlich ist,« ist er von der Haftung freigestellt.

14.9 Abstrakte technische Kontrollhandlungen

Wir systematisieren nachfolgend die Kontrollhandlungen auf einem abstrakten Niveau. Da einige Kontrollhandlungen geeignet sind, unterschiedliche Kontrollziele zu unterstützen, erstellen wir so einen Überblick, der dann in Abschnitt 14.10, »Beispiele technischer Kontrollhandlungen«, schließlich und endlich konkretisiert wird. Nehmen wir die vorab allgemein dargestellten Kontrollen und reduzieren sie auf mögliche technische Kontrollen, ergibt sich eine Darstellung wie in Tabelle 14.6.

Anforderung	Kontrolle	ID
rechtmäßige Verarbeitung – Generalklausel	Nachweis angemessener technischer und organisatorischer Maßnahmen	ALL
Transparenz	Kontrolle Information Retrieval Framework	1
festgelegte und eindeutige Zwecke	▪ Data Controller Rule Framework ▪ Information Retrieval Framework ▪ Attributierung angemessen?	2 1 3
Weiterverarbeitung im Rahmen des Zwecks	zweckgetrennte Datenhaltung: ▪ Attributierung angemessen? ▪ Schnittstellenkontrollen	3 4
Daten erheblich für den Zweck	Verwendungsnachweise	5

Tabelle 14.6 Kontrollbedarfe

Anforderung	Kontrolle	ID
auf das notwendige Maß beschränkt	zweckgetrennte Datenhaltung: ■ Data Controller Rule Framework ■ Information Retrieval Framework ■ Attributierung angemessen? ■ Authentifizierung ■ Minimalprinzip im Berechtigungskonzept ■ Speicherkontrolle ■ Zugriffsprotokollierung ■ Übermittlungskontrolle ■ Transportkontrolle ■ Verschlüsselung ■ Entpersonalisierung ■ Daten sperren, wenn sie nur noch aus rechtlichen Gründen aufbewahrt werden. ■ Daten löschen, wenn sowohl der Zweck als auch die rechtlichen Aufbewahrungsgründe entfallen sind.	2 1 3 6 7 8 9 10 11 12 13 14 15
Richtigkeit	■ Doublettenprüfung ■ Stammdatenmanagement	16 17
Aktualität	■ Stammdatenmanagement ■ Verfahren, wann Scoring-Werte ungültig werden	17 18
Speicherbegrenzung	■ Datensperrung erfolgt regelbasiert? ■ Datenlöschung erfolgt regelbasiert?	14 15
Codekontrollen	■ Patch-Management ■ Transportwesen ■ Code-Review	19 20 21
Umfang der Verarbeitung	Umfang der Verarbeitung	22
Konfiguration	■ Transportwesen ■ Änderbarkeit – System und Konfiguration	20 23
Schnittstellen	Schnittstellenkontrollen Berechtigungen (auch technische User)	4 7

Tabelle 14.6 Kontrollbedarfe (Forts.)

Anforderung	Kontrolle	ID
Protokolle	■ Programmänderungen ■ Transportprotokolle ■ Tabellenänderungen ■ Belegprotokollierung ■ Verhaltensprotokollierung ■ Ereignisprotokollierung	24 19 25 26 27 28
Zugang	■ Benutzerkonzept ■ Kennwortregeln ■ Standardbenutzer ■ Benutzeradministration	29 30 31 32
Berechtigungen	■ Minimalprinzip ■ Funktionstrennung ■ transparente Risiken	6 7 33
Verfügbarkeit	■ Backup, Disaster Recovery	34

Tabelle 14.6 Kontrollbedarfe (Forts.)

Wie Sie Tabelle 14.6 entnehmen können, sind zahlreiche Kontrollbedarfe für verschiedene Anforderungen erheblich. Im nachfolgenden Abschnitt stellen wir mögliche Kontrollen zu den Kontrollbedarfen dar.

14.10 Beispiele technischer Kontrollhandlungen

Nachfolgend stellen wir die Beispiele technischer Kontrollhandlung dar. Davon sind einige Bestandteile üblicher Systemaudits. Die Beispiele stellen allerdings nur einen oberflächlichen Bruchteil der mehr als tausend möglichen Systemauditkontrollen dar. Datenschutz basiert auf der technischen Sicherheit, die durch ein umfassendes Systemaudit nachzuweisen ist. Unsere Beispiele sind also bei Weitem nicht hinreichend. Sie dienen in Bezug auf die technische Sicherheit lediglich als Denkanstöße. Von dieser Relativierung nehmen wir lediglich datenschutzspezifische Kontrollbedarfe aus:

- Kontrollbedarf 1: Information Retrieval Framework
- Kontrollbedarf 2: Data Controller Rule Framework
- Kontrollbedarf 3: Attributierung

- Kontrollbedarf 7: Minimalprinzip im Berechtigungskonzept
- Kontrollbedarf 13: Entpersonalisierung von Testsystemen
- Kontrollbedarf 14: Datensperrung
- Kontrollbedarf 15: Datenlöschung
- Kontrollbedarf 16: Dublettenprüfung
- Kontrollbedarf 26: Belegprotokollierung
- Kontrollbedarf 27: Verhaltensprotokollierung

Für das standardmäßige Audit steht das Audit Information System zur Verfügung, das über Transaktion SAIS (AIS – Workplace) genutzt werden kann.

Für eine Vertiefung der Materie »Audit/Revision« empfehlen wir die folgende Literatur:

- »Prüfleitfaden SAP ERP« 6.0 (Böcü et al., 2015)
- »Leitfaden Datenschutz« (Carlberg et al., 2014)
- »Handbuch SAP-Revision: Internes Kontrollsystem (IKS) und GRC« (Chuprunov, 2012)
- »SAP Handbuch Sicherheit und Prüfung: Praxisorientierter Revisionsleitfaden für SAP-Systeme« (Hartke, Hohnhorst und Sattler, 2010)

14.10.1 Kontrollbedarf 1: Information Retrieval Framework

Das *Information Retrieval Framework* nutzen Sie für die Auskunft über die gespeicherten Daten einer Person in Verbindung zu den von Ihnen definierten Verwendungszwecken (siehe Kapitel 8, »›Transparenz gewinnt‹: Information Retrieval Framework«). Mit der Aktivierung der Business Function `CA_DTINF_FW` dokumentieren Sie die Verwendung des Frameworks. Die Prüfung auf das Vorhandensein kundeneigener Modelle mit Bezug zu allen von Ihnen eingesetzten Verwendungszwecken ist der Nachweis, dass Sie eine vollständige Auskunft für alle personenbezogenen Daten geben können.

Nachweis der Vollständigkeit

Die aktive Verwendung der Funktionalität durch Ihre Organisation weisen Sie über das Vorhandensein von Suchanfragen im System nach. Die Vollständigkeit der gefundenen Daten ist in einem Produktivsystem nur stichprobenartig möglich. Dagegen können Sie in einem Testsystem für entsprechend modellierte Geschäftspartner und die anhand von Testfällen für Geschäftsprozesse erstellten Daten nachweisen, dass alle dabei entstehenden Daten auch Teil Ihres Datenmodells und im Suchergebnis vollständig und zu den richtigen Zwecken enthalten sind.

14.10.2 Kontrollbedarf 2: Data Controller Rule Framework

Sie können das *Data Controller Rule Framework* nutzen, um die von Ihnen verwendeten verantwortlichen Stellen und Verwendungszwecke mit Ihren Daten im System zu verbinden und um die vereinfachte Pflege von Verweil- und Aufbewahrungsfristen für alle gruppierten ILM-Objekte durchzuführen (siehe Kapitel 6, »›Dem Ende Struktur geben‹: Data Controller Rule Framework«). Die Funktionalität wird über die Business Function `ILM_RULE_GENERATOR` aktiviert, was Sie als ersten Kontrollpunkt definieren können.

Verantwortliche für alle Organisationseinheiten

Die im Customizing definierten verantwortlichen Stellen bilden die für die Definition von ILM-Regeln relevanten Organisationseinheiten in Bezug zum Buchungskreis ab. Sie können hier prüfen, dass mindestens ein Eintrag für jeden von Ihnen definierten Buchungskreis vorhanden ist. Über die Anzeige der untergeordneten Organisationseinheiten je verantwortlicher Stelle ist es auch stichprobenartig möglich, die korrekte Verknüpfung aller Organisationeinheiten untereinander zu prüfen.

Sind alle Prozesse mit Regeln versehen?

Die definierten Verwendungszwecke bilden Ihre Geschäftsprozesse ab, und die Liste der Einträge kann somit auf Vollständigkeit geprüft werden. Gruppiert werden die jeweils relevanten ILM-Objekte. Durch die Anwendung unseres in Kapitel 3, »›Vom ersten Schritt zum Weg zum Ziel‹: Vorgehensmodell«, erläuterten Vorgehensmodells haben Sie eine entsprechende Liste erzeugt und können diese nun mit dem im Customizing gepflegten Daten abgleichen.

Produktive ILM-Regeln nachweisen

Anhand Ihrer Liste der je Unternehmensbereich relevanten Geschäftsprozesse können Sie damit auch die Vollständigkeit der gepflegten und aktiven Regeln mit den Verweil- und Aufbewahrungsfristen prüfen. Durch die Anzeige der erzeugten ILM-Regeln ist es zudem möglich, auch das Vorhandensein produktiver ILM-Regeln nachzuweisen, die in Ihren Sperr- und Löschprozessen zur Anwendung kommen.

14.10.3 Kontrollbedarf 3: Attributierung

Unternehmensstruktur prüfen

Um festzustellen, ob im System eine angemessene *Attributierung* möglich ist, muss eine Auswertung über die Unternehmensstruktur ausgeführt werden. In Abschnitt 5.2.1, »Wichtige Organisationsstrukturen«, haben wir skizziert, wo die Zuordnungen in der Unternehmensstruktur gepflegt werden, und zwar im IMG über **SAP Einführungsleitfaden • Unternehmensstruktur • Zuordnungen**.

Ziel der Auswertung ist die Feststellung, dass wesentliche Organisationseinheiten in einem eindeutigen Verhältnis zum Buchungskreis als selbstständig bilanzierende Einheit und somit in aller Regel als technischer Repräsentant des Verantwortlichen stehen.

Prozessorganisatorische Attribute prüfen

In Abschnitt 5.3, »Prozessorganisation«, haben wir die prozessorganisatorischen Attribute (POA) eingeführt. Wir haben dargestellt, dass es sich um Merkmale, wie z. B. die Kontengruppe oder die Verkaufsbelegart, handelt. Ebenso wie die linienorganisatorischen Attribute (LOAs) sind diese Attribute unverzichtbar, um den Zweck der Verarbeitung unterhalb der Ebene des Mandanten abbilden zu können.

Vorgehensmodell als Basis

Sofern Sie unserem vorgeschlagenen Vorgehensmodell gefolgt sind, sind wesentliche Attribute bereits bekannt, da diese auch für das Sperren und Löschen und die Berechtigungen benötigt werden. Sofern Sie das Data Controller Rule Framework nutzen, ist dort zumindest grundlegend die zweckbezogene Struktur der POAs und LOAs ersichtlich.

Alternatives Vorgehen

Verschaffen Sie sich einen Überblick über die Prozesse in der Systemlandschaft. Stellen Sie die verwendeten betriebswirtschaftlichen Artefakte zusammen. Beachten Sie die Ausführungen in Abschnitt 14.10.5, »Kontrollbedarf 5: Verwendungsnachweise«; dort wird gezeigt, wie Sie die Verwendungen nachweisen können. Lassen Sie in Bezug auf diese Artefakte ermitteln, welche Differenzierungsmerkmale genutzt werden. Bewerten Sie die Summe aller POAs und LOAs dahingehend, ob sie dazu geeignet sind, den Zweck der Verarbeitung zu repräsentieren.

Eine weitere Möglichkeit, um die Nutzung von LOAs und POAs zu prüfen, ist die Kontrolle der Verwendung solcher Attribute im Berechtigungskonzept in Tabelle AGR_1251 (Berechtigungsdaten zur Aktivitätsgruppe) und Tabelle AGR_1252 (Organisationsebenen zu den Berechtigungen).

14.10.4 Kontrollbedarf 4: Schnittstellenkontrollen

In Abschnitt 1.3.4, »Technisch-organisatorische Maßnahmen (TOM)«, haben wir Systemschnittstellen nachgewiesen. Sie benötigen ein vollständiges *Verzeichnis der Schnittstellen*, der Daten, die in diesen Schnittstellen verarbeitet werden (können), der technischen Maßnahmen, die diese Schnittstellen absichern, u. a.: Authentifizierungsmechanismus, User, User-Typen, Berechtigungen und Verschlüsselung.

DSAG-Leitfaden

Im DSAG-Leitfaden-Datenschutz (Carlberg et al., 2014) werden die folgenden Funktionen ausgeführt:

> *Transaktion SM59 (RFC-Destination), Transaktion BD64 (Verteilungsmodellpflege), Basis-Services (BC-SRV) und SM54 (CPIC-Destination);*

weitere Verbindungen (SAP NetWeaver Exchange Infrastructure, SAP XI (Nachfolger: SAP NetWeaver Process Integration, PI)) überprüfen.

Generell lohnt es sich, im Leitfaden Datenschutz Abschnitt 4.2.1.8 zu diesem Thema zu würdigen. Weitere Dokumentation findet sich in den Sicherheitsleitfäden unter *https://help.sap.com* sowie in der Dokumentation zu UCON (Unified Connectivity). Zu Letzterem sei auch auf Anhang D in dem Buch »SAP-Berechtigungswesen« (Lehnert, Stelzner, Otto und John, 2016) verwiesen.

14.10.5 Kontrollbedarf 5: Verwendungsnachweise

Die Suche nach gesperrten Geschäftspartnerdaten, z. B. mit Transaktion SE16 (Data Browser), ist nur ein Mittel der Wahl; viele Anwendungen bieten weitere Listen, die Sie zum Nachweis von Daten in der jeweiligen Anwendung einsetzen können. (Zur Suche nach gesperrten Geschäftspartnerdaten siehe Abschnitt 14.10.14, »Kontrollbedarf 14: Datensperrung«.)

Verwendungsnachweise »Domäne« in Tabellen

Als anwendungsunabhängiges Tool erwähnen wir aber noch den Report RSCRDOMA (Verwendungsnachweise Domäne in Tabellen). Der Report ist Teil des Audit Information Systems, das über Transaktion SAIS (AIS – Workplace) genutzt werden kann.

Sie können den Report für beliebige Namen von DDIC-Domänen und -Datenelementen ausführen und Tabellen mit Inhalten finden, die die Felder mit Bezug zu den Selektionskriterien enthalten, wie es aus Abbildung 14.14 ersichtlich ist.

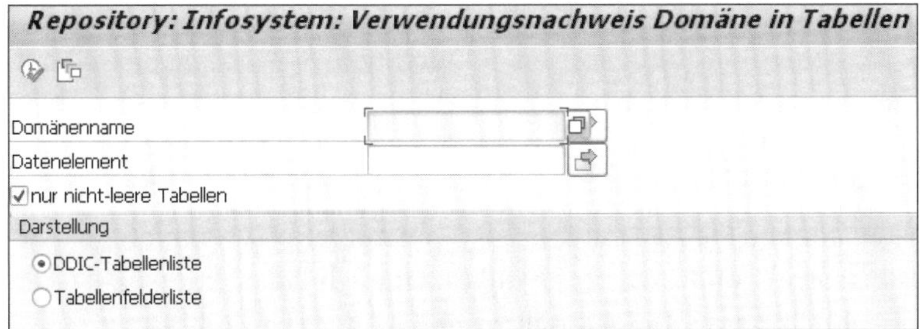

Abbildung 14.14 Report »Verwendungsnachweise Domäne in Tabellen«

Ferner zu erwähnen ist der Report RPDINF01 (Technische Übersicht zu Infotypen), der es für SAP ERP HCM erlaubt, eine vollständige Analyse über alle genutzten Infotypen auszuführen. Wie es in Abbildung 14.15 zu sehen ist, wird auch die Anzahl der Einträge angegeben.

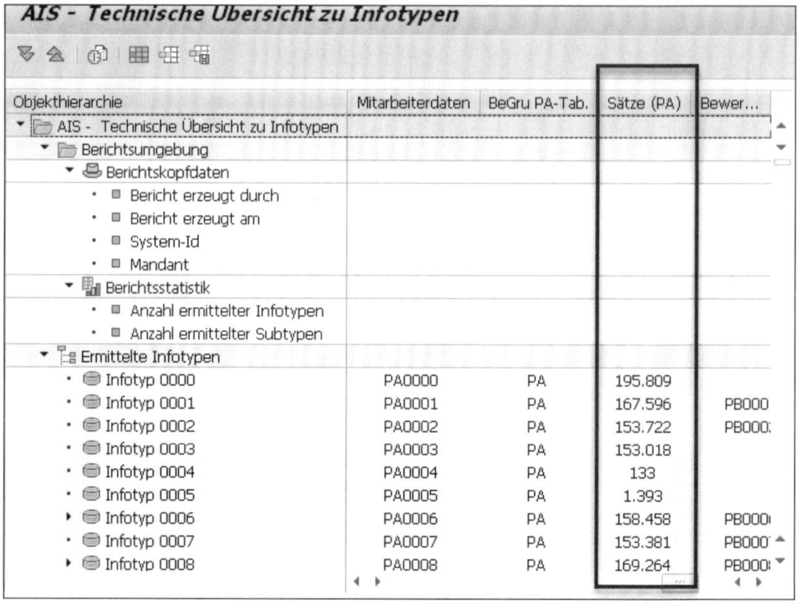

AIS - Technische Übersicht zu Infotypen

Objekthierarchie	Mitarbeiterdaten	BeGru PA-Tab.	Sätze (PA)	Bewer...
AIS - Technische Übersicht zu Infotypen				
Berichtsumgebung				
Berichtskopfdaten				
Bericht erzeugt durch				
Bericht erzeugt am				
System-Id				
Mandant				
Berichtsstatistik				
Anzahl ermittelter Infotypen				
Anzahl ermittelter Subtypen				
Ermittelte Infotypen				
Infotyp 0000	PA0000	PA	195.809	
Infotyp 0001	PA0001	PA	167.596	PB000
Infotyp 0002	PA0002	PA	153.722	PB000:
Infotyp 0003	PA0003	PA	153.018	
Infotyp 0004	PA0004	PA	133	
Infotyp 0005	PA0005	PA	1.393	
Infotyp 0006	PA0006	PA	158.458	PB000
Infotyp 0007	PA0007	PA	153.381	PB000
Infotyp 0008	PA0008	PA	169.264	PB000:

Abbildung 14.15 Technische Übersicht zu Infotypen

Daten im Archiv nachweisen

Bereits archivierte Daten können Sie zumeist über Anzeigereports der Archivierungsobjekte auflisten. Diese arbeiten üblicherweise über die Selektion vorhandener Archivdateien und geben die Schlüsselinformationen aller archivierten Daten aus. Je nach Anwendung ist auch die Anzeige weiterer wichtiger Informationen möglich.

Für das Lesen aus dem Archiv ist es zudem möglich, Transaktion SARI (Archivinformationssystem) zu nutzen. Sie erstellen und aktivieren dafür Archivinfostrukturen (unterstützt z. B. durch von SAP ausgelieferte Feldkataloge), die die Suche nach bestimmten Daten in allen indizierten Archivdateien ermöglicht. Die Indizierung kann direkt beim Schreiben der Archivdateien erfolgen, aber auch ein späterer Aufbau ist möglich. Das Suchen von Daten können Sie z. B. mit Transaktion SARE (Archive Explorer), je Archivierungsobjekt und Archivinfostruktur, ähnlich Transaktion SE16 (Data Browser), durchführen. Diese Möglichkeit des Lesens im Archiv wird auch in weiteren Anwendungen angeboten. Informationen dazu finden Sie in der entsprechenden Anwendungsdokumentation.

Gelöschte Daten nachweisen

In Abschnitt 14.10.15, »Kontrollbedarf 15: Datenlöschung«, beschreiben wir, wie Sie die Löschung von Daten kontrollieren können. Hierbei geht es darum, den Erfolg der Löschung nachzuweisen, d. h. dass diese nicht mehr in der Datenbank oder im Archiv vorhanden sind.

14.10.6 Kontrollbedarf 6: Authentifizierung

Die zweifelsfreie und eindeutige *Authentifizierung* des Benutzers wird durch entsprechende Verfahren und Parameter sichergestellt. In Abschnitt 1.3.4, »Technisch-organisatorische Maßnahmen (TOM)«, haben wir unter dem Stichwort »Benutzerkontrolle« schon die Notwendigkeiten allgemein dargelegt. Relevante technische Kontrollhandlungen sind hier die Auswertung der einschlägigen Profilparameter über den Report RSPARAM (Anzeige der SAP-Profilparameter), wie dies in Abbildung 14.16 ersichtlich wird.

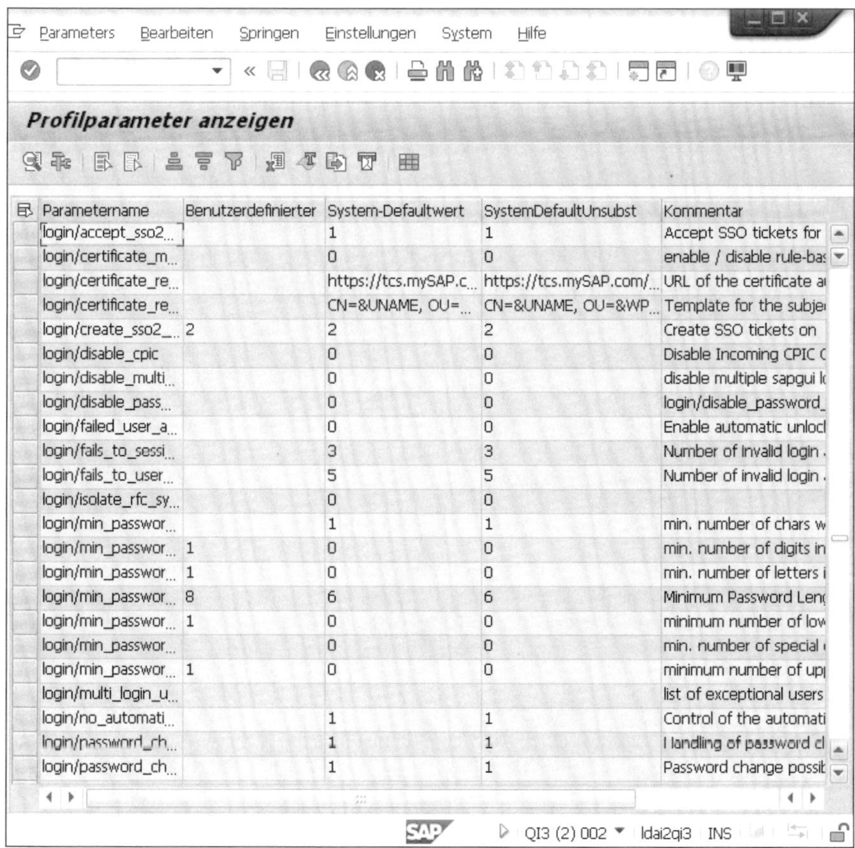

Parametername	Benutzerdefinierter	System-Defaultwert	SystemDefaultUnsubst	Kommentar
login/accept_sso2...		1	1	Accept SSO tickets for
login/certificate_m...		0	0	enable / disable rule-ba
login/certificate_re...		https://tcs.mySAP.c...	https://tcs.mySAP.com/...	URL of the certificate a
login/certificate_re...		CN=&UNAME, OU=...	CN=&UNAME, OU=&WP...	Template for the subje
login/create_sso2_...	2	2	2	Create SSO tickets on
login/disable_cpic		0	0	Disable Incoming CPIC C
login/disable_multi...		0	0	disable multiple sapgui l
login/disable_pass...		0	0	login/disable_password_
login/failed_user_a...		0	0	Enable automatic unlocl
login/fails_to_sessi...		3	3	Number of invalid login .
login/fails_to_user...		5	5	Number of invalid login .
login/isolate_rfc_sy...		0	0	
login/min_passwor...		1	1	min. number of chars w
login/min_passwor...	1	0	0	min. number of digits in
login/min_passwor...	1	0	0	min. number of letters i
login/min_passwor...	8	6	6	Minimum Password Len
login/min_passwor...	1	0	0	minimum number of low
login/min_passwor...		0	0	min. number of special
login/min_passwor...	1	0	0	minimum number of up
login/multi_login_u...				list of exceptional users
login/no_automati...		1	1	Control of the automati
login/password_ch...		1	1	Handling of password cl
login/password_ch...		1	1	Password change possil

Abbildung 14.16 Profilparameter im Report RSPARAM (SAP-Profilparameter anzeigen).

Profilparameter

Die Profilparameter werden ausführlicher in der Systemdokumentation erläutert (eine Auswahl ist in Lehnert, Stelzner, Otto und John, 2016, dargestellt). Beachten Sie auch SAP-Hinweis 2467 (Kennwortregeln und Vermeidung fehlerhafter Anmeldungen).

Beachten Sie ferner auch, dass es – abhängig von der Konfiguration und den Berechtigungen in Ihrer Entwicklungslandschaft – möglich sein kann, aus diesen Systemen/Mandanten auf das Produktivstem zuzugreifen. Kümmern Sie sich also auch um die dortigen Authentifizierungsparameter.

14.10.7 Kontrollbedarf 7: Minimalprinzip im Berechtigungskonzept

In Abschnitt 7.4, »Berechtigungsrisiken«, haben wir das Thema »Risiken« im Berechtigungskonzept betrachtet. Wir haben u. a. das Purpose Risk betrachtet, das dem *Minimalprinzip* verbunden ist. Wir haben zwar dargestellt, wie sinnvolle Risikodefinitionen aussehen, aber nicht angegeben, wo diese hinterlegt werden können.

Prinzipiell können diese in einer Datenbank hinterlegt werden, die einschlägig ausprogrammiert, die Risiken nachweist. In der SAP Business Suite steht Ihnen das Benutzerinformationssystem (Transaktionscode SUIM), aber auch der Report RSUSR008_009_NEW (Kritische Kombination von Berechtigungen) zur Verfügung. Dieser Report erlaubt es, Benutzer und Rollen gegen definierte Risiken zu verproben. Die Pflege der Definitionen ist in Abbildung 14.17 dargestellt.

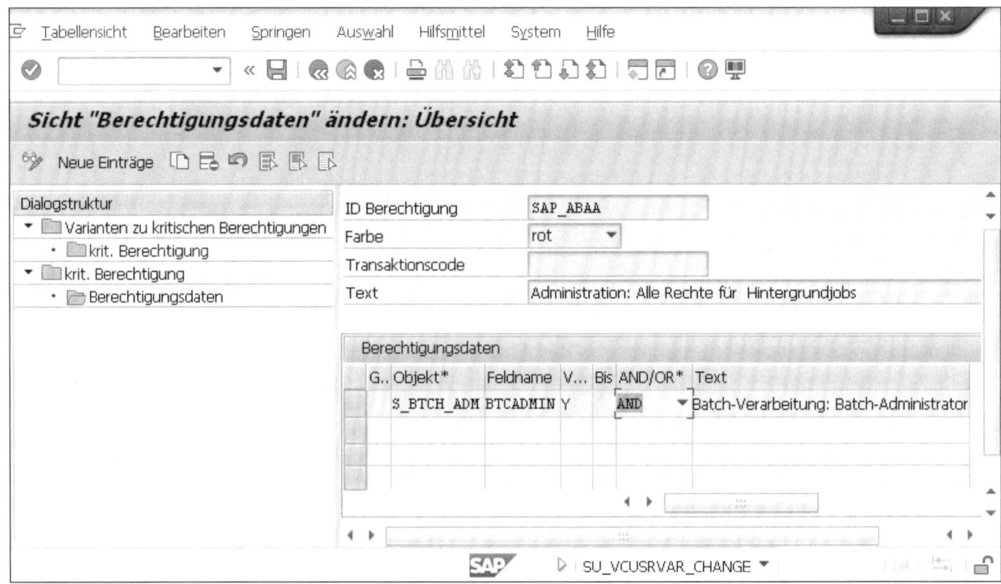

Abbildung 14.17 Pflege von Risikodefinitionen für den Report RSUSR008_009_NEW (Kritische Kombination von Berechtigungen)

Geht das komfortabel?

Wesentlich komfortabler ist sowohl die Definition von Risiken als auch die Auswertung mit SAP Access Control möglich. Dieses kann Sie dabei unterstützen, Berechtigungszuordnungen von vornherein risikoarm zu gestalten.

Beachten Sie aber das Folgende: Explizit datenschutzbezogene Risiken sind nicht Gegenstand der Regel, die SAP Access Control ausliefert. Ebenso wenig gibt es solche im Report RSUSR008_009_NEW (Kritische Kombination von Berechtigungen).

Beide Instrumente stellen auch (noch?) nicht auf das Purpose Risk ab; dieses kann aber aus den Auswertungen durch manuelle Auszüge belegt werden.

Stichprobe

Eine einfache Stichprobe, wie gut das Minimalprinzip eingehalten wurde, erfolgt übrigens über eine Auswertung über Tabelle AGR_1252 (Organisationsebenen zu den Berechtigungen) und Tabelle AGR_1251 (Berechtigungsdaten zur Aktivitätsgruppe), wie wir sie in Abschnitt 7.2, »Organisationsebenen neu denken«, bereits skizzierten.

14.10.8 Kontrollbedarf 8: Speicherkontrolle

Speicherkontrollen sind alle Maßnahmen, die verhindern, dass unbefugt auf Datenspeicher mit personenbezogenen Daten zugegriffen werden kann. Während die Speicher in Ihren Serverräumen mutmaßlich wirksam geschützt sind, ist gleichzeitig davon auszugehen, dass es zahlreiche »wilde« Datenablagen auf USB-Sticks und Ähnlichem gibt, die eben dieser Kontrolle nicht mehr unterworfen sind.

Auch die nicht verschlüsselte Festplatte mit personenbezogenen Daten, die – zu welchem Zweck auch immer – an einen anderen Ort gebracht wird, ist leider immer noch übliche Praxis.

14.10.9 Kontrollbedarf 9: Zugriffskontrolle

Im Rahmen der *Zugriffskontrolle* sind die Authentifizierung (siehe Abschnitt 14.10.6, »Kontrollbedarf 6: Authentifizierung«) und die Berechtigungen (siehe Abschnitt 14.10.7, »Kontrollbedarf 7: »Minimalprinzip im Berechtigungskonzept«) zu prüfen. Ferner sind die Zugriffsprotokollierung (siehe Abschnitt 14.10.28, »Kontrollbedarf 28: Ereignisprotokollierung«), die Verhaltensprotokollierung (siehe Abschnitt 14.10.27, »Kontrollbedarf 27: Verhaltensprotokollierung«) sowie die Änderungsprotokollierung (siehe Abschnitt 14.10.26, »Kontrollbedarf 26: Belegprotokollierung«) und schließlich noch eventuelle Maßnahmen der Verschlüsselung (siehe Abschnitt 14.10.12, »Kontrollbedarf 12: Verschlüsselung«) zu prüfen.

14.10.10 Kontrollbedarf 10: Übermittlungskontrolle

Im Rahmen der *Übermittlungskontrolle* sind zunächst die Schnittstellen zu kontrollieren (siehe Abschnitt 14.10.4, »Kontrollbedarf 4: Schnittstellenkontrollen«). Die dort erzeugten Nachweise sind in Bezug auf die Übermittlungskontrolle anzureichern – um die Information zu den Datenempfängern und die Protokollierung der Übertragung.

Explizit nennen wir an dieser Stelle das *Application Link Enabling* (ALE), das ein Standardverfahren für die Übermittlung von Daten in SAP-System-Verbünden und darüber hinaus ist. Die Anwendungssysteme eines solchen Verbundes sind lose gekoppelt. Die Daten werden asynchron ausgetauscht, um sicherzustellen, dass sie auch in den Empfängersystemen für den Fall ankommen, dass diese zum Sendezeitpunkt nicht erreichbar sind.

Über ALE werden mittels RFC-Verbindungen Intermediate Documents (IDocs) ausgetauscht. Ein IDoc ist letztlich ein Container. Eine Idee vermittelt der umrahmte Bereich in Abbildung 14.18 – angezeigt werden die Feldnamen und Feldinhalte der Übermittlung.

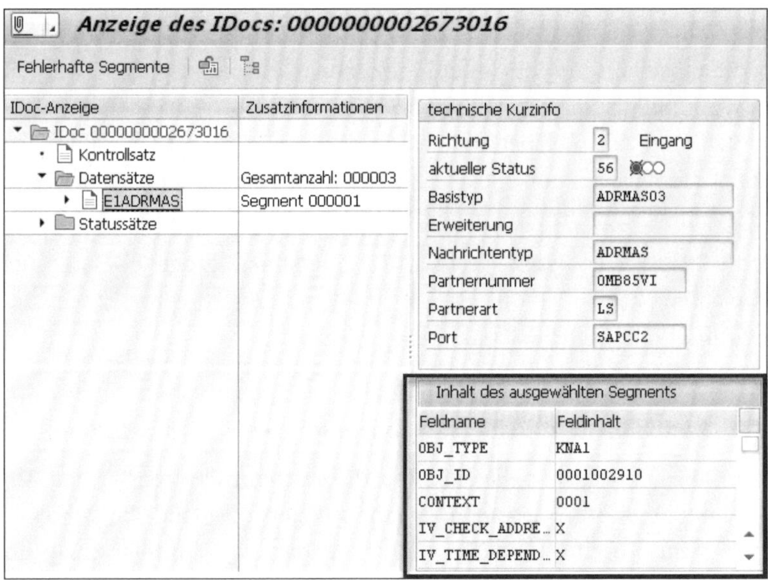

Abbildung 14.18 IDoc-Anzeige

Die Anzeige des IDocs wurde aus Transaktion WE02 (IDoc anzeigen) gestartet. In dieser Transaktion ist generell nachvollziehbar, welche IDocs aus- oder eingegangen sind.

14.10.11 Kontrollbedarf 11: Transportkontrolle

Auch die *Transportkontrolle* setzt sich wieder aus teilweise schon bekannten Elementen zusammen. Da es sich tatsächlich auch um den physischen Transport handelt, geht es zunächst um die Maßnahmen der Speicherkontrolle (siehe Abschnitt 14.10.8, »Kontrollbedarf 8: Speicherkontrolle«). Ergänzend ist für die Datenübertragung zu erwähnen, dass diese verschlüsselt (siehe Abschnitt 14.10.12, »Kontrollbedarf 12: Verschlüsselung«) erfolgen muss.

Secure Network Communications

Secure Network Communications (SNC) ermöglicht es Ihnen wiederum, gesicherte Verbindungen zwischen zwei SAP-Systemen herzustellen. Eine Auswertung der SNC-Einstellungen ist wiederum über den in Abbildung 14.16 gezeigten Report RSPARAM (Anzeige der SAP-Profilparameter) möglich.

14.10.12 Kontrollbedarf 12: Verschlüsselung

Die *Verschlüsselung* ist in der SAP Business Suite und in SAP S/4HANA über Secure Store and Forward (SSF) möglich. SSF benötigt aber ein externes Produkt, um wirksam verschlüsseln zu können. Die Einstellungen können Sie im IMG über **SAP Einführungsleitfaden • Systemadministration • Pflege der Public-Key Information des Systems • Maintaining application-dependent SSF information** prüfen.

Weitere Produkte können auch für die Verschlüsselung auf der Datenbankebene genutzt werden.

14.10.13 Kontrollbedarf 13: Entpersonalisierung

In Abschnitt 1.2.13, »Sicherheit der Verarbeitung«, sind wir auf die Schwierigkeiten der Anonymisierung und/oder Pseudonymisierung von Daten eingegangen. Die erste Kontrollhandlung für den Fall, dass eine solche Lösung behauptet wird, ist somit zwingend, um das Ergebnis zu überprüfen. Beachten Sie dazu die in Abschnitt 1.2.13, »Sicherheit der Verarbeitung«, angeführte Literatur.

Wir benutzen als Ersatz den Begriff *Entpersonalisierung* von Daten, der Ziel und Verfahren und nicht den Zustand der Daten nach der Veränderung abschließend beschreibt.

Testsysteme

Zu den sehr wesentlichen Kontrollhandlungen in Bezug auf das Entpersonalisieren gehört die Prüfung, ob Testsysteme hinreichend behandelt wurden. Auch heute noch erleben wir Kunden, die die unveränderten Abzüge Ihrer produktiven Systeme zum Testen nutzen. Dass dies in aller Regel keine Verwendung im Rahmen des ursprünglichen Verwendungszwecks sein kann, ist offensichtlich. Es ist unseres Erachtens in der Regel zwingend geboten, den Personenbezug von Testdaten, soweit dies möglich ist, zu entfernen. Wir nehmen an, dass es eine offensichtliche Ausnahme von dieser Regel gibt, nämlich dann, wenn es um das Testen von Funktionen und Abläufen geht, die den Datenschutz selbst zum Gegenstand haben. In diesem Fall müssten die sonstigen technischen und organisatorischen Schutzmaßnahmen den Schutzmaßnahmen des produktiven Systems in allen Punkten entsprechen, mit Ausnahme von testrelevanten Abweichungen, z. B. im Berechtigungskonzept.

14.10.14 Kontrollbedarf 14: Datensperrung

Sperren können Sie Bewegungsdaten, Geschäftspartnerstammdaten als auch – zeitabhängig – die personenbezogenen Daten im Bereich der Personaladministration. Die zugehörigen Einstellungen sollten Sie auch kontrollieren:

- SAP ILM
- die Durchführung des EoP-Checks für Stammdaten
- die Durchführung der Archivierung für Bewegungsdaten
- die Konfiguration der zeitabhängigen Berechtigungsprüfung in SAP ERP HCM-PA (Personaladministration)

SAP-ILM-Verweilregeln für das Sperren per Archivierung

Durch eine umfängliche Verwendung des Data Controller Rule Frameworks (siehe Abschnitt 14.10.2, »Kontrollbedarf 2: Data Controller Rule Framework«) haben Sie den Nachweis aller benötigten SAP-ILM-Regeln für das Sperren der Bewegungsdaten bereits erbracht. Da das Sperren nach dem Ablauf der Verweilzeiten erfolgt, können Sie alternativ auch die Vollständigkeit der produktiven ILM-Regeln für die Regelwerkkategorie `RST` (Verweilregeln) und das Prüfgebiet `ARCHIVING` in allen dafür vorgesehenen SAP-ILM-Objekten prüfen.

Anwendungsspezifische Verweilzeiten nutzen

Einige Anwendungen bieten zudem weiteres Customizing zur Pflege von Verweilzeiten, die vor der Archivierung abgelaufen sein müssen, wie z. B. Transaktion VORI (Archivierungssteuerung Frachtkosten) für das Archivierungsobjekt `SD_VFKK`. Da sich dieses Customizing immer im Anwendungskontext befindet, ist hier keine simple Prüfung auf alle möglichen Transaktionen und deren Vollständigkeit möglich. Die Pflege sollte aber Teil der Einrichtung der Archivierung je Archivierungsobjekt sein und kann zu diesem Zeitpunkt auch entsprechend dokumentiert werden.

Archivierung ausführen

Das Sperren von Bewegungsdaten erreichen Sie über die Archivierung der Daten und die damit einhergehenden Zugriffsbeschränkungen durch das notwendige Lesen im Archiv. Die vollständige und periodische Ausführung der Archivierungsläufe für die personenbezogenen Daten kann über die Anzeige der Statistiken der Datenarchivierung in Transaktion SARA (Archivadministration) geprüft werden. Dies ist in Abbildung 14.19 dargestellt.

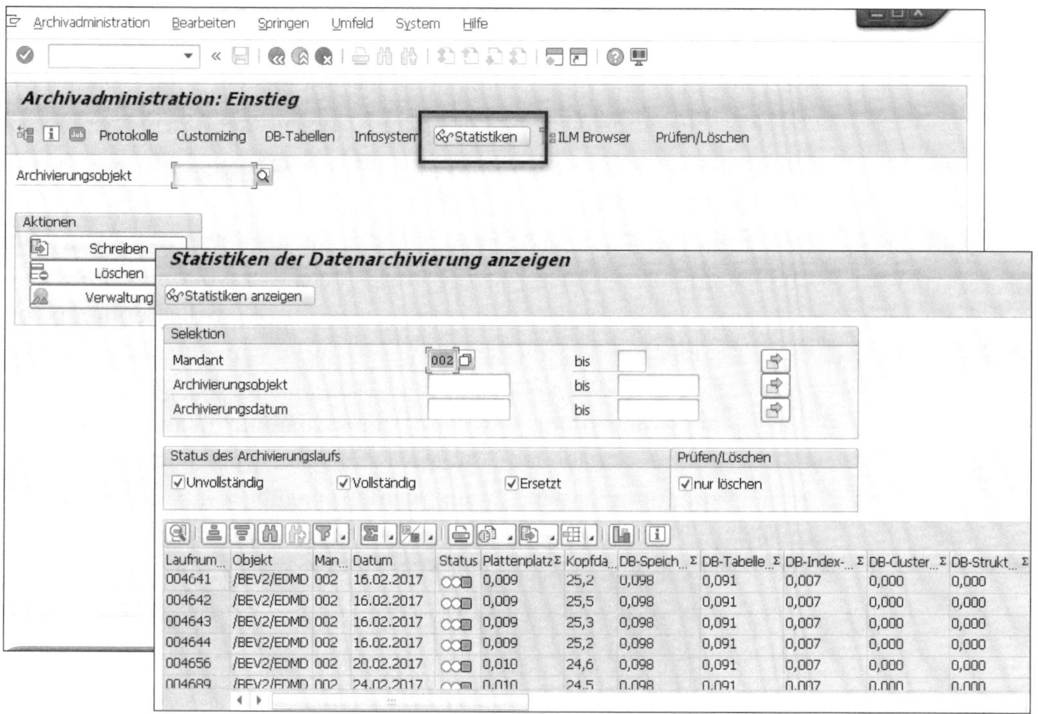

Abbildung 14.19 Statistiken zur Archivierung

Alle Daten archivieren

Nicht kontrolliert werden kann damit, ob die Selektion der zu archivierenden Daten auch alle Daten umfasst. Die in den Archivierungsläufen verwendeten Varianten der Schreibläufe liefern dazu die notwendigen Informationen. Anders als die Archivierung von Massendaten ist aber die regelmäßige Archivierung aller personenbezogenen Daten nötig. Das heißt, Sie dürfen die Archivierung nicht nur für Objekte bzw. Datenbanktabellen mit besonders vielen Daten ausführen.

Ablage der Archivdateien

Wir gehen nicht näher auf die Art und Weise ein, wie Sie die sichere Ablage von Archivdateien für Ihren genutzten SAP-ILM-zertifizierten WebDAV-Server gewährleisten, da, je nach gewählter Option, unterschiedliche Maßnahmen erforderlich sind. Wie wir es in Kapitel 4, »›Auch das Ende muss bestimmt sein‹: Sperren und Löschen mit SAP Information Lifecycle Management«, erwähnt haben, bietet die SAP-ILM-Ablage Ihnen die Garantie, die Daten unveränderbar zu speichern und die Aufbewahrungszeiten zu beachten.

Lesen gesperrter Daten im Archiv

Das Lesen im Archiv ist nur mittels dafür ausgelegter Transaktionen möglich. Dies umfasst ausdrücklich auch Anwendungstransaktionen die das Archivinfosystem (Transaktion SARI) nutzen. Sie erfahren in der Dokumentation der Anwendung, z. B. in der Dokumentation der Archivierungsobjekte, welche diese sind. Zudem bietet Transaktion SARA (Archivadministration) eine Aktion **Lesen aus dem Archiv**. Durch die Zuordnung dieser Transaktionen und den verbundenen Berechtigungen zu den Rollen der Benutzer, die tatsächlich den Zugriff auf Daten aus dem Archiv benötigen, können Sie grundsätzlich eine wirksame Einschränkung für das Sperren der Daten erreichen.

Lesen im Archiv nach Fristen

Mit der Business Function ILM_BLOCKING können Sie neben der Kontrolle über den reinen Archivlesezugriff an sich auch eine Kontrolle einrichten, für welche Zeiträume das Lesen erlaubt sein soll. Durch die Definition von Berechtigungsgruppen und deren Zuordnung zu den gültigen Aufbewahrungsfristen des SAP-ILM-Objekts in Transaktion IRMPOL (ILM-Regelwerke) können Sie Gruppen von Benutzern bilden, die nur für ihren jeweiligen Prüfzeitraum im Archiv lesen können. Daten außerhalb dieses Zeitraums können zwar noch vorhanden sein, werden aber über die Archivlesefunktionalität nicht mehr gefunden. Mit der Prüfung auf das Berechtigungsobjekt S_IRM_BLOC in den Rollen der Benutzer steuern Sie, für wen in welchen Zeiträumen das Lesen möglich sein soll.

[!]

Neue Berechtigungsprüfung beachten

Die Berechtigungsprüfung beim Archivzugriff wirkt sich auf alle Archivzugriffe aus.

Archivieren ohne Sperren

Aufbewahrungsfristen ohne zugeordnete Berechtigungsgruppen sind sinnvoll, wenn, wie z. B. im Fall der Archivierung von Massendaten, dies nicht automatisch bedeutet, dass die Daten zu sperren sind. Denn jeder Benutzer mit Zugriff auf das Archiv kann für diese Zeiträume die Daten lesen, auch wenn parallel gültige Regeln mit zugeordneten Berechtigungsgruppen existieren. Somit ist hier eine separate Kontrolle solcher SAP-ILM-Regeln notwendig. Unsere Annahme ist, dass dies nur für den jeweils kürzesten Zeitraum eingerichtet sein sollte.

Regeln zum Sperren von Stammdaten

Verweilregeln für das Sperren von Geschäftspartnerstammdaten haben Sie im Prüfgebiet BUPA_DP und der Regelwerkkategorie RST (Verweilregeln) für die folgenden ILM-Objekte angelegt:

- CA_BUPA (Geschäftspartner)
- FI_ACCRECV (Debitorenstammdaten)
- FI_ACCPAYB (Kreditorenstammdaten)
- FI_ACCKNVK (Ansprechpartner)

Unserer Annahme nach müssen Sie dies nicht für jeden im EoP-Check registrierten Anwendungsnamen konfigurieren. Jedoch sollten für die wichtigsten, die Geschäftsprozesse kennzeichnenden Anwendungen und auch für die Anwendungsnamen der Stammdaten selbst produktive SAP-ILM-Regeln existieren.

Geschäftspartnersperre konfigurieren

Für das Sperren von Geschäftspartnerstammdaten gibt es im IMG unter **SAP Einführungsleitfaden • Anwendungsübergreifende Komponenten • Data Protection • Sperren und Entsperren von Daten** verschiedene notwendige und zu prüfende Einstellungen, wie z. B. die Definition der nächsten Prüfperiode, die Einstellungen der RFC-Verbindungen für das führende Mastersystem und die verbundenen Systeme und die Definition der Berechtigungsgruppe zur Kennzeichnung von gesperrten Stammdaten.

Leseberechtigung für gesperrte Stammdaten

Insbesondere die den gesperrten Geschäftspartnern zugeordneten Berechtigungsgruppen nutzen Sie, um die Fähigkeit der Benutzer zum Anzeigen gesperrter Daten unter der Verwendung der berechtigungsgruppenbasierten Berechtigungsobjekte der Geschäftspartnerstammdaten einzuschränken. Die Rollen der Benutzer müssen dementsprechend daraufhin geprüft werden, dass dieser besondere Berechtigungsgruppenwert nur für tatsächlich berechtigte Benutzer enthalten ist. Es sollte somit z. B. nur im Ausnahmefall Rollen geben, die den Wert * für den Lesezugriff für alle Berechtigungsgruppenwerte enthalten. Wir empfehlen Ihnen, diese als kritische Berechtigungen zu definieren, wie es in Abschnitt 7.4, »Berechtigungsrisiken«, beschrieben wird.

Berechtigungsobjekt B_BUP_PCPT kontrollieren

Ähnliches gilt für das Berechtigungsobjekt B_BUP_PCPT (Geschäftspartner: Geschäftszweck erfüllt). Dieses Berechtigungsobjekt bietet die zulässige Aktivität 03 (Anzeigen), die ebenso die Anzeige gesperrter Geschäftspartner im System kontrolliert. Die weiteren Aktivitäten **05** (**Sperren**), **49** (**Anfordern**) und **95** (**Entsperren**) drehen sich um die Berechtigung für das Ausführen des End of Purpose Check (EoP-Checks) oder das Entsperren der Stammdaten und sollten unserer Meinung nach ebenso nur einem bestimmten Nutzerkreis erlaubt sein.

Durchführung des EoP-Checks

Unserer Meinung nach muss der EoP-Check für Geschäftspartner regelmäßig ausgeführt werden. Da es sich in der Regel um Massendaten handelt, kann dies sinnvollerweise nur im Hintergrund geschehen. Die Einplanung und die erfolgreiche Ausführung von Jobs für die ABAP-Programmnamen

BUPA_PREPARE_EOP (zentraler Geschäftspartner oder CVP_PREPARE_EOP (Kunden- und Lieferantenstammdaten) kontrollieren Sie z. B. mittels Transaktion SM37 (Übersicht über Jobauswahl).

EoP-Check-Log auswerten

Mit Transaktion SLG1 (Anwendungs-Log: Protokolle anzeigen) können Sie das Protokoll des EoP-Checks für den zentralen Geschäftspartner anzeigen und z. B. auf Fehler hin kontrollieren. Verwenden Sie dazu das Objekt BDT_DATAARCHIVING mit dem Unterobjekt BUPA_EOP.

Mit Transaktion CVP_DISPLAY_LOG (Abgelegte Anwendungsprotokolle für Kunde und Lieferant anzeigen) können Sie das Anwendungsprotokoll für den EoP-Check zu Kunden und Lieferanten mit mehr kontextuellen Details auf der Ebene der Protokollpositionen im Vergleich zu Transaktion SLG1 anzeigen. Verwenden Sie dazu das Objekt CVP_LOG mit den Unterobjekten CUSTOMER_BLOCKING (Kunden sperren) und SUPPLIER_BLOCKING (Lieferanten sperren). Die Selektion für den Kunden ist in Abbildung 14.20 dargestellt.

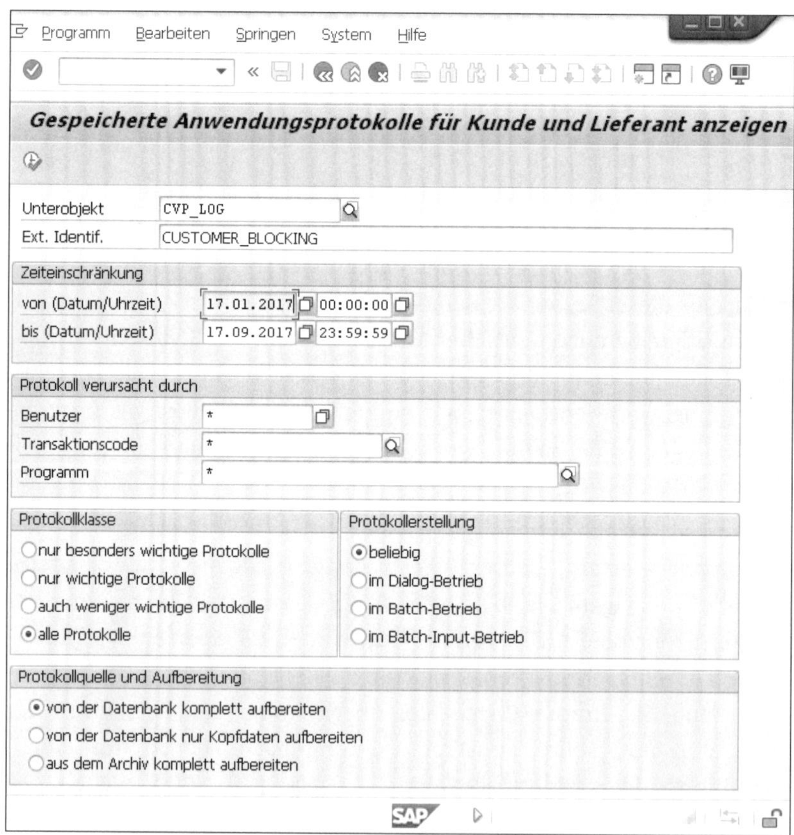

Abbildung 14.20 Anwendungsprotokoll für den EoP-Kunden prüfen

Partnersperre kontrollieren

Ein letzter Prüfpunkt rund um das Thema *Sperren von Geschäftspartnerstammdaten* ist die Prüfung, ob auch wirklich Daten gesperrt werden. Nutzen können Sie dazu Transaktion SE16 (Data Browser). Die Selektion nach gesperrten Daten können Sie für das Sperrkennzeichen gleich »X« in den Tabellen gem. Tabelle 14.7 ausführen.

Geschäftspartnerobjekt	Tabelle	Feld für Sperrkennzeichen
zentraler Geschäftspartner	BUT000	XPCPT
Kundenstamm (allgemeiner Teil)	KNA1	CVP_XBLCK
Kundenstamm (Buchungskreis)	KNB1	CVP_XBLCK_B
Lieferantenstamm (allgemeiner Teil)	LFA1	CVP_XBLCK
Lieferantenstamm (Buchungskreis)	LFB1	CVP_XBLCK_B

Tabelle 14.7 Tabellen der Geschäftspartnerstammdaten mit jeweiligem Feld für das Sperrkennzeichen

Sperren in verbundenen Systemen

Vergessen Sie hierbei nicht, dass die Sperrkennzeichen auch an die Geschäftspartner in den verbundenen Systemen kommuniziert werden und somit auch dort auf das richtige Vorhandensein der Sperrinformation geprüft werden sollte. Da dies entweder synchron oder asynchron über entsprechende RFC-Funktionsbausteine oder SAP Enterprise Services oder aber über ALE geschieht, sollten Sie jeweils auch die Protokolle der Aus- und Eingangsverarbeitung überprüfen. Weiterführende Informationen zu den Schnittstellenkontrollen haben wir Ihnen schon in Abschnitt 14.10.4, »Kontrollbedarf 4: Schnittstellenkontrollen«, dargestellt.

Zeitabhängige Sperre – Personaladministration

Die zeitabhängige Berechtigungsprüfung setzt eine aktive Implementierung des Business Add-Ins (BAdI) `HRPADAUTH_TIME` (Zeitlogik in der PA-Berechtigungsprüfung) voraus. Zudem können Sie prüfen, welche Benutzer in ihren Rollen das Berechtigungsobjekt `P_DURATION` (Berechtigungszeiträume für HCM-Stammdaten) zugewiesen haben und ob diese Berechtigung die richtigen Infotypen/Subtypen sowie Zeiträume umfassen. Ebenso können Sie die eingerichteten IDs für die rollenspezifischen Berechtigungszeiträume aus der Customizing-Aktivität **Zeitraum-IDs Berechtigungszeiträume zuordnen** und die dort eingestellten Zeiträume für die Anzeige von Personaldaten in der Vergangenheit prüfen.

14.10.18 Kontrollbedarf 18: Scoring-Werte

Als *Scoring-Werte* oder Profile im Sinne des Art. 4 Nr. 4 DSGVO sind Wertbildungen zu betrachten, die zu einer automatischen oder teilautomatischen Entscheidung des Systems führen können. Sie werden u. a. aus dem Zahlungsverhalten eines Kunden, aber auch aus Ratings, wie z. B. von der SCHUFA, ermittelt.

Scoring im Financial Supply Chain

Ein solches Verfahren ist z. B. unter **SAP Einführungsleitfaden • Financial Supply Chain Management • Credit Management • Kreditrisikoüberwachung • Stammdaten • Verfahren zur Bonitäts- und Kreditlimitermittlung anlegen** zu definieren.

Organisatorisch ist zu ermitteln, wo derartige Verfahren eingesetzt werden. Technisch ist dies ebenso zu kontrollieren. Neben der Existenzkontrolle ist zu prüfen, ob die Daten, die zu einer solchen Entscheidung führen, aktuell und richtig gehalten werden, und dass die Daten, wie. z. B. das Zahlungsverhalten, überhaupt noch im Rahmen des ursprünglichen Verwendungszwecks existent sein dürfen.

14.10.19 Kontrollbedarf 19: Patch-Management

Im SAP Solution Manager kann in der Anwendung System Recommendations geprüft werden, welche Patches, insbesondere welche sicherheitsrelevanten Patches, für die konkrete Systemlandschaft erforderlich sind. Dabei werden die installierten Patches, und für die ABAP-Instanzen auch die installierten Hinweise, berücksichtigt.

Eine Übersicht über die Security Patches findet sich auch unter:

https://support.sap.com/en/my-support/knowledge-base/security-notes-news.html

14.10.20 Kontrollbedarf 20: Transportwesen

Das *Transportwesen* stellt in einer Systemlandschaft das notwendige Instrumentarium zur Verfügung, damit Änderungen an der Konfiguration oder an den Programmen aus dem Entwicklungssystem in eine Test-/Qualitätssicherungssystem und gegebenenfalls weiter in das Produktivsystem transportiert werden können. Chuprunov hält in »Handbuch SAP-Revision« (Chuprunov, 2019) fest:

> *Erfahrungsgemäß gibt es im Bereich der Systemlandschaft recht wenige Beanstandungen, da hier keinesfalls nur Anforderungen von Prüfern, sondern primär die ureigensten Interessen von Unternehmen betroffen sind.*

Wir gehen davon aus, dass es ausreicht, wenn Sie sich das Verfahren allgemein beschreiben lassen und mit der bei Ihnen für Revisionshandlungen zuständigen Abteilung vereinbaren, dass diese regelmäßig die Ordnungsmäßigkeit bestätigt.

Aufgabe Ihrer Revision

14.10.21 Kontrollbedarf 21: Code-Review

Es ist sicherlich State of the Art, dass die eingesetzte Software umfänglichen Prüfungen unterzogen wird, bevor sie zum Einsatz kommt. Solch eine Prüfung umfasst mehrere Schritte, beginnend mit funktionalen Entwicklertests (»Tut's?« – »Ja es tut's!«) und prozessualen Tests: Die im Design spezifizierte Wirkung wird erreicht, ohne dass andere Funktionen der Software ungewollt eingeschränkt würden.

Technische Tests für kundeneigenen Code

Danach werden die Tests deutlich technischer: Ein Code-Review kann in unterschiedlichen Formen vorgenommen werden, bis hin zu zeilenweisen manuellen Kontrollen durch Sachkundige. Effektiver für das Auffinden von Vulnerabilities ist der Einsatz von Code-Scannern, die anhand bekannter Schwachstellen den Code scannen. Die Klassiker sind da leider immer noch (2017!!!!) fest in den Programmen hinterlegte Nutzernamen und Kennwörter. SAP setzt selbstverständlich entsprechende Verfahren ein, die den entsprechenden industrieüblichen Standards gerecht werden. Nur ist vielen Kunden immer noch nicht klar, dass auch kundeneigener Code gehackt werden kann, die eigenen Entwicklungen also entsprechend zu kontrollieren sind. SAP bietet hier zusammen mit HP die folgende Lösung an: SAP Fortify by Micro Focus und SAP NetWeaver Application Server, add-on for vulnerability analysis.

Weitere Aufgabe Ihrer Revision

Auch hier ist es unsere Annahme, dass der Datenschützer keine Hacker-Skills entwickeln muss, sondern sich auf die Verfahren verlassen kann, die in Ihrem Unternehmen bereits gängig sind, oder, falls es für kundeneigenen Code kein entsprechendes Verfahren gibt, lediglich auf die Einführung einschlägiger Verfahren drängen sollte, die dann naturgemäß auch Gegenstand der eigenen Revision sind.

14.10.22 Kontrollbedarf 22: Umfang der Verarbeitung

Den *Umfang der Verarbeitung* haben Sie im Wesentlichen durch die Verwendungsnachweise (siehe Abschnitt 14.10.5, »Kontrollbedarf 5: Verwendungsnachweise«) ermittelt. In der Literatur wird teilweise auf Transaktion SPAM (Support Package Manager) verwiesen; hier ist zumindest eine Kontrolle dazu möglich, zu welchen Komponenten welche Support Packages eingespielt wurden. Diese mag man als Hinweis dazu deuten, welche Komponenten genutzt werden; wir legen Ihnen jedoch in jedem Fall ordentliche Verwendungsnachweise nahe.

14.10.23 Kontrollbedarf 23: Änderbarkeit von System und Konfiguration

Grundsätzlich dürfen produktive Systeme nicht änderbar sein. Dies ergibt sich neben datenschutzrechtlichen Erwägungen (Nachweis der Integrität) auch aus Reglungen und Gesetzen zum Rechnungswesen. Zu unterscheiden sind die Systemänderbarkeit und die Mandantenänderbarkeit. Die Systemänderbarkeit kann lokal in Transaktion SE06 (Einrichten Transport Organizer) eingesehen werden.

Neben der lokalen Darstellung der Systemänderbarkeit kann diese auch zentral im SAP Solution Manager in der Application Configuration Validation angezeigt werden.

Die Mandantenänderbarkeit kann lokal in Transaktion SCC4 (Mandantenverwaltung) je Mandant angezeigt werden. Dies ist in Abbildung 14.21 zu sehen. Diese beiden Sichten (Systemänderbarkeit und Mandantenänderbarkeit) sind nunmehr in einer Transaktion zusammengefasst: in Transaktion RSAUDIT_SYSTEM_ENV (Mandanten- und Systemeinstellungen), die, ausschließlich mit Anzeigeberechtigungen ausgestattet, einen vollständigen Überblick für alle Mandanten eines Systems liefert.

AIS - Aktuelle Systemänderbarkeit und Mandanteneinstellungen

18.09.2017 AIS -

Berichtsumgebung

System-Id: QI3
Mandant: 002
Benutzer: I055366
Datum: 18.09.2017
Uhrzeit: 08:36:24

Systemumgebung

Systemänderbarkeit (global): änderbar

Mandantenübersicht

Mdt	Bezeichnung	Ort	Währ.	LogSystem	Rolle	Änderungen und Transporte
000	SAP AG	Walldorf	EUR		Test	Änderungen werden in Transportauftrag aufgezeichnet
001	Auslieferungsmandant R11	Kundstadt	USD		Customizing	Änderungen werden in Transportauftrag aufgezeichnet
002	Main test client	Walldorf	EUR	QI3CLNT002	Test	kein automatisches Aufzeichnen von Änderungen für Transport
003	BW client	Walldorf	EUR	QI3CLNT003	Test	Änderungen werden in Transportauftrag aufgezeichnet
004	IDES test client	Walldorf	EUR	QI3CLNT004	Test	Änderungen werden in Transportauftrag aufgezeichnet
005	cross client customizing	Walldorf	EUR	QI3CLNT005	Test	kein automatisches Aufzeichnen von Änderungen für Transport
006	eCATT 1	Walldorf	EUR	QI3CLNT006	Test	kein automatisches Aufzeichnen von Änderungen für Transport
007	Test Client	Walldorf	EUR	QI3CLNT007	Test	Änderungen werden in Transportauftrag aufgezeichnet
010	EA-FI Main	Walldorf	EUR	QI3CLNT010	Test	Änderungen werden in Transportauftrag aufgezeichnet
014	CE client	Walldorf	EUR	QI3CLNT014	Test	Änderungen werden in Transportauftrag aufgezeichnet
022	Main Test 2 (V7Q002)	Walldorf	EUR	QI3CLNT022	Test	Customizing beliebig änderbar aber nicht transportierbar
026	eCATT 2 Core CW 42/43	Walldorf	EUR	QI3CLNT026	Test	kein automatisches Aufzeichnen von Änderungen für Transport
036	eCATT 1 PSM	Walldorf	EUR	QI3CLNT036	Test	kein automatisches Aufzeichnen von Änderungen für Transport
046	eCATT 2 PSM	Walldorf	EUR	QI3CLNT046	Test	kein automatisches Aufzeichnen von Änderungen für Transport

Abbildung 14.21 Mandanten- und Systemeinstellungen

Auch in Bezug auf diese Einstellungen dürfte es reichen, dass der Datenschützer sich die Einstellungen erläutern lässt und diese dokumentiert. Die für Revision zuständige Abteilung überwacht diese Einstellungen und sollte entsprechend berichten.

Noch eine Aufgabe für die Revision

14.10.24 Kontrollbedarf 24: Protokollierung von Programmänderungen

Grundsätzlich erreichen Programmänderungen und Konfigurationsänderungen das produktive System über das Transport-Management-System. Eine Kontrolle der Änderungen ist somit ein zweistufiges Verfahren, in dem die Protokolle des Transport-Management-Systems und die Versionsverwaltung von Programmen im Entwicklungssystem abgeglichen werden müssen.

Auch diesbezüglich gehen wir davon aus, dass es aus der Sicht des Datenschutzes erforderlich ist, das grundsätzliche Verfahren zu dokumentieren; die Kontrolle kann und sollte aber durch die interne Revision erfolgen.

Programmänderungen und interne Revision

14.10.25 Kontrollbedarf 25: Tabellenänderungen

Die Protokollierung von *Tabellenänderungen* ist aus Datenschutzsicht überall dort erforderlich, wo es um Konfigurationen geht, die einen Einfluss auf personenbezogene Daten haben. Die Tabellenprotokollierung sollte nur in notwendigen Ausnahmen für die Protokollierung transaktionaler Änderungen eingesetzt werden, da durch solche Protokollierungen erhebliche Performanceeffekte möglich sind.

Es ist in jedem Fall sicherzustellen, dass die Protokollierung aktiv ist. Dies ist überprüfbar, indem der Profilparameter `rec/client` in Transaktion RZ11 (Profilparameterpflege) eingegeben und die Anzeige aufgerufen wird. In Abbildung 14.22 sehen Sie die diesbezüglichen Einstellungen.

Im markierten Feld sehen Sie, dass alle Mandanten nicht protokolliert werden. In einem Produktivsystem müsste minimal der produktive Mandant angeschaltet sein.

Noch einmal die interne Revision

Auch hier gilt, dass die Kontrolle dieses Profilparameters mutmaßlich durch Ihre interne Revision vorgenommen wird, da diese Protokollierung auch aus anderen Rechtsgründen erforderlich ist. Allerdings schließt sich an die allgemeine Aufgabe der Revision die Aufgabe für den Datenschutz an, zu prüfen, ob relevante Tabellen zur Protokollierung vorgesehen sind. Dies kann in Report RDDPRCHK (Tabellenprotokollierung prüfen) nachvollzogen werden. Eine Auswertung der Änderungen selbst ist wiederum über Transaktion SCU3 (Tabellenhistorie) möglich. Weitere Informationen finden Sie in SAP-Hinweis 112388 (Protokollierungspflichtige Tabellen).

Profilparameterdetails anzeigen

Metadaten für Parameter rec/client

Beschreibung	Wert
Name	rec/client
Typ	Zeichenfolge
Weitere Auswahlkriterien	OFF|ALL|([0-9]{3},){0,9}[0-9]{3}
Einheit	
Parametergruppe	Database
Parameterbeschreibung	Activate/Deactivate table auditing
CSN-Komponente	BC-DB-DBI
Systemweiter Parameter	Nein
Dynamischer Parameter	Nein
Vektorparameter	Nein
Enthält Subparameter	Nein
Prüffunktion existiert	Nein

Werte des Profilparameters rec/client

Auflösungsstufe	Wert
Kernel-Default	OFF
Default-Profil	405,406,410
Instanz-Profil	405,406,410
Aktueller Wert	405,406,410

Herkunft des aktuellen Wertes: Default-Profil

Abbildung 14.22 Profilparameter zur Tabellenprotokollierung

14.10.26 Kontrollbedarf 26: Belegprotokollierung

Die allgemeine Protokollierung von Änderungen an personenbezogenen Daten ist jeweils in den Transaktionen nachvollziehbar. In Abbildung 14.23 sehen Sie dies beispielhaft für den Benutzerstammsatz.

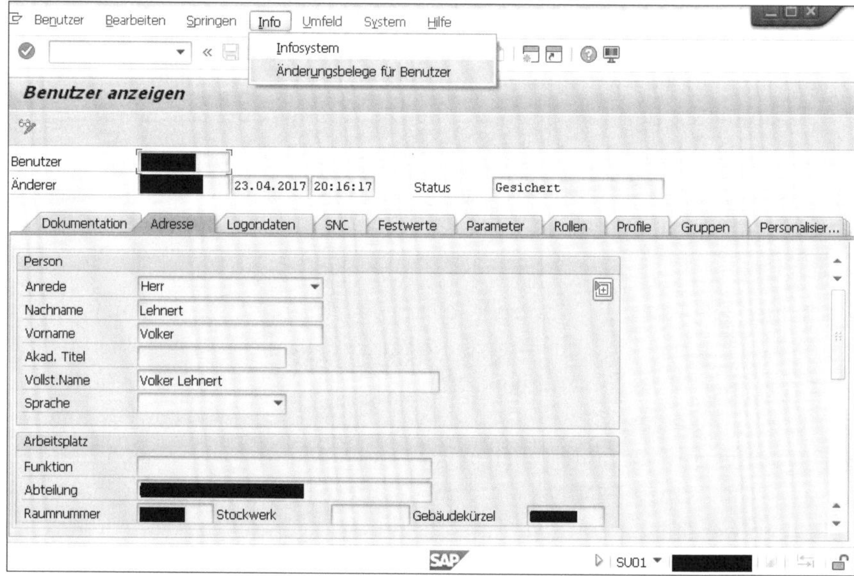

Abbildung 14.23 Änderungsbelege zum Benutzerstammsatz

Eine Auswertung der Änderungen ist auch über den Report CHANGEDOCU_READ (Änderungsbelege vom Archiv oder der Datenbank lesen) möglich.

Und in SAP ERP HCM?

In SAP ERP HCM steht Ihnen ferner der Report RPUAUD00 (Protokollierte Änderungen in den Daten der Infotypen) zur Verfügung. Die dort mögliche Auswertung zeigen wir exemplarisch in Abbildung 14.24.

Per Doppelklick auf die selektierte Zeile ist eine Vorwärtsnavigation in die detaillierten Änderungen möglich.

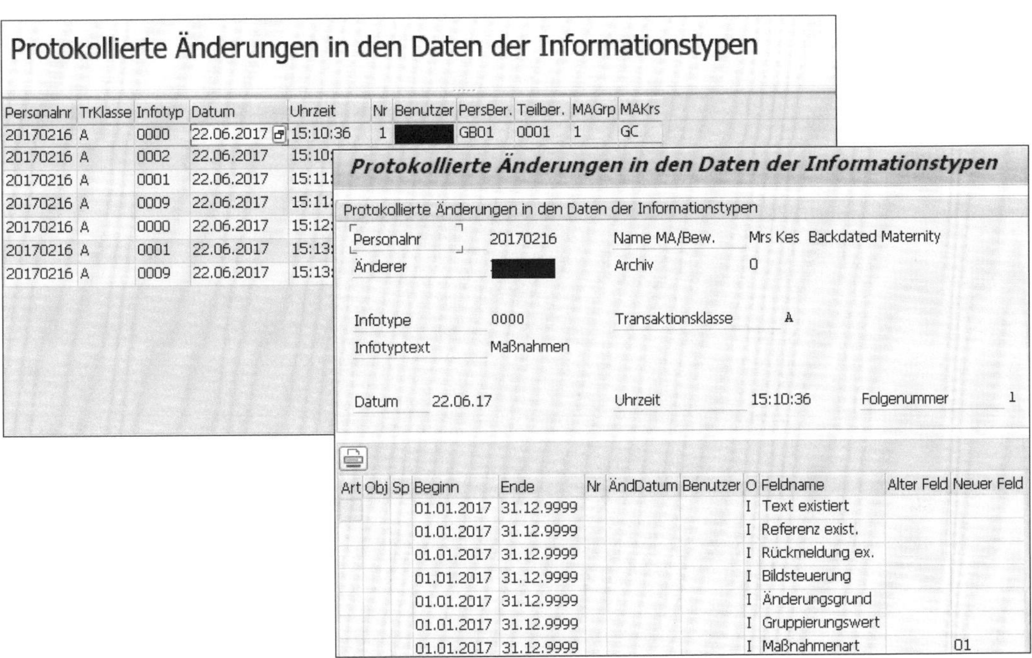

Abbildung 14.24 Änderungsprotokollierung in SAP ERP HCM

14.10.27 Kontrollbedarf 27: Verhaltensprotokollierung

Die *Verhaltensprotokollierung* gehört unseres Erachtens zu den Maßnahmen, die im Datenschutz einzusetzen und zu kontrollieren sind. Protokolliert wird u. a. die Anmeldung eines Benutzers im System. Im Benutzerinformationssystem ist dies über Transaktion RSUSR200 (Liste der Benutzer nach Anmeldedatum und Kennwortänderung) überprüfbar.

Es muss protokolliert werden, welcher Benutzer welche Programme aufruft. Dies erfolgt über sogenannte Statistical Records, die u. a. in Transaktion ST03N (Systemlast und Performancestatistik) oder Transaktion STAD (Systemübergreifende Statistiksatzanzeige) ausgewertet werden können (siehe Abbildung 14.25).

Die hier erzeugten Daten können erste Indizien über eventuelle missbräuchliche Nutzungen geben. Sie werden aber u. a. auch im SAP Access Control genutzt, um in periodischen Abständen auswerten zu können, ob Benutzer überhaupt die Berechtigungen brauchen, die sie insgesamt haben. Solche Auswertungen ermöglichen es teilweise, die Menge an vergebenen Anwendungsberechtigungen um bis zu 90 % zu reduzieren, was in jedem Fall einen Gewinn für den Datenschutz darstellt. Beachten Sie u. a. SAP-Hinweis 548624 (FAQ: Performance Monitors, R/3-Syslog, Systemverfügbarkeit).

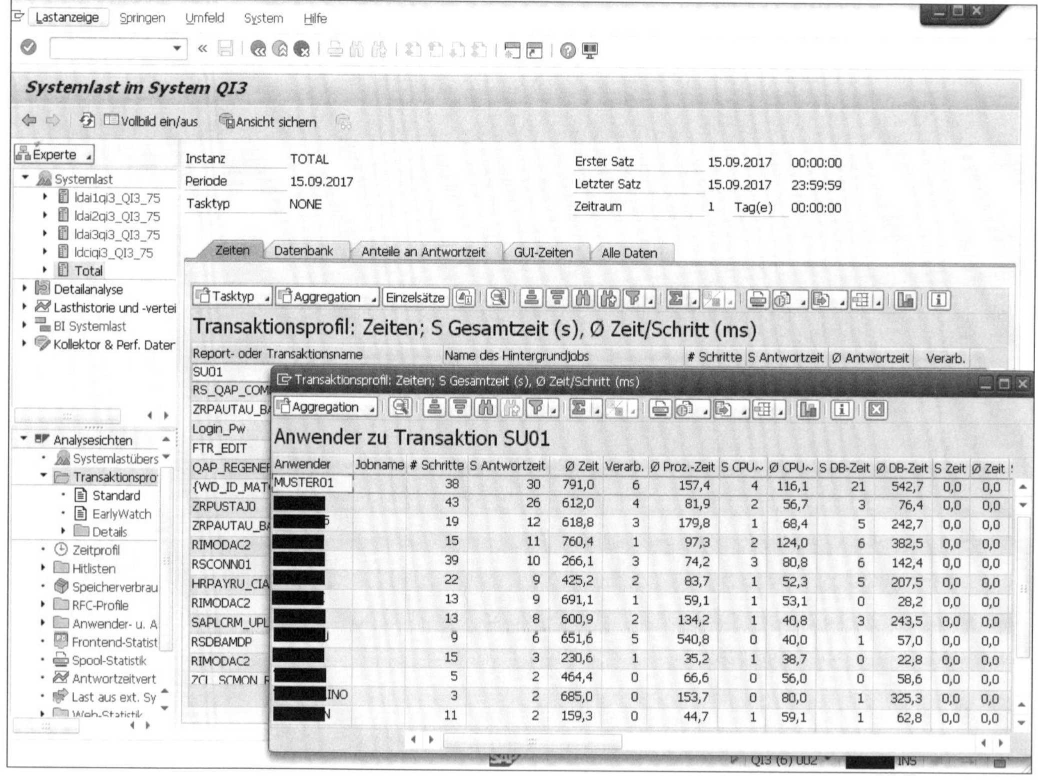

Abbildung 14.25 Auswertung im Systemlastmonitor

Eine wesentliche weitere Verhaltensprotokollierung wurde in Kapitel 9, »›Schau mal, wer da liest‹: Read Access Logging«, vorgestellt: die Leseprotokollierung.

[!]

Protokollierung ist notwendig und problematisch

Die Protokollierung von Benutzeraktivitäten ist immer ein ambivalentes Vorgehen. Sie unterliegt einerseits der Mitbestimmung des Betriebsrates/

Personalrates. Andererseits ist die Protokollierung aber überhaupt nur statthaft, wenn es einschlägige Rechtsgrundlagen gibt oder die Protokollierung zum Zwecke der Systemsicherheit oder des Datenschutzes erfolgt. Auch dann ist sie nach Auffassung der Aufsichtsbehörden (Arbeitskreis »Technische und organisatorische Datenschutzfragen«, 2009) nur statthaft, wenn der Zugriff auf den Zweck der Protokollierung beschränkt ist und die Daten auch tatsächlich ausgewertet werden.

14.10.28 Kontrollbedarf 28: Ereignisprotokollierung

Unter *Ereignisprotokollierung* fallen alle Protokolle, die dazu geeignet sind, einen ordnungsgemäßen Betrieb des Systems nachzuweisen oder eben dazu, welche potenziell problematischen Ereignisse stattgefunden haben. Im Audit Information System, Transaktion SAIS (AIS – Workplace), sind unter dem Punkt **Systemprotokolle und Statusanzeigen** zahlreiche Transaktionen enthalten, die Ereignisse protokollieren. Auch in diesem Fall können wir nur beispielhaft auf die Kontrollhandlungen eingehen.

Exemplarische Prüfungshandlungen

In Abschnitt 14.10.10, »Kontrollbedarf 10: Übermittlungskontrolle«, sind wir bereits auf das ALE-Verfahren eingegangen; dort haben wir gezeigt, wie IDocs ausgewertet werden können und auch, wie die Übertragung generell kontrolliert werden kann.

In Abschnitt 14.10.14, »Kontrollbedarf 14: Datensperrung«, haben wir Transaktion SLG1 (Anwendungs-Log: Protokolle anzeigen) dargestellt, die genutzt werden kann, um die ordnungsgemäße Abwicklung des EoP nachzuweisen.

Zu nennen ist in diesem Abschnitt auch noch das Security Audit Log. In diesem kann Folgendes nachgewiesen werden (*http://help.sap.com*):

- erfolgreiche und erfolglose Dialoganmeldeversuche
- erfolgreiche und erfolglose RFC-Anmeldeversuche
- RFC-Aufrufe von Funktionsbausteinen
- erfolgreiche und erfolglose Transaktionsstarts
- erfolgreiche und erfolglose Reportstarts
- Änderungen der Benutzerstammsätze
- Änderungen an der Auditkonfiguration

In Transaktion SM19 (Configuration Security Audit) können Sie die Konfiguration prüfen und mit Transaktion SM20 (Auswertung des Security Audit Logs) Auswertungen durchführen. Der Start der Auswertung ist in Abbildung 14.26 dargestellt.

Nachfolgetransaktionen

Ab SAP NetWeaver 7.50 sind Transaktion SM19 (Configuration Security Audit) und Transaktion SM20 (Auswertung des Security Audit Logs) durch RSAU_CONFIG (Security Audit Log – Konfiguration), RSAU_READ_LOG (Security Audit Log auswerten), RSAU_ADMIN (SAL – Administration der Log-Daten) u. a. ersetzt worden. Beachten Sie dazu SAP-Hinweis 2191612 – FAQ »Nutzung des Security Audit Log ab NetWeaver 7.50«.

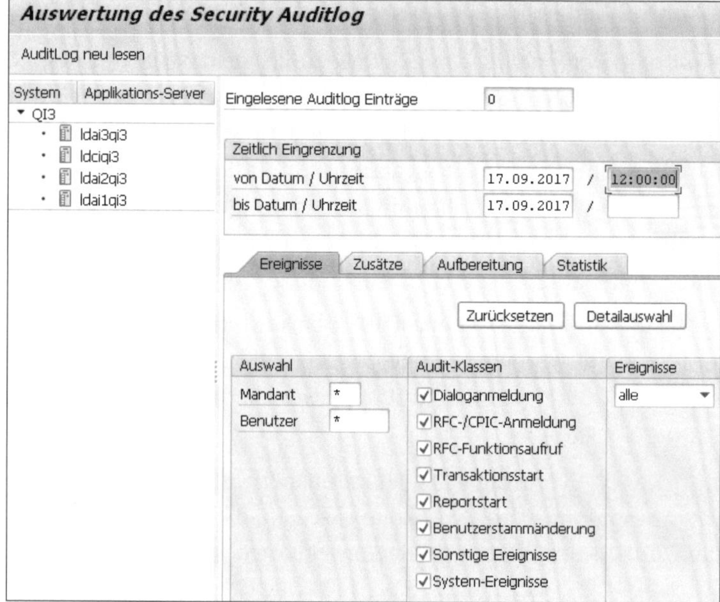

Abbildung 14.26 Auswertung Security Audit Logs

Ereignisse und interne Revision

Auch die vollständige Kontrolle, weit über den dargestellten Umfang hinaus, ist aus unserer Sicht Sache der internen Revision; der Datenschutz sollte sich aber zumindest grundsätzlich über diese Maßnahmen orientieren können und muss diese auch zumindest generisch darstellen.

14.10.29 Kontrollbedarf 29: Benutzerkonzept

Eigentlich ist zum *Benutzerkonzept* nur Folgendes zu sagen:

- Technische Benutzer sind zweckspezifisch anzulegen.
- Benutzer für natürliche Personen sind individuell anzulegen.
- Jede Aktion im System muss immer auf einen identifizierbaren Benutzer zurückgeführt werden können.

Tatsache ist jedoch, dass die Weitergabe von Benutzern und Kennwörtern in zahlreichen Unternehmen immer noch an der Tagesordnung ist.

Tatsache ist auch, dass technische Benutzer teilweise mit umfassenden Berechtigungen versehen und für zahlreiche Zwecke eingesetzt werden.

Diesbezügliche Auswertungen sind im Benutzerinformationssystem durchführbar, über Transaktion SUIM (Benutzerinformationssystem). Eine Auswahl einschlägiger Reports ist in Abbildung 14.27 zu sehen.

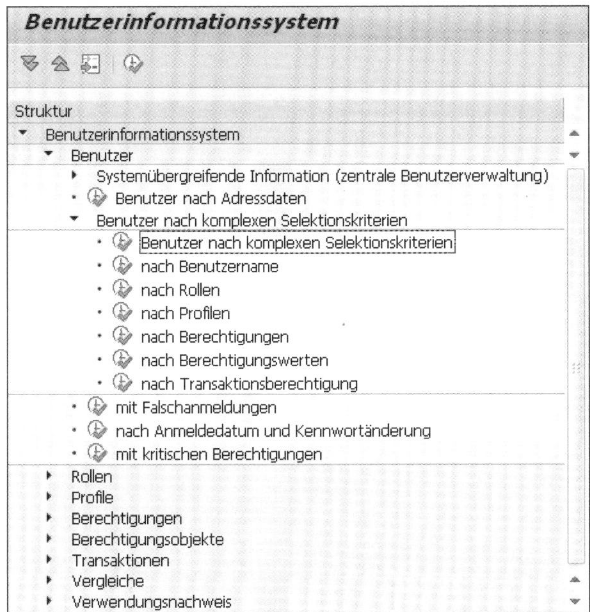

Abbildung 14.27 Ausgewählte Reports im Benutzerinformationssystem

14.10.30 Kontrollbedarf 30: Kennwortregeln

In Bezug auf die Kennwortregeln hat es wesentliche Neuerungen gegeben: Ergänzend zur Definition von Kennwortregeln über Profilparameter sind nun die sogenannten Sicherheitsrichtlinien eingeführt worden. Eine Sicherheitslinie definiert u. a. die Kennwortregeln, die für einen dieser Regel zugeordneten Benutzer gelten. In Abbildung 14.28 ist in Transaktion SU01 (Benutzerpflege) in der Registerkarte **Logondaten** markiert, an welcher Stelle diese Daten im Benutzerstammsatz angezeigt werden können.

Eine übergreifende Auswertung ist über Transaktion S_YI3_39000082 (Verwendungsnachweis für Sicherheitsl.) möglich.

Nur für Benutzer, die keiner Sicherheitsrichtlinie zugeordnet sind, sind weiterhin die Kennwortprofilparameter erheblich, die sich mit dem Report

RSPARAM auswerten lassen; diesen haben wir schon in Abschnitt 14.10.30, »Kontrollbedarf 30: Kennwortregeln«, dargestellt.

Authentifizierung, Benutzerkonzept und Kennwortregeln sind wesentliche und voneinander abhängige Bestandteile der Sicherstellung der Integrität des Systems; einschlägige Kontrollen sind Gegenstand der Nachweispflichten.

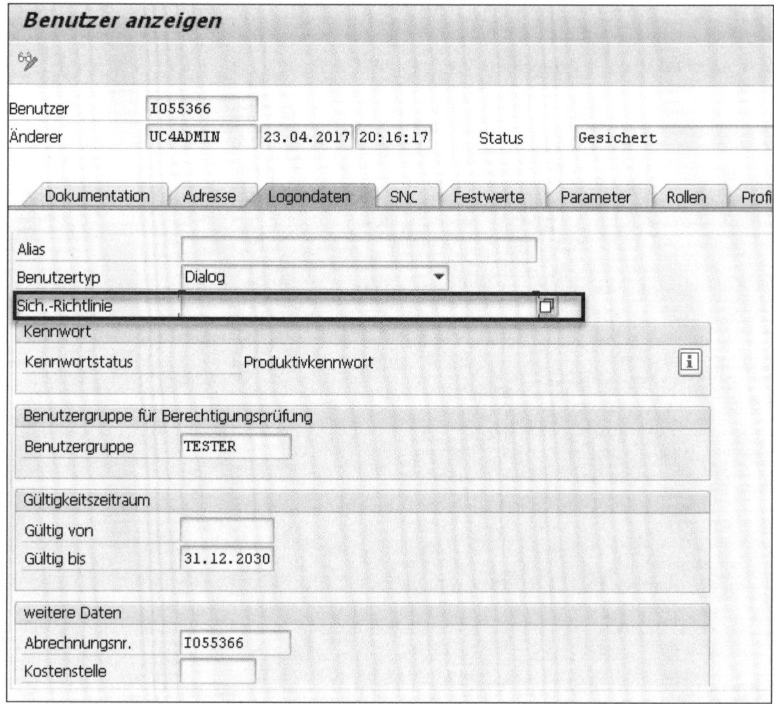

Abbildung 14.28 Sicherheitsrichtlinie im Benutzerstammsatz

14.10.31 Kontrollbedarf 31: Standardbenutzer

Bei der Installation des SAP NetWeaver AS ABAP werden automatisch die Standardbenutzer `SAP*`, `DDIC`, `EARLYWATCH`, `TMSADM` und `SAPCPIC` in den Mandanten angelegt. Diese müssen entsprechend den SAP-Empfehlungen behandelt sein.

SAP-Kriterien für Standardbenutzer

SAP (siehe *help.sap.com*, Stichwort »Standardbenutzer«) empfiehlt Ihnen, die folgenden Kriterien zum Schutz der Standardbenutzer regelmäßig zu überprüfen.

- *Pflegen Sie die Übersicht Ihrer Mandanten, und stellen Sie sicher, dass keine unbekannten Mandanten existieren.*

- *Stellen Sie sicher, dass SAP* vorhanden ist und in allen Mandanten deaktiviert wurde.*
- *Stellen Sie sicher, dass die Standardkennwörter für SAP*, DDIC und EARLYWATCH geändert wurden.*
- *Stellen Sie sicher, dass diese Benutzer in allen Mandanten zu der Gruppe SUPER gehören.*
- *Sperren Sie die Benutzer SAP*, DDIC und EARLYWATCH. Entsperren Sie sie nur, wenn es unbedingt erforderlich ist.*
- *Standardmäßig wird der Benutzer DDIC für den Transport des Hintergrundjobs (RDDIMPDP) eingerichtet. SAP empfiehlt Ihnen, einen anderen Benutzer für diesen Job einzurichten, damit Sie DDIC sperren können.*
- *Der Benutzer benötigt die Berechtigungen SAP_ALL und S_A.SYSTEM, weil der Job Funktionsbausteine für mehrere Anwendungen aufruft, die zuvor nicht für alle Fälle bestimmt werden können.*
- *[...]*
- *Löschen Sie SAPCPIC, wenn Sie es nicht benötigen. Stellen Sie zumindest sicher, dass Sie das Standardkennwort für SAPCPIC geändert haben.*
- *Ändern Sie das Standardkennwort von TMSADM.*

Der Nachweis, dass diese Maßgaben umgesetzt wurden und dass sie regelmäßig kontrolliert werden, gehört in die Dokumentation des Verfahrens.

14.10.32 Kontrollbedarf 32: Benutzeradministration

Die Sicherheitsleitfäden von SAP sind in Bezug auf die Berechtigungsverwaltung, die eingehalten werden muss, eindeutig: Berechtigungen und Benutzer im produktiven System dürfen nicht von einem einzigen Benutzer gepflegt werden. Eine Funktionstrennung in drei beteiligte Benutzer wird dringend angeraten:

- **Rollenadministrator**
  Der Rollenadministrator pflegt die Berechtigungen in Rollen, darf aber weder die zugehörigen Profile generieren noch die Rollen den Benutzern zuordnen.
- **Benutzerverwalter**
  Der Benutzerverwalter darf die Benutzerstammsätze pflegen und Rollen zuweisen, aber weder Rollen ändern noch die dazugehörigen Profile generieren.

- **Profilverwalter**
  Der Profilverwalter darf die zu den Rollen gehörenden Profile generieren, aber weder Rollen ändern noch zuordnen.

Ein minimales Vier-Augen-Prinzip muss nachgewiesen werden. Der Datenschützer wird dies dokumentieren, auch wenn der Nachweis durch Revision oder Administration zu erbringen ist (siehe zum Ganzen auch Lehnert, Stelzner, Otto und John, 2016, S. 736).

14.10.33 Kontrollbedarf 33: Transparente Berechtigungsrisiken

In Abschnitt 14.10.7, »Kontrollbedarf 7: Minimalprinzip im Berechtigungskonzept«, haben wir das Minimalprinzip bei der Berechtigungsvergabe dargestellt. Transparente Berechtigungsrisiken gehen weiter. Es muss nach unserem Dafürhalten jederzeit nachweisbar sein, welche Datenschutzrisiken effektiv im Berechtigungswesen existieren. Bereits bei der Vergabe von Berechtigungen muss dies transparent gemacht werden. Ein einschlägiges Genehmigungsverfahren und ergänzende organisatorische Weisungen sind geboten.

14.10.34 Kontrollbedarf 34: Backup und Disaster Recovery

Dem Datenschützer ist der Nachweis zu erbringen, dass es ein funktionieren Backup-Verfahren gibt. Zu diesem Nachweis gehört der Nachweis der Wiederherstellbarkeit der Daten (Disaster Recovery).

14.11 Zusammenfassung

Wir haben Ihnen in diesem Kapitel zunächst den Rahmen für Kontrollen entwickelt, um diese dann oberflächlich und beispielhaft zu kontrollieren. Lediglich bei wenigen Kontrollen, die sich explizit und allein aus dem Datenschutz ergeben, sind wir etwas umfänglicher geworden. Trotzdem muss es Ihnen bewusst bleiben, dass die skizzierten Kontrollen nur einen geringen Teil darstellen.

Tatsächlich gehen wir von mehr als tausend notwendigen Kontrollen aus. Ein Großteil (95 %) dieser Kontrollen sind das »Brot- und Buttergeschäft« der internen Revision und Gegenstand guter Systemprüfungen. An einigen Stellen ändert sich aber die Stoßrichtung dieser Kontrollen. Während aus der Sicht des Rechnungswesens ein Berechtigungsrisiko gegeben ist, wenn ein Funktionstrennungskonflikt existiert, der einem Mitarbeiter die volle

Kontrolle über einen zahlungswirksamen Prozess gewährt, ist das Risiko im Datenschutz auf die Zwecke der Verarbeitung zu beziehen. Das Risiko ist, dass jemand Berechtigungen hat, ohne für diesen Zweck einen Auftrag zu haben. Im Sinne des Art. 4 Nr. 10 DSGVO wäre ein solcher Mitarbeiter als Dritter zu betrachten, dem in diesem Fall unrechtmäßig Daten offenbart werden. Sinngemäß sind auch die Systemschnittstellen entsprechend anders zu betrachten.

Nach unserem Dafürhalten ändert sich aber durch die DSGVO vor allem auch die Nachweisnotwendigkeit. Sie müssen in Zukunft in Bezug auf Datenkategorien und Zwecke nachweisen können, welche Schutzmaßnahmen Sie ergriffen haben. Können Sie diese Nachweise nicht erbringen, drohen die angeführten Bußgelder. Um diese Kontrollen sinnvoll managen zu können, müssen diese unserer Meinung nach in das interne Kontrollsystem integriert werden.

Wir gehen davon aus, dass dies in großen Unternehmen nicht mehr sinnvoll darstellbar ist, ohne entsprechende Automatisierungen einzuführen. Das Produkt von SAP, in dem dies möglich ist, ist die GRC Suite. Diese ermöglicht es Ihnen, Kontrollen und Kontrollabläufe zu automatisieren.p

Anhang

Anhang A
Glossar

Deutsche und englische Fachbegriffe der DSGVO

Die folgende Tabelle dient als Referenz für die englischsprachigen Veröffentlichungen zum Thema DSGVO.

Deutsch	Englisch
Auftragsverarbeiter	Processor
Besondere Kategorien personenbezogener Daten	Special Categories of Personal Data (Sensitive Personal Data)
Betroffene Person	Data Subject
Datenschutz-Folgenabschätzung	Data Protection Impact Assessment (DPIA)
Datensicherheitsrichtlinie	Data Security Policy
Datenverarbeitungsvereinbarung	Data Processing Agreement (DPA)
Datenschutzbeauftragter (DSB)	Data Protection Officer (DPO)
Datenschutzgrundverordnung (DSGVO)	General Data Protection Regulation (GDPR)
Datenschutz-Management-System (DSMS)	Data Protection Management System (DPMS)
Einwilligung	Consent
Erwägungsgrund	Recital
EU-Standardvertragsklauseln	Standard Contractual Clauses (SCC)
Federführende Aufsichtsbehörde	Supervisory Authority
Grenzüberschreitende Verarbeitung	Cross-border Data Traffic
Konformitätsprüfung	Compliance Audit

Deutsch	Englisch
Meldung einer Datenschutzverletzung	Privacy Breach Notification
Personenbezogene Daten	Personal Data
Rechenschaftspflicht/Nachweisbarkeit	Accountability
Rechte betroffener Personen	Data Subject Rights (DSR)
TOM (Technische und Organisatorische Maßnahmen)	TOM (Technical and organizational measures)
Verantwortlicher	Data Controller
Verletzung des Schutzes personenbezogener Daten	Personal Data Breach
Verzeichnis der Verarbeitungstätigkeiten	Register of Processing Activities (ROPA)
Weiterer Auftragsverarbeiter	Data Processor

Zentrale Fachbegriffe der DSGVO

Die folgende Tabelle stellt die zentralen daenschutzrechtlichen Begriffe dar, die zur »Grundausstattung« im Bereich Datenschutz gehören.

Begriff	Erklärung
Anonyme Daten	Anonyme Daten sind Daten, »die sich nicht auf eine identifizierte oder identifizierbare natürliche Person beziehen, oder personenbezogene Daten, die in einer Weise anonymisiert worden sind, dass die betroffene Person nicht oder nicht mehr identifiziert werden kann.« (ErwG 26 Satz 4 DSGVO)
Anonymisierung	Verfahren, um aus personenbezogenen Daten → anonyme Daten zu machen.
Auftragsverarbeiter	»Auftragsverarbeiter [ist] eine natürliche oder juristische Person, Behörde, Einrichtung oder andere Stelle, die personenbezogene Daten im Auftrag des Verantwortlichen verarbeitet.« (Art. 4 Nr. 8 DSGVO). Den Auftragsverarbeiter treffen eigene rechtliche Pflichten, die u. a. in Art. 28 DSGVO ausgeführt werden. Sofern eine Cloud-Lösung das SAP-System nutzt, ist SAP ihr Auftragsverarbeiter.

Begriff	Erklärung
Auftragsdatenverarbeiter	Begriff des alten BDSG für den → Auftragsverarbeiter
Aufsichtsbehörde	In Deutschland die 16 Landesbeauftragten für den Datenschutz und der Bundesbeauftragte. Letztere ist nur in wenigen Fällen für die Privatwirtschaft zuständig, so z. B. für Telekommunikationsunternehmen. Generell ist zunächst die Aufsichtsbehörde zuständig, in deren Bundesland der Unternehmenssitz ist.
Besondere Kategorien personenbezogener Daten	»Personenbezogene[r] Daten, aus denen die rassische und ethnische Herkunft, politische Meinungen, religiöse oder weltanschauliche Überzeugungen oder die Gewerkschaftszugehörigkeit hervorgehen, sowie ... genetische[n] Daten, biometrische[n] Daten zur eindeutigen Identifizierung einer natürlichen Person, Gesundheitsdaten oder Daten zum Sexualleben oder der sexuellen Orientierung einer natürlichen Person.« (Art. 9 Abs. 1 DSGVO)
Betroffene Person	Die betroffene Person ist die, deren Daten verarbeitet werden. Sie ist in der DSGVO vor allem Träger von Rechten. In der Risikobetrachtung geht es immer um sie, also, welche → Risiken werden für die betroffene Person durch die → Verarbeitung der Daten verursacht.
Dritter	»Dritter [ist] eine natürliche oder juristische Person, Behörde, Einrichtung oder andere Stelle, außer der betroffenen Person, dem Verantwortlichen, dem Auftragsverarbeiter und den Personen, die unter der unmittelbaren Verantwortung des Verantwortlichen oder des Auftragsverarbeiters befugt sind, die personenbezogenen Daten zu verarbeiten.« (Art 4 Nr. 10 DSGVO)
Einwilligung	»Einwilligung der betroffenen Person [ist] jede freiwillig für den bestimmten Fall, in informierter Weise und unmissverständlich abgegebene Willensbekundung in Form einer Erklärung oder einer sonstigen eindeutigen bestätigenden Handlung, mit der die betroffene Person zu verstehen gibt, dass sie mit der Verarbeitung der sie betreffenden personenbezogenen Daten einverstanden ist.« (Art 4 Nr. 11 DSGVO)

Begriff	Erklärung
Personenbezogene Daten	»Personenbezogene Daten [sind] alle Informationen, die sich auf eine identifizierte oder identifizierbare natürliche Person (im Folgenden ›betroffene Person‹) beziehen; als identifizierbar wird eine natürliche Person angesehen, die direkt oder indirekt, insbesondere mittels Zuordnung zu einer Kennung wie einem Namen, zu einer Kennnummer, zu Standortdaten, zu einer Online-Kennung oder zu einem oder mehreren besonderen Merkmalen, die Ausdruck der physischen, physiologischen, genetischen, psychischen, wirtschaftlichen, kulturellen oder sozialen Identität dieser natürlichen Person sind, identifiziert werden kann.« (Art. 4 Nr. 1 DSGVO)
PII (Personally Identifiable Information)	PII werden von US-Regierungsbehörden wie dem National Institute of Standards and Technology (NIST) folgendermaßen definiert: »PII sind Informationen über eine natürliche Person, verwaltet über eine Instanz, einschließlich (1) jeglicher Informationen, die genutzt werden können, um die Identität einer Einzelperson zu erkennen oder zu verfolgen wie Name, Sozialversicherungsnummer, Geburtsdatum und Geburtsort, Geburtsname der Mutter oder biometrische Daten; und (2) aller anderen Informationen, die mit einer Person verknüpft sind oder verknüpft werden können, wie Informationen medizinischer Natur, über den Bildungsgrad, der finanziellen Situation und des Beschäftigungsverhältnisses.«
Pseudonyme Verarbeitung	Verarbeitung personenbezogener Daten in pseudonymisierter Form
Pseudonymisierung	»Pseudonymisierung [bezeichnet] die Verarbeitung personenbezogener Daten in einer Weise, dass die personenbezogenen Daten ohne Hinzuziehung zusätzlicher Informationen nicht mehr einer spezifischen betroffenen Person zugeordnet werden können, sofern diese zusätzlichen Informationen gesondert aufbewahrt werden und technischen und organisatorischen Maßnahmen unterliegen, die gewährleisten, dass die personenbezogenen Daten nicht einer identifizierten oder identifizierbaren natürlichen Person zugewiesen werden.« (Art. 4 Nr. 5 DSGVO)
Risiko	Es geht in der DSGVO um die Risiken der → betroffenen Person. Dies mag ungewohnt sein, das zahlreiche Rechtsvorschriften das Risiko für das Unternehmen zum Gegenstand haben.

Begriff	Erklärung
Verantwortlicher	»Verantwortlicher [ist] die natürliche oder juristische Person, Behörde, Einrichtung oder andere Stelle, die allein oder gemeinsam mit anderen über die Zwecke und Mittel der Verarbeitung von personenbezogenen Daten entscheidet; sind die Zwecke und Mittel dieser Verarbeitung durch das Unionsrecht oder das Recht der Mitgliedstaaten vorgegeben, so kann der Verantwortliche beziehungsweise können die bestimmten Kriterien seiner Benennung nach dem Unionsrecht oder dem Recht der Mitgliedstaaten vorgesehen werden.« (Art. 4 Nr. 7 DSGVO). Der Verantwortliche ist immer präzise zu bestimmen. Intern benutzen wir gerne das Beispiel. »Für wen arbeitest Du?« – Die Antwort »SAP« ist dabei falsch, da jeder von uns einen Vertrag mit einer sehr konkreten Gesellschaft im SAP-Konzern hat.
Verarbeitung	»Verarbeitung [bezeichnet] jeden mit oder ohne Hilfe automatisierter Verfahren ausgeführten Vorgang oder jede solche Vorgangsreihe im Zusammenhang mit personenbezogenen Daten wie das Erheben, das Erfassen, die Organisation, das Ordnen, die Speicherung, die Anpassung oder Veränderung, das Auslesen, das Abfragen, die Verwendung, die Offenlegung durch Übermittlung, Verbreitung oder eine andere Form der Bereitstellung, den Abgleich oder die Verknüpfung, die Einschränkung, das Löschen oder die Vernichtung.« (Art. 4 Nr. 7 DSGVO). In einfachen Worten ausgedrückt: Eigentlich ist Verarbeitung so ziemlich alles, was mit Daten gemacht werden kann.
Zweck	Als Zweck wird umgangssprachlich der Beweggrund einer zielgerichteten Tätigkeit oder eines Verhaltens verstanden und in diesem Dokument so verwendet. In Art. 5 Abs. 1 DSGVO wird die Verarbeitung personenbezogener Daten eng mit dem Zweck der Verarbeitung verknüpft. Sie sind nach den Prinzipien der Zweckbindung und der Speicherbegrenzung (u.w.) zu behandeln. Sie dürfen nur »in einer Form gespeichert werden, die die Identifizierung der betroffenen Personen nur so lange ermöglicht, wie es für die Zwecke, für die sie verarbeitet werden, erforderlich ist.« (Art. 5 Abs. 1 Buchst. e DSGVO)

Anhang B
Relevante Transaktionen, relevante Reports, Hinweise

Relevante Transaktionen

Dargestellt werden in diesem Anhang nur für den Datenschutz relevante Transaktionen; die im Buch verwendeten Beispiele betriebswirtschaftlicher Vorgänge, wie z. B. das Anlegen einer Bestellung mittels Transaktion ME21N (Bestellung anlegen), werden nicht ausgewiesen.

Transaktionscode	Text
AOBJ	Definition Archivierungsobjekte
BD64	Verteilungsmodellpflege
BUA3	Ansprechpartner anzeigen
BUP3	Geschäftspartner anzeigen
BUP_REQ_UNBLK	Anforderung Geschäftspartner entsperren
CVP_DISPLAY_LOG	Abgel. AnwProt. für Kunde/Lief. anz.
CVP_PRE_EOP	Kunden- u. Lieferantenstammd. sperren
CVP_UNBLOCK_MD	Kunden- u. Lieferantenstammd. entsperren
DB15	Datenarchivierung: DB-Tabellen
DTINF_ADJUST_MODEL	Adjust Inf. Retr. FW model
DTINF_PROC_COLL	Process data collection results
DTINF_START_COLL	Datenbeschaffung starten
DTINF_TEST_MODEL	Information Ret. FW – Test model
FILE	Dateinamen/pfade mandantenunabhängig
ILMARA	Bearbeitung von Prüfgebieten
ILM_DESTRUCTION	Datenvernichtung

Transaktionscode	Text
ILM_LHM	Legal Hold Management
IRMPOL	ILM-Regelwerke
IRM_CUST_CSS	IRM-Kundenspezifische Einstellungen
IRMRULE	Pflege der Geschäftsregeln
IRMRULE_ACTIVATE	Einplanen der Geschäftsregeln aktiv
PA30	Personalstammdaten pflegen
PFCG	Pflege von Rollen
RSAUDIT_SYSTEM_ENV	Mandanten- und Systemeinstellungen
RSAU_ADMIN	SAL – Administration der Logdaten
RSAU_CONFIG	Security Audit Log – Konfiguration
RSAU_READ_LOG	Security Audit Log auswerten
RSUSR200	Liste der Benutzer nach Anmeldedatum
RZ11	Profilparameter-Pflege
SA38	ABAP/4 Reporting
SAIS	AIS – Workplace
SARA	Archivadministration
SARE	Archive Explorer
SARI	Archivinformationssystem
SCASE	Case Management (für ILM Legal Hold Zwecke ersetzt durch ILM_LHM)
SCC4	Mandantenverwaltung
SCU3	Tabellenhistorie
SE06	Einrichten Transport Organizer
SE11	ABAP Dictionary Pflege
SE16	Data Browser
SE16N	Allgemeine Tabellenanzeige
SE16SL	Feldbasierte Tabellen- und Wertsuche

Transaktionscode	Text
SLG1	Anwendungs-Log: Protokolle anzeigen
SM19	Konfiguration Security Audit
SM20	Auswertung des Security Auditlog
SM37	Übersicht über Jobauswahl
SM54	TXCOM Pflege
SM59	RFC-Destinations (Anzeige u. Pflege)
SPAM	Support Package Manager
SPRO	Customizing – Edit Project
ST03N	Systemlast u. Perform. Statistik
STAD	Systemübergreif. Statistiksatzanzeig
SU01	Benutzerpflege
SU21	Pflegen der Berechtigungsobjekte
SU24	Berechtigungsvorschlagspflege
SUIM	Benutzerinformationssystem
S_YI3_39000082	Verwendungsnachweis für Sicherheitsl
TDMS	SAP TDMS Control Center
VL03N	Auslieferung anzeigen
VORI	Archivierungssteuerung Frachtkosten
WE02	Anzeigen IDoc
XD03	Anzeigen Debitor (Zentral)
XK03	Anzeigen Kreditor (Zentral)

Relevante Reports

Report	Text
RSCRDOMA	Verwendungsnachweise Domäne in Tabellen
RPDINF01	Technische Übersicht zu Infotypen

Report	Text
RSPARAM	Anzeige der SAP-Profilparameter
RSUSR008_009_NEW	Kritische Kombination von Berechtigungen
RDDPRCHK	Tabellenprotokollierung prüfen
CHANGEDOCU_READ	Änderungsbelege vom Archiv oder der Datenbank lesen
RPUAUD00	Protokollierte Änderungen in den Daten der Infotypen

Relevante SAP-Hinweise

Hinweisnummer	Bezeichnung
2467	Kennwortregeln und Vermeidung fehlerhafter Anmeldungen
112388	Protokollierungspflichtige Tabellen
548624	FAQ: Performance-Monitors, R/3-Syslog, Systemverfügbarkeit
1825544	Vereinfachte Löschung und Sperrung persönlicher Daten in der SAP Business Suite
1825608	Vereinfachtes Sperren und Löschen eines zentralen Geschäftspartners
2007926	Vereinfachtes Sperren und Löschen der Kunden-/Lieferantenstammdaten
2039087	Release-Informationen für die vereinfachte Datenlöschung auf der Basis von SAP ILM
2103639	End of Purpose Check Adaption for Business Partner Consuming Applications: Guide for Partners and Customers
2167473	Benutzerspezifisches Sperren der Anzeige archivierter, personenbezogener Daten
2169333	Sperren von bereits archivierten Daten
2249093	Vereinfachtes Sperren und Löschen von SCM-Lokation

Hinweisnummer	Bezeichnung
2512600	Verfügbarkeit der Feldmaskierung in der SAP-Basis
2605458	Regelgenerierer: Mit diesem Regelgenerierer angelegtes ILM-Regelwerk hat den Status 'Not Live'
2626084	IRMRULE: ILM-Ablage-Feld im Geschäftsregel-Generator aktivieren
2646204	Sammelhinweis für Information Retrieval Framework
2742872	IRF: SAP-BAdIs zum Modellaufbau heranziehen und weitere Verbesserungen
2742873	IRF-Verbesserungen mithilfe von Modellgrenzen
2743548	SAP Business Suite - Abrufen von Daten
2748685	Business-Suite-Datenschutzbenachrichtigungen für SAP BW/4HANA und SAP Business Warehouse (SAP BW)
2777153	Löschen von gesammelten Daten
2939146	Information Retrieval Framework (IRF): Überblick über die Aktivierung mit SAP S/4HANA

Anhang C
Literaturverzeichnis

- Albrecht, Jan Philipp; Jotzo, Florian: Das neue Datenschutzrecht in der EU: Grundlagen, Gesetzgebungsverfahren, Synopse. Baden-Baden: Nomos 2017.
- Arbeitskreis »Technische und organisatorische Datenschutzfragen« der Konferenz der Datenschutzbeauftragten des Bundes und der Länder (Hrsg.): Orientierungshilfe »Protokollierung«. 2009.
- Article 29 Data Protection Working Party: Opinion 15/2011 on the definition of consent. 13.07.2011. Abrufbar unter: *http://ec.europa.eu/justice/policies/privacy/docs/wpdocs/2011/wp187_en.pdf* [13.09.2020]
- Article 29 Data Protection Working Party: Guidelines on Consent under Regulation 2016/679 (wp259rev.01). 10.04.2018. Abrufbar unter: *https://ec.europa.eu/newsroom/article29/item-detail.cfm?item_id=623051* [13.09.2020]
- Artikel 29 Datenschutzgruppe. (2017). Leitlinien zum Recht auf Datenübertragbarkeit. Brüssel: DirektionC (Grundrechte und Rechtsstaatlichkeit) der Europäischen Kommission, Generaldirektion für Justiz und Verbraucher.
- Bergmann, Lutz; Mörle, Roland; Herb, Armin: Datenschutzrecht. Stuttgart: Richard Boorberg Verlag 2017.
- Bitkom: Smart Home – Verbraucher wollen Klarheit in Sicherheitsfragen. Meldung vom 21.08.2017. Abrufbar unter: *https://www.bitkom-research.de/de/pressemitteilung/smart-home-verbraucher-wollen-klarheit-sicherheitsfragen* [13.09.2020]
- Böhm, Wolf-Tassilo et al.: Grundsätze für die Verarbeitung personenbezogener Daten. In: Wybitul, Tim: EU-Datenschutz-Grundverordnung. R&W: Frankfurt am Main 2017.
- Bundesamt für Sicherheit in der Informationstechnik: IT-Grundschutz. 15. Ergänzungslieferung 2016. Abrufbar unter: *https://download.gsb.bund.de/BSI/ITGSK/IT-Grundschutz-Kataloge_2016_EL15_DE.pdf* [13.09.2020]
- Bundesamt für Sicherheit in der Informationstechnik: IT-Grundschutz. 15. Ergänzungslieferung 2016. Abrufbar unter: *https://www.bsi.bund.de/*

DE/Themen/ITGrundschutz/ITGrundschutzKataloge/Inhalt/Glossar/glossar_node.html [13.09.2020]

- Bundesbeauftragter für den Datenschutz: 14. Tätigkeitsbericht. Deutscher Bundestag 2013.
- Bundesministerium der Finanzen: Grundsätze zur ordnungsmäßigen Führung und Aufbewahrung von Büchern, Aufzeichnungen und Unterlagen in elektronischer Form sowie zum Datenzugriff (GoBD). Berlin: Bundesministerium der Finanzen 2014.
- Chuprunov, Maxim: Handbuch SAP-Revision. Internes Kontrollsystem und GRC. 3. Aufl. Bonn: SAP PRESS 2019.
- Däubler, Wolfgang et al.: Bundesdatenschutzgesetz. 5. Aufl. Frankfurt am Main: Bund-Verlag 2016.
- Die Bundesbeauftragte für den Datenschutz: Kommentare und Erläuterungen: § 3 Abs. 1 Teil 1. Stand: 17.04.2017. Abrufbar unter: *https://www.datenschutz-wiki.de/3_BDSG_Kommentar_Absatz_1_Teil_1* [13.09.2020]
- DASG Arbeitskreis »Datenschutz« – Leitfaden Datenschutz SAP ERP. Walldorf 2014.
- DASG Arbeitskreis »Revision und Risikomanagement«: Prüfleitfaden SAP® ERP 6.0. Walldorf 2015.
- Datenschutzkonferenz des Bundes und der Länder: Positionspapier der unabhängigen Datenschutzbehörden des Bundes und der Länder (Datenschutzkonferenz) zum Safe-Harbor-Urteil des EuGH. Stand: 26.10.2015. Abrufbar unter: *https://datenschutz.sachsen-anhalt.de/fileadmin/Bibliothek/Landesaemter/LfD/PDF/binary/Recht/Grundsatzurteile/Safe_Harbor/Positionspapier_DSK_26-10-2015.pdf* [13.09.2020]
- Dwork, Cynthia: Differential Privacy. Proceedings of the 33rd International Colloquium on Automata, Languages and Programming (ICALP), S. 1–12. 27.05.2006. In: *https://www.microsoft.com/* [13.09.2020]
- Eßer, Martin et al. (Hrsg.): BDSG – Bundesdatenschutzgesetz und Nebengesetze. 4. Aufl. Köln: Carl Heymanns Verlag 2014.
- Europäische Union: Richtlinie 95/46/EG des Europäischen Parlaments und des Rates vom 24. Oktober 1995 zum Schutz natürlicher Personen bei der Verarbeitung personenbezogener Daten und zum freien Datenverkehr.
- Europäische Union: Verordnung (EU) 2016/679 der Europäischen Parlamentes und des Rates zum Schutz natürlicher Personen bei der Verarbeitung personenbezogener Daten (Datenschutz-Grundverordnung).
- Frenzel, Eike Michael: Art. 4, Grundsätze für die Verarbeitung personenbezogener Daten. In: Paal, Boris P.; Pauly, Daniel: Datenschutzgrundverordnung. München: C. H. Beck 2017.

- Gesellschaft für wissenschaftliche Datenverarbeitung: Verschlüsselungstrojaner »WannaCry« verbreitet sich massiv. Meldung vom 13.05.2017. Abrufbar unter: *https://info.gwdg.de/news/verschluesselungstrojaner-wannacry-verbreitet-sich-massiv/* [13.09.2020]
- Goethe, Johann Wolfgang: Faust – Der Tragödie Erster Teil. Frankfurt am Main: Insel Verlag 1974.
- Gola, Peter et al.: Handbuch zum Arbeitnehmerdatenschutz. 7. Aufl. Heidelberg u. a.: Datakontext 2016.
- Gola, Peter, et al.: BDSG. München: C. H. Beck 2015.
- Gola, Peter: DS-GVO: Datenschutz-Grundverordnung VO (EU) 2016/679. München: C. H. Beck 2017.
- Haas, Ingeborg: Aufbewahrungspflichten und -fristen. München: Haufe-Lexware 2012.
- Hansen, Marit: Vertraulichkeit und Integrität von Daten und IT-Systemen im Cloud-Zeitalter. In: DuD – Datenschutz und Datensicherheit (2012). S.407–412.
- Hartke, Lars et al.: SAP Handbuch Sicherheit und Prüfung: Praxisorientierter Revisionsleitfaden für SAP-Systeme. 4. Aufl. Düsseldorf: IDW Verlag 2010.
- Hermann, M., Keber, T. O., & Keppler, L. (2018). Art. 25. In R. Schwartmann, A. Jaspers, G. Thüsing, & D. Kugelmann, DS-GVO/BDSG. Heidelberg.
- Kramer, Philipp: DSGVO: Die Erlaubnisse zur Datenverarbeitung. In: Datenschutzberater (2016). S. 254.
- Lehnert, Volker et al.: SAP-Berechtigungswesen – Konzeption und Realisierung. 3. Auflage. Bonn: SAP PRESS 2016.
- Lehnert, Volker; Dopfer-Hirth, Iris: Datenschutzanforderungen und ihre Unterstützung in HR-Systemen am Beispiel SAP ERP HCM. In: Praxis der Wirtschaftsinformatik 53 (2016) S. 851–865.
- Lehnert, Volker; Pluder, Carsten: Vereinfachtes Sperren und Löschen personenbezogener Daten in der SAP Business Suite. In: Datenschutz-Berater 10 (2016), S. 212–213.
- Oberbeck, David: Die Einwilligung im E-Mail-Marketing nach der Datenschutz-Grundverordnung. In: Datenschutz-Berater 5 (2017) S. 103–104.
- OECD: Kurzfassung OECD-Richtlinien über Datenschutz und grenzüberschreitende Ströme personenbezogener Daten. 2003. Abrufbar unter: *http://www.oecd.org/sti/ieconomy/15589558.pdf* [13.09.2020]
- Plath, Kai-Uwe et al: BDSG – Kommentar. Köln: Otto Schmidt 2012.

- Pötters, Stephan; Böhm, Wolf-Tassilo: Art. 4 Begriffsbestimmungen. In: Wybitul, Tim: EU-Datenschutz-Grundverordnung. R&W: Frankfurt am Main 2017.
- Pötters, Stephan: Grundsätze für die Verarbeitung personenbezogener Daten. In: Gola, Peter: DS-GVO: Datenschutz-Grundverordnung VO (EU) 2016/679. München: C. H. Beck 2017.
- Pulte, Peter: Aufbewahrungsnormen und -fristen im Personalbereich. Pulheim: Datakontext 2008.
- Roland Berger (Hrsg.): Die digitale Transformation der Industrie. Roland Berger/BDI 2015.
- Samarati, Pierangela; Sweeney, Latanya: Protecting Privacy when Disclosing Information – k-Anonymity and its Enforcement Through Generalization and Suppression. 1998. In: Proceedings/IEEE Computer Society Symposium on Research in Security and Privacy, S. 384–393.
- SAP: Glossar – Stichwort Mandant. Stand: 2017. Abrufbar unter: *https://help.sap.com/doc/saphelp_glossary/latest/de-DE/35/2cd77bd7705394e10000009b387c12/frameset.htm* [13.09.2020]
- SAP: Personaladministration: Unternehmensstruktur. 2013. Abrufbar unter: *https://help.sap.com/saphelp_erp60_sp/helpdata/de/cb/36e153a217424de10000000a174cb4/frameset.htm* [13.09.2020]
- SAP: S/4HANA – The next Generation Business Suite (n. d.). 2016. In: *http://www.sapserviceshub.com/i/533730-sap-s-4hana-the-next-generation-business-suite* [13.09.2020]
- SAP: Sonderbenutzer schützen. 2017. Abrufbar unter: *https://help.sap.com/doc/erp2005_ehp_06_hana/6.0.6VERSIONFORSAPHANA/de-DE/4f/40d6d6ed6a2eb3e10000000a42189c/content.htm* [13.09.2020]
- Simitis, Spiros (Hrsg.): Bundesdatenschutzgesetz. 8. Aufl. Baden-Baden: Nomos 2014.
- Stumm, Holger; Berlin, Daniel: SAP-Systeme schützen. Bonn: SAP PRESS 2016.
- UN-Vollversammlung: Universal Declaration of Human Rights. 10. Dezember 1949. United Nations Office of the High Commisioner. Abrufbar unter: *https://www.ohchr.org/EN/UDHR/Pages/Language.aspx?LangID=ger* [13.09.2020]
- Wähner, Gerd W.: DV-Revision – Handbuch für die Unternehmenspraxis. Ludwigshafen: Kiehl Verlag 2002.
- Warren, S. D., & Brandeis., L. D.: 1890 The Right to Privacy. Harvard Law Review.

Anhang D
Die Autoren

Volker Lehnert ist seit dem Jahr 2000 bei SAP in unterschiedlichen Positionen in den Bereichen Sicherheit, Compliance und Datenschutz tätig. In seiner Rolle als Product Owner Datenschutz für die SAP Business Suite definierte er, beginnend im Jahr 2012, die Inhalte und den Umfang der Datenschutzfunktionen in dieser Software. Seit 2018 ist er als Senior Director Datenschutz für den Datenschutz in SAP S/4HANA zuständig. Er vertritt den Datenschutz in SAP-Produkten in der DSAG und weltweit auf zahlreichen Konferenzen. In seiner langjährigen Beratertätigkeit hat er Projekte rund um Compliance-Anforderungen vorangetrieben. Um den gesetzlichen Anforderungen gerecht zu werden, führt er Sicherheitskonzepte immer wieder auf die eigentlichen Kernpunkte zurück: betriebswirtschaftliche Funktionen, organisatorische Konzepte und legale Anforderungen. Sein Engagement als Autor für den Rheinwerk Verlag hat Volker Lehnert mit der 1. Auflage von »SAP-Berechtigungswesen« im Jahr 2009 begonnen; seitdem hat er in einigen anderen Werken des Verlages, z. B. »Handbuch SAP-Revision« und »SAP Information Lifecycle Management«, Beiträge verfasst. Im Jahr 2017 erschien die 1. Auflage dieses Bestsellers »Datenschutz mit SAP«. Darüber hinaus publiziert er Fachartikel zum Thema Datenschutz.

Iwona Luther arbeitet seit 20 Jahren bei SAP im Bereich Datenarchivierung, der sich im Laufe der Jahre zum SAP Information Lifecycle Management (SAP ILM) weiterentwickelt hat, und ist Product Standard Owner SAP ILM. Ursprünglich war sie als Entwicklerin tätig, dann als Projektleiterin, Koordinatorin und in der Qualitätssicherung. Sie ist für die dazugehörigen Kundenkurse BIT660, BIT670 und BIT665 verantwortlich. Im Jahr 2019 erschien ihr Buch »SAP Information Lifecycle Management« im Rheinwerk Verlag. Die englischsprachige Ausgabe »SAP Information Lifecycle Managment. The Comprehensive Guide« erschien 2020. Zudem ist Frau Luther Ansprechpartnerin für den DSAG- und ASUG-Arbeitskreis »Datenarchivierung und ILM«.

Markus Röder ist seit 2003 in verschiedenen Positionen im Cloud- und Outsourcing-Bereich tätig, seit 2012 in der SAP Cloud Business Group. Seit 2017 arbeitet er ausschließlich an internationalen Datenschutzthemen (EU-DSGVO, China CSL, Russia PDL usw.) mit dem Schwerpunkt DSGVO. Markus Röder war verantwortlicher Programmleiter für den Datenschutz bei SAP Ariba, bevor er zum zentralen Datenschutzteam bei SAP wechselte. Er hat durch seine langjährige Tätigkeit in den Bereichen Cloud Operations, Datensicherheit und Datenschutz umfangreiche Erfahrung gesammelt und dabei auch Umsetzungsprojekte geleitet. Datenschutz in der Cloud ist ihm ein besonderes Anliegen, das er auch gerne in Vorträgen bei internationalen SAP-User-Gruppen und Kundenveranstaltungen darstellt und diskutiert.

Thorsten Bruckmeier ist seit dem Jahr 2000 bei SAP beschäftigt und konnte Erfahrungen in vielen Bereichen der Softwareentwicklung sammeln. Er ist heute im Bereich SAP S/4HANA Cloud Data Management als Senior Manager tätig. In den letzten 10 Jahren beschäftigt er sich mit den Themen Softwaresicherheit und Datenschutz. In seiner Tätigkeit als Product Owner Security & Data Privacy Architecture gestaltete er die Datenschutzfunktionen für SAP S/4HANA und für ABAP-basierte Branchenlösungen mit. Er koordinierte die Entwicklung von neuen Datenschutzservices in der SAP Cloud Platform und übersetzte das in der SAP Business Suite und SAP S/4HANA erprobte Datenschutzkonzept in die Cloud. Seit vielen Jahren analysiert er Geschäftsprozesse, um angemessene Lösungen für den Datenschutz in diesen Prozessen zu erarbeiten.

Björn Christoph ist Softwarearchitekt und arbeitet seit 2002 bei SAP. Seit mehreren Jahren befasst er sich mit Datenschutz und Softwaresicherheit in der SAP-Software. Beides hält er in der heutigen Zeit für wichtig, insbesondere wegen der allgegenwärtigen Nutzung von Internet of Things, Big Data und künstlicher Intelligenz. Es reizt ihn, für komplexe Probleme kreative und originelle Lösungen zu entwickeln.

Carsten Pluder arbeitet seit 1999 bei SAP in den Bereichen Support und Entwicklung. Derzeit ist er für SAP SE als Lead Architect Datenschutz für SAP S/4HANA tätig. Die Unterstützung der SAP-Kunden bei der Archivierung von Daten und der Verwendung von SAP ILM steht schon lange im Fokus seiner Arbeit. Es ist ihm ein besonderes Anliegen, die vorhandenen Funktionen sinnvoll für das vereinfachte Sperren und Löschen von personenbezogenen Daten zu nutzen bzw. im Bedarfsfall zu optimieren.

Co-Autoren

Reiko Enghardt ist seit mehr als 20 Jahren Technologieberater bei SAP und hat zahlreiche Projekte begleitet und Erfahrungen mit verschiedenen Lösungen gesammelt. Über 12 Jahre ist er als Berater für Projekte mit Stammdatenbezug im Einsatz gewesen. In verschiedenen Projekten hat Reiko Enghardt Berechtigungskonzepte für SAP Master Data Governance entwickelt, implementiert und dokumentiert.

Christian Geiseler ist bei SAP seit 2012 für den Go-to-Market der Lösungen im Stammdatenmanagement zuständig. Er leistet beim weltweiten Vertrieb von SAP-Produkten fachliche Unterstützung und entwickelt in enger Zusammenarbeit mit den Produktverantwortlichen Lösungsstrategien. Sein vordringliches Ziel ist es, die Wichtigkeit dauerhaft hoher Stammdatenqualität bei Unternehmen, Arbeitskreisen und Anwendervereinen aus fachlicher und regulatorischer Sicht darzustellen sowie Unternehmen bei ihren Vorhaben dazu zu unterstützen.

Index

A

E

F

L

M

N

T

U

V

W

Z